Beiträge zur Geschichte der deutschen Strafrechtspflege

Herausgegeben von

Dr. Max Grünhut und Dr. Eberhard Schmidt

Professor in Bonn — Professor in Hamburg

Heft 3

Georg Dahm

Das Strafrecht Italiens im ausgehenden Mittelalter

Berlin und Leipzig 1931

Walter de Gruyter & Co.

vormals G. J. Göschen'sche Verlagshandlung — J. Guttentag, Verlagsbuchhandlung
Georg Reimer — Karl J. Trübner — Veit & Comp.

Das Strafrecht Italiens im ausgehenden Mittelalter

Untersuchungen über die Beziehungen zwischen Theorie und Praxis im Strafrecht des Spätmittelalters, namentlich im XIV. Jahrhundert

Von

Georg Dahm
Privatdozent an der Universität Heidelberg

Berlin und Leipzig 1931

Walter de Gruyter & Co.

vormals G. J. Göschen'sche Verlagshandlung — J. Guttentag, Verlagsbuchhandlung
Georg Reimer — Karl J. Trübner — Veit & Comp.

Archiv-Nr.: 24 16 31

Druck von Walter de Gruyter & Co., Berlin W 10

Herrn

Professor Dr. Eduard Fraenkel

gewidmet

Vorwort.

Diese Arbeit verfolgt bescheidenere Ziele, als der Titel vermuten läßt. Sie sucht die Wechselbeziehungen zwischen Lehre und Praxis im Strafrecht des Mittelalters für einen zeitlich und räumlich begrenzten Bezirk zu erforschen und will damit beitragen zur Erkenntnis der für die europäische, namentlich die deutsche Rechtsgeschichte so bedeutsamen Entwicklung des Strafrechts in Italien. Eine abschließende Darstellung dieser Entwicklung, eine Beschreibung der geschichtlichen Abläufe durch die Jahrhunderte hindurch ist heute noch nicht möglich, und auch dieser Versuch soll nur einen Ausschnitt darstellen. Er wäre durch weitere Forschungen, namentlich über die spätere Entwicklung, zu ergänzen.

Der Schwerpunkt der Darstellung liegt auf der weltlichen Theorie der Legisten und dem Statutarrecht, doch sind kanonisches Recht und Beichttheorie mitberücksichtigt. Erstrebt ist nicht eine erschöpfende Übersicht über das sehr umfangreiche Quellenmaterial, sondern Auswahl der repräsentativen Belege.

Das Ergebnis dieses Versuchs ist keine »These«, die in einem Satz oder einem Schlagwort zusammengefaßt werden könnte. Im Strafrecht des Spätmittelalters laufen die verschiedenartigsten Entwicklungsreihen zusammen — römisches und kanonisches Recht, Beichttheorie, städtische Gesetzgebung und Gewohnheiten —, prallen politische, soziale, wirtschaftliche, weltanschauliche Kräfte aller Art aufeinander. So ergibt sich ein ungemein buntes Bild. Weder Praxis noch Wissenschaft hat im 14. Jahrhundert die Oberhand. Bald folgt die Praxis der Lehre, bald gestaltet die Theorie sich um unter dem Einfluß der Praxis, bald entwickeln sich beide beziehungslos nebeneinander her.

Bei der Anfertigung dieser Arbeit wurde mir von verschiedenen Seiten Rat und Hilfe zuteil. Vor allem habe ich Herrn Professor Kantorowicz in Kiel zu danken, der meinem Unternehmen von der ersten, noch unklaren Idee bis zum Abschluß das freundlichste Interesse entgegengebracht und mir zu jeder Zeit und in jeder Weise mit Rat und Hilfe zur Seite gestanden hat. In liebenswürdiger Weise hat mich sodann Herr Professor Engelmann in Marburg durch wissenschaftliche Auskünfte unterstützt, für die ich auch an dieser Stelle meinen verbindlichen Dank ausspreche. Mein wärmster Dank gilt auch jetzt wieder meinem verehrten Lehrer, Herrn Professor Radbruch in Heidelberg, der mich immer wieder durch Rat und persönliche Anteilnahme ermutigt und gefördert hat.

Durchführung und Druck dieser Arbeit wurden mir durch die Notgemeinschaft der Deutschen Wissenschaft ermöglicht, die mich durch ein Forschungsstipendium und einen Druckkostenzuschuß großzügig unterstützt hat.

Der Verwaltung der Reichsgerichtsbibliothek, die wohl die wertvollste und vollständigste Sammlung von Quellen über dieses Gebiet enthält, insbesondere Herrn Oberbibliothekar Dr. Güntzel bin ich für die Ermöglichung der Arbeit an den Regalen und für freundliche Beratung und Hilfe dabei sehr verpflichtet.

Mein Dank gilt endlich den Herren Professoren Eberhard Schmidt in Hamburg und Grünhut in Bonn, die das Erscheinen dieser Arbeit in den Beiträgen zur Geschichte der deutschen Strafrechtspflege ermöglicht haben.

Schließlich bleibt mir noch übrig, einer mehr mittelbaren, aber darum nicht weniger wichtigen Förderung zu gedenken, einer Hinlenkung auf geschichtliche Gegenstände und Zusammenhänge überhaupt und auf Italien im besonderen. Dem Dank für diese Anregungen, für persönliche Teilnahme und sachliche Förderung soll die Widmung dieses Buches Ausdruck verleihen.

Heidelberg, im März 1931.

Der Verfasser.

Inhalt.

Quellen.

A. Theorie.

I. Legisten.

1. Albertus Gandinus (geb. um 1245, gest. nach 1311): Tractatus de maleficiis. Ausg. Hermann Kantorowicz, Albertus Gandinus und das Strafrecht der Scholastik. 2. Band. Die Theorie (kritische Ausgabe des Tractatus de maleficiis nebst textkritischer Einleitung). Berlin und Leipzig 1926.
   Zit. Gandinus.
2. Oldradus de Ponte oder de Laude († 1335): Consilia. Lugduni 1550.
3. Jacobus de Belvisio (1270—1335): Aurea practica criminalis. Coloniae 1580.
   Zit. Iac. de Belvisio.
4. Cinus (1270—1336): Digestum vetus. Lugduni 1547. — Codex (vollendet 1314). Lugduni 1547.
5. Albericus de Rosciate [auch Rosato, Rosate, Roxiate, Rosata, Roxiata] († 1354): Digestum vetus. Infortiatum. Digestum novum. Codex. Venetiis 1585—1586. — Tractatus de statutis (in Tractatus de statutis diversorum autorum). Francofurti 1606. Abk. Alb. de Rosc., St. — Dictionarum. Lugduni 1548. Abk. Alb. de Rosc. s. v. »Culpa« usw.
6. Rainerius de Forlivio (geb. Ende des 13. Jhdts., † 1358): Repetitio zur lex Omnes populi (D 1, 1, 9), abgedr. im Digestum vetus des Albericus de Rosciate (hinter der lex Omnes populi).
   Zit. R. de Forlivio, Repet. z. l. Omnes populi.
7. Bartolus a Saxoferrato (1314—1357): Digestum vetus. Infortiatum. Digestum novum. Codex. Authenticum. Consilia. Quaestiones. Tractatus. Lugduni 1546.
   Zit. Bartolus.
8. Lucas de Penna (zur Zeit des Bartolus): Kommentar zu den Tres Libri (Codex X—XII). Lugduni 1557.
9. Baldus de Ubaldis (geb. wahrscheinlich 1327, † 1400): Institutionen. Digestum vetus. Infortiatum. Digestum novum. Codex. Venetiis 1615—16. — Lectura super I., II., III. Decretalium. Lugduni 1547. — Consilia 1589. — Tractatus de syndicatu (Tr. un. iur. VII S. 224 R. ff.). — Tractatus de carceribus (Tr. un. iur. XI 1 S. 200 ff.). — De statutis (Tr. un. iur. II S. 86 ff.). Das Werk stammt nicht von Baldus, sondern von seinem Urenkel Sigismund.
   Zit. Baldus.
10. Angelus de Ubaldis (geb. wahrscheinlich 1328, † 1407): Digestum vetus. Infortiatum. Digestum novum. Codex. Venetiis 1579—80. — Authenticum. Lugduni 1549. — Consilia. Lugduni 1551. — Tractatus de syndicatu (Tr. un. iur. VII S. 226 R. f.).
    Zit. Angelus.

11. **Bartholomaeus de Saliceto** († 1412): Digestum vetus. Codex (1382—1400). Venetiis 1586.
Zit. Salicetus.

12. **Bonifacius de Vitalinis** († nach 1388): Tractatus super maleficiis. Lugduni 1532.
Zit. Bonif. de Vitalinis.

II. Kanonisten.

13. **Corpus iuris canonici**, ed. Emil Friedberg. 2 Bände. Leipzig 1879—1881.

14. **Innocenz IV.** (Sinibaldus Fliscus oder de Flisco; † 1254): Apparatus (commentaria) in V libros Decretalium. Lugduni 1548.

15. **Hostiensis** (Henricus a Secusia; † 1271): Lectura super V libris Decretalium. Argentinae 1512. — Summa super titulis Decretalium (Summa aurea; zwischen 1250 und 1261). Coloniae 1612. Zit. Hostiensis, S. A.

16. **Guilielmus Durantis** (1237—1296): Speculum iuris (zwischen 1271 und 1276). Francofurti 1612.
Zit. Durantis, Spec.

17. **Archidiaconus** (Guido de Baysio; † 1313): Apparatus ad Decretum (Rosarium; zwischen 1281 und 1302). Ausg. 1481. — Lectura super Sexto Decretalium (zwischen 1299 und 1312). Venetiis 1503.
Zit. Archid.

18. **Federicus Petruccius de Senis** († nach 1343): Consilia et quaestiones. Lugduni 1545.
Zit. Petruccius, Q. (d. h. quaestio).

19. **Johannes Andreae** (geb. um 1270, † 1348): Novella in V libros Decretalium (vollendet nach 1321). Venetiis 1581 (I—II) und 1489 (III—V). — Novella in Sextum (zwischen 1334 und 1342). Lugduni 1527.
Zit. Joh. Andreae.

20. **Johannes Calderinus** (geb. um 1300, † 1365): Consilia. — Repetitiones. Venetiis 1496.
Zit. Joh. Calderinus.

21. **Bonicontius** oder **Bonicontrus** († 1350): Tractatus aureus de accusationibus et inquisitionibus (Tr. un. iur. XI 1 S. 5 R. ff.).

III. Praktische Theologie und Beichtliteratur.

22. **Thomas von Aquino** (geb. 1225 oder 1226, † 1274): Summa theologiae. 2. Buch, 1. und 2. Teil. Ausg. Venetiis 1755—1756 (Opera T. 21—23).
Zit. Thomas v. A., S. th.

23. **Raymundus de Pennaforte** (geb. nach 1180, † 1275): Ordinis praedicatorum Summa (vollendet nach 1234). Veronae 1744.
Zit. Raym. de Pennaf.

24. **Guilielmus Redonensis**: Apparatus ad Summam Raymundi (bald nach der Summa verfaßt). In der Ausgabe der Summa Veronae 1744 (Nr. 23) mitenthalten.
Zit. Guil. Redonensis bzw. Guil. Red.

25. **Johannes von Freiburg** († 1314): Summa confessorum (vollendet zwischen 1280 und 1298). Nürnberg 1518.
Zit. Joh. v. Fr.

26. **Astesanus von Asti** († 1330): Summa de casibus (wahrscheinlich 1317). Lugduni 1519.

Zit. Astensis bzw. Ast. Der Titel De verborum significatione (VIII 41) wird zitiert Ast., De verb. signif. s. v., »Culpa« usw.

Bartholomaeus Pisanus († 1347): Summa casuum (1338).
Zit. Barth. Pis. s. v. »Culpa« usw.

Jacobus de Passavante († 1357): Lo specchio della vera penitenza. Firenze 1856.

B. Gesetzgebung.

Im folgenden bedeutet:

C. st. Can.: Corpus statutorum Canavisii (ed. G. Frola). Torino 1918.

C. st. It.: Corpus statutorum Italicorum (sotto la direzione di Pietro Sella). Milano.

N. 1: Costituzioni Egidiane dell'anno MCCCLVII. 1912.
N. 2: Statuti dell'Apennino Tosco-Modenese, Secoli XIII—XIV. 1913.
N. 3: Statuti dei Laghi di Como e di Lugano del sec. XIV. 1913.
N. 4: Statuti di Perugia dell'anno MCCCXLII. Vol. I. Libri I e II. 1913.
N. 5: Statuto di Forlì dell'anno MCCCLIX con le modificazioni del MCCCLXXIII. 1913.
N. 6: Statuti del Lago Maggiore e della Val d' Ossola del secolo XIV. Vol. I. 1914.
N. 7: Statuti della Valdelsa dei secoli XIII e XIV. Vol. I. 1914.
N. 8: Statuti dei Laghi di Como e di Lugano dei secoli XIII e XIV. Vol. II. 1915.
N. 9: Statuti di Perugia dell'anno MCCCXLII. Vol. II. Libri III e IV. 1916.
N. 10: Statuti rurali Bresciani del sec. XIV (Bovegno, Cimmo ed Orzinuovi). 1927.

M. h. ad prov. Parm. et Pl. pert.: Monumenta historica ad provincias Parmensem et Placentinam pertinentia.

M. h. p.: Monumenta historiae patriae, edita iussu regis Caroli Alberti. Augustae Taurinorum.

Vol. II: Leges municipales I. 1838.
Vol. XVI 2: Leges municipales II 2. 1876.
Vol. XVIII: Leges Genuenses. 1901.

M. di st. p. delle prov. mod.: Monumenti di storia patria delle provincie modenesi. Serie degli Statuti. T. I. Parmae 1864. T. II. Modena 1887.

St. della prov. rom.: Statuti della provincia romana (Vicovaro, Cave, Roccantica, Ripi, Genazzano, Tivoli, Castel Fiorentino [a cura di F. Tomassetti, V. Federici, E. P. Egidi]). Roma 1910.

Im folgenden bezeichnen die großen Buchstaben die Landschaften, aus denen die Statuten stammen. Es bedeuten *D* Dukat, *E* Emilia, *L* Lombardei, *Lg* Ligurien, *M* Marken, *P* Piemont, *R* Romagna, *T* Toskana, *U* Umbrien, *V* Venetien.

1. Albiano d'Ivrea *P*: Statuten von Ende des 14. Jahrhunderts. — C. st. Can. I S. 3 ff.
2. Argenta *R*: Statuten von 1342. — Statuta Terrae Argentae. Ferrariae 1781.
3. Arona *L*: Statuten von 1319. — C. st. It. N. 6 S. 59 ff. (ed. C. Anderloni).
4. Ascoli Piceno *M*: Statuten der Kommune und des Popolo (Abk. Stat. Pop.), beide von 1377. — Statuti di Ascoli Piceno dell'anno MCCCLXXVII (ed. L. Zdekauer und P. Sella). Roma 1910.

5. Averrara und Val Taleggio *L*: Statuten von 1313 und 1368. — C. st. It. N. 3 S. 1 ff. (ed. E. Anderloni).
6. Balangero *P*: Statuten von 1391. — C. st. Can. I S. 270 ff.
7. Biandrate *L*: Statuten von 1395. — Statuta insignis oppidi Blandrati etc. Mediolani 1679.
8. Biella *P*: 1. Statuten aus dem 14. Jahrhundert.
   2. Statuta maleficiorum comunis Bugelle, gleichfalls 14. Jahrhundert (Abk. Stat. malef.). — Statuta Comunis Bugelle et documenta adiecta (ed. P. Sella). 1. Band. Biella 1904.
9. Bobbio *E*: Statuten von 1398. — Statuta inclitae Civitatis Bobbii. Mediolani 1682.
10. Bologna *R*: Statuten von 1454. — Statuta criminalia communis Bononiae. Bononiae 1525.
11. Bovegno *L*: Statuten von 1341. — C. st. It. N. 10 S. 1 ff. (ed. B. Nogara).
12. Brescia *L*: Statuten von 1313. — M. h. p. XVI Sp. 1585 ff. (ed. F. Odorici).
13. Carpi *E*: Statuten von 1353. — M. di st. p. delle prov. mod. II. Modena 1884.
14. Casale *P*: Statuten von 1370. — M. h. p. II Sp. 929 ff. (ed. A. Cibrario).
15. Castel Fiorentino *T*: Statuten von 1305. — St. della prov. rom. S. 302 ff.
16. Castelletto Ticino *L*: Statuten von 1340. — C. st. It. N. 6 S. 1 ff. (ed. P. Sella).
17. Cave *D*: Statuten von 1307. — St. della prov. rom. S. 13 ff.
18. Ceneda *L*: Statuten von Mitte des 14. Jahrhunderts. — Statuta civitatis Cenetae. 1772.
19. Chianti *T*: Statuten von 1384. — C. st. It. N. 7 S. 111 ff. (ed. A. Latini).
20. Chieri *P*: Statuta societatis beati Georgii populi Cheriensis, 14. Jahrhundert — M. h. p. II Sp. 757 ff. (ed. A. Cibrario).
21. Cremona *L*: Statuten von 1387. — Statuta civitatis Cremonae. Cremonae 1578.
22. Dervio und Corenno *L*: Statuten von 1389. — C. st. It. N. 3 S. 73 ff. (ed. E. Anderloni).
23. Este *V*: Statuten von 1318. — Decreta et Privilegia magnificae Communitatis Este. Patavii 1629.
24. Florenz *T*: 1. Ordinamenta iustitiae von 1293. — Gli ordinamenti di giustizia del comune di popolo di Firenze, compilati nel 1293 (Archivio storico italiano, N. ser. I 1 [ed. F. Bonaini]). Firenze 1855.
   2. Statuten des Volkshauptmanns von 1322 (Abk. Stat. Vhptm.). — Statuti della Repubblica Fiorentina (ed. R. Caggese). 1. Band. Firenze 1910.
   3. Statuten des Podestà von 1325 (Abk. Stat. Pod.). — Statuti della Repubblica Fiorentina (ed. R. Caggese). 2. Band. Firenze 1921.
25. Forlì *R*: Statuten von 1359. — C. st. It. N. 5 (ed. E. Rinaldi).
26. Frignano *E*: Statuten von 1337/8. — C. st. It. N. 2 S. 71 ff. (ed. F. Jacoli, A. Sorbelli).
27. Gambassi *T*: Statuten aus dem 14. Jahrhundert. — C. st. It. N. 7 S. 1 ff. (ed. A. Latini).
28. Genua *Lg*: Statuten von 1363. — M. h. p. XVIII Sp. 243 ff. (ed. C. Desimoni, A. Th. Belgrano, V. Poggi).
29. Intra, Pallanza, Vallintrasca *L*: Statuten von 1393. — C. st. It. N. 6 S. 257 ff. (ed. E. Anderloni).
30. Invorio Inferiore, Paruzzario und Montregiasco *L*: Statuten von 1366. — C. st. It. N. 6 S. 143 ff. (ed. P. Sella).

31. Ivrea *P*: Statuten aus dem 14. Jahrhundert. — M. h. p. II Sp. 1091 ff. (ed. P. Datta).
32. Lecco *L*: Statuten aus dem 14. Jahrhundert. — C. st. It. N. 8 S. 1 ff. (ed. E. Anderloni).
33. Lodi *L*: Statuten von 1390. — Statutum Laudense. Mediolani 1537.
34. Lucca *T*: 1. Statuten der Kommune von 1308. — Statuto del Comune di Lucca dell'anno MCCCVIII (Memorie e documenti per servire alla storia di Lucca. Vol. III, Dissertazione terza). Lucca 1867.
    2. Statut der Corte dei Mercanti von 1376. — Lo statuto della Corte dei Mercanti in Lucca del MCCCLXXVI. Firenze 1927.
35. Mailand *L*: Statuten von Ende des 14. Jahrhunderts. — Statuta criminalia Mediolani. Bergomi 1594.
36. Mantua *L*: Statuten von 1303. — Ausg. d'Arco, Studi intorno al municipio di Mantova dall'origine di questa fino all'anno 1863 ai quali fanno seguito documenti inediti o rari. Mantova 1872.
37. Marken *M*: Konstitutionen des Kardinals Aegidius Albornoz von 1357 (Abk. Ägid. Konst.). — C. st. It. N. 1 (ed. P. Sella).
38. Mirandola *E*: Statuten von 1386. — M. di st. p. delle prov. mod. II (ed. F. Molinari). Modena 1885.
39. Modena *E*: Statuten von 1327. — M. di st. p. delle prov. mod. I (ed. C. Campori). Parmae 1864.
40. Moncalieri *P*: Statuten von 1378. — M. h. p. II Sp. 1351 ff. (ed. P. Datta).
41. Narni *U*: Statuten von 1371. — Statuta illustrissimae Civitatis Narniae. Narniae 1716.
42. Nizza *P*: Statuta et privilegia civitatis Niciae. — M. h. p. II Sp. 41 ff. (ed. F. Sclopis).
43. Oglianico *P*: Statuten von 1352. — C. st. Can. II S. 515 ff.
44. Olevano *D*: Statuten von 1364. — Statuti di Olevano Romano del 15 gennaro 1364 (ed. V. La Mantia). Roma 1901.
45. Padua *V*: Statuten aus dem 13.—15. Jahrhundert. — Statuta Patavina. Patavii 1682.
46. Parma *E*: 1. Statuten von 1316. — M. h. ad prov. Parm. et Pl. pert. I 2 (ed. Ronchini). Parmae 1859.
    2. Statuten von 1347. — M. h. ad prov. Parm. et Pl. pert. I 3 (ed. A. Ronchini). Parmae 1860.
47. Perugia *U*: Statuten von 1342. — C. st. It. N. 4 und 9 (ed. G. degli Azzi).
48. Piacenza *E*: Statuten von 1391. — Statuta et Decreta antiquae civitatis Placentiae. Brixiae 1560.
49. Pisa *T*: Statuten von 1286. — Statuti inediti della città di Pisa del XII al XIV secolo (ed. F. Bonaini). 1. Band. Firenze 1854.
50. Pistoia *T*: Statuten des Podestà von 1296. — Statutum Potestatis Comunis Pistorii anni MCCLXXXXVI (ed. L. Zdekauer). Mediolani 1888.
51. Ponti *P*: Statuten aus dem 14. Jahrhundert. — C. st. Can. III S. 49 ff., 73 ff., 91 ff.
52. Porlezza und Asteno *L*: Statuten von 1338. — C. st. It. N. 8 S. 303 ff. (ed. E. Anderloni).
53. Porto Venere *Lg*: Statuten von 1370. — Gli statuti di Portovenere (ed. F. Pandiani). Genova 1901.
54. Pranzo *L*: Statuten von 1366. — Le pergamene e la carta di regola del comune di Pranzo (ed. L. Rosati). Rovereto 1904.
55. Ravenna *R*: Statuto Polentano von 1306. — Statuti del Comune di Ravenna

(Dei Monumenti istorici pertinenti alle provincie di Romagna [ed. A. Tarlazzi]). Ravenna 1886.

56. Ripi *D*: Statuten von 1331. — St. della prov. rom. S. 111 ff.
57. Riparolo *P*: Statuten von 1358. — C. st. Can. III S. 127 ff.
58. Roccantica *D*: Statuten von 1326. — St. della prov. rom. S. 51 ff.
59. Rom *D*: Statuten von 1363. — Statuti della Città di Roma del secolo XIV (ed. C. Re). Roma 1880.
60. Romano *P*: Statuten von 1315. — C. st. Can. III S. 154 ff.
61. Rosignano *P*: Statuten von 1306 mit späteren Zusätzen. — Gli statuti inediti di Rosignano (ed. O. Nicodemi). Alessandria 1910.
62. Sambuca Pistoiese *T*: Statuten von 1291. — C. st. It. N. 2 S. 1 ff. (Q. Sàntoli).
63. S. Benigno *P*: Statuten von 1318. — C. st. Can. III S. 212 ff.
64. S. Giorgio canavese *P*: Statuten von 1343. — C. st. Can. III S. 252 ff.
65. S. Piero *T*: Statuten von 1398. — Statuti della Lega di S. Piero in Mercato 1398. C. st. It. N. 7 S. 187 ff. (ed. A. Latini).
66. Siena *T*: Statuten von 1309/10. — Il costituto del Comune di Siena, volg. nel MCCCIX/MCCCX (ed. A. Lisini). 2 Bände. Siena 1903.
67. Tivoli *D*: Statuten von 1305. — St. della prov. rom. S. 135 ff.
68. Turin *P*: Statuten von 1360. — M. h. p. II Sp. 441 ff. (ed. F. Sclopis).
69. Vallassina *L*: Statuten von 1343. — C. st. It. N. 8 S. 167 ff. (ed. A. Lazzati).
70. Valperga *P*: Statuten von 1350. — C. st. Can. III S. 446 ff.
71. Valsassina *L*: Statuten von 1388. — C. st. It. N. 3 S. 249 ff. (ed. E. Anderloni).
72. Valsolda *L*: Statuten von 1266, Reform von 1388. — C. st. It. N. 8 S. 249 ff. (ed. E. Anderloni).
73. Venedig *V*: 1. Liber promissionis maleficii von 1232. Abk. Lib. prom.
    2. Statuten von 1252. Das 6. Buch mit Zusätzen zu den Statuten und zum Lib. prom. stammt aus dem Jahre 1346.
    Statuta Veneta. Venetiis 1548.
74. Vercelli *P*: Statuten aus dem 14. Jahrhundert. — Vercelli 1541.
75. Vergante, Lesa und Meina *L*: Statuten von 1389. — C. st. It. N. 6 S. 177 ff. (ed. E. Anderloni).
76. Verolengo *P*: Statuten aus dem 14. Jahrhundert. — C. st. Can. III S. 530 ff.
77. Verona *V*: Statuten von 1450. — Statuta Civitatis Veronae. Vicentiae 1475.

C. Prozeßakten.

Vgl. Literaturverzeichnis Nr. 70, 83, 86, 144.

Literatur *).

1. Allfeld, Philipp, Die Entwicklung des Begriffes Mord bis zur Carolina. Erlangen 1877.
2. v. Bar, Ludwig, Geschichte des Deutschen Strafrechts und der Strafrechtstheorien (Handbuch des deutschen Strafrechts. 1. Band). Berlin 1882.
3. —, Gesetz und Schuld im Strafrecht. 2. Band. Berlin 1907. — 3. Band. Berlin 1909.
   Abk. Ges. u. Sch.
4. Beling, Ernst, Retorsion und Kompensation von Beleidigungen und Körperverletzungen (Str. Abh. H. 5). Breslau 1894.
   Abk. Retorsion u. Kompensation.
5. Berlan, Francesco, Gli statuti municipali milanesi dall' XI al XVI secolo. Milano 1864.
6. Beschütz, Die Fahrlässigkeit innerhalb der geschichtlichen Entwicklung der Schuldlehre (Strafr. Abh. H. 76). Breslau 1907.
   Abk. Fahrlässigkeit.
7. Besta, Enrico, Storia del diritto italiano (publ. sotto la direzione di Pasquale del Giudice). Vol. 1. Fonti: Legislazione e scienza giuridica dalla caduta dell' impero romano al secolo decimoquinto. 2 Teile. Milano 1923—25.
   Abk. Storia.
8. —, Il diritto pubblico nell' Italia superiore e media dalla restitutione dell' impero al sorgere dei comuni. Pisa 1925.
9. Biener, F. A., Über die historische Methode und ihre Anwendung auf das Criminalrecht. Neues Archiv des Criminalrechts 10 S. 605 ff.
10. Blandini, Giacomo, Note sul diritto penale dell' editto langobardo. Arch. giur. 51 S. 579 ff.
11. Binding, Karl, Lehrbuch des Gemeinen Deutschen Strafrechts. Besonderer Teil. 2 Bände. Leipzig 1902—1905.
    Abk. Lehrbuch.
12. —, Strafrechtliche und strafprozessuale Abhandlungen. 1. Band. Strafrecht. München und Leipzig 1915.
    Abk. Abhandlungen.
13. —, Die Normen und ihre Übertretung. 2. Band, 2. Hälfte. 2. Aufl. Leipzig 1916. — 3. Band. Leipzig 1918. — 4. Band, 1. Abt. Leipzig 1919.
    Abk. Normen.
14. Bohne, Gotthold, Die Freiheitsstrafe in den italienischen Stadtrechten des 12. bis 16. Jahrhunderts. 1. Teil. Das Aufkommen der Freiheitsstrafe (Leipziger rechtswissenschaftliche Studien, hrsg. von der Leipziger Juristenfakultät H. 4). Leipzig 1922. — 2. Teil. Der Vollzug der Freiheitsstrafe (ebendort H. 9). Leipzig 1925.
    Abk. FrStr.

*) Unerwähnt bleiben in diesem Verzeichnis die Rezensionen zu hier aufgeführten Arbeiten.

15. —, Zur Stellung der Frau im Prozeß- und Strafrecht der italienischen Statuten (Gedenkschrift für Ludwig Mitteis. Leipziger rechtswissenschaftliche Studien, hrsg. von der Leipziger Juristenfakultät H. 11 S. 89 ff.). Leipzig 1926.
16. Brugi, Biagio, Per la storia della giurisprudenza e delle università italiane (Nuova raccolta di scritti giuridici. Vol. VII). Torino 1921.
Abk. Storia.
17. —, Alcune osservazioni sul periodo storico dei post-glossatori in Italia. Arch. giur. 26 S. 401 ff.
18. —, I giureconsulti italiani del secolo XVI. Arch. giur. 70 S. 247 ff.
19. Brunnenmeister, E., Die Quellen der Bambergensis. Ein Beitrag zur Geschichte des Deutschen Strafrechts. Leipzig 1879.
Abk. Quellen.
20. Brunner, Heinrich, Deutsche Rechtsgeschichte. 2. Aufl., hrsg. von Claudius Frh. v. Schwerin. 2 Bände. München und Leipzig 1906—1928.
Abk. RG.
21. Bühler, Johannes, Die Kultur des Mittelalters. Leipzig o. J. (Alfred Kröner Verlag).
22. Burckhardt, Jacob, Die Kultur der Renaissance in Italien. 16. Aufl. Leipzig o. J. (Alfred Kröner Verlag).
Abk. Renaissance.
23. Calasso, Francesco, La legislazione statutaria dell'Italia meridionale. P. 1. Le basi storiche (Le libertà cittadine dalla fondazione del regno all'epoca degli statuti). Roma 1929.
24. Calisse, Carlo, Storia del diritto penale italiano dal secolo VI al XIX. Firenze 1895.
25. Campiche, Claude, Die Comunalverfassung von Como im 12. und 13. Jahrhundert (Schweizer Studien zur Geschichtswissenschaft XV, H. 2). 1929.
26. Chiappelli, Luigi, Vita e opere giuridiche di Cino da Pistoia. Pistoia 1881.
27. —, La polemica contro i legisti dei secoli XIV, XV e XVI. Arch. giur. 26 S. 295 ff.
28. Ciccaglione, Federico, Manuale di storia del diritto italiano. Vol. I e II. Milano o. J.
Abk. Manuale.
29. Cohn, Ludwig, Zur Lehre vom versuchten und unvollendeten Verbrechen. 1. Band. Breslau 1880.
30. Davidsohn, Robert, Geschichte von Florenz. 4 Bände. Berlin 1896—1927.
Abk. Gesch. v. Fl.
31. —, Forschungen zur Geschichte von Florenz. 4 Teile. Berlin 1896—1908.
Abk. Forschungen.
32. De Antonellis, C., De' principi di diritto penale che si contengono nella divina commedia. Città di Castello 1894.
33. degli Azzi, Giustiniano, Della polizia negli statuti dei comuni italiani del medio evo. Perugia 1900.
34. del Lungo, Isidoro, La gente nuova in Firenze ai tempi di Dante. Firenze 1882.
35. Dempf, Alois, Die Hauptform mittelalterlicher Weltanschauung. München und Berlin 1925.
36. Doleisch v. Dolsperg, Franz, Die Entstehung der Freiheitsstrafe unter

besonderer Berücksichtigung des Auftretens moderner Freiheitsstrafe in England (Str. Abh. H. 244). Breslau 1928.
Abk. Freiheitsstrafe.

37. Dorini, Umberto, Il diritto penale e la delinquenza in Firenze nel sec. XIV. Lucca o. J.
Abk. Dorini.

38. Ducange, Glossarium mediae et infimae Latinitatis. 10 Bände. Niort 1883—1887.
Abk. Ducange.

39. Engelmann, Woldemar, Die Schuldlehre der Postglossatoren und ihre Fortentwicklung. Leipzig 1895.
Abk. Schuldlehre.

40. —, Der geistige Urheber des Verbrechens nach dem italienischen Recht des Mittelalters (Festschrift für Karl Binding zum 4. Juni 1911. 2. Band S. 387 ff.). Leipzig 1911.
Abk. Urheber.

41. —, Rechtsirrtum und Dolus im römischen und gemeinen italienischen Recht. G. S. 86 S. 161 ff.

42. —, Irrtum und Schuld nach der italienischen Lehre und Praxis des Mittelalters. Berlin 1922.
Abk. Irrtum u. Schuld.

43. Falchi, Giuseppino Ferruccio, Diritto penale romano (dottrine generali). Treviso 1930.
Abk. dir. pen.

44. Falletti-Fossati, Carlo, Costumi senesi nella seconda metà del secolo XIV. Siena 1882.
Abk. costumi senesi.

45. Ficker, Julius, Forschungen zur Reichs- und Rechtsgeschichte Italiens. 4 Bände. Innsbruck 1868—1874.
Abk. Forschungen.

46. Finzi, Marcello, I falsarj nell' inferno dantesco. Città di Castello 1924.

47. Frati, Lodovico, La vita privata di Bologna dal secolo XIII al XVII con appendice di documenti inediti. Bologna 1900.
Abk. vita privata.

48. Gessler, Zur Lehre von der Urkunden-Fälschung. G. S. 14 S. 120 ff.

49. v. Gierke, Otto, Das deutsche Genossenschaftsrecht. 3. Band. Berlin 1881.
Abk. GenR.

50. Gigliotti, Biagio, Memorie e documenti per servire all'istoria della città e stato di Lucca. T. III P. 2 S. 71 ff.

51. Gretener, Xaver, Begünstigung und Hehlerei in historisch-dogmatischer Darstellung. München 1879.

52. Grupp, Georg, Kulturgeschichte des Mittelalters. 6 Bände. Paderborn 1919—1925. Band I—IV in 3. Aufl.

53. Günther, L., Die Idee der Wiedervergeltung in der Geschichte und Philosophie des Strafrechts. 3 Abteilungen. Erlangen 1889—1895.
Abk. Wiedervergeltung.

54. Gutzwiller, Max, Le développement historique du droit international privé. Paris 1929.

55. Hälschner, Hugo, Geschichte des Brandenburgisch-Preußischen Strafrechts. Bonn 1855.

56. —, System des Preußischen Strafrechtes. 2 Teile. Bonn 1858, 1868.
Abk. System.

57. —, Ehrenerklärung, Widerruf und Abbitte in ihrer geschichtlichen Entwickelung und in ihrem Verhältnisse zur heutigen Gesetzgebung. G.S. 16 S. 321 ff.

58. Hafter, Ernst, Die Delikts- und Straffähigkeit der Personenverbände. Berlin 1903.

59. Heimberger, Joseph, Die Teilnahme am Verbrechen in Gesetzgebung und Litteratur von Schwarzenberg bis Feuerbach. Freiburg i. B. und Leipzig 1896.

60. Heinemann, Franz, Das Crimen falsi in der altitalienischen Doktrin. Berlin 1904.
Abk. Crimen falsi.

61. Hinschius, Paul, Das Kirchenrecht der Katholiken und Protestanten in Deutschland. 4. Band. Berlin 1888. — 5. Band (2. Abt.). Berlin 1893—1895.
Abk. KR.

62. v. Hippel, Robert, Deutsches Strafrecht. 1. Band. Allgemeine Grundlagen. Berlin 1925.

63. —, Beiträge zur Geschichte der Freiheitsstrafe. Z. St. W. 18 S. 419 ff., 608 ff.

64. His, Rudolf, Geschichte des Deutschen Strafrechts bis zur Karolina. München und Berlin 1928.
Abk. G. D. StrR.

65. —, Das Strafrecht des deutschen Mittelalters. 1. Teil. Leipzig 1920.
Abk. StrR. d. MA.

66. Höpfner, Wilhelm, Einheit und Mehrheit der Verbrechen. 1. Band. Berlin 1901.

67. Hoffmann, Ernst, Der philosophische und pädagogische Charakter der Hochscholastik. Bühl (Baden) o. J.

68. v. Holtzendorff, Fr., Handbuch des deutschen Strafrechts. 3. Bände. Berlin 1871—1874.
Abk. Handbuch.

69. Hurter, H., Nomenclator literarius Theologiae Catholicae. T. II. Ed. tertia. Oeniponte 1906.

70. Kantorowicz, Hermann, Albertus Gandinus und das Strafrecht der Scholastik. 2 Bände. Berlin und Leipzig. — 1. Band. Die Praxis (Ausgewählte Strafprozeßakten des dreizehnten Jahrhunderts nebst diplomatischer Einleitung). Berlin 1907. — 2. Band. Die Theorie (Kritische Ausgabe des Tractatus de maleficiis nebst textkritischer Einleitung). Berlin und Leipzig 1926.
Abk. des 1. Bandes: Kantorowicz.

71. —, Dante der Teilnahme am Morde schuldig? G.A. 54 S. 118 ff.

72. —, Studien zum altitalienischen Strafprozeß. Z. St. W. 44 S. 97 ff.

73. —, Geschichte des Gandinustextes. Sav. Z. R.Abt. 42 S. 1 ff., 43 S. 1 ff.

74. —, Leben und Schriften des Albertus Gandinus. Sav. Z. R.Abt. 44 S. 224 ff.

75. Katz, Edwin, Ein Grundriß des kanonischen Strafrechts. Berlin und Leipzig 1881.
Abk. Katz.

76. Köstlin, C. Reinhold, System des deutschen Strafrechts. Allgem. Theil. Tübingen 1855.

77. —, Abhandlungen aus dem Strafrechte. Tübingen 1858.
Abk. Abhandlungen.

78. Kohler, Josef, Studien aus dem Strafrecht. 2.—6. Band. Mannheim 1890—97.
Abk. Kohler bzw. Kohler, Studien.
79. —, Shakespeare vor dem Forum der Jurisprudenz. 2. Aufl. Berlin und Leipzig 1919.
Abk. Shakespeare.
80. —, Ehre und Beleidigung. G. A. 47 S. 1 ff., 98 ff.
81. —, Dante und die Homosexualität. G. A. 48 S. 63 ff.
82. —, Die Fälscher in Dantes Hölle. G. A. 48 S. 334 ff.
83. —, Urkundliche Beiträge zur Geschichte des Strafrechts. G. A. 51 S. 310 ff., 52 S. 231 ff., 307 ff., 53 S. 26 ff., 261 ff.
84. —, Zweikampf, Folter und Kronzeugnis in den italienischen Stadtrechten. G. A. 56 S. 1 ff.
85. —, Teilnahme und Urheberschaft. G. A. 58 S. 1 ff.
86. Kohler-degli Azzi, Das Florentiner Strafrecht des XIV. Jahrhunderts (Quellen zur Geschichte des Strafrechts außerhalb des Carolinakreises). Mannheim und Leipzig o. J.
Abk. Kohler-degli Azzi.
87. Kollmann, Horst, Die Lehre vom versari in re illicita im Rahmen des Corpus iuris canonici. Z. St. W. 35 S. 46 ff.
88. Kriegsmann, N. Hermann, Einführung in die Gefängniskunde. Heidelberg 1912.
89. Kuhlmann, B. C., Der Gesetzesbegriff beim Hl. Thomas von Aquin im Lichte des Rechtsstudiums seiner Zeit. Bonn 1912.
90. Kulischer, Josef, Allgemeine Wirtschaftsgeschichte des Mittelalters und der Neuzeit. 1. Band. Das Mittelalter. München und Leipzig 1928.
Abk. WG.
91. Kuttner, Stephan, Die juristische Natur der falschen Beweisaussage (Ein Beitrag zur Geschichte und Systematik der Eidesdelikte, zugleich zur Frage einer Beschränkung der Strafbarkeit auf erhebliche falsche Aussagen). Berlin und Leipzig 1931.
92. La Mantia, Vito, Storia della legislazione italiana. Vol. I. Roma, Torino, Firenze 1884.
Abk. Storia.
93. Lattes, Alessandro, Studii di diritto statutario. Milano 1887.
Abk. Studii.
94. —, Il diritto consuetudinario delle città lombarde con una appendice di testi inediti. Milano 1899.
Abk. dir. cons.
95. Liepmann, Moritz, Gedanken über den Rechtsirrtum im Strafrecht. Z. St. W. 38 S. 21 ff., 39 S. 525 ff.
96. v. Liszt, Franz, Meineid und falsches Zeungis. Wien 1876.
97. v. Liszt-Schmidt, Lehrbuch des deutschen Strafrechts. 25. Aufl. Berlin und Leipzig 1927.
98. Löffler, Alexander, Die Schuldformen des Strafrechts in vergleichend-historischer und dogmatischer Darstellung. Leipzig 1895.
Abk. Schuldformen.
99. L'opera di Baldo per cura dell' università di Perugia nel V Centenario della morte del grande giureconsulto. Perugia 1901.
100. Luden, Heinrich, Abhandlungen aus dem gemeinen teutschen Strafrechte. I. Band. Über den Versuch des Verbrechens nach gemeinem teutschen Rechte. Göttingen 1836.

101. Mayer, Hellmuth, Die Untreue im Zusammenhang der Vermögensverbrechen. München, Berlin, Leipzig 1926.

102. Merkel, Adolf, Kriminalistische Abhandlungen. 2. Band. Lehre vom strafbaren Betruge. 1. Abt. Leipzig 1867.

103. Mestre, Achille, Les personnes morales et le problème de leur responsabilité pénale. Paris 1899.
Abk. pers. mor.

104. Molmenti, P. G., La storia di Venetia nella vita privata dalle origini alla caduta della repubblica. Torino 1880.
Abk. storia di Venetia.

105. Mommsen, Theodor, Römisches Strafrecht. Leipzig 1899.
Abk. R. StrR.

106. Nagler, Johannes, Die Strafe. Eine juristisch-empirische Untersuchung. 1. Hälfte. Leipzig 1918.
Abk. Strafe.

107. Neumeyer, Karl, Historische und dogmatische Darstellung des strafbaren Bankerotts unter besonders eingehender Untersuchung der Schuldfrage. München 1891.
Abk. Bankerott.

108. —, Die gemeinrechtliche Entwicklung des internationalen Privat- und Strafrechts bis Bartolus. 2 Teile. München 1901, 1916.

109. Orlando, V. E., La legislazione statutaria e i giureconsulti italiani del secolo XIV. Palermo 1884.
Abk. legisl. stat.

110. Osenbrüggen, Eduard, Das Strafrecht der Langobarden. Schaffhausen 1863.
Abk. Lgb.

111. Pertile, Antonio, Storia del diritto italiano dalla caduta dell' impero romano alla codificazione. 2. ed. Vol. II. Storia del diritto pubblico e delle fonti (per cura di Pasquale del Giudice). 2 Teile. Torino 1897—98. — Vol. V. Storia del diritto penale. Roma, Napoli, Milano 1892.
Abk. Pertile.

112. Radbruch, Gustav, Der Raub in der Carolina (Festschrift für Max Pappenheim S. 37 ff.). Breslau 1931.

113. Roßhirt, Konrad Franz, Geschichte und System des deutschen Strafrechts. 3 Teile. Stuttgart 1838—1839.

114. Salvioli, Giuseppe, La casa e la sua inviolabilità in Italia dopo il secolo XIII secondo gli statuti e la giurisprudenza (Per il XXXV anno d'insegnamento di Filippo Serafini [studi giuridici] S. 389 ff.). Firenze 1892.
Abk. La casa.

115. —, Storia del diritto italiano. 8. ed. Torino 1921.
Abk. Storia.

116. v. Savigny, Friedrich Carl, Geschichte des Römischen Rechts im Mittelalter. 2. Ausg. 7 Bände. Heidelberg 1834—1851.
Abk. R. R. i. MA.

117. Schaffstein, Friedrich, Die allgemeinen Lehren vom Verbrechen in ihrer Entwicklung durch die Wissenschaft des gemeinen Strafrechts. Berlin 1930.
Abk. Schaffstein.

118. Schaube, Adolf, Handelsgeschichte der romanischen Völker des Mittelmeergebiets bis zum Ende der Kreuzzüge. München und Berlin 1906.
119. Schelb, Wilhelm, Staatsverwaltung und Selbstverwaltung, staatliche Rechtspflege und Sondergerichtsbarkeit im Stadtstaat Bologna unter der ausgebildeten Demokratie (Freiburger Abhandlungen aus dem Gebiete des öffentlichen Rechts H. 17). Karlsruhe 1911.
Abk. Schelb.
120. Schmidt, Richard, Die Aufgaben der Strafrechtspflege. Leipzig 1895.
Abk. Aufgaben.
121. —, Die Strafrechtsreform in ihrer staatsrechtlichen und politischen Bedeutung (Kritische Beiträge zur Strafrechtsreform, hrsg. von Birkmeyer und Nagler, H. 15). Leipzig 1912.
Abk. Strafrechtsreform.
122. —, Königsrecht, Kirchenrecht und Stadtrecht beim Aufbau des Inquisitionsprozesses (Festgabe der Leipziger Juristenfakultät für Rudolph Sohm zum 8. Juli 1914). München und Leipzig 1915.
123. Schottlaender, Adolf, Die geschichtliche Entwicklung des Satzes Nulla poena sine lege (Str. Abh. H. 132). Breslau 1911.
124. Schröder, Richard, Lehrbuch der deutschen Rechtsgeschichte. 6. Aufl., hrsg. von Eberhard Frh. v. Künssberg. 2 Bände. Berlin und Leipzig 1919—1922.
125. v. Schulte, Joh. Friedrich, Die Geschichte der Quellen und Literatur des canonischen Rechts von Gratian bis auf die Gegenwart. 1. Band. Stuttgart 1875. — 2. Band. Stuttgart 1877.
126. Schultz, Alwin, Das häusliche Leben der europäischen Kulturvölker vom Mittelalter bis zur zweiten Hälfte des XVIII. Jahrhunderts. München und Berlin 1903.
127. Schupfer, Francesco, Manuale di storia del diritto italiano (Le fonti, leggi e scienza). 4. ed. Roma, Torino, Firenze; Città di Castello 1908.
Abk. Manuale.
128. Sclopis, Federigo, Storia della legislazione italiana. Torino 1863.
Abk. Storia.
129. Seeger, Hermann, Die Ausbildung der Lehre vom Versuch der Verbrechen in der Wissenschaft des Mittelalters. Tübingen 1869.
Abk. Versuch.
130. —, Abhandlungen aus dem Strafrechte. Tübingen 1858.
Abk. Abhandlungen.
131. —, Strafrechtspflege und Wissenschaft in ihren wechselseitigen Beziehungen. G. S. 24 S. 205 ff.
132. Seggelke, Günter, Die Entstehung der Freiheitsstrafe (Str. Abh. H. 242). Breslau 1928.
Abk. Freiheitsstrafe.
133. Sella, Pietro, Legislazione statutaria Biellese. Milano 1908.
134. —, Il procedimento civile nella legislazione statutaria italiana. Milano 1927.
Abk. proc. civ.
135. Solmi, Arrigo, Diritto longobardo e diritto nordico. Arch. giur. 61 S. 509ff.
136. —, Alberto da Gandino e il diritto statutario nella giurisprudenza del sec. XIII. R. I. S. G. 32 S. 128 ff.
137. Stintzing, Roderich, Geschichte der populären Literatur des römisch-

kanonischen Rechts in Deutschland am Ende des fünfzehnten und im Anfang des sechzehnten Jahrhunderts. Leipzig 1867.
Abk. Geschichte der populären Literatur.

138. —, Geschichte der Deutschen Rechtswissenschaft. 1. Abt. München und Leipzig 1880.

139. Tamassia, Nino, La famiglia italiana nei secoli decimoquinto e decimosesto. Milano, Palermo, Napoli 1910.
Abk. famiglia italiana.

140. v. Wächter, Carl Georg, Abhandlungen aus dem Strafrechte. 1. Band. Leipzig 1835.

141. Weber, Max, Grundriß der Sozialökonomik. 3. Abt.. Wirtschaft und Gesellschaft. Tübingen 1921.
Abk. Wirtsch. u. Ges.

142. Wilda, Wilhelm Eduard, Das Strafrecht der Germanen. Halle 1842.
Abk. StrR. d. Germ.

143. Wolff, Konrad, Der Parteiverrat des Sachwalters (Die Prävarikation in Geschichte und Gegenwart). Mannheim, Berlin, Leipzig 1930.

144. Zaccagnini, Guido, La vita dei maestri e degli scolari nello studio di Bologna nei secoli XIIIe XIV. Genève 1926.

145. Zachariä, Die Lehre vom Versuche der Verbrechen. 2 Teile. Göttingen 1836, 1839.

146. Zechbauer, Fritz, Das mittelalterliche Strafrecht Siziliens nach Friedrichs II. Constitutiones Regni Siciliae und den sizilischen Stadtrechten. Berlin 1908.
Abk. Zechbauer.

Verzeichnis der Abkürzungen

(soweit sie nicht schon im Quellen- und Literaturverzeichnis angegeben sind).

Arch. giur. Archivio giuridico.
D. J. Z. Deutsche Juristenzeitung.
D. Lit.Z. Deutsche Literaturzeitung.
G. A. Goltdammers Archiv für Strafrecht.
G. S. Gerichtssaal.
J. W. Juristische Wochenschrift.
Kr. Vjschr. Kritische Vierteljahresschrift für Gesetzgebung und Rechtswissenschaft.
R. I. S. G. Rivista italiana per le scienze giuridiche.
Sav. Z. R. Abt. Zeitschrift der Savigny-Stiftung für Rechtsgeschichte. Romanistische Abteilung.
Str. Abh. Strafrechtliche Abhandlungen.
Z. St. W. Zeitschrift für die gesamte Strafrechtswissenschaft.

Auth. Authenticum.
Cons. Consilium (Gutachten).
M. h. p. Monumenta historiae patriae. Vgl. Quellenverz.
Rubr. Abschnitt super Rubrica (in den Schriften der Theoretiker).
Tr. Tractatus
Tr. un. iur. Tractatus universi iuris. Venetiis 1584.

Das Corpus iuris civilis und Corpus iuris canonici ist in der heute üblichen Art, also nach Zahlen, nicht nach den Anfangsworten zitiert.

Die Statuten sind durch Angabe von Ort und Jahreszahl, wo die sichere Datierung nicht möglich ist, nur durch Ortsangabe bezeichnet. Das Buch ist mit römischen, der Unterabschnitt (Rubrum, Kapitel usw.) mit arabischen Ziffern angegeben. Wo die Einteilung in Bücher fehlt, ist der Unterabschnitt durch den Buchstaben r. (Rubrum, Rubrica) mit der entsprechenden Zahl verdeutlicht. Beispiele: Perugia 1342 III 12 = Statuten von Perugia von 1342, 3. Buch, 12. Kapitel. Biella r. 4 = Statut von Biella, 4. Rubrum.

Wo die Ausgaben nur einseitig foliiert sind, ist die Rückseite des foliierten Blatts durch R. (Rückseite), wo die Seiten noch untergeteilt sind, ist die einzelne Kolumne mit Sp. (Spalte) bezeichnet. Beispiele: Vercelli S. 15 R. = Statuten von Vercelli Bl. 15 (der hier benutzten Ausgabe), Rückseite. Ivrea Sp. 1095 = Statuten von Ivrea (in der aus dem Quellenverzeichnis ersichtlichen Sammlung), Spalte (Kolumne) 1095.

Einleitung.

An der Entwicklung des modernen Strafrechts hat die italienische Rechtswissenschaft des ausgehenden Mittelalters entscheidenden Anteil. Das ist bekannt und dargestellt. So wissen wir aus den Forschungen Brunnenmeisters, wie italienischer Einfluß in Deutschland wirkte und das moderne Strafrecht möglich machte. Damit wachsen deutsche und italienische Rechtsgeschichte zusammen, und so wird allgemein die Frage nach Art und Ursprung der italienischen Theorie bedeutsam für die Erkenntnis der europäischen Entwicklung überhaupt.

Nun ist dieser Fragenkreis noch keineswegs völlig geklärt. Ungeklärt sind vor allem die Wechselbeziehungen zwischen Lehre und Praxis, Beziehungen, die für die Gestaltung der Theorie und damit die spätere Entwicklung bedeutsam wurden. Die Wissenschaft nämlich wächst — auf die Dauer — nicht aus den römischen Quellen allein, sondern berührt sich aufs engste mit der Praxis [1]).

Den älteren Theoretikern des 12. und 13. Jahrhunderts freilich, den Glossatoren, ist es zunächst um die Erkenntnis der Quellen zu tun. Die exegetische Behandlung des Corpus iuris nimmt alle Kräfte in Anspruch, das praktisch geltende Recht tritt in der Theorie zurück. Erst später, als um die Wende des 13. und 14. Jahrhunderts der Quellenstoff verarbeitet, das gemeine Recht (so wie man es verstand) bekannt geworden ist, bemerkt man den Abstand vom angewandten Recht [2]). Zu dieser Erkenntnis führt praktische Er-

[1]) Einzelne Bemerkungen bei Salvioli, Storia 13, 119, 127 ff., 155, 712, Ciccaglione, Manuale II 28, Besta, Storia I 880, Schupfer, Manuale 292 ff., Brugi, Storia 68 ff., Orlando, legisl. stat. 19 f., Solmi, R. I. S. G. 1901 S. 163 ff., v. Savigny, R. R. i. MA. VI 21 ff., Seeger, G. S. 24 S. 209, Engelmann, Schuldlehre 5 ff.

[2]) Es gilt für das Verhältnis des Mittelalters zum römischen Recht das gleiche, was sich auch sonst über die Beziehungen jener Zeit zur Antike sagen läßt. Schon das Mittelalter kennt die Antike und sieht darin ein Vollkommenheitsideal. Die Renaissance aber reflektiert über die Antike und bemerkt den Abstand von der Gegenwart. Vgl. darüber Bühler, Die Kultur des Mittelalters 6 ff., 98. — So halten sich auch die Juristen zunächst ohne historischen Sinn an das antike Vorbild. Erst allmählich wird dann das alte Recht der veränderten Gegenwart angepaßt.

fahrung. Denn die meisten Schriftsteller des 14. Jahrhunderts waren als Praktiker tätig. So waren Gandinus [3]), Cinus [4]) und vielleicht auch Rainerius de Forlivio [5]) Richter, Albericus de Rosciate [6]) und Baldus [7]) Advokaten [8]), Oldradus [9]), Bartolus [10]), Lucas de Penna [11]) und Angelus de Ubaldis [12]) beides, manche auch in der Verwaltung (so Baldus, Angelus und Salicetus [13])) oder bei der Gesetzgebung (Albericus de Rosciate [14])) tätig. Die Erfahrungen aus diesen Tätigkeiten wurden für die Wissenschaft nutzbar gemacht: Die Gutachtenpraxis fand in den Consiliensammlungen ihren Niederschlag, aber auch in Kommentaren, Traktaten, Rechtswörterbüchern häufen sich die praktischen Beobachtungen. Zugleich weicht methodisch die Exegese der älteren Zeit einer analytisch-dialektischen Denkweise, die auf Erörterung des Einzelfalls hindrängt.

So wurde die Rechtslehre umgestaltet und den neuen Verhältnissen angepaßt, aber umgekehrt auch das angewandte Recht von der Lehre beeinflußt. Die verwandelte und modernisierte Wissenschaft gab der Praxis zurück, was sie empfangen hatte. Die Voraussetzungen waren günstig dafür. Denn die gemeinrechtliche Wissenschaft nahm Anschauungen auf, wie sie im Gewohnheits- und Statutarrecht nie ganz erloschen waren. Romanistische Vorstellungen hatten sich in ganz Italien erhalten, am stärksten natürlich in den Gebieten, die von der germanischen Herrschaft verschont blieben oder wieder davon befreit wurden: im griechisch-normannischen Gebiet, in Unteritalien und auf den Inseln, im Exarchat, in Rom und Venedig [15]).

---

3) Über das Leben des Gandinus vgl. Kantorowicz, Sav. Z. R. Abt. 44 S. 226 ff. und die Regesten bei Kantorowicz I 373 ff.

4) v. Savigny, R. R. i. MA. VI 77.

5) v. Savigny, R. R. i. MA. VI 188 f.

6) v. Savigny, R. R. i. MA. VI 127.

7) v. Savigny, R. R. i. MA. VI 218 f.

8) Unter Advokaten hat man sich nicht eigentlich Parteivertreter vorzustellen — das waren die Prokuratoren —, sondern Prozeßbeistände. Es galt die Begriffsbestimmung des Bulgarus: »Advocati sunt, qui et patroni dicuntur, qui ingrediuntur iudicium, utrique parti suum praestantes auxilium, quorum est officium causas perorare quousque voluerit.« (Sella, Proc. civ. 14.)

9) v. Savigny, R. R. i. MA. VI 55 f.

10) v. Savigny, R. R. i. MA. VI 146.

11) v. Savigny, R. R. i. MA. VI 201 f.

12) v. Savigny, R. R. i. MA. VI 250.

13) v. Savigny, R. R. i. MA. VI 221, 224, 253, 263.

14) v. Savigny, R. R. i. MA. VI 127, Besta, Storia I 514, Lattes, dir. cons. 27.

15) Ich verweise auf die allgemeinen Darstellungen zur italienischen Rechtsgeschichte von Schupfer, Salvioli, Ciccaglione, Besta, Pertile.

Aber selbst im Recht der deutschen Eroberer, im Edikt Rothars etwa, waren römische Rechtsgedanken verarbeitet [16]). Also überall Anknüpfungspunkte für die Wissenschaft des erneuerten römischen Rechts, das sich immer mehr verbreitete. Die Universitäten entließen Scharen gemeinrechtlich gebildeter Notare, Richter und Kleriker in alle Landschaften Italiens. Das gemeine Recht wurde als unmittelbar geltende Norm angesehen und praktisch angewandt jedenfalls dann, wenn Sondergesetze fehlten oder lückenhaft waren. Aber auch in der Gesetzgebung treten die Juristen immer mehr in den Vordergrund, zuerst neben den Laien, später an deren Stelle [17]), und das lief wieder auf ein Vordringen des gemeinen Rechts und wissenschaftlicher Einflüsse in der Praxis hinaus. So durchdringen sich Volks- und Gelehrtenrecht, romanistische und deutschrechtliche Elemente.

Diese fruchtbaren und rechtsgeschichtlich wichtigen Beziehungen darzustellen wird hier versucht. Die Anregung zu dieser Fragestellung gaben die Arbeiten Hermann Kantorowiczs, der im Vorwort zum ersten Bande seines großen Gandinuswerks (S. VII) den Plan zu einer ähnlichen Untersuchung für einen früheren Zeitraum entwickelt. Diesen Plan, die aus den Forschungsergebnissen der ersten Bände ersichtliche Trennung von Theorie und Praxis in einem dritten Bande als Ausdruck des scholastischen Geistes zu deuten und einem allgemeineren geistesgeschichtlichen Zusammenhang einzuordnen, hat Kantorowicz nicht ausgeführt. Auch dieser Arbeit ist — unter gleichen Gesichtspunkten — ein anderes Ziel gesetzt. Sie will die Beziehungen zwischen Theorie und Praxis für eine spätere Zeit klarstellen, nämlich für das 14. Jahrhundert, in dem Wissenschaft und Rechtsanwendung sich vielfach durchdringen, jener Auseinanderfall also, wie Kantorowicz ihn sah, in vielem gemildert und aufgehoben scheint.

Über das verwertete Quellenmaterial gibt die Übersicht am Anfang des Buches Rechenschaft. Den Wert der einzelnen Quellenkategorien für die Erkenntnis der Praxis sucht der zweite Abschnitt der Arbeit zu klären. Hier bleibt noch übrig, die moderne Literatur über dieses Gebiet zu würdigen.

1. **Praxis:** Der städtischen Gesetzgebung Italiens hat Kohler (Studien aus dem Strafrecht, Band 2—6) eine eingehende und zuverlässige Darstellung gewidmet. Seine Ergebnisse bedürfen jedoch,

---

16) Schupfer, Manuale 115 ff.

17) Schupfer, Manuale 407, Ciccaglione, Manuale II 28, 64, Salvioli, Storia 86, Lattes, dir. cons. 57 ff. Vgl. auch S. 2 Anm. 14.

wie mir scheint, in dreifacher Hinsicht der Korrektur und Ergänzung. Kohler bietet im wesentlichen eine Aufzählung der Quellen und Straftarife, verzichtet aber auf die eingehendere Beschreibung der strafrechtlichen Tatbestände, der Einzeldelikte wie der allgemeinen Rechtsformen. Er vernachlässigt also gerade die Seite des Strafrechts, die für die Untersuchung der Beziehungen zwischen Wissenschaft und Praxis besonders bedeutsam ist. Aber auch im Rahmen der von ihm behandelten Erscheinungen ergibt sich ein allzu undeutliches, gelegentlich schiefes Bild dadurch, daß Kohler die ganze Statutarperiode, einen sechs Jahrhunderte umfassenden Zeitraum, als statische Einheit behandelt. Dieser Eindruck bedarf einer Berichtigung durch zeitlich begrenzte Untersuchungen, wie es hier für den Zeitraum etwa eines Jahrhunderts versucht ist. Endlich stehen die Dinge bei Kohler im leeren Raum. Die Rechtsnormen werden für sich betrachtet, nicht eingeordnet in den kulturgeschichtlichen Zusammenhang der Zeitverhältnisse. Auf diese Weise aber bleibt manches dunkel, was nur aus jenen Zusammenhängen erklärt werden kann.

Von diesem Mangel [18]) hält sich Bohne frei, der zum erstenmal die Freiheitsstrafe und den Strafvollzug in den Stadtrechten Italiens eingehend untersucht hat. Der Wert seiner Darstellung wird auch dadurch nicht aufgehoben, daß Bohnes These über den Ursprung der modernen Freiheitsstrafe im italienischen Statutarrecht sich offenbar nicht halten läßt. Freilich scheint auch uns bedenklich, daß Bohne wie Kohler das halbe Jahrtausend der Statutargesetzgebung als Einheit behandelt und gar diese Einheit ihrer geistesgeschichtlichen Struktur nach als »Renaissance« deutet [19]). Dem Gegenstand nach ergänzt sich Bohnes Arbeit mit diesem Versuch, der den Strafvollzug nicht mitumfaßt und das Strafensystem nur in summarischer Darstellung schildert.

2. Weltliche Theorie: Die italienische Theorie des 14. Jahrhunderts ist m. W. in ihrer Gesamtheit noch nicht dargestellt worden. Als Gesamtdarstellung kann und will auch nicht die hervorragende

---

18) Über die kulturgeschichtlichen Zusammenhänge, namentlich die wirtschaftlichen Hintergründe der Rechtsentwicklung und die Kriminalität des Mittelalters unterrichten besonders eindrucksvoll die im Literaturverzeichnis angegebenen Arbeiten von Richard Schmidt.

19) Vgl. Bohne, FrStr. I 10 ff., 154 ff. Gegen die Periodenvermengung bei Bohne wendet sich schon in treffenden Ausführungen Eberhard Schmidt, Z. St. W. 45 S. 316 f. Noch augenfälliger vielleicht als in seinem Hauptwerk tritt die Unzulässigkeit dieser Renaissancedeutung in Bohnes Schrift »Zur Stellung der Frau im Prozeß- und Strafrecht der italienischen Statuten« hervor. Vgl. auch S. 31 f.

Arbeit Brunnenmeisters gelten, die, um die Einflüsse der italienischen Theorie auf die deutschrechtliche Entwicklung zu schildern, die entsprechenden Teile dieser Lehre beschreibt. Vollständiger ist dem Gegenstand nach die Darstellung Hälschners im System des preußischen Strafrechts. Wie das aber nach der Anlage des Werks nicht anders möglich war, behandelt Hälschner die Theorie für unsere Zwecke allzu summarisch und vermittelt auch unzutreffende Eindrücke durch eine allzustarke Hervorhebung von Schriftstellern späterer Zeiten gegenüber den Juristen des 13. und 14. Jahrhunderts.

Neben diesen allgemeineren Darstellungen der Lehre waren eine Anzahl von Monographien über Einzelfragen heranzuziehen, so die wertvollen Arbeiten von Seeger über Versuch und Notwehr, von Engelmann über die Teilnahme und von Engelmann, Löffler und Binding über die Schuldlehre der Postglossatoren. Aufschlußreiche Bemerkungen über die mittelalterliche Strafe bietet Nagler in seinem Buch über die Strafe, die Körperschaftsdelikte hat v. Gierke tiefgründig behandelt. Wichtige Einzelbezirke des allgemeinen Teils, namentlich die Schuldlehre der Postglossatoren, können danach als so weit geklärt gelten, daß es zulässig schien, durch Verweisungen, vor allem auf die Arbeiten Engelmanns, diese Darstellung zu entlasten.

Unbekannter als der allgemeine ist bis heute der besondere Teil der italienischen Theorie. Einzelne Arbeiten liegen freilich auch hier vor, so die Darstellung von Heinemann über das crimen falsi.

3. **Beziehungen zwischen Theorie und Praxis:** Noch ungeklärter als Praxis und Theorie für sich betrachtet sind begreiflicherweise die Wechselbeziehungen zwischen beiden Bereichen. Daß solche Beziehungen vorhanden waren, ist freilich mehrfach, so namentlich außer von Savigny auch von Engelmann und im italienischen Schrifttum behauptet und für einzelne Fragen nachgewiesen worden. Auch gibt es Ansätze zu einer Gesamtdarstellung dieser Zusammenhänge. In diesem Sinne sind die Bücher von Pertile und Calisse zu würdigen. Beide stellen für die einzelnen Teile des Strafrechts Gesetzgebung und Wissenschaft nebeneinander, ohne freilich weitere Schlüsse auf die Wechselbeziehungen zwischen beiden zu ziehen. Beider Darstellungen erstrecken sich zugleich über den ganzen Zeitraum der italienischen Rechtsentwicklung, von der deutschen Invasion bis in die Neuzeit. So bieten denn beide nicht eine genauere Untersuchung zeitlich einander entsprechender Erscheinungen. Das umfangreichere Material legt Pertile vor, und seine Arbeit ist als Darstellung der Praxis neben Kohler auch heute noch wertvoll. Doch reicht auch Pertiles Quellenmaterial, das für die Gesetzgebung

vorwiegend dem 12., 13. und 16. Jahrhundert entnommen ist, zur Theorie aber in erster Linie die Schriften von Gandinus, Farinacius, Angelus Aretinus und Menochius umfaßt, nicht aus, um einen richtigen Eindruck von den Wechselbeziehungen zwischen Theorie und Praxis zu vermitteln.

Über den geschichtlichen Ort der hier behandelten Erscheinungen im Rahmen der italienischen Rechtsentwicklung überhaupt und die Geschichte der Quellen unterrichten die großen Gesamtdarstellungen zur italienischen Rechtsgeschichte von Pertile, Schupfer, Salvioli, Ciccaglione und am ausführlichsten [20]) Besta.

4. **Kanonisches Recht und Beichtliteratur:** Im Rahmen der geplanten Untersuchung konnte endlich die geistliche Jurisprudenz [21]) nicht unberücksichtigt bleiben. Außer dem kanonischen Recht ist die unter juristischen Gesichtspunkten bisher wohl kaum behandelte kasuistische Ethik der Beichtliteratur [22]) und die Summa theologiae des Thomas von Aquino [23]) herangezogen. Als Rechtfertigung dürfte schon der Umstand genügen, daß unter allen Quellen dieser Zeit die der kasuistischen Ethik in der Schärfe der juristischen Begriffsbildung, namentlich in der Herausarbeitung der inneren Tatbestände am modernsten anmuten, ja das moderne Recht in der Tiefe mancher Einsichten übertreffen. Aber mehr noch: Es liegt die Vermutung nahe, daß eine so hochstehende Theorie (auf dem Umwege über die Kanonisten) auf das weltliche Recht eingewirkt hat. Sicherlich ist den Legisten des 14. Jahrhunderts diese Literatur bekannt gewesen. So bringt das Dictionarium des Albericus de Rosciate in weitem Umfange die Lehren der Beichtjuristen, während diese Theorie in den Kommentaren und Traktaten, auch in denen des Albericus, von gelegentlichen Zitaten an unwichtigeren Stellen abgesehen, zurücktritt. Somit läßt sich für das 14. Jahrhundert eine erhebliche Einwirkung der Beichtliteratur auf die kriminalistische Theorie der Legisten oder gar auf Gesetzgebung und Rechtsprechung nicht behaupten. Doch bleibt die Frage offen, wieweit diese Anregungen in der Folgezeit zur Ausgestaltung und Vertiefung auch der weltlichen Theorie beitrugen, eine Frage, die hier nur aufgeworfen,

---

[20]) Im einzelnen freilich nicht unbedingt zuverlässig. Vgl. auch die Rezension von Kantorowicz, Sav. Z. R. Abt. 46 S. 403 ff.

[21]) Der Ausdruck »geistliche Jurisprudenz« bezeichnet in dieser Arbeit anders als bei Stintzing, Geschichte der populären Literatur 489 kanonisches Recht und Beichtliteratur.

[22]) Darüber näheres vor allem bei Stintzing, a. a. O. 489 ff.

[23]) Auf die Bedeutung des Thomas für die Ausbildung der Kasuistik weist schon Stintzing hin. Vgl. a. a. O. 491.

aber bei der zeitlichen Begrenzung dieses Versuchs nicht gelöst werden kann.

Auch sonst läßt die Begrenzung der Darstellung auf das 14. Jahrhundert [24]) Fragen offen. Es war nicht immer möglich, genetische Zusammenhänge zu erforschen, bestimmte Rechtsgedanken, die in Lehre und Praxis des 14. Jahrhunderts fertig vorliegen, auf ihren Ursprung zu untersuchen. So mußte es vielfach genügen, im Verhältnis von Theorie und Praxis Gemeinsamkeiten oder Widersprüche darzustellen, der Nachweis der Ursprünge und Entwicklungen durch die Jahrhunderte aber zukünftiger Forschung überlassen bleiben.

Unerläßlich schien aber eine Lockerung der zeitlichen Beschränkung durch Hinzunahme kanonistischer und theologischer Quellen aus dem 13. Jahrhundert. Die kanonistische wie die Beichtliteratur des 14. Jahrhunderts ist im wesentlichen Epigonenliteratur, so daß es nötig war, auch die wichtigsten Arbeiten des 13. Jahrhunderts zu verwerten, auf denen das 14. Jahrhundert aufbaut. Daher wurden für das kanonische Recht außer den Dekretalen und dem Liber sextus die Schriften von Innocenz IV., Hostiensis und Durantis herangezogen. Die Beichtliteratur ist zurückverfolgt bis auf Raymundus de Pennaforte und Guilielmus Redonensis, an deren Schriften die späteren Summen anschließen. Als nicht weniger wichtige Quelle dieser Literatur ist auch die Summa theologiae des Thomas von Aquino berücksichtigt.

Räumlich bleibt ferner die in sich abgeschlossene Entwicklung Unteritaliens und Siziliens ausgeschlossen, mit um so größerem Recht, als die Arbeit von Zechbauer vorliegt [25]).

Endlich sind sachlich gewisse Tatbestände weggelassen, die nur im Zusammenhang mit einer genaueren Darstellung des Staats- und Verwaltungsrechts verständlich, im übrigen für unsere Fragestellung aber auch unergiebig wären, nämlich das politische, das Verwaltungs- und teilweise auch das Wirtschaftsstrafrecht.

---

[24]) Vereinzelt sind Statuten aus dem 13. und 15. Jahrhundert und ferner die von Kantorowicz veröffentlichten Akten aus dem 13. Jahrhundert herangezogen.

[25]) Vgl. neuerdings die im Literaturverzeichnis angegebene Arbeit von Calasso, die aber das Strafrecht nicht inhaltlich darstellt.

Das Statutarrecht als kulturgeschichtliche Erscheinung.

Eine wichtige Erkenntnisquelle für die Praxis des 14. Jahrhunderts ist das Statutarrecht. Seine Beurteilung setzt eine Kenntnis der Zeitverhältnisse, der kulturgeschichtlichen Gesamtlage und der praktischen Bedürfnisse voraus. Die nur juristische Betrachtung der Dinge, zulässig für geltendes Recht, dessen Lebensräume in der Regel bekannt sind, versagt bei geschichtlicher Forschung. Besonders aber gilt das für die Erkenntnis des Statutarrechts, das unwissenschaftlich und wirklichkeitsnah die Zeitverhältnisse widerspiegelt und dem Kulturgefühl jener Zeit entsprach. Widersprüche zwischen Recht und Leben, zwischen Überlieferung und neuen Bedürfnissen wurden in der Regel schnell ausgeglichen, zumal die elastische Technik der Gesetzgebung raschen Wechsel erlaubte [1]).

So ist der erste Eindruck der einer unaufhörlichen, leidenschaftlichen Bewegung. Keine Stadt, die nicht ihre Gesetze in Abständen von wenigen Jahren oder Monaten erneuert. Florenz ändert seine Statuten zwischen 1213 und 1307 etwa zwanzigmal, und anderswo stand es ebenso [2]). Das Gesetz war vielfach bewußte Gelegenheitsarbeit, entstanden aus Anlaß bestimmter Vorfälle, deren allgemeine Tragweite weder erkannt noch auch nur bedacht wurde. Auf der anderen Seite darf man sich das Strafrecht nicht allzu revolutionär denken. Die meisten dieser Reformen ließen den Hauptbestand der Rechtsnormen unberührt und betrafen in erster Linie Staats- und Verwaltungsrecht, also den Bereich, der vom Wechsel der politischen Verhältnisse am stärksten berührt wurde. Die bewegliche Gesetzgebung der Statuten bewahrt zugleich uraltes Rechtsgut und stellt in vielem nur eine Niederschrift Jahrhunderte alter Gewohnheiten

---

[1]) Kantorowicz I 50 Anm. 5. Die Beweglichkeit der Gesetzgebung glich die Unzuträglichkeiten der starren Wortauslegung zu einem guten Teil praktisch wieder aus.

[2]) »Legge fiorentina dura da sera a mattina: legge di Verona dura da terza a nona.« — Salvioli, Storia 86, Besta, Storia I 533, Schupfer, Manuale 401 ff., Kohler-degli Azzi 188. Weitere Beispiele bei Bohne, FrStr. I 155 Anm. 3.

dar. In diesem Widerspiel aber von Bewegung und Ruhe, von radikaler Fortschrittlerei und Konservatismus ist jenes Recht ein Kind seiner Zeit, Ausdruck jenes zwiespältigen Jahrhunderts der Übergänge, in denen Altes und Neues sich unlösbar vermischt, das jede Deutung und keine erlaubt.

Versucht man nun, das Strafrecht der Statuten kulturgeschichtlich zu begreifen, so bieten sich verschiedene Gesichtspunkte an. Die Auswahl unter ihnen wird irgendwie immer vom Ermessen des Betrachters abhängig sein. Wir haben uns für diejenigen entschieden, die sich bei der Einzeluntersuchung heuristisch bewährt haben. Das ist einmal der politische Gesichtspunkt. Politische Verhältnisse übten entscheidenden Einfluß auf die Entwicklung, verliehen namentlich dem Strafrecht das Gepräge der Friedensordnung bis in das »gemeine« Strafrecht hinein. Sodann schien der genossenschaftliche Charakter der Rechtsordnung besonderer Aufmerksamkeit wert, vor allem die Spannung zwischen Vollbürgertum und Außenseitern der Gesellschaft, eine Betrachtung, die auf den Einfluß der gesellschaftlichen Verhältnisse und darüber hinaus auf die Beziehung des Einzelnen zur Gesamtheit und zu den engeren Verbänden führt. Drittens schien der Einfluß wirtschaftlicher Verhältnisse bedeutsam, und endlich war das religiöse Element des mittelalterlichen Strafrechts hervorzuheben. Dabei mußten zunächst Einzelheiten zurücktreten, damit späteres nicht vorweggenommen, das Gesamtbild nicht verdunkelt wurde. Auch davon abgesehen war natürlich eine gewisse Vergröberung unvermeidlich. Das 14. Jahrhundert stellt weder geistesgeschichtlich noch gesellschaftlich, weder politisch noch wirtschaftlich eine Einheit dar, zeitlich so wenig wie räumlich. Die statische Betrachtung längerer Zeiträume wird nicht den Bewegungen gerecht, die sich in ihnen — und in welchem Ausmaß im 14. Jahrhundert! — vollziehen.

Methodisch schien es am wenigsten flach, von der Oberfläche der Dinge auszugehen, also zunächst einmal nicht den Geist der Zeit zu beschwören und die Einzelerscheinungen von innen zu deuten, sondern von den Quellen und Erscheinungen ausgehend allgemeinere Erkenntnisse anzustreben.

I. Das Statutarrecht als politische Erscheinung.

Das Strafrecht als Friedensordnung.

Das 13. und 14. Jahrhundert ist erfüllt von politischen Kämpfen, Auseinandersetzungen zwischen Kaiser und Papst, Guelfen und Ghibellinen, Feudalherren und Volk, von Streitigkeiten der Städte untereinander, der Parteien, Stände, Klassen und Familien. Nur wenige Städte und Landschaften wie etwa Venedig und Piemont unter den Fürsten von Savoyen bleiben von diesen Erregungen verschont. Diese Unruhe des öffentlichen Lebens ergriff auch Gesetzgebung und Strafe und bestimmte ihr Aussehen. Weniger dort, wo schon im 14. Jahrhundert die Signorie herrscht, als in den Städten, in denen das Volk gesiegt hat. Die Entwicklung der städtischen Gesetzgebung ist mit dem Aufstieg des Popolo eng verknüpft. Das Gesetz bleibt politisches Kampfmittel des Volkes auch nach dem Siege.

Als Beispiel mag die bekannte Entwicklung in Florenz dienen [3]. Im 13. Jahrhundert vollzieht sich als Folge einer raschen kapitalistischen Entwicklung ein Wandel innerhalb der herrschenden Klasse. Die alten Geschlechter teilen ihre Herrschaft mit einer Schicht hochgekommener kapitalkräftiger Bürger und verschmelzen gesellschaftlich mit ihnen [4]. Der Feudaladel wird stadtsässig, während das reiche Bürgertum Grundbesitz und Rittertitel erwirbt und in die Adelsgeschlechter hineinheiratet. Beide Schichten geraten in wachsenden Gegensatz zum Popolo, einen Gegensatz, der ältere Zwistigkeiten wie die zwischen Guelfen und Ghibellinen verblassen ließ [5]. Der Klassenkampf endet um die Jahrhundertwende mit dem Siege des Volkes, das sogleich darangeht, seine Macht zu befestigen.

Ein Mittel dazu waren Gesetzgebung und Strafrecht. Als Ausnahmegesetz gegen die besiegten Magnaten werden die Ordinamenta iustitiae erlassen, zuerst 1290, dann — dieses Jahr bringt den entscheidenden Sieg — 1293, und auch in der Folgezeit wird diese Gesetzgebung mehrmals verstärkt und wiederholt. Ähnlich verliefen die Dinge in anderen Städten wie etwa in Bologna, das Ende des 13. Jahrhunderts die für andere Städte vorbildlichen Ordinamenti sacrati et sacratissimi erließ. Diese Ausnahmegesetze wurden dann vielfach in das gemeine bürgerliche Recht übernommen und in den Statuten der Gemeinde wiederholt [6].

---

[3]) Zum folgenden vgl. Davidsohn, Gesch. v. Fl. II 2 S. 402 ff., IV 1 S. 184 ff., 208 ff.

[4]) Darüber Del Lungo, gente nuova. Vgl. auch die bekannten Dante-Stellen: Inf. XVI 73 ff., Parad. XVI 49 ff., 67 ff.

[5]) Der Gegensatz zwischen Guelfen und Ghibellinen ist im wesentlichen die Rivalität zwischen dem alten Adel und den bürgerlichen Unternehmern, ein Gegensatz also innerhalb der herrschenden Schicht. Beiden Gruppen tritt dann als dritte, selbständige Macht der Popolo gegenüber. Standes- und Klassengegensätze überschneiden sich. Dazu Campiche, Die Comunalverfassung von Como im 12. und 13. Jahrhundert 353 ff. Die Dreiteilung der Parteien und Ämter, wie sie sich in jenem Übergangsstadium ergab, veranschaulichen die Regesten bei Davidsohn, Forschungen IV 9.

[6]) Über diese Parteigesetzgebung vgl. Davidsohn, Gesch. v. Fl. II 2

Inhaltlich enthielt diese Sondergesetzgebung zunächst Staats- und Verwaltungsrecht. Die Magnaten werden von den politisch einflußreichen Stellen in der Kommune und den Zünften ausgeschlossen und einer strengen polizeilichen Kontrolle unterworfen. Wohlverhalten für die Zukunft wird durch sichernde Maßnahmen wie Eingrenzung ins Zwangsdomizil und Zwangsbürgschaften gesichert. Ein Machtzuwachs durch Erwerb von Grundbesitz [7]) und von Rechten gegen die Popularen [8]) wird erschwert. Im Strafprozeß wird der Rechtsschutz auf ein Mindestmaß beschränkt. Die Einleitung des Verfahrens wird durch strafrechtlich gesicherten Anzeigezwang für die Popularen [9]) und die Erlaubnis anonymer Anzeigen gefördert, sein weiterer Verlauf beschleunigt, der Beweis wesentlich und für den Beschuldigten gefährlich [10]) erleichtert, Rechtsmittel sind ausgeschlossen [11]). Umgekehrt wird den Aristokraten die Rechtsverfolgung erschwert, nämlich das Klage- und Anzeigerecht beschränkt [12]).

Auch materiellrechtlich ist der Magnat ein Bürger zweiter Klasse. Außer eigentlich politischen Verbrechen wie Hochverrat und Vorbereitung dazu werden den Vornehmen solche Straftaten besonders zugerechnet, die an der Grenze des politischen liegen: die Erregung von Tumult und Auflauf, die Teilnahme am Streit, Angriffe auf Personen oder Häuser und die Verletzung von Beamten der Gemeinde und des Popolo [13]). Aber man ging noch weiter. Schon die florentiner Ordnungen der Gerechtigkeit von 1293 belegten mit besonders hoher Körper- und Geldstrafe Magnaten, die Popularen töteten oder verletzten, die ihnen den Grundbesitz wegnahmen oder sie darin störten [14]). Vorschriften dieser Art wurden anderswo nachge-

S. 440 ff., 466 ff., Kohler-degli Azzi 186 f., Kohler, G. A. 51 S. 310 ff., Kantorowicz, Z. St. W. 44 S. 105, Pertile II 1 S. 208 ff., Salvioli, Storia 86, Sclopis, Storia I 169 f., Dorini 37, 93, Bohne, FrStr. II 5 f.

7) Flor. Ordin. 1293 r. 16, 17.

8) Perugia 1342 III 151 (S. 175).

9) Flor. Ordin. 1293 r. 8.

10) In Florenz (Ordin. 1293 r. 5) genügt der Beweis der publica fama oder der Eid des verletzten Popularen oder nach seinem Tode der seiner Verwandten.

11) Flor. Ordin. 1293 r. 21.

12) Lucca 1308 III 132 (S. 218).

13) In Ascoli (1377 III 25) z. B. hat der Magnat, der einen Tumult erregt, eine Geldstrafe von 1000 l, der Populare nur eine solche von 200 l verwirkt. Bei Teilnahme an einem Menschenauflauf zahlt in Modena (1327 IV 19 S. 390) der miles sive potens doppelt soviel wie der pedes. Das gleiche gilt für Angriffe auf andere Personen (a. a. O. IV 18). Die Verletzung der Beamten wird strenger bestraft z. B. in den florentiner Ordnungen von 1293 r. 15 und in Perugia 1342 III 75 (S. 99 f.).

14) Flor. Ordin. 1293 r. 5 und 6.

ahmt[15]) und erweitert. So begegnen Strafschärfungen bei der Freiheitsberaubung [16]), bei stuprum [17]), Ehebruch [18]) und Gewaltverbrechen gegen Frauen [19]), für die Heirat eines Mädchens ohne Zustimmung der Gewalthaber [20]), für den hetzerischen Vorhalt des ungesühnten Verbrechens [21]), bei Gotteslästerung [22]) und Fälschungsverbrechen[23]).

Während im allgemeinen zwei Gesellschaftsschichten gegenübergestellt werden — Magnaten und Popularen, nobilis und civis, pedes und miles sive potens usw. —, begegnet in Rom (Statut von 1363) eine gesellschaftliche Dreiteilung: Bei Körperverletzung (II 49 S. 109 f., 53 S. 111 f.), Freiheitsberaubung (II 27 S. 101 f.), Ehebruch (II 180 S. 182), Gewaltverbrechen gegen Frauen (II 181 S. 183), Liegenschaftsentziehung und Besitzstörung (II 79 S. 127), Vorbringen falscher Zeugen (II 33 S. 104), und Urkundenfälschung (II 35 S. 105) erleiden pedes, miles und magnas (baro) verschiedene Strafen, die sich nach dem Grade der Vornehmheit erhöhen [24]).

---

[15]) In Perugia (1342 III 150 S. 172 f.) hat ein Adliger, der einen Popularen tötet oder töten läßt oder sonst verletzt, das Vierfache der Normalstrafe verwirkt. Bezahlt er nicht, so wird er enthauptet. Besondere Strafen für Magnaten, die Popularen verletzen, finden sich in Parma 1316 S. 231 ff. Strafunterschiede bei Körperverletzungen und Realinjurien begegnen in Lucca 1308 III 33 (S. 155), Brescia 1313 II 10 und Modena 1327 IV 14, 15 (S. 385 ff.). In Frignano (1337/38 VI 42 S. 231) fällt die Strafe für die Behinderung in der Nutzung des Grundstücks für den nobilis doppelt so hoch aus wie für den miles. Auch in Cremona (1387 r. 148) werden die Magnaten für Liegenschaftsentziehung und -störung härter bestraft. In Parma (1316 S. 230) zwang man die unterworfenen Magnaten zur Rückgabe von Grundbesitz, den sie den Popularen abgenommen hatten und stellte auch die Besitzstörung unter Strafe. Dabei verfuhr die siegreiche Partei sehr willkürlich. Wenn ein Populare den Eid darauf leistete, daß ein nobilis ihn im Besitze gestört habe, so mußte dieser ihm auf Verlangen den Besitz zum Schätzungswert abkaufen (a. a. O. S. 237).

[16]) Cremona 1387 r. 100, 101.

[17]) Modena 1327 IV 27 (S. 398).

[18]) Modena 1327 IV 27 (S. 398).

[19]) Ascoli 1377 III 16 (S. 89).

[20]) Mantua 1303 I 25 (S. 79), Modena 1327 IV 27 (S. 397 f.).

[21]) Ascoli 1377 III 26 (S. 100).

[22]) Brescia 1313 II 101, Modena 1327 IV 36 (S. 404).

[23]) Perugia 1342 III 18 (S. 40 f.), 22 (S. 42 f).

[24]) Über die Bedeutung dieser Bezeichnungen unterrichtet Campiche, a. a. O. 333 ff. Danach bezeichnet der Gegensatz von nobilis und civis einen Standesunterschied, nämlich den Gegensatz von Adligem und Bürger. Dagegen deutet das Gegensatzpaar miles-pedes auf einen Vermögensunterschied hin. Miles ist außer dem Adligen (ohne Rücksicht auf die Vermögensverhältnisse) der wohlhabende Bürger, der sich die Ritterausrüstung leisten kann, also der Nichtadlige, dem seine Vermögensverhältnisse die Lebensform eines Adligen erlauben. Noch enger als der Begriff des pedes ist der des popularis. Darunter verstand man den am Bürgerregiment in der Komune beteiligten pedes. Wäh-

Die Magnaten waren also schlechter gestellt auch im unpolitischen, gemeinen Strafrecht. Das hatte verschiedene Gründe. Einmal fühlte sich damals die jeweils siegreiche Partei nicht eigentlich als Trägerin der Staatsgewalt, sondern mehr als Interessenverband ihrer Mitglieder. Die Gegenpartei wird aus dem Staatsleben ausgestoßen. So kommt es nach dem Siege der Demokratie für die Vollbürgerschaft nicht auf die Staatsangehörigkeit an oder auf den Wohnsitz in der Stadt, sondern auf die Zugehörigkeit zum siegreichen Popolo. Auch nach dem Siege des Volkes also bleiben die Magnaten ausgeschlossen aus der Gemeinschaft der Vollbürger, das heißt der in den Zünften geeinten Popularen. Als Nichtgenossen waren sie Außenseiter der Gesellschaft und standen auch dort unter schlechterem Recht, wo das politische Interesse keine Rolle mehr spielte. Dazu kam die Erinnerung an bestimmte üble Erfahrungen. Immer wieder erhielt die Volksbewegung einen Antrieb aus Gewalttaten und Übergriffen der Mächtigen, aus Mißhandlungen und Beschimpfungen der Popularen. Wirtschaftliche und gesellschaftliche Umschichtungen pflegen sich schneller zu vollziehen als Wandlungen der Sitte. So stieß auch in Italien das mit dem wirtschaftlichen und politischen Machtzuwachs gesteigerte Selbstbewußtsein und Ehrgefühl des Bürgertums auf die Unfähigkeit des stadtsässig gewordenen Adels, gewisse Junkersitten abzulegen und auf die Anmaßung hochgekommener Kleinbürger, denen der plötzliche Reichtum und der Rittertitel zu Kopf gestiegen war [25]). Dieses Mißverhältnis zwischen Anspruch und Wirklichkeit führte zur Entladung in der demokratischen Revolution und fand seinen Niederschlag im neuen Strafrecht. Dieses Strafrecht zeigt die gleichen Eigenarten wie das Sonderprozeßrecht: Preisgabe des Rechtsschutzes durch schrankenlose Erweiterung des richterlichen Ermessens [26]), Härte der Rechtsfolgen und Verzicht auf die Verschuldenshaftung [27]).

---

rend also miles-pedes nur einen sozialen Gegensatz bezeichnet, deutet die Antithese miles-popularis auf einen sozialen und verfassungsrechtlichen Unterschied hin.

[25]) Davidsohn, Gesch. v. Fl. II 2 S. 431 f. — Baldus kennzeichnet die Neureichen so: »Scias, quod nobiles pro maiori parte sunt superbi et inimici popularium et gulosi et laxuriosi (gefräßig und ausschweifend) plus quam populares. Non dico de illis, quos virtus nobilitat, quia illi sunt perfecti nobiles, quamvis careant divitiis, sed de illis, qui abundant divitiis, qui nesciunt facere reparari aliquid, nisi comedere, bibere et superbire.« (Zitiert von Tamassia in l'opera di Baldo 27 Anm. 24.)

[26]) Vom Ermessen hängt bald die Auswahl der Rechtsfolgen ab, bald die Unterordnung unter das Gesetz. Beides vereinigt sich beispielsweise im florentiner Statut des Podestà von 1325 III 75 (S. 232 f.), wonach der Podestà nach Ermessen bestrafen darf »magnates, nobiles seu potentes opprimentes minores«.

[27]) Das Statut von Parma von 1316 S. 231 ff. z. B. bedroht den Magnaten,

Diese feindselige und unsentimentale Gesetzgebung zeigt eines sehr deutlich: daß man nicht damit rechnete, die besiegte Partei zu versöhnen, sondern nur auf reale Sicherheiten vertraute. Vermutlich war das richtig beurteilt, obwohl es schwer ist, hier Ursache und Wirkung zu trennen. Wer immer aus dem Hin und Her der politischen Kämpfe als Sieger hervorging, der mußte noch am Tage des Erfolges an seinen Schutz denken. Die Putschgefahr erlosch nie. Auf engstem Raume [28]) war ein Unmaß von Unzufriedenheit und Feindschaft zusammengedrängt, so daß jeder jedem mißtraute und keine Herrschaft sicher war [29]).

Dieses Mißtrauen richtete sich ebenso sehr gegen das Ausland und den unterworfenen inneren Feind wie gegen die ausübenden Gewalten. Das politische Mißtrauen bestimmt die Rechtsverhältnisse der Beamten. Ihm verdankt die Einrichtung ihr Aufkommen, die um die Wende des 12. und 13. Jahrhunderts die alte Konsulatsverfassung verdrängt, das Podestat [30]). Während die Konsuln [31]) in

---

der einen Popularen tötet oder verletzt, je nach Art des Verbrechens mit dem Tode, mit Verstümmelung oder höherer Geldstrafe. Ist der Täter nicht zu fassen, so wird er mit seinen Kindern für immer geächtet. Sein Vermögen wird eingezogen und (im Falle des Mordes an einem Popularen) der Besitz seiner nächsten, mit ihm in Hausgemeinschaft lebenden Verwandten gewüstet. Eine strafrechtliche Gesamthaftung der Familie war gerade im politischen Strafrecht üblich.

[28]) Bei all diesen Verhältnissen muß man sich die Enge (im wörtlichsten Sinne) der äußeren Lebensbedingungen vorstellen. Man konnte sich in den engen Straßen ohne Luft und Licht buchstäblich nicht aus dem Wege gehen. Vgl. darüber näheres bei Frati, vita privata 1 ff. Die Haßpsychose jener Zeit findet nicht zuletzt in diesen Dingen ihre Erklärung. Man denke an gewisse Analogien in modernen Großstadtverhältnissen. Andererseits erzwangen gerade diese Verhältnisse den Zusammenschluß der Einzelnen.

[29]) Kennzeichnend ist die Entwicklung in Parma: Die Statuten von 1316 sind ein Erzeugnis politischer Angst. Die Stadt hatte sich soeben von der Herrschaft des Giberto da Correggio befreit, hatte aber allen Anlaß, den Versuch einer Gegenrevolution zu befürchten. Das Gesetz von 1316 war daher ganz ausgesprochen ein Gesetz zum Schutz der Republik. Es gab dem freien Ermessen der demokratischen Behörde weitesten Raum, lieferte die Aristokratie jeder Willkür aus und verzichtete auf jede Gerechtigkeit. Erst nach dem Tode Gibertos (1321) beruhigten sich die Verhältnisse, und die Statuten von 1347 lassen die Rückkehr zu normalen Zuständen erkennen. Über die angegebenen Daten vgl. Ronchini in der Vorrede zu den Statuten von 1316.

[30]) Über das Podestat vgl. Kantorowicz I 49 ff. und Sav. Z. R. Abt. 44 S. 238, Pertile II 1 § 50, Davidsohn, Gesch. v. Fl. IV 1 S. 73 ff., Kohler-degli Azzi 189 ff., Bohne, FrStr. I 160 ff., Campiche, a. a. O. 272 ff., 360 ff., Schelb 13 ff. Vgl. auch S. 73 ff. Weitere Literatur bei Kantorowicz I 49 Anm. 1.

Der Podestà muß in der Regel ein Adliger sein, wird also gerade der Schicht entnommen, die man rücksichtslos unterdrückt. Das mag darin seine Erklärung finden, daß man den Adel zwar als politische Macht bekämpfte, aber auch noch nach dem Siege der Demokratie die Lebensform des Adels für vorbildlich hielt.

der Regel der herrschenden Honoratiorenschicht angehörten und an den Angelegenheiten der Stadt unmittelbar beteiligt waren, ist der Podestà Berufsbeamter. Er soll über den Parteien stehen, an der städtischen Politik nicht interessiert sein. Dafür sorgte man bei seiner Auswahl. Man wählte zu Podestàs Ausländer, Angehörige befreundeter und entfernterer Städte. Zugleich wurde verhindert, daß ein Interesse an der städtischen Politik sich im Laufe der Amtszeit einstellte. Daher wird die Amtszeit — in der Regel auf 6 Monate — beschränkt. Deshalb schließt man den Podestà und seine Beamten von der Außenwelt ab, verbietet jeden außeramtlichen Verkehr mit dem Volke, von der Geldannahme bis zum gemeinsamen Essen und Trinken oder auch nur Sprechen [32]).

Zugleich ist die Amtstätigkeit des Podestà durch einen Wall von Kontrollen und Strafdrohungen beengt, und dies um so mehr, je »freier« sein Ermessen ist. So hat etwa der Podestà in Pisa und Parma nach den Statuten von 1286 und 1316 weitgehende Freiheiten, auch in der Ausübung der Strafrechtspflege. Aber gerade dort drohen ihm Strafen über Strafen für die geringste Verletzung seiner Amtspflicht. Solche Strafdrohungen waren ernst zu nehmen. Denn wie noch gezeigt wird, wurde die Amtsführung des Podestà nach ihrem Abschluß im Syndikatsverfahren nachgeprüft, und dieses Verfahren wurde streng durchgeführt. Aber als Risikoprämie bekam der Podestà ein sehr hohes Gehalt. Er war ein gut bezahlter Gefangener. Im gleichen Geiste kleinlichen Mißtrauens war auch die Stellung der übrigen Beamten geregelt.

Mit dem politischen Interesse am Bestande der gewonnenen Macht und dem Verlangen des Bürgers nach persönlicher Unversehrtheit verband sich das wirtschaftliche Bedürfnis nach äußerer Sicherheit. Das emporkommende Bürgertum führte nicht Krieg von Standes und Berufs wegen, sondern zur Verteidigung seiner

---

Darüber vgl. Campiche, a. a. O. 330, 332, 337, 373 ff. und Bühler, a. a. O. 116, 162, 180. So mochte man im Adligen den besten Repräsentanten des Volksstaats sehen, eine Anschauung, die ja auch in modernen Demokratien begegnet. Außerdem mochte es unbedenklicher scheinen, die Macht des Podestà dem Angehörigen einer unschädlich gemachten Schicht zu übertragen als Parteigängern bürgerlicher Machtgruppen. Vgl. noch Kantorowicz, Sav. Z. R. Abt. 44 S. 227.

[31]) Über das Konsulat vgl. Pertile II 1 § 48, Campiche, a. a. O. 255 ff. In Como — und ebenso anderswo — gehören die Konsuln immer wieder den gleichen Geschlechtern an. Vgl. Campiche, a. a. O. 347 f.

[32]) Eine Residenzpflicht bestand auch für andere Beamte wie die Prioren der Zünfte: Vgl. z. B. das Statut von Perugia 1342 I 24 (S. 98) und die florentiner Urteile bei Kohler-degli Azzi 62 f., 65 f.

wirtschaftlichen Interessen. Das Ideal des italienischen Bürgertums war durchaus pazifistisch, war — jedenfalls im Innern — der »buono e pacifico e tranquillo stato del comuno e del popolo« [33]). Damit erwuchs der Strafrechtspflege als wichtigste Aufgabe, das Geschäftsrisiko durch Befriedung der inneren Verhältnisse zu mindern. Die Stärke dieses Bedürfnisses auf der einen und die ständige Gefahr für die öffentliche Sicherheit auf der anderen Seite gibt dem Strafrecht des 14. Jahrhunderts das Gepräge.

Unter diesem Gesichtspunkt wird das öffentliche und private Leben den strengsten Kontrollen unterworfen. Überall sind Strafen angedroht für das Erregen von Lärm und Unruhe, sind Menschenansammlungen und Aufläufe verboten, und diese Umstände erhöhen zugleich die Strafe, wo sie als Erfolge zunächst unpolitischer Verbrechen eintreten. Auch die Urteile heben immer wieder hervor, daß der Täter die öffentliche Ruhe gestört habe, daß rumor, tumultus, turbatio entstanden sei [34]). Vor allem aber sucht das Gesetz die ersten Anlässe öffentlicher Unruhe zu erfassen, das Übel im Keime zu ersticken. Dem dienen einmal zuvorkommende Polizeimaßnahmen: Zwangsdomizil, Verbannung und Sicherheitsleistung schon vor der Tat. Zu den Präventivmaßnahmen aber treten Präventivtatbestände. Die Strafdrohung wird weit vor den Enderfolg zurückverlegt, der Vorraum vor dem Erfolge kasuistisch aufgeteilt. Strafbar ist schon das Nennen der Parteinamen [35]), das Verabreden des Hochverrats, das Betreten der Straße nach Läuten der Abendglocke, das Tragen von Waffen [36]), das Hingehen zum Streite, das bloße Schießen mit Bogen oder Armbrust.

Jede Menschenansammlung ist verdächtig. Daher werden selbst Spiele und Volksbelustigungen verboten, aus denen erfahrungsgemäß Streitigkeiten entstehen können. Aus diesem Grunde sind in Parma (1347 r. De ludo carnisprivii interdicto S. 80 f.) gewisse Spiele verboten, die zur Karnevalszeit üblich waren. Untersagt ist das »ludere ad carnis privium [37]) ...., quia ex ipsis ludis incurrebant homines ad rissas et rumores et fiebant cum magnis expensis et multa

---

33) Siena 1309/10 V 53 (S. 255), Modena 3127 I 15 (S. 19), Perugia 1342 I 24 (S. 98), III 123 (S. 138 f.). Die gleichen oder ähnliche Formeln kommen auch immer wieder in den Urteilen vor. Vgl. z. B. Kantorowicz I 270 ff. Urk. 44.

34) Vgl. die florentiner Urteile bei Kohler-degli Azzi 41 ff., 84 f. 102 ff.

35) So Pistoia 1296 III 23 (S. 112) für das Nennen der »Schwarzen« und »Weißen«. Kann der Täter die Geldstrafe nicht zahlen, so wird ihm die Zunge abgeschnitten, »ita quod in perpetuum Albos vel Nigros nominare non valeat«.

36) Vgl. Kohler 646 ff.

37) Näheres bei Ducange unter »carniprivium«.

fiebant in eis contra honorem et reverenciam Domini Dei nostri et cum magno peccato«. Verboten ist auch jedes andere Spiel, bei dem es zu Menschenansammlungen kommt (»in quo fiat aliqua congregacio gencium« [38])). Die Statuten des Podestà in Florenz von 1325 III 36 (S. 200) untersagen aus gleichen Gründen den Faustkampf [39]), »cum propter prelia pugnorum, que plerumque fiunt ...., commictantur seditiones et scandala [40]) ac plerunque vulnera«. Ebenso wird dort das Verbot des Glücksspiels begründet [41]).

Als Gefährdung des öffentlichen Friedens endlich sah man auch gemeine Verbrechen an, die zunächst nur Rechtsgüter des Einzelnen zu verletzen schienen. Wenn das Gesetz z. B. denjenigen strafte, der eine Haustochter ohne Zustimmung ihrer Verwandten oder Vormünder heiratete, so wollte man natürlich zunächst die Familie in ihren Rechten schützen. Zugleich aber bedachte man, daß aus solchen Vorfällen erfahrungsgemäß Skandale, Streitigkeiten und Gefahren für die öffentliche Ordnung entstünden und trug dem Rechnung bei der Aussetzung der Strafe [42]).

Überhaupt waren öffentliches und privates Leben enger verflochten als heute. Politische und persönliche Interessen vermischten sich. Familien- und Parteifeindschaft war kaum zu trennen. So entstand der in der Folge ganz Italien erschütternde Gegensatz zwischen Guelfen und Ghibellinen zuerst aus rein persönlichem Zwist florentiner Geschlechter [43]). Die Gründe dieser Verflochtenheit liegen einmal in der Enge und Kleinheit der Verhältnisse überhaupt oder darin, daß nur ein begrenzter Kreis von Familien das öffentliche Leben beherrscht. Dazu aber kamen andere Gründe, die miteinander verbunden jede Feindschaft zwischen Einzelnen zu einer Angelegenheit weiter Kreise machten. Nämlich einmal die genossenschaftliche Verbundenheit der Einzelnen, über die noch näher gesprochen wird, vor allem aber der noch enge Zusammenhalt der Familie. Im Ein-

---

38) Die Statuten von Rom von 1363 II 111 (S. 146 f.) erlaubten diese Spiele, stellten aber Straftaten, die dabei vorkamen, unter doppelte Strafe.

39) Gemeint ist der Faustkampf als Sport, nicht der ernsthafte Streit. Bestraft wird, wer »prelietur ad pugna vel ludum pugnorum«.

40) Schon die deutschen Volksrechte, namentlich auch das langobardische Recht, kannten den Begriff des scandalum in diesem Sinne. Die lex Alamaniorum umschreibt das scandalum als »litem committere, ita ut cum clamore populus concurrat cum armis et ibi pugna orta fuerit«. (Zitiert nach Osenbrüggen, Lgb. 10).

41) »ad tollendum multa mala, lites et schandala que cotidie accidunt in platea« usw.

42) Vgl. S. 446.

43) Dante, Parad. XVI 136 ff.

zelnen wurde die ganze Verwandtschaft getroffen [44]), und umgekehrt sah man im Täter dessen Familie vertreten. Das aber war verhängnisvoll in einer Zeit, in der die Rache als berechtigt anerkannt und als Pflicht empfunden wurde. Eine Rache, die ihrerseits wieder Vergeltung forderte, auch dort, wo sie weder aus Berechnung noch im Affekt über das erste Unrecht hinausging, sondern einfach dem Täter zufügte, was er getan hatte [45]). Diese Verbindung von Körperschafts- und Rachegedanken bewirkte also, daß jeder Einzelstreit sogleich eine Mehrzahl von Personen auf Seiten des Täters wie des Verletzten ergriff und immer neue Feindschaften auslöste. Derartige Streitigkeiten, vor allem zwischen vornehmen Geschlechtern, zogen die Allgemeinheit in Mitleidenschaft, endeten mit der Ausrottung ganzer Familien und erschütterten den politischen Bestand der Kommune. Im öffentlichen Interesse also konnte die Gesetzgebung nicht ruhig zusehen und mußte sich bemühen, das Entstehen dieses circulus vitiosus zu verhindern oder ihn nachher rechtzeitig zu unterbrechen, und so ist jener Kampf der Staatsgewalt gegen die Rache, wie er unten (S. 105 ff.) näher geschildert wird, nicht nur ein Kampf moderner Gesittung gegen antiquierte Barbarismen, sondern zugleich der Kampf des mittelalterlichen Staates um sein politisches Dasein.

II. Genossenschaft und Familie.

Der Einzelne und die Verbände.

1.

Das Strafrecht der Statuten wird von politischen Gesichtspunkten beherrscht auch in solchen Bereichen, die wir heute dem gemeinen, unpolitischen Strafrecht zurechnen. Der Einzelne war damals weniger als heute Individuum, war eingegliedert in Personen-

44) Cinus, C. IX 13 De raptu virg. c. un. n. 5 billigt den Verwandten das Recht zu, den Entführer eines Familienmitglieds zu verfolgen, und in anderen Fällen das Notwehrrecht mit dem Bemerken: »maxime hoc dicerem in Italia, ubi iniuria facta uni ex genere reputatur facta omnibus ex illo genere et quilibet ulciscitur.«

45) Burckhardt, Renaissance 409 ff. — Dazu vgl. Dante, Inf. XXIX 31 ff.: Geri da Bello, Dantes Vetter, hat jemand ermordet und ist von dem Sohne des Ermordeten aus Rache getötet worden. Er ist zornig, weil keiner aus seiner Familie ihn wieder gerächt hat, und Dante ist nicht unempfindlich gegen diesen Vorwurf.

»... la violenta morte,
che non gli è vendicata ancor, diss' io
per alcun che dell' onta sia consorte,
fece lui disdegnoso; ond'el sen gìo
senza parlarmi, così com' io stimo:
ed in ciò m'ha fatt' egli a sè più pio.«

verbände, in Familie, Zunft und Bürgergemeinde, in ein System also der mannigfachsten persönlichen Beziehungen, die durch kriminelle Störungen in Mitleidenschaft gezogen wurden. Angelegenheiten des Einzelnen sind zugleich Angelegenheiten größerer Verbände und gehen bei der Kleinheit der damaligen Verhältnisse alsbald die Gesamtheit an. Ähnlich glaubten wir den Charakter jener Ausnahmegesetze erklären zu können, mit deren Hilfe das Volk den unterworfenen Adel niederhielt. Die Gesetzgebung dient nur der siegreichen Partei, nur den im Popolo geeinten Rechtsgenossen, nicht aber dem Außenseiter.

Damit ist ein weiteres Kennzeichen mittelalterlicher Gesetzgebung herausgestellt: das genossenschaftliche Gepräge der Rechtsordnung und die Einordnung der Einzelnen in Körperschaften. Den Typus einer solchen Genossenschaft stellt vielleicht am reinsten im hier behandelten Zeitraum die Gesellschaft zum Seligen Georg (Societas Beati Georgii) in Chieri [46]) dar, ein Blutracheverein, der dem verletzten oder angegriffenen Genossen Hilfe und Rache gewährleistet und als Strafversicherungsverein die Geldstrafen der Genossen bezahlt. Also ein Interessenverband, beruhend auf bedingungslosem Füreinandereinstehen der Genossen und nach außen schroff abgeschlossen. Entscheidend ist nicht die materielle Berechtigung des Racheanspruchs, sondern die Tatsache der Mitgliedschaft. Von der Genossenschaft aus gesehen ist der Nichtgenosse Feind und rechtlos.

Nun ist zwar das Statut von Chieri im 14. Jahrhundert ein Atavismus — jedenfalls sind mir Beispiele von Schwurverbänden dieser Art sonst nicht begegnet —, aber die Grundgedanken dieser Regelung — persönliches Treuverhältnis und Zusammenschluß im Innern, Abschluß nach außen gegen die Nichtmitglieder, einseitige Interessenvertretung der Mitglieder — bestimmen noch das Wesen der Bürgergemeinde und des Gemeinderechts. Das wird deutlich aus der geschichtlichen Entwicklung.

Der in den Zünften geeinte Popolo war ursprünglich ein Sonderverband innerhalb der Kommune. Kaufleute und Handwerker, an sich schon zu Berufsverbänden vereint, bildeten einen Interessenverband gegen Geschlechter und Großkapital. Dieser Schutzverband wurde zum Staat im Staate mit eigenen Beamten, eigenen Finanzen und eigenem Militär, mit besonderer Gerichtsbarkeit und Sondergesetzen. Erst allmählich und nach dem Siege des Volkes wuchsen Popolo und Kommune zusammen und so auch Volksrecht und Gemeinderecht [47]).

[46]) Über diesen Verband Kohler 21 ff. und Pertile V 21 ff.

[47]) M. Weber, Wirtsch. u. Ges. 561 ff., Pertile II 1 S. 198 ff. Über diese

Ähnlich war früher die Kommune selbst aus Schwurverbänden entstanden [48]), die zum Schutze der Mitglieder oder zur Monopolisierung wirtschaftlicher Gewinnaussichten begründet waren. Wie die alten Einzelverbände aber so beruhten auch die Gesamtverbände auf dem Treuverhältnis und der persönlichen Bindung der Genossen aneinander [49]). Die Kommune war nicht Anstalt, sondern Körperschaft, nicht Staat, sondern Bürgerverband.

So ist denn auch Zweck des Staates, Aufgabe der Regierung nicht Sorge für das Gesamtwohl, sondern vorwiegend Ausnutzung der Staatsgewalt im Interesse der Verbandsmitglieder. Die Auffassung vom Staate ist mehr privatrechtlicher Art. Der Staat ist gleichsam Privateigentum der herrschenden Gruppe [50]). Da aber jede Gruppe nur an sich denkt und die übergeordnete, alle Interessen

---

Verhältnisse in Bologna unterrichtet die im Literaturverzeichnis genannte Arbeit von Schelb. Hier sind die Statuten des Volkes von Florenz und Ascoli verwertet, die sich noch selbständig neben denen der Kommune erhalten haben. In Florenz geht beim Zusammentreffen beider Gesetze das Statut des Volkshauptmanns dem des Podestà vor. Vgl. Stat. Vhptm. 1322 II 8 (S. 98).

[48]) M. Weber, Wirtsch. u. Ges. 529 ff., Pertile II 1 § 47, 57, Salvioli, Storia 248 ff., 255, Ciccaglione, Manuale II 61, Besta, Storia I 526 ff., Sclopis, Storia I 143 ff.

Der Gemeindeschwur wird ursprünglich wirklich von allen Genossen geleistet und periodisch erneuert, dann aber ersetzt durch den Folgeschwur. Vgl. Campiche, a. a. O. 321 f.

Neben dieser ursprünglichen Eidesverbrüderung durch coniuratio kommt in der Gesetzgebung seltener eine auferlegte oder vertragsmäßige Satzung vor. So sind viele Kastell- und Landstatuten aus verliehenen Privilegien oder vom Feudalherrn genehmigten und verbrieften Gebräuchen oder geradezu aus Verträgen zwischen Herren und Untertanen entstanden. Im einzelnen finden sich zahlreiche Varianten. Vgl. hierüber Schupfer, Manuale 489 ff., Salvioli, Storia 87 ff., Besta, Storia I 527 ff., 546 ff.

[49]) So schwören in Perugia (1342 I 40 S. 127 f.) die Zünfte und Zunftmitglieder, zusammenzuhalten und sich nicht voneinander zu trennen, sondern sich gegenseitig zu stützen, zu verteidigen und zu helfen und auch den Prioren Hilfe zu leisten und ihnen zu folgen nach ihrem Willen (»de stare e permanere en uno e sé non partire da l'altre arte, ma esse arte e ciascuna d'esse e gl'artefece mantenere e defendere, aidare e aitorio e favore prestare per possa; e ai . . . priore . . . dare aitorio, conseglo e favore contra quegnunche persona e esse seguire dua vorronno . . .«).

[50]) Vgl. darüber die ausgezeichneten Bemerkungen von Campiche, a. a. O. 166, 199 f. (»Der Staat ist ein persönlicher, und nicht eine moderne überpersönliche Einheit, von welcher der Person die Regierungsgewalt amtsweise, verfassungsmäßig übertragen ist.«) Doch weist Campiche, a. a. O. 200 — ich glaube, mit Recht — darauf hin, daß der geistliche Staat des Bistums nicht an die Person des Bischofs gebunden war, sondern eine überpersönliche Einheit darstellte. Jedenfalls stimmt dieses Ergebnis überein mit dem Stande einerseits der weltlichen, andererseits der geistlichen Theorie vom Wesen der universitas.

vereinende Staatsgewalt fehlt, so werden neue Interessen immer wieder korporativ organisiert, bilden sich immer wieder solche »Staaten im Staate«, die nach einer Beteiligung an der höchsten Gewalt drängen, Popolo, Zünfte, Berufsverbände usw. Also weniger ein Staat als ein bewegliches System von Interessentengruppen, deren größte die Kommune ist.

Diese Verhältnisse bestimmen auch die Rechtsstellung der öffentlichen Beamten. Nicht der Staat überträgt öffentlich-rechtliche Funktionen, sondern der Verband gleichsam private Herrschaftsrechte [51]). Zwischen Obrigkeit und Bürgerschaft besteht ein persönliches Rechtsverhältnis, beruhend auf einer Art gegenseitigen Vertrages: Dem Eide des Beamten entspricht der Folgeschwur des Volkes. Erst später entstanden aus den Eidesformeln, den Brevia und Capitula der Beamtenschaften die Statuten, wurde aus persönlichen Verpflichtungen objektives Recht [52]). Diese Entwicklung ist im 14. Jahrhundert noch im Fluß. Sie macht es begreiflich, daß in Rechtslehre und Praxis jener Zeit gerade dem Eide des Beamten die größte Bedeutung beigemessen wird. Die wörtliche Auslegung der Statuten, ihr Vorrang vor dem gemeinen Recht beruht darauf, daß der Beamte geschworen hat, gerade die Statuten anzuwenden. Man dachte also auch hier nicht an objektives Recht, sondern an den Beamten, der sich persönlich verpflichtet hatte, es anzuwenden, und an das Volk, das ein subjektives Recht darauf hatte, nach den Statuten gerichtet zu werden. Also überall ein Überwiegen persönlicher Beziehungen und Bindungen statt unpersönlicher Ordnungen und abstrakter Rechtsnormen.

Der Genossenschaftsgedanke wirkt sich vielfältig aus. Der Einzelne ist Mitglied eines Schutz- und Rechtshilfeverbandes. Das legt ihm außer der allgemeinen Pflicht zu genossenschaftlicher Treue eine Fülle staatsbürgerlicher Sonderpflichten auf [53]), in kleinen Gemeinden mehr als in den Städten: neben der Wehrpflicht die Hilfs-

---

[51]) Campiche, a. a. O. 198. Persönlicher Natur war im Mittelalter auch die Abhängigkeit der »Großen« vom Monarchen.

[52]) Salvioli, Storia 84, Ciccaglione, Manuale II 56, Besta, Storia I 520, 523 f., Schupfer, Manuale 396 ff., Bohne, FrStr. I 161.

Deutlich erkennbar ist diese Entwicklung an den von Bonaini veröffentlichten pisanischen Gesetzen des 13. Jahrhunderts. Noch die Statuten von 1286 heißen amtlich »Breve Pisani Communis«. Über die pisanische Entwicklung vgl. auch Schupfer, Manuale 462 ff. S. auch Zdekauer, Vorrede zum Statut von Pistoia S. XXXIII f.

Materiellrechtliche Vorschriften finden sich auch im 14. Jahrhundert in den Schwurformeln der Beamten. Umgekehrt begegnet die Ich-Form auch außerhalb der Eidesformel.

[53]) Kohler 693 f.

pflicht bei Tumulten und Aufruhr, die Pflicht zur Hilfeleistung bei der Festnahme flüchtiger Verbrecher und beim Löschen von Bränden, dazu Nachbarschaftspflichten wie die, dem geschädigten Grundstückseigentümer bei der Pfändung des Schädigers beizustehen [54]. In den Landbezirken bildet die Kommune einen Zwangsversicherungsverein auf Gegenseitigkeit. Schäden durch Brände und Verbrechen ersetzt die Gemeinde, die nötigenfalls eine Umlage unter ihren Mitgliedern veranstaltet.

Im Strafrecht sind noch deutliche Spuren der deutschrechtlichen Gesamthaftung erhalten. Im Bezirk haften die Gemeindegenossen bis zu einem gewissen Umfange für dort vorkommende Verbrechen zur gesamten Hand. Doch ist das Verschuldensprinzip schon im Begriff, die genossenschaftliche Gesamthaftung aufzulösen, ein Vorgang, über den noch ausführlich gesprochen werden soll.

Am deutlichsten aber tritt der Genossenschaftsgedanke auch im Strafrecht darin hervor, daß scharf unterschieden wird zwischen Genossen und Nichtgenossen. In den demokratischen Städten sind alle Popularen vor dem Gesetze gleich [55]. Wirtschaftliche und politische Gegensätze innerhalb des Volkes wie die zwischen popolo grasso und minuto finden im gemeinen Strafrecht keinen Ausdruck. Aber rechtlich schlechter gestellt sind diejenigen, die nicht zum Popolo gehören, namentlich nicht in den Zünften organisiert sind. Es sind das Gruppen von sehr verschiedenem Aussehen, Außenseiter der Gesellschaft, die als gemeinsames Merkmal nur dieses haben, daß sie nicht als vollwertige Mitglieder der Bürgergemeinde anerkannt werden.

1. Eine Sonderstellung nimmt zunächst der Ausländer ein [56]. Er wird vielfach härter bestraft als Täter, geringer geschützt als Opfer strafbarer Handlungen und ist Repressalien ausgesetzt. Die Einzelheiten gehören in die Geschichte des internationalen Strafrechts.

2. Der bürgerlichen Gerichtsbarkeit entzogen war der Klerus. Man war daher geneigt, ihm dafür auch den Schutz der bürgerlichen Ordnung zu versagen. Versuchen dieser Art und den Widerständen dagegen werden wir noch begegnen. Der Gedanke, daß das Verbrechen am Kleriker nicht anders zu beurteilen sei als dessen Verbrechen, tritt beispielsweise in Vercelli hervor. Dort soll der Mörder

---

54) Tivoli 1305 III 189 (S. 215 f.).

55) Bohne, FrStr. I 13 Anm. 14 u. S. 159, R. Schmidt, Strafrechtsreform 185 f.

56) Kohler 207.

an einem Kleriker nur bestraft werden »secundum quod dominus episcopus punire consuevit clericos homicidas et non aliter punitur« (Vercelli r. De pena percutientium clericos).

3. Über die Stellung des Adels in den demokratischen Städten wurde schon gesprochen. Anderswo war der Adel noch privilegiert [57].

4. Nicht weniger als auf dem Adel lastet das demokratische Strafrecht auf dem Proletariat. Die kapitalistische Entwicklung in der zweiten Hälfte des 13. Jahrhunderts bewirkte eine Anhäufung großer Menschenmassen in den Städten. Die Bevölkerung von Florenz wuchs von 1280 bis 1339 von 45000 auf 90000 Seelen, zu denen noch 1500 Fremde kamen [58]. Die Zugezogenen waren zur Hauptsache besitzlos: Fabrik- oder Heimarbeiter, reisende Handwerker und dergleichen. Sie waren nicht in den Zünften organisiert, sondern unterstanden der Verbandsobrigkeit ihrer Arbeitgeber, hatten also keinen Anteil an der politischen und wirtschaftlichen Macht. Wirtschaftlich ging es diesen Massen schlecht. In Florenz empfingen 1330 17000 Menschen Almosen bei einer Gesamtbevölkerung von etwa (so 1339) 90000 Einwohnern. So wurde diese breite Schicht eine Quelle des Verbrechertums und dauernder Unruhe, und die Staatsgewalt reagierte, wie das im Geiste der Zeit lag, mit dem Gebrauch ihrer Machtmittel. Solche Mittel waren außer der gut organisierten Polizei [59] auch Strafrecht und Strafprozeß.

Namentlich auch das materielle Strafrecht kehrte sich gegen den Proletarier. Wohl die meisten Statuten des 14. Jahrhunderts hatten ein System von Eventualstrafen der Art, daß zunächst Geldstrafe, in zweiter Linie, d. h. wenn der Verurteilte nicht zahlte, aber Ehren- oder Körperstrafe verhängt wurde. In der Praxis lief das darauf hinaus, daß diejenigen, die selbst nichts hatten, und für die keine Zunft einsprang, an Körper und Ehre bestraft wurden. Also verschiedenes Recht für Arme und Besitzende. Dem entsprach die Lehre der Theoretiker, daß im Rahmen des richterlichen Ermessens der

---

57) Besser gestellt als die milites sind die nobiles in den Statuten von Ripi von 1331. Namentlich werden sie von einem Gericht abgeurteilt, das aus Standesgenossen (»pares«) zusammengesetzt ist.

58) Davidsohn, Gesch. v. Fl. II 2 S. 171, IV, 1 S. 56, Faletti-Fossati, Costumi senesi 19. Andere Angaben bei R. Schmidt, Aufgaben 178 Anm. 1. Über die Entwicklung des Proletariats und des Verbrechertums näheres vor allem bei R. Schmidt, Aufgaben 174 ff., 227 ff., ferner Bohne, FrStr. I 25 f., 169 ff., 175 ff., Davidsohn, Gesch. v. Fl. II 2 S. 431, M. Weber, Wirtsch. u. Ges. 564, Schelb 39, Kantorowicz, Sav. Z. R. Abt. 44 S. 247.

Florenz hatte Anfang des 14. Jahrhunderts 300 Wollfabriken, die im Jahr etwa 100 000 Stück abgaben (Sclopis, Storia II 222 f.). Später kam die Seidenindustrie in Lucca, Florenz und Genua auf.

59) Bohne, FrStr. I 32 f., 171 ff., 175 ff.

Besitzlose mehr am Körper, der Besitzende am Vermögen zu strafen sei, wie denn überhaupt der gemeinrechtliche Unterschied zwischen nobilis und vilis diese Zustände theoretisch zu rechtfertigen schien. Pranger, Kette, Auspeitschung waren die Strafen des kleinen Mannes, die typischen Rechtsfolgen bei unbedeutenden Diebstählen, Übertretungen der Dirnenordnungen und anderen Straftaten, die in der Regel von den Ärmsten begangen wurden. In Biella (r. 20) wird der Pranger ausdrücklich Leuten aus niedrigem Stande, den viles, in Brescia (1313 II 101) das Tauchen als Hilfsstrafe dem »ioculator« und »arnaldus« vorbehalten [60]).

Späterhin führte das Anwachsen der Kriminalität zu einer im Laufe der Jahrhunderte immer mehr zunehmenden Schärfung der Strafen, zum völligen Wegfall der Geldstrafe und zur immer raffinierteren und grausameren Ausgestaltung der Körperstrafen.

Schon im 14. Jahrhundert begegnet in den Statuten ein ganz bestimmter proletarischer Verbrechertypus, der Landstreicher, der Gauner, der gewerbsmäßige Verbrecher. In Perugia (1342 III 155 S. 180) z. B. wird mit erhöhter Strafe bedroht der »manomondolo« (?), »baratiere«, »vagabundo«, der einen Peruginer verletzt. Personen dieser Art waren bis zu einem gewissen Grade friedlos. Als präsumtive Feinde der bürgerlichen Gesellschaft genießen sie minderen Schutz. Gewalttätigkeiten und Beleidigungen gegen Leute dieser Art sind bald erlaubt, bald mit geringerer Strafe bedroht, besonders dann, wenn der Verletzte den Täter gereizt hatte. Die Privatrache lebt hier also noch fort [61]).

So in Ivrea Sp. 1212: Wenn eine Person von gutem Ruf (bona persona) von einer Dirne oder von einem »ribaldus, ioculator . . ., saglobator, . . . curiossus vel mentecaptus« [62]) mit Worten beleidigt wird und daraufhin den Beleidiger

[60]) Vgl. auch Genua 1363 r. 46: Kann ein »laborator, rubaldus, vilis, vagabundus« oder sonst jemand die Geldstrafe nicht bezahlen, so kann der Podestà ihn gefangen halten, solange er will, oder er kann ihn in den Pranger oder an die Kette legen oder ihn auspeitschen oder sonst körperlich strafen lassen. Nur Folter oder Verstümmelung sind verboten.

»Rubaldi« oder »ribaldi« sind Menschen von niedrigstem Stande, die zugleich moralisch in schlechtem Ruf stehen. Vgl. Ducange unter »Ribaldi« und Ronchini im Vorwort zum Statut von Parma S. 19. Der oben genannte »ioculator« ist ein Spaßmacher, der »arnaldus« ein Windbeutel oder Taugenichts. Vgl. darüber Ducange unter »Arnaldus«. Schon die Sprache bringt hier das Ineinanderfließen der sozialen und der moralischen Bewertung zum Ausdruck. Die wirtschaftlich und gesellschaftlich niedrigsten sind zugleich moralisch geächtet und juristisch schlechter gestellt.

[61]) Pertile V 120 f.

[62]) Vgl. auch oben Anm. 60. Unter »curiossus« hat man sich wohl etwas ähnliches vorzustellen wie unter einem »ioculator«, also eine Art Spaßmacher. Bezeichnenderweise ist unter den moralisch anrüchigen auch der »mentecaptus«,

schlägt, so bleibt sie straflos, auch wenn Blut fließt. Nur darf der Beleidiger nicht getötet werden. Doch soll keiner als vilis gelten nur auf Grund seiner Vermögensverhältnisse, »propter paupertatem tantum«.

Das Statut von Perugia von 1342 III 65 (S. 91) erlaubt unter gewissen Umständen die Verletzung des »forestiere overo manomondolo (?) overo scudiere (Schildträger, Knappe, Dienstmann) overo servente d'alcuno«.

Balangero 1391 r. 45: Ein ribaldus darf in der Notwehr straflos verletzt werden. Handelt der Täter nicht in Notwehr, so ist die Hälfte der Normalstrafe verwirkt. Der Begriff des ribaldus wird so bestimmt: »ribaldus vero intelligatur, qui vilem et deploratam duxerit vitam, item qui non habet unde vivat, vel qui ludit pannos dorsi usque ad camisiam vel qui pro maiori parte temporis conversatur in tabernis«.

Das Statut von Bologna von 1454 S. 26 f. staffelt die Strafe für Beleidigungen nach der sozialen Stellung des Täters. Am härtesten wird man bestraft für Beleidigungen gegen Beamte, geringer »pro dictis seu prolatis alii honesto et honorabili viro«, noch geringer »pro dictis plebeio et homini inferioris condictionis«.

5. Die tiefste soziale Rangstufe nahmen Bediente und Sklaven ein [63]. Auch nach den Sklavenbefreiungen des 13. Jahrhunderts erhielten sich Haussklaverei und Sklavenhandel, nur daß unter den Sklaven jetzt Ausländer, hauptsächlich Orientalen überwogen. Daneben trat freie Lohnarbeit. Die rechtliche Stellung all dieser Bedienten ist gedrückt. Der »servente«, »scudiere« usw. erscheint neben dem Proletarier und Vagabunden. Die Bedienten unterstanden der Zuchtgewalt ihrer Herrschaft und waren auch sonst oft schutzlos gegen Beleidigungen und Verletzungen.

6. In den Statuten der letztgenannten Art fällt ein eigenartiges Ineinanderfließen der Gesichtspunkte auf. Gesellschaftliche und moralische Wertungen vermengen sich. Besitzlose, sozial niedrigstehende, Angehörige ehrloser Berufe und moralisch Minderwertige werden zusammen genannt [64], wie denn auch die Begriffe »meretrix« und »vilis persona« in einander übergehen. Der Durchschnittsverbrecher stammte natürlich auch damals aus den niedrigsten Schichten. Man trug also kein Bedenken, die Zugehörigkeit zu diesen Kreisen und moralische Anrüchigkeit gleichzusetzen. Derartige Typisierungen waren häufig im mittelalterlichen Recht, dessen Beweismittelsystem

---

der Blödsinnige aufgeführt. Die mittelalterliche Gesellschaft verzeiht kein Unglück. Nur darf nicht vergessen werden, daß diese gleiche Gesellschaft dann wieder in weitestem Umfange Wohltätigkeit übte, daß namentlich die Kirche manche Härten wieder ausglich. — Den Ausdruck »saglobator« weiß ich nicht zu deuten.

[63]) Tamassia, famiglia italiana 204 ff., 352 ff., 358 ff., Campori, Vorrede zum Statut von Modena 112 f., Frati, vita privata 105 f., Davidsohn, Gesch. v. Fl. IV 2 S. 251 f.

[64]) In Genua 1363 r. 46 werden nebeneinander genannt der »laborator, rubaldus, vilis, vagabundus«.

durch Vermutungen ergänzt werden mußte. Das soziale wird zum moralischen Außenseitertum.

Der Abstand zwischen Außenseiter und Vollbürger vergrößerte sich dort, wo die (zunächst nur vermutete) Anrüchigkeit eindeutig feststand. So standen Dirnen, Kuppler und Zuhälter unter besonderem Recht. Davon wird später zu sprechen sein.

7. Ausschluß aus der Gesellschaft in der schroffsten Form und mit den letzten Folgerungen traf den Geächteten, der sich der Staatsgewalt entzog. Die Acht schließt aus dem staatlichen Verbande aus wie die Exkommunikation aus der kirchlichen Gemeinschaft. »Bannitus suam civitatem amittit ... sicut excommunicatio deiicit a communione ecclesiae.... Sic et bannum deiicit a communione publica«, so kennzeichnet Albericus de Rosciate in seinem Dictionarium s. v. »Bannitus« das Wesen der Acht. Wurde der Bann [65]) wegen schwerer Verbrechen verhängt, so waren Leben, Körper und Vermögen des Geächteten jeder Willkür ausgeliefert. In anderen Fällen wurde der Grad der Friedlosigkeit dem Tatbestand angepaßt. Diese Einrichtung, der deutlichste Überrest germanischer Rechtsgedanken im Statutarrecht, war kriminalpolitisch von größter Bedeutung. Sie beruhte auf der praktischen Notwendigkeit, die Staatsgewalt bei der Bekämpfung des Verbrechens durch die Selbsthilfe der Gemeindegenossen zu ergänzen.

Im Kampfe gegen das Verbrechertum begegnet der mittelalterliche Staat zwei Hindernissen: der Unmöglichkeit einer sicheren und lückenlosen Überwachung der Landbezirke und der Enge der politischen Grenzen einerseits, dem Fehlen internationaler Rechtshilfe andererseits. Im Bezirk wirkte sich zudem der Gegensatz zwischen Stadt und Land dahin aus, daß jedes Verbrechertum auf Unterstützung bei den unterdrückten Landbewohnern rechnen konnte. Vor allem aber hörte die Staatsgewalt jenseits der Grenzen auf. Auch dort, wo der fremde Staat kein Interesse daran hatte, innenpolitische Gegner einer fremden Regierung zu unterstützen, leistete er keine Rechtshilfe, das heißt der flüchtige Verbrecher wurde weder ausgeliefert [66]) noch wegen im Ausland begangener Verbrechen bestraft [67]). Nur von Fall zu Fall milderten Auslieferungsverträge

---

65) Über die kriminalpolitische Bedeutung des Banns vgl. R. Schmidt, Aufgaben 222 f. und Bohne, FrStr. I 30 ff. Aus politischen Gründen geächtete waren wohl meistens die gemeinen Verbrecher aus vornehmen Familien, von denen aus jener Zeit berichtet wird. Vgl. Dorini 51 f.

66) Ficker, Forschungen I 140 ff.

67) Schwache Andeutungen eines gegenteiligen Grundsatzes bestätigen nur die Regel. So die gelegentliche Bestrafung dessen, der mit Diebesgut, das er sich im Auslande angeeignet hat, im Inland betroffen wird.

diesen Zustand [68]. Wem also der Sprung über die nahe Grenze gelang, entging seiner Strafe. Das hatte zur Folge, daß zum mindesten außerhalb der Städte die meisten Verbrechen ungesühnt blieben [69]. Das war so sehr Regel, daß technisch manche Statuten den Bann, also die verfahrensrechtliche Folge der Versäumnis, der Strafdrohung voranstellten. Das beweisen auch die erhaltenen Urteile und Urteilslisten mit ihren ungeheuren Verbrechens-, nicht Strafregistern [70]. Wer sich einmal die Rückkehr in die bürgerliche Gesellschaft versperrt hatte, konnte Verbrechen auf Verbrechen häufen, ehe er gefaßt wurde. So schlossen sich ganze Rotten frei lebender Verbrecher zusammen und traten in organisierten Verbänden auf. Daher beschäftigten sich Rechtslehrer und Statuten häufig mit dem Fall, daß in den Landbezirken kleinere Gemeinden sich gegen überlegene Massen eindringender Verbrecher und Geächteter nicht wehren und ihrer Festnahmepflicht nicht genügen konnten. In solchen Fällen ließ man die schuldlose Gemeinde straflos.

Die Gesetzgebung sah sich also vor die Aufgabe gestellt, das Fehlen der organisierten Staatsgewalt durch andere Mittel zu ersetzen. Das konnte einmal dadurch geschehen, daß man die Initiative des einzelnen Staatsbürgers heranzog, oder so, daß man dem Verbrechertum selbst einen Mechanismus einfügte, der es von innen her sprengte. Beide Wege wurden beschritten. Über einen Versuch in der letztgenannten Richtung berichtet Angelus, Cons. 67. Wie er mitteilt, beschloß der Rat von Lucca, ein Geächteter, der einen anderen Geächteten töte oder in die Gewalt der Behörde bringe, solle vom Banne befreit sein und eine Belohnung erhalten. Auf diese Weise sollte Mißtrauen zwischen die Gebannten gesät und ihr Zusammenschluß erschwert werden [71]. Dem Zusammenwirken von Verbrechern und Landgemeinden suchte man dadurch zu steuern, daß man die Gemeinden für gewisse bei ihnen vorkommende Straftaten und Schäden verantwortlich machte. An ihnen lag es dann, die Vermutung ihrer Mitschuld durch Auslieferung der Täter oder den Nachweis ihrer Schuldlosigkeit im Einzelfall zu entkräften. Die Mitwirkung des Einzelnen aber entfesselte der Bann. Jedermann durfte den Staat

---

68) Über florentiner Auslieferungsverträge vgl. Davidsohn, Gesch. v. Fl. II 2 S. 124, IV 1 S. 141.

69) Soweit man nicht als Sühne den jämmerlichen Zustand der Geächteten ansehen will, die im Auslande günstigstenfalls geduldet und zwangsläufig zu neuen Verbrechen getrieben wurden.

70) Kantorowicz I 332 ff. Urk. 108, 356 ff. Urk. 130 f. und besonders die florentiner Urteile von 1351 bei Kohler-degli Azzi 52 ff., 55 ff.

71) ... et sic faciendo banniti non confident alteri de altero et sic facient congregationem sine capo grosso.«

vertreten und, jedenfalls bei schweren Verbrechen, den Geächteten töten oder verletzen oder an seinem Vermögen schädigen. Gleichzeitig wurde die Aufnahme oder anderweitige Unterstützung des Geächteten bestraft. Gebannte, Banditen und gewerbsmäßige Verbrecher stehen dabei nebeneinander.

Das Statut von Lucca von 1308 III 81 (S. 192 f.) stellt die Aufnahme oder Unterstützung asozialer Personen unter Strafe. Nebeneinander genannt sind die »masnaderii [72]), assossini et imbanpniti«.

In Invorio (1366 r. 49 S. 167) wird derjenige bestraft, der Diebesgut annimmt von einem »rainaldo vel bannito vel homine male fame«.

8. Außerhalb der bürgerlichen Gemeinschaft steht die Landbevölkerung. Darüber näheres im Abschnitt über die wirtschaftlichen Verhältnisse.

9. Eine Ausnahmestellung nahmen endlich die Juden ein. Denn die Bürgergemeinde war Schwurgenossenschaft und religiöse Verbrüderung. Die kirchlichen Angelegenheiten waren Gemeindeangelegenheiten. Es gab keine bürgerliche Vollwertigkeit ohne kirchliche Vollwertigkeit, die den Juden fehlte [73]).

Daher durften sie kein öffentliches Amt bekleiden [74]). Durch besondere Kleidung wurden sie als nur geduldete Fremdlinge innerhalb der Bürgergemeinde bezeichnet [75]). Die geschlechtliche Verbindung zwischen Juden und Christen war verboten. In Perugia (1342 III 104 S. 122) wurde eine Christin, die sich mit einem Juden einließ, durch die Stadt gepeitscht und ihr dann die Nase abgeschnitten. Außerdem wurde sie für immer aus der Stadt verbannt. Bezeichnenderweise galten die gleichen Bestimmungen für Frauen, die mit Aussätzigen den Beischlaf vollzogen [76]).

---

[72]) Der »masnaderius« ist der im Solde eines Herrn stehende Bravo. Daher die Parallele zum assassinus, dem Lohnmörder. Vgl. auch Ducange unter »maisnadarii«.

[73]) Kohler 207, M. Weber, Wirtsch. u. Ges. 533.

[74]) So z. B. in Perugia 1342 II 65. Dieses Gesetz sagt vom Juden, er sei »fuor de la legge cristiana« (S. 380) und bezeichnet das Statut als gerichtet gegen Juden, Fremde und andere Wucherer (»contra le giudere overo forestiere overo altre usurare« S. 383). Das ist ein weiteres Beispiel für die oben geschilderte Typisierung. Juden und Wucherer sind schlechthin dasselbe. Die Theorie sah das Judentum als straflose Art der Gotteslästerung an und begründete daraus die Amtsunfähigkeit. Vgl. z. B. Joh. Andreae, c. 16 X De Judaeis, Sarracenis etc. V 6: Die Juden seien amtsunfähig, »quum sit nimis absurdum, ut blasphemus Christi in Christianos vim potestatis exerceat«. Bei diesen Zurücksetzungen spielt der Rassenhaß wohl gar keine, eine um so größere Rolle aber religiöser Eifer und wirtschaftlicher Konkurrenzneid.

[75]) Rom 1363 II 197 r. De Judeis portare debentibus tabarros rubeos (S. 190), Verona 1450 r. 37 Quod Judei portant unum ○. So schon Innozenz III. in c. 15 X De Judaeis, Sarracenis etc. V 6.

[76]) Auch das Statut von Padua von 1420 S. 259 f. stellte den Geschlechts-

2.

Ebenso bedeutsam wie die Zugehörigkeit zu Bürgergemeinde und Popolo war, auch strafrechtlich, die zum engeren Verband der Familie. Das Aussehen der italienischen Familie im 14. Jahrhundert ist das Ergebnis deutschrechtlicher Überlieferungen und der politischen Verhältnisse in den vorhergehenden Jahrhunderten. Als die Staatsgewalt in der Feudalzeit zerfiel, trat die Familie in die Bresche und wurde mit zum Träger der öffentlichen Gewalt [77]. Sie übernahm politisch-militärische Funktionen und wirkte als Schutz- und Racheverband für den Einzelnen. Diesen Aufgaben entsprach ihr Aussehen. Der militärischen Obergewalt des Hausvaters entsprach die bedingungslose Unterordnung aller Hausbewohner, der Familienangehörigen wie der Bedienten. Ausdruck und Grundlage der Familiengewalt war das Haus als Festung [78] und das militärisch organisierte Familienviertel.

Im 14. Jahrhundert aber begann sich die Geschlossenheit der Familie zu lockern. Mit der militärisch-politischen Gewalt der Familie ist es im wesentlichen vorbei [79]. Weder Popolo noch Signoren dulden militärische Machtentfaltung im Staate. Mit dem Siege des Volkes stürzen die Geschlechtertürme. Die Strafe der Wüstung hat politischen Sinn. Rechtlich jedoch lebt die Vergangenheit fort. Noch im 14. Jahrhundert hat der Hausvater die Disziplinargewalt über Frau, Kinder und andere Hausangehörige, ist aber beschränkt in der Auswahl der Disziplinarmittel. Über leichte Züchtigungen darf er meist nicht hinausgehen.

Auch haben sich im 14. Jahrhundert noch Reste einer Gesamthaftung aller Familienmitglieder erhalten, namentlich im politischen Strafrecht. Dem entspricht auf der anderen Seite die Anschauung, daß mit dem Einzelnen auch dessen Familie verletzt sei. Daher bekommen oftmals die Erben des Getöteten, der Mann oder die Verwandten der Frau, an der ein Sittlichkeitsverbrechen begangen war, eine Entschädigung, einen Anteil am beschlagnahmten Vermögen oder an der Strafe oder eine besondere Buße. Deshalb ist häufig auch die Verwandtschaft am Abschluß des Vergleichs beteiligt. Dieser

---

verkehr zwischen einem Juden und einer Christin und umgekehrt unter Strafe. Belege aus späterer Zeit auch bei Kohler 131.

77) Tamassia, famiglia italiana 107 ff.

78) Das kam auch architektonisch zum Ausdruck in Turmbauten und der Anlegung von Portici mit hoch gelegenen Fenstern. Vgl. Frati, vita privata 3f.

79) Wirtschaftlich blieb die Geschlossenheit der Familie länger erhalten. Die großen Handelsgesellschaften waren zum Teil, wenn auch nicht ausschließlich, Familiengesellschaften. Vgl. Tamassia, a. a. O. 116 ff., Davidsohn, Gesch. v. Fl. II 2 S. 412 ff., IV 2 S. 186 ff.

Anschauung entsprach endlich das Racherecht des Ehemanns und der Verwandten gegenüber Sexualverbrechern.

Dem entspricht die Stellung der Frau. Sie war noch stärker als der Mann der Familie unterworfen, an das Haus gebunden [80]) und der Zuchtgewalt, während der Ehe des Mannes, vorher oder nachher des Hausvaters, der Brüder oder anderer Verwandten unterstellt. Die Haustochter bedarf zur Heirat der Zustimmung ihrer Gewalthaber. Heiraten ohne diese Zustimmung waren im 14. Jahrhundert gültig, zogen aber vielfach Strafe nach sich. Was der Frau versagt ist, darf der Mann sich erlauben: Die verheiratete Frau, nicht der Ehemann macht sich durch Ehebruch strafbar. Wird die Frau gekränkt, so hat der Mann die Injurienklage, nicht umgekehrt. Entsprechend gaben die Rechtslehrer dem Mann, nicht aber der Frau ein Nothilferecht zugunsten des anderen Teils.

Hausgewalt und öffentliche Strafe entwickeln sich geschichtlich im umgekehrten Verhältnis. Ursprünglich war die Hausgewalt über die Frau unbegrenzt. Daher fiel die Frau überhaupt nicht unter das öffentliche Strafrecht und konnte auch nicht friedlos werden [81]). Langsam drängte dann die öffentliche Strafe die Hausgewalt zurück. Auch die Frau wurde bestraft, aber zunächst den Minderjährigen gleichgestellt, also mit geringerer Strafe belegt [82]). Noch im 14. Jahrhundert ist diese Beziehung sichtbar, wie ja die Hausgewalt über die Frau noch bestand. Bei leichten Vergehen wie Körperverletzungen und Beleidigungen stellten manche Statuten die Frau den Minderjährigen gleich, bald ausdrücklich, bald durch Androhung milderer Strafe, denn bei Straftaten dieser Art reichten die Mittel der Hausgewalt aus [83]). Doch findet man die Strafmilderung auch beschränkt

---

80) Den italienischen Kaufleuten fiel in England die freiere Stellung der Frau auf. Vgl. Tamassia, famiglia italiana 200. Über die Verhältnisse in Venedig Molmenti, storia di Venetia 101.

81) His, G. D. StrR. 48, 76.

82) His, G. D. StrR. 7 f.

83) In Pistoia (1296 III 46 S. 118) hat die Frau nur die halbe Strafe für Beleidigungen zu zahlen. Geringer als der Mann wird die Frau auch für die hetzerische Erinnerung an Verbrechen bestraft (45). In Arona (1319 r. 13 S. 72) geht die Frau straflos aus, wenn sie unbewaffnet zu einem Streit geht. Trägt sie Waffen, so wird die Strafe nach Ermessen herabgesetzt. Vgl. ferner Ivrea Sp. 1199 f., 1211 (bei Körperverletzungen u. Beleidigungen geringere Strafe) und Bologna 1454 S. 27 (bei Körperverletzung u. Beleidigung halbe Strafe).

Das Statut von Lucca von 1308 III 14 (S. 145) stellt die Frau bei Körperverletzungen und Beleidigungen den unter 16jährigen gleich, das von Bobbio von 1398 IV 137 den unter 12jährigen. — Vgl. auch Kohler 287, Pertile V 150 f., 408.

auf den Fall, daß solche Delikte von einer Frau gegen die andere begangen werden [84]).

Unterschiede kommen endlich vor im Vollzuge der Strafen. Aus Gründen der guten Sitte wird vielfach die Frau nicht gehängt, sondern anders getötet [85]). Als besondere Verstümmelungsstrafe an Frauen ist das Abschneiden der Nase häufig, oft mit dem Abtrennen der Lippen verbunden, eine Strafe, die weniger schmerzen als schimpflich entstellen soll.

Im Gegensatz zu älteren Rechten [86]) gewähren die Statuten der Frau keinen besonderen Strafschutz. Geblieben ist nur ein Sonderschutz gegen bestimmte Beleidigungen [87]) und natürlich Schutz gegen sexuelle Übergriffe.

Im ganzen also macht das Strafrecht der italienischen Statuten keinen wesentlichen Unterschied mehr zwischen Mann und Frau. Das wird hier und dort sogar ausdrücklich ausgesprochen, nicht weil das Rechtsgefühl schwankt, sondern um Zweifeln der Theoretikern über die Auslegung des Gesetzes abzuhelfen [88]). Ich kann also Bohne nicht beipflichten, wenn er in seiner Abhandlung »Zur Stellung der Frau im Prozeß- und Strafrecht der italienischen Statuten« [89]) (119) behauptet, das Strafmaß sei »im Durchschnitt bei Frauen niedriger als bei Männern«, Geldstrafen seien für Frauen »fast regelmäßig auf die Hälfte bis auf ein Viertel der regulären Strafe« herabgesetzt. Es handelt sich im Gegenteil um Ausnahmefälle. Auch die Deutung

---

[84]) Siena 1309/10 V 279, 280 (S. 351): Kasuistische Regelung bei Körperverletzung, Realinjurien und gewissen Beschimpfungen; Forli 1359 III 6 (S. 194), 67 (S. 254); Ascoli 1377 III 50 (S. 118): Dort wird jede Straftat, die eine Frau einer anderen Frau gegenüber begeht, nur mit der halben Strafe bedroht. Das gleiche gilt für Minderjährige.

[85]) Dagegen hat es besondere Gründe, wenn bei gewissen Verbrechen wie Vergiftung und Abtreibung die Frau verbrannt, der Mann enthauptet wurde. Man sah hier das Verbrechen der Frau anders an als das des Mannes, nämlich als Zauberei.

[86]) Das langobardische Recht drohte für die Tötung einer Frau höhere Buße an als auf die des Mannes (1200 Sch.). Eine besondere Buße von 900 Sch. stand auch auf Injurien gegen die Frau. Vgl. Wilda, StrR. d. Germ. 571, Osenbrüggen Lgb. 46, 64.

[87]) Das Statut von Perugia von 1342 III 88 (S. 112) bedroht gewisse Beleidigungen gegen Frauen mit Strafe »per ciò ch'è desonesto vergogna fare a le fenmene«. Mehrfach wurde bestraft, wer sich öffentlich rühmte, mit einer Frau von gutem Ruf geschlechtlich verkehrt zu haben. Beispiele dafür im Abschnitt über die Beleidigungen.

[88]) Vgl. S. 65.

[89]) Vgl. das von Bohne angeführte Material. Über das materielle Strafrecht a. a. O. 119 ff., über Privilegien der Frau im Prozeß 93 ff., 123, über Befreiung von der Schuldhaft 105 ff.

dieser Erscheinungen durch Bohne scheint mir bedenklich. Er glaubt, die Stellung der Frau im damaligen Recht nur verstehen zu können »unter Berücksichtigung der Stellung, die die Frau in der italienischen Renaissance einnahm« (a. a. O. 89 ff.) und deutet die Sonderstellung der Frau im Straf- und Strafprozeßrecht, namentlich Zeugnis- und Haftprivilegien aus einer »Rücksichtnahme auf gewisse häufig beobachtete Charaktereigenschaften, wie ihr nur eine individualistisch orientierte Gesetzgebung bestimmenden Einfluß einräumen kann« (a. a. O. 119). Er sieht darin »Privilegien, geboren aus dem Geist der Renaissance und diktiert von ritterlicher Hochachtung vor der weiblichen Psyche und ihrer leichten Verletzbarkeit« (a. a. O. 123). Aber dem steht entgegen, daß jene von Bohne beschriebenen Erscheinungen zurückzuverfolgen sind bis in die Anfänge der Statutargesetzgebung [90]) im 13. Jahrhundert, bis in Zeiten also, die das individualistische Lebensgefühl der Renaissance noch nicht kennen. Dazu kommt, daß die Quellen selbst jene Sonderstellung der Frau recht unritterlich begründen mit der Unbeständigkeit und Unzuverlässigkeit der Frau und damit, daß die Frau dem Manne untertan sei [91]). Dem entspricht es auch, daß die Frau der Hauszucht des Mannes und der Verwandten unterworfen ist, namentlich auch geschlagen werden darf, daß sie zur Heirat der Zustimmung ihrer Gewalthaber bedarf usw. Es handelt sich bei diesen Erscheinungen also wohl nicht um einen Ausdruck des individualistischen Zeitgefühls und um neue Anschauungen, sondern umgekehrt um Reste alter Rechtsüberzeugungen. Es wirkt noch die Vorstellung nach, daß die Frau nicht voll zurechnungsfähig sei — dafür spricht auch die Gleichstellung der Frau mit den Minderjährigen (vgl. S. 30) —, und dazu mag bei Strafmilderungen eine Rücksichtnahme auf den Gewalthaber kommen, der wirtschaftlich von der Strafe den Schaden hat. Mit »Renaissance« hat das wenig zu tun. Im Gegenteil, gerade die Renaissance gleicht — wenigstens in den höheren Schichten — die Stellung der Frau der des Mannes bis zu einem gewissen Grade an, vermittelt z. B. hier und dort der Frau die Bildung des Mannes [92]).

Alles in allem ist die Stellung der Frau im ausgehenden Mittelalter wohl noch recht gedrückt. Größere Wertschätzung als in der bürger-

---

[90]) Vgl. dazu Bohnes Material.

[91]) Vgl. z. B. Bohne, a. a. O. 94 Anm. 1 und unten S. 421. Auch klingen die von Bohne, a. a. O. 122 f. angegebenen Sonderbestimmungen über das Kleidertragen, das Verbot des Schwatzens in der Kirche, des Ausgehens zur Nachtzeit usw. nicht gerade nach »ritterlicher Hochachtung«.

[92]) Bohne, a. a. O. 89 ff.

Die Zeugnisfähigkeit der Frau in Strafsachen wird in der Theorie auch

lichen Gesellschaft genoß die Frau in der Kirche, und das blieb auf die Dauer nicht ohne Einfluß auf ihre Stellung überhaupt [93]).

Mehr noch als die übrigen Darlegungen dieser kulturgeschichtlichen Skizze aber erfordern diese Ausführungen über Familie und Stellung der Frau einen Vorbehalt. Gerade hier ist der Schluß vom rechtlichen auf die wirklichen Zeitverhältnisse bedenklich. In diesen Dingen entfernen sich am ehesten Recht und Leben voneinander, wie es denn keinem Kulturhistoriker einfallen würde, sein Urteil über die deutsche Familie oder die Stellung der deutschen Frau um 1930 aus dem Bürgerlichen Gesetzbuch und dem Strafgesetzbuch zu schöpfen. So sind wir uns hier besonders bewußt, mehr Fragen und Andeutungen vorzulegen als zu schildern, »wie es gewesen ist«.

III. Wirtschaftliche Verhältnisse.

Das politische und genossenschaftliche Element in den italienischen Städten war verknüpft mit den wirtschaftlichen Verhältnissen. Wirtschaftliche Bedürfnisse erzwangen Friedenspolitik und Friedensstrafrecht. In den demokratischen Städten lief die Entrechtung gewisser Schichten zugleich auf die Monopolisierung wirtschaftlicher Gewinnaussichten für andere hinaus. Das politische Denken war in sehr starkem Maße Funktion des Geschäftssinns, auch und gerade dort, wo die Politik wie in Genua und Venedig sich imperialistisch weitete.

Träger der politischen Macht in den Städten waren die Zünfte [94]), der Großhändler wie des Handwerks und des Kleinhandels. Sie übten politische und militärische Funktionen aus und beherrschten zugleich als wirtschaftliche Zweckverbände das Erwerbsleben. Das Recht sucht Gleichgewicht und Zusammenschluß dieser Verbände, zugleich aber die Unterordnung ihrer Mitglieder und den Ausschluß Nichtorganisierter von der politischen und wirtschaftlichen Macht zu

---

gerade von den älteren Schriftstellern verneint, von den Rechtslehrern des 16. Jahrhunderts aber, also in der eigentlichen Renaissancezeit, bejaht. Vgl. darüber Brunnenmeister, Quellen 138 Anm. 3.

Gegen Bohnes Abhandlung läßt sich der gleiche Einwand erheben wie gegen sein Buch über die Freiheitsstrafe. Es ist nicht zulässig, die ganze Statutarperiode aus dem »Geist der Renaissance« zu deuten, auch dann nicht, wenn man für den engeren Zeitraum der eigentlichen Renaissance Bohnes — ich glaube, allzu unkomplizierte — Zeitdeutung als richtig anerkennt.

93) Bühler, a. a. O. 302 ff. So stellte ja bekanntlich die Kirche zuerst den Ehebruch des verheirateten Mannes auf gleiche Stufe mit dem der Ehefrau.

94) Schupfer, Manuale 504 ff., Pertile II 1 § 51 S. 178 ff., Besta, Storia 680 ff., Schelb 54 ff., namentlich Davidsohn, Gesch. v. Fl. IV 2.

gewährleisten. Strafrechtlich gesichert wird also der Gehorsam gegenüber der Zunftobrigkeit, zugleich die Entstehung neuer Zünfte verhindert, die Einmischung einer Zunft in die Angelegenheiten der anderen und die Störung ihres inneren Friedens verboten. Monopol- und Kartellverbote suchten die Anhäufung wirtschaftlicher Macht zu verhindern[95]. Diese und andere Erscheinungen im einzelnen darzustellen, ist hier nicht beabsichtigt.

Die Zunftverfassung erlaubte den planmäßigen Aufbau einer merkantilistisch geordneten Wirtschaft. Das brachte ein Überwiegen polizeilicher Gesichtspunkte mit sich[96], ein System von Kontrollen, Kautelen und Strafen. Im Interesse von Kunden und Export wurden Herstellung, Qualität und Preis der Ware, Maße und Gewichte streng überwacht. Andere Vorschriften unterbanden die Preisspekulation, regelten Arbeitslöhne, Ladenschluß und Feiertagsruhe und zahllose andere Dinge mehr.

Das eigentliche Strafrecht fuhr schlecht dabei. Das Vermögensstrafrecht insbesondere wurde im Verwaltungsrecht erstickt. Auf den ersten Blick scheint es seltsam, daß Städte wie Florenz, Venedig und Genua in diesem kapitalistischen Zeitalter und nach einem Wandel in allen Verhältnissen sich mit Gesetzen über Diebstahl und Raub begnügten, die sich aus grauer Vorzeit unverändert erhalten hatten. Merkwürdig scheint es auch, daß Begriffe wie Betrug und Untreue kaum im Ansatz entwickelt wurden. Aber bei näherem Zusehen wird das verständlich. Die modernen Verhältnisse drückten sich im beweglichen Polizei- und Verwaltungsrecht aus, nicht im Strafrecht. Der Schwindler etwa, der falsche Gewichte gebrauchte, oder schlechte Ware verkaufte, verstieß schon damit gegen polizeiliche Vorschriften. Daneben noch den konkreten Täuschungserfolg besonders zu strafen, hielt man für überflüssig. Auf diese Weise kam es nicht zur Entfaltung des Betrugsbegriffs.

Hier und dort aber zeigt auch das gemeine Strafrecht Spuren der wirtschaftlichen Verhältnisse. Vor allem sind Anzeichen einer

---

[95]) Davidsohn, Gesch. v. Fl. II 2 S. 445 ff., IV 1 S. 89, IV 2 S. 96 ff. Über die florentiner Strafdrohungen vgl. Kohler-degli Azzi 6 f., 207, Kohler 644 f. Die Strafen sind ungemein streng.

[96]) Die Statuten enthalten über das politische und wirtschaftliche hinaus ein eingehendes Polizei- und Verwaltungsrecht. Zwar fehlt der gemeinsame Name, doch erscheint das Polizeirecht als in sich geschlossenes Rechtsgebiet. Neben der Sicherheits- und Gewerbepolizei gab es eine Wohlfahrts-, Wege-, Bau-, Straßen-, Wasser-, Gesundheits- und Sittenpolizei. Vgl. degli Azzi, Della polizia negli statuti dei comuni italiani del medio evo, Bohne, FrStr. I 10, Zechbauer 152 ff., Davidsohn, Gesch. v. Fl. IV 1 S. 155 ff. Belege bei Kohler 696 ff.

wirtschaftlichen Krisis erkennbar. Auf ein Jahrhundert der Prosperität war nämlich zu Beginn des 14. Jahrhunderts ein Rückschlag gefolgt. In Venedig brachen im 14. Jahrhundert von 103 Banken 96 zusammen, und das gleiche geschah vielen großen Firmen in Florenz und anderswo. Die Anlage von Kapital erfolgte damals in der Regel in Form von verzinslichen Einlagen bei den Banken, die obendrein noch Dividende zahlten. Diese Kapitalien blieben nicht liegen, sondern dienten als Darlehen. Namentlich die Kriege ausländischer Fürsten wurden von Italien aus finanziert, und andere Gelder wurden in den Warenhandel gesteckt, den fast alle großen Banken neben dem Geldgeschäft betrieben 97). Die Zurücknahme solcher Depositen nun, Fehlschläge im Warenhandel als Folge der politischen Unruhen und die Zahlungsunfähigkeit der großen Schuldner, namentlich des Königs von Frankreich, richteten die großen Firmen zugrunde und mit ihnen die kleinen Sparer.

Den wirtschaftlichen Zusammenbruch begleitete ein Bankrott der Geschäftsmoral. Viele Statuten mußten Strafen androhen für Unterschlagung von Gläubigergeldern, für Untreue der Gesellschafter und Geschäftsvertreter, für Betrügereien und Fälschungen aller Art. Besonders strenge verfuhr man mit Schuldnern, die ihr Vermögen dem Zugriff der Gläubiger entzogen 98). Dabei wird deutlich, daß es sich um bestimmte Anlässe handelt. So in den scharfen und eingehenden Bestimmungen der florentiner Statuten von 1325, juristisch formulierten Wutausbrüchen gegen diejenigen, die mit fremden Geldern flüchteten.

Auch für das Strafrecht bedeutsam war sodann die Entwicklung der wirtschaftlichen Verhältnisse auf dem Lande. Dort wirkte sich der Sieg des Kapitalismus über das Feudalsystem doppelt aus:

Einmal trat eine Verschiebung innerhalb der besitzenden Schichten ein. Das Kapital wanderte aufs Land. Bei den unsicheren politischen und wirtschaftlichen Verhältnissen bot sich dem städtischen Kapitalisten der Erwerb von Grundbesitz als sicherste Kapitalsanlage und zugleich stabile Grundlage seines Geschäftskredits 99). Dazu kam die Vorliebe des Bürgers für ritterliche Lebensformen und Grundbesitzerallüren. Die Verschuldung des Adels und der Geistlichkeit bot

97) Davidsohn, Gesch. v. Fl. II 2 S. 416 ff., III 778 ff., IV 2 S. 204 ff., Kulischer, WG. I 269ff., 343, 347.

98) Über ein mailänder statutum mercatorum gegen die Aufnahme flüchtiger Schuldner berichtet ausführlich Baldus, Cons. I 250.

99) Davidsohn, Gesch. v. Fl. II 2 S. 403 ff., IV 2 S. 237 ff.,Tamassia, famiglia italiana 21. Zahlen bei Kulischer, WG. I 276 ff.

Gelegenheit, diese Ziele zu verwirklichen. So zogen die Adligen in die Stadt, die Kapitalisten aufs Land. Aber diese Veränderungen vollzogen sich nicht immer reibungslos. Der Ritter, der in die Stadt gezwungen wurde, fand sich nicht immer damit ab, daß sein Stammschloß an einen bürgerlichen Neureichen fiel. Zudem ging man vielfach mit Gewalt vor. Die jeweils siegreiche Partei pflegte die Güter der Besiegten einzuziehen. So entschädigten sich in Florenz nach ihrem Siege die Guelfen an den Ghibellinengütern für wirkliches oder erdichtetes Unrecht, das sie unter der Ghibellinenherrschaft erlitten hatten. In welchem Geiste sich so etwas vollzog, kann man sich vorstellen [100]).

Zweitens war ein Wandel in den Verhältnissen des Landproletariats eingetreten. Die Städte hatten im 13. Jahrhundert die Bauern befreit [101]), die Leib- und Gerichtsherrschaft, Frondienste und Abgaben aufgehoben. Durch diese Maßnahmen, damals politische Kampfmittel zur Schwächung der alten Feudalgewalten, verwandelte sich der Leibeigene, wenn er nicht in die Stadt zog, in einen freien Bodenpächter. Doch brachte hier der Grunderwerb des städtischen Kapitals einen Rückschlag. Der städtische Bankier oder Kaufmann erwarb Grundstücke nicht zum Wohnen, sondern als Kapitalsanlage. Er ließ ihn durch Pächter bearbeiten und zog eine Rente daraus. Das Interesse des städtischen Kapitalisten erforderte also Pacht- und Dienstverhältnisse von einer gewissen Dauer und eine Bindung des Landarbeiters an die Scholle. Man suchte daher Arbeitsverträgen dieser Art eine gewisse Dauer zu sichern und namentlich die Landflucht zu bekämpfen [102]).

Diese wirtschaftlichen und sozialen Wandlungen und Bedürfnisse fanden ihren Niederschlag im Strafrecht, das wie auch sonst einseitig den Interessen des städtischen Kapitals diente. Allgemein verbreitet sind Statuten, die Strafen auf Entziehung und Störung von Grundbesitz setzen. Weiter wurde der Landbau geschützt, also mit Strafe bedroht, wer dem Eigentümer oder Pächter den Aufenthalt auf dem Grundstück oder die Bearbeitung verbot, sie bedrohte oder sonst behelligte [103]). Vielfach haften die Landgemeinden für die ungestörte Nutzung des Grundbesitzes. Zugleich aber entstand eine neue Art der Leibeigenschaft, die sich ausdrückte in Strafdrohungen gegen

[100]) Vgl. auch Parma 1316 r. Qualiter magnates, nobiles et potentes tenentes possessiones popularium tenentur ipsas restituere et de poena imposita eis (S. 230).

[101]) Kulischer, WG. I 136 f., Bühler, a. a. O. 135 f.

[102]) R. Schmidt, Aufgaben 175 ff.

[103]) In Lucca (1308 III 127 S. 216) beginnt ein solches Statut mit den Worten: »Quia novis morbis oportet celeri provisione succurri«.

Pächter und Landarbeiter, die das Grundstück gegen den Vertrag verließen, oder gegen Arbeitgeber, die den bisherigen Dienstherren Arbeitskräfte entzogen.

Schon diese Andeutungen lassen erkennen, daß die Verhältnisse auf dem Lande [104]) von städtischen Interessen beherrscht wurden. Die Landbevölkerung gehörte nicht zur Kommune. Das Land hatte also keinen Einfluß auf die städtische Politik und war wirtschaftlich Ausbeutungsobjekt. Auch hier wirkte sich jene eigentumsähnliche Wendung des Staatsgedankens aus. Das Land ist Eigentum der Stadt und dient ihren wirtschaftlichen Interessen. Der Bauer wurde verachtet, die Landgemeinde mit Mißtrauen betrachtet. Wohl mit Recht: Das schwer kontrollierbare Land war das natürliche Aufmarschgebiet für alle Feinde der Stadt [105]). Bei den unterdrückten Gemeinden konnten sie am ehesten auf Hilfe rechnen. Die Aufnahme von Verbrechern und Verbannten wird daher gerade an den Landgemeinden bestraft, ihre Verfolgung und Festnahme durch Strafdrohungen gesichert und die Landgemeinde haftbar gemacht für Verbrechen, die auf ihrem Gebiet begangen werden. Dabei ging man unverhohlen von der Vermutung aus, daß die Täter von der Landgemeinde unterstützt wurden.

Diese Gegensätze scheinen sich in persönlichen Reibereien entladen zu haben. Einige Statuten hielten es für nötig, die Bürger gegen Übergriffe der erbitterten Landbevölkerung zu schützen:

So trifft in Perugia (1342 III 85 S. 110 f., 63 S. 82) den Bauern, der einen Peruginer ermordet, verletzt oder angreift, die doppelte Strafe. In Parma (1347 S. 219) zahlt der Bürger, der einen Bauern beleidigt, Geldstrafe bis zu 100 s. Dagegen ist die Höchstgrenze im umgekehrten Falle 10 l. In Padua (1375 S. 244 R.) wird der rusticus oder villanus, der ein Grundstück von einem paduaner Bürger zum Besitz erhalten hat, und den Eigentümer des Pachtgrundstücks oder dessen Verwandte ermordet, zur Richtstätte geschleift und aufgehängt. In Cremona (1387 r. 240) sollten Landleute, die einen Bürger beleidigten, das doppelte der Normalstrafe zahlen, »cum rustici ad tantam venerint superbiam et audaciam, quod bonos viros huius civitatis contemnunt mentientes eos per gulam et eos vituperantes et iniuriam et contumeliam contra ipsos proferentes«.

IV. Das religiöse Element.

Das Recht einer Zeit ist Ausdruck eines bestimmten Lebensgefühls, und so sind auch den bisher beschriebenen Erscheinungen

---

[104]) Bühler, a. a. O. 138 ff., Schelb 91 f., Campiche, a. a. O. 199, 319 f., 326.

[105]) Das gewerbsmäßige Verbrechertum entwickelte sich daher gerade auf dem Lande. Vgl. Kantorowicz, Z. St. W. 44 S. 100 und oben S. 26 f.

gewisse allgemeinere Kennzeichen gemeinsam, die auf solche innere Haltung hindeuten. Gemeinsam — es muß bei so allgemeinen Ausdrücken bleiben — ist das zweckhafte, nüchterne, rationalistische dieser Rechtsbeziehungen, die hartherzige, eigensüchtige Handhabung der öffentlichen Machtmittel — das Recht ist Vehikel des Unrechts —, zugleich aber der zupackende, optimistische, weltfreudige Geist dieser Gesetzgebung. Diese Züge, kennzeichnend auch für andere Erscheinungen dieser Zeit, erinnern in manchem an die »Renaissance«. Ohne die Frage nach Wesen und Begriff der Renaissance zu vertiefen, kann man zugestehen, daß aus manchen dieser Erscheinungen ein dem »Mittelalter« [106]) gegenüber neues Lebensgefühl hervorbricht. Die Welt wird entdeckt, das Rechtsgefühl seiner selbst bewußt, die praktische Vernunft entfesselt. So wäre ja eine so dunkle Erscheinung wie Dante auch vollends unfaßbar, wenn jene neue und dichte Schau der Welt und der Seele nicht irgendwo in seiner Zeit schon ein Echo fände. Aber gerade Dante ist Erfüllung, nicht Umsturz, umspannt Erde und Himmel zugleich und bringt das neue Leben in Einklang mit den alten Symbolen.

Hält man für ein wesentliches Merkmal des Mittelalters das Übergewicht des Religiösen, die Durchtränkung des öffentlichen und privaten Lebens mit dem Jenseitsgefühl und dem Gedanken an das Ewige, so berühren sich im 14. Jahrhundert Mittelalter und Neuzeit [107]). Ja, das religiöse Element verstärkt und verinnerlicht sich in diesen Jahrhunderten der ersten Lockerung. Welchen Einfluß übt die Religion nun auf das Strafrecht? Ein abschließendes Urteil über diesen Einfluß, seine Stärke und sein Verhältnis zu anderen Kräften ist unmöglich. Kein Zweifel ist daran, daß mit dem übrigen Leben auch das Recht noch unter religiösen Einflüssen stand. Auch dort aber, wo die Quellen darauf hindeuten, bleibt dunkel, wo die lebendige Religiosität aufhört, die formelhafte Gewohnheit beginnt. Einen gewissen Eindruck freilich vermitteln die Quellen, und so mögen hier einzelne Hinweise Platz finden.

Wie schon hervorgehoben, war die Bürgergemeinde zugleich Schwurgenossenschaft und religiöse Verbrüderung. Die Eigenschaft

---

[106]) Nur bleibt hier immer die Frage, was man unter »Mittelalter« verstehen will. Jener Realismus des Lebensgefühls ist auch schon dem älteren Mittelalter eigen, und der neue Überschwang offenbart sich bereits in den Kreuzzügen und in der Gotik nicht weniger als in Franz von Assisi und Thomas von Aquino. Das Problem ist unlösbar schwierig.

[107]) Bohnes Kennzeichnung der Zeit scheint mir für das 14. Jahrhundert zu einseitig. M. M. n. berücksichtigt er zu wenig die konservativen Elemente im Strafrecht. Vgl. S. 4 Anm. 19.

als Vollbürger war an kirchengemeindliche Vollwertigkeit gebunden, die katholische Kirche war Gemeinde- und Staatskirche. Erste Aufgabe der bürgerlichen Gewalt war Schutz von Kirche und Glauben [108]. So schwört der Podestà in Siena (1309/10 I 2 S. 29), er werde »defendere et mantenere con tutte le forze (aus allen Kräften) la cattolica fede, la quale la sancta romana Ecclesia tiene ed amaestra (meistert)«. Dieser Aufgabe dient auch das Strafrecht [109].

Vielfach beginnen schon die Statuten mit den Vorschriften über Gotteslästerung und Ketzerei [110]. Die Ketzerei freilich wird nicht überall bestraft, sondern häufig dem Urteil der geistlichen Gerichte überlassen. Anderswo übernahm man die Ketzereiedikte Friedrichs II [111], doch finden sich auch besondere Vorschriften [112].

Gott und Christus, die Jungfrau Maria und die Heiligen werden gegen Lästerungen, ihre Bilder gegen Beschädigungen geschützt. Dabei tritt hier wie auch anderswo die Vorstellung des persönlich gekränkten Gottes hervor [113].

---

108) Das Statut von Biella r. 4 leitet die Vorschriften über Gotteslästerung ein mit der Phrase: »Cum unicuique diligens cura esse debeat per omnia supra numinis religionem tueri.«

109) Im einzelnen finden sich natürlich Varianten. Besonders »fromm« sind die Statuten von Parma und Siena, die die Gotteslästerung im Verhältnis zu anderen Verbrechen sehr schwer nehmen und die Ketzerei eingehend regeln.

110) Bologna 1454 S. 19 R.: Incipit Tractatus de poenis et primo de poena blasphemantis Deum et Matrem eius vel Sanctos.

111) So schwört der Podestà in Pisa (1286 I 1 S. 61 f.), er wolle beachten »iura et honores pisani Communis et constitutiones papales et imperiales factas et promulgatas contra Pactarenos et herrantes in fide catolica, secundum modum et formam ipsarum constitutionum papalium«. Darunter sind die Konstitutionen Clemens' IV. und Friedrichs II. zu verstehen. Auf die gleichen Gesetze verweisen die Statuten von Siena von 1309/10 I 4 (S. 41 ff.). Dort tritt auch die Vorstellung hervor, daß sich der Ketzer aus der Schwurgenossenschaft ausschließt, sich also zum Außenseiter macht. Er durfte sich nicht in der Stadt aufhalten und konnte straflos ergriffen und seiner beweglichen Habe beraubt werden. Über die Gesetzgebung Friedrichs II. vgl. Zechbauer 57 ff.

112) In Florenz (Stat. Pod. 1325 III 3 S. 183 f.) sind die Ketzer solange gebannt, bis sie in den Schoß der Kirche zurückkehren. Das Haus, in dem sie wohnen, wird zerstört, und öffentliche Ämter sind ihnen verschlossen. In Cremona (1387 r. 133) konnten Ketzer am Körper bestraft werden »tam in poenis in legibus quam Canonibus comprehensis«. Vgl. ferner Bologna 1454 r. De poena disputantis contra fidem catholicam (S. 20). Der Text macht aber eine Einschränkung: »nisi hoc fuerit gratia scientiae et doctrinae fidei christianae et non in fraudem«. Vgl. auch Kohler 596 ff. und Pertile V 440 ff.

113) Die Statuten des Volkshauptmanns von Florenz von 1322 III 5 (S. 146 f.) — vgl. auch Kohler-degli Azzi 8 ff. — bedrohen denjenigen mit Strafe, der in ein Kloster eindringt »non solum ad iniuriam hominum, sed ipsius Dei omnipotentis«.

Strafrechtlich geschützt war sodann der katholische Kultus. Man sicherte das Einhalten der Fastenzeiten und regelte das Prozessionswesen, namentlich die Reihenfolge der Zünfte bei den Prozessionen, und andere Dinge mehr, die auch hier wieder unter polizeilichen Gesichtspunkten behandelt wurden [114]).

Wieweit die Gesetzgebung sich in den Dienst der Kirche stellte, zeigt das Statut von Parma von 1347 S. 267, das den in c. 13 X De poenitentiis etc. V 38 ausgesprochenen Gedanken aufnahm und folgendes bestimmte: Ein Arzt, der einen Kranken besucht, muß ihn veranlassen, seine Sünden zu bekennen und Absolution zu empfangen. Er muß ihm dabei zu verstehen geben, daß er nach dem Gesetz nicht mehr als einmal zu ihm zurückkehren dürfe, wenn er nicht vorher gebeichtet und die Absolution erlangt habe. Er darf den Patienten also nur noch einmal besuchen, wenn ihm nicht vorher ein Priester bestätigt, daß der Kranke sich gefügt habe. Die Ärzte mußten schwören, diese Vorschrift zu befolgen und hatten eine Geldstrafe von 10 l zu zahlen, wenn sie lässig darin waren [115]).

Tiefgreifender aber und in ihren konkreten Wirkungen schwer abschätzbar waren die mittelbaren Wirkungen des religiösen Gefühls. Das der Strafdrohung zugrunde liegende moralische Urteil war durch religiöse Vorstellungen bestimmt. Die Theoretiker des kanonischen und weltlichen Rechts sind von dem Gedanken erfüllt, daß die bürgerliche Gesetzgebung sich aus göttlicher Bestimmung herleite und ein Abbild des göttlichen Rechts darstellen müsse. Aus dieser Anschauung erhielt das weltliche Gesetz eine überweltliche Würde, die Strafe eine transzendente Rechtfertigung. Denn eine Tat, die gegen das Abbild des göttlichen Rechts verstieß, wandte sich mittelbar gegen das göttliche Recht selbst. Deshalb war der Schwerverbrecher »spiritu diabolico instigatus«, »Deum prae oculis non habens« [116]). Gott ist in jedem Verbrechen verletzt. [117])

---

[114]) Karl II. regelte sogar den Kirchenbesuch. In einem Gesetz von 1298 (M. H. P. II Sp. 127) befahl er, daß am Sonntag jedes Haus mindestens ein Familienmitglied in die Kirche zu schicken habe.

[115]) Ganz ähnlich Lodi 1390 r. Quod Medici denuncient infirmis, quos curaveri[n]t, quod confiteantur peccata sua.

[116]) So vielfach in den Urteilen. Vgl. die florentiner Urteile bei Kohler-degli Azzi 35, 45, 48 usw., G. A. 53 S. 261 ff., 268 f. (Die Täter haben jemand vom Galgen befreit »diabolico spiritu instigati, Deum et justiciam pre oculis non habentes, et humani generis inimici et proprie salutis immemores, tamquam filii iniquitatis«.)

[117]) Das Statut von Carpi von 1356 S. 46 f. leitet die Vorschrift über den Mord mit den Worten ein: »Divinam quipe videtur ledere maiestatem, qui

Das tritt bald mehr, bald weniger hervor, besonders deutlich (von den Religionsverbrechen abgesehen) bei den Sittlichkeitsdelikten, am auffälligsten bei der widernatürlichen Unzucht. Gott ist Ursprung der Natur. Somit verletzt Gott alles, was gegen die Natur ist. Der Homosexuelle wird daher manchmal neben den Ketzer gestellt. Religiöse Motive veranlaßten Karl II. im schon genannten Gesetz von 1298 zum Verbot des Konkubinats (M. H. P. II Sp. 127) [118], und ähnliche Gesichtspunkte spielten bei der Regelung der Prostitution eine Rolle. Auf diesem Gebiet schwankte die Gesetzgebung zwischen praktischer Duldsamkeit und religiöser Härte hin und her [119]. Bußstimmungen, wie sie von Zeit zu Zeit die Massen ergriffen, hatten manchmal zur Folge, daß unter dem Druck der öffentlichen Meinung die Bordelle geschlossen, Dirnen und Zuhälter verjagt wurden [120]. So wurde in Brescia (1313 II 112) die Vertreibung der Dirnen angeordnet »ob reverentiam et honorem Dei et beatorum Stephani et Martini«.

Kirchliche Einflüsse machen sich geltend in den Luxusverboten, Gesetzen gegen ein Übermaß in Schmuck und Kleidung und gegen den Aufwand bei Hochzeiten, Taufen, Beerdigungen und dergleichen, Begleiterscheinungen des neuen Reichtums. Der entscheidende Gesichtspunkt freilich war scheinbar kein religiöser, sondern die Sorge vor allzu großen Ausgaben [121]. Auch die Bestrafung des Glücksspiels wird gelegentlich damit gerechtfertigt, daß Lästern und Fluchen beim

---

deliberate committit omicidium«. In Parma (1316 S. 222) ist dem Podestà die Pflicht auferlegt, gewisse Verbrechen zu verfolgen »ad honorem Dei et gloriosae Mariae Virginis et ad sublimacionem boni et pacifici status Communis et populi«....

118) »Indecorum pudicitiae delectati edicimus iubentes, quod nullus in domo secum vel extra domum tenere praesumat concubinas. Verum quia dignum fore conspicimus, quod obventiones poenarum, quae perveniunt de dictis criminibus, cedant in honorem Domini, qui offenditur in peccatis.«

119) Dieser und andere Gesichtspunkte treten hervor im Gesetz des Podestà in Florenz von 1325 III 115 De postribulis et meretricibus et eorum roffianis et mulieribus non emendis predicta de causa et eorum pena (S. 270). Das Statut wird so eingeleitet: »Ad extirpanda mala et crimina que possent accidere ... de inhonestate mulierum ... propter quod ... impudi[ci] actus et mores et peccata plurimum commictuntur, ex quibus deus offenditur et honori detrahitur civitatis ..., ac per ipsarum lascivias possent exempla mali veresimilia provenire....«

120) Über solche Vorfälle aus späterer Zeit unter dem Eindruck der Bußpredigten vgl. Burckhardt, Renaissance 463.

121) Perugia 1342 III 234 (S. 251): »A schifare (vermeiden) le spese inutele, le quale continuamente se feceano per glie citadine e contadine perusine.« Vgl. auch Tamassia, famiglia italiana 23 ff., Frati, vita privata 29 ff., 49 ff. Symptomatisch ist der Fortschritt der Seidenindustrie auf Kosten der Wollindustrie.

Spielen üblich sei [122]). Von der Kirche ging endlich das Wucherverbot aus [123]).

Das Strafrecht empfing seine innere Berechtigung aus der Religion. Mit der Strafe schützt die Gesellschaft auch die Würde der göttlichen Ordnung. Aber die Strenge dieses Standpunkts wird gemildert durch den Gedanken der Gnade und Nächstenliebe [124]). Während nämlich die Religion das im Strafgesetz ausgeprägte Werturteil unterbaut und steigert, mildert sie zugleich die Folgen dieses Urteils. Auf religiöse Motive und den Einfluß der Kirche ist zu einem wesentlichen Teil jener humane Zug zurückzuführen, der bei aller Härte und Grausamkeit dem mittelalterlichen Strafrecht eigen ist. Im materiellen Strafrecht freilich ist von diesem Geiste nur ein Hauch zu spüren. Denn die Kirche übt Gnade, ändert aber nicht die Beurteilung von Verbrechen und Sünde. Ihre Aufgabe beginnt also erst nach dem Urteil, ihre Leistung liegt in der Milderung des Strafvollzugs [125]).

Religiöse Vorstellungen übten vereinzelt allerdings schon Einfluß auf die Art der Strafdrohung. Das göttliche Recht sollte im menschlichen nachgeahmt werden: Deshalb lehrten die Theoretiker, daß gewisse Strafen, namentlich die Brandmarkung unzulässig seien. Denn der Mensch als Gottes Ebenbild dürfe nicht verunstaltet werden. Dieser Gedanke fand in der großen Masse der Statuten keinen Anklang. Umso bemerkenswerter sind einzelne Ausnahmen. Die Statuten von Parma von 1347 S. 223 nahmen diese Vorstellungen auf und erweiterten sie: Der Mensch als Gottes Ebenbild sollte nicht eingepflanzt und gefoltert werden. »Cum homo ad similitudinem Dei factus sit, statutum et ordinatum est ob reverenciam Magestatis Divinae, quod occaxione alicujus maleficii, delicti seu peccati, quantumcomque enormis, commissi per aliquem, Potestas civitatis Parmae et ejus judices non possint nec debeant aliquem seu aliquos malefactores,

---

[122]) Bohne, FrStr. I 182 ff., Kohler 584 ff., Pertile V 542 ff. Über die Spielwut der Italiener vgl. Burckhardt, Renaissance 408 f.

[123]) Kohler 592 ff., Pertile V 458 ff., Bohne, FrStr. I 182 ff.

[124]) Eine Äußerung dieser humanitären Gesinnung war auch die Fürsorge für Arme, Witwen und Waisen. So schwört die Behörde in Lucca (1308 I 1 S. 7), sie werde »defensare pupillos et viduas, pauperes et miserabiles personas«. Vgl. z. B. Davidsohn, Gesch. v. Fl. IV 1 S. 347ff.

Die Statuten von Perugia von 1342 I 63 (S. 207) begründen die Strafbestimmungen gegen Gefängniswärter, die ihre Gefangenen ausplündern, damit, daß man die ohnehin leidenden nicht noch mehr quälen solle (»en perciò che la legge comandante a gl'aflicte nonne maiure aflictione per alcuno modo da dare«). In all diesen Bestimmungen prägt sich aber nicht so etwas wie das moderne »soziale Gefühl« aus, sondern eine religiös bedingte, charitative Anteilnahme am Einzelschicksal.

[125]) Näheres bei Bohne im zweiten Bande.

delinquentes seu peccantes plantare, aut cum tormentis flammolare seu in carnibus eorum incidere vel perforare, in poena et sub poena mille librarum parmensium de salario domini Potestatis et suorum judicum.« Ein ganz ähnlicher Gedanke erscheint in den Statuten von Brescia von 1313 I 152. Für die Zukunft wird die Wüstung von Häusern untersagt »pro comuni utilitate et ad decorem civitatis, cum dicatur, quod civitates factae sunt ad similitudinem paradisi«. Die weltliche Ordnung soll die göttliche widerspiegeln.

Doch meist wird gerade das Wüstungsverbot anders begründet, nämlich ästhetisch und hygienisch. Das 14. Jahrhundert beginnt den Kampf gegen Schmutz und Gestank. Man nahm Anstoß daran, daß die Schweine auf den Straßen umherliefen [126]), daß Abwässer die öffentlichen Wege beschmutzten, und daß die widerlichsten Verrichtungen sich in aller Öffentlichkeit vollzogen. Eine furchtbare Lehre erteilten die großen Epidemien [127]). So fallen in diese Zeit die ersten hygienischen Maßnahmen und der Ausbau einer Gesundheitspolizei. Dies alles wirkte ins Strafrecht hinüber. Man nahm Anstoß an dem Wüstliegen der Häuser — vielfach, namentlich in älteren Gesetzen mußte der Besitz des Geächteten auch für die Zukunft wüst bleiben — und empfand die Verunstaltung des Stadtbildes als Schande für die Gemeinde. So begann man aber auch in dem öffentlichen Vollzuge der Körperstrafen, an diesem Köpfen, Verbrennen, Schleifen, Eingraben, Hängen, Verstümmeln zwar nicht das Unmenschliche, aber das ästhetisch Abstoßende zu sehen. Wiederum ist es die Gesetzgebung von Parma, die ein Dämmern solcher Empfindungen zeigt. Es heißt dort im Statut von 1316 S. 280: Ad pulcritudinem plateae et rerum, quae ibi venduntur et maxime panis et frugum, quod dominus Potestas et dominus Capitaneus ... teneantur et debeant non facere nec fieri facere aliquam vendictam sanguinis ... alicui in platea Communis (auf dem öffentlichen Platze), sed fiant huiusmodi vendictae in glaria (Kiesgrube) Communis vel alii«. Ästhetische und religiöse, nicht eigentlich menschliche Regungen sind es, in denen die ersten Keime einer modernen Auffassung des Strafrechts beschlossen liegen.

Kirchliche und wirtschaftliche Interessen verbanden sich im Kampfe gegen die magischen Elemente im Rechtsleben. Die germa-

---

[126]) Siena 1309/10 V 139 Che porci non vadano per la città (S. 294 f.). Über diese Zustände vgl. Schultz, Das häusliche Leben der europäischen Kulturvölker usw. 69 ff., Bühler, a. a. O. 317 ff., Grupp, a. a. O. V 2 S. 1 ff.

[127]) Die Bevölkerung von Siena z. B. ging durch die Pest von 1348 von 65000 auf 15000 Einwohner herunter. Vgl. Falletti-Fossati, a. a. O. 19 f. Andere Zahlen bei Grupp, Kulturgeschichte des Mittelalters V 1 S. 343 Anm. 3.

nischen Gottesurteile betrachtet die Kirche als Ketzerei, der Kaufmann als Hindernis in der Berechnung der Prozeßchancen. Im Laufe der Zeit drängen die rationalen Elemente auf Kosten der magischen vor. Diese Entwicklung im Prozeßrecht zu verfolgen ist hier nicht unsere Aufgabe [128]).

Aber auch das materielle Strafrecht hat sich von diesen Elementen noch nicht befreit. Man glaubte noch im 14. Jahrhundert an die magische Kraft und objektive Gefährlichkeit von Beschwörungen und Verwünschungen, d. h. an die Möglichkeit, die den Dingen innewohnenden Kräfte für menschliche Wünsche nutzbar zu machen, an Zauberei und Hexenkünste [129]).

So bedroht das Statut von Perugia von 1342 III 102 (S. 122) mit Geldstrafe von 400 l diejenigen, die Hexerei treiben, Gift mischen oder böse Geister durch Zauber bannen (die »facciono le fature overo venefitie overo encantatione d'enmunde spirite a nuocere«). Kann der Täter nicht zahlen, so wird er verbrannt.

Aus Bologna (1454 r. De poena divinatorum et facientium experimenta et his similia S. 33) werden Wahrsager, Hexen und Zauberer (»divinatores et experimenta facientes, transfiguratores et incantatores vel idola facientes et affaturatores et affaturatrices«) verbannt [130]).

Vgl. auch Bassano 1392 r. De his qui faciunt incantationes, herbarias sive facturas et eorum penis (S. 100).

Unter diesem Gesichtspunkt wurden manchmal auch Vergiftung und Abtreibung beurteilt, vor allem wenn Frauen so etwas begingen [131]). Häufiger bestraft wurde auch das Anwünschen des Hundewurms und das Aussprechen sonstiger Verwünschungen [132]).

In solchen Vorstellungen, im Glauben an Dämonen, Hexen, Zauberer, im Aberglauben aller Art waren die Gebildeten nicht weniger befangen als die unteren Schichten [133]).

---

128) Vgl. dazu Sella, proc. civ. 97 ff.

129) Näheres bei Kohler 602 f., Pertile V 446 ff. Über den Aberglauben vgl. auch Burckhardt, Renaissance, 6. Abschnitt, 4. Kapitel, Davidsohn, Gesch. v. Fl. IV 1 S. 15 ff.

130) Vgl. ferner Biella, Stat. malef. r. 22.

131) Das Statut von Siena von 1309/10 V 258 (S. 342) stellt das Eingeben von Abtreibungsmitteln dem Einflößen von Gift oder von Haß- und Liebestränken (»bevaraggio da inamorare overo da ucidere o vero da odiare«) gleich. Vgl. auch das oben angeführte Statut von Perugia.

132) Näheres im Abschnitt über die Beleidigung.

133) Über einen plumpen religiösen Betrug mit Hilfe einer geistesschwachen Person und Ausbeutung des Wunderglaubens vgl. das florentiner Urteil von 1379 in G. A. 52 S. 310 ff.

Auch die Professoren glaubten an diese Dinge. So bemerkt Angelus, C IX 9 ad 1. Iul. de adult. Auth. Sed novo iure 18 n. 1: »Nota esse possibile per incantationem fieri, ut quod ante oculos est, non videatur et absque incantatione, quod appareat id quod non est.«

Über den Aberglauben des Bartolus vgl. Kohler 603 f. Die Theoretiker unterschieden zwischen erlaubten, z. B. zu Heilzwecken erfolgenden und un-

Rechtsquellen, Lücken im Gesetz, Auslegung.

Statutarrecht und gemeines Recht.

I. Lehre und Rechtsprechung.

1.

Die Rechtslehre des 14. Jahrhunderts erkannte das Corpus iuris Justinians als unmittelbar geltendes Recht an. Da aber zugleich Statutarrecht galt, so war das wechselseitige Verhältnis beider Rechtsquellen zu klären. Oft wich das Statutarrecht vom gemeinen Recht ab. So bedrohten z. B. manche Statuten — dies der zumeist erörterte Fall — den Mord (homicidium) mit Geldstrafe, während die lex Cornelia härtere Strafen vorsah. Damit drängte sich die Frage auf, welches Gesetz vorging [1].

Auf den ersten Blick schien die Antwort leicht. Denn allgemein war der Grundsatz anerkannt, daß die höhere Rechtsnorm der niederen vorgehe [2], genauer: Für stärker galt diejenige Norm, deren Urheber mit höherer Gewalt ausgestattet war. »Tanto maior legum debet esse auctoritas, quanto ipsarum editor est maiori potestate dotatus«, sagen die Ägidianischen Konstitutionen von 1357 VI 27 (S. 234), um ihren Vorrang vor anderen Rechtsquellen zu begründen. Daher durfte kein Statut dem der übergeordneten Gemeinde widersprechen [3], und schon deshalb war ein Gesetz ungültig, das dem göttlichen Recht widersprach [4].

Dieser allgemein gültige Satz, auf das Verhältnis des gemeinen zum Statutarrecht angewandt, schien zu ergeben: Das Recht des Corpus iuris ist vom Kaiser als Inhaber der höchsten Gewalt erlassen und somit höchste Rechtsquelle. Wie allen anderen Normen so geht es auch dem Stadtrecht vor. Das Statut ist also unwirksam, wenn

---

erlaubten Beschwörungen, Zauberkünsten u. dergl. Vgl. etwa die Kommentare zu C IX 18 De malef. et mathem. Die Bestrafung der Gotteslästerung wird manchmal damit begründet, daß die Gotteslästerung Hungersnöte und Naturkatastrophen im Gefolge habe.

Skeptischer war anscheinend Oldradus, Cons. 210 n. 2: »Imagines ... facere ad amorem mulierum provocandum magis videtur superstitiosum quam hereticum. — Vgl. auch Bühler, a. a. O. 326 ff.

[1] Solmi, R. I. S. G. 1901 S. 178 ff., Orlando, legisl. stat. 28 ff., Schupfer, Manuale 415 ff., Engelmann, Urheber 568 ff.

[2] Alb. de Rosc., St. I 6 n. 1. Vgl. auch Besta, Storia I 478 ff.

[3] So galten z. B. die Statuten der zum Bezirk von Frignano gehörenden Gemeinden nur insoweit, als sie dem allgemeinen Statut von Frignano nicht widersprachen. So Frignano 1337/38 I 37 (S. 109).

[4] Diesen Grund führt Baldus, J I 2 De iure nat. 1 n. 20 an: »quia minor magistratus non potest tollere legem maioris.«

es dem gemeinen Recht widerspricht. Dieser Ansicht war von den Älteren namentlich Jacobus de Arena [5]).

Die jüngere Lehre überwand diesen Standpunkt [6]), nicht, weil sie die Probleme schärfer durchdacht hätte, sondern weil die Praxis dazu zwang. Die Glossatoren mochten sich erinnern, daß anfangs die Statuten nur aufgeschriebene Gewohnheiten waren [7]). Aber die späteren Juristen sahen in der Praxis, wie die Statuten als unmittelbar geltendes Recht täglich angewandt wurden, und zum gleichen Ergebnis mußte auch die Theorie kommen, wollte sie nicht den Zusammenhang mit der Praxis verlieren.

Einen Weg dazu zeigte Albericus de Rosciate, D L 17 De reg. iur. 27 n. 4. Die Geltung des Statuts, so hält er der älteren Lehre entgegen, hebt die Gesetzgebungsgewalt des Kaisers nicht auf. Denn die Statuten beruhen gerade auf kaiserlicher Ermächtigung, sind also mittelbar selbst kaiserliches Recht: »videtur ipsum statutum ab imperatore factum, cum civitatibus faciendi potestatem concesserit« [8]). Folglich sind sie auch dann gültig, wenn sie dem älteren gemeinen Recht widersprechen. Mit dieser Konstruktion war das Rangverhältnis zwischen gemeinem und Statutarrecht theoretisch gewahrt — das gemeine Recht tritt gleichsam freiwillig zurück —, aber praktisch umgekehrt. Ähnlich wie Albericus leitet auch Johannes Calderinus die Möglichkeit eines dem gemeinen Recht widersprechenden Statutarrechts aus der Ermächtigung zur Gesetzgebung her [9]).

Methodisch den gleichen Weg ging auch Baldus. Er fragte gleichfalls, woraus sich die Ermächtigung zur Autonomie der Städte herleite, fand aber als Quellen nicht das kaiserliche Recht, sondern ein überpositives Naturrecht, auf Grund dessen alle Völker sich eigene Gesetze geben konnten. Es war nur ein Schritt weiter, wenn Baldus die auf Grund naturrechtlicher Autonomie geschaffenen Rechtssätze selbst für Naturrecht erklärte. Damit war denn freilich jeder Zweifel

---

5) Alb. de Rosc, St. I 7 n. 1 ff.

6) Unter welchen Hemmungen, zeigt sich bei Rainerius de Forlivio, Repet. z. l. Omnes populi n. 4 f.: »quotidie fiunt statuta in civitatibus contra legem Imperatoris, quod non credo posse fieri. Nam sicut par in parem non habet imperium nec potest contra eum legem dicere, ita multo minus minor in maiorem et subditus in dominum.«

7) Daß aber schon die Glosse Statuten und Gewohnheitsrecht nicht mehr gleichsetzte, betont Solmi, a. a. O. 149.

8) Vgl. auch St. I 7 n. 1.

9) Johannes Calderinus, De constitutionibus c. 18 n. 2: »in terris imperii statutum municipii non improbatum servandum est inter illos de municipio, quoniam autoritate cesaria habent populi potestatem secundum eorum statuta et constitutiones vivendi et se regendi, quantumcunque sint legibus contraria, nisi sunt ab ipsis legibus improbata.«

behoben. Das Statut als Naturrecht war unabänderlich und bedurfte keiner Rechtfertigung aus einer positiven Gesetzgebung höheren Grades. »Omnes populi possunt facere sibi statuta, et ubi cessat statutum, habet locum ius civile . . . Nota ergo, quod populi possunt sibi facere statuta . . . Nam sicut populus potest habere propriam consuetudinem . . ., a qua non est recedendum, quia habet vim naturae.« (Baldus, D I 1 De iust. et iure 9 n. 1 ff.)

Stärkeren Eindruck, namentlich auf Praktiker, mochte ein anderer Beweisgrund machen. Vor Beginn ihrer Amtstätigkeit leisteten Podestà und Richter den Eid auf die Statuten. Sie schworen, sich streng an die Statuten und die sonst darin genannten Rechtsquellen zu halten. Dieser Eid hatte praktische Bedeutung. Wer ihn nicht hielt, beging einen Meineid und wurde im Syndikatsverfahren bestraft. Aus der Unverbrüchlichkeit dieses Eides aber leitete die Theorie den unbedingten Vorrang der Statuten vor dem gemeinen Recht her. So lehrte Baldus, D I 3 De leg. senatusque cons. 26 n. 2 f.: »tu dic indistincte, quod poena statutaria est exsequenda et non poena iuris communis, et est ratio, quia potestas iurat servare statuta, et iuramentum obligat in forma, unde est servandum omnino«[10]. Damit war nicht nur die Gleichberechtigung der Statuten mit dem gemeinen Recht behauptet, sondern ihr Vorrang beim Zusammentreffen beider Normen. Doch hat diese Ansicht, der außer Baldus auch Cinus und Salicetus folgten[11], sich im 14. Jahrhundert noch nicht völlig durchgesetzt.

Namentlich Bartolus und Angelus ließen dem Kläger nur die Wahl, ob er den Verbrecher aus gemeinem oder aus Statutarrecht belangen wollte. Der eine Weg sollte den andern nicht ausschließen. Beide Rechte standen also im Verhältnis elektiver Konkurrenz. Nur dann wollten sie anders entscheiden, wenn ein Statut die Strafe des gemeinen Rechts besonders ausschloß, sei es unmittelbar durch das Gebot der strengen Wortauslegung, sei es mittelbar dadurch, daß etwa das Statut die Lücke im Gesetz vorsah und bestimmte, wie sie zu schließen war. Noch ein weiteres Zugeständnis machte Bartolus. Er unterschied begrifflich richtig zwischen den Fragen der Normenkonkurrenz und der materiellen Rechtskraft. War nämlich einmal die Strafe des Statuts verhängt, so sollte nicht nochmals aus der lex Cornelia de sicariis bestraft werden. Damit lehnte er eine früher mehrfach vertretene Ansicht ab, wonach man nach Aburteilung des

[10]) Diese und weitere Belegstellen bei Engelmann, Urheber 570 f. — Vgl. auch Baldus, C VI 2 De furtis 18 n. 1.

[11]) Beide in den Kommentaren zu C IX 19 De sep. viol. 4.

Angeklagten aus dem Statut noch auf den Strafüberschuß aus gemeinem Recht klagen konnte [12]).

Bartolus, D XLVII 8 Vi bon. rapt. 1 n. 1: »Non ... videtur a lege veteri recessum, nisi nominatim sit dictum ... Et ideo, cum in multis civitatibus Italiae sint statuta, quae dicunt, quod ubi poena non est determinata in statuto, procedatur de similibus ad similia, et ubi non reperitur simile, recurratur ad ius commune. Ex hoc apparet, quod volunt poenam iuris communis in subsidium imponi, unde putarem tunc poenam iuris communis esse sublatam per legem novam, in qua poenam expresse imponit.»

Bartolus, C IX 19 De sep. viol. 4: »licet per legem novam imponatur aliqua poena nova pecuniaria reo, non propter hoc tollitur antiqua lex, quae imponit poenam corporalem. Et per hoc dico, quod si statutum pro homicidio imponat poenam pecuniariam, non propterea tollitur poena legis Corneliae de sicariis. Tamen, si quis condemnatur vigore statuti, quod imponit poenam pecuniariam, tollitur condemnatio, quae resultabat ex lege Cornelia de sicariis.

Angelus, D XLVII 8 Vi bon. rapt. 1 n. 1: »antequam agatur ex statuto, bene poterit agi Cornelia, quia per poenam impositam noviter a statuto non intelligitur recessum a poena iuris communis ...; quod intellige, nisi lex antiqua per statutum sit novata expresse vel tacite. Expresse, quia dicatur in statuto, quod nulla alia poena possit imponi, nisi per statutum inducta ... Tacite, quia disponat in statuto, quod ubi deficit poena statuti, recurratur ad ius commune et sic patet, quod in subsidium tantum poena iuris communis debet imponi.«

Angelus, D III 6 De calumniatoribus 7 n. 2: »si per statutum pro uno delicto imponitur nova poena, non intelligitur abolita poena, quae imponitur de iure communi ... ... Et ideo sunt communiter statuta per Italiam, quod rectores non possint pro maleficiis aliam poenam imponere quam sit cautum a statuto, cum imposita invenitur. Tunc enim cautum est a statuto, quod aliae poenae locum non habeant [13]).«

Dagegen wußte Albericus sich nicht recht zu entscheiden [14]). Er nimmt zwar wie alle an, daß das Statut dem gemeinen Recht

---

[12]) So lehrte z. B. Guido de Suzaria. Vgl. Alb. de Rosc., St. I 8. A. A. schon früher Jacobus de Arena und Dinus. Vgl. Gandinus, De quibusdam utilibus questionibus 4 (S. 361 f.) und Bartolus, C. IX 2 De acc. et inscr. 9 n. 1.

[13]) Vgl. auch Angelus, D XLIII 29 De lib. hom. exh. 3 n. 1, D XLVIII 2 De acc. et inscr. 14 n. 5. Daß die herrschende Lehre die Strafe des gemeinen Rechts nicht für aufgehoben hielt, berichtet Cinus, C IX 19 De sep. viol. 4 n. 3. Über die Ansicht des Dinus vgl. Alb. de Rosc., D XLIII 29 De lib. hom. exh. 3. Albericus bespricht dort die Frage, wie es zu halten sei, wenn der Mörder die Geldstrafe zahlt und dann nochmals aus der lex Cornelia belangt wird. Dazu bemerkt er: »dubitatur, an super tali accusatione possit procedi ad poenam iuris communis, an intelligatur sublata per poenam statuti. Consuevit dici, quod una non tollitur per aliam ... dominus tamen Dynus dicit, quod si actum est una via et poena imposita per statutum, alia via procedi non possit, cum utraque idest via statuti et iuris communis sit ad vindictam contra homicidam.« Dinus vertrat also dieselbe Ansicht wie später Bartolus.

[14]) Albericus weiß sich häufig nicht recht zu entschließen, wo es sich um reine Theorie handelt. Er häuft Zitate und Quellen, ohne seine Ansicht auszusprechen und endet mit der Mitteilung, daß die Praxis sich in diesem oder jenem Sinne entscheide.

Vgl. zu diesen Fragen auch Alb. de Rosc., St. I 7, 63 n. 2, II 122, 164.

widersprechen dürfe (vgl. oben). Aber ob das gemeine Recht im ganzen aufgehoben wird, bleibt ihm zweifelhaft: »questio dubia est et indiget declaratione imperatoris« (St. I 8 n. 10) [15]).

Diese Bedenken bestanden nicht für die Praxis. Die Beamten schworen, sich an die Statuten zu halten. Demnach war für anderes Recht nur insoweit Raum, als die Statuten seine Anwendung gestatteten. Das bezeugt Albericus, der ja selbst Praktiker war. Im Traktat über die Statuten I 8 a. E. schließt er die Übersicht über die verschiedenen Ansichten und Zweifel mit den Worten: »Communiter tamen totus mundus servat, quod per penam statuti tollitur in totum pena iuris communis« [16]).

Ebenso im Kommentar zu C IX 19 De sep. viol. 4 n. 4: »Sed quidquid sit de iure, in iudiciis de facto vidi servari, quod sola pena statuti imponatur sive sit maior sive minor et quod cesset pena iuris communis.«

2.

In den Erörterungen über das Rangverhältnis von Statutarrecht und gemeinem Recht, so haben wir gesehen, spielt die Erwägung eine Rolle, daß notwendig die Satzung des niedrigeren Gesetzgebers der des höheren nachstehe. Da höchster Gesetzgeber aber Gott ist, so ergab sich aus diesem Prinzip der Vorrang der lex aeterna vor allem irdischen Recht.

Dieser Gedanke tritt hervor in Theologie und Jurisprudenz. Sehr deutlich vor allem bei Thomas von Aquino [17]), dessen System von dem Gedanken beherrscht ist, daß die gottgeschaffene Natur sich vermöge einer inneren Entelechie zu Gott hin entwickle, und daß diesem Endzweck jeder andere Zweck untergeordnet sei. Daher geht das ewige Gesetz, die den Menschen auf den letzten Zweck hinordnende Norm, und das Naturgesetz als Ausfluß der lex aeterna und Ausdruck der natürlichen Anlage des Menschen zur Selbst-

---

In St. II 122 wendet sich Albericus gegen die Ansicht des Hostiensis, daß Statuten ungültig seien, die den Mord mit Geldstrafe bedrohten, mit den Worten: »Communiter . . . totus mundus servat contrarium, quia inter suos civitas potest condere statuta etiam contra ius commune.«

15) Dagegen sieht Albericus in D XLVII 8 Vi bon. rapt. 1 einen Beleg dafür, daß die lex Cornelia auch dann anwendbar bleibe, wenn ein Statut den Mord mit Geldstrafe bedroht (vgl. a. a. O. n. 3).

16) »Totus mundus« bezeichnet hier wohl die Praxis. Daß die herrschende Lehre in der Theorie diesen Standpunkt nicht teilte, wurde gezeigt. Der Praxis folgten nur »quidam moderni« (so Albericus an der angeführten Codex-Stelle). In diesem Sinne entschied schon im 13. Jahrhundert die bologneser Praxis. Vgl. Gandinus, De quibusdam utilibus questionibus 4 (S. 362 f.).

17) Vgl. zum folgenden Kuhlmann, Der Gesetzesbegriff des Hl. Thomas von Aquin im Lichte des Rechtsstudiums seiner Zeit, namentlich S. 130 ff., 169 ff., ferner Dempf, Die Hauptform mittelalterlicher Weltanschauung 167 ff.

verwirklichung dem positiven Gesetz vor, das nur die Ordnung des guten Zusammenlebens näher auszuführen hat. Nur dann also hat das positive Gesetz verpflichtende Kraft, wenn es dem unmittelbar auf den Endzweck gerichteten ewigen Gesetz entspricht.

So heißt es z. B. bei Thomas, S. th. 2, 1 q. 93 a. 3: »Respondeo dicendum, quod ... lex importat rationem quamdam directivam actuum ad finem. In omnibus autem moventibus ordinatis oportet, quod virtus secundi moventis derivetur a virtute moventis primi: quia movens secundum non movet, nisi inquantum movetur a primo ... Cum lex aeterna sit ratio gubernationis in supremo gubernante, necesse est, quod omnes rationes gubernationis, quae sunt in inferioribus gubernantibus, a lege aeterna deriventur. Huiusmodi autem rationes inferiorum gubernantium sunt quaecumque aliae leges praeter aeternam. Unde omnes leges, inquantum participant de ratione recta, intantum derivantur a lege aeterna [18]).«

Das gleiche lehrten die Rechtslehrer [19]): Gemeines Recht und Statutarrecht ist nur gültig, wenn es übereinstimmt mit dem göttlichen (ius divinum) und natürlichen Recht (ius naturale vel gentium), Ordnungen, die in Gott ihren gemeinsamen Ursprung haben [20]). Göttliches und Naturrecht also umfaßten einen Bestand überpositiver Rechtsnormen, die kein gesetztes Recht aus der Welt schaffen konnte. Über den Grundsatz waren Legisten und Kanonisten einig [21]). Auch darüber war kein Zweifel, daß das göttliche Recht gerade im Bereiche des Strafrechts galt, und daß die schwersten Verbrechen wie namentlich Mord, Diebstahl und Ehebruch schon nach ius divinum strafbar seien.

Daher waren Statuten ungültig, die diese Verbrechen erlaubten [22]). Nun gestatteten aber fast alle Statuten, den wegen schwerer Ver-

---

[18]) Vgl. auch S. th. 2, 1 q. 94 a. 5 und q. 95 a. 2: In menschlichen Dingen ist etwas gerecht nur dann, wenn es der regula rationis entspricht. Die Norm der ratio aber ist die lex naturae (q. 94 a. 2). Daher ist das Gesetz nur verbindlich, wenn es dem Naturgesetz entspricht: »Unde omnis lex humanitus posita intantum habet de ratione legis, inquantum a lege naturae derivatur. Si vero in aliquo a lege naturali discordet, iam non erit lex, sed legis corruptio.« Daher wird die Frage in S. th. 2, 2 q. 66 a. 7 »Utrum liceat alicui furari propter necessitatem« bejahend beantwortet. Denn: »ea, quae sunt iuris humani, non possunt derogare iuri naturali vel iuri divino.«

[19]) Salvioli, Storia 87, Schupfer, Manuale 448, Besta, Storia I 477, Solmi, R. I. S. G. 1901 S. 180 f. — Vgl. auch c. 11 X De consuetudine I 4.

[20]) So sagt Hostiensis, S. A. I 4 n. 3 von der Gewohnheit: »non valet, si sit contraria iuri naturali, idest naturae naturanti, idest Deo.«

[21]) Gandinus, De statutis 7 (S. 383); Alb. de Rosc., St. I 6 n. 1, IV 17 n. 6; Jac. de Belvisio II 14 n. 19; Bonif. de Vitalinis, Pooem, n. 13; Baldus, J I 2 De iure nat. 1 n. 19; Angelus, D XLVII 10 De iniur. et fam. lib. 15, 28 n. 3; Ioh. Andreae, c. 7 X De constit. I 2 n. 16.

[22]) Alb. de Rosc., D L 17 De reg. iur. 27 n. 1; R. de Forlivio, Repet. z. l. Omnes populi n. 47; Baldus, c. 11 X De consuetudine I 4 n. 4; Ioh. Andreae, c. 2 X De delictis puerorum V 23. Vgl. auch Solmi, R. I. S. G. 1901 S. 186 ff.

brechen geächteten zu töten. Ob diese Statuten mit dem ius divinum vereinbar seien, wurde daher vielfach erörtert. Freilich war das eine sehr akademische Diskussion. Denn die Acht war ein tief eingewurzeltes Rechtsinstitut und die Friedlosigkeit kriminalpolitisch unentbehrlich. Hätte die Wissenschaft diese Übung verworfen, so wäre die Praxis nicht gefolgt. So hat denn auch, soviel ich sehe, kein Rechtslehrer diese Statuten für unwirksam erklärt. Aus den theoretischen Schwierigkeiten rettete man sich in die Unterscheidung. Innerhalb des ius divinum nämlich wurde unterschieden zwischen allgemeinen Vorschriften, die aus besonderen Gründen eine Abweichung im Einzelfall erlaubten, und unabänderlichen Sonderregeln. Zu den ersteren rechnete man das Tötungsverbot, zu den letzteren etwa das Gebot der Eidestreue. Den Statuten aber wurde nur die Fähigkeit abgesprochen, das göttliche Recht im ganzen aufzuheben. Dagegen sollten Abweichungen von der allgemeinen Norm aus besonderen Gründen im Einzelfall zulässig sein. So lehrte Baldus, J I 2 De iure nat. 1 n. 20 f.: »Sed an possit statutum fieri contra ea, quae sunt disposita a iure divino? .... Dic, quod aut statutum fit contra disposita a iure divino in spiritualibus, et tunc non potest fieri ...., aut contra statuta a iure divino in temporalibus, et tunc aut ius divinum illud praecise non statuit, sed aliquo casu etiam statuit oppositum, et tunc potest fieri statutum ut scilicet derogando, non tollendo in totum.... Aut simpliciter est statutum a iure divino et praecise....« Daraus ergab sich für Baldus die Zulässigkeit von Statuten, die den Geächteten für vogelfrei erklärten [23]).

Das naturrechtliche Tötungsverbot findet seinen Ausdruck in der Strafe. Diese Strafe mußte dem Verbrechen angemessen sein. Das ließ Zweifel daran aufkommen, ob die noch im 14. Jahrhundert verbreiteten Statuten gültig seien, die auf den Mord nur Geldstrafe setzten. Die Kanonisten, die keine Fühlung mit der weltlichen Praxis hatten, forderten, geführt von Hostiensis, die Todesstrafe und erklärten derartige Statuten für unvereinbar mit dem ius divinum

[23]) Ebenso schon Bartolus, C III 27 Quo modo liceat unicuique sine iudice se vindicare 2 n. 2: »statuta, quae permittunt exbannitos impune occidi, sunt introducta pro quiete communi et dicitur illa vindicta publica;« Alb. de Rosc., D XLVIII 19 De poenis 17 n. 5: »licet non possit statutum tollere ius divinum vel naturale directo, potest tamen distinguere et interpretari tollendo poenam et sententiam occidenti propter publicam utilitatem et terrorem malefactorum«; Gandinus, De bannitis 2 (S. 131 f.); R. de Forlivio, a. a. O. n. 45; Bartolus, Cons. I 107 n. 1, 188 n. 5; Alb. de Rosc., St. I 42, IV 17 n. 1 ff.; D XXXIV 4 De adim. leg. 4 n. 2; Baldus, D IV 5 De cap. min. 5 n. 1, 10 f.; Angelus, D I 4 De const. princ. 1 n. 5.

und daher nichtig [24]). Die Legisten aber waren anderer Meinung [25]) und begnügten sich mit einer wirksamen Geldstrafe. War aber die Geldstrafe nur eine Farce und verkappte Straflosigkeit, so sollte das Statut nicht gelten. So hielt Albericus ein ehemals in Padua geltendes Statut für nichtig, das die Tötung eines Priesters mit Geldstrafe von einem Groschen belegte [26]).

Praktisch bedeutsamer war eine andere Wendung dieser Lehre. Für nichtig hielt man Statuten, die gegen die Freiheit der Kirche verstießen. »Statuta et consuetudines contra libertates ecclesiae factae non valent.« (Cinus, a. a. O.). So lehrten Legisten, Kanonisten und Theoretiker des forum internum [27]). Die Dekretalen (c. 53 X De sententia exc. V 39) bedrohten Beamte mit Exkommunikation, die solche Statuten erließen oder duldeten.

Diesen unbestimmten und akademischen Satz erfüllte Innocenz IV. mit greifbarem Inhalt, indem er ihn auf die Vorrechte der Kirche und die Privilegien der Kleriker bezog. Darin folgte ihm die Rechtslehre [28]). So bestimmte Baldus, c. 13 X De constitut. I 2 n. 3: »Quero, que sunt illa statuta, que sunt contra illam libertatem. Resp.: omnia illa, que sunt contra privilegia generalia ut contra privilegium fori vel prescriptionis secundum Innoc. vel per que clerici opprimuntur et laici efficiuntur audaciores et clerici timidiores.«

Diese Lehre drang auch in die Praxis ein. Manche Ortsgesetze sprechen die Ungültigkeit von Statuten aus, die die Freiheit der Kirche verletzen.

---

[24]) Hostiensis, c. 2 X De delictis puerorum V 23 § Propter hoc. (S. 304): ... »consuetudinem vel statutum, quod est in aliquibus regionibus, ut siquis furtum vel homicidium vel aliud crimen comiserit, certam pecuniam solvat. Que consuetudines sive statuta omnino irrationabilia sunt. Hoc enim nihil aliud est, quam homines venales exponere certo precio: et ad praedicta homines incitare ... non sunt igitur hec servanda.« So auch Archid., c. 3 in VI to III 24 De clerici vel etc. S. 119 R.

[25]) Alb. de Rosc., St. II 122 f., 163.

[26]) Denn: »imponendo poenam pecuniariam pro corporali invitantur homines ad delinquendum« (Alb. de Rosc., D XLVIII 19 De poenis 17 n. 6). Albericus zieht aber nicht den Schluß, daß ein Statut schon deshalb ungültig sei, weil es überhaupt den Mord mit Geldstrafe bedroht. Wie Albericus für einen ähnlichen Fall auch Baldus, c. 11 X De consuetudine I 4 n. 5.

[27]) Gandinus, De statutis 8 (S. 383); Iac. de Belvisio II 14 n. 19; Bonif. de Vitalinis, Prooem. n. 13; Alb. de Rosc., St. I 8 n. 1; Cinus, C I 2 De sacros. eccl. Auth. Cassa et irrita n. 1 ff.; Baldus, a. gl. O. n. 1 ff. — Raym. de Pennaf. II 5 De raptoribus § 17 (S. 199); Ast. I 46 (S. 65 R.).

[28]) So auch Bartolus, C I 2 De sacros. eccl. Auth. Cassa et irrita; Cinus, a. gl. O. n. 1; Baldus, J I 2 De iure nat. 1 n. 58; Ioh. Andreae, c. 49 X De sententia exc. V 39.

So z. B. die Statuten von Brescia von 1313 I 22: »... Statutum et ordinatum est, quod quodlibet statutum et ordinamentum ..., quod inveniretur de caetero, quod esset vel appareret contra ecclesiasticam libertatem ... sit cassum et nullum ipso iure et facto de caetero«. Ähnlich Narni 1371 I 160: »si in Statutis ... est aliquod Statutum seu Ordinatio, quod esset contra publicam et evidentem utilitatem Populi et Communis ... seu contra bonum praesentem statum Ecclesiasticum ipsius Civitatis seu contra Ecclesiasticam libertatem ..., tale Statutum et Ordinatio sit cassum ...« [29]).

Die Theorie Innocenz' IV. hatte politische Bedeutung. In der Fassung, die er ihr gab, war sie so dehnbar, daß sie den wechselnden Bedürfnissen der Kirche angepaßt werden konnte, und konkret genug, um praktischen Zielen die rechtliche Grundlage zu geben. Ihre politische Tragweite zeigt die Erörterung eines praktischen Falles bei Baldus im Kommentar zu c. 8 X De iudiciis II 1 n. 2 f.: Ein mailänder Statut verbot die Veräußerung von Grundbesitz an der mailänder Gerichtsbarkeit nicht unterstehende Personen. Das rief Zweifel daran hervor, ob dieses Gesetz auch für Grundstücksveräußerungen an Kleriker galt. Zwar waren die Kleriker der weltlichen Gerichtsbarkeit entzogen, aber scheinbar war fraglich, ob das Statut nicht insoweit gegen die Freiheit der Kirche verstieß, oder ob es nicht dann wenigstens nichtig sei, wenn es ausdrücklich auf Kleriker abzielte. Nach Baldus wurden beide Fragen in einem Gutachten verneint, und Baldus scheint diese Ansicht zu billigen. Er trifft eine politische Prinzipienentscheidung. Kirche und Staat scheinen ihm gleichberechtigt, die Freiheit des Staates scheint nicht weniger schutzbedürftig als die der Kirche. So sagt er vom Statut: »est conditum favore publici et communis boni et subditorum ... unde non est censendum esse contra libertatem ecclesiae, sed pro libertate publici territorii et publicarum functionum. .... Ego dico, quod res publica equiparatur ecclesie ... unde sicut ecclesia defendi debet in iuribus suis, ita etiam civitas« [30]).

---

29) Ähnlich Brescia 1313 I 13 und II 78. Weitere Beispiele Vercelli r. Quod omnia statuta facta contra libertatem ecclesie sint cassa (S. 149) und S. Piero 1398 in der Approbation der Statuten (S. 279). — Offenbar wurde mit diesem Klerikerprivileg sehr viel Mißbrauch getrieben. Vgl. darüber Davidsohn, Gesch. v. Fl. IV 1 S. 148 ff., Kantorowicz, Sav. Z. R. Abt. 44 S. 264 und die bei Kantorowicz I 408 im Register unter »Geistliche als Verbrecher« bezeichneten Stellen.

30) Anders entscheidet Baldus, c. 19 X De iureiurando II 24 n. 8 über ein tudertiner Statut, wonach Geldstrafe zahlt, wer bei einem ortsfremden Gericht Berufung gegen ein einheimisches Urteil einlegt. Dieses Statut sollte insoweit unwirksam sein, als dadurch die Appelllation an den Papst ausgeschlossen wurde.

Anscheinend versuchten die Städte, die lästige Exemtion der Geistlichen von der weltlichen Gerichtsbarkeit auf einem Umwege zu beseitigen. Man

Nicht anders als zum ius divinum sollten sich die Statuten zum kanonischen Recht verhalten, das sich aus jenem herleitete. So unterschied Albericus de Rosciate, St. I 108 auch hier zwischen solchen Statuten, die das kanonische Recht im ganzen aufhoben und anderen, die im Einzelfalle unterschieden. Nur diese letzteren hielt er für gültig.

Ferner durften die Statuten nicht gegen die guten Sitten (contra bonos mores) verstoßen. Unwirksam war also das Statut, wenn es inhonestum, turpe, iniquum war, gültig nur die lex »honesta et iusta et secundum naturalem rationem« [31]).

Endlich sollte das Reichsinteresse gewahrt bleiben. Demnach sollte ein Statut nichtig sein, wonach die Kommune keine Abgaben an das Reich zu leisten hatte [32]).

Fragt man nun nach der praktischen Bedeutung dieser Lehren, so kommt man zu einem im wesentlichen negativen Ergebnis. Hätte der Richter das Statut nicht angewandt, weil es ihm ungerecht oder unsittlich schien, so hätte er dieses Sentiment im Syndikatsverfahren teuer bezahlt. Sätze dieser Art mögen hier und dort den Gesetzgeber beeinflußt haben, etwa die Strafen für schwere, auch nach göttlichem Recht strafbare Verbrechen zu schärfen, aber dem Richter wird der Wortlaut wichtiger gewesen sein als ius divinum und gute Sitten. Praktisch bedeutsamer war wohl die These von der Unantastbarkeit kirchlicher Freiheiten. Wieweit sie verwirklicht wurde, war eine politische Machtfrage.

Aber wichtiger sind diese allgemeinen und juristisch schwer greifbaren Regeln als Anzeichen einer Grundansicht vom Wesen des Strafrechts, ja des Rechts überhaupt, und von den Aufgaben des Staates, die mittelbar auch für die Praxis bedeutsam war. Es zeigt sich in diesen Sätzen, daß Staat und Rechtsordnung zunächst

---

belangte für Verbrechen der Kleriker zwar nicht diese selbst, aber ihre Verwandtschaft. Statuten dieser Art erklärte aber die Rechtslehre für nichtig. So Baldus, D XXXV 1 De condict. et demonstr. 79, 4 n. 3: »statutum dicitur contra libertatem ecclesiae, quando pro eo, quod faciunt clerici, punit laicos clericorum coniunctos.« Ähnlich Angelus, D II 6 In ius vocati 1 n. 3.

[31]) Gandinus, De statutis 8 (S. 383); Alb. de Rosc., St. I 37, 38 n. 1 f.; Jac. de Belvisio II 14 n. 18; Bonif. de Vitalinis, Prooem. n. 3, 13; R. de Forlivio, a. a. O. n. 52 f.; Baldus, J I 2 De iure nat. 1 n. 25, c. 6 X De constitut. I 2 n. 1; Angelus, D I 4 De const. princ. 1 n. 5. Baldus, c. 2 X De probationibus II 19 n. 2 führt als Beispiel die Gesetze an, die Guelfen und Ghibellinen gegeneinander erlassen und sagt davon (n. 6): »Que enim procedunt de fonte irrationabilis odii, extirpanda sunt, quia dolus est.«

[32]) Alb. de Rosc., St. I 6 n. 11.

sittliche Aufgaben zu erfüllen hatten. Die Rechtsordnung dient der Verwirklichung letzter Daseinszwecke und ist selbst ein Spiegelbild der göttlichen Ordnung. Der Staat also gibt nicht eigentlich Gesetze, um neues Recht zu schaffen, sondern um göttliches Recht zu sichern, zu schützen und allenfalls auszuführen. Das Gesetz hat nicht konstitutiven, sondern deklaratorischen Charakter. So beruhten denn auch Verbrechen und Strafwürdigkeit nicht auf gesetztem Recht, sondern standen objektiv fest vor aller Gesetzgebung. Der Gesetzgeber konnte den Tatbestand näher umschreiben und (in gewissen Grenzen) die Art der Rechtsfolge bestimmen, aber im wesentlichen setzte er nicht neues Recht, sondern sprach aus, was Recht war. Seine Aussage war richtig, wenn sie der ethischen Norm entsprach und hatte nur dann Bestand. Sie war falsch, wenn sie mit dem ungesetzten Recht unvereinbar war. Endlich konnte der Ausspruch des Gesetzgebers unvollständig sein. Aber auch dann bleibt das Verbrechen Verbrechen und ist mit Strafe zu belegen.

Mit anderen Worten: Der Satz nulla poena sine lege galt nicht 33). Er dringt erst durch, als die absoluten Werte verblassen, als das menschliche Recht nicht mehr Abbild des ius divinum ist. Grundsatz war nicht: keine Strafe ohne Gesetz, sondern: kein Verbrechen ohne Strafe, »Ne crimina remaneant impunita«. Das hieß nicht, daß der Richter nach persönlichem Belieben oder politischer Überzeugung entscheiden durfte, sondern daß er das Verbrechen auch dann zu strafen hatte, wenn er kein positives Gesetz vorfand. Das bedeuten die Worte des Baldus, C X 10 De bon. vacant. 5 n. 10: »Ubi poena expressa non est, impositio poenae est in arbitrio iudicis ... Eo ipso, quod aliquid cadit in delictum, punibile est, licet lex de poena non dicat, et punitio est in arbitrio iudicis in criminali inquisitione.« Also nichts entband den Richter davon zu prüfen, ob ein Verbrechen vorlag.

Damit aber wurde die Frage praktisch, wie die Lücken im Gesetz auszufüllen seien. Gerade für das Statutarrecht war diese Frage bedeutsam. Denn die meisten Stadtrechte enthielten zahlreiche und große Lücken. Die Entscheidung verstand sich für die Rechtslehre von selbst. Denn außer den Statuten war ja das gemeine Recht unmittelbar geltende Norm. Streitig war zwar, welches Recht beim Zusammentreffen vorging, unstreitig, daß die Lücke im Statut vom gemeinen Recht auszufüllen sei. Das gemeine Recht war sub-

---

33) Engelmann, Irrtum 256. Vgl. auch c. 4 X De officio iud. del. I 29. Der Satz kommt erst später auf. Seine Entstehung schildert Schottlaender, Die geschichtliche Entwicklung des Satzes nulla poena sine lege.

sidiär geltendes Recht [34]. Casus omissus debet relinqui dispositioni iuris communis. Ubi cessat statutum, habet locum ius civile [35].

3.

Das Lückenproblem berührt sich eng mit der Frage der Gesetzesauslegung. Das begriffliche Verhältnis beider Problemkreise hängt von der Fragestellung ab. Nennt man »Lücke« alles das, was jenseits des grammatischen Wortlauts an Raum bleibt, so wird durch die Analogie zugleich eine »Lücke ausgefüllt«. Die Problemkreise überschneiden sich dann. Ist aber Lücke der leere Raum jenseits des ausgelegten Gesetzes, so lassen sich beide Probleme trennen. Aber auch dann noch bleibt ein sachlicher Zusammenhang: Je strenger die Auslegung des Gesetzes ausfällt, desto größere Lücken bleiben, und je weiter die Auslegung, desto geringer die Lücken.

Die Verflechtung dieser Probleme wird in der italienischen Theorie deutlich sichtbar. Die Italiener haben die Auslegung der Statuten eingehend besprochen [36]. In ihren Überlegungen gingen sie davon aus, daß die Lücke im Statut vom gemeinen Recht auszufüllen sei. Von den Älteren [37] stellte nämlich Guido de Suzaria [38] die Statuten den leges, senatus consulta und Kontrakten im römischen Recht gleich und lehrte, sie seien nach Art des gemeinen Rechts auszulegen. Daß aber das gemeine Recht, auch das gemeine Strafrecht analog auszudehnen sei, unterlag keinem Zweifel [39].

Gegen diese Ansicht aber wandte sich die moderne Theorie. Denn, so meinten Bartolus und Albericus (an den Anm. 37 zitierten Stellen), die Zulässigkeit der Analogie im gemeinen Recht beruht

---

34) Solmi, R. I. S. G. 1901 S. 189 f., Dorini 8 f., Brugi, Arch. giur. 26 S. 421.

35) Baldus, D I 1 De iust. et iure 9 n. 2. Weitere Zitate im Abschnitt über die Auslegung.

36) Besta, Storia I 478 ff., 541, Ciccaglione, Manuale II 64, 449, Schupfer, Manuale 299, 415 ff., Sclopis, Storia II 123, Orlando, legisl. stat. 36 f., Brugi, Storia 70, Arch. giur. 70 S. 254. Ausführlicher Engelmann, Urheber 573 ff. — vgl. auch 402 — und Solmi, R. I. S. G. 1901 S. 190 ff.

37) Über den Stand der Rechtslehre näheres bei Gandinus, De statutis 9 (S. 383 ff., namentl. S. 388 f.); Bartolus, D XXXIX 4 De publ. et vect. 15 n. 15 ff. Wörtlich gleich Alb. de Rosc., a. gl. O. n. 13 ff. und St. I 9 n. 1 ff.; ferner Baldus, D I 3 De leg. senatusque cons. 12 n. 1 ff.

38) Guidos Ansicht war schon im 13. Jahrhundert nicht die herrschende. Dinus z. B. lehnte jede ausdehnende oder einschränkende Auslegung ab und wollte nur die erklärende Interpretation zulassen und alles andere dem gemeinen Recht überlassen. Vgl. die Belege in Anm. 37 und Solmi, a. a. O. 193 f.

39) Baldus, C IX 1 De his qui acc. non poss. 11: »in maleficiis puniendis ius commune trahitur ad similes casus, sed ius municipale iuri communi contrariatur«. Vgl. auch die Belege bei Falchi, dir. pen. 16 f.

auf einem praktischen Bedürfnis. Ohne Analogie nämlich müßten unvorhergesehene Fälle unentschieden bleiben, ein praktisch unerträgliches Ergebnis. Anders aber im Statutarrecht. Denn jede Lücke der Statuten füllt das gemeine Recht aus. Es bleibt also ein Fall auch dann nicht unentschieden, wenn das Statut schweigt. Damit entfällt aber der innere Grund für die analoge Anwendung des Gesetzes. Dies ist der Sinn des Schlagworts »Casus omissus debet relinqui dispositioni iuris communis, casus omissus habetur pro omisso« [40]).

Man nahm also an: Wo der Wortlaut des Statuts aufhört, beginnt der Geltungsbereich des gemeinen Rechts. Diese Auffassung erlaubte nun offensichtlich ein Zugeständnis: Viele Statuten wiederholten nämlich inhaltlich nur gemeines Recht. Diese Statuten über ihren Wortlaut hinaus nach Art des gemeinen Rechts auszulegen, schien unbedenklich und geradezu geboten. Praktisch wurden diese Statuten damit freilich überflüssig, ja man sah sie geradezu als gemeines Recht an. ». . . . est ipsum ius commune, ex quo a iure communi non discrepat«, sagt Baldus vom Statut in einem Gutachten (Cons. IV III n. 2).

Man kam also auf folgende Unterscheidung: Steht ein Statut im Widerspruch zum gemeinen Recht, so ist es wörtlich auszulegen. Widerspricht es aber nicht dem gemeinen Recht, d. h. stimmt es inhaltlich mit ihm überein, oder läßt das gemeine Recht den Fall unentschieden, so ist das Statut über seinen Wortlaut hinaus auszulegen [41]). So war die allgemein vertretene Ansicht [42]).

---

[40]) Vgl. auch Alb. de Rosc., St. II 171 n. 8; Angelus, Cons. 72 n. 2. Endlich noch Bartolus, a. a. O. n. 18: Guido de Suzaria hatte die Statuten auch den Kontrakten gleichgestellt. Dagegen wendet sich Bartolus: »non bene argumentatur de contractibus ad statuta, quia in contractibus magis consideramus mentem quam verba . . . Sed in statutis consideramus verba: adeo, quia quod non est verbis expressum, relinquitur dispositioni iuris communis. Nam quod specialiter in causam novam non transfertur, iure pristino petitur«.

So wenig wie eine ausdehnende Auslegung ist ein Gegenschluß aus der Bestimmung des Statuts erlaubt. Denn jenseits des Statuts beginnt ja sofort das gemeine Recht. Das gemeine Recht tritt in die Lücke, mag die ausdrückliche Regelung mit ihm übereinstimmen oder nicht. Vgl. u. a. Alb. de Rosc., St. I 9 n. 37 ff.; Bartolus, a. a. O. n. 23 u. 85 und D I 1 De iust. et iure 9 n. 61.

Vgl. ferner Bartolus, D XXXIX 4 De publ. et vect. 15 n. 18: »cessat dispositio iuris communis, et ille casus esset lege non decisus, quod abhorret lex . . . Sed in lege municipali secus, quia casus per eam non praevisus dispositioni iuris communis relinquitur«.

[41]) Alb. de Rosc., D XXXIX 4 De publ. et vect. 15 n. 23: »Dico . . ., quod illa statuta sunt stricti iuris, quae sunt contra dispositionem iuris communis . . ., sed illa statuta, quae totaliter imitarentur ius commune, regulantur secundum ius commune.«

[42]) Angelus, Cons. 263 n. 2 (in einem erbrechtlichen Falle): »cum dictum statutum in qualibet sui parte contradicat iuri communi, strictissime eum inter-

Daher werden die Quellen nicht müde zu wiederholen, daß die Statuten wörtlich auszulegen seien, »etiam si durum esset« [43]). Ein städtisches Ausfuhrverbot für Getreide (bladum) z. B. soll nicht gelten für die Ausfuhr von Mehl (farina), das für Wein (vinum) nicht die Ausfuhr von Weinessig (acetum) umfassen. So entschied nach Gandinus das Gericht in Padua, und die Rechtslehre billigte solche Entscheidungen [44]). Ebenso wurde in der Praxis mehrfach entschieden, daß die erhöhte Strafe für Vergehen auf dem Markt (in platea) nicht für solche Straftaten gelten solle, die auf einer Seitenstraße neben dem Platze (in via iuxta plateam) vorkamen [45]).

Aber bei genauerem Zusehen erwies sich dieser Grundsatz als praktisch undurchführbar. Zwei so verschiedene Rechtsordnungen wie Statutarrecht und gemeines Recht konnte man nicht nebeneinanderstellen, ohne überleitende Auslegungen zu gestatten. An drastischen Beispielen zeigt das Salicetus, C III 41 De noxal. act. 2 n. 28: Ein Statut bedroht den Ehebruch mit Strafe von 200 l, sagt aber nichts über das stuprum. Salicetus fragt nun, wie das stuprum zu strafen sei. Das gemeine Recht bestrafte das stuprum milder als den Ehebruch, aber härter, als der Ehebruch im Statut bestraft wurde [46]). Legte man das dem gemeinen Recht widersprechende Statut wörtlich aus und ließ man das gemeine Recht in die Lücke eintreten, so wurde das schwerere Verbrechen milder bestraft. Daher

pretari debemus«; Baldus, C I 14 De leg. et const. 5 n. 6: »Posses uno verbo dicere, quod aut statutum continet ius singulare, tunc non fit extensio, aut non continet ius singulare, sed generale, et tunc potest fieri extensio de similibus ad similia; Gandinus, De quibusdam utilibus questionibus 20 (S. 375), De transactione 24 (S. 206); Bartolus, D XXXIX 4 De publ. et vect. 15 n. 21, 24, 26; Alb. de Rosc., St. I 2 n. 3 u. 4; 9 n. 41, 46 ff.; 122 n. 6; 146 n. 4, D I 3 De leg. senatusque cons. 14 n. 1 f.; Salicetus, C III 41 De noxal. act. 2 n. 21.

So hatte schon Richardus Malumbra entschieden: Vgl. die oben angeführten Referate von Bartolus und Albericus über den Stand der Ansichten.

Die gleiche Unterscheidung machte man für die Gewohnheiten. Vgl. u. a. Innocenz, c. 10 X De officio archid. I 23 n. 6: »ubi consuetudo est contra ius vel onerosa, non est extendenda.«

[43]) So z. B. Alb. de Rosc., St. I 122 n. 2, 129 n. 2; Gandinus, De penis 37 (S. 250); Baldus, Cons. I 59 n. 4.

[44]) Gandinus, De quibusdam utilibus questionibus 19 u. 20 (S. 374 f.); Alb. de Rosc., St. I 9 n. 5, II 3 n. 1 ff.; Bonif. de Vitalinis, Quid sit accusatio n. 80.

[45]) Alb. de Rosc., D XLXVII 10 De iniur. et fam. lib. 27.

[46]) Das gemeine Recht bestrafte den Ehebrecher mit dem Tode, die verheiratete Frau mit Einschließung im Kloster. Dagegen wurde das stuprum am Vornehmen mit Konfiskation des halben Vermögens, an Personen niederen Standes mit Züchtigung und Relegation bestraft.

ist Salicetus ratlos und ruft nach der authentischen Auslegung: »consilium .... esset, ut hi, qui habent potestatem super hoc interpretandi et statuendi, adirentur.« Ganz ähnlich liegt der C I 3 De episc. et cler. 15 n. 4 besprochene Fall: Das Statut bedroht den gewaltsamen Ehebruch mit Entmannung, schweigt jedoch über den einfachen Ehebruch. Wandte man also die allgemeine Regel an, so wurde wiederum das geringere Vergehen härter bestraft. Hier lehnte Salicetus die gemeinrechtliche Todesstrafe ab, um das unsinnige Ergebnis zu vermeiden: »puto, quod poena iuris communis ut correcta non debeat imponi, ne absurdum insequatur«. Vielmehr sollte der Richter nach Ermessen bestrafen.

Aber nicht nur aus dem Nebeneinander beider Rechtsordnungen ergaben sich Schwierigkeiten. Die strenge Auslegung ließ sich allenfalls ertragen bei einem technisch durchgebildeten, sachlich modernen Recht. Aber viele Statuten waren nur Rechtsgerippe, Umschreibungen sinnfälliger äußerer Handlungen ohne Rücksichtnahme auf Unterschiede des inneren Tatbestands und zwischen rechtswidrigem und rechtmäßigem Verhalten. Es wurde bestraft, »si quis occiderit«, »si quis percusserit«. Aber theoretische Überlegungen dieser Art hätten vielleicht nicht ausgereicht, um eine theoretisch anscheinend so gut unterbaute Lehre zu lockern. Erst als man den praktischen Unsinn an bestimmten Fällen handgreiflich vor Augen sah, gab man nach. Gerade Fälle aus der Praxis machten Eindruck, wurden wieder und wieder besprochen und regten den wissenschaftlichen Fortschritt an. Vielleicht der am meisten erörterte Fall in den Schriften der Theoretiker war der des bologneser Friseurs, um den es so stand:

In einem bologneser Statut war, wie das häufig vorkam, derjenige mit Todesstrafe bedroht, der Blut im Stadthaus vergoß (»faciens sanguinem in Palatio«). Ein Friseur, der dort einen Richter rasierte, brachte diesem eine blutende Wunde bei. Es wurde wirklich ein Verfahren gegen ihn eingeleitet, das allerdings mit einem Freispruch endete. Aber die Sache wurde durchaus ernst genommen, und die Richter hatten die größten Bedenken [47]. Diese Entscheidung fand allgemein Anklang, und unter dem Eindruck dieses Falles rang man sich zu dem allgemeinen Satz durch, daß Statuten dann auszulegen seien, wenn die wörtliche Anwendung zum Unsinn führte. »Ratione absurditatis evitandae statuta recipiunt interpretationem« [48].

---

47) Alb. de Rosc., St. I 9 n. 60; R. de Forlivio, Repet. z. l. Omnes populi n. 87: »fuit magna contentio, tamen determinatum fuit quod non«.

48) Über diesen Fall in diesem Sinne Bartolus, C I 14 De leg. et const. 5 n. 12. Es heißt dort vom Barbier: »Non incidit in legem, quia statutum sic intellectum contineret absurdum. Intelligatur ergo, si quis extraxerit sanguinem

Für unsinnig, diese Lehre erteilte der Friseur, galt also die Bestrafung eines Verhaltens in Ausübung eines erlaubten Gewerbes. Aber ebenso unsinnig schien es, den in Notwehr handelnden, den Wahnsinnigen, das unmündige Kind zu bestrafen [49].

Diese Lehre war praktisch zwingend, aber theoretisch zunächst ohne Grundlage. Nach dieser Grundlage suchte die Rechtslehre mit dem Erfolge, daß die Grundregel im Ergebnis preisgegeben wurde und Wissenschaft und Praxis sich voneinander entfernten. Auch hier führte die scholastische Methode auf Unterscheidungen. Die Grundregel nämlich sollte nur gelten für die interpretatio extensiva, von der man die erklärende Auslegung unterschied, die interpretatio declarativa. Diese Auslegung enthielt nur ein analytisches Urteil über das Gesetz, entwickelte seinen Inhalt, ohne ihm etwas hinzuzufügen [50]. So heißt es bei Albericus de Rosciate, St. I 9 n. 7, der darin wie alle Dinus folgt: »in declaratione non adimitur nec detrahitur, sed quod est detegitur et declaratur«. Die interpretatio extensiva umfaßt also die Analogie, während die extensive Auslegung in unserem Sinne wohl interpretatio declarativa war.

Damit war ein wenig eindeutiges Merkmal gewonnen. Denn wo hört die »Erklärung« des Wortlauts auf, und wo beginnt die »Ausdehnung«? Den Theoretikern gelang keine befriedigende Lösung. Im Ergebnis führte die Unterscheidung sie über den Wortlaut hinaus. Man ging nämlich folgenden Weg: Maßgebend war der Wortlaut des Gesetzes. Aber nicht auf den grammatischen Wortlaut sollte es ankommen, sondern auf den allgemeinen Sprachgebrauch, entscheiden

---

iniuriose, non autem si extraxerit alii providendo. Non enim debent verba legis captari.« Vgl. ferner Baldus, C I 14 De leg. et const. 5 n. 9. Salicetus, a. gl. O. n. 7 will allgemein auf den Sinn des Statuts zurückgehen, wenn er hinter dem Wortlaut zurückbleibt, also auch hier: »cum mens statuti se habeat in minus quam verba, ut de iniuriose faciente loquatur«. Allgemein sprechen den Grundsatz außer den angeführten aus Bartolus, D I 1 De iust. et iure 9 n. 60, D IX 2 Ad 1. Aquil. 29, 8 n. 1; R. de Forlivio, a. a. O. n. 83; Angelus, Cons. 234 n. 2 (in zivilrechtlichem Zusammenhang).

49) Alb. de Rosc., D L 4 De mun. et hon. 11 n. 1, St. I 9 n. 62 f. Dem stünde auch nicht der Amtseid auf die Statuten entgegen: »Nec obstat, quod statuta sint iurata per potestates, quia etiam ipsum iuramentum recipit interpretationem.«

Andere Fälle: Ein Statut bedroht denjenigen, der nachts mit einem Licht auf die Straße geht. Es soll erst recht gelten, wenn jemand ohne Licht ausgeht. Auch der Fall der Mehlausfuhr wurde in diesem Zusammenhang besprochen. Vgl. z. B. Alb. de Rosc., St. I 9 n. 29 f.; Albericus und Bartolus zu D XXXIX 4 De publ. et vect. 15; Baldus, C I 14 De leg. et const. 5 n. 10.

50) Gandinus, De quibusdam utilibus questionibus 6 (S. 365); Alb. de Rosc., St. I 9 n. 3, 29, II 99 n. 2, D XXXIX 4 De publ. et vect. 15 n. 19; R. de Forlivio, a. a. O. 83.

sollte der communis usus loquendi [51]). Steht aber der allgemeine Sprachgebrauch mit dem grammatischen Wortlaut im Widerspruch, so bedeutet die Auslegung nach dem allgemeinen Sprachgebrauch eine Auslegung nach dem Sinn des Statuts. Diesen Schluß zieht Bartolus, C I 14 De leg. et const. 5 n. 11 ganz deutlich: »si communis usus loquendi repugnat propriae significationi, tunc mens legis est, quod intelligamus secundum communem usum loquendi, licet sit improprius,. . . . In istis ergo casibus, si quis faceret contra mentem legis et non offenderet verba, incideret in legem et idem e converso, siquis faceret contra verba, non contra mentem, non incideret in legem.« Auch für Angelus beginnt die verbotene Auslegung erst jenseits der Sinnesdeutung [52]).

Die Theorie gab also die Wortauslegung preis, stieß damit aber auf den Widerstand der Praxis. So wollte schon Gandinus, De multis questionibus 15 (S. 409) mit Rücksicht auf die mens statuti das Verbot des Waffentragens auf den nicht anwenden, der nur einen Panzer (lorica) trägt. Die Gerichte entschieden aber anders [53]).

Aber auch die Theorie empfand das widerspruchsvolle und brüchige dieser Lehren — hier Wortauslegung, dort Sinnesauslegung — sehr deutlich. Aber statt zu wählen, suchte man ein Kompromiß und fand es in folgender Lösung: Man gab den Wortlaut dort preis, wo der Sinn im Gesetz ausdrücklich seinen Niederschlag gefunden hatte, und zwar forderten die jüngeren Juristen einer älteren, von Iacobus de Arena vertretenen Ansicht gegenüber, daß der Sinn des Statuts im Gesetze schriftlichen Ausdruck finde [54]).

---

51) Alb. de Rosc., St. I 84.

52) Angelus, D XLVIII 8 Ad 1. Corn. de sic. 3 n. 2: »Interpretatio .... proprie est, cum casus, de quo quaeritur in verbis nec in mente continetur, sed solum propter identitatem rationis extendi potest ad casum, de quo quaeritur«.

53) Alb. de Rosc., St. II 115: »vidi servari contrarium«.

So sollte ein Statut, das das Beibringen falscher Zeugen (producere testes) mit Strafe bedrohte, auch dann anwendbar sein, wenn der Täter nur einen Zeugen einführte, ebenso im umgekehrten Falle, wenn strafbar war das producere testem und jemand mehrere Zeugen brachte. Vgl. u. a. Alb. de Rosc., St. II 28. So sollte die erhöhte Strafe des Statuts für Taten in via publica auch gelten für Verbrechen »in via privata, per quam iter vulgo fit«. Vgl. Gandinus, De penis 29 (S. 230): »Nam mentem, non verba spectamus«. So auch viele andere.

Alb. de Rosc., D III 2 De his qui not. infam. 11 n. 1 bespricht folgenden Fall: Das Statut bedroht den mit Strafe, der nach dem dritten Abendläuten auf die Straße geht. Am Karfreitag, an dem die Glocken nicht geläutet wurden, wird jemand nach der Zeit des üblichen Abendläutens auf der Straße getroffen. Er ist nach Albericus zu bestrafen, »quasi (quia?) ex mente statutariorum non tam pulsatio campanae quam hora, qua pulsari consuevit, debeat attendi«.

54) Bartolus, D XXXIX 4 De publ. et vect. 15 n. 19: »Iacobus de Arena

Dagegen war Baldus offenbar so weitgehenden Zugeständnissen an den Buchstabengeist der Praxis abgeneigt. Zwar hielt er grundsätzlich am grammatischen Wortlaut fest, ließ aber den andersartigen Sinn des Gesetzes entscheiden, wenn er aus dem Statut erkennbar war. So D I 1 De iust. et iure 9 n. 59 ff.: »In statutis debemus sequi literalem et planum intellectum ad unguem, si in eo potest salvari ratio motiva statuti; sed si non potest salvari ratio, tunc secus.« Daher soll über den strengen Wortlaut hinaus der »intellectus civilis« des Statuts dann maßgebend sein, wenn er aus den Worten des Gesetzes zu entnehmen und ein entgegengesetzter Sinn ausgeschlossen ist: »Si talis intellectus est rationabilis et potest colligi ex verbis vel intellectus contrarius est impossibilis, tunc debemus sequi mentem ...; secus, si ex verbis non potest elici nec presumi, quia tunc dicitur casus omissus.« Damit war Raum geschaffen für die Sinnesauslegung.

Baldus, c. 1 X De constitut. I 2 n. 15: »omnia statuta recipiunt interpretationem intensivam, que ex verbis intelligi potest, sed non extensivam nec restrictivam ...., nisi restringatur per ius commune, quod habet informare statutum municipale..... Item statuta non debent ita ruditer intelligi, quod omittatis in hanc potestatem eorum .... Virtus enim legis consistit in substantia rationis ..., quia mens legis idem est quod anima et spiritus ipsius scripture. Nam scriptura sine mente nihil est. Unde omnia statuta recipiunt interpretationem per punctum rationis«[55].

Damit trennten sich die Wege. Während etwa Bartolus ein Statut, wonach sich die »poenae maleficiorum« für Straftaten im Palast verdoppeln, nicht anwendet auf den, der im Palast Gott lästert (»maledixit«), entschied Baldus anders und berief sich auf den Zweck des Gesetzes, das nur die Würde des Ortes im Auge hatte, aber keinen Unterschied nach der Art der Straftaten beabsichtigte[56].

Es wurde gezeigt, wie der Grundsatz der strengen Wortaus-

---

dicit, quod aut apparet ratio statuti et tunc illa attenditur, alias secus. .... Circa hoc attende, si apparet de ratione statuti, [et] est scripta: confiteor una cum Iacobo praedicto. Si vero de ratione et mente apparet, non tamen est scripta in statutis, tunc non sto cum Iacobo.« Alb. de Rosc., St. I 9 n. 25 f., 59 f., 106 n. 5; R. de Forlivio, a. a. O. n. 83.

55) Vgl. auch Baldus, Cons. IV 111 n. 2: »statutum debet intelligi sane, ita quod ipsius ratio et natura non respuatur«.

56) Baldus, C IX 34 De crim. stell. 3 n. 3: »dicit statutum, quod in palatio duplicentur poenae maleficiorum, nunc quidam maledixit Deum in palatio, an duplicabitur poena? Consuluit (d. i. Bartolus) quod non, quia istud non erat malefactum, licet maledictum, et verba statuti erant stricte accipienda secundum eum, tamen non bene dixit ... nam statutum duplicat atrocitatem delicti, et hic resultat maior atrocitas ratione loci, ergo habet locum poena statuti.«

legung dem gemeinen Recht widersprechender Statuten aus Billigkeitsgründen preisgegeben und durch Zugeständnisse an das Prinzip der Sinnesauslegung durchlöchert wurde. Noch bedeutsamer aber für die wechselseitigen Beziehungen zwischen gemeinrechtlicher Wissenschaft und Statutarrecht wurde eine andere Regel, die einen Einbruch des gemeinen Rechts in das Statutarrecht zuließ. Bei der Lehre von der strengen Wortauslegung nämlich handelt es sich darum, wieweit das Statut über die Grenzen seines Wortlauts hinaus in den Bereich des gemeinen Rechts hinübergriff. Es ließ sich aber auch die umgekehrte Frage stellen, wieweit das gemeine Recht in den Umkreis des Statutarrechts hineinragte. Beide Fragen unterscheidet Bartolus, D I 1 De iust. et iure 9 n. 60 und damit zwischen interpretatio activa und passiva. Bei der aktiven Auslegung ging es darum, wieweit das Statut auf nicht ausdrücklich geregelte Fälle auszudehnen sei. Wie gezeigt (oben S. 56 f.), folgte Bartolus hier der herrschenden Lehre. Bei der passiven Auslegung ist die Frage, ob das gemeine Recht auf die Statuten auszudehnen sei: »hoc est, utrum leges se extendant ad statuta«. Diese zweite Frage bejahte Bartolus und fand damit allgemein Anklang [57]). Die Statuten sollten also nach gemeinrechtlichen Grundsätzen ausgelegt werden: Das gemeine Recht gibt den Statuten ab, nimmt aber selbst kein Statutarrecht auf. »Hoc est dicere, quod ius commune informat statuta et vestit, sed non informatur nec vestitur ab eis, et hoc propter virtutem attractivam, quam habet ius commune ad municipale, non e contra«, so kennzeichnet Baldus, c 1 X De constitut. I 2 n. 15 diese Ansicht. Damit war wiederum das Prinzip der strengen Wortauslegung durchbrochen. Ob nämlich das Statut davon spricht oder nicht, der

---

57) Daß dies die unter den Doktoren herrschende Ansicht sei, betonen Alb. de Rosc., St. II 44 n. 9 und Gandinus, De transactione 24 (S. 208). Auch Baldus folgt im wesentlichen Bartolus. Ein nicht ganz eindeutiges Statut soll nach gemeinem Recht ausgelegt werden: »aut est certissima mens statuti et qualitas mentis istius statuti, et tunc praecise debet stari ipsi statuto, aut non est certa qualitas mentis istius statuti, et tunc recogitur ad granum salis ad ius commune, ne marescat. Verbi gratia, dicit statutum: Si quis occiderit, occidatur, intelligam, si dolo, non si casu fortuito .... nec enim sunt verba statuti sic iudaice intelligenda, quia pravus intellectus non recipitur in statutis.« Vgl. auch Angelus, D I 1 De iust. et iure 6 n. 7, D I 3 De leg. senatusque cons. 26 n. 5, Cons. 61 n. 2.

Für Auslegung der Statuten nach gemeinem Recht auch R. de Forlivio, a. a. O. n. 83; Alb. de Rosc., D L 4 De mun. et. hon. 11, 1 n. 1; Salicetus, C. IX 16 Ad l. Corn. de sic. 7 n. 3; Ioh. Calderinus, De constitutionibus c. 9 n. 1: »Certum est, quod in dubio fieri debet interpretatio statuti secundum dispositionem iuris communis et maxime circa non specificata.« Vgl. auch das bei Petruccius, Q. 72 n. 3 mitgeteilte Gutachten des Lapus von Florenz.

in Notwehr handelnde, der Schuldlose bleibt nach gemeinem Recht und folglich auch bei einem Verstoß gegen die Statuten straflos. So lehrte Salicetus, C I 3 De episc. et cler. 15 n. 10 f.: »si statutum dicit, quod si quis occiderit, occidatur, illud restringitur secundum ius commune, ut distinguatur dolus a culpa et an ad sui defensionem fecerit necne .... Et idem si dicat, si quis sanguinem fecerit in palatio, decapitetur, nam restringi debet ad facientem animo iniuriandi, non fleubotomandi causa ut in barbitonsore.«

Zu alledem kamen kriminalpolitische Gesichtspunkte hinzu. Einmal wird betont, daß in Zweifelsfällen die mildere Auslegung den Vorzug verdiene [58]. »Interpretatione legum poenae potius moliendae ...., quia in dubiis humaniorem sententiam eligimus« (Albericus de Rosciate, St. II 19 n. 2). Aber im rechten Augenblick stellt sich auch wieder der Satz »ne crimina remaneant impunita« ein und dient zur Begründung von Regeln, die über seinen ursprünglichen Sinn weit hinausgehen.

Das dogmatische Ergebnis läßt sich jetzt dahin zusammenfassen [59]: Das gemeine Recht wird in die Statuten hineingelegt. Umgekehrt wird das Statutarrecht nur dann über seine Grenzen hinaus ausgelegt, wenn es dem gemeinen Recht nicht widerspricht. Nur wenn der ausdrücklich bezeichnete Sinn des Gesetzes oder die Unvernunft eines anderen Ergebnisses die Ausdehnung rechtfertigt, ist über den Wortlaut hinauszugehen.

---

58) Gandinus, De penis 42 (S. 254), De falsariis 10 (S. 323); Alb. de Rosc., St. II 19 n. 1 ff., 107 n. 15 ff.; Baldus, Cons. I 250 n. 12. Vgl. D 48, 19, 42! Weitere Belege bei Falchi, dir. pen. 11 f.

Baldus, D I 3 De leg. senatusque cons. 18 n. 1, behandelte unter diesem Gesichtspunkt auch den Fall des bologneser Friseurs: »statuta debent benigne interpretari, et ideo si statutum dicit, quod si quis extraxerit sanguinem, puniatur, non intelligitur de medico vel barbitonsore«.

59) Die einzelnen Gesichtspunkte werden noch einmal bei Albericus, D XXXIX 4 De publ. et vect. 15 n. 30 ff. zusammengefaßt: »aut statutum est nulla lege adiuvatum et hoc contingit, quando est reprobatum a iure, et tunc non valet, nec in casu expresso ...., aut statutum est omni lege adiuvatum, ut quia est omnimodo secundum dispositionem iuris communis, et tunc puto servandum de statuto, quod observaretur de iure communi.....

Aut statutum est lege generali adiuvatum ...., sed non speciali, quia est contra dispositionem iuris communis ...., et tunc dic: aut in statuto est scripta ratio, et tunc sto ratione..... Si vero ratio non est scripta in statuto, posito quod millies appareret de mente, non recedam a verbis nec extendam nec restringam et mentem .... Ex quibus omnibus videtur concludendum, quod statuta, quae sunt contra ius commune, non recipiant interpretationem extensivam vel restrictivam.« Vgl. auch a. a. O. n. 19 u. 20. Eigene Wege ging Iac. de Belvisio III 23 n. 1 ff.

Formal logisch ließ sich das halten. Aber für die Rechtsanwendung und auch theoretisch war nichts gewonnen. Denn die Schwierigkeiten, die sich schon aus der Fülle der Gesichtspunkte, Unterscheidungen, Regeln und Ausnahmen ergaben, wurden noch erhöht durch die Verschwommenheit all dieser Bestimmungen: »Absurditas«, »mens statuti«, »interpretatio declarativa«, »interpretatio benignior«, alles das war unbestimmt und ließ die verschiedensten Auslegungen zu. Das zeigt sich schon darin, daß alle diese Lehren in wesentlichen Punkten zum gleichen Ergebnis führten. Man denke an die verschiedenartige Begründung der bologneser Entscheidung. Die Unbrauchbarkeit dieser Lehren ergab sich, sobald man sich an konkreten Fragen versuchte.

Ein abschreckendes Beispiel: Umstritten war die Frage, ob die Norm des Statuts auch auf Frauen zu beziehen sei, wenn sie Straftaten begingen, an in statutis masculinum concipiat femininum. Da beriefen sich die einen auf den Grundsatz der strengen Auslegung und verneinten, andere bejahten, weil es sich um einen Fall der erklärenden Auslegung handle. Die Zweifel führten alsbald zu Unterscheidungen. Den einen kam es darauf an, ob das Statut der Frau günstig sei oder nicht, anderen, ob die gleiche ratio für Mann und Frau gleichmäßig zutreffe, ob im entsprechenden Falle das gemeine Recht auch für Frauen galt und dergleichen mehr. Schließlich setzte sich eine auf Bartolus zurückgehende Ansicht durch, die auf den Wortlaut des Statuts abstellte. Das gab denn wieder Anlaß zu vielen Unterscheidungen [60]. Ein Echo dieses Streits ist noch im Statutarrecht zu spüren, das die Frage vielfach von sich aus entschied.

So Averrara 1313 r. 33 (S. 35), Forli 1359 III 99 (S. 277), Valsassina 1388 r. 156 (S. 323: »masculinum genus concipiat feminum in iis que congruunt utrique sexui«), Vergante 1389 r. 132 (S. 250: »Quod masculinum genus concipiat femininum«), Ascoli 1377 II 66 (S. 64) mit dem Bemerken, daß man den entstandenen Zweifeln ein Ende machen wolle, Lodi 1390 S. 24, Intra 1393 IV 15 (S. 358), Biella r. 62.

[60]) Vgl. z. B. Gandinus, De quibusdam utilibus questionibus 5, 6 (S. 363ff.); Bonif. de Vitalinis, Quid sit accusatio n. 96; Bartolus, D I 3 De leg. senatusque cons. 3 n. 2, D XV 1 De peculio 1 n. 24 ff., D XXXIX 4 De publ. et vect. 15 n. 16; Alb. de Rosc., St. I 9 n. 59, C VI 1 De fugit. serv. 4 n. 10; dort auch Salicetus n. 1; Baldus, J I 20 De Atil. tut., C IX 8 Ad l. Iul. maiest. 5 n. 1, Cons. II 376; Angelus, C VIII 4 Unde vi 7 n. 2; Salicetus, C III 41 De noxal. act. 2 n. 25.

Bartolus und Albericus stellten die allgemeinere Frage, wieweit das Statut auf nicht ausdrücklich genannte Personen ausgedehnt werden dürfe und unterschieden: War das Gesetz auf die Person bezogen (scripta personaliter), so galt es nur für die genannte Person. War es aber sachlich gefaßt (scripta in rem), so sollte es auf die aequitas scripta ankommen. Vgl. Bartolus und Albericus, D XXXIX 4 De publ. et vect. 15 n. 20; Albericus, St. I 9 n. 31; R. de Forlivio, a. a. O. n. 83.

Aber dogmatisch noch gefährlicher wurde etwas anderes: Man hielt sich das verwickelte Gefüge der einzelnen Regeln nicht immer im ganzen vor Augen, sondern löste einzelne Sätze wie den von der strengen Wortauslegung oder der Übertragbarkeit gemeinen Rechts auf die Statuten aus dem Zusammenhang, um sie nach Bedarf zu verwenden. So losgelöst erschienen sie widerspruchsvoll und störten die Unbefangenheit des juristischen Urteils. Aber dieses Übel ist allgemein und in der Unzulänglichkeit der scholastischen Methode begründet. Allgemeine Regeln werden durch Unterscheidungen zerschlagen und ausgemergelt. Aber die alten Hülsen sterben nicht ab, sondern führen in Erörterungsgründen und Unterscheidungen ein Schattendasein weiter und hemmen die wissenschaftliche Erkenntnis [61]).

Theoretisch also scheinen die Probleme nicht bezwungen. Aber man sehe einmal ab vom scholastischen Überbau, von der Vielheit und Unzulänglichkeit dieser allgemeinen, breiigen und halb zurückgenommenen Regeln. Dann wird sichtbar, wie alledem ein einziger und einfacher Gedanke zugrunde liegt: Das gemeine Recht als das bessere Recht ist so weit auszudehnen wie irgend möglich, das Statutarrecht möglichst einzuengen. Daher soll das Statut seine Grenzen nicht überschreiten — grundsätzlich keine interpretatio activa —, es wird gehindert, sich weiter zu entwickeln, gleichsam abgeriegelt und unfruchtbar gemacht. Umgekehrt erhält das gemeine Recht Einlaß in das Statutarrecht — interpretatio passiva —, in die Gehäuse des objektiven Tatbestands baut es die allgemeinen Lehren von Notwehr und Teilnahme, Versuch und Verschulden hinein.

So sind die Rechtslehrer Träger der Billigkeit und materiellen Gerechtigkeit [62]). Dem gemeinen Recht entnehmen sie Entschuldigungs- und Rechtfertigungsgründe und lockern die Auslegung der Statuten. Anders als der Regel nach im modernen Recht betont die Praxis das Prinzip der Rechtssicherheit, die Lehre das der Gerechtigkeit. Jenes wirkt sich aus in wörtlicher Auslegung der Statuten und der Gestaltung der besonderen Tatbestände, dieses im gemeinrechtlichen »allgemeinen Teil« des Strafrechts, der den Sondertat-

---

61) In einem anderen Zusammenhange spricht Angelus, Cons. 14 von diesem Übelstand. Er lehnt es dort ab, sich in der Versuchslehre auf solche Allgemeinheiten einzulassen: »non est eundum ad regulas generales et refugium miserorum dicentium non puniri affectum, nisi sequatur effectus.«

62) Bei dieser Hervorhebung des gemeinen Rechts wird neben der Überzeugung vom wissenschaftlichen Wert und von der überlegenen Gerechtigkeit dieser Normen das berufsständische Interesse der Professoren mitgespielt haben. Die Anwendung des römischen Rechts in der Praxis machte den wissenschaftlichen Rat des Gelehrten unentbehrlich.

beständen angebaut wird. Also eine Arbeitsteilung von Lehre und Praxis, eine wechselseitige Ergänzung von Statutarrecht und gemeinem Recht, alles in allem eine Lösung, die Rechtssicherheit und Gerechtigkeit glücklich verbindet und ausgleicht.

II. Gesetzgebung.

1.

In Theorie und Rechtsprechung also herrscht darüber Einigkeit, daß dem gemeinen Recht widersprechende Statuten möglichst eng nach strengem Gesetzeswortlaut auszulegen seien. Den gleichen Grundsatz stellt die Gesetzgebung auf und verlangt vom Richter genaueste Beachtung des Wortlauts. Hier begegnet sich also die Neigung der Rechtslehre, aus Gründen der materiellen Gerechtigkeit Raum zu schaffen für das gemeine Recht mit dem Bedürfnis der Praxis nach Rechtssicherheit und Ausschaltung jeder Richterwillkür.

Immer wieder ist in den Gesetzen [63]) bestimmt, daß nach dem Wortlaut auszulegen sei, bald in Form einer besonderen Vorschrift, bald durch Aufnahme der entsprechenden Verpflichtung in die Eidesformel des Beamten.

So in Turin 1360 Sp. 636, Verolengo r. 82, Vercelli S. 24;
Brescia 1313 I 3 [64]), Cremona 1387 r. 9 [65]), Valsassina 1388 r. 84 (S. 298) und in der confirmatio statutorum S. 383, Vergante 1389 r. 8 (S. 193) [66]);
Padua 1339 S. 191 R., 214;
Parma 1316 S. 104 f., Modena 1327 I 1 (S. 6) [67]), Mirandola 1386 S. 106 f.;
Forli 1359 III 98 (S. 277) [68]), Bologna 1454 S. 17 R.;
Siena 1309/10 II 256 (S. 498) [69]), Florenz 1325 III 45 (S. 208);
Rom 1363 Prooem. S. 2 [70]), Olevano 1364 r. 52.

---

63) Kohler 13 ff., Pertile V 393 ff., Schupfer, Manuale 446 f., Bohne, FrStr. I § 11 und S. 165 ff., Engelmann, Urheber 574 ff.

64) Dort schwört der Podestà: »Praedicta omnia et singula faciam et servabo toto tempore mei regiminis, remotis odio, amore, timore, pretio et precibus et omni alia interpretatione, intentione et omni salvo et humana gratia.«

65) ». . . prout litera iacet et sonat, sine aliqua interpretatione, et remoto omni extraneo intellectu, salva semper voluntate . . . domini nostri.«

66) »secundum formam statutorum . . . sicut textus ipsorum statutorum iacet sine alio extraneo intellectu.«

67) Schwur des Podestà: ». . . remota omni exceptione, protestatione et intendimento.« Ebenso a. a. O. I 3 (S. 9). Vgl. ferner I 195 (S. 189).

68) »statuta . . . intelligantur prout iacent verba et non recipiant aliquam interpretationem seu exteriorem intellectum, sed pure et sim[pliciter], ut verba eorum sonant, et quod a verbis ipsius statuti prout iacent minime recedatur.«

69) »Secondo che sempricemente (einfach) le parole giacciono (= verba iacent) et poste sono, così sempricemente s'intenda senza alcuna interpretazione.«

70) »Iubemus dicta statuta a decem diebus in antea inviolabiliter observari, et teneant prout jacent absque alia interpretatione sophistica, quousque romanus populus aliter duxerit ordinandum.«

Manchmal wird dieser Grundsatz noch verstärkt, indem bestimmte, besonders wichtige Statuten für präzise (praecisa) erklärt werden [71]).

Die Rechtslehre freilich setzte sich auch über diese Regeln hinweg, um unerwünschte Ergebnisse zu vermeiden. Sie unterwarf nämlich auch die Gesetzesbestimmungen über die Wortinterpretation ihren Auslegungsregeln. Die Vorschrift, daß nicht ausgelegt werden dürfe, wird selbst ausgelegt, vor allem also daraufhin geprüft, ob sie zu absurden Ergebnissen führt (vgl. oben S. 59 f.). So meinte z. B. Bartolus, D I 1 De iust. et iure 9 n. 65: »quid si in volumine statutorum reperitur quoddam statutum, quod statuta omnia non recipiant interpretationem, glossationem vel extraneum intellectum, quid operabitur? Credo, quod tale statutum nil aut modicum operabitur. Nam per dicta verba solum frivola interpretatio videtur remota . . . praeterea ex ista generali prohibitione multae sequerentur absurditates.«

2.

Je enger die Auslegung, desto zahlreicher und empfindlicher die Lücken im Gesetz. In der Regel wird dieser Fall ausdrücklich vorgesehen [72]).

Viele Statuten folgten der Theorie und überließen die Ausfüllung der Lücke dem gemeinen Recht [73]). Wo das Statut keine Bestimmung trifft, soll entschieden werden secundum leges, secundum formam iuris communis, secundum ius commune Romanorum, secundum iura.

So in Arona 1319 r. 145 (S. 124), Modena 1327 IV 3 (S. 376), Florenz 1325 I 1 (S. 4)[74]), Roccantica 1326 r. 2 (S. 58), Frignano 1337/38 I 3 (S. 93), IV 2 (S. 167 f.), Porlezza 1338 r. 159 (S. 359), Argenta 1342 S. 109 f., Vallassina 1343 r. 159 (S. 229), Parma 1347 r. Forma sacramenti domini Potestatis Parmae (S. 9), Valsassina 1388 r. 157 (S. 323 f.) und Ponti r. 56.

---

[71]) Beispiele bei Engelmann, Urheber 577 ff. und Kohler-degli Azzi 22f.

[72]) Der Satz nulla poena sine lege galt auch nicht in der Praxis. So legten sich die Statuten manchmal rückwirkende Kraft bei, z. B. sollten die Statuten des Volkshauptmanns in Florenz von 1322 gegen Kaufleute, die mit fremden Geldern geflohen waren, mit Wirkung vom 1. I. 1288 gelten. Vgl. z. B. a. a. O. II 48 (S. 123), auch II 52 (S. 125).

[73]) Bohne, FrStr. I 30 Anm. 50, 209 f., Engelmann, Urheber 561 ff., Sclopis Storia II 117.

[74]) Vgl. dort über den Schwur des Podestà: »Iuret etiam observare et observet omnia et singula statuta Comunis Florentie et domini Capitanii . . . . et ordinamenta, provisiones et reformationes populi et Communis Florentie ac etiam ius et rationem, ubi statutum Communis vel domini Defensoris non loqueretur.«

Oft verweisen auch die Statuten unter Verzicht auf eigene Bestimmungen für gewisse Verbrechen oder Verbrechensgruppen auf gemeines Recht [75]).

So wird auf die gemeinrechtlichen Bestimmungen über die Tötung verwiesen in Tivoli 1305 III 146 (S. 203 f.), Turin 1360 Sp. 710, Olevano 1364 r. 73 und Invorio 1366 r. 12 (S. 152);

ebenso bei Körperverletzung in Olevano 1364 r. 72 und 75 für den Fall, daß die Geldstrafe nicht bezahlt wird;

bei Sittlichkeitsverbrechen in Arona 1319 r. 47 (S. 86) [76]), Modena 1327 IV 27 (S. 398 f.), Vercelli S. 67 R., Argenta 1342 S. 96, Parma 1347 S. 254 f., in den Ägidianischen Konstitutionen von 1357 IV 41 (S. 185), in Ascoli 1377 III 15 (S. 88), Balangero 1391 r. 48 [77]), Biella r. 23 [78]);

bei der Freiheitsberaubung in den Ägidianischen Konstitutionen von 1357 IV 37 (S. 183);

beim Hausfriedensbruch in Castelletto 1340 r. 130 (S. 53);

beim Diebstahl in Mantua 1303 I 30 (S. 83), Tivoli 1305 IV 301 (S. 242: Viehdiebstahl), Siena 1309/10 V 274 (S. 349), 284 (S. 353: Raub), Romani 1315 r. 19, S. Benigno 1318 r. 27, Olevano 1364 r. 87 in den Ägidianischen Konstitutionen von 1357 IV 38 (S. 184), in Invorio 1366 r. 4 (S. 150), Casale 1370 Sp. 995, 1037, Bassano 1392 S. 105, Bobbio 1398 IV 144 (Hausdiebstahl);

bei der Brandstiftung in Roccantica 1326 r. 54 (S. 76), Vercelli S. 21 R., Oglianico 1352 r. 24 (»legaliter puniatur«), Olevano 1364 r. 74, Biandrate 1395 r. 303;

beim falsum in Lucca 1308 III 97 (S. 203), Brescia 1313 II 171 und in den Ägidianischen Konstitutionen von 1357 IV 36 (S. 182 f.).

Das Gesetz von Lodi von 1390 S. 112 R. bedroht die Ketzerei mit Körperstrafe »tam penis legalibus quam canonibus comprehensis«.

Ganz konkret Mantua 1303 I 35 (S. 85): Bei Körperverletzung erhält der Verletzte die Hälfte der Geldstrafe »servata sibi actione iniuriarum«. Narni 1371 III 42: Wenn jemand fremde Tiere, die ihm Schaden zufügen, fängt und nicht der Behörde ausliefert, »furti actione teneatur« [79]).

Andere Statuten jedoch schlossen das gemeine Recht aus, in der Regel durch das Gebot der Analogie, des procedere de similibus ad similia [80]). Dabei wird kein Unterschied danach gemacht, ob das Statut dem gemeinen Recht entspricht oder nicht.

---

75) Streng genommen handelt es sich hier also nicht um Lücken.

76) »secundum leges et iura.«

77) Der Richter darf die Strafe bei Ehebruch und stuprum aber mildern.

78) Die Ehebrecherin verliert die Mitgift an den Mann »vel subiaceat penis legalibus«, wenn der Mann das will.

79) Vgl. auch Ägidianische Konstitutionen von 1357 IV 28 (S. 178): Auf Verstümmelung steht Geldstrafe, »quamvis secundum iura pene legis Cornelie teneatur, tamen de benignitate ...« usw.

80) Ich stimme weder Kohler (Studien 15) darin zu, daß diese Regel allgemein herrschender Grundsatz war, noch Engelmann (Urheber 565 Anm. 1), daß es sich dabei um eine seltene Ausnahme handle. Vgl. auch Bohne, FrStr. I 165 ff.

Belege aus dem 14. Jahrhundert für den unmittelbaren Ausschluß des

So in Siena 1309/10 V 305 (S. 361), Padua 1339 S. 191 R., 214, Perugia 1342 III 51 (S. 67) [81]) und in den Ägidianischen Konstitutionen von 1357 IV 55 (S. 194) [82]). Ferner im Dukat, nämlich in Cave 1307 r. 114 (S. 49f.), Roccantica 1326 r. 65 (S. 80) [83]) und Olevano 1364 r. 102 und 136 (für den Bereich der damna data).

Dabei fällt eines auf: Unter den Statuten, die eine wörtliche Auslegung anordnen, sind einige, die zugleich eine Ausfüllung der Lücke durch Analogie vorschreiben, so die Statuten von Florenz, Siena, Padua und Olevano. Das erklärt sich wohl nicht aus einem Versehen des Gesetzgebers, sondern daraus, daß der Grundsatz der Wortauslegung im mittelalterlichen Strafrecht einen anderen Inhalt hatte als die moderne Regel nulla poena sine lege. Man dachte nicht an eine Magna Charta für den Verbrecher, sondern an die Sicherung der Kommune gegen richterliche Willkür. Ausdrücklich geregelte Tatbestände sollten nur nach dem Gesetz beurteilt werden und waren dem Ermessen des Richters entzogen. Darüber hinaus aber sollten die meisten Statuten von vornherein keine auch nur halbwegs erschöpfende Regelung des ganzen Strafrechts darstellen — manche Gesetze regelten ja nur ganz bestimmte Einzeldelikte oder Verbrechensgruppen —, wollten also nicht etwa zum Ausdruck bringen, daß nicht geregelte Tatbestände strafrechtlich nicht in Betracht kämen. Über nicht ausdrücklich geregelte Fälle war also in Wahrheit noch gar nicht entschieden. So wird es verständlich, daß der Gesetzgeber auf der einen Seite gebietet, den ausdrücklich geregelten Fall nach dem Wortlaut des Statuts zu entscheiden, wo

---

gemeinen Rechts habe ich nicht gefunden. Belege aus dem 13. Jahrhundert bei R. Schmidt, Aufgaben 193 Anm. 2, Kohler 13 (darunter Verona 1228; über Verona 1450 vgl. später), Engelmann, Urheber 565.

81) Dort wird zwischen Analogien verschiedenen Grades unterschieden. Wo das Statut keine Strafe androht, »procedere se possa e degga de simeglie a simeglie. E dua propriamente simele non s'avesse, procedase e la pena se tolla (soll verfahren und Strafe verhängt werden) secondo quillo che se retrovasse più simile overo più asemegliare overo adergerse overo aprosemare (heute »adergersi« = »sich erheben«; Sinn: Wo es eine eigentliche Analogie nicht gibt, dort ist von dem Tatbestand auszugehen, der dem abgeurteilten verhältnismäßig am nächsten ist), de la quale similitudine e de le predicte cose en ciascuno caso stare se degga a la discretione e a la prudentia de la podestà overo capetanio e iudece de tale malefitio conoscente« (. . . die Entscheidung soll überlassen werden dem Ermessen und der Weisheit des Podestà usw.).

82) Ägid. Konst. 1357 IV 55 (S. 194): »quociens . . . excessus contingerent, in quibus per has constititiones certa pena terminata non esset, tunc in punicionem illius procedatur secundum in consimili delicto pena determinata reperitur vel in ea pena, que a rectori et thesaurario atque iudici curie fuerit declarata.«

83) Aber »et secundum benigniorem interpretationem iudicis«.

der Wortlaut aber versagt, analog auszulegen. Allzu scharf wird man diese Regelung nicht durchdacht haben.

Manche Rechte gaben eine Mittellösung:

Die Statuten von Mantua von 1303 I 5 (S. 57) z. B. stellten örtliches und gemeines Recht nebeneinander. Der Podestà schwört, »rationem facere secundum bonos mores aprobatos in civitate Mutinae et secundum leges et jura«. Anderswo sollte die Lücke zunächst mit Hilfe der Analogie oder nach Gewohnheitsrecht geschlossen und nach gemeinem Recht erst dann entschieden werden, wenn diese Wege nicht zum Ziele führten. So leistet der Podestà in Parma nach dem Statut von 1316 (S. 11) folgenden Eid: »iuro . . . officium et regimen . . . exercere . . . secundum formam statutorum . . ., et ubi ipsa Statuta . . . deficerent, secundum consuetudines dictae civitatis et ubi consuetudines ipsae deficerent, secundum jura romana«. Zunächst Analogie, dann gemeines Recht sollte in Rom (1363 II 106 S. 145) entscheiden, während in Narni (1371 III 172) beim Versagen der Analogie gemeines Recht angewandt und ganz zuletzt nach richterlichem Ermessen entschieden wurde. In Bassano (1392 S. 112) entschied der Richter, wenn die Analogie nicht zum Ziele führte, nach gemeinem Recht, nach den Gewohnheiten oder nach Billigkeit, in Carpi (1353 S. 3) kamen die Gewohnheiten erst nach dem gemeinen Recht zur Geltung. In Lodi (1390 S. 7 R.) ist die Reihenfolge Analogie — Gewohnheiten — gemeines Recht — kanonisches Recht [84]).

Die meisten dieser zuletzt beschriebenen Statuten gehören der zweiten Hälfte des 14. Jahrhunderts an. Sie stellen Kompromißversuche dar und sind wohl unter dem Eindruck der vielfachen Zweifel und Schwierigkeiten entstanden, die aus der wissenschaftlichen Behandlung dieser Fragen entstanden waren. Auch in den Gesetzen tritt jenes Überangebot an Gesichtspunkten und Rechtsquellen in Erscheinung.

Nur selten ist die Lücke nach Ermessen des Gerichts zu schließen [85]). Wo man dem Richter Freiheit gönnte, pflegte man die Tatbestände weit zu fassen — so oft im politischen Strafrecht —, oder überließ dem Richter wenigstens die Auswahl der Strafe.

Der venezianische Liber promissionis von 1232 c. 29 erlaubt dem Richter, die Entscheidung nach Ermessen zu treffen, wenn Analogie und Gewohnheit versagen. Das hatte gerade in Venedig praktische Bedeutung, weil der Liber promissionis sehr lückenhaft war. In Florenz durfte der Volkshauptmann von vornherein nach Ermessen entscheiden, wenn das Statut eine Lücke ließ (Stat. Vhptm. 1322 III 1 S. 142). Die gleiche Bestimmung enthielten schon die Ordnungen der Gerechtigkeit von 1290 [86]). Diese Freiheit gab das Recht

---

84) »ubi statuta non loquuntur, procedat de similibus ad similia et ubi non possunt inveniri similia vel simile, tunc secundum bonam consuetudinem dicte Civitatis, et si consuetudo non reperitur, secundum iura comunia, in quorum deffectum secundum iura chanonica.«

85) Bohne, FrStr. I 165 ff., Engelmann, Urheber 257 f. — Vgl. auch die oben genannten Statuten von Narni und Bassano.

86) Der Wortlaut bei Kohler-degli Azzi 196 f. Über die Statuten von 1322 vgl a. a. O. 3.

der demokratischen Revolution aber nur dem Vertreter des Popolo, nicht dem Podestà. Aus späterer Zeit ist das Statut von Verona von 1450 III 14 zu nennen, das die Anwendung gemeinen Rechts ausdrücklich ausschloß und die Ausfüllung der Lücke dem richterlichen Ermessen überließ [87]).

III. Das praktisch angewandte Recht.

Die Beschreibung von Theorie und Gesetzgebung belehrt uns noch nicht darüber, welches Recht denn nun wirklich galt. Gerade im Mittelalter weichen Theorie und Rechtswirklichkeit, Gesetz und Gerichtspraxis oft von einander ab, so daß noch zu prüfen bleibt, welcher Wert den hier behandelten Quellen zukommt für die Erkenntnis des praktisch angewandten Rechts.

Abschließend wäre diese Frage allerdings nur dann zu entscheiden, wenn das zum größten Teil noch nicht veröffentlichte Aktenmaterial zugänglich und ein Vergleich möglich wäre zwischen einander entsprechenden Urteilen und Gesetzen. Trotzdem glauben wir schon heute behaupten zu dürfen, daß Statuten und Gutachten wirklich geltendes Recht wiedergeben.

1.

Für die genaue Beachtung der Statuten in der Praxis [88]) spricht schon die Tatsache, daß Lehre und Gesetzgebung über den Grundsatz der Wortauslegung einig sind. Daß die Gerichte sich darüber hinwegsetzten, sollte man nicht annehmen. Dem stehen jedenfalls die ausdrücklichen Mitteilungen in der Praxis stehender Schriftsteller entgegen, wonach die Gerichte die Statuten wörtlich — gelegentlich allzu wörtlich — auslegten [89]). Auch die Gutachten, Erkenntnisquellen wirklich geltenden Rechts (vgl. unten unter 2), vertreten die herrschende Lehre.

Es kommt hinzu, daß die Gesetze sich nicht mit dem einfachen Gebot der wörtlichen Auslegung begnügen, sondern die praktische Durchführung dieser Anordnung durch weitere Vorschriften sichern. Eine gewisse Garantie bot der Eid der Behörde, der in der Regel das Versprechen wörtlicher Gesetzesauslegung enthielt [90]). Er stellte nicht nur eine religiöse Bindung des Richters dar, sondern war zu-

---

[87]) »statuimus, quod dominus potestas, iudices et consules communis Verone in criminalibus, in quibus pena non esset terminata per statuta, liberum habeant arbitrium puniendi et non teneantur punire seu iudicare in praedictis secundum leges.

[88]) Daß die Statuten in der Praxis wörtlich angewandt wurden, hat schon Kantorowicz I 50 Anm. 5 und Sav. Z. R. Abt. 44 S. 255, 307 hervorgehoben.

[89]) Vgl. S. 58.

[90]) Vgl. S. 67.

gleich bedeutsam als Voraussetzung für eine zukünftige Bestrafung wegen Meineids [91]).

Eine besondere Garantie für die wirkliche Beachtung des Gesetzess bot sodann der Syndikatsprozeß [92]). Der Podestà nämlich, der während seiner Amtszeit nahezu unumschränkte Machtvollkommenheit besaß, wurde nach Ablauf dieser Zeit einem Prüfungsverfahren unterworfen, eben dem Syndikatsprozeß. Er wirft seinen Schatten voraus und zwingt den Beamten vom ersten Tage seiner Amtstätigkeit an, seine Amtsführung so einzurichten, daß er vor dem Syndikatsgericht gut abschneidet.

Dieses Verfahren ist in allen Gesetzen im wesentlichen gleichartig gestaltet: Nach Abschluß ihrer Amtszeit bleiben der Podestà und seine Beamten für eine gewisse Zeit in der Stadt und stellen sich den Syndikatsrichtern zur Verfügung. Die Zeitdauer des Verbleibens ist in den Gesetzen ausdrücklich bestimmt. In Forli (1359 I 83 S. 109) z. B. bleiben die Beamten 5, in Perugia (1342 I 4 S. 23) 8, in Siena (1309/10 I 306 S. 225, 227), Parma (1347 S. 7, 107, 111) und Rom (1363 III 33 S. 216) 10 und in Florenz (Stat. Pod. 1325 I 1 S. 13) 15 Tage. Innerhalb dieser Frist legt der Podestà Rechenschaft über seine ganze Amtstätigkeit, namentlich auch über die Einhaltung der Statuten in Zivil- und Strafprozessen [93]).

So heißt es in Florenz, Stat. Pod. 1325 I 1 (S. 12) vom Podestà und seinen Unterbeamten: »sindicari debeant dictus Potestas et sua familia et berrovarii (Häscher, »Sbirren«, untere Vollstreckungsbeamte) de omnibus que fecerint contra formam iuris vel contra statuta Communis vel domini Capitanei vel reformationes et stantiamenta (Anordnungen, Erlasse) legiptime facta.« Auch in Perugia (1342 I 15 S. 54) erstreckte sich die Untersuchung darauf, ob der Beamte gegen Recht und Statuten verstoßen habe (»avesse facto oltra overo senza la forma de la ragione overo de gle statute e de gl'ordenamente del podestade de Peroscia«). In Parma (1347 S. 107) endlich war Rechenschaft abzulegen »pro quolibet Statuto non servato, de quo vel pro quo sindicari possit, et de omni eo quod aliquem indebite vel injuste condempnassent vel absolvissent vel contra jus aggravassent«. Die Tätigkeit der Beamten ist zu prüfen »de omnibus et singulis, quae commiserint vel fecerint ultra vel aliter quam contineatur in Statutis loquentibus de ipsorum officiis et de concussionibus, oppressionibus et lucris illicitis, si qua fecissent vel facient . . . occasione ipsorum officii« (S. 114).

---

[91]) Vgl. auch S. 21 und 47.

[92]) Darüber Kantorowicz I 50 f., Bohne, FrStr. I 161 f., Pertile V 104 ff., Davidsohn, Gesch. v. Fl. IV 1 S. 76 f. Vgl. auch die bei Kantorowicz I 410 im Register unter »Syndikatsprozeß« angegebenen Stellen und die Urkunden S. 171 ff.

[93]) Vgl. auch Baldus, Tr. de syndicatu n. 22: Syndizierung »de commissis praetextu officii, puta de sententiis male latis et de baratariis (Betrügereien) et similibus«.

Das Verfahren ist ein Popularklageverfahren, das jede beliebige Person durch Anzeige oder Anklageerhebung in Gang setzen kann. Im Interesse möglichster Beschleunigung aber sind für die Einreichung solcher Anzeigen und Klagen gewisse Ausschlußfristen gesetzt. Sie beginnen in der Regel zu laufen nach einem vorhergehenden Aufgebot, einer öffentlichen Aufforderung zum Vorgehen gegen den Podestà und seine Beamten. In Florenz z. B. beträgt die Ausschlußfrist nach dem Statut des Volkshauptmanns von 1322 I 1 (S. 11) 5, nach dem des Podestà von 1325 I 1 (S. 13) 6 Tage. Das Statut von Parma von 1347 S. 108 sieht ein öffentliches Aufgebot vor, nach dessen Erlaß innerhalb von 5 Tagen Klage oder Anzeige einzureichen ist. In Rom (1363 III 33, 34 S. 216 f.) ergehen drei einzelne Aufgebote, zwischen denen Fristen von je 2 Tagen liegen. Binnen 2 Tagen nach der letzten Aufforderung spätestens ist gegen den Beamten vorzugehen. Für Beschleunigung wird auch dadurch gesorgt, daß Syndikatsprozesse zu Feriensachen erklärt werden [94]).

Auf die Vorwürfe, die gegen ihn laut werden, hat der Podestà persönlich zu antworten. Wenn er das nicht tut, so wird er im Versäumnisverfahren als geständig behandelt [95]). Wird eine Verfehlung festgestellt, so lautet das Urteil auf Strafe, auf Rückerstattung der zuviel empfangenen Beträge und Schadensersatz. Alle diese Beträge sind innerhalb bestimmter Fristen einzuzahlen [96]). Die Erfüllung dieser Verpflichtungen wird dadurch gesichert, daß ein Teil des Gehalts zunächst einbehalten und erst ausbezahlt wird, wenn dem Beamten im Syndikatsprozeß Entlastung erteilt wird. So hielt man in Florenz das Gehalt des Podestà für die letzten zwei Monate, von dem 2300 fl betragenden Gehalt des Volkshauptmanns 700 fl zurück (Stat. Pod. 1325 I 1 S. 7, Stat. Vhptm. 1322 I 1 S. 8). In Perugia (1342 I 4 S. 19), Parma (1347 S. 5) und Rom (1363 III 1 S. 196, 3 S. 200, 33 S. 216) werden $^1/_3$ des Gehalts, in Siena (1309/10 I 151 S. 141) 500 l erst später ausgezahlt. Auch wird der Podestà oft persönlich in der Stadt festgehalten, bis er die volle Urteilssumme gezahlt hat [97]).

Außer für eigene Verfehlungen haftet der Podestà auch für Amtspflichtverletzungen seiner Unterbeamten. Er hat persönlich dafür

---

94) Parma 1347 S. 107, 110, Rom 1363 III 33 (S. 216).

95) Siena 1309/10 I 306 (S. 227), Florenz, Stat. Pod. 1325 I 1 (S. 11), Perugia 1342 I 15 (S. 57, 59), Parma 1347 S. 110 und Rom 1363 III 33 (S. 216).

96) In Florenz (Stat. Pod. 1325 I 1 S. 12) innerhalb von 3 Tagen, in Parma (1347 S. 107) binnen 15, in Forli (1359 I 3 S. 44) binnen 8 Tagen.

97) Florenz, Stat. Vhptm. 1322 I 1 (S. 11), Stat. Pod. 1325 I 1 (S. 12), Parma 1347 S. 107, Rom 1363 III 33 (S. 216).

aufzukommen, daß sie die Geldstrafen zahlen, zu denen sie im Syndikatsprozeß verurteilt werden [98]).

Die Entscheidung des Syndikatsgerichts ist in der Regel unanfechtbar. Mit den gewöhnlichen Rechtsmitteln ist auch die Wiederaufnahme des Verfahrens ausgeschlossen [99]).

Die Einhaltung all dieser Bestimmungen wird gelegentlich noch unter besondere Garantien gestellt. Der Podestà muß schwören, daß er sich all diesen Verpflichtungen unterwerfen, namentlich das Urteil im Syndikatsprozeß hinnehmen, keine Repressalien veranlassen werde usw. [100]). Dazu kommen reale Sicherheiten in Form von Bürgenstellung oder Hinterlegung einer Geldsumme [101]). Abänderungen dieser Vorschriften werden erschwert oder ausgeschlossen. Gerade die Regeln über den Syndikatsprozeß sind bisweilen für präzise erklärt [102]).

Diese Prozesse wurden auch tatsächlich durchgeführt und waren für den Beamten recht gefährlich [103]). So zeigen die von Kantorowicz, Albertus Gandinus Bd. I S. 157 ff. Urk. 18—20 veröffentlichten Akten die Durchführung eines Verfahrens der hier geschilderten Art in der Praxis.

Wieweit diese Inanspruchnahme im einzelnen ging, läßt sich aus den Gesetzen freilich mit vollkommener Deutlichkeit nicht entnehmen. Vor allem zeigen sie nicht ganz klar, ob der Podestà und seine Unterbeamten, die für vorsätzliche Amtspflichtverletzungen nach dem Talionsprinzip haften, auch für eine fahrlässige Verletzung der Sta-

---

98) Parma 1347 S. 107, Rom 1363 III 33 (S. 216). So lehren auch die Theoretiker. Doch beschränkt sich diese Haftung auf Taten in Ausübung amtlicher Funktionen. Vgl. Baldus, C VII 49 De poena iudicis, Rubr. n. 16 und Tr. de syndic. n. 8: »nota quod potestates tenentur pro omnibus, quos secum ducunt, etiam si non sunt praepositi alicui officio, si praetextu officii ipsi delinquant.« Anders, wenn der Unterbeamte eine Tat begangen hat, die nicht im Zusammenhang mit seinen amtlichen Verrichtungen steht. Vgl. am zuletzt genannten Orte n. 9 f.

99) Florenz, Stat. Pod. 1325 I 1 (S. 12), Forli 1359 I 3 (S. 44). Das gleiche gilt in Parma (1347 S. 115), obwohl dort der Syndikatsrichter vorgehen kann »per omnem viam et modum, qui ei videbuntur« und zum Beweise das Zeugnis eines einzigen glaubwürdigen Menschen genügt.

100) Perugia 1342 I 4 (S. 16 f.), 15 (S. 58). Vgl. auch Kantorowicz I 189 ff. Urk. 10, 191 Urk. 11 und Sav. Z. R. Abt. 44 S. 266.

101) Rom 1363 III 98 (S. 251). In Parma (1347 S. 108) leistet der Podestà Bürgschaft »de respondendo de omnibus tam Communi quam singularibus personis et de solvendo omne id, in quo ipsi vel aliquis de eorum familiis condempnarentur«.

102) Parma 1347 S. 108, 111.

103) Pertile V 108 f.

tuten in Anspruch genommen wurden. Das ist nicht anzunehmen in den Fällen, in denen das Talionsprinzip zur Verhängung von Körperstrafe geführt hätte [104]. Aber ganz allgemein nahm man offensichtlich — im Hinblick auf die Digestenstelle D 2, 2, 2 — aus fahrlässiger Amtspflichtverletzung nur den rechtskundigen Beisitzer des Podestà, nicht aber diesen selbst in Anspruch [105].

Hält man dies alles zusammen — Gebot der Wortauslegung in den Statuten und Aufnahme der Verpflichtung zur Wortauslegung in den Beamteneid einerseits und Sicherung der Gesetzesanwendung durch Meineidsstrafe und Syndikatsprozeß andererseits —, so ergibt sich ein hohes Maß von Wahrscheinlichkeit dafür, daß die Statuten in der Praxis ihrem Wortlaut nach angewandt wurden.

Diese Annahme wird noch weiter bekräftigt durch einen Vergleich zwischen den von Kohler-degli Azzi veröffentlichten Strafakten [106] des florentiner Podestà aus dem Jahre 1379 mit den Statuten des Podestà von 1325. Trotz des zeitlichen Abstands ergibt sich eine fast vollkommene Übereinstimmung. Die Statuten von 1325 waren eben in den hier angeführten Bestimmungen 1379 noch in Kraft.

Im folgenden sind weder Statuten noch Urteile inhaltlich im einzelnen beschrieben, da die Quellen leicht zugänglich sind. U. 1 S. 67 z. B. bedeutet Kohler-degli Azzi, Das Florentiner Strafrecht des XIV. Jahrhunderts, Urteil des florentiner Podestà von 1379, Urkunde 1, Seite 67. Die Statuten sind ebenso abgekürzt wie bisher.

Im einzelnen ergibt sich folgende Übersicht:

1. U. 1 S. 67f. = Stat. Pod. 1325 III 45 S. 207. Nach dem Statut steht auf Körperverletzung unter Anwendung von Waffen eine Geldstrafe von 200 fl, wenn dem Verletzten eine Wunde bei-

---

104) Vgl. S. 276f.

105) Bartolus, D II 2 Quod quisque iuris 2: »pluries vidi dari sindicationes contra magistratus de imperitia assessoris tempore sindicatus«. Geringere Haftung des Podestà als des Beisitzers. Vgl. auch Baldus, a. gl. O. 1 n. 6 und l. 2. — Für die Meineidsstrafe ergab sich die Beschränkung auf die Dolus-Haftung daraus, daß sonst ein fahrlässig handelnder Täter infam geworden wäre. Trotzdem will Baldus, Tr. de syndic. n. 25 ff. Geldstrafe auch bei fahrlässiger Mißachtung der Statuten. Vgl. auch a. a. O. n. 58 und 60 und Angelus, Tr. de syndic. n. 4 und 8.

106) Als Erkenntnisquelle für das in der Praxis tatsächlich angewandte Recht kommen natürlich auch die Akten in Betracht, die aber nur zu einem kleinen Teil veröffentlicht sind (Kantorowicz, Kohler-degli Azzi, Kohler in G. A.). Sie sind juristisch nicht besonders ergiebig, weil sie nur Tenor und Tatbestand und gelegentlich Strafzumessungsgründe, aber keine juristische Begründung enthalten. Immerhin lassen sie die rechtserheblichen Tatsachen klar hervortreten.

gebracht ist. Wenn das letztere nicht der Fall ist, aber doch Blut fließt, so soll die Strafe gemildert werden. Das Gericht hat eine Geldstrafe von 150 fl zugrunde gelegt, davon aber mit Rücksicht auf das Geständnis des Täters $^1/_4$ abgezogen. Das Urteil hält sich in den Grenzen des Statuts.

2. U. 2 S. 69 = Stat. Pod. wie unter 1. Geldstrafe von 100 fl, vermindert um $^1/_4$. Wie unter 1.

3. U. 4 S. 70f. = Stat. Pod. wie unter 1. Strafe von zweimal 50 fl weniger $^1/_4$. Genaue Übereinstimmung.

4. U. 5 S. 71 = Stat. Pod. wie unter 1. Körperverletzung ohne Waffengewalt an zwei Personen, von denen die eine Blut verliert. 25 plus 50 fl weniger $^1/_4$. Übereinstimmung.

5. U. 6 S. 71f. = Stat. Pod. wie unter 1. Übereinstimmung.

6. U. 7 S. 72: Verstümmelung. Im Statut nicht geregelt.

7. U 10 S. 75 = Stat. Pod. wie unter 1. Johannes hat eine Körperverletzung ohne Anwendung von Waffen und ohne Blutvergießen begangen. Geldstrafe von 25 fl, die mit Rücksicht auf den Ort der Tat verdoppelt ist. Übereinstimmung. — Bei der Verurteilung seiner Frau wegen Körperverletzung unter Anwendung von Waffen und Blutverlust ist eine Strafe von 150 fl zugrunde gelegt, die aber gleichfalls verdoppelt ist. Kein Widerspruch zum Statut. Vgl. oben unter 1.

8. U. 12 S. 76f. = Stat. Pod. 1325 III 45 S. 210. Raubmord auf der Landstraße. Übereinstimmung.

9. U. 13 S. 77ff.: Das hochverräterische Unternehmen wird nach Stat. Pod. 1325 III 75 S. 232 f. nach Ermessen des Gerichts bestraft. Also kein Widerspruch.

10. U. 15 S. 81f. = Stat. Pod. 1325 III 45 S. 207. Übereinstimmung.

11. U. 16 und 17 S. 82f. = Stat. Pod. 1325 III 29 S. 197. Übereinstimmung.

12. U. 18 S. 84f. = Stat. Pod. 1325 III 45 S. 210 f. Übereinstimmung.

13. U. 19 S. 86 = Stat. Vhptm. 1322 III 6 S. 148. Übereinstimmung.

14. U. 20 S. 86f. = Stat. Pod. 1325 III 45 S. 207. Dreimalige Körperverletzung mit Waffengebrauch unter Zufügung einer Wunde. Geldstrafen von je 200 fl. Übereinstimmung.

15. U. 22 S. 88 = Stat. Pod. wie unter 1. Körperverletzung ohne Waffengewalt a) mit Blutvergießen, b) ohne Blutvergießen. Übereinstimmung.

16. U. 23 S. 88: Selbstmordversuch unter Anwendung einer Waffe

und mit Blutverlust. Das Statut der Podestà (wie unter 1) bedroht solche Körperverletzungen mit Geldstrafe von 200 fl. Diese Strafe verhängt auch das Urteil, so daß es den Anschein hat, als werde die Selbstverletzung ebenso bestraft wie die Verletzung eines andern. Doch besteht eine Schwierigkeit. Das Urteil sagt nämlich, wenn die Strafe nicht innerhalb eines Monats bezahlt werde, so erhöhe sich die Urteilsumme für den Täter um 1/4 »mitigata sibi pena propter benefitium confessionis«. Danach hat der Angeklagte offenbar ein Geständnis abgelegt, doch scheint man das übliche Viertel im Tenor noch nicht abgezogen zu haben. Vielleicht war mit der Bezahlung innerhalb eines Monats nicht zu rechnen, so daß Geständnismilderung und Verzugserschwerung sich gegenseitig aufhoben?

17. U. 24 S. 89 = Stat. Pod. wie unter 1. a) Michele: Steinwurf ohne assaltus und Körperverletzung. Geldstrafe von 25 fl, vermindert um 1/4. Übereinstimmung. — b) Benedictus: Angriff auf ein Haus unter viermaligem Steinwurf gegen die Haustür. Obendrein Beleidigung mit Worten. Im Urteil Geldstrafe von 110 fl. Auf den Steinwurf steht nach dem Statut Geldstrafe von 25 fl, auf die Beleidigung nach Stat. Pod. 1325 III 90 S. 245 Geldstrafe von 10 fl. Also viermal 25 plus 10 = 110 fl. Übereinstimmung.

18. U. 26 S. 90f. = Stat. Pod. wie unter 1. Zweimal 200 fl, vermindert um 1/4. Übereinstimmung.

19. U. 29 S. 93: Körperverletzung mit Waffengewalt und geringem Blutverlust. Strafe 12 fl 10 s.?

20. Das bei Kantorowicz I 316 Urk. 91 unter II wiedergegebene Urteil des Podestà von Perugia aus dem Jahre 1286 verhängt für die Nichtverfolgung einer Anklage in eigener Sache und Nichterbringung des Beweises Geldstrafe von 20 s. Das entspricht genau dem späteren peruginer Statut von 1342 III 16 S. 38.

21. Die im peruginer Urteil bei Kantorowicz I 318 f. Urk. 93 bezeichneten Nebenstrafen für den Ehebruch — Verlust der Mitgift und des Rechts auf Unterhalt — sind gleichfalls genannt im Statut von 1342 III 94 S. 115.

Nach alledem läßt sich behaupten, daß die Statuten in der Praxis wörtlich angewandt wurden.

2.

Doch bedarf das einer Einschränkung. Nur insoweit gilt das Statut, als es ausdrückliche Bestimmungen trifft. Wo das nicht der Fall ist, dort richtet man sich nach gemeinem Recht. Das gemeine Recht aber füllt die Lücken des Statuts nicht nur dann aus, wenn das Statut einen Sachverhalt überhaupt nicht erwähnt, sondern auch dann, wenn das Statut einen Fall zwar behandelt, aber doch nicht vollständig regelt, wenn es z. B. nur den äußeren Tatbestand umschreibt, aber nichts enthält über Rechtfertigungs- und Entschuldigungsgründe. Man bezog nämlich ein Statut, das Strafe androhte »si quis occiderit«, »si quis percusserit« und dergleichen, nur auf den äußeren Tatbestand, sah darin also keine abschließende Normierung des Tötungsverbrechens und der Körperverletzung, sondern entschied nun noch in Ausfüllung der Lücke nach gemeinem Recht, ob die Bestrafung der Tötung aus besonderen Gründen entfiel, etwa deshalb, weil der Täter in Notwehr handelte oder geisteskrank war. Da aber die meisten Statuten sich ausschwiegen über Rechtfertigungs- und Entschuldigungsgründe, so blieb weitester Spielraum für eine Mildung der Statuten durch Anwendung des gemeinen Rechts, nicht nur in der Theorie, sondern gerade auch in der Praxis. Das ergibt sich aus der Anwendung des gemeinen Rechts in den Gutachten, die eine wertvolle Erkenntnisquelle des wirklich geltenden Rechts darstellen [107]).

Die Gutachtenpraxis, schon beginnend am Ende des 13. Jahrhunderts, hat bereits im 14. Jahrhundert große Bedeutung erlangt, und diese Bedeutung wächst immer mehr im Laufe der Jahrhunderte. Sie beruht nicht auf dem inneren wissenschaftlichen Wert dieser Gutachten, sondern auf zwingenden Bedürfnissen der Praxis. Sie erklärt sich aus der Haftung des nur kurze Zeit im Amt befindlichen, staatsfremden Podestà und seiner Unterbeamten für die richtige Anwendung des Gesetzes. Das Gutachten soll den Richter vor der Verurteilung im drohenden Syndikatsprozeß schützen. In der Regel steht es dem Richter — jedenfalls in Strafsachen — frei, ob er ein Gutachten einholen will oder nicht. In zunehmendem Maße aber ordnen auch die Statuten die Hinzuziehung des Gutachters an, jedenfalls dann, wenn eine Partei den Antrag darauf stellt. Auch wird gelegentlich vorgeschrieben, daß der Richter nach dem Gutachten zu entscheiden habe. Dieses obligatorische Gutachten war gerichtliches Gutachten, unparteiischer, vom Richter geforderter Rechtsrat, keine parteiische Advokatenmeinung, sondern notwendige Ergänzung des Assessorenrats in Zweifelsfragen. Aber auch dort, wo kein formeller

---

107) Die folgenden Ausführungen (bis S. 81) sind nicht das Ergebnis eigener Untersuchungen, sondern die nahezu wörtliche Wiedergabe von Mitteilungen, die mir auf meine Bitte Herr Professor Engelmann in Marburg in freundlichster Weise hat zukommen lassen. Den quellenmäßigen Nachweis für die Richtigkeit dieser Bemerkungen wird Prof. Engelmann selbst in absehbarer Zeit in eigenen Arbeiten erbringen. — Vgl. auch Engelmann, Schuldlehre 6 f., Irrtum und Schuld 323, 217, G. S. 86 S. 194 f., Kantorowicz I 117 ff., 302 ff. Urk. 76 ff., Seeger, G. S. 24 S. 206 ff., Brunnenmeister, Quellen 244, Solmi, R. J. S. G. 1901 S. 164 f.

Einholungs- und Befolgungszwang galt, hielt sich der Richter an das Gutachten, wenn es nicht offenbar irrig oder verabredet war, oder wenn er sich nicht gegen den Gutachter auf die herrschende Meinung berufen konnte. Denn ein bei den Akten befindliches Gutachten, nach dem der Richter nicht entschieden hatte, konnte im Syndikatsprozeß verhängnisvoll werden. War doch der Richter als juristischer Sachverständiger in Pflicht genommen, als Rechtsgelehrter also und als von Rechtsgelehrten beratener Beamter, und als solcher mußte er richtig, das hieß aber, nach der herrschenden Lehre und nach Billigkeit entscheiden.

Darüber nämlich verlangte er Auskunft vom Gutachter, der im Consilium also nicht seine persönliche Meinung sagt, sondern die herrschende, von gewichtigen Autoritäten vertretene Meinung wiedergibt, auf die der Richter sich im Syndikatsprozeß berufen kann. Herrschende Lehre aber war die Ansicht der Glosse, die übereinstimmende Meinung der Rechtslehrer oder jedenfalls die Ansicht der berühmtesten Autoritäten. Wer diese herrschende Lehre auf seiner Seite hatte, brauchte den Syndikatsprozeß nicht zu fürchten. Daher empfehlen die Rechtslehrer in ihren Vorlesungen selbst, in den Gutachten der herrschenden Lehre zu folgen, auch wenn nach den Quellen etwas anderes richtig zu sein schien. Denn gegen die herrschende oder überwiegende Lehre konnte man in der Praxis nur dann durchdringen, wenn die Gegenansicht in überzeugender Weise rechtlich besser begründet war und zu einer offenbar gerechten, billigen und humanen Entscheidung führte.

Daher setzte der Gutachter sein Ansehen als Gelehrter aufs Spiel, wenn er leichtfertig oder ohne überzeugende Gründe von der herrschenden Lehre oder den von den führenden Juristen vertretenen Ansichten abwich. Einheimische Gutachter waren auch juristisch als dem Richter zu sachverständigem Rat verpflichtete Gerichtsgutachter verantwortlich für jeden vorsätzlich oder leichtfertig erteilten Rat in solchen Fällen, in denen der Richter nicht haftete, weil er sich auf das Gutachten berufen konnte. Das war namentlich dann der Fall, wenn das Gutachten für den Richter verbindlich war.

Solche Vorschriften [108]) enthalten z. B. die Statuten von Padua von 1258 ff. Lib. II cap. 7, 1274 stat. 521: Haftung für allen Schaden, wenn die Gutachten in Sachen der Kommune zu deren Nachteil »contra jus seu statuta« entscheiden. Die Statuten von Cremona von 1387 r. 279 De poena judicum machen wie den »commissarius« auch den »consultor« für ein »iniquum et injustum consilium« in gleicher Weise wie den Richter verantwortlich, sowohl für dolus wie für »imperitia« und »ignorantia«. Ebenso die Statuten in Ber-

[108]) Auch diese Belege hat Herr Professor Engelmann mir nach Abschluß meiner eigenen Materialsammlung angegeben.

gamo (Anfang des 15. Jahrhunderts) Coll. II cap. 59. Ferner die Statuten von Bologna von 1454, Statuta civilia r. 30 De confidentibus § 20: »quod ipsi consiliarii, unus vel plures, si injuste consuluerint, teneantur parti, contra quam consuluerint, ac si fuissent judices, qui ipsam sententiam injustam protulissent.« Desgleichen r. 70 § 42: Haftung der Gutachter im Syndikatsprozeß: »... quod quilibet judicum, qui consilium praestitisset, teneatur perinde, ac si personaliter protulisset sententiam ... et sic possint conveniri tempore syndicatus et per syndicatores condemnari in omni casu, in quo male et injuste lata foret.«

Die Consilien also geben die herrschende Lehre des gemeinen Rechts wieder, wie es in der Praxis angewandt wurde. Diese Praxis ergänzt die statutarrechtliche Praxis. Die Statuten enthalten im wesentlichen den äußeren Tatbestand, die Gutachten Strafmilderungs-, Entschuldigungs- und Rechtfertigungsgründe und die Normen, die beim gänzlichen Fehlen statutarrechtlicher Bestimmungen galten.

* * *

Ein Rückblick über das bisher erörterte ergibt folgendes:

I. Beim Zusammentreffen von Statutarrecht und gemeinem Recht geht in der Praxis das Statutarrecht vor. Unter dem Eindruck der Praxis schließt sich die jüngere Theorie dieser Auffassung an, während die ältere die Gleichberechtigung beider Rechtsordnungen behauptet.

II. Die Statuten werden wörtlich ausgelegt. Die Wissenschaft lockert aber diesen Grundsatz in doppelter Richtung: Einmal will sie aus Gründen der Billigkeit und Vernunft eine gewisse Auslegung gestatten. Zweitens soll das gemeine Recht im Wege der »passiven Auslegung« in die Statuten Eingang finden. Die Gerichte übten hier anscheinend, die Wortauslegung übertreibend, eine gewisse Zurückhaltung.

III. Lücken im Gesetz werden vom gemeinen Recht ausgefüllt. Darin stimmen Lehre und Rechtsprechung überein. Manchmal aber schließen die Gesetze die Anwendung des gemeinen Rechts ausdrücklich aus.

Allgemeiner Teil.

Vorbemerkungen.

Wenn im folgenden der »allgemeine«, späterhin aber der »besondere Teil« des Strafrechts beschrieben wird, so liegt darin ein Herantragen moderner Gesichtspunkte an das mittelalterliche Recht.

Denn dem Strafrecht der Statuten ist diese Scheidung fremd. Es gibt keinen allgemeinen Teil, der sich vom besonderen abhöbe. Abstrakte Bestimmungen kommen nur ganz vereinzelt vor. Wo Versuch und Teilnahme, Notwehr und Verschulden überhaupt behandelt werden, regelt man sie im Rahmen der einzelnen Tatbestände. Es wird nicht der Versuch schlechthin, sondern der Versuch der Tötung, der Notzucht usw. jedesmal einzeln normiert. Zumeist aber fehlt es selbst daran. Die Mehrzahl der Statuten enthalten nur den objektiven Tatbestand, so daß es Rechtsprechung und Lehre überlassen blieb, beim Fehlen des Erfolges, des Verschuldens oder der Rechtswidrigkeit die richtige Entscheidung zu treffen. Wie wir sahen, erwies sich diese Lückenhaftigkeit der Gesetze als Antrieb des Fortschritts. Sie machte es der Wissenschaft möglich, in weiterem Umfange gemeines Recht anzuwenden und Billigkeitserwägungen zur Geltung zu bringen.

Auf den ersten Blick freilich ist das Statutarrecht ärmer an allgemeinen Rechtsgedanken als in Wirklichkeit. Vielfach nämlich erscheinen abstrakte Gedanken in der Verkleidung eines Sondertatbestands. Die Unvollkommenheit des alten Beweisrechts erlaubte z. B. nicht die Feststellung, ob im Einzelfalle die Absicht des Täters über den äußeren Erfolg hinausging, oder ob der Verbrecher mit Überlegung oder im Affekt handelte. Man mußte daher zu Vermutungen und Typisierungen seine Zuflucht nehmen und erfaßte die inneren Tatbestände in äußeren Sachverhalten, mit denen sie nach der Lebenserfahrung gemeinhin verbunden waren. So bestrafte man im insultus (assaltus) eine Tat, die normalerweise einer bestimmten seelischen Situation, dem Mangel der Überlegung entsprang. Ebenso stand es um Tötungen oder Körperverletzungen, die im Raufhandel (in rixa) begangen wurden. Auch hier ging man davon aus, daß der Täter ohne Vorbedacht in der Erregung handelte, und wenn mit Strafe bedroht wurde, wer die Waffe zückte oder aus der Scheide zog, so ging man ohne weiteres davon aus, daß der Täter die weitergehende Absicht hatte, jemand zu töten oder zu verletzen. In dieser Art waren an allen möglichen Stellen allgemeine Rechtsgedanken in Sondertatbeständen versteinert, zu unwiderleglichen Vermutungen erstarrt. Der Wissenschaft fiel die Aufgabe zu, den allgemeinen Gedanken in der Verhüllung zu entdecken und aus der Erstarrung zu lösen.

Sie war dazu imstande. Gerade die allgemeinen Lehren des Strafrechts nehmen in der juristischen Theorie des 14. Jahrhunderts den breitesten Raum ein, so daß sich im Gegenstand Praxis und Lehre ergänzten. Dort Sondertatbestände, hier allgemeine Lehren.

So gab es denn allgemeine Lehren, aber kein System. Zwar bildeten die Gedanken der Rechtslehrer über den Versuch, über Teilnahme und Verschulden in sich geschlossene Gedankenfolgen, aber es fehlte die Verknüpfung dieser Gruppen und ihre gemeinsame Ordnung unter höheren Gesichtspunkten. Der Grund dafür war zunächst ein äußerlicher: Die Beschaffenheit der Quellen, vor allem des Corpus iuris civilis. Ebenso wie dort war auch bei den Italienern das Strafrecht Teil des Gesamtrechts, insbesondere mit dem Zivilrecht verknüpft. Das Strafrecht war kein in sich geschlossenes Rechtsgebiet, der strafrechtliche Quellenstoff für sich nicht übersehbar. Dem technischen Mangel in dieser Hinsicht halfen die Traktate (des Albertus Gandinus, Iacobus de Belvisio, Bonifacius de Vitalinis, Albericus de Rosciate) ab. Ihre Bedeutung für die Geschichte der Strafrechtswissenschaft ist weniger im inneren wissenschaftlichen Wert dieser Quellen begründet als darin, daß sie zunächst einmal den strafrechtlichen Stoff vom Zivilrecht abhoben und die Untersuchung auf ein kleineres Feld lenkten. Sachlich und methodisch ist auch das Strafrecht der Traktate noch keineswegs vom Zivilrecht befreit.

Dazu kam als weiteres Hindernis die Art der wissenschaftlichen Denkweise. Die Ausbildung eines Systems hätte zur Voraussetzung gehabt eine Klärung gerade der allgemeineren Begriffe. Hier hätten Induktion und Synthese zum Ziel geführt. Aber die Scholastik dachte exegetisch und analytisch, führte von den allgemeinen Begriffen fort. Man verfährt nämlich in folgender Art [1]: Es wird zunächst ein Problem gestellt. Alsdann werden alle Beweisgründe zusammengetragen, die für eine bestimmte Lösung sprechen und ihnen Argumente für die entgegengesetzte Entscheidung gegenübergestellt. Endlich entscheidet sich der Gelehrte in der responsio oder solutio für die eine oder

[1]) Anschaulich verdeutlicht wird diese Methode an Thomas von Aquino neuerdings von Ernst Hoffmann, Der philosophische und pädagogische Charakter der Hochscholastik 2 ff. Vgl. u. a. auch Dempf, Die Hauptform mittelalterlicher Weltanschauung 6 ff. und Solmi, R. J. S. G. 1901 S. 153 ff., 160 ff.

andere Lösung, begründet diese Lösung und geht kritisch auf die abgewiesenen Positionen ein. Diese werden aber selten schlechthin verneint, sondern in der Regel so gedeutet, daß sie gerade auf den vorliegenden Fall nicht passen. Positionen und Gegenpositionen werden also nicht zueinander in ein antithetisches Entweder-Oder-Verhältnis gesetzt, sondern nach Möglichkeit in Einklang gebracht. Es geschieht das durch Unterscheidungen und Unterunterscheidungen, so daß ein sehr lockeres, mosaikhaftes Gefüge von Denkgebilden entsteht. Das Denken richtet sich auf die kleinste Einheit. Quaestio, distinctio und casus sind die typischen Erscheinungsformen dieser Methode. So führt diese zentrifugale Denkweise mehr zur scharfsinnigen Herausarbeitung und Lösung von Einzelfragen als zur Systembildung oder Klärung allgemeiner Lehren.

Daher werden z. B. die besonderen Schuldformen gründlicher behandelt als der allgemeine Schuldbegriff. Deshalb gibt es keinen allgemeinen Verbrechensbegriff.

Wir geben uns also darüber keiner Täuschung hin, daß Aufbau und Ordnungskategorien dieser Arbeit unhistorisch sind. Wir glauben zu unserem Verfahren aber dennoch berechtigt ,ja gezwungen zu sein. Eine Arbeit, die heute den mittelalterlichen Stoff in den Darstellungsformen der historischen Quellen vorlegte, wäre für moderne Leser unverständlich. Ein Modernismus liegt ja schon darin, daß wir überhaupt das Strafrecht für sich gesondert betrachten. Es handelt sich also bei diesen Einteilungen und Abstraktionen um Mittel, mit deren Hilfe wir dem heutigen Leser das vergangene Recht nahe zu bringen suchen. Es versteht sich, daß eine darüber hinausgehende Umbiegung der mittelalterlichen Begriffe in moderne Vorstellungen unzulässig ist. Verboten ist das Messen historischer Begriffe an modernen Vorstellungen, geboten die Darstellung vergangenen Rechts mit Hilfe moderner Kategorien.

Begriff des Verbrechens und Einteilung der Straftaten.

Der allgemeine Verbrechensbegriff wird von den Italienern nicht näher untersucht.

Die Ausdrücke »crimen«, »delictum«, »peccatum«, »maleficium« werden in den Schriften der Legisten synonym gebraucht und bezeichnen jede Straftat. Daran ändert auch nichts, daß man gelegentlich Etymologie treibt, etwa bemerkt, daß »delictum« eigentlich als

»quasi derelictum« nur die Unterlassung bezeichne, während »peccatum« auf positives Tun (perpetratio mali) hindeute [1]).

Anscheinend auf kanonischem Recht beruht die Unterscheidung zwischen crimen und delictum, wonach crimen nur die vorsätzlich begangene Straftat bezeichnet, delictum aber auch ohne Vorsatz begangen werden kann. So verstand Archidiaconus, c. 1 in VI to De clericis coniugatis III 2 (S. 88 R.) den Unterschied: »delictum est genus generalissimum, sive veniat ex animo sive non, sed crimen est genus subalternum; continet enim sub se furtum, adulterium et alia, quae ex animo perveniunt et conscientia«, und darin folgt ihm Albericus de Rosciate in seinem Dictionarium s. v. »Delictum« [2]).

Zugleich suchten Kanonisten und Moralisten das rechtlich erhebliche Fehlverhalten von der bloßen Sünde abzugrenzen. Daher wird das Verhältnis von peccatum und crimen oder delictum häufiger untersucht mit dem Ergebnis, daß das peccatum als Oberbegriff erscheint [3]).

Alle diese Lehren aber kommen über das terminologische nicht wesentlich hinaus und sind unergiebig für die wissenschaftliche Erkenntnis des Verbrechens [4]). Zu den technischen und methodischen Hindernissen für die Ausbildung allgemeiner Begriffe überhaupt und dem Mangel rationaler Beherrschung des Strafrechts im ganzen kam hier noch besonders hinzu, daß Begriff und Wesen des Verbrechens von außerhalb des Strafrechts bestimmt wurden. Die Ermittlung des allgemeinen Begriffs gehörte weniger zur Zuständigkeit des Strafrechts als der Ethik und Theologie, deren Postulate die Rechtsordnung zu verwirklichen sucht.

---

[1]) Alb. de Rosc., C II 34 Si adversus delictum 1 n. 3: »delictum est proprie in omittendo quasi derelictum . . ., peccatum in committendo et sic perpetratio mali est.« — Vgl. Pertile V 421 f.

[2]) So auch Alb. de Rosc., C II 34 Si adversus delictum 1 n. 3: ». . . dicitur quod appellatione criminis continetur peccatum tantum, quod provenit ex animo et deliberatione.« Albericus tut aber diese und andere »subtilia« mit dem Bemerken ab, daß derartige Ausdrücke im Zivilrecht und kanonischen Recht in Wahrheit gleichbedeutend gebraucht würden.

[3]) So im Anschluß an c. 1 D. LXXXI a. E. Durantis, Spec. III De criminibus et eorum cognitionibus, Rubr. n. 2 und Astensis, De verb. signif. s. v. »Crimen«. So verhalten sich auch nach Hostiensis, S. A. V. 38 n. 11, die peccata mortalia und criminalia zueinander wie genus und species. Jedes peccatum criminale ist peccatum mortale, aber nicht umgekehrt. Vgl. aber Barth. Pis. s. v. »Crimen« n. 1: »Criminis appellatione aliquando complectitur omne peccatum, aliquando illud solum, quod ad damnificationem sufficit.«

Einzelheiten, namentlich über die Terminologie, bei Hinschius, KR. V 270 ff.

[4]) Vgl. auch Anm. 2 a. E.

Auch den Statuten fehlt für das Verbrechen der allgemeine Begriff wie das gemeinsame Wort [5]. Es ist die Rede von »maleficium« und »delictum« und dergleichen, ohne daß sich mit diesen Ausdrücken eine bestimmte technische Bedeutung verband. Für die Vornahme der strafbaren Handlung kommt neben den üblichen Ausdrücken »committere«, »facere« usw. mehrfach das Wort »praesumere« vor, bei dem nicht immer ganz deutlich ist, wieweit damit schon Tatversuch und Vorbereitungshandlungen mitgemeint sind [6].

Einteilungen des Verbrechens [7] begegnen in der Rechtslehre bald unter verfahrensrechtlichen, bald unter materiellrechtlichen Gesichtspunkten. Die gemeinrechtliche Unterscheidung zwischen delicta publica und delicta privata [8] etwa spielt eine Rolle in der Lehre vom Versuch. Dort war auch die Unterscheidung wichtig zwischen delicta levia, atrocia (atrociora) und atrocissima, die auch in der Theorie von der Verbindlichkeit des Befehls und vom Verschulden Bedeutung hatte. Kanonisten und Beichttheoretiker suchten verschiedene Arten der Sünde herauszuarbeiten. So unterschied man peccatum enorme, mediocre und minus (leve) [9], peccatum mortale und veniale usw. Doch gelang es nicht, feste Grenzen zu ziehen [10].

Ebenso unergiebig ist eine Durchsicht der Statuten. Man hatte zwar ein Gefühl für die Zusammengehörigkeit gewisser Deliktsgruppen [11]. Wo aber im einzelnen unterschieden werden soll wie bei den Wirkungen der Acht oder der Zulässigkeit des Vergleichs, da vermeidet man in der Regel allgemeine Ausdrücke und zählt die einzelnen Delikte kasuistisch auf [12].

---

5) Ebenso im altdeutschen Recht und im deutschen Mittelalter: His, G. D. StrR. 1 f., StrR. d. MA. 37 ff.

6) Dieser Ausdruck im Sinne des bösen Unterfangens begegnet schon im langobardischen Recht: Osenbrüggen, Lgb. 27, 37.

7) Pertile V 423 ff.

8) Vgl. z. B. Iac. d. Belvisio III 19 n. 6.

9) Vgl. u. a. Raym. de Pennaf. III 29 De lapsis et dispensationibus § 1 (S. 339 f.); Barth. Pis. s. v. »Crimen« n. 2; Alb. de Rosc. s. v. »Crimen«; Hostiensis, S. A. I 11 n. 9.

10) Hinschius, KR. V 272 ff.

11) Vgl. auch die Vorbemerkungen zum besonderen Teil.

12) Nur hin und wieder wird zusammengefaßt. So sind z. B. nach dem Statut des Podestà in Florenz von 1325 III 23 (S. 193) Verbrechen unter Verwandten strafbar, wenn ein »grave maleficium« vorkommt, und noch nicht zwölf Jahre alte Personen werden nur dann bestraft, wenn sie ein »gravissimum maleficium« begehen.

Ausschluß der Strafbarkeit in besonderen Fällen.

I. Allgemeines. Straflosigkeit der Beamten.

Das äußerlich tatbestandsmäßige Verhalten kann aus besonderen Gründen straflos bleiben. Der Henker z. B. und andere Vollstreckungsbeamte, die den Befehlen des Richters gehorchten, machten sich so wenig strafbar [1]) wie der Richter selbst, wenn er den Beschuldigten foltern ließ oder zu Körperstrafe veurteilte [2]). Anders nur dann, wenn er seine Befugnisse überschritt, etwa so stark foltern ließ, daß der Beschuldigte starb [3]). Daran war im Ergebnis kein Zweifel.

Schwieriger war die theoretische Erklärung. Die Italiener haben keine allgemeine Lehre von der Rechtswidrigkeit entwickelt, wie denn überhaupt die allgemeinen Bestandteile des Verbrechensbegriffs noch ganz ungeklärt bleiben [4]). Subjektive und objektive Elemente sind noch nicht klar voneinander geschieden. So wurde der Dolusbegriff nicht nur auf ein objektiv rechtswidriges Verhalten bezogen, sondern er enthielt selbst objektive Elemente. Tatbestandsmäßigkeit, objektive Rechtswidrigkeit, inneres Verschulden gehen ineinander über [5]). Man sieht nicht einmal das Problem oder erachtet es der Erörterung nicht für wert. Von der Rechtswidrigkeit im allgemeinen — im Gegensatz zur Schuld — wird gar nicht gesprochen, sondern man erwähnt nur die einzelnen Fälle [6]), in denen aus besonderen Gründen die Strafbarkeit ausgeschlossen ist.

Das erklärt auch die Unsicherheit in der theoretischen Beurteilung der Amtshandlungen. So sagt z. B. Durantis (nach Gandinus, De penis 48 [S. 266]) vom Henker: »non peccat ..., quia non ipse, sed lex occidit«. Ähnlich vom Richter: »nec iudex, qui iuste hominem ad mortem damnat, peccat, quia officia vindicte bono animo impleri possunt ..., nec scelus committit ipse iudex, nec sanguinen effundit ..., immo minister Dei est«. Dann später (a. a. O. 60 [S. 274]) von der Tötung auf Befehl des Königs: »neccessitas officii excusat«. Bald also

---

[1]) Gandinus, De penis 48 (S. 265 f.); Bonif. de Vitalinis, Prooem. n. 17; Baldus, C IX 2 De acc. et inscr. 5 n. 2.

[2]) Gandinus, a. a. O.; Bonif. de Vitalinis, Prooem. n. 16; Baldus, C IX 14 De emend. serv. c. un. pr. Vgl. auch Thomas v. A., S. th. 2, 2 q. 64a. 2, 3.

[3]) Baldus, a. a. O. n. 3; Cinus, C IX 9 Ad l. Jul. de adult. 4.

[4]) Vgl. S. 83 f. und für die spätere Entwicklung Schaffstein 63 ff.

[5]) Es wäre also verschwendete Mühe, wollte man im Einzelfalle der Frage nachgehen, welches Deliktsmerkmal entfiel. Diese Fragestellung ist modern.

[6]) Nicht behandelt wird im folgenden die Einwilligung des Verletzten und die strafrechtliche Bedeutung des Befehls. In beiden Punkten besteht keine Wechselbeziehung zwischen Theorie und Gesetzgebung.

leugnete man die Tatbestandsmäßigkeit der Handlung, bald den Verbrechenscharakter der Tat, bald das Verschulden des Täters.

Als Verschuldensprobleme vertieft und schärfer durchdacht wurden diese an die Tätigkeit öffentlicher Organe sich knüpfenden Fragen von den Kanonisten und in der Beichtliteratur. Man untersuchte diese Probleme unter verschiedenen Gesichtspunkten, einmal unter dem der Irregularität. Unfähig, die Weihen zu empfangen, waren der Richter und jeder andere, der bei einem auf Todes- oder Verstümmelungsstrafe lautenden Urteil mitwirkte [7]), außer dem Richter auch Beisitzer, Ankläger, Belastungszeugen und Vertreter der klagenden Partei, Schreiber und Notare [8]). Dabei kam es auf ein Verschulden nicht an. Das Problem liegt außerhalb des Strafrechts.

Nicht so die andere Frage, ob und wie der Beamte Buße zu leisten hatte, der das Blut des Verbrechers vergoß. Grundsätzlich stimmte man hier mit den Legisten überein. Schon im Decretum heißt der Richter »minister Dei« [9]). Aber die Wissenschaft verinnerlichte diese Lehre. Richter und andere Beamte, die im Rahmen ihrer Befugnisse handelten, begingen nur so lange keine Sünde, als sie nicht aus böser Gesinnung verfuhren [10]). Kirchenstrafrechtlich also war das Verhalten des Beamten einmal dann strafbar, wenn er objektiv den Kreis seiner Befugnisse überschritt, zweitens aber aus inneren Gründen, wenn er nicht aus der rechten Gesinnung handelte. Das kommt besonders in der Beichtliteratur zum Ausdruck. So bei Raymundus de Pennaforte II 1 De homic. § 1: »homicidium, si fit ex livore vel delectatione fundendi humanum sanguinem, licet ille juste occidatur, iste tamen peccat mortaliter propter intentionem corruptam«. Der Richter muß also handeln »ex amore justitiae«. Aber auch dann noch macht er sich strafbar, wenn er verfährt »juris ordine non servato« [11]).

---

7) Hinschius, KR. I 28 f.

8) Vgl. c. 5, 9 X Ne clerici vel mon. etc. III 50, c. 4 X De raptoribus etc. V 17; Thomas v. A., S. th. 2, 2 q. 64 a. 7; Raym. de Pennaf. II 1 De homicidio § 2 (S. 140 f.); Barth. Pis. s. v. »Homicidium« n. 1 (S. 72 R.), s. v. »Irregularitas« (S. 90 n. 1); Ioh. v. Fr. II 1 q. 21, 23 III 29 q. 5; Ast. VI 14 (S. 68); Durantis, Spec. I 1 De dispensationibus 4 § Juxta n. 9 f.

9) Vgl. c. 13, 41 C. XXIII q. 5, c. 33 C. XXIII q. 8. Der Ausdruck ist dem Bibelwort Röm. XIII 4 entnommen. Dort heißt es von der Obrigkeit: »Dei . . . minister est tibi in bonum.«

10) So sagt Archid., c. 13 C. XXIII q. 5: »Non peccant iudices vel ministri, si malos occidunt, si tamen non animo ulciscendi, sed iudicandi faciunt.« So lehrte auch Thomas v. A., S. th. 2, 2 q. 64 a. 7: Personen, die in Ausübung öffentlicher Befugnisse jemand töten, handeln nicht unerlaubt, »quamvis etiam isti peccent, si privata libidine moveantur«.

11) Genau so Barth. Pis. s. v. »Homicidium« (S. 71 n. 3); Ioh. v. Fr. II 1 q. 4. Die subjektive Seite betont auch Ast. VI 14 (S. 68), der vom Richter

Es läßt sich auch ohne Kenntnis der Quellen denken, daß die weltliche Jurisprudenz diese Lehre nicht übernahm. Weder war sie imstande, die innere Gesinnung des Beamten zu ermitteln, noch kam es ihr überhaupt darauf an. Weder hier noch bei späteren Gelegenheiten ist zu vergessen, daß Kanonisten und Moralisten ganz andere Rechtsfolgen im Auge hatten als die Legisten. Für sie kamen bewegliche Bußen in Betracht, Rechtsfolgen, die der Sünde angepaßt, unmittelbar auf die Seele des Verbrechers wirkten, für die weltlichen Juristen feste, oft nicht zurücknehmbare Strafen, die den Rechtsbrecher zunächst an äußeren Rechtsgütern trafen. In der geistlichen Jurisprudenz treten also die inneren Momente stärker hervor als bei den weltlichen Juristen. Deshalb sind die Tatbestände dort auch weniger scharf abgegrenzt. Daraus ergab sich aber nicht grundsätzlich ein Gegensatz der Anschauungen, sondern eine Arbeitsteilung, beruhend auf der bewußten Unterscheidung zwischen beiden Rechten. Vor allem das weltliche Recht wurde entlastet. Man nahm bedenkliche Rechtssätze wie das Racherecht leichter hin in der Gewißheit, daß, was nach weltlichem Recht zulässig, doch vor Gott Sünde sei und vor dem forum conscientiae bestraft werde [12]. Das forum internum war dem Gedanken nach nicht Konkurrent, sondern Korrektiv des forum externum. Das erklärt auch, warum manche Lehren der Beichtliteratur und der Kanonisten in das weltliche Recht keinen Eingang fanden. Man verwarf sie nicht, aber schwieg sie tot oder lehnte sie ab für das weltliche Recht. So nimmt es auch in dieser Lehre nicht wunder, daß m. W. weder Legisten noch Statuten den Richter schon der bösen Gesinnung wegen unter Strafe stellten. Nur Albericus de Rosciate bringt wie auch sonst die Lehre der Poenitentialen in seinem Dictionarium (s. v. »Homicidium« n. 1), aber soviel ich sehe, weder in seinen Kommentaren noch im Werk über die Statuten.

Wie in den Schriften der Theoretiker so sind auch in den Statuten Sätze allgemeinen Inhalts über die Rechtswidrigkeit der Tat sehr selten. Daß ein Handeln rechtswidrig sein müsse, daß Richter und Henker sich nicht strafbar machten, war selbstverständlich. Immerhin wird gelegentlich das Erfordernis der Rechtswidrigkeit ausdrücklich hervorgehoben. So wird in Turin (1360 Sp. 711) der Mörder bestraft, »nisi hoc fecerit iure permittente« [13]. Ähnlich be-

---

sagt: »neuter peccat, dummodo non ex odio persone, nec ex delectatione fundendi sanguinem, nec amore spoliorum, nec pro pretio, sed pro sola iustitia et obedientia cum cordis dolore et cum passione hoc faciat«.

[12] Vgl. S. 101 f.

[13] Ebenso Ägid. Konst. 1357 IV 27 (S. 177) und Riparolo 1358 r. 5.

drohen die Statuten von Lodi von 1390 S. 100 R. und Lecco r. 240 (S. 125) denjenigen mit Strafe, der unberechtigt (»non iuridice«) jemand festhält. Wiederholt wird die Bestrafung für den Fall ausgeschlossen, daß der Täter aus berechtigtem Grunde, ex iusta causa handelt. So hat in Parma (1347 S. 157) 25 l zu zahlen, wer jemand in seinem Besitze stört, »nisi justa ratione ad hoc faciendum ductus fuerit«. Ähnlich Bologna 1454 S. 34 R. In Ponti (1344 r. 47) wird bestraft, wer einen Arbeiter anstellt und ihm nachher keine Arbeit gibt, »nisi iuxta causa impediretur«. Dagegen bezeichnen die Worte »iniuria«, »iniuriose«, »eniuriosamente« usw., wo sie in den Gesetzen vorkommen, nicht die Rechtswidrigkeit, sondern einen besonderen Tatbestand.

Wo aber die Statuten sich ausschwiegen, legte die Theorie das Erfordernis der Rechtswidrigkeit in sie hinein [14]).

II. Hauszucht und Familienvergehen. Sonstige Züchtigungsrechte.

1.

Nicht strafbar machte sich also derjenige, der öffentlichrechtliche Aufgaben erfüllte. Aber auch der Privatmann konnte tatbestandsmäßig handeln, ohne Strafe zu leiden, und das in viel weiterem Umfange als der moderne Staatsbürger. Denn die Staatsgewalt jener Zeit — das wurde im kulturgeschichtlichen Teil gezeigt — wirkte auf engerem Raume als heute. Näher als der Staat waren dem Einzelnen die kleineren Verbände, die auch eine Art Strafgewalt ausübten. So unterstanden die Mitglieder der Familie einer Disziplinargewalt des Hausherrn, die Zunftmitglieder der Zunftdisziplin, und hinter diese Sondergewalten tritt der Staat in weitem Umfange zurück. Sodann aber beschränkte sich die Staatsgewalt im wesentlichen auf den Kreis der Verbandsgenossen, versagte oder minderte den Schutz also denen, die nicht zur Bürgergemeinde gehörten. Dieses Vakuum wurde sogar bewußt herbeigeführt, um den Rechtsbrecher in die Gesellschaft zurückzuzwingen oder zu vernichten, durch die Acht oder durch eine Friedlosigkeit geringeren Grades. Endlich trug die Staatsgewalt auch hier den besonderen Beziehungen Rechnung, die zwischen einzelnen Personen bestanden. In Ausnahmefällen trat noch im 14. Jahrhundert der Rechtsgedanke hinter den Rachegedanken zurück. Vereinzelt ist die Selbsthilfe erlaubt. Allgemein aber sind Notrechte anerkannt.

In der Hauszucht des italienischen Mittelalters lebten deutsche

---

14) Baldus, D IX 2 Ad l. Aquil. 3 n. 1: Das Statut, das auf die Tötung den Amtsverlust androhe, sei auf den nicht anwendbar, der in Ausübung rechtmäßiger Befugnisse handle: »quia non dicitur occidere ipse, sed lex«.

und römische Rechtsgedanken fort. Beide Rechte unterstellten Gesinde, Frauen und Kinder der Gewalt des Hausherrn. Diese Überlieferung bewährt und festigt sich in den Wirren der Feudalzeit, als die Familie den stärksten Rückhalt, das Haus den sichersten Schutz für den Einzelnen bedeuten. Erst mit dem Erstarken der städtischen Gewalten wird jene Schutzfunktion abgeschwächt, treten andere Gemeinschaftsbindungen neben und an Stelle der Familie, und auch der Einfluß der Kirche trägt dazu bei, den Zusammenhang der Familie zu lockern. Geistige Bindungen treten an Stelle persönlicher Abhängigkeiten. Das Recht der Statuten zeigt diesen Übergang [15]).

Die Hauszucht steht in erster Linie dem Hausvater zu. Sie erstreckt sich auf Kinder, Enkel und andere Abkömmlinge. Aber Disziplinargewalt hat auch der Mann über die Frau [16]) und der Bruder über die Schwestern, während er jüngere Brüder nur züchtigen darf, wenn ein gewisser Altersunterschied besteht [17]). Zur engeren Familie gehören die Verwandten bis zum zweiten oder dritten Grade kanonischer Zählung, und soweit reichte vielfach auch die Zuchtgewalt und die Straflosigkeit wechselseitiger Verletzungen [18]).

Beispiele dieser Regelung bieten die Statuten von:

Turin 1360 Sp. 713, Casale 1370 Sp. 1039 f., Ivrea Sp. 1199 f.;

Brescia 1313 II 10, Averrara 1313 r. 47 (S. 41 f.), Arona 1319 r. 16 (S. 72 f.), Invorio 1366 r. 16 (S. 154), Valsassina 1388 r. 128 (S. 311 f.);

Padua 1329 S. 234 f., 237 R. f., Bassano 1392 S. 98 R.;

Pisa 1286 III 6 (S. 366), Lucca 1308 III 14 (S. 145), Siena 1309/10 V 364 (S. 387), Sambuca 1349 r. 198 (S. 70), Chianti 1384 III 4 (S. 168), Gambassi II 3 (S. 42 f.);

Forli 1359 III 6 (S. 197 f.);

Perugia 1342 III 42 (S. 60), Narni 1371 III 14, 46;

Ascoli 1377 III 7 (S. 83);

Roccantica 1326 r. 59 (S. 78).

---

15) Kohler 216 ff., Pertile V 120, Bohne, FrStr. II 195 ff.

16) Der verheirateten Frau wird in dieser Beziehung manchmal die Konkubine gleichgestellt, so in Padua 1329 S. 237 R. f. und Valsassina 1388 r. 128 (S. 311 f.).

17) So verlangt das Gesetz von Valsassina von 1388 a. a. O. einen Altersunterschied von acht Jahren. Anderswo ist eine feste Altersgrenze gezogen. In Padua (1329 S. 234 R. f., 237 R. f.) und Bassano (1392 S. 98 R.) darf der Gezüchtigte nicht älter als 18 Jahre alt sein.

18) So nennt das Gesetz von Cave von 1307 r. 63 (S. 42) den dritten, das von Narni von 1371 III 46 und Ascoli von 1377 III 7 (S. 83) den zweiten Grad der Verwandtschaft. Wer in Chianti (1384 III 4 S. 168) einen Verwandten bis zum zweiten Grade verletzte, wurde überhaupt nicht bestraft, wer aber einen Verwandten bis zum dritten oder vierten Grade schlug, nur dann nicht, wenn ein Vergleich darüber zustande kam. Dieser Auffassung entsprach es, daß auch der Onkel den Neffen schlagen durfte. Vgl. Invorio 1366 r. 16 (S. 154), Narni 1371 III 14 und Bassano 1392 S. 98 R.

Die Zuchtgewalt war Hausgewalt, nicht eigentlich ein Recht der Verwandtschaft. Ihr unterstand die »familia«, die Gemeinschaft der Hausgenossen [19]. Das hieß einerseits, daß Verwandte nur so lange der Disziplinargewalt unterworfen waren, als sie mit dem Inhaber der Zuchtgewalt in Hausgemeinschaft lebten.

So durfte man in Pisa (1286 III 6) nur verletzen die »morantes simul in una domo« (S. 367). Auch durfte der Inhaber der Zuchtgewalt die Disziplinarstrafe nur vollstrecken »ad domum suam vel sue habitationis ... vel in sua terra propria vel conducta« (S. 366). In Padua (1329 S. 234 R.) hatten die Brüder das Züchtigungsrecht nur gegenüber Schwestern »secum habitantes«. (Vgl. auch S. 237 R.) In Invorio (1366 a. a. O.) durfte ein Bruder jüngere Brüder nur dann züchtigen, wenn sie zur gleichen familia gehörten und im selben Hause mit ihm wohnten. Vgl. ferner Bassano 1392 S. 98 R., Mailand r. 72.

Andererseits wurde die Zuchtgewalt auf solche Personen ausgedehnt, die zum Hause gehörten, ohne mit dem Hausvater verwandt zu sein, namentlich auf Dienstboten, Sklaven und anderes Gesinde.

So Vercelli r. De percutientibus famulum suum vel discipulos non soluturis bannum (S. 69 f.), Turin 1360 Sp. 713 (Es dürfen gezüchtigt werden »bubulci [eine Art Diener ?] et scutiferi [Knappen], calaverii [wohl statt cavalerii; also nicht »Ritter«, sondern wieder Knappen; vgl. auch Ducange unter »Caballarii«], pedissequa [Magd], bayula [Amme, heute balia], et alii mercenarii«), Casale 1370 Sp. 991, Moncalieri 1378 Sp. 1403 r. Si quis mercenarium vel servientem suum percusserit, Biella r. 54;

Brescia 1313 II 10, Averrara 1313 r. 47 (S. 41 f.), Valsassina 1388 r. 128 (S. 311 f.), Mailand r. 72;

Pisa 1286 III 6 (S. 366), Pistoia 1296 III 22 (S. 111), Lucca 1308 III 14 (S. 145), Siena 1309/10 V 364 (S. 387), Gambassi II 3 (S. 42 f.);

Padua 1329 S. 234 R. f., 237 R. f., Bassano 1392 S. 98 R.

Doch durfte nach dem Statut von Perugia von 1342 III 156 (S. 181) der Herr seine Leute, die sich ohne seinen Willen entfernt hatten, nur mit Erlaubnis der Behörde wieder einfangen. Der ergriffene war dem Podestà oder Volkshauptmann zu übergeben.

Endlich durfte der Lehrer den Schüler züchtigen.

So in Vercelli S. 69 f., Biella r. 54, Ivrea Sp. 1199 f.;

Averrara 1313 r. 47 a. a. O., Valsassina 1388 r. 128 (S. 41 f.);

Padua 1329 S. 234 R. f., 237 R. f.;

Pistoia 1296 III 22 (S. 111), Lucca 1308 III 14 (S. 145), Gambassi II 3 (S. 42 f.);

Forli 1359 III 6 (S. 197 f.);

Narni 1371 III 46;

Ascoli 1377 III 7 (S. 83);

Olevano 1364 r. 60.

Die Zuchtgewalt gab das Recht, den Zuchtunterworfenen zu schlagen, zu schelten [20] und einzusperren oder einkerkern zu

[19] Nach dem Statut von Arona von 1319 r. 16 (S. 73) gehörten zur familia alle, »qui stant simul ad unum panem et vinum«. Vgl. auch Forli 1359 III 80 (S. 263), Narni 1371 III 46, Valsolda 1388 r. 17 (S. 265), Vercelli S. 69 f.

[20] In Padua (1329 S. 237 R. f.) durften die Zuchtberechtigten »dicere quicquid velint pro castigatione sua«.

lassen [21]). So ist an manchen Orten eine staatliche Zwangshaft für Jugendliche vorgesehen, die aber nicht unmittelbar in ihrem Vollzuge der Erziehung dient, sondern die Autorität des Vaters stärken soll [22]).

Das Recht der körperlichen Züchtigung war begrenzt. Das Mittelalter war in diesen Dingen so unsentimental wie in der Bestrafung Erwachsener. Kinder wurden oft und hart geprügelt [23]), aber ein gewisses Maß durfte nicht überschritten werden.

Das Statut von Cave von 1307 r. 63 (S. 42) z. B. erlaubt die Züchtigung nur, »dum tamen non excedatur modum in corigendo«. In Roccantica (1326 r. 59 S. 78) durfte der Vater die Familienangehörigen schlagen, »dummodo nimium non excedat«. Auch das Gesetz von Olevano von 1364 r. 60 gestattet nur, Schüler oder Familiaren maßvoll zu schlagen (»moderate verberare«). In den meisten Gesetzen ist die Grenze näher umschrieben. Gewöhnlich durfte der Zuchtberechtigte den Gewaltunterworfenen nur leicht verletzen, nämlich kein Blut vergießen, nicht derart schlagen, daß eine Narbe blieb, und keine Waffen gebrauchen.

In Vercelli (S. 69 f.) durfte kein Blut vergossen und keine Waffengewalt angewandt werden. Den Waffengebrauch verbietet auch das Satut von Turin von 1360 Sp. 713. In Moncalieri (1378 Sp. 1403) wurde die Körperverletzung an einem Diener bestraft, wenn Blut dabei floß oder Waffen benutzt wurden, aber nur auf besondere Klage hin. In Casale (1370 Sp. 1039 f.) war gleichfalls die blutige Züchtigung untersagt. Vgl. auch Sp. 991. Das Gesetz von Ivrea Sp. 1199 f. erlaubt den Gebrauch eines Stockes, verbietet aber die laesio enormis.

Unter dem Einfluß der Theorie stand offenbar das Statut von Valsassina von 1388 r. 128 (S. 311 f.): Dort darf der Vater den Sohn züchtigen, »dum tamen faciat cum moderatione inculpate correctionis, non rumpendo ossa vel brachium; eodem modo viri uxores suas, quarum potestatem corporalem habent, vapulare (prügeln) possint, ... sed non cum nimia sevitia, et magister discipulos vel scholares et frater maior fratres minores ..... verberare et monere possit, sed non cum sevitia et crudelitate, rumpendo ossa sive debilitando membra«. Nach dem gleichen Statut durfte der concubinarius die Konkubine durchprügeln (»acriter verberare«), nicht aber Blut vergießen oder ihr die Knochen brechen. Den Herren war den Bedienten gegenüber nur erlaubt eine »levis castigatio ... et non aspera«. Averrara 1313 r. 47 (S. 41 f.): wie Valsassina. In Invorio (1366 r. 16 S. 154) wurde der Zuchtberechtigte bestraft, wenn die Züchtigung eine Verstümmelung, eine große Narbe oder eine erhebliche Verletzung hinterließ.

In Padua (1329 S. 234 R. f.) war es verboten, den Gewaltunterworfenen zu töten, zu verstümmeln oder zu verwunden.

Das Statut von Siena von 1309/10 V 364 (S. 387) gestattete nur eine leichte Züchtigung (»lieve gastigatione«), Sambuca 1349 r. 198 (S. 70) die Züchtigung ohne Waffengewalt.

In Forli (1359 III 6 S. 197) trifft den keine Strafe, der das Maß der Zucht-

---

[21]) Belege bei Bohne, FrStr. II 201 ff. Dazu noch Averrara 1313 a. a. O., Valsassina 1388 r. 147 (S. 319). Die Entwicklung vollzog sich anscheinend so, daß der Staat den Hausherrn anfangs bei der disziplinären Einkerkerung unterstützte und sie später selbst übernahm. Vgl. Bohne, FrStr. II 205 ff.

[22]) Richtig Seggelke, Freiheitsstrafe 49, 60, 96, 149 f.

[23]) Vgl. dazu Bühler, Die Kultur des Mittelalters 295 ff.

gewalt nicht überschritt (»modum correctionis non excedentem«). Strafbar waren Körperverletzungen, bei denen der Gezüchtigte Blut verlor, gelähmt wurde oder eine Narbe davontrug und das Zufügen einer schweren Verletzung mit Waffengewalt. Vgl. auch III 80 (S. 263).

Das Gesetz von Narni von 1371 III 14 hebt das Brechen eines Gliedes als strafwürdig hervor.

Doch war die Praxis manchmal anders. In den Gebieten des langobardischen Rechts ging anscheinend die Munt des Vaters und Ehemanns über die Grenzen des Statutarrechts hinaus. So berichtet Albericus de Rosciate, C V 21 Rer. amot. 2, er habe in Bergamo einen Mann zu verteidigen gehabt, der seine Frau mit dem Schwert verwundet hatte, also unter Umständen, die nach der Regel des Statutarrechts ein Übermaß der Züchtigung darstellte. Er habe sich, so berichtet Albericus, auf diese Quellenstelle, aber auch auf die Muntgewalt des Ehemanns über die Frau nach lombardischem Recht berufen: »Item allegabam, quod de iure Lombardo, quod servatur Bergomi, uxor est in potestate mariti . . ., et talis potestas aequipararetur patriae potestati.« Damit habe er bewiesen, daß der Angeklagte nicht rechtswidrig gehandelt habe und einen Freispruch erwirkt.

Manche Statuten bezeichnen auch den inneren Tatbestand, die Gesinnung, aus der der Zuchtberechtigte handeln müsse. Der Gewalthaber soll causa corrigendi vorgehen, nicht in böser Absicht handeln, aber praktisch lief das auf eine Beurteilung nach äußeren Maßstäben heraus, wie wir sie genannt haben. So geben die Statuten denn auch häufiger solche Merkmale für das Vorliegen böser Gesinnung an, nämlich wiederum Blutvergießen, Beibringen einer Narbe und den Gebrauch von Waffen.

So in Ivrea Sp. 1199 f.: doch ist zugleich ein objektiver Maßstab angegeben (vgl. oben); Balangero 1391 r. 42: »animo corrigendi«.

Brescia 1313 II 10; Averrara 1313 r. 47 (S. 41 f.); Arona 1319 r. 8 (S. 70): Entschuldigt wird nur die Körperverletzung »causa corectionis . . . ., si malo animo non fecerit«; Invorio 1366 r. 16 (S. 154): aber objektive Merkmale.

In Pisa (1286 III 6 S. 366) wird der Zuchtberechtigte bestraft, »nisi predicta faceret pro partiendo seu dividendo vel corrigendo aliquos bona fide et non malo animo«.

Das Gesetz von Ascoli von 1377 III 7 (S. 83) erlaubt die Züchtigung »per occasione de correptione (= correctione) overo per paternale . . . affectione«.

Das Gesetz von Narni von 1371 III 14 läßt Verletzungen zu [24]) »ad correctionem seu ad emendationem«. Objektive Maßstäbe aber wieder in III 46: keine Strafe, »dummodo modum legitimum non excedant et sine effusione sanguinis«.

---

24) Eine seltsame Bestimmung enthält das Statut von Ascoli von 1377 III 28 (S. 101 f.): Geldstrafe trifft den, der »con irato animo et modo, non con animo de corregere, tagliarà overo squartarà (aufschneidet oder aufschlitzt) ad alicuno in lu dosso (hinten) li panni (Kleider)«.

Überschreitet der Berechtigte diese Grenzen, so soll ihn bald die volle, bald eine mildere Strafe nur für das Übermaß treffen.

In Casale (1370 Sp. 1039 f.) hatte derjenige, der seine Frau oder seine Kinder so verletzte, daß Blut aus der Wunde kam, 10 l zu zahlen, eine Strafe, die sonst auf Körperverletzungen ohne Blutvergießen stand. Mildere Strafe sah auch das Statut von Biella r. 54 vor.

In Valsassina (1388 r. 128 S. 311 f.) und Averrara (1313 r. 47 S. 41 f.) wurde derjenige, der sein Züchtigungsrecht überschritt, nach dem Ermessen des Gerichts bestraft.

Ebenso in Narni 1371 III 46.

In Forli (1359 III 6 S. 198) konnte die Strafe gemildert werden.

In Roccantica (1327 r. 145 S. 105 f.) war beim Übermaß die Hälfte der Normalstrafe verwirkt.

2.

Im engsten Zusammenhange mit der Hauszucht stand eine andere Erscheinung, die Gleichgültigkeit der Staatsgewalt gegenüber Vorgängen innerhalb der Familie [25]). Ursprünglich fielen solche Personen, die der Hausgewalt unterworfen waren, namentlich Frauen und Kinder, aus dem Strafrecht heraus. Die Hausgewalt ersetzte die Staatsgewalt, die Hausdisziplin die öffentliche Strafe. Von dieser Auffassung sind im Strafrecht des 14. Jahrhunderts noch Reste erhalten. Soweit nämlich die zuvor beschriebenen Mittel der Hauszucht reichten, trat die Staatsgewalt zurück und überließ die Sühne dem Hausherrn. So werden jene Statuten begreiflich, die Körperverletzungen für straflos erklären, wenn der Vater sie dem Sohn zufügt und umgekehrt, der Mann seiner Frau und umgekehrt usw. Das bedeutet nicht etwa, daß der Sohn eine Zuchtgewalt über den Vater hatte oder die Frau über den Mann, sondern nur, daß es dem verletzten Vater, dem beleidigten Mann überlassen blieb, die angemessene Sühne selbst zu bestimmen. Der Gewalthaber blieb straflos, weil er züchtigen, der Unterworfene, weil er gezüchtigt werden durfte.

Daher entsprachen diese Regeln auch im einzelnen den Bestimmungen über die Hauszucht. Straflos blieben nur Vorfälle innerhalb der Hausgemeinschaft [26]), und auch hier nur so lange, als das Vergehen sich mit den Mitteln der Hausgewalt sühnen ließ. Also auch hier blieben straflos nur geringfügige Delikte unter Verwandten, in erster Linie wieder leichte Körperverletzungen, während der Gebrauch von Waffen und der Eintritt schwerer Folgen Strafe nach sich zog.

---

[25]) Kohler 218 f. Unter diesem Gesichtspunkt läßt sich auch die Straflosigkeit des Familiendiebstahls erklären.

[26]) So beschränkte sich in Perugia (1342 III 42 S. 60) die Straflosigkeit auf »congiunte persone, glie quaglie overo le quale ensieme stessero e non averonno partito« (die zusammen wohnen und sich nicht von einander getrennt haben). So auch Narni 1371 III 46 und Balangero 1391 r. 42.

So in Casale 1370 r. De applicatione (Streit) consanguineorum et mulierum simul applicantium (Sp. 991). In Balangero (1391 r. 42) ist nur auf besondere Klage hin zu bestrafen und dann nur die halbe Strafe zu verhängen. Doch soll die Strafe ganz wegfallen, wenn der Täter in Züchtigungsabsicht gehandelt hat. Mildere Strafe sah auch das Gesetz von Biella r. 54 vor.

Das Statut von Bovegno von 1341 r. 209 (S. 86) knüpft an die Strafdrohung für den Raufhandel die Bemerkung: »hoc non intelligatur in familiis inter se«. In Vergante (1389 r. 59 S. 22) wird die Strafe nach Ermessen bestimmt, wenn der Täter Waffen gebraucht oder der Tod oder eine schwere Verwundung eintritt. Vgl. ferner r. 143 (S. 254). Auch in Intra (1393 IV 36 S. 368) wird die Strafe nach Ermessen gemildert.

Padua 1329 S. 235: keine Strafe bei Vergleich; Bassano 1392 S. 98 R.

Pistoia 1296 III 22 (S. 111); Florenz, Stat. Pod. 1325 III 23 (S. 193): »eo intellecto, quod si fuerit grave maleficium, puniantur«. In Siena (1309/10 V 281 S. 351) war nur die halbe Strafe verwirkt, wenn der Mann die Frau verletzte oder umgekehrt, ohne daß der verletzte Teil starb.

3.

Mit der Zuchtgewalt beschäftigte sich auch die Rechtslehre. Man sprach darüber im Anschluß an die Codexstelle C IX 15 De emend. propinq. c. un. und kam zu den gleichen Ergebnissen wie die Praxis [27]. So gewährte man dem Vater ein Züchtigungsrecht gegenüber dem Sohn. Der Mann durfte die Frau, der Hausherr die Bedienten, und ältere Verwandte durften die jüngeren züchtigen. Das sollte aber — dies entnahm man gleichfalls der Quelle — nur maßvoll geschehen [28].

Sodann gaben auch die Rechtslehrer dem Gedanken Raum, daß innere Familienangelegenheiten zunächst nicht den Staat, sondern den Hausvater angehen. Geringere Vergehen unter Verwandten wollte man milder oder gar nicht bestraft wissen, bei schwereren Straftaten aber die Verwandtschaft strafschärfend berücksichtigen [29].

Wie in der Beurteilung der Amtshandlungen, so gingen auch in dieser Lehre weltliche und geistliche Jurisprudenz verschiedene Wege [30]. Die kirchliche Lehre nämlich sah auch hier auf den inneren

---

[27]) Vgl. die Kommentare zur angeführten Stelle; ferner Iac. de Belvisio I 9 n. 17; Bonif. de Vitalinis, Quibus concessa est correctio n. 1 ff. — Über das römische Recht vgl. Falchi, dir. pen. 34 ff. mit zahlreichen Quellenangaben.

[28]) Jac. d. Belvisio III 11 n. 3: »Si propinquus corrigendo propinquum modum excedat, tenetur«; Gandinus, De penis 60 (S. 277): »Parentes et magistri .... habent modicam coercionem«. Vgl. ferner die Kommentare zu C IX 15; Alb. de Rosc., D IX 2 Ad 1. Aquil. 5, 3 n. 3; Lucas de Penna, C XII, 36 De re militari 13 (S. 274).

[29]) Gandinus, De quibusdam utilibus questionibus 1 (S. 359); Alb. de Rosc., St. I 82, DXLVIII 19 De poenis 28, 8 n. 1; Bonif. de Vitalinis, Quidquid sit accusatio n. 134.

[30]) Dabei handelt es sich für die geistliche Jurisprudenz freilich weniger um die Hauszucht als die Disziplinargewalt der geistlichen Vorgesetzten.

Tatbestand. Nicht was Verbrechen, sondern was Sünde war, ging sie an. Zur Sünde aber macht in erster Linie die böse Gesinnung. So unterschied denn Raymundus de Pennaforte III 10 De clerico percussore (S. 257), ob der Täter ex malitia vel odio handelt oder causa correctionis. Nur im ersten Falle begeht er eine Todsünde. Diese Unterscheidung zwischen einem Handeln »ex malitia vel odio« einerseits, »ex charitate«, »causa correctionis et discipline« andererseits wird in immer neuen Wendungen wiederholt [31]). Die Züchtigung muß erfolgen »bono zelo et ratione correctionis« [32]), »emendationis animo, non injuriae gratia [33])«, nicht »ex impetuosa malitia« [34]).

Außerdem freilich beging eine Sünde, wer den Kreis seiner objektiven Befugnisse, etwa durch maßlose Züchtigung, überschritt. Also auch hier die zweifache Möglichkeit, durch die innere Gesinnung oder durch äußeres Verhalten Unrecht zu tun [36]).

Die Legisten dagegen verzichten auf den Nachweis der guten Gesinnung. Wo sie überhaupt vom inneren Tatbestand sprechen, dort nehmen sie die gute Absicht ohne weiteres an, wenn der Täter den äußeren Bereich seiner Befugnisse nicht überschritten hat [37]). Davon macht auch Baldus keine Ausnahme. Nur im Rahmen des objektiven Übermaßes unterscheidet er nach der Gesinnung des Täters. Solange nichts anderes feststeht nämlich, will er das Übermaß der Züchtigung nur als Fahrlässigkeit bestrafen, da der Vorsatz nicht zu vermuten sei. Nur dann soll wegen Vorsatzes bestraft werden, wenn die Art der Begehung, z. B. der Gebrauch von Waffen die böse Absicht erkennen läßt [38]). Also ein grundsätzlich anderer Standpunkt als der, den die Beichtliteratur einnahm.

---

31) Barth. Pis. s. v. »Correctio« n. 1, »Percutere« n. 1 f. (Raymundus folgend); Joh. v. Fr. III 10 q. 1; Ast. VI 14 (S. 67); Hostiensis, S. A. I 11 n. 26, V 25 n. 2, 37 n. 6.

32) Raym. de Pennaf. III 33 De sententiis § 7 (S. 385), § 8 (S. 409).

33) Raym. de Pennaf. III 32 De poenis § 2 (S. 367).

34) Ioh. v. Fr. III 33 q. 35 (S. 159 R.).

35) Hostiensis, S. A. V 25 n. 1: »Quis dicatur percussor? Is qui eum, qui nullo jure sibi subest, verberat etiam leviter vel subditos etiam crudeliter.«

36) Hostiensis, c 7 X De homicidio etc. V 12 (S. 287): »magistro ... levis castigatio est concessa et nimia sevitia inculpanda est.« Vgl. auch Hostiensis, S. A. V 25 n. 2; Thomas v. A., S. th. 2, 2 q. 65 a. 2 (es darf kein »irreparabile nocumentum« entstehen); Joh. v. Fr. III 10 q. 1; Barth. Pis. s. v. »Excommunicatio« n. 2 (S. 58 f.): Die Exkommunikation ist ausgeschlossen, wenn die Züchtigung erfolgt »leviter et causa discipline«.

37) So z. B. Angelus, D XXI 1 De aedil. ed. 16 n. 3.

38) Baldus, D IX 2 Ad l. Aquil. 5, 3: »Magister vel praeceptor inobedientem discipulum potest corrigere correctione moderata. Si autem excedit modum, tenetur non tanquam dolosus, quia non praesumitur in eo dolus, sed tanquam culpabilis, ... et hoc est verum, nisi ex genere instrumenti praesumitur dolus,

III. Friedlosigkeit.

Wo in anderen als den bisher erörterten Fällen Eingriffe in fremde Rechtsgüter erlaubt waren, treten verschiedene Rechtsgedanken hervor, Rechtsgedanken, die sich begrifflich trennen lassen, aber in Wirklichkeit ineinander verfließen. Allen gegenüber rechtlos wird der Friedlose, während in der Rache der Einzelne ein nur ihm widerfahrenes Unrecht sühnt. Aber beide Gedanken ergänzen und überschneiden sich. Denn einmal gibt die Friedlosigkeit auch der Privatrache eine Chance. Sodann aber kann die Friedlosigkeit selbst als Kollektivrache gedeutet werden. Jedes Verbrechen traf alle Genossen, folglich durften alle die Tat sühnen. Wieviel von diesen alten Gedanken im Rechtsgefühl des 14. Jahrhunderts noch lebendig war, ist schwer zu entscheiden und ließe sich auch bei genauerer Kenntnis des soziologischen und psychologischen Tatbestands kaum eindeutig beantworten. Nur so viel ist sicher, daß Vorstellungen dieser Art noch keineswegs ausgestorben waren, wie ja die genossenschaftliche Verbundenheit der Einzelnen noch durchaus bestand.

Mit Friedlosigkeit und Rache kreuzt sich der Notwehrgedanke. Flüssig waren die Grenzen von Rache und Notwehr, flüssig auch die zwischen Notwehr und Friedlosigkeit. Denn wenn es jedem erlaubt war, den Banditen und Straßenräuber zu töten, dem Waren- oder Gewichtsfälscher sein Falsifikat wegzunehmen, so beendete die Gewalttat ein fortdauerndes Verbrechen oder hinderte künftiges Unrecht. Die Friedlosigkeit wirkt also als Abwehr. Es wird sich zeigen, wie noch in der Nothilfelehre der Theorie die Vorstellung fortlebt, daß alle Rechtsgenossen gegen den Feind der Gesellschaft zusammenstehen dürfen.

1.

Der Friedlose war zunächst der Rachepflicht, später der Willkür aller Rechtsgenossen preisgegeben. Diese Vorstellung ist im Strafrecht des ausgehenden Mittelalters noch lebendig, aber gemildert. Die Friedlosigkeit ist unter rechtliche Garantien gestellt. Sie tritt in der Regel nicht von selbst ein, sondern auf Grund richterlichen Ausspruchs. Auch ist sie gemeinhin nicht mehr Rechtsfolge materiellen Unrechts — namentlich hat der als Strafe vorkommende Ausschluß aus der Bürgergemeinde nicht die Folgen der Friedlosigkeit —, sondern verfahrensrechtlichen Ungehorsams. Daher ist der Bann im Prozeß-

———

ut si percussit ferro, nam ex genere instrumenti praesumitur animus et atrocitas maleficii.«

recht darzustellen, nicht im Rahmen dieses Versuchs. Materiellrechtlich bedeutsam aber waren die Wirkungen der Acht [39].

Die Acht machte den Gebannten friedlos. Da aber auch leichte Vergehen und die Versäumnis im Zivilprozeß den Bann nach sich zogen [40], so beschränkte man die Friedlosigkeit auf diejenigen, die wegen schwerer Verbrechen geächtet waren. Diese Verbrechen werden in der Regel kasuistisch aufgezählt [41]. Doch gab bisweilen auch die verwirkte Strafe den Maßstab ab [42].

Bei schweren Verbrechen gab der Bann das Recht, den Geächteten zu töten, zu verletzen oder am Vermögen zu schädigen.

So Ivrea Sp. 1208 und Turin 1360 r. »De non faciendo rationem de iniuria bampnito de maleficio illata« (Sp. 712). Das Statut von Balangero von 1391 r. 44 mildert die Strafe, wenn jemand den Geächteten tötet. Die Strafe bestimmt sich nach Ermessen des Gerichts.

Mailand r. 156, Mantua 1303 I 26 (S. 79), Brescia 1313 II 13, Averrara 1313 r. 29 (S. 33), Arona 1319 r. 53 (S. 88 f.), Valsassina 1388 r. 64 (S. 290), 70 (S. 292), Dervio 1389 r. 36 (S. 108), Intra 1393 IV 83 (S. 384);

Modena 1327 I 10 (S. 14 f.), IV 1 (S. 373 ff.), Frignano 1337/38 VI 22 (S. 220 f.);

Genua 1363 r. 65;

Forli 1359 III 4 (S. 187), 31 (S. 227);

Pisa 1286 III 8 (S. 368), Florenz, Stat. Pod. 1325 III 44 (S. 205), Lucca 1308 III 88 (S. 196 f.), Siena 1309/10 V 120 (S. 286 f.);

Perugia 1342 III 165 (S. 192 ff.);

Tivoli 1305 III 227 (S. 225), Olevano 1364 r. 73.

Manchmal kommt der Gedanke zum Ausdruck, daß der Einzelne als Vertreter der Gesamtheit am Geächteten die öffentliche Strafe vollstreckt. Man darf nur ein Übel zufügen, das der verwirkten Strafe entspricht. So durfte man in Mailand (r. 156) einen Gebannten, der Todesstrafe verwirkt hatte, in jeder beliebigen Weise verletzen. Nicht aber durfte getötet, sondern nur verletzt werden, wer eine

---

39) Kohler 59 ff., 207, Pertile V 313 ff., 323 ff., R. Schmidt, Aufgaben 222 ff., Ficker, Forschungen I 131 ff.

40) Ficker, Forschungen I 130 ff. unterscheidet den Bann um Missetat vom Bann um Schulden.

41) Perugia 1342 III 165 (S. 192 ff.) nennt folgende Verbrechen: Mord, Friedensbruch, Verrat, Straßenraub, Fälschung, Notzucht, Verstümmelung, Körperverletzung im Gesicht unter Blutvergießen und mit dem Erfolg, daß eine Narbe bleibt, nächtlicher Einbruch in ein fremdes Haus, Vornahme gewisser Straftaten an religiösen Orten, Verbrechen des »famoso e piubeco furo«, Straftaten, auf die Körperstrafe steht, sowie Anstiftung und Beihilfe dazu. Wer aber einen Menschen tötete oder verstümmelte, der wegen anderer Straftaten gebannt war, hatte die halbe Strafe zu zahlen und blieb ganz straflos, wenn er ihn sonst verletzte.

Gelegentlich kommen auch abstrakte Fassungen vor. So spricht das Gesetz von Invorio von 1366 r. 12 (S. 152) von den Geächteten »de gravibus malificiis«.

42) Vgl. z. B. Modena 1327 I 10 (S. 14 f.) u. IV 1 (S. 373 ff.).

andere Körperstrafe verdiente. Das Gesetz von Lodi von 1390 S. 118 R. enthält die gleichen Bestimmungen und fügt noch hinzu, wenn der Bann auf Vermögensstrafe laute, so dürfe der Geächtete auch nur am Vermögen, nicht aber körperlich verletzt werden.

Der gleiche Gedanke findet sich in den Statuten von Porlezza von 1338 r. 79 (S. 340), Vallassina 1343 r. 74 (S. 204), Vergante 1389 r. 66 (S. 224), Biandrate 1395 r. 299, Verona 1450 III 40, Biella r. 10, 51 und Lecco r. 335 (S. 160).

Aber in älteren Statuten überwiegt eine andere Vorstellung: Die Geldstrafe wird noch vielfach betrachtet als Ersatz der Friedlosigkeit, als Kaufpreis für den öffentlichen Frieden. Entzog sich der Täter dieser Strafe durch Versäumnis, so wurde er friedlos, genauer, so blieb es bei der Friedlosigkeit. So erlaubt das Statut von Perugia von 1342 III 165 (S. 192 ff.), den wegen Mordes geächteten zu töten oder zu verletzen, obwohl auf die Tötung nur Geldstrafe steht. Daneben gab es Mittellösungen, etwa derart, daß die schweren Folgen der Acht nur bei Geldstrafen in bestimmter Höhe eintraten. So durfte z. B. in Lucca (1308 III 88 S. 196) der Geächtete dann nicht getötet werden, wenn die Bannsumme den Betrag von 100 s nicht überschritt.

Einige Statuten verboten schlechthin, den Gebannten zu töten, so die Gesetze von Rom von 1363 I 12 (S. 10) — doch wird dann nur eine mildere Geldstrafe verhängt — und Dervio von 1389 r. 50 (S. 117).

Die Rechtslehrer[43]) fanden die Acht in ihren Quellen nicht geregelt. Sie begnügten sich daher, die Begriffe des Statutarrechts zu klären und seinen Inhalt zu entwickeln. Man sollte nun annehmen, daß gegenüber dem deutschrechtlichen Bann die Theorie mit ihren Auslegungsregeln Ernst machte und Statuten dieser Art so eng auslegte wie nur möglich. Aber das Gegenteil ist der Fall.

Vielfach drückten die Statuten sich allgemein aus, sie erlaubten z. B., den Gebannten zu »verletzen«, das »offendere«. Diesen unbestimmten Ausdruck dehnte die Rechtsprechung auch auf die Tötung aus. So teilt Albericus de Rosciate, D XXXIV 4 De adim. leg. 4 n. 1 mit, er habe in Bergamo einen Mann verteidigt, der einen Gebannten getötet hatte. Auf Grund des dort geltenden, nur vom »offendere« sprechenden Statuts habe er nach langem Streit (»post longam disputationem«) einen Freispruch erzielt. Das sei auch in Bologna Praxis (»et idem dicit dominus Odofredus fuisse obtentum

---

43) Es werden hier zahlreiche in der Theorie erörterte Einzelfragen übergangen, so etwa die Frage, welchen Einfluß der Bann auf gewisse Treuverhältnisse hat wie das Vasallenverhältnis, ob der Sohn den geächteten Vater verletzen darf und umgekehrt, ob Gebannte sich gegenseitig töten dürfen u. dergl. mehr.

Bononiae«). Anderer Ansicht war Dinus[44]. Aber während Albericus das billigt, entschied sich Bonifacius de Vitalinis, De testibus n. 77 anders: Er will im gleichen Falle den Mörder bestraft wissen, weil auch die Tötung des Geächteten gegen göttliches und natürliches Recht verstoße. Zwar sei die Gutachtenpraxis anders, aber es sei richtiger zu bestrafen (»sed prima opinio habet validiores rationes«[45]). Weiter sollte das offendere die Befugnis umfassen, den Geächteten zu fangen und einzukerkern[46].

Allen Auslegungsregeln zum Trotz arbeitete die Rechtslehre mit dem argumentum a maiore ad minus. Wenn es erlaubt war, den Geächteten zu töten, so sollte man ihn erst recht schlagen und beleidigen[47], einfangen und der Behörde ausliefern dürfen[48]. Ganz allgemein wollte Angelus, D XXVIII 2 De liberis et posthumis 11 n. 1 erlauben »omnem aliam iniuriam personalem et realem«.

Unerheblich war endlich die Gesinnung des Täters. Auch der Meuchelmord am Gebannten war erlaubt. Albericus de Rosciate, St. IV 20 n. 1 ff. hat freilich Bedenken: Er bespricht den Fall, daß jemand die Acht benutzt, um seine Privatrache zu befriedigen. Es war jemand durch Lohnmörder getötet worden auf Betreiben seiner Feinde, die handelten »volentes eorum privatam iniuriam et inimicitiam vindicare«. Albericus gibt zu bedenken, daß die Anstifter hier nicht Vollstrecker des Gesetzes (»legis ministri«) seien. Besonders die Bezahlung ist ihm anstößig: »Item aperiretur via assassinandi

---

44) Vgl. über diese Entscheidung auch Alb. de Rosc., St. IV 18 n. 1 ff. Das Gericht in Bergamo habe so entschieden, »maxime quia dictum statutum in ipsa civitate longis temporibus sic fuerat intellectum et interpretatum« (n. 10).

Ferner Alb. de Rosc., C I 12 De his qui ad eccl. conf. 4 n. 2 f. Wie die Praxis sonst in einem Gutachten auch Bartolus, Cons. I 188 n. 1.

45) Im Sinne der herrschenden Lehre gab später das bologneser Statut von 1454 S. 23 R. eine Auslegungsregel: Unter offendere sollte auch die Tötung des Gebannten mitverstanden werden.

46) Alb. de Rosc., St. IV 95, D XLVIII 5 Ad l. Iul. de adult. 25 n. 2; Baldus, C IX 5 De priv. carc. inhib. c. un.

Das Recht, den Geächteten zu fangen, hebt auch das Statut von Mantua von 1303 VI 27 (S. 142 f.) hervor. Doch durfte der Staat den Geächteten abkaufen: »Item quod res et persone bamnitorum seu inimicorum fiant et sint capientium. Salvo quod si Comune Mantue voluerit aliquem de bamnitis captis, possit eum habere pro X lib. par., si fuerit miles . . ., si vero pedes, pro C sol. par.« Vielleicht hatte die Belohnung für die Festnahme von Verbrechern, wie sie damals üblich war, mit in der Vorstellung ihren Grund, daß der Festnehmende sein Gewaltrecht verkaufte.

47) Bartolus, D XLVIII 5 Ad l. Iul. de adult. 22 n. 2: »si possunt occidi impune, multo magis poterunt impune verberari et contumeliis affici«; Angelus, a. gl. O. n. 1; Baldus, C I 3 De episc. et cler. 5 n. 2.

48) Baldus, C IX 3 De exh. vel transmitt. reis 3 n. 4 f.

homines per pecuniam, quod est detestabile crimen.« Dennoch entnimmt er dem Wortlaut des Statuts, daß die Tötung auch hier erlaubt sei. Dafür beruft er sich wieder auf die Rechtsprechung (a. a. O. n. 4): »vidi servari et statutum intelligi et interpretari et qualitercunque et quomodocunque sit interfectus bannitus, impunitum sit« [49]). Doch zweifelt er nicht daran, daß der Täter sich einer Todsünde schuldig mache und vor dem forum conscientiae zu bestrafen sei [50]).

Die wiederholten Hinweise der Theoretiker auf die Praxis lassen den Widerspruch zwischen abstrakten Auslegungsregeln und deren Anwendung auf den Einzelfall begreifen. Die Legisten stellten Bedenken und allgemeine Grundsätze zurück, um sich nicht vom angewandten Recht zu entfernen. Die Wissenschaft folgt in diesen Fragen der Praxis.

Rechtslehre und Praxis stimmten darin überein, daß die Friedlosigkeit erlosch, sobald sich der Geächtete in den Händen der Behörde befand. Wer den ergriffenen Verbrecher tötete oder verletzte, machte sich strafbar wie gewöhnlich oder war sogar noch härter zu bestrafen, weil er zugleich die Staatsgewalt verletzte. Dafür beriefen sich die Rechtslehrer auf die gemeinrechtlichen Bestimmungen über Majestätsverletzung und legten Statuten in diesem Sinne auch dann aus, wenn sie nichts Ausdrückliches bestimmten [51]).

Die gleiche Regel kommt im Statutarrecht vor. Die kriminalpolitische Rechtfertigung der Friedlosigkeit — Ergänzung der versagenden Staatsgewalt durch Initiative des Einzelnen — entfiel, sobald der Verbrecher ergriffen war. Die Strafe wird manchmal sogar verschärft, wenn sich jemand am Gefangenen vergreift: Nicht als ob man den Gebannten besonders schützen wollte, sondern um die Staatsautorität zu wahren. So wird die gewöhnliche Strafe in Perugia (1342 III 154 S. 180) verdoppelt, wenn jemand den festgenommenen oder in den Kerker geführten Verbrecher verletzt [52]).

---

[49]) So in einem Gutachten (!) auch Baldus, Cons. III 9 n. 3.

[50]) a. a. O. n. 5: »non dubito tamen, quod tales occisores zelo vindictae et pro hoc lucro pecuniario et delectatione effundendi sanguinem humanum peccent mortaliter in foro conscientiae.«

[51]) Gandinus, De bannitis pro maleficio 17 (S. 143 ff.); Alb. de Rosc., St. IV 36 n. 1 ff., D XLI 1 De acquir. rer. dom. 55 n. 2 f., C I 12 De his qui ad eccl. conf. 4 n. 6; Angelus, D I 5 De stat. hom. 4, 2 n. 1, D XLVIII 3 De cust. reorum 14 n. 5, C IX 18 De malef. et mathem. 9 n. 1.

Auch den zum Tode verurteilten durfte man nicht töten: Vgl. Gandinus, De penis 48 (S. 266); Bonif. de Vitalinis, De testibus n. 73; Baldus, C I 4 De episc. aud. 6 n. 4 u. a. m.

[52]) Vgl. auch Bohne, FrStr. II 108 ff.

2.

Nicht immer war ein richterlicher Ausspruch nötig, damit die Friedlosigkeit eintrat. Neben der angeordneten gab es eine von selbst eintretende Friedlosigkeit als zwangsläufige Folge gewisser Taten und Zustände. Einzelne Fälle dieser Art konnte schon die Rechtslehre den Quellen entnehmen. Denn wie nach deutschem[53]) so durften auch nach gemeinem Recht gewisse Rechtsbrecher von jedermann getötet, verletzt oder am Vermögen geschädigt werden. So Überläufer und Deserteure, Straßenräuber, Falschmünzer und Personen, die zur Nachtzeit den Acker verwüsteten, Ketzer und andere mehr. Die Rechtslehre begnügte sich, diese Fälle einzeln aufzuführen [54]).

Anregungen solcher Art, deutschrechtliche Überlieferungen und die früher geschilderten praktischen Bedürfnisse wirkten sich im Statutarrecht aus. Auch dort gab es Friedlosigkeit ohne Acht [55]). Dabei handelt es sich meistens um Fälle des zuvor (S. 98) gekennzeichneten öffentlichen Notrechts, also nicht um den Rückschlag gegen begangene Straftaten, sondern um die Abwehr drohenden oder die Beendigung fortdauernden Unrechts. Dieser Grundgedanke ist der gleiche wie bei der Acht. Denn auch die Acht richtete sich gegen den fortdauernden Ungehorsam des Säumigen und erlosch, sobald der Ungehorsam endete. Von der echten Notwehr unterschieden diese Fälle sich dadurch, daß sie nicht eine besondere Beziehung zwischen Täter und Opfer, namentlich keinen Angriff auf den Täter voraussetzten. Jeder durfte jeden schützen.

Für diese Art Friedlosigkeit einige Beispiele: In Zukunft drohende Rechtsverletzungen sollte die Friedlosigkeit sozialgefährlicher Personen abwehren, namentlich die Friedlosigkeit von Banditen und Bravi. In Lucca (1308 III 81 S. 192 f.) z. B. konnten »masnaderii, assossini et imbanpniti« straflos verletzt werden. In Brescia (1313 II 44) durfte man sie fangen und ihnen die Habe wegnehmen.

Gegen fortdauerndes Unrecht [56]) richtet sich das Statut von Lucca von 1308 III 38 (S. 160). Danach darf wie ein Geächteter verletzt werden, wer einem Aufenthaltsverbot zuwider in Lucca angetroffen wird. Ähnlich a. a. O. III 46 (S. 165). In Siena (1309/10

---

53) His, G. D. StrR. 77.

54) Über das römische Recht vgl. Falchi, dir. pen. 156 f. — Gandinus, De defensionibus 11 (S. 181), De penis 60 (S. 274 ff.), De homicidiariis 2 (S. 278 f.); Bonif. de Vitalinis, Quis alium possit offendere n. 1 ff.

55) R. Schmidt, Aufgaben 225, Bohne, FrStr. II 193 f.

56) Über Gewaltrechte gegen Prostituierte, die sich nicht in den Grenzen des Dirnenghetto hielten, näheres im Abschnitt über die Sittlichkeitsverbrechen.

I 3 S. 31) durfte jeder den Ketzer ergreifen und ihm die bewegliche Habe wegnehmen. Die Statuten des Podestà von Florenz von 1325 III 55 (S. 219 f.) erlaubten, denjenigen zu schlagen und zu fangen, der jemand entführte, um widernatürliche Unzucht mit ihm zu treiben. In Mailand (r. 91) durfte man Beamte an Person und Vermögen verletzen, die strafweise für amtsunfähig erklärt, dennoch ihr Amt ausübten, und ähnliches galt in Lodi 1390 S. 105 R. In Lucca (1308 V 54 S. 325) und Brescia (1313 II 94) durfte man dem Vogelfänger Netze und Jagdhunde wegnehmen, in Perugia (1342 III 171 S. 200) denjenigen, der gewisse Ausfuhrverbote übertrat, festnehmen. Bestimmungen dieser Art enthält auch das Statut von Pisa von 1286 I 178 (S. 336). Dort war auch die Wegnahme falscher und schlechter Waren gestattet (I 168 S. 308).

Daß Spieler in Ausübung verbotenen Glücksspiels verletzt werden durften, hob schon die Lehre im Anschluß an D XI 5 De aleatoribus 1 hervor [57]), und der gleiche Rechtssatz kommt in den Statuten vor [58]).

Verbrecher durften nach Baldus und Angelus von jedermann festgenommen werden zu dem Zweck, sie der Behörde zuzuführen. Der Gefangene durfte aber nicht getötet oder sonst verletzt werden. Das war anscheinend herrschende Lehre [59]). Setzte sich der Festgenommene aber zur Wehr, so sollte es darauf ankommen, ob der Festnehmende in Wahrnehmung eigener Interessen handelte oder nur das öffentliche Interesse wahrnahm. Nur im ersteren Falle durfte er den Widerspenstigen töten [60]).

Ebenso erlaubten die Statuten die Festnahme gewisser Verbrecher, namentlich von Dieben, Räubern und dergleichen. Doch verlangte auch die Praxis die alsbaldige Auslieferung an die Behörde. Geschah das nicht innerhalb der vorgesehenen Frist, so wurde der Festnehmende wegen Freiheitsberaubung oder nach besonderen Sätzen bestraft [61]).

---

57) Vgl. z. B. Bonif. de Vitalinis, Quis alium possit offendere n. 3: »aleatores possunt offendi occasione ludi«.

58) In Bassano (1392 S. 98 R.) wurde nicht bestraft, wer leicht verletzte einen »publicum baraterium (Betrüger, Gauner) super ludo et occasione ludi«.

59) Baldus, J IV 1 De obl. quae ex del. 3 n. 3: »dicunt Doctores, quod licet cuicunque capere delinquentem . . ., dum tamen ad hoc capiatur, ut ducatur coram iudice suo«; Baldus, D IV 2 Quod metus causa 7 n. 2, D IX 2 Ad l. Aquil. 4 n. 2, C X 32 De decurionibus 54 n. 4; Angelus, D III 2 De his qui not. infam. 22 n. 3, D XLVII 2 De furtis 57, 1 n. 7.

60) Baldus, D IX 2 Ad l. Aquil. n. 2: »Ille qui potest capere malefactorem, non debet eum occidere vel aliter offendere . . . si autem malefactor velit resistere, si quidem volens capere utitur iure suo, potest ipsum impune occidere. . . . Si autem utatur iure publico, non videtur hoc licere.«

61) Belege im Abschnitt über die Freiheitsberaubung.

IV. Die Rache und ihre Bekämpfung.

Den im vorigen Abschnitt geschilderten Gewaltrechten war eines gemeinsam: Sie standen allen Rechtsgenossen zu. Neben der absoluten aber gab es eine relative Friedlosigkeit gegenüber bestimmten Personen, Fälle, in denen das Gewaltrecht aus den besonderen Beziehungen der Beteiligten folgte. Dieser Art war das Racherecht.

Die Auseinandersetzung zwischen Privatrache und Staatsgewalt zieht sich durch die ganze Geschichte des Strafrechts hindurch. Im Mittelalter wirken namentlich deutsche Rechtsgedanken nach. Im deutschen Recht aber blieb die Rache oft straflos, vor allem die Tötung des bei handhafter Tat betroffenen [62]). Versuche von Kirche und Staat in den ersten Jahrhunderten des Mittelalters, die Rache einzuschränken, hatten nur vorübergehenden Erfolg. Was die fränkische Königsgewalt an Boden gewonnen hatte, ging in der Anarchie der Feudalzeit wieder verloren. Nur langsam, unterstützt von der kaiserlichen Landfriedensgesetzgebung, setzte die Staatsgewalt der erstarkenden Gemeinden sich wieder durch, und noch im 14. Jahrhundert ist diese Entwicklung im Fluß [63]).

1.

Die Rechtslehre lehnt den Rachegedanken grundsätzlich und mit starken Worten ab. So äußert sich Bonifacius de Vitalinis, Prooem. n. 1: »ut nullus praesumat sua autoritate et audacia vindictam facere: quia iuris rigor est; ideo in medio constitutum, ne quis autoritate propria ultionem deposcat« [64]). Den gleichen Satz stellte Albericus de Rosciate, St. IV 16 n. 4 f. auf und erklärte die Fälle, in denen Rache dennoch gestattet sei, für Sonderfälle, »casus speciales« [65]).

Solche Fälle gab es immerhin auch in den gemeinrechtlichen Quellen, nämlich Gewaltrechte gegenüber Personen, die sich eines

---

62) His, G. D. StrR. 77.

63) Kohler 19 ff., Pertile V § 166 (S. 7 ff.), Salvioli, Storia 704 ff., Ciccaglione, Manuale II 287 f., Dorini 12 ff., 190 ff.

64) Ähnlich r. Quis alium possit offendere n. 4.

65) Ähnlich Alb. de Rosc., St. IV 20 n. 2 und Cinus, C IX 13 De raptu virg. c. un. n. 1: Cinus erwähnt das Tötungsrecht gegenüber dem Entführer der Verwandten und bemerkt dazu: »est speciale, alias non permittititur ultio regulariter, sed defensio tantum«.

Das gleiche spricht auch das Statut von Perugia von 1342 III 57 (S. 71) aus: »Ad alcuno Peruscino . . . non sia licito alcuno punire, per cagione d'alcuno malefitio overo delicto . . . . né alcuna cognitione de sangue (Bluturteil) avere né per la dicta cagione alcuno prendere overo fare prendere.«

Sittlichkeitsverbrechens schuldig gemacht haben. In diesen Fällen kam der Rachegedanke klar zum Ausdruck. Sonstige Gewaltrechte aber suchen die Rechtslehrer anderen Rechtsinstituten unterzuordnen, etwa als Fälle der Notwehr oder Aufrechnung zu deuten.

Die gemeinrechtlichen Rachebefugnisse bei Sittlichkeitsverbrechen [66] werden kasuistisch beschrieben:

1. Der Ehemann durfte einen Ehebrecher, den er in seinem Hause auf frischer Tat ertappte [67], töten, wenn er aus niedrigem Stande war, oder solange festhalten, bis er die nötigen Zeugen zur Hand hatte, um den Sachverhalt festzustellen [68]. Diese Rechte konnte er erweitern: Sobald er nämlich jemand im Verdacht hatte, daß er mit seiner Frau ein Verhältnis unterhielt, konnte er ihm dreimal eine schriftliche, von drei guten Zeugen mitunterschriebene Warnung zukommen lassen. Hatte er das getan, so durfte er den Verdächtigen schon dann töten, wenn er ihn nur in der Unterhaltung mit seiner Frau, nicht erst, wenn er ihn in rebus veneriis ertappte. Auch nahmen einige an, man dürfe nach dreimaliger Warnung sogar den Ehebrecher aus besserem Stande töten, also eine doppelte Erweiterung der Rachebefugnis [69].

Die Frau zu töten, wenn sie die Ehe brach, war dem verheirateten Manne nach gemeinem Recht nicht erlaubt. Dabei ließen es die einen bewenden [70], während andere auf das langobardische Recht (Edikt Rothars) hinwiesen, das das Gegenteil bestimmte [71].

---

[66] Brunnenmeister, Quellen 261 f. — Römische Belege bei Falchi, dir. pen. 133 f.

[67] Bonif. de Vitalinis, Quis alium possit offendere n. 1; Iac. de Belvisio I 9 n. 20; Bartolus, C IX 9 Ad l. Iul. de adult. 4; a. gl. O. Cinus, Angelus und Salicetus; Alb. de Rosc., D XLVIII 5 Ad l. Iul. de adult. 23 u. 24 n. 1; Angelus, D XLVIII 5 Ad l. Iul. de adult. 24; Hostiensis, S. A. V 16 n. 7; Ast. VIII 20 (S. 127 R.). — Die Theorie schließt sich an C 9, 9, 4 an. Weitere Quellen bei Falchi, dir. pen. 134. Wiederholt wird dementsprechend hervorgehoben, daß der verheiratete Mann jedenfalls milder zu strafen sei, wenn er den vornehmen Ehebrecher tötet. Es wird ihm der »iustus dolor« zugute gehalten. Vgl. z. B. Bartolus u. Salicetus, a. a. O.

[68] So im Anschluß an D 48, 5, 25 Jac. de Belvisio I 9 n. 23; Hostiensis, S. A. V 16 n. 7; Salicetus, C IX 9 Ad l. Iul. de adult. 4 n. 14 und die Kommentare zur angeführten Stelle.

[69] Bonif. de Vitalinis, Quis alium possit offendere n. 1; Cinus, C IX 9 Ad l. Iul. de adult. 34; a. gl. O. Alb. de Rosc. und Salicetus; ferner Angelus, Auth. Ut liceat matri et aviae l. diversis n. 19; Hostiensis, S. A. III 2 n. 4 und zu c. 4 X De sententia exc. V 39 (S. 345).

[70] Iac. de Belvisio I 9 n. 20; Salicetus, C IX 9 Ad l. Iul. de adult. 4 n. 7; Hostiensis, S. A. V 16 n. 7; Ast. VIII 20 (S. 127 R.).

[71] Alb. de Rosc., D XLVIII 5 Ad l. Iul. de adult. 22, 2 n. 2: »iure lombardo videtur quod maritus impune possit occidere uxorem adulterantem et

2. Der Vater durfte seine Tochter, die er in seinem Hause oder in dem seines Schwiegersohns auf frischer Tat mit einem Manne betraf, mit diesem zusammen — nur so — töten. Dabei war es gleichgültig, ob der Mann aus vornehmem oder geringem Stande war [72]).

3. Dagegen wird dem Sohn beim Ehebruch der Mutter die Tötung nur dann erlaubt, wenn der Vater sie ihm befiehlt [73]).

4. Endlich durften die Verwandten den Entführer einer Familienangehörigen über die Grenzen der Notwehr hinaus verfolgen [74]).

Auffällig ist das uneinheitliche und willkürliche dieser Lehren. Auf den Stand des Ehebrechers soll es ankommen, wenn der Mann, nicht aber, wenn der Vater Rache nimmt. Der Vater, nicht aber der Ehemann darf beide Beteiligten oder keinen von ihnen töten. Die Rechtslehre gibt sich keine Mühe, diese Unebenheiten abzutragen und knüpft keine allgemeinen Sätze an die Kasuistik des gemeinen Rechts. Man sah in diesen Regeln eben Sonderrecht, das auf den engsten Bereich zu beschränken war. Es wurde — totes Recht — registriert, doch nicht weiter entwickelt.

Beichttheorie und Kanonisten [75]) beschäftigen sich wiederholt mit der Frage, wieweit auch der Kleriker dem Racherecht ausgesetzt sei, wenn er einen Ehebruch beging. Man wollte nicht zulassen, daß er getötet oder verstümmelt werde [76]). Aber nach Guilielmus Redonensis (auf den sich auch Bartholomaeus Pisanus s. v. »Excomunicatio« n. 12 beruft) sollte auch hier die berechtigte Erregung Rücksicht finden und die Exkommunikation ausgeschlossen sein (Guil. Red. zu Raym. de Pennaf. III 33 De sententiis § 7 S. 386). Raymundus de Pennaforte III 33 De sententiis § 7

---

adulterum.« Vgl. auch Bonif. de Vitalinis, De homicidio n. 6, Quid sit accusatio n. 52. Über das langobardische Recht vgl. Osenbrüggen, Lgb. 68, 101.

[72]) Gandinus, De penis 60 (S. 277); Iac. de Belvisio I 9 n. 20, 22, II 11 n. 2 f.; Bonif. de Vitalinis, Quis alium possit offendere n. 1, Quid sit accusatio n. 52; Bartolus, D XLVIII 5 Ad l. Iul. de adult. 23 n. 2; Alb. de Rosc., a. gl. O. 24, 3 n. 1; Angelus, a. gl. O. 20 n. 1, 24, C IX 9 Ad l. Iul. de adult. 4 n. 5; hier auch Salicetus n. 7 und Cinus 4; ferner Hostiensis, S. A. V 16 n. 7; Ast. VIII 20 (S. 127 R.).

[73]) Vgl. u. a. Iac. de Belvisio I 9 n. 20; Bonif. de Vitalinis, a. a. O. n. 1; Alb. de Rosc., C IX 9 ad l. Iul. de adult. 4 n. 2 und die anderen Kommentare zur gleichen Stelle.

[74]) Vgl. die Kommentare zu C IX 13 De raptu virg. c. un.; ferner Alb. de Rosc., D XLVIII 5 Ad l. Iul. de adult. 23 n. 2; Angelus, C IX 12 Ad l. Iul. de vi 6; Bonif. de Vitalinis, a. a. O. n. 1. — So schon die Quellen. Vgl Falchi, dir. pen. 157.

[75]) Vgl. auch c. 3 X De sententia exc. V 39.

[76]) Ast. VII 3 (S. 150); Joh. v. Fr. III 33 c. 159.

(S. 386) erlaubte wenigstens, den Kleriker zu schlagen und Guilielmus Redonensis, a. a. O., auch hier strenge gegen die Geistlichen, gab dieses Recht auch gegen den, der bei Vorbereitungshandlungen zum Beischlaf betroffen wurde. Auch wollte er erlauben, daß der Priester bei sicheren Anzeichen der Tat gleich nachher verprügelt werde [77]. Dagegen billigt Hostiensis, S. A. III 2 n. 4 dem Ehemann nur das Recht zu, den ertappten Kleriker für zwanzig Stunden festzuhalten, bis Zeugen zur Stelle sind [78].

Die gemeinrechtlichen Tötungsrechte waren vor dem forum conscientiae nicht anerkannt. Bartholomaeus Pisanus s. v. »Lex« n. 10 (S. 99 R.) z. B. führt diese Normen in einer Übersicht der vor dem forum internum nicht bindenden kaiserlichen Gesetze auf.

2.

Die Statuten machen dem Rachegedanken Zugeständnisse, bekämpfen aber seine Auswüchse und sind weit davon entfernt, die Privatrache grundsätzlich zu gestatten.

Erlaubt ist die Rache freilich auch nach den Statuten bei Sittlichkeitsverbrechen [79], vor allem in Gegenden, die unter deutscher Herrschaft gestanden hatten. Dabei ist die Regelung einfacher als im gemeinen Recht. Straflos blieb vielfach, wer des Nachts einen Mann bei seiner Frau, Schwester, Tochter oder Mutter vorfand (»ad uxorem suam vel sororem vel filiam vel matrem turpiter vel malo modo cum eis vel aliqua earum stantem« oder ähnlich) und ihn tötete. Man übernahm also nicht die Kasuistik des gemeinen Rechts und der Wissenschaft.

So in Biella r. 10;

Mailand r. 47, Vallassina 1343 r. 74 (S. 204), Valsassina 1388 r. 64 (S. 290), Vergante 1389 r. 66 (S. 224), Dervio 1389 r. 36 (S. 108), Lecco r. 235 (S. 124);

Biandrate 1395 r. 299, Verona 1450 III 40;

Perugia 1342 III 107 (S. 124);

Tivoli 1305 III 169 (S. 209).

In gewissen Fällen dürfen sodann Beleidigungen und leichte Körperverletzungen auf der Stelle erwidert werden, namentlich gegenüber und unter Personen der niederen Stände [80]. In Ivrea (Sp. 1212) z. B. durften Dirnen und sonstige niedrig stehende Personen, die einen »anständigen« Menschen beleidigten, von diesem verletzt werden. Er durfte sie sogar blutig schlagen, aber nicht in

77) So auch Ast. VII 3 (S. 150).

78) Ebenso Barth. Pis. s. v. »Excommunicatio« n. 13; Joh. v. Fr. III 33 q. 35 (S. 159); Ast. VII 3 (S. 150), Hostiensis, S. A. IV 19 n. 12.

79) Pertile V 117 f.

80) Vgl. S. 24 f.

Todesgefahr bringen. In Perugia (1342 III 65 S. 91) durften Ausländer, Leute geringen Standes oder Bediente, die einen Peruginer verletzten, von diesem wiedergeschlagen werden. Anderswo kann jeder Beleidigte sich mit Worten oder Schlägen rächen. So bedroht das Statut von Vercelli S. 108 f. die Beleidigung mit Strafe »Eo salvo, quod qui inceperit iniuriam dicere alicui, et ille, cui dicta fuerit, dixerit illi tu mentiris vel alia verba iniuriosa, nullam penam patiatur«. In Moncalieri (1378 Sp. 1397) sollte der Beleidigte nicht bestraft werden, wenn er den Beleidiger schlug. In diesen Statuten ist das Recht des Rückschlags an keine andere Voraussetzung geknüpft als daran, daß der Rückschlagende zuerst verletzt wurde. In anderen Gesetzen wurden andere Erfordernisse aufgestellt, wie die Einheit der Zeit und die Gleichheit von Angriffs- und Verteidigungsmitteln. Merkmale dieser Art kehren wieder in der Notwehrlehre der Theorie, so daß es zweckmäßig scheint, erst im folgenden Abschnitt davon zu sprechen.

Der Gedanke des Gesetzgebers ist klar: Man hält es der berechtigten Erregung des Verletzten zugute, wenn er sich hinreißen läßt. Der gleiche Gedanke bewirkt in anderen Fällen nicht Straflosigkeit, aber eine Milderung der Rechtsfolgen. Mehrfach werden Überlegungs- und Affekthandlungen getrennt, und bei den letzteren ist zunächst an Fälle der Rache zu denken. Überhaupt ist die Rache das anständige Tatmotiv. Dem Meuchelmörder um Lohn, der keinen eigenen Grund zur Rache hat, wird derjenige gegenübergestellt, der sich offen rächt [81]).

Zwischen den Grenzfällen — Racheerlaubnis und Racheverbot — liegt ein Drittes: Rache unter staatlicher Hilfe und Aufsicht. Am reinsten erscheint diese Form in den Statuten von Rom von 1363 II 53 S. 111 f.), Cave von 1307 r. 63 (S. 42) und Olevano von 1364 r. 67, wonach der Geohrfeigte den Beleidiger öffentlich wiederschlagen darf. Wollte der Täter sich das nicht gefallen lassen, so hatte er Buße zu zahlen. Anderswo ist der Rachegedanke noch mehr verkümmert. Oft nämlich darf der Verletzte sich nicht selbst rächen, hat aber Einfluß darauf, ob und wie der Täter bestraft wird. So verzichtet der Staat sehr häufig ganz oder teilweise auf seinen Strafanspruch, wenn der Verletzte oder sein Erbe sich mit dem Täter vergleicht. Vom Temperament des Verletzten hing es dann ab — darauf lief es praktisch hinaus —, ob er Rache nehmen oder ein Geschäft machen wollte. An manchen Orten hat der Ehemann (vom Klagerecht abgesehen) Einfluß auf die Bestrafung der Ehebrecherin [82]). In Ivrea (Sp. 1201) darf der-

[81]) Vgl. S. 334 f.

[82]) Vgl. S. 418 f.

jenige, der ohne Vorbedacht einen Menschen getötet hat, auch nach Zahlung der Geldstrafe nur dann in der Stadt bleiben, wenn die nächsten Verwandten des Getöteten damit einverstanden sind[83]. In Florenz (Stat. Pod. 1325 III 45 S. 211) und nach den Ägidianischen Konstitutionen von 1357 IV 27 (S. 176 f.) dürfen die Verwandten des Ermordeten unter mehreren an der Tat beteiligten diejenigen aussuchen, die mit dem Tode zu bestrafen sind.

3.

In der Regel also überläßt schon im 14. Jahrhundert der Verletzte dem Staate die Sühne. Anders dort, wo der Staat nicht sühnen kann. In Perugia (1342 III 77 S. 104 f.) z. B. zahlt nur eine Art Ordnungsstrafe von 10 l, wer an einem der einheimischen Gerichtsbarkeit nicht unterworfenen Menschen für ein ihm angetanes Unrecht Rache nimmt. Das gilt auch dann, wenn die Verwandten des Ermordeten einen Mörder töten, der »sirà de tale conditione, che non pata (erleidet) ... pena de cotale delicto« (S. 105). Ähnlich läßt das Statut von Arona von 1319 r. 11 (S. 71) die Rache an Ausländern in gewissem Umfange straflos, aber nur dann, wenn der Täter nicht vorher von der Kommune bestraft war. Der Staat erwartet den Verzicht auf Rache also nur dann, wenn er den Verletzten gleichsam vertreten kann. Kann er das nicht, so wacht das ruhende Vergeltungsrecht wieder auf.

Aber allmählich schwächt dieser Vertretungsgedanke sich ab. Das öffentliche Interesse, nicht nur am Unterbleiben der Rache, sondern des Verbrechens selbst rückt immer mehr in den Vordergrund. Das wird darin sichtbar, daß der strafrechtliche Vergleich an Bedeutung verliert, also der Einfluß des Verletzten auf die Strafe immer mehr abnimmt. Dafür mußte der Staat aber, wollte er die Rache aus der Welt schaffen, dem Verletzten einen gleichwertigen Ersatz bieten. Solchen Ersatz bot die wachsende Verschärfung der Strafen, auf die Kohler nachdrücklich hingewiesen hat. Aber das mildere Kompositionensystem der Volksrechte und älteren Statuten setzt eben die (schon damals bekämpfte) Privatrache stillschweigend voraus. Erst ein Strafrecht mit strengen, der Privatrache gleichsam entlehnten Körperstrafen ersetzt die Vergeltung.

Die Rache aber wurde noch mit anderen Maßnahmen bekämpft als durch eine Verschärfung der öffentlichen Strafe. Diesem Zweck

[83]) Hier spielt aber noch ein anderer Gedanke hinein: Nur wenn die Verwandten mit dem Verbleiben des Täters einverstanden waren, konnte man annehmen, daß die Rache unterblieb.

dienten einmal Gesetze, die den Racheanlaß beseitigten. In Casale stand schon die Aufnahme einer Person unter Strafe, die mit jemand tödlich verfeindet war [84]). Anderswo durfte niemand vor dem Hause seines Feindes wohnen oder einhergehen, um die Rache nicht herauszufordern [85]). In Rom sollte niemand ein Amt bekleiden, das ihn zum Waffentragen berechtigte, wenn er mit jemand in Feindschaft lebte [86]).

Wo aber die Feindschaft einmal ausgebrochen war, suchte man sie wieder zu beseitigen. Man betrachtete die Rache, so leidenschaftlich sie geübt wurde, weniger psychologisch als geschäftlich und juristisch. Es war durchaus üblich, daß der Täter sein Unrecht bezahlte, der Verletzte sein Racherecht verkaufte [87]). Die Rache war zwar unerlaubt, fand aber doch Raum in der Rechtsordnung. Sie war Gegenstand rechtsgültiger Verträge und verzichtbar. Rache und Feindschaft wurden durch Frieden und Waffenstillstand ausgelöscht. Das Zustandekommen dieser Verträge suchte die Staatsgewalt zu fördern. Der Vertragsabschluß wird von der Behörde vermittelt und nötigenfalls erzwungen [88]).

Der einmal abgeschlossene Vertrag wird sodann mit strafrechtlichen Garantien umgeben. Überall stand der Friedensbruch unter Strafe. Bald macht er einen besonderen Tatbestand aus, bald erhöht er die Strafe für andere Verbrechen.

In Biella (r. 47) hat mindestens 500 l zu zahlen, wer einen beurkundeten Friedensvertrag bricht.

Das Statut von Mantua von 1303 I 27 (S. 80 f.) bedroht den Angriff oder die Körperverletzung unter Friedensbruch mit Verstümmelung einer Hand. Ist der

---

84) Casale 1370 r. Quod nulla persona audeat vel presumat accipere in hospicium suum . . . aliquam personam habentem inimicitiam capitalem (Sp. 1031).

85) Pisa 1286 III 67 (S. 455), Lucca 1308 III 50 (S. 168). Weiteres, namentlich über das 13. Jahrhundert, bei Pertile V 15 ff.

86) Rom 1363 II 99 r. Item quod senator teneatur proprio iuramento non admictere aliquem Romanum inimicatum ad officium aliquod propter quod possit arma portare (S. 141).

87) Es ist schwer zu entscheiden, wie umgekehrt das »geschäftliche«, also die Zahlung von Buße und Strafe, psychologisch wirkte, etwa den Zahlenden demütigte. Vgl. auch Davidsohn, Gesch. v. Fl. IV 1 S. 322 ff.

88) Lucca 1308 I 10 r. De guerris pacificandis (S. 13), Carpi 1353 r. Quod potestas teneatur compellere consortes et affines se compromittere de questionibus vertentibus inter ipsos (S. 42 f.), Ceneda r. 51 De consanguineis et propinquis cogendis ad compromittendum.

Vgl. auch Kohler 38 ff., Pertile V 12 ff., 27 ff., 601 ff. Muster solcher Verträge bei Kantorowicz I 334 f. Urk. 109 und 344 f. Urk. 122.

Täter nicht zu fassen, so wird sein Vermögen beschlagnahmt, er selbst für immer gebannt und mit dem Verlust des Bürgerrechts bestraft. In Brescia (1313 II 5) steht auf Friedensbruch Todesstrafe und Vermögenskonfiskation. Die Hälfte des Vermögens fällt an den Verletzten. Vgl. ferner Cremona 1387 r. 171 Rubrica de poena rumpentis pacem, fidantiam vel treguam, Lodi 1390 S. 107 R., Intra 1393 IV 77 (S. 382).

Die Gesetze von Modena von 1327 IV 18 (S. 389) und Carpi von 1353 S. 48 drohen Strafe nach Ermessen des Gerichts an, dazu ewigen Bann und Wüstung der bona.

Pisa 1286 III 25 (S. 384), 60 (S. 449); Pistoia 1296 III 19 (S. 110); Florenz, Stat. Pod. 1325 II 86 (S. 152 ff.), III 22 (S. 193).

Bologna 1454 S. 34 R. De poena eius, qui ruperit pacem factam: Mord unter Friedensbruch wird mit dem Tode, Körperverletzung mit dem vierfachen der Normalstrafe bedroht.

Rom 1363 II 20 r. De pace et securitate fracta (S. 97 f.), II 21 De frangentibus reconciliationes cum osculo pacis (S. 98 f.); Tivoli 1305 III 1 66 (S. 209).

In Perugia (1342 III 131 S. 144 f.) wird der Friedensbrecher mit dem ewigen Bann belegt. Kommt er in die Gewalt der Behörde, so verfällt er ewiger Kerkerhaft, und sein Vermögen wird konfisziert. Bis dahin ist er vogelfrei und darf von jedem straflos verletzt oder getötet werden.

Endlich suchte man die Rache wenigstens auf die unmittelbar beteiligten zu beschränken, also das sozialgefährliche Übergreifen der Rache auf dritte Personen zu verhindern. Zwar nahm der Gesetzgeber gewisse Rücksichten auf das Rachegefühl, aber unnachsichtig wurde die Rache dort bekämpft, wo sie über den Kreis der zunächst beteiligten hinausgriff. Hier war ihre gefährlichste und zugleich schwächste Stelle. Denn wo die Rache den Unschuldigen traf, widersprach sie dem modernen Kulturgefühl. Damals nämlich begann der Zusammenhalt der Familie als Rache- und Haftungsverband sich zu lockern, der genossenschaftliche Gedanke — das soll noch gezeigt werden — war auf dem Rückzuge vor dem Verschuldensprinzip. Der Gesetzgeber hatte also das Rechtsgefühl auf seiner Seite, wenn er hier zugriff. Daher trafen vielfach denjenigen besonders harte Strafen, der sich nicht am Täter selbst, sondern an dessen Verwandten oder gar völlig fremden Personen rächte [89]). Dabei ist eine gewisse Entwicklung zu beobachten:

Das pisaner Statut von 1286 III 77 (S. 462) droht demjenigen doppelte Strafe an, der sich rächt »in aliquem alium quam in eum, qui eum vel suos antecessores consanguineos offenderet vivente offensore vel mortuo offensore in alium quam in propinquiorem ipsi mortuo offensori«. Nicht als besonders strafwürdig wird also derjenige angesehen, der seine Vorfahren rächt, oder wer nach dem Tode des Täters an dessen Verwandten Rache nimmt.

Diese Einschränkungen aber verschwinden in der Folgezeit [90]).

---

89) Kohler, Studien 23 ff., Shakespeare 275, Pertile V 23 ff.

90) Vgl. auch Siena 1309/10 V 307 r. De la pena di chi facesse vendetta contra altrui che contra lo principale (S. 362), Pistoia 1296 III 1 (S. 97), 19

So bestimmt das Statut des Podestà in Florenz von 1325 III 126 (S. 278): Wird jemand körperlich verletzt, und ist diese Verletzung offenkundig (»publica et manifesta«), oder ist der Täter deswegen verurteilt, und nimmt dann der Verletzte oder einer seiner Hausgenossen an jemand anders als dem Täter zu dessen Lebzeiten (!) Rache, so gilt folgendes: Bewirkt die Rache den Tod des Opfers, so wird der Mörder enthauptet, und sein Vermögen fällt an die Erben des Getöteten. Tritt eine Lähmung oder Verunstaltung des Gesichts ein, so zahlt der Rächer das Doppelte der Normalstrafe und außerdem ein Schmerzensgeld von 1000 l an den Verletzten. In allen anderen Fällen wird die Normalstrafe verdoppelt.

In Perugia (1342 III 80 r. Del percotente a vendecta S. 107 f.) erhöht sich die Regelstrafe auf das Vierfache, wenn jemand einen anderen als den Täter verletzt. Kann er nicht zahlen, so verliert er die rechte Hand. Wer den Unbeteiligten tötet, verliert den Kopf, während die gewöhnliche Tötung mit Geldstrafe abgegolten wird. Außerdem wird das Vermögen eingezogen. Verletzungen unter Anwendung von Waffen werden mit dem Verlust der rechten Hand bestraft. In allen anderen Fällen tritt vierfache Geldstrafe ein.

Das Statut von Rom von 1363 II 23 (S. 100) bedroht denjenigen, der sich an den Verwandten des Täters rächt, mit Enthauptung und Vermögenskonfiskation. Davon kann er sich aber durch Zahlung von 500 l frei kaufen.

V. Kompensation und Retorsion.

Die Rachebefugnisse gegenüber Sittlichkeitsverbrechern sind m. W. die einzigen, die von den Rechtslehrern beschrieben werden. Denn andere Gedanken beherrschen die Lehre von der Kompensation [91]). Sie erklärt sich aus der engen Verflochtenheit von Zivil- und Strafrecht und beruht auf einer Übertragung zivilrechtlicher Grundsätze über die Aufrechnung auf das Strafrecht. Beling hat gezeigt, wie die Quellen behandelt wurden und diese an Unklarheiten und Mißverständnissen reiche Lehre entstand. Wir können uns also begnügen, den Stand der Ansichten im 14. Jahrhundert kurz zu skizzieren.

Es wurde im Strafrecht zunächst unterschieden zwischen Zivilklagen und kriminellen Klagen. Nur die Zivilklage sollte durch Kompensation erlöschen, dagegen blieb der staatliche Strafanspruch erhalten. So lehrte Baldus, C VII 8 De servo pignori dato 5 n. 5: »Si .... dolus cum dolo, non compensatur ut quando criminaliter agitur, nam fiscus dolum cum dolo compensat, sed utrunque punit« [92]).

(S. 110); ferner Bologna 1454 r. De poena offendentis aliquem in vindictam preter offendentem (S. 25 f.). Hier kann sich der Täter aber durch den Nachweis entlasten, daß die Tat erfolgt sei »ex aliqua nova causa, non animo vindictae«.

[91]) Seeger, Abhandlungen 408 ff., Beling, Retorsion und Kompensation 24 ff., 53 ff. Für die Einzelheiten sei auf Belings Arbeit verwiesen.

[92]) Ebenso Baldus, D I 1 De iust. et iure 3 n. 32: Zwei Feinde gehen aufeinander los: »dic .... quod ad interesse partis nullus punitur, sed criminaliter,

Damit aber die Zivilklagen sich aufhoben, mußten weitere Voraussetzungen vorliegen. Einmal nämlich durften nur gleichartige Straftaten aufgerechnet werden: »Paria delicta mutua compensatione tolluntur«[93]). Sodann mußte der Verschuldensgrad auf beiden Seiten gleich sein, namentlich war keine Aufrechnung zwischen Vorsatz und Fahrlässigkeit zugelassen[94]). Endlich mußte auch der Vorsatz auf beiden Seiten auf etwas gleichartiges (»circa idem, non circa diversa«) gerichtet sein[95]). Demnach war es nicht nötig, daß die Straftaten in einer inneren und sachlichen Beziehung zueinander standen, gleichgültig also, ob die zweite Straftat ein aus der ersten entstandenes Unrecht sühnen sollte oder gar nicht damit zusammenhing. Die Kompensation hat weder mit Rache noch mit Notwehr zu tun.

Die Gesetze ließen die Kompensation gelegentlich bei leichten Straftaten zu, namentlich bei Beleidigungen und leichten Körperverletzungen. Die Gesetze von Olevano von 1364 r. 48 und Casale von 1370 Sp. 992 z. B. lassen Personen, die sich geprügelt oder beschimpft haben, straffrei ausgehen, wenn sie sich vergleichen. In Bassano (1392 S. 103) wurde die Strafe für den Beleidiger auf ein Drittel herabgesetzt, wenn der Beleidigte mit ähnlichen Schimpfworten geantwortet hatte. Regeln dieser Art galten namentlich für Straftaten unter anrüchigen Personen, kleinen Leuten, Bedienten, Frauen[96]). So wurden in Forli (1359 III 6 S. 194) die Strafen nach Ermessen gemildert für Beleidigungen »inter rubaldos inter se tantum«.

Das sind keine Fälle des Racherechts. Denn es bleiben alle Beteiligten straflos, oder alle werden milder bestraft, gleichgültig, wer angefangen hat. Doch wird hier deutlich, daß man den inneren Zusammenhang der Einzeltaten, die Einheit von Prügelei und Wortstreit voraussetzt. Es handelt sich in den Statuten wohl nicht um die Aufrechnung irgendwann entstandener Strafansprüche wie in der Rechtslehre, sondern um den Ausgleich nur solcher Rechtsfolgen, die aus einem bestimmten Anlaß verwirkt sind.

---

quia uterque delinquit contra Rem Publicam; uterque punitur etiam de insultu, quia respectu Reipublicae non compensatur dolus cum dolo.« Ebenso C IV 21 De fide instr., Rubr. n. 53 f. Die gleiche Unterscheidung schon bei Innocenz, c. 13 X De iureiurando II 24 n. 7.

93) Iac. de Belvisio I 3 n. 20; Baldus, c. 11 X De iureiurando II 24 n. 1; Angelus, D XXIV 3 Soluto matrimonio 39 n. 1.

94) Jac. d. Belvisio I 3 n. 21.

95) Jac. d. Belvisio, a. a. O.; Baldus, D IV 2 Quod metus causa 8 n. 1: »dolus cum dolo non compensatur, quando respiciunt diversa«.

96) Vgl. S. 30 f. und 108.

Darüber hinaus aber führt die Retorsion. In gewissen Fällen nämlich war es dem Verletzten, und nur ihm gestattet, dem, der ihm Unrecht getan hatte, seinerseits Unrecht zu tun. Es sind das die echten Racherechte, die im einzelnen schon früher beschrieben wurden [97].

* * *

Blickt man jetzt zurück, so wird deutlich, daß die verschiedenen Gewaltrechte von den Rechtslehrern im Anschluß an die Praxis behandelt werden. Keine dieser Erscheinungen — Hauszucht, Acht, ipso iure-Friedlosigkeit, Rache — ist aus Anregungen der Wissenschaft entstanden oder wird im Laufe der Entwicklung durch neue Gedanken bereichert. Die Theorie gibt der Praxis nur Hilfsstellung, trägt aber nicht dazu bei, überlebte Rechtsgedanken anarchischer Vorzeiten zu erhalten. Gerade das umgekehrte Bild wird sich im folgenden Abschnitt bei der Notwehr ergeben. Dort ist die Wissenschaft führend, die Praxis hinkt nach. Die Theorie sucht alte Rechtsgedanken in neue Formen umzugießen, und mehr und mehr folgt auch die Praxis den Anregungen der Lehre.

Notwehr, Notstand, Selbsthilfe.

I. Notwehr.

1. Allgemeines. Die schutzfähigen Rechtsgüter und Personen.

Friedlosigkeit und Notwehr sind Gegensätze. Der absolut Friedlose ist der Willkür aller Rechtsgenossen preisgegeben. Er darf getötet werden, eben weil er friedlos ist, nicht erst, weil er jemand angreift. Auch dort, wo jemand friedlos ist nur für die Dauer eines rechtswidrigen Zustands oder zur Abwehr künftigen Unheils, darf auch derjenige vollstrecken, der selbst nicht angegriffen oder bedroht wird. Die Rache begrenzt demgegenüber die Anarchie auf die Beziehungen bestimmter Personen. Aber als Rückschlag auf vergangenes Unrecht widerspricht auch die Rache dem Gedanken der Notwehr. Friedlosigkeit und Rache, das wurde gezeigt, sind im 14. Jahrhundert nicht erloschen, aber zurückgedrängt. Die Rache bleibt nur ausnahmsweise, die Notwehr in der Regel straflos. Am

97) Vgl. S. 105 ff.

deutlichsten wird das in der Theorie. Während Friedlosigkeit und Racherechte verzeichnet oder die Statuten nur ausgelegt werden, entwickelt die Wissenschaft aus den gemeinrechtlichen Quellen und unter dem Eindruck kirchenrechtlicher Anregungen eine geschlossene Notwehrlehre [1]). Vor allem gelingt das entscheidende: die immer gefährdete Grenze zwischen Angriff und Verteidigung, zwischen dem Rückschlag mit Rachevorsatz und der zuvorkommenden Verteidigung begrifflich scharf herauszuarbeiten und Merkmale für das Vorliegen des einen oder anderen Tatbestands ausfindig zu machen.

I.

Daß die Notwehr erlaubt sei, war den Italienern selbstverständlich. Das Notwehrrecht wird nach römischem Vorbild aus dem Naturrecht abgeleitet [2]).

Im Ergebnis und in der Begründung stimmt auch die geistliche Rechtslehre damit überein [3]). Doch nicht ohne Hemmungen. Denn das Ideal christlicher Demut verlangte, daß der Geschlagene auch die andere Backe hinhielt und sich nicht wehrte [4]). Zwar bezog man diesen Satz nicht auf das äußere Verhalten, sondern (Augustin folgend) auf die innere Gesinnung [5]). Aber einen Nachhall dieser Bedenken spürt man in der Lehre von der Irregularität. Daß nicht exkommuniziert werde, wer in Notwehr tötete, darüber war man sich einig, aber nicht darüber, ob er den strengen und besonderen Erfordernissen des kirchlichen Amts genügte. Das wird von Innocenz, c. 12 X De homicidio etc. V 12 verneint. Denn auch in Notwehr töte man vorsätzlich einen Menschen. Daher nahm er Irregularität an und wollte nur den Dispens erleichtern. »De defensore . . . constat, quod etiam si inevitabili casu se defendat, tamen irregularis est . . ., quia voluntate homicidium committit, sed facilis est cum huius modi dispen-

---

[1]) Brunnenmeister, Quellen 183 ff., Seeger, Abhandlungen 364 ff. Unzutreffend scheint mir Hälschners Bemerkung, daß die Notwehrlehre auf Angelus Aretinus zurückführe (System I 247). — Über das römische Recht vgl. Falchi, dir. pen. 148.

[2]) Baldus, D I 1 De iust. et iure 3 n. 1: »defensio sui corporis est de iure gentium«. »Defensio est de iure naturali«; Gandinus, De defensionibus 1 (S. 177); Iac. d. Belvisio I 11 n. 5; Alb. de Rosc., D IX 2 Ad l. Aquil. 45 (46), 4 n. 3; Angelus, D XLIII 16 De vi et vi armata 1 27; Lucas de Penna, C XI 53 De colon. illyr. c. un.

[3]) Hostiensis, S. A. V 18 n. 2: »Omnia iura permittunt defensionem.« Vgl. c. 3 X De sententia exc. V 39; Thomas v. A. S. th. 2, 2 q. 64 a. 7; Ast, I 26 (S. 38 R.); Barth. Pis. s. v. »Bellum« n. 2 (S. 14); Joh. v. Fr. II 1 q. 12, 5 q. 52. — Vgl. c. 7 D I und c. 2 X De homicidio etc. V 12.

[4]) C XXIII q. 1 pr.

[5]) C. XXIII q. 1 pr.; Barth. Pis. s. v. »Patienta« n. 3.

satio« [6]) (a. a. O. n. 9). Anders die späteren. Hostiensis verneinte die Irregularität, wenn die Notwehr unvermeidlich war und den Körper, nicht das Vermögen schützte [7]). Darin folgten ihm die übrigen. Doch wird eine Pönitenz zur Vorsicht (ad cautelam) empfohlen [8]).

Schutzfähig waren alle Rechtsgüter: Körper, Vermögen und Ehre [9]). Einen praktischen Fall der Ehrennotwehr behandelt Baldus im Gutachten Cons. I 45: In den Statuten von Padua waren Beleidigungen gegen Steuerbeamte (daciarii) mit Strafe bedroht. Ein solcher Beamter wirft nun jemand vor, er habe Abgaben hinterzogen (»quod fraudaverat gabellam«), worauf dieser entgegnet, der Beamte lüge (»quod ille daciarius mentiebatur«). Wird die Hinterziehung nicht bewiesen, so liegt nach Baldus keine Beleidigung vor. Denn

---

[6]) So schon Durantis, Spec. I 1 De dispensationibus 4 § Juxta n. 47. Ebenso Innocenz, c. 7 X De homicidio etc. V 12. Das Gefühl dafür, daß die Notwehr nicht den Tatwillen ausschließt, hat auch Archidiaconus, c. 1 C. XV q. 1: »magis apparet voluntas in coactis quam in nescientibus, et ideo potius peccata coactorum quam peccata nescientium dicuntur peccata volentium«.

[7]) Hostiensis, S. A. V 12 n. 5: »hoc intelligo, quando imminebat periculum corporis. Secus, si timebat de rebus, et secus, si fugere potuit«.

[8]) Hostiensis, S. A. V 12 n. 4: »interius debet dolere et peccatis suis imputare, quod ad tantam necessitatem evenerit, et poenitentiam agere bonum est«. So auch Ast. V 32 (S. 41 R.), VI 14 (S. 68 R.); Barth. Pis. s. v. »Homicidium« n. 7 (S. 71 R.); Joh. v. Fr. II 1 q. 21; Joh. Andreae, c. 3, 18 X De homicidio etc. V 12.

Allgemein über diese Frage Hostiensis, c. 2 X De homicidio etc. V 12 § Si Presbyter (S. 285): »nos intelligimus, quod in nullo imputatur, ex quo aliquid facere non potuit... nam tale homicidium simile est casuali: quod non impedit etiam promovendum«; Hostiensis, c. 5 X De homicidio etc. V 12 § Clericos autem (S. 286 R.) unter Hinweis auf die Praxis der curia Romana.; Hostiensis, c. 18 X De homicidio etc. V 12, c. 1 X De cler. pugn. in duello V 14 (S. 292), S. A. V 12 n. 5, 38 n. 60 (Sp. 1674).

Immerhin wurde auch später die Ansicht vertreten, daß die Notwehr zwar nicht den Verlust der empfangenen Weihen bewirke, aber die Promotion verhindere. So schon Raym. de Pennaf. II 1 De homicidio n. 2; Archid. c. 6 und c. 39. D. L.

[9]) Gandinus, De defensionibus 1 (S. 177): »Vim vi repellere omnes leges, omnia iura permittunt, tam ratione persone ... quam iurium vel rerum immobilium ... quam rerum mobilium.« Vgl. ferner Gandinus, a. gl. O. 11 (S. 181), De homicidiariis 2 (S. 279); Bonif. de Vitalinis, Quis aliun possit offendere n. 1, Quid sit accusatio n. 40, De homicidio n. 6; Bartolus, D I 1 De iust. et iure 3 n. 6, C VIII 4 Unde vi 1 n. 1: »Pro defendendis rebus licet vim vi repellere cum moderamine inculpatae tutelae.... Nota, quod licet unicuique se defendere, non solum personam, sed etiam res«; Bartolus, Cons. II 16 n. 1 ff.; Oldradus, Cons. 71 n. 1; Angelus, D I 1 De iust. et iure 3 n. 1.

Innocenz, c. 12 X De restitut. spol. II 13 n. 8, c. 3 X De sententia exc. V 39 n. 2; Hostiensis, c. 2 X De homicidio etc. V 12 § Si autem; Joh. Andreae, c. 12 X De restitut. spol. II 13 n. 16: »omnibus est licitum, movere bella pro sua et rerum suarum defensione.«

die Worte, der Beamte lüge, seien keine verba iniuriosa, sondern Notwehrakte (»sed iniuriam repellunt«). Man dürfe also in der Notwehr eine beleidigende Wahrheit sagen (»non est ergo iniuria, verum dicere ad sue innocentie defensionem«). Aber gerade in Fällen dieser Art fehlte es der Lehre an Klarheit und theoretischer Einsicht. Es gelang nicht, Notwehr, Kompensation und die Wahrnehmung berechtigter Interessen bei der Beleidigung eindeutig abzugrenzen, so daß Fragen dieser Art bald unter diesem, bald unter jenem Gesichtspunkt behandelt wurden.

Verteidigt werden durfte auch der Hausfriede, und zwar von jedem Mitglied der Familie [10]).

Die Art der Verteidigung mußte der Beschaffenheit des angegriffenen Rechtsguts entsprechen. Daher ließ sich die Tötung eines Menschen grundsätzlich nicht aus Vermögensnotwehr rechtfertigen. Davon machte man aber Ausnahmen in besonderen Fällen, z. B. für den Fall, daß der Dieb sich mit einer Waffe zur Wehr setzte [11]). Nach Cinus, C VIII 4 Unde vi 3 n. 4 durften Angriffe auf den Körper auch mit Waffen abgewehrt werden, Angriffe auf das Vermögen aber nur dann, wenn der Schaden auch mit Hilfe der Behörde nicht wiedergutzumachen war.

Darin kommt eine Anschauung zum Ausdruck, die immer wieder in der Notwehrlehre der Italiener durchbricht. Art und Maß der Notwehr richtet sich nicht in erster Linie nach der Itensität des Angriffs, sondern nach seiner Erscheinungsform. Die Verteidigungshandlung soll den Angriff widerspiegeln. Weder in der Auswahl des zu verletzenden Rechtsguts noch der Abwehrmittel darf der Verteidiger den Angreifer übertrumpfen. Dieser Grundsatz wird nur ungern gelockert. Das sinnfällig bestechende der Gleichsetzung und Fernwirkungen des Talionsgedankens wirken zusammen mit der praktischen Erfahrung, daß gemeinhin ein äußeres Übermaß fehlendem Abwehrbedürfnis entspricht. Daß aber Indizien sich zu selbständigen Tatbestands-

[10]) Bartolus, D XLVII 10 De iniur. et fam. lib. 3, 2: »non solum dominus domus, hoc est principalis habitator domus et caput familiae, sed quilibet de familia potest prohibere aliquem, ne domum ingrediatur«; Baldus J II 1 De rerum divisione 12 n. 3: »Nota ..., quod possum resistere manu armata intranti in meum me invito.«

[11]) Angelus, C VIII 4 Unde vi 1 n. 5 f.: »tu dic omnem speciem offensionis ordinatae ad defensam et tuitionem rerum, ne quis spolietur eis, dici moderatam et inculpatam tutelam, dummodo non insaeviatur in corpus humanum, unde pro tuitione non licet hominem occidere. ... Verba autem et percussiones non letales ... bene licitum est inferre pro tuitione rerum.«

Hostiensis, c. 2 X De homicidio etc. V 12 § Si autem, c. 18 a. gl. O. § Si vero (S. 290).

Das entspricht schon dem römischen Recht. Vgl. Falchi, dir. pen. 152 ff.

merkmalen verdichten, ist in Lehre und Praxis des Mittelalters ein alltäglicher Vorgang.

Niemand zweifelte daran, daß man sich selbst verteidigen dürfe. Ob und wieweit auch andere Personen geschützt werden durften, wurde vielfach erörtert. Man neigte zur Ausdehnung solcher Schutzrechte, weil der Einzelne als Mitglied von Gesamtverbänden, vor allem der Familie gedacht wurde. Im Verwandten wurde jeder selbst verletzt. Wer ihn verteidigte, schützte also zugleich sich selbst gegen eigenes Unrecht. Diese deutschrechtliche Auffassung fand zugleich eine Grundlage in den gemeinrechtlichen Quellen, vor allem in der ausgedehnten Aktivlegitimation der Verwandten bei der actio iniuriarum. Daher wird die Nothilfe zunächst als Notwehr behandelt, das Eintreten für andere als Selbstverteidigung.

Schützen durfte man seine Kinder, Eltern, Geschwister und andere Verwandte [12]), und zwar, »quia iniura illata uni de parentela omnibus illata videtur« [13]). Aus dem gleichen Grunde durfte auch der Mann seine Frau verteidigen, nicht aber die Frau den Mann [14]).

Als Abwehr eigenen Unglücks galt auch der Schutz anderer Personen, die zum Verteidiger in näheren persönlichen Beziehungen standen: der Reisegefährten, Nachbarn und Freunde [15]). Daher will

---

[12]) Gandinus, De defensionibus 2 ff. (S. 177 f.), 11 (S. 181); Oldradus, Cons. 71 n. 3; Bonif. de Vitalinis, Quis alium possit offendere n. 1, De insultu n. 48, Quid sit accusatio n. 40, De homicidio n. 6; Alb. de Rosc., C VIII 4 Unde vi 1 n. 6 f.; Baldus, a. gl. O., Repet. z. l. 1 n. 16 ff., D I 1 De iust. et iure 3 n. 13, Cons. II 143 n. 3; Angelus, D I 1 De iust. et iure 3 n. 6.

[13]) Alb. de Rosc., C VIII 4 Unde vi 1 n. 7; Baldus, D I 1 De iust. et iure 4 n. 13: Man dürfe seine Verwandten verteidigen, »nam simul omnes de sanguine patiuntur iniuriam«.

[14]) Gandinus, De defensionibus 2 (S. 177 f.): Der Mann darf die Frau verteidigen, »quia sunt duo in carne una ...., et pro hoc facit, quod iniuria facta uxori intelligitur facta viro, unde uxores maritorum armis defenduntur et non e contra«; Bonif. de Vitalinis, Quis alium possit offendere n. 1, De iniuriis n. 6; Alb. de Rosc., D I 1 De iust. et iure 3 n. 5, D XXIX 5 De sen. cons. Silan. 1, 15, D XLVII 10 De iniur. et fam. lib. 2 n. 1 f., C VIII 4 Unde vi 1 n. 6; Baldus, C II 2 De in ius voc. 1 n. 3: »qui facit iniuriam uxori, facit iniuriam viro«; Angelus, D I 1 De iust. et iure 3 n. 6.

Dagegen will anscheinend Baldus in C X 1 De iure fisci 5 n. 8 auch der Frau das Nothilferecht zugestehen.

[15]) Gandinus, De defensionibus 3 (S. 178); Bonif. de Vitalinis, Quis alium possit offendere n. 1; Alb. de Rosc., D I 1 De iust. et iure 3 n. 16, D XLVII 10 De iniur. et fam. lib. 15, 17 n. 1, C VIII 4 Unde vi 1 n. 8; Bartolus, Auth. Ut def. seu fun. eorum etc. § Qui varietatem n. 7 f.; Baldus, D I 1 De iust. et iure 3 n. 14; Angelus, D XLVII 10: De iniur. et fam. lib. 15, 16 n. 1. — Barth. Pis. s. v. »Bellum« n. 2 (S. 44); Joh. v. Fr. II 5 q. 54.

Doch sollte die Nothilfe zugunsten des Gefährten maßvoller geübt werden

Baldus, Cons. I 98 n. 7 jemand straflos lassen, der den Auftrag zum Morde gibt, um einem Freunde zu helfen, »si probaretur mandato stando ad defensionem amici, praesumitur cum moderamine inculpate tutele dantis, quia id convenit bono viro«.

Damit scheinen aber die Grenzen dieser Konstruktion erreicht. Im beliebigen Dritten, so sollte man glauben, konnte der Einzelne nicht verletzt werden. So lehnten denn auch Albertus Gandinus, De defensionibus 3 (S. 178), 11 (S. 181) und Bonifacius de Vitalinis, Quis alium possit offendere n. 2 die Nothilfe ab, wo die engere persönliche Beziehung zwischen Verteidiger und Verteidigtem fehlte. Anders die herrschende Lehre, namentlich Baldus mit der alten Begründung. Bei ihm ist der deutsche Körperschaftsgedanke noch lebendig. In jedem Rechtsgenossen wird jeder andere zugleich mitverletzt. Es gibt kein fremdes Unrecht, jeder schützt im andern sich selbst: »Aggressor facit iniuriam etiam Reipublicae, ergo quilibet de populo potest propulsare etiam contradicente offensore et hac ratione etiam suum capitalem inimicum licet ab alio defendere insultante«, so lehrte Baldus, D I 1 De iust. et iure 3 n. 18. Andere begründeten anders. Im Ergebnis aber wurde die Nothilfe von der durchaus herrschenden Lehre bejaht [16]).

Daß man jeden andern in Gefahr für Leib und Leben schützen dürfe, lehrten auch Kanonisten und Theoretiker des forum internum. Die abweichende Ansicht, wonach es auf den Kreis der gemeinrechtlich zur actio iniuriarum berechtigten ankomme, wird erwähnt, aber abgelehnt [17]).

2.

Im Statutarrecht [18]) war die Notwehr nicht immer straflos. Langobardische Rechtsanschauungen sind noch lebendig. Liutprand

als die Selbstnotwehr: »magis tamen moderate debet quis defendere socium quam seipsum«.

[16]) Bartolus, D I 1 De iust. et iure 3 n. 7, D XLVII 2 De furtis 7 n. 3, D L 17 De reg. iur. 50 n. 1: »si in rebus potest, multo magis in persona«; Baldus, J IV 1 De obl. quae ex del. 3 n. 4: »Infertur etiam ex praedictis, quod licitum est cuicumque iuvare eum, qui offenditur, ne offendatur; sicut licet cuilibet extraneo propter res meas apprehendere furem, multo magis propter personam debet licere ei me defendere«; Angelus, D XLVII 2 De furtis 7 n. 3; Salicetus, C VIII 4 Unde vi 1 n. 12: »communiter omnes doctores moderni dicunt, quod indistincte quilibet potest quemcunque defendere ab iniusto oppressore«.

[17]) Innocenz, c. 3 X De sententia exc. V 39 n. 2; Hostiensis, c. 4 a. gl. O. § Si vero clerico (S. 345); Innocenz folgend a. gl. O. wie dieser auch Joh. Andreae; Ast. VII 3 (S. 150); Barth. Pis. s. v. »Excommunicatio« n. 3; Alb. de Rosc. s. v. »Excommunicatio« n. 2.

[18]) Kohler 213 ff., Pertile V 111 ff.

und Rothar nämlich belegten auch die Tötung in Notwehr mit Wergeld und Buße, freilich geringeren Rechtsfolgen als denen der gewöhnlichen Tötung.

Reste dieser Anschauung sind in den Statuten geblieben. Das Statut von Pisavon 1286 III 8 (S. 368) z. B. bedroht ausdrücklich die Tötung oder Körperverletzung in Notwehr mit einer geringeren Geldstrafe, wobei dem richterlichen Ermessen Spielraum bleibt. Diese Buße erhöht sich aber beim Notwehrübermaß oder beim Verschulden des in Notwehr handelnden.

Auf Mord steht Todesstrafe »salvo quod, si aliquis de civitate pisana vel districtu occiderit vel offenderit aliquem ad sui defensionem, condempnabimus et puniemus eum usque in solidos centum, nostro arbitrio in specta qualitate offensionis et persone; et si defensio eius fuerit immoderata vel inculpata, puniemus eum usque in libras viginti quinque denariorum in specta qualitate criminis et personarum«.

In Casale (1370 Sp. 991) war es auch im Falle der Notwehr verboten, den Angreifer zu töten. In Bassano (1392 S. 98 R.) galt folgendes: Wenn mehrere Personen sich gegenseitig verletzen, und man herausbekommt, wer angefangen hat, so wird der Anfangende voll bestraft. Der andere aber (»alter vero, qui ad sui defensionem percusserit«) hat nur ein Drittel der Strafe zu zahlen: »Dummodo moderamen defensionis et modum iniuriarum non excessit.« Andernfalls ist die ganze Strafe verwirkt. Wird aber nicht ermittelt, wer angefangen hat, so haben beide die ganze Strafe zu bezahlen. In Bologna (1454 S. 23 R.) endlich darf der Podestà nach Ermessen bestrafen »homicidium comissum casu improviso seu fortuito vel ad sui defensionem.« Er darf nach Belieben freisprechen oder eine Geldstrafe verhängen (»absolvere vel prout ei videbitur, pecuniariter condemnare ipsius homicidii culpabilem«).

Der Sinn dieser Bestimmungen ist zweifelhaft, bestritten schon die Bedeutung der langobardischen, auch sonst in den Volksrechten vorkommenden Notwehrstrafe. Wilda (StrR. d. Germ. 563 f.)[20]) bezieht diese Vorschriften auf einen im Affekt begangenen Totschlag[21]). Dem treten Allfeld (Die Entwicklung des Begriffes Mord bis zur Carolina 44 ff.) und Osenbrüggen (Lgb. 66, 69) entgegen. Allfeld bezieht diese Bestimmungen auf den Fall, daß der Totschläger den ersten Angriff macht, dann aber von seinem Gegner, der den Streit

---

19) Osenbrüggen, Lgb. 66 f., Kohler 211, Pertile V 111, 116, His, G. D. StrR. 36.

20) Ebenso v. Bar, Ges. u. Sch. III 127, Seeger, Abhandlungen 196 ff. und Brunner, RG. II 817 f.

21) Nach Brunner, a. a. O. ist Tötung »se defendendo« jede Tötung im Affekt aus Anlaß eines Streites, nicht nur die Tötung im Notwehrexzeß.

aufnimmt, verfolgt wird und ihn dann in der Abwehr erschlägt. Dagegen nimmt Osenbrüggen für das langobardische Recht an, daß ganz allgemein »in dem Angriff an sich ... nicht schon ein Aufheben der Verschuldung des Todschlägers nach der privatrechtlichen Seite hin« lag (a. a. O. 67) [22]).

Auf das Notwehrübermaß dürfen die italienischen Statuten offenbar nicht bezogen werden. Das ergeben die Statuten von Pisa und Bassano, die diesen Fall ausdrücklich vorsehen. Aus den Ausdrücken »defensio«, »defendere« ist nichts für die eine oder andere Meinung zu entnehmen. Denn diese Worte bezeichnen in den Statuten wie in den Schriften der Rechtslehrer auch den herausgeforderten Angriff. Auch beweist es nichts für die Auslegung gerade dieser Statuten in der Praxis, daß die Theoretiker vielfach auch dem Statutarrecht gegenüber Notwehrstrafen mit Nachdruck verwarfen. Am wahrscheinlichsten scheint mir die einfachste Erklärung: daß es sich wirklich um echte Notwehrstrafen handelt, Überreste der alten, am sinnfälligen haftenden Anschauung. Noch in den Statuten des 14. Jahrhunderts ringt das Verschuldensprinzip um seine Geltung. Dann aber kann es nicht wundernehmen, daß ein vorsätzliches Verhalten strafbar blieb, mochte es auch die Abwehr eines rechtswidrigen Angriffs bezwecken. Im Statutarrecht ist die gleiche Vorstellung wirksam, die etwa Durantis und Innocenz IV. veranlaßte, auch bei Notwehr Irregularität anzunehmen. Auch lassen sich derartige Strafen als Verdachtsstrafen erklären: Bei Raufereien war in der Regel nicht festzustellen, wer angefangen hatte. In all solchen Fällen freizusprechen hätte dem Rechtsgefühl der Zeit widersprochen.

Die Wissenschaft aber hielt schlechthin jede Notwehrstrafe für unzulässig. Das ergab sich aus der Begründung. Das Notrecht wurde aus dem Naturrecht hergeleitet, also aus unabänderlichen Normen, die allem positiven Recht vorgingen. Daher werden Statuten, die die Notwehr unter Strafe stellen, jedenfalls dann für nichtig erklärt, wenn Todesstrafe angedroht ist [23]). Wo sich aber die Orts-

---

[22]) Freilich sind Osenbrüggens Argumente hier nicht unmittelbar verwertbar. Wenn aber seine Auffassung richtig ist, so würde das zugleich für das italienische Recht beweisen. Denn es ist ja anzunehmen, daß in den italienischen Statuten langobardische Rechtsgedanken fortlebten.

[23]) Alb. de Rosc., D I 1 De iust. et iure 3 n. 4: »Puto, quod statutum, quo cavetur, quod occidens occidatur, restringi debeat ita quod non includat occidentem ad sui defensionem: et si statutum hoc includeret, quod occidens etiam ad sui defensionem occidatur, crederem non valere, ut pote contra omnia iura et maxime naturale, quod est immutabile«; Alb. de Rosc., C VIII 4 Unde vi 1 n. 4: »vim vi defendere omnes leges omniaque iura permittunt ... ex quo

gesetze über die Notwehr ausschwiegen, also schlechthin den mit Strafe bedrohten, der jemand tötete usw., boten sich den Rechtslehrern noch andere Handhaben, um das Notwehrerfordernis in die Statuten hineinzulegen: Einmal der Grundsatz der passiven Auslegung. Die Notwehr war nach gemeinem Recht straflos, und dementsprechend waren auch die Statuten zu lesen [24]. Zweitens galt eine Auslegung, die auf Notwehrstrafe hinführte, als unsinnig, die Wortauslegung also insoweit für verwerflich [25].

Statuten, in denen die Notwehr unter Strafe stand, sind im 14. Jahrhundert aber verhältnismäßig selten. In zahlreichen Gesetzen wird die Notwehr ausdrücklich für straflos erklärt. Zur Begründung wird bisweilen im Anschluß an die Theorie auf Naturrecht und »iura« verwiesen. So sagen die Ägidianischen Konstitutionen von 1357 IV 35 (S. 181): »Iuris gencium naturali racione induxit auctoritas ut, quod quisque ob tutelam sui corporis fecerit, iuste fecisse extimetur.« Das Gesetz von Biella, Stat. malef. r. 19 leitet seine Notwehrbestimmungen mit den Worten ein: »quia iura volunt, quod vim vi repellere liceat.«

Die Notwehr ist straflos z. B. in folgenden Gesetzen:

Vercelli S. 108 f., 112 R, Turin 1360 r. De poena illius, qui contra aliquem irato animo traxerit gladium (Sp. 709 f.): Nur derjenige soll bestraft werden, der zuerst das Schwert zog (»primo traxerit«), dagegen nicht, wer »postea gladium traxerit ad sui defensionem«, Riparolo 1358 r. 2—4, Casale 1370 Sp. 990, 991, Moncalieri 1378 Sp. 1401, 1402, Balangero 1391 r. 44, 45.

Das Gesetz von Mantua von 1303 I 26 (S. 79) stellt Rache und Notwehr in deutlichen Gegensatz zueinander: Der Mörder wird bestraft, »nisi manifeste fuerit probatum, quod se defendendo vel quod fortuito casu fecerit . . ., ultor ferro capite puniatur«; Arona 1319 r. 1, 4, 5, 7, 8, 10 (S. 66 ff.), Valperga 1350 r. 4;

Bassano 1392 S. 99 f.;

Modena 1327 IV 19 (S. 390);

---

videtur, quod statuta civitatum, quibus cavetur, quod occidens moriatur et non excipit casus defensionis, vel quod bannitus habeatur pro confesso et puniatur nulla data defensione, non valeat: quasi in eo, in quo excludunt defensionem, sint contra ius naturale, ut praedictum est, quod ius naturale tolli vel mutari non potest per ius civile.«

Vgl. auch Baldus, D I 1 De iust. e. iure 3 n. 3; Angelus, a. gl. O. n. 3, D XLIII 16 De vi et vi armata 1, 27 n. 1 f., C VIII 4 Unde vi 1 n. 1, C X 1 De iure fisci 7 n. 2.

24) Alb. de Rosc., D I 1 De iust. e. iure 3 n. 4; Baldus, Cons. IV 111 n. 2; Salicetus, C III 41 De noxal. act. 2 n. 10.

25) Alb. de Rosc., D L 4 De mun. et hon. 11, 1 n. 1 meint von der Anwendung der Statuten auf die Notwehr: »quod est absurdissimum«.

Daß die Notwehr in der Praxis durchweg anerkannt war, zeigt die häufige Beschäftigung gerade der Consilien damit. In ihnen liegt geradezu der Schwerpunkt der wissenschaftlichen Erörterungen, anders als sonst.

Ägid. Konst. 1357 IV 27 (S. 177): Es wird nicht bestraft, wer jemand tötet »ad defensionem sibi permissam«; Ascoli 1377 III 17 (S. 91): »ad defesa de lu corpo soi«;

Narni 1371 III 11;

Argenta 1342 r. Quod licitum sit unicuique impune se deffendere (S. 88). Begründung: »Quoniam vim vi repellere licet«;

Pisa 1286 III 9 (S. 373), 22 (S. 383), 29 (S. 385), Pistoia 1296 III 4 (S. 100 f.), Siena 1309/10 V 254 (S. 339 f.);

Roccantica 1326 r. 91 (S. 87); Rom 1363 II 8 (S. 90): Keine Bestrafung wegen Mordes, »nisi interfector et malefactor ad tutelam sui corporis fecerit«; Olevano 1364 r. 69.

Bald also wird die Verteidigung des Körpers erlaubt, bald allgemein das »se« defendere. Unter letzterem verstand man in Arona auch den Schutz des Vermögens. Später erhielt nämlich das dortige Statut einen Zusatz folgenden Inhalts [26]: »Item statuerunt et ordinaverunt de addendo capitulis loquentibus in aliqua parte »nisi fecerit se deffendendo«, quod intelligatur, nisi fecerit se deffendendo vel res suas, quas secum duceret debite deffendendo.« Man darf wohl annehmen, daß diese authentische Auslegung der allgemeinen Auffassung entsprach. Auch sonst wird gelegentlich ausdrücklich der Schutz des Vermögens erlaubt, z. B. in Ivrea (Sp. 1199 f.): Wer handelt »se vel possessionem seu alia bona defendendo, vel nisi habuerit et fecerit aliam iustam et legiptimam defensionem contra predicta, qui reliquatur iuri puniendus vel eciam absolvendus«. In Porlezza (1338 r. 69 S. 337) blieb derjenige straflos, der sich gegen einen Angriff auf sein Haus verteidigte und dabei den Angreifer tötete oder verletzte.

Während in der Regel die Notwehr auf den Schutz der eignen Person beschränkt ist, dehnen einige Statuten, namentlich Gesetze des Dukats, das Abwehrrecht auch auf andere Personen aus. So erlaubt das Statut von Rom von 1363 II 22 (S. 99) die Nothilfe schlechthin gegenüber der Heimsuche (d. i. ein nächtlicher Angriff mit mindestens 12 bewaffneten Genossen): »quilibet inpune possit dicto assalito .... prestare auxilium .... et favorem. Et dicti aggressores possint impune offendi a dicto assalito et adiutoribus eius durante dicto assallimento vel bactalia, que inde sequiretur.« In Olevano (1364 r. 78) durfte man Eltern, Geschwister, sonstige Verwandte und Hausbewohner verteidigen.

Auf Vermögen und Angehörige wird endlich die Notwehr in Tivoli (1305 III 168 S. 209) erstreckt: Straflos bleibt derjenige, der »aliquid commiserit ad sui defensionem et rerum suarum et uxoris vel filii vel patris vel matris vel aliarum personarum quibus de iure conceditur«.

---

[26]) Aditio facta super statutis loquentibus de malafitio (r. 105 S. 109).

2. Moderamen inculpatae tutelae.

I.

Die Abwehr mußte maßvoll sein, die Notwehr erfolgen »cum moderamine inculpatae tutelae«[27]).

Die Lehre vom moderamen inculpatae tutelae stammt aus dem römischen Recht, das den Italienern hier eine durchdachte und geschlossene Theorie bot[28]). Der hohe Stand der römischen Lehre machte die Überwindung des überkommenen Rachegedankens erst möglich. Das »Maß« unterscheidet die Notwehr von der maßlosen Rache.

Genau genommen freilich ist ein Maß in der Ausübung mit dem Rachegedanken begrifflich ebenso vereinbar wie mit der Notwehr. So gab es ja in Italien Statuten, die die Retorsion erlaubten, aber nur bestimmte, meist harmlose Rachehandlungen zuließen. Nicht das Maß an sich ist das wesentliche bei der Notwehr, sondern die Maßbestimmung nach der Art des drohenden Angriffs. Die Maßbestimmung nämlich verändert sich: Die Rache wird so lange und in dem Umfange geübt, wie es nötig ist, um das begangene Unrecht auszulöschen, die Notwehr nur insoweit, als die drohende Gefahr es erfordert. Die Rache blickt rückwärts, die Notwehr in die Zukunft.

---

[27]) Gandinus, De defensionibus 8 (S. 180); Bonif. de Vitalinis, Quis alium possit offendere n. 2; Cinus, D I 1 De iust. e. iure 3 n. 1; Alb. de Rosc., D IX 2 Ad l. Aquil. 45, 4 n. 2; Baldus, Cons. II 237 n. 2. Vgl. ferner die Kommentare zu C VIII 4 Unde vi 1. Dieser Quellenstelle ist der Ausdruck entnommen.

Ebenso die Kanonisten und Theoretiker des forum internum: Innocenz, c. 3 X De sententia exc. V 39 n. 2; Hostiensis, c. 12 X De restitut. spol. II 13 § Intelligentes (S. 273); Barth. Pis. s. v. »Bellum« n. 2 (S. 14), s. v. »Homicidium« n. 5; Joh. v. Fr. II 1 q. 12, III 34 q. 227; Ast. VII 3 (S. 150).

Die Einhaltung des Maßes verlangt auch Thomas von Aquino, S. th. 2, 2 q. 64 a. 7: »Actus ... huiusmodi (es sind Notwehrakte gemeint), ex hoc quod intenditur conservatio propriae vitae, non habet rationem illiciti; cum hoc sit cuilibet naturale, quod se conservet in esse, quantum potest. Potest tamen aliquis actus ex bona intentione proveniens, illicitus reddi, si non sit proportionatus fini.« Die Verteidigung bleibt also straflos, wenn sie maßvoll geschieht: »nam secundum iura vim vi repellere licet cum moderamine inculpatae tutelae.«

In der Beichtliteratur wird häufiger hervorgehoben, daß die Frau sich cum moderamine gegen einen Priester wehren dürfe, der ihr Gewalt antun wolle. Vgl. Raym. de Pennaf. III 33 De sententiis § 7 (S. 386); Barth. Pis. s. v. »Excommunicatio« n. 15; Joh. v. Fr. III 33 q. 35 (S. 159).

[28]) Vgl. Falchi, dir. pen. 150 ff.

[29]) Bonif. de Vitalinis, Quis alium possit offendere n. 2: »Cum moderamine .... id est ad defensionem potius quam ad vindictam.«

Das hiernach entscheidende — Abwehr nur zukünftigen Unrechts und Anpassung der Verteidigung an die Art des Angriffs — wird von der Theorie des 14. Jahrhunderts — in engem Anschluß an die Quellen — deutlich herausgearbeitet. Erfordernisse dieser Art sind es, die unter dem Schlagwort moderamen inculpatae tutelae zusammengefaßt werden. Man verstand darunter nicht nur das »Maß«, also die Auswahl richtiger Mittel für die Abwehr des als abwehrbar vorausgesetzten Angriffs, sondern zugleich Voraussetzungen, unter denen überhaupt eine gewaltsame Abwehr erlaubt war. Drei solche Erfordernisse werden hervorgehoben, Merkmale, die weder absolut betrachtet noch im Verhältnis zueinander eindeutig abgegrenzt waren und wiederum an konkreten Anwendungsfällen entwickelt wurden. Die Notwehr mußte einmal Verteidigung, nicht Rache bezwecken. Sie mußte sodann unvermeidbar sein und mit angemessenen Mitteln erfolgen, und sie durfte endlich, wenn sie auf einen Angriff folgte, nur unmittelbar danach geschehen.

So lehrte z. B. Iacobus de Belvisio I 11 n. 10 ff.:

»Haec defensio debet fieri de iure, per modum tuitionis, non invasionis et cum moderamine inculpatae tutelae, quae circa tria attenditur: Primo, ut si cum armis inferatur violentia, cum armis repellatur et eisdem vel similibus armis: si sine armis, simili modo, sine armis repellatur, attenta conditione personarum.... Secundo, ut incontinenti flagrante adhuc maleficio, violenter invasor repellatur. Tertio, quod ad defensionem, non ad ultionem.«

Diese Dreiteilung in moderamen circa modum (Waffen gegen Waffen), circa tempus (incontinenti) und circa causam (defensio, nicht vindicta) kehrt überall wieder [30]. Nur kommt die Unbestimmtheit der Merkmale in wechselnden Fassungen zum Ausdruck [31].

I. Die Notwehrhandlung mußte einmal Verteidigung, nicht Rache bezwecken, mußte erfolgen »ad defensionem« nicht »ad ultionem« [32]. Nötig ist die Abwehrgesinnung, der »animus defendendi, non ulciscendi« (Baldus, Cons. III 287 n. 2), ein moderamen »in qualitate animi« [33].

Der subjektive Gehalt dieses Satzes wird in der Kasuistik der Beichtliteratur ausgeschöpft. Der Priester, der einen mit ihm

---

[30]) Bartolus, C VIII 4 Unde vi 1 n. 7; Baldus, a. gl. O. n. 2 und Repet. z. l. 1 n. 8; Salicetus, a. gl. O. n. 5.

[31]) Cinus, C VIII 4 Unde vi 1 n. 3: »sunt illa, quae aequipollent violentiae illatae in qualitate armorum. Item quae aequivalent in cursu temporis. Item quae aequivalent in ipso actu violento, ne alias excedendo censeatur vindicta.« Vgl. auch Baldus, Cons. IV 312 n. 2.

[32]) Vgl. z. B. Gandinus, De defensionibus 4 (S. 178) und die Kommentare zu C VIII 4 Unde vi 1.

[33]) Baldus, C VIII 4 Unde vi 1 n. 2; Alb. de Rosc., a. gl. O. n. 10 fordert, »ut tutela defensionis non transeat in culpam ultionis«.

spielenden jungen Kleriker (puer clericus) im Zorne verletzt, aber nicht, um sich zu rächen, sondern um ihn abzuwehren (»non animo iniuriandi vel libidine vindicte, sed tamen propter repellendam violentiam pueri .... cum moderamine«), bleibt trotzdem straflos [34]. Auch wenn jemand, im Spiel geschlagen, einen Kleriker wiederschlägt, soll es auf die Gesinnung ankommen. Wer sich rächen will, wird exkommuniziert, aber nicht, wer aus Leichtsinn oder im Scherz handelt [35]. An der Notwehr fehlt es unter zwei Bedingungen: einmal dann, wenn jemand das objektive Notwehrmaß überschreitet, zweitens, wenn der Täter zwar maßvoll, aber aus böser Gesinnung handelt [36].

Wiederum bricht der Gegensatz der Grundanschauungen hervor. Während die geistliche Jurisprudenz den hinter den Dingen liegenden inneren Vorgängen nachgeht, sehen die Legisten auf den äußeren Tatbestand, in dem die Gesinnung sichtbar wird. Das subjektive Erfordernis wird in objektive Merkmale aufgelöst. Sind bestimmte äußere Voraussetzungen erfüllt, so bedarf es nicht des besonderen Nachweises, daß der Täter Verteidigung, nicht Rache beabsichtigt habe. So nimmt z. B. Baldus, D IX 2 Ad l. Aquil., Additio z. l. 52, 53 n. 2 ohne weiteres Notwehr an, wenn die Handlung objektiv maßvoll, Rache, wenn sie maßlos ist: »nota, quod illud dicitur fieri ad defensionem, quod fit cum moderamine, sed quod immoderate fit, dicitur fieri ad ultionem ... ubi est licita ultio, non est curandum, utrum moderate.«

Notwehr im Sinne der italienischen Theorie ist die Abwehr eines objektiv rechtswidrigen Angriffs. Doch ließ man, den Quellen folgend [37], das unmittelbare Bevorstehen des Angriffs genügen. Man war darüber einig, daß man den ersten Schlag nicht erst abzuwarten brauche, daß schon sichere Anzeichen der Angriffsabsicht genügten. Jemand darf abgewehrt werden, »dum tamen praecedant

---

34) Ast. VII 3 (S. 149 R.).

35) Beide Fälle bei Alb. de Rosc. s. v. »Excommunicatio« n. 2: »dic, quod ex quo libidine vindictae, non iocosa levitate repercutit, incidit in canonem; sed si iocose percussus a clerico graviter repercutit, cum iocosa tamen levitate et sine dolo, non incidit similiter nec sacerdos, qui in puerum clericum importune secum ludentem iratus percutit, non animo iniuriandi nec libidine vindictae.«

36) Barth. Pis. s. v. »Bellum« n. 2 (S. 14): »de iure naturali potest quilibet vim vi repellere, dum tamen incontinenti et cum moderamine inculpate tutele, i. quod tutela illa moderata et sine culpa sit nec sit ad sumendam vindictam, sed propulsandam iniuriam«; Ast. II 64 (S. 107 R.); Alb. de Rosc. s. v. »Rixa«. Vgl. auch die S. 125 Anm. 27 zitierte Thomas-Stelle.

37) Falchi, dir. pen. 150.

signa et actus manifesti, quod ille intendebat offendere et iste aliter se defendere non potest« (Bartolus, C VIII 4 Unde vi 1 n. 9). Als ein solches Anzeichen galt es vor allem, wenn jemand bewaffnet auf einen andern zukam: »Sufficit terror armorum« [38]).

Aber das Andringen mit Waffen begründet nur eine widerlegbare Vermutung für das Vorhandensein böser Absichten [39]). Maßgebend waren letztlich die Umstände des Einzelfalls. Das betont wohl am schärfsten Iacobus de Belvisio I 11 n. 2 ff. Er verlangt zunächst, daß die Angriffsabsicht sich in Drohungen, im Schwenken von Waffen und dergleichen bekunde. Doch auch dann noch soll es auf die besonderen Umstände ankommen. Führt sich ein notorischer Raufbold so auf, ein Mensch, dessen Worte ernst zu nehmen sind (»famosus percussor et talis, qui facere consuevit sicut dicit«), so darf man dem Angriff zuvorkommen. Tut das jemand, der bekannt ist als harmloser Prahler, so darf man nicht zuschlagen. In Zweifelsfällen aber soll bedacht werden, daß der Angegriffene nicht immer Zeit zum Überlegen habe (»attendi debent verba, modus et qualitates terrorum, armorum: et sic, quando posset vel non posset primo invadi: . . . nam interdum locus, tempus non patitur plenius deliberandi consilium«).

Nicht anders als die Abwehr eines für die Zukunft erwarteten Angriffs beurteilte man den Rückschlag des schon einmal geschlagenen. Dann nämlich lag Notwehr vor, wenn der Angreifer erneut zuschlagen

---

38) So schon das römische Recht und die Glosse. Vgl. Falchi, dir. pen. 148. Gandinus, De defensionibus 8 (S. 180): »Illud ... quidam dixerunt simplicitate nimia, quod possessor debeat pati primo se percuti, nam male dixerunt, quia forte numquam percuteret, si primo pateretur se percuti, quod dic, ut plenius notat Azo in summa«; Bartolus, D XLIII 16 De vi et vi armata 29 n. 1: »sufficit terror armorum, quod quis non debet pati prius se percuti quam se defendat«; Bartolus, Cons. II 16 n. 1: »eo ipso, quod quis insurgit cum telo contra alium, lex praesumit quod velit eum occidere«; Alb. de Rosc., D IX 2 Ad l. Aquil. 45 (46), 4 n. 3; Cinus, C VIII 4 Unde vi 1 n. 5; Baldus, a. gl. O., Repet. z. l. 1 n. 14 ff. und 1 n. 3 f., D IX 2 Ad l. Aquil. 4, Cons. IV 111 n. 4 (»non debet quis exspectare cedi ab inimico«), 312 n. 6; Angelus, D XLIII 16 De vi et vi armata 3, 5 n. 1, C VIII 4 Unde vi 1 n. 8; Salicetus, a. gl. O. n. 5, 8; Bonif. de Vitalinis, Quis alium possit offendere n. 1, De insultu n. 8 f.; Iac. de Belvisio I 11 n. 2.

So auch die geistliche Jurisprudenz: Hostiensis, c. 3 X De homicidio etc. V 12; § Hoc etiam (S. 285); Archid., c. 6 D. L; Joh. Andreae, c. 12 X De restitut. spol. II 13 n. 32; Raym. de Pennaf. II 5 De raptoribus § 12 (S. 173); Joh. v. Fr. II 5 q. 52.

39) Bartolus, D IX 2 Ad l. Aquil. 5 n. 2: »eo ipso, quod probo, quod aliquis veniebat contra me cum cultello et ego occidi eum, statim est probata mea defensio.«

wollte oder der Verteidiger das den Umständen nach annehmen durfte, ein Handeln zum Zwecke der Rache aber dann, wenn jemand nach Abschluß des Angriffs den Angreifer verfolgte und dabei verletzte [40]).

Der Gedankengang ist verständlich: Die Gewalttat nach Abschluß des Angriffs macht Vergangenes nicht wieder gut und wehrt für die Zukunft nichts ab. Sie kann nur der Rache dienen. Anders bei Angriffen auf das Vermögen. Auch nach Wegnahme der Sache hat es Zweck, dem Täter nachzusetzen und ihm das Weggenommene wieder abzunehmen. Daher dehnten die Rechtslehrer die Selbsthilfe bei Angriffen auf das Vermögen weiter aus als bei solchen auf die Person, erlaubten also, den Schädiger zu verfolgen. Damit kamen sie auf folgende Zweiteilung: Der Gegenangriff ist verboten, wenn jemand einen andern körperlich verletzt hat und kein weiterer Angriff droht oder zu fürchten ist. Dagegen ist die Verfolgung des Angreifers erlaubt, wenn der Angegriffene am Vermögen geschädigt ist und der Schaden sich wiederherstellen läßt. Doch muß die Abwehr dann auf der Stelle erfolgen [41]).

---

[40]) Bartolus, C VIII 4 Unde vi 1 n. 10: »si aliquis te percusserit, et tu post receptam percussionem insequeris eum, hoc videtur fieri per vindictam. Secus si instaret et te vellet ulterius percutere: ita ex factorum qualitate presumitur et non potest dari certa doctrina« (!); Angelus, C IX 16 Ad l. Corn. de sic. 2 n. 2: »Quando accusatus fuit primo percussus, tunc non licuit repercutere percussorem, nisi propter timorem geminandae percussionis«; Gandinus, De defensionibus 4 (S. 178); Bonif. de Vitalinis, De insultu n. 12; Cinus, C VIII 4 Unde vi 1 n. 7; Alb. de Rosc., a. gl. O. n. 16; Baldus, a. gl. O. n. 4 f., D IX 2 Ad l. Aquil., Additio z. l. 52, 4 n. 1, Cons. III 287 n. 2, IV 312 n. 5 f.; Salicetus, C IX 16 Ad. l. Corn. de sic. 2 n. 1.

Ebenso die geistliche Jurisprudenz: Innocenz, c. 4 X De sententia exc. V 39 n. 2; dort auch Joh. Andreae; Raym. de Pennaf. II 5 De raptoribus etc. § 12 (S. 173): Der Verletzte schlägt wieder; »si facit hoc in continenti, id est quum videt illum paratum denuo percutere, non tenetur aliquo modo«; Joh. v. Fr. II 5 q. 52; Ast. I 29 (S. 41 R.); Hostiensis, c. 4 X De sententia exc. V 39. § Si vero cler. (S. 345).

[41]) Angelus, C VIII 4 Unde vi 1 n. 3: »Iniuria ... personalis, postquam illata est, non potest reduci ad statum non illatae ... Sed iniuria illata in rem, postquam illata est, potest reduci ad statum non illatae, inquantum res recuperetur et ideo talis iniuria tunc cum propulsatur in actu propulsandi, dicitur de defensione offensio«; Baldus, a. gl. O., Repet. z. l. 1 n. 7; Alb. de Rosc., C VIII 4 Unde vi 1 n. 16; Angelus, C IX 12 Ad l. Iul. de vi publ. 6 n. 6.

Innocenz, c. 12 X De restitut. spol. II 13 n. 6: »Vim ... rebus illatam licet vindicare et post iniuriam factam in rebus auferendis res ablatas recuperare ..., sed post iniuriam factam persone non est licitum vindicare vel alium percutere ..., nisi forte timeretur geminata percussio«; Raym. de Pennaf. II 5 De raptoribus § 12 (S. 173 f.); Barth. Pis. s. v. »Bellum« n. 29 (S. 14); Joh. v. Fr. II 5 q. 52; Ast. I 29 (S. 41 R.), VII 3 (S. 150).

Zur Notwehr befugt nur der rechtswidrige Angriff[42]). Das hätte bedeutet, daß der Friedlose nicht in Notwehr handeln konnte, und das nahm für den Geächteten Bartolus, C VIII 4 Unde vi 1 n. 4 auch folgerichtig an, fand aber Widerspruch bei Baldus[43]). Auch hier unschärfer, aber moderner als Bartolus tritt er aus Billigkeitsgründen für Straflosigkeit ein. Man sieht, wie im 14. Jahrhundert die alten Vorstellungen neuen Gedanken weichen. Friedlosigkeit und Rache sind in ihren letzten Resten bedroht.

In diesem Zusammenhang wurde besprochen, wieweit man sich gegen Beamte oder Richter wehren dürfe, die ihre Befugnisse überschritten. Man unterschied, ob sie als Privatleute oder im Amte handelten und im zweiten Falle weiter, ob der Schaden sich anderweitig, etwa durch Gebrauch von Rechtsmitteln aus der Welt schaffen ließ[44]). Ein Echo dieser Lehre ist in den Statuten von Arona zu spüren, die eine Notwehr gegenüber Beamten ausdrücklich ausschlossen (Arona 1319 r. 105, 106 S. 109 f.).

Der objektiv rechtswidrige Angriff genügte. Auch Kinder und Geisteskranke durfte man abwehren[45]). Diese Annahme lag nahe. Denn im Rechtsgefühl dieser Zeit war noch die Vorstellung lebendig, daß der Geisteskranke sich durch ein Unrecht zwar nicht strafbar mache, aber rechtlos sei[46]). Diese Anschauung wirkt nach im Statut von Ivrea. Dort durfte der geistig gestörte, der jemand beleidigte, straflos verletzt werden[47]).

---

[42]) Bartolus, D I 1 De iust. et iure 3 n. 3: »aut infertur vis a privato licite aut illicite. Si licite . . ., tunc dico, quod liceat vim inferre et ita loquitur contraria. Si vero infertur illicite, et tunc licet defendere«; Alb. de Rosc., C VIII 4 Unde vi 1 n. 16.

[43]) Baldus, D I 1 De iust. et iure 3 n. 10: »non est dubium, quod aggressor peccat, quia facit privato odio et non propter favorem publicae disciplinae. Sic ergo ipse peccat, ergo adversarius se defendens non peccat per rationem huius legis. Sufficit tamen sibi, quod defensio sua sit licita de iure naturali, quia non potest tolli per statutum«; ebenso Baldus, C VIII 4 Unde vi, Repet. z. l. 1 n. 39.

[44]) Bartolus, Tr. de carceribus n. 17 (S. 158); Cinus, C VIII 4 Unde vi 1 n. 9; a. gl. O. Alb. de Rosc. n. 6, Angelus n. 2, Salicetus n. 13; Baldus, D I 1 De iust. et iure 3 n. 20, C X I De iure fisci 5 n. 1, 6; Lucas de Penna, C X 1 De iure fisci 5 (S. 4), C XI 53 De colon. illyr. c. un.

Kanonisten und Beichttheoretiker nahmen an, der zu Unrecht verurteilte dürfe sich nur dann nicht zur Wehr setzen, wenn sonst ein scandalum entstünde. Auch dann aber sollte er fliehen dürfen. Vgl. c. 41 C. XXIII q. 5; Barth. Pis. s. v. »Accusatus« n. 4; Joh. v. Fr. II 5 q. 196; Ast. I 41 (S. 61).

[45]) Alb. de Rosc., C IX 35 De iniuriis 5 n. 7; Baldus, C VIII 4 Unde vi, Repet. z. l. 1 n. 38; Angelus, D XLVII 10 De iniur. et fam. lib. 3 n. 2.

[46]) So im langobardischen Recht. Osenbrüggen, Lgb. 70 f.

[47]) Angeführt S. 24 Anm. 62.

II. Die Notwehr mußte sodann unvermeidlich sein, unvermeidlich der Anlaß und die Auswahl der Mittel. Nur necessitas inevitabilis schließt die Strafe aus. Der Angegriffene darf den Angreifer nur töten, wenn er sich nicht anders schützen kann [48]).

Zwischen vermeidbarer und unwiderstehlicher Gewalt unterschieden auch Kanonisten und Theoretiker des forum internum [49]). Die erstere sollte entschuldigen, die zweite die Strafe nur mildern.

Dieses unbestimmte Merkmal wird in mehreren Richtungen entwickelt. Vermeidbar ist einmal die selbst verschuldete Notlage [50]).

[48]) Gandinus, De homicidiariis 18 (S. 298); Bartolus, D I 1 De iust. et iure 3 n. 11, Cons. II 16 n. 2; Baldus, Cons. IV 111 n. 1 f.; Angelus, C IX 16 Ad l. Corn. de sic. 2 n. 1; Salicetus, a. gl. O. n. 1.

[49]) Vgl. c. 2 X De homicidio etc. V 12. Ganz ebenso Raym. de Pennaf. II 1 De homicidio § 1 (S. 138), II 5 De raptoribus § 12 (S. 173); Barth. Pis. s. v. »Homicidium« n. 7 (S. 71 R.); Joh. v. Fr. II 1 q. 12; Alb. de Rosc. s. v. »Homicidium« n. 4; Ast. I 26 (S. 38 R.); Archid., C. XXIII q. 1 pr.; Joh. Andreae, c. 3 X De homicidio etc. V 12; Hostiensis, c. 12 X De restitut. spol. II 13 (S. 273), S. A. I 40 n. 2.

Raym. de Pennaf. II 1 a. a. O.: »Necessitate qui percutit, distingue, quia aut illa necessitas fuit evitabilis: poterat enim evadere absque occisione: tunc est reus homicidii, et tamquam pro mortali debet agere poenitentiam; aut fuit inevitabilis, quia occidit hominem sine odii meditatione, immo cum dolore animi, et se et sua liberando, quum aliter non posset evadere, dicitur non peccare nec astringitur ad poenitentiam ...., interiorem tamen poenitentiam debet semper habere et quasi suis peccatis adscribere, quia in tantam potuit venire necessitatem.«

[50]) Baldus, Cons. II 237 n. 2 in den Erörterungsgründen: »licet rixa creverit et defensionem suam postea fecerit, talis defensio fuit iniusta: quia per prius dederat opus rei illicite ... non igitur est ei ignoscendum, quia in necessitate se posuit.« Baldus kommt aber schließlich zu anderen Ergebnissen. Vgl. auch Baldus, Cons. III 287 n. 2.

Deutlicher in der Beichtliteratur: Raymundus de Pennaforte II 1 De homicidio n. 2 (S. 141) behandelt als einen Fall der necessitas evitabilis den, daß sich jemand durch eigenes Verschulden in eine Notlage bringt: »in qua intelligo non solum eum, qui tempore occisionis poterat evitare, sed etiam illum, qui se culpa sua in talem necessitatem ingessit.« Als Beispiel wird der Fall genannt, daß jemand das Herankommen eines feindlichen Heeres abwartet, sich in einem Kastell einschließen läßt und dann in der Verteidigung Gewaltakte vornimmt. Wie Raymundus auch Joh. v. Fr. II 1 q. 21. So versagt auch Hostiensis, c. 9 X Ne clerici vel mon. etc. III 50 § Nullus quoque (S. 195 R.) das Notwehrrecht in einem ungerechten Kriege. Vgl. ferner Alb. de Rosc. s. v. »Rixa«: »rixa semper importat peccatum: ut in eo, qui alium iniuste invadit, est mortale, in eo autem, qui se defendit, potest esse sine peccato.« —

Wenn sich also jemand in einem (unerlaubten) Turnier zur Wehr setzt, so wird er nicht entschuldigt. So Hostiensis, S. A. V 13 n. 3: »Sed nunquid in torneamento necessitas imminens excusabit ... non, quia ad hanc necessitatem ultro et ex proposito se ingessit ..., nam ab initio fuit inevitabilis«. Ebenso Ast. I 28 (S. 40).

Wer zuerst angreift, der »princeps delicti«, handelt nicht in Notwehr, wenn er, in die Verteidigung zurückgedrängt, sich wehrt. Dieses Ergebnis lag nahe. Es entsprach der alten Anschauung, daß wer Unrecht tut, sich aus dem Recht setzt, also niemals Unrecht leidet. Der erste Angreifer wird schutzlos vor dem Angegriffenen. Dahin drängte auch die sinnlich konkrete Ansicht der Dinge, daß alles Unheil dem zuzuschreiben sei, der als erster Unrecht begeht. Sodann spricht gegen denjenigen, der mit dem Streit anfängt, die Vermutung, daß er bis zum Eintritt des Erfolges Angreifer bleibe [51]). Endlich rechtfertigte sich die Haftung des Anfängers aus der Lehre vom versari in re illicita. Wer sich der Sünde überläßt, ist für alle Folgen daraus verantwortlich, ohne Rücksicht auf sein Verschulden, auch für Unrecht, das ihm selbst geschieht.

Aber Gedanken dieser Art treten in der Theorie, jedenfalls bei den Legisten, in den Hintergrund. Denn folgerichtig durchgeführt hätte diese Lehre bedeutet, daß der Gegner den ersten Angreifer nach Belieben verletzen dürfe, also eine Preisgabe der Notwehr. Das gab aber die Rechtslehre durchaus nicht zu, sondern hielt an den objektiven Erfordernissen der Notwehrlage fest. So verstand man unter inculpata tutela denn auch nicht jede unverschuldete Notwehrlage, sondern eine Verteidigung, die das objektive Maß zulässiger Abwehr nicht überschritt. Auch hier also wurden subjektiv deutbare Merkmale in objektiven Maßstäben festgelegt. So äußert sich z. B. Baldus, C VIII 4 Unde vi 1 n. 3 über die inculpata tutela so: »adverte, quae est diffinitio huius moderaminis, quod est quando non transcendit inculpatam tutelam. Duo verba ergo exigit, sc. tutelam et irredarguibilem seu inculpatam defensionem, nam culpabilis defensio non est permissa, esset autem culpabile (is?) propter excessum modi et propter non congruo tempore fieri«.

Vermeiden ließ sich die Gefahr auch dann, wenn der angegriffene fliehen konnte. Ob Notwehr vorlag, wenn er das nicht tat, war umstritten. In den Erörterungen darüber treten sehr eindrucksvoll die verschiedenen Grundanschauungen hervor, die damals miteinander rangen. Einmal bricht auch hier wieder der Gedanke durch, daß man immer Recht hat dem gegenüber, der Unrecht tut. Die Flucht wäre Zugeständnis an das Verbrechen. Das war die volkstümliche Anschauung der Praxis, und ihr folgte Angelus, der alle Unterscheidungen unter Hinweis auf die Rechtsprechung entschieden verwirft.

---

[51]) Lucas de Penna, C XII 40 De metatis 5 (S. 291 R.): ..... »quia tunc videretur in dubio ille puniendus et alter absolvendus«. (Damit wird die Notwendigkeit begründet, den ersten Angreifer zu ermitteln.)

So teilt er im Kommentar zu C VIII 4 Unde vi 1 n. 8 mit, er habe diesen Standpunkt als Verteidiger mehrfach erfolgreich vertreten. Auch habe er in Venedig in diesem Sinne ein Gutachten abgegeben (C IX 16 Ad 1. Corn. de sic. 2 n. 2). Theoretisch hatte schon vor ihm Bartolus diese Ansicht vertreten, die Notwendigkeit der Flucht also schlechthin verneint: »Mihi videtur indistincte dicendum, quem non debere fugere. Nam aliquem fugatum esse est iniuria ... ergo pro pulsanda ista iniuria licet resistere«. Dem folgte auch Baldus, D I 1 De iust. et iure 3 n. 29: »non ... dico, quod insultans teneatur fugere, nisi alias sit solitus fugere, vel sit vilis persona et potest hoc facere secure. Alii dicunt quod nemo tenetur fugere, quia fugans eum facit illicite; ergo ille non fugiendo facit licite, quod est verius«.

Diese Steigerung des Rechtsgedankens widersprach der christlichen Auffassung, die eine Selbstdemütigung auch dann nahe legte, wenn das Recht auf Seiten des Entehrten war. In der Beichtliteratur und den Schriften der Kanonisten wird daher die Flucht schlechthin verlangt, und so lehrte auch Jacobus de Belvisio I 11 n. 13 [53]).

Der Streit führte zur Preisgabe des starren Prinzips überhaupt, zur Rücksichtnahme auf den Einzelfall und die Individualität der beteiligten Personen. Einer modernen Richtung nämlich kam es darauf an, ob die Flucht im einzelnen Falle zumutbar war oder nicht. Dabei werden Sicherheits- und Prestigegesichtspunkte hervorgehoben. Die Flucht wurde nicht verlangt, wenn sie den Flüchtling in Gefahr brachte, bei der Verfolgung etwa von hinten getötet oder verletzt zu werden [54]). Auch durfte keine Gefahr für Ehre oder Ansehen entstehen. Ob die Flucht aber Schande brachte, hing von der sozialen Stellung des Täters und den Ehrbegriffen seiner Umgebung ab. Daher durfte der Vornehme Widerstand leisten, während Personen aus niedrigem Stande empfohlen wurde wegzulaufen [55]). So kam Baldus auf folgende Unterscheidung: Niemand muß fliehen, wenn die

---

52) Ast. I 25 (S. 37 R.); Hostiensis, S. A. V 12 n. 5.

53) »... nec esset verecundia et dedecus fugiendi.«

54) Bartolus, D XLVIII 8 Ad l. Corn. de sic. 9 n. 4, Cons. II 16 n. 4; Baldus, C VIII 4 Unde vi, Repet. z. l. 1 n. 12; Salicetus, a. gl. O. 1 n. 8, 11, C IX 16 ad l. Corn. de sic. 2 n. 2.

55) Cinus, C VIII 4 Unde vi 3 n. 6; Baldus, D IV 6 Ex quibus causis maiores etc. 10 n. 2: »Id quod non potest fieri sine dedecore, dicitur impossibile et ideo insultatus non tenetur fugere, sed potest se revolvere.« Nach Bartolus, D I 1 De iust. et iure 3 n. 12, der darin Cinus folgt, brauchen Peruginer, unter denen es für eine Schande galt zu fliehen, nicht davonzulaufen, wohl aber die Florentiner, deren Ehrgefühl als nicht sehr empfindlich galt. Man benutzte die Erörterung der Streitfrage anscheinend zu politischen Sticheleien.

Flucht mit Gefahr verbunden ist, sonst aber nur der Mann aus niedrigem Stande [56]).

Ferner wurde das Merkmal der Vermeidlichkeit auf die Art der Verteidigungsmittel bezogen und verlangt, daß die Abwehrmittel den Angriffsmitteln entsprächen. Gegen den unbewaffneten Angreifer durfte man sich nicht mit Waffen wehren. Kommt aber der Angreifer mit Waffen, so ist auch die Abwehr mit Waffen erlaubt, aber nur mit solchen Waffen, die denen des Angreifers gleichwertig sind [57]). Die Notwehr wird also gedacht als eine Art außergerichtlichen Zweikampfs mit dem Recht der Waffenwahl für den angreifenden Teil. Baldus, C VIII 4 Unde vi, Repet. z. l. 1 n. 8, spricht geradezu vom Duell: »in aequalitate factorum debet esse paritas, ut aequa lance debeat resisti et aequo modo et actu congruenti sicut in duello.« Dabei war der leitende Gedanke, daß die Waffengleichheit zwar ausreicht, um Angriffe abzuwehren, nicht aber, um dem Gegner durch Gegenangriff zu schaden. War das aber nachweislich nicht der Fall, so gab man diese Gleichung preis. War nämlich der ohne Waffen angegriffene schwächer als der Angreifer, so sollte die Abwehr mit Waffen gestattet sein [58]). In Wahrheit also sollten Streitigkeiten aus unrechtmäßigen Angriffen nicht durch ein Duell der Beteiligten mit gleichen Erfolgsaussichten beglichen werden, sondern man gab dem Angegriffenen die Mittel an die Hand, die im einzelnen Falle ausreichten, um ihn zu schützen. In alledem folgen die Italiener den römischen Quellen [59]).

III. Größere Schwierigkeiten bereitet das Verständnis des dritten Notwehrerfordernisses: Der Angegriffene darf den Angriff nur sofort

---

56) Baldus, Cons. IV 312 n. 3 f., c. 11 X De consuetudine I 4 n. 9: »De iure humano non teneor cum mea verecundia vel periculo fugere.«

57) Gandinus, De defensionibus 5 (S. 178 f.), 8 (S. 180); Bonif. de Vitalinis, De insultu n. 9; Baldus, D I 1 De iust. et iure 3 n. 30, C VIII 4 Unde vi 1 n. 2, c. 2 X De vita et honestate etc. III 1 n. 7; Salicetus, C VIII 4 Unde vi 1 n. 5; Ast. I 29 (S. 41 R. f.): Das moderamen besteht darin, »ut non magis ledatur adversarius«; Raym. de Pennaf. II 5 De raptoribus § 12 (S. 173); Hostiensis, c. 18 X De homicidio etc. V 12 § Si vero (S. 290); vgl. auch den Text dazu.

58) Gandinus, De defensionibus 8 (S. 180): »quid, si pugnus unius sit durior quam ensis alterius, forte propter debilitatem nature? Dic, quod debilior utetur armis.«; Bartolus, D I 1 De iust. et iure 3 n. 11, C VIII 4 Unde vi 1 n. 2; Baldus, D I 1 De iust. et iure 3 n. 30, C VIII 4 Unde vi 1 n. 3 und Repet. z. l. 1 n. 9 f., Cons. II 237 n. 2; Salicetus, C VIII 4 Unde vi 1 n. 5; Bonif. de Vitalinis, De insultu n. 10; Raym. de Pennaf. II 5 De raptoribus § 12 (S. 173); Joh. v. Fr. II 5 q. 52; Ast. I 29 (S. 41 R.).

59) Falchi, dir. pen. 151.

(incontinenti), nicht in zeitlichem Abstande (ex intervallo) erwidern. So lehrte im Anschluß an die Quellen [60]) Baldus, C IX 16 Ad. l. Corn. de sic. 2 n. 2: »primo insultatus dicitur facere ad suam defensionem, non ad vindictam ... dummodo faciat in continenti, secus si ex intervallo [61])«.

Der Begriff »incontinenti« wird häufig dahin umschrieben, daß der Verteidiger zwischen Angriff und Gegenwehr nicht zu anderen Handlungen übergehen dürfe, er muß handeln, »antequam divertat ad extraneos actus [62])«. Entsprechend ist die Rede vom Handeln »in ipso actu« [63]), »in eadem aggressura« [64]), »uno impetu« [65]). Bald soll es auf das Fortwirken der Erregung ankommen: incontinenti ist das Handeln »instante metu«, »instante timore« [66]).

Doch gerade diese Fassung erinnert an die typischen Fälle des Racherechts. So blieb ja auch der Ehemann oder Verwandte straflos, der den in flagranti ertappten Sexualverbrecher tötete. Man hielt ihm die unmittelbar nachwirkende Erregung zugute. Wenn man aber den Angreifer sofort wieder verletzen darf, so scheint darin nichts anderes zu liegen als die zeitlich beschränkte Erlaubnis der Rache.

Die Wichtigkeit dieser Frage und die Gefahr für die Notwehrlehre war den Italienern bewußt. Sie wiesen also darauf hin, daß das incontinenti-Erfordernis nur eines unter mehreren sei. Das Handeln sofort nach der Tat für sich allein sei noch keine Not-

---

[60]) Falchi, dir. pen. 150 ff.

[61]) Baldus, D IX 2 Ad l. Aquil. 52, 1; Angelus, D XLIII 16 De vi et vi armata 3, 9 n. 1, C VIII 4 Unde vi 1 n. 1; Alexander III. in c. 3 X De sententia exc. V 39; Hostiensis, c. 3 X De homicidio etc. V 12 § Hoc etiam (S. 285); Ast. I 26 (S. 38 R.).

Baldus, Cons. IV 312 n. 2 umschreibt dieses Erfordernis so: »ut defensio sit coniuncta vel quasi coniuncta offensioni ab adversario illate vel timori ulterius inferendi; ex intervallo enim non dicitur defensio persone, sed ultio.«

[62]) Gandinus, De defensionibus 6 f. (S. 179 f.); Bonif. de Vitalinis, De insultu n. 9, Quis alium possit offendere n. 2; Baldus, Cons. IV 312 n. 5: »non dicitur generare intervallum, nisi inchoator omnino divertat se ab actu et de loco discesserit.«

Innocenz, c. 12 X De restitut. spol. II 13 n. 8; Joh. Andreae, c. 12 X De restitut. spol. II 13 n. 16: »incontinenti tamen violentia flagrante, idest antequam passus violentiam ad aliena divertat negocia«; Raym. de Pennaf. II 5 De raptoribus § 12 (S. 174); Barth. Pis. s. v. »Bellum« n. 2 (S. 14): »incontinenti, i. quantocitius scit vim illatam, priusquam divertat ad alium actum«; Joh. v. Fr. II 5 q. 52; Ast I 29 (S. 41 R.).

[63]) Bartolus, Cons. II 16 n. 2: »hoc est in ipso actu, cum percutiebatur.«; Baldus, C VIII 4 Unde vi 1 n. 2; Salicetus, a. gl. O. n. 4.

[64]) Baldus, D XXIX 5 De sen. cons. Silan. 6, 3 n. 1.

[65]) Bartolus, D XLVIII 5 Ad l. Iul. de adult. 24 (23) n. 1: »in maleficiis dicitur incontinenti fieri, quod fit uno impetu.«

[66]) Baldus, D IX 2 Ad l. Aquil., Additio z. l. 52, 4 n. 1.

wehr. Dazu müsse alles andere hinzukommen, vor allem die Gefahr eines Angriffs für die Zukunft und die Unvermeidlichkeit der Notlage wie der Verteidigungsmittel. Sehr deutlich tritt das bei Cinus, C VIII 4 Unde vi 1 n. 4 hervor: »tertium moderamen est aequivalentia actui violento, ut scilicet fiat ad defensionem illius actus et non ultra. Sed dubitatur, quomodo sciemus, utrum faciat ad defensionem. Jac. de Arena ... dicit, quod praesumitur fieri ad defensionem, si fiat incontinenti; si ex intervallo, praesumitur ad vindictam. Et hoc quidam moderni approbant, sed male: quia incontinenti potest fieri ad ultionem, ut si aliter evadere potest«[67]).

Dieser Zusammenhang führte dahin, daß der Begriff des incontinenti selbst der Lehre über die Zulässigkeit der Verfolgung (oben S. 132 ff.) angepaßt wurde. Die Theorie nahm ja an, daß man — anders als den Körper — sein Vermögen auch dann noch schützen dürfe, wenn der Angriff beendet, aber der Schaden noch zu vermeiden war. Danach schien es angebracht, den Zeitraum der zulässigen Verteidigung bei der Vermögensnotwehr weiter zu fassen als bei der Körpernotwehr. Dieser Unterschied wird häufig gemacht. So lehrte u. a. Bartolus, C VIII 4 Unde vi 1 n. 9: »quandoque fit iniuria circa res et tunc incontinenti dicitur etiam intra tres dies ... Si vero iniuria inferatur personae, tunc debet fieri incontinenti in ipso actu seu crimine flagranti[68]).«

Damit war zwar die Gefahr behoben, daß der Notwehrbegriff

---

[67]) Alb. de Rosc., C VIII 4 Unde vi 1 n. 16: »... violentia infertur personae et tunc potest resisti, ne fiat. Non autem, facta etiam incontinenti, licet ulcisci«; Salicetus, C IX 16 Ad l. Corn. de sic. 2 n. 1: »si incontinenti, distingue, quo animo, quia aut se ulciscendi, et non potest, aut se defendendi, timens novam percussionem sibi inferri, et tunc potest, et in dubio praesumitur novam percussionem timere et illam velle evitare«; Salicetus, C VIII 4 Unde vi 1 n. 7; Archid., c. 6 D. L.

[68]) Vgl. auch Baldus, c. 2 X De vita et honestate etc. III 1 n. 8: Sei die entzogene Sache wiederzuerlangen, so heiße incontinenti »cum primum est aptitudo recuperandi.« Sei das nicht der Fall, »quod continuate fit instante metu«; Cinus, C VIII 4 Unde vi 1 n. 4; Salicetus, a. gl. O. n. 6 f.

Hostiensis, c. 18 X De homicidio etc. V 12 § Si vero (S. 289 R.): »... expositio istius verbi »mox« sive »incontinenti« magis dilatatur in repulsione rerum quam persone; quod patet ex eo, quia quando infertur persone, exponitur »incontinenti« in ipso actu; quum vero infertur rebus, exponitur »mox« i. antequam ad contrarium actum divertatur.« Raym. de Pennaf. II 5 De raptoribus § 12 (S. 173 f.): Handelt es sich um eine Verletzung der Person, so heißt incontinenti, »quum videt illum paratum denuo percutere«, liegt Vermögensnotwehr vor, »quam cito scit vim illatam, priusquam divertat ad contrarium actum«. Vollends auf die Umstände des Einzelfalles stellen ab Angelus, C VIII 4 Unde vi 1 n. 1: incontinenti und ex intervallo »secundum quod requirit natura rei«; Baldus, c. 2 X De vita et honestate etc. III 1 n. 8: »scias, quod incontinenti et ex intervallo dicitur, prout materia requirit.«

durch ein begrenztes Racherecht durchbrochen wurde. Doch bleibt auf den ersten Blick eine Unstimmigkeit. Den abgeschlossenen Angriff auf den Körper durfte man nicht erwidern, auch nicht sofort, den drohenden incontinenti. Aber doch auch ex intervallo! Wenn nämlich dem ersten Angriff nach längerer Zeit ein zweiter Vorstoß zu folgen droht, so gilt das als neuer Angriff, und wie jedem anderen, so darf man auch diesem Angriff deshalb nicht weniger zuvorkommen, weil ein erster Angriff vorhergegangen war. Damit schien dem Erfordernis des sofortigen Handelns jeder Boden entzogen. Ob der zweite Angriff dem ersten sogleich oder als neuer Angriff später folgt, niemals braucht man den ersten Schlag abzuwarten. Die Erklärung sehe ich in folgendem: Wenn jemand den Angriff auf der Stelle erwidert, so nahm man im Zweifel an, daß dies in der Abwehr geschah, also ein zweiter Angriff drohte. Es besteht eine Vermutung dafür, daß jemand, der sofort wiederschlägt, Abwehr und nicht Rache will, und daß, wer einmal geschlagen hat, nochmals zuschlagen wird, wenn nicht ein längerer Zeitraum verstrichen ist. Für diese Auffassung lassen sich eine Reihe von Belegstellen anführen:

So bemerkt Bartolus, D IX 2 Ad l. Aquil. 52, 1: »estne verum, quod si percutiam percutientem me incontinenti, quod ego videor facere ad mei defensionem? .... veritas est, quando ego percutio te, antequam me percutias, dum es in actu percutiendi, tunc in dubio videor facere ad defensam ..., quandoque quis est prius percussus et tunc non licet te percutere etiam incontinenti. Hoc enim esset vindicta. Quia ... habita offensa evadere potest: nisi forte percuterem eum evadens offensas, quas volebat facere adversarius denuo. Si vero non apparet, an percussio praecesserit ... hoc casu potest intelligi, quando in dubio praesumatur culpa.«

Albericus de Rosciate, D IX 2 Ad l. Aquil 52, 1 n. 2: »iste est no. § et saepe allegatur. Et bene facit pro quaestione, si quis me vulneravit, et ego statim eum fugientem insequar et occidam, quod videar ad defensionem fecisse.«

Baldus, D I 1 De iust. e. iure 4 n. 31: »ille, qui percutit, praesumitur habere animum repercutiendi, unde in flagranti actu potest offendi, quia praesumitur factum ad defensam, cum sufficiat terror armorum.«

Salicetus, C IX 16 Ad l. Iul. de adult. 2 n. 1: »si iam esset percussus, tunc si ex intervallo, non potest illum licite repercutere; si in continenti, distingue, quo animo, quia aut se ulciscendi et non potest, aut se defendendi timens novam percussionem sibi inferri: et tunc potest et in dubio praesumitur novam percussionem timere et illam velle evitare.«

Salicetus, C VIII 4 Unde vi 1 n. 9: Wenn jemand incontinenti handelt, »tunc aut constat, quod animo ulciscendi et non licet, aut quod animo se tuendi et licet, aut dubitatur, et tunc praesumendum est, quod ad tuitionem sui fecerit volens novam percussionem evitare.«

Damit scheint theoretisch die Notwehrlehre von allen Racheelementen befreit. In der Praxis freilich mußte diese Lehre sich dahin auswirken, daß die meisten Fälle der Affektrache unter den Notwehrbegriff fielen und straflos ausgingen.

2.

Wie verhält sich zu diesen Lehren die Gesetzgebung, und wie wirkt die ausgebildete Theorie auf das Statutarrecht zurück? Bei einer Durchsicht der Gesetze stößt man zunächst auf Regeln, in denen einzelne Merkmale der moderamen-Lehre hervorgehoben werden. Dabei handelt es sich nicht um Notwehr. Denn wie gezeigt wurde, fiel die Notwehr in eine mehr oder weniger gemilderte Retorsion zurück, sobald man einzelne Bestandteile des »moderamen« herausgriff und den Zusammenhang des Ganzen aufhob. So geben jene Statuten denn Rachevorschriften, in denen der Rückschlag erlaubt, aber in einzelnen Beziehungen beschränkt wird. Dabei ist wohl nicht an Einflüsse der Theorie zu denken, sondern an Fortwirkungen alter Rechtsanschauungen.

Die Abwehr mußte nach den Rechtslehrern unvermeidlich sein, unvermeidbar das Entstehen der Notlage wie die Art der angewandten Verteidigungsmittel. Unentschuldbar war also das Verhalten desjenigen, der den Streit entfesselt hatte. Diese Anschauung tritt auch im Statutarrecht hervor. So wird vielfach der erste Angreifer, der inceptor rixae härter bestraft als andere Personen, die sich am Raufhandel beteiligen [69]. Freilich wird selten die Folgerung gezogen, daß der Anfänger schlechthin rechtlos sei und nicht das Notwehrrecht habe. So etwas findet sich nur in Ivrea (Sp. 1249): Die Hausbewohner dürfen einen Angriff auf das Haus mit Waffen abwehren. Doch gilt das nicht für die »actores vel inceptores dicte rixe«.

Auch den Grundsatz der Waffengleichheit bringen die Ortsgesetze zum Ausdruck. Wenn zahllose Statuten denjenigen mit härterer Strafe bedrohen, der einen andern mit Waffen verletzt, so ist der Gedanke wirksam, daß die Waffe ein Übergewicht gibt, die Verletzung also nicht in ehrlichem Kampfe erfolgt. Freilich wird selten das Mißverhältnis der Beteiligten im Tatbestand ausdrücklich gefordert. Immerhin kommt auch das vor. So wird z. B. in Pisa (1286 III 9 S. 374) besonders bestraft, wer einen Unbewaffneten mit Waffen oder einen Bewaffneten mit besseren Waffen verletzt. Das soll auch dann gelten, wenn der Unbewaffnete den andern zur Rache gereizt hatte. Das florentiner Statut des Podestà von 1325 III 40 (S. 202) bedroht mit doppelter Strafe denjenigen, der, mit der bloßen Hand verletzt, mit Waffengewalt Rache nimmt (»vindictam fecerit«) [70]. Das Gesetz von Casale von 1370 Sp. 991 erlaubt dem mit dem Schwert angegriffenen die Gegenwehr mit Waffen, dem ohne Schwert angegriffenen aber auch nur die unbewaffnete Abwehr. Im

[69]) Vgl. S. 200, 223, 363 f.

[70]) So schon Pistoia 1296 III 19 (S. 110).

Rahmen des moderamen inculpate tutelae wird auch in Biella (r. 19) Waffengleichheit verlangt.

Häufiger sind Statuten, in denen der Rückschlag nur dann gestattet wird, wenn er sofort der Verletzung nachfolgt. Da weitere Voraussetzungen als der zeitliche Zusammenhang nicht aufgestellt werden, so handelt es sich auch dort nur um Einschränkungen der Retorsion. Auch dafür einige Beispiele: Wenn z. B. in Tivoli (1305 III 170 S. 210) die Konkubine der Frau ihres Liebhabers eine Beleidigung zufügt und die Beleidigte, oder jemand anders für sie dann die Konkubine schlägt, so bleibt das straflos, wenn es geschieht »in illo actu«. In Siena (1309/10 V 364 S. 387) bleibt der zuerst verletzte straflos, wenn er im Laufe einer Schlägerei den Täter verletzt »in ripercotendo ... incontenente« . Das Statut des Podestà von Florenz von 1325 III 45 (S. 207) bestimmt: »assalitus et manumissus se defendere possit, ipse et eius auctores, et incontinenti«. Besonders aufschlußreich ist das Gesetz von Vercelli S. 108 f.: Dort bleibt der Verletzte straflos, der »se defendendo statim in percutientem vindictam fecerit sine gladio«. Die Verteidigung also erscheint als Unterart der Rache. In Perugia (1342 III 77 S. 104) darf ein Ausländer, der einen Peruginer verletzt, zwar nicht wiedergeschlagen werden, erfolgt aber der Gegenschlag zur gleichen Zeit (»en quilla hora«), so zahlt der Rächer nur 10 l. Kann er im Augenblick keine Rache nehmen (... non podesse fare la vendecta«) und rächt er sich später (»per tracto de tempo«), so hat er gleichfalls nur 10 l zu bezahlen. Eine feste Zeitgrenze ist in Arona (1319 r. 11 S. 71) vorgesehen: Wenn dort ein Ausländer einen Einheimischen verletzt und angefangen hat (»et inceptor fuerit illius percussionis«), so wird der Verletzte nicht bestraft, wenn er innerhalb eines Jahres Rache nimmt, ohne den Angreifer dabei zu töten. In ähnlicher Weise durften mündliche Beleidigungen gerächt werden. Etwas anderes galt nur dann, wenn der Fremde vorher öffentliche Strafe erlitten hatte.

In der zweiten Hälfte des 14. Jahrhunderts dringt alsdann die Moderamen-Lehre in die Gesetzgebung ein[71]). Einige Statuten sprechen abstrakt vom moderamen inculpatae tutelae und verweisen sogar auf das gemeine Recht, so die Statuten von Riparolo von 1358 r. 2 und Turin von 1360 Sp. 709 bei der Körperverletzung. In Rom (1363 II 76 S. 125) ist bestimmt: »Defendens se cum moderamine inculpate tutele, si primo pulzatus (geschlagen) ad sui defensionem aliquod crimen, maleficium vel delictum commiserit, non teneatur ad penam,

[71]) Kohler 214.

cum vim vi repellere omnia iura permictant«. In Ascoli (1377 III 17 S. 91) wird der nicht bestraft, der jemand tötet, »ad defesa de lu corpo soi, defendendose con la moderanza de la defesa non colpevile«. Auch in Balangero (1391 r. 44) wird der Mord nur bestraft, »nisi occisor hoc fecerit se defendendo cum moderamine inculpate tutele«. Entsprechend Bassano 1392 S. 99 f.: Unbestraft bleibt, wer handelt »se cum moderamine tutelle inculpate defendendo et moderamen in defendendo servando sine aliqua fraude vel animositate vindicte secundum dispositionem iuris communis id invitus commissit«.

3.

Wird das Notwehrmaß überschritten [72]), so stellen die meisten Rechtslehrer auf den inneren Tatbestand ab. Einige wollten denjenigen straflos lassen, der ohne Vorbedacht über die Grenzen der zulässigen Abwehr hinausging, und die Strafe für den mit Überlegung handelnden mildern [73]).

Die gleiche Unterscheidung macht die geistliche Jurisprudenz: Nur der wird exkommuniziert, der mit Vorbedacht handelt, nicht, wer in der Erregung das Maß überschreitet [74]). Auch wird nur bei Vorbedacht eine Todsünde, bei Notwehrüberschreitung im Affekt nur eine läßliche Sünde angenommen [75]).

---

[72]) Hälschner, System I 269, Seeger, Abhandlungen 406 f., 417 ff.

[73]) Bonif. de Vitalinis, De insultu n. 9: »si tu ira vel timore ductus et motus, ne te percuteret vel occideret, potius quam ex proposito vel dolo excedis modum in vulnerando, non teneris«; Baldus, c. 2 X De vita et honestate etc. III 1 n. 7: »utrum autem, qui excedit modum puniatur de tanto an de toto an nullo modo, videtur distinguendum: aut in rixa et non punitur . . .; aut ex proposito et tunc punitur de tanto, non de toto quod arbitrio iudicis relinquitur«; Cinus, C VIII 4 Unde vi 1 n. 7. Dagegen wollte Baldus, D I 1 De iust. et iure 3 n. 25 ff. zwar die Strafe bei Notwehrübermaß mildern, aber nur ganz geringfügige Exzesse straflos lassen. Im einzelnen sollte die Strafe und der Grad der Milderung den verschiedenen Schuldformen angepaßt werden. Vgl. auch Baldus, C VIII 4 Unde vi, Repet. z. l. 1 n. 23, Cons. IV 111 n. 2, 312 n. 6.

[74]) Hostiensis, c. 12 X De restitut. spol. II 13 (S. 273), c. 18 X De homicidio etc. V 12 § Si vero; Raym. de Pennaf. II 5 De raptoribus § 12 (S. 174): Doch sollten die Rechtsfolgen der satisfactio, Poenitenz und Irregularität immer eintreten, wenn jemand getötet wurde. Aber auch dann ist zu berücksichtigen, ob der Täter mit Überlegung gehandelt hat oder nicht. Ebenso Joh. v. Fr. II 1 q. 12, II 5 q. 52; Ast. I 29 (S. 41 R.).

[75]) Joh. v. Fr. III 34 q. 227: »Si . . . . cum animo vindicte vel odii vel cum excessu debite moderationis se defendit, semper est peccatum; sed veniale quidem, quando aliqui motus odii vel vindicte se immiscent, vel cum ratio non multum excedit moderatam defensionem, mortale autem, quando obfirmatio animi in impugnantem insurgit ad eum occidendum vel graviter ledendum«; Barth. Pis. s. v. »Rixa« n. 1; Ast. II 64 (S. 108).

Doch gab es auch Legisten, die das Notwehrübermaß mit der gewöhnlichen Strafe des vorsätzlichen Tuns belegen wollten, also keine Strafmilderung zuließen [76]).

Der gleiche Gegensatz macht sich in der Praxis bemerkbar. Das Übermaß wird in den schon angeführten Statuten von Pisa und Bassano behandelt (oben S. 121). Während in Pisa das Übermaß milder bestraft wurde als der gewöhnliche Mord, trat in Bassano die volle Strafe ein.

II. Selbsthilfe und Retorsion bei Angriffen auf das Vermögen.

Notwehr und Selbsthilfe waren gestattet gegen den Dieb. Im Anschluß an die Quellen [77]) nahm man an, daß der nächtliche Dieb regelmäßig, der Dieb am Tage aber nur dann getötet werden dürfe, wenn er sich mit Waffen wehrte. Doch sollte der Täter im letzteren Falle — so forderte man unter deutschrechtlichem Einfluß — das Gerüfte erheben. Räuber aber durften ohne Einschränkung getötet werden [78]).

Über Sinn und Tragweite dieser Vorschriften war man uneins. Die meisten nahmen den in D 48, 8, 9 ausgesprochenen Gedanken auf, wollten also die Tötung des Diebes zur Nachtzeit nur dann erlauben, wenn sich das ohne Gefahr für Person oder Vermögen des Tötenden nicht vermeiden ließ [79]).

Selbständiger gegenüber den Quellen ließ aber die französische Schule eine Vermögensnotwehr auch gegenüber dem unbewaffneten

---

76) Vgl. darüber Salicetus, C VIII 4 Unde vi 1 n. 10; Cinus, a. gl. O. n. 7.

77) Falchi, dir. pen. 154 f.

78) Bonif. de Vitalinis, Quis alium possit offendere n. 1: »furem nocturnum cum rebus meis fugientem licet mihi occidere, diurnum autem licet, si se tello defendit et cum clamore«; vgl. auch De homicidio n. 6; ferner Gandinus, De defensionibus 11 (S. 181); Bartolus, D XLVIII 8 Ad l. Corn. de sic. 9; Alb. de Rosc., a. gl. O. 9 n. 1; Angelus, C IX 16 Ad l. Corn. de sic. 4 n. 1; Salicetus, a. gl. O. n. 1; Hostiensis, S. A. V 12 n. 3.

79) Bartolus, D XLVIII 8 Ad l. Corn. de sic. 9 n. 1: »furem nocturnum ego possum indistincte occidere, si non possum eum dimittere sine periculo personae vel rerum, sic propter res licet hominem occidere et hoc in fure nocturno. Sed in fure diurno non est periculum: quia si ego eum cognosco, potero rehabere«; Alb. de Rosc., D XLVIII 8 Ad l. Corn. de sic. 9 n. 1: »quia potest videre, quod ad furandum venerat, non ad occidendum. Sed quia de nocte hoc non potest apparere in isto dubio, licet occidere. Unde lex contraria et gl. ista, quae permittunt nocturnum furem occidi, dummodo cum clamore, consideravit generalitatem et frequentiam eorum, quae saepe accidunt«; Alb. de Rosc., C IX 16 Ad l. Corn. de sic. 3; Angelus, a. gl. O. n. 1 f.; Salicetus, a. gl. O. n. 1; Lucas de Penna, C XI 48 De agric. et cens. 7 (S. 127); Hostiensis, c. 3 X De homicidio etc. V 12 § Nocturnum (vgl. auch die Quelle); Barth. Pis. s. v. »Homicidium« n. 6 (S. 71 R.); Ast. I 26 (S. 39).

Dieb am Tage zu. Sie gab den Unterschied nach der Zeit der Tatbegehung preis und ließ es darauf ankommen, ob der Dieb im einzelnen Falle zu erkennen, das hieß aber, im Rechtswege zu belangen war. War das nachts der Fall, so war es verboten, konnte man ihn am Tage nicht erkennen, so war es erlaubt, ihn zu töten [80]). Wesentlich ist dieser Lehre der endgültige Verzicht auf Typisierung, die Anpassung der Entscheidung (auch bei Angriffen auf das Vermögen) an die besonderen Verhältnisse des Einzelfalls und damit der vollkommene Sieg des Notwehrgedankens. Damit entfernte sich aber die Theorie wie von den Quellen so von der Praxis. Denn bestimmte, unveränderliche Merkmale sind es, die in den Statuten entscheiden, ob dem Schädiger, vor allem dem Diebe Gewalt geschehen darf oder nicht [81]).

Zumeist nämlich darf der Eindringling, der Dieb ohne weiteres getötet werden, nicht erst dann, wenn nach Lage der Dinge ein Schaden droht. Die römischen Überlieferungen vermengen sich hier mit dem deutschrechtlichen Gedanken des Hausfriedens. Wer in diebischer Absicht oder aus anderen Gründen in den Sonderfrieden des andern einbricht, wird dem Hausbewohner gegenüber friedlos, verfällt der Rache und Retorsion. Der Ton liegt also weniger auf dem Vorsatz des Diebstahls als auf der Verletzung des häuslichen Friedens. So werden in den lombardischen Statuten die Gewaltrechte gegen den Dieb unmittelbar neben den Befugnissen gegen den Verletzer der weiblichen Ehre genannt.

Die Voraussetzungen für die Zulässigkeit von Gewaltakten sind bisweilen sehr allgemein bezeichnet. An manchen Orten dürfen die Hausbewohner jeden töten, den sie nachts im Hause treffen, ohne daß die konkrete, in der Regel ja auch kaum feststellbare Absicht des Eindringlings hervorgehoben wäre: so in Argenta 1342 r. De invento in domibus de nocte, Casale 1370 Sp. 992 und Intra 1393 IV 71 (S. 380). In anderen Gesetzen, wohl unter gemeinrechtlichem Einfluß, werden gerade des Nachts betroffene Diebe und Räuber genannt: so in Mailand r. 47, Lecco r. 235 (S. 124), Averrara 1313 r. 36 (S. 36),

---

80) Vgl. auch über Jacobus de Ravanis und Petrus de Bellapertica Cinus, C IX 16 Ad l. Corn. de sic. 3. Über den Gegensatz der Anschauungen Alb. de Rosc., D IX 2 Ad l. Aquil. 4: »si est fur, aut nullum mihi superest iuris remedium pro recuperatione rerum mearum, quia eum non cognosco nec habeo testes, tunc in nocturno omnes concordant, in diurno sunt opiniones: quia aliqui, quod non licet eum occidere, nisi adsit periculum personae, alii quod etiam pro periculo rerum, et haec est magis communis; si sine periculo personae sibi parcere non possum, tunc indistincte secundum omnes licet occidere«.

81) Kohler 208 ff., Pertile V 118 f.

Vallassina 1343 r. 74 (S. 204), Valsassina 1388 r. 31 (S. 276), 64 (S. 290), Vergante 1389 r. 66 (S. 224), Dervio 1389 r. 36 (S. 108), Biandrate 1395 r. 299, Verona 1450 III 40 und Biella r. 10. Noch stärker sind dem gemeinen Recht die Statuten der Kommune von Ascoli von 1377 III 17 (S. 91) angeglichen: Dort wird der Mörder nicht bestraft, »se occiderà lu latrone, che se defendesse overo lu furo de nocte trovato in casa che portasse le cose soi, occidesse«.

An manchen Orten muß die Tötung des zur Nachtzeit betroffenen unter Gerüfte erfolgen, das die ehrliche Tat klarstellt, z. B. in Argenta, a. a. O.: »..... dummodo clament et rumorem faciant sic quod vicini audiant ipsos.« Das gleiche galt in Valsassina 1388 r. 31 (S. 276) und Biandrate 1395 r. 34.

Nicht alle Rechte erlaubten die Tötung. Hier und dort gestattet man nur begrenzte Gewaltmaßnahmen oder die Tötung nur unter besonderen, erschwerenden Bedingungen: In Siena (1309/10 V 77 S. 264) z. B. durfte man den Dieb, Räuber oder Schädiger nur schlagen, nicht aber töten oder verstümmeln. Das gleiche galt in Narni (1371 III 28) für den Dieb. Das Statut des Podestà in Florenz von 1325 III 39 (S. 201) erlaubte dem Eigentümer oder Pächter, jemand maßvoll zu schlagen, der Früchte entwendete.

Schon nach langobardischem Recht durfte man den nächtlichen Eindringling nur dann erschlagen, wenn er sich nicht binden ließ [82]). Daher ließen auch manche Statuten nur das Fangen oder Binden zu — so Pistoia 1296 III 48 (S. 118) und Padua 1372 S. 291 — und die Tötung oder Verletzung nur dann, wenn der Ertappte sich das nicht gefallen ließ, sich wehrte oder aus einem anderen Grunde nicht zu fangen war. So das Statut von Invorio von 1366 r. 2 (S. 149). Eine kompliziertere Regelung trifft das Gesetz von Bassano von 1392 r. De his, qui nocte reperiuntur in alienis domibus latitare: Der Hausherr, andere Familienmitglieder oder zur Hilfeleistung dazukommende dürfen den nachts betroffenen festnehmen und der Behörde zuführen. Setzt er sich zur Wehr, ohne Waffen zu gebrauchen, so darf man ihn schlagen. Verteidigt er sich aber mit Waffen, so darf er verletzt oder getötet werden, wenn er anders nicht zu halten ist (»si facti qualitas hoc exigeret, cum aliter ipsum capere non possent«).

Sonst aber sind Regeln mit beweglichen Notwehrmaßstäben selten. Eine solche Ausnahme bildet auch das Statut von Vergante von 1389 r. 61 (S. 222): Danach bleibt straflos, wer den im Hause betroffenen Dieb tötet und schwört, er habe ihn nicht fangen oder einen Schaden für sein Vermögen nicht anders abwehren können

---

[82]) Osenbrüggen, Lgb. 11.

(»ipso percussore iurante non potuisse ipsam personam capere vel dampnum rerum evitare, nisi ipsam percussisset«).

Wie gegen Diebe und Eindringlinge, die im Hause betroffen wurden, so war vielfach die Selbsthilfe erlaubt gegen Personen, die auf fremdem Grundstück Schaden anrichteten [83]). Sie durften geschlagen oder festgenommen werden. So gingen z. B. in Pistoia (1296 III 67 S. 123) diejenigen straflos aus, die bei Nacht Leute schlugen »secantes vel furantes blavam suam vel alias res, si se defenderint cum armis«. In Siena (1309/10 V 364 S. 387) durfte man jemand verletzen, der dem eigenen Vermögen, dem eines Freundes, Verwandten oder Herrn Schaden zufügte oder Steine, Unrat oder dergleichen auf ein Haus warf und auf frischer Tat ertappt wurde. Etwas ähnliches galt in Perugia 1342 III 215 (S. 233 f.): Der Schädiger durfte ergriffen und verletzt werden [84]). In Turin (1360 Sp. 707) war es erlaubt, einen Menschen, den man auf dem eigenen Grundstück oder dem seines Herrn oder seiner Verwandten dabei betraf, wie er dort Schaden anrichtete, zu fangen und der Behörde auszuliefern. Wehrte er sich, oder lief er davon, so durfte man ihn verletzen. Auch in Ascoli (1377 III 77 S. 135) durfte der Hausherr jemand schlagen, den er bei sich im Hause traf »in dampno overo victuperio suo«.

Doch wird oft gerade Schädigern gegenüber eine Handhabe geboten, den entstandenen Schaden wieder auszugleichen. Vielfach nämlich darf der Schädiger gewaltsam gepfändet werden. In Tivoli (1305 III 189 S. 215 f.) z. B. durfte der Grundstückseigentümer dem unbekannten Schädiger einen Betrag in Höhe des entstandenen Schadens wegnehmen. Setzte der Gepfändete sich dagegen zur Wehr, so mußten die Nachbarn dem Grundeigentümer zu Hilfe kommen. Auch in Perugia (1342 III 217 S. 235) durfte man dem Schädiger die bewegliche Habe wegnehmen. Das gleiche galt in Turin 1360 Sp. 690. Dort zahlte eine besondere Buße, wer sich die Pfändung nicht gefallen ließ. In Narni (1371 III 42) durfte der gepfändete Betrag den Wert von 10 s nicht überschreiten.

Retorsions- und Pfändungsrechte standen auch dann nebeneinander, wenn jemand Schäden durch fremde Tiere erlitt. Nach altdeutscher Vorstellung konnten auch Tiere Missetaten begehen und verfielen bei handhafter Tat der Rache durch den Geschädigten.

83) Kohler 19 f.

84) »Che'l trovante alcuno fecente a se danno en glie biene suoie, possa el trovato (den vorgefundenen) senza pena prendere e ofendere« (fangen und verletzen).

Später trat dann an Stelle der Rache, namentlich bei wertvollen Tieren, das Recht der Wegnahme bis zur Auslösung durch den Eigentümer [85]). Solche Vorstellungen treten auch im Statutarrecht hervor: In Siena (1309/10 V 73 S. 262) durfte der Geschädigte Tiere oder Geräte, mit denen der Schaden angerichtet war, so lange als Pfand behalten, bis ihm Ersatz geleistet war. Das gleiche bestimmten die Statuten des Podestà in Florenz von 1325 III 30 (S. 197 f.) und Rom von 1363 II 82 (S. 132 f.) [86]). In Turin (1360 r. De bestiis capiendis impune inventis in suo dampno Sp. 693) durfte der Eigentümer des Grundstücks Tiere, die er ohne Bewachung auf seinem Grund und Boden fand, in Verwahrung nehmen, wenn er den Eigentümer nicht kannte. Wegnahme und Tötung der Tiere war auch nach den Statuten des Volkes in Ascoli von 1377 III 84 (S. 412) erlaubt [87]).

Daß es tatsächlich üblich war, in solchen Fällen Tiere wegzunehmen und als Pfand zu behalten, berichten gelegentlich auch die Rechtslehrer und billigen dieses Verfahren [88]).

Ein Vergleich zwischen Lehre und Praxis, wie sie im Statutarrecht sich ausprägt, macht wiederum deutlich, was schon bei der regelmäßigen Notwehr gezeigt wurde. Während in der Lehre die rationalen Momente die emotionalen zurückdrängen, die Rache der Abwehr Platz macht, ringen in der Praxis noch beide Anschauungen miteinander. Dogmatisch prägt sich dieser Gegensatz darin aus, daß die Rechtslehre bewegliche, dem Einzelfall entsprechende Merkmale herausarbeitet und verbindet, die Praxis aber feste Kriterien bevorzugt und bei deren Vorliegen immer den Rückschlag gestattet.

III. Notstand.

So durchgebildet wie die Lehre von der Notwehr, so unentwickelt ist die Theorie des Notstandes [89]). Neben ganz allgemeinen Sätzen

85) His, G. D. StrR. 18 f.

86) Vgl. auch r. 89 (S. 138).

87) »Che sia licito a le infrascripte (unten bezeichneten) persone, bactere (schlagen) lu dampno dante personalmente et animali minuti (Kleinvieh) occidere et retinere li animali grossi (Großvieh) per lu dampno et passato certo tempo per soi per emenda« (zum Ersatz). So auch Perugia 1342 III 214 r. Che l'ucidente overo ferente certe bestie en lo suo dampno non sia tenuto a pena« (S. 232).

88) Gandinus, De furibus 9 (S. 310); Baldus, D IX 2 Ad l. Aquil. 39 . . . . »tene mente quia cotidie contingit«. Die herrschende Lehre nahm an, daß man schadenbringendes Vieh solange behalten dürfe, bis der Eigentümer bekannt sei. So schon Durantis, Spec. I 2 De actore 1 § Expedito n. 59. Vgl. Alb. de Rosc., C III 35 Ad l. Aquil. 5 n. 2; Angelus, D XLVII 9 De incend., ruina, naufr. 8 n. 2; Bonif. de Vitalinis, De damno dato n. 27.

89) Seeger, Abhandlungen 395, v. Bar, Ges. u. Sch. III 229 Anm. 383.

wie »necessitas magna excusat« [90]), Sätzen, die nicht weiter ausgewertet werden, enthalten die Schriften der Legisten nur Erörterungen über einzelne Sonderfälle.

So lehrte man im Anschluß an das kanonische Recht [91]), daß der Dieb nicht bestraft werden solle, wenn er aus Hunger Lebensmittel wegnahm: »Tempore necessitatis omnia sunt communia«, »necessitas non habet legem« [92]). Diese Lehre dringt auch ins Statutarrecht ein. So erklärt das Statut von Biella (Stat. malef. r. 21), ersichtlich unter dem Einfluß der Theorie, gewisse Notdiebstähle für straflos. Nicht bestraft nämlich wird die Entwendung gewisser Tiere »tempore maxime caritudinis et penurie in furantibus et subtrahentibus aliqua victualia vel vinum«.

Naturgewalten oder die Übermacht eines fremden Willens konnten entschuldigen. Gefangene durften bei Feuers- oder Wassersnot [93]), eine verhaftete Frau dann aus dem Kerker entfliehen, wenn ihr Gewalt drohte [94]).

Vor allem aber war es erlaubt, bei Bränden das Nachbarhaus niederzureißen, um ein Übergreifen des Feuers auf das eigene Haus zu verhindern [95]). Auch diese Regel findet sich im Statutarrecht wieder. So in Verona 1450 IV 69: »liceat unicuique, propter..... incendii periculum evitandum domum propinquam igni destruere.« Ob in solchen Fällen die Gemeinde den Schaden zu ersetzen habe,

---

[90]) Bonif. de Vitalinis, De insultu n. 48, De penis n. 18.

[91]) Vgl. c. 4 X De regulis iuris V 41, c. 3 X De furtis V 18, c. 8 § 3 u. 4 D. XLVII.

[92]) Bonif. de Vitalinis, De furibus n. 29: »Si aliquis propter necessitatem famis furatur comestibilia, ut quia infirmus est ita, quod non potest sibi querere victum et caristia vel propter nuditatem furatur vestem, non tenetur furti, quia omnia sunt communicanda tempore necessitatis«; Gandinus, De penis 60 (S. 275); Alb. de Rosc., St. III 40, D XXIII 2 De ritu nupt. 43, 5 n. 3; Baldus, D XIV 2 De l. Rhodia 2, 2; Lucas de Penna, C X 49 De quibus muneribus etc. (S. 85 R.), C XI 61 De pascuis etc. 2 (S. 190 R.), C XII 4 De dignitatibus 12 (S. 215 R.). Vgl. auch Bonif. de Vitalinis, De penis n. 18.

[93]) Jac. de Belvisio I 8 n. 49, III 16 n. 3 ff.

[94]) Baldus, C IV 58 De aedil. act. 1 n. 17.

[95]) Im 14. Jahrhundert begann man erst langsam, die alten Holzdächer durch Ziegelsteindächer zu ersetzen. Daher wuchs sich normalerweise jeder größere Brand zur Katastrophe für die ganze Ortschaft aus. Da es an geeigneten Löschvorrichtungen fehlte, so war es allgemein üblich, die Ausbreitung des Feuers durch den Abbruch von Häusern zu verhindern. Vgl. auch Frati, vita privata 3, 8 f., Davidsohn, Gesch. v. Fl. IV 1 S. 166 ff.

Wie oben im Anschluß an D 43, 24, 7, 4 Alb. de Rosc., D XLV 1 De verb. obl. 4 n. 39; Angelus, D XLIII 24 Quod vi aut clam 7, 4 n. 1, D XLVII 9 De incend. ruina, naufr. 3, 4 n. 2, C IX 16 Ad l. Corn. de sic. 2 n. 3; Durantis, Spec. I 2 De actore 1 § Expedito n. 58; Hostiensis, S. A. V 17 n. 6.

war in der Rechtslehre zweifelhaft. Astensis V 29 (S. 36 R.) nahm eine Art nobile officium der Behörde an [96]). In den Landbezirken war diese Frage meist dahin geregelt, daß die Gemeinde für alle Brandschäden aufzukommen habe. Das Haus jedes Gemeindegenossen war also versichert.

Auch sollte sich nicht strafbar machen, wer aus Angst vor Feinden die Grenze überschritt und damit gegen ein Aus- oder Durchfuhrverbot verstieß, oder wer aus diesem Grunde eine Relegation oder Verbannung durchbrach und in die Stadt zurückkehrte [97]). Auch hierzu bietet die Praxis Analogien. Die Übermacht der Feinde oder Gebannten befreit die Landgemeinde von der Pflicht, ihr Gebiet von Missetätern freizuhalten und Verbrecher festzunehmen [98]).

Unter dem Einfluß übermächtiger Gewalt endlich stand auch derjenige, der einem Befehl gehorchend ein Verbrechen beging.

Wesentlicher ist der Beitrag der geistlichen Jurisprudenz zur Notstandslehre. Denn während die Legisten ihr Augenmerk fast nur auf den konkreteren Fall der Notwehr richteten, entwickelten Kanonisten und Moraljuristen eine allgemeine Lehre vom Zwange und Notrecht, die die Zwangslage, also Notwehr und Notstand gemeinsam umfaßte. Grundlegend war dabei eine Unterscheidung zwischen Graden des Zwanges, zwischen necessitas inevitabilis und evitabilis — aber in einem allgemeineren Sinne verstanden —, zwischen coactio absoluta und conditionalis, oder im gleichen Sinne zwischen coactio und metus. Nur die härtere Zwangslage sollte von Strafe befreien, die geringere aber die Rechtsfolgen nur mildern. »Excusat a culpa et a poena coactio, a toto, si fuit absoluta, a tanto, si fuit conditionalis [99]).«

---

96) »in summa equitate consulo iudici, ut hoc officio suo fieri faciat.«

97) Alb. de Rosc., St. II 11, D XXXIX 4 De publ. et vect. 15 n. 2, 3: »qui rupit confines sibi datos per potestatem propter incursum hostium vel latronum vel alium iustum metum . . . quod non teneatur ad poenam«; Angelus, D XXI 1 De aedil ed. 16. n. 1; Alb. de Rosc., St. II 11; Jac. de Belvisio I 8 n. 50.

98) Vgl. S. 27.

99) Archid, c. 7 D. XXI; Hostiensis, c. 10 X De iureiurando II 24 § Quoniam igitur (S. 355); Joh. Andreae, c. 5 X De his, quae vi etc. I 40 n. 15, c. 5 X De clerico exc. V 27; Raym. de Pennaf. II 5 De raptoribus § 13 (S. 179); Barth. Pis. s. v. »Apostasia« n. 2 (S. 9 R.), s. v. »Baptismus« n. 6 (S. 13), s. v. »Pena« n. 3 (S. 130 R.); Joh. v. Fr. III 32 q. 7, 34 q. 83; Ast. I 19 (S. 24), VII 2 (S. 143, 148).

Unter diesen Gesichtspunkten behandelte man namentlich den Verkehr mit Exkommunizierten: Vgl. c. 5 X De his quae vi etc. I 40 und dazu Hostiensis

Auf das gleiche läuft die Unterscheidung zwischen gerechter und ungerechter Besorgnis (iustus et iniustus timor) hinaus [100]). Dabei soll es auf Interessenabwägung ankommen, nämlich gefragt werden, ob die Sünde das kleinere Übel im Verhältnis zum gefürchteten Unglück ist. Aber auch, wenn der Täter falsch entscheidet, soll die Strafe gemildert werden [101]).

Gelegentlich wird als iustus metus eine Besorgnis gekennzeichnet, die auch einen standhaften Menschen befallen könnte, die Angst nämlich vor besonders schlimmen Übeln [102]).

In dieser Art werden eine Reihe von Einzelfällen behandelt, zum Teil Fälle, die dann in der weltlichen Literatur wiederbegegnen. So sollte der Dieb nur dann straflos bleiben, wenn er anders der Gefahr des Verhungerns nicht entgehen konnte, während eine Notwendigkeit geringeren Grades die Sünde nur milderte [103]).

Aber diese feineren Unterscheidungen wurden in das weltliche Recht nicht übernommen, so wenig wie die beweglichen Pönitenzen der geistlichen Disziplin in den weltlichen Strafmitteln ein Gegenstück fanden.

IV. Theoretische Konstruktion.

Theoretisch gilt bei Notwehr und Notstand in der Regel der Vorsatz für ausgeschlossen [104]). Schuldhaft ist das vorwerfbare Fehlverhalten. Nicht nur die Annahme der Fahrlässigkeit, auch die des Vorsatzes enthält neben der Aussage über den psychologischen Sachverhalt ein ethisches Werturteil, der dolus ein »normatives«

(S. 201); Joh. Andreae, a. gl. O. n. 7: »absoluta coactio excusat a culpa et poena . . ., conditionalis attenuat culpam, sed non liberat a poena«; Ast. VII 11 (S. 165 R.).

100) c. 2 D. XXXIII; Joh. v. Fr. III 34 q. 263; Ast. II 34 (S. 85 R.).

101) So im Anschluß an Thomas v. A., S. th. 2, 2 q. 66 a. 7 und q. 125 a. 4 Barth. Pis. s. v. »Timor« n. 2; Ast. II 34 (S. 85 R.).

102) Archid., c. 2 D. VII: »metus culpam attenuat, sed non in totum excusat a peccato . . ., et ut metus excuset in totum, debet esse talis, qui debeat cadere in constantem virum sc. qui contineat metum mortis vel corporis cruciatum«; Hostiensis, S. A. I 40 n. 2; Alb. de Rosc. s. v. »Metus«.

103) Raym. de Pennaf. II 6 De furtis § 6 (S. 204): »Si patitur magnam necessitatem famis vel sitis vel frigoris, ita quod nisi furetur, credit se non posse evadere mortem, non committit furtum nec peccat, dum tamen propter hanc necessitatem faciat«; Thomas v. A., S. th. 2, 2 q. 66 a. 6; Barth. Pis. s. v. »Furtum«n. 9 (S. 67 R.); Joh. v. Fr. II 6 q. 8; Ast. I 33 (S. 48 R.); Hostiensis, S. A. V 18 n. 1.

104) Engelmann, Schuldlehre 25 f. — Ein ganz ähnliches Bild zeigt die spätere gemeinrechtliche Entwicklung in Deutschland. Vgl. darüber Schaffstein 63 ff., namentlich 70 ff.

Element. Ohne dolus handelt, wer nicht anders handeln kann. Wie im Zivilrecht so schloß auch im Strafrecht die Unmöglichkeit der Leistung das »Verschulden« aus. Deutlich wird das namentlich in den Schriften der Kanonisten und in der Beichtliteratur: So begründet Hostiensis, S. A. V 18 n. 1 die Straflosigkeit des Notdiebstahls damit, »quia furtum non committitur sine dolo«. Das gleiche besagt z. B. die Gegenüberstellung bei Archidiaconus, c. 6 D. L: »aut voluntate aut coacte aut casualiter«. Nach Raymundus de Pennaforte II 1 De homicidio n. 1 endlich konnte das homicidium corporale begangen werden durch Wort oder Tat, und zwar »facto quattuor modis: sc. iustitia, necessitate, casu et voluntate« [105].

Die gleiche Anschauung begegnet aber auch bei den Legisten, z. B. bei Lucas de Penna, C XI 53 De colon. illyr. c. un. (S. 172 R.): »culpa necessitatem passos non astringit«.

Eingehender besprach Astensis das Problem: Er unterschied zwischen schuldausschließendem, unwiderstehlichem Zwang und der Notlage, die nur einen zweckbedingten Willen, eine Teilschuld übrig ließ.

So Astensis VI 14 (S. 69 R.):

»quoddam homicidium est simpliciter voluntarium ...., quoddam est simpliciter non voluntarium, ut cum quis carens usu rationis hominem occidit.... Quoddam est involuntarium: ut cum quis volens non occidere cogitur occidere: ut si quis moveat violenter manum eius cum gladio.... Quoddam autem est partim voluntarium, ut cum quis ponitur in necessitate inevitabili.... Talis enim non vult occidere absolute, vult tamen occidere, ne occidatur.«

Doch kommen auch andere Konstruktionen vor, so bei Gandinus, De defensionibus, pr. Es heißt dort (S. 177) u. a.: »Quia multa crimina committuntur licite et impune propter defensiones, que competunt committentibus ea« usw. Danach scheint die Rechtswidrigkeit ausgeschlossen. Nach anderen wieder fehlt es in Notfällen dieser Art schon am äußeren Tatbestand. So begeht nach Thomas von Aquino, S. th. 2,2 q. 66 a. 7 kein furtum, wer unter dem Druck äußerster Not jemand etwas wegnimmt. Denn die weggenommene Sache werde durch die Notlage Eigentum des Wegnehmenden, »per talem necessitatem efficitur suum«. Ebenso meint Baldus, daß herabsetzende Worte überhaupt nicht als verba iniuriosa zu betrachten seien, wenn sie der Abwehr eines rechtswidrigen Angriffs dienten [106]. Theoretisch ist man in diesen Dingen noch ganz naiv [107].

---

105) Ebenso Barth. Pis. s. v. »Homicidium« n. 1 (S. 71); Archid., c. 19 C. XXIII q. 5.

106) Vgl. S. 117 f.

107) Vgl. auch S. 83 f.

V. Hilfspflicht.

Eine Nothilfepflicht wird von den Legisten verneint [108]), von den Kanonisten und Beichtjuristen aber unter gewissen Voraussetzungen bejaht. Im einzelnen wurde unterschieden zwischen Beamten und Privatpersonen, danach, ob eine Hilfeleistung mit Worten ausreichte oder ein Handeln nötig war, und ob die Hilfeleistung Gefahr brachte oder nicht [109]). Die vielfach umstrittenen Einzelheiten sollen hier nicht erörtert werden.

Eine Hilfspflicht zugunsten bestimmter Personen kommt gelegentlich — ein Ausfluß der genossenschaftlichen Verbundenheit — auch in den Stadtgesetzen vor. Geschieht z. B. in Perugia (1342 III 8 S. 29) ein Verbrechen, so müssen die Nachbarn zusammenlaufen, dem Verletzten helfen und sich um die Festnahme des Verbrechers bemühen (»concurrere al romore e dare uopra a bona fede ad aidare gli ofese e a prendere glie malfatore«). Ähnlich bestimmte schon das pisaner Statut von 1286 I 129 (S. 236). Wer in Arona (1319 r. 128 S. 119) über einen Mord dazukam, mußte um Hilfe rufen und sich nach bestem Können um die Festnahme des Verbrechers bemühen. Die Hilfeleistung war nicht nötig, wenn der Täter schon gefaßt war, oder schon vier Personen an Ort und Stelle waren. In Vergante (1389 r. 70 De auxilio dando per vicinos unus alteri S. 226 f.) mußten bei jeder Gewalttat, die der Gemeinde oder einem Einzelnen widerfuhr, die Gemeindegenossen zu Hilfe eilen und nach bestem Können helfen. Diese Pflicht bestand aber dann nicht, wenn die Hilfspflichtigen schliefen oder sonst nichts von der Sache hörten (r. 71 S. 227 f.).

* * *

Die Notwehrlehre der Italiener schließt sich eng an die römischen Quellen an, kommt nicht darüber hinaus, aber hält sich frei von

[108]) Gandinus, De defensionibus 12 (S. 182), De penis 30 (S. 230); Jac. de Belvisio II 6 n. 42; Alb. de Rosc., D I 1 De iust. et iure 3 n. 7, D IV 2 Quod metus causa 9, 6 n. 9, D XXIX 5 De sen. cons. Silan. 1; Bartolus, a. gl. O. 1, 5 n. 2: »si aliquis occidat aliquem me praesente et eum non adiuvarem, cum possem, non teneor, nisi alias essem conscius vel particeps sceleris«; Bartolus, D L 17 De reg. iur. 50 n. 1; Baldus, D I 1 De iust. et iure 3 n. 21 f., D XXIX 5 De sen. cons. Silan. 1, 4 n. 1; Angelus, a. gl. O. n. 2; Lucas de Penna, C X 1 De iure fisci 5 (S. 4 R.).

[109]) Raym. de Pennaf. II 1 De homicidio § 10 (S. 153): »non videtur liber a culpa homicidii, qui potuit sed noluit alium liberare a morte«; Barth. Pis. s. v. »Homicidium« n. 10 (S. 71 R.); Joh. v. Fr. I 33 (S. 49 R.), II 1 q. 32, III 33 q. 35 (S. 156 R.), VI 14 (S. 67, 70 R.); Alb. de Rosc. s. v. »Homicidium« n. 1.

Zugeständnissen an das Racheprinzip. In der Praxis aber hat der Notwehrgedanke mit dem überlieferten Racherecht zu kämpfen. Während in älteren Gesetzen Rache und Retorsion noch vielfach erlaubt sind, dringt in jüngerer Zeit die Notwehrlehre der Theorie mehr und mehr auch in die Gesetzgebung ein. Die gemeinrechtliche Praxis — das zeigen die Gutachten — läßt die Notwehr, und nur die Notwehr, seit jeher straflos. Der Notstand wird in Theorie und Praxis kasuistisch behandelt, im wesentlichen mit gleichen Ergebnissen. Die überlegene Notstandslehre der geistlichen Jurisprudenz vermag sich im weltlichen Recht nicht durchzusetzen.

Körperschaftsverbrechen.

I. Theorie.

1.

Außer dem Einzelnen konnten auch Körperschaften Straftaten begehen.

Die gemeinrechtliche Lehre von den Körperschaften entwickelte sich in zwei Abschnitten: Den ersten dieser Abschnitte beherrschte der deutschrechtliche Körperschaftsgedanke, den jüngeren außer germanistischen und gemeinrechtlichen Vorstellungen vor allem die Lehre der Kanonisten. Der Körperschaftsgedanke setzt sich mit dem Anstaltsgedanken auseinander.

Bei den Glossatoren [1]) mischten sich römischrechtliche Vorstellungen, die man den Quellen entnahm, mit mittelalterlich-germanistischen Anschauungen, die in der Praxis vorherrschten. Sachgesamtheiten und Personengesamtheiten fielen unter den einen Begriff der Körperschaft. Diese wurde gedacht als einheitliches Rechtssubjekt, aber nicht als juristische Person. Nur der Name, nicht eine ideelle Wesenheit verwandelte die Summe der Einzelnen in ein Ganzes [2]). Herrschend bleibt die unbestimmte Anschauung, daß das körperschaftliche Rechtssubjekt mit der Gesamtheit der Einzelnen sich decke. Wie die Einzelnen so hielt man auch die Körperschaft für

---

[1]) v. Gierke, GenR. III § 7, Hafter, Die Delikts- und Straffähigkeit der Personenverbände 12 ff., Mestre, pers. mor. 47 ff.

[2]) Pillius: »Collegium est personarum plurium in corpus unum quasi conjunctio vel collectio: quod generali sermone universitas appellatur, corpus quoque vulgariter apud nos consortium vel schola.« Hugolinus bestimmt unter Berufung auf D 41, 3, 30: »universitas est plurium corporum collectio inter se distantium uno nomine specialiter eis deputato« (zitiert nach v. Gierke, GenR. III 193).

willens- und handlungsfähig und sah den übereinstimmenden Willen der Einzelnen als Willen der Körperschaft an.

Wesentlich anders standen die Kanonisten zu diesen Fragen [3]: Im Mittelpunkt ihrer Lehre steht der Begriff der Kirche, die ihren Träger nicht etwa in der Gesamtheit der Gläubigen, sondern in Gott und dessen irdischem Statthalter findet. Die universitas aber, deren Träger nicht die Einzelnen waren, mußte unabhängig vom Wechsel der Mitglieder sein. Universitas und Einzelne wurden unterschieden, die Personengesamtheit verwandelte sich in eine juristische Person. Daher konnten auch die Einzelnen neben der universitas bestraft werden [4].

Gerade strafrechtliche Fragen waren es, an denen die Kanonisten ihre Lehre erörterten und vertieften. Praktisch war namentlich die Frage, ob die universitas exkommuniziert werden könne. Dabei war als Vorfrage zu entscheiden, ob die universitas überhaupt Verbrechen begehen könne, und welches ihre Rechtsnatur sei. Die Zulässigkeit der Exkommunikation wurde einmütig verneint. Man berief sich dafür auf den Zweck der Strafe. Die Exkommunikation nämlich, so wurde gesagt, soll die Seele der ewigen Verdammnis preisgeben. Die Körperschaft aber hat keine Seele, so daß die Exkommunikation ihren Zweck verfehlt [5].

Man gelangte damit aber zu einer allgemeineren Erkenntnis, zu der Einsicht nämlich, daß die Körperschaft ein unkörperliches Gedankenwesen sei, ein bloßes nomen iuris. So lehrte in diesem Zusammenhange Johannes Andreae: Die Exkommunikation könne nur eine wahre Person (veram personam) treffen, nicht also eine universitas. Denn: »collegium dicitur persona non vera, sed representata« [6].

Darin war man, so schien es, mit den älteren Legisten einig, wie

---

3) v. Gierke, GenR. III § 8, Hafter, a. a. O. 15 ff., Mestre, pers. mor. 60 ff.

4) Joh. Andreae, c. 5 in VI to De poenis V 9 n. 20: Es wird gefragt, ob die Einzelnen bestraft werden dürfen, wenn schon die universitas bestraft ist. Joh. Andreae berichtet über Johannes Monachus: »Respondet, quod sic, quia quod debet universitas, non debent singuli et e contra.«

5) Durantis, Spec. IV 4 De sententia excommunicationis n. 9; Archid, c. 5 in VI to De sententia excomm. etc. V 11: »est ratio, quia universitas non habet animam, quae per excommunicationem ligatur et traditur sathane;« Hostiensis, c. 53 X De sententia exc. V 39 (S. 362 R.); Petruccius, Q. 15 n. 6; Innocenz, c. 15 X De procuratoribus I 38 n. 5. Auch Joh. Calderinus, Decret. Prooem. »Solet dici« (S. 3 R.) will unterscheiden, ob die universitas aufgefaßt wird »in abstracto« oder »pro singulis de universitate«.

6) Joh. Andreae, c. 1 in VI to De poenitentiis etc. V 10 n. 9 und zu c. 53 X De sententia exc. V 39: »nomina enim ... sunt iuris, non personarum.«

denn die (dem Azo zugeschriebene) Begriffsbestimmung des Hugolinus bei den Kanonisten wiederkehrt [7]). Denn auch Hugolinus sah ja das zusammenfassende in der einheitlichen Bezeichnung, dem »nomen«. Aber was bei den Glossatoren nur synthetisches Element war, ist bei den Kanonisten das Wesen der Sache. Für Hugolinus sind die Einzelnen eine Körperschaft, wenn der Name sie zusammenfaßt. Bei den Kanonisten ist die universitas »Name«. Daher trat an die älteren Legisten die Frage gar nicht heran, worauf die Rechtspersönlichkeit der Körperschaft beruhe. Denn die Rechtspersönlichkeit der Einzelnen stand ja außer Frage. Dagegen mußten die Kanonisten erörtern, wie ein unkörperliches Gedankenwesen dazu kam, neben dem Einzelnen Rechtssubjekt zu sein. Man erklärte das mit einer Fiktion: Die universitas hat Rechtspersönlichkeit fictione iuris als persona repraesentata, persona ficta [8]).

Diese Lehre wirkte seit Mitte des 13. Jahrhunderts auch auf die Körperschaftstheorie der Legisten ein [9]). Zwar behielten auch die Legisten die alten Begriffsbestimmungen bei. So wiederholt z. B. Albericus de Rosciate in seinem Dictionarium s. v. »Universitas« die Definition des Hugolinus [10]). Aber wie die Kanonisten so sahen jetzt die Legisten in der universitas ein nomen. So soll nach Baldus, D III 2 De his qui not. infam. 6, 2 eine wegen Diebstahls verurteilte universitas nicht infam werden, »quia poena infamiae personam desiderat, sed universitas proprie loquendo non est persona nec animatum corpus, sed est quoddam corpus intellectuale« [11]).

Mit dieser Begründung verneinten auch die Legisten die Möglichkeit der Exkommunikation [12]). Deshalb war auch für die Legisten die Gesamtheit etwas anderes als die Summe der Einzelnen, der Ver-

---

7) So wiederholt Joh. Andreae, c. 1 in VI to De poenitentiis etc. V 10 n. 8 die Definition des Hugolinus. Ganz ähnlich Hostiensis, S. A. I 39 n. 1: »Quid sit universitas? Collectio plurium corporum rationabilium speciali nomine attributo.« So auch Innocenz, c. 14 X De excessibus prael. etc. V 31 n. 2.

8) Vg. (außer Innocenz) Joh. Andreae, c. 16 in VI to De sententia excomm. etc. V 11 n. 3.

9) v. Gierke, GenR. III §§ 9, 10, Hafter, a. a. O. 18 ff., Mestre, pers. mor. 89 ff.

10) Vgl. ferner die bei v. Gierke, GenR. III 355 Anm. 4 u. 420 Anm. 1 angegebenen Stellen.

11) So z. B. Alb. de Rosc., C IX 2 De acc. et inscr. 7; Oldradus, Cons. 65 n. 7: »quia universitas et collegium nomina sunt iuris et non habent animam, excommunicari non possunt.«

12) Das steht in den Erörterungsgründen. Baldus entscheidet aber auch in diesem Sinne: vgl. n. 3 a. E. Sein Gewährsmann ist wie sehr oft bei den Legisten Innocenz.

band unabhängig vom Wechsel der Mitglieder [13]). Wenn also nach dem Statut der Abschluß des Vergleichs vom Banne befreit, so muß nach Albericus, St. IV 10 nur die universitas selbst abschließen, vertreten durch ihren Syndikus, nicht aber müssen alle Genossen einzeln den Frieden erlangen: »cum fuerit unum factum tantum ... universitatis, non singulorum.«

Auch der Fiktionsgedanke wurde übernommen. Klar bringt das Bartolus, D XLVIII 19 De poenis 9, 4 zum Ausdruck: Er erwähnt die Ansicht daß die Einzelnen nicht identisch seien mit der universitas. Das hält er für richtig, »si quidem loquamur realiter, vere et proprie ...., sed secundum fictionem iuris ipsi non dicunt verum .... Et sic aliud est universitas quam personae, quae faciunt universitatem secundum iuris fictionem, quia est quaedam persona repraesentata« [14]).

Die Fiktionstheorie aber ließ erneut die Frage stellen, ob die universitas sich strafbar machen könne. Innocenz selbst verallgemeinerte die Entscheidung über die Exkommunikation und verneinte die Deliktsfähigkeit schlechthin: »universitas .... non potest excommunicari, quia impossibile est, quod universitas delinquat, quia universitas sicut est capitulum, populus, gens et huiusmodi nomina sunt iuris et non personarum, ideo non cadit in eam excommunicatio. Item in universitate sunt et pueri unius diei. Item eadem est universitas, quae est tempore delicti et quae futuro tempore, quo nullo modo delinquunt; esset autem multum iniquum, quod huiusmodi qui nullo modo delinquunt, excommunicarentur ..., item universitas nihil potest facere dolo.«

Freilich schwächte Innocenz diese Sätze alsbald wieder ab. Die Fiktionstheorie nämlich hatte ein Korrektiv in der Vertretungslehre. Innocenz selbst wollte die universitas dann bestraft wissen, wenn die Rektoren oder andere Personen im Auftrage der Körperschaft oder auch nur der Mehrheit Verbrechen begingen, oder wenn die universitas in ihrem Namen begangene Straftaten nachträglich guthieß [15]). Es wurden also allgemeine Teilnahmeregeln auf die Vergehen der Körperschaften angewandt, und damit ließ sich praktisch die Körperschaftsstrafe in vielen Fällen aufrechterhalten.

---

[13]) Angelus, D III 4 Quod cuiuscumque univ. etc. 7, 2 n. 2: »mutatio personarum collegii non immutat universitatem neque collegium vel populum, turbam vel gentem.«

[14]) Ebenso Bartolus, D XLVIII 19 De poenis 16, 10 n. 3; Alb. de Rosc., C IX 2 De acc. et inscr. 7.

[15]) Innocenz, a. a. O. Der Wortlaut bei v. Gierke, GenR. III 344 Anm. 318.

Aber der herrschenden Lehre genügte nicht einmal dieser Rückzug. Denn so großen Eindruck die Lehre des Innocenz machte, und so sehr man bereit war, seine Fiktionstheorie grundsätzlich anzunehmen, in diesem Punkt versagten ihm schon die Kanonisten die Gefolgschaft und vertraten den Satz: Universitas delinquere potest [16]).

Daß aber die Legisten kanonistischer seien als die Kanonisten, stand von vornherein nicht zu erwarten. So wird auch in der weltlichen Theorie die Deliktsfähigkeit der Körperschaft allgemein angenommen [17]). Aber man setzte sich ernsthafter mit der Fiktionslehre auseinander und suchte zu zeigen, daß gerade diese Lehre auf die Annahme der Deliktsfähigkeit hinführe.

Hier offenbart sich nun die Unzulänglichkeit der Fiktionstheorie. Der Gedankengang Innocenz' IV. ist einleuchtend: Die universitas als reines Gedankenwesen hat keine Seele. Sie kann folglich nicht schuldhaft handeln, also auch nicht bestraft werden. Die Fiktion beschränkte sich also bei Innocenz darauf, daß die universitas überhaupt als Rechtssubjekt neben der natürlichen Person anerkannt wurde. Die Rechtsfolgen im einzelnen aber wurden nicht fiktiv übertragen, sondern nur so weit angenommen, als dies nach den tatsächlichen Verhältnissen möglich war.

Darin aber lag offenbar eine petitio principii. Denn daß man den Fiktionsgedanken sehr viel weiter ausdehnen konnte, das zeigen empirisch die Schriften der Legisten. Sie hatten es leicht, Innocenz mit seinen eigenen Waffen zu schlagen, ohne freilich ihrerseits zwingende Gründe beizubringen. Das gilt für Oldradus und Bartolus. Papst Johann XXII. hatte der universitas die vera persona und die Seele abgesprochen, sie für ein nomen iuris und für unfähig erklärt, Strafe auf sich zu ziehen. Das lehnte Oldradus, Cons. 65 n. 7 ab mit dem Bemerken: »licet non habeant veram personam, tamen habent personam fictam fictione iuris ..., et sic eadem fictione animam habent et delinquere possunt et punire (lies »puniri«)«. Oldradus übertrug also im Wege der Fiktion viel mehr auf die universitas als die bloße Rechtspersönlichkeit, nämlich zugleich alle natürlichen Eigenschaften, die auch der Einzelperson anhaften, und folgerte daraus erst die Gleichheit der Rechtsfolgen. Nur so viel gab Oldradus

---

16) Zitate bei v. Gierke, GenR. III 343 ff.

17) Gandinus, De homicidiariis 13 (S. 289 ff.); Bartolus, D IV 2 Quod metus causa 9, 1; Alb. de Rosc., C VIII 4 Unde vi 7 n. 6, C IX 2 De acc. et inscr. 7; Baldus Cons. III 367 n. 6; Lucas de Penna, C XII 35 De re militari 18 (S. 280); Oldradus, Cons. 65 n. 7.

zu, daß aus tatsächlichen Gründen und in der empirischen Wirklichkeit Körperschaften nur schwer Verbrechen begehen könnten [18]).

Nicht so weit ging Bartolus [19]). Er steht zwischen Oldradus und Innocenz in der Mitte. Für ihn bedeutet die Fiktion keine Übertragung natürlicher Eigenschaften auf die Verbandsperson, aber doch mehr als die Übertragung der Rechtspersönlichkeit. Kraft Fiktion nämlich hielt er die universitas für deliktsfähig: »Si quaeris, an universitas possit delinquere, respondeo: proprie non potest delinquere, quia proprie non est persona .... Tamen hoc est fictum positum pro vero: sicut ponimus nos Iuristae« (D IV 2 Quod metus causa 9, 1 n. 4). Also unmittelbare Annahme der Deliktsfähigkeit, keine folgeweise wie bei Oldradus, die denkbar einfachste Lösung für dieses Problem.

Im ganzen also begegnen drei Wendungen der Fiktionstheorie. Das ist begreiflich. Denn wie die dogmatische Begriffsbildung dieser Zeit überhaupt, so litt auch diese Lehre an der Unbestimmtheit und Elastizität der allgemeinen Begriffe. So starr und formalistisch die Methode, so labil und unscharf die Grundregeln. So wird das Seltsame begreiflich, daß eine so grundsätzlich bedeutsame Wendung wie die von der Personengesamtheit zur juristischen Person für die Lehre von der Deliktsfähigkeit der Körperschaften ohne rechtliche Folgen blieb. Am Ausgang steht die Lehre dort, wo sie begonnen hat [20]).

Da Bartolus nicht einfach wie Oldradus die Körperschaft mit der natürlichen Person gleichsetzte, so kam er im einzelnen zu anderen und besseren Ergebnissen. Wieweit nämlich die Deliktsfähigkeit der Körperschaft auszudehnen sei, welche Straftaten der Verband im einzelnen begehen könne, das beantwortete Bartolus je nach Art des Verbrechens. Für Unterlassungsdelikte bejahte er die Deliktsfähigkeit ohne Einschränkung. Im übrigen aber unterschied er zwischen eigentlichen und uneigentlichen Körperschaftsverbrechen: Eigentliche waren solche Straftaten, die wie Gesetzgebung und Besteue-

---

[18]) Oldradus, a. a. O.: »... licet non de facili, tamen dolum committant.« So auch Angelus, Cons. 165 n. 1: »delinquit ergo, sed non facile.« Es ist dies die seit den Glossatoren allgemein verbreitete Ansicht, die auf einer mißverständlichen Auslegung von D 4, 3, 15, 1 beruhte. Diese Stelle wurde allgemein auf die tatsächliche Schwierigkeit des Körperschaftsverbrechens bezogen.

[19]) Bartolus, D XLVIII 19 De poenis 16, 10 n. 1 ff., namentlich n. 4—8.

[20]) Es hieße jedoch übertreiben, wollte man dem Nominalismus des Innocenz jeden Einfluß auf die Strafrechtswissenschaft absprechen. Man hielt z. B. seither die Verbrechen der Einzelnen und der universitas auseinander, verwarf die Exkommunikation von Verbänden, lehnte die Infamie von Körperschaften ab und dergl. mehr.

rung mit dem Wesen und dem spezifischen Aufgabenkreis der Körperschaft aufs engste verknüpft waren, uneigentliche die Verbrechen, die Körperschaften als solche gar nicht begehen konnten, sondern allenfalls nur ihre Organe. Bei den delicta propria ist die universitas Täter, das einzelne Mitglied aber nur Anstifter oder Mittäter, bei den delicta impropria ist umgekehrt die universitas fieri faciens und ratum habens und der Ausführende Täter.

Diese Theorie, in der die Körperschaftslehre der Legisten gipfelt, stellt methodisch und sachlich eine Zusammenfassung des bisherigen Denkens über diesen Gegenstand dar und einen Versuch, die verschiedenen Ansichten und Gesichtspunkte zu versöhnen. Methodisch: Denn die ältere Lehre, schon die der Glossatoren, hatte ja den römischen Quellen eine Angabe über die tatsächliche Möglichkeit oder Schwierigkeit des Körperschaftsverbrechens entnehmen wollen. Ebenso fragte jetzt Bartolus nach den tatsächlichen Verhältnissen und traf eine Entscheidung nach der Natur der Sache. Sachlich aber ging die Unterscheidung zwischen Unterlassungs- und Begehungsverbrechen auf Jacobus de Arena zurück, der zunächst freilich keinen Anklang gefunden hatte [21]. Im übrigen folgte Bartolus der herrschenden Lehre bei den eigentlichen Verbandsdelikten, aber Innocenz bei den delicta impropria. Denn wie dieser so leitete auch Bartolus bei uneigentlichen Verbrechen die Verantwortlichkeit der Körperschaft aus Auftrag und nachträglicher Genehmigung her. Also die übliche Flucht in die Unterscheidung. Aber weniger dies beeinträchtigt seine Lehre als ihre Unbestimmtheit und vor allem die Vieldeutigkeit des mit den Schlagworten delicta propria und impropria bezeichneten Merkmals. Indessen wurden diese Mängel dadurch ausgeglichen, daß diese Lehre ihr Gegenbild im praktisch geltenden Recht fand.

Wie Bartolus so unterschied auch in einem Gutachten (!) Angelus zwischen eigentlichen und uneigentlichen Körperschaftsverbrechen (Cons. 165 n. 2), während Baldus und Salicetus andere Wege gingen. Wie Bartolus zwischen delicta propria und impropria, so unterschied Baldus zwischen einem »interpretative« und »vere« delinquere. Doch kommt es ihm nicht auf die objektive Beschaffenheit der strafbaren Handlung an, sondern auf die Schuldfähigkeit der

---

[21]) v. Gierke, GenR. III 403 Anm. 206. Auch der daran geknüpfte Gedanke, daß delicta negligentiae alle Körperschaften begehen könnten, delicta operationis aber nur kleine Gemeinden, berührt sich mit den Gedanken des Bartolus. Vgl. über Jacobus de Arena außer den bei v. Gierke angeführten Stellen noch Oldradus, Cons. 65 n. 7 und Alb. de Rosc., C IX 2 De acc. et inscr. 7.

einzelnen Verbandsmitglieder: »universitas quandoque delinquit vere, quandoque interpretative, nam si talis universitas, in qua sunt omnes doli capaces, ... et communi consilio delinquunt omnes, non est dubium, quod ibi delinquit tota universitas et vere .....; nam universitas nil aliud est quam homines, qui sunt invicem congregati .... Quaedam est universitas, in qua non sunt omnes doli capaces ut populus, tunc, quando regimina deputata consilio solemniter ordinato delinquunt, tunc totus populus interpretative delinquit ....., vere tamen non delinquunt.« (Baldus, D IV 2 Quod metus causa 9, 1 n. 1.).

Baldus behandelt also die Mitglieder der universitas dann als Einzelpersonen, wenn alle schuldfähig sind. Noch deutlicher fällt Salicetus in die alte Anschauung zurück, daß die Körperschaft mit der Summe der Einzelnen gleichzusetzen sei. So behauptet er (C IX 30 De seditiosis 1 n. 5) ein vere delinquere der persona repraesentata in jedem Falle, ausgehend von der Grundanschauung: »universitas nihil aliud est quam homines universitatis.« Nur wenn die Einzelnen als Einzelne (»ut singuli«) im Auftrage der universitas handeln, handelt die universitas per alios.

2.

Die Annahme der Deliktsfähigkeit verpflichtete zu weiteren Untersuchungen. Vor allem galt es festzustellen, wann die Körperschaft als Gesamtheit tätig wurde, und wann die Einzelnen als Individuen handelten. Schon die Glossatoren meinten, die Einzelnen müßten »ut universitas«, in körperschaftlichen Formen auftreten. Der gleichen Ansicht waren Kanonisten und Postglossatoren. Wie man also z. B. zwischen dem Handeln des Beamten im amtlichen und privaten Bereich unterschied, so auch hier zwischen dem Verhalten der Gesamtheit ut universitas und dem aller Einzelnen ut singuli. So forderte z. B. Johannes Andreae, c. 5 in VI to De poenis V 9 n. 10: »intelligo civitatem delinquere vel negligere, quando collegialiter et ut commune communitas civium vel rectores civitatis id agunt vel negligunt.«

Das forderte die weitere Frage heraus, an welchen Merkmalen das körperschaftliche Verhalten zu erkennen sei. Die Rechtslehrer folgten hier einer Entscheidung des Johannes Bassianus aus Anlaß eines bestimmten Falles [22]). Dieser wollte ein körperschaftliches Handeln dann annehmen, wenn eine Personenmehrheit unter körperschaftlichen Symbolen auftrat, unter Trompeten- oder Glockenklang oder mit

---

[22]) v. Gierke, GenR. III 404 Anm. 209. Über diesen Fall und seine Behandlung durch Johannes Bassianus vgl. u. a. Alb. de Rosc., D IV 2 Quod metus causa 9, 1 n. 6

wehendem Gemeindebanner. Dazu forderten manche, daß vorher die Körperschaft zusammenberufen, daß beraten und Beschluß gefaßt war. Während in einigen Quellen äußere Anzeichen dieser Art als ausreichend gelten, um den Verbandscharakter des Verbrechens darzutun [23]), tritt in anderen wieder hervor, wie sehr man praktisch die Körperschaft noch immer mit der Summe der Einzelnen gleichsetzte. Man behandelte das Körperschaftsverbrechen nach den Regeln der Mittäterschaft, wie denn überhaupt diese beiden Erscheinungen in der italienischen Theorie nicht deutlich geschieden werden. So entsprach die Frage nach dem Unterschied zwischen dem Verhalten einer Personengesamtheit ut universitas und dem der Einzelnen ut singuli derjenigen nach dem Unterschiede zwischen Mittäterschaft und Nebentäterschaft.

Das unterscheidende Merkmal der Mittäterschaft gegenüber der Nebentäterschaft aber war schon bei den Italienern ein inneres: der gemeinschaftliche Tatentschluß, das Handeln communicato consilio. Daher betonten auch hier die Rechtslehrer in der Regel, daß ein äußeres Auftreten unter körperschaftlichen Symbolen für sich allein nicht genüge. Hinzutreten müsse der gemeinschaftliche Tatentschluß nach vorhergehender Beratung, ein Verhalten deliberato proposito, communi consilio. So lehrte Bartolus, D XLVIII 10 De poenis 9, 4 n. 9: »tunc videtur facere universitas, quando deliberato proposito et consilio hoc facit .... Plus dico, quod si levato vexillo et pulsata campana iverunt ad hoc faciendum, quod non dicatur delinquere universitas, si deliberatio non praecesserit.« Hätten die Einzelnen aber nicht beraten, so seien die Bannerträger mehr Anstifter der Einzelnen (»incitatores personarum«), als daß die Gesamtheit handle.

Das war herrschende Lehre: Dem äußerlich körperschaftlichen Handeln mußte ein innerer Tatbestand entsprechen, Zusammenberufung zum Zweck der Beratung, Glocken- und Tubaklang und Entfaltung der Banner und gemeinsamer Entschluß aller Mitglieder [24]). Bei

---

[23]) Vgl. z. B. Gandinus, De bannitis 16 (S. 142 f.); Cinus, D II 2 Quod quisque iuris 1 n. 14; Bonif. de Vitalinis, Quid sit accusatio n. 107.

[24]) Alb. de Rosc., D XLIII 24 Quod vi aut clam 15, 2: »aut communicato consilio et convocata universitate more solito per sonum campanae vel tubae .... et tunc punitur ut universitas. Si autem proprio consilio vel motu, tunc quilibet tenetur in solidum.«

Alb. de Rosc., D IV 2 Quod metus causa 9, 1 n. 6: »aut isti cives hoc fecerunt tanquam universitas ut pulsata campana praecedente tractatu et communicato consilio, et hoc casu singulares de civitate non videntur commisisse tale delictum, sed ipsa universitas, et ideo nullus singulariter punitur, sed ipsa universitas punitur.« So auch Baldus, Cons. I 383 n. 1: »ad hoc ut uni-

Unterlassungsdelikten jedoch verzichtete man ganz auf körperschaftliches Gebahren [25]).

Aber noch aus anderen Gründen ließ sich ein Verhalten der Körperschaft zurechnen: Nach den älteren Legisten und den Kanonisten [26]) wurde die Körperschaft für das Verhalten ihrer Mehrheit verantwortlich gemacht. Diese Lehre ist auch im 14. Jahrhundert noch nicht ganz überwunden. Albericus de Rosciate z. B. lehnt sie im Kommentar zu D IV 2 Quod metus causa 9, 1 n. 6 zwar grundsätzlich ab, unterscheidet aber zu D L 17 De reg. iur. 160, 1 n. 4, ob es sich handelt »de re communi pluribus ut singulis« oder »de communi pluribus ut universis«. Im ersteren Falle sei die Zustimmung jedes Einzelnen nötig, im letzteren ein Mehrheitsbeschluß maßgebend.

Allmählich überwunden wird in der Lehre auch der Gedanke der Stellvertretung. Wie im Zivilrecht so wurde nämlich auch noch im Strafrecht ein Handeln im eigenen und fremden Namen unterschieden und eine Vertretung bei der Vornahme von Verbrechen ebenso anerkannt wie die nachträgliche Genehmigung einer im Namen des Genehmigenden begangenen Straftat. Die strafrechtliche Bedeutung der Vertretung wurde bei öffentlichen Körperschaften namentlich dann sichtbar, wenn Beamte tätig wurden. Mehrfach wurde im Gegensatz zur älteren Lehre der Gedanke hervorgehoben, daß der allgemeine Verwaltungsauftrag nicht die Ermächtigung zur Vornahme von Verbrechen enthalte. Auch dieser Satz entsprach allgemeinen Teil-

versitas delinquat in faciendo, exigitur quod ad sonum tube vel campane vel alio modo consueto se congregat, et deliberate communicato consilio ad delinquendum procedat, et sic quedam solemnitas requiritur in delicto universitatis.« Ferner Gandinus, De homicidiariis 13 (S. 290); Alb. de Rosc., C VIII 4 Unde vi 7 n. 6; Baldus, C I 2 De sacros. eccl. 10 n. 10 f.; Angelus, D III 4 Quod cuiuscumque univ. etc. 7, 1 n. 4, D IV 2 Quod metus causa 9, 1 n. 4; Oldradus, Cons. 315 n. 3; Salicetus, C IX 30 De seditiosis 1 n. 3. Lucas de Penna dagegen sah die äußeren Symbole und die gemeinsame Beratung für sich als hinreichende Anzeichen körperschaftlichen Handelns an. Vgl. Lucas de Penna, C XII 35 De re militari 18: »Scias, quod tunc universitas dicitur delinquere, cum per aliquod signum universale apparet eos qui sunt de ipsa universitate communiter deliquisse. Dann heißt es: »vel quia in communi de hoc tractaverunt, vel quia maior pars cum signis officialibus et ministris ad id procedunt .... Quod si non apparet, sunt singuli prout quisque deliquerit puniendi.«

[25]) So Salicetus, a. a. O.: Es bedarf keiner Zusammenberufung.

[26]) Petruccius, Q. 15 n. 2 ff.: Er kommt zum Ergebnis, daß die universitas bestraft wird, zugleich aber auch die maiores, die die universitas zur Tat verleitet haben, und die Einzelnen, die im Auftrage der Gesamtheit handeln, der Strafe verfallen.

nahmeregeln. Denn ähnlich forderte man beim Mandat einen Sonderauftrag für die Vornahme des Verbrechens, begnügte sich also nicht mit dem allgemeinen Auftrag zur Interessenwahrnehmung. Bedenken in dieser Richtung bringt vor allem Oldradus und im Anschluß an Jacobus de Arena Albericus de Rosciate vor[27]).

Doch nahm man allgemein an, daß wie jeder Einzelne, so auch die Gesamtheit nachträglich die von ihrem Vertreter vorgenommene Straftat genehmigen könne. Das lehrte Bartolus, D XLVIII 19 De poenis 9, 4 n. 10 f., dem sogar schlüssige Handlungen wie das Behalten des rechtswidrig weggenommenen Kastells genügten. Damit berührte sich die Lehre des Lucas de Penna, C XII 35 De re militari 18 (S. 280): Die universitas soll aus Handlungen ihrer Rektoren nicht haften. Anders nur dann, wenn sie die einmal begangene Straftat nicht nachträglich aus der Welt schafft: »etiam universitas punienda est, nisi delictum purgaverit, postquam scivit ...., licet regulariter quis non teneatur ex crimine suo nomine commisso, nisi ratum habeat.«

3.

In allem Streit um grundsätzliches und einzelnes bewahrt blieb als überwiegend herrschende Meinung, daß eine universitas Verbrechen begehen könne. Die Annahme eines besonderen Verbrechenssubjekts neben dem Einzelnen aber konnte im Ergebnis nur zweierlei bedeuten: entweder eine Bestrafung der universitas als solcher, d. h. eine Bestrafung, die den Einzelnen überhaupt nicht traf. Oder aber eine Haftung Einzelner auf Grund der bloßen Tatsache, daß sie dem Verbande angehörten. Beide Möglichkeiten mußten Bedenken erregen, sobald man sich auf den Boden der Verschuldenshaftung stellte. Denn wenn die Strafe nur den Verband traf, so richtete sie sich gegen ein Nichts oder jedenfalls gegen ein Wesen, das keine strafrechtliche Schuld auf sich laden konnte. Das mochte noch hingehen, solange die Rechtsfolge nur ein Wesen ohne Schuld, aber keinen Unschuldigen traf. Aber praktisch waren kaum Fälle denk-

---

27) Oldradus, Cons. 66 n. 1: »in generali mandato eis ab universitate dato non veniunt illicita.« Vgl. ferner Cons. 315 n. 3; Alb. de Rosc., D XXVII 8 De magistr. conven. 1 n. 1: »nota secundum Jac. de Arena ...., quod si universitas delinquat, tenentur praesentes tantum, non absentes. Et hoc ideo est secundum eum, quia istud non spectabat ad decurionum officium, licet generaliter sit officium administrationum civitatis eis commissum, nam de generali dicto quaedam tacite excipiuntur ....; secus autem, si faciunt eam (lies »ea«), quae pertinent ad eorum officium, quia tunc, quod facit maior pars, omnes facere videntur.« So auch St. I 53 n. 15 ff., D IV 2 Quod metus causa 9, 1 n. 6.

bar, in denen nicht mittelbar die Strafe der Gesamtheit irgendwie auch den Einzelnen in Mitleidenschaft zog, mochte man an Geldstrafe, an Privilegienverlust oder ans Interdikt denken. Und vollends deutlich wurde das Anstößige dieser Haftung, wo sie unverhohlen auf die Genossen übergriff, und sobald man theoretisch die Körperschaft als Gesamtheit der Genossen verstand. Denn offenbar deckte sich die Verbandszugehörigkeit nicht mit dem strafrechtlichen Verschulden im Einzelfall. Die Körperschaftsstrafe machte Schuldunfähige haftbar und in concreto Unschuldige für die Taten anderer verantwortlich. Diese Schwächen der herrschenden Lehre hat Innocenz klar erkannt. Deliktsfähigkeit im allgemeinen und Exkommunikation im besonderen verneint er einmal, weil ein Gedankenwesen nicht schuldhaft handeln könne, ferner aber, weil die Exkommunikation, wenn sie über die universitas verhängt würde, unmündige Kinder, Personen, die zur Zeit der Tat nicht zur Körperschaft gehörten, und andere Unschuldige träfe[28]). Diese letztere Begründung gab Innocenz auch dem amtlichen Verbot der Exkommunikation von Körperschaften auf dem Konzil von Lyon: c. 5 in VI to De sententia excomm. etc. V 11 [29]). Ohne Kenntnis der Quellen sollte man annehmen, die Rechtslehre werde mit Innocenz übereinstimmen. Denn grundsätzlich war das Verschuldensprinzip in der Theorie durchaus anerkannt. Von gewissen Ausnahmefällen abgesehen lehnte die Rechtslehre das Einstehen für fremde Tat grundsätzlich ab: »Pena debet suos tenere auctores«, hieß das oft wiederholte Schlagwort. Aber die deutsch-rechtliche Genossenschaftshaftung war so fest eingewurzelt, daß auch die Theorie sich nicht dazu durchrang, sie schlechterdings preiszugeben.

Immerhin stand man innerlich zum Verschuldensprinzip. Das zeigt sich schon äußerlich darin, daß die Einwände des Innocenz und Hostiensis immer wieder gebracht werden und in den Erörterungsgründen einen breiten Raum einnehmen [30]). Doch darüber

---

[28]) Vgl. die S. 154 angeführte Stelle.

[29]) Beide Gedanken auch bei Ast. VII 3 (S. 155): »Utrum universitas aliqua possit excommunicari. Respondeo: excommunari non debet aliquis, nisi pro peccato mortali. Peccatum autem in actu consistit. Actus autem non est communitatis, sed singularium personarum .... Et ideo singuli possunt excommunicari, non autem communitas ipsa .... Et quia non est dei, ut condemnet iustum cum impio ...., ideo ecclesia, que iudicium dei imitari debet, provide statuit, ut communitas non excommunicetur. Sic ergo universitas non est excommunicanda nec etiam collegium, quia sic contingeret ligari innoxium.« So auch Joh. v. Fr. III 33 q. 63 (S. 164).

[30]) Vgl. z. B. Bartolus, D XLVIII 19 De poenis 9, 4 n. 5; Alb. de Rosc., C IX 2 De acc. et inscr. 7; Oldradus, Cons. 65 n. 7; Bonif. de Vitalinis, Quid sit accusatio n. 107.

hinaus setzte der Gedanke der Verschuldenshaftung sich durch bei der Ausgestaltung der Körperschaftsstrafe im einzelnen [31]). Die Rechtslehrer suchten das notwendige Übel auf ein Mindestmaß zu beschränken. Sie bemühten sich, die Körperschaftsstrafe für den Einzelnen überhaupt unfühlbar zu machen oder aber die Strafe auf diejenigen zu beschränken, die sich im Einzelfall schuldig gemacht hatten, kurz, die Körperschaftshaftung in Verschuldenshaftung aufzulösen. Den Theoretikern ist es mit der Körperschaftshaftung nirgends ganz ernst.

In ihrem Bemühen um den Abbau der Körperschaftshaftung konnten die Rechtslehrer sich nicht nur auf das allgemeine Verschuldensprinzip stützen. In gleiche Richtung nämlich drängten auch andere allgemein anerkannte Rechtssätze die wissenschaftliche Untersuchung. Einmal überlegte man, daß die einzelnen Mitglieder einer universitas ja nur den Befehlen der Obrigkeit gehorchten. Nun war aber anerkannt, daß der Befehl des Oberen die Strafe für leichte Vergehen ganz ausschloß, für schwere wenigstens milderte. Daher begründet Gandinus, De homicidiariis 13 (S. 292) die Ablehnung der Kapitalstrafe für Mitglieder der Körperschaft u. a. damit, »quia iussus magistratus et communis habet aliquam excusationem et mitigationem inducere [32]).«

Auch nahm man an, daß die Strafe zu mildern sei, wenn zahlreiche Personen am Verbrechen beteiligt waren: »Detrahendum est severitati, ubi strages (Vernichtung) multorum hominum iacet.« Dieser Gesichtspunkt wird gelegentlich auch in der Theorie der Körperschaftsverbrechen hervorgehoben und die Minderung der Rechtsfolgen aus dieser Regel begründet [33]).

Dem Ideal — keine Haftung des Einzelnen aus Verbrechen, die er nicht begangen hat — sucht die Lehre auf verschiedenen Wegen

[31]) Dieser grundlegende Gegensatz zwischen Genossenschaftsgedanken und Verschuldensprinzip scheint mir in der Darstellung v. Gierkes nicht völlig sichtbar zu werden.

[32]) Vgl. auch Alb. de Rosc., D IV 2 Quod metus causa 9, 1 n. 6.

[33]) Cinus, D II 2 Quod quisque iuris 1 n. 14; Bartolus, D XLVIII 19 De poenis 9, 4 n. 1; Alb. de Rosc., D IV 2 Quod metus causa 9 n. 1; Baldus, a. gl. O. n. 1 f.; Angelus, D II 1 De iurisdict 9 n. 1, wo die Verbrechen der universitas als Beispiel angeführt werden, D XVIII 8 Ad l. Corn. de sic. 16 n. 2; Lucas de Penna, C X 48 De excus. mun. 8 (S. 83), C XII 59 De div. off. 7 (S. 325); Barth. Pis. s. v. »Correctio« n. 5; Ast. I 41 (S. 61). In anderem Zusammenhange tritt dieser Gedanke auch in der Praxis hervor. Im Statut von Perugia von 1342 III 60 (S. 73) heißt es in den Bestimmungen über gewisse Gotteslästerungen, der Gesetzgeber wolle Milde walten lassen »per la multetudene de glie delinquente usare volente.«

näher zu kommen. Einmal ließ man gewisse Strafen gegen die Körperschaft überhaupt nicht zu. Freiheits- und Körperstrafe ließen sich ihrer Natur nach an Körperschaften nicht vollziehen. Freilich nur dann nicht, wenn man den Gedanken ernst nahm, daß universitas und Einzelne verschieden seien. Die Rechtslehrer aber standen ja in der Mehrheit auf dem Boden der Fiktionstheorie und bejahten den Anstaltsgedanken. Immerhin gab es auch Anhänger des Körperschaftsprinzips, die aus der Gleichsetzung von Verband und Mitgliedern die letzten Folgerungen zogen und den Vollzug der Kapitalstrafe an der Gesamtheit der Mitglieder verlangten [34]. Aber die durchaus herrschende Meinung lehnte das ab und verneinte die Kapitalstrafe [35].

Daraus ergaben sich zwar Schwierigkeiten für den Fall, daß das Gesetz, ob Statut oder gemeines Recht, ein bestimmtes Verbrechen mit Kapitalstrafe bedrohte. Hier half aber der Satz, daß der Richter aus besonderen Gründen von der gesetzlichen Strafe absehen und die Rechtsfolge ändern dürfe. Man nahm also an, daß der Richter die Kapitalstrafe in eine geeignete andere Strafe umwandeln müsse, und als geeignete Strafe dieser Art werden vor allem Geldstrafen und Privilegienverlust angeführt [36]. Manche wollten auch, daß die Stadt in Analogie der Todesstrafe zerstört werde [37]. Dafür berief man sich außer auf geschichtliche Vorbilder wie die Zerstörung von Troja und

---

34) Das berichtet Bonif. de Vitalinis, Quid sit accusatio n. 107.

35) Angelus, D II 1 De iurisdict. 9 n. 1; Lucas de Penna, C XI 6 De naufragiis 2 (S. 121), C XII 35 De re militari 18 (S. 280): »Universitas ... caput non habet nec ad penam sanguinis damnari posset.« Vgl. auch die später zitierten Stellen.

36) Jac. de Belvisio II 6 n. 5: »non sunt corporaliter, sed pecuniarie ex delictis suis puniendae.« Alb. de Rosc., D XLVIII 8 Ad l. Corn. de sic. 17 Si in rixa n. 2 ff., C IX 2 De acc. et inscr. 7; Oldradus, Cons. 65 n. 8; Innocenz, c. 53 X De sententia exc. etc. V 39 n. 1; Hostiensis, a. gl. O. (S. 362 R.); Joh. Andreae, a. gl. O.; Jac. de Belvisio III 28 n. 15.

37) Nach Bartolus, D XLVIII 19 De poenis 9, 4 sollte die universitas dann voll haftbar gemacht werden, wenn es sich um ein Verbrechen handelte, für das auch sonst ohne Verschulden gehaftet wurde, bei dem etwa der Sohn für den Vater einstand. In diesen Fällen wollte Bartolus eine Zerstörung der Stadt tatsächlich oder durch Vernichtung ihrer Privilegien zulassen. Für andere Fälle aber lehnt er das ab mit der Begründung: »quia punirentur non culpabiles.« Nach der von Cinus übernommenen Lehre des Petrus de Bellapertica sollte die universitas bei delicta levia eine Geldstrafe treffen, bei delicta atrocia aber die Strafe des Pfluges (Cinus, D II 2 Quod quisque iuris 1 n. 14). Vgl. ferner Alb. de Rosc., D IV 2 Quod metus causa 9, 1 n. 6; Angelus, D XLVII 10 De iniur et fam. lib. 34 n. 2. Vgl. auch die Übersicht bei Bonif. de Vitalinis, Quid sit accusatio n. 107.

Karthago auf die politische Praxis der Kaiser und Päpste gegenüber Städten und Orden [38]).

Die volle Strafe also sollte nicht jedes Mitglied der Körperschaft treffen, sondern nur den Schuldigen. So wollte z. B. Albertus Gandinus, De homicidiariis 13 (S. 291) im Anschluß an ältere Rechtslehrer Kapitalstrafe nur für die leitenden und persönlich verantwortlichen Beamten der Körperschaft, für die Anstifter und eigentlichen Täter. Die übrigen Verbandsmitglieder aber sollten mit Geldstrafe davonkommen [39]). Wie Gandinus so lehrte auch Lucas de Penna, C XII 60 De exsecut. et exact. 3 (S. 329): Aus Straftaten der Kommune sollten die maiores haften »eo quod prohibere possunt«. Bei schweren Verbrechen soll die Behörden, auf deren Antrieb die Tat geschah (»quorum consilio seu ordinatione scelus admissum est«), die volle Strafe des Gesetzes treffen. Dagegen sollen die übrigen nur am Vermögen getroffen werden: »Reliqui .... hoc est ipsa universitas, quia maiorum auctoritatem in atrocioribus sunt secuti, pena pecuniaria puniantur.« Man verlangte also für die Körperstrafe den Nachweis von Täterschaft und Verschulden, gab aber die Geldstrafe preis. Diese Unterscheidung wird noch an anderer Stelle begegnen.

Soweit es anging, suchte man freilich das Verschuldensprinzip auch in der Ausgestaltung der Geldstrafe zu halten. So sollte eine Geldstrafe, die über die universitas verhängt war, zunächst in das Gemeindevermögen vollstreckt, und erst wenn das erschöpft war, eine Umlage unter den Genossen veranstaltet werden [40]). Doch suchte man auch jetzt noch zwischen Schuldigen und Unschuldigen zu trennen. Daher sollten Kinder und andere Schuldunfähige, Frauen, Abwesende und diejenigen, die der Straftat ausdrücklich widersprochen hatten, nicht einmal Geldstrafe zahlen [41]).

Im einzelnen unterschieden die Rechtslehrer je nach ihrer Ansicht über die Deliktsfähigkeit der Körperschaft. Nach Bartolus,

---

[38]) Bartolus, D XLVIII 19 De poenis 16, 10 n. 6 beruft sich für die Strafe des Pfluges auf Heinrich VII., der diese an sich verwirkte Strafe im Gnadenwege umgewandelt habe. Auch wurde auf das Vorgehen Bonifatius' VIII. gegen die Templer hingewiesen (Bartolus, a. a. O. n. 7). Vgl ferner Bartolus, D L 1 Ad municipalem etc. 27 n. 5; Angelus, Cons. 165 n. 1.

[39]) Vgl. auch Alb. de Rosc., C VIII 4 Unde vi 7 n. 6.

[40]) Innocenz, c. 53 X De sententia exc. etc. V 39 n. 2 (vorausgesetzt, daß die Gemeinde den Auftrag erteilt oder genehmigt); a. gl. O. Hostiensis (S. 362 R.) und Joh. Andreae. Vgl. ferner Angelus, Cons. 165 n. 2 (später wörtlich).

[41]) Innocenz, a. a. O. n. 2; Hostiensis und Joh. Andreae, a. a. O.; Gandinus, De multis questionibus 23 (S. 413); Alb. de Rosc., St. I 53 n. 18, D XXVII 8 De magistr. conven. 1 n. 1; Angelus, Cons. 165 n. 2.

D XLVIII 19 De poenis 9 sollte es auf das Verschulden nicht ankommen bei solchen Verbrechen, die auch sonst ohne Rücksicht auf das individuelle Verschulden bestraft wurden, bei denen etwa Vater und Sohn für einander hafteten. Dann sollte die Stadt zerstört werden dürfen oder Privilegienverlust eintreten. Bei anderen Verbrechen unterschied Bartolus einmal zwischen eigentlichen und uneigentlichen Körperschaftsdelikten. Die Geldstrafe aus den eigentlichen Körperschaftsverbrechen sollten in kleinen Verbänden nur diejenigen tragen, die dem verbrecherischen Beschluß zugestimmt hatten. Handelte es sich aber um eine große Körperschaft — als Gegenbeispiel ist eine solche von zehn Mitgliedern genannt —, so daß man zustimmende und nicht zustimmende nicht unterscheiden konnte, so sollten alle zusammen haften. Bei uneigentlichen Körperschaftsverbrechen dagegen sollte die Strafe über die universitas verhängt werden, wenn sie passe (»si poena potest in universitatem cadere«), sonst aber (wie bei der Enthauptung) umgewandelt werden. Zur Bezahlung einer Geldstrafe aber sollten die Schuldlosen nicht beisteuern (»illi qui non deliquerunt, non debent contribuere in solutione collectae«).

In alledem folgt Angelus im Gutachten Cons. 165 dem Bartolus. Er unterscheidet also gleichfalls zwischen eigentlichen und uneigentlichen Körperschaftsverbrechen und zwischen großen und kleinen Kollegien [42]). Wird bei den uneigentlichen Verbandsdelikten die nicht passende Strafe in Geldstrafe umgewandelt, so sollte in erster Linie das Gemeindegut haften. Reichte das nicht aus, so war eine Umlage zu veranstalten, zu der aber nur die Täter beisteuerten: »Et si non habet bona, quae sint ipsius universitatis, necesse est ad collectam veniri. Et soli tenentur, qui interfecerunt, non alii« (a. a. O. n. 2). Doch sei auch ein Verfahren gegen die einzelnen Mitglieder der Körperschaft wegen Beihilfe zum Verbrechen möglich. Diese Äußerungen sind deshalb bemerkenswert, weil sie in einem Gutachten enthalten sind, also offenbar praktisch geltendes Recht wiedergeben.

Baldus, C X 1 De iure fisci 4 n. 7 übernahm die Unterscheidung zwischen großen und kleinen Körperschaften und wollte bei kleineren Verbänden, z. B. solchen von zehn Mitgliedern, alle Einzelnen haftbar machen, auch auf Kapitalstrafe erkennen. Doch sei die Strafe bei Teilnahme einer größeren Menschenmenge zu mildern, »ne strages multorum fiat.« Daher sollten vor allem nicht sämtliche

---

[42]) »Si ... collegium magnum, in quo sunt insensati ut infantes et furiosi et facile discerni non possunt delinquentes a non delinquentibus ..., tunc tota universitas punitur« (a. a. O. n. 1).

Bürger einer Stadt enthauptet oder mit Vermögenskonfiskation belegt werden.

Salicetus, C IX 30 De seditiosis 1 aber, der die Körperschaftshaftung nach den Grundsätzen gewöhnlicher Mittäterschaft behandelt, lehnt die Unterscheidung zwischen großen und kleinen Verbänden ab. Auf jeden Fall soll Geldstrafe nur die zustimmenden treffen. Körperstrafe aber sollen dann, wenn es sich um eine große Körperschaft handelt, nur die Führer erleiden, die Strafe gegen die übrigen aber ist in Geldstrafe oder andere Rechtsfolgen umzuwandeln, wenn eine größere Menge beteiligt ist.

Die gleichen Grundsätze kamen in der Lehre vom kirchlichen Interdikt zur Geltung, die hier nicht in ihren Einzelheiten zu entwickeln ist [43]). Wo das Interdikt überhaupt die einzelnen Mitglieder des Bezirks traf, suchte man die Wirkungen der Rechtsfolge auf die Schuldigen zu beschränken oder für den Unschuldigen zu mildern [44]). Man unterschied also zwischen solchen Personen, die durch ihr Verschulden das Interdikt hervorgerufen hatten, und anderen, die unschuldig mitbetroffen waren, und milderte für die letzteren die Rechtsfolgen. So bestimmte z. B. Bonifatius VIII. in c. 24 in VI. to De sententia excomm. etc. V 11, daß zur Zeit des Interdikts gleichwohl alle diejenigen zur Pönitenz zuzulassen seien, die nicht exkommuniziert waren, und Johannes Andreae, c. 16 in VI to De sententia excomm. etc. V 11 n. 3 ff. wollte Abwesende und Widersprechende von den Rechtsfolgen des Interdikts allgemein freihalten. Doch verlangte er einen ausdrücklichen Widerspruch [45]).

II. Praxis.

Die Lehre von den Körperschaftsverbrechen, wie sie im vorigen entwickelt wurde, mutet zunächst widerspruchsvoll und rätselhaft an. Vor allem scheint es schwer verständlich, wie jene grundsätzliche Wandlung vom Sinnhaften zum Geistigen, von der Körperschaftstheorie der Glossatoren zur späteren Fiktionslehre vor der Deliktsfähigkeit der Körperschaft halt macht. Erstaunlich ist schon,

---

[43]) v. Gierke, GenR. III 349, Hinschius, KR. V 25 f. Über Interdikte gegen Florenz vgl. Davidsohn, Gesch. v. Fl. IV 1 S. 2 f.

[44]) Petruccius, Q. 121 n. 1: »nam pena non debet extendi nisi inquantum delictum fuerat in excedente compertum.« So auch n. 2. So sollte auch nach Petruccius, Q. 118 ein Urteil, das eine Gemeinde für den Fall des Ungehorsams mit dem Interdikt und die Konsiliaren mit Exkommunikation bedrohte, nicht für diejenigen gelten, die schuldlos waren.

[45]) Joh. Andreae, a. a. O. n. 5: »plus ... est expresse contradicere, quam non consentire.« Ebenso Ast. VII 15 (S. 180).

daß Innocenz, sonst die unbestrittene Autorität in dieser Lehre, allein bleibt. Noch merkwürdiger, daß auch der Hinweis auf das allgemein anerkannte Verschuldensprinzip ohne Widerhall bleibt. Vollends unerklärlich scheint es zunächst, daß man das freiwillig preisgegebene Verschuldensprinzip gleichsam durch eine Hintertür, bei der Ausgestaltung der Strafen im einzelnen, wieder einführt. Es wäre, so scheint es, viel zweckmäßiger gewesen, wenn man wie Innocenz von Anfang an das individuelle Verschulden in den Vordergrund gerückt und die Deliktsfähigkeit der Körperschaft verneint hätte. Die Fiktionstheorie, diese Möglichkeit zu allem, hätte eine sehr gute Handhabe geboten, einen Satz dieser Art theoretisch zu unterbauen.

Die Erklärung zu alledem scheint mir einfach: Die Theorie folgt hier der Praxis. Kaum irgendwo sonst läßt sich bis in die Einzelheiten eine so weitgehende Übereinstimmung von Lehre und angewandtem Recht aufzeigen wie in der Behandlung der Körperschaftsverbrechen. Der deutschrechtliche Gedanke der genossenschaftlichen Gesamthaftung war im Volke noch lebendig. Hätte man ihn theoretisch preisgegeben, so hätte man die Fühlung mit der Rechtswirklichkeit verloren. Man kannte noch nicht den Staat als abstraktes Wesen. Man lebte noch in engen Verhältnissen, hatte die universitas als Summe der Einzelnen noch als sinnfällige, übersehbare Erscheinung vor Augen, so daß man nichts dabei fand, wenn jene Vielheit tatsächlich handelnder Einzelpersonen ebenso mit Wirkung für alle bestraft wurde wie eine Mehrheit von Mittätern. Daher hält die Theorie an der Deliktsfähigkeit fest. Erreichbar war aber ein minderes Ziel, nämlich die Ausgestaltung der Strafe nach den Grundsätzen der Verschuldenshaftung und die Aushöhlung des genossenschaftlichen Gedankens von innen her. Soweit ließ sich auch die Praxis mitreißen. Diese List der Theorie — ein scheinbares Zugeständnis und der Versuch zu versteckter Zerstörung mißbilligter Rechtssätze — wurde schon einmal sichtbar: in der Lehre von den Rechtsquellen und der Auslegung. Auch dort gab die Lehre der Praxis darin nach, daß die Ortsgesetze dem gemeinen Recht vorgingen, zum mindesten aber gleichstünden. Aber sie suchte das Statutarrecht auf einem Umwege, durch den Grundsatz der passiven Auslegung, für das gemeine Recht zu erobern. Ganz ähnlich verfuhr die Rechtslehre in der Behandlung der Körperschaftsverbrechen.

I.

Den Zusammenhang mit der Praxis lassen die Quellen deutlich erkennen. Gelegentlich wird hingewiesen auf die Strafverfahren der Kaiser und Päpste gegen Städte und Orden und daraus die Deliktsfähigkeit oder eine bestimmte Art der Bestrafung gefolgert[46]). Wichtiger aber für die Erkenntnis dieser Zusammenhänge sind die Stadtrechte. Sie enthalten fast sämtlich Strafdrohungen gegen die Körperschaften[47]). Doch ist der Kreis der Verbandsdelikte beschränkt. Gemeine Verbrechen konnten in der Regel von Körperschaften nicht begangen werden. Ausnahmen bilden z. B. die Statuten von Perugia von 1342 III 63 (S. 80), nach denen eine universitas mit Geldstrafe zu belegen war, wenn sie einen Mord beging. Das Gleiche galt in Rom 1363 II 11 (S. 91). Dort wurde eine Körperschaft auch dann bestraft, wenn sie Münzfälschungen duldete (II 30). Schon mehr an der Grenze des Politischen liegen die Strafbestimmungen, in denen Körperschaften für die Entziehung oder Störung von Liegenschaften mit Strafe bedroht werden[48]).

Namentlich die kleinen Gemeinden wurden vielfach angehalten, für die Sicherheit des Landbaus zu sorgen. Sie durften nicht die Bestellung behindern und mußten gegebenenfalls die Bearbeitung selbst übernehmen, namentlich dann, wenn der Grundbesitzer aus Furcht vor Feinden oder aus sonstigen Gründen seinen Besitz nicht bebauen konnte[49]).

Noch stärker in den öffentlich-rechtlichen Aufgabenkreis der Gemeinden fiel die Pflicht zur Festnahme und Verfolgung von Verbrechern und Geächteten. Namentlich den Gemeinden des Bezirks werden derartige Aufgaben übertragen, und ihre Durchführung wird strafrechtlich gesichert. Das hatte weniger darin seinen Grund, daß auf dem Lande der genossenschaftliche Zusammenhalt der Einzelnen enger war, als in den besonderen Beziehungen zwischen Land und Stadt. Die Landbezirke ließen sich von der Stadt aus schwer beaufsichtigen und waren Reservoirs für politisches und gemeines Verbrechertum. Die städtische Kriminalpolitik war also angewiesen auf die Rechtshilfe der kleinen Gemeinden, die aber, unterdrückt

---

[46]) Vgl. S. 165 Anm. 38 und v. Bar, Ges. u. Sch. II 134.

[47]) Kohler 188 ff., Bohne, FrStr. II 16 ff., Pertile V 104 ff., 382 ff., Kohler-degli Azzi 196. Neben der Strafe kommt auch der Bann gegen Körperschaften vor, z. B. in Rom 1363 II 11 (S. 91).

[48]) Vgl. S. 453 ff.

[49]) Carpi 1353 r. Qualiter potestas debeat facere laborare terras eorum, qui nequeunt terras suas timore alicuius facere laborare, Mailand r. 145 Quod communia teneantur solvere fictum pro sediminibus et terris, quae propter potentiam alicuius non laborentur vel non habitarentur, Siena 1309/10 V 83 (S. 266 f.), Florenz, Stat. Pod. 1325 III 1 (S. 177), Perugia 1342 II 40, 41 (S. 342 ff.), Lodi 1390 S. 116 f., Bobbio 1398 IV 128, Verona 1450 I 43.

und niedergehalten, vielfach geneigt waren, mit Verbrechern und Feinden der Stadt gemeinsame Sache zu machen oder jedenfalls die eigenen Landsleute vor der städtischen Behörde zu schützen. Das war so sehr die Regel, daß man das Unterbleiben der Festnahme von Verbrechern und Geächteten von vornherein als böswillig ansah und der Gemeinde als Begünstigung zurechnete.

Solche Beweggründe des Gesetzgebers bringt z. B. Hostiensis, S. A. V 17 n. 6 zum Ausdruck: Man habe in einem Kastellstatut den Einwohnern den Ersatz von Brandschäden auferlegt, deren Urheber nicht zu ermitteln sei, um ihnen die Lust zu nehmen, ihre Nachbarn zu decken und Verbrechen geheimzuhalten [50]).

So wird also vielfach die Festnahme und Verfolgung von Verbrechern geboten und als Rechtsfolge des Unterlassens bald Strafe angedroht, bald Ersatzleistung für den entstandenen Schaden angeordnet. Für den Eintritt dieser Folgen, vor allem der Ersatzpflicht, genügt vielfach der Nachweis, daß ein Schaden im Gebiet der Gemeinde entstanden, ein Verbrechen dort begangen sei, ohne daß der Täter gefaßt ist. Der Sachverhalt ließ sich im einzelnen selten feststellen, so daß solche Vermutungen gegen die Gemeinde genügten.

So Vercelli r. De faciendo stremitam (Ruf zu den Waffen, Alarm) et persecutionem contra et post bannitos et per loca et singulares personas locorum districtus Vercellarum (S. 113 R. ff.), r. De restitutione damnorum datorum ex furto, guasto (Verwüstung) vel incendio (S. 21 R.); Turin 1360 Sp. 717: Ersatzpflicht für Schäden aus heimlich begangener Brandstiftung, Verwüstung, Schädigung an Weinbergen und Getreide; Casale 1370 r. De emendis fiendis per comune personis, que furtive dampnum receperunt (Sp. 993).

Mantua 1303 I 39 (S. 88 f.); Brescia 1313 II 61, 62, 65; Valperga 1350 r. 40 Quod persone ville teneantur capere bannitum repertum in eorum villa; Mailand r. 160: Die Kommunen innerhalb bestimmter Entfernung vom Tatort haften für Räubereien in ihrem Bezirk oder in ihrer Nähe (Vgl. r. 96).

Padua 1329 S. 277 R. ff., 1346 S. 278 R. ff., 1374 S. 274 R., Bassano 1392 S. 92 R. f., Verona 1450 III 75—77;

Parma 1316 S. 228, 1347 S. 179, 227, 228, Modena 1327 IV 23 (S. 393), Carpi 1353 r. De persequendo malefactores (S. 48 f.), r. De dampno dato in rebus carpensium et qualiter emendetur (S. 30 f.), Mirandola 1386 r. De emendatione domus furtive combuste et bladi (S. 8), Piacenza 1391 V 8, 85, Bobbio 1398 IV 123, 150, 151;

Lucca 1308 III 43 De pena comunium non capentium homicidas et vulneratores, qui delinquerint in eorum territoriis, et coram lucanum Regimen infra mensem non presentaverint (S. 162), Siena 1309/10 V 253 De la pena

---

50) »Est ... ratio naturalis, quia multi celarent vicinos suos, si nullam poenam aliam paterentur; qui si viderent, quod ipsos solvere oporteat, suam conscientiam denudabunt (werden sie ihr Wissen preisgeben); fit igitur hoc, ne maleficia remaneant impunita.«

de' contadini, che non pilliano (fangen) li malfattori (S. 339), Florenz, Stat. Pod. 1325 II 45 (S. 119 ff.);

Ascoli 1377 III 38 (S. 111), 107 (S. 152 ff.);

Perugia 1342 III 7, 8, 9 (S. 28 ff.).

Dabei sind zeitliche und räumliche Unterschiede nicht zu erkennen. Derartige Rechtsanschauungen waren im ganzen 14. Jahrhundert und in ganz Nord- und Mittelitalien verbreitet. In diesen Bestimmungen tritt freilich der strafrechtliche Gesichtspunkt manchmal in den Hintergrund. So dort, wo die Ersatzpflicht für gewisse Schäden an Vorfälle anknüpft, bei denen die Gemeinde keine Schuld trifft oder ein Verschulden nicht typisch ist. So waren z. B mehrfach — etwa in Turin, Casale und Mirandola — gerade solche Schäden zu ersetzen, die heimlich hervorgerufen wurden, also in der Regel auch durch sorgfältiges Verhalten der Gemeindeorgane nicht abgewehrt werden konnten. Wenn in diesen Fällen die Körperschaft haftete, so war das nicht Rechtsfolge aus vermuteter Begünstigung oder Nachlässigkeit, sondern die Obliegenheit eines Zwangsversicherungsvereins, der alle Gemeindegenossen umfaßte. Beide Anschauungen — Strafhaftung und Versicherungshaftung — lassen sich nicht immer deutlich trennen und mochten im einzelnen Falle in gleicher Richtung wirken.

Die Vermutung der Begünstigung ließ sich entkräften: Wenn nämlich im Bezirk Verbrechen vorkamen und die Landgemeinde den Täter auslieferte oder anzeigte, so wurde sie in der Regel weder bestraft noch ersatzpflichtig gemacht.

Beispiele bieten die Statuten von Mailand r. 160, Invorio 1366 IV 63 (S. 376 f.);

Carpi 1353 S. 30 f.: Dort hafteten die Bewohner nur dann auf Schadensersatz, wenn sie den Täter nicht kannten. Doch nahm man diese Kenntnis an, solange die Identität des Täters nicht bewiesen war. Auch dann noch aber sollten die Bewohner haften, wenn der Täter zahlungsunfähig oder ein nobilis war. Auch in Mirandola (1386 S. 8) entfiel die Ersatzpflicht, wenn der Täter ergriffen wurde.

Siena 1309/10 V 253 (S. 339), Florenz, Stat. Pod. 1325 II 45 (S. 119 ff.);

Rom 1363 II 19 (S. 96);

Ascoli 1377 III 48 (S. 118).

Umgekehrt verdichtete die vermutete Begünstigung sich zu erwiesener Hilfeleistung, wenn die Gemeinden Verbrecher oder Geächtete bei sich aufnahmen. Über die zahlreichen Strafdrohungen gegen dieses Vergehen ist im Abschnitt über die Begünstigung zu sprechen.

Außer den genannten Delikten behandeln die Ortsgesetze andere Körperschaftsverbrechen politischen und wirtschaftspolitischen Gepräges. So strafte man in Pisa (1286 III 73 S. 460) Gemeinden, die die Freizügigkeit oder Meistbegünstigung zum Nachteil der Pisaner einengten, und machte in Frignano (1337/38 r. 35 S. 156) die Heimatgemeinde dafür haftbar, daß der einzelne Genosse seiner Wehrpflicht gegen Rebellen und Feinde nachkam. Dahin gehören auch das florentiner Statut des Volkshauptmanns von 1322 III 4 (S. 144 ff.), das neben Einzelpersonen auch Zünfte und andere universitates unter Strafe stellte, die durch Monopolbildung, Preisabreden und dergleichen ein wirtschaftliches Übergewicht erstrebten, oder Strafbestimmungen gegen die Behinderung der Rechtsverfolgung wie in den Ägidianischen Konstitutionen von 1357 IV 26 (S. 174ff.). Diese Hinweise mögen genügen in einer Darstellung, die das politische und Wirtschaftsstrafrecht im ganzen nicht mitumfaßt.

Wie diese Andeutungen und Beispiele zeigen, stellte die Praxis Körperschaften und Einzelne strafrechtlich nicht schlechthin gleich, sondern beschränkte die strafrechtliche Haftung der Körperschaften auf einen engen Kreis von Verbrechen, die bei näherem Zusehen gemeinsame Züge aufweisen. Es handelt sich da in der Regel um Straftaten, die mit den politischen und öffentlich-rechtlichen Aufgaben der Bezirksgemeinden im Zusammenhang stehen, um Vergehen, die gegen die Rechtshilfepflicht, die Gehorsamspflicht, die Pflicht zum Schutze der öffentlichen Ordnung verstoßen. Verbrechen dieser Art aber waren es auch, die die Rechtslehre seit Bartolus als delicta propria den Körperschaften vorzugsweise zurechnete. Daß diese Unterscheidung unter dem Eindruck des praktisch geltenden Rechts entstanden ist, darf man als sicher annehmen. Auch die Trennung von Begehungs- und Unterlassungsdelikten wird auf diese Weise verständlich. Denn gerade Unterlassungsdelikte werden immer wieder in den Statuten behandelt, das Unterbleiben der Gefangennahme, Anzeige, Auslieferung, Verfolgung von Verbrechern und Geächteten und dergleichen mehr.

2.

Ein gewisses Mißverhältnis zwischen Lehre und Praxis aber zeigt sich auf den ersten Blick in der Auffassung von der Natur der Körperschaft. Während die spätere Lehre sich immer mehr zum Fiktionsgedanken bekennt und die Strafhaftung danach einrichtet, bringen die Gesetze den genossenschaftlichen Gedanken der persönlichen Gesamthaftung deutlich zum Ausdruck. Sie kennen weder die Fiktion noch juristische Personen, sondern scheinen beherrscht von der sinnfälligen Vorstellung, daß die Körperschaft dasselbe sei wie die Gesamtheit der Rechtsgenossen. Strafe und Ersatzpflicht trifft die einzelnen Genossen, die »Leute«, die homines universitatis, die in den Quellen bald allein, bald neben der universitas als passiv legitimiert erscheinen.

Dafür einige Beispiele: Vercelli r. De restitutione robariarum facienda per communia locorum et per cives et nobiles habitantes in ipsis locis cum eorum familiis (S. 113 R. f.); Modena 1327 IV 241 (S. 518): ».... ad quam condempnationem ipsius universitatis conferant et solvant omnes habitantes in dicta terra tempore dicti delicti«; so auch III 50 (S. 325): »dampnum datum in rebus civium ... emendetur per Comune et homines illius ville vel loci tam liberos quam servos ibidem tempore dampni dati habitantes, si ignoretur, quis fecerit«. In Carpi (1353 S. 30 f.) ist der Schaden zu ersetzen »per habitatores illius ville vel loci tam liberos quam servos ab inde tempore dampni dati habitantes«. Auch nach dem Statut des Podestà von Florenz von 1325 II 45 (S. 119 ff.) waren Schäden zu ersetzen »ab hominibus plebatuum« und »per Commune et homines ... populi«. Perugia 1342 III 25 (S. 45): »Se alcuna arte farà overo sementerà zenzania overo discordia (Streit oder Zwietracht sät) entra l'altre arte, gli uomene de la dicta arte (die Mitglieder der Zunft) cento libre de denare pagare siano tenute«. Vgl. auch III 9 (S. 29 f.). Ascoli 1377 III 38 (S. 111): Strafe »ad tucti li homini«.

Wohl unter dem Einfluß der Theorie bezeichnet das späte Statut von Piacenza das Wesentliche am Körperschaftsgedanken, nämlich die Abhängigkeit des Verbandes vom Bestande der Mitglieder. Es wird ausdrücklich bestimmt, daß unbewohnte Gemeinden nicht haftbar zu machen seien [51]).

Aber wie die Theorie den Fiktionsgedanken nicht vollkommen ausschöpfte, nämlich weder Deliktsfähigkeit noch Haftung der Einzelnen preisgab, so schwächte umgekehrt die Praxis die persönliche Haftung ab. In ihrem Bemühen, der Körperschaftshaftung das Bedenkliche zu nehmen, schlug die Lehre zwei Wege ein: Einmal ließ man nur gewisse Rechtsfolgen gegen die Körperschaft zu, und zweitens versuchte man, diese Rechtsfolgen in Einklang mit den Grundsätzen der Verschuldenshaftung zu bringen. In beidem — Abschwächung und Milderung der Rechtsfolgen überhaupt und Rücksichtnahme auf die Verschuldenslage — stimmte die Praxis mit der Lehre überein.

Dies zunächst darin, daß nur bestimmte Strafmittel, nämlich in erster Linie Geldstrafe und Privilegienverlust gegen Körperschaften zulässig waren. In den Statuten überwiegen bei weitem die Geldstrafen. Daneben kommt Verlust der Privilegien [52]) und in den

---

51) Piacenza 1391 IV 67 Quod villae inhabitatae non possint condemnari.

52) Florenz, Stat. Vhptm. 1322 III 4 (S. 145): Bei Verstoß gegen das Monopolverbot wird die universitas mit Geldstrafe belegt, »et ab inde in antea omni careat consulatu et presidatu in tali arte, membro vel universitate ..., et statutum vel constitutum non habeant vel utantur ...«. Wörtlich bei Kohler-degli Azzi 6 f.

Ägidianischen Konstitutionen auch das Interdikt [53]) vor. Kapitalstrafen und Zerstörung der Stadt sind mir nicht begegnet.

In der Ausgestaltung der Geldstrafen im einzelnen zeigt sich auch die Praxis bestrebt, die Rechtsfolge für den Einzelnen möglichst wenig fühlbar, für die Gesamtheit erträglich zu machen. Die Geldstrafe der universitas ist, von den Einzelnen aus gesehen, Gesamtstrafe, wird also nur einmal gezahlt [54]). Auch soll nach dem Statut von Carpi von 1353 S. 31 der Lehre entsprechend zunächst in das Körperschaftsvermögen vollstreckt und erst, wenn das nicht ausreicht, der Einzelne herangezogen werden.

Häufig wird auf Leistungsfähigkeit und Größe der Verbände Rücksicht genommen, die Rechtsfolge also nach der Zahl der Bewohner oder Feuerstellen bemessen und die kleinere Kommune mit geringerer Strafe belegt.

So wird z. B. in Cremona (1387 r. 127) die Strafe bemessen »habita consideratione in parvis universitatibus«; ganz ähnlich Lodi 1390 S. 101 R.; ferner Valsassina 1388 r. 148 (S. 320): »possit vicarius dictam penam suo arbitrio mitigare, habita consideratione paucitatis communium, terrarum et locorum.«

In Bobbio (1398 IV 151) wird die Strafe für das Unterbleiben der Gefangennahme von Verbrechern verhängt »salvo quod habito respectu ad paucitatem numeri ipsorum vicinorum et qualitatem«.

In Lucca (1308 III 43 S. 162 f.) richtet sich die Strafe nach der Anzahl der Feuerstellen, in Siena (1309/10 V 253 S. 339) nach der Einwohnerzahl.

In Rom (1363 II 11 S. 91, 80 S. 130) wird die Strafe mehrfach verschieden bemessen für die größere civitas und das kleinere castrum (villa).

Ähnlich auch Perugia 1342 II 41 (S. 345), III 112 (S. 127).

Bestimmungen dieser Art mögen Bartolus, Baldus und Angelus veranlaßt haben, zwischen großen und kleinen Körperschaften auch in der Rechtslehre zu scheiden. Die Folgerungen freilich, die die Lehre an diesen Unterschied knüpfte, sind in den Statuten nicht bis in die Einzelheiten wiederzufinden. Aber es mochte den Lehrern genügen, daß sie überhaupt auf Anknüpfungspunkte und Widerhall in der Praxis rechnen konnten.

Zur Erleichterung kleiner und wenig leistungsfähiger Gemeinden, aber auch im fiskalischen Interesse wird mehrfach der Kreis der Umlagepflichtigen erweitert, die Ersatzpflicht also auf mehrere Gemeinden verteilt. Damit drängte man die Verschuldenshaftung weiter zurück und erhöhte die Ungerechtigkeit der Körperschaftshaftung überhaupt, machte aber die Rechtsfolge für den einzelnen Verband wie für den einzelnen Genossen weniger fühlbar.

---

[53]) Ägidianische Konstitutionen 1357 IV 26 (S. 176).

[54]) Bobbio 1398 IV 150: Wird der Verbrecher nicht gefangen, »puniantur omnes simul et coniuncti dictae villae et locorum in libris decem« usw. Vgl. auch Alb. de Rosc., St. II 77.

So werden die Nachbargemeinden in Vercelli (S. 21 R.) zur Ersatzpflicht herangezogen; vgl. auch S. 22 und S. 113 R. f.

Wenn in Carpi (1353 S. 30) die universitas den Schaden nicht bequem ersetzen konnte, so hatten die Nachbarbezirke (»omnes ville confinantes«) zur Ersatzleistung beizutragen; vgl. auch S. 31. In Piacenza (1391 V 85) mußten die Mitglieder der Nachbargemeinden sich an der Verfolgung beteiligen. Ebenso in Bobbio 1398 IV 150 und Lucca 1308 III 43 (S. 162 f.), 54 (S. 172).

Doch gibt nicht immer schon die geographische Nähe der Nachbarschaft den Ausschlag, sondern manchmal auch ein sachlicher Gesichtspunkt. Hier und dort nämlich wird nicht einfach der Kreis der Leistungsfähigen erweitert, sondern der Tatbestand. So hafteten z. B. nach dem Statut des Podestà in Florenz von 1325 III 112 (S. 264) für die unterlassene Festnahme des Verbrechers mit der Kommune des Tatorts auch die Gemeinden, zu denen der Täter floh. Dasselbe galt in Brescia 1313 II 61 und Carpi 1353 S. 48 f.

Endlich wird häufiger der Körperschaft ein Rückgriffsrecht gegen den Schädiger zugestanden, so in Lucca 1308 III 54 (S. 172), Turin 1360 Sp. 717 und Mailand r. 160. In Mailand mußte der Richter das Vermögen des Räubers beschlagnahmen und den Gemeinden oder Einzelpersonen zuwenden, die Ersatz geleistet hatten.

Alles in allem also ein planmäßiges Bemühen der Gesetzgebung, die Körperschaftshaftung von vornherein abzugrenzen und für den Verband erträglich zu machen. Die ohnehin schon gemilderte Körperschaftshaftung aber suchte man weiterhin den Grundsätzen der Verschuldenshaftung anzupassen. Nach diesen Grundsätzen sollte sich einmal entscheiden, ob die Körperschaft überhaupt haftete. Unter diesem Gesichtspunkt behandeln die Lehrer das Statutarrecht, tragen die allgemeinen Lehren über das Körperschaftsverbrechen in die Praxis hinein und treten für Auslegungen ein, die eine Zufallshaftung ausschliessen. Die deutschrechtliche Körperschaftshaftung wird mit Hilfe der passiven Auslegung gemeinrechtlichen Grundsätzen angepaßt und unterhöhlt.

Vor allem sollten die Körperschaften nur dann haftbar gemacht werden, wenn sie tatsächlich in der Lage waren, ihren Pflichten nachzukommen. Hatten die Verbandsmitglieder ihr möglichstes getan, um den Verbrecher festzunehmen, so wurde ihnen die Erfolglosigkeit ihrer Bemühungen nicht zugerechnet [55]).

---

55) Alb. de Rosc., D XXIX 5 De sen. cons. Silan. 1, 17: »facit ista litera, quod si communia fecerunt, quod potuerunt, in capiendo malefactores, quod non teneantur«; Alb. de Rosc., St. II 82; Gandinus, De bannitis 16 (S. 142 f.); Angelus, D XXIX 5 De sen. cons. Silan. 1, 17 n. 1, C XI 2 De naviculariis etc. 6 n. 1..

Auch die Statuten bringen diesen Grundsatz vielfach zum Ausdruck. Während es in zahlreichen Fällen bei der Vermutung der Begünstigung blieb, wurden anderswo Strafe und Ersatzpflicht an eine Lässigkeit (negligentia) der Kommunen geknüpft. Oder es wird ausdrücklich verlangt, daß die Verbandsmitglieder den Verbrecher mit Geschrei verfolgen und sonst ihr Bestes tun, um ihn festzunehmen. Tun sie das, so entfällt die Strafe.

In Brescia (1313 II 61) wird die Gemeinde haftbar gemacht, wenn der Verbrecher nicht gefangen wird. Doch erleiden die Rechtsgenossen Strafe nur dann, »nisi cucurrerint ad rumores et fecerint quidquid potuerint«. In Intra (1393 IV 63 S. 377) müssen die Bewohner tun »totum suum posse«.

In Padua (1346 S. 279 R. f.) gelten die Bewohner nicht für lässig, wenn zehn Personen den Verbrecher unter Geschrei verfolgen »vel si fecerint saltem id, quod potuerunt ad capiendum malefactores«. In Bassano (1392 S. 92 R. f.) trifft Strafe die »negligentes non praestando saltem suum posse«. In Verona (1450 III 79) entscheiden bei Lässigkeit der Kommune in der Verfolgung die Behörden nach Ermessen, »utrum velint eos, qui fuerint in agris vicinis seu proximis dicte robarie, sive eos, qui audiverint aut audire potuerint rumorem, condemmare ad damni restitutionem an commune ville«.

In Bobbio (1398 IV 158) soll die Strafe wegen unterlassener Festnahme von Räubern nur dann verwirkt sein, wenn ein so lautes Geschrei erhoben war, daß die Bewohner der villa das hören konnten. Wohl aus dem gleichen Grunde wird dort (IV 151) auch die Pflicht zur Festnahme von Mördern nur für den Fall ausgesprochen, daß die Tat am Tage geschah.

Auch in Mailand (r. 162) besteht die Ersatzpflicht nur dann, »si rumor taliter factus fuerit per captum vel alium, quod possit (lies »possint«) ipsi sentire et succurrere.«

Endlich Perugia 1342 III 8 (S. 28 f.): »se gli uomene de glie casteglie overo ville esse malfatore prendere non poderonno, né esse fraudulentemente lasseronno (den Übeltäter nicht fangen können und nicht böswillig die Festnahme versäumen), a la pena non siano tenute.«

Das allgemeine Prinzip wird auf Einzelfälle angewandt: Die Möglichkeit der Pflichterfüllung, Verschulden und Strafe entfallen, wenn eine Übermacht von Feinden oder Geächteten kleine Gemeinden hindert, ihrer Festnahmepflicht zu genügen, ein Fall, der häufiger praktisch wurde [56]). Auch dann wurde nicht gestraft, wenn das Verbrechen an der Grenze geschah und der Täter sofort ins Ausland entwich [57]).

Im gleichen Sinne entschieden manche Statuten.

---

56) Bartolus, D XXIX 5 De sen. cons. Silan. 1, 17 n. 2: »per Italiam sunt statuta, quod villae et castra teneantur capere malefactores. .... hoc intelligendum est, si potuerint ... Quid enim, si aliquis in villa venit cum tanta gente et commisit maleficium ita quod non posset tota villa resistere? Certe non tenetur.« So auch Bartolus, Cons. I 102 (!); Baldus, C I 3 De episc. et cler. 5 n. 10; Archid., c. 5 in VI to De poenis V 9. Vgl. oben S. 27.

57) Bartolus, a. a. O. n. 2; Baldus, a. gl. O. n. 1; Angelus, a. gl. O. n. 1.

In Mailand z. B. (r. 162) wird die Ersatzpflicht bei Räubereien, Freiheitsberaubungen und Erpressungen damit begründet, daß häufig Leute von Verbrechern entführt würden, »quibus posset aliquando resisti per commune illius terrae si succurrerent«. Dort soll auch (r. 160) die Haftung ausgeschlossen sein bei Schäden durch »rebelles .. congregatos in multitudine ad banderam, quibus non possit resisti per illa comunia«. Auch in Lodi (1390 S. 103 R. f.) wurde die Kommune für den Aufenthalt von Gebannten nicht haftbar gemacht, wenn sie diese Tatsache mitteilte mit dem Hinweis, sie könne die Geächteten nicht verjagen »propter eorum potentiam«. Ähnliches galt schon in Padua 1329 S. 278. In Verona endlich (1450 III 77) entschied der Podestà nach Ermessen, »si villa fuerit parva, que a bannitis se defendere nequiverit«.

Weil das Verschulden fehlte, so sollten die Gemeinden auch nicht aus Brandschäden haften, die nachweislich durch Zufall oder höhere Gewalt, vor allem durch Blitzschlag entstanden waren. War die Schuldvermutung widerlegt, so war der Körperschaftshaftung die Grundlage entzogen. Solche Fälle bespricht mehrfach Albericus de Rosciate. Nach einem Statut von Padua z. B. sollten die Gemeinden für Brandschäden haften, die auf ihrem Gebiet entstanden waren. Einst wurde nun eine Ortschaft durch Blitzschlag zum größten Teil zerstört, und die Geschädigten wollten sich an die Gemeinde halten. Diese machte jedoch geltend, daß sie kein Verschulden treffe, und Albericus wollte ihr damit recht geben [58]). Man nahm also Haftung aus dem Gesetz auch bei dessen Schweigen nur bis zur Fahrlässigkeit an, vermutete aber deren Vorliegen bis zum Beweise des Gegenteils [59]). Über einen ähnlichen Fall aus Bologna berichtet Bonifacius de Vitalinis, Quid sit accusatio n. 67. Dort war den Nachbarn eine Schadensersatzpflicht für den Fall auferlegt, daß ein Haus heimlich in Brand gesteckt wurde. Das geschah, und infolge eines plötzlich sich erhebenden Sturmes breitete das Feuer sich aus und ergriff auch andere Häuser. Hier nahm das bologneser Gericht, dem Buchstaben des Gesetzes folgend an, daß die Kommune auch für den Mehrschaden aufzukommen habe, aber die Theoretiker, auch Bonifacius, verlangten den Nachweis des Verschuldens, zum mindesten der Fahrlässigkeit.

Die Praxis verneinte bei Brandschäden die Ersatzpflicht auch dann, wenn der Geschädigte durch eigene Schuld den Brand verursacht hatte oder ein persönlicher Feind von ihm das Feuer angelegt hatte. So bestimmte das Statut von Mirandola von 1386 S. 8.

[58]) Vgl. auch Alb. de Rosc., D XXXIII 1 De annuis leg. 10, 1 n. 2, D XXXIX 2 De damn. infect., Rubr. n. 14 und 1. 24, 6.

[59]) Alb. de Rosc., D I 15 De off. praef. vig. 3, 1 n. 3 ff.: »tunc communiter praesumitur culpa inhabitantium, licet etiam tunc aliter esse possit.« Albericus bemerkt, er habe diese Stelle in der Praxis oftmals angeführt im Hinblick auf ein in Bergamo geltendes Statut, wonach die Kommune Brandschäden zu ersetzen hatte.

Wie die Haftung der Gemeinde überhaupt, so sollte aber auch das Übergreifen der Haftung auf den einzelnen Genossen, die Verteilung der Umlage davon abhängen, inwieweit den Einzelnen ein Verschulden traf. So lehrten zunächst, von allgemeinen Rechtssätzen ausgehend, die Theoretiker. So sollten nach Albericus de Rosciate, D XXIX 5 De sen. cons. Silan. 1, 26 n. 2, aus dem Statut nur diejenigen haften, die den Lärm der Verfolgung hören konnten (»qui potuerunt rumorem et strepitum audire«). Jacobus de Ravanis bezeichnete als vicini im Sinne der Statuten geradezu diejenigen, »qui vocem audire potuerunt [60])«.

Ebenso übertrugen die Rechtslehrer den Satz von der Straflosigkeit typisch schuldloser Personen, von Kindern, Greisen, Frauen usw. auf das Statutarrecht [61]).

Das gleiche findet sich in der Gesetzgebung. Sehr oft werden Gruppen typisch Unschuldiger, Witwen, Waisen, Minderjährige, Frauen, Greise, Kranke ausdrücklich von der Körperschaftshaftung ausgenommen.

So in Vercelli S. 114 f.;

Mailand r. 96, 160, Mantua 1303 I 39 (S. 88), Brescia 1313 II 60, 61, Invorio 1366 r. 23 (S. 157), Valsassina 1388 r. 148 (S. 320), Lodi 1390 S. 74 R. ff., 107 R. f.;

Bassano 1392 S. 92 R. f.;

Parma 1347 S. 179: »Exceptis orphanis, seu viduis et miserabilibus personis« (vgl. auch S. 227, 229), Bobbio 1398 IV 150;

Florenz 1325 III 112 (S. 264);

Ascoli 1377 III 38 (S. 111).

Endlich nahmen die Rechtslehrer auch Abwesende und ausdrücklich widersprechende aus [62]), und auch dieser Grundsatz wird häufig in der Praxis wiederholt.

So legte das Statut von Modena von 1327 IV 23 (S. 393) der Gemeinde die Verfolgungspflicht auf. Die Strafe für die Gemeinde, die hiergegen verstößt, beträgt je nach deren Größe 10 oder 25 l. Der Einzelne dagegen hatte nur 20 s zu

[60]) Alb. de Rosc., D XXXIX 2 De damn. infect. 35 n. 2. Über Jacobus de Arena auch Baldus, a. gl. O. n. 2: »appellatione vicinorum continentur, qui vocem clamantium exaudire possunt«.

[61]) Gandinus, De multis utilibus questionibus 23 (S. 412 f.); Alb. de Rosc., St. II 71 (»quia eis non potest imputari negligentia«). — Vgl. S. 165.

[62]) Gandinus, De multis utilibus questionibus 23 (S. 412 f.); Alb. de Rosc., D XXVII 8 De mag. conven. etc. 1 n. 1: »nota secundum Jac. de Arena ..., quod si universitas delinquat, tenentur praesentes tantum, non absentes ... Et idem puto dicendum de praesentibus, qui contradixerunt ...; et sufficit quod isti contradicendo fecerunt quod potuerunt, cum ultra posse suum nullus teneatur«. Vgl. auch Alb. de Rosc., D XLVII 9 De incend., ruina, naufr. 7 n. 5. Danach war die Praxis der Gerichte anders: »De stricto iure crederem absentes non teneri, cum negligentia puniatur et isti non fuerunt negligentes: de consuetudine tamen vidi servari contrarium.« Ebenso St. II 68.

zahlen, und dies auch nur dann, wenn er zur Zeit der Tat sich am Begehungsort aufhielt. Die Ersatzpflicht hingegen traf alle Gemeindegenossen, auch die abwesenden. Parma 1347 S. 229: Von der Haftung ausgenommen sind »absentes legiptima et necessaria causa«. Vgl. ferner Carpi 1353 S. 48 f., Invorio 1366 r. 23 (S. 157), Bassano 1392 S. 92 R. f. und Intra 1393 IV 65 (S. 378).

* * *

Sucht man jetzt in groben Zügen zusammenzufassen, so ergibt sich folgendes: In der Beurteilung der Körperschaftsverbrechen stimmen Praxis und Lehre in allem wesentlichen überein. Beide nehmen die Deliktsfähigkeit der Körperschaft an. Beide beschränken aber die Körperschaftshaftung auf einen eng begrenzten Kreis von Verbrechen und lassen noch in dieser Begrenzung nur solche Strafen zu, die den Einzelnen nicht allzu empfindlich treffen. Endlich suchen Lehre und Praxis den Genossenschaftsgedanken in Verschuldungshaftung auszulösen mit dem Erfolge, daß im Ergebnis nur ein geringfügiger Rest genossenschaftlicher Gesamthaftung übrig bleibt.

Die strafbare Handlung.

I. Tun und Unterlassen.

Eine strafbare Handlung kann im Tun oder Unterlassen bestehen. Beides ist nicht notwendig gleichwertig. Für das einfachere Empfinden ist das Handeln, die sinnfällige Veränderung in der Außenwelt anstößiger als das Nichtgeschehen, das Mißverhältnis zwischen unveränderter Wirklichkeit und ideeller Rechtspflicht. Daher knüpfen mit Vorliebe ältere Rechte die Strafen an plastische Vorgänge an wie das eigenhändige Töten oder Schlagen eines Menschen, und von dieser Anschauungsweise sind im Statutarrecht des Mittelalters noch deutliche Spuren zu erkennen. Immer wieder wird bestraft, »si quis occiderit«, »si quis percusserit«. Damit war das eigenhändige Handeln bezeichnet, nicht jede Verursachung des Erfolges. Jedenfalls ist nicht anzunehmen, daß die am Wortlaut haftenden Richter auch die Unterlassung darunter mitverstanden. Doch kamen auch allgemeinere Fassungen vor wie die Formel »si quis commiserit homicidium« und dergleichen, und in diesen Fällen wird jedes Verhalten genügt haben, das mit dem Erfolg im Zusammenhang stand.

Zudem werden Unterlassungen häufig ausdrücklich mit Strafe bedroht. So immer wieder das Unterbleiben der Gefangennahme, Verfolgung, Anzeige des Verbrechens, und um Unterlassungen wird es sich meist gehandelt haben, wo die häufig bestrafte Nachlässigkeit (negligentia) der Beamten hervorgehoben wird.

Als strafbare Unterlassung endlich ließ sich die Haftung des Einzelnen aus Straftaten der Körperschaften und Verbände deuten. Zwar ist das geschichtlich nicht richtig. Denn ursprünglich war die Gesamthaftung der Genossen wirklich Haftung aus der Tat des Verbandes und beruhte nicht auf einem Vorwurf gegen den Einzelnen für sich. Aber noch gegen das vordringende Verschuldensprinzip ließ sich die Gesamthaftung damit verteidigen, daß man die Strafe des Einzelnen aus eigenem Unterlassen erklärte. Man machte dem Verbandsgenossen zum Vorwurf, daß er die übrigen am Verbrechen nicht hinderte, ein Gedanke, der in den Stadtrechten und den Quellen der Theoretiker deutlich hervortritt. So sollte z. B. straffrei ausgehen, wer dem Körperschaftsbeschluß ausdrücklich widersprach. Demnach machte man den übrigen zum Vorwurf, daß sie nicht widersprochen hatten.

Hält man dies alles zusammen, so zeigt sich, daß — in unsere Denkformen übersetzt — das Statutarrecht zahlreiche echte Unterlassungsvergehen vorsah, daß aber die unechte, gegen eine Verbotsnorm verstoßende Unterlassung nur langsam Bedeutung gewann. Schneller setzte sich das unechte Unterlassungsdelikt in der Rechtslehre durch [1]). »Qui non facit, quod debet, videtur facere, quod non debet«, lehrte Johannes Andreae, c. 13 in VI to De electione et electi pot. I 6 n. 2, und auf einen Sonderfall wird diese Regel von Angelus, D XXIV 3 Soluto matrinonio 10, 1 n. 2 angewandt: »Paria sunt occidere et aegrotantem non curare, cum cura pertinet ad negligentem.«

Aber auch in der Lehre noch wirkte die Vorstellung nach, daß der Unterlassende weniger strafwürdig sei, als wer positiv handle. »Plus delinquit committens quam omittens« [2]). Daher sollte auch der schuldfähige Minderjährige straflos bleiben, wenn er durch Unterlassen gegen eine Rechtspflicht verstieß, während er für sein Tun nur milder bestraft wurde. Deshalb wollte auch Baldus die leichte

---

[1]) Deutlich wird der Begriff der Unterlassung als Verletzung einer Pflicht zum positiven Handeln von Thomas v. A. herausgearbeitet. So heißt es S. th. 2, 2 q. 79 a. 3: »omissio importat praetermissionem boni, non autem cuiuscumque, sed boni debiti ....; omissio ... non est, nisi boni debiti, ad quod aliquis tenetur.« Die Unterlassung wird daher strafbar in dem Augenblick, in dem die Pflicht zum positiven Handeln entsteht. Vgl. auch S. th. 2, 1 q. 71 a. 6.

[2]) Baldus, D XXIX 5 De sen. cons. Silan. 2 n. 1; Ast. II 20 (S. 79 R.). Vgl. auch Archid., c. 3 D. LXXXIII: »qui consentit per negligentiam, minus peccat quam faciens; »Thomas v. A., S. th. 2, 2 q. 79 a. 4.

Fahrlässigkeit kriminell nur bei Handlungs-, nicht aber bei Unterlassungsdelikten bestrafen [3]).

II. Ursachenzusammenhang.

Statuten und gemeines Recht knüpften vielfach die Strafe an den Eintritt eines Erfolges in der Außenwelt an. Das führte zwangsläufig auf die Frage, in welchen Beziehungen das menschliche Verhalten zum Erfolge stehen müsse, auf die Frage der Kausalität. In dieser Allgemeinheit freilich wird das Problem nicht gestellt, sondern man prüfte diese Frage am Sonderfall der Tötung. Auch wo die Gesetzgebung sich an diese Dinge heranwagt, regelt sie gleichfalls nur das homicidium. Aber Erörterungen dieser Art haben allgemeinere Bedeutung, so daß es für unser Verständnis [4]) zweckmäßiger scheint, schon hier davon zu sprechen.

Zweierlei ist zu unterscheiden: Einmal die Frage, ob jede Ursachenbeziehung für die Zurechnung des Erfolges genügt. Genauer: Umfaßt das Statut, das Strafe androht, »si quis occiderit«, umfaßt die Strafdrohung der lex Cornelia de sicariis auch denjenigen, der den Tod verursacht, ohne eigenhändig zu handeln? Für die Beantwortung dieser Frage kommt es natürlich in erster Linie auf den besonderen Tatbestand an. Die Erörterung darüber gehört also in den besonderen Teil. Anders steht es um die Frage, wann ein ursächlicher Zusammenhang besteht. Logisch freilich hat es offenbar nur dann Sinn, nach der Kausalität zu fragen, wenn zuvor feststeht, daß der bloße Kausalzusammenhang genügt. Daher sei das Ergebnis späterer Erörterungen vorweggenommen: Rechtslehre und Praxis stellen die Körperverletzung mit tödlichem Ausgang, das Verursachen des Todes der eigenhändigen Tötung gleich. »Is etiam videtur occidere, qui causam mortis praebuit.«

Die Rechtslehre, ungehemmt durch die Praxis, schließt sich den Quellen an. Ihre Ursachenlehre führt im wesentlichen auf D 9, 2, 52 pr. und D 9, 2, 30, 4 zurück.

Der Ursachenzusammenhang zwischen Handeln und Erfolg galt für ausgeschlossen, wenn der Erfolg ausschließlich oder überwiegend durch andere Umstände als die Handlung des Täters bedingt war. Das war einmal der Fall, wenn das verursachende Ereignis in gar keinem Zusammenhang mit der Tat stand, der am Fuß verletzte etwa

---

3) Baldus, C IV 24 De act. pigner. 6 n. 42, C IX 1 Qui accus. non possunt 11 n. 5.

4) Vgl. oben S. 84. Ich glaube mich hier auf Andeutungen beschränken zu dürfen, weil sichtbare Beziehungen zwischen Theorie und Praxis kaum bestehen.

an einer inneren Krankheit gestorben war [5]). Das gleiche aber sollte auch dann gelten, wenn zwar ein Bedingungszusammenhang bestand, aber das Verhalten des Täters mit anderen Bedingungen verglichen unerheblich schien. Wenn also der Verwundete an der Unvorsichtigkeit des Arztes, an der eigenen Sorglosigkeit oder an hinzukommendem Fieber zugrunde geht, so soll der Täter nicht wegen Mordes, sondern nur wegen Körperverletzung belangt werden [6]). Diese Regeln sollen auch dann gelten, wenn ein Statut z. B. höhere Strafe für den Fall androht, daß die Körperverletzung eine Narbe hinterläßt. So lehrte Bartolus im Tractatus de cicatricibus (S. 220 R.): »si ex negligentia vel imperitia medici remaneret cicatrix, non esset locus dicto statuto, nam ut statuto satisfaciat, requiritur, quod vulnus illatum sit causa immediata et necessaria cicatricis: alias non dicitur sequi ex vulnere, quia dictio »ex« denotat causam proximam. ..... Sed cicatrix, quae remanet ex mala cura imperiti medici, non dicitur sequi ex vulnere attenta causa proxima ...«. Jedoch wird der Fall, daß der Verwundete erst am dazukommenden Fieber stirbt, anders entschieden in dem bei Gandinus, De homicidiariis 20 (S. 300 ff.) stehenden, wahrscheinlich von Odofredus stammenden Traktat [7]). Dort richtet sich die Entscheidung nach dem Verschulden des Täters. Der vorsätzlich handelnde Täter sollte auf Grund der lex Cornelia bestraft werden. Fehlte ihm dagegen der Tötungsvorsatz, so sollte mildere Strafe wegen Körperverletzung oder fahrlässiger Tötung verhängt werden. Für diese Ansicht wird neben älteren Rechtslehrern die herrschende Rechtsprechung angeführt: »hoc etiam sentiunt et servant communiter assessores quos vidi.« Gandinus berichtet, er habe in Modena selbst erlebt, wie jemand in einem solchen Falle

[5]) Baldus, Cons. II 237 n. 1. Nach Ast. VI 14 (S. 70 R.) sollte der Lehrer oder Kleriker nicht wegen Mordes bestraft werden, wenn der Tod infolge einer mit der Züchtigungshandlung nicht zusammenhängenden Krankheit eintrat. Vgl. auch Hostiensis, c. 6 X De homicidio etc. V 12 § Clericos autem: Keine Irregularität, wenn der Tod eintritt »ex alia superveniente infirmitate«.

[6]) Baldus, D IX 2 Ad l. Aquil. 30, 4: »quando vulnus non est mortale et aliquis propter suam culpam, puta quis non permisit se curari vel concubuit cum uxore, non de occiso vulnerans tenetur, sed solum de vulnerato ...; dicunt doctores, quod praesumitur sua culpa decessisse, si noluit medicis obedire, cum ei promitterent salutem, si pateretur se curari.« Cons. II 328 n. 1: »Si ... probatur defectus infirmi, culpa infirmi praeponderat: quia ictus non erat ordinatus ad periculum mortis.« Vgl. auch Gandinus, De homicidiariis 20 a (S. 303); Alb. de Rosc., D IX 2 Ad l. Aquil. 52 n. 1; Baldus, Cons. II 137, 237 n. 1; Bonif. de Vitalinis, Quid sit accusatio n. 94, De insultu n. 23 (vgl. auch n. 16); Angelus, D XXI 1 De aedil. ed. 31, 11; Hostiensis, S. A. V 12 n. 5.

[7]) Kantorowicz II 303 § 20 Anm. 38.

nicht wegen Mordes, sondern wegen fahrlässiger Tötung bestraft wurde.

Auch das Dazwischentreten eines Dritten unterbricht den Ursachenzusammenhang [8]). Deutlich wird unterschieden, ob das Handeln des Dritten für sich allein den Tod verursacht, oder ob der Tod erst aus dem Zusammenwirken zweier Körperverletzungen folgt, von denen jede einzelne für sich betrachtet nicht tödlich war. Im ersteren Falle soll der zweite Täter wegen Mordes, der erste wegen Körperverletzung, im zweiten sollen beide wegen Mordes bestraft werden [9]).

An Hand dieser Einzelfälle wird der allgemeine Grundsatz entwickelt. Es werden einander gegenübergestellt causa und occasio, causa proxima (immediata) und remota des Erfolges. So lehrt Baldus, Cons. II 137 n. 6: »eventus ... aut procedit a causis proximis et immediatis, tunc attenditur eventus respectu illarum causarum. Si autem non sunt cause immediate, sed potius quedam occasio, tunc eventus non attribuitur illi principio remoto, sed causis propinquioribus [10])«. Causa propinqua, causa proxima verlangten auch die Kanonisten für die Zurechnung des Erfolges [11]).

Fragt man nun, was unter causa proxima des Erfolges zu verstehen sei, so liegt es nach dem Wortsinn nahe, darunter die zeitlich letzte, eben die »nächste« Bedingung des Erfolges zu verstehen. Wie unrichtig das ist, zeigen die besprochenen Fälle. Was causa proxima und remota ist, ergibt vielmehr die Abwägung der einzelnen Bedingungen gegeneinander, nicht also die äußere Beschaffenheit der einzelnen Bedingung. Die Verwundung ist unerheblich im Verhältnis zur Sorglosigkeit des Patienten oder zum dazukommenden Fieber. Demnach ist causa proxima die überwiegende oder anderen Bedingungen zum wenigsten gleichwertige Voraussetzung des Erfolges. Sehr deutlich kommt der allgemeine Satz bei Baldus zum Ausdruck

---

8) Baldus, D IX 2 Ad 1. Aquil 11, 3: »licet primum vulnus esset mortale, tamen si alius postea exanimavit, non tenetur primus de occiso, quia non est secuta mors ex primo vulnere: patet ergo quod interim, donec anima sit a corpore separata, non potest quis puniri de occiso, quia posset mori alio casu.« Vgl. auch Alb. de Rosc., a. gl. O. 11 n. 2; c. 18 X De homicidio etc. V 12.

9) Innocenz, c. 18 X De homicidio etc. V 12 n. 3; Hostiensis, c. 18 X De homicidio etc. V 12 § Nos in premisso casu; Petruccius, Q. 7 n. 6.

10) Vgl. auch Baldus, D II 1 De iurisdict. 8 n. 3.

11) Innocenz, c. 12 X De homicidio etc. V 12 n. 7; Hostiensis, S. A. V 12 n. 5: »quod dixi de casu sive de occasione mortis, intelligas de propinqua .... Secus de remota.«

Wird der Verletzte zunächst scheinbar wieder gesund, aber dann von einem Rückfall betroffen, so ist der Täter wegen Mordes zu bestrafen, wenn der Tod eintritt. Vgl. etwa Hostiensis, c. 7 X De homicidio etc. V 12 (S. 287) und c. 12 a. gl. O. (S. 287 R.); Barth. Pis. s. v. »Irregularitas« n. 13 (S. 90).

(Cons. II 237 n. 1): Der Täter soll für den Todeserfolg nur dann verantwortlich gemacht werden, wenn die Verwundung unmittelbare Bedingung (»causa et effectus immediatus«) des Erfolges ist. Von mehreren Bedingungen nimmt die stärkere die schwächere in sich auf: »quando sunt due cause et una subordinatur alteri, totum attribuitur cause prime.« Doch mußten beide Bedingungen in natürlichem Zusammenhange stehen, Verwundung und Todeserfolg durften nicht gänzlich auseinanderfallen. Der Tod also mußte auf die Wunde als innere Ursache (intrinseca causa) zurückgehen, eine Bedingung, die Baldus nicht für erfüllt hält, wenn der Verletzte an der eigenen Unvorsichtigkeit zugrunde geht.

Wir kommen also zu folgendem Ergebnis: Am Ursachenzusammenhang fehlt es einmal dann, wenn zwischen Körperverletzung und Todeserfolg überhaupt kein Bedingungsverhältnis besteht. Eine Ursache im Rechtssinne liegt aber auch dann nicht vor, wenn zur ersten Bedingung andere hinzukommen, mit denen verglichen die erste Bedingung unerheblich scheint.

In den Erörterungen über diese Fragen wird wiederum deutlich, daß die Grundbegriffe theoretisch noch ungeklärt sind. Vor allem wird in die Ursachenlehre der Gesichtspunkt des Mitverschuldens hineingetragen. Die Verwundung ist deshalb nicht »Ursache«, weil der Getötete selbst »Schuld« hat [12]), oder weil andere Umstände eintreten, aus denen dem Täter kein Vorwurf zu machen ist.

Das Unbestimmte dieser Maßstäbe rückte alsbald die Frage in den Vordergrund, wie es zu halten sei, wenn der Ursachenzusammenhang zweifelhaft war. Eine verbreitete Anschauung sah bei Ungewißheit des wirklichen Sachverhalts auf die Länge des zwischen Körperverletzung und Todeserfolg liegenden Zeitraums. Das war schon die Auffassung der Volksrechte und allgemein germanische Rechtsanschauung [13]). Sie fand auch im Edikt Rothars Ausdruck, das Ursachenzusammenhang annahm, wenn der Verletzte innerhalb eines Jahres nach der Verwundung starb [14]). Aber die Frist der Lombarda ebenso wie die damit konkurrierende Dreitagefrist der Glosse tritt bei den Italienern zurück hinter dem Bestreben, dem Einzelfalle gerecht zu werden und die rohe Vermutung des unentwickelten Rechts zu lockern. So läßt man das Gutachten der Ärzte entscheiden [15]) oder das Ermessen des Richters im einzelnen Falle. So entschied z. B. Bartolus, Tr. de percussionibus etc. n. 2 f.: »Sed tu in hac veritate modicum, parum vel magnum iudicis arbitrio relinquas.«

[12]) Vgl. die S. 182 Anm. 6 angeführten Baldus-Stellen.

[13]) His, G. D. StrR. 121, Pertile V 578.

[14]) Osenbrüggen, Lgb. 60.

[15]) Vgl. z. B. Durantis, Spec. IV 4 De homicidio n. 4.

Solche Kausalitätsvermutungen [16]) finden sich vereinzelt auch im Statutarrecht. Nach dem Statut von Lucca von 1308 III 17 (S. 147) war Ursachenzusammenhang zwischen Körperverletzung und Todeserfolg zu vermuten, wenn der Verletzte innerhalb von zwanzig Tagen nach der Verwundung starb. In Mirandola (1386 S. 91) betrug die entsprechende Frist 32 Tage.

* * *

In alledem vermag ich wechselseitige Beziehungen zwischen Theorie und Gutachtenpraxis einerseits und Statutarrecht andererseits nicht zu erkennen.

Versuch.

I. Die ältere Praxis.

Beim echten Versuch wird ein äußerer Vorgang in Beziehung gesetzt zu einem gedachten Sachverhalt, hinter dem er zurückbleibt. Nach Größe und Art des Abstandes bestimmt sich die Rechtsfolge. Diese Beziehung aber ist nur dort denkbar, wo der äußere Vorgang nicht als solcher einen Tatbestand erfüllt — von der Möglichkeit der Konkurrenz abgesehen —, sondern in die Atmosphäre eines anderen nicht voll erfüllten Tatbestandes hineinfällt. Nötig sind also Kerntatbestände, umgeben von Vorräumen für die Aufnahme weiterer Tatbestände, die den Kerntatbestand nicht erfüllen, aber doch in Beziehung zu ihm stehen oder darin gedacht werden können. Wo aber diese Vorräume fehlen, der »Versuchs«-Tatbestand dem Kerntatbestand nicht zu-, sondern gleichgeordnet ist und für sich beurteilt wird, dort gibt es keinen Versuch.

Diese relativierende Betrachtungsweise ist offensichtlich verwickelter und schwieriger als das Nebeneinanderdenken gleichwertiger Einzelerscheinungen, sie setzt eine rationale Erfassung des Rechts voraus. Tatbestände müssen aufeinander bezogen, innere Vorgänge erkannt werden. Zu dieser Leistung war das ältere Recht außerstande. Das juristische Urteil wird noch beherrscht von der sinnlichkonkreten Erscheinung. Als äußerlich wahrnehmbare Erscheinung

---

[16]) Vgl. auch Alb. de Rosc., D IX 2 Ad 1. Aquil. 15, 1 n. 3; Baldus, Cons. II 237 n. 1; Salicetus, C IX 14 De emend. serv. c. un. n. 3.

Kausalitätsvermutungen gab es auch im kanonischen Recht. Vgl. etwa c. 43 D. L u. dazu Archid. sowie Hostiensis, S.. A. V 25 n. 3.

aber ist keine Tat unvollständig, ist jede Straftat Erfolgsverbrechen. Daher fügt das naive Recht Einzeltatbestand an Einzeltatbestand, der Vorraum vor dem Erfolge wird kasuistisch aufgeteilt. Aber auch dann noch, als die Unbefangenheit des sinnlichen Denkens aufgehoben, die über den äußeren Vorgang hinausragende Absicht als wichtig erkannt ist, bleibt ein weiter Weg bis zur Versuchsregel. Denn der innere Vorgang, auf den man irgendwann einmal Wert legte, mußte bewiesen werden. Da aber das alte Beweisrecht und die mangelnde psychologische Erfahrung der Vorzeit nicht erlaubte, den seelischen Vorgang im Einzelfalle festzustellen, so war man auf Typisierungen angewiesen, äußere Anzeichen, die man der allgemeinen Lebenserfahrung entnahm. Die Rechtsfolge knüpft also an Tatbestände an, die erfahrungsgemäß aus bestimmter Gesinnung verwirklicht werden. Es bleibt auch in diesem Stadium der Entwicklung beim äußeren Tatbestand, nur ist der Tatbestand nicht mehr als solcher wichtig, sondern als Indiz. Erst als sich die Beweismittel verfeinern, die Erfahrung geschärft und das Denken abstrakter wird, rückt der innere Vorgang ohne weitere Verkleidung zum Tatbestandsmerkmal auf, und dann erst wird es möglich, äußere Vorgänge an vorgestellten Sachverhalten zu messen.

Dieser Weg ist im 14. Jahrhundert schon zurückgelegt. Schon die deutschen Volksrechte hatten die sinnlich-kasuistische Betrachtungsweise des germanischen Rechts [1]) überwunden. Die fränkisch-langobardische Gesetzgebung bestrafte vielfach das teilweise Vollbringen der weitergehenden Absicht: die Lebensnachstellung, das consilium mortis, den Vergiftungsversuch, den hochverrätischen Plan und anderes mehr [2]). Die italienischen Statuten [3]) erweiterten den Kreis dieser Tatbestände und gaben echte Versuchsregeln, die unter dem Einfluß der Theorie noch vertieft wurden. Aber bis ins 14. Jahrhundert konnte das rational-abstrakte Denken die erscheinunggebundene Anschauung der älteren Zeit noch nicht völlig verdrängen. Eine so tiefgreifende Umwandlung — bedeutsam über den Sonderfall des Versuchs hinaus für die Gestaltung des ganzen Rechtslebens und die geistige Zeitlage überhaupt — vollzog sich nur langsam. Noch vielfach bleiben die alten Formen bewahrt oder werden sogar mit neuem Leben erfüllt. Die alte Auffassung des »Versuchs« jedenfalls empfing neuen Antrieb aus den Tagesbedürfnissen der Zeit.

Unter politisch-polizeilichen Gesichtspunkten war man bestrebt,

---

[1]) Wilda, StrR. d. Germ. 598 ff., 606, His, G. D. StrR. 31 ff.

[2]) Osenbrüggen, Lgb. 36 f., Wilda, StrR. d. Germ. 604 f., His, G. D. StrR. 32.

[3]) Kohler 223 ff., Pertile V 78 ff., Salvioli, Storia 707, 709.

die Strafdrohung möglichst weit zurückzuverlegen, von vornherein alle Möglichkeit zu Unruhe und Ordnungswidrigkeit abzuschneiden. Daher war man bemüht, jeden Einzelfall kasuistisch zu erfassen und in äußeren, eindeutigen Merkmalen festzulegen. Die Zeitverhältnisse, namentlich das politische Mißtrauen und die Abneigung gegen richterliche Freiheit in der Beurteilung des Einzelfalls, wirkten sich gerade hier dogmatisch aus. Sie hemmten die Entwicklung der Versuchslehre und drängten auf Bewahrung des delictum sui generis.

Nach alledem darf es nicht wundernehmen, daß die Statuten neben einer Anzahl moderner Versuchsregeln zahlreiche Vorschriften enthalten, die auf ältere Anschauungen zurückgehen. Jede Stufe der geschichtlichen Entwicklung hat im Strafrecht des 14. Jahrhunderts ihre Spuren hinterlassen, so daß es möglich ist, am statischen Zustande des »fertigen« Statutarrechts die geschichtliche Entwicklung aufzuzeigen.

So gibt es zunächst eine Fülle von »Versuchs«-Verbrechen eigener Art. Vorstufen zu bestimmten Straftaten werden als Sonderdelikte gestaltet, und nur in der planmäßigen Abstufung der Rechtsfolgen kommt die sachliche Beziehung zum Ausdruck. Wer hier freilich vom »Versuch« spricht, trägt einen Rechtsgedanken in das Statutarrecht hinein, der darin keinen Ausdruck findet. Trotzdem scheint es zulässig, mit diesem Vorbehalt einzelne Tatbestände in Beziehung zu setzen und nach der Schwere der Strafdrohungen zu Reihen zu ordnen. So wäre z. B. folgende Kette von Tatbeständen zu nennen: Das Drohen oder Schwören der Gewalttat — das Waffentragen — das Zücken der Waffe — das Werfen oder Schießen — der Angriff — die Körperverletzung ohne Blutverlust oder anderen Erfolg — die Körperverletzung mit solchen Folgen oder mit tödlichem Ausgang — die unmittelbare Tötung. Als Vorstufen der Vergiftung erscheinen das Verschaffen, Verkaufen und Eingeben von Gift. Neben der Teilnahme am Streit, am Angriff oder Hochverrat wird das Hingehen dazu bestraft, als Vorstufe von Hoch- und Landesverrat das Redenhalten und Vorschlägemachen in politischen Körperschaften, Verabreden des Planes, Versammeln von Menschen oder die Erregung von Unruhe. Vorstufe späterer Straftaten war auch die Beschädigung von Hauseingängen, Einfriedigungen und dergleichen, das Eindringen in Haus, Hof oder Garten eines andern. Außer dem Taubenfang wird etwa das Halten von Gerätschaften bestraft und in dieser Art vieles andere mehr. Dabei ist freilich ein Unterschied zwischen solchen Vergehen, die wie das Halten von Gerätschaften und dergleichen noch niemand schädigen, also nur als Ausdruck böser Absicht und im Hinblick auf spätere Verbrechen bestraft werden, und anderen, die wie Körperverletzung, Erbrechen von Eingängen usw. für sich schon fremde Rechtsgüter verletzen. Bei diesen Straftaten ist schwer zu ermitteln, wieweit die überschießende Absicht die Strafe verschärfte.

Beziehungen dieser Art werden dort sichtbarer, wo die Gesetze im Rahmen eines Tatbestands danach abstufen, ob bestimmte Erfolge eingetreten sind oder nicht. Etwas derartiges kommt beispielsweise beim Lohnmord vor. So wird in Biella (r. 11) der Lohntäter mit dem Galgen bestraft, wenn der Tod des Verletzten eintritt. Ist das nicht der Fall, so ist nur eine Geldstrafe von 1000 l verwirkt, bei deren Nichtzahlung der Täter die rechte Hand verliert.

Darüber hinaus gehen in der Richtung auf den Versuch diejenigen Statuten, in denen die überschießende innere Absicht ausdrücklich hervorgehoben wird. Dieser Typus ist sehr verbreitet. Auch hier wieder mag der Lohnmord als Beispiel dienen. In Bassano (1392 S. 99 R.) z. B. verliert der Lohntäter beide Hände, wenn er jemand angreift »causa et animo eum offendendi«, doch nur eine Hand »pro sola aggressura cum armis facta praedicta causa et animo.« In Forli (1359 III 5 S. 189) wird ein solcher Verbrecher geschleift und aufgehängt, der jemand »occiderit vel animo occidendi vulneraverit«. Nach demselben Statut wird jemand wegen Vergiftung bestraft, »si venenum prebuerit causa necandi, licet mors sequuta non fuerit.« Häufig werden Vorstufen der Körperverletzung in dieser Art hervorgehoben. So steht in Siena (1309/10 V 242 S. 334) unter Strafe, wer jemand verfolgt usw. »per cagione d'offendere lui«, in Averrara, (1313 r. 48 S. 42) wer sich auf den Vikar stürzt »cum animo irado ... per cason de volerge offender« (um ihn zu verletzen). Oftmals wird die Erpressung in dieser Art gekennzeichnet, z. B. nach dem Statut des Volkshauptmanns in Florenz von 1322 III 11 (S. 154) bestraft, wer jemand entführt »causa extorquendi pecuniam«. Oder es wird in Turin (1360 Sp. 715) mit dem Tode bestraft, »si aliquis deinceps ad civitatem .... malo proposito venerit causa occidendi vel vulnerandi aliquem civem vel habitatorem.«

Echter Tatversuch lag auch hier nicht vor. Denn es wird nur jeweils eine einzelne Handlung, in der Regel höher bestraft, weil der Täter eine weitergehende Absicht hatte. Die Absicht wird mehr als erschwerender Umstand bei der Tat behandelt, nicht eigentlich die Tat als Teilverwirklichung der Absicht gesehen. Also nicht Versuch, sondern »koupierte Erfolgsdelikte«. Beim Versuch kommt es auf die konkrete Absicht an, zu der jede äußere Handlung in Beziehung gesetzt wird. Diese Beziehung, nicht die objektive Beschaffenheit des Verhaltens gibt den Ausschlag.

Echte Versuchsregeln dieser Art sind aber gleichfalls in den Statuten des 14. Jahrhunderts keine Seltenheit. Freilich sind diese Regeln wohl immer in den Rahmen einzelner Tatbestände eingefügt. Allgemeine Vorschriften über den Versuch, die in der Art unseres allgemeinen Teils für alle Verbrechen gleichmäßig galten, sind mir nicht begegnet. In der Regel wird der Versuch mit ganz allgemeinen Wendungen bezeichnet, seine Merkmale im einzelnen werden also nicht beschrieben. Vor allem ist der Ausdruck »velle« häufig [4]. Daneben kommen die Bezeichnungen »conari« und »conatus« vor [5]. Wohl am häufigsten aber sind die Worte »temptare«, »attentare« und dergleichen [6]. Endlich findet sich hier und dort »presumere« [7].

In der Bestrafung wird der Versuch in vielen Gesetzen der Täterschaft gleichgestellt [8].

So in Casale 1370 Sp. 994, Balangero 1391 r. 48;

Lodi 1390 S. 106 R. f. (Ermessensstrafe), S. 109 (die Strafe von 250 l kann nach Ermessen herauf- oder herabgesetzt werden), Lecco r. 300 (S. 145);

Verona 1450 III 40;

Pisa 1286 III 71 (S. 459: Ermessensstrafe), Piacenza 1391 V 49 (Lohnmord; es ist die härteste Todesstrafe zu verhängen), Bobbio 1398 IV 145 (härteste Todesstrafe);

Florenz, Stat. Pod. 1325 III 112 (S. 265);

Bologna 1454 S. 20 (Ermessensstrafe);

Perugia 1342 III 57 (S. 71), 27 (S. 45), 128 (S. 142).

Anderswo wird der Versuch geringer bestraft.

So z. B. in Vallassina 1343 r. 77 (S. 205 f.: bei Notzucht statt Todesstrafe Geldstrafe von 50 l), Valperga 1350 r. 27;

Bassano 1392 S. 101 f. (Versuch des Frauenraubs und der Verführung).

In Lucca (1308 III 7 S. 139) wird das Gewaltverbrechen an einer Konkubine oder sonst unehrbar lebenden Frau mit Geldstrafe von 20 l, der Versuch aber mit 10 l gesühnt.

In Narni (1371 III 29) steht auf das Gewaltverbrechen gegen eine Frau Todesstrafe, auf den Versuch Geldstrafe von 200 l.

---

4) In Vallassina (1343 r. 77 S. 205 f.) steht auf Notzucht Todesstrafe. Aber nur Geldstrafe hat der Täter zu zahlen, »si in excessu cognoscere voluerit et non tamen cognoverit carnaliter eam.« Das Statut des Podestà von Florenz von 1325 III 112 (S. 265) ordnet die Wüstung des Hauses an, wenn jemand darin einen flüchtigen Verbrecher »a persequentibus vel capere volentibus defenderet, vel defendere vellet«.

5) Lodi 1390 r. De pena aufferentis bannitum vel malefactorem, qui consignari voluerit (S. 106 R. f.): Strafe nach Ermessen leidet der Täter und der »conatus aufferre«.

6) Casale 1370 r. De illis qui attemptaverint aliquam virginem carnaliter cognoscere vel alienam uxorem (Sp. 994), Lodi 1390 r. De pena temptantis corrumpere Potestatem vel offitiales (S. 109).

7) Castel Fiorentino 1305 r. 25 (S. 339): Todesstrafe, »si quis ausu temerario vellet vel presumeret prodere dictum castrum«.

8) Weitere Belege bei Kohler 222 f.

Doch bekommt man hier leicht einen falschen Eindruck. Die meisten Statuten nämlich, in denen der Versuch der Vollendung gleichgestellt wird, lassen dem richterlichen Ermessen Raum. Das Ermessen wird nun ausgeübt nach der stetig wiederkehrenden Formel u. a. »secundum qualitatem facti.« Danach aber wird der Richter sein Urteil in erster Linie davon abhängig gemacht haben, ob die Tat vollendet war oder nicht. Auf diese Weise ergibt sich praktisch eine Milderung der Versuchsstrafe in den meisten Fällen.

Endlich gibt es im 14. Jahrhundert Ortsgesetze, in denen die Merkmale des Versuchs näher umschrieben werden. Aber diese Bestimmungen stehen unter dem Einfluß der Wissenschaft. Sie werden erst begreiflich, wenn die Theorie dargestellt ist, wie umgekehrt die Theorie nicht verständlich schien ohne Kenntnis des bisher besprochenen.

II. Theorie.

Die Rechtslehre [9]) fand im Corpus iuris keine geschlossene Versuchslehre vor, sondern nur einzelne Quellen, in denen verschiedene Grundsätze zum Ausdruck kamen. Besonders trat im römischen Recht der Gegensatz von crimina publica und delicta privata hervor. Während bei jenen auch entferntere Betätigungen der verbrecherischen Absicht für die Zurechnung genügten, mußte bei diesem der Tatbestand voll erfüllt sein.

Als wesentlich beim Versuch erkannten die Italiener das Mißverhältnis zwischen äußerem und innerem Sachverhalt. Das gab ihnen Anlaß, die Frage nach dem Verhältnis von äußerem und innerem Tatbestand allgemeiner zu stellen und die möglichen Fälle zu zergliedern. Fünf solcher Möglichkeiten faßte als erster Odofredus zusammen [11]):

1) Aut aliquis cogitat delinquere, et agit, et perficit;
2) aut cogitat, et agit, et non perficit;
3) aut cogitat, nec agit, nec perficit;
4) aut agit, et perficit, sed non cogitat;
5) aut nec cogitat, nec agit, nec perficit.

---

9) In erster Linie kommt die Arbeit von Seeger, Die Ausbildung der Lehre vom Versuch der Verbrechen in der Wissenschaft des Mittelalters in Betracht. Ihm folgt diese Darstellung, soweit die ältere Theorie erwähnt wird. Vgl. ferner Brunnenmeister, Quellen 173 ff., Hälschner, System I 176 f., 203 f., Cohn, Zur Lehre vom versuchten und unvollendeten Verbrechen I 111 ff., Zachariae, Die Lehre vom Versuche der Verbrechen I 96 ff., II 137 ff.

10) Mommsen, R. StrR. 95 ff., Seeger, a. a. O. 8 ff., v. Bar, Ges. u. Sch. II 494 f., Falchi, dir. pen. 165 ff.

11) Seeger, a. a. O. 14 f.

Dieses Schema wird von den späteren übernommen und daran Verschuldens- und Versuchslehre erörtert [12]).

Fehlt es am Vorsatz, so mangelt die Spannung zwischen Absicht und Tatbestand, also das wesentliche beim Versuch. Ebenso, wenn äußerer und innerer Tatbestand sich decken. Für den Versuch also kommt nur das zweite und dritte Glied im Schema des Odofredus in Betracht (aliquis cogitat, sed nec agit, nec perficit; aliquis cogitat, et agit, sed non perficit), und auch von diesen Möglichkeiten scheidet die erste aus.

Denn, so lehrten die Legisten, der reine Gedanke, der seine Grenzen nicht überschreitet, bleibt straflos: Primi motus non sunt in potestate nostra [13]).

Eindringender beschäftigte sich, auch hier auf die Gesinnung bedacht, die geistliche Jurisprudenz mit dieser Möglichkeit. In der Grundauffassung war man mit den Legisten einig. Niemand ist dafür verantwortlich zu machen, daß Versuchungen an ihn herantreten. Aber »primi motus« sind für diese Lehre eben wirklich nur die ersten Regungen. Diesen Charakter verlieren böse Gedanken, wenn sie sich festsetzen, wenn der Wille sich unterwirft, in das herantretende Böse »einwilligt«. Kommt es zum verbrecherischen Entschluß, so ist das vor dem forum conscientiae wesentliche, die böse Gesinnung, fertig und folglich Strafe verwirkt. Zwischen beiden Phasen des inneren Vorgangs wird allgemein unterschieden [14]).

---

[12]) Gandinus, De penis 2 ff. (S. 210 ff.); Cinus, C I 3 De episc. et cler. 5 n. 1 ff.; Alb. de Rosc., a. gl. O. n. 3 ff.; Baldus, I IV 1 De obl. quae ex del. 8 n. 3.

[13]) So schon die Glosse (vgl. Engelmann, Schuldlehre 23 f.) und Odofredus (Seeger, a. a. O.). Ferner Gandinus, De penis 5 (S. 211 f.); Jac. de Belvisio I 13 n. 9, III 26 n. 3; Bonif. de Vitalinis, Quid sit accusatio n. 122; Cinus, C I 3 De episc. et cler. 5 n. 1 ff.; a. gl. O. Alb. de Rosc. n. 3 ff. und Baldus n. 3 f., 13 f.; Angelus, D XLVIII 8 Ad 1. Corn. de sic. 14 n. 1; Salicetus, C IX 16 Ad 1. Corn. de sic. 7 n. 6.

Als Ausnahme werden Majestätsverbrechen und Ketzerei angeführt. Vgl. Gandinus, a. a. O.; Baldus, a. a. O. n. 3 f., C IX 8 Ad 1. Jul. majest. 5 n. 1.

[14]) Barth. Pis. s. v. »Peccatum« n. 1 (S. 129): »in omnibus peccatis, que sunt secundum genus suum mortalia, considerandum, quod non sunt mortalia, nisi quando suam perfectionem consequuntur sc. in consensu rationis. Unde si fit inchoatio peccati in sola sensualitate et non pertingat usque ad consensum rationis propter imperfectionem actus, est peccatum veniale.« So schon Thomas v. A., S. th. 2, 1 q. 74 a. 8 und 10. — Ast. I 43 (S. 62; unter Berufung auf das 9. und 10. Gebot): »sic ergo per hec precepta non prohibetur motus primus concupiscentie, qui consistit infra limites sensualitatis, sed prohibetur directe consensus voluntatis in opus vel delectationem«; Hostiensis, S. A. V 37 n. 9: »cogitatio tentans dummodo resistatur, in nullo punitur .... et primi motus

Die Scheidung zwischen läßlichen und Todsünden führt dann in der Beichtliteratur zu weiterem Durchdenken und Unterscheiden der Gedankensünde. In einem Bereiche, der für das weltliche Recht nicht in Betracht kommt, wird eine eingehende Schuldlehre entwickelt, die spätere Leistungen der Legisten bis zu einem gewissen Grade vorwegnimmt. Es werden Stufen der Gedankenschuld unterschieden. Zwischen die straflose Versuchung und die Todsünde des festen Entschlusses schiebt sich eine Zwischenform: Wo die Vernunft noch nicht unterworfen ist, aber dem bösen Gedanken Raum gibt und durch Lässigkeit eine Unordnung der Begierde bewirkt, dort wird ein peccatum veniale angenommen. So lehrte Astensis II 7 (S. 72 R.): »Sciendum ...., quod inordinatio sensualitatis quandoque est sine omni culpa .... Quandoque autem est culpa venialis ... Et hoc est, quando insurgit inordinatio in sensualitate per negligentiam voluntatis. Tunc enim imputatur voluntati pro culpa veniali propter difficultatem refrenandi sensualitatem et regendi. .... Quandoque etiam inordinatio sensualitatis imputatur voluntati pro culpa mortali: quando est contra actum prohibitum ut insurgens ex voluntatis imperio deliberato.«

Soweit aber der böse Wille im äußeren Verhalten sich niederschlug, wollten die Legisten nach verschiedenen Richtungen unterscheiden. Aus den Quellen entnahmen sie die Scheidung nach der Art des Verbrechens. Aber während diesen der Gegensatz von delicta privata und crimina publica zugrunde lag, unterschieden die meisten Legisten zwischen schweren und leichten Verbrechen, delicta atrocia und levia. Die Unterscheidung der Quellen wird erst von der französischen Schule (Jacobus de Ravanis, Petrus de Bellapertica) wiederaufgenommen [15]) und von Cinus und Baldus, I IV 1 De obl. quae ex del. 8 n. 3 (anders an den anderen Stellen) übernommen. Jacobus de Belvisio endlich verband beide Unterscheidungen.

Wären die Legisten den Quellen nun weiter gefolgt, so hätten sie den Versuch bei crimina publica der Vollendung gleichgestellt.

---

non sunt in potestate nostra.« Vgl. auch Barth. Pis. s. v. »Discordia« n. 1 und ihm folgend Joh. v. Fr. III 34 q. 225; Ast. II 46 (S. 89 R.).

Vor allem die Sündhaftigkeit geschlechtlicher Gedanken wird nach diesen Gesichtspunkten beurteilt. Vgl. z. B. Hostiensis, S. A. V 16 n. 15 und Barth. Pis. s. v. »Delectatio« n. 1: »Quod enim aliquis consentiat in talem delectationem, nihil aliud est quam quod consentiat, quod affectus suus sit inclinatus in fornicationem.« Vgl. auch s. v. »Luxuria« n. 4. So schon Thomas v. A., S. th. 2, 2 q. 154 a. 5 (Utrum pollutio nocturna sit peccatum). Vgl. auch a. 4.

[15]) Seeger, a. a. O. 16 ff.

Aber sie lehnten das ab und forderten mildere Strafe unter Hinweis auf Statuten und Gewohnheiten, also die Praxis [16]).

Auf den ersten Blick kann das befremden. Denn wie gezeigt wurde, straften eine Reihe von Statuten den Versuch gleich der vollendeten Tat. Aber an diese spärlichen abstrakten Vorschriften denken die Italiener wohl gar nicht, sondern an den Regelfall, daß die Statuten überhaupt keinen Versuch kennen, sondern nur Strafe androhen für den Fall, daß jemand getötet oder verletzt wird. Zwar hätten die Auslegungsregeln der Rechtslehrer vielleicht auch hier eine Handhabe geboten. Man hätte z. B. sagen können, daß der Versuch nicht geregelt und daher nach gemeinem Recht, etwa nach C 9, 16, 7 zu beurteilen sei. Damit hätte man nur den Grundsatz der passiven Auslegung angewandt. Aber der Widerspruch zum Wortlaut wäre dann besonders drastisch in Erscheinung getreten. Auch konnte zweifelhaft bleiben, ob nicht z. B. die Statuten über Körperverletzung die Lücke ausfüllten, also überhaupt ein »casus omissus« blieb. Die Praxis jedenfalls stellte Versuch und Vollendung nicht gleich, und die Rechtslehre folgte ihr in der Annahme, daß die Statuten ihrem Wortlaut nach die Vollendung des Verbrechens verlangten, der Mordversuch also z. B. nur als Körperverletzung oder sonst nach Ermessen geringer zu bestrafen sei. So meinte Bartolus, D XLVIII 8 Ad l. Corn. de sic. 1, 3 n. 1: »per Italiam maleficia puniuntur secundum statuta, non secundum leges, et ideo, cum statuta dicant, si quis occiderit etc., statutum illud non verificatur nisi morte secuta: ideo animus occidendi nullo modo attenditur« [17]).

---

[16]) So schon Durantis. Dagegen leitete Jacobus de Ravanis die mildere Strafe des Versuchs noch aus gemeinem Recht her. Vgl. Seeger, a. a. O. 15 f.

Bartolus, D XLVIII 8 Ad 1. Corn. de sic. 1, 3 pr.; Baldus, D IX 2 Ad 1. Aquil., Additio z. 1. 52 n. 5, C I 3 De episc. et cler. 5 n. 6 f., C IX 1 Qui accus. non poss. 11 n. 51, C IX 16 Ad 1. Corn. de sic. 7, Cons. III 443 n. 1 ff.: »pene capitales de consuetudine generali non imponuntur pro delictis non consummatis;« Angelus, C IX 16 Ad 1. Corn. de sic. 1 n. 1 f., Cons. 14 n. 3 f.; Bonif. de Vitalinis, De insultu n. 15, Quid sit accusatio n. 73, De inquisitione n. 38.

So auch die Kanonisten: c 7 in VI to De electione et electi pot. I 6 u. dazu Joh. Andreae n. 2.— Auch die Sünde ist schwerer, wenn der schädliche Erfolg eintritt. Vgl. Thomas v. A., S. th. 2, 1 q. 73 a. 8 (Utrum gravitas peccati augeatur secundum maius nocumentum). Vgl. auch a. a. O. q. 20 a. 5.

[17]) Im gleichen Sinne erörtert Bartolus im Cons. II 39 den Fall, daß jemand versucht hat, eine Frau zu schwängern, aber nicht zum Ziel gekommen ist. Dann soll die Strafe des Statuts nicht verwirkt sein. Denn: »Statutum .... loquitur in eo, qui stuprum vel incestum commisit, et sic secundum eius verba non habet locum in eo, qui attentavit.« Vgl. ferner Bartolus, C IX 16 Ad 1. Corn. de sic. 2 n. 1; Baldus, C VI 1 De fugit. serv. 3 n. 4: Für das Statut

Aber noch eine weitere Anregung übernahmen die Theoretiker aus der Praxis. Sie sahen in den Statuten den Vorraum vor dem Erfolge kasuistisch aufgeteilt und die Strafen für Versuch und Vorbereitungshandlungen planmäßig, in der Regel mehrfach abgestuft. Das übertrugen sie auf die Theorie, setzten aber, am gemeinen Recht geschult und im rationalen Denken geübt, die Tatbestände in Beziehung zu einander und gewannen den abstrakten Rechtssatz, daß die Strafe sich zu richten habe nach dem Abstand der Vorbereitungshandlung vom Erfolge. Wie die geringere Strafe des Versuchs, so stammt auch die weitere Unterscheidung zwischen conatus proximus und remotus nicht aus den Quellen, sondern aus der Praxis.

Was unter conatus proximus und remotus zu verstehen ist, zeigen besser als Abstraktionen [18]) die Beispiele der Theoretiker. Danach entsprach dieser Unterschied nicht dem von Ausführungs- und Vorbereitungshandlungen in unserem Sinne. Den Ausschlag gab vielmehr die Nähe der Versuchshandlung zum Enderfolg. Demnach sind etwa beim Mordversuch actus proximi solche, die den Angegriffenen schon körperlich verletzen. Dagegen ist der Angriff als solcher nur actus remotus [19]), ebenso die Vorbereitung der Vergiftung [20]) oder das Hingehen zum Tatort mit der Waffe [21]). Ähnlich wird beim Notzuchtsversuch actus proximus angenommen, wenn der Täter »voluit aperire claustra pudoris«, oder wenn die Frau zu Boden geworfen wird, actus remotus beim Berühren und Ergreifen der Kleider oder Küssen [22]).

Im einzelnen ergibt sich folgende Übersicht: Schon die Glosse unterscheidet zwischen leichten und schweren Verbrechen und zwischen

gelte nicht die lex Is qui cum telo, »quia statuta disponunt de actu secundum effectum et secundum affectum ...., et quia ita est generalis consuetudo, non indiget probatione«; Baldus, J IV 18 De publ. iud. 5 n. 3, D IX 2 Ad l. Aquil. 2, D XXIX 5 De sen. cons. Silan. 6, 3 n. 1, C IX 16 Ad l. Corn. de sic. 7, Cons. I 294 n. 2, II 430 n. 1, III 443 n. 1 ff.; Angelus, Cons. 14 n. 3: »Communiter statuta vigent, ut homicida capite puniatur, unde statuta requirunt homicidium verum: non ergo sufficit attemptatum gladio nec alia attemptatio propinqua vel remota;« Angelus, D XLVIII 8 Ad l. Corn. de sic. 1 n. 1 f; Salicetus, C IX 16 Ad l. Corn. de sic. 2 n. 8, 7 n. 3.

18) Vgl. z. B. Baldus, Cons. I 356 n. 1: »proximum dicitur illud, quo supposito alterum sequitur continuatione et de facili.« In C I 3 De episc. et cler. 5 n. 5 stellt Baldus dem actus remotus gegenüber den »actus multum principaliter propinquus delicto et quasi de esse eius et quasi pars intrinseca eius delicti.«

19) Baldus, C IX 1 Qui accus. non poss. 11 n. 51.

20) Baldus, Cons. III 443 n. 1 ff.

21) Baldus, J IV 1 De obl. quae ex del. 8 n. 3.

22) Baldus, Cons. I 356 n. 1, C IX 1.

verschiedenartigen Regungen des verbrecherischen Willens [23]). In der Folgezeit verlangen Albertus Gandinus, De penis 4 (S. 210f.), und Bonifacius de Vitalinis, Quid sit accusatio n. 122 f., bei leichten Vergehen den Eintritt des Erfolges.

Nach Jacobus de Belvisio III 26 n. 3 ff. sollte der Versuch bei Privatdelikten und crimina non atrociora straflos bleiben, sonst aber geringer bestraft werden als das vollendete Verbrechen, und zwar sollte die Strafe sich nach der Haupttat bemessen, wenn es zur Tat (»ad actum realem«), aber außerordentliche Strafe verhängt werden, wenn es nur »ad actum consilii« kam [24]).

Albericus de Rosciate, C I 3 De episc. et cler. 5 n. 3 ff. [25]), wollte gar nicht bestrafen bei leichten Vergehen, milder bei delicta atrociora, gleich der vollendeten Tat bei delicta atrocissima.

Cinus, a. gl. O. u. C IX 16 Ad 1. Corn de sic. 7 n. 1, unterschied wie Jacobus de Ravanis und Petrus de Bellapertica zwischen Privatvergehen und kriminellem Unrecht und ließ den Versuch bei jenen immer, bei diesem nur dann straflos, wenn es beim entfernten Versuch blieb. Dagegen sollte der nahe Versuch milder bestraft werden.

Bartolus, D XLVII 2 De furtis 21, 7 n. 1, folgt Cinus und den Franzosen in der Scheidung zwischen delicta privata und crimina publica.

Baldus, C I 3 De episc. et cler. 5, bringt gleichfalls die doppelte Unterscheidung der herrschenden Lehre. Der Versuch bei leichten Vergehen bleibt straflos, bei schweren werden actus verbi und facti remoti milder, actus facti propinqui gleich der Vollendung bestraft [26]). Dagegen unterscheidet Baldus zu J IV 1 De obl. quae ex del. 8 n. 3 statt zwischen leichten und schweren Verbrechen zwischen delicta privata und crimina publica.

Auch Angelus, C VI 1 De fugit. serv. 3 n. 3, will bei delicta atrocia den actus proximus gleich der Vollendung bestrafen [27]).

Ebenso entscheidet Salicetus, C IX 16 Ad 1. Corn. de sic. 2 n. 1,6, dann, wenn die Tat ihrem Aussehen nach (in sui forma) auf den Erfolg hinstrebt, dagegen soll der conatus remotus nach Ermessen bestraft werden, wenn kein Sonderdelikt vorliegt.

---

[23]) Seeger, a. a. O. 12, v. Bar, Ges. u. Sch. II 496 f., Zachariae, a. a. O. I 94 ff., II 10, 137.

[24]) Vgl. auch I 3 n. 74 f. und I 13 n. 3.

[25]) Vgl. auch Alb. de Rosc., D II 2 Quo quisque iuris 3 n. 2, D XLVIII 8 Ad 1. Corn. de sic. 1 n. 1.

[26]) Ebenso Baldus, Cons. I 356 n. 1. Mildere Strafe für den Versuch auch nach Baldus, D II 2 Quod quisque iuris 1, 2 n. 1 f., C IX 1 Qui accus. non poss. 11 n. 51, C IX 2 De acc. et inscr. 5 n. 9 f.

[27]) Vgl. auch Angelus, D XLVIII 8 Ad 1. Corn. de sic. 14 n. 1.

Aber nur dann sollte der Versuch bestraft werden, wenn der Täter nicht weiter handeln konnte. Es blieb also straflos, wer freiwillig von der Tat abließ, es sei denn, daß schon ein Schaden entstanden, ein Sondertatbestand verwirklicht war. Beim Rücktritt blieb also straflos nur der Versuch »als solcher« [28]).

Eine Besonderheit ist die in Praxis und Lehre angenommene Straflosigkeit dessen, der falsche Urkunden und Zeugen in den Prozeß eingeführt hat, aber bis zu einem bestimmten Zeitpunkt von ihrem Gebrauch abläßt [29]).

Dagegen wurde die Möglichkeit eines Rücktritts vom vollendeten Verbrechen verneint [30]). Während aber hier die Praxis einfach nach dem Statut entschied, war den Rechtslehrern scheinbar zweifelhaft, ob nicht die Strafe zu mildern sei. Fälle aus der Praxis bespricht Albertus Gandinus, De furibus 12 (S. 315 ff.): In Bologna verbot das Statut die Aufnahme von Geächteten. Trotzdem nahm jemand einen wegen Mordes gebannten in sein Haus auf und ließ ihn dort zwei Tage verweilen. Danach aber wurde er anderen Sinnes und übergab ihn der Behörde. Ein anderer Fall: Ein Soldat, der die Wache beziehen sollte, unterließ dies zunächst, besann sich dann aber eines besseren und ging doch noch auf seinen Posten. Nach Erörterung des Für und Wider teilt Gandinus als Ansicht des Martinus de Fano mit, daß der Soldat statt mit dem Tode mit Züchtigung zu bestrafen sei. Der Begünstiger des Gebannten aber sei in Bologna nach dem Statut bestraft worden. Albericus de Rosciate, St. IV 69 n. 1 ff., der diesen Fall gleichfalls behandelt, bemerkt gegenüber der bologneser Entscheidung, daß andere — »et forte non male« — sich für mildere Strafe ausgesprochen hätten. Gänzliche Straflosigkeit aber sei beim Rücktritt vom vollendeten Verbrechen nach weltlichem Recht ausgeschlossen.

---

[28]) Jac. de Belvisio, I 13 n. 2: »Tu dic: aut non occidit, quia voluit et tunc non tenetur ...; aut non occidit, quia non potuit, et tunc tenetur;« vgl. auch III 26 n. 3; Gandinus, De penis 4 (S. 210 f.); Bonif. de Vitalinis, Quid sit accusatio n. 122; Bartolus, D XLVIII 10 Ad 1. Corn. de falsis 19 n. 1; Cinus, C I 3 De episc. et cler. 5 n. 1 ff., C IX 16 Ad l. Corn. de sic. 7 n. 1; a. gl. O. Baldus n. 4, 14 und Salicetus n. 6; Baldus, J IV 1 De obl. quae ex del. 8 n. 3, C IX 1 Qui accus. non poss. 11 n. 54 f.; Hostiensis, S. A. V 37 n. 9; Joh. Andreae, c. 1 in VI to De homicidio V 4 n. 11.

[29]) Vgl. S. 511 f., 518 f., 521 f., 525.

[30]) Alb. de Rosc., D II 2 Quod quisque iuris 3 n. 1, C I 3 De episc. et cler. 5 n. 16; Baldus, a. gl. O. n. 13 und C VI 1 De fugit. serv. 3 n. 6; Angelus, D XLVII 2 De furtis 65 n. 3; Jac. de Belvisio III 26 n. 7.

III. Die jüngere Praxis.

Die Versuchstheorie der Legisten, von der Praxis beeinflußt und umgestaltet, wirkt auf die Gesetzgebung zurück. Namentlich in der zweiten Hälfte des 14. Jahrhunderts finden sich in den Statuten mehrfach echte Versuchsregeln, die es unter dem Einfluß der Theorie nicht bei allgemeinen Formeln bewenden lassen, sondern die einzelnen Elemente des Versuchsbegriffs klarer zum Ausdruck bringen.

So wird einmal nach dem Vorbild der Theorie die Gedankensünde als strafrechtlich unerheblich ausgeschieden und die Rechtsfolge an die sichtbare Betätigung des verbrecherischen Willens geknüpft. Genauer werden in der Regel Handlungen verlangt, die ihrer objektiven Beschaffenheit nach als Tatbestandshandlungen erscheinen, außer dem Gedankenunrecht also auch entferntere Vorbereitungshandlungen straflos gelassen.

So setzt das Statut von Biella, Stat. malef. r. 26 Todesstrafe auf den Geschlechtsverkehr mit einer Nonne, droht gleiche Strafe aber auch dem an, der »processerit ad actum libidinis, quamquam non produxerit ad effectum.«

Roccantica 1326 r. 46 (S. 74): »Insultus intelligatur factus, si de loco ad locum insultans irato animo iverit contra insultatum, vel si ad aliquem actum alicuius malleficii alterius pervenerit insultans.«

Das Statut von Padua von 1329 S. 260 bedroht mit milderer Strafe als das vollendete Verbrechen den, der in Notzuchtsabsicht eine Frau küßt, ihre Kleider zerreißt, sie zu Boden wirft oder andere Ausführungshandlungen begeht (»vel processerit ad alium actum veneris«) oder auch nur des Nachts hingeht, um gewaltsam in ihr Haus einzudringen.

In Forli (1359 III 3 S. 184 f.) wird samt dem Verräter mit Strafe bedroht, wer »tradere procuraverit, tractaverit vel deliberate cogitaverit et ad aliquem actum processerit.« Vgl. auch r. 19 (S. 216 f.).

Das Statut von Vergante von 1389 r. 67 (S. 224 f.) bezeichnet bei der Notzucht die Versuchshandlungen konkreter. Dort wird bestraft, wer eine Frau vergewaltigen will »levando sibi drapos et volendo intrare in tibias« oder sie zu Boden wirft. Ebenso Dervio 1389 r. 46 (S. 115).

In Bassano (1392 S. 102 r. De strupratore seu violatore virginis non viri potentis) wird gleichfalls unterschieden, ob es zum Beischlaf gekommen ist oder zu einem actus veneris vel raptus, ohne daß der Enderfolg eingetreten wäre.

Bologna 1454 r. De poena eximentis aliquem captum occasione maleficii vel delicti de potestate ducentis (S. 29): Dem Täter gleich wird derjenige bestraft, der den zur Vollstreckung Geführten »exemerit ... seu eximere voluerit et [ad?] actum evidentem exemptionis provenerit vel praedictis auxilium cooperativum dederit.« Ebenso S. 24 R.: Dem Meuchelmörder wird gleich bestraft, wer »ad aliquem actum evidentem pervenerit personam eius, quem occidere volebat, tangendo.«

Hier und dort wird aus der Rechtslehre der Unterschied zwischen actus proximus und remotus übernommen und jener härter bestraft als dieser.

In Biella (r. 23) wird die Notzucht mit dem Tode bestraft, aber mit Geldstrafe von 500 l kommt der Täter davon, »si non consumaverit, dum modo processerit ad actum proximum libidinis, quanquam ipsum non consumaverit, sed per ipsum non remansit, quin ipsum produxerit ad effectum.« Ähnlich r. 26. Besonders aber Padua 1366 S. 249 R. f.: »Si quis ... tractaverit per se vel alium de occidendo aliquem .... et fuerit mors ex hoc subsequuta, ipse tractans et ipse assassinus attrahinentur et suspendantur per gulam vel comburantur. Si vero mors non fuerit subsequuta, sed ipse assassinus pervenerit ad actum proximum interficiendi videlicet, quia percusserit vel admenaverit vel insultum fecerit, tunc ipse assassinus trahinetur ad caudam equi usque ad furcam et suspendatur per gulam. Si autem ad actum remotiorem processerit, tunc ipse tractans et ipse assassinus eo ipso, quod suscepit mandatum et promisit occidere, condemnetur ad amissionem oculorum et unius manus validioris.«

Endlich wird auch in der Praxis die Strafe mehrfach auf den unfreiwilligen Mißerfolg beschränkt, wie in der Theorie also der freiwillige Rücktritt vom Versuch zugelassen. Namentlich in den Urteilen kommt häufiger zum Ausdruck, daß es nicht am Täter lag, wenn er nicht zum Ziele kam.

So hebt z. B. das florentiner Urteil von 1351 bei Kohler-degli Azzi 45 f. hervor, daß die Teilnehmer an einem hochverräterischen Unternehmen nicht zum Ziel gelangt seien, daß das aber nicht an ihnen lag: »et per eos non stetit, [quin] praedicta fecissent« [31]). Der gleiche Gedanke tritt in einigen Statuten hervor. So wird in Mirandola (1386 S. 99) gehängt, wer jemand anders berauben wollte, aber seinen Zweck nicht erreicht hat »et per eum non steterit«. Ebenso in Valperga (1350 r. 27) bei Sittlichkeitsverbrechen: Strafe, »si ... quis fecerit posse suo in cognoscendo aliquam mulierem carnaliter, tamen eam non cognoverit, licet fecerit posse suum ita, quod pro eo non remanserit« [32]).

* * *

Über die Wechselbeziehungen von Lehre und Praxis wäre zusammenfassend folgendes auszusagen: Unter dem Einfluß der Praxis will die Theorie den Versuch milder strafen als die vollendete Tat. Auf die Praxis führt auch die Unterscheidung nach der Nähe des Verhaltens zum Erfolge, zwischen conatus proximus und remotus zurück. Die umgestaltete Theorie wirkt alsdann wieder auf Rechtsprechung und Gesetzgebung ein und gibt in abstrakten Formen zurück, was ihr die ältere Praxis vermittelt hatte.

---

31) Ebenso a. a. O. 58, 60 f., 63 f.; ferner flor. Urt. v. 1344 in G. A. 53 S. 273 (Versuch der Entführung: »et per eos non stetit, quin predicta comitterent«). Vgl. auch a. a. O. S. 263 f. und u. a. Kantorowicz I 242 f. Urk. 29, 245 Urk. 31, 261 f. Urk. 40.

32) Vgl. auch das oben zitierte Statut von Biella.

Mehrtäterschaft, Teilnahme, Begünstigung.

I. Mit- und Nebentäterschaft, mittelbare Täterschaft.

Wo mehrere Personen am Verbrechen beteiligt sind, stehen Gesetzgebung und Wissenschaft vor der Frage, wieweit sie den besonderen Anteil des Einzelnen an der Tat berücksichtigen und sein Verhalten deshalb anders als sonst beurteilen wollen, weil noch andere Personen im Spiele sind. Nur dort werden diese Fragen nicht praktisch, wo eine Mehrheit natürlicher Personen rechtlich als Einheit gilt, alle Beteiligten insgesamt also ohne Rücksicht auf den Anteil der Einzelnen nur einmal bestraft werden.

Ein solcher Zusammenschluß ist rechtsgeschichtlich nicht ohne Vorbild und kann seinen Grund in der Natur der Rechtsfolgen haben oder in den Beziehungen der Beteiligten.

So waren nach germanischer Rechtsanschauung Wergeld und Buße weniger Strafe als Ersatz für erlittenes Unrecht. Von allen Beteiligten einzeln eingezogen hätten sie den Geschädigten ohne Rechtsgrund bereichert und den Sinn der Rechtsfolge aufgehoben. Deshalb wurden gelegentlich alle Beteiligten zu Wergeldverbänden zusammengeschlossen und wurde die einmalige Zahlung der Gesamtheit auferlegt [1]). Das wurde anders, als diese Rechtsfolgen zu öffentlichen Strafen wurden, und im ausgehenden Mittelalter scheint diese Anschauung so gut wie ganz überwunden.

Die Zusammenfassung der Einzelnen konnte aber auch darin ihren Grund haben, daß man als Verbrechenssubjekte nicht die Einzelnen ansah, sondern den Verband, dem sie angehörten, die Genossenschaft oder die Familie, vertreten durch ihr Mitglied. Wie der Individualisierung der Rechtsfolgen so stand der Genossenschaftsgedanke einer Rücksichtnahme auf den individuellen Tatanteil entgegen. Im ausgehenden Mittelalter lebte dieser Gedanke noch fort und fand im Statutarrecht Ausdruck in der Gesamthaftung der Körperschaftsmitglieder. Doch lag darin eine Ausnahme von allgemeinen Teilnahmegrundsätzen nur so lange, als die Körperschaft mit der Summe der Einzelnen gleichgesetzt wurde. Dagegen verschwindet dogmatisch jede Regelwidrigkeit, sobald die Körperschaft als gedankliche Einheit, als juristische Person von den Einzelnen begrifflich getrennt, die Strafe also nicht diesen, sondern dem Verbande als selbständigem Rechtssubjekt auferlegt wird.

---

[1]) His, G. D. StrR. 23, Osenbrüggen, Lgb. 41.

1.

Von dieser Besonderheit abgesehen aber hat die Rechtslehre des 14. Jahrhunderts den Gedanken einer strafrechtlichen Gesamtschuld und Gesamthaftung überwunden. Nehmen mehrere an einer strafbaren Handlung teil, erfüllen alle den vollen Tatbestand, so hat jeder die gesetzliche Strafe verwirkt, ein Grundsatz, der bei den Rechtslehrern mehrfach Ausdruck findet [2]).

Nicht anders sieht es im Statutarrecht aus. Auch dort ist die Gesamthaftung so gut wie überwunden. Das Gesetz von Bassano von 1392 spricht einen allgemein geltenden Satz aus, wenn es der Theorie folgend die Gesamthaftung ausdrücklich ausschließt, nämlich anordnet, daß jeder Einzelne die volle Strafe zu zahlen habe: »si plures fuerint in uno facto deprehensi, omnes secundum delicti sui exigentiam puniantur« (a. a. O. S. 105) [3]).

Aber wie nicht anders zu erwarten sind in der Praxis die Überreste alter Anschauungen zahlreicher als in der Theorie. Von der Körperschaftshaftung abgesehen finden sich auch sonst noch Fälle, in denen mehrere Verbrecher, zu einer Haftungsgemeinschaft zusammengeschlossen, die Strafe nur einmal zu leiden haben: So unterscheidet man z. B. in Rom (1363 II 64 S. 115 f.) beim Raufhandel zwischen Rädelsführern, die mit dem Streit begonnen haben, und anderen, die nur mitmachen. Die »inceptores« haben eine Sonderstrafe zu zahlen, die aber von allen zusammen nur einmal eingezogen wird: »si plures inceptores fuerint ex una parte, unam penam tantum persolvant.«

In anderen Fällen aber stehen die Einzelnen nicht als gleichwertige Schuldner des Strafanspruchs nebeneinander, sondern die Strafe trifft sie in bestimmter Rangfolge. Es handelt sich da meist um Fälle, in denen ein Verbrecher als Haupttäter beteiligt ist, ein anderer aber als Auftraggeber, Anstifter oder sonst Beteiligter hinter ihm steht. Demgemäß wird die Strafe zunächst dem Haupttäter auferlegt, dem anders beteiligten aber nur dann, wenn der Haupttäter nicht zahlen kann oder sich der Bestrafung entzogen hat. Also ein subsidiäres Einstehen für fremde Tat, eine gesetzliche Zwangsbürgschaft für die Erfüllung des Strafanspruchs, begründet in der

---

[2]) Alb. de Rosc., D II 1 De iurisdict. 9 n. 1, 4; Angelus, a. gl. O. n. 1, D XLVII 6 Si familia furtum fecisse dicetur 1, 2 n. 2; Bonif. de Vitalinis, Quid sit accusatio n. 36, De insultu n. 5.

[3]) So schon Venedig, Lib. prom. 1232 c. 9 (S. 176). — Vgl. auch Pertile V 102 f.

schuldhaften Beteiligung des Zwangsbürgen. Einige Beispiele mögen das deutlich machen:

Wenn z. B. in Pisa (1286 III 11 S. 375 f.) ein Bravo (sergens, masnaderius) jemand körperlich verletzt hat oder Waffen trägt und nachher nicht zu fassen ist, so hat der Auftraggeber die Geldstrafe des Bravo zu entrichten. Dort (III 39 S. 416) hatte auch der Gesellschafter die Geldstrafe zu zahlen, wenn sein Kompagnon verbotenen Handel trieb und selbst nicht zahlen konnte.

In Perugia (1342 III 150 S. 173) trifft den Popularen, der einen Granden zur Begehung eines Mordes oder sonstiger Verbrechen begleitet, erhöhte Strafe. Ist er nicht zu fassen, so zahlt der Grande an seiner Stelle.

Valperga 1350 r. 28 De pena tenentis alienam uxorem pro concubina: Dort heißt es am Ende: »teneatur ... unus pro alio ad solutionem dicti banni.«

In Bassano (1392 S. 99 R.) hat dann, wenn der Lohntäter oder Anstifter Ausländer ist und nicht gefaßt werden kann, der andere Teil für ihn die Strafe zu zahlen.

Das Statut von Biella r. 174 untersagt das Vermieten von Häusern und Grundstücken an Räuber, Geächtete, Rebellen und Ehebrecher. Der Vermieter hat eine besondere Geldstrafe zu zahlen, muß zugleich aber für den zahlungsunfähigen Mieter dessen Strafgelder und Abgaben (»banna et fodra«) entrichten.

2.

Grundsätzlich also war jeder Beteiligte selbständig zu bestrafen. Damit wurde es nötig, den Tatanteil jedes Einzelnen, das Ob und Wie seiner Beteiligung ins Auge zu fassen.

Einfach lagen die Dinge dann, wenn jeder Einzelne den vollen Tatbestand erfüllte, etwa jeder ohne weitergehende Absicht einen anderen schlug. Dann war natürlich jeder wegen Körperverletzung zu bestrafen. Schwierigkeiten ergaben sich erst dann, wenn die Anteile der Beteiligten äußerlich ungleichartig oder zwar gleichartig waren, das Verhalten des Einzelnen aber für sich betrachtet den vollen Tatbestand nicht erfüllte. Hier war die Frage, ob demjenigen, der den Tatbestand nicht voll verwirklicht hatte, der Anteil aller anderen zuzurechnen, ob also das Einzelverhalten deshalb als Täterschaft zu beurteilen sei, weil sich noch andere am Verbrechen beteiligten.

Die Lehre bespricht diese Fragen [4]) im Hinblick auf den Raufhandel. Sie ging dabei aus von D 48, 8, 17: »Si in rixa percussus homo perierit, ictus uniuscuiusque contemplari oportet« [5]). Es soll also auf den individuellen Tatanteil jedes Einzelnen ankommen und

---

4) Brunnenmeister, Quellen 189, 192, Hälschner, System I 378 ff., v. Bar, Ges. u. Sch. II 583 f., Heimberger, Die Teilnahme am Verbrechen usw. 3 ff.

5) Bartolus, D XLVIII 8 Ad l. Corn. de sic. 17 pr. u. n. 10; Gandinus, De homicidiariis 2 (S. 279), De penis 32 (S. 232); Bonif. de Vitalinis, Quid sit accusatio n. 104; Alb. de Rosc., D IX 2 Ad 1. Aquil. 11, 2 n. 4. — Vgl. auch Falchi, dir. pen. 186 ff.

jeder bestraft werden nach Maßgabe seiner Beteiligung. Das hieß aber: War bei einer Schlägerei zu ermitteln, wer den tödlichen Schlag geführt hatte, so wollte man nur diesen als Mörder, die anderen aber nach ihrer minderen Beiteiligung, in der Regel wegen Körperverletzung bestrafen [6]).

Die Quelle aber spricht ausdrücklich nur vom Raufhandel (rixa), einem Vorgang also, bei dem mehrere Personen in der Erregung, ohne bewußtes, planmäßiges Zusammenwirken gleichzeitig tätig werden. Anders urteilte man dann, wenn mehrere mit Überlegung und nach einem gemeinschaftlichen Plan über jemand herfielen. Hier wurde auch der Minderbeteiligte strenger, in der Regel sogar dem Täter gleich beurteilt. Wer sich handelnd beteiligte, aber nicht den tödlichen Schlag führte, war doch jedenfalls mittätiger Gehilfe, und wurde je nach der Stellung, die man hier einnahm, dem Täter gleich oder milder beurteilt [7]).

Als synthetisches Element also bei der Mittäterschaft oder mittätigen Beihilfe galt der gemeinschaftliche Plan und Tatvorsatz, das Handeln »communicato consilio« [8]). »Si quidem deliberato animo simul ad homicidium perpetrandum accesserunt, invicem videntur auxilium prestitisse, si autem in rixa, tunc secus,« sagt Baldus, Cons. I 361 n. 1, von den Beteiligten. Waren aber diese subjektiven Voraussetzungen erfüllt, so sollte jedem Einzelnen der Tatanteil des andern zugerechnet werden: »qui erant participes, tenentur de eo, quod alii fecerunt.« (Albericus de Rosciate, St. II 44 n. 1 ff.).

Wie diese Andeutungen schon zeigen, waren in der Theorie Mittäterschaft und mittätige Beihilfe nicht deutlich getrennt, und eben deshalb tritt der Begriff der Mittäterschaft nicht recht in Erscheinung [9]). Man hatte kein Interesse daran, innerhalb des erstverantwortlichen Verhaltens Nuancen — Mittäterschaft, mittäterschaftliche, verursachende Beihilfe — gegeneinander abzuheben.

Praktisch sah man sich nun häufig vor Fälle des Raufhandels gestellt, in denen zwar nachzuweisen war, wer sich beteiligt, nicht aber, wer den tödlichen Schlag geführt hatte. Mit dieser Verlegenheit beschäftigten sich die Theoretiker (und vermutlich auch die Gerichte)

---

[6]) Alb. de Rosc., St. II 44 n. 1 ff., D IX 2 Ad l. Aquil. 11, 2 n. 6, D XLVIII 8 Ad l. Corn. de sic. 17 n. 2 ff.; Baldus, D IX 2 Ad l. Aquil. 11, 2 pr. u. n. 1, Cons. I 399 n. 1; Bonif. de Vitalinis, Quid sit accusatio n. 7, 71, De insultu n. 30, 43; Hostiensis, c. 17 X De temporibus ord. etc. I 11 § Nullum (S. 107 R.).

[7]) Bartolus, a. a. O. n. 10; Alb. de Rosc., a. gl. O. n. 2 ff.

[8]) Baldus, D II 1 De iurisdict. 9 n. 8, C IX 2 De acc. et inscr. 16 n. 3.

[9]) v. Bar, Ges. u. Sch. II 584.

immer wieder. Die Lösung fand man in der Quellenstelle D 9, 2, 51 [10]). Da jede Beteiligung am gemeinschaftlichen Verbrechen die Strafe der vollendeten Tat dann nach sich zog, wenn die Beteiligten mit Überlegung und planmäßig vorgingen, so war es offenbar gleichgültig, ob der (nachweislich) überhaupt Beteiligte den tödlichen Schlag geführt hatte. Das synthetische Element bewirkte die Verantwortlichkeit aller für den Todesstoß, einerlei, wer ihn beigebracht hatte. Anders dort, wo dieses Element fehlte, die Zurechnung also nur möglich war auf Grund individueller Tatbestandserfüllung. Man ließ es also darauf ankommen, ob die Beteiligten von vornherein mit Tötungsabsicht die Schlägerei begannen, oder ob der innere Zusammenhang fehlte. In diesem Falle sollte mangels Beweises keiner wegen Mordes haften, sondern alle Beteiligten sollten mit einer milderen Geldstrafe davonkommen [11]).

Diese Lehre paßte auch zur Theorie des versari in re illicita. Wer einmal bewußt die Grenze zwischen Recht und Unrecht überschritten hatte, mußte darauf gefaßt sein, daß er für alles Unrecht verantwortlich wurde, das sich daraus ergab.

Bei Ungewißheit der Täterschaft also werden alle diejenigen voll verantwortlich gemacht, die mit Tötungsvorsatz und dem Entschluß zu gemeinsamem Tun zusammenkommen und sich irgendwie äußerlich betätigen oder Hilfe leisten. Fehlt es aber gänzlich an der äußeren Betätigung, ist also nicht einmal sicher, daß alle Beschuldigten irgendwie mitgehandelt haben, so wird Freispruch verlangt oder nur eine geringe Geldstrafe zugestanden [12]). So bespricht Albericus

---

[10]) Brunnenmeister, Quellen 189.

[11]) Nur Bartolus, D XLVIII 8 Ad l. Corn. de sic. 17 n. 1, 10, wollte alle Verdächtigen ohne weitere Unterscheidungen verantwortlich machen.

Über die herrschende Meinung vgl. Gandinus, De homicidiariis 11 f. (S. 286 ff.), De penis 32 (S. 232), 46 (S. 263 f.), De homicidiariis 2 (S. 279): »Si homo in rixa fuerit vulneratus a pluribus, et ob hoc perierit ...., ictus uniuscuiusque istorum contemplari oportet«; Bonif. de Vitalinis, Quid sit accusatio n. 137, De insultu n. 30; Jac. de Belvisio III 28 n. 9 ff. unterscheidet, ob »omnes perpensatis insidiis venerant ab initio, animo occidendi et illa de causa se congregaverunt«, oder »ubi animo non deliberato in rixa, non ex proposito nec ex animo ab initio occidendi, sed casu fortuito se obviantes inter se rixam habent«; Alb. de Rosc., D IX 2 Ad l. Aquil. 11, 2 n. 5, D XLVIII 8 Ad l. Corn. de sic. 17 n. 2 ff., C IX 12 Ad l. Iul. de vi 6 n. 6; Archid., c. I6 in VI to De electione et electi pot. I 6 (S. 33 R.); Ast. VI 14 (S. 70). Vgl. auch c. 34 C. XXIII q. 8.

[12]) Vgl. auch Archid., a. a. O.: »non debent puniri nisi culpabiles ..... Quid si ignoretur, qui sunt culpabibles? Dic cum pluribus personis agitur et constat, quod quidam delinquunt, quidam non, nec sciri potest, qui sunt delinquentes, tunc scanctius (?) est nocentem impunitum relinquere quam innocentem damnare ...., sed non obstat, quod omnis (lies: omnes) delinquerunt, sed

de Rosciate, St. II 121 n. 1 ff. folgenden Fall: Ein Statut bedroht denjenigen mit Strafe, der ein Messer bei sich trägt. Nun wird ein Messer zwischen mehreren Personen auf dem Boden liegend gefunden oder auf einer Bank, auf der mehrere sitzen. Alle bestreiten, daß ihnen das Messer gehöre. In Bologna nahm das Gericht Gesamthaftung an. Alle hätten Geldstrafe zu zahlen, aber »uno solvente alii liberentur.« Nach Albericus jedoch sollte keiner haften. Denn das Statut sei streng auszulegen, und hier stehe nicht einmal fest, daß überhaupt jemand das Messer getragen oder sonst eine strafbare Handlung begangen habe [13]).

Deshalb sollte auch niemand bestraft werden, wenn aus einem Hause, in dem mehrere Personen sich aufhielten, ein Stein geworfen wurde, aber nicht festzustellen war, wer ihn geworfen hatte. Diesen Fall stellt Johannes Andreae, c. 18 X De homicidio etc. V 12, in Gegensatz zu dem anderen Fall, daß nicht festzustellen ist, wer von mehreren tätig an einer Schlägerei beteiligten den Todesstoß geführt hat: »per hoc satis crede, quod ubi apparet de culpa omnium, licet unus solus occiderit, ex quo, quis fuerit non constat, omnes repellentur. Si vero nec de aliqua culpa constat, omnes admittantur.«

Vereinzelt regeln auch die Statuten [14]) diesen Fall, und zwar gelegentlich nach Art der Theorie. So bestimmt das Statut von Tivoli von 1305 III 148 (S. 204): Wird jemand von einem Hause aus durch einen Stein, ein Geschoß oder dergleichen getötet, und läßt sich der Täter ermitteln, so wird er allein wegen Mordes bestraft. Läßt sich der Täter aber nicht feststellen, so haben alle, die sich zur Zeit der Tat im Hause aufhielten, eine Geldstrafe von 200 l zu zahlen, zu der eine Abgabe von 10 l für das Haus selbst kam (»Et in ipsa domo fiat vindicta in extimatione X librarum ad providentia[m] magistrorum«).

Wesentlich roher lösten andere Statuten diese Beweisschwierigkeiten. War der Tatanteil des Einzelnen nicht zu ermitteln, so konnten nach germanischer Rechtsanschauung einzelne Verdächtige als Haupttäter herausgegriffen werden, während die übrigen milder bestraft wurden [15]). Spuren dieser Anschauung finden sich noch im italieni-

---

non equaliter; ut quia omnis (»omnes«) percusserunt, sed unus occidit tantum et nescitur, quia tunc omnes de occiso tenentur«; Hostiensis, c. 17 X De temporibus ord. etc. I 11 § Nullum (S. 107 R.); Bonif. de Vitalinis, De penis n. 21, De homicidio n. 6.

[13]) Vgl. auch Bonif. de Vitalinis, De inquisitione n. 45.

[14]) Pertile V 579 f.

[15]) His, G. D.StrR. 25 f., Wilda, StrR. d. Germ. 616 ff.

schen Recht [16]), so vor allem in den Ägidianischen Konstitutionen von 1357 IV 27 (S. 176 f.): Wenn mehrere Personen als Mörder in Frage kamen, so sollte der Richter die nächsten Verwandten des Getöteten und den Ankläger kommen lassen und mit ihrer Hilfe die Beteiligung der Einzelnen festzustellen suchen. Sie sollten einen Haupttäter (»principaliorem auctorem«) und einen Anstifter aussuchen, und nur diese hatten die gesetzliche Strafe zu leiden (»Qui duo tantum dictis penis debeant puniri et non plures pro eodem homicidio«), wenn der wirkliche Sachverhalt nicht festzustellen war. Die übrigen aber wurden wegen Beihilfe bestraft.

Während aber in den Ägidianischen Konstitutionen die Auswahl nach Willkür als Notbehelf bei mangelndem Beweise erscheint, sah das Statut des Podestà in Florenz von 1325 III 45 (S. 211) diese Lösung ganz allgemein vor, wenn mehrere Personen am Morde beteiligt waren. Dort wurden die Hauptbeteiligten (capitanei), und zwar je ein capitaneus aus den Tätern und den fieri facientes, von den Verwandten des Ermordeten ausgesucht. Wollten diese nicht wählen, so trafen Podestà und Richter die Auswahl. Die sonst noch tätig mitwirkenden (»alii, ... qui dicto homicidio interfuerint et percusserint«) hatten 500 l, die Anstifter (»qui fieri fecerint et non percusserint«) 1000 l zu zahlen [17]).

Man wollte also die Zahl der Verantwortlichen begrenzen. Dem einfachen Rechtsgefühl widerstrebte es, daß für den Mord an einer Person mehrere Täter hingerichtet wurden. Das erschien als mehrfache Bestrafung eines Unrechts, als Übermaß und Rache. Dieses naive Empfinden für die Notwendigkeit äußerer Entsprechung trat noch deutlicher in Vorschriften hervor, die die Zahl der Verantwortlichen nach der Anzahl der nachgewiesenen Wunden und Schläge begrenzte. Bestimmungen dieser Art finden sich wie im deutschen [18]) so auch im italienischen Recht.

In Tivoli (1305 III 175 S. 211) z. B. soll der Totschlag im Raufhandel nur an demjenigen als homicidium bestraft werden, der das Opfer getötet oder tödlich verwundet hat. Dann heißt es: »et nullus, qui in ipsa rixa ..... fuerit, accusari possit de auxilio, consilio et favore; et si plures fuerint percussores, tot de homicidio puniantur, quot mortiferas percussiones habuerit interfectus, alii vero de percussionibus teneantur.«

Rom 1363 II 10 (S. 91): »Si fuerit percussus aliquis et ex dicta percussione moriatur et non haberet nisi unam percussionem tantum, unus tantum de homicidio illo valeat accusari vel contra eum inquiri. Et si plures percussiones haberet, tot valeant de homicidio accusari vel inquiri, quot percussiones inveni-

---

[16]) Kohler 255 f.

[17]) Vgl. auch Dorini 31 ff.

[18]) His, StrR. d. MA. 113.

antur occisus habere mortales sive de morte suspectas. Alii vero de ope et opere accusentur vel contra eos inquiratur.«

Verona 1450 III 37: »Statuimus, quod si acciderit aliquem vulnerari sive percuti uno vulnere seu percussione, et ex dicto vulnere seu percussione mortuus fuerit et ob id pluries (lies »plures«) fuerint accusati. ...., dominus Potestas et iudex malefitiorum teneantur diligenter inquirere, quis fecerit dictum vulnus vel percussionem, et cum quem magis verisimile fuerit .... dictum maleficium commisisse, debeant tanquam vulnerantem seu percutientem de homicidio condemnare. Ceteris autem pena inferatur prout unusquisque inventus fuerit culpabilis. Ita tamen, quod unus tantum de homicidio sive de morte condemnetur, ubi tantum fuerit unum vulnus mortale vel plura ab uno illata. Salvo quod hoc statutum non habeat locum in homicidiis pensate et praemeditate commissis.«

Was endlich die Rechtsprechung angeht, so scheint sich die ältere Praxis bei Ungewißheit der Urheberschaft mit einer Verdachtstrafe für alle begnügt zu haben, die hinter der gesetzlichen Rechtsfolge zurückblieb. Über eine solche Entscheidung berichtet Albericus de Rosciate, D XLVIII 8 Ad l. Corn. de sic. 17 n. 5: »dicunt Doctores terminatum fuisse antiquitus in civitate Mutinae de consilio Doctorum ......, quod interfectores propter incertitudinem fuerunt condemnati in mille lib. et non ad mortem« [19]).

Echte Mittäterschaft, also gleiche Verantwortlichkeit der Hauptbeteiligten bei sicherem Nachweis der Beteiligung, wird in den Statuten selten erwähnt. Wo dies der Fall ist, werden auctores oder participes neben Gehilfen, Anstiftern und anderen Beteiligten genannt und alle einander gleichgestellt. In Bassano (1392 S. 99 r. De homicidis et eorum penis) wird der Mord mit dem Tode bestraft, ohne daß ein Loskauf erlaubt ist. Dann heißt es: »Si plures interfuerint ad homicidium committendum sibi invicem praestantes auxilium, operam, consilium vel favorem seu plures fecerint homicidium: seu plures fuerint auctores et fautores homicidii, tunc unusquisque praedictorum modo praedicto puniatur.«

In den Urteilen wird häufig der gemeinschaftliche Tatentschluß als synthetisches Element hervorgehoben und die Mittäterschaft wie in den Quellen der Rechtslehrer als wechselseitige Beihilfe gekennzeichnet. So wurde z. B. nach dem florentiner Urteil von 1344 in G. A. 53 S. 271 f. gegen mehrere Personen ein Verfahren einge-

---

[19]) So wollte schon Durantis, Spec. IV 4 De homicidio n. 5, entschieden haben, wenn man nicht feststellen konnte, welcher von mehreren Hausbewohnern den Stein geworfen hatte. Wenn alle den Verletzungsvorsatz hatten, sollten alle voll verantwortlich gemacht werden, »quia unus videtur hoc fecisse de voluntate et mandato aliorum.« Fehle es daran, so könne mangels Beweises niemand voll bestraft werden. Doch soll Geldstrafe verhängt werden. »Judex tamen propter bonum regimen, et ut caeteri timeant, poenam pecuniariam imponat.«

leitet, weil sie »comunicato consilio inter eos una cum pluribus aliis eorum sociis« Körperverletzungen und andere Straftaten begangen hatten und »prestiterunt inter se invicem unus alteri et alter alteri auxilium, consilium et favorem« [20]).

3.

Urheber des Verbrechens war nur der, dessen Handlung »das Ergebnis eines freien und eines schuldhaften Willensentschlusses« war, nicht also der Gezwungene, der Unzurechnungsfähige [21]). Wer sich bei der Ausführung des Verbrechens solcher Personen bedient, setzt selbst die unmittelbare, ausreichende Ursache des Verbrechens, ist allein Urheber der Tat. Die mittelbare Täterschaft also wird wie jede andere Täterschaft beurteilt.

Die Gesetze, einer Regelung verwickelter Fragen abgeneigt, schweigen über die mittelbare Täterschaft. Eine Ausnahme bilden die juristisch hochstehenden Ägidianischen Konstitutionen von 1357 IV 37 (S. 183) [22]). Sie behandeln nämlich den, der jemand einkerkert und durch den Druck der Haft zum falschen Zeugnis, zur Urkundenfälschung oder ähnlichen Straftaten zwingt, als Alleinurheber dieser Verbrechen: »si metu carceris ad aliquod falsum instrumentum vel testimonium vel falsam scripturam vel aliud illicite detentum induxerit, tamquam principalis auctor sceleris teneatur.«

II. Teilnahme.

Eingehender als Mittäterschaft und erstverantwortliche Beteiligung überhaupt haben die Italiener die zweitverantwortliche Beteiligung am Verbrechen, die Teilnahme behandelt. Die Legisten [23]) verarbeiten die Quellen des Corpus iuris zu einer geschlossenen Teil-

---

[20]) Vgl. auch a. a. O. 262 f., 268 f. usw.

[21]) Engelmann, Urheber 405 ff.

[22]) Ebenso Forli 1359 III 45 (S. 240).

[23]) Für die Theorie der Legisten verweise ich in erster Linie auf die Darstellung Engelmanns (Der geistige Urheber des Verbrechens nach dem italienischen Recht des Mittelalters), der ich nichts wesentliches hinzuzufügen wußte. Ich begnüge mich daher im folgenden mit einer rekapitulierenden Zusammenfassung und sehe auch von eingehenderen Quellenangaben ab. Auch dafür sei auf Engelmann Bezug genommen.

Vgl. auch noch Hälschner, System I 304 f., Geyer bei v. Holtzendorff, Handbuch II 331 f., Salvioli, Storia 712 ff., Brunnenmeister, Quellen 124 ff. und ferner die Monographie von Heimberger über „Die Teilnahme am Verbrechen in Gesetzgebung und Literatur von Schwarzenberg bis Feuerbach“. — Über das römische Recht vgl. Falchi, dir. pen. 191 ff.

nahmelehre. Sie entnahmen ihnen vor allem die Beziehung aller Einzelbeteiligungen auf den gemeinsamen Enderfolg, von Beteiligungen geringeren Grades auf die Haupttat. Sie kannten also die echte Teilnahme.

Im einzelnen unterschied man — von der Begünstigung des vollendeten Verbrechens abgesehen — drei Arten minderer Beteiligung außer der Täterschaft: Mandat, consilium und Beihilfe. Bei der Abgrenzung und Abstufung dieser Formen wirken neben romanistischen Anregungen Einflüsse der Praxis und deutschrechtliche Überlieferungen mit. Sie führen die Theorie über die Quellen hinaus zu neuen Ergebnissen.

1. »Rechtsgeschäftliche« Beteiligung: Auftrag und Genehmigung.

Im modernen Strafrecht wird jemand das Verhalten eines andern nur dann zugerechnet, wenn er entweder die Tat äußerlich gefördert oder seelisch, durch Anstiftung oder psychische Beihilfe, auf den Täter eingewirkt hat. Anders im Zivilrecht: Ein Rechtsgeschäft kann auch für den wirksam werden, der weder äußerlich am Abschluß beteiligt war, noch psychisch den Abschluß verursacht oder fördert. Aus dem Geschäft des Bevollmächtigten haftet der Geschäftsherr auch dann, wenn der Vertreter auch ohne Vollmacht, — sei es für sich, sei es für einen anderen — abgeschlossen hätte, eine psychische Kausalität also nicht besteht. Auch ist denkbar, daß jemand erst nachträglich das Geschäft durch Genehmigung für sich wirksam macht. Ja, das Geschäft kann jemand binden, ohne daß der Gebundene überhaupt rechtsgeschäftlich tätig wird wie in den Fällen der gesetzlichen Stellvertretung. Die Rechtsfolge der Strafe knüpft sich also heute an die Betätigung des asozialen Willens (oder das gebotswidrige Unterlassen) beim konkreten Verbrechen, die zivilrechtliche Folge schon an das erkennbare Vorhandensein des Willens oder die objektive Interessenlage an.

Dieser Gegensatz fehlt in der italienischen Theorie. Bei den Italienern sind Zivilrecht und Strafrecht noch ungetrennt. Für das Zivilrecht passende Quellen und Regeln werden auf das Strafrecht übertragen. Das aber läßt zwei Teilnahmeformen begreifen, die dem modernen Recht fremd sind: mandatum und ratihabitio [24]), Auftrag (genauer Bevollmächtigung) und Genehmigung.

Beide beruhen auf dem gleichen Gedanken: Wie ein Rechts-

---

[24]) Zutreffend über die ratihabitio Schaffstein 187. — Über beide Formen vgl. Engelmann, Urheber 414 ff., Binding, Abhandlungen I 271 ff.

geschäft, so kann man auch Straftaten, die jemand anders begangen hat, durch Auftrag von Anfang an oder durch nachträgliche Genehmigung für sich wirksam machen. Freilich ist dazu nötig, daß auch der Ausführende das Verbrechen im fremden Namen begeht, sich dem Willensinteresse des Auftraggebers unterordnet [25]) und nicht etwa für sich handelt. Diese rechtsgeschäftliche [26]) Beziehung aber genügt. Es ist also gleichgültig, ob der Mandant den Beauftragten psychisch beeinflußt oder der Beauftragte ohnehin entschlossen ist, die Tat zu begehen. Die erste Anregung kann sogar vom Mandatar ausgehen, der Beauftragte also »anstiften«, sofern er sich nur nachher als ausführendes Organ dem Willen des Täters unterwirft. Der Wille des Mandanten wird also dadurch zur maßgebenden Bedingung der Haupttat, daß Mandant und Täter sich darüber einigen, der Täter sich namentlich dem fremden Willensinteresse unterwirft genau so, wie beim zivilrechtlichen Mandat der Beauftragte den Auftraggeber als Geschäftsherrn über sich anerkennt, der Bevollmächtigte für den Vollmachtgeber tätig wird [27]).

Diese rechtsgeschäftliche Eigenart des Mandats wird sichtbar in der Art der Zurücknahme [28]). Da das wesentliche nicht die psychische Einflußnahme auf den Täter ist, so kommt es auch bei der Zurücknahme nicht darauf an, daß ein solcher Einfluß aufgehoben, überhaupt ein psychischer Erfolg beim Beauftragten erzielt wird, man ihn etwa bestimmt, die Tat nicht auszuführen. Das Mandat beruht auf Bekundung (und Anerkennung) des Herrschaftswillens. Schon die Äußerung dieses Willens genügt. Gleichgültig ist die darin liegende »Anstiftung«. Folglich ist nur diese Willenskundgabe zu widerrufen. Es genügt also die Erklärung, daß der Widerrufende die Tat nicht mehr als eigene betrachte. Dazu bedarf es nicht einmal einer ausdrücklichen Mitteilung. Die Änderung des Willens kann sich aus schlüssigen Vorgängen oder Handlungen ergeben. Kehrt sich der Täter nicht an den Widerruf oder die sichtbare Ände-

---

[25]) Nicht unbedingt erforderlich war das Handeln im Namen des anderen. Es genügte ein Verhalten im objektiven Fremdinteresse. So Baldus, D IX 2 De his qui not. infam. 20 n. 5: »dico, quod in maleficiis idem est dicere nomine alterius et contemplatione alterius, unde si occido capitalem inimicum tuum, ista contemplatio vice nominis habetur.«

[26]) Trotzdem wäre es natürlich verfehlt, hier i. e. S. von einem »Rechtsgeschäft« zu sprechen, das eine Willenserklärung im technischen Sinne enthielte. Denn auch bei den Italienern tritt ja die Rechtsfolge, das heißt die Strafe nicht deshalb ein, weil der Mandant sie will, sondern gegen dessen Willen. Nur weil er die Tat als eigene will, wird sie ihm zugerechnet.

[27]) So trug man ja auch kein Bedenken, die universitas für Straftaten ihrer »Vertreter« selbst strafrechtlich verantwortlich zu machen. Vgl. S. 160 f.

[28]) Engelmann, Urheber 445 ff.

rung der Willenslage, so ist das in Wahrheit seine Sache, und der einstige Geschäftsherr hat mit der Tat nichts mehr zu tun. Nur dann blieb der Widerruf unwirksam, wenn das Verbrechen schon geschehen war.

Immerhin knüpfte man die Zurechnung des Mandats an bestimmte, dem zivilrechtlichen Auftrag gegenüber strengere Voraussetzungen an. Vor allem verneinte man die Zulässigkeit einer Generalvollmacht für die Vornahme strafbarer Handlungen. Man verlangte einen Sonderauftrag für die Begehung bestimmter Verbrechen: »in mandato .... requiritur expressum et speciale mandatum, quia illicita in generali mandato non veniunt« (Oldradus, Cons. 199 n. 1). Das wird aus dem vermuteten Parteiwillen begründet: Ohne Sonderauftrag sei nicht anzunehmen, daß der Vollmachtgeber mit der Vornahme strafbarer Handlungen in seinem Namen einverstanden sei.

Wie darin schon sichtbar wird, mußte der Auftraggeber die Tat wollen, sein Vorsatz sich auf das Verbrechen des Beauftragten erstrecken. Doch schränkte man diesen Grundsatz alsbald wieder ein. Überschreitet nämlich der Beauftragte die Grenzen des Mandats [29]), so soll es nach der herrschenden Lehre darauf ankommen, ob er mühelos imstande war, die Grenzen des Auftrags einzuhalten. War das nicht der Fall, enthielt also die aufgetragene Tat objektiv die Gefahr eines weiteren Erfolges in sich, so sollte der Mandant als doloser Urheber daraus haften, wenn sein Vorsatz sich — als dolus eventualis — auf diese Möglichkeit erstreckte, als fahrlässig handelnder Täter, wenn das nicht der Fall war. So vor allem dann, wenn der Beauftragte statt der Körperverletzung einen Totschlag beging. Das wird in der Regel daraus gerechtfertigt, daß der Auftraggeber diesen Erfolg habe vorhersehen müssen, also fahrlässig handle, in culpa sei [30]), mit einem Vorsatz handle, der die objektive Tendenz der Handlung umfaßte. Auf das gleiche Ergebnis führte die Lehre vom versari in re illicita. Wer den Auftrag zum geringeren Vergehen erteilt, begeht ein Unrecht und macht sich damit für alle Weiterungen verantwortlich [31]).

---

[29]) Engelmann, Urheber 488 ff., Hälschner, System I 353 ff.

[30]) Alb. de Rosc., C IX 2 De acc. et inscr. 5 n. 3: »si mandavi alicui, quod vulneraret, sed non occideret et si ipse occidit, teneor de occiso, quod cogitare debui hoc posse contingere.« Vgl. c. 3 in VI to De homicidio etc. V 4.

[31]) So besonders Baldus, c. 50 X De electione etc. I 6 n. 7. Dagegen soll jemand nicht aus der Genehmigung haften, wenn nur die Körperverletzung, nicht aber der Mord gebilligt wird: »quia quando aliter est in facto quam in ratihabitione, non nocet ratihabitio.« Durchaus folgerichtig. Denn im Augenblick der Genehmigung ist die Tat bereits abgeschlossen, eine objektive Gefahr für die Zukunft also nicht mehr vorhanden.

In der Bestrafung wird der Auftraggeber dem Täter gleichgestellt[32]). Das war nicht ganz selbstverständlich. Schon Gandinus, De penis 12 (S. 215) vertrat den Satz, daß der Auftraggeber härter zu strafen sei, »quia auctor est peccati, quia peccat in se et alium peccare facit«[33]), ein Satz, der namentlich in den Erörterungsgründen immer und immer wieder vorkommt. Doch scheint man praktisch den höheren Grad innerer Schuld durch den Mangel äußerer Einwirkung ausgeglichen, im Ergebnis also den Auftraggeber gleich dem Täter bestraft zu haben. So bemerkt z. B. Baldus, D III 2 De his qui not. infam. 4, 3 n. 2: »magis delinquit fieri faciens seu mandans quam faciens, et ideo non debet mitius agi cum mandante quam cum ipso principali delinquente nec in poenam iuris communis nec etiam in poenam statutorum.«

Durch eine Willenserklärung — nämlich durch Genehmigung (ratihabitio) — konnte man auch die abgeschlossene Tat eines andern zur eigenen machen[34]). Vom Mandat unterschied sich die Genehmigung nur durch den Zeitpunkt der Willenskundgabe. Auch die genehmigte Handlung muß also im Fremdinteresse, »im Namen« des Tatherrn vorgenommen und nachträglich von diesem als seine Tat anerkannt werden. Die Billigung einer nicht im eigenen Namen begangenen Tat ist zwar nach der Beichtliteratur Sünde, wird dem Mandat aber nicht gleich geachtet[35]). Wie das Mandat so konnte auch die Genehmigung durch schlüssige Handlungen zum Ausdruck kommen und mußte sich wie dieses auf bestimmte Verbrechen beziehen.

Ist diesen Erfordernissen genügt, so steht der Genehmigende dem Auftraggeber gleich, seine Zustimmung wird auf den Zeitpunkt der Tat zurückbezogen[36]).

---

32) Engelmann, Urheber 539, 599 ff., Hälschner, System I 364 f.

33) Ebenso a. a. O. 13: »geminum ... facinus perpetrasse videtur, qui per assassinos aliquem facit offendi.« Vgl. auch Gandinus, De transactione 24 (S. 208) in den Erörterungsgründen.

34) Engelmann, Urheber 519 ff.

35) Vgl. außer den bei Engelmann angeführten Legisten u. a. Durantis, Spec. I 1 De dispensationibus 4 § Juxta n. 51; Archid., c. 8 D. L; Bonifatius VIII. in c. 23 in VI to De sententia excomm. etc. V 11; Hostiensis, c. un. X De infantibus etc. V 11 (S. 284 R.), S. A. V 39 n. 9; Raym. de Pennaf. III 33 De sententia excomm. § 8 (S. 410); Barth. Pis. s. v. »Excommunicatio« n. 27 (S. 59 R.); Joh. v. Fr. III 33 q. 217, VII 3 (S. 152).

Es scheint mir nicht ganz zutreffend, wenn Engelmann, Urheber 525 die ratihabitio als »fingiertes Mandat« kennzeichnet. Es handelt sich nicht um eine Fiktion der Urheberschaft, sondern um die Übernahme der Straftat durch einen Willensakt nach Art der zivilrechtlichen Genehmigung.

36) Man konnte sogar die eigene Tat nachträglich genehmigen. So ist nach Durantis, Spec. I 1 De legato 6 § Nunc n. 21, wer unwissentlich Simonie

2. Consilium.

Vom Auftrag und der Genehmigung unterscheiden sich die übrigen Arten der Teilnahme — consilium und Beihilfe — dadurch, daß sie dem Willensinteresse des Täters, nicht des Teilnehmers dienen. Daher genügt bei ihnen nicht die bloße Erklärung und das Sichtbarwerden einer bestimmten Willenslage, sondern die Teilnahmehandlung muß beim Verbrechen tatsächlich wirksam werden, sei es körperlich als Beihilfe, sei es geistig als consilium oder Beihilfe.

Als Einwirkung auf den fremden Willen ist das consilium [37]) weniger als das Mandat: »minus est consulere quam facere, et minus est quam in facti executione interesse, et minus est quam mandare« (Baldus, C IX 1 Qui accus. non possunt 11 n. 52). Es darf nicht dem Willensinteresse des consulens dienen, sondern nur dem des »Beratenen« [38]), begründet nicht die Herrschaft über die Tat, sondern stellt eine psychologische Einwirkung auf den Täter dar. Dies kann so geschehen, daß im Verbrecher der Entschluß hervorgerufen wird, die Tat im eigenen Interesse zu begehen, oder so, daß der fertige Entschluß noch bestärkt wird [39]).

Demnach umfaßt das consilium, am modernen Teilnahmerecht gemessen, Teile der Anstiftung und der psychischen Beihilfe: Die Anstiftung nämlich fällt nur dann darunter, wenn die Tat im Eigeninteresse des Täters erfolgen soll. Wenn dagegen jemand einem anderen zuredet, in seinem, des Zuredenden Interesse zu handeln, so liegt Mandat, nicht consilium vor. Ferner ist nur ein Teil der psychischen Beihilfe consilium, nämlich nur die Bestärkung des Tatentschlusses, nicht die sonstige seelische Erleichterung des Verbrechens.

Auch in der Gerichtspraxis werden Mandat und consilium in der soeben beschriebenen Art verstanden und unterschieden. Das

---

begeht, aber sich später darüber klar wird und »genehmigt« (ratumhabet), so zu behandeln, als wäre er von Anfang an mit seinem Verbrechen einverstanden gewesen. Also eine Art dolus subsequens.

37) Engelmann, Urheber 418 ff., 440 ff., Hälschner, System I 326.

38) Bartolus, D XLVII 10 De iniur. et fam. lib. 11, 3 n. 2: »Mandator dicitur ille, qui mandat delictum committi propter seipsum mandantem et ad satisfactionem voluntatis suae, nulla data pecunia. Persuasor dicitur ille, qui persuadet alicui propter ipsum, cui fit persuasio. Et ideo non curo, quibus verbis utatur, sive mando sive rogo, sive quibuscumque verbis, si hoc fit gratia eius, cui fit mandatum seu persuasio: istud non dicitur mandatum, sed dicitur persuasio seu consilium.« Vgl. auch Salicetus, C IX 2 De acc. et inscr. 5 n. 2.

39) Angelus, D XLVII 2 De furtis 34 n. 8: »Is ... consulit vel persuadet, qui solum incitat aut hortatur ad maleficium faciendum.« Vgl. auch Angelus, C IX 2 De acc. et inscr. 5 n. 2.

ergibt sich mit vollkommener Deutlichkeit aus einem Gutachten des Angelus, Cons. 22, das zugleich Aufschlüsse gibt über die Auslegung von Teilnahmebestimmungen der Statuten. Es sei daher näher beschrieben.

Das Gutachten bespricht einen praktischen Fall im Hinblick auf ein Statut von Lucca, das die Beihilfe und Urheberschaft bei Tötung und Körperverletzung mit Strafe bedroht. Gegen einen gewissen Martinus Dacelli de Brandellio ist ein Verfahren eingeleitet, weil er mit einem gewissen Brandus verabredet habe, daß Br. den Archinus ermorden solle. Der Verlauf war im einzelnen dieser: Br. sucht eines Nachts den M. auf, worauf sich folgendes Gespräch entwickelt: M.: »Chesetu venuto a fare qui chi?« (Zu welchem Zweck bist du hergekommen?) Br.: »io son venuto per occidere Archino« (Um A. zu ermorden). M.: »tu ferai bene a farlo« (Recht so). Am nächsten Morgen nach dieser Unterredung läßt Br. den M. durch seine Frau holen, und M. redet ihm nochmals mit den Worten zu: »se tu non occidi Archino, non te [statt „tu“?] vera mai a facto, e per zo va, e falo espazate (statt espazare, spazare?) al piu tosto che tu poi« (Darum geh hin und schaffe ihn aus dem Wege, so schnell du kannst). Darauf geht Br. zu A. und ermordet ihn. Von Br. wird behauptet, er habe gehandelt »volens sequi tractatus, ordinationem et deliberationem .... factam cum dicto Martino de occidendo Archinum .... et volens sequi mandatum dicti Martini de occidendo Archinum.«

Angelus wirft die Frage auf, ob Martinus als »tractator, ordinator vel mandator« im Sinne des Statuts zu betrachten sei, kommt aber zu einem verneinenden Ergebnis. Ordinator nämlich sei er deshalb nicht, weil Br. nicht die erste Ursache des Verbrechens gesetzt habe, sondern weil er schon vor der Besprechung mit Martinus entschlossen gewesen sei, den A. zu töten..... Es liege also nur eine persuasio, nicht ordinatio vor: »expresse glossa decidit, quod qui animum occisoris inflammat ad homicidium perpetrandum, solum de persuasione tenetur: et sic est persuasor, non ordinator; haec enim differunt inter se realiter et essentialiter, quia ille ordinat proprie, qui consilio suo ... ordinat maleficium perpetrari ...., ille autem persuadet, qui vel facturo vel non factum aliqua demonstrat, ut animus persuasi ad crimen inducatur explicandum.«

Es sei aber in den Worten »tu ferai« usw. auch keine tractatio zu erblicken. Denn: »ille tractator sceleris est, qui colloquio habito cum alio seu aliis in unum locum convenit pro discutiendo et investigando et modum tradendi ad scelus perpetrandum.« Wer aber nach vorhergehender Besprechung nur zuredet, ist kein tractator.

Endlich fragt Angelus sich, ob Martinus mandator sei. Dafür

sprächen zwar zunächst die Worte »e per zo va« usw. .. Richtig aber sei das Gegenteil. Denn Brandus war als Feind des Archinus ohnehin entschlossen, ihn zu ermorden. Er war also selbst der Urheber und am Verbrechen interessiert: »suae vindictae causa habebat deliberatum propositum occidendi.« Eine spätere Änderung dieses Entschlusses sei zwar nicht zu vermuten. Doch will Angelus das Willensinteresse als entscheidendes Merkmal ausdrücklich festgestellt wissen, weil ihm die Angaben in den Akten nicht ganz genügen: »existimo fore utile, ut fiat articulus et in iudicio fiat fides de inimicitia, quae erat inter occidentem et occisum, ut sic per hoc appareat dilucide executionem vindictae solum ad occidentem spectasse, non autem ad dictum Martinum.«

Der Unterschied zwischen consilium und Mandat — der Auftraggeber ordnet seinen Willen rechtsgeschäftlich über, der Ratgeber erzeugt oder bestärkt tatsächlich, psychologisch den fremden Willen — bricht wieder in der Art der Zurücknahme durch [40]). Da das consilium in der tatsächlichen Einwirkung auf den fremden Willen besteht, so bedarf es zur Zurücknahme auch einer tatsächlichen Aufhebung der schädlichen Wirkung, nicht eines bloßen Widerrufs. Der consulens muß dem Täter den Entschluß also wieder ausreden, oder wenn ihm das nicht gelingt oder er daran zweifelt, so muß er den Bedrohten warnen.

Dieser Gegensatz wird vor allem von den Kanonisten und in der Beichtliteratur herausgearbeitet und dringt über Innocenz in die Theorie der Legisten ein [41]). Die entscheidende Innocenz-Stelle ist der Kommentar zu c. 12 X De homicidio etc. V 12 n. 2 f.: Jemand haftet aus seinem consilium, »nisi contrarium dissuaderet et primum consilium revocaret; imo et plus videtur necesse, quod etiam illi, de cuius morte tractatum est, denunciet, quod sibi caveat, nisi firmiter et probabiliter credat, quod post revocationem consilii revocatur illi, cui consultum est homicidium a proposito occidendi. In eo autem, qui mandasset fieri homicidium pro se, videretur sufficere, si tantum contrarium mandaret, vel si pacem iniret cum occidendo vel parentelam vel aliam amicitiam cum eo contraheret sciente eo, cui mandatum erat de occidendo. ... Et est ratio diversitatis, quia quando mandato alterius et pro alio tantum fiebat homicidium, videtur quod contrario mandato vel contraria voluntate ostensa debet ab homi-

[40]) Engelmann, Urheber 448 f.

[41]) So schon deutlich Durantis, Spec. I 1 De dispensationibus 4 § Iuxta n. 39. Unter Berufung auf Innocenz so auch z. B. Bartolus, D XLVII 10 De iniur. et fam. lib. 11, 3 n. 12.

cidio cessare, sed ubi non fit homicidium pro alio, sed pro se, ille qui consuluit, semper debet contrasuadere et etiam plus facere, si hoc dicat conscientia, caute tamen, ne prodat.« [42])

In der strafrechtlichen Beurteilung des consilium [43]) stehen sich im 14. Jahrhundert zwei Auffassungen gegenüber: Die ältere, von Bartolus [44]) geführte Lehre stellte das consilium schlechthin der Täterschaft gleich. Die jüngere Theorie dagegen unterschied je nach der Stärke der psychischen Einwirkung auf den Haupttäter, zwischen anstiftendem und nur bestärkendem consilium, also danach, ob der Täter ohnehin zum Verbrechen entschlossen war, oder durch den consulens erst zur Tat getrieben wurde. Im ersteren Falle sollte der consulens milder oder gar nicht, im zweiten wie der Täter bestraft werden [45]).

3. Beihilfe.

Wie das consilium so dient auch die Beihilfe (praestare opem, auxilium) [46]) dem Interesse des Täters [47]). Aber während das consilium auf den Tatentschluß wirkt, ihn hervorruft oder bestärkt, wird die Beihilfe durch die Tat geleistet oder durch psychische Einwirkung anderer Art.

---

[42]) Wie Innocenz auch Salicetus, C IX 13 De raptu virg. c. un. n. 18. Vgl. auch Hostiensis, c. 11 X De homicidio etc. V 12 § Si vero (S. 287 R.); Joh. Andreae, a. gl. O. wie Innocenz; Barth. Pis. s. v. »Homicidium« n. 3 f. (S. 72); Alb. de Rosc. s. v. »Homicidium« n. 2; Joh. v. Fr. II 1 q. 6; Ast. VI 14 (S. 67 R.).

[43]) Engelmann, Urheber 442 f., 544 ff., 554 ff.

[44]) Bartolus, D XLVII 10 De iniur. et fam. lib. 11,3 n. 16.

[45]) Vgl. u. a. Alb. de Rosc., D III 2 De his qui not. infam. 20 n. 3: »si te exhortatus fui, ut homicidium committeres, an tenear; Guido de Suzaria et communiter Doctores tenent, aut non erat alias facturus, nisi eum exhortatus essem et tunc teneor, alias non.« Näheres bei Engelmann, a. a. O.

Vgl. auch c. 6 X De homicidio etc. V 12; c. 19 D. I u. dazu Archid.: . . . »consilia in fraudem data, et quando alias non erat facturus, alias non tenetur quis de tali consilio.«

Die gleiche Unterscheidung macht Raym. de Pennaforte für die Erstattungspflicht bei Raub und Diebstahl: »qui inducunt ...... tyrannos ad rapiendum, et hoc consilio, adulatione, detractione vel simili, si isti sciunt vel credunt illos propter illorum sequelam .... dictos raptores fecisse rapinam, quam alias non essent facturi, tenetur quilibet talis in solidum ..... Si vero scit vel probabiliter credit, quod propter suam sequelam, non plus fecerunt ipsi raptores, quam alias essent facturi, tenentur de his, quae tantum habuerunt vel expenderunt« usw. Ebenso Barth. Pis. s. v. »Excommunicatio« n. 1 (S. 60); Joh. v. Fr. II 5 q. 64.

[46]) Engelmann, Urheber 418 ff.

[47]) Opem und auxilium praebere bedeuten dasselbe. Vgl. z. B. Salicetus, C IX 13 De raptu virg. c. un. n. 14.

Im weiteren Sinne freilich sollte die Hilfeleistung (opem, auxilium praebere) das consilium mitumfassen, unter Beihilfe also jede Beeinflussung oder Unterstützung eines andern in dessen Interesse zu verstehen sein. Aber dieser weiteren Deutung wird fast immer der engere Wortsinn gegenübergestellt [48]). Die Frage war bedeutsam für die Auslegung der Statuten, die von opem praebere und dergleichen sprachen. Der Grundsatz der strengen Auslegung sprach hier gegen die Einbeziehung des consilium in die Beihilfe.

Die Beihilfe im engeren Sinne also erforderte — von der psychischen Beihilfe abgesehen — eine äußere Betätigung wie das Leihen der Waffe oder Leiter [49]) oder auch nur die Anwesenheit bei der Tat im Besitze von Waffen.

Der gemeinsame Gegensatz von Beihilfe und consilium zum Mandat findet Ausdruck in der strafrechtlichen Beurteilung [50]), die für beide Teilnahmeformen die gleiche Entwicklung aufweist. Während die ältere Lehre wieder jede Art Beihilfe der Täterschaft gleichstellt [51]), unterschieden die Jüngeren auch hier wieder verschiedene Formen und trennten die unterstützende, fördernde Beihilfe (auxilium per actum remotum) von der mittätigen Beihilfe, die das Verbrechen unmittelbar mitverursacht (auxilium per actum proximum factum). Während man für die mittätige, verursachende Beihilfe an der Gleichstellung zwischen Beihilfe und Täterschaft festhielt, sollte die fördernde Beihilfe milder bestraft werden [52]).

---

[48]) Engelmann, Urheber 440, 606 ff.

Hostiensis, S. A. V 18 De furtis n. 5 bestimmt so: »dat autem consilium, qui persuadet et instruit aliquem ad furtum faciendum, opem, qui ministerium et adjutorium praebet.« Ebenso Ast. I 33 (S. 49). Vgl. aber Ast. VI 44 (S. 69 R.): Dem Mörder gleich werden diejenigen bestraft, »qui ferunt opem occisori dando auxilium, consilium vel favorem alias non facturo.«

Bartolus, D XLVII 10 De iniur. et fam. lib. 11, 3 n. 22: »omnis ... actus, qui fit verbis tantum et fit gratia facientis, non gratia consulentis seu instruentis potest dici consilium. .... Sed quando pervenit ad actum, tunc dicitur quis praestare opem et auxilium.« So auch Bartolus, D XLVII 2 De furtis 50, 1 n. 7. Dort heißt es vom consilium: »Est .... quoddam adiutorium et quaedam confortatio ista talis impulsio et consilium, sed stricto modo loquendo differt consilium ab ope.« Salicetus, C IX 13 De raptu virg. c. un. n. 14 a. E.: »Cedo, quod de generali et lato significato qui consulit et persuadet, opem praebet ...., sed de stricto et proprio, qui consulit, opem non praebet.«

[49]) Bonif. de Vitalinis, De insultu n. 24.

[50]) Engelmann, Urheber 545 ff.

[51]) Bartolus, D XLVII 2 De furtis 34 n. 5. So auch Baldus, J IV 1 De obl. quae ex del. 9 n. 4. Baldus entschied aber später anders.

[52]) Alb. de Rosc., D XLVIII 5 Ad l. Iul. de adult. 9 n. 3: »si quis praestiterit qualecunque auxilium malefactori, sine quo maleficium non poterat perpetrari, quod eadem poena teneatur, qua tenetur malefactor: idem de eo, qui

Die gleiche Unterscheidung machte offenbar die Gerichtspraxis. So berichtet Baldus, Cons. III 235 n. 1 über einen Fall, in dem seiner Angabe nach nicht festgestellt war, daß die Beschuldigten Mörder waren, »nec quod interfuerint homicidio nec quod interfuerint vulneribus, unde non fuerint aliquid cooperati ad actum percussionis nec principaliter nec accessorie ......, licet dederint favorem occisoribus associando eos, sed iste non fuit actus coniunctus cum homicidio nec fuerunt in loco, ubi vulnera facta fuerunt.« Daher wollte Baldus mildere Strafe 53).

Abstufungen der Rechtsfolgen nach dem Grade der äußeren Beteiligung deutet schon die Beichtliteratur an, so vor allem Raymundus de Pennaforte. Ist beim Raufhandel nicht zu ermitteln, wer den tödlichen Schlag geführt hat, so soll derjenige, der mitgeschlagen hat, strafwürdiger sein, als wer in Tötungsabsicht mitging, ohne zum Schlag zu kommen, und dieser wieder härter beurteilt werden als der Gehilfe, der nur dem Mörder helfen wollte, falls ihm Gewalt drohte 54).

4. Gesetzgebung.

Eine Durchsicht der Statuten führt auf ähnliche Wahrnehmungen wie die Prüfung der Versuchsregeln. Wie dort lassen sich unter den Teilnahmevorschriften drei Gruppen erkennen: In einer Reihe von Gesetzen tritt wieder die sinnlich-naive Anschauung hervor, die alle Erscheinungen mosaikartig nebeneinander stellt, die Beteiligung also zur Haupttat gar nicht in Beziehung setzt. Neben derartigen »Teilnahme«-Verbrechen kommen in großer Zahl Statuten vor, in denen die Teilnahme abstrakt geregelt wird. Zumeist aber begnügen sich diese Gesetze mit allgemeinen Wendungen, heben also die Merkmale der einzelnen Teilnahmeformen nicht deutlich hervor. Das ändert sich unter dem wachsenden Einfluß der Wissenschaft. Nament-

---

consilium delinquendi praebuit, sine quo maleficium alias perpetratum non esset vel perpetrari non potuisset.«

53) Daß die Beihilfestrafe in der Praxis durchweg gemildert, vor allem Geldstrafe statt Körperstrafe verhängt wurde, berichtet Bonif. de Vitalinis, Quid sit accusatio n. 104.

54) Raym. de Pennaf. II 1 De homicidio § 5; Joh. v. Fr. II 1 q. 31; Ast. VI 14 (S. 70); Hostiensis, S. A. V 12 n. 5.

Die gleichen Unterscheidungen wie die Legisten macht auch Joh. Andreae, c. 6 X De homicidio etc. V 12 — Im kanonischen Recht treten die einzelnen Teilnahmeformen nicht so scharf hervor wie im weltlichen Recht. Immerhin kam es nicht nur auf die Gesinnung an, sondern zugleich auf Art und Maß der äußeren Beteiligung. Vgl. c. 6 X De homicidio etc. V 12, c. 5 in VI to De poenis V 9.

lich in späteren Gesetzen werden die Teilnahmeformen näher umschrieben und im einzelnen den Erkenntnissen der Wissenschaft angepaßt.

Die ältere naive Anschauung findet in Statuten Ausdruck, die gewisse Fälle der Hilfeleistung zum Verbrechen unter Strafe stellen. So wird oft der Notar bestraft, der beim Verbrechen mitwirkt, namentlich Urkunden über verbotene Rechtsgeschäfte oder sonstige Vorgänge aufnimmt, über verbotene Monopolabreden — so in Florenz (Stat. Vhptm. 1322 III 4 S. 145) — oder über den Treueid der Verschwörer wie in Perugia (1342 III 124 S. 140). Häufig ist die Mitwirkung von Notaren und Trauzeugen bei der heimlichen Hochzeit genannt. In Florenz (Stat. Pod. 1325 III 115 S. 271 f.) wird mit Geldstrafe von 1000 l, hilfsweise Verbrennung, beim Rückfall sogleich mit Verbrennung bestraft, wer eine Frau unter vertraglichem Zwang zum Geschlechtsverkehr nötigt. Der Notar, der die Urkunde aufsetzt, hat 500 l zu zahlen. Kann er soviel nicht aufbringen, so wird ihm eine Hand abgeschlagen. Wer dabei Zeuge war, hat eine Geldstrafe von 50 l verwirkt und wird mit einer Papiermütze auf dem Kopf durch die Stadt gepeitscht.

Alsdann wird häufig, namentlich bei politischen Verbrechen, die Abfassung von Briefen, Vermittlung von Botschaften und dergleichen, beim Lohnmord die Vermittlung von Abrede und Verkehr zwischen den Beteiligten bestraft. Hierhin gehören auch die Strafen für das Leihen von Geld oder Würfeln zum Spiel [55]) oder die Aufnahme von Spielern, überhaupt die Gewährung von Aufenthalt und Unterkunft für alle möglichen Verbrecher, Falschmünzer, Homosexuelle, Hausschützen usw. Als Beihilfevergehen eigener Art lassen sich endlich Delikte wie Kuppelei, das Verschaffen von Gift und noch manches andere deuten.

Die Vermutung liegt nahe, daß ähnlich wie beim Versuch, so auch hier die ältere Praxis auf die Wissenschaft eingewirkt hat. Während die Statuten einzelne Beihilfefälle kasuistisch herausheben und als Vergehen eigener Art besonderen Strafen unterwerfen, schält die Wissenschaft den abstrakten Gedanken heraus und trennt generell von der mittäterschaftlichen Beihilfe Hilfeleistungen geringeren Grades. Dagegen würde nicht sprechen, daß die Quellen diesen Zusammenhang nicht ausdrücklich hervorheben. Das ist auch dort nicht der Fall, wo die Theorie wie bei den Körperschaftsverbrechen und in der Lehre von den Konkurrenzen unverkennbar Statutarrecht widerspiegelt.

---

55) Über derartige Fälle vgl. Kohler 589 ff. S. auch Kohler-degli Azzi 10 f., 27.

Neben Beihilfe-Sondervergehen enthalten die Statuten viele echte Teilnahmeregeln. In der Rechtslehre trat als grundlegender Unterschied der zwischen eigenbestimmtem und fremdbestimmtem Verhalten hervor, zwischen Auftrag auf der einen, consilium, Beihilfe, Begünstigung auf der anderen Seite. Dieselbe Gegensätzlichkeit wird in den Statuten sichtbar und kommt in immer wiederkehrenden stereotypen Wendungen zum Ausdruck: auf der einen Seite »fieri facere«, »mandare« usw., auf der anderen »auxilium«, »consilium«, »favorem praestare«.

Ungemein häufig zunächst ist dem Begehen der Tat (facere, committere) das Begehenlassen — »fieri facere« — gleichgestellt [56]. Die zahllosen Belege aufzuführen ginge hier zu weit.

Sprachlich kommt als Synonymon von »fieri facere« — bald allein, bald in Verbindung damit — das »mandare« vor. So wird z. B. in Intra (1393 IV 41 S. 369) dem Mörder gleich bestraft, wer »fecerit aliquem interfici vel mandaverit interfici«. Auch in Forli (1359 III 4 S. 186) wurde mit dem Tode bestraft, wer »comiserit homicidium seu fieri vel comitti fecerit seu mandaverit«.

Daneben finden sich andere Ausdrücke für die Bezeichnung der geistigen Urheberschaft: »ordinare« [57], »tractare« [58], »procurare« [59], »comandare« [60], »interpellare« [61], »solicitare« [62].

Sehr häufig wird alsdann ein Handeln durch untergeordnete, untergeschobene Personen hervorgehoben: So wird in Pisa (1268 I 188 S. 340) bestraft, wer Wucher treibt »per se vel per aliam suppositam personam«, oder (III 26) wer jemand am Überschreiten einer Brücke hindert »per se vel per alium«. In Siena (1309/10 V 128 S. 291) darf man niemand den Aufenthalt an bestimmten Orten verbieten »per interposta persona«. Das Statut von Padua von 1366 S. 249 R. f. droht Strafe an, »si quis ... tractaverit per se vel alium

---

[56]) Kohler 233 ff., Pertile V 90 ff.

[57]) In Perugia (1342 III 75 S. 99 f.) wird dem Täter gleich bestraft »l'ordenante, comandante, aidorio overo conseglio daente«. Später ist genannt der »facente fare le predicte cose overo ordenante overo tractante«. Auch in Ascoli (1377 III 25) wird wie der Täter behandelt, wer »comictesse, mandasse overo ordinasse fare le predicte cose«.

[58]) In Siena (1309/10 V 232 S. 331) wird bestraft, wer einen Hochverrat begeht »overo fare farà o vero trattarà...«. Vgl. auch Anm. 57.

[59]) »procurare« neben »mandare« erwähnt z. B. Verona 1450 III 40, 48, 49. Das Statut von Intra von 1393 IV 43 (S. 370) bedroht den mit Strafe, der »fecerit vel procuraverit«, daß eine Frau eine Abtreibung vornimmt.

[60]) Ascoli 1377 III 22 (S. 96).

[61]) Verona 1450 III 53.

[62]) Mailand r. 89.

de occidendo aliquem«, und in Mailand (r. 52) leidet Strafe der »tenens seu exercens per se vel per alium privatum carcerem«.

In der Regel wird der geistige Urheber wie der Täter bestraft. Doch gibt es Ausnahmen. Manchmal wird der Urheber milder beurteilt. Das ist namentlich dort der Fall, wo bestimmte Motive für die Bestrafung des Täters auf den geistigen Urheber nicht zutreffen. So wird häufiger der Auftraggeber beim Lohnmord milder bestraft als der Täter, namentlich mit dem Schleifen zur Richtstätte verschont. Denn das verächtliche Motiv, das dem Meuchelmörder zugerechnet wird, das Handeln ohne eigenen Grund zur Rache und gegen Entgelt, trifft für ihn nicht zu.

Umgekehrt straft man gelegentlich den Urheber härter als den Täter. In Pistoia (1296 III 4 S. 101) hatte z. B. ein Geldstrafe von 100 l zu zahlen, wer schwor, jemand zu töten (»juraverit aliquem interficere«), aber 200 l, wer jemand so schwören ließ (»fecerit aliquem jurare«). In Florenz mußte nach dem Statut des Podestà von 1325 III 46 (S. 212) der Urheber einer Körperverletzung (wer »percuti fecerit aliquem vel verberari vel manumicti«) das Doppelte der Summe zahlen, die der Auftraggeber (»mandator seu fieri faciens«) hätte entrichten müssen, wenn er eigenhändig tätig geworden wäre. In Perugia (1342 III 63 S. 83) wurde die Urheberschaft beim Morde härter bestraft als die Tötungshandlung selbst. »Quegnunque farà fare homecidio, doppia pena degga sostenere (erleiden) la quale devesse pagare l'omicidaio.« In Bestimmungen dieser Art mochte die Lehre sich auswirken, daß der geistige Urheber mehrfach unrecht tue, aber auch die kriminalpolitische Einsicht, daß man die Hintermänner des Bravotums fassen müsse.

Bei diesen Gesetzen handelt es sich um Fälle des Mandats [63]), Fälle also, in denen das Eigeninteresse des Täters den Ausschlag gibt. Dafür spricht namentlich, daß die meisten Statuten das consilium, also die seelische Einwirkung im Interesse des Ausführenden besonders erwähnen und neben der Beihilfe nennen. Diese Dreiteilung und die Gleichheit auch der Bezeichnungsweise in Statuten, Kommentaren,

---

[63]) Der Gedanke der ratihabitio findet dagegen, soviel ich sehe, im Statutarrecht des 14. Jahrhunderts keinen Ausdruck. Die Statuten, nach denen der Hausvater für Gesinde und Familienmitglieder auch strafrechtlich einzustehen hat, würde ich — im Gegensatz zu Engelmann, Urheber 522 — nicht mit dem Gedanken der ratihabitio in Verbindung bringen. Es handelt sich da um Überreste des alten Genossenschaftsprinzips und der Familienhaftung. Engelmann hebt selbst hervor, daß diese Statuten »weit über die praktische Bedeutung der Ratihabition hinausgingen«.

Traktaten und Gutachten lassen erkennen, daß die Rechtslehre praktisch geltendes Recht wiedergab.

Consilium und Beihilfe[64]) werden in immer wiederkehrenden Wendungen bezeichnet, am häufigsten und unzählige Male in der Zusammenstellung »praestare (praebere) auxilium, consilium et favorem«, »aidorio, conseglio overo favore« usw. Daneben kommen zweigliedrige Formeln vor wie »aidorio overo conseglio« »(praestare) consilium vel iuvamen«, »consilium et favorem«. Sachlich war damit nichts anderes bezeichnet als mit der regelmäßigen Wendung. Denn »auxilium«, »favor« und dergleichen waren Synonyma. Hier und dort freilich wird das consilium nicht besonders genannt. Es ist nur die Rede von »praestare auxilium vel favorem« usw., so beispielsweise im Statut des Volkshauptmanns von Florenz von 1322 III 11 (S. 154), in den Gesetzen von Parma von 1347 S. 229 und Ascoli von 1377 III 29 (S. 103) u. a. m. In Cremona (1387 r. 136) wird dem Diebe oder Räuber gleich bestraft, wer »associaverit aliquem ad robandum vel furandum et auxilium vel adiutorium predictis praestiterit«. Überhaupt ist häufiger vom »asotiare«, »sotiare« und dergleichen die Rede. In all diesen Fällen war fraglich, ob auch die Beeinflussung (Hervorrufung, Bestärkung) des Tatentschlusses unter das Gesetz fiel, also das consilium nach dem Statut zu bestrafen sei. Daß diese Frage nach dem Grundsatz der Wortauslegung zu verneinen war, wurde gezeigt.

In der Bestrafung werden consilium und Beihilfe bald der Täterschaft gleichgestellt, bald milder beurteilt.

Die gleiche Bestrafung findet sich z. B. in Biella r. 10 (Mord), stat. malef. r. 29 (Diebstahl), Casale 1370 Sp. 1037 (Mord, Diebstahl), Balangero 1391 r. 30 (Diebstahl);

Averrara 1313 r. 41 (S. 39: Münzfälschung), Arona 1319 r. 31 (S. 80: Münzfälschung), Cremona 1387 r. 96 (Mord), 136 (Diebstahl u. Raub), Lodi 1390 S. 103 (Diebstahl u. Raub);

Padua 1339 S. 260 R. (Sittlichkeitsverbrechen), Bassano 1392 S. 102 R. (Inzest);

Carpi 1353 S. 49 (Münzfälschung), S. 65 f. (Körperverletzung), Mirandola 1386 S. 92 (Mord und Vergiftung), 95 (Inzest), 95 f. (Entführung), 99 f. (Diebstahl), Piacenza 1391 V 49 (Lohnmord);

Perugia 1342 III 98 (S. 119: Entführung einer Nonne), 123 (S. 139: politische Verbrechen), 128 (S. 143: Verrat);

Siena 1309/10 V 289 (S. 354: Brandstiftung), S. Piero 1398 III 9 (S. 244 f.: Diebstahl).

Geringer wird die Beihilfe bestraft in Bassano 1392 S. 101 R. f.: mildere Strafe auf Beihilfe zum Gewaltverbrechen an Frauen und Verführung;

Lucca 1308 III 7 (S. 138): bei Frauenraub 100 bzw. 50 l statt 500 oder

---

[64]) Kohler 247 ff., Pertile V 86 ff., 98 ff.

400 l für den Täter. Mehrfach wird die Beihilfe in den florentiner Urteilen milder beurteilt. Vgl. die Beispiele bei Kohler-degli Azzi 41, 50 ff., 84 f.

In Forli (1359 III 6 S. 197) wird die Beihilfe zu Körperverletzung und Beleidigung mit der Hälfte der Normalstrafe bedroht.

Das Statut von Tivoli von 1305 V 318 (S. 247) bedroht die Beihilfe generell mit einem Viertel der Normalstrafe.

Die verschiedenen Formen der Teilnahme, von Täterschaft und Auftrag abgesehen, werden gelegentlich in den Quellen des kanonischen und weltlichen Rechts im Begriff des consensus zusammengefaßt und einzelne Unterarten herausgearbeitet [65]). Im gleich weiten Sinne erscheint dieser Begriff gelegentlich auch im Statutarrecht. So droht das Statut des Podestà in Florenz von 1325 III 54 (S. 218 f.) Strafe an für Sodomiterei, aber auch für den »pater pro filio, si suadebit vel consenserit huiusmodi sceleri perpetrando«. In Lecco (r. 175 S. 95) wird die Veruntreuung von Gemeindegut unter Strafe gestellt. Dort heißt es dann: »eadem pena puniatur .... quilibet, qui scienter consenserit vel auxilium dederit alicui fraudem committenti.« In Bassano (1392 S. 100) wird bestraft, wer jemand vergiftet, den Auftrag dazu erteilt oder Beihilfe leistet »vel actu consenserit ad ipsum dandum«.

Im Statutarrecht stehen sich die gleichen Teilnahmeformen gegenüber wie in der Theorie. Namentlich wiederholt sich dort der Gegensatz von Mandat und consilium. Das scheint zunächst befremdlich. Denn gerade diese Unterscheidung zwischen eigenbestimmtem Auftrag und fremdbestimmtem Rat scheint einen nicht ganz einfachen Gedankengang vorauszusetzen, den man nach dem Durchschnittsniveau der Statuten zunächst nicht erwartet. Doch werden diese Dinge verständlich, wenn man die Unterscheidung zwischen Auftraggeber und Ratgeber, zwischen dem, der im eigenen, und dem, der im fremden Interesse handelt, auf einen einfacheren und volkstümlichen Gegensatz zurückführt, der gleichfalls im Statutarrecht hervortritt, nämlich auf den Unterschied zwischen Führern und Folgern. Schon im germanischen Recht und in den Volksrechten [66]) wurde bei Bandenverbrechen zwischen Rädelsführern auf der einen, Gefolgsleuten auf der anderen Seite unterschieden. Jene waren Träger der Tat, deren Eigeninteresse typischerweise im äußeren Führertum Ausdruck fand, diese als ausführende Organe dem fremden Willen dienstbar. Angelus, Cons. 257 n. 5 z. B.

65) Vgl. u. a. Jac. de Belvisio II 6 n. 38 ff., III 27 n. 8.

66) Wilda, StrR. d. Germ. 610 ff., Osenbrüggen, Lgb. 38 ff., His, G. D. StrR. 118 ff.

kennzeichnet die Gefolgsleute so: »illi dicuntur adhaerentes et sequaces alterius, qui intentioni et operibus illius adhaerent et eum sequuntur.« Spuren dieser Teilung sind in der italienischen Praxis noch deutlich spürbar.

Daß man in der Rechtsprechung vor allem bei politischen Verbrechen zwischen Führern und Folgern schied, berichtet wiederum Angelus, D XLVII 2 De furtis 34 n. 1: »ita vidimus quotidie observari, quia principes et caporales factionum et seditionum civitatis puniuntur asperrime, reliquis autem auxiliantibus et parentibus mitigantur poenae.«

Das bestätigt auch das Statutarrecht: Namentlich bei Raufhandel und Schlägereien kommt mehrfach die gleiche Unterscheidung vor. Dabei wird meist die Führereigenschaft nach eindeutigen äußeren Merkmalen bestimmt, in der Regel nämlich zum Führer erklärt, wer mit der Schlägerei angefangen hat. In diesem Sinne unterscheidet das Statut von Rom von 1363 II 64, 65 (S. 115 ff.) zwischen dem »inceptor bactalie« oder »caporalis« auf der einen und den Gefolgsleuten auf der anderen Seite, und die gleiche Unterscheidung kommt beim bewaffneten Angriff vor (a. a. O. II 22 S. 99 f.). Das Gesetz von Ascoli von 1377 III 31 (S. 105) trennt gleichfalls beim Raufhandel den »capitanio de la dicta rissa« und »ciascun altro rissatore (Streiter) overo ajutatore« und bestimmt den capitanio als denjenigen, der mit dem Wortstreit beginnt, als erster Hand an jemand legt oder die Waffe schleudert. Auch sonst begegnet häufiger bei Erregung von Tumult und Aufruhr, bei Schlägereien und ähnlichem der Gegensatz von Streitanfängern und Gefolgsleuten oder sonst Beteiligten. Auch in den Urteilen tritt dieser Gesichtspunkt bei der Strafzumessung hervor. So hat z. B. nach dem florentiner Urteil von 1343, das bei Kohler-degli Azzi 35 ff. am Ende mitgeteilt wird, eine Geldstrafe von 50 l zu zahlen, »qui principaliter causam praestitit supradictis«, dagegen kommen zwei andere mit einer Geldstrafe von 25 l davon, »cum mali auctores non fuerint, set sequele«.

Naiver und roher in der äußeren Form enthält doch schon diese Unterscheidung im Kern, was später klarer hervortritt. Härter als derjenige, der im Dienste eines anderen äußere Handlangerdienste leistet, ist der zu beurteilen, dessen Willensinteresse die Tat bestimmt und der geistig das Verbrechen beherrscht.

Deutlichere Anklänge an die Lehren der Theoretiker werden in späteren Statuten bemerkbar. So werden in manchen Gesetzen nur solche Beihilfehandlungen bestraft oder besonders hervorgehoben, die mit der Haupttat in engerem Zusammenhang stehen. So wird etwa ein Tätigwerden im entscheidenden Stadium der Verbrechensbegehung verlangt oder gefordert, daß der Gehilfe bestimmte Ausführungshandlungen vornimmt.

So etwas gab es schon im venezianischen Liber promissionis von 1232 c. 11. Dort heißt es von den Beteiligten bei einer Körperverletzung mit tödlichem Ausgang: »hi omnes penam patientur similem, qui cum percussore fuerint, si ferierent eum.« Nach dem Statut von Lucca von 1308 III 39 (S. 160) sodann hatte 1000 l zu zahlen, wer bei einem Morde Hilfe leistete »vulnerando vel tenendo interfectum«, während andere Gehilfen nur mit einer Buße von 300 l belegt wurden. Die gleiche Unterscheidung wurde auch bei der Körperverletzung gemacht. In Perugia (1342 III 36 S. 53) wird der Inländer bestraft, der »sirà con lo .... offensore .... e darà aidorio overo conseglio«, wenn der Täter Ausländer ist. Beim Morde gilt dort folgendes (III 63 S. 86): »quegnunque tracterà overo ordenerà con lo asagliedore (Angreifer) overo aggressore ... de l'omecidio fare, overo esso aconpagnerà pensatamente per l'omecidio fare, ... overo l'omicidaio campare farà (bei sich leben läßt, ihm Unterkunft gewährt), overo che preso sia veterà (verhindert, daß er gefangen wird), como homicidaio en tucte cose sia punito.« Nach den Ägidianischen Konstitutionen von 1357 IV 27 (S. 177) ist der Gehilfe, der dem Haupttäter zur Zeit der Tat geholfen und das Opfer geschlagen, verwundet oder an der Verteidigung behindert hat, gleich dem Täter zu bestrafen. Wer aber Beihilfe zum Morde leistet, ohne den Getöteten zu schlagen, hat 300 fl. zu bezahlen. In Balangero endlich (1391 r. 46) wird wie der Brandstifter bestraft, wer »incendiario dederit opem in dicto maleficio faciendo«.

Die gleichen Gesichtspunkte werden in den Urteilen hervorgehoben. So wurden in Florenz (Urteil von 1379 bei Kohler-degli Azzi 84 f.) zwei Personen angeklagt, weil sie einen andern mit Waffen verletzt und getötet hatten. Die Betätigung eines dritten Komplizen wird so gekennzeichnet: »Ut predicta facilius et habilius commicterentur et fierent, (Name) predictis omnibus tunc cum commictebantur interfuit et presens fuit et simul stetit una cum dictis (Namen der ersten beiden Täter) studiose et premeditate, quodque propterea securius et habilius commissa fuerint et perpetrata ut superius continetur.« Die beiden Haupttäter werden mit Enthauptung und Vermögenskonfiskation bestraft, während der Gehilfe mit Rücksicht auf sein Geständnis einerseits, die Begehung des Verbrechens zur Nachtzeit andererseits mit einer Geldstrafe von 750 l belegt wird [67].

[67]) Vgl. auch die Urkunden bei Kohler-degli Azzi 84 f., 124 f.

Mit der Zeit wird der Einfluß der Wissenschaft noch stärker, der Gegensatz zwischen mittäterschaftlicher und gewöhnlicher Beihilfe tritt noch klarer und in abstrakten Wendungen hervor. Das zeigt beispielsweise das Statut von Bassano von 1392 r. De dantibus auxilium, consilium et favorem ad aliquod maleficium committendum (S. 110 R.): Leistet jemand zur Begehung eines Verbrechens vorsätzlich »auxilium cooperativum facto vel actu«, so wird er gleich dem Täter bestraft. Leistet er dagegen Hilfe »non facto vel actu, sed solum verbis nudis .... et in facto praesens extiterit vel dum maleficium committeretur ipsum consilium vel favorem verborum impedendo«, so wird der Gehilfe geringer oder anders als der Täter bestraft. Ähnlich später Bologna 1454 r. De poena mandantis seu auxilium, consilium vel favorem praestantis aliquod maleficium fieri (S. 24): Wer zum Morde Hilfe leistet, hat 300 l zu zahlen, »nisi auxilium fuerit cooperativum in ipso homicidio«. Dann nämlich soll der Gehilfe wie der Mörder selbst bestraft werden.

5. Akzessorietät der Teilnahme.

Alle Teilnahmeformen sind akzessorisch [68]).

Auch das Mandat. Der Mandant wird nicht verantwortlich gemacht allein auf Grund des Mandats. Nur dann trifft ihn die volle Strafe, wenn die Haupttat begangen, der Erfolg herbeigeführt ist. Das ist der Sinn der Phrase: »Tenetur ... mandans ex facto subsecuto propter mandatum, non ex mandato propter factum subsecutum [69]).« Während aber die Haftung des Mandanten nur abhängig ist vom Eintritt des Erfolges, von der äußeren Tatbestandserfüllung ohne Rücksicht auf Schuld und Verantwortlichkeit des Täters, erfordert die Bestrafung von consilium und Beihilfe, daß der Haupttäter voll verantwortlich war [70]). Nur dann schließt der Mangel

[68]) Engelmann, Urheber 453 ff., 474 ff.

[69]) Bartolus, D XI 3 De servo corr. 1, 2 n. 3, D XLVII 10 De iniur. et fam. lib. 11, 3 n. 9; Alb. de Rosc., D II 10 De eo per quem factum erit etc. 1 n. 2; Baldus, c. 2 X De ordine cognitionum II 10 n. 17, D II 1 De iurisdict. 9 n. 9; Jac. de Belvisio III 27 n. 1.

[70]) Bartolus, D XLVII 2 De furtis 66 (68), 4 n. 1; ferner n. 3: »quando proceditur contra aliquem, quod ipse praestitit opem vel auxilium ad aliquod maleficium, oportet, quod prius constet de maleficio principali«; Alb. de Rosc., D II 1 De iurisdict. 7 n. 6: »opem et consilium quis dici dare non potest, nisi delicto commisso.« Ebenso Hostiensis, S. A. V 18 De furtis n. 5; Ast. I 33 (S. 49).

Trotzdem nahmen die Kanonisten an, daß die Verleitung zum Selbstmord strafbar sei. Vgl. z. B. Innocenz, c. 12 X De homicidio etc. V 12 n. 4; Joh. Andreae, a. gl. O.; Hostiensis, a. gl. O. c. 11 § Si vero (S. 287 R. f.).

des Vorsatzes beim Täter auch die Haftung des Mandanten aus, wenn ausnahmsweise der dolus ein wesentliches Tatbestandsmerkmal darstellt wie bei furtum und falsum [71]. Modern — im Sinne M. E. Mayers — gesprochen: Das Mandat ist minimal-akzessorisch, consilium und Beihilfe sind extrem-akzessorisch gestaltet.

Den Grundsatz der Akzessorietät bringen mehrfach auch die Statuten zum Ausdruck. Die Teilnahme soll nur bestraft werden, wenn die Haupttat begangen wird. So wird in Cremona (1387 r. 96) die Beihilfe zum homicidium nur bestraft, »si commissum fuerit«, ebenso die Beihilfe zu Raub und Diebstahl nur dann, »si commissum fuerit illud furtum vel robaria« (r. 136) [72]. In Verona (1450 III 48, 49) muß die Fälschung begangen sein, damit der Auftraggeber belangt wird. Endlich wird in Bologna (1454 S. 23 R.) dem Mörder gleichgestellt, »qui homicidium committi mandaverit existens presens vel absens, dum homicidium consumabitur vel vulnus fieri mandaverit ...., ex quo postea homicidium fuerit subsecutum«.

Die Rechtslehrer gehen auch der Frage nach, wie die erfolglose Teilnahme zu behandeln sei. Namentlich vom Versuch des Mandats ist die Rede. Kommt es überhaupt nicht zur Ausführungshandlung, oder wird die Haupttat nicht vollendet [73], so soll der Mandant als mittelbarer Urheber des Verbrechens nach allgemeinen Versuchsregeln haften, d. h. das Mandat wurde als conatus remotus behandelt, also bei schweren Verbrechen milder, bei leichten gar nicht bestraft [74]. Doch war bestritten, ob gewöhnlicher Versuch oder ein arbiträr zu strafendes Sonderverbrechen [75] anzunehmen sei.

Auch die Gesetze behandeln gelegentlich solche Fälle. So wird in Lucca (1308 III 42 S. 161) mit Geldstrafe von 200 l belegt, wer eine Belohnung für die Tötung eines Menschen verspricht oder zahlt,

[71]) Bartolus, D II 1 De iurisdict. 7, 1 n. 11: »furtum est quoddam maleficium nominatum; haec enim appellatio furti continet contrectationem rei alienae factam animo lucrandi invito domino. Sed si quis contrectavit rem et non fuit in dolo, non potest dici furtum esse commissum: ergo mandans non potest teneri furti, quasi furtum sit factum, quia non est factum furtum.« Vgl. auch die eingehende Besprechung einiger von Bartolus behandelter falsum-Fälle bei Engelmann, Urheber 480 ff.

[72]) Ebenso Lodi 1390 S. 103.

[73]) Engelmann, Urheber 434 ff., 455 f., 486 ff.

[74]) Bartolus, D XLVII 10 De iniur. et fam. lib. 15, 10 n. 1: »Ex solo mandato non secuto effectu quis non tenetur; quod est verum in levioribus, secus in gravioribus.« Vgl. auch Bartolus, a. gl. O. 11, 3 n. 3.

[75]) Vgl. z. B. Gandinus, De homicidiariis 10 (S. 285 f.); Angelus, D XLVII 10 De iniur. et fam. lib. 15, 10.

mag der Mord zur Ausführung kommen oder nicht. Das Statut von Valperga von 1350 r. 24 untersagt bei Geldstrafe von 50 l das »tractare, procurare[76]) nec etiam solo verbo loqui de faciendo aliquem assenxinari (daß jemand ermordet wird) nec aliquid ob eam causam promittere«. Wenn in Verona (1450 III 53) ein Notar zur Urkundenfälschung oder ein Zeuge zum falschen Zeugnis veranlaßt wird, so wird der Urheber wie der Fälscher bestraft. Hat aber seine Einwirkung keinen Erfolg, so ist nur eine kleinere Geldstrafe verwirkt.

6. Lücke im Statut.

Viele Statuten schwiegen sich über Urheberschaft und Teilnahme aus. Damit wurde die Wissenschaft vor die Frage gestellt, ob die allgemeine Strafdrohung des Gesetzes auch für diese Begehungsformen gelte[77]). Diese Frage bot dort keine Schwierigkeit, wo der Beauftragte willenloses Werkzeug in der Hand des Auftraggebers war, also mittelbare Täterschaft vorlag. Das nahm man auch dann an, wenn der Beauftragte durch ein rechtswirksames Mandat verpflichtet war, seinem Auftraggeber zu dienen. Läßt also jemand im Prozeß durch seinen Vertreter (procurator) Einreden vorbringen, die er nicht beweisen kann, so wird er selbst als Täter nach dem Statut bestraft, das für das Vorbringen unbewiesener Einreden Strafen androht. Sein Tun ist vere facere[78]).

Anders lag es beim echten Mandat, in den Fällen also, in denen der Beauftragte zwar im Interesse des Auftraggebers, aber doch kraft eigenen Willens tätig wird. Dann ist der Auftraggeber nach Baldus, Cons. I 52 (= V 384) »homicida causalis et non formalis[79])«. Er ist nicht eigentlich (proprie), sondern nur kraft Auslegung (per interpretationem) Täter. Zwar ist er mittelbar der Urheber des Erfolges, aber sein Verhalten ist nur ein Akzessorium der Haupttat:

---

76) Ausdrücke dieser Art — »tractare«, »ordinare«, »practicare«, »machinari«, »consiliare« u. dgl. — sind sehr unbestimmt. Es ist darunter ein vorwiegend geistiges Hinarbeiten auf mehr oder weniger bestimmte Erfolge zu verstehen, das Verabreden, Komplottieren, Wühlen, Machenschaften-Treiben, aber auch der Anstiftungsversuch. Der Begriff des »tractare« z. B. gehört zu jenen schillernden Begriffen, die, auf der Grenze zwischen allgemeinem und besonderem Teil liegend, allgemein bedeutsame Rechtsgedanken in Sonderregeln verstecken.

77) Engelmann, Urheber 585 ff., 603.

78) Bartolus, D II 2 Quod quisque iuris 3, 1 n. 1; Baldus, C IX 2 De acc. et inscr. 5 n. 16 f.

79) »homicida formalis et causalis« ist der eigenhändig handelnde, »homicida formalis et non causalis« z. B. der Geisteskranke oder Unmündige, der ein Verbrechen begeht.

»facientis delictum per se stat, sed mandantis delictum non stat per se.«

Demnach hing die Anwendung des Statuts auf den Mandanten davon ab, wieweit man geneigt war, das Ortsgesetz über seinen Wortlaut hinaus auszulegen. Die Rechtslehrer besprachen also diese Frage im Rahmen des allgemeineren Problems, ob Statuten sich auslegen ließen[80]). Daher trat auch hier der alte Gegensatz zwischen freier Auslegung und Buchstabentreue hervor. Daß jedenfalls die ältere Praxis die allgemeine Strafdrohung nicht auf den Mandanten ausdehnte, bezeugt nach Gandinus, De transactionibus 24 (S. 209) Jacobus de Arena. In Bologna nämlich wurde entschieden, daß, wenn ein Statut den Vergleich beim Morde ausschloß, dies für den Auftraggeber nicht gelte. Diese Ansicht wurde gelegentlich auch von den Rechtslehrern vertreten, namentlich von Dinus und später von Oldradus in seinem verschollenen Digestenkommentar [81]).

Aber schon Jacobus de Arena verwarf die bologneser Entscheidung und mit ihm die zu seiner Zeit herrschende Lehre. Ihm folgen auch Gandinus, der dies alles mitteilt, und Cinus. Baldus, C IX 2 De acc. et inscr. 5 n. 17, ist wenigstens dann damit einverstanden, wenn das Statut für den Mord Geldstrafe androht. Zur Zeit des Albericus hielten sich die Ansichten scheinbar die Waage[82]), so daß er wieder selbst nicht recht wußte, wie er entscheiden sollte[83]).

Immerhin hat sich im 14. Jahrhundert eine Ansicht durchgesetzt, die man als die herrschende ansprechen darf. Sie verdeutlicht die Hinwendung der Theorie zur Praxis und die Abkehr von der Sinnesauslegung. Man wollte nämlich nach dem Wortlaut der Statuten entscheiden. Bezeichnete das Gesetz die Tat, sollte also die Strafe verhängt werden, wenn ein Mord geschah, so wollte man auch die Teilnahme einbeziehen. Wenn aber mit Strafe bedroht war, wer einen Mord beging, so war darunter nach der herrschenden Lehre der Teilnehmer nicht mitzuverstehen[84]). So lehrt Baldus, J IV 1 De obl.

---

80) Cinus, C IX 2 De acc. et inscr., Additio z. l. 5: »Tota ista quaestio recidit, utrum statuta recipiant interpretationem.«

81) Nach Alb. de Rosc., St. III 44 n. 16.

82) Vgl. die Referate bei Gandinus, De transactionibus 24 (S. 209); Alb. de Rosc., St. III 44, D XLIII 16 De vi et vi armata 1, 12 n. 3, C IX 2 De acc. et inscr. 5 n. 5; Baldus s. v. »Homicidium« n. 6, s. v. »Mandare« n. 1 ff., s. v. »Interficiens« n. 1 f.

83) Alb. de Rosc., St. III 44 n. 16: »ista quaestio dubia est ... et multi tenent unam opinionem, multi aliam, et hoc ideo, quia diversi diversa sentiunt de interpretatione statutorum.«

84) Bartolus, D XLVIII 5 Ad l. Iul. de adult. 12; Angelus, D II 10 De eo per quem factum erit etc. 1 n. 2, D XLI 2 De adquir. vel omitt. hered.

quae ex del. 9 n. 2, für die Beihilfe: »aut verba quae puniunt principaliter, sunt scripta in rem, ut quia statutum vel lex dicit, quod pro homicidio puniatur quis in centum, et tunc pariter committens maleficium et opem praestans comprehenditur....; aut lex puniens maleficium est scripta in personam, ut quia dicit, quicunque commiserit maleficium, puniatur in centum, et tunc opem praestans non punitur ex verbis legis.«

Bis in die Einzelheiten übertrug, wie auch sonst folgerichtig in dieser Lehre, Salicetus, C IX 2 De acc. et inscr. 5 n. 21ff., die Auslegungsregeln der Wissenschaft auf diese Fälle: Entspricht das Statut dem gemeinen Recht, so ist der Mandant so zu bestrafen, als wäre das Statut gemeines Recht. Regelt es einen Fall, der im gemeinen Recht nicht behandelt wird, verbietet es z. B. die Getreideausfuhr, so will Salicetus zwar den Mandanten nicht geradezu nach dem Statut bestraft wissen, fordert aber außerordentliche Strafe. Zum gleichen Ergebnis kommt er dann, wenn das Statut dem gemeinen Recht widerspricht, etwa den Mord mit Geldstrafe bedroht. An sich zwar füllt das gemeine Recht die Lücke aus, so daß anscheinend für die außerordentliche Strafe kein Raum bliebe. Doch liefe das darauf hinaus, daß der Mandant nach gemeinem Recht mit dem Tode, also härter bestraft würde als der Täter. Salicetus hält dieses Ergebnis für unerträglich und folgert, daß auch hier eine Lücke bleibe, die der Richter nach Ermessen auszufüllen habe. Dabei solle aber die Strafe möglichst der des Statuts entsprechen.

Weniger zweifelhaft als für den Mandanten war den Rechtslehrern die Entscheidung für consilium und Beihilfe. Albericus de Rosciate wollte sie der Strafe des Statuts nur dann unterwerfen, wenn die Gehilfen bei der Haupttat mittätig waren[85]).

III. Begünstigung.

1.

Über die Hilfeleistung nach vollendeter Tat waren die Rechtslehrer verschiedener Auffassung. Die ältere Lehre, namentlich Albertus Gandinus, De homicidiariis 7 (S. 282f.) stellte Be-

---

n. 3, D XLVIII 5 Ad l. Iul. de adult. 12 n. 1; Baldus, D II 7 Ne quis eum etc. 4, 2, D III 2 De his qui not. infam. 4, 3 n. 2, C IX 2 De acc. et inscr. 5 n. 15; Salicetus, C I 14 De leg. et const. 5 n. 2, C IX 2 De acc. et inscr. 5 n. 19.

85) Alb. de Rosc., St. III 44 n. 16: »quia quaestio proposita fuit non solum in mandante, sed etiam in dante consilium et favorem, an statutum extendatur ad tales? In his crederem minus dubitandum, quod ad tales non extenderetur, nisi ipsi homicidio principaliter interfuissent.«

günstigung und Beihilfe gleich. Die Strafe sollte nach Ermessen bestimmt werden und milder ausfallen als die des vollendeten Verbrechens. Gandinus will die Strafe der Haupttat halbieren. »Tenentur de favore et ope prestita ad ipsum homicidium, licet iam foret commissum, nam omnes illi actus sunt de ope et de favore et ad opem pertinent. Nam ex qualitate facti precedentis et sequentis arguitur dolus...; de ope puniantur arbitrio judicis, cum non sit certa pena determinata vel dic media pena homicidii.« Dafür beruft sich Gandinus auf eine Entscheidung des florentiner Gerichts[86]).

Dem trat aber Bartolus entgegen, der die Hilfeleistung vor und während der Tat der Täterschaft gleichstellte, die Hilfe nach der Tat aber milder ansah. Die Quellenstelle D 29, 5, 3, 12 erklärte er für einen Sonderfall, in dem ausnahmsweise die Unterstützung nach der Tat der Täterschaft gleichgestellt sei, und zog einen Gegenschluß für alle anderen Fälle. So bemerkte er zu der angeführten Stelle n. 1: »dicitur hic in textu, quod qui praestat auxilium malefactori post maleficium commissum ad evadendum, videtur dare auxilium ad maleficium committendum; et hoc videtur tenere ille Albertus de Gandino in libello suo; sed hoc non dicitur hic, sed dicitur, quod qui celavit, punitur ex hoc crimine quod eum celavit, ac si reus esset, non quod puniatur tanquam auxiliator; et est speciale hic: alias praestans ipse opem post maleficium commissum punitur mitius.« Im Kommentar zu D XLVII 2 De furtis 50, 1 n. 1 ff. unterscheidet Bartolus zwischen Beihilfe vor, während und nach der Tat und will nur in den ersten beiden Fällen den Gehilfen wie den Täter bestraft wissen, im dritten aber die Strafe mildern. Anders jedoch war die Rechtsprechung, die Bartolus ausdrücklich ablehnt: »Quandoque praestat auxilium post maleficium, ut puta quidam praestitit auxilium homicidae ad evadendum; vidi iam aliquot assessores illos punire tanquam praestantes opem homicidio....., sed mihi non placet.« Denn: »non fuit praestitum auxilium ad committendum, sed ad evadendum.« Nur dann sollte etwas anderes gelten, wenn die Hilfeleistung schon vor der Tat in Aussicht gestellt war. Dann allerdings wollte auch Bartolus als Beihilfe gleich der Täterschaft bestrafen: »Praedicta vera, nisi praecessisset consilium ante: puta facias, quia ego adiuvabo te ad evadendum, quia tunc illa spes data est in auxilium ad maleficium committendum.« Bartolus nimmt also psychische Beihilfe an.

In der Folgezeit verlor der Streit an Interesse. Denn die spätere Theorie stellte ja nur die mittäterschaftliche Beihilfe der Täterschaft gleich, beurteilte also die Begünstigung genau so wie die Beihilfe vor

---

[86]) Ebenso Alb. de Rosc., St. IV 34.

der Tat milder. Dabei war es praktisch gleichgültig, ob man theoretisch die Begünstigung als Unterart der gewöhnlichen Beihilfe ansah oder als außerordentliches Verbrechen eigener Art. Die meisten Rechtslehrer ordneten die Begünstigung der Beihilfe unter und trennten sie von der mittätigenBeihilfe ab[87]). Es sollte also milder bestraft werden[88]). So wollte Bonifacius de Vitalinis, Quid sit accusatio n. 129, statt der Todesstrafe Geldstrafe oder zeitliche Verbannung nach Ermessen des Gerichts, wenn sich jemand den Verfolgern entgegenstellte, um dem Mörder die Flucht zu ermöglichen, oder dem Verbrecher den Weg zur Flucht zeigte. Dafür berief er sich auf die Gutachtenpraxis.

Strenger wurden nur gewisse Sonderfälle beurteilt: So sah man die Befreiung des Verhafteten aus den Händen der Behörde als Majestätsverbrechen an und forderte Todesstrafe[89]). Crimen vis aber sollte vorliegen, wenn jemand einen Aufstand erregte, so daß der Gefangene entkam (D 48, 7, 4)[90]).

Zum inneren Tatbestand verlangten die Rechtslehrer im Anschluß an C 9, 39, 1 den Vorsatz und legten dieses Erfordernis auch in solche Statuten hinein, die nur den äußeren Tatbestand der Begünstigung umschrieben[91]).

---

87) Baldus, Cons. IV 487, machte eine vierfache Unterscheidung, nämlich zwischen Beihilfe »ante crimen ad ipsum perpetrandum sive ordinandum«, Beihilfe »in ipso actu criminis ad ipsum perpetrandum«, Beihilfe »post crimen ad crimen consummandum«, Beihilfe »post crimen ad delinquentem evadendum seu eripiendum.«

88) Vgl. u. a. Alb. de Rosc., St. IV 33; Angelus, D XXIX 5 De sen. cons. Silan. 3, 8 n. 2.

89) Vgl. z. B. Bartolus, D XLVIII 7 Ad l. Iul. de vi priv. 4 n. 2, Auth. Ut omnes obediant iudicibus provinciarum § Arripiat n. 1 f.

90) Bartolus, D XLVII 2 De furtis 50, 1 n. 2; Angelus, D XLVIII 7 Ad l. Iul. de vi priv. 4 n. 1; Lucas de Penna, C X 19 De exact. trib. 3 (S. 28).

91) Bartolus, C XI 48 De agric. et cens. 8 n. 2: »Dic quod receptans exbannitum ignoranter non punitur, etiam si fuerit penitus ignotus tali receptanti, nisi in loco notorium esset istum esse bannitum, quia tunc receptans esset in lata culpa. .... Ita fuit hoc anno consultum in hac civitate.« Bartolus, D XLVII 16 De receptat. 1 n. 2 erwähnt die Ansicht der Glosse, daß der receptator vorsätzlich handeln müsse, und bemerkt dazu: »quod tene menti pro statutis loquentibus de receptantibus exbannitos«; Bartolus, D XLVII 9 De incend., ruina, naufr. 3, 4: »iste qui recipit exbannitum ignoranter, non tenetur statuti.« Vgl. ferner Alb. de Rosc., C IX 39 De his qui latrones 1; Salicetus, a. gl. O. n. 3; Baldus, D XXIX 5 De sen. cons. Silan. 3, 12; Angelus, D XIV 6 Ad sen. cons. Maced. 7, 8; Salicetus, C VI 1 De fugit. serv. 4 und C IX 9 Ad l. Iul. de adult. 2 n. 1; Bonif. de Vitalinis, De receptatoribus n. 3, 8 ff., Quid sit accusatio n. 70.

2.

Wie schon das deutsche Recht[92]), so kannte auch das italienische Statutarrecht[93]) keine gemeinsame Bezeichnung für die verschiedenen Formen der Begünstigung, sondern hob nur die einzelnen Fälle kasuistisch heraus.

Bestimmungen gegen die Unterstützung des Verbrechertums nehmen in der Gesetzgebung einen breiten Raum ein. Die staatliche Kriminalpolitik war auf die Mitwirkung der einzelnen Gemeindemitglieder angewiesen. Überhaupt lagen öffentliche und private Sphäre noch so nah beieinander, daß man dem Einzelnen im weitesten Umfange ein Tätigwerden für die Gesamtheit der Rechtsgenossen, die Ausübung öffentlich-rechtlicher Funktionen zumutete. Die Stellungnahme zugunsten des Verbrechers wirkte nicht so sehr als Verletzung des Geschädigten oder Ungehorsam gegen die Behörde wie als Verrat gegenüber der Gemeinschaft zum Vorteil des Außenseiters.

I. Vor allem die Acht konnte ihren kriminalpolitischen Zweck nur erfüllen, wenn der Staat bei ihrer Durchführung durch die Mittätigkeit der Einzelnen unterstützt wurde. Der Bann begründete also nicht nur ein Recht zur Gewalttat, sondern zugleich eine staatsbürgerliche Pflicht jedes Einzelnen zum Boykott des Geächteten. Durch Strafbestimmungen suchte man den Ausschluß des Gebannten aus der bürgerlichen Gesellschaft zu sichern. Überall wird die Unterstützung des Geächteten, die Sabotage der Friedlosigkeit mit Strafe bedroht[94]). In diesen Vorschriften wird die Tatbestandshandlung bald mit allgemeinen Ausdrücken bezeichnet, wie sie für die Beihilfe gebräuchlich sind, bald wird sie näher umschrieben. So wird namentlich die Aufnahme des Geächteten ins Haus, das Speisen und Tränken hervorgehoben. Solche Handlungen waren in der Regel aber nur dann strafbar, wenn die Acht wegen schwerer Verbrechen verhängt war, wie ja auch nur die schwere Acht friedlos machte. Zum inneren Tatbestand wird mehrfach ausdrücklich der Vorsatz verlangt. Die Strafe fällt manchmal verschieden aus, je nachdem, ob Einzelne oder Körperschaften sich des Vergehens schuldig machen[95]). Bald ist ein fester Satz vorgesehen, bald wird die Strafe verhängt, die der Geächtete verwirkt hat, also eine Art Talion. Wo sonst im einzelnen

---

[92]) His, G. D. StrR. 28 ff., Wilda, StrR. d. Germ. 635 ff.

[93]) Kohler, 261 ff., Pertile, V 98 ff.

[94]) Kohler 264 ff., Pertile V 319 ff., Ficker, Studien I 126 ff.

[95]) Vgl. auch S. 169 ff. Hier ist nur von der Aufnahme der Verbrecher die Rede. — Vgl. auch das Protokoll über die Generalinquisition des Gandinus in Bologna im Jahre 1298 bei Kantorowicz I 250 ff. Urk. 34, namentlich S. 251, 5. Absatz von oben, ferner S. 254 ff. Urk. 37, S. 294 ff. Urk. 68.

unterschieden wird, kommt es meist auf die Strafe an, auf die der Bann lautet, und auf das Verbrechen, das den Bann nach sich zieht.

Für dies alles einige Beispiele: Romano 1315 r. 17: Geldstrafe von 5 s; Casale 1370 r. De hospitio non dando bannitis: Die Strafe beträgt 100 s (Sp. 1003); Moncalieri 1378 Sp. 1403; Biella r. 50; Vercelli r. De pena albergantium bannitos: Der Vorsatz des Begünstigers wird vorausgesetzt und die Strafe nach der Schwere des Bannverbrechens abgestuft (S. 116 R.).

Brescia 1313 II 56: Die Strafe beträgt 100 l, kann aber nach Ermessen des Gerichts herabgesetzt werden (vgl. auch r. 55); Arona 1319 r. 51 (S. 88); Valperga 1350 r. 36 De pena redducentis bannitum; Invorio 1366 r. 9 De illis, qui dederint bibitum alicui bannito (S. 151), r. 23 De bannitis non recipiendis per aliquem (S. 379); Valsassina 1388 r. 69 (S. 292), 76 (S. 295); Vergante 1389 r. 86 (S. 233); Lodi 1390 S. 107 R. f.; Mailand r. 76; Intra 1393 IV 68 De pena receptantium malefactores vel eis dantium auxilium et favorem (S. 379).

Genua 1363 r. 65: Die Strafe soll zwischen 25 und 200 l betragen, kann aber darüber hinaus nach Ermessen erhöht werden und den Täter auch körperlich treffen. Nötig ist der Vorsatz des Täters: »Et hoc, si .... faceret maliciose et appensate.« Sehr scharfe Bestimmungen enthält r. 67 gegen die Aufnahme von Geächteten und Rebellen. So kommen Strafrahmen vor wie 100 bis 1000 l und 500 bis 3000 l.

Parma 1316 S. 222, 250; Parma 1347 r. De poena dancium aliquod auxilium alicui bannito pro maleficio (S. 259); Carpi 1353 S. 57: 50 l; Mirandola 1386 S. 113: 10 l für den Einzelnen, 25 l für die Kommune.

Verona 1450 III 72: Wer einen Gebannten aufnimmt, der Körperstrafe verwirkt hat, oder ihm sonst wissentlich hilft, hat 100 l zu zahlen, während eine Körperschaft mit einer Buße von 200 l belegt wird.

Ascoli 1377 III 44 (S. 114 ff.).

Eine eingehende Regelung trifft das Statut des Volkshauptmanns in Florenz von 1322 III 19 (S. 160 ff.): Lautet der Bann auf Geldstrafe von mindestens 500 l oder Verstümmelung, so hat der Begünstiger 200 l zu zahlen. Hatte der Geächtete nur Geldstrafe zwischen 100 und 500 l verwirkt, so ist die Begünstigung mit 100 l zu bestrafen. Lautet der Bann aber auf weniger als 100 l, so wird der Begünstiger bestraft »in tantundem in quantum exbannitus, quem receptaverit ... fuerit exbannitus«. Für die Aufnahme oder sonstige Unterstützung gewisser Schwerverbrecher werden noch höhere Geldstrafen (bis zu 1000 l) angedroht. Pisa 1286 III 32 (S. 387): Geldstrafe im Betrage von bis zu 100 l hat derjenige zu zahlen, der einen wegen Mordes, Verrats, Raubes, Diebstahls oder Fälschung, Friedensbruchs, wegen Ketzerei oder Brandstiftung geächteten aufnimmt. In anderen Fällen wird die Begünstigung im Höchstfalle mit 20 l bestraft. — Pistoia 1296 III 12 (S. 107); Lucca 1308 III 79 (S. 190 f.), 81 (S. 192 f.), 82 (S. 193 f.), 85 (S. 195), 86 (S. 195); Siena 1309/10 V 118 De la pena di chi ricettasse li sbanditi (S. 284 ff.); Chianti 1384 III 11 (S. 17); Gambassi II 15 (S. 50).

Perugia 1342 III 65 (S. 91); Narni 1371 III 41.

Bologna 1454 S. 47 R.

Tivoli 1305 III 159 (S. 207).

II. Diese Strafbestimmungen gegen Begünstigung sichern also die Durchführung der Friedlosigkeit und sind ihr bis ins einzelne angepaßt. Wie aber schon gezeigt wurde, trat vielfach die Friedlosigkeit nicht erst als Folge der Acht ein, sondern knüpfte sich ohne förmlichen Ausspruch des Gerichts an die Begehung gewisser Verbrechen an. Auch diese Friedlosigkeit wird strafrechtlich garantiert. Oft werden Personen bestraft, die gewisse Verbrecher, mochten sie geächtet sein oder nicht, bei sich aufnahmen oder sonst nach Begehung der Tat unterstützten[96]. Beihilfe und Begünstigung sind dabei nicht immer deutlich voneinander abgehoben.

So hatte in Biella (r. 172) Geldstrafe von 60 s zu zahlen, wer aufnahm »fures publicos, latrones, bannitos ... vel rebelles, predam, robarium vel res furtivas aut mulierem publice manentem in adulterio«. Mit Geldstrafe von 40 s wurde das Vermieten von Häusern und Grundstücken an gewisse Verbrecher ähnlicher Art bestraft (r. 174). — Moncalieri 1378 r. Si quis reduxerit homicidam vel ei opem dederit vel consilium (Sp. 1403).

Wer in Mantua (1303 I 27 S. 80 f.) den Frieden durch Angriff oder Körperverletzung bricht, verliert eine Hand. 25 l sind zu zahlen, »si quis adjutorium ei prebuerit recipiendo ipsum in domum«. Das Statut von Brescia von 1313 II 60 bedroht Einzelne oder Körperschaften mit Strafe, die vorsätzlich Räuber, Wegelagerer (aggressores) oder Infame bei sich behalten, beherbergen, mit Nahrung versehen oder beraten. Das Gesetz von Valsassina von 1388 r. 75 (S. 294) droht Geldstrafe von 25 l an für die Unterstützung, Aufnahme und Bestärkung von Rebellen und Feinden.

In Bassano (1392 S. 222 r. De tabernariis) ist es den Gastwirten verboten, aufzunehmen »aliquem publicum homicidam vel assassinum«, einen Räuber oder Frauenentführer. Die Strafe beträgt 10 l.

Carpi 1353 r. De non tenedo nec receptando in domo ..... aliquem pro assassino vel assassinum (S. 78); Piacenza 1391 V 48: Wer Räuber und ähnliche Verbrecher bei sich aufnimmt, wird diesen gleich bestraft, wenn er dabei vorsätzlich handelt.

In Sambuca (1291 r. 57 S. 32) mußte 100 s bezahlen, wer einen Räuber, Mörder, Verräter oder Fälscher bei sich aufnahm oder sonst unterstützte. Das Statut von Siena von 1309/10 V 252 (S. 338 f.) setzt auf die Aufnahme eines Mörders oder dessen, der eine Körperverletzung begangen hat, eine Geldstrafe von 500 oder 250 l. Das Statut von Chianti von 1384 III 37 (S. 184) droht Geldstrafe von höchstens 25 l demjenigen an, der einem nicht in der Gewalt der Behörde befindlichen Übeltäter dadurch Hilfe leistet, daß er seine Festnahme verhindert oder ihn bei sich aufnimmt.

Argenta 1342 r. De pena recipientis scienter mallefactorem in domo sua (S. 99 f.): Geldstrafe von 25 l hat derjenige zu zahlen, der einen Mörder bei sich aufnimmt. Die Strafe erhöht sich auf 30 l, wenn die Hilfe außerhalb des Bezirks von Argenta gewährt wird. In Forli (1359 III 5 S. 108) hatte 200 l zu zahlen, wer Lohnmörder oder Leute bei sich aufnahm, die im Rufe standen, Banditen, Straßenräuber oder gewohnheitsmäßige Diebe zu sein.

III. Manche Statuten gingen noch weiter und bedrohten schon die Aufnahme verdächtiger und übel beleumdeter Personen mit Strafe. Damit waren auch Fälle erfaßt, in denen jemand Gebannte aus Fahrlässigkeit oder mit dolus eventualis bei sich aufnahm, und vor allem blieb dem Richter die schwierige Beweisaufnahme über den inneren

---

[96]) Einige Beispiele schon oben unter I.

Tatbestand erspart. Es handelt sich um Strafen für den vermuteten Vorsatz.

So in Brescia 1313 II 55, 56 und Valsassina 1388 r. 43 (S. 281). Dort wird die Aufnahme oder Unterstützung dessen bestraft, der Waffen bei sich trägt.

Parma 1316 S. 249: Wer einen Lohnmörder oder »infamatum de malis operibus et factis« in seinem Hause hält, ihn aufnimmt oder sonst unterstützt, ist nach Ermessen zu bestrafen. Das Statut von Piacenza von 1391 IV 81 knüpft an die Aufnahme verdächtiger Personen eine Vorsatzvermutung: »si ibi reperiantur quoque modo, praesumantur de eorum voluntate ibi receptatores sub poenis in statutis vel provisionibus et iuribus communis contentis et ulterius arbitrio potestatis.«

In Pisa (1286 III 51 S. 436) hatte eine Geldstrafe von 100 s u. a. der zu zahlen, der verstümmelte Verbrecher bei sich aufnahm.

IV. Wie der Körperschaft so wird aber häufig auch dem Einzelnen mehr zugemutet als das Unterlassen der Hilfeleistung. An vielen Orten wird nämlich die Verfolgung und Gefangennahme von Verbrechern und Geächteten ausdrücklich zur Bürgerpflicht gemacht und die Lässigkeit darin bestraft[97]).

V. Endlich steht allenthalben die Befreiung von Gefangenen oder die Behinderung der Festnahme oder Anzeige unter Strafe[98]).

So hatte in Ponti (r. 9) 60 s zu zahlen, wer einem Gebannten oder Räuber half, der Behörde zu entkommen, oder einen Beamten daran hinderte, den Täter festzunehmen. Die Strafe erhöhte sich auf 25 l, wenn der Geächtete ein Mörder war. Dem, der die Geldstrafe nicht zahlte, wurde eine Hand oder ein Fuß abgehauen. — In Balangero (1391 r. 32) wird der gleiche Tatbestand nach Ermessen des Gerichts bestraft, aber ausdrücklich der Vorsatz verlangt.

In Cremona (1387 r. 127) betrug in derartigen Fällen die Strafe für den Einzelnen 25 l, für die Körperschaft bis zu 50 l. Wer einen Gebannten oder Verurteilten gewaltsam befreite, wurde mit der Strafe des Verbrechers belegt (r. 129). — Valperga 1350 r. 35 De pena auferentis captum per potestatem. — In Mailand (r. 107) wird nach Ermessen bestraft, wer die Festnahme von Verbrechern verhindert. — Lodi 1390 r. De pena aufferentis aliquem furem vel homicidam vel malefactorem bannitum de manibus potestatis familie: Die Strafe ist Talion (S. 102); r. De pena aufferentis bannitum vel malefactorem, qui consignari voluerit: Der Täter ist nach Ermessen des Gerichts am Körper oder Vermögen zu bestrafen, und zwar auch schon für den Versuch (S. 106 R. f.).

In Padua (1316 S. 153) wird die Strafe dessen, der einen Verhafteten befreit oder entkommen läßt, je nach Art des Haftgrundes abgestuft. Die Strafe fiel geringer aus, wenn der Befreite in Schuldhaft gebracht werden sollte, als wenn ein Verbrecher aus der Haft befreit wurde.

Parma 1347 S. 229: Geldstrafe von 100 l für den miles, von 50 l für den pedes. Die Strafen konnten aber nach Ermessen herabgesetzt werden. Piacenza 1391 V 94: Ermessensstrafe. Bobbio 1398 IV 158: Strafe nach Ermessen am Vermögen des Täters.

Florenz, Stat. Pod. 1325 III 112 (S. 265): Wenn ein Hauseigentümer

97) Vgl. die Belege bei Bohne, FrStr. II 13 f.

98) Bohne; FrStr. II 28 ff. Über Gefangenenbefreiung aus dem Kerker a. a. O. II 33 ff.

einen Verbrecher schützte, der in sein Haus geflohen war, und den Verfolgern den Zugang verwehrte, so wurde das Haus zerstört.

Perugia 1342 III 86 (S. 111 f.): Wer einen Gefangenen befreite, hatte dessen Geldstrafe zu bezahlen. War aber der Befreite zum Tode oder zur Verstümmelung verurteilt, so betrug die Geldstrafe 500 l. Andere Körperstrafen hatte der Befreier anstatt des Gefangenen zu leiden. Vgl. auch I 63 (S. 206 ff.).

Rom 1363 II 68 (S. 119): Geldstrafe von 50 oder 100 l; Olevano 1364 r. 56: Talion.

Milder beurteilten die Rechtslehrer im Hinblick auf D 47, 16, 2 die Hilfeleistung durch Verwandte oder Eheleute der Täter nach vollendetem Verbrechen und machten davon nur dann eine Ausnahme, wenn die Begünstiger selbst am Verbrechen beteiligt waren[99]. Diesen Satz wandte man auch auf Statuten an, die von der Begünstigung sprachen. Wo also das Ortsgesetz die Aufnahme des Geächteten mit Strafe bedrohte, dort sollte die Strafe gemildert werden, wenn jemand seine Verwandten bei sich aufnahm[100].

Den gleichen Satz sprachen häufiger die Statuten aus.

So hatten in Mailand (r. 76) Personen, die Verwandte bis zum vierten Grade bei sich aufnahmen, nicht die Talionsstrafe zu leiden, wenn das auf Körperstrafe hinausgelaufen wäre. Statt dessen hatte das Gericht eine Vermögensstrafe nach Ermessen festzusetzen. Das gleiche galt in Cremona (1387 r. 142) und in Lecco (r. 267 S. 133). Verwandte bis zum vierten Grade wurden auch in Mirandola (1386 S. 113) milder bestraft.

In Lucca (1308 III 81 S. 193) blieb straflos, wer seine Frau bei sich aufnahm.

Auch hier bricht gelegentlich der Talionsgedanke sich Bahn. So hat manchmal der Vater, der den gebannten Sohn bei sich aufnimmt, an dessen Stelle die Geldstrafe — nur diese — zu zahlen: so in Valperga 1350 r. 53, Invorio 1366 r. 32 (S. 161), Gambassi I 21 (S. 22 f.).

* * *

In der Behandlung von Mehrtäterschaft, Teilnahme und Begünstigung also stimmen wiederum Lehre und Praxis weitgehend überein. Die Lehre von der Mittäterschaft übt Einfluß auf Statutarrecht und Gerichtspraxis. In der Teilnahmelehre beherrscht der grundlegende Unterschied zwischen eigen- und fremdbestimmtem Verhalten gleichermaßen Wissenschaft und Gesetzgebung. Das Statutarrecht bringt

[99]) Gandinus, De furibus 11 (S. 311 ff.); Bonif. de Vitalinis, De receptatoribus n. 4 f., 7, De furibus n. 30; Alb. de Rosc., St. IV 7 n. 2: Söhne, die den geächteten Vater aufnehmen, bleiben straflos, die Frau, die ihren Mann aufnimmt, ist milder zu strafen; Alb. de Rosc., D XLIX 16 De re militari 4, 11, C V 17 De repudiis 1 n. 3, C IX 39 De his qui latrones etc. 1; a. gl. O. Baldus n. 1 u. Salicetus n. 1. Vgl. auch die Kommentare zur oben zitierten Stelle.

[100]) So z. B. Bartolus, D XLVII 16 De receptat. 2; Alb. de Rosc., a. gl. O. n. 1 ff.

ihn zum Ausdruck in der naiven Gegensätzlichkeit von Führern und Folgern, in abstrakten Bestimmungen allgemeiner Art und in späten Regeln, die im einzelnen den Erkenntnissen der Wissenschaft angepaßt sind. Die Differenzierung der Teilnahmeformen in der jüngeren Theorie führt möglicherweise auf die Kasuistik älterer Gesetze zurück. Im Recht der Begünstigung endlich läßt die Praxis Sonderformen schärfer hervortreten als allgemeine Regeln, entspricht aber im einzelnen (Vorsatz, Verwandtenbegünstigung) wieder der Theorie.

Konkurrenzen.

1. Die ältere Praxis.

Wenn mehrere Verbrechen zusammentrafen, so wurden die Strafen nach den Ortsgesetzen in der Regel zusammengerechnet. Auf diese Lösung wirkte verschiedenes hin: Sie war die äußerlichste und einfachste und entsprach der auf das Sinnfällige gerichteten Denkweise jener Zeit, die Erscheinung neben Erscheinung setzte. Sie entsprach zugleich der geschichtlichen Überlieferung. Römisches und kanonisches Recht waren vom Grundsatz »Quot delicta tot poenae« beherrscht[1]), und ebenso wurde im deutschen Recht nach der kleinsten Einheit gerechnet. Namentlich das Bußensystem wirkte in dieser Richtung. Ursprünglich mußte dem mehrfach Verletzten ein erhöhter Preis ausgezahlt werden, jede Wunde war einzeln auszukaufen. Als dann die Buße zur öffentlichen Strafe wurde, machte das fiskalische Interesse eine Häufung der Geldstrafen wünschenswert. Wo aber Körperstrafe verhängt wurde, als spiegelnde oder Talionsstrafe, lag es nahe, die Vielheit der Taten und Erfolge am Täter wiederum vielfach darzustellen oder mehrmals zu vergelten.

So ist denn jedenfalls die ältere Praxis[2]) vom Kumulationsgedanken beherrscht, die Strafen werden gehäuft nach dem Prinzip der kleinsten Einheit. Verschiedenartig im einzelnen aber ist der Maßstab der Berechnung.

Hier macht sich nun eine Zweiteilung bemerkbar: Bald nämlich legt man die Zahl der begangenen Handlungen zugrunde, also die Art der Verbrechensbetätigung, bald Zahl und Art der erzielten Erfolge.

Wieder und wieder werden die Strafen bemessen nach der Zahl der Verbrechensmale, die Rechtsfolge also verhängt »pro qualibet

---

[1]) Falchi, dir. pen. 175 ff.
[2]) Kohler 293 ff., Pertile V 108 ff.

vice«, »pro singulis vicibus«, »per ciascuna fiada«, »per ogni fiada« usw. Die Beispiele sind zahllos und sollen nicht aufgeführt werden[3]). Oder es werden die Strafen berechnet nach der Anzahl der Schläge, Ohrfeigen[4]), Würfe: »pro percussione«, »pro ictu«, »pro alapa«, »pro ferita«[5]), oder für jedes beleidigende Wort[6]). Manchmal ist auch die Zahl der Verbrechensmittel entscheidend, die Anzahl der Tiere, die einen Schaden angerichtet haben, die der geworfenen Steine[7]) und dergleichen mehr.

Die zweite Berechnungsart, ihrer Natur nach noch kleinlicher und äußerlicher, war die nach der Art des Erfolges. So wird die Strafe immer wieder bemessen nach der Anzahl der Wunden, der verstümmelten oder gelähmten Glieder[8]), der ausgeschlagenen Zähne[9]), der verletzten oder der rechtswidrig ausgeführten Tiere, nach der Zahl der beschädigten Bäume oder verleumdeten Personen[10]).

Vielfach werden die Bußen noch weiter atomisiert, nämlich beide Maßstäbe mit einander verbunden, also Strafe angedroht für jedes Mal und jede Wunde, jedes Mal und jedes Schimpfwort usw.[11]).

Die gleichen Grundsätze beherrschen das Zusammentreffen verschiedener Straftaten, und in derartigen Vorschriften sind Fälle zusammen genannt, die nach heutigen Begriffen Ideal- oder Realkonkurrenz darstellen können. In Ceneda z. B. (r. 29) hatte der befriedigte Gläubiger, der die Schuldurkunde nicht zurückgab, eine

---

3) Beispiele bei Kohler, a. a. O.

4) Mirandola 1386 S. 102. In diesen Fällen liegt natürlich zugleich eine Berechnung nach der Zahl der Erfolge vor.

5) Bobbio 1398 IV 137, Ivrea Sp. 1199 f.

6) Forli 1359 III 6 (S. 194).

7) Dabei kommen manchmal Abstufungen vor: In Lucca (1308 III 19 S. 149) z. B. ist bei gewissen Steinwürfen für den ersten Stein, der den Tumult heraufbeschwört, eine Geldstrafe von 50 l verwirkt, während jeder weitere Stein mit höchstens 25 l berechnet wird.

8) Averrara 1313 r. 33 (S. 34), Florenz, Stat. Pod. 1325 III 45 (S. 207 ff.), Piacenza 1391 V 39, Bologna 1454 S. 26.

9) Rom 1363 II 60 (S. 114), Bassano 1392 S. 97 f.

10) Mailand r. 153.

11) Biella r. 9: Strafe für jedes Mal und jedes Glied; Sambuca 1291 r. 192 (S. 68): Wenn Tiere einen Schaden anrichten, so wird eine besondere Strafe angesetzt für jedes einzelne Mal und jedes Tier; Mirandola 1386 S. 111: Bei Beleidigung wird jedes Mal und jedes Schimpfwort besonders bestraft; ebenso Casale 1370 Sp. 989; Cremona 1387 r. 231: Bei Trödler-Hehlerei beträgt die Geldstrafe 100 s für jedes Mal und jede gehehlte Sache. — Das Statut von Valsassina von 1388 r. 36 (S. 279) sagt bei der Körperverletzung: »semper tot intelligantur et sint pene commisse, quot fuerint percussiones et vulnera facta«.

Geldstrafe von 10 l außer der Meineidsstrafe (»ultra penam perjurii«) zu entrichten. In Lucca (1308 III 81 S. 193) verloren gewisse Verbrecher, die sich zu bestimmten Zeiten im Gebiet von Lucca aufhielten (»masnaderii, assossini et imbanpniti, qui morabuntur cum aliquo lucano cive vel sex miliariorum tempore rumoris, sturmi vel aerte«) und in die Gewalt der Kommune fielen, einen Fuß, von anderen Strafen abgesehen, die sie sonst noch verwirkt hatten[12]). Nach den Ägidianischen Konstitutionen von 1357 IV 28 (S. 178) hatte 50 fl zu zahlen, wer jemand einen Zahn ausschlug »ultra pro percussione in facie pena ordinata.«

2. Theorie.

In den Grundzügen spiegelt die Rechtslehre [13]) diese Regelung wider. Zwar bemühte sie sich nicht ohne Erfolg, die Äußerlichkeit der Kasuistik zu mildern und rationale Gesichtspunkte zur Geltung zu bringen. Aber das Gegenbild des Statutarrechts ist überall spürbar. Vor allem hält auch die Rechtslehre am Grundsatz der Strafhäufung fest und bemißt die Strafen nach dem doppelten Prinzip. Sowohl die Mehrheit der Erfolge wie die Vielheit der Verbrechenshandlungen soll eine Mehrheit von Strafen nach sich ziehen.

1.

Einmal die Mehrheit der Erfolge: Wer jemand mehrere Wunden beibringt, ist mehrfach zu bestrafen, mag er einmal oder mehrmals zuschlagen, aus einheitlichem Vorsatz handeln oder nicht. So bemerkt Baldus, Cons. III 484 (= V 433 n. 1) gegenüber abweichenden älteren Ansichten: »..... effectu sunt plura crimina, et ideo pro pluribus debeat fieri punitio .... ab effectu, qui facit plura censeri unum .... et unum censeri plura« [14]).

---

[12]) Ähnlich a. a. O. III 87 (S. 195 f.).

[13]) Hälschner, System I 491 ff., 502 f., v. Bar, Ges. u. Sch. III 516 ff. Über die spätere italienische Theorie vgl. auch Schaffstein 212 f.

[14]) Gandinus, De penis 35 (S. 247 f.): Wenn jemand mehrere Ohrfeigen austeilt, soll er ebenso oft bestraft werden; Bonif. de Vitalinis, Quid sit accusatio n. 47; Bartolus, D XLVII 10 De iniur. 7, 5 n. 1, D XLVII 1 De priv. del. 2 n. 11: Hier lehnt Bartolus die Ansicht des Jacobus de Arena ab, nach der es darauf ankommen sollte, ob ein Statut die verbrecherische Handlung bezeichnete (Strafe, »si quis percusserit«) oder den Erfolg (Strafe »pro vulnere« oder dergl.). Doch wurde diese Ansicht von den Advokaten in der Praxis vertreten. So auch Baldus, D II 1 De iurisdict. 9 n. 6.

Alb. de Rosc., St. II 30 n. 1 ff.: Strafhäufung, wenn jemand an Kopf und Hand verletzt wird; II 24 n. 1 ff.: Nach Dinus sollte es darauf ankommen, ob mit der neuen Tat das Interesse an der Bestrafung wuchs. Das wird z. B. verneint, wenn jemand das gestohlene Buch zerreißt. Dinus kam also bereits

Mehrere Erfolge lagen dann vor, wenn mehrere Personen verletzt wurden. Werden also mehrere Menschen geschlagen, angegriffen oder beschimpft, so soll mehrfach bestraft werden [15]). Deshalb soll die Strafe für Gotteslästerung mehrmals verhängt werden, wenn jemand in einer Rede Gott, die Jungfrau Maria und die Heiligen lästert und das Statut diese verschiedenen Lästerungen einzeln mit Strafe bedroht [16]).

Besonderen Eifer wandte die Rechtslehre, unfähig, wichtiges von unwichtigem zu scheiden, einem Sonderfall zu: Man stritt darüber, ob mehrmals oder nur einmal zu strafen sei, wenn jemand einen andern mit einem mehrzinkigen Gerät, einer Gabel, einer Harke oder dergleichen verletzte. Dann wollten die einen nur einmal bestrafen [17]), andere nur dann mehrere Strafen verhängt wissen, wenn das Statut eine Strafe für jede einzelne Wunde aussetzte [18]), während Albericus de Rosciate seine sonstige Zurückhaltung aufgibt und gegen die damals herrschende Ansicht mehrfache Strafe forderte, weil mehrere Erfolge vorlägen [19]).

Wichtiger war eine andere Einschränkung der Häufungsregel. Man setzte nämlich die mehreren Verbrechenserfolge in Beziehung zueinander und erkannte, daß bestimmte Erfolge notwendige Vorstufen zu anderen seien. So bemerkte man z. B., daß der Angriff (insultus), so wie man ihn verstand, zwangsläufiges Durchgangsstadium zur Körperverletzung oder Tötung sei, und daß dem Morde

---

auf das Problem der straflosen Nachtat. Vgl. auch a. a. O. das Referat über die älteren Lehrmeinungen. — Alb. de Rosc., D III 2 De his qui not. infam. 13,7 n. 36,38, D IX 2 Ad 1. Aquil. 32,2 n. 2, D XLVII 1 De priv. del. 2 n. 3 f., D XLVII 10 De iniur. et fam. lib. 7,5n. 1 f.; Baldus, C VI 1 De fugit. serv. 4 n. 7; Lucas de Penna, C XII 50 De cursu publ. 20 (S. 315 R. f.).

Dagegen sollte nach Baldus, Cons. II 351 n. 1 nur einmal bestraft werden, wenn das Statut die Körperverletzung unter Blutvergießen mit Strafe bedrohte und jemand einen andern mit einem Schlag so stark verletzte, daß Blut an verschiedenen Körperstellen herauskam.

[15]) Bartolus, D XLVII 12 De sep. viol. 3,9 n. 4; Baldus, D II 1 De iurisdict. 9 n. 2 ff. (anders aber bei Vermögensverbrechen; dort soll es auf Sacheinheit oder -mehrheit ankommen), C IX 2 De acc. et inscr. 16 n. 5; Bonif. de Vitalinis, De insultu n. 6.

[16]) Alb. de Rosc., D XLIII 5 De tabul. exhib. 3,6 n. 2.

[17]) Baldus, Cons. III 484 (= V 433) n. 1: »quia lex hoc considerasse videtur, ex quo de instrumento ad hoc acto disponit.«

[18]) Gandinus, De penis 28 (S. 229); Bartolus, D XLVII 7 Arb. furt. caes. 10 n. 1; Bonif. de Vitalinis, De insultu n. 29.

[19]) Alb. de Rosc., St. II 38 n. 1 ff., D XLVII 7 Arb. furt. caes. 10 n. 1 ff. Albericus hält diese Ansicht für sehr revolutionär: »quod est novum et contra determinationem antiquorum.«

notwendig eine Körperverletzuug vorhergehe. Aus Konsumtionsfällen dieser Art gewann man den allgemeinen Satz, daß, wenn mehrere Erfolge auf einen gemeinsamen Enderfolg gerichtet seien, nur dieser Enderfolg zugerechnet werden dürfe, eine Erkenntnis, die sich auch quellenmäßig aus D 9, 2, 32 a. E. belegen ließ. Wenn also Körperverletzung oder Angriff dem Morde vorhergingen, so sollte nur wegen des letzteren bestraft werden, und der Angriff ging schon in der Körperverletzung allein auf: [20]) »quando plura delicta tendunt ad eundem finem, pro uno tantum puniuntur, si fiant eodem impetu, secus si diversis. Et per hoc apparet, quod si insulto te et vulnero, non punior nisi de vulnere, quia insultus fit ad finem vulnerandi« (Bartolus, D IX 2 Ad 1. Aquil. 32, 1 n. 1). Deshalb soll auch nur einmal bestraft werden, wenn ein Statut das Waffentragen und die Körperverletzung unter Strafe stellt und jemand einen andern mit Waffen verletzt [21]).

Theoretisch blieb freilich ein Zweifel: Man war sich nicht einig darüber, ob z. B. der Angriff zunächst einmal die Strafklage wegen Angriffs entstehen lasse und die Klage durch den späteren Erfolg nur zurückgedrängt werde, oder ob die Insultklage neben der begrifflich stärkeren Verletzungsklage gar nicht erst ins Leben träte. Bartolus, D XLVII 1 De priv. del. 2 n. 8 f. nahm das erstere an und zog darus den Schluß, daß auch beim Zusammentreffen von insultus und Körperverletzung wegen Angriffs zu strafen sei, wenn darauf härtere Strafe angedroht war als für Körperverletzung: »statim facto insultu nata est actio iniuriarum; quae tamen confunditur secuta percussione: tanquam accessorium cum suo principali ....

[20]) Gandinus, De penis 35 (S. 248): »ubi ex pluribus actibus sequitur idem et unus effectus scilicet mors, tunc una tantum pena imponitur, scilicet mortis et non vulnerum; nam licet plura fuerint vulnera, tamen, quia ad unum effectum tendunt, scilicet mortis, tantum de morte punietur ... Sed si non sequatur effectus mortis, tunc pro omnibus vulneribus punietur«; Bartolus, D IX 2 Ad 1. Aquil 32,1 n. 1, D XLVII 1 De priv. del. 2 n. 4 ff., C IX 2 De acc. et inscr. 9 n. 1; Alb. de Rosc., St. II 29 n. 1 ff., D XLVII 1 De priv. del. 2 n. 3 f., C I 54 De modo mulctarum 6 n. 6 f.; Baldus, D IX 2 Ad l. Aquil., Additio z. l. 32 n. 2: »quandoque sunt plura crimina, quorum unum inest alteri vel ut antecedens et minus principale, ut insultus ad percussionem et tunc confunditur insultus, sicut pars confunditur in toto, et non retinet propriam naturam; quandoque crimina sunt distincta et tunc loquitur lex adversus« (vgl. auch a. a. O. n. 1); Baldus, C VI 1 De fugit serv. 4 n. 5; Angelus, C IX 2 De acc. et inscr. 9 n. 7; Salicetus, C IX 2 De acc. et inscr. 9 n. 16 f., C IX 12 Ad 1. Iul. de vi 3 n. 1; Bonif. de Vitalinis, De insultu n. 6, 22. Vgl. auch Bartolus, Cons. II 10.

[21]) Bartolus, Auth. De armis § Denunciamus n. 4: »Ratio est, quia illa portatio armorum, quae tunc fuit facta ad finem illius delicti committendi: ergo de illo delicto tantum debet puniri«; Baldus, C VI 2 De furtis etc. 4 n. 7.

Et ex hoc dico: quod si de insultu esset maior poena quam de percussione, quod posset puniri de insultu. Nam principale non extinguit accessorium in eo, quod accessorium affert plus utilitatis quam ipsum principale.« Dagegen aber wandte sich Angelus, a. gl. O. n. 8 f., nach dem nur eine einzige Klage aus dem letzten Akt (»per actum finalem«) entstand [22]). Für Bartolus also besteht eine Art Subsidiaritätsverhältnis — die härtere Strafe macht die geringere überflüssig —, für Angelus dagegen ein Verhältnis begrifflicher Konsumtion: In Körperverletzung und Mord ist der insultus notwendig enthalten. Er kann also — unabhängig von den Strafdrohungen — nicht mehr für sich bestehen.

Dagegen sollte es bei der Häufung bleiben, wenn ein Vorerfolg nur zufällig, nicht notwendig zum späteren hinzukam, wenn also der spätere Erfolg auch ohne den Voreintritt des anderen Tatbestands denkbar war. Deutlich bringt das Angelus, D XLVII 2 De furtis 21,7 n. 1 zum Ausdruck: Wer in Diebstahlsabsicht ein fremdes Haus betritt, soll aus crimen vis oder iniuria auch dann bestraft werden, wenn er späterhin stiehlt. Denn diese Art der Vorbereitung ist nicht notwendig mit dem Diebstahl verbunden: »Ratio autem, quare tenetur de illo praeparatorio est, quia natura actus praeparati non ordinatur ad illud necessario, sed potius contingenter. Si naturaliter ordinaretur, fieret confusio« [23]). Darum wird der Angriff auf ein fremdes Haus (insultus ad domum) durch eine spätere Körperverletzung jedenfalls dann nicht konsumiert, wenn der Angriff strenger bestraft wird. Strafhäufung will hier Albericus de Rosciate, St. II 55. Deshalb soll auch mehrfach gestraft werden, wenn Körperverletzung und Erregung von Aufruhr zusammentreffen. Das hebt Baldus in einem Gutachten (Cons. II 459 n. 1 f.) hervor und begründet das mit der Verschiedenheit der verletzten Interessen. Der Aufruhr verletzt den Staat, die Körperverletzung oder Tötung eine Privatperson.

Unter diesem Gesichtspunkt wurden noch andere Fälle gelöst. Wenn jemand falsche Zeugen vorbrachte, so kam es darauf an, ob die Zeugen über das gleiche Beweisthema auszusagen hatten oder nicht. War das der Fall, so hatten die einzelnen Verbrechenserfolge, nämlich die mehreren falschen Aussagen die gleiche Richtung und wurden als Einheit gewertet. Andernfalls lag eine Mehrheit von Erfolgen vor, die mehrfach bestraft wurde [24]).

---

22) Ebenso Angelus, C IX 2 De acc. et inscr. 9 n. 7.

23) Ähnlich Angelus, a. gl. O. 22 n. 3: »dic, quod ubi actus praeparatorius per se infert finalem et distinctum effectum ab actu praeparato, tunc punitur quis de utroque, alias secus.«

24) Alb. de Rosc., St. II 28, D XLVII 1 De priv. del. 2 n. 3 f.; Baldus, C VI 1 De fugit. serv. 4 n. 6 f.; Angelus, D XLVII 21 De term. moto 3 n. 2.

Ähnlich entschied man Fälle der Beleidigung. Fielen in einer Rede mehrere Schimpfworte, so sollte grundsätzlich nur ein Vergehen vorliegen [25]). Doch sollte es darauf ankommen, ob die Schimpfworte das gleiche Rechtsgut des Verletzten trafen oder nicht. War das der Fall, so nahm man nur eine Beleidigung an, auch wenn der Täter mehrere Worte oder dasselbe Wort mehrmals aussprach. Deshalb war nur einmal zu strafen, wer jemand wiederholt als Banditen (»tu es latro«) bezeichnete, aber viermal, wer einen andern mit den Worten Bandit, Fälscher, Mörder und Ehebrecher bedachte [26]).

2.

Die Bemessung der Rechtsfolgen nach der Zahl der Erfolge wird auch in der Lehre ergänzt und gekreuzt von einem anderen Maßstab: Die Zahl der Strafen soll sich zugleich nach der Einheit oder Mehrheit der Verbrechenshandlungen richten. Wurden allerdings mehrere Erfolge erzielt, so lag stets eine Verbrechensmehrheit vor, mochten die Erfolge aus einer Handlung oder aus mehreren entstehen. Das stand deutlich in D 9, 2, 32, 1. Bewirkte das Verbrechen aber nur einen Erfolg oder gingen mehrere Vorerfolge in einem Enderfolg auf, so war ein einziges Verbrechen anzunehmen, aber nur dann, wenn der eine Erfolg auf eine einzige Handlung zurückführte. Wird aber ein äußerer Erfolg durch mehrere Handlungen bewirkt, so sollen die Strafen wieder gehäuft werden. Dieser Grundsatz aber zwang zur Antwort auf die Frage, wann eine Handlungsmehrheit, wann eine Handlung anzunehmen sei.

Die Italiener — das gleiche Merkmal spielt schon in der Notwehrlehre eine Rolle — ließen die Einheit des Zeitablaufs entscheiden. Riefen nämlich mehrere zeitlich zusammenhängende Einzelakte einen einzigen Erfolg hervor, so sollte nur einmal bestraft werden. Waren aber die Einzelakte durch zeitliche Zwischenräume getrennt, so lagen mehrere Verbrechen vor. Die Italiener unterschieden also zwischen Realkonkurrenz und fortgesetzter Handlung [27])). Darum

[25]) Bartolus, Cons. I 107: »verbum iniuriosum dicitur una oratio significativa alicuius contra bonos mores, non autem quodlibet verbum dictae rationis.« Ebenso Alb. de Rosc., St. II 39 n. 1 ff., D XLVII 10 De iniur. et fam. lib. 15,2 n. 1; Baldus, a. a. O. n. 7.

[26]) Bartolus, Cons. I 107, D XLVII 10 De iniur. et fam. lib. 15,2 n. 1; Baldus, Cons. IV 361 n. 1 ff.; Angelus, C IX 35 De iniur. 5 n. 2.

[27]) Bartolus, D IX 2 Ad 1. Aquil. 32,1 n. 1; Alb. de Rosc., D III 2 De his qui not. infam. 13, 7 n. 38, C I 54 De modo mulctarum 6 n. 6 f., St. II 29 n. 1 ff.; Baldus, C VI 2 De furtis etc. 4 n. 1: »Delicta commissa diversis temporibus et maxime cum non sint eiusdem speciei, diversas infligunt poenas« (vgl. auch n. 2); Baldus, D IX 2 Ad 1. Aquil. 32, 1 n. 1; Bonif. de Vitalinis, De insultu n. 6, 22, Quid sit accusatio n. 59.

sollte es beim Vorbringen falscher Zeugen nicht nur auf die Einheit des Beweisthemas ankommen, sondern auch darauf, ob die Zeugen gleichzeitig oder zu verschiedenen Zeiten vorgebracht waren [28]).

Abweichend von der herrschenden Lehre sah nur Bartolus, D XLVII 1 De priv. del. 2 n. 5 diese Dinge an. Nicht auf einen objektiven Sachverhalt wie die zeitliche Einheit der Einzelakte kam es ihm an, sondern auf die Einheit des inneren Tatbestands, das Fortwirken der Erregung. Nicht ob die Akte in continenti oder ex intervallo sich folgten, war wichtig, sondern ob alles uno impetu geschah oder nicht. Den Gegensatz erläutert er an dem Fall, daß jemand einen andern zunächst verletzt und anfangs auch gar nichts anderes will, dann aber, durch Worte oder Handlungen des andern gereizt, sich sogleich entschließt, ihn zu töten und diesen Entschluß ausführt. Dann soll auch bei zeitlichem Zusammenhang der Einzelakte wegen Körperverletzung und Totschlags bestraft werden, da die Einheit des impetus fehle.

Doch konnte Bartolus die übrigen Legisten nicht bewegen, von der Glosse abzuweichen. Namentlich Angelus, D XLVII 1 De priv. del. 2 n. 6 ff. wendet sich gegen ihn und beruft sich auch hier auf die Rechtsprechung, der es bei der Tötung im Raufhandel nur auf Wechsel oder Einheit des Streits ankam, nicht auf den Wechsel der Gesinnung: »Contrarium servat consuetudo vulgaris, quae est optima legum interpres: ut si in continuata rixa sequatur homicidium, de eo solo fiat punitio, non attenta mutatione propositi, quando per unitatem rixae omnia reputantur unum factum .... Et quia mutatio ipsius propositi ab initio videtur inesse per continuationem.«

3.

Nicht erörtert wurde bisher der Fall, daß jemand durch eine Handlung einen äußeren Erfolg erzielt, aber mehrere Gesetze verletzt. Auch diese Möglichkeit wird häufig besprochen, nämlich gefragt, was geschehe, wenn eine Tat den Tatbestand mehrerer Verbrechen oder Verbrechenstitel verwirklicht. Dabei kam man auf die Unterscheidung von Ideal- und Gesetzeskonkurrenz. Denn — so lehrten die Italiener —, die aus einer Tat folgenden mehreren Verbrechen oder Verbrechenstitel [29]) konnten sich zueinander verhalten

---

[28]) Angelus, D XLVII 2 De furtis 67 (69), 2 n. 2 f.

[29]) Von diesem ist der andere Fall zu unterscheiden, daß aus einer Tat ein Verbrechenstitel, aber mehrere Klagformen hervorgehen. Als Beispiel dafür gibt Bartolus, C IX 2 De acc. et inscr. 14 n. 1 die Möglichkeit an, daß der Mörder sowohl aus der lex Cornelia wie aus dem Statut zu belangen sei. Hier soll nur einmal bestraft werden. Vgl. oben S. 47 f.

wie genus und species. Dann sollte nur der Sonderfall bestraft werden, so beim Zusammentreffen von homicidium und parricidium [30]). Verhielten sich aber die Tatbestände wie excedentia und excessa, das heißt wie zwei sich schneidende Kreise — z. B. Ehebruch, Blutschande und stuprum —, so sollte mehrfach bestraft werden [31]).

III. Die jüngere Praxis.

Diese Lehren haben auf das Statutarrecht eingewirkt. Es wiederholt sich das bekannte Schauspiel, daß die von der Praxis belebte Theorie der Praxis das Empfangene umgearbeitet und in abstrakten Formen zurückgibt.

Die Erörterungen über das Verhältnis von insultus und Erfolgsvergehen fanden ihr Echo in Sonderbestimmungen, die das Verhältnis beider ausdrücklich regelten. Die Lösung freilich ist nicht einheitlich und entspricht nicht immer der Lehre. Anscheinend hielt die naive Volksanschauung an der Strafhäufung hartnäckig fest.

Die Strafhäufung begegnet z. B. in Tivoli 1305 III 179 (S. 213), Lucca 1308 III 19 (S. 147 ff.), Averrara 1313 r. 33 (S. 34), Modena 1327 IV 18 (S. 388 f.), Argenta 1342 S. 109 (»puniatur de insultu facto simul cum offensa«), Turin 1360 Sp. 711, Olevano 1364 r. 76, Piacenza 1391 V 41 und Bobbio 1398 IV 139.

Anderswo wurde nur wegen Körperverletzung bestraft, also die Frage im Sinne der Theorie gelöst. Immerhin sind diese Fälle seltener.

So in Chianti 1384 III 5 (S. 169): »Item che quando el podestà overo suoi notai condenneranno alcuno per maleficio overo excesso, non possino condennare dello assalimento (= assaltus, insultus) overo parole injuriose.«

Valsassina 1388 r. 37 (S. 279). — Cremona 1387 r. 90: Strafdrohung für insultus mit Körperverletzung. Im Anschluß daran: »et similibus poenis puniatur, si praedicta fecerit sine insultu.« Ebenso r. 91.

Bis in die Einzelheiten aber zeigt das Statut von Narni von 1371 III 13 den Einfluß der Theorie: Der insultus geht in der Körperverletzung auf, wenn nicht beide durch einen zeitlichen Zwischenraum getrennt sind oder sonst offenbar

---

30) Bartolus, D XLVIII 2 De acc. et inscr. 14 n. 1, C IX 2 De acc. et inscr. 9 n. 1; a. gl. O. Cinus n. 4, Alb. de Rosc. n. 2, Baldus 11 n. 3, Salicetus n. 16 f.; Baldus, C IX 19 De sep. viol. 4 n. 4; Angelus, D XLVIII 2 De acc. et inscr. 14 n. 1; Jac. de Belvisio III 19 n. 12.

31) Cinus, C IX 2 De acc. et inscr. 9 n. 4; a. gl. O. Bartolus n. 1, Alb. de Rosc. n. 2, Salicetus n. 16 f.; Cinus, C VI 1 De fugit. serv. 4 n. 8 (im Anschluß an Jacobus de Ravanis und Petrus de Bellapertica): »distinguitur sic: quando plura delicta committuntur, aut committuntur successive, tunc toties poena committitur, quoties delinquitur; aut committitur uno impetu et refert: aut unum se habet ad alium tanquam species ad genus; et tunc si agatur ex uno delicto, non potest agi ex alio, nisi quatenus excedit .... Aut se habent tanquam excedentia et excessa ...«; Angelus, D XLVIII 2 De acc. et inscr. 9 n. 7; Jac. de Belvisio III 19 n. 12.

wird, daß der Täter nicht mit einheitlichem Tatvorsatz handelt: ».... quod eo casu, ubi insultus praecedit, et sequitur percussio, confundatur insultus, nisi fuerit ex intervallo vel aliter appareret, quod voluerit utrumque facere .... insultum et percussionem.«

Die Konsumtion des insultus durch den Mord bringen die Gesetze von Mailand r. 71 und Lodi von 1390 S. 98 R. zum Ausdruck.

In anderen Statuten wieder — das entsprach der Lehre des Bartolus — sollte die höhere Strafe entscheiden.

So nach der Ägidianischen Konstitutionen von 1357 IV 31 (S. 180): »si quis ex predictis insultantibus tempore insultus sive statim post aliam iniuriam contra eundem insultatum fecerit, ex qua maior pena resultet, illa maiore pena et non de insultu puniatur.« Das gleiche galt in Padua 1329 S. 238 ff., Carpi 1353 S. 48, Mailand r. 71, Lecco r. 263 (S. 132), Lodi 1390 (S. 98 R.) und Intra 1392 IV 33 (S. 366).

Mit der Rechtslehre stimmten auch die Statuten von Roccantica und Bassano überein:

Roccantica 1326 r. 46 (S. 74): »si ad aliquem actum alicuius malleficii alterius pervenerit insultans, puniatur de aliis excessibus, quos commiserit insultans et non de insultu preterquam de insultu ad domum vel fundum, quo casu pena[m] insulti et aliorum malleficiorum, que ibi commiserit vel fecerit, solvere teneatur.«

Das gleiche galt in Bassano 1392 S. 96 R.: Die Strafen wurden gehäuft, wenn bei Angriffen auf ein Haus, vor einer Behörde, auf dem Platze oder unter ähnlichen Umständen eine Körperverletzung vorkam. Der gewöhnliche Angriff dagegen wurde durch die Körperverletzung konsumiert.

Das entsprach der Lehre des Albericus de Rosciate (vgl. oben S. 242).

Vielfach erwähnt wird auch die Konkurrenz von Körperverletzung und unerlaubtem Waffentragen und Strafhäufung angeordnet, so in Padua 1329 S. 238 R. f., Forli 1359 III 6 (S. 192), Rom 1363 II 49, 50 (S. 109 ff.), Valsassina 1388 r. 42 (S. 281) und Bassano 1392 S. 96 ff.

Das Verhältnis von Körperverletzung und Mord wird meistenteils so geregelt, daß die Statuten Sonderbestimmungen für die Körperverletzung mit tödlichem Ausgang geben und die Strafe des homicidium anordnen [32]).

Die Konkurrenz zwischen Raufhandel und anderen Vergehen, die im Streite begangen werden, ist wiederum nicht einheitlich geregelt. In Arona (1319 r. 13 S. 71 f.) und Ascoli (1377 III 31 S. 105 f.) z. B. werden die Strafen gehäuft, wenn im Streite weitere Straftaten vorkommen, während in Bassano (1392 S. 98 R.) die höhere Strafe den Ausschlag gibt.

---

[32]) Darüber S. 327

Über diese Sonderfälle hinaus aber hat der Gedanke des fortgesetzten Verbrechens in der Praxis sich durchgesetzt. Wiederholt werden Straftaten als Einheit behandelt, die in einer Aufwallung, einem Streit begangen werden.

Dafür einige Beispiele:

In Padua (1329 S. 240 f.) ist jemand wegen Körperverletzung nur einmal zu bestrafen, »etiam si continuatione eiusdem rumoris pluries percusserit.« Nach dem Statut von 1375 (S. 245) war nur eine Strafe verwirkt, wenn jemand einen Angriff unternahm, die Waffe zückte oder ähnliche Vergehen beging, mochte die Tat auch gegen mehrere Personen gerichtet sein. Doch galt dies nur, wenn die Straftaten erfolgten »in continuatione eiusdem rumoris sive rixae.«

Argenta 1342 S. 112: Strafe für Beleidigungen »tociens, quociens quis ex intervallo seu dolose verba obprobriosa repeteret.«

In Narni (1371 III 11) wird nur einmal bestraft, wer in einem Angriff (uno impetu) mit der Hand jemand mehrfach verletzt.

In Bassano (1392 S. 97) ist der Täter nur einmal zu strafen, »si in uno eodemque rumore continuando pluries percussit.«

In Rom (1363 II 45 S. 108) ist die Geldstrafe von 20 s für Beleidigungen nur einmal verwirkt, »licet plura verba iniuriosa dixerit in eodem contestu.«

Wiederholt wird auch der Fall geregelt, daß die strafbare Handlung sich gegen eine Mehrheit von Personen richtet. Auch da stehen mehrere Anschauungen nebeneinander: In Olevano (1364 r. 69) z. B. sollte nur einmal bestraft werden: »si contra plures personas eodem instanti semel dicta arma extraxerit, pro uno excessu tantum puniatur«. In Narni (1371 III 10) dagegen wurde mehrfach bestraft, wer in einem Akt mehrere Personen angriff.

Zum Schluß sei die eingehende Regelung beschrieben, die — offensichtlich unter dem Einfluß der Wissenschaft — diese Fragen im Gesetz von Forli von 1359 III 6 (S. 194 ff.) fanden. Dort werden zunächst Verletzungen als Einheit behandelt, die der Täter in einem Akt mit der Hand zugefügt hat: Strafdrohung »hoc semper salvo et intellecto, quod si in uno actu cum una manu fecerit plures raschiaturas vel scarpellaturas (Schrammen oder Kratzwunden), pro una tantum habeatur«. Auch sollte nur einmal bestraft werden, wenn der Täter andere Hilfsmittel gebrauchte, mochte auch Blut aus verschiedenen Körperteilen herauskommen. Der insultus ging in der Körperverletzung auf: »ipsa agressura et insultus penitus cum ipsa percussione seu vulnere confundantur.«

Wenn jemand in einer Aufwallung Schimpfworte sagt und den andern danach auf der Stelle verletzt, so ist nur wegen Körperverletzung zu bestrafen. Die Beschimpfungen bleiben also straflos. Ebenso dann, wenn den Beschimpfungen ein Angriff folgt. Dabei ist immer vorausgesetzt, daß dies alles »uno impetu« geschieht.

Wer aber jemand anders mit Waffen oder dergleichen mehrfach verletzt, soll mehrfach bestraft werden, mag dies in fortgesetzter Handlung oder nicht, »simul vel separatim« geschehen. Doch müssen die verschiedenen Wunden aus mehreren Schlägen entstehen. Wenn aber aus einer Körperverletzung mehrere Wunden entstehen oder Blut aus mehreren Körperteilen fließt, so soll nur einmal bestraft werden.

Sogar der Gabelfall wird geregelt. Verletzt jemand einen andern mit einem mehrzinkigen Gerät, so soll er für jede Wunde einzeln bestraft werden, auch wenn er nur einmal zugeschlagen hat.

* * *

Das Ergebnis dieser Untersuchung läßt sich dahin zusammenfassen: Die Theorie stimmt mit der Praxis überein in der Anerkennung des Kumulationsprinzips und grundsätzlich in der Strafhäufung einmal nach der Zahl der Erfolge und zweitens nach der Zahl der strafbaren Handlungen. Aber sie mildert die Härte des Häufungsprinzips, die der Erfolgskumulation durch die Scheidung von Gesetzes- und Idealkonkurrenz, die der Handlungskumulation durch die Trennung von fortgesetztem Verbrechen und Realkonkurrenz. Diese Kompromißlösungen finden dann Eingang in die spätere Praxis, die aber — vielfach schwankend — bald an der uneingeschränkten Häufung festhält, bald umgekehrt die Erfolgskumulation über die Vorschläge der Wissenschaft hinaus noch weiter einschränkt.

Die strafrechtliche Schuld.

I. Allgemeine Schuldfähigkeit.

Die strafrechtliche Haftung setzte ein Verschulden des Täters voraus. Daran hielt bei allem Wandel der einzelnen Schuldformen die Lehre der Legisten, daran hielten Kanonisten und Beichttheoretiker grundsätzlich fest. Verbrechen und Sünde waren Willensschuld [1]. Demnach erforderte die Zurechnung — von Ausnahmefällen abgesehen — einmal die allgemeine Fähigkeit, den Willen der rechtlichen und ethischen Norm anzupassen und das Vorhandensein intellektueller Reife als Voraussetzung der Willensbildung, sodann aber den konkreten Willensfehler im einzelnen Falle.

1. Altersstufen.

Somit entfielen Schuld und Strafe, wenn dem Täter die allgemeine Schuldfähigkeit fehlte. Der allgemeine Begriff der Zurechnungsfähigkeit wird nicht entwickelt. Man zählt nur einzelne Fälle auf, in denen die Strafe fortfällt oder gemildert wird. Das war zunächst

---

[1]) So namentlich auch Thomas v. A. Vgl. Löffler, Schuldformen 158 ff. und S. th. 2, 1 q. 73 a. 6, wo die »voluntas peccandi« als »propria causa peccati« bezeichnet wird.

bei Jugendlichen und Unmündigen der Fall. In der strafrechtlichen Bewertung der Altersstufen folgt die Rechtslehre [2]) der römisch-kanonistischen Auffassung [3]). Es wird also unterschieden zwischen Straftaten der infantes, das heißt der unter sieben Jahre alten Kinder und der impuberes zwischen sieben und vierzehn Jahren. Die ersteren bleiben nach D 48, 8, 12 straflos, die impuberes aber werden nur dann verantwortlich gemacht, wenn sie schuldfähig (doli capaces) sind. Auch dann aber werden sie milder bestraft — namentlich Tod und Verstümmelung bleibt ihnen erspart —, und für Unterlassungsvergehen sollte nach einer auf Dinus zurückgehenden Lehre nicht einmal der schuldfähige Minderjährige belangt werden. Eine zweite Ausnahme bildeten Fleischesvergehen, aus denen auch der proximus pubertati nicht haftbar gemacht werden sollte [4]).

Gelegentlich sucht man die Grenze der doli capacitas schärfer zu bestimmen. So wird der impubes proximus infantie vom impubes proximus pubertati geschieden und die Zeitspanne zwischen sieben und vierzehn Jahren unter beide Gruppen aufgeteilt. So erklärte man für infantie proximus und schuldunfähig ein Kind männlichen Geschlechts zwischen sieben und zehneinhalb Jahren und Mädchen zwischen sieben und neuneinhalb Jahren und stellte sie den infantes gleich, während als pupilli oder proximi pubertati und doli capaces Knaben zwischen zehneinhalb und vierzehn und Mädchen zwischen neuneinhalb und vierzehn Jahren milder bestraft werden sollten [5]).

Die Statuten enthalten zahlreiche Bestimmungen über die Altersgrenze [6]), bald im Rahmen der Sondertatbestände, seltener abstrakte Regeln für alle Verbrechen. So werden nach dem florentiner Statut des Podestà von 1325 III 23 (S. 193) bei allen Verbrechen Täter zwischen zwölf und sechzehn Jahren nach Ermessen des Gerichts bestraft, während Personen im Alter von weniger als zwölf Jahren nur für die schwersten Verbrechen bestraft werden und auch dann mit Körperstrafe verschont bleiben. In Ascoli (1377 III 50 S. 118) hatten Verbrecher, die noch keine vierzehn Jahre alt waren, nur die halbe Geldstrafe zu entrichten, während Minderjährige unter zehn Jahren ganz straflos ausgingen. Diese Regelung entsprach

---

[2]) Engelmann, Schuldlehre 28 f., Hälschner, System I 107 f.

[3]) Über das römische Recht Falchi, dir. pen. 135 ff.

[4]) Gandinus, De penis 6 (S. 212), 31 (S. 230 ff.), 60 (S. 275), De homicidiariis 2 (S. 278); Alb. de Rosc., St. I 9 n. 62, 63; Jac. de Belvisio I 3 n. 14; Bonif. de Vitalinis, De insultu n. 48, De penis n. 18, De homicidio n. 4, 6 u. a. m.

[5]) Vgl. u. a. Gandinus, De penis 31 (S. 230 f.); Bonif. de Vitalinis, Quid sit accusatio n. 122.

[6]) Kohler 182 ff., Bohne, FrStr. II 184 ff., Pertile V 138 ff.

der gemeinrechtlich-kanonistischen Theorie unter Aufteilung des Zeitraums zwischen sieben und vierzehn Jahren. In Chianti (1384 III 4 S. 168) endlich blieben Minderjährige unter zwölf Jahren immer, Personen zwischen zwölf und fünfzehn Jahren aber nur dann straflos, wenn ein Vergleich mit dem Verletzten zustande kam. Sonst war Geldstrafe in Höhe von einem Viertel der Normalstrafe zu zahlen.

Die Einzeltatbestände bieten den Eindruck größter Willkür und Buntheit. Es kommen, zum Teil im gleichen Gesetz, die verschiedensten Altersgrenzen vor. In der Regel werden feste Grenzen gesetzt und Täter, die die Grenze nicht erreicht haben, bald für straflos erklärt, bald dem Ermessen des Gerichts überliefert. Allgemein wird das Streben sichtbar, minderjährigen Personen Tod und Verstümmelung zu ersparen.

Untere Altersgrenze ist bald das Alter von sieben [7]), häufiger das von zehn Jahren [8]), also die Grenze, an der sich impubes proximus infantie und impubes proximus pubertati voneinander unterscheiden. Am häufigsten aber beginnt die Schuldfähigkeit mit vierzehn Jahren [9]). Daneben werden zehneinhalb [10]), zwölf [11]), fünfzehn [12]), sechzehn [13]),

---

[7]) Roccantica 1326 r. 161 (S. 109: keine Strafe), Porto Venere 1370 r. 57 (Realinjurie).

[8]) Castel Fiorentino 1305 r. 6 (S. 336: Körperverletzung), Turin 1360 Sp. 709 (Körperverletzung), Olevano 1364 r. 58 (Raufhandel, Diebstahl und Schädigung; keine Strafe), Casale 1370 Sp. 990 (Zücken der Waffe), Chianti 1384 r. 17 (S. 146: Schädigung), Valsassina 1388 r. 45 (S. 287: Raufhandel), Vergante 1389 r. 143 (S. 254: Raufhandel), Dervio 1389 r. 37 (S. 108: Raufhandel).

[9]) Ponti r. 10 (Körperverletzung; Strafe nach Ermessen), Biella, Stat. malef. r. 29 (Diebstahl);

Arona 1319 r. 13 (S. 72: gar keine oder geringere Strafe), Mantua 1303 I 33 (S. 84: Körperverletzung; mildere Strafe), Bovegno 1341 r. 161 (S. 73: Angriff), 209 (S. 86: Raufhandel), 210 (S. 86: Beleidigung), 211 u. 213 (S. 87: Realinjurie), Valperga 1350 r. 4 (Körperverletzung; Strafe nach Ermessen), Mailand r. 72 (Körperverletzung), Cremona 1387 r. 96 (Mord), 169 (keine Todes- oder Verstümmelungsstrafe), Dervio 1389 r. 39 (S. 109 f.: Diebstahl), Lodi 1309 S. 99 R. (Mord), Lecco r. 292 (S. 142: keine Todes- oder Verstümmelungsstrafe);

Argenta 1342 S. 109 f. (Strafe nach Ermessen), Bologna 1454 S. 23 R. (beim Morde Geldstrafe), S. 134 R. (Raufereien; Strafe nach Ermessen);

Mirandola 1386 S. 99 f. (Diebstahl; Strafe nach Ermessen), S. 108 (Homosexualität);

Narni 1371 III 164 (Sodomiterei; Strafe nach Ermessen).

[10]) Rom 1363 II 75 (S. 124): Ein Minderjähriger unter zehneinhalb Jahren wird nicht bestraft. Von $10^1/_2$ Jahren »usque ad tempora pubertatis« trifft ihn die Hälfte der normalen Geldstrafe. An Stelle von Todes- und Körperstrafen treten feste Geldstrafen.

[11]) Biella r. 10 (beim Morde statt Enthauptung Geldstrafe nach Er-

achtzehn [14]), zwanzig [15]) und fünfundzwanzig [16]) Jahre als Mindestalter genannt. Andere Statuten geben statt fester Altersgrenzen Zeitrahmen an, aber auch hier mit Abweichungen untereinander. So werden Zeiträume von zehn bis vierzehn [17]), zehn bis fünfzehn [18]), zehn bis vierundzwanzig [19]), zwölf bis vierzehn [20]), zwölf bis sechzehn [21]), vierzehn bis zwanzig [22]) und fünfzehn bis zwanzig [23]) Jahren genannt.

Schon das häufige Vorkommen der Altersgrenzen von zehn und vierzehn Jahren läßt ein Überwiegen gemeinrechtlich-kanonistischer Einflüsse erkennen. Eine Anzahl späterer Statuten bringt den Einfluß des gemeinen Rechts und der Wissenschaft noch deutlicher zum Ausdruck: So wird z. B. in Mailand (r. 65), in Lodi (1390 S. 107 r. Quod minor annis quattuordecim comitens malefitium non puniatur corporaliter; S. 102 R. f.) und Lecco (r. 257 S. 130) zwischen dem impubes doli non capax und impubes doli capax unterschieden. Während jener straflos bleibt, soll dieser nach Ermessen, in Lodi vor allem nicht mit dem Tode oder mit Verstümmelung bestraft werden. In Bassano (1392 S. 89 R.) hatte der Richter bei über vierzehn Jahre alten Tätern zu beurteilen, ob der Minderjährige schuldfähig war oder nicht. In Bologna endlich (1454 S. 30 R.) bleibt ein pupillus straflos, der Münzfälschungen in seinem Hause duldet, und von der

---

messen), Rosignano 1306 r. 24 (Raufhandel), Arona 1319 r. 7 u. 8 (S. 69 f.: Körperverletzung; Strafe nach Ermessen).

12) Arona 1319 r. 10 (S. 70: Realinjurie; Strafe nach Ermessen), Bovegno 1341 r. 162 (S. 73: Zücken der Waffe), Florenz, Stat. Pod. 1325 III 36 (S. 200: p roelia pugnorum; geringe Strafe), Lecco r. 264 (S. 132: Körperverletzung), Parma 1347 S. 231 (Fälschung).

13) Lucca 1308 III 14 (S. 145: Körperverletzung; Strafe nach Ermessen), Forli 1359 III 19 (S. 216: Homosexualität).

14) Lucca 1308 III 32 (S. 154: Magnatenbegünstigung), Forli 1359 III 6 (S. 194: Beleidigung; Strafe nach Ermessen), Turin 1360 Sp. 714 (Vorwurf des ungesühnten Verbrechens), Ägidianische Konstitutionen von 1357 IV 41 (S. 185: schweres Sittlichkeitsverbrechen).

15) Moncalieri 1378 Sp. 1401 (Körperverletzung; Strafe nach Ermessen).

16) S. Benigno 1318 r. 26 (Unter 25 Jahre alte Täter zahlen die halbe Strafe).

17) Brescia 1313 II 40 (proelium), Forli 1359 III 69 (S. 255: halbe oder geringere Strafe nach Ermessen), Turin 1360 Sp. 709 (1/4 der Normalstrafe bei Körperverletzung).

18) Olevano 1364 r. 72 (geringere Strafe bei Körperverletzung).

19) Olevano 1364 r. 58 (halbe Strafe beim Diebstahl).

20) Cave 1307 r. 112 (S. 49: halbe Strafe).

21) Pistoia 1296 III 22 (S. 111): 12 bis 16 Jahre alte Täter werden nach Ermessen, unter 12 Jahre alte Täter nur bei schwersten Verbrechen, aber nicht am Körper bestraft.

22) Bassano 1392 S. 112.

23) Valsolda 1388 r. 7 (S. 261: halbe Strafe).

Strafe des Mordes werden infantes und infantie proximi ausgenommen (S. 23 R.).

Als Strafmilderungsgrund wird gelegentlich das Greisenalter hervorgehoben (vgl. S. 295 Anm. 35 a. E.).

2. Geisteskrankheit.

Auch Geisteskranke waren schuldunfähig und wurden nicht bestraft. Das stand für das weltliche und geistliche Recht außer Frage[24]). Fraglich aber war die Zurechenbarkeit eines Verhaltens im Zustand der Geisteskrankheit, wenn jemand diesen Zustand und mittelbar Einzeltaten, die er darin beging, als geistig Gesunder schuldhaft herbeigeführt hatte. Hier und dort taucht in den Quellen der Gedanke der actio libera in causa auf, wird also Zurechnung angenommen, wenn jemand sich schuldhaft in den Zustand der Geisteskrankheit hineinversetzt hatte. Dann wollten die einen in allen Fällen die Strafe mildern, andere aber nur dann, wenn der Täter durch eigene Fahrlässigkeit in seinen Zustand hineingeraten war[25]). Andere wieder hielten an der Straflosigkeit des Wahnsinnigen auch dann fest, wenn er durch eigenes Verschulden geisteskrank geworden war[26]).

Das war auch der Standpunkt der Beichtliteratur. Man erkannte dort die Hauptschwierigkeit des Problems, nämlich die Unwirksamkeit des Strafvollzugs am geistig Anormalen. Darum will Raymundus de Pennaforte den Geisteskranken straflos ausgehen lassen, eine Poenitenz aber nur dann verhängt wissen, wenn der Täter wieder gesund geworden ist. Aber auch dann soll die Buße milder ausfallen und nur vorsichtshalber geleistet werden[27]).

Überhaupt werden diese Fragen in der Beichtliteratur gründlicher durchdacht und die Besonderheiten des psychischen Vorgangs berücksichtigt. So wird unterschieden zwischen der Geisteskrankheit,

---

[24]) Vgl. u. a. Jac. de Belvisio III 18 n. 43: . . . »quia illi satis sunt illa infirmitate puniti, sed sunt in aliquo loco retrudendi et ligandi et custodiendi«; Joh. Andreae, c. 10 X De renunciatione I 9 n. 10: »ignorantia proveniens ex defectu scientiae non est peccatum, sed poena«; wörtlich gleich schon Hostiensis, a. gl. O. § Pro defectu quoque. Vgl. auch Bonif. de Vitalinis, De iniuriis n. 33.

Vgl. Engelmann, Schuldlehre 29. — Über das römische Recht Falchi, dir. pen. 139.

[25]) Vgl. etwa Lucas de Penna, C X 69 (71) De tabulariis etc. 3; Ast., De verb. signif. s. v. »Ignorantia«.

[26]) Alb. de Rosc., D I 18 De off. praesid. 14 n. 9, C I 3 De episc. et cler. 5 n. 11.

[27]) Raym. de Pennaf III 32 De poenis § 4 (S. 371); Joh. v. Fr. III 32 q. 17; Alb. de Rosc. s. v. »Dementia«: »Dementia si est perseverans, excusat ..... et si venit ex propria culpa post quam ad sanam mentem pervenerit, imponenda est poenitentia pro commisso, licet minor quam aliis.«

die jede Willensbestimmung ausschließt, und Geistesschwäche, die einen Rest der Selbstbestimmung übrig läßt. Während die Geisteskrankheit jede Sanktion ausschloß, sollte die Geistesschwäche die Verantwortlichkeit nur mildern [28]). Zugleich stießen die psychologisch geschulten Theoretiker des forum conscientiae auf den Unterschied zwischen angeborenen Mängeln der psychischen Veranlagung und dem Ausschluß freier Selbstbestimmung durch vorübergehende Einwirkungen, durch die höchste Steigerung des Affekts, durch »Raserei und Trunkenheit«. So unterscheidet Raymundus de Pennaforte III 32 De poenis § 4 (S. 370 f.) ein Verhalten »per stuporem seu mentis perturbationem«, »per furorem« und »per ebrietatem«. Vom letzteren heißt es: »excusatur quis a paena. Et hoc intelligas, si ex toto sunt alienatae mentis, ita quod in nullo sint compotes sui, et nihil intelligant; alias excusarentur non a toto, sed a tanto.« [29]). Also einerseits Ausschluß der Zurechnungsfähigkeit, andererseits nur verminderte Zurechnungsfähigkeit.

Wo die Statuten überhaupt vom Verschulden sprachen, wurde die Geisteskrankheit wohl als casus oder non dolus angesehen und blieb straflos. Nur selten wird das ausdrücklich gesagt, so in dem späten Statut von Bologna von 1454 S. 23 R., das als Wesen der Geisteskrankheit die mangelnde Fähigkeit der Erkenntnis bezeichnet. Es nimmt von der Strafe des Mordes den Wahnsinnigen aus, der nicht imstande ist, die Tragweite seines Verhaltens zu erkennen: »furiosum, qui in ea mentis alienatione sit, ut non intelligat vel non intellexerit, quid tunc agat.«

Anderswo werden sichernde Maßnahmen getroffen. In Siena (1308 V 98 S. 276 r. Di pilliare [fangen] li furiosi et mentecatti) z. B. soll der Wahnsinnige, der andere in Gefahr bringt, festgenommen und in Sicherungshaft genommen werden [30]). Doch ist davon abzusehen, wenn die Verwandten den Kranken bei sich aufnehmen wollen. Sie müssen dann aber Sicherheit dafür leisten, daß niemand verletzt,

---

[28]) Ast., De verb. signif. s. v. »Ignorantia«: Dort heißt es von der Unwissenheit durch eigne Schuld: »Aut non tollit omnino usum rationis, sed plenum: et tunc non excusat a toto ut in his, qui non sunt plene furiosi, sed habent aliquo modo lucida intervalla.« — Eine den Gebrauch der Vernunft ausschließende Geisteskrankheit ist auch nach Thomas v. A., S. th. 2, 1 q. 76 a. 3 Schuldausschließungsgrund.

[29]) Ebenso Bart. Pis. s. v. »Pena« n. 3 (S. 130 R.); Joh. v. Fr. III 32 q. 7.

[30]) Einkerkerung des Geisteskranken statt Bestrafung verlangte auch Bonif. de Vitalinis, De parricidiis n. 3. Vgl. auch Jac. de Belvisio an der oben (S. 252 Anm. 24 angeführten Stelle).

Über das 16. Jahrhundert vgl. Bohne, FrStr. I 49.

also der Geisteskranke sicher verwahrt wird. Kommen sie dieser Verpflichtung nicht nach, so haben die Verwandten die Strafe verwirkt, die der Kranke zahlen müßte, wenn er gesund wäre. In Biella (r. 40) wird nicht wegen Freiheitsberaubung bestraft, »qui detinet aliquem propter furorem.«

3. Betrunkenheit und Schlafzustände.

I.

Die Legisten stellen vorübergehende Rauschzustände, die Aufhebung der freien Selbstbestimmung bei geistig gesunden Menschen für den Augenblick, nicht schlechthin der Geisteskrankheit gleich. Der Mangel psychologischer Erfahrung und sicherer Beweismittel und die objektive Unsicherheit der psychischen Grenzen verbot es, die Tatfrage zu stellen. Der Richter, auch bei gutem Willen vor unlösbare Aufgaben gestellt, wäre zur Willkür geradezu gedrängt worden. Daher begnügt man sich, bestimmte typische Zustände herauszustellen, Sachverhalte, die an äußeren Merkmalen halbwegs sicher erkennbar, der täglichen Lebenserfahrung geläufig waren, nämlich Trunkenheit und Schlafzustände.

Straftaten in der Trunkenheit [31]) oder im Schlaf werden ebenso behandelt wie die Taten des Geisteskranken, nur daß Bedenken gegen die Konstruktion der actio libera in causa — Bedenken wegen des Strafvollzugs — hier wegfielen. Demnach soll der Betrunkene straflos ausgehen, es sei denn, daß er sich durch eigenes Verschulden in den Zustand der Willensunfähigkeit versetzt hat [32]). Nach anderen stellt jede Betrunkenheit schlechtweg ein Verschulden dar und be-

---

[31]) Engelmann, Schuldlehre 30 f., Hälschner, System I 115.

[32]) Bonif. de Vitalinis, De homicidio n. 6, De penis n. 18, De iniuriis n. 33, De insultu n. 48.

Nach der Beichttheorie soll die Betrunkenheit nur dann völlig entschuldigen, wenn die Selbstbestimmung gänzlich ausgeschlossen war. Vgl. z. B. Ast. II 43 (S. 88): »Queritur, utrum ebrietas excuset a peccato? Respondeo: In ebrietate duo attenduntur, sc. defectus consequens et actus praecedens. Primum excusat peccatum inquantum involuntarium causatur per ignorantiam. Circa secundum vero distingue, quod si ex actu illo secuta sit ebrietas sine peccato, tunc peccatum sequens a culpa totaliter excusatur. .... Si autem actus praecedens fuit culpabilis, sic excusatur non a toto peccatum sequens pro eo, quod redditur voluntarium ex voluntate actus praecedentis, sed a tanto, quia diminuitur ibi ratio voluntarii.« Vgl. auch Barth. Pis. s. v. »Ebrietas« n. 4. Thomas v. A., S. th. 2, 2 q. 150 a. 4 läßt es darauf ankommen, ob die Betrunkenheit schuldhaft herbeigeführt ist oder nicht. Im ersteren Falle, wenn also der actus praecedens schuldhaft war, soll die Zurechnung zwar milder ausfallen, aber nicht ganz beseitigt sein. Im zweiten Falle wird der Täter entschuldigt. Vgl. auch S. th. 2, 1 q. 76 a. 4.

wirkt nur eine Milderung der Strafe. Betrunkenheit und Fahrlässigkeit werden einander gleichgestellt [33]).

So war offenbar auch die Rechtsprechung. So berichtet Bonifacius de Vitalinis, Quid sit accusatio n. 49, einst sei in Genua ein Mann, der jemand in der Betrunkenheit getötet hatte, mit zehnjähriger Kerkerhaft unter Entziehung des Weingenusses bestraft worden. Noch weiter ging das Statut von Arona von 1319 r. 107 (S. 110), das der Betrunkenheit gar keinen Einfluß auf die Bestrafung einräumte: »ebrietas non prosit alicui, nec pro ea se tueri possit, quominus possit et debeat condempnari et puniri de quolibet malefitio et de licito.«

2.

Als Schuldausschließungs- oder Strafmilderungsgrund wird schließlich auch der Schlaf behandelt [34]), aber auch hier wieder nach den Grundsätzen der actio libera in causa verfahren. Nur sprach man hier weniger über den Fall, daß jemand sich vorsätzlich in Schlafzustände versetzte, als über die Fahrlässigkeit [35]). Wer seine unglückliche Veranlagung kennt, muß rechtzeitig Vorsorge treffen, daß kein Unheil entsteht, also für sich schlafen oder seine Schlafgenossen warnen.

In den Statuten findet sich so gut wie gar nichts dieser Art. Nur in Vergante (1389 r. 71) blieben die Gemeindegenossen straflos, wenn sie ihrer Pflicht zur Verfolgung und Festnahme von Verbrechern nicht nachkamen und das Verbrechen geschah »ipsis dormientibus aut ignorantibus.«

II. Die Schuldformen.

Die Entwicklung der Schuldformen in der italienischen Wissenschaft des Mittelalters [36]) ist nur zu verstehen aus dem schroffen

---

33) Vgl. z. B. Gandinus, De penis 6 (S. 212), 60 (S. 276); Jac. de Belvisio I 3 n. 15; Alb. de Rosc., D XLVIII 19 De poenis 11, 2 n. 1, C I 3 De episc. et cler. 5 n. 12; Baldus, C IX 1 De his qui acc. non poss. 11 n. 5 f.; Salicetus, C IX 16 Ad 1. Corn. de sic. 1 n. 7.

34) Engelmann, Schuldlehre 32. — Vgl. u. a. Jac. de Belvisio I 3 n. 14; Bonif. de Vitalinis, De insultu n. 48.

35) So z. B. Bartolus, D XLVIII 9 De lege Pomp. 9 n. 1 für den Fall, daß jemand einen andern im Schlaf verletzt: »aut iste talis sciebat hoc eventurum sibi et tunc sibi debet providere, ut iaceat solus, vel ut nemo sit in camera sua et si non fecit, est in culpa et propter culpam tenetur ....; si vero hoc non sciebat, tunc ei parcitur. Nam dormiens aequiparatur furioso.«

36) Die Schuldlehre der Postglossatoren ist durch Engelmanns Arbeiten

Gegensatz zwischen der Schuldauffassung, wie sie in den römischen Quellen zum Ausdruck kommt, und dem praktisch geltenden Recht jener Zeit. Die öffentliche Strafe des römischen Rechts setzt für den Regelfall ein vorsätzliches Handeln des Täters voraus. Fahrlässiges Verhalten hingegen wird erst seit der Kaiserzeit und auch da nur in Ausnahmefällen — in der Regel mit außerordentlicher Strafe — geahndet, zieht im übrigen aber nur Schadensersatzpflichten nach sich 37). Demgegenüber waren die Statuten geneigt, germanischer Rechtsanschauung folgend, die Grenzen von Vorsatz und Fahrlässigkeit einerseits, von Verschulden und Zufall andererseits zu verwischen und jeden strafrechtlich haftbar zu machen, der die Ursache des mißbilligten Erfolges gesetzt hatte. Viele Statuten nämlich schweigen sich auch bei schweren, mit Todes- oder Verstümmelungsstrafe bedrohten Verbrechen über den inneren Tatbestand aus, knüpfen die Strafdrohung also schon an den äußeren Sachverhalt an. Damit aber wurde es dem Richter nahegelegt, dem Buchstaben des Gesetzes folgend, wenn nicht die schuldlose, so doch jede irgendwie schuldhafte Tatbestandsverwirklichung mit Strafe zu belegen, Vorsatz und Fahrlässigkeit also rechtlich gleich zu behandeln.

Wollte die Lehre also Fühlung mit der Praxis behalten, so mußte sie das Verschulden über den in den Quellen umschriebenen Bereich hinaus für beachtlich erklären, mußte sie namentlich die grundsätzliche Beschränkung der poena ordinaria auf vorsätzliches Verhalten preisgeben und die Fahrlässigkeit allgemein in das Strafrecht einbeziehen. Nur durch solche Zugeständnisse an die Praxis war zu verhüten, daß etwa die Rechtsprechung, von der Wissenschaft im Stich gelassen, nur dem Wortlaut der Statuten folgend, auch das vollkommen schuldlose Handeln unter Strafe stellte.

über diesen Gegenstand (»Die Schuldlehre der Postglossatoren und ihre Fortentwickelung«; »Irrtum und Schuld nach der italienischen Lehre und Praxis des Mittelalters«; »Rechtsirrtum und Dolus im römischen und gemeinen italienischen Recht«, G. S. 86 S. 161 ff.) im wesentlichen bekannt. Sie wird glücklich ergänzt durch Löfflers Arbeit über »Die Schuldformen des Strafrechts in vergleichend-historischer und dogmatischer Darstellung« und Loenings Besprechung zu Engelmanns Schuldlehre der Postglossatoren in Kr. Vjschr. 38 (3. F., 2. Bd.) S. 226 ff. Ich beabsichtige nicht, die Ergebnisse dieser Arbeiten, namentlich die der Forschungen Engelmanns nochmals im einzelnen darzulegen, sondern glaube, auf Engelmanns Arbeiten, auch auf das darin verarbeitete Quellenmaterial verweisen, mich im übrigen aber mit einer summarischen Skizze begnügen zu dürfen. Nur die Behandlung des Verschuldens in den Statuten soll näher beschrieben werden. — Über das Fortwirken der italienischen Lehren in der deutschen gemeinrechtlichen Wissenschaft vgl. Schaffstein 94 ff.

37) Falchi, dir. pen. 99 ff.

1. Culpa und Casus in der Theorie.

Die Rechtslehrer [38]) erklärten den reinen Zufall für straflos, bezogen aber, die lex Aquilia umdeutend, die Fahrlässigkeit in das Strafrecht ein. Fahrlässiges Verhalten, zum mindesten eine Fahrlässigkeit bestimmten Grades, soll generell bestraft werden.

Die andersartige Auffassung des römischen Rechts klingt noch an in der Bezeichnungsweise der italienischen Quellen. Die Römer stellten terminologisch dolus und casus einander gegenüber und verstanden unter casus auch den fahrlässig herbeigeführten »Zufall« [39]). Casus bezeichnete also den Mangel des dolus als der grundsätzlichen Voraussetzung einer poena ordinaria. Auch nach Preisgabe des Grundsatzes hielten die Italiener an dieser Bezeichnungsweise fest, unterschieden jetzt aber schärfer innerhalb des casus zwischen dem reinen Zufall und einem casus, der in vorhergehender Fahrlässigkeit (culpa praecedens) seinen Grund hatte. Der casus mit culpa praecedens sollte, allerdings milder als der dolus, bestraft werden, der reine Zufall blieb straflos.

Das machte eine genauere Abgrenzung von culpa und casus nötig. Culpa nahm man an, wenn der Täter rechtswidrig, aber ohne das Bewußtsein der Rechtswidrigkeit handelte, oder wenn er die kausale Tragweite seines Verhaltens nicht übersah, dieser Irrtum aber durch pflichtmäßiges Verhalten, bei Anwendung der erforderlichen Sorgfalt hätte vermieden werden können [40]). Entschuldigt wird der Täter, wenn er aus iusta ignorantia, bestraft, wenn er aus ignorantia crassa vel supina gehandelt hat. Man legte einen objektiven Maßstab an [41]).

---

38) Vgl. Engelmann, Schuldlehre 185 ff., Loening, Kr. Vjschr. 38 S. 232 ff., Brunnenmeister, Quellen 247 f., Binding, Normen IV 110 ff., Hälschner, System I 156, 158 f., Beschütz, Fahrlässigkeit 85 ff.

39) Falchi, dir. pen. 86 f. Vgl. auch die bei Mommsen, R. StrR. 89 angeführten Stellen.

Auch im kanonischen Recht stehen sich Vorsatz und casus in dieser Weise gegenüber. — Vgl. die Gegenüberstellung von voluntas und casus im Decretum, z. B. in D. L c. 42, 44, 46; c. 47: Zum homicidium ist der Vorsatz nötig. »Crimen enim contrahitur si et voluntas nocendi intercedat. Ceterum ea, que ex improviso casu potius quam fraude accidunt, fato plerumque, non noxae imputantur.« Vgl. Barth. Pis. s. v. »Iudex« n. 10 (S. 93): Der Richter muß die Strafe mildern, »quia non ex proposito, sed casu culpa commissa fuit«; Hostiensis, S. A. V 38 n. 60 u. a. m. — Vgl. auch Katz 18 f.

40) Doch wurde dolus auch bezüglich des Enderfolgs angenommen, wenn der Vorsatz einen Anfangserfolg umfaßt, der den Eintritt des späteren Erfolges objektiv wahrscheinlich macht. Vgl. S. 262. Thomas v. A. deutet auch die ignorantia als Willensschuld. Keine Willensschuld und daher keine Sünde ist nur die ignorantia invincibilis. Vgl. S. th. 2, 1 q. 76 a. 2—4.

41) Vgl. u. a. Baldus, D IX 2 Ad 1. Aquil. 31: »Culpa est non providere,

Ob freilich immer zu strafen sei, wenn jemand die erforderliche Sorgfalt außer acht ließ, war umstritten. Aus der zivilrechtlichen Abstufung der Sorgfaltspflichten im römischen Recht leitete man die Notwendigkeit entsprechender Abstufungen auch im Strafrecht her und unterschied mehrere Grade der Fahrlässigkeit. Doch war man sich uneins darüber, von welchem Grade der Fahrlässigkeit an zu bestrafen sei. Während Bartolus und Albericus de Rosciate z. B. jedes fahrlässige Verhalten bestrafen wollten, machten andere wie Cinus und Baldus Einschränkungen. Die Praxis aber, unter dem Eindruck schuldindifferenter Ortsgesetze, war anscheinend geneigt, die Strafe weit auszudehnen. Jedenfalls vertrat Baldus in einem Gutachten (Cons. V 222) die Ansicht, daß nur culpa levissima straflos bleibe.

Die culpa sollte mildere Strafe nach sich ziehen als der dolus. Darum blieb namentlich Todes- oder Verstümmelungsstrafe für den dolus vorbehalten und für fahrlässiges Verhalten im wesentlichen nur Geldstrafe übrig [42]).

2. Die Lehre vom Dolus.

Die Einbeziehung der culpa in das Strafrecht wurde zugleich bedeutsam für die Entwicklung der Doluslehre. Soweit die Italiener freilich abstrakt vom dolus sprachen [43]), hielten sie an den Begriffsbestimmungen der Römer fest. Nach diesen Bestimmungen aber deckt sich der dolus nicht etwa mit dem modernen Vorsatz, sondern erscheint im engeren Sinne als dolus malus, den man im Anschluß an Labeo in D 4, 3, 1, 2 kennzeichnet als »calliditatem fallaciam machinationem, ad circumveniendum fallendum decipiendum alterum adhibita [44])«. Nötig war ein unmittelbares Wollen der Rechtswidrigkeit.

In Wahrheit aber hatten die Italiener den engen Begriff des dolus malus längst aufgegeben. Auch auf diesem Gebiet vollzogen

quod a diligenti potuit provideri«, Baldus, C IV 24 De pign. act. 6 n. 5: »casus fortuitus est accidens, quod per custodiam, curam vel diligentiam mentis humanae non potest evitari ab eo qui patitur.«

[42]) So u. a. Baldus, Cons. IV 111 n. 2; I 314 n. 1: »pene corporales requirunt dolum«; III 9 n. 3: »a pena corporali excusatur ignorantia sive iusta sive iniusta.« — Ebenso die Kommentare. Vgl. z. B. Angelus, D XLVII 4 Si is, qui testam. etc. 1, 14 n. 1; Salicetus, C IX 16 Ad 1. Corn. de sic. 1 n. 5 f. u. a. m.

[43]) Engelmann, Schuldlehre 36 ff. Die Definition des Labeo bringt z. B. auch Archid., c. 1 C. XXII q. 2, Ast., De verb. signif. s. v. »Dolus« u. Barth. Pis. s. v. »Dolus« n. 1.

[44]) Über den dolus malus im römischen Recht vgl. Falchi, dir. pen. 87 ff.

sich die entscheidenden Wandlungen gleichsam am Rande der Theorie, in den einzelnen Schuldformen und Anwendungsfällen, während die allgemeinen Begriffe zunächst festgehalten werden, auch wenn sie nicht mehr passen. Eine Weiterentwicklung des dolus über die Grenzen des römischen dolus malus hinaus aber wurde notwendig durch die vorher beschriebene Einbeziehung der culpa. Wäre man nämlich beim dolus malus stehen geblieben, hätte man also für den Vorsatz das unmittelbare Wollen der Rechtswidrigkeit verlangt, so wäre zwischen dolus und culpa eine Lücke entstanden. Weder unter den dolus malus der römischen Quellen noch unter die culpa fielen jene Fälle, in denen jemand den Erfolg zwar als möglich voraussah, aber nicht unmittelbar wollte. Wenn man aber denjenigen bestrafte, der den rechtswidrigen Erfolg überhaupt nicht voraussah, so konnte man auch den nicht straflos ausgehen lassen, der ihn voraussah, aber nicht wollte. Theoretisch hätte man nun diese Fälle zwischen dolus malus und culpa in einer Schuldform eigener Art zusammenfassen können. Das hätte jedoch eine Selbständigkeit gegenüber den Quellen vorausgesetzt, zu der man damals nicht fähig war. So blieb nur übrig, die überlieferten Schuldformen, dolus und culpa, gleichsam zu strecken, jene Fälle entweder dem dolus oder der culpa zuzurechnen. Die Italiener gingen den ersten Weg, erweiterten also den dolus auf die Voraussicht des Erfolges.

In dieser Allgemeinheit freilich wird ein solches Prinzip nicht anerkannt. Nur dann nämlich sollte die bloße Voraussicht des Erfolges genügen, wenn außerdem eine mit dem späteren Erfolge zusammenhängende Vortat gewollt war.

Diese Ausdehnung der Dolushaftung auf die bloße Voraussicht des Erfolges einerseits und die Beschränkung des Prinzips auf Fälle, in denen eine Vortat gewollt ist, andererseits, diese inkonsequente und halbe Lehre stellt, wenn nicht genetisch, so doch gedanklich eine Fortführung der kanonistischen Lehre vom versari in re illicita dar. Freilich bezog sich diese Theorie anfangs nur auf die Irregularität, sagte also nur über die Voraussetzungen aus, unter denen jemand ausgeschlossen war von der Ausübung kirchenamtlicher Funktionen. Nach dieser Lehre sollte ein Verhalten immer dann zugerechnet werden, wenn es sich als Folge eines schuldhaft herbeigeführten, unerlaubten Vorverhaltens darstellte, mochte der Täter im weiteren Verlauf schuldhaft handeln oder nicht. Es war also streng genommen nicht erforderlich, daß der erste Verstoß, der böse Wille, der den Täter im Anfang die Grenze zwischen Recht und Unrecht überschreiten ließ, auch für den weiteren Verlauf der Dinge kausal war. Darin lag der Unterschied dieser Lehre vom Gedanken der actio libera in causa [45]).

Somit ergibt sich folgende Teilung: Wenn jemand unerlaubt handelt (dat operam rei illicitae), so wird ihm der weitere Erfolg zugerechnet, mag er diesen Erfolg vorsätzlich oder ohne weiteres Verschulden herbeigeführt haben. Wenn jemand zunächst aber rechtmäßig handelt (dat operam rei licitae), so kommt es für die Zurechnung darauf an, ob er — vom Vorsatz abgesehen — den weiteren Erfolg bei Anwendung gehöriger Sorgfalt hätte vermeiden können oder nicht. Deshalb wird ein Chirurg nicht irregulär, wenn der Patient ohne sein Verschulden stirbt, wohl aber, auch bei Anwendung aller Sorgfalt, der Priester, der sich gegen das kirchliche Verbot als Chirurg betätigt. Darum werden Körperverletzungen und Tötungen bei unerlaubten Kämpfen und Turnieren ohne Rücksicht auf weiteres Verschulden zugerechnet [46]).

Offenbar stand diese Lehre, bis in die letzten Folgerungen durchgeführt, im Widerspruch zum Grundsatz der Verschuldenshaftung. Sie führte nämlich dahin, daß ein einmaliges Mindestmaß vorhergehender Schuld jede zufällige Weiterung strafbar machte, mochte das weitere Geschehen mit der ursprünglichen Schuld innerlich zusammenhängen oder nicht. Aber so, wie die Lehre in der Regel vorgetragen wurde, traten diese Härten nicht deutlich hervor. Man sah

---

[45]) Vgl. über diese Lehre Engelmann, Schuldlehre 210 ff., Löffler, Schuldformen 139 ff., 147 ff., Binding, Normen IV 115 ff., Beschütz, Fahrlässigkeit 93 ff.

[46]) Raym. de Pennaf. II 2 De torneamentis § un. (es ist die Rede vom Turnier): »Poena pugnantium ibi est, quod si aliquis exercens tale torneamentum aliquem occidit, etiam casu, reus est homicidii, et irregularis erit, quia ludus talis noxius et illicitus est; et ideo quidquid ex eo sequitur, imputandum est ei« (S. 154). Vgl. ferner Raym. de Pennaf. II 1 De homicidio § 1 (S. 139), § 2 (S. 141); Guil. Red. zu Raym. de Pennaf., a. a. O. § 6 (S. 146); Barth. Pis. s. v. »Torneamentum« n. 3, s. v. »Bellum« n. 3 (S. 15 R.), s. v. »Homicidium« n. 1 (S. 72); Joh. v. Fr. II 1 q. 21, 25, 51; 2 q. 3; Ast. I 25 (S. 37 R., 39), VI 14 (S. 49).

Innocenz, c. 6 X De homicidio etc. V 12 n. 7: »Facto fecit quis homicidium et fit irregularis, si sponte manu propria quemquam occidat, sed etiam si non sponte, sed casu, cum daret operam rei illicite, vel non adhibuit diligentiam quam debuit.« Vgl. auch c. 13, 18, 23, 25 X De homicidio etc. V 12 und Hostiensis, S. A. V 12 n. 4, 6 u. c. 9 X Ne clerici vel mon. etc. III 50 § Nec quisquam (S. 195 f.), c. 6 X De homicidio etc. V 12 § Clericos autem (S. 286 R.), c. 24 a. gl. O. § Unde cum pro eo (S. 291 R.).

Über Durantis, der zuerst dieser Lehre Eingang in das weltliche Recht verschaffte, vgl. Engelmann, Schuldlehre 211 f. Vgl. auch an der bei Engelmann angeführten Durantisstelle n. 12 über den Kleriker als Chirurgen und n. 39. S. auch Thomas v. A., S. th. 2, 2 q. 64 a. 8.

damals weniger auf den abstrakten Lehrsatz als auf den einzelnen Fall und auf Beispiele. Als Beispiele aber des versari in re illicita bringen die Quellen des kanonischen Rechts und der Beichttheorie meist Fälle, in denen die der ersten Sünde nachfolgenden Verstöße mit dem Anfangsunrecht im Zusammenhang standen, als vorausgesehene oder voraussehbare Folgen darin gleichsam mitenthalten waren. Ja, gerade deshalb sah man häufig ein Verhalten als opus illicitum an, weil es nach der Lebenserfahrung einen weiteren schädlichen Erfolg nach sich zog und typischerweise dieser Erfolg in den Willen aufgenommen oder als möglich doch vorgestellt wurde. Opera illicita sind in erster Linie objektiv gefährliche Handlungen, wie die Ausübung der Chirurgie oder das Turnier. Die Beichtliteratur bringt mehrfach den Fall, daß jemand an verkehrsreichen Orten Steine wirft und jemand dabei verletzt [47]). Dann wird dem Täter die Verletzung zugerechnet, weil er den weiteren Verlauf der Dinge vorhersehen konnte und vermutlich vorhergesehen hat.

Faßte man aber auch solche Fälle ins Auge, so bot sich in den römischen Quellen ein Anknüpfungspunkt, nämlich die Codexstelle C 9, 12, 6, wonach der Urheber gewaltsamer Besitzkehr für alle Folgen seines Handelns verantwortlich war. Offenbar war das ein Fall, in dem die späteren Erfolge — Tötung, Körperverletzung usw. — typischerweise mit dem Anfangsdelikt — der Eigenmacht — verbunden waren und von Anfang an darin umschlossen lagen [48]). Der Vorsatz aber, auf Delikte gerichtet, bei denen der Eintritt eines weiteren Erfolges als Folge der ersten Straftat wahrscheinlich war, umfaßte auch, so nahm man an, diese Wahrscheinlichkeit, oder es war doch vom Täter zu verlangen, daß er den weiteren Verlauf bedachte. Man begnügte sich also mit einem Gefährdungsvorsatz, der zugleich dolus eventualis und bewußte Fahrlässigkeit hinsichtlich des Enderfolgs in sich schloß [49]).

---

47) Raym. de Pennaf. II 1 De homicidio § 1 (S. 139): ».....ut puta projiciebat lapidem versus locum, unde consueverunt homines transitum facere.« Ebenso Joh. v. Fr. II 1 q. 19; Barth. Pis. s. v. »Homicidium« n. 1 (S. 72).

48) So erklärt Alb. de Rosc. die Zurechnung aus C 9, 12, 6, der lex Quoniam (a. a. O. n. 1 ff.) daraus, »quia violentia est crimen ordinatum ad homicidium et alia multa facinora.«

49) Ähnliche Gedankengänge finden sich bei Thomas v. A. Ein Erfolg kann als Sünde, d. h. als Willensschuld auf zweifache Art zugerechnet werden, einmal, wenn der Erfolg unmittelbar gewollt ist, »quando voluntas directe in ipsum fertur«, zweitens, wenn eine Handlung gewollt ist, die Ursache jenes Erfolges ist, »quando voluntas fertur in causam et non in effectum.« Wer die Ursache will, will mittelbar auch den Erfolg. Vgl. über Thomas Löffler, Schuldformen 158 ff. und außer den dort genannten Quellen noch S. th. 2, 1 q. 73 a. 8.

Dieser Gedanke setzt sich durch. Während noch Gandinus, De homicidiariis 17 (S. 297) die Lehre der Kanonisten bringt, verlangen die späteren, daß die zunächst gewollte unerlaubte Handlung die Tendenz auf den weiteren Erfolg in sich trage. War das der Fall, so nahm man an, daß der Täter auch subjektiv mit der Möglichkeit des späteren Erfolges rechnete[50]). Damit war die Theorie vom versari in re illicita eingeengt. Nicht jeder mit dem Anfangsdelikt zusammenhängende Erfolg wurde zugerechnet, sondern nur ein solcher Erfolg, dessen Eintritt nach dem ersten Geschehnis wahrscheinlich war, auf den das Anfangsdelikt tendierte.

Diese im wesentlichen auf Bartolus zurückgehende Erweiterung des dolus entsprach zugleich prozessualen Bedürfnissen der Rechtsanwendung. Das Beweisrecht des römisch-kanonischen Prozesses machte die Feststellung des inneren Tatbestands überaus schwierig[51]). Es war also nötig, dem Richter seine Aufgabe zu erleichtern. Diesem Zwecke diente einmal die Ausweitung des Dolusbegriffs, wie sie geschildert wurde. Voraussicht des Erfolges und dolus wird schon angenommen, wenn die Vortat auch nur geeignet war, den späteren Erfolg nach sich zu ziehen. Praktisch wurde damit in vielen Fällen der Nachweis des dolus überflüssig und ein ausgedehnter Bereich von Culpafällen in den dolus einbezogen. Wo aber diese Konstruktion nicht ausreichte, dort konnte sich der Richter weitgehend durchhelfen mit Schuldpräsumtionen[52]). In gewissen Fällen nämlich nahm man auf Grund bestimmter[53]) Anzeichen das Vorliegen des dolus bis zur Entkräftung der Vermutung als wahrscheinlich an. Eine solche Präsumtion ersetzte nicht den Beweis, sondern bewirkte nur eine Zurechnung zur culpa, zog also nur mildere Strafe nach sich, die

---

50) Engelmann, Schuldlehre § 12 S. 71 ff., namentlich S. 76 ff., Loening, Kr. Vjschr. 38 S. 246 ff., Löffler, Schuldformen 149 ff., Beschütz, Fahrlässigkeit 96 ff., Schaffstein 109 ff. Vgl. namentlich die Kommentare zur lex Quoniam. Weiteres bei Engelmann.

51) Löffler, Schuldformen 152 ff.

52) Engelmann, Schuldlehre 43 ff., 49 ff., 127 ff., Irrtum u. Schuld 53 ff., Löffler, Schuldformen 155 ff., Loening, Kr. Vjschr. 38 S. 250 ff., Hälschner, System I 131.

Engelmann hielt in seiner ersten Arbeit (Schuldlehre der Postglossatoren) die geringere Strafe des dolus praesumtus für eine gemilderte Dolusstrafe, zeigt aber in seinem Buch über Irrtum u. Schuld usw., daß die Strafbarkeit des dolus praesumtus auf Zurechnung zur culpa lata beruhte. Vgl. Irrtum u. Schuld § 6 (S. 78 ff.), namentlich S. 91 Anm. 1. Alles einzelne s. bei Engelmann.

53) Freilich wurde gelegentlich eine allgemeine praesumtio doli auf Grund der bloßen atrocitas facti angenommen. Vgl. Engelmann, Schuldlehre 50, Irrtum u. Schuld 61 ff., Löffler, Schuldformen 155.

ihrer Art nach von der Strafe des dolosen Vergehens verschieden war[54]).

3. Der Vorsatz in den Statuten.

Es wurde gezeigt, wie dieses Schweigen vieler Gesetze[55]) über den inneren Tatbestand die Lehre zur Einbeziehung der culpa und damit zur Erweiterung des dolus zwang. Neben diesen schweigsamen Statuten gab es zahlreiche andere Bestimmungen, in denen von Vorsatz und Fahrlässigkeit die Rede war.

Freilich ist nicht immer der subjektive Tatbestand gemeint, wenn im Gesetz von »dolus« oder »fraus« die Rede ist. Schon die Dolus-Bestimmung der Theorie, die Definition Labeos enthielt objektive neben inneren Begriffsmerkmalen. Dolus ist das vorsätzliche, sittlich verwerfliche, arglistige und rechtswidrige Verhalten.

Ganz ähnlich bezeichnen die Ausdrücke »dolus« und »fraus« in den Statuten oft nicht den Vorsatz im ausschließlich oder vorwiegend psychologischen Sinne, sondern einen äußeren Tatbestand, verwirklicht aus verwerflicher Gesinnung, ein niederträchtiges, unehrenhaftes Verhalten. In diesem Sinne ist die Rede von »dolum«, häufiger »fraudem committere«.

So stehen in Pisa (1286 I 54 S. 127) Amtspflichtverletzungen der nuntii unter Strafe, »si qui eorum nuntiorum fraudem vel dolum commicterent.« Ebenso in Modena 1327 I 140 (S. 132 f.) und Bobbio 1398 IV 149.

Wo mit »fraus« ein äußerer Tatbestand gemeint ist, hat man darunter ein arglistiges Verhalten zum Schaden anderer, vornehmlich auf dem Gebiet des Vermögens- und Wirtschaftsstrafrechts zu verstehen, einen Tatbestand, der die modernen Deliktstypen des Betruges, der Unterschlagung und Untreue mitumfaßt, aber darüber hinausreicht.

Dafür einige Beispiele: In Pisa (1286 I 44 S. 102) verlieren die capitanei ihr Amt und werden mit Geldstrafe belegt, »si .... fraudem aliquam commiserint in faciendo vel non faciendo .... condempnationes.« Dort dürfen auch gewisse Beamte nicht »tractare seu commictere aliquam fraudem seu machinationem aut malitiam« (I 60). Das Statut von Sambuca von 1291 r. 162 (S. 59) räumt den Anliegern beim Verkauf eines Grundstücks ein Vorkaufsrecht ein. Bestraft wird derjenige, der begeht »aliquod fraudem vel malitia per aliquem dictarum partium vel pro alia persona«. In Arona (1319 r. 2 S. 66) wird verbrannt, wer »in fraude necaverit vel atudaverit filium suum vel filiam ita ut moriatur.« In Florenz (Stat. Pod. 1325 III 96 S. 252) wird die mehrfache

---

54) Fälle des Wissens ohne Wollen, in denen weder dolus malus noch culpa vorlag, faßte man im Begriff der culpa dolo proxima zusammen, die bald als höchster Grad der culpa, bald als dolus praesumtus, bald als selbständige Schuldart betrachtet wurde. Vgl. darüber Engelmann, Schuldlehre §§ 19 ff. (S. 139 ff.).

55) Kohler 182 ff., Pertile V 65 ff.

Abtretung einer Forderung bestraft »ad reprimendam malitiam omnium, qui malitias seu fraudes exercere vellent«. Ähnlich r. 116 (S. 273). In Perugia (1342 III 8 S. 29) werden Gemeindegenossen, die einen Verbrecher nicht festnehmen können, nicht bestraft, »a tanto che fraude non conmectano.« Das Gesetz von Turin von 1360 Sp. 679 f. bedroht den Fleischer mit Strafe, der ein Gewerbedelikt »in fraudem« begeht. Oft schwören die Beamten, sie würden nicht in fraudem handeln, z. B. in Dervio (1389 r. 1 S. 90) der Rektor, daß er nicht »fraudabit nec suo scire et posse fraudari permittet de bonis, iuribus et rebus« der Gemeinde. Ähnlich Valsassina 1388 r. 2 (S. 264). Vgl. auch unten S. 479.

Der Ausdruck »defraudare« bezeichnet häufig die Hinterziehung von Steuern und anderen öffentlichen Abgaben. Vgl. z. B. Olevano 1364 r. 101.

Nicht anders wird der Begriff der fraus von den Rechtslehrern umschrieben. Sie untersuchen das begriffliche Verhältnis von dolus und fraus und stellen fest, daß fraus der engere Begriff sei und namentlich ein Handeln in gewinnsüchtiger Absicht bezeichne. So bestimmt Bartolus, D II 14 De pactis 7, 10 n. 1: »dolus est genus et fraus est species, et sic inest dolo fraus, sicut species inest generi.« Genauer drückt sich Albericus de Rosciate, D IV 3 De dolo malo 1, 3 n. 7 aus: »dolus committitur clam et palam, fraus tantum palam ...; dolus est genus, fraus est species et proprie dicitur, quando fit gratia commodi; dolus autem potest esse cum commodo et sine« [56].

Oft freilich dient »fraus« und in der Regel »dolus« zur Bezeichnung des inneren Tatbestandes. Es sind das Grenzbegriffe auf der Scheide von allgemeinem und besonderem Teil. Bald liegt der Ton auf dem inneren Tatbestand, bald ist ein äußeres Verhalten gemeint unter gleichzeitiger Hervorkehrung des absprechenden Werturteils über die Gesinnung des Täters.

Der innere Tatbestand wird in den Gesetzen wohl am häufigsten mit den Ausdrücken »dolo«, »dolose«, »dolosamente« usw. umschrieben, vor allem bei Verbrechen gegen Leib und Leben. Damit war offenbar der Vorsatz in einem ganz allgemeinen Sinne gemeint, nicht nur die verächtliche Gesinnung. Daneben begegnet diese Dolus-Terminologie im Zusammenhang mit Ausdrücken, die auf ein überlegtes, vorbedachtes Verhalten hindeuten, so in den Wendungen »dolose seu maliciose« [57], »dolose vel studiose« [58], oftmals — vor allem bei Betrugs- und Fälschungsverbrechen — »dolose et scienter« [59], »appen-

---

[56]) Vgl. auch Alb. de Rosc., D L 17 De reg. iur. 79 n. 1; Ast., De verb. signif. s. v. »Dolus«.

[57]) Balangero 1391 r. 46 (Brandstiftung).

[58]) Ägid. Konst. 1357 IV 27 (S. 176: Mord).

[59]) Mailand r. 87, Vercelli S. 65 f., Cremona 1387 r. 155, Bassano 1392 S. 105 f.

sate et dolose«[60]), »dolose vel fraudulenter«[61]). Auch die Formel »dolo malo«[62]) findet sich.

Mehr das ethische Werturteil über die Gesinnung des Täters bringen auch hier die Worte »fraudulenter«, »fraudulose«, »fraudolosamente«, »in fraude« u. dergl.[63]) zum Ausdruck. In der Regel handelt es sich dabei um Straftaten, die sich als heimtückisch begangene Neidingswerke im Sinne der germanischen Rechtsanschauung darstellen. Den gleichen Anstrich des raffinierten, bösartigen hat der Ausdruck »maliciose«[64]). Beides findet sich gelegentlich verbunden in der Wendung »fraudolose et maliciose«[65]).

In anderen Statuten tritt der psychologische Tatbestand ohne ethische Wertung hervor, so in den Gesetzen, die ein bestimmtes Wissen des Täters verlangen, etwa mit den Worten »scienter«, »sciens«, »scientemente« usw. Diese Ausdrücke sind sehr verbreitet. Sie kommen z. B. regelmäßig bei der Hehlerei und sehr oft bei Fälschungsverbrechen, aber auch bei anderen Straftaten vor. Noch klarer wird gelegentlich ein Handeln »ex certa scientia« gefordert[66]). Auch diese Ausdrücke verbinden sich mit anderen zu Kombinationen wie »scientemente overo fraudolentemente«[67]), »per certa scientia dolosamente et fraudolentemente«[68]) usw.

Sehr oft wird der Mangel des Affekts hervorgehoben, das überlegte Handeln mit Vorbedacht. Diesen engeren Sinn haben die Ausdrücke »deliberate«[69]), »ex proposito«[70]), appensate«, »pensate«, »pensatamente«[71]), »appensate et studiose«[72]), »praemeditate«, »medi-

---

60) Argenta 1342 S. 99 (Fälschung).

61) Vergante 1389 r. 65 (S. 224: Abtreibung).

62) Verona 1450 III 38 (sagittare).

63) Sambuca 1291 r. 186 (S. 66: falsche Anklage), Averrara 1313 r. 55 (S. 45: Schädigung), Arona 1319 r. 30 (S. 79: Brandstiftung), Mirandola 1386 S. 107 f. (falsche Anklage), Vergante 1389 r. 60 (S. 22: Zerstörung einer Einfriedigung als Vorbereitung zum Diebstahl), Cremona 1387 r. 95 (Werfen von Steinen), Balangero 1391 r. 80 (Grenzverrückung), Bassano 1392 S. 99 R. (Meuchelmord).

64) Tivoli 1305 III 194 (S. 217: Brandstiftung), Cave 1307 r. 64 (S. 42: Verrat), Balangero 1391 r. 39 (Realinjurie), Lecco r. 75/77 (S. 41 f.: Realinjurie).

65) Lecco r. 74 (S. 41: Realinjurie).

66) Biella, Stat. malef. r. 35 (Urkundenfälschung).

67) Perugia 1342 III 20 (S. 41: Ausgabe von Falschgeld).

68) Ascoli 1377 III 21 (S. 95: Urkundenfälschung).

69) Forli 1359 III 3 (S. 185: Machenschaften zum Nachteil der Kirche).

70) Forli 1359 III 6 (S. 198: Verletzung von Aszendenten).

71) Padua 1266 S. 249 (Mord), Parma 1347 S. 221 (Körperverletzung), Ivrea Sp. 1199 f. (Angriff).

72) Pisa 1286 III 28 (S. 385: Beteiligung am Streit u. dergl.), 29 (S. 385: Teilnahme an einer Verbindung), Narni 1371 III 14 (Körperverletzung gegen Verwandte).

tate« [73]), »deliberate et appensate« [74]), »tractate et appensate« [75]), alsdann sehr oft bei Verbrechen gegen Leib und Leben »studiose« [76]), studiose et ex proposito« [77]), »studiose et premeditate« [78]) u. dergl. mehr.

Auf der anderen Seite wird das Handeln in der Erregung hervorgehoben, namentlich in der Formel »irato animo« — so ungemein häufig bei Realinjurien — und in den Worten »malo animo« [79]), »malo et irato animo« [80]), manchmal auch »asto animo« [81]).

Hier und dort wird der Vorsatz spezialisiert. Man begnügt sich nicht mit der bösen Gesinnung schlechthin, sondern verlangt einen Vorsatz, der gerade die Tatbestandsmerkmale des begangenen Verbrechens umfaßt [82]).

In buntester Häufung endlich begegnen alle diese Ausdrücke für den Vorsatz in den Urteilen, z. B. »dolose, irato animo et malo modo«; »appensate, deliberate ex proposito«; »scienter, dolose et appensate«; »scienter, studiose et appensate«; »appensate, deliberate et ex proposito« u. a. m. [83]). Hier bezeichnen diese Worte den Vorsatz schlechthin ohne Differenzierung im einzelnen.

---

73) Brescia 1313 II 5 (Freiheitsberaubung), 6 (Mord), Moncalieri 1378 Sp. 1402 (Mord).

74) Carpi 1353 S. 46 f. (Mord).

75) Valperga 1350 r. 13 (Mord).

76) Lucca 1308 III 38 (S. 159: Mord), 47 (S. 165: Verwandtenmord), Siena 1309/10 V 236 (S. 333: Körperverletzung), Modena 1327 IV 13 (S. 384: Mord), Ägid. Konst. 1357 IV 28 (S. 178: Verstümmelung), 29 (S. 178 f.: Realinjurie), Rom 1363 II 20 (S. 97 f.: qualifizierte Freiheitsberaubung).

77) Forli 1359 III 4 (S. 186: Beihilfe zum Mord).

78) Florenz, Stat. Pod. 1325 III 45 (S. 208: Körperverletzung).

79) Turin 1360 Sp. 710 (Körperverletzung), Rom 1363 II 38 (S. 106: Angriff), 40 (S. 107: Ergreifen des Messers).

80) Turin 1360 Sp. 709 (Körperverletzung).

81) Castelletto 1340 r. 10 (S. 10: Angriff), Vergante 1389 r. 59 (S. 220: Angriff), Biandrate 1395 r. 30 (Erheben des Schwerts). Dies ist die Bezeichnung für das Handeln mit Vorbedacht im langobardischen Recht. Vgl. Pertile V 65 Anm. 32, Wilda, StrR. d. Germ. 560 f.

82) Ein Handeln »animo iniuriandi« verlangen z. B. die Statuten von Padua von 1329 S. 238 R. ff. und Bassano von 1392 S. 112. In Florenz (Stat. Pod. 1325 III 31 S. 198) wird das Betreten eines fremden Grundstücks bestraft, wenn es geschieht »animo iniuriandi vel privandi eum (d. h. den Eigentümer) sua possessione«.

83) Vgl. die von Kohler-degli Azzi, von Kohler in G. A. und Zaccagnini, La vita dei maestrie etc. mitgeteilten Urkunden. Ein florentiner Urteil von 1351 (mitgeteilt bei Kohler degli Azzi 63 f.) sagt vom Täter bei einem hochverräterischen Unternehmen: »scienter, adpensate, proditorio modo, animo et intentione proditionem comictendi ex certa scientia et non per errorem habuit tractatum et conspirationem« usw.

Neben Regeln dieser Art, die einen Nachweis des inneren Sachverhalts im Einzelfall verlangen, enthalten die Statuten Vorschriften, die nur einzelne, bestimmte Anzeichen für das Vorhandensein des Vorsatzes oder bewußter Fahrlässigkeit genügen lassen und an das Vorliegen solcher Anzeichen die Strafdrohung knüpfen, ohne den Gegenbeweis zuzulassen. Auch in der Praxis, und vielleicht unter dem Einfluß der Wissenschaft, gibt es neben dem dolus verus einen dolus praesumtus, wie dort also Tatbestände, die dolus eventualis und bewußte Fahrlässigkeit ungeschieden nebeneinander enthalten. Doch besteht ein wesentlicher Unterschied gegenüber der Lehre. Die Gesetze nämlich erlauben nicht den Gegenbeweis, daß doch kein Verschulden oder jedenfalls kein Vorsatz gegeben sei. Das Bedürfnis nach Rechtssicherheit verlangte eindeutige Merkmale. Was in der Theorie also praesumtio iuris ist, wird in der Praxis praesumtio iuris ac de iure.

So wird häufig wegen Hehlerei, Begünstigung oder ähnlicher Delikte schon dann bestraft, wenn dem Täter die wesentlichen Tatumstände bekannt waren, wenn der Verdacht angezeigt oder ein öffentliches Aufgebot veranstaltet war, so daß eine Kenntnis des Sachverhalts zu vermuten, die Unkenntnis jedenfalls vorzuwerfen war.

In Pisa (1286 III 9 S. 370) wird z. B. ein Fremder bestraft, der unerlaubt Waffen trägt, obwohl sein Wirt ihn aufgefordert hat, die Waffen abzulegen. Das Statut von Averrara von 1368 r. 28 (S. 32) stellt die Begünstigung eines Verurteilten unter Strafe. Doch gilt das nur dann, wenn durch die Behörden »de questo el ne fosse fatta crida«. Zum Erlaß dieses Aufgebots sind die Behörden verpflichtet »a zò che cadauna persona de questo se possa aguardasse« (damit jeder sich davor in acht nehmen kann). Dahin gehören auch die Bestimmungen einiger Gesetze wie die des Statuts von Cremona von 1387 r. 231, wonach Trödler, Wirte und andere Personen dieser Art bestraft werden, wenn ihnen Diebstähle und ähnliche Straftaten angezeigt und die Sachen nachher bei ihnen vorgefunden werden.

Wohl aus ähnlichen Gedankengängen erklärt sich die Bestrafung des Erwerbes von schlecht beleumdeten Personen. Stellt sich die Sache später als Diebesgut heraus, so nimmt man an, daß der Erwerber diese Eigenschaft gekannt habe, sie jedenfalls habe erkennen können.

So wird z. B. nach dem Gesetz von Invorio von 1366 r. 49 (S. 167) bestraft, wer eine Sache annimmt von einem »rainaldo vel bannito vel homine male fame«, wenn die Sache sich nachher als gestohlen herausstellt. In Biandrate (1395 r. 224) wird bestraft, wer Diebesgut annimmt. Der Empfänger kann sich aber durch den Nachweis entlasten, daß er die Sache öffentlich angekauft und von jemand empfangen hat, der in gutem Ruf steht.

4. Überlegung und Affekt.

Die Übersicht über die Vorsatzformen ergab, daß die Statuten bei manchen Tatbeständen ein vorbedachtes, bei anderen ein unüberlegtes Handeln in der Erregung voraussetzten. Der Gegensatz beider Schuldformen führt zurück auf den deutschrechtlichen Unterschied zwischen offener Rachetat und heimlichem Neidingswerk[84]). Wer zum Zorne gereizt, den Beleidiger offen erschlägt, ist weniger strafwürdig als der, der mit ruhiger Überlegung planmäßig verfährt.

In den meisten Gesetzen[85]) allerdings, die überhaupt auf diese Dinge zu sprechen kommen, tritt die Gegensätzlichkeit beider Formen nicht deutlich hervor, weder in den inneren Tatbestandsmerkmalen, noch in der Strafdrohung. Es gibt in den Statuten keine durchgehende Unterscheidung zwischen überlegtem und unüberlegtem Handeln, auch nicht bei einzelnen Tatbeständen. So findet nur ausnahmsweise der »Totschlag« im heutigen Sinne sein Gegenstück im »Mord«. In weiterem Umfange tritt der Gegensatz der inneren Haltungen nur in äußeren Sachverhalten hervor, die typischerweise mit bestimmten inneren Tatbeständen verbunden sind. So wird namentlich das Verhalten beim Streit (rixa) oder Angriff (insultus) hervorgehoben und dem vorbedachten Handeln gegenübergestellt. In Fällen dieser Art wurde das Fehlen der Überlegung als typisch vorausgesetzt, auf die Ermittlung des genauen Sachverhalts im Einzelfall also verzichtet. Affekthandlungen sind auch dort gemeint, wo die Retorsion, der sofortige Rückschlag auf den beendeten Angriff gar nicht oder milder bestraft wird. Umgekehrt wird überall als überlegtes, verräterisches, besonders niederträchtiges Verhalten der Meuchelmord gegen Entgelt härter bestraft als die gewöhnliche Tötung. In Fällen dieser Art also begründet der äußere Sachverhalt — Streit, Tötung gegen Entgelt usw. — eine Art unwiderleglicher Vermutung für das Vorliegen einer bestimmten Seelenlage.

Beide Arten des inneren Verhaltens werden gelegentlich deutlich gegenübergestellt:

In Siena (1309/10 V 247 S. 335) z. B. steht auf Verstümmelung »in meschia et rissa« Geldstrafe von 500 l, auf Verstümmelung »di proponimento altrui che ne la meschia« (mit Vorbedacht, anders als im Streit) Geldstrafe von 1500 l. Nach dem gleichen Statut (r. 248) wird mit dem Tode und Beschlagnahme des Vermögens bestraft, wer jemand mit Vorbedacht tötet, aber nur mit Geldstrafe von 3000 l, wer das im Streite tut. Auch das Statut von Vercelli S. 108 f. unterscheidet Straftaten »in rixa« von »tractate et appensate« begangenen Verbrechen. In Moncalieri (1378 Sp. 1401) wird strenger bestraft, wer

---

[84]) Wilda, StrR. d. Germ. 560 ff., 705 f.

[85]) Kohler 325 f. Daß hier auch andere als deutschrechtliche Vorstellungen wirkten, wird sich noch ergeben.

jemand mit Überlegung (»meditate«), als wer jemand im Streite (»in rixa«) verletzt. Im ersteren Falle sind 10 l, im zweiten 100 s zu zahlen. Das Gesetz von Ivrea Sp. 1199 f. endlich bedroht die Körperverletzung mit Todesstrafe für den Fall, daß der Verletzte an der Wunde stirbt. Geschah aber die Tat »non tamen appensate, sed furore et luxuria«, so ist Geldstrafe verwirkt, die den Betrag von 200 l nicht überschreiten darf. Erst wenn der Täter die nicht bezahlt, trifft ihn Todesstrafe. Dabei ist unter furor wohl nicht Geisteskrankheit oder ähnliches zu verstehen, sondern das Fehlen der Überlegung und die stärkste Erregung. Wer aber jemand mit Waffen angreift und dabei verletzt, so daß Blut fließt, zahlt 100 l oder verliert (bei Nichtzahlung) eine Hand und einen Fuß, wenn er »proprio motu apensate« tätig wird. Wenn aber jemand einen andern in der Erregung (»irato animo«) mit dem Schwert verletzt und sein Blut vergießt, so ist nur Geldstrafe von 10 l verwirkt[86]).

Dagegen sind z. B. in Ascoli (1377 III 17 S. 91) bei der Anstiftung zum Morde beide Schuldformen ausdrücklich gleichgestellt. Es wird nämlich mit dem Tode und Beschlagnahme des Vermögens bestraft, wer »per preposito overo per ira facesse fare overo mandarà che se facesse lu homicidio«.

Bekanntlich regte diese Gesetzgebung die Wissenschaft an. Albericus de Rosciate berief sich auf ein Statut von Bergamo, das zwischen überlegter und unüberlegter Tötung, zwischen tractatim und non tractatim begangenen Taten unterschied. Als das unterscheidende Merkmal wird auf der einen Seite das plötzliche Handeln in der Erregung des Streits, auf der anderen Vorbedacht und Plan vor der Tat und — das wird allerdings nicht ganz deutlich — die Überlegung bei der Ausführung[88]) hervorgehoben[89]). Beide Formen werden verschieden bewertet. Die Affekthandlung soll nicht straflos bleiben, aber milder bestraft werden als das Handeln mit Überlegung[90]).

Gleichwohl läßt sich nicht behaupten, daß dieser Gegensatz erst

[86]) Belege aus dem 13. und 16. Jahrhundert bei Kohler 326 f.

[87]) Kohler 710 f.

[88]) Auch die Statuten lassen in der Regel nicht erkennen, ob die Überlegung vor der Tat oder bei der Ausführung vorhanden sein muß. Das erstere ist wohl mit dem Ausdruck »praemeditate« gemeint.

[89]) Alb. de Rosc., D XLVIII 5 Ad 1. Iul. de adult. 10 (9) n. 1: »Allegavi ad statutum communis Pergami, quod magis punitur faciens homicidium vel feritam tractatim quam non tractatim; tractatim enim debet intelligi, non si subito vel in rixa fiat, sed praecedente aliquo tractatu vel consilio ...; in contrarium videtur, quod tractatum dicatur eo ipso, quod est in animo deliberatum.« Vgl. auch Alb. de Rosc., St. III 64 n. 1 ff., C IX 35 De iniur. 5 n. 2.

[90]) Alb. de Rosc., D XLVIII 8 Ad 1. Corn. de sic. 17 n. 1: »Illud, quod fit in rixa, magis dicitur fieri casu quam voluntate et ideo mitius punitur«; Alb. de Rosc., C IX 35 De iniur. 5 n. 1: »inconveniens est, quod illud, quod male fit etiam calore, remaneat impunitum.«

aus der Praxis in die Lehre [91]) eingedrungen sei. Überlegtes und nicht überlegtes Handeln werden schon in den gemeinrechtlichen Quellen unterschieden. Schon dort (namentlich D 48, 19, 11, 2) wird ein Verhalten beim Angriff oder Streit dem Handeln ex proposito, dem vorbedachten, überlegten Verhalten gegenübergestellt [92]).

Die Begriffe des gemeinen Rechts, vor allem der des impetus, werden von den Italienern besprochen. Als das wesentliche erkennt man den inneren Sachverhalt. So bemerkt z. B. Baldus, C IX 1 Qui accus. non possunt. 11 n. 6: »delictum per levem ebrietatem seu calorem levi mente turbata, non tamen cum exilio mentis, dicitur impetu factum, non dicit ibi textus culpa, sed dicit impetu, id est non appensate et deliberate, sed inconsulte subito metu. Nam iste est minor dolus, quam si cum deliberatione esset scelus perpetratum, nam maior dolus iste est« [93]).

So deutlich aber wie der psychologische Gegensatz, so unklar war den Italienern die theoretische Deutung [94]). In vielen Belegstellen erscheint das Fehlen der Überlegung überhaupt nicht als Schuldform, weder als selbständige Art des Verschuldens, noch als Besonderheit einer der überlieferten Schuldformen, sondern nach dem Vorbilde der Codexstelle C 9, 9, 4 als Strafzumessungs-, Strafmilderungsgrund. Die berechtigte Erregung, der iustus dolor, inconsultus calor bewirkt einen Abzug von der gewöhnlichen Strafe. Der Täter z. B., der den Ehebrecher in der Erregung, wenn auch zu Unrecht tötet, ist mit Rücksicht auf den iustus dolor milder zu bestrafen [95]). Während also die einen (z. B. Bartolus) den impetus als allgemeinen Strafzumessungsgrund gleichermaßen dem dolus wie der culpa zurechneten, sahen andere (z. B. Baldus) darin eine mildere

---

[91]) Engelmann, Schuldlehre § 15 S. 112 ff., Hälschner, System I 116, 145, Kohler 704 ff., 710 ff., Loening, Kr. Vjschr. 38 S. 256, Brunnenmeister, Quellen 248 f., Allfeld, Die Entwicklung des Begriffes Mord bis zur Carolina 83 ff., Binding, Lehrbuch I 24. Ich verweise vor allem auf Engelmann und begnüge mich hier mit wenigen Andeutungen.

[92]) Vgl. u. a. Bartolus, D XLVIII 19 De poenis 11, 2.

[93]) Auch im Kommentar zu c. 14 X De vita et honestate etc. III 1 n. 3 betrachtet Baldus das Handeln in der Trunkenheit als Affektdelikt: »dicit textus quod delinquentes per ebrietatem non dicuntur delinquere studiose, sed impetuose ed ideo mitius puniuntur.«

[94]) Einzelnes bei Engelmann, Schuldlehre 112 ff.

[95]) Gandinus, De penis 60 (S. 276): »Relevat quem a pena nox et iustus dolor«; Cinus, C II 11 De causis ex quibus infam. etc. 3 n. 6: Strafmilderung »propter dolorem repentinum«; vgl. ferner Baldus, a. gl. O. n. 5; Bartolus, D III 2 De his qui not. infam. 13, 7 n. 11; Alb. de Rosc., St. XIII 7 n. 5, C IX 9 Ad 1. Iul. de adult. 4 n. 1; a. gl. O. Baldus n. 1 und Angelus n. 6; Angelus, D III 2 De his qui not. infam. 8 n. 1. Vgl. auch Engelmann, Schuldlehre 116 f.

Form. Einig war man nur darüber, daß die gewöhnliche Vorsatzstrafe zu mildern sei.

Wie wenig der Gegensatz zwischen überlegtem und unüberlegtem Verhalten aus der weltlichen Praxis stammt, wird sichtbar aus der solchen Einflüssen unzugänglichen geistlichen Jurisprudenz [96]). In den kanonischen Quellen tritt der Gegensatz seit jeher hervor. Wiederholt werden die Bußsätze danach abgestuft, ob der Täter odii meditatione handelt oder iracundia subita. Anderswo aber wird das Handeln im Zorn und in der Erregung wieder dem schuldlosen Verhalten gegenübergestellt [97]).

Im einzelnen sind die Bezeichnungen schwankend. Bei Johannes von Freiburg z. B. erscheint das Racheverlangen als Überlegung (deliberatio) im Gegensatz zur bloßen Leichtfertigkeit (iocosa levitas). Bei ihm heißt es (III 33 q. 200): »Quid de illo, qui a clerico ludente secum graviter percussus et propter hoc motus sine deliberatione repercutit eum graviter iratus animo vindicandi se hoc non facturus, si plene deliberasset; nunquit incidit in canonem? Respondeo: .... ex quo libidine vindicte et per iram repercutit eum et non iocosa levitate, non potest dici, quod sine deliberatione repercutiat, unde incidit in canonem.«

5. Zufall und Fahrlässigkeit in den Statuten.

Wie im römischen Recht und in der italienischen Theorie, wie in den Quellen des kanonischen Rechts und in der Beichttheorie, so

---

[96]) Auch nach Thomas v. A. verringert sich die Sünde umso mehr, je größer die Erregung des Täters ist. So heißt es S. th. 2, 1 q. 73 a. 5 (Utrum peccata carnalia sunt minoris culpae quam spiritualia) u. a.: »quanto est gravius impulsivum ad peccandum, tanto homo minus peccat.« Dabei dachte Thomas wohl in erster Linie an den Affekt. Vgl. ferner a. a. O. q. 77 a. 6—8, q. 78 a. 4.

[97]) Allfeld, a. a. O. 34 f. (mit Belegen) und Kohler 709 f.

Man nahm z. B. an, daß eine Frau, die einen Kleriker tötet oder verstümmelt, nicht zum apostolischen Stuhl zu schicken sei, wohl aber die Brandstifterin, die Fälscherin von Papstbriefen und die Frau, die ein Sakrileg begangen hatte. Dafür gibt Barth. Pis. s. v. »Absolutio« n. 6 als Grund an: »forte est causa, quia huiusmodi crimina non committuntur nisi per excogitatam maliciam. Sed manus injectio fit multociens ex subito impetu.« Ebenso Joh. v. Fr. III 33 q. 36 (S. 160) u. Alb. de Rosc. s. v. »Absolutio« n. 2. — Nach Ast. II 46 (S. 89 R.) ist ein Fehlverhalten in sexuellen Dingen läßliche Sünde, wenn es geschieht »ex motu subito sine deliberatione vel intentione perficiendi«, Todsünde aber ein Verhalten »cum deliberatione et intentione perficiendi«. In der Beichtliteratur wird bei leichten Beleidigungen, beim leve convicium unterschieden, ob es erfolgt »ex aliqua levitate animi vel ex ira levi sine firmo proposito aliquem dehonorandi« oder nicht. Ist das der Fall, so will Ast. II 14 (S. 77) nur ein peccatum veniale annehmen.

verstand man auch in den Statuten [98]) unter casus sowohl den reinen Zufall wie den casus mit culpa praecedens, stellte also dolus und casus einander gegenüber.

Das nicht vorsätzliche Verhalten wird bisweilen für straflos erklärt und nur die Verpflichtung zum Schadensersatz ausgesprochen.

So wird in Biella (Stat. malef. r. 34) die Brandstiftung in Wäldern, am Getreide usw. bestraft, aber nur Schadensersatz dem auferlegt, der das tut »causulatus vel alia negligentia non dolose«. Auch das Statut von Olevano von 1364 r. 108 De poena occidentium bestias bedroht den Täter mit Strafe, »si malitiose et fraudolenter fecerit«, verlangt aber nur Schadensersatz, wenn jemand handelt »non fraudolenter, sed causaliter (casualiter?) vel ignoranter seu ludendo.« In Ascoli (1377 III 17 S. 91) endlich wird nicht wegen Mordes bestraft, wer nicht handelt »per proposito, ma per caso overo per usato joco ne la ciptà«.

Aber häufig wird auch das Verhalten ohne Vorsatz, die Einheit aus Zufall und Fahrlässigkeit unter Strafe gestellt. Das naive Rechtsempfinden begnügt sich mit der äußeren Tatbestandserfüllung. Doch wird in solchen Fällen die Regelstrafe gemildert oder das richterliche Ermessen erweitert. Dem Richter wird dann nicht nur — gelegentlich ist das besonders gesagt — die Strafzumessung überlassen, sondern die Entscheidung auch darüber anheimgegeben, ob überhaupt zu bestrafen sei. Im Rahmen dieses Ermessens wird dann der Richter zwischen Zufall und Fahrlässigkeit unterschieden haben.

In Pistoia (1296 III 4 S. 100) z. B. wird bei Tötungsverbrechen nicht die Todesstrafe, sondern nur eine Geldstrafe von 1000 l verhängt, wenn der Täter handelt »non ex proposito, sed casu«. In Tivoli (1305 III 160 S. 207) steht auf eine »dolo« begangene Verstümmelung Geldstrafe von 100 l, hilfsweise Talion, auf »casualiter« vollzogene Verstümmelung Strafe von 10 l. In Castel Fiorentino (1305 r. 59 S. 345) hat 10 l zu zahlen, wer »studiose« ein Feuer anlegt, 40 s, wenn jemand »studiose non« tätig wird. Das Statut von Narni von 1371 III 96 De committentibus maleficium casualiter et non studiose bestimmt folgendes: »statuimus, quod si quis non studiose, sed casu aliquod maleficium commiserit personale, non possit inquiri nec procedi contra eum, nisi pater, avus ... accusarent eum et aliter procedi non possit.« In Bassano (1392 S. 98) endlich hat nur die halbe Geldstrafe verwirkt, wer ohne Vorsatz mit Pfeilen schießt. Wer mit Bogen oder Schleuder jemand verletzt, hat die Strafe der normalen Körperverletzung mit Waffengebrauch zu zahlen, »si ... a casu non studiose percusserit.« Doch kann jedesmal die Strafe nach Ermessen des Gerichts bis zum Betrage des doppelten erhöht werden, wenn die Tat erfolgt »praemeditate, pensate vel studiose vel ex proposito.« In Bologna (1454 S. 23 R.) soll der Richter nach Ermessen bestrafen »homicidium comissum casu improviso seu fortuito.« Er kann nach Belieben freisprechen oder Geldstrafe verhängen.

Während in diesen Bestimmungen jedesmal mehr oder weniger deutlich wird, daß die Strafe an ein Verhalten ohne Vorsatz, an Fahrlässigkeit und Zufall als Einheit anknüpft, ist anderswo vom casus

---

[98]) Kohler 204 ff., Pertile V 66.

schlechthin die Rede, ohne daß erkennbar wäre, wie der Gesetzgeber sich die Behandlung der Fälle zwischen Vorsatz und Zufall denkt. Man wird annehmen dürfen, daß auch hier der casus die Fahrlässigkeit mitumfaßte. Der casus bleibt regelmäßig straflos.

So z. B. in Pisa 1286 III 8 (S. 368): Strafe nach dem Statut, »nisi casu intervenerit homicidium vel percussio seu offensa predicta.« In Mantua (1303 I 26 S. 79) gilt folgendes: »Si aliqua persona interfecerit, ... nisi manifeste fuerit probatum, quod se defendendo vel quod fortuito casu fecerit ..., ultor ferro capite puniatur.« In Cave (1307 r. 63 S. 42) bleibt straflos die Körperverletzung »ex casu vel ludo«. Das Statut von Forli von 1359 III 14 (S. 211) bedroht die Brandstifter mit Verbrennung, »si ... incendium ex dolo, non ex casu fecerint«, und der Schaden mindestens 50 l beträgt. Erreicht der Schaden aber nicht diese Höhe, oder handelt der Täter »ex casu in re quantumcumque valente«, so ist die Strafe nach Ermessen zu bestimmen »ita quod in omni casu dolus acrius quam casus puniatur.«

Seltener sind Bestimmungen, in denen eindeutig zum Ausdruck kommt, daß nur der Zufall unter Ausschluß der Fahrlässigkeit straflos bleiben soll.

Das ist der Fall im Statut von Siena von 1309/10 V 364 (S. 387). Dort bleibt nämlich die Verletzung straflos »in caso di misaventura«, das heißt aber, wenn »malitia o vero evidente colpa deprendere non si possa.« So bleibt auch in Bassano (1392 S. 99) die Strafe des Mordes ausgeschlossen, »quando quis commisit homicidium casu inopinato et fortuito omni dolo et fraude, culpa et negligentia carente.«

Neben Statuten, in denen die Fahrlässigkeit als Unterart des casus erscheint, begegnen andere Vorschriften, die nur die Fahrlässigkeit im Auge haben. Freilich ist die Bezeichnungsweise hier wieder schwankend. Vor allem bedeutet der Ausdruck »culpa« durchaus nicht immer Fahrlässigkeit. Oft ist darunter keine bestimmte Verschuldensform zu verstehen, sondern der innere Tatbestand schlechthin oder gar die bloße Täterschaft, die Urheberschaft des Verbrechens. »Culpabilis« im Sinne der Statuten ist derjenige, der sich des Verbrechens »schuldig« macht, der Täter.

Dafür einige Beispiele: Das Statut von Mantua von 1303 I 33 (S. 84) legt »pro misclantia et assaltu studiose«, also für ein vorsätzliches Verhalten eine Strafe auf dem »culpabili«. So bestraft auch das Gesetz von Brescia von 1313 II 65 die wissentliche Aufnahme von Geächteten. Bei der Bestrafung ist dem Ermessen Raum gelassen. Es ist auszuüben nach Art des Verschuldens: »qualitate culpae«. Dabei kann es sich aber nur um Schattierungen des Vorsatzes handeln. In Perugia (1342 III 59 S. 73) sollen Gotteslästerer, d. h. die dieses Verbrechens »colpeveglie« nach dem Statut bestraft werden, und wegen Sodomiterei, wer betroffen wird »en colpa de le predicte cose« (III 62 S. 79). Nach den Ägidianischen Konstitutionen von 1357 IV 27 (S. 176) gilt folgendes: Wenn mehrere Personen der vorsätzlichen Tötung verdächtig sind, so ist zu erforschen, »utrum sint culpabiles in faciendo«. Also ist auch hier »culpabilis« gerade der vorsätzlich handelnde [99]).

99) Diesen weiteren Sinn hatte der Culpabegriff auch im langobardischen

Vielfach jedoch bezeichnet »culpa« die echte Fahrlässigkeit, die dort, wo das Gesetz sie besonders erwähnt, milder bestraft wird als das vorsätzliche Handeln. Auffallend häufig ist das bei der Brandstiftung der Fall, die schon im langobardischen Recht bestraft wurde, wenn sie fahrlässig begangen wurde [100]).

Nach dem Statut von Padua von 1339 S. 264 z. B. wird verbrannt, wer ein Haus usw. vorsätzlich anzündet, aber nach Ermessen des Gerichts, wer das »culpabiliter« macht. In Vercelli (S. 112 R.) steht der Mord unter Strafe, doch heißt es vom Täter: »Si ... aliter quam dolose homicidium commiserit, puniatur realiter et personaliter (!) inspecta qualitate facti, personarum, temporis et loci, dum tamen talis culpa interveniat et committatur, de qua rationabiliter debeat puniri«. In Valsassina (1388 r. 50 S. 283) droht Geldstrafe von 500 l, hilfsweise Verstümmelung einer Hand und Konfiskation und bei Todeserfolg Verbrennung, wenn jemand ein Haus vorsätzlich anzündet. Aber nur eine Strafe von 50 l ist verwirkt, »si ... in domo vel cassina alicuius incensus fuerit ignis propter malam custodiam vel culpam habitantium, ut plerumque fit.« So bestimmte schon das Statut von Averrara von 1313 r. 46 (S. 40 f.).

Wiederholt wird auch die Fahrlässigkeit mit den Worten »negligentia«, »negligenter« usw. bezeichnet, namentlich bei Straftaten der Beamten und Gemeindegenossen, wobei denn »negligentia« in einem engeren Sinne das fahrlässige Unterlassen zu bezeichnen pflegt. Aber auch sonst kommt dieser Ausdruck vor, z. B. in Mailand r. 57 für das schuldhafte Unterlassen der Auslieferung festgenommener Diebe und Räuber (der »negligens« wird bestraft »pro tali negligentia«).

Als fahrlässig gilt den Rechtslehrern ein Verhalten, dessen Erfolg nicht vorhergesehen oder jedenfalls trotz fehlenden Willens nicht vermieden wird, aber bei pflichtmäßiger Sorgfalt und Kraftanspannung vorhersehbar und zu vermeiden war. Beide Bestandteile dieses Begriffs, der psychologische wie der normative finden in den Ortsgesetzen Ausdruck, bald einzeln für sich, bald in Verbindung miteinander.

Wiederholt wird die Fahrlässigkeit als Unkenntnis des Erfolges gekennzeichnet. Es kommen die Ausdrücke »ignorantia«, »ignoranter« u. dergl. vor.

In den Ägidianischen Konstitutionen von 1357 V 14 (S. 206) wird, wer »scienter« ohne Erlaubnis der Behörde Verträge mit Personen schließt, denen die Verwaltung ihrer Güter untersagt ist, dem gegenübergestellt, der das »ignoranter« tut. Der letztere ist milder zu bestrafen. Die gleiche Bezeichnung für die Fahrlässigkeit kommt a. a. O. IV 40 (S. 185) bei der Vergiftung vor.

Das normative Element der Fahrlässigkeit, den Vorwurf also, daß der Täter nicht alles getan habe, was den Umständen nach zu

---

Recht. Dort bezeichnete »culpa« allerdings auch die Strafe. Osenbrüggen, Lgb. 26.

[100]) His, G. D. StrR. 13. Einzelheiten folgen im besonderen Teil.

verlangen war, bringen solche Statuten zum Ausdruck, die dem Täter die Strafe erlassen, wenn er eine berechtigte Entschuldigung hat. Wann das aber der Fall ist, wird in der Regel nicht näher umschrieben.

So hat nach dem Statut von Ripi von 1331 r. 61 (S. 121) 12 den. zu zahlen, wer jemand anders gewisse Hilfeleistungen verspricht, aber nicht Wort hält, »nisi iustam excusationem haberet.«. Ebenso bestimmte schon das Gesetz von Castel Fiorentino von 1305 r. 125 (S. 356). Wenn im Bezirk von Bassano (1392 S. 92 R. f.) der Dekan Verbrecher nicht anzeigt, so wird er und sein Heimatort bestraft, »nisi iusta causa ignorantiae vel impedimenti excuset«.

Die Zurechnung setzt voraus, daß der Täter in der Lage ist, sich normgemäß zu verhalten. So wird in Balangero (1391 r. 32) bestraft, wer einen Gefangenen laufen läßt, »quem potuit tenere«. Namentlich bei Körperschaftsverbrechen setzt die Bestrafung voraus, daß die Genossen den Geächteten, den Verbrecher nicht verfolgt haben »pro posse« usw. [101]).

Deutlich werden Einflüsse der Wissenschaft sichtbar in Statuten, die das normative und psychologische Element des Culpa-Begriffs verbinden. Häufig nämlich setzt die Straflosigkeit voraus, daß der Täter einen berechtigten Grund zur Unkenntnis hatte. Als Schuldausschließungsgrund wird also nur der iustus error anerkannt, eine Regelung, die der theoretischen Unterscheidung zwischen ignorantia crassa et supina einerseits und iusta ignorantia auf der anderen Seite entspricht.

In Vercelli z. B. (S. 97 R. f.) wird die nochmalige Einforderung der schon bezahlten Schuld bestraft. Doch gilt das nicht »in his, qui probarent se habere iustam ignorantie causam«. Das gleiche Vergehen wird nach den Ägidianischen Konstitutionen von 1357 IV 43 (S. 186) an dem bestraft, der fordert »absque racionabili causa [ignorancie].« So bedroht auch das Gesetz von Forli von 1359 III 47 (S. 241) den mit Strafe, der mehr fordert, als er zu beanspruchen hat »absque rationabili causa ignorantie« sowie den, der nochmalige Erfüllung verlangt, »nisi habeat iustam causam ignorantie«. In Turin (1360 Sp. 661) hat der Gläubiger Strafe zu zahlen, der nach Bezahlung der Schuld seinem Schuldner die Schuldurkunde nicht zurückgibt. Am Schluß des Statuts heißt es: »hoc intelligatur de illo creditore, in cuius persona factum fuerat instrumentum vel qui non posset causam iustam ignorantiae allegare«. Vgl. auch Turin Sp. 687f. (Strafe für die Entwendung von Heu, Holz u. dergl.): »haec intelligantur de illis malefactoribus, qui per iustam ignorantiam vicinitatis vel confinitatis vel alio iusto errore se non poterunt excusare.« Nach den Ägidianischen Konstitutionen von 1357 IV 27 (S. 177) wird nicht bestraft, »qui ... absque aliqua culpa, casu qui previderi non potuit nec debuit ... occiderit ...«. Häufig sind solche Vorschriften namentlich im Statut von Bassano von 1392. Dort werden z. B. Personen, die Blutschande begehen, verbrannt, wenn sie nicht beweisen, daß sie nichts von der Verwandtschaft gewußt haben »vel verisimiliter ignorare potuisse cognationem«. Ähnlich soll (a. a. O. S. 108 R.) wegen Urkunden-

---

[101]) Vgl. S. 175 f.

fälschung auch derjenige bestraft werden, »qui verisimiliter vel rationabiliter scire debuerit falsitatem illam inesse.« Vgl. auch a. a. O. S. 103 (Bigamie) und S. 108 (Strafe für den Verkauf oder Ankauf eines fremden Besitzes). Die Tat muß vorsätzlich geschehen. Doch nimmt man den Vorsatz des Täters an, »nisi iustam causam ignorantie ostenderit vel habuerit saltem per legitimas coniecturas.«

6. Die Lücke im Statut.

Die Statuten enthalten zahllose Bestimmungen, die überhaupt nicht vom inneren Tatbestand sprechen, auch dort, wo Lebens- oder Leibesstrafen angedroht sind. Damit wurde für den Richter die Frage praktisch, ob er die Strafe verhängen, etwa zum Tode verurteilen dürfe, wenn der äußere Tatbestand und nur dieser erfüllt war, oder wenn der Täter nur fahrlässig gehandelt hatte. Der Grundsatz der strengen Wortinterpretation legte es nahe, diese Frage zu bejahen, und anscheinend war auch die Praxis geneigt, dem Buchstaben des Gesetzes folgend Vorsatz und Fahrlässigkeit gleich zu strafen.

Anders die Wissenschaft: [102]) Gerade hier vollzieht sich das Ringen zwischen strenger Wortauslegung und freier Sinnesdeutung, wie es früher geschildert wurde. Die Anwendung der Auslegungsregeln auf diese Fälle ergab die Notwendigkeit vorsätzlichen Handelns als Voraussetzung schwerer Bestrafung. Denn nach dem Grundsatz der passiven Auslegung waren die Statuten nach gemeinem Recht auszulegen. Im gemeinen Recht aber, so wie man es verstand, wurde die Fahrlässigkeit milder beurteilt als der Vorsatz, nämlich mit einer Strafe belegt, die ihrer Art nach von der Dolusstrafe verschieden war. Vor allem die schwersten Strafarten, Todes- und Verstümmelungsstrafe, sollten nur für vorsätzliches Handeln verhängt werden.

Diese Grundsätze, aufs Statutarrecht übertragen, führten auf folgendes Ergebnis: Wo ein Ortsgesetz Leibes- oder Lebensstrafen androht, ohne den inneren Tatbestand zu bezeichnen, ist die Strafe nur dann zu verhängen, wenn der Täter vorsätzlich handelt. Dagegen sollen Geldstrafen und andere Rechtsfolgen auch dem fahrlässig handelnden auferlegt werden, außer wenn das Gesetz ausdrücklich den Vorsatz verlangt oder ein Delikt in Frage steht, das wie furtum und falsum begriffsnotwendig den dolus verlangt. Eine dritte Einschränkung machte Bartolus: Allgemein sollte die Strafe für fahrlässiges Verhalten ausgeschlossen sein bei Straftaten, die sich wie Körperverletzungen und dergleichen gegen die Person richteten. Demnach blieb nur eine Bestrafung fahrlässiger Vermögensdelikte übrig und auch hier nur die Verhängung einer Geldstrafe. So bemerkt

[102]) Engelmann, Schuldlehre 235 ff., Irrtum und Schuld 319 ff., Löffler, Schuldformen 126 f.

Bartolus, D XLVII 4 Si is, qui testam. etc. 1, 14 n. 2: »quaero, quid si pro aliquo facto per statutum imponitur poena, utrum illo facto requiratur dolus, vel sufficiat lata culpa? Respondeo: si statutum facit expressam mentionem de dolo, non sufficeret lata culpa. Idem si tractaretur de poena corporali .... Sed si loquimur simpliciter, hic est advertendum. Nam quaedam sunt vocabula, quae important dolum; ut puta dicitur, si quis fecerit furtum vel falsitatem vel similia, quae habent in se dolum ...., tunc lata culpa non sufficeret. Quaedam sunt vocabula, quae non important dolum in se et hic adverte: Aut statutum punit actum, qui infertur principaliter in personam, ut si quis percusserit aliquem, tunc requiritur dolus, quia talis iniuria non potest inferri in personam sine affectu facientis .... Si vero ponit actum, qui infertur in re, tunc puto, quod lata culpa aequiparatur dolo« [103]).

Wo also das Statut vom Verschulden nicht sprach, verlangte man gleichwohl für den Vollzug schwerer Strafen den Vorsatz, für leichte Rechtsfolgen eine Fahrlässigkeit des Täters. Wo aber jedes Verschulden fehlte, sollte überhaupt nicht bestraft werden, von gewissen Ausnahmefällen abgesehen, in denen Strafe zwar sine culpa, aber cum causa zugelassen wurde [104]). Auch diese Regel wird auf das Statutarrecht angewandt. Auch dort also, wo das Gesetz über den inneren Tatbestand schweigt, muß irgendein Verschulden, muß wenigstens culpa vorliegen, damit bestraft werden kann. »Omnia statuta punientia requirunt culpam«, sagt Baldus in einem Gut-

[103]) Gandinus, De statutis 9 (S. 385): »Bonum est ..., quod statutum interpretetur, ut dicatur: Si aliquis occiderit aliquem, scilicet dolo«; Bartolus, C IX 16 Ad 1. Corn. de sic. 7 pr. u. n. 1; Baldus, C IV 24 De pign. act. 6 n. 65: »etiam in poenis statutorum, si statutum non facit doli mentionem, nec nos facere debemus, quia non debemus statutum glossare ex nobis ipsis ...; tamen si poena atrox imponitur per statutum, requiritur lata culpa, quia levis non est talis culpa, quam lex abhorret, licet extraordinarie puniat«; Baldus, C VI 1 De fugit serv. 4 n. 18f., C IX 1 De his qui acc. non possunt 11 n. 4, 6f.; Angelus, D I 3 De leg. senatusque cons. 1 n. 5: »breviter quaedam est poena, quae de iure communi non imponitur nisi ratione doli, et tunc istud statutum interpretatur secundum ius commune, unde si imponit poenam decapitationis poenam, ego subaudiam, dummodo dolo fiat ...; aut imponit poenam pecuniariam, quae potest de iure communi imponi ratione culpae, et tunc non subaudio dolum«; Angelus, C IX 16 Ad 1. Corn. de sic. 7 n. 1: Angelus weist darauf hin, daß die Praxis häufig anders entschied; Angelus, C IX 20 Ad 1. Faviam 13 n. 20, Cons. 27 n. 3; Salicetus, C III 41 De noxal. act. 2 n. 10.

[104]) Vgl. dazu Engelmann, Schuldlehre 34f. Nach Thomas v. A., S. th. 2, 2 q. 108a. 4 darf niemand ohne Verschulden getötet, verstümmelt oder gezüchtigt werden. Dagegen ist die Verhängung vermögensrechtlicher Nachteile sine culpa, aber nicht sine causa möglich. Vgl. auch unten S. 280.

achten (Cons. I 314 n. 1). Die Bestrafung des Unschuldigen, jedenfalls die des Schuldunfähigen wird als absurditas abgelehnt [105]).

Man entschied also gegen den Wortlaut: Wenn z. B. ein Statut die Ausfuhr von Sachen vor dem Läuten der Morgenglocke verbietet und jemand dagegen verstößt in der irrigen Annahme, es habe schon geläutet, so soll er nicht bestraft werden [106]). Darum soll auch das Haus, in dem verbotenes Glücksspiel getrieben wird, nur dann auf Grund des Statuts gewüstet werden, wenn der Hausherr davon weiß [107]). Aber gerade diesen Fall entschied die Rechtsprechung, dem Buchstaben des Gesetzes folgend, anders. So berichtet Cinus, C IX 24 De falsa moneta 1 n. 2, das Gericht habe ein Gutachten darüber eingefordert, ob das Spielhaus zerstört werden dürfte, obwohl es einem Minderjährigen gehörte. Cinus verneinte die Frage. Trotzdem entschied das Gericht im entgegengesetzten Sinne: »quaerebatur utrum posset; dicebam, quod non per hanc legem et maxime, quia pupillis in delictis, quae sunt in non faciendo, indistincte parcitur ... sed iudex ille adhaerebat verbis statuti et male, quia secundum leges distingui et interpretari debent.« Wenn ein Statut dem Beamten gebietet, innerhalb bestimmter Fristen Verbrechen zur Anzeige zu bringen, die in seinem Bezirk begangen sind, so beginnt nach der Lehre die Meldefrist erst dann zu laufen, wenn der Beamte nach Lage der Dinge von der Tat etwas wissen konnte [108]).

III. Einstehen für fremde Tat.

1.

Die Durchführung des Verschuldensprinzips schloß die strafrechtliche Haftung für die Taten anderer Personen aus. Das bringen die Quellen im Anschluß an das römische Recht [109]) auch mit Nachdruck zum Ausdruck: Crimen unius non debet alteri nocere. Poena

[105]) Darüber vgl. Engelmann, Schuldlehre 34 f.

[106]) So Guido de Suzaria nach Gandinus, De quibusdam utilibus questionibus 17 (S. 374).

[107]) Cinus, C V 5 De incestis etc. 3 n. 2: »dominus domus non punitur, nisi quando permittit vel cognitum celat, et sic est argumentum, quod si statutum sit in civitate de domo destruenda, in qua luditur vel in qua banniti retinentur, quod non sit locus poenae domino ignorante«; Alb. de Rosc., St. I 63 n. 1 ff.

[108]) Alb. de Rosc., D XXIX 5 De sen. cons. Silan. 1, 17: »si statuto cavetur, quod consules ... teneantur denunciare maleficia vel capere malefactores infra certum tempus, et maleficium fiat occulte vel de nocte, quod non teneantur«; Baldus, a. gl. O. n. 1 f.; Angelus, D IV 2 Quod metus causa 14, 3 n. 2, D XXI 1 De aedil. ed. 58 n. 1.

[109]) Falchi, dir. pen. 18 ff.

suos autores debet tenere [110]). Darum war bei der Wüstung von Häusern oder Türmen darauf Bedacht zu nehmen, daß nicht unbeteiligte Mitbewohner in Mitleidenschaft gezogen wurden [111]). Darum sollte der Erbe nicht aus Straftaten des Erblassers [112]), der Ehegatte nicht aus Delikten des anderen Teils [113]), der Beamte nicht aus Verfehlungen seiner Untergebenen [114]) haften.

Durchbrochen wird dieser Grundsatz durch die genossenschaftliche Gesamthaftung der Körperschaftsmitglieder. Doch wurde ja schon gezeigt [115]), wie die Lehre bemüht war, die genossenschaftliche Gesamthaftung in Verschuldenshaftung aufzulösen [116]). Wirkliche Ausnahmen erkannte man nur an in den Fällen der Majestätsverletzung und Ketzerei, in denen auch die Nachkommen aus Straftaten ihrer Vorfahren verantwortlich gemacht wurden [117]).

Nun gab es aber zahlreiche Statuten, die eine Haftung für fremde

---

110) Baldus, C IX 47 De poenis 22: »Soli delinquenti, non eius propinquis et familiaribus vel notis est poena criminis infligenda,« »non punitur socius criminosi, si non est socius criminis«; Gandinus, De penis 7 (S. 212 f.); Jac. de Belvisio III 26 n. 1 u. a. m.

111) Das einzelne war umstritten. Vgl. z. B. Alb. de Rosc. St. III 8 n. 1 f., III 46 n. 1 ff., D X 3 Communi divid. 20 n. 2; Salicetus, C II 11 De causis, ex quibus infam. 3 n. 12.

112) Alb. de Rosc., St. III 51: Wenn der Täter zum Tode verurteilt ist, soll nicht obendrein sein Besitz verwüstet werden, »quia tunc non esset sibi poena ..., sed successoribus;« Baldus, Cons. I 243 n. 4: »Ex crimine criminaliter intentato non potest condemnari heres defuncti.

113) Alb. de Rosc., St. I 48; Bonif. de Vitalinis, Quid sit accusatio n. 90, 125.

114) Baldus, Cons. I 203 n. 1, 328 n. 12.

115) Vgl. S. 161 ff.

116) Thomas v. A., S. th. 2, 2 q. 108 a. 4 deutet die Haftung des Genossen auf Grund von Taten seiner Mitgenossen aus einem Hinüberwirken der Sünde vom einen auf den andern »per aliqualem consensum seu dissimulationem«. Die Guten werden mit den Schlechten zusammen bestraft, weil sie deren Sünden nicht zurückweisen. Die Kollektivhaftung wird also umgedeutet in eine Haftung aus schuldhaftem Unterlassen des Einzelnen. Vgl. oben S. 180.

117) Vgl. die Anm. 110 angegebenen Stellen und Engelmann, Schuldlehre 35.

Gelegentlich wird das Einstehen der Nachkommen für Taten der Eltern daraus erklärt, daß sich die sündhafte Anlage der Eltern weitervererbt. So nimmt auch Thomas v. A., S. th. 2, 2 q. 108 a. 4 an, die Strafe könne auch den Unschuldigen treffen, »inquantum peccatum unius derivatur in alterum ... per imitationem, sicut filii imitantur peccata parentum, et servi peccata dominorum, ut audacius peccent«. Daher liegt es im eignen Interesse der Kinder, wenn sie Buße tun für Sünden ihrer Eltern. Sie werden so davor bewahrt, daß sie später in die Fußtapfen der Eltern treten. Grundsätzlich aber verneint auch Thomas v. A. das Einstehen für fremde Tat. Vgl. S. th. 2, 1 q. 87 a. 8. Über das römische Recht vgl. Falchi, dir. pen. 19 ff., 24 f.

Tat zuließen. Diese Praxis war zu verbreitet, als daß man solche Gesetze einfach hätte für ungültig erklären oder im Sinne der Verschuldenshaftung umdeuten können. Man erörtert also zwar die Frage ihrer Rechtsgültigkeit, kommt aber allgemein zu einem bejahenden Ergebnis. Dafür beruft man sich, nicht ohne Hinweis auf das Unbefriedigende der Lösung, in der Regel auf die Staatsraison, den öffentlichen Nutzen, der eine Durchbrechung der Verschuldenshaftung verlange [118]). Wie in anderen Zusammenhängen auch, wie namentlich in der Lehre von den Körperschaftsverbrechen, so sucht die Lehre auch hier nach einem Kompromiß. Man beschränkt nämlich die Haftung aus fremdem Tun auf Geldstrafe und Nebenfolgen, verwirft aber die körperliche Bestrafung aus fremder Tat.

Die gleiche Zwiespältigkeit macht sich im geistlichen Recht bemerkbar [119]). Grundsätzlich wird überall das Einstehen für fremde Tat verworfen, die individuelle Verschuldenshaftung gefordert [120]). Aus besonderen Gründen aber wird in der geistlichen Gesetzgebung dieser Grundsatz wieder preisgegeben und mehrfach eine Haftung aus dem Verhalten anderer zugelassen. So wird oft in den amtlichen Sammlungen die Amtsunfähigkeit von Nachkommen der Ketzer und anderer Verbrecher erwähnt [121]). In diesem Sinne — als Durchbrechung der Verschuldenshaftung — wirkte auch das Interdikt, das notwendig Unbeteiligte in Mitleidenschaft zog [122]).

---

[118]) Alb. de Rosc., St. I 47 n. 1 ff.: Rechtfertigung solcher auf Geldstrafe beschränkter Statuten »maxime propter publicam utilitatem, ut maleficia puniantur .... et malefactores terreantur« (n. 9); Alb. de Rosc., St. I 50; Baldus, Cons. I 203 n. 1: »licet non sit equum, est bonum propter securitatem territoriorum; Baldus, c. 2 X De constitut. I 2 n. 2; Angelus, Cons. 63 n. 1 ff., C IX 47 De poenis 22.

[119]) Hinschius, KR. V 123 ff.

[120]) So mißbilligt Gregor X. c. un. in VI to De iniuriis etc. V 8 das Repressalienwesen und verbietet namentlich seine Ausdehnung auf Geistliche. Im gleichen Sinne Barth. Pis. s. v. »Represalie« n. 1; Raym. de Pennaf. III 32 De poenis § 5 (S. 372 f.): Keine Exkommunikation für fremde Tat. So schon c. 1 C. XXIV q. 3 (Gratian): »illicite excommunicatur quis pro peccato alterius neque aliqua ratione nituntur, qui pro peccato unius in totam familiam sententiam ferunt excommunicatis;« Barth. Pis. s. v. »Bellum« n. 6: »peccata ... suos tantum debent tenere auctores (S. 14 R.); Hostiensis, S. A. V 37 n. 8.

[121]) Vgl. z. B. c. 2, 15 in VI to De haereticis V 2, c. 5 in VI to De poenis V 9, c. 1 in Clem. De poenis V 8, eine Abschwächung aber in c. 4 in VI to De poenis V 9. Über den allgemeinen Grundsatz vgl. c. 23 in VI to De verborum significatione V 12: »Sine culpa, nisi subsit causa, non est aliquis puniendus.«

[122]) Hierüber und über die Versuche der kirchlichen Gesetzgebung, diese Auswirkungen des Interdikts zu mildern vgl. Hinschius, a. a. O.

2.

Die Überreste der alten Gesamthaftung sind naturgemäß in Praxis und Statutarrecht besser erhalten als in der Lehre. Das 14. Jahrhundert ist noch erfüllt von der Auseinandersetzung des kollektivistischen und individualistischen Lebensgefühls. Erst langsam gewöhnt man sich, den Einzelnen aus der Gesamtheit herauszuheben und nach seiner individuellen Beteiligung am Verbrechen zu fragen. Noch leben die deutschen Rechtsanschauungen fort, nach denen der Hausvater aus Taten der Hausgenossen, der Kinder und Bedienten, der Einzelne aus dem Verhalten der Sippe, Gemeinde und Gildegenossen verantwortlich gemacht wurde. Der Gegensatz ist im ausgehenden Mittelalter noch nicht ausgetragen. Aber im ganzen gesehen sind Kollektivgedanke und Gesamthaftung im Rückzuge begriffen, die Gesamthaftung ist Ausnahme [123]).

Haftungsverband ist neben der Bezirksgemeinde noch die Familie, und die Statuten kennen noch eine Verwandtenhaftung, vor allem im politischen Strafrecht. Doch trifft das unschuldige Verbandsmitglied nicht die volle Strafe des Gesetzes, sondern fast immer nur Geldstrafe, Acht und Verbannung oder Nebenstrafe wie der Verlust öffentlicher Ämter.

Dafür einige Beispiele: In Pisa (1286 III 10 S. 374) wird beim Verrat neben dem Täter auch dessen Erbe nach Ermessen bestraft. In Lucca (1308 III 88 S. 196) durfte der wegen eines Verbrechens gebannte beliebig verletzt werden »etiam post mortem«. Eine weitgehende Gesamthaftung bei politischen Verbrechen sah das revolutionäre Gesetz von Parma von 1316 S. 210 vor: Wer darauf hinarbeitet, daß die Stadt Parma wieder unter die Tyrannis gerät, soll hingerichtet, und sein Vermögen soll beschlagnahmt und gewüstet werden. Schwere Folgen aber treffen auch seine Abkömmlinge: »quod filii et heredes et filii filiorum banniantur perpetuo pro mallexardia (Verrat) et prodicione et tanquam banniti et rebelles perpetuo habeantur et teneantur et eorum bona ... publicari debeant et devastari, de quo banno exire non possint nec extrahi per aliquam facem.« Nach dem Statut des Podestà von Florenz von 1325 III 81 (S. 238) sollten die Söhne von Meuchelmördern auf ewig verbannt sein, und das gleiche galt schon in Pistoia 1296 III 5 (S. 101). In Padua (1339 S. 253) wurden die Söhne und Enkel gewisser Hochverräter bis zum vierten Grade auf ewig geächtet, aus Padua verjagt und ihres Vermögens beraubt. Amtsunfähigkeit traf in Perugia (1342 III 122 S. 138) die Nachkommen bestimmter politischer Verbrecher.

Verbreitet ist in den Statuten des 14. Jahrhunderts eine Haftungsgemeinschaft zwischen Gewalthaber und Gewaltunterworfenen der Art, daß der Gewalthaber für Verbrechen des Gewaltunterworfenen Strafe und Ersatz zu leisten hat [124]).

---

123) Kohler 194 ff.; Pertile V 373 ff.

124) Hiervon zu unterscheiden ist die bürgschaftsartige Haftung des Gewalthabers für den Fall, daß der Untergebene die Strafe nicht zahlt. Vgl. S. 200 f.

So muß in Tivoli (1305 III 190 S. 216) der Herr Geldstrafe zahlen und Ersatz leisten, wenn der Diener einen Schaden anrichtet. In Brescia (1313 II 16) hatte der Vater für den Sohn, der Herr für seine Bedienten Geldstrafe zu zahlen, wenn diese in bestimmter Weise mit unerlaubten Waffen umgingen. Oft haftet der Vater oder sonstige Gewalthaber aus strafbarem Spiel der Gewaltunterworfenen, so in Siena (1309/10 V 65 S. 259), Brescia (1313 II 40), Turin (1360 Sp. 714), Bassano (1392 S. 112) und anderswo. Für die Geldstrafe aus Körperverletzungen stehen in Florenz (Stat. Pod. 1325 III 45 S. 209) Vater und Brüder ein. Wenn in Valsassina (1388 r. 74 S. 294) jemand am Vermögen oder Körper verletzt ist und der Täter nicht zahlen kann, so müssen die Verwandten väterlicherseits bis zum vierten Grade Strafe zahlen und Ersatz leisten oder den Täter innerhalb eines Monats stellen.

In derartigen Fällen aber ließ sich die alte Gesamthaftung noch am ehesten mit den Grundsätzen der Verschuldenshaftung in Einklang bringen. Die Strafe ließ sich rechtfertigen aus vermutetem Verschulden, aus dem Vorwurf nämlich, daß der Vater oder Herr den Gewaltunterworfenen nicht gehindert habe, das Verbrechen zu begehen.

Häufig wird der Gewalthaber aus Straftaten seiner Abkömmlinge in der Weise herangezogen, daß man schon zu seinen Lebzeiten eine Art Erbteilung vornimmt. Ein bestimmter Teil seines Vermögens wird rechnerisch für die Erben abgetrennt, alsdann berechnet, welche Quote auf den Täter entfällt und insoweit in das Vermögen des Vaters vollstreckt.

So etwas galt z. B. in Mantua (1303 I 26 S. 79): Begeht dort der Haussohn einen Mord, so hat der Vater die Hälfte seines Vermögens den Kindern zu geben (freilich schwerlich realiter), und der auf den Täter entfallende Teil unterliegt der Vollstreckung. Auch in Lucca (1308 III 13 S. 142) hat der Vater dem Sohn seinen Erbteil herauszugeben. Doch kann er sich auf Bedürftigkeit berufen und sich freikaufen. Das Statut von Perugia von 1342 III 56 (S. 70 f.) ordnet Auszahlung eines Betrages an, der sich für das schuldige Kind bei Verteilung des halben Vermögens nach erbrechtlichen Grundsätzen ergibt. Ähnlich Rosignano 1306 r. 51, Brescia 1313 II 9, Florenz, Stat. Pod. 1325 III 64 (S. 226), Mirandola 1386 S. 118 ff.

Macht sich aber umgekehrt der Gewalthaber eines Verbrechens schuldig, auf das Konfiskation des Vermögens steht, so wird die Erbquote oder sonst ein bestimmter Anteil des Vermögens im Interesse der Erben von der Beschlagnahme ausgenommen. Beispiele bieten die Statuten von Padua von 1305 S. 268 und Perugia von 1342 III 56 (S. 70 f.). Die Gesamthaftung also wirkt nur zum Nachteil des Gewalthabers, wird aber preisgegeben, wo sie den Gewaltunterworfenen Schaden brächte.

Auch sonst wird die Gesamthaftung gelegentlich ausdrücklich verboten. Mehrfach wird z. B. bestimmt, daß der Vater nicht aus Straftaten seiner Kinder, der Ehegatte nicht aus denen des anderen Teils zu haften habe. So in Florenz (Stat. Pod. 1325 III 64 S. 226),

Rom (1363 II 110 S. 146), Olevano (1364 r. 59)[125]), Ascoli (1377 Stat. Pop. III 30 S. 371), Lodi (1390 S. 107) und Biandrate (1395 S. 86).[126])

Außer den Erben werden gelegentlich auch die Gläubiger in ihren Rechten geschützt. So wird nach dem Statut von Piacenza von 1391 V 40 das Vermögen des Mörders konfisziert »salvo iure creditorum et salva debita iure naturae descendentibus talis malefactoris.«[127]).

In Lucca (1308 IV 67 S. 286) endlich wird der von den Rechtslehrern erörterte Fall geregelt, daß von mehreren Haus- oder Turmbewohnern nur einer von der Wüstung betroffen wird. Man suchte hier nach einem billigen Ausgleich für die übrigen Bewohner.

* * *

Zusammenfassend wäre jetzt folgendes zu sagen: Die Lehre von der strafrechtlichen Schuld empfängt Antriebe aus dem Schweigen, nicht aus dem Reden der Gesetze. Die Praxis erzwingt unmittelbar die Einbeziehung der culpa ins Strafrecht, mittelbar die Erweiterung des dolus. Unter dem Eindruck der Praxis wird die Unterscheidung zwischen Affekt und Überlegung ausgebaut und vertieft. Umgekehrt empfängt die Praxis Anregungen von der Lehre. Die Theorie der allgemeinen Schuldfähigkeit findet Niederschlag im Statutarrecht, und mehr und mehr werden auch die Auffassungen der Lehrer von den Schuldformen in den Ortsgesetzen wiedergegeben, besonders in Bestimmungen über die Fahrlässigkeit. Die Wissenschaft sucht sodann die unter dem Druck der Praxis geschaffene Schuldlehre im Wege der passiven Auslegung auf das Statutarrecht zu übertragen, findet aber Widerstand bei den Gerichten. In der Entwicklung endlich von der Gesamthaftung zum Verschuldensprinzip ist die Wissenschaft führend, die Praxis folgt nach.

---

[125]) »... quod uxor non puniatur pro offensa viri sui, sed dotes suas, qualitercumque vir eius deliquerit, volumus esse salvas. Pater etiam non puniatur pro offensa filii, et filli familias puniantur ut alii cives.«

[126]) »Pater pro filio, filius pro patre, frater pro fratre, nepos pro patruo vel alter pro altero nullo modo puniatur.«

[127]) So auch das angeführte Statut von Lodi.

Die Strafe.

Die Entstehung der öffentlichen Strafe, die Abspaltung der Strafen aus der Friedlosigkeit, die Verdrängung der Blutrache durch das Kompositionensystem, das alles zu schildern ist hier nicht unsere Aufgabe. Im 14. Jahrhundert hat die öffentliche Strafe sich durchgesetzt, aber deutliche Reste älterer Anschauungen, sind noch geblieben. In Resten erhalten ist die Friedlosigkeit, noch lebendig der Rachegedanke. Der Rache, der Genugtuung des Verletzten dient noch die öffentliche Strafe. Die alte Zweiteilung von Buße und Friedensgeld ist in Gesetzen erhalten, nach denen die Geldstrafe zwischen Staat und Opfer geteilt oder neben der Strafe eine besondere Buße zugesprochen wird.

I. Allgemeines.

1. Talion und spiegelnde Strafe.

Wer die Tatbestände des mittelalterlichen Strafrechts mit den Strafdrohungen vergleicht, die daran geknüpft sind, dem fällt sogleich ein dem modernen Recht fremder äußerlicher Zusammenhang zwischen Verbrechen und Rechtsfolge auf. Sehr oft wird der Verbrechenserfolg am Täter wiederholt, sehr oft auch die Verbrechenshandlung am Bestraften symbolisch dargestellt. Im ersten Falle liegt Talion vor, im zweiten hat man es mit »spiegelnden Strafen« zu tun. Beide Erscheinungen, Talion und Spiegelung, sind begrifflich unterscheidbar, gehen aber tatsächlich ineinander über. Der Unterschied beider Erscheinungsformen der Strafe entspricht dem tatbestandlichen Gegensatz von Handlung und Erfolg. Wie sich noch zeigen wird, legen die Italiener in den Einzeltatbeständen bald Wert auf die Verbrechenshandlung, bald auf den eingetretenen Erfolg und stufen danach die Strafen ab. Beide Prinzipien treten auch in Talion und spiegelnder Strafe zu Tage: Die Talion wiederholt den Erfolg, die spiegelnde Strafe die Handlung. Daran ändert nichts, daß auch die spiegelnde Strafe einen Erfolg, einen Zustand am Täter hervorruft, wie z. B. das Abhauen der Schwurhand. Denn dieser Erfolg symbolisiert nicht den Verbrechenserfolg, sondern die Verbrechenshandlung, nämlich den Mißbrauch der Schwurhand beim Meineid. Wo aber die Verbrechenshandlung mit dem Erfolg notwendig verbunden ist, wie etwa die Tötungshandlung mit dem Todeserfolge, dort fallen Talion und spiegelnde Strafe zusammen.

Das Talionsprinzip, manchmal abstrakt zum Ausdruck gebracht [1]), findet in den Statuten vielfältigen Niederschlag. Der Mörder verliert den Kopf, wer jemand verstümmelt, das Glied, das er dem andern genommen hat. Talion kann auch Vermögensstrafe sein, wie z. B. dann, wenn der Beamte die unterschlagene Summe oder das doppelt bezogene Gehalt, oder wenn derjenige, der eine bezahlte Schuld nochmals einfordert, die Schuldsumme als Strafe zahlt. Doch schon das letzte Beispiel macht deutlich, wie der Talionsgedanke sich gelegentlich überschlägt. Dem Täter wird nicht der erreichte, sondern der erstrebte Erfolg wieder zugefügt. So erleidet sehr oft der Verleumder, der eine falsche Anklage erhebt, der falsche Zeuge im Strafprozeß die Rechtsfolge, die der Angeklagte verwirkt hätte, wenn Klage oder Anzeige berechtigt, die Aussage richtig gewesen wäre.

Weniger eindeutig als die (richtig begriffene) Talion ist die spiegelnde Strafe [2]). Sie trifft das Glied, das Unrecht tut, wiederholt das Verbrechen am Täter selbst. Das geschieht seltener unmittelbar — wie durch Hinrichtung des Mörders — als mittelbar durch symbolischen Akt. Wer den Beamten besticht, verliert dieZunge, mit der er ihm zugeredet hat, der falsche Zeuge Zunge oder Schwurhand [3]), der Urkundenfälscher die Schreibhand, den Münzfälscher tötet das Feuer, mit dem er die Tat begangen hat. Spiegelnde Strafe ist der Verlust der rechten Hand bei Körperverletzungen [4]), die Entmannung bei Sittlichkeitsverbrechen u. a. m. [5]).

Mit diesem Prinzip war unter dem Eindruck der Quellenstelle

---

[1]) So heißt es in Tivoli (1305 III 160 S. 207) von dem, der jemand verstümmelt und geblendet hat und die Geldstrafe nicht zahlt: »puniatur manu pro manu, oculo pro oculo, pede pro pede et membro pro membro.« In Balangero (1391 r. 53) wird nach Ermessen bestraft, wer die Anklage nicht beweist »ita tamen quod arbitrium non excedat penam tallionis, idest penam quam debuisset pati accusatus.« Vgl. Kohler 104 f, 136 ff., Pertile V 262 ff., Nagler, Strafe 647 ff.

[2]) Kohler 104, Pertile V 258 ff., Bohne, FrStr. I 212 Anm. 89, Nagler, Strafe 650 f. Hier von »ideeller« oder »symbolischer« Talion zu sprechen ist nur mißverständlich.

[3]) So heißt es in Parma (1316 S. 251) von den falschen Zeugen: »inde manum debeant amittere, cum qua perjuraverint.«

[4]) In Arona (1319 r. 4 S. 68) verliert der Täter bei gewissen Körperverletzungen die Hand, »cum qua percuserit«. So auch r. 5 (S. 68).

[5]) In Pistoia (1296 III 23 S. 112) verliert die Zunge, wer die Parteinamen der Schwarzen und Weißen nennt und die Geldstrafe nicht zahlt. Wenn in Tivoli (1305 III 144 S. 202 f.) jemand die Bilder Christi, der Heiligen usw. verletzt und die Geldstrafe nicht zahlt, »amputetur ei manus, cum qua percussit seu iniuriam fecit«. Bespuckt er die Bilder, so verliert er die Zunge, »et sic de quolibet membro, cum quo fecerit iniuriam, intelligatur.«

C 6, 1, 3 auch die Theorie einverstanden. Wenn also Verstümmelung angeordnet, das abzutrennende Glied aber nicht näher bezeichnet war, so sollte der Körperteil verstümmelt werden, mit dem das Verbrechen begangen war. Auf die entsprechende Frage antwortet Baldus, C X 11 De delatoribus 5 n. 3: »Respondeo: si committatur delictum ambulando, intelligo de pede ...., si scribendo, de manu dextra, si loquendo, de lingua «[6]). Den Talionsgedanken bringen weltliches und geistliches Recht in der Bestrafung der Verleumdung zum Ausdruck[7]).

Spiegelnde Strafen erleiden auch die Sünder in Dantes Inferno. Nur wird das Symbolische dichterisch gesteigert, größer als im Recht ist der Abstand von Zeichen und Tat.

Die Lauen und Gleichgültigen, die im Leben keine Partei nahmen, verfallen selbst der Gleichgültigkeit. Gerechtigkeit und Erbarmen verschmäht sie.

»Fama di loro il mondo esser non lassa,
Misericordia e giustizia li sdegna.«
(Inf. III 50 f.)

Die Strafe ist sinnlos wie ihr Leben. Der hastige Kreislauf hinter der Fahne verdeutlicht durch den Gegensatz das Vergehen (Inf. III 52 ff.). Die Fleischesverbrecher, vom Sturmwind getrieben, büßen ruhelos die Unruhe ihrer Triebe (Inf. V 31 ff.). Sinnbild ihres Lebens ist das Leiden der Geizigen und Verschwender (Inf. VII 25 ff.), der Zornigen (Inf. VII 109 ff.) und Verdrossenen (Inf. VII 121 ff.). Wie im Leben treibt es Filippo Argenti, der im Hochmut sich selbst zerfleischt (Inf. VIII 59 ff.). Wahrsagern und Zauberern wird der Körper verrenkt (Inf. XX 7 ff.), den Zwietrachtstiftern zerfetzt (Inf. XXVIII 1 ff.). Die Heuchler tragen Kutten, die äußerlich vergoldet, im Innern aus Blei bestehen (Inf. XXIII 58 ff.). Überall das Leiden wie das Leben, die Qual ein Symbol.

2. Der Zweck der Strafe.

Talion und Spiegelung bezeichnen zunächst keinen Rechtsgrund oder Zweck der Strafe, sondern stellen nur Arten der Strafbemessung dar, die mit verschiedenartigen Strafzwecken vereinbar sind[8]). Freilich ist nicht zu verkennen, daß gewisse Arten der Strafbemessung besonders geeignet sind, bestimmten Zwecken zu dienen, und in diesem

---

[6]) Vgl. auch Gandinus, De penis 25 (S. 228); Baldus, C VI 1 De fugit. serv. 3 n. 1.

[7]) Vgl. S. 396 f., 399.

[8]) Nagler, Strafe 647 f., 719.

Sinne sind allerdings Talion und Spiegelung dem Vergeltungsgedanken zugeordnet. Wo die Strafe sich in ihrer Beschaffenheit der Tat angleicht, Erfolg oder Verbrechen wiederholt, dort wird Strafzweck in der Regel auch der Rückschlag gegen die Tat an sich sein, die Strafe in der Tat nicht nur ihr Spiegelbild, sondern auch die Rechtfertigung finden. Talion und Spiegelung also sind typischerweise, wenn auch nicht begrifflich notwendig, Ausdruck des Vergeltungsgedankens. In diesem Sinne deutet auch Dante das spiegelnde Leiden als »contrapasso« [9]).

So kennzeichnet also schon das starke Hervortreten von Talion und Spiegelung das Strafrecht des Mittelalters als Vergeltungsstrafrecht. Dieser Eindruck aber wird bestätigt durch unmittelbare Aussagen der Quellen. Der Vergeltungsgedanke des mittelalterlichen Strafrechts wird theoretisch begründet in der christlichen Theologie [10]), zunächst von Augustin. Die Strafe ist gerechtfertigt aus dem Verbrechen als solchem, dessen Wesen sich im Abfall von der Gerechtigkeit erschöpft. Die Abweichung von der Norm setzt sich automatisch in Strafe um. Diese Lehre, in der Zwischenzeit befruchtet durch Gedanken aus der theologischen Bußlehre, wird aufgenommen und vertieft von Thomas von Aquino. Auch für Thomas besteht das Wesen des peccatum im Ungehorsam gegen die Ordnung, die vermöge des ihr innewohnenden Rückstoßvermögens den Täter mit ausgleichender Strafe belegt. Strafe und Sünde entsprechen sich. Die Sünde ist contrapassum [11]), recompensatio, retributio.

Wie die Theologie so kennzeichnet auch das kanonische Recht die Strafe als Vergeltung, als »vindicta«, »ultio« und fordert die Anpassung der Strafe an die äußere Beschaffenheit des Verbrechens [12]). In einer gleichsam persönlichen Wendung erscheint der Vergeltungsgedanke im Prinzip der kanonistischen satisfactio. Da die äußere Ordnung Abbild der göttlichen Ordnung ist [13]), so bedeutet die Auflehnung gegen die Norm eine Beleidigung Gottes, der durch Ausgleichung, satisfactio, zu versöhnen ist [14]).

---

9) Inf. XXVIII 142.

10) Nagler, Strafe 169 ff.

11) Vgl. Anm. 9.

12) Vgl. z. B. Bonifatius VIII. in c. 5 in VI to De poenis V 9: »iudex ... poenam metiatur ex culpa, ut secundum quod excessus exegerit, vindicta procedat«; Hostiensis, S. A. V 37 n. 1: »Quid sit poena delicti? Debita coercio seu satisfactio lege vel alio jure limitata, quia poenae certae singulorum peccatorum sunt; vel poena est noxae vindicta, et est generale omnium delictorum.« Hinschius, KR. V 644, Bohne, FrStr. I 214 f., Nagler, Strafe 160 f.

13) Vgl. auch S. 40.

14) Nagler, Strafe 155 ff., 174, Günther, Wiedervergeltung I 267, 278, Bohne, FrStr. I 217.

Unwesentlicher ist der Beitrag der weltlichen Theorie [15]) zur Entwicklung dieser Lehren. Während die ältere Lehre an der Ulpianischen Begriffsbestimmung der Strafe als noxae vindicta festhielt, setzt sich seit Azo, der seinerseits vermutlich unter kanonistischem Einfluß stand, der Gedanke des Ausgleichs durch. Die Strafe wird bestimmt als »delicti vel pro delicto satisfactio, quae a lege vel ministro legis imponitur,« ohne daß aber damit die Bestimmung der Strafe als vindicta preisgegeben wurde. Auch die Rechtslehrer des 14. Jahrhunderts halten an den Bestimmungen der Strafe bald als vindicta, bald als satisfactio fest und betrachten beide Deutungen als inhaltsgleich.

Überall somit ein Hervorbrechen des Vergeltungsprinzips. Das Verbrechen, die Sünde an sich, ist der Grund der Strafe. Der Rückschlag gegen den Verletzer der Norm liegt im Wesen der Ordnung. Die Vergeltungsstrafe entspricht dem Grundsatz ne crimina remaneant impunita [16]).

Den gleichen Gedanken bringen auch die Statuten [17]) zum Ausdruck. Natürlich ist es nicht einfach, die in der Praxis herrschenden Zweckvorstellungen zu ermitteln. In der Regel drohen die Gesetze Strafen an, ohne den Strafzweck unmittelbar zum Ausdruck zu bringen. Eine Gegenüberstellung solcher Raisonnements, wo sie doch einmal vorkommen, könnte leicht ein schiefes Bild ergeben. Denn es liegt ja in der Natur der Sache, daß etwa konkrete Zweckvorstellungen, bestimmte kriminalpolitische Absichten, die möglicherweise sogar die Auslegung im Einzelfall beeinflussen sollen, eher zum Ausdruck kommen als eingewurzelte und eben darum kaum noch bewußte Überzeugungen. Oder wo ein Gesetz überhaupt den Strafzweck erwähnt, wird es eher geneigt sein, von Abschreckung als z. B. von Vergeltung zu sprechen. Läßt doch die Bekundung des Abschreckungszwecks an sich schon eine Steigerung des gesetzlichen Terrors erwarten. Wenn also die Gesetze häufiger Wendungen enthalten, die auf den Abschreckungszweck hindeuten, als ausdrückliche Bekundungen des Vergeltungsprinzips, so beweist das nicht schon ein Zurücktreten der Vergeltung hinter die Generalprävention.

Ich möchte jedenfalls annehmen, daß im praktisch geltenden Recht jener Zeit der Vergeltungsgedanke nicht weniger überwog

---

[15]) Nagler, Strafe 181 ff.

[16]) Vgl. S. 55.

[17]) Über den Zweck der Statutarstrafe vgl. Kohler 16 ff., Pertile V 55 f., Bohne, FrStr. I 26 ff., 193 ff., R. Schmidt, Aufgaben 186 ff., Zechbauer 26 f.

als in der Theorie. Zunächst (wie schon hervorgehoben) sprechen manche Gesetze ausdrücklich von Vergeltung. Als »vindicta« wird die Strafe z. B. im Statut von Tivoli von 1305 IV 301 (S. 242) bezeichnet. Im Gesetz von Argenta von 1342 S. 93 kommt die Präambel vor: »Quoniam publice interest, ne malla remaneant impunita.« Genau so in Perugia 1342 III 77 (S. 101): »A ciò che glie malefitie non remangano empunite« usw. Aber wichtiger ist etwas anderes, worauf R. Schmidt (Aufgaben 191 ff.) in überzeugenden Ausführungen hingewiesen hat: die Herstellung der Proportion von Verbrechen und Strafe, die planmäßige Ausrichtung der Rechtsfolgen nach der Tat, die kasuistische Abstufung der Bußsätze. Weil die Strafe in der Tat ihren Grund hat, und zunächst nur in der Tat, wird sie allen Nuancen der verbrecherischen Betätigung angepaßt. Die Zweckstrafe führt notwendig von der Tat hinweg. Das Verbrechen ist Anlaß, nicht Grund der Strafe. Die mittelalterliche Strafe aber wird für die Tat verhängt und paßt sich ihr — wie wir sahen, vielfach schon äußerlich — an. Das spricht alles für ein Vorwiegen des Vergeltungsgedankens.

Das liegt ja auch von vornherein nahe. Damals hat sich die öffentliche Strafe erst vor kurzer Zeit gegen Privat- und Blutrache durchgesetzt, ohne die Überreste dieser Vorstellungen völlig beseitigen zu können. Diese Instinkte leben wie im Einzelnen noch in der Gemeinschaft fort, umso mehr, als der strafende Staat kein blutloses Abstraktum, sondern eine Gemeinschaft von Bürgern, fast noch eine Summe von Einzelnen ist, die in der Strafe ihr kollektivistisches Rachegefühl zur Geltung bringen. Sodann aber stellt sich die Staatsgewalt in den Dienst des Einzelnen. Die Strafe soll dem Verletzten Genugtuung schaffen, sein Rachebedürfnis befriedigen, damit die Privatrache unterbleibt [18]). Von diesen geschichtlichen Überlegungen aber ganz abgesehen, die Vergeltung hat mit der Rache gemeinsam die Betonung der Tat, die Zufügung des Übels um des Geschehenen willen, unabhängig davon, ob die Sanktion darüber hinaus einen »Zweck hat.«

Die Rechtsordnung ist sittliche Ordnung. Schon auf Erden soll es der Gerechte gut, der Rechtsbrecher schlecht haben. Unerträglich wäre es also, wenn der Verbrecher aus seiner Tat noch Vorteil und Ehre zöge. So wird die Strafe denn mehrfach damit begründet, daß der Verbrecher sich nicht öffentlich rühmen dürfe, die Tat begangen zu haben. So rechtfertigt ein florentiner Urteil von 1344 bei Kohler — degli Azzi 43 die Strafe für Widerstand gegen die

[18]) Vgl. auch Nagler, Strafe 161 Anm. 1, Bohne, FrStr. I 217.

Staatsgewalt so: »ne tantum facinus remaneat impunitum, cum contra commune Florentie et contra rem publicam dicti Communis sit commissum, et ne de ipsorum contumatia glorientur« [19]). Ebenso in den Statuten, z. B. in Ceneda r. 55 beim Leugnen gewisser Verwandtschaftsverhältnisse u. dergl.: »ne ille, qui negaverit dictas positiones ..., de sua malitia valeat gloriari.«

Nun können aber mit dem Vergeltungszweck andere Zwecke verbunden werden. Das aus der Tat an sich gerechtfertigte Übel kann darüber hinaus liegenden Zielen nutzbar gemacht werden, und das Mittelalter hat in Lehre und Praxis solche Nebenzwecke zur Geltung gebracht [20]). Namentlich die Generalprävention, die Abschreckung anderer wird stark betont [21]), im geistlichen [22]) wie im weltlichen Recht [23]).

Auch in Gesetzen und Urteilen wird die Strafe immer wieder aus dem Abschreckungszweck begründet [24]).

---

[19]) Vgl. auch das Urteil in G. A. 91 S. 316 f. und c. 10 X De maioritate et obed. I 33!

[20]) Nur Zweckstrafe unter Ablehnung der Vergeltung will Lucas de Penna, C XI 53 De colon. illyr. c. un. (S. 172 R.): »Nemo prudens .... punit, quia peccatum est, sed nec (lies »ne«) peccetur; revocari enim preterita non possunt, futura prohibentur.«

[21]) Nagler, Strafe 161 Anm. 1, Günther, Wiedervergeltung 278, Bohne, FrStr. I 216 f.

[22]) Besserung und Abschreckung bezeichnet Raym. de Pennaf. II 5 De raptoribus etc. § 16 (S. 197) als Ziel der Anklage: »accusatores et denunciatores debent procedere ex caritate, scilicet, ut accusati corrigantur et ceteri terreantur.« Ebenso Joh. v. Fr. II 5 q. 189. — Den Abschreckungsgedanken bringt auch Thomas v. A., S. th. 2, 2 q. 108 a. 3 deutlich zum Ausdruck: »cohibentur ... aliqui a peccando, qui affectum virtutis non habent, per hoc quod timent amittere aliqua, quae plus amant quam illa, quae peccando adipiscuntur; alias timor non compesceret peccatum .....«. So rechtfertigt Thomas auch den öffentlichen Vollzug der Strafe. Dem Einwand, daß damit das Verbrechen doch bekannt werde und zur Nachahmung reize, begegnet er mit dem Hinweis auf die abschreckende Wirkung der Strafe: »plus terret poena quam alliciat exemplum culpae.« Vgl. auch die Zitate bei Günther (Anm. 21) und Hinschius, KR. V 129 Anm. 8.

[23]) So z. B. Bartolus, Tr. super constitutionibus r. Qui sint rebelles n. 1 f.: »Sic maleficia fieri malum est propter exemplum aliorum ... item poenas inferri bonum est propter exemplum, ut unius poena sit exemplum seu metus multorum.« Vgl. die Kommentare zu C IX 27 Ad l. Iul. de adult. 1.

[24]) Vgl. die florentiner Urteile und sonstigen Urkunden bei Kohler-degli Azzi 131 ff. u. in G. A., z. B. 51 S. 319 f., 53 S. 261 f., 268 f., 274 f., 91 S. 316 f. Vgl. z. B. das Urteil von 1379 in G. A. 51 S. 314 f. (315) in einer Hochverratssache: »... ne predicta delicta remaneant impunita, et ut unius pena ceteris transeat in exemplum, et alii a similibus arceantur«. — Vgl. auch Bohne, FrStr. I 223 ff.

So wird in Brescia (1313 III 113) das Vermieten an Dirnen bestraft, »ut caeteris similia perpetrandi audacia auferatur, et poena unius sit metus multorum«. Den gleichen Gedanken bringt mehrfach das Gesetz von Vercelli (S. 63 u. 112 R.) zum Ausdruck, so bei der Urkundenfälschung (»Ita quod metu pene talia non committantur ... et si commissa fuerint ...., non remaneant impunita«) und beim Raube (»ut homines timore pene se abstineant a delictis«). Das Statut von Argenta von 1342 bedroht den Mord mit Enthauptung, »ut metu pene homines ab illicitis revocentur« (S. 87), den Ehebruch, »ut mulieres suorum virorum abhorreant fedare conubia« (S. 96). Das Gesetz von Perugia von 1342 III 9 (S. 29) stellt das Unterlassen der Festnahme von Verbrechern unter Strafe »a ciò che non solamente per vertude de premio (um der Belohnung willen), ma per temore de pena (aus Furcht vor Strafe) gli uomene prendano (fangen) .... glie malfatore.«

Gelegentlich wird der Abschreckungsgedanke auch mittelbar ausgesprochen durch die Wendung, dem Verbrecher solle die Hoffnung genommen werden, daß die Tat gut ausgehe. So wird in Modena (1327 I 10) der ewige Bann über gewisse Verbrecher verhängt »ad hoc ut malefactores de suis malis operibus gravamen, dampnum et iniuriam possint et debeant sustinere, et ne spe futuri benefitii vel subsidii causam habeant faciendi vel operandi illicita contra honorem vel bonum statum Civitatis et populi Mutine«.

In erster Linie der Abschreckung dient natürlich auch der öffentliche Vollzug der Todes- und Verstümmelungsstrafe [25]. So begründet auch Johannes Calderinus, c. 1 X De raptoribus etc. V 17, den öffentlichen Strafvollzug. Es sei üblich, Wegelagerer zu hängen »in loco, ubi deliquerunt, ubi per ipsorum penam vicini terreantur.« Freilich war der Abschreckungszweck hier nicht das einzige Motiv. Die Öffentlichkeit des Strafvollzugs entsprach der Publizität aller Lebensverhältnisse. Sie diente ebensosehr als öffentliches Schauspiel, ja als Volksbelustigung wie als Mittel der Abschreckung. Sie paßt zu der Buntheit, Farbigkeit, Grelle jenes Zeitalters, das mit unsentimentaler Nüchternheit ein ausgeprägtes Bedürfnis nach Sensationen und drastischen Eindrücken verband. So darf man denn auch die Frage, ob die grausamen Strafen jener Zeit etwas nützten, ob sie wirklich geeignet waren, das Verbrechen durch Abschreckung zu verhüten, nicht vom Standpunkt des modernen Menschen beurteilen. Wahrscheinlich erregte das Schauspiel der öffentlichen Hinrichtung nicht nur die Instinkte des Pöbels, sondern machte auch auf ernsthafte Menschen Eindruck.

Spezialpräventive Zwecke hingegen treten hinter Vergeltung und Abschreckung zurück. Eine Besserung des Sünders erstrebt freilich die Kirche, namentlich mit der Zensur [26]. Aber dabei ist

[25]) Bohne, FrStr. I 223 ff.

[26]) Günther, Wiedervergeltung 278, Nagler, Strafe 157 ff., 161 Anm. 1.

mehr an die Rettung der gefährdeten Seele vor der Verdamnis gedacht als an »Resozialisierung«, die Wiedereingliederung des Asozialen in die Gesellschaft. Sehr begreiflich in einer Zeit, die im Verbrechen weniger den Angriff auf die Gesellschaft sieht als moralisches Unrecht und Abfall von Gott.

So findet man denn in den Quellen des weltlichen Rechts nur spärliche Hinweise auf den Besserungsgedanken. Eine Ausnahme macht Jacobus de Belvisio III 26 n. 4 f., der die Straflosigkeit des Versuchs bei crimina privata und non atrociora so begründet: »nec mirum, quia poena civilis seu pecuniaria est introducta propter damnum privati, hoc est ad resarciendum damnum privatorum, sic ut intersit privati principaliter, rei publicae vero secundario tantum ..., sed poena criminalis fuit inventa principaliter propter malos mores hominum corrigendos«.

Gänzlich tritt der Besserungsgedanke im Strafrecht der Statuten zurück. Insbesondere ist die Freiheitsstrafe nicht nach Art der modernen Freiheitsstrafe vom Besserungsgedanken beherrscht. Bohne ist der Nachweis für seine entgegengesetzte Ansicht nicht geglückt [27].

Wohl aber wird ein anderer spezialpräventiver Zweck erstrebt: die Unschädlichmachung des Verbrechers [28]. Diesem Zweck dient namentlich die Verstümmelungsstrafe. Sie macht den Täter unschädlich, verhindert in der Regel eine Wiederholung der Tat. Es ist kein Zweifel, daß der Gesetzgeber diese Wirkung bezweckte. Hier und dort kommt das auch zum Ausdruck. So wird in Siena (1309/10 V 295 S. 357) dem falschen Zeugen, wenn er die Geldstrafe nicht zahlt, die Zunge abgeschnitten, »sì che co la lengua mai non favelli« (so daß er mit der Zunge nie wieder spricht). Auch in Rom (1363 II 33 S. 104) verliert der falsche Zeuge die Zunge, »ita quod ulterius loqui non possit«.

Daneben erfüllt die Verstümmelung noch den weiteren Zweck, daß Richtern und Rechtsgenossen das Verbrechen bekannt wird. Vor dem Verstümmelten nahm man sich in Acht. In Vercelli (S. 112 R. f.) steht auf gewisse Diebstähle Geld- oderEhrenstrafe. Außerdem ist vom Täter gesagt: »ultra hoc sibi auricula dextra media incidatur in signum furti«. Besonders geeignet für diesen Zweck war natürlich die Brandmarkung. So begründet das Statut von Bologna von 1454 S. 24 die Brandmarkung bei der Vergiftung so: ».... sit perpetuo et verisimiliter evidens et deformis cicatrix remansura, quae habeat

[27]) Vgl. S. 309 ff.

[28]) Nagler, Strafe 161 Anm. 1.

ipsum huiusmodi criminis reum manifestum omnibus publicare«. Verstümmelung und Brandmarkung ersetzen gewissermaßen das fehlende Strafregister [29]). Dem Täter wird die Strafe auf den Leib geschrieben.

Insgesamt also bieten Theorie und Praxis, weltliches und geistliches Recht, das gleiche Bild. Es überwiegt der Vergeltungszweck, mit dem zusammen aber andere Nebenzwecke verfolgt werden, unter denen der Abschreckungszweck (Generalprävention) den ersten Platz einnimmt. Dagegen treten Spezialprävention und andere Zwecke zurück.

3. Das richterliche Ermessen.

Die rechtssoziologische Entwicklung des ausgehenden Mittelalters, auch der Verlauf innerhalb des 14. Jahrhunderts, ist gekennzeichnet durch einen Rückgang der richterlichen Macht, einen Machtzuwachs der Verwaltung und der an der Gesetzgebung beteiligten politischen Faktoren. Der Richter tritt hinter das Gesetz zurück.

Anders vielfach im 13. und noch zu Beginn des 14. Jahrhunderts. Damals wirkten die Überlieferungen der Feudalzeit nach. Der Richter hat weitgehende Freiheit in der Bestimmung der Strafe [30]). Die Gesetze, soweit sie nicht ganz hinter der Gewohnheit verschwanden, waren dürftig und ließen Raum für das Gutdünken der Gerichte. Politische Nöte und Wirren machten die Machthäufung in den Händen Einzelner nötig, und in gleicher Richtung wirkte der steigende Einfluß des gemeinen Rechts mit dem Vorbild der poena extraordinaria.

Aber stärker als diese Tendenzen erwiesen sich andere Kräfte. Mit dem Aufkommen der Städte sinkt die Macht des Gerichtsherrn. Der richterliche Beamte des 14. Jahrhunderts ist ein Berufsbeamter, der schärfster Kontrolle unterstellt ist. Das politische Mißtrauen, der Machtwille der städtischen Gewalten und das Bedürfnis des Bürgertums nach Rechtssicherheit schränkt die Freiheit des Ermessens ein. So wird das germanische System fester Kompositionen ergänzt durch absolute Körperstrafen, der römischrechtlichen extraordinaria cognitio vorgezogen. Bei aller Bereitwilligkeit für die Aufnahme romanistischen Rechtsguts fehlt es an den politisch-soziologischen Voraussetzungen für die Übernahme des römischen Strafensystems.

---

[29]) Es gab Bannbücher und Bannregister, aber keine Strafregister in unserem Sinne.

[30]) Kohler 271 ff., Pertile V 399 ff., Bohne, FrStr. I 165 ff., II 1 ff., R. Schmidt, Aufgaben 163 ff., 172 ff., Salvioli, Storia 707 ff., Ciccaglione, Manuale II 291.

Das Strafrecht des 14. Jahrhunderts zeigt noch das Ringen der widerstreitenden Kräfte. Namentlich die älteren Statuten und in diesen wieder zunächst die politischen Tatbestände weisen die typischen Merkmale des Strafrechts der Feudalzeit auf: Vernachlässigung und Verflüchtigung der Tatbestände und weiteste Freiheit in der Bemessung der Rechtsfolgen.

Das Ermessen des Richters ist bald völlig unbeschränkt, erstreckt sich also gleichermaßen auf Körper- und Vermögensstrafen, bald ist es begrenzt, etwa nur für Vermögensfolgen eingeräumt. Das wird bald ausdrücklich gesagt, bald mittelbar dadurch ausgedrückt, daß die Verhängung von Körperstrafen verboten wird, wenn eine ausdrückliche Strafdrohung fehlt [31]).

Sehr oft sind feste Grenzen gezogen, aber zumeist keine Strafrahmen mit Höchst- und Mindeststrafe bestimmt, sondern es wird nur die eine oder andere bezeichnet. Endlich kam es vor, daß eine absolute Strafe ausgeworfen, aber dem Richter erlaubt wurde, über diese Strafe hinauszugehen oder dahinter zurückzubleiben [32]). Theoretisch hatte der Richter damit Freiheit, in der Praxis aber wird er die feste Grundstrafe nur aus besonderen Gründen preisgegeben haben.

Das Mittelalter kannte nicht den Satz nulla poena sine lege. Nach dem Grundsatz ne crimina remaneant impunita war auch dann zu strafen, wenn das Gesetz eine Strafe nicht vorsah. Aber dasselbe mußte gelten, wenn aus besonderen Gründen die gesetzliche Strafe nicht vollstreckt werden konnte. Das war sehr leicht möglich: Wenn das Statut z. B. für ein Verbrechen den Verlust der rechten Hand androhte, so ließ sich diese Strafe nicht vollstrecken, wenn der Täter nach dem ersten Urteil rückfällig wurde. Trotzdem dachte man nicht daran, ihn straflos zu lassen. Vielmehr muß der Richter die nicht vollstreckbare in eine passende Strafe umwandeln. Statt der rechten ist z. B. die linke Hand oder sonst ein Glied zu verstümmeln [33]), ein

---

[31]) Lodi 1390 r. Nullus corporaliter puniatur, nisi lege municipali caveatur (S. 97).

[32]) So immer wieder im Statut von Verona von 1450. Seltener wird eine Rahmenstrafe festgesetzt, aber dem Richter erlaubt, über die Höchststrafe hinauszugehen. Ähnlich steht in Genua (1363 r. 65) auf die Begünstigung des Geächteten eine Geldstrafe von 25 bis 200 l, die aber gleichfalls nach Ermessen erhöht werden darf.

[33]) Gandinus, De penis 25 (S. 228); Alb. de Rosc., D XLVII 10 De iniur. et fam. lib. 35, C IX 44 Ut intra certum tempus etc. 2 n. 1; Baldus, a. gl. O. 2 n. 4; Alb. de Rosc., C VI 1 De fugit. serv., Auth. Sed novo iure n. 3; Baldus, a. gl. O. n. 15; Bartolus, D XLVIII 2 De acc. et. inscr. 12, 4 n. 10; Angelus, D I 3 De leg. senatusque cons. 32 n. 5 f., C VI 1 De fugit. serv. 4 n. 4; Lucas de Penna, C XII 50 De curs. publ. 20.

Grundsatz, der auch im Statutarrecht Eingang findet. So ist in Bologna (1454 S. 24 R.) bei Verwundung gegen Entgelt, wenn die Geldstrafe nicht bezahlt wird, die rechte Hand abzuschlagen »et ea deficiente sinistra«. Nach dem gleichen Prinzip soll der Richter die Strafe nach Ermessen verschärfen, wenn ein Verbrecher mehrfache Todesstrafe verwirkt hat. Wenn aber Verstümmelungs- und Todesstrafe zusammenkommen, so ist zunächst jene, dann diese zu vollstrecken [34]).

Darüber hinaus aber gab die Rechtslehre dem Richter die allgemeine Befugnis, aus besonderen Gründen die gesetzliche Strafe, auch die des Statuts zu erhöhen oder zu mildern. Für die Entwicklung der Wissenschaft war das sehr bedeutsam. Das Strafrecht wurde so viel elastischer, Fahrlässigkeit und Affekt, Minderjährigkeit und Zwang ließen sich in ihren Besonderheiten strafmildernd berücksichtigen [35]). Besondere Erscheinungsformen des Verbrechens, Umstände, die wir als Schuldausschließungs- oder -milderungsgründe anzusehen pflegen, waren bei den Italienern Gründe für ein Abweichen von der gewöhnlichen Strafe.

Soweit aber seinem Ermessen Raum bleibt, darf der Richter nicht nach Willkür und Laune entscheiden, sondern ist gebunden an sachliche Maßstäbe.

Die meisten Gesetze bestimmen die Gesichtspunkte für die Strafzumessung rein schematisch. Bei der Zumessung ist Rücksicht zu nehmen auf die Art der Handlung und die Eigenschaften der beteiligten Personen, des Täters wie des Verletzten. Es ist zu bestrafen »inspecta qualitate delicti et personarum«. Diese oder ähnliche Wendungen kehren immer wieder. Von diesem Schema weichen die Statuten aber gelegentlich ab.

So steht in Florenz (Stat. Pod. 1325 III 45 S. 208 f.) auf gewisse Körperverletzungen absolute Geldstrafe. Scheint dem Richter diese Strafe aber zu gering »considerata eius (d. h. des Täters) potentia et etiam persone offense et maleficii et cause maleficii qualitate et condictione considerata«, so ist die Strafe nach Ermessen zu schärfen. Nach den Ägidianischen Konstitutionen

---

34) Angelus, D XLVII 1 De priv. del. 2 n. 2.

35) Baldus, Cons. I 144 n. 4: »Ubi genus criminis qualitati pene non conveniret, ibi de necessitate fit disgressio a pena ordinaria ad penam arbitrariam ascendendo vel descendendo ad penam vel a pena prout congruit gravitas culpe«; Jac. de Belvisio II 11 n. 19, III 19 n. 3, 4; Bonif. de Vitalinis, De penis n. 5. Vgl. auch die Kommentare zu C 2, 11, 3. — Joh. v. Fr. II 5 q. 146; Barth. Pis. s. v. »Iudex« n. 10 (S. 93). Vgl. auch Lucas de Penna, C XII 45 De desertoribus (S. 301): »Iudex potest in sententia minuere penam cum causa, puta ratione senectutis aut iuventutis vel si sine dolo deliquit.« — Über das römische Recht vgl. Falchi, dir. pen. 47 ff.

von 1357 IV 19 (S. 165) darf der Rektor die Strafen gegen Rebellen erhöhen, herabsetzen oder verändern, »prout inspecta qualitate delicti, personarum sive universitatum et perseverancia in delictis et aliis circumstanciis videatur convenire«. Das Statut von Forli von 1359 III 6 (S. 194) ordnet u. U. eine Milderung der Beleidigungsstrafe nach Ermessen an »personis, casis, locis et qualitatibus dilligenter [pensatis]«. Nach dem gleichen Statut (III 20 S. 218) soll der verheiratete Mann, der ein Verhältnis bei sich hält, wie die Konkubine selbst bestraft werden. Ist sie aber verheiratet, so wird sie härter bestraft »facti ac personarum qualitate et schandalo dilligenter pensatis«. In Bobbio (1398 IV 136) endlich werden Beleidigungen mit fester Strafe bedroht: »Salvo quod ex qualitate personarum, locorum et verborum dictam paenam valeat mitigare vel augere.«

Gesichtspunkte für die Strafzumessung in reicher Auswahl bieten auch die Schriften der Theoretiker. So soll etwa der Richter auf die Art des Erfolges wie der angewandten Mittel sehen, auf örtliche und zeitliche Umstände, auf Alter, Stellung, Lebensweise und Ruf des Täters und des Verletzten u. a. m. [36]). Sachliche Gesichtspunkte dieser Art hat der Richter auch dann zu beachten, wenn das Statut ihm freies Ermessen einräumt. Auch dann darf er nicht mit Übermaß strafen [38]).

Vollends elastisch ist natürlich die Zumessungslehre der Beichtjurisprudenz. Die Freiheit des Ermessens für den geistlichen Richter und die Anpassungsfähigkeit der kirchlichen Bußen erlaubte eine Rücksichtnahme auf die verschiedensten Umstände. So wird die Fragestellung in der Beichte mit dem Vers umschrieben: »Quis, quid, ubi, per quos, quoties, cur, quomodo, quando« [37]). In der Regel heben Kanonisten und Beichtjuristen sieben Gesichtspunkte hervor, die Hostiensis, S. A. V 37 n. 6 so umschreibt: »Septem ... modis attenuatur vel aggravatur poena, scilicet causa, persona, tempore, loco, qualitate, quantitate, eventu [39])«.

Von den einzelnen Zumessungsgründen wird namentlich die Vermögenslage und die soziale Stellung des Täters berücksichtigt. Dabei ist man sich darüber einig, daß Reichtum und Vornehmheit die Strafe mildern, wo Körperstrafe, aber schärfen, wenn Geldstrafe

---

[36]) Bonif. de Vitalinis, De penis n. 3; Lucas de Penna, C XI 53 De colon. illyr. c. un.: »Attenditur qualitas criminis puta in armis et vulneribus illatis ... Item in qua parte corporis quis percusserit ... Et ultra hec sex alie circunstantie in puniendis criminibus attenduntur, videlicet causa, persona, locus, tempus, quantitas et eventus.« — Vgl. auch Falchi, dir. pen. 124 ff.

[37]) Raym. de Pennaf. III 34 De poenitentiis § 4 (S. 433); Joh. v. Fr. III 34 q. 83; Passavanti, d. 5 c. 4 (S. 142). Vgl. auch Raym. de Pennaf., a. a. O. S. 438.

[38]) Baldus, C VII 49 De pena iudicis, Rubr. n. 2.

[39]) Ebenso Raym. de Pennaf. III 32 De poenis § 2 (S. 367).

verwirkt ist. Dieser Grundsatz wurde nach Gandinus, De penis 39 (S. 253 f.) auch in der Praxis befolgt. In den Zumessungsgründen der Statuten werden diese Umstände nicht besonders hervorgehoben, doch werden gelegentlich die Straftarife im einzelnen den Vermögensverhältnissen angepaßt. So hat in Pisa (1286 III 27) der Gotteslästerer eine Geldstrafe von 50 l zu zahlen, »si dives fuerit«, eine solche von 25 l, »si fuerit pauper«. Nach dem Statut von Forli von 1359 III 68 halbiert sich die Geldstrafe, wenn die Tat begangen wird »per aliquam pauperem et miserabilem personam« [41]).

Endlich wollte die Rechtslehre das Ermessen nur so ausgeübt wissen, daß die Entscheidung den Gewohnheiten entsprach [42]). Damit wird praktisch die poena ordinaria auf dem Umwege über die Befugnis zur Abweichung vom Gesetz ex causa in weitem Umfange durch Gewohnheitsrecht verdrängt.

4. Gesetzliche Strafänderungsgründe.

Die gemeinrechtliche Jurisprudenz, so haben wir gesehen, erlaubt dem Richter, aus besonderen Gründen von der gesetzlichen Strafe abzuweichen, wenn diese Strafe ausnahmsweise zu hart oder zu milde wäre. Solchen Ausnahmeumständen trägt aber vielfach schon der Gesetzgeber Rechnung und hebt bei den verschiedensten Tatbeständen vielfach die gleichen Strafänderungs- (Erhöhungs- oder Minderungs-) Gründe hervor, die ein Abweichen von der Normalstrafe bewirken.

So erhöht [43]) sich die Strafe nach Ort und Zeit und besonderen

---

[40]) Gandinus, De penis 39 (S. 253 f.); Jac. de Belvisio III 25 n. 7 ff.; Bonif. de Vitalinis, Quid sit accusatio n. 132; Bartolus, D XLVIII 19 De poenis 14 n. 1; Baldus, D II 4 De in ius vocando 25 n. 1: »Aut poena est taxata a iure, et tunc non distinguitur qualitas personarum, nisi quae non potest solvere, luat in corpore. Aut est arbitraria et tunc aut ratione dignitatis quis presumpsit delinquere, et fortius punitur. Aut deliquit ut quilibet, et tunc poena personalis est maior in minori, poena pecuniaria maior in maiori«; Baldus, C I 1 De summa trinit. 4 n. 4, 8, C IX 1 Qui acc. non poss. 11 n. 4, C X 32 De decor. 33 n. 2; Salicetus, C IX 12 Ad 1. Iul. de vi 8 n. 4 u. a. m.

[41]) Vgl. auch Kohler 285 f., Schupfer, Manuale 436.

[42]) Bartolus, D XLVIII 1 De publ. iudic. 13, 1 n. 12: »quando imponitur poena pro delicto arbitrio iudicis, illa poena videtur determinata, quae pro tali delicto consuevit imponi«; Baldus, C VI 1 De fugit. serv. 4 n. 20: »id quod consuetum est fieri, non dicitur arbitrarium, sed necessarium, ... quia consuetudo est actus practicus: ideo est servandus ad unguem;« Bartolus, D III 2 De his qui not. infam. 13, 7 n. 12, D III 3 De procur. 33, 2 n. 2, D XLVII 1 De priv. del. 3 n. 3; Baldus, C II 11 De causis ex quibus infam. 3 n. 8, C IX 47 De poenis 6 n. 1; Jac. de Belvisio III 19 n. 8; Angelus, D XLVII 1 De priv. del. 3 n. 2.

[43]) Vgl. Kohler 30 ff., 277 ff., Pertile V 146 ff.

Umständen der Begehung, beim Verzuge in der Bezahlung der Geldstrafe und beim Leugnen des Verbrechers. Strafschärfend wirken persönliche Eigenschaften des Verletzten (Beamte) oder Täters (Ausländer, Magnaten, Personen niederen Standes) und der Bruch eines Sonderfriedens. Umgekehrt mildert sich die Strafe durch Geständnis und Vergleich, durch die Ausländereigenschaft des Verletzten oder die rechtzeitige Zahlung der Geldstrafe. Für Einzelheiten, soweit sie nicht schon besprochen wurden odor noch werden, sei auf Kohler verwiesen. Näheres bleibt nur über den Rückfall zu sagen.

Unter Rückfall verstand man in der Wissenschaft [45]) etwas anderes als heute: Das Entscheidende war die im Rückfall sichtbare Gewohnheitsmäßigkeit der Begehung. Die Schärfung der Strafe folgt aus der Vielheit der Taten [46]), nicht der Vorstrafen. Man zweifelte sogar, ob nicht die Rechtskraft des ersten Urteils einer strengeren Bestrafung des zweiten und späteren Verbrechens entgegenstand. Das wurde aber verneint mit dem Hinweis darauf, daß nicht die Vortat erneut bestraft, sondern nur die neue Tat mit Rücksicht auf die Vortat strenger beurteilt werde [47]).

Damit stimmt das Statutarrecht überein. Wo der Rückfall [48]) die Strafe verschärft — wie allgemein bei Raub und Diebstahl, mehrfach bei Fälschung und Gotteslästerung, vereinzelt bei Mord und widernatürlicher Unzucht —, wird in der Regel ein vorhergehendes Urteil nicht verlangt. Doch kommen Ausnahmen vor. In Padua (1277 S. 263) wird der Dieb, wenn der Wert des Gestohlenen 10 l nicht übersteigt, nach Ermessen bestraft, darf aber nicht verstümmelt werden, »nisi alias fuerit condemnatus pro furto.« In Florenz (Stat. Pod. 1325 III 115 S. 271 f.) wird derjenige, der eine Frau zur Unzucht zwingt, mit Geldstrafe von 1000 l, hilfsweise Verbrennung bestraft. Sogleich

[44]) Vgl. S. 77 f.

[45]) Vgl. Brunnenmeister, Quellen 275.

[46]) Cinus, C II 11 De causis ex quibus infam. 3 n. 6: »Causae ... augmentationis duae sunt: una est delicti atrocitas, altera est frequentia committendi delicta«; Bartolus, C VI 1 De fugit. serv. 4 n. 1: »ex multiplicatione delictorum sequitur multiplicatio poenae«; Alb. de Rosc., D XLVIII 19 De poenis 28, 3 n. 1, 10 n. 2, C I 4 De episc. aud. 3 n. 2.

Aus dem Zweck der Rückfallstrafe wird gefolgert, daß die Strafe nicht zu schärfen sei, wenn jemand gleichzeitig mehrere Sachen gestohlen hat. So Baldus, C VI 1 De fugit. serv. 3 n. 8: »mens statuti intendit gravius punire propter consuetudinem delinquendi, in qua consuetudine requiritur temporis intervallum.« Vgl. auch c. 1 X De poenis V 37.

[47]) Vgl. u. a. Gandinus, De furibus 4 (S. 307 f.); Salicetus, C VII 41 De alluv., Auth. Qui semel n. 20.

[48]) Vgl. Kohler 302 ff., Pertile V 163.

verbrannt wird aber der, der nach vorangegangenem Urteil rückfällig wird. Endlich wirkt in Bologna (1454 S. 19 R. f.) der Rückfall bei Gotteslästerung schärfend, wenn eine zweite, dritte, vierte Tat nach vorangegangenem Urteil begangen wird.

II. Die einzelnen Strafen.

1. Allgemeines.

Die öffentliche Strafe des Statutarrechts ist in der Regel Körper- oder Geldstrafe. Seltener sind Ehren-, Freiheits- und sonstige Vermögensstrafen. Zu den öffentlichen Hauptstrafen, die auch verbunden miteinander vorkommen, gesellen sich Nebenstrafen und -folgen.

Im Verhältnis dieser Formen zueinander läßt sich auch innerhalb des Jahrhunderts eine Entwicklung beobachten, die Kohler für den ganzen von ihm beschriebenen Zeitraum festgestellt hat: ein Vordringen der Körperstrafe auf Kosten der Geldstrafe oder anderer milderer Rechtsfolgen [49]). Die Körperstrafe, am Anfang des Jahrhunderts meist Hilfsstrafe oder gegenüber der Geldstrafe zurücktretend, rückt im Laufe der Zeit immer weiter in den Vordergrund und wird Hauptstrafe. Mit anderen Worten: Das Strafrecht wird immer strenger.

Als einen Grund dafür mag man den steigenden Einfluß des römischen Rechts ansehen. Im römischen Strafensystem, das immer mehr bekannt wurde, nehmen bekanntlich die öffentlichen Strafen einen viel breiteren Raum ein als in den deutschen Volksrechten und älteren Statuten, und es ließe sich denken, daß dieses Vorbild, von der Wissenschaft eindringlich vor Augen geführt, anregend wirkte. Doch war das kaum das Entscheidende. Zwar bringen die Rechtslehrer die Strafen des römischen Rechts. Aber wenn auch das römische Recht als unmittelbar geltende Norm anerkannt war, so dachte doch die Praxis nicht daran, Strafen zu verhängen wie den culeus, die Deportation oder die Festspielhinrichtung durch wilde Tiere. Von derartigen Rechtsfolgen berichten zwar die Theoretiker, heben aber hervor, daß sie obsolet geworden und durch andere Strafen ersetzt seien, die sich nach richterlichem Ermessen oder Gewohnheit bestimmten [50]).

---

49) Kohler 12, Pertile V 400 ff., Schupfer, Manuale 435 ff., Salvioli, Storia 704.

50) Vgl. z. B. für den culeus Baldus, C IX 17 De his qui parentes etc. c. un.; Salicetus, a. gl. O. n. 1. Über Festspielhinrichtung und Deportation Angelus, D XLVIII 8 Ad l. Corn. de sic. 3,5 pr. u. n. 1. Manchmal werden auch die alten Strafen umgedeutet, so z. B. bei Jac. de Belvisio II 13 die Festspielhinrichtung in das Schleifen.

Stärker als das romanistisch-theoretische Vorbild haben wohl politische Faktoren auf eine Verschärfung der Strafen hingewirkt. Die Schärfung der öffentlichen Strafen ist eines der kriminalpolitischen Mittel, mit dessen Hilfe die Staatsgewalt den sozial gefährlichen Rachegedanken bekämpft. Dabei werden den Gesetzgeber verschiedene Motive bestimmt haben: einmal die Hoffnung, daß es möglich sei, den eingewurzelten Rachegedanken durch Strenge auszurotten, alsdann aber das Gefühl für die Notwendigkeit, dem Verletzten ein Entgelt für sein Racherecht zu bieten, ihm die Rache abzunehmen. Rachegedanken wirken sich aber noch in der öffentlichen Strafe selbst aus. Die Strafe, und auch das wirkte strafschärfend, ist soziale Rache der Gesamtheit. Der Staat, vor allem in kleinen Verhältnissen, ist kein abstraktes Wesen, sondern eine Gesamtheit von Einzelnen, die sich, genossenschaftlich verbrüdert, in jedem Einzelnen verletzt fühlen und in der Strafe die Kollektivrache befriedigen.

Vor allem aber werden wirtschaftliche und gesellschaftliche Verschiebungen wirksam, auf die vornehmlich Richard Schmidt hingewiesen hat:[51]) Das proletarische Gewerbs- und Gewohnheitsverbrechertum, das Ansteigen der Kriminalität in den großen Städten als Begleiterscheinung der kapitalistischen Entwicklung machte neue und verschärfte Maßnahmen nötig. Immer mehr kam sogar die Körperstrafe allein in Betracht. Denn Geldstrafen waren vom Proletarier nicht zu erlangen.

Diese Strömungen empfingen weitere Antriebe aus dem Siege der Demokratie. Das alte Hilfsstrafen-System hatte praktisch zur Folge, daß der Wohlhabende am Vermögen, der Arme am Körper bestraft wurde, ein Dualismus, der dem demokratischen Zeitgefühl widersprach. Dazu kam die innere Werbekraft des Talionsgedankens und der spiegelnden Strafe in einer an Symbolen hängenden Zeit.

Endlich aber mag die wachsende Zerklüftung der Städte, Klassen und Parteien, das allgemeine Durcheinander der äußeren Verhältnisse und als ihre Folge die unendliche Häufung von Haß und Feindschaft und die Verrohung des Rechtsgefühls mitgewirkt haben.

Diese starken Kräfte stießen freilich auf Hindernisse: vielleicht weniger in der Gewohnheit, die am alten Kompositionensystem festhielt, als im fiskalischen Interesse an der Geldstrafe. Den Gemeinden, die in den Wirren und Kämpfen der Zeit aus den Geldnöten nicht herauskamen, waren die Einnahmen aus den Geldstrafen unentbehrlich. Aber dieser Gesichtspunkt schied dort aus, wo man es mit dem besitzlosen Proletarier-Verbrecher zu tun hatte. In anderen

---

51) R. Schmidt, Aufgaben, z. B. S. 15, Bohne, FrStr. I 171.

Fällen aber konnte man durch eine Verbindung von Körper- und Geldstrafe helfen, etwa dem zum Tode Verurteilten noch das Vermögen beschlagnahmen.

Strafmildernd macht sich gelegentlich auch der Einfluß der Kirche geltend, doch wird man bei aller Stärke des religiösen Gedankens den Einfluß der Kirche auf das allgemeine Rechtsgefühl nicht überschätzen dürfen.

Widerstand fand das Bemühen um Schärfung der Strafe auch bei der Rechtslehre. Die Theorie ging davon aus, daß die Strafe in Zweifelsfällen zu mildern sei und zog Folgerungen daraus für gewisse Einzelfälle, vor allem für die Verstümmelungsstrafe. Aber diese humanisierenden Bestrebungen fanden in der Praxis keinen Anklang. Im Gegenteil: Milderungen der Auslegung, wie die Lehre sie für das Statutarrecht herausfand, werden in späteren Statuten ausdrücklich in ihr Gegenteil verkehrt. Die Gesetzgebung führt um die Strafe einen offenen Kampf mit der Wissenschaft.

2. Die Todesstrafe.

Die Körperstrafe (von den entehrenden Strafen, soweit sie am Körper vollstreckt wurden, abgesehen) war Todes- oder Verstümmelungsstrafe.

Die Todesstrafe [52]), als Talion wie als spiegelnde Strafe gleich naheliegend, ist in allen Landschaften Italiens verbreitet. Die Art ihrer Vollstreckung wird in der Regel gesetzlich bestimmt. Nur hier und dort bleibt dem Ermessen des Richters Raum. In Verona (1450 III 40) z. B. heißt es vom Lohnmörder: »puniatur ad mortem ordinandam arbitrio domini potestatis.« Oder es wird nur — auch das ist beim Lohnmord häufig — eine besonders harte Todesstrafe angedroht, die Art der Vollstreckung im einzelnen aber dem Belieben des Gerichts überlassen. So bestimmt das Statut von Bobbio von 1398 IV 145 über den Meuchelmörder: »durissima morte, prout de qualitate ipsius mortis Potestati videbitur, moriatur.« Das gleiche galt in Piacenza nach dem Gesetz von 1391 III 49.

Unter den gesetzlich vorgesehenen Vollstreckungsarten sind am häufigsten Enthauptung und Galgenstrafe. Beide Arten bringen verschiedene Werturteile zum Ausdruck. Die Enthauptung nämlich ist ehrliche Strafe, der Galgen schimpflich. Die Enthauptung ist also Regelstrafe beim offenen Morde, das Erhängen bei schweren Diebstählen, die als schimpfliche Verbrechen gelten. Daher sollen

---

[52]) Kohler 115 ff., Pertile V 260 ff., Davidsohn, Gesch. v. Fl. IV 1 S. 331 ff.

nach der Lehre auch Standespersonen nicht gehängt, sondern enthauptet werden, und die Rechtsprechung schloß sich dem an [53]).

Die Galgenstrafe wird gelegentlich — natürlich in erster Linie, um abzuschrecken — verschärft durch Versagung der Bestattung oder dadurch, daß der Leichnam eine bestimmte Zeit am Galgen hängen bleibt [54]). Überhaupt scheint die Praxis in weiterem Umfange Strafen über den Leichnam verhängt zu haben, ein Verfahren, das Angelus verwirft [55]).

Aus Gründen der guten Sitte werden vielfach Frauen nicht gehängt, sondern statt dessen verbrannt oder anderweit hingerichtet. Doch kam auch anderes vor. So erlebte Baldus (vgl. C VI 2 De furtis etc. 14 n. 1), wie eine Hehlerin gehängt wurde.

Verbreitet, wenn auch seltener als Beil und Galgen, ist die Strafe des Verbrennens, vor allem bei Straftaten, die in den religiösen Bereich fallen wie Zauberei, Ketzerei, unnatürlicher Geschlechtsverkehr und als spiegelnde Strafe bei Münzfälschung und Brandstiftung.

Geschleift wurden namentlich Lohnmörder. Man band sie an den Schwanz eines Pferdes, Esels oder Maultieres, ließ sie so zur Richtstätte schleppen, wo sie geköpft, gehängt oder anders hingerichtet wurden.

Wiederholt kommt auch das Einpflanzen vor, manchmal in Verbindung mit Schleifen zur Gerichtsstätte. Der Verurteilte wird mit Kopf und Oberkörper eingegraben, sodaß Beine und Unterleib herausragen, eine Strafe, die namentlich an Vater- und Meuchelmördern vollstreckt wird [56]).

Für das Rädern habe ich keine Beispiele gefunden. Kohler (Studien 134 f.) führt das Statut von Bellinzona von 1393 an.

---

53) Baldus, Cons. I 426 n. 1 unter Hinweis auf die Gewohnheit; Lucas de Penna, C XII 45 De desertoribus 1 (S. 300): »propter ipsius turpitudinem mortis miles non potest ad furcarum suspendium condemnari.... nec etiam de consuetudine..., nisi propter latrocinium, per quod omni privilegio exuitur.« Als »Vornehme« im Sinne dieser Quellenstellen galten nicht nur die alten Magnaten, sondern auch die »besseren« Bürger. Vgl. etwa Bartolus, D XLVIII 19 De poenis 28, 4: »Sicut homines nobiles ex consuetudine non suspenduntur nec patiuntur istas viles poenas, idem de aliis popularibus et divitibus et honestioribus.«

54) In Forli (1359 III 5 S. 188 f.) wurde der Lohnmörder geschleift und gehängt. Der Leichnam blieb mindestens einen Monat am Galgen. In Dervio (1389 r. 39 S. 110) blieben gewisse Räuber zwei Tage hängen. Vgl. auch Baldus, Cons. I 426 n. 5.

55) Angelus, C IX 6 Si reus vel accusator etc. 3 n. 3: »cadaveri nulla potest inferri iniuria; ideo errant assessores, qui cadavera puniendorum mittunt ad furcas.«

Nach Finzi, I falsarj nell' inferno dantesco 15 wurde im Jahre 1288 in Florenz ein Fälscher lebendig gekocht.

3. Verstümmelung.

Unzählige Male wird Verstümmelungsstrafe angedroht. Sie führt im wesentlichen auf deutschrechtliche Überlieferungen, auf die langobardische und namentlich fränkische Gesetzgebung zurück, während diese Rechtsfolge im römischen Recht zurücktritt. Ihre weite Verbreitung zeigt deutlich, wie das Statutarrecht in der Bestimmung der Rechtsfolgen eigene Wege ging.

Gerade die Verstümmelungsstrafe 57) kam dem Zeitempfinden entgegen. Als Talion und spiegelnde Strafe ohnehin naheliegend, war sie besonders geeignet, den Abschreckungsgedanken zum Ausdruck zu bringen. Sie erfüllte zugleich wie keine andere Strafe den Zweck, das Verbrechen kundzumachen und die Rechtsgenossen zu warnen. Zugleich erleichterte die Verstümmelung dem Richter den Nachweis des Rückfalls.

Verstümmelt wurden die Hände und Füße, in der Regel freilich nur einer dieser Körperteile. Häufig werden die Ohren oder Ohrläppchen abgeschnitten oder durchbohrt. Das Abschneiden der Nase war als entstellende Strafe vor allem Frauen gegenüber verbreitet 58) und oftmals mit dem Abtrennen der Lippen verbunden. Gelegentlich begnügt man sich auch mit dem Aufschlitzen der Nasenflügel 59) Die Zunge wird abgeschnitten, ausgerissen, gespalten oder auch mit einem Haken durchbohrt und der Täter daran durch die Stadt geführt 60). Das Abtrennen der Geschlechtsteile ist — auch

56) In Ascoli (1377 III 17 S. 91) wird derjenige, der einen andern mit gewissen Waffen tötet, folgendermaßen hingerichtet: »prima nuda la carne sia trassinato (geschleift) per la ciptà a la coda (Schwanz) de lu somaro (Esel) overo de lu mulo per fine a lu locho de la justicia et loco in fundo socto terra sia pastinato, con lu capo voltato de socta (gepflanzt mit dem Kopf nach unten), sì che in tucto mora.« Es ist die Strafe, die Dante den Simonisten zuerteilt. Vgl. Inf. XIX.

57) Kohler 141 ff., Pertile V 251 ff.

58) Vgl. die Angaben bei Pertile V 256 Anm. 23 über die venezianische Praxis. Nach dem Statut von Venedig von 1346 VI 79 gilt folgendes: Wo im Lib. prom. von 1232 Verlust eines Auges angedroht ist, soll die Frau statt dessen die Nase verlieren. Statt eines Auges und einer Hand verliert die Frau Nase und Lippen, wird gepeitscht und gebrandmarkt. Weiteres a. a. O. Ähnliche Fälle: Averrara 1313 r. 36 (S. 36), Florenz, Stat. Vhptm. 1322 III 11 (S. 154), Bassano 1392 S. 104 R., 108 R.

59) So in Bassano (1392 S. 108 R.) für den falschen Zeugen: »nares ei scindantur« usw.

60) So beim falschen Zeugnis in Pisa 1286 III 17 (S. 379). Ähnlich Vercelli S. 67 R.

bei Sittlichkeitsverbrechen — ziemlich selten [61]. Ein sehr ungeniertes Verfahren wandte man in Siena (1309/10 V 287 S. 354) an. Dort zahlt der Homosexuelle, und wer dazu Kupplerdienste leistet, eine Geldstrafe von 300 l. Kann er die nicht zahlen, »sia inpiccato per le membra virili nel Campo del mercato; et sia ditenuto ine nel detto modo inpiccato per tutto el dì.« Häufig war auch das Ausstechen der Augen oder eines Auges oder sonstiges Blenden.

Um die Verstümmelungsstrafe entbrannte ein Kampf zwischen Lehre und Praxis. Gerade hier brachte die Theorie den Satz zur Geltung, daß die Strafe im Zweifel zu mildern sei und suchte die Verstümmelung nach Möglichkeit zu mäßigen. Wenn das Gesetz etwa Verstümmelung schlechthin anordnete, das Glied aber nicht näher bezeichnete, so war die Hand abzuhauen [62]. Daran knüpfte man spitzfindige Untersuchungen darüber, welche Hand fortzunehmen sei und entschied sich nach scholastischen Untersuchungen für die Hand, die der Verurteilte weniger gut gebrauchen könne (manus, in qua minus potest) [63]. Ist die Hand verdorrt (manus arida), so wird doch die kranke, nicht die gesunde Hand verstümmelt [64]. Baldus wollte die Strafe des Handabhauens sogar dann in eine andere umwandeln, wenn der Verurteilte nur noch eine Hand hatte, weil der Verlust der letzten Hand ihn besonders hart traf [65]. Damit fand er freilich keinen Anklang [66].

Dieses Bemühen der Theorie um eine Abschwächung der Verstümmelungsstrafe beantwortet die späte Praxis mit der ausdrücklichen Bestimmung, daß die bessere Hand (manus magis potens) oder der bessere Fuß abzuschlagen seien. So heißt es in Padua (1366 S. 249 R. f.) vom Lohnmörder: »condemnetur ad amissionem oculorum et unius manus validioris«. Den Verlust des besseren Fußes ordnet als Hilfsstrafe bei Brandstiftung das Gesetz von Lodi

[61]) So in Florenz nach dem Statut des Podestà von 1325 III 54 (S. 218) bei der Sodomiterei. Weiteres vgl. im Abschnitt über die Sittlichkeitsverbrechen. Olradus, Cons. 333 n. 3 berichtet, er habe in Avignon erlebt, wie ein Jude entmannt wurde, weil er mit einer Christin verkehrt hatte.

[62]) Vgl. u. A. Gandinus, De penis 24 (S. 227 f.); Bonif. de Vitalinis, Quid sit accusatio n. 122; Baldus, C IX 1 Qui accus. non poss. 11 n. 50.

[63]) Gandinus, De penis 25 (S. 228); Jac. de Belvisio I 10 n. 25; Bartolus, C VI 1 De fugit. serv., Auth. Sed novo iure n. 1; Baldus, a. gl. O. n. 15; Salicetus, a. gl. O. n. 2.

[64]) Vgl. die Kommentare zu C VI 1 De fugit. serv., Auth. Sed novo iure.; ferner Angelus, D I 3 De leg. senatusque cons. 32 n. 5 f., D XLVII 7 Arb. furt. caes. 7, 2 n. 1.

[65]) Baldus, C VI 1 De fugit. serv., Auth. Sed novo iure n. 16.

[66]) Salicetus, C VI 1 De fugit. serv., Auth. Sed novo iure n. 3.

von 1390 S. 106 an. Vom besseren Auge ist in Bassano (1392 S. 110) die Rede (vgl. auch S. 99 R, 108 R. ff). Das Statut von Bologna von 1454 S. 30 R. ordnet beim falschen Zeugnis und Vorbringen falscher Urkunden den Verlust der rechten Hand an, »si in ea plus posset et ea non careat.«

4. Ehrenstrafen.

Bis zu einem gewissen Grade war damals wohl jede Körperstrafe gleichzeitig Ehrenstrafe. Verstümmelung und ähnliche Strafen wird man zugleich als schimpflich empfunden haben. Nur dort verliert die öffentliche Strafe das Entehrende, wo zwischen positivem Recht und Rechtsgefühl eine Spannung besteht [67]), die dem Mittelalter fehlt. Das Strafrecht bringt das Werturteil der Gesellschaft über Tat und Täter zum Ausdruck und entspricht wohl im ganzen dem Kulturbewußtsein. Je stärker aber die Übereinstimmung von Recht und »Rechtsgefühl«, desto eher wird die öffentliche Meinung geneigt sein, die Bestrafung an sich als berechtigt hinzunehmen, dem staatlich verhängten Übel also das gesellschaftliche Werturteil hinzuzufügen.

Neben Strafen aber, bei denen die Entehrung mehr zufällige Nebenwirkung ist, drohen die Statuten Rechtsfolgen an, bei denen der Schimpf das wesentliche, das körperliche Übel aber Nebensache ist, also Ehrenstrafen im engeren Sinne [68]). Strafen dieser Art freilich kommen selten als alleinige Rechtsfolgen einer strafbaren Handlung vor. In der Regel sind sie Nebenstrafen außer Verstümmelung oder Geldstrafe.

Die Neigung der Gesetzgebung zur Verhängung entehrender Strafen wurde bestärkt durch die Kirche. In der kirchlichen Gesetzgebung sind demütigende Bußen häufig. Wie diese so erfüllt auch die entehrende Strafe des weltlichen Rechts zwei Aufgaben: Sie erspart dem Verbrecher eine härtere Strafe, wirkt also human, zugleich aber demütigt sie ihn und erzeugt jenes Minderwertigkeitsgefühl, mit dem die Kirche rechnet. Viele dieser Strafen sind ungemein drastisch. Es drückt sich in ihnen ein grober, völlig unsentimentaler Humor aus.

Wohl die verbreitetste Ehrenstrafe des Statutarrechts ist die

---

[67]) So hat heute die Zuchthausstrafe für diejenigen nichts Entehrendes, die die Rechtsordnung des modernen Staates schlechthin verneinen.

[68]) Kohler 152 ff., Pertile V 341 ff.

öffentliche Auspeitschung [69]), eine Strafe, die namentlich Besitzlose [70]), kleine Diebe, Spieler und ähnliche Personen trifft.

Als Ehrenstrafe war sodann das Eintauchen oder das Begießen mit Wasser verbreitet, namentlich bei Gotteslästerung, eine Strafe, die gewöhnlich dadurch verschärft wurde, daß der Verurteilte die Kleider anbehielt. Das häufige Vorkommen gerade bei der Gotteslästerung legt die Annahme nahe, daß das Tauchen etwa die Taufe versinnbildlichte oder so etwas wie eine sittliche Reinigung darstellen sollte. Aber diese Art der Symbolisierung — weder Talion noch spiegelnde Strafe — wäre an sich schon eine Anomalie. Auch stünde dieser Annahme entgegen, daß die gleiche Strafe, wenn auch nur vereinzelt, bei anderen Straftaten wie Diebstahl und Glücksspiel vorkommt. Es handelt sich eben um Ehrenstrafen wie sonst auch, Strafen, deren Vollzug (wie vielfach auch bei anderen Strafen) zugleich als Volksbelustigung dient.

Oft kommt die Prangerstrafe vor, auch das Anketten des Verbrechers oder Anbinden an die Schandsäule. Auch diese Strafen werden natürlich öffentlich vollzogen, in der Regel an Markttagen und auf dem Hauptplatz [71]).

Schimpfliche Strafe, namentlich für Ehebrecherinnen, war das Abscheren der Haare.

Verbreitet sind auch schimpfliche Umzüge, oft vor oder während der Auspeitschung, und auch sonst unter besonders demütigenden Umständen. So wird in Florenz (Stat. Pod. 1325 III 54 S. 218) über den Homosexuellen bestimmt, der zwischen 14 und 18 Jahren alt ist: »per civitatem nudus ducatur et publice verberetur.«

Neben diesen gab es andere Ehrenstrafen, die das Schimpfliche der Tat im Vollzuge selbst zum Ausdruck brachten. In Rechtsfolgen dieser Art verbindet sich die Entehrung des Verbrechers mit der Kundgabe und Warnung für die Rechtsgenossen.

Eine derart verdeutlichende Ehrenstrafe war namentlich die Brandmarkung. Mit ihr beschäftigen sich im Anschluß an C 9, 47, 17 auch die Rechtslehrer. Sie lehnen die Brandmarkung ab, weil der Mensch als Gottes Ebenbild nicht entstellt werden dürfe:

---

[69]) Sehr verbreitet ist z. B. das dreimalige Herumpeitschen um den öffentlichen Platz. In Forli (1359 III 13 S. 209) vollzieht sich diese Prozedur unter Tubablasen. Es heißt dort vom Täter: »debeat per civitatem Forlivii tubis sonantibus in die fori publice fustigari.« So auch an anderen Stellen dieses Statuts.

[70]) Gandinus, De penis 56 (S. 271): »Verberatur generaliter quis, ubi deliquit et propter inopiam penam pecuniariam luere non potest.«

[71]) Über eine seltsame Art entehrender Ausstellung in Rom vgl. Kohler 156

»non debet facies hominis ad similitudinem Dei formata foedari« [72]). Deshalb wollte z. B. Angelus, C IX 47 De poenis 17 n. 1, von der Brandmarkung handelnde Statuten als dem gemeinen Recht widersprechend eng auslegen: »nota quod omnia statuta dicentia, quod fures debeant bullari in fronte, contrariantur iuri communi et ideo strictissime interpretanda sunt.« Eine weitere Ausdehnung gab Baldus, C VII 1 De vindicta, libertate etc. n. 1 f., diesem Gedanken. Er verwarf jede verunstaltende Strafe, also auch das Abschneiden der Nase, das Verunstalten der Ohren und Herausnehmen der Augen: »facies ... ad imaginem Dei est, quia ibi est forma pulchritudinis coelestis et decoris. Et ideo iudicibus non est licitum, pro aliqua poena mundi faciem hominis cicatricibus deformare vel nasum amputare vel extrahere oculos vel amputare auriculas.«

Aber die Gesetzgebung verhielt sich auch zu dieser Anregung ablehnend. Viele Gesetze drohen die Brandmarkung an. Das Brandmal wurde in der Regel an der Stirn, manchmal auch anderswo, z. B. auf beiden Backen angebracht. Demgegenüber kommen nur selten Statuten vor, in denen die Anschauung der Rechtslehrer einen Widerhall findet. Dahin gehört das oben S. 42 f. angeführte Statut von Parma von 1347. Den Verlust der Augen schließt das Statut von Brescia von 1313 II 50 aus: »Item, quod malefactores de caetero per potestatem et comune Brixiae non puniantur oculis, sed alia poena arbitrio potestatis et peritorum iuris.«

Verdeutlichende Ehrenstrafe war auch die Krönung des Verbrechers mit einer Mitra, wie das namentlich bei Fälschungsvergehen vorkam. Die Mitra war eine Papiermütze, auf der die Art des Verbrechens und der Name des Verurteilten angeschrieben stand.

Mehrfach wird die begangene Tat auch dadurch verdeutlicht, daß man dem Täter beim Umzuge die weggenommene oder gefälschte Sache um den Hals bindet. So steht z. B. in Parma (1347 S. 269) auf die Entwendung von Trauben und dergleichen Geldstrafe. Kann der Täter nicht zahlen, so wird er einen Tag an die Säule gebunden »cum re ligata ad gulam, pro qua aufferenda dampnum dederit«. Doch sollte diese Strafe nur an niedrig stehenden Personen vollstreckt werden [73]).

Während aber bei all diesen Strafen der Täter irgendwie körper-

---

[72]) Vgl. die Kommentare zur angeführten Stelle; ferner Alb. de Rosc., D XI 7 De religiosis etc. 44 n. 2; Hostiensis, S. A. V 37 n. 7; Bonif. de Vitalinis, De penis n. 8. — Im kirchlichen Strafrecht kommt die Brandmarkung nur ganz vereinzelt vor. Vgl. c. 3 X De crimine falsi V 20.

[73]) Vgl. auch a. a. O. S. 270 und Biandrate 1395 r. 46.

lich in Mitleidenschaft gezogen wird, wirken andere Strafen rein ideell: Ehrenstrafen im engsten Sinne [74]).

Dahin gehört vor allem die Infamie, über die im Anschluß an die Quellen auch die Theoretiker sprechen [75]). Wo in den Statuten davon die Rede ist, soll die Infamie bald von selbst eintreten, bald erst kraft richterlichen Ausspruchs. Es gibt also infamia iuris und facti [76]).

Ehrenstrafe unter gleichzeitiger Kundmachung des Verbrechens ist auch die Eintragung des Fälschers in öffentliche Register oder Bücher oder die Bekanntgabe des Täters im Rat oder in der Volksversammlung. Den gleichen Zweck verfolgt man mit dem Schandbild. Ein Bild des Täters wird im Palast oder sonst an öffentlichen Orten ausgestellt. Unter dem Bilde wird der Name des Täters und die Art seines Vergehens angegeben. Auch diese Strafe ist bei Fälschungsverbrechen beliebt.

Formen der Infamie sind endlich der Verlust des Amts, namentlich des Notariats bei Fälschungsverbrechen, Amtsunfähigkeit für die Zukunft, Verlust des öffentlichen Glaubens für den Notar u. dergl. mehr.

5. Freiheitsstrafe.

Über die Freiheitsstrafe sprechen die Theoretiker in immer wiederkehrenden Wendungen. Im Anschluß an gemeinrechtliche Quellen [77]), an C 9, 47, 6 und D 48, 19, 8, 9 und 35 wird hervorgehoben, daß die Kerkerhaft ihrem ursprünglichen Zweck nach für die Festhaltung des Beschuldigten bestimmt, nicht aber als Strafe gedacht sei. Daher wird die lebenslängliche Freiheitsstrafe verworfen [78]). Der Richter würde die Freiheit seines Ermessens mißbrauchen, wenn er ewigen Kerker verhängte [79]).

---

[74]) Pertile V 358 ff.

[75]) Vgl. die Kommentare zu D 3, 2. Das einzelne würde hier zu weit führen. Über die Infamie im kirchlichen Strafrecht vgl. Hinschius, KR. V 41 ff.

[76]) Wenn z. B. in Pisa (1286 I 70 S. 167) ein Notar Zeugenaussagen vor ihrer Veröffentlichung bekannt gibt, »ipso iure sit infamis.« Ewige Infamie tritt als Folge der Urkundenfälschung in Vercelli ein (S. 63 R.). In Perugia (1342 III 62 S. 79) ist der Homosexuelle »infame d'enfamia de ragione e de facto« u. a. m.

[77]) Vgl. auch Falchi, dir. pen. 70.

[78]) Vgl. z. B. die Kommentare zu den angeführten Quellen. — Vgl. auch Bohne, FrStr. I 56 Anm. 15.

[79]) Vgl. Baldus, C IX 47 De poenis 6 n. 3, Cons. III 443 n. 7. Über einen praktischen Fall in Genua berichtet Bonif. de Vitalinis, Quid sit accusatio n. 49: 10 Jahre Kerker für einen Mann, der jemand im Rausch getötet hatte.

In den Statuten ist die Freiheitsentziehung häufig vorgesehen. Ihre verschiedenen Formen hat Bohne eingehend beschrieben und in Detentionshaft (Zwangs- und Sicherungshaft) und Strafhaft gegliedert [80]).

Hier geht nur die Strafhaft an. Die durchaus herrschende Lehre macht seit jeher einen deutlichen Unterschied zwischen der Kerkerstrafe des Mittelalters und der modernen Freiheitsstrafe. Während der Kerker des Mittelalters nach Art der Körperstrafe der Abschreckung, Vergeltung und Unschädlichmachung dient, tritt in der modernen Freiheitsstrafe als selbständiger neuer Strafzweck der Besserungszweck hinzu und bestimmt die Art des Vollzuges [81]). Den Ursprung der modernen Freiheitsstrafe sucht man seit v. Hippels grundlegenden Forschungen auf diesem Gebiet in Holland [82]), das seinerseits wohl von England beeinflußt war [83]).

Im Widerspruch zu diesen Anschauungen hat neuerdings Bohne die moderne Freiheitsstrafe aus der Freiheitsstrafe der italienischen Stadtrechte abzuleiten versucht. Seine These hat aber allgemeinen Widerspruch gefunden [84]), und es läßt sich wohl heute sagen, daß Bohne das Vorhandensein einer modernen Freiheitsstrafe im mittelalterlichen Italien nicht hat nachweisen können und erst recht nicht gezeigt hat, daß die holländischen Einrichtungen dort ihren Ursprung haben [85]).

In der Tat unterscheidet sich das italienische Bild nicht von den Eindrücken, die das mittelalterliche Recht auch sonst vermittelt. Die Freiheitsstrafe spielt gegenüber den Leibes- und Lebensstrafen nur eine untergeordnete Rolle und bringt den Erziehungsgedanken auch nicht im Vollzuge zum Ausdruck.

---

80) Vgl. außer Bohne noch Kohler 161 ff., Pertile V 279 ff., Davidsohn, Gesch. v. Fl. IV 1 S. 336 ff.

81) Kriegsmann, Gefängniskunde 1.

82) v. Hippel, Z. St. W. 18 S. 419 ff., 608 ff.

83) Vgl. die im Literaturverzeichnis angegebene Arbeit von Doleisch v. Dolsperg.

84) Eb. Schmidt, Z. St. W. 45 S. 309 ff., 46 S. 36 ff., D. Lit. Z. 1924 Sp. 2004 ff., v. Hippel, Deutsches Strafrecht I 98 ff., J.W. 1925 S. 2736 ff., D.J.Z. 1925 S. 1750 f., Doleisch v. Dolsperg, Freiheitsstrafe 46 ff. Eingehend Seggelke, Die Entstehung der Freiheitsstrafe. — Auch Kantorowicz, Sav. Z. R. Abt. 44 S. 249 schildert den mittelalterlichen »Turm« als Hölle auf Erden.

85) Bohne selbst spricht in der Vorrede zum zweiten Bande seines Werks (S. X) nur noch von einer »vorläufigen Hypothese«. Eine eingehende Auseinandersetzung mit Bohne, wie Seggelke sie schon vorgenommen hat, soll hier nicht nochmals versucht werden. Es sei aber ausdrücklich betont, daß Bohnes Darstellung der mittelalterlichen Freiheitsstrafe uns durchaus verdienstlich und wertvoll scheint, mag die »These« auch falsch sein.

Das Material bringt Bohne [86]. Hier bleibt nur eine Nachlese übrig.

Wer in Biella (r. 20) Verbrechen gegen gewisse Beamte begeht, wird mit dem Dreifachen der Normalstrafe belegt und zwei Tage eingekerkert. [87] In Ivrea (Sp. 1206 r. De non cridando foras foras et de non faciendo rumorem) werden Betrunkene, die Lärm schlagen, je nachdem, ob sie sich bei Tage oder des Nachts so aufführen, mit zwei oder vier Tagen Kerker bestraft. Über Turin und Casale vgl. Kohler 90.

Wenn in Mantua (1303 I 26 S. 80) der Verbannte in der Stadt betroffen wird, so wird er für immer eingekerkert. In Arona (1319 r. 6 S. 68) hat der Täter für Körperverletzung mit qualifiziertem Erfolg Geldstrafe zu zahlen und »debeat stare in carcere, ubi placuerit maiori parti Conscilii per dies XV.« In Lodi (1390 S. 39 r. De domicella vel famulla inhoneste se habentem in domo domini sui cum domicello vel famuliari et de eorum penis) werden domicellus und familiaris für höchstens ein halbes Jahr in den Kerker geworfen. Das Einzelne hängt vom Ermessen des Herrn ab. Über Brescia 1313 und Cremona 1387 vgl. Bohne, FrStr. I 106 f und 110 f. [88]

Das Statut von Argenta von 1342 S. 98 bedroht den Gotteslästerer, der seine Strafe nicht zahlt, mit fünftägiger Haft und Ehrenstrafe. Über Piacenza 1391 und Parma 1347 vgl. Bohne, FrStr. I 131 f., über Mirandola 1386 Bohne, FrStr. I 133 f. und Kohler 161, über Genua vgl. Bohne I 135 f.

In Bassano (1392 S. 100) steht auf das Bereiten von Gift Geldstrafe. Wird die nicht bezahlt, so verliert der Täter ein Auge und wird für einen Monat eingekerkert. Auf die Schändung von Gottes- und Marienbildern steht Auspeitschung und Haft von einem Monat, von der sich der Täter aber loskaufen kann (S. 104 R.). Der Ehemann, der seine Frau verkuppelt, wird eingekerkert (S. 102). Vgl. auch Bohne, FrStr. I 123. Über Padua vgl. Bohne, FrStr. I 120 ff., über Verona 1450 Bohne, FrStr. I 114.

In Pisa (1286 III 33 S. 397) werden Kuppler, Spieler und ähnliche Personen ausgewiesen. Wer entgegen diesem Befehl auf pisanischem Gebiet betroffen wird, wird beim ersten Mal ausgepeitscht, beim Rückfall aber eingekerkert. Dort gilt auch der Ketzer für ipso iure gebannt. Wird er ergriffen, so kommt er auf ein Jahr in den Kerker und wird dann ausgepeitscht. Doch kann sich ein Pisaner mit 200 l loskaufen, wird dann aber ausgepeitscht und verjagt (III 60 S. 450). Das Statut des Podestà von Florenz von 1325 III 45 (S. 210 f.) bedroht die Körperverletzung mit tödlichem Ausgang mit Enthauptung samt Nebenfolgen. Vergleicht der Täter sich, so hat er 2000 l zu zahlen und wird danach auf 6 Monate eingekerkert. Vgl. ferner Bohne, FrStr. I 144 f.

Nach dem Statut von Bologna von 1454 S. 28 soll eine Nonne, die sich entführen läßt, bei Wasser und Brot auf Lebenszeit eingekerkert werden. Im Statut von Forli von 1359 III 6 gehen Zwangsstrafe und hilfsweise verhängte Strafhaft ineinander über. Dort wird für den Fall, daß jemand einen andern verstümmelt hat, hernach aber die Geldstrafe nicht zahlen kann, bestimmt: »simile membrum prout percussus perdiderit, in loco iustitie publice amputetur, vel, si

---

86) Eine Übersicht über das gesamte von ihm behandelte Material bei Bohne, FrStr. I 98 ff. Sie ergibt, daß viele Statuten, und zwar im 14. Jahrhundert die meisten, überhaupt keine Strafhaft enthielten. Für richtig halte ich die Gruppenbildung bei Bohne, FrStr. I 54 f.

87) Irrig also Bohne, FrStr. I 127.

88) Vgl. aber Seggelke, Freiheitsstrafe 65 f.

domino potestati visum fuerit dictum membrum non amputandum, talis percussor in carceribus ... macerandus perpetuo teneatur.« Das soll solange dauern, bis er die Strafe und einen Zuschlag in Höhe von einem Viertel davon bezahlt (S. 191). Vgl. ferner Bohne, FrStr. I 102 f.

Über die Strafhaft in Rom bei Gotteslästerung vgl. Bohne, FrStr. I 147 f.

Über die korrektive Freiheitsstrafe für Jugendliche vgl. S. 92 f. Auch dabei spielt der Besserungsgedanke nicht die entscheidende Rolle. Es handelt sich nicht eigentlich um »Fürsorgeerziehung«.

Die Einweisung ins Kloster erwähnt das Statut von Parma von 1347 S. 254. Dort wird die Ehebrecherin so behandelt wie nach Justinian, nämlich öffentlich gezüchtigt und dann in ein Kloster gesperrt. Im Belieben des Mannes steht es dann, ob und wann er sie wieder herausholen will.

6. Zwangsdomizil, Verbannung, Ausschluß aus dem Bürgerverband.

Eine mildere Art der Freiheitsbeschränkung ist die Konfinierung, die zwangsweise erfolgende Zuweisung eines bestimmten Wohnsitzes [89]). Diese Maßnahme war vielfach polizeiliche Sicherungsmaßregel, die namentlich politischen Gegnern gegenüber angewandt wurde. Sie kam aber zugleich als repressive Rechtsfolge nach begangener Tat vor. Als solche wurde sie wohl auch durch das römische Vorbild der Relegation nahegelegt. Strafbestimmungen dieser Art enthalten z. B. die Statuten von Siena von 1309/10 V 332 (S. 372 f.: Erpressung), Parma von 1316 S. 225 (Erpressung), Perugia von 1342 III 121 (S. 136: Hochverrat; so auch r. 120 S. 136) und Narni von 1371 I 135 (Machenschaften gegen den Kirchenstaat).

Den gleichen zwiespältigen Charakter wie Haft und Zwangsdomizil — bald Strafe, bald Zweckmaßnahme — hat der Bann [90]). Der Bann des Statutarrechts ist einmal Versäumnisfolge, also prozessuales Zwangsmittel gegen den Verbrecher, der sich der Aburteilung entzieht. Doch kommt auch die Verbannung als Strafe vor, so vor allem gegenüber Ketzern, Dieben und Fälschern [91]). Der Bann ist wie die Eingrenzung ins Zwangsdomizil auch Verwaltungsmaßnahme, so mehrfach gegenüber sozialgefährlichen Personen, Lohnmördern usw., mögen sie sich im Inlande strafbar gemacht haben oder nicht.

Praktisch wirkte natürlich auch der Versäumnisbann (»Ungehorsamsbann« im Sinne Fickers) als Strafe. Es war offenbar die

---

[89]) Kohler 165, Pertile V 299 ff.

[90]) Vgl. vor allem Ficker, Forschungen I 92 ff., Materialien im 3. Bande S. 381 ff. Ficker berücksichtigt aber im wesentlichen nur das ältere Material bis ins 13. Jahrhundert.

[91]) Kohler 163 ff.

Regel, daß der Verbrecher entkam. Man ging jedenfalls davon aus, daß der Täter sich nicht stellte. Ja, hier und dort zahlt die Staatsgewalt geradezu eine Prämie auf das Entkommen. Während den festgenommenen Verbrecher Körperstrafe traf, wurde der Bann des Säumigen für sühnbar durch eine Buße erklärt [92]).

Doch kam es auch umgekehrt vor, daß die Strafe sich verschärfte, wenn der Täter sich nicht stellte und es auf den Bann ankommen ließ [93]).

Über die Verbannung hinaus geht der Ausschluß aus dem Bürgerverband, die folgenschwere Versetzung in den Zustand des Außenseiters. Über die Tragweite dieser Maßnahme — es handelt sich um viel mehr als den »Verlust der bürgerlichen Ehrenrechte« — wurde früher gesprochen [94]).

Alle diese Rechtsfolgen wird man sich als sehr drückend vorstellen müssen. Der Verbannte, der im Ausland lebte, der Staatenlose, dem das Bürgerrecht entzogen war, alle diese Personen, hinter denen kein Schutzverband stand, der nötigenfalls (etwa mit Repressalien) für sie eintrat, waren jeder Willkür preisgegeben und wurden zwangsläufig ins Verbrechen getrieben. Wie die Verbannung aus der Heimat, die Lösung aus Kollektiv und Familie, die unfreiwillige Individualisierung des Rechtsgenossen psychologisch wirkte, wissen wir von Dante.

7. Geldstrafe.

Die Strafensysteme der meisten Statuten waren Geldbußensysteme. Die geschichtliche Entwicklung, gekennzeichnet durch ein Vordringen des Friedensgeldes auf Kosten der Buße, ist im wesentlichen abgeschlossen. Allgemein werden in den Ortsgesetzen öffentliche Geldstrafen angedroht [95]).

---

92) Ficker, Forschungen I 109. So wird in Modena (1327 IV 13 S. 384) der Mörder für immer gebannt, sein Vermögen beschlagnahmt und eine Geldstrafe von 1000 l verhängt. Wird der Mörder aber ergriffen, so wird er enthauptet. Ähnlich a. a. O. IV 21 (S. 392), 26 (S. 396), Carpi 1353 S. 46 f., 49 f., 65.

93) Forli 1359 III 6 (S. 191: Erhöhung um ein Viertel), Mailand r. 70, 71, 73 (Verdoppelung), Lodi 1390 S. 98 R. f., Lecco r. 264 (S. 133) u. a. m.

94) So wird in Mantua (1303 I 26 S. 79) der Mörder enthauptet. Ist er nicht zu fassen, so wird er für immer gebannt und nach Ermessen am Vermögen bestraft »nec unquam possit esse civis Mantue.« Ähnlich r. 27 (S. 80 f.) und 35 (S. 85 f.). In Bologna (1454 S. 30 R.) wird der Urkundenfälscher beim ersten Mal mit Geldstrafe belegt »et cancellatus et privatus sit ipso iure de societate ... et omni commodo, utilitate, honore et exercitio dictae societatis.«

95) Kohler 81 ff., Pertile V 190 ff. — Nach Kantorowicz, Sav. Z. R. Abt. 44 S. 254 stammten 10 bis 31 % der städtischen Einnahmen aus Geldstrafen. Vgl. auch Kantorowicz I 370 ff. Urk. 135.

Doch wirkt die privatrechtliche Auffassung von der Strafe nach [96]). Viele Statuten ordnen die Aufteilung der Geldbuße zwischen der Staatsgewalt und dem Verletzten an. Bei der Konfiskation fiel in der Regel ein Bruchteil, meist die Hälfte des beschlagnahmten Vermögens an den Verletzten oder seine Erben. Hin und wieder werden auch feste Bußen bestimmt, oder der Verletzte erhält nach dem Vorbild der römischen Pönalklagen seinen Schaden mehrfach ersetzt.

Daneben gab es indirekte Wege, um den Täter zur Genugtuung zu zwingen. In dieser Richtung wirkt namentlich der Vergleich, mochte die Strafe beim Friedensschluß entfallen oder gemildert werden oder der Bann bis zum Vergleich dauern. Denn praktisch wurde der Vergleich natürlich erkauft, der Friede bezahlt.

Die Bemessung der Geldstrafe [97]) ist wenig einheitlich geregelt. Neben absoluten Geldstrafen kommen Rahmenstrafen vor. Häufig ist die Entscheidung auch ganz in das Ermessen des Richters gestellt.

Konnte der Täter nicht zahlen, so verlangten schon die Rechtslehrer gemäß C 6, 1, 4 eine Hilfsstrafe. Ein Freispruch des Besitzlosen hätte den Satz »Ne crimina remaneant impunita« verletzt [98]). Auch wo die Statuten nicht sprachen, half der allgemeine Grundsatz, daß aus tatsächlichen Gründen nicht vollstreckbare Strafen in vollstreckbare umzuwandeln seien. Doch zweifelte Cinus, a. ob. angef. O. n. 2, ob hilfsweise eine Körperstrafe zu verhängen sei, wenn das Gesetz sie nicht androhte. Er gibt zu bedenken, daß die Körperstrafe härter sei als Geldstrafe, kommt aber mit der herrschenden Lehre zum Ergebnis, daß der Hilfsstrafe nichts im Wege stehe. »Nostri doctores ... et quasi omnes tenent simpliciter et indistincte, quod poena corporalis imponatur, ubi pecuniaria solvi non potest ....; et id, quod poena debet delictum egredi, dico, quod non egreditur tunc poena, imo est illa, quae ibi debetur, quae succedit loco alterius, sicut estimatio succedit loco rei.« Im Ergebnis waren alle darüber einig [99]).

---

[96]) Kohler 47 ff.

[97]) Nähere Angaben über die Höhe der Strafen wären wertlos. Um die absolute Bedeutung der einzelnen Geldstrafe beurteilen zu können, müßte man den Geldwert und die Kosten der Lebenshaltung an jedem einzelnen Orte kennen.

[98]) Alb.de Rosc., D XLVIII 19 De poenis 1, 3 n. 1: Wird die Geldstrafe nicht bezahlt, so darf der Richter Verstümmelung einer Hand anordnen: »ratio, quia inanis est actio, quam inopia debitoris excludit ... et ... ne delictum remaneat impunitum.«

[99]) Es galt der Satz: Qui non potest solvere in aere, luat in corpus. Vgl. die Kommentare zu C 6, 1, 4; ferner Bartolus, D II 1 De iurisdict. 7, 1 n. 6; Baldus, a.gl.O. 7 n. 4; Durantis, Spec. III 1 De accusatione 6 § Sequitur n. 12.

In den Statuten sind Bestimmungen für den Fall, daß der Täter die Geldstrafe nicht zahlt, sehr verbreitet. Vor allem zu Beginn des 14. Jahrhunderts war diese Art der Strafdrohung geradezu die Regel. Dieser Zeitraum stellt den Übergang dar von der Geldstrafe zur primären Körperstrafe. Als Hilfsstrafen [100]) für den Fall der Nichtzahlung waren die gleichen Strafen üblich wie diejenigen, die als Primärstrafen vorkamen. Die technische Form dieser Strafdrohung wechselt: In der Regel wird zunächst eine Geldstrafe angedroht und zugleich festgesetzt, daß der Täter mit einer bestimmten Körperstrafe und Ehrenstrafe zu belegen sei, wenn er innerhalb einer gewissen Zeit nicht zahle. Seltener, aber durchaus verbreitet war die Übung, daß man zunächst eine Körperstrafe ansetzte, dann aber zuließ, daß der Täter sich um einen bestimmten Preis davon freikaufte. War einmal die Hilfsstrafe verbüßt, so war der öffentliche Strafanspruch befriedigt, die Geldstrafe also nicht noch einmal zu zahlen [101]). Die Hilfsstrafe war echte Strafe, nicht Zwangsmittel.

Zwangsmittel dagegen war häufig die Kerkerhaft bis zur Entrichtung der Strafe. In der Praxis freilich verwischten sich die Unterschiede. Für den besitzlosen Proletarier bedeutete die Kerkerhaft zur Erzwingung der Geldstrafe dauernde Freiheitsentziehung bis zur Begnadigung.

Überhaupt läuft das System der Eventualstrafen im Ergebnis auf doppeltes Recht für Vornehme und Geringe, Wohlhabende und Besitzlose hinaus. Die Ungerechtigkeit trat um so schärfer hervor, als häufig auffallend kleine Geldstrafen sich bei Nichtzahlung in schwere Körperstrafen verwandelten. Mit dem Siege der Demokratie wird dieser Unterschied immer mehr aufgehoben, der Freikauf preisgegeben und auch der Vornehme der Körperstrafe unterworfen. Wiederholt wird in Statuten des 14. Jahrhunderts der Loskauf ausdrücklich untersagt [102]). Die geradezu rechtsgeschäftliche Beziehung, wie sie einst zwischen Körper- und Geldstrafe bestand, wird gelöst, beide Rechtsfolgen dienen selbständigen Zwecken, und die Umsetzung der einen in die andere hört auf. So bestimmt das Statut von Bologna von 1454 S. 16 R., daß die nicht bezahlte Geldstrafe nur dann in Körperstrafe umzuwandeln sei, wenn das Gesetz dies ausdrücklich vorsieht [103]).

---

[100]) Kohler 83 ff., Bohne, FrStr. I 27 Anm. 39, 159 Anm. 17.

[101]) Baldus, D IX 4 De noxal. act. 20.

[102]) So z. B. in Perugia (1342 III 63 S. 83 f.) beim Lohnmord: »la persona a se recomparare non possa per alcuno bando overo pena da pagare.«. Das Statut von Bassano von 1392 S. 99 schloß den Loskauf beim Morde aus.

[103]) r. Quod loco poenae pecuniariae non imponatur personalis conditionaliter vel alio modo factae.

Sonderbarerweise findet sich manchmal als Hilfsstrafe für den Fall, daß die Geldstrafe nicht bezahlt wird, nochmals eine andere, geringere Geldstrafe, und erst, wenn die nicht eingezogen werden kann, ist Körperstrafe zu verhängen. So etwas bestimmte z. B. das Statut von Perugia von 1342. Dort hat z. B. der Volkshauptmann, der gewisse Vorschriften über die Wahl des Podestà verletzt, 200 l, wenn er die nicht bezahlen kann, 100 l, und wenn er auch die nicht aufbringt, 50 l zu zahlen. Hat er nicht einmal 50 l, so wird er auf fünf Jahre verbannt (I 2 S. 11). Wenn ein Peruginer einem Ausländer hilft, einen Inländer zu verletzen, so hat er zunächst 200, wenn er die nicht zahlen kann, 100 l zu entrichten. Hat er die auch nicht, so verliert er den rechten Fuß (III 36 S. 53).

8. Andere Vermögensstrafen.

Die Theoretiker stellen einen Rückgang der Konfiskation gegenüber dem römischen Recht fest und wollen sie nur dann zulassen, wenn das Statut sie ausdrücklich vorsieht [104]). Im Statutarrecht aber war diese Strafe verbreitet [105]). Sie ist dort einmal mit der Acht wegen schwerer Verbrechen verbunden, kommt aber auch als Strafe vor, vor allem beim Morde und bei politischen Verbrechen, aber z. B. auch bei der Ketzerei. Sie ist insoweit ein Rest der alten Friedlosigkeit, die die Persönlichkeit des Verbrechers auch als Vermögenssubjekt auslöscht.

Vielfach verzichtet aber der Staat darauf, das beschlagnahmte Vermögen für sich zu nutzen. Die Güter des Verurteilten werden vielmehr verwüstet und bleiben wüst liegen. So bestimmt das Statut von Parma von 1316 S. 210: Wer an einem hochverräterischen Unternehmen teilnimmt, wird mit dem Tode bestraft. Dann heißt es vom Täter: »et nihilo minus omnia ejus bona devastentur et publicentur et devastata et publicata perpetuo remaneant in Communi.« Ähnlich bestimmt das florentiner Urteil von 1344 i. G. A. 53 S. 261 f. über den Hochverräter: »eius bona et possessiones destruantur et dispensentur et sic destructa deveniant et devenire debeant in Comuni dicte civitatis.«

Neben Beschlagnahme und Zerstörung des ganzen Besitzes

---

[104]) Gandinus, De bonis malefactorum 1 (S. 349); Cinus, C IX 40 De requir. reis 1 n. 3: »Hodie regulariter condemnatus non amittit bona«; Baldus, C IX 1 Qui accus. non poss. 11 n. 56, Cons. I 59 n. 6; Angelus, C VI 22 Qui testam. fac. poss. 2; Lucas de Penna, C XII 60 De execut. et exact. 6 (S. 331), C XII 35 De re militari 4 (S. 269 R.): »Hec est communis opinio, quod hodie pena confiscationis non habet locum in crimine lese maiestatis et heresis.«

[105]) Kohler 72 ff., Pertile V 228 ff.

kommt beides an einzelnen Vermögensgegenständen vor, so die Konfiskation und Wüstung des Hauses, das den Gebannten, Ketzer oder andere Verbrecher aufnimmt, in dem jemand gefangen gehalten, Glücksspiel, Falschmünzerei oder Sodomiterei getrieben, oder von dem aus geschossen wird.

In Strafbestimmungen dieser Art, die eine Wüstung von Häusern oder Türmen anordneten, mochte die naive Vorstellung nachwirken, daß auch Sachen sich strafbar machten und zu büßen hätten. Aber mit Atavismen dieser Art verbanden sich sehr rationale Bedürfnisse des Tages. Die Wüstung von Häusern und Türmen lag im Interesse der politischen Kontrolle und hinderte die private Machtbildung im Staate.

Mehr und mehr aber wird die Wüstung von der Konfiskation verdrängt. Außer naheliegenden wirtschaftlichen Erwägungen — der Fiskus hatte den größeren Vorteil von der Konfiskation — werden gegen die Wüstung ästhetische Bedenken vorgebracht. Das Wüstliegen von Häusern und Straßen wird als Verunstaltung des Stadtbildes empfunden. Daneben macht sich — so in Rom — das aufkommende Verständnis für historische Altertümer, geschichtliche und ästhetische Romantik geltend, und das alles findet in Statuten seinen Niederschlag, die statt der Wüstung Konfiskation anordnen [106]).

Häufig wird Zerstörung und Einziehung von producta und instrumenta sceleris angeordnet. So findet sich die Einziehung von Falschgeld, die Vernichtung gefälschter Waren, die Beschlagnahme von Fanggeräten des Vogelstellers, die Vernichtung von Spielgeräten und Wegnahme verbotener Waffen.

---

[106]) Mantua 1303 VI 36 (S. 147 f.) De domibus non destruendis. — In Brescia (1313 I 152) soll in Zukunft kein Haus mehr zerstört werden »pro communi utilitate et ad decorem civitatis, cum dicatur quod civitates factae sunt ad similitudinem paradisi.« Das wird damit begründet, »ne civitas Brixiae deformetur ruinis, sicut deformari consuevit.« Ähnlichen Gedankengängen entspringt ein Statut von Perugia von 1342 IV 93 De le torre da non guastare overo scarcare (S. 363 ff.), das den Verkauf von Türmen zum Zwecke der Zerstörung verbietet. Kennzeichnend sind die Eingangsworte des Statuts: »Cun ciò sia cosa, che (da) le citade, casteglle e fortezze de le torre avere grandissema conseguescano belleza e alcuna fiada utilità, e esse scarcare (niederreißen) enn alcuno modo paia laidezza (Häßlichkeit) de la citade.« In Parma (1347 S. 222) soll das Haus des Mörders nicht gewüstet, sondern konfisziert werden. Vgl. auch S. 262 r. Quod nulla domus posita in civitate Parmae vel burgis destruatur pro aliquo maleficio vel causa.« Begründung: »ne civitas Parmae deformetur ruinis.« Statt dessen Konfiskation. Auch das Statut von Rom von 1363 II 16 (S. 94) verbietet es, das Haus des Mörders zu wüsten. Dort wird auch die Zerstörung alter Gebäude bestraft, »ne ruynis civitas deformetur et ut antiqua edificia decorem Urbis publice representent.« Vgl. auch Mailand r. 97, Lodi 1390 S. 106 R., Intra 1393 IV 81 (S. 383 f.).

Am Vermögen traf die Ehebrecherin der Verlust der Mitgift oder sonstiger Ansprüche, die unerlaubt heiratende Frau und die Kinder, die sich an ihren Eltern vergriffen, der Fortfall von Erbrechten und Ansprüchen auf die Mitgift.

Vermögensstrafe ist schließlich der häufig vorkommende Verlust des Rechts an der eigenen Sache, z. B. Rechtsverlust beim Betreten des eigenen Grundstücks gegen den Willen des Besitzers, Verlust des Anspruchs beim wiederholten Geltendmachen der Forderung, Rechtsverlust bei falscher Anklage oder beim Vorbringen falscher Beweismittel im Prozeß, und schließlich die Versagung des prozessualen Rechtsschutzes, vor allem bei Fälschungsverbrechen [107]).

* * *

Ein Rückblick über dieses Kapitel ergibt: Das Strafensystem des römischen Rechts findet keinen Eingang in die Praxis und wird — eben deshalb — in gewissem Umfange auch von der Wissenschaft preisgegeben. Versuche der Lehre, die Rechtsfolgen zu mildern, begegnen in der Praxis einer auf Schärfung der Strafen hinstrebenden Bewegung und werden planmäßig sabotiert. Übereinstimmung dagegen scheint im wesentlichen über die Ausübung richterlichen Ermessens und die Änderung unvollziehbarer Strafen zu bestehen. Auch über den Zweck der Strafe sind Rechtslehre und Praxis im ganzen einig.

---

[107]) So heißt es in Turin (1360 Sp. 660) vom Schuldner, der seinem Gläubiger Vermögensgegenstände entzieht: »puniatur hoc modo, videlicet, quod non audiatur in causa pro se vel alio.« In Valsassina (1388 r. 87 S. 299) wird der Urkundenfälscher auf zehn Jahre nicht zugelassen »ad petitionem sui iuris.«

Besonderer Teil.

Vorbemerkungen.

I. Tatbestand und Systematik.

Dem Mittelalter war der Satz unbekannt, daß ein Verhalten nur dann bestraft werden kann, wenn die Rechtsfolge oder Strafbarkeit vorher bestimmt ist. Damit fehlte ein wesentlicher Antrieb für die eindeutige Begrenzung der Tatbestände. Auch die Freiheit des richterlichen Ermessens in der Bestimmung der Rechtsfolgen war scharfen Abgrenzungen hinderlich. Wo dieses Ermessen weit ausgedehnt ist, wie allgemein in älteren Statuten und noch späterhin vor allem im politischen und Beamtenstrafrecht, dort sind auch die Tatbestände in der Regel dehnbar und unbestimmt.

Dieselben Strömungen aber, die auf einen Abbau des schrankenlosen Ermessens drängten, kamen auch dem Ausbau des Tatbestands zugute. Insofern wird das politische Mißtrauen und das Bedürfnis der Wirtschaft nach Rechtssicherheit dogmatisch wirksam. Das richterliche Ermessen macht im 14. Jahrhundert immer mehr absoluten oder sonst begrenzten Rechtsfolgen Platz, aber die praktischen Zwecke, die man dabei verfolgte, waren nur dann erreichbar, wenn der bestimmten Strafe auch ein scharf umrissener Tatbestand entsprach.

Neben rationalen Tendenzen dieser Art, teils in gleicher Richtung, aber auch unabhängig von ihnen, war für den Ausbau der Tatbestände etwas anderes wichtig: das plastisch-gegenständliche Denken der Zeit. Die Fähigkeit, juristische Probleme abstrakt zu durchdenken ging den Gesetzgebern vielfach noch ab. Am Anfang des Jahrhunderts in der Regel noch Laien, dachten und sprachen [1])

---

[1]) In diesen Zeitraum fällt die Statutargesetzgebung im Volgare. Das angeblich erste Gesetz in der Volkssprache — nach Lisini, Vorrede S. IV — ist das Statut von Siena von 1309/10. Außer diesen sind unter den von mir benutzten Gesetzen noch die von Averrara und Val Taleggio 1313 u. 1368, Porlezza 1338, Perugia 1342, Ascoli 1377 und Valsolda 1388 im Volgare geschrieben, die übrigen aber lateinisch verfaßt. Der Einfluß der Juristen auf die Statutargesetzgebung bewirkt natürlich ein Überwiegen der Gelehrtensprache. Im ganzen erlaubte wohl das Lateinische ein bessere Herausarbeitung des juristisch formalen, die Volkssprache dagegen eine schmiegsamere Anpassung

sie wie das Volk. Der volkstümlichen Denkweise aber entsprach es, die Rechtsfolge an äußere Vorgänge anzuknüpfen und die einzelnen Erscheinungen nebeneinander zu reihen. So zeigen denn die Tatbestände eine reiche Kasuistik. In der Regel stellen sie bildhaft und naiv umschriebene Sachverhalte dar, die, volkstümlich und allgemeinverständlich, scharfe Konturen vermissen lassen.

Das Bildhafte und auf die Erscheinung gerichtete der populären Denkart ließ auch keine Systematik der Tatbestände zu. Eine solche Ordnung hätte ein rationales Begreifen des Rechts vorausgesetzt, das Bewußtsein übergeordneter Gesichtspunkte, von Maßstäben also, die jenseits der Erscheinung liegend, diese erst hätten verstehen lassen. Was aber dem populären Denken abging, war Perspektive als die Fähigkeit, Einzelerscheinungen in ihrer verschiedenen Bedeutung an abstrakten Maßstäben zu unterscheiden und die Beziehung unter ihnen herzustellen.

So sind denn schon äußerlich die Statuten in der Regel [2]) Anhäufungen von wahllos zusammengestellten Einzelregeln und Gelegenheitsgesetzen. Wo aber einige Ordnung herrscht, da entscheiden äußere Gesichtspunkte, nicht die inneren Zusammenhänge, deren man sich gar nicht bewußt ist. So gibt es zahllose Regeln über alle möglichen Arten von Schlägen, Verwundungen und tätlichen Beleidigungen, aber keine Körperverletzung. So werden Feld- und Flurschädigungen aller Art gehäuft, aber nicht zum Begriff der Sachbeschädigung zusammengefaßt [3]). So steht einer Hochflut polizeilicher Einzelregeln ein Fehlen des gemeinsamen Begriffs wie des Namens gegenüber. Körperverletzung und Beleidigung, Diebstahl, Raub und Schädigung, Hausfriedensbruch und Personenverletzung gehen ineinander über.

Wer das einzelne nicht kennt, aber einen Eindruck von der wissenschaftlichen Methode hat, könnte sich die Tatbestände der Theorie ähnlich denken wie die der Praxis. Denn das scholastische Denken pflegt allgemeine Sätze zu zergliedern, theoretischen Schwierigkeiten und dem Widerspruch der Autoritäten durch Unterscheidungen auszuweichen und die endgültige Lösung in den Einzelfall zu verlegen.

---

an das plastische Denken der Zeit. Sachlich ist etwa das Statut von Perugia unvergleichlich viel reichhaltiger als die größere Anzahl juristisch wertvollerer, aber gleichförmiger Statuten im Lateinischen. Auch hier werden Strenge und Eindeutigkeit der Form durch eine Verstümmelung des Lebens erkauft.

[2]) Eine gute Systematik enthält z. B. ausnahmsweise das Gesetz von Cremona von 1387.

[3]) Immerhin wird hier und dort als zusammenfassende Ordnungskategorie die Bezeichnung der »damna data« verwandt.

Nur sind die Gründe der Atomisierung hier völlig andere. Während nämlich das volkstümliche Denken auf die konkrete Anschauung gerichtet war, ist das wissenschaftliche Denken jener Zeit im höchsten Maße abstrakt. Nicht von der sinnlichen Erscheinung geht man aus, sondern vom allgemeinen Prinzip, das, in Distinktionen zergliedert, doch als Spitze der Gedankenpyramide sichtbar bleibt. So geht denn der Lehre auch nicht im gleichen Maße wie der Praxis die Fähigkeit der Systematisierung ab. In den Kommentaren fehlt allerdings die Systematik des besonderen Teils, weil man die Dinge in der Ordnung oder besser Unordnung der römischen Quellen besprach. In den Traktaten aber werden zusammengehörende Erscheinungen systematisch vereinigt, im einzelnen freilich mit Unterschied. So ist z. B. die Systematik des Jacobus de Belvisio viel unzulänglicher als die des Albertus Gandinus oder die des Bonifacius de Vitalinis. Ein besonders hohes Niveau gerade in dieser Beziehung hat die Beichtliteratur. Die Summa confessorum des Raymundus de Pennaforte und nach seinem Vorbilde die Summa aurea des Hostiensis geben ein vollständiges System des besonderen Teils und ordnen die Verbrechen unter höheren Gesichtspunkten, nämlich nach der Art des verletzten Interesses.

Dazu kommt ein Drittes. Mehr als im allgemeinen Teil folgt die Rechtslehre im besonderen Teil dem gemeinen Recht und schließt sich im ganzen den Quellen an. Das lag in der Natur der Sache: Die Einzeltatbestände boten der Entwicklung geschlossener Lehren und neuer Gedanken wenig Raum. Die Tatbestände des gemeinen Rechts aber waren von denen des deutschen Rechts und der Praxis schon äußerlich völlig verschieden. Der deutschrechtlichen Körperverletzungskasuistik etwa wird ein so allgemeiner Begriff gegenübergestellt wie der der iniuria. Die verschiedensten Sonderfälle des Statutarrechts werden im gemeinen Recht als crimen vis behandelt. Ja, das falsum zerfließt den gutgläubigen Italienern völlig unter den Händen und erfährt eine Ausdehnung, die diesem Tatbestand im römischen Recht auch nicht von ferne zukam.

Aber auch dort, wo zwischen den elastischen Tatbeständen des römischen Rechts noch Lücken blieben, wird die Theorie von der Praxis nicht weiter befruchtet. Denn jenseits der Einzeltatbestände hielt das römische Recht einen allgemeinen Reservetatbestand bereit, den stellionatus. Vorsätzlich begangene, aber im Gesetz nicht besonders geregelte Vergehen nämlich wurden als Fälle des stellionatus nach Ermessen bestraft. Er war das Verbrechen ohne Tatbestand, das strafrechtliche Gegenstück zur subsidiären actio doli im Zivilrecht. Die Italiener verstanden den Begriff richtig im Sinne von D 47, 20, 3, 1, beschränkten ihn also nicht auf Vermögensdelikte. So sagt Albericus de Rosciate, St. IV 22 n. 2: »Ubicunque dolus versatur, quod non cadit in proprium nomen delicti, dicitur crimen stellionatus ... et crimen stellionatus inter maleficia privata nominatur.«[4]. Wie sich noch zeigen wird, erwies sich dieser Begriff als Hemmnis der wissenschaftlichen Weiterentwicklung und verhinderte vor allem, daß die Rechtslehre neues Statutarrecht selbständig verarbeitete.

Alles dies, vor allem der methodische Gegensatz zwischen dem erscheinunggebundenen, populären Denken der Gesetzgeber auf der einen und dem scholastischen, abstrakten Denken der Wissenschaft auf der anderen Seite, macht es begreiflich, daß Lehre und Praxis sich zwar vielfach anregen und gelegentlich wechselseitig umformen, daß sich aber nicht das Bild einer so tiefen Durchdringung bietet wie bei den allgemeinen Lehren. Anregungen der Praxis wirkten sich in der Theorie namentlich dahin aus, daß der Schwerpunkt des wissenschaftlichen Interesses sich Einzelfragen zuwandte, die in der Praxis im Vordergrund standen. So wird unter dem Eindruck der Praxis von den zahllosen Einzelfällen der römischen iniuria die Ehrverletzung am eingehendsten behandelt, sachlich aber die gemeinrechtliche Anschauung nicht preisgegeben.

War also die Theorie zwar nicht geneigt, gemeines Recht dem Statutarrecht anzupassen oder gar aufzugeben, so ging sie doch von sich aus den Begriffen des Statutarrechts nach, sehr eingehend z. B. bei Körperverletzung oder Liegenschaftsstörung, und suchte hier, im Rahmen des Statutarrechts und fern vom gemeinen Recht, die Begriffe zu klären und abzugrenzen.

Bedeutender aber als der Einfluß der Praxis auf die Lehre war jedenfalls später die Einwirkung der Theorie auf die Praxis. Das einzelne — die Aufnahme wissenschaftlicher Lehren in die städtische Gesetzgebung — wird am jeweils geeigneten Orte dargestellt werden.

II. Gesichtspunkte für die Bewertung.

Fragt man nun nach den Gesichtspunkten, unter denen das menschliche Verhalten gewertet wurde, so kam es natürlich auch

[4]) Vgl. u. a. Cinus, C IX 34 De crim. stell., Rubr. n. 1: »stellionatus .... habet locum, ubicunque datur actio ex dolo civilis; nam cum ex quolibet crimine posset agi dupliciter, ex dolo non poterat nisi civiliter agi et ideo introductum fuit crimen stellionatus, quo criminaliter intenditur;« vgl. auch die anderen Kommentare zu dieser Stelle; ferner Bonif. de Vitalinis, De penis etc. n. 5, De extraord. crim. n. 14, 18; Baldus, Cons. I 15 n. 1.

damals auf die Art des Erfolges und des verletzten Rechtsguts an. Von Straftaten gegen die körperliche Unversehrtheit hoben sich die gegen das Vermögen, die Ehre und andere Rechtsgüter ab.

Daneben aber — und das scheint mir das besondere Kennzeichen des italienischen Tatbestands jener Zeit — ist die Art der Begehung wichtig, die äußere Beschaffenheit der Verbrechenshandlung, von der Art des Erfolges und des verletzten Rechtsguts abgesehen. Dabei treten gewisse allgemeine Gesichtspunkte hervor. Grundlegend ist nämlich der Unterschied zwischen Gewaltverbrechen und solchen Straftaten, die heimlich, hinterlistig, tückisch begangen werden. Der römischrechtliche Gegensatz zwischen vis und dolus [6]), der deutschrechtliche zwischen offener Gewalttat und Neidingswerk [7]) kehrt im italienischen Strafrecht wieder und ist im Kulturbewußtsein verwurzelt.

Deutlich wird das wieder bei Dante. Im System des Inferno ist der Unterschied zwischen List und Gewalttat entscheidend.

»D'ogni malizia ch'odio in cielo acquista,
Ingiuria è il fine, ed ogni fin cotale
O con forza, o con frode altrui contrista.«
(Inf. XI 22 ff.)

Diese Unterscheidung bestimmt die Einteilung der unteren Hölle: Die Gewaltverbrecher werden milder angesehen und im siebenten Höllenkreise, die Verbrecher aus »List« im achten und letzten Kreise untergebracht.

Daß die Heimtücke strengere Sühne fordere als die offene Gewalttat, kommt im Recht vielfach zum Ausdruck. Der gewaltsamen Tötung und Körperverletzung wird der Meuchelmord und die hinterlistige Verletzung durch Lohnmörder, beiden die heimliche Vergiftung gegenübergestellt, die Notzucht und gewaltsame Entführung findet ihr Gegenstück in der listigen Verführung, der Diebstahl im Raube. Anderswo ist der Gegensatz der Tatbestände verschwunden. Aber Heimlichkeit und Offenheit werden noch als die möglichen Begehungsarten genannt. So ist es in Dervio (1389 r. 75) verboten, »trahere vel proicere alicui liminote seu sponse, dum vadit ad maritam ... aliquam fetiam (Schmutz) ... nec aliquam aliam rem turpem, nec facere sibi aliquam pressam (Gewalttat), nec iniuriam, nec sibi aliquid accipere furtive seu violenter«. Das Statut von Bologna von 1454 S. 33 bedroht denjenigen mit Strafe, der Zerstörungen

5) Mommsen, R.StrR. 86 f. u. 87 Anm. 1: Der dolus ist die »böse List«.

6) Wilda, StrR. d. Germ. 569 ff., His, G. D. StrR. 4 f. Neidingswerk ist das »niederträchtige Verbrechen aus gemeiner Gesinnung« (v. Hippel, Deutsches Strafrecht I 117).

an fremden Hauseingängen, Fenstern, Mauern und dergleichen anrichtet »per vim vel clandestine.«

Darüber hinaus aber wird in weitestem Umfange die Heimlichkeit der Begehung [7]) als straferschwerender Umstand gewertet, vor allem die Tatbegehung zur Nachtzeit. Umgekehrt kann die Offenheit des Verhaltens die Strafe völlig abwenden, so wenn bei Tötung des flüchtenden Diebes oder des nachts im Hause betroffenen das Gerüfte erhoben wird. Nur gelegentlich allerdings werden Öffentlichkeit und Heimlichkeit einander unmittelbar gegenübergestellt. So wird in Bologna (1454 S. 29) enthauptet, wer jemand gefangennimmt und heimlich (»occulte sive clandestine«) gefangenhält. Dagegen hat der Täter nur Geldstrafe verwirkt, wenn er offen (»non occultando vel occulte vel clandestine tenendo, sed palam et publice«) handelt.

Aber zwischen dem Strafrecht und Dantes Theorie besteht doch ein wesentlicher Unterschied. Dante führt mit dichterischer Freiheit die Scheidung von Gewalt und List in aller Strenge durch. Die schlimmste Gewalttat ist weniger strafwürdig als der geringste Betrug. So wird der Mörder im ersten Zirkel des siebenten Kreises gequält, der Dieb im siebenten, der Fälscher im zehnten Bezirk der letzten Sphäre. Im Strafrecht jedoch wird der Mörder härter bestraft als Diebe und Fälscher. Aber auch im einzelnen übernimmt das weltliche Strafrecht nicht die Abstufung der Gewaltverbrechen gegen den Nächsten, gegen sich selbst und gegen Gott. Gotteslästerer sieht Dante strenger an als Mörder. Nicht so das Recht. Viele »Tatbestände« des Inferno finden überhaupt kein Gegenstück im Strafrecht [8]).

Die Hinterlist der Begehung ist im Strafrecht der Regel nach nur Modalität einzelner Tatbestände. Demnach hat im Strafrecht der Begriff des Verrats nicht die zentrale Bedeutung wie im System des Inferno. Dort ist der Verrat, neben dem politischen auch der Verrat an Verwandten, die höchste Steigerung des mit List begangenen Verbrechens, also der Gipfel der Sünde überhaupt.

Diese absolute Wertung findet im Recht kein Gegenstück. Überhaupt findet sich der Verrat im allgemeinen, über das Politische hinausgreifenden Sinne als selbständiger Tatbestand nur selten vor. Wo sonst von Verrat die Rede ist, wird damit nicht ein Tatbestand

7) Für die Theoretiker waren Offenheit und Heimlichkeit der Tat wichtig als Präsumtionen für Dasein oder Fehlen des Bewußtseins der Rechtswidrigkeit. Engelmann, Schuld u. Irrtum 57, 125 f.

8) Dante war eben Dichter und nicht Jurist. Man darf die Parallelen zum Recht nicht übertreiben.

bezeichnet, sondern bald eine äußere Modalität der Begehung, bald eine Art der verbrecherischen Gesinnung.

Nur einzelne Gesetze bewahren die deutschrechtliche Auffassung des Verräters als eines Menschen, der Leben oder Vermögen auch des einzelnen Genossen anderen in die Hände spielt [9]). Den Verrat in diesem Sinne bedroht z. B. das Statut von Rom von 1363 II 26 (S. 101) mit Strafe: Dort hat 100 l zu zahlen der »proditor, et qui prodictionem commiserit contra aliquem vel eum subduxerit vel conduxerit ad aliquem locum, ad hoc ut offenderetur ab inimico suo vel ab aliqua alia persona, si ipse sit subductus, conductus, fuerit offensus.« Die Strafe erhöht sich auf 200 l, wenn der Verletzte Blut verliert und wird zur Todesstrafe, wenn er stirbt. Auch in Siena (1309/10 V 232 S. 331) steht Geldstrafe von 500 l auf »tradimento ... contra alcuna comunanza o vero singulare persona.« Wird aber ein Verbrechen begangen, so wird der Täter mit dem Tode bestraft. Das wird auch derjenige, der einen Lohnmord begeht oder »tradisse ... o vero chi appostasse alcuno a ciò che fusse uciso« (V 257 S. 341). Dagegen nur als Modalität der Begehung erscheint der Verrat z. B. im Statut von Pisa von 1286 III 60 (S. 449). Dort soll der Podestà nach seinem Ermessen bestrafen »omnes et singulos, qui ad pretium seu tradimentum aliquem percusserint seu percuti fecerint.«

Im gleichen unpolitischen Sinne kennen auch die Theoretiker den Begriff des Verrats. So z. B. Baldus, der im Cons. IV 361 n. 3 folgende Arten unterscheidet: »proditor dicitur tripliciter, primo qui prodit principem vel rem publicam ...; secundo qui prodit socium vel amicum occidendo vel vulnerando ...; tertio qui prodit eum, quem in fide suscepit.« [11]). Aber auch hier wird der Übergang vom selbständigen Tatbestand zur allgemeinen Verbrechensmodalität sichtbar. Derart spricht sich Bartolus, Tr. super constitutionibus r. Qui sint rebelles n. 4 aus: »proditorie dicitur aliquid fieri, quando fingo me amicum tuum et trado te tanquam inimicum et sic unum ostendo corpore, aliud sum animo ...; tunc tamen incidit in crimen proditionis, quando fit contra principem vel contra rem publicam ... Sed quando committitur contra privatum, non dicitur proditor principaliter per se, sed crimen aliud factum proditorie vel homicidium factum proditorie vel aliquid simile«.

---

[9]) His, G. D. StrR. 25. So auch im deutschen Recht des Mittelalters. Vgl. His, StrR. d. MA. 145.

[10]) Nach Lucas de Penna, C X 11 De delator. 6 (S. 19 R.) begeht einen Verrat u. a., »qui malitiose circumvenit alium«, ferner, wer als Advokat die Sache seines Mandanten einem andern verrät, u. a. m. Vgl. auch Baldus, D III 2 De his qui not. infam. 4, 4 n. 2: »proditor dicitur ille, qui cum debet adiuvare unam partem cum dictis et factis, secrete tenet cum altera parte.«

Aber diese ganze Einteilung der Straftaten nach objektiven Merkmalen der Begehung, in Gewaltverbrechen und hinterlistig, verräterisch begangene Delikte läuft in Wahrheit auf eine Einteilung nach Gesinnung und Verschulden hinaus. Dem objektiven Gegensatz entspricht ein subjektiver Unterschied. Denn vom typischen ausgehend nahm man an, daß die offene Gewalttat in der Erregung des Augenblicks, das heimliche Verbrechen mit Vorbedacht geschah. Diesen Sinn der Unterscheidung bringt schon Dante zum Ausdruck: Der »Betrug« ist deshalb die schlimmere Sünde, weil er auf einem Mißbrauch der den Menschen verliehenen Fähigkeiten beruht. Er kommt nur aus ihm selbst, während die Gewalttat von außen aufgedrängt wird, also nicht nur aus böser Gesinnung entsteht.

»................ perchè frode è dell' uom proprio male
Più spiace a Dio ....« (Inf. XI 25 f.)

Der Unterschied zwischen Gewalttat und Betrug wird auf den philosophischen Gegensatz von ἀκρασία und κακία der aristotelischen Ethik zurückgeführt, also auf den Gegensatz von Unbeherrschtheit und Bosheit.

»Non ti rimembra di quelle parole,
Con le quai la tua Etica pertratta
Le tre disposizion che il ciel non vuole,
Incontinenza, malizia, e la matta
Bestialitade? e come incontinenza
Men Dio offende e men biasimo accatta.«
(Inf. XI 79 ff.)

Im gleichen Sinne sprechen die Legisten vom Verrat auf der einen, impetus oder assaltus auf der anderen Seite, um die Gesinnung zu bezeichnen. Dort das Handeln mit Überlegung und Vorbedacht, hier das Verhalten im Affekt. So lehrt z. B. Bartolus, D XLVIII 19 De poenis 11, 2 n. 2: »Delictum fit quandoque ex proposito antecedenti, et istud delictum committitur duobus modis: Uno modo insultando. Est autem insultus in alium saltus ... Alio modo committitur ex proposito proditorie. Est autem prodere unum actibus ostendere, aliud in mente gerere.« Der subjektive Gegensatz wird also durch äußere Merkmale ausgedrückt. Der Unterschied der Begehungsarten zeigt den Gegensatz der Schuldformen an. Im italienischen Strafrecht also erfüllt der »besondere Teil« noch Aufgaben, die später dem »allgemeinen Teil« zufallen.

Dieser Sachverhalt wird im terminologischen deutlich: Wie schon in anderem Zusammenhange gezeigt, bedeuten gewisse Worte bald eine Schuldform, bald eine äußere Beschaffenheit des Tatbestands. So bezeichnen die Ausdrücke »dolus« und »fraus« sowohl den Vorbedacht des Handelnden wie gewisse Arten des Betruges, der Untreue und Unterschlagung. Genau so ist »rixa« bald als äußerer Tatbestand der »Streit«, bald subjektiv der Affekt, das Fehlen der Überlegung. Mit objektiven Sachverhalten dieser Art verbindet sich eben zwangsläufig die Vorstellung gewisser innerer Situationen, und diese bestimmen im Grunde die rechtliche Wertung.

Die Tötungsverbrechen.

I. Homicidium.

Die Legisten knüpfen in der Behandlung des homicidium an die lex Cornelia de sicariis an. Unter dieses Gesetz aber fiel jedes Verhalten, das den Tod eines Menschen verursacht, also nicht nur die eigenhändige, sinnfällige Tötungshandlung: »Nihil interest, occidat quis an causam mortis praebeat« (D 48, 8, 15). Dieser Satz, in den Quellen oft wiederholt [1]), führt dahin, daß die verschiedensten Teilnahmeformen der Täterschaft gleichgestellt werden [2]). Wie der Mörder werden auch Anstifter, Gehilfen und Mittäter bestraft. Aber auch Fälle der mittelbaren Täterschaft werden unter das Gesetz gezogen, so die Bewaffnung des Wahnsinnigen oder die Tat des falschen Zeugen, der das Todesurteil verursacht [3]).

Die Statuten [4]) sprechen in der Regel vom »homicidium«, »homecidio« ohne nähere Bestimmung, oder sie drohen Strafe dem »homicida«, »si quis occiderit«, »si quis interfecerit« [5]). Nach dem einfachen Sprachgebrauch umfaßten diese Wendungen aber nicht

---

[1]) Gandinus, De homidiariis 2 (S. 279); Bonif. de Vitalinis, De insultu n. 16: »non refert, utrum quis occidat an det causam morti«; De homicidio n. 4, Quid sit accusatio n. 94; Bartolus, D XLVIII 8 Ad l. Corn. de sic. 1, 3 n. 1; Alb. de Rosc., D I 5 De stat. hom. 7 n. 4 (in den Erörterungsgründen): »nihil interest, occidat quis manibus propriis an causam mortis praebeat;« Alb. de Rosc., D IX 2 Ad l. Aquil. 51 n. 1.

Auch die geistliche Jurisprudenz ließ Irregularität schon dann eintreten, wenn zwischen Verhalten und Erfolg irgendein Ursachenzusammenhang bestand. Vgl. Hostiensis, c. 11 X De homicidio etc. V 12 (S. 287); Ast. VI 14 (S. 71): »qui mortis dat occasionem, videtur dedisse mortem.«

[2]) Bonif. de Vitalinis, De homicidio n. 4 f.

[3]) Vgl. die Kommentare zu D 48, 8, 15; Bonif. de Vitalinis, a. a. O. n. 1.

[4]) Kohler 321 ff., Pertile V 570 ff.

[5]) In der Regel konnten nur natürliche Personen einen Mord begehen. Nur in Rom (1363 II 11 S. 91) wird mit Geldstrafe auch eine universitas bestraft, die sich des homicidium schuldig macht.

jede Ursachenbeziehung zwischen menschlichem Verhalten und Todeserfolg, sondern nur die eigenhändige Tötungshandlung. Sie entsprachen dem naiven Denken, das sich stärker am sinnfälligen Vorgang stößt als an mittelbaren Einwirkungen. Nach dem volkstümlichen Sprachgebrauch konnte man eben nicht vom »töten« sprechen, wenn der Verletzte erst nach Jahr und Tag starb.

So wollte denn Albericus de Rosciate, St. III 33 n. 4 ein Statut, das vom occidere sprach, auf die Körperverletzung mit tödlichem Ausgang nicht anwenden: »homicidium dicitur a caede ..., caedes autem dicitur mors.« Also: »qui mortifere vulnerat, proprie non occidit, sed dicitur occidisse eo, quod mortis causam praebuit et aliud est aliquid dici, aliud verum esse«[6]).

Es läßt sich denken, daß die am Buchstaben haftenden Richter diese Schwierigkeit nicht weniger empfanden. Da aber das entwickelte Rechtsgefühl die Strafgleichheit von Tötung und Verursachung des Todes verlangte, so wurde es nötig, das sprachlich unzulängliche Gesetz zu ergänzen, das heißt die Körperverletzung mit tödlichem Ausgang besonders zu bestrafen. Solche Strafbestimmungen finden sich denn auch überall, wobei bald auf die Mordbestimmung verwiesen, bald eine Strafe festgesetzt wird, die derjenigen des homicidium entsprach[7]). Demgegenüber sind Gesetze selten, die an der älteren sinnlichen Anschauung festhielten, nämlich die Strafe des homicidium auf die eigenhändige Tötung beschränkten. Das ist z. B. in Biandrate (1395 r. 299) der Fall: »intelligatur homicidia (sic!), qui suis manibus propriis homicidium fecerit«.

Wie die Körperverletzung mit tödlichem Ausgang so bedurfte auch die Teilnahme am homicidium einer besonderen Regelung. Denn sie fiel ja auch nicht in den engen Bereich der eigenhändigen Tötung. Aber hier unterscheidet die Gesetzgebung sich auch im Werturteil von der Lehre. Es stehen nicht alle Teilnahmeformen der Täterschaft gleich. Zwar der Anstifter wird in der Regel wie der

---

6) Vgl. auch n. 5.

7) So in Mantua 1303 I 35 (S. 85 f.: Strafe des homic., Verlust des Bürgerrechts und des Vermögens an die Erben), Lucca 1308 III 14 (S. 144: Strafe des homic.), Florenz, Stat. Pod. 1325 III 45 (S. 210 f.: Enthauptung u. Nebenstrafe, wenn jemand »percusserit ... ex qua percussione mors sequatur«), Vercelli S. 108 f. (Enthauptung), Turin 1360 Sp. 710 (Strafe des gemeinen Rechts für den, der jemand »percusserit, ita quod mors pro ipsa percussione sequatur vel occasione ipsius aut quocumque modo causa mortis praebuerit«), Casale 1370 Sp. 1039 f. (Strafe des homic.), Ivrea Sp. 1200 (Todesstrafe), Narni 1371 III 11 (Enthauptung), Verona 1450 III 37 (Strafe des homic.), Bologna 1454 S. 23 (Strafe des homic.). — Vgl. auch Kohler 357.

Mörder bestraft [8]), aber in der Behandlung der Beihilfe spaltet sich die Gesetzgebung. Einige Statuten drohen die Strafe des Mordes an [9]), während andere den Gehilfen milder bestrafen [10]).

Niemand zweifelte daran, daß die lex Cornelia auf die vorsätzliche Tötung zu beschränken sei (D 48, 8, 7). Ohne Vorsatz keine Todesstrafe [11]).

Daß die Italiener auf den Unterschied zwischen Überlegung und Affekt kamen, also modern gesprochen auch Mord und Totschlag unterschieden, wurde schon dargelegt. Nur handelt es sich da nicht um eine Besonderheit gerade dieses Tatbestands, sondern um allgemeine, wenn auch häufig am Tötungsbeispiel gezeigte Unterscheidungen des inneren Tatbestandes.

Alles dies wiederholt sich im Statutarrecht. Das Vorsatzerfordernis wird oft in den Gesetzen hervorgehoben und mit Ausdrücken bezeichnet, die bald ein vorsätzliches Verhalten schlechthin, bald überlegtes Handeln bedeuten [12]). Hier und dort wird sogar der mit Überlegung handelnde ausdrücklich dem gegenübergestellt, der im Streite tötet und härter bestraft. Das ist z. B. in Siena (1309/10 V 248 S. 336) der Fall, wo der »di proponimento o vero mente« handelnde Täter härter oder geringer bestraft wird je nachdem, ob er im Streite tätig wird oder nicht. Das Gesetz von Moncalieri von 1378 Sp. 1402 bedroht mit Geldstrafe von 200 l, hilfsweise Todes-

---

[8]) Lucca 1308 III 46 (S. 165), Brescia 1313 II 6, Modena 1327 IV 13 (S. 384), Vercelli S. 112 R., Argenta 1342 S. 87, Parma 1347 S. 222, Ägid. Konst. 1357 IV 27 (S. 176), Forli 1359 III 4 (S. 186 f.), Ascoli 1377 III 17 (S. 92), Cremona 1387 r. 96, Piacenza 1391 V 40, Bobbio 1398 IV 138.

[9]) Forli 1359 III 4 (S. 186 f.), Mirandola 1386 S. 92, Cremona 1387 r. 96, Biella r. 10.

[10]) In Lucca (1308 III 39 S. 160) wird die mittätige Beihilfe zum Morde, mit 1000 l, die sonstige mit 300 l bestraft. Hat aber der Mörder selbst weniger als 2000 l zu entrichten, so ist die Strafe des Gehilfen im Verhältnis herabzusetzen. In Olevano (1364 r. 73) wird der Mörder hingerichtet, während der Gehilfe mit Geldstrafe von 50 l davonkommt. In Ascoli (1377 III 17 S. 91) beträgt die Geldstrafe 500 l, aber der Täter wird enthauptet und sein Vermögen beschlagnahmt.

[11]) Vgl. außer den Kommentaren zu D 48, 8, 7 Gandinus, De homicidiariis 3 (S. 280);Bonif. de Vitalinis, De homicidio n. 2, 4, 5, Quibus de causis etc. n. 1, De insultu n. 45, Quid sit accusatio n. 94, 99; Hostiensis, S. A. V 12 n. 3. Vgl. auch S. 258.

[12]) Padua 1266 S. 249 (»pensate«), Lucca 1308 III 38 (S. 159: »studiose«), Brescia 1313 II 6 (»praemeditate«), Modena 1327 IV 13 (S. 384: »studiose«), Vercelli S. 112 R.(»dolose«), Argenta 1342 S. 87 (»studiose vel appensate«), Parma, 1347 S. 222 (»appensate«), Carpi 1353 S. 46 f. (»deliberate et apensate«), Ägid. Konst. 1357 IV 27 (S. 176: »dolose vel studiose«). — Vgl. auch Kohler 325 ff.

strafe denjenigen, der jemand »meditate ... assaliendo [13]) occiderit«, mit Strafe von 100 l den, der »in rixa« handelt. Auch hier tritt hilfsweise Todesstrafe ein.

Als Strafe der vorsätzlichen Tötung nennen die Theoretiker in der Regel die Todesstrafe der Quellenstelle D 48, 8, 3, 5 [14]). Doch wird von den Älteren auch noch die frühere Unterscheidung des römischen Rechts erwähnt: Deportation für Vornehme, Festspielhinrichtung für niedrigstehende Personen. Daß beides nicht mehr praktisch galt, betont Angelus, D XLVIII 8 Ad l. Corn. de sic. 3, 5 pr. u. n. 1 [15]).

Im Statutarrecht bewegt sich die Entwicklung gleichfalls auf die Todesstrafe hin. In der ersten Hälfte des Jahrhunderts ringt noch die Geldstrafe mit der schon damals häufigen Todesstrafe, die in der zweiten Hälfte des Jahrhunderts vollends siegt.

Wo Geldstrafe angedroht wird, erhalten die Erben des Getöteten regelmäßig einen Anteil daran, oder sie bekommen eine Buße neben der Strafe. Die Geldstrafe ist manchmal alleinige Rechtsfolge, manchmal tritt Todesstrafe ein, wenn sie nicht bezahlt wird.

In Lucca (1308 III 38 S. 159) hat der Mörder 2000 l zu bezahlen, wenn er bei Tage, 2500 l, wenn er nachts handelt. Bezahlt er nicht, so wird er geköpft. Zur Geldstrafe tritt Verbannung auf fünf Jahre hinzu. Die Erben des Getöteten erhalten eine besondere Buße von 300 l. In Perugia (1342 III 63 S. 81) hat der Mörder im Regelfalle 600 l zu zahlen, und wenn er die nicht aufbringen kann, bis zu 400 l. Handelt er nachts, so betragen die Strafen 1200, eventuell 800 l. Wird auch die Hilfsstrafe nicht bezahlt, so wird der Mörder enthauptet. Auch hier tritt zur Geldstrafe Verbannung hinzu. Außerdem kommt Geldstrafe vor in den Gesetzen von Tivoli von 1305 III 146 (S. 203 f.: 200 l, hilfsweise Enthauptung), Romano 1315 r. 14 (10 l), Ponti r. 4 (150 l, hilfsweise Enthauptung) und Bovegno 1341 r. 212 (S. 87: 10 l).

Viel häufiger dagegen ist Todesstrafe schon an erster Stelle, fast immer Enthauptung.

So in Biella r. 10, Vercelli S. 112 R., Riparolo 1358 r. 5, Casale 1370 Sp. 992;

Mantua 1303 I 26 (S. 79), Averrara 1313 r. 23 (S. 30), Arona 1319 r. 1 (S. 66: Enthauptung oder Galgen), Porlezza 1338 r. 55 (S. 334), Vallassina 1343 r. 74 (S. 204), Valperga 1350 r. 13, Mailand r. 47, Cremona 1387 r. 96, Valsolda 1388 r. 1 (S. 260), Valsassina 1388 r. 64 (S. 290), Vergante 1389 r. 66 (S. 224), Dervio 1389 r. 36 (S. 108), Lodi 1390 S. 99 R., Intra 1393 IV 40 (S. 369), Lecco r. 235 (S. 123);

---

13) Dieser Wortlaut ist auffällig. Handeln im assaltus mit Überlegung!

14) Vgl. u. a. Bonif. de Vitalinis, Quibus de causis etc. n. 1, De homicidio n. 6; Durantis, Spec. IV 4 De homicidio n. 1.

15) Gandinus, De homicidiariis 3 (S. 279); Alb. de Rosc., D XLVIII 8 Ad l. Corn. de sic. 3, 5 u. D I 18 De off. praesid. 6, 8 n. 6 (Deportation für nobiles, Enthauptung für Niedrigstehende).

Padua 1266 S. 249, Bassano 1392 S. 99, Verona 1450 III 40;

Modena 1327 IV 13 (S. 384)[16]), Frignano 1337/38 VI 53 (S. 237), Argenta 1342 S. 87, Carpi 1353 S. 46 f., Forli 1359 III 4 (S. 186 f.), Mirandola 1386 S. 91, Piacenza 1391 V 40, Bobbio 1398 IV 138;

Bologna 1454 S. 23;

Sambuca 1291 r. 41 (S. 28), Pistoia 1296 III 4 (S. 100), Siena 1309/10 V 248 (S. 336: Erfolgt die Tat aber im Streit, so zahlt der Täter 3000 l. Kann er die nicht zahlen, so wird sein Vermögen beschlagnahmt und er selbst bis zur Zahlung mit Gewichten beschwert im Kerker gehalten);

Ägid. Konst. 1357 IV 27 (S. 176);

Rom 1363 II 8 (S. 90), Olevano 1364 r. 73.

Neben der Todesstrafe wird häufig Vermögenskonfiskation angeordnet. Der Täter wird gänzlich ausgelöscht, auch als Vermögenssubjekt [17]). Dabei fällt in der Regel eine Vermögensquote an die Erben des Verletzten, eine Vorschrift, die schon im langobardischen Recht ein Vorbild hatte [18]). Häufiger ist die Konfiskation als Versäumnisfolge, eine prozessuale Erscheinung, auf die hier nicht einzugehen ist.

Eine andere Nebenstrafe ist die Verbannung. Der Täter wird den Verwandten des Ermordeten auf einige Zeit aus den Augen geschafft, damit er sie nicht in Versuchung bringt, Rache zu nehmen. Dieser Gesichtspunkt wird deutlich im Statut von Lucca von 1308 III 38 (S. 159 f.): Dort wird der Mörder — von der Geldstrafe abgesehen — auf fünf Jahre verbannt, wenn er sich nicht mit den Erben vergleicht. In Perugia (1342 III 63 S. 81) bewirkt der Vergleich wenigstens eine Abkürzung der Verbannungsfrist auf die Hälfte, während in Olevano (1364 r. 73) der Abschluß des Vergleichs überhaupt erst Voraussetzung für die Verbannung ist. Denn ohne Vergleich wird Todesstrafe verhängt.

II. Straferhöhende und -mindernde Umstände bei der vorsätzlichen Tötung.

Das ältere deutsche Recht unterschied Mord und Totschlag. Mörder war derjenige, der die Leiche verheimlichte, für die begangene Tat also nicht einstand [19]). Diesen Standpunkt hat das langobardische Recht schon überwunden. Mord ist das »humicidium in absconso

---

[16]) Unrichtig über Modena Kohler 321. Die von ihm angedeuteten Rechtsfolgen gelten nur für den Fall der Versäumnis. Nachher nämlich heißt es: »Si autem venerit ad rationem et probatum fuerit sive repertum, ipsum homicidium perpetrasse, capite puniatur.«

[17]) Pistoia 1296 III 4 (S. 100), Argenta 1342 S. 87, Intra 1393 IV 40 (S. 369), Bologna 1454 S. 23.

[18]) Osenbrüggen, Lgb. 65.

[19]) His, G. D. StrR. 121 ff., Wilda, StrR. d. Germ. 706 ff., Brunner, RG. II 813 ff.

penetratum«[20]). Wesentlich ist also nicht das Verhalten nach der Tat, sondern die Art der Begehung.

Auch im italienischen Recht fiel die Heimlichkeit der Tatbegehung vielfach ins Gewicht. Aber im ganzen gesehen hat der Unterschied zwischen heimlichem Neidingswerk und offener Gewalttat, noch an allen möglichen Stellen spürbar, doch gegenüber dem deutschen Recht an Bedeutung verloren. So ist auch der deutschrechtliche Unterschied zwischen Mord und Totschlag in den meisten Statuten verblaßt. Nur noch einzelne Tötungsformen werden herausgehoben, bei denen gerade die Heimlichkeit der Begehung besondere Strafe verlangt, nämlich Lohnmord und Vergiftung. Nur in wenigen Gesetzen aber wird der Unterschied allgemein durchgeführt, nämlich bei jeder Tötung darauf abgestellt, ob die Tat heimlich oder offen geschah. Dies ist dort noch der Fall, wo das bei Nacht begangene Verbrechen härter bestraft wird als das am Tage vollbrachte. So z. B. in Lucca (1308 III 38 S. 159 f.), wo die Tötung bei Tage mit 2000, die bei Nacht mit 2500 l gebüßt wird, und in Perugia (1342 III 63 S. 81), wo die entsprechenden Strafen 600 und 1200 l betragen.

In diesem Zusammenhang ist auch die bologneser Bestimmung (Bologna 1454 S. 24 R. f.) zu nennen, wonach wie der Lohnmörder bestraft wird, wer beim Morde sein Gesicht schwärzt oder sich sonst unkenntlich macht.

Von der heimlichen Tötung und den noch zu besprechenden Sonderformen des Lohn-, Gift- und Verwandtenmords abgesehen wird auch sonst noch die Tötung unter besonderen Umständen härter bestraft: So der Mord und der Bruch eines Sonderfriedens und die Tötung an besonders befriedeten Orten oder mit verwerflichen Mitteln[21]). Strafschärfend wirkten auch hier die persönlichen Verhältnisse der Beteiligten, wobei sich politische und soziale Gegensätze geltend machten. So genießen z. B. die Städter besonderen Rechtsschutz gegen Bauern[22]), Popularen gegen Aristokraten[23]). Als Strafmilderungsgrund spielt die Ausländereigenschaft des Verletzten eine Rolle, vor allem aber der Vergleich mit den Erben[24]).

---

20) Osenbrüggen, Lgb. 61 f.

21) So steht in Ascoli (1377 III 17 S. 91) auf den Mord mit gewissen Waffen die Strafe des Schleifens und Pflanzens.

22) Wenn in Perugia (1342 III 63 S. 82) z. B. ein Distriktsbewohner (»contadino overo destrectuale«) einen Städter tötet, so wird er doppelt so hoch bestraft, wie wenn er seinesgleichen ermordet hätte und enthauptet, wenn er nicht bezahlen kann.

23) Vgl. S. 11 f.

24) Belege und einzelnes bei Kohler, a. a. O.

III. Fahrlässige Tötung.

Im römischen Recht fiel die fahrlässige Tötung nicht unter die lex Cornelia, sondern zog nur eine Entschädigungspflicht auf Grund der lex Aquilia nach sich [25]). Auch die Italiener wandten die lex Cornelia wie gezeigt nur auf vorsätzliche Tötungshandlungen an, ließen die fahrlässige Tötung deshalb aber nicht straflos ausgehen. Vielmehr soll der Richter die Entscheidung nach Ermessen treffen, aber weder Todes- noch Verstümmelungsstrafe verhängen. In erster Linie also kam Geldstrafe in Betracht [26]). Auch wo die Statuten über das Verschulden schwiegen, bezogen die Italiener Todes- und Verstümmelungsstrafe androhende Vorschriften nur auf die vorsätzliche Tötung, überließen die Bestrafung der fahrlässigen Tötung also auch dann dem Richter [27]).

Den gleichen Standpunkt nahm die Rechtsprechung ein. Daß die ältere Gerichtspraxis die fahrlässige Tötung nicht mit Körper-, sondern mit Geldstrafe belegt, berichtet Gandinus [28]), De homicidiariis 20 (S. 303): »ego semel Mutine interfui, ubi quidam pro homicidio non dolo, sed culpa commisso fuit condemnatus in libras quingentas imperiales vel pedis amissione, et pluribus similibus interfui condemnationibus«. Einen späteren Fall teilt Angelus, D XLVIII 8 Ad l. Corn. de sic. 7 n. 1 mit: Zur Zeit seiner Advokatur in Perugia wurde ein Architekt milder bestraft als für vorsätzliche Tötung, der einen Kran (machinam) so schlecht befestigt hatte, daß er umfiel und jemand tötete.

Das gleiche Bild zeigt das Statutarrecht, wo es sich überhaupt mit der fahrlässigen Tötung befaßt [29]). Die fahrlässige Tötung wird am Vermögen bestraft, oder die Rechtsfolge wird ganz in das Ermessen des Richters gestellt, der gelegentlich auch Körperstrafe verhängen darf. Begrifflich wird hier und dort die Fahrlässigkeit als Unterart des casus behandelt.

So heißt es im Statut von Vercelli von 1341 S. 112 R., nachdem die vorsätzliche Tötung mit Enthauptung bedroht ist: »Si.. aliter quam dolose homicidium commiserit, puniatur realiter et personaliter inspecta qualitate facti, personarum, temporis et loci, dum tamen talis culpa interveniat et committatur, de qua rationabiliter debeat puniri.« Nach den Ägidianischen Konsti-

---

25) Von einigen Sonderfällen abgesehen, die aber nicht unter das Mordgesetz fielen. Mommsen, R. StrR. 839 f. — Vgl. zum folgenden Brunnenmeister, Quellen 247 f.

26) Bonif. de Vitalinis, De insultu n. 45, 99.

27) Vgl. S. 276 f.

28) Nach Kantorowicz II 303 Anm. 37 u. 38 stammt der Text hier wahrscheinlich von Odofredus.

29) Kohler 333.

tutionen von 1357 IV 27 (S. 177 f.) hat bis zu 200 fl zu zahlen, wer jemand tötet »non licite, sed ex aliqua culpa ex improviso«. In Forli (1359 III 4 S. 177 f.) wird die vorsätzliche Tötung mit dem Tode bestraft. Handelt der Täter aber ohne Vorsatz, so soll er nach Ermessen bestraft werden, »si non studiose nec ex proposito, sed casu homicidium factum fuerit ...., puniatur arbitrio domini potestatis, [casu, culpa,] negligentia et personarum condictionibus dilligenter hactentis.« Das gleiche galt in Bologna nach dem Gesetz von 1454 S. 23 R. Dort soll der Podestà beim Fehlen des Vorsatzes »absolvere vel prout ei videbitur pecuniariter condemnare ipsius homicidii culpabilem«. Endlich ist das Statut von Verona von 1450 III 41 zu nennen: »Si quis aliquo casu et non praemeditate hominem occiderit, si in culpa aliqua reperiatur pro qualitate culpe, puniatur realiter, arbitrio domini potestatis.« In all diesen Bestimmungen ist der Einfluß der Theorie deutlich sichtbar.

IV. Sonderfälle.

1. Lohnmord.

Fast alle Statuten des 14. Jahrhunderts enthalten scharfe Bestimmungen gegen den Lohnmord [30]). Das ist zunächst auffällig. Denn der italienischen Entwicklung boten sich so gut wie gar keine geschichtlichen Anknüpfungspunkte. Der Mörder gegen Entgelt hat im römischen Recht kein Vorbild, vor allem nicht im »Meuchelmörder« der lex Cornelia de sicariis. Denn dabei dachte man an die gewaltsame Tötung, ohne daß auf Entgeltlichkeit oder Unentgeltlichkeit etwas ankam. Ebensowenig stimmten die Merkmale des latro (des Banditen) oder des grassator (des bewaffneten Straßenräubers) im römischen Recht mit denen des italienischen assassinus überein [31]).

Auch dem deutschen Recht war der Tatbestand der Tötung oder Körperverletzung gegen Entgelt fremd. Als Vorlage kommt also nur das kanonische Recht in Frage, das allerdings in c. 1 in VI to De homicidio V 4 den Lohnmord besonders mit Strafe bedrohte.

Aber das allein hätte schwerlich die städtische Gesetzgebung angeregt, wenn nicht starke praktische Antriebe zur Bestrafung gedrängt hätten. Das aber war der Fall. Denn es handelt sich anscheinend um ein weit verbreitetes und als gefährlich empfundenes Verbrechen. In jeder italienischen Stadt und namentlich auf dem Lande trieben sich zahllose Menschen umher, die sich vor der Staatsgewalt verbergen mußten, in ihre Heimat nicht zurückkehren konnten und, um ihr Leben zu fristen [32]), zu jedem Dienst bereit waren. Die

[30]) Kohler 327 ff., 370 f., Pertile V 581 f.
Es schien zweckmäßig, hier wie in den folgenden Abschnitten (Vergiftung und Verwandtenverbrechen) Tötung und Körperverletzung zusammenzufassen.

[31]) Mommsen, R. StrR. 629 f.

[32]) Im Statut von Pistoia von 1296 III 5 (S. 101) und im Statut des

Größe dieses Angebots mochte eine Nachfrage noch steigern, die ohnehin lebhaft genug war. Die vielfältige politische und private Feindschaft und Rachsucht fand im Bravo die Möglichkeit praktischer und für den Auftraggeber gefahrloser Betätigung.

Das Werturteil über diese Form des Verbrechens ist das denkbar schärfste. Die Statuten, sonst verhältnismäßig sparsam mit Kraftworten, gebrauchen die stärksten Ausdrücke. In Padua (1288 S. 250 R.) wird Strafe angedroht, »ut pessimum genus assassinorum cesset intrare palatium et plateas communis et civitatem Paduae«. In Bobbio (1398 IV 145) schritten die Gesetzgeber ein »assassinorum tam nomina quam opera detestantes« 33).

Das ist begreiflich. Denn von der Verbreitung und Gefährlichkeit des Bravotums abgesehen, sind dem Lohnmord Merkmale eigen, die ihn gerade für jene Zeit besonders anstößig machten. Die Tötung eines Menschen an sich war noch nichts Ehrenrühriges. Das Anstößige des Lohnmords lag also in etwas anderem, und zwar nicht eigentlich, woran man zunächst denkt, in der Annahme des Entgelts, sondern negativ im Fehlen eines Grundes zur Tötung.

Im ausgehenden Mittelalter war der Rachegedanke noch tief eingewurzelt. Es galt immer noch zwar nicht für erlaubt, aber doch als verständlich, wenn der Verletzte selbst sein Recht suchte und den Feind erschlug. Ja man sah das geradezu als Regel an, ging also davon aus, daß der Getötete dem Mörder einen Grund zur Rache gegeben, an seinem Tode gleichsam selbst Schuld hatte. Diese Anschauung findet bei Albertus Gandinus, De homicidiariis 3 (S. 279) drastischen Ausdruck. Gandinus hebt nämlich hervor, daß beim Morde besser gestellte Personen nur deportiert würden, während öffentliche Räuber, Falschmünzer und Ehebrecher ausnahmslos der Todesstrafe anheimfielen. Dafür gibt er folgende Erklärung: »Respondeo, hanc causam allegavit dominus Martinus de Fano dicens, quod homicidia plerumque non sine causa fiunt, procedunt enim homicidia plerumque ex meritis occisorum, sed predicti sine causa delinquunt et ideo fortius puniuntur«.

Aber jedes Verständnis für den Mörder hörte auf, sobald feststand, daß er keinen Handel mit dem Ermordeten auszutragen hatte. Das war auch der Grund, warum man so scharf gegen die Rache an Verwandten des Beleidigers oder gänzlich unbeteiligten Personen

---

Podestà in Florenz von 1325 III 81 (S. 238) werden die Lohnmörder »assessini vel masnaderii seu desperati« genannt.

33) Vgl. auch c. 1 in VI to De homicidio V 4. Die Lohntäter sind »illi, qui sic horrenda inhumanitate detestandaque saevitia mortem sitiunt aliorum, ut ipsos faciant per assassinos occidi«. Ähnliche Formeln in vielen Statuten.

vorging [34]. Aber während dort immerhin die an sich berechtigte Vergeltung nur das Maß überschreitet und das falsche Opfer trifft, fehlt dem Täter um Lohn überhaupt jeder Grund zur Gewalttat. Daher werden oftmals homicida und assassinus einander gegenübergestellt als Täter aus Rache und Mörder ohne Grund. Dies, nicht die Entgeltlichkeit, ist das eigentlich Entscheidende.

So darf in Siena (1309/10 V 407 S. 405) nicht als Lohntäter beschuldigt oder angeklagt werden, wer an seinem notorischen Feinde (»alcuno suo inimico publico«) Rache nimmt (»farà alcuna vendetta«). Auch in Florenz (Stat. Pod. 1325 III 45 S. 212) gelten die nicht als Lohntäter, »qui ad vondictam pro vindicta homicidii predicta comisserint«. (So auch S. 210). Noch deutlicher bringt diesen Gesichtspunkt das Gesetz von Bassano von 1392 S. 99 R. zum Ausdruck. Es heißt dort von den Lohntätern: »omni sevitia imbuti causam non habentes offense et aliorum vindictas facientes in provisos homines interimunt fraudolenter«. Das Statut von Verona von 1450 III 40 endlich droht demjenigen Todesstrafe an, der nicht gegen Entgelt handelt, »sed forte vindicte seu inimicitie sue causa aliquem interfecerit«.

Das führt auf einen zweiten Gesichtspunkt, den Lohnmord als Neidingswerk. Eben weil der Ermordete keinen persönlichen Streit mit dem Bravo auszutragen hatte, sah er sich nicht vor. Man sah daher, und das wird der praktischen Erfahrung entsprochen haben, den Lohntäter von vornherein als den heimlich, verräterisch handelnden Meuchelmörder an. Auch das kommt mehrfach zum Ausdruck, wenn auch nicht die Heimlichkeit im einzelnen Falle zum Tatbestandsmerkmal erhoben ist. So droht das Statut von Pisa von 1286 III 60 (S. 449) eine Strafe nach Ermessen des Richters denen an, »qui ad pretium seu tradimentum aliquem percusserint seu percuti fecerint«. Das schon genannte Statut von Bassano S. 99 R. sagt von diesen Verbrechern: »in provisos homines interimunt fraudolenter«. In Bologna (1454 S. 24 R. f.) schließlich werden den Lohntätern diejenigen gleichgestellt, die vor der Tat ihr Gesicht färben oder sich sonst unkenntlich machen. Der Mörder des deutschen Rechts also lebt im italienischen Recht des Mittelalters als Lohnmörder weiter, und hier, nicht im kanonischen Recht, ist wohl die geschichtliche Wurzel zu suchen.

Dies alles macht den juristischen Tatbestand begreiflich. Assassinus ist zunächst derjenige, der gegen Entgelt, das heißt gegen Leistung oder Versprechungen handelt, »propter pecuniam vel precium«, »precio vel promissione accepta« usw. Daneben aber wird häufig das Handeln »propter preces«, »per prieghe« genannt, also das Handeln auf Bitten eines andern. Es wäre nicht recht verständlich,

---

34) Vgl. S. 112 f.

warum dieses Merkmal besonders hervorgehoben wurde, wenn es sich hier streng genommen um Lohntäterschaft handelte. Aber in Wahrheit — das haben wir gezeigt — ist eben nicht die Entgeltlichkeit des verbrecherischen Tuns das Entscheidende, sondern die Unterordnung unter den fremden Tatwillen und der Mangel des eigenen Grundes. Die Annahme des Entgelts ist nur das stärkste Anzeichen dieses Sachverhalts.

Begriffsbestimmungen des assassinus in dieser Art sind sehr häufig. So heißt es in Mailand r. 67: »Assassinus sit et intelligatur, qui pretio vel promissione accepta aliquem interfecerit. Similiter assassinus sit et intelligatur, qui pretio dato vel promisso fecerit aliquem interfici«. Ähnliche Wendungen kommen immer wieder vor[35]).

Hin und wieder bedürfen diese Merkmale gar keines Beweises, sondern es genügt schon der schlechte Ruf der Lohntäterschaft. So tritt in Carpi (1353 S. 66) die Strafe schon dann ein, wenn vier Zeugen bekunden, daß der Täter im öffentlichen Ruf stehe, gegen Entgelt jemand getötet oder verletzt zu haben. Die »publica vox et fama communis« reicht auch in Bologna (1454 S. 24 R. f.) zur Bestrafung aus.

Die Strafe, qualvoll und schimpflich zugleich, besteht in den meisten Städten darin, daß der Täter von einem Pferde, Esel oder Maultier zur Richtstätte geschleift und dort aufgehängt, geköpft oder eingegraben wird.

So in Biella r. 11;

Mailand r. 67, Cremona 1387 r. 97, Lodi 1390 S. 99 R., Lecco r. 259 (S. 130);

Padua 1366 S. 249 R. f. (Schleifen und Galgen oder Scheiterhaufen), Bassano 1392 S. 99 R.;

Parma 1347 S. 223, Carpi 1353 S. 66;

Argenta 1342 S. 92, Forli 1359 III 5 (S. 188 f.: Die Leiche bleibt mindestens einen Monat am Galgen), Bologna 1454 S. 24 R. f.;

Pistoia 1296 III 5 (S. 101), Florenz, Stat. Pod. 1325 III 81 (S. 238); Rom 1363 II 9 (S. 90).

Daneben kommen freilich auch einfache Todesstrafen vor. So dort, wo auf den einfachen Mord nur Geldstrafe steht, so daß der

---

35) Lucca 1308 III 42 (S. 161), 46 (S. 165), Siena 1309/10 V 257 (S. 340), Brescia 1313 II 7, Modena 1327 IV 20 (S. 391), Argenta 1342 S. 92, Perugia 1342 III 63 (S. 83), Carpi 1353 S. 66, Rom 1363 II 9 (S. 90), Cremona 1387 r. 37, Lodi 1390 S. 99 R., Piacenza 1391 V 49, Bassano 1392 S. 100, Bobbio 1398 IV 145.

Vgl. auch das bei Kantorowicz I 250 ff. Urk. 34 abgedruckte Protokoll über eine Generalinquisition des Gandinus in Bologna 1289, namentlich S. 251, 4. Abs. von oben und die Strafanzeige bei Zaccagnini, La vita dei maestri etc. 141 f. (II).

Abstand gewahrt bleibt. Beispiele bieten die Statuten von Lucca 1308 III 46 (S. 165: Galgenstrafe), Siena 1309/10 V 257 (S. 340) und Perugia 1342 III 63 (S. 83 f.). Noch milder sind die Gesetze von Ponti r. 14 und Valperga 1350 r. 15, wo der Täter erst enthauptet wird, wenn er die Geldstrafe nicht bezahlt.

Anderswo ist dem richterlichen Ermessen Raum gelassen, so in Pisa nach dem Statut von 1286 III 60 (S. 449), wo der Richter den Täter an Person oder Vermögen bestrafen darf, oder in Verona (1450 III 40), wo der Richter die Todestrafe verhängen muß, die Art der Vollstreckung aber nach Ermessen bestimmt. Noch weniger Spielraum ist dem Ermessen in den Statuten von Piacenza von 1391 V 49 und Bobbio von 1398 IV 145 eingeräumt, wo der Täter mit einer besonders harten Todesstrafe (»durissima morte«) zu belegen war.

In vielen Statuten wird neben der Tötung auch die Körperverletzung gegen Entgelt erwähnt [36]. Sie ist der Tötung in der Regel dann gleichgestellt, wenn sie bösartige Formen annimmt, das Opfer besonders verletzt. So in Brescia 1313 II 7, Modena 1327 IV 20 (S. 391), Carpi 1353 S. 66, Lodi 1390 S. 99 R. und Lecco r. 259 (S. 130). Anderswo fällt die Strafe milder aus.

So z. B. in Biella (r. 11), wo anstatt der Todesstrafe Geldstrafe von 1000 l und hilfsweise Verlust der rechten Hand angedroht ist. In Lucca (1308 III 15 S. 146) wird die Strafe des einfachen Mordes verhängt, in Argenta (1342 S. 92) ist eine Geldstrafe von 100 l zu zahlen, bei deren Nichtzahlung der Täter die rechte Hand verliert, während der Täter bei vollendetem Verbrechen geschleift und gehängt wird. Das Statut von Perugia von 1342 III 83 (S. 110) droht bei Verstümmelung gegen Entgelt Talion an und das von Rom von 1363 II 9 (S. 90) statt Schleifen und Galgen den Verlust der rechten Hand.

Wie auch sonst bei schweren Verbrechen werden schon die ersten Vorbereitungshandlungen präventiv erfaßt: So das Betreten der Stadt in der Absicht, dort einen Mord zu begehen [37] und die Mordverschwörung, das heißt die Verabredung des Planes, Versprechen, Hingabe und Annahme des Entgelts und dergleichen mehr. Darin lebte die Lebensnachstellung des langobardischen Rechts [38], das consilium mortis fort, das Gandinus, De penis 57 (S. 272) im Anschluß an D 48, 19, 28, 11 an niedrig stehenden Personen mit dem Feuertode bestraft wissen will. Doch war das kein praktisch geltendes Recht, vielmehr drohten die Statuten Geldstrafen an. In Lucca (1308

---

[36]) Kohler 370 f.

[37]) Piacenza 1391 V 49, Bobbio 1398 IV 145, Verona 1450 III 40.

[38]) Osenbrüggen, Lgb. 36 f.

III 42 S. 161) steht auf Hingabe oder Annahme eines Entgelts für die Tötung eines Menschen Geldstrafe von 200 l. Das Statut von Valperga von 1350 r. 24 bedroht das Mordkomplott mit einer Buße von 50 l.

Als das wesentliche Merkmal des Lohnmords erschien das Handeln im Fremdinteresse. Der Verbrecher hat keinen eigenen Grund zur Tat, sondern stellt sich in den Dienst der fremden Rache. Der Lohnmord ist also das Mandatsverhältnis κατ'ἐξοχήν. So wird denn fast überall neben dem Täter auch der Auftraggeber genannt und oft dem Täter gleich[39]), manchmal aber auch milder bestraft. Es wird dann berücksichtigt, daß beim Auftraggeber das verächtliche Motiv — der Mangel des Grundes — fehlt.

In Florenz (Stat. Pod. 1325 III 81 S. 238) wird der Auftraggeber, wenn das Opfer stirbt, nur mit der einfachen Todesstrafe und Wüstung seiner Güter bedroht. In Argenta (1342 S. 92) wird er gleichfalls enthauptet. (Über den Täter selbst vgl. oben S. 336). Das Statut von Lucca von 1308 III 46 (S. 165) ordnet für den Auftraggeber die doppelte Strafe des gewöhnlichen Mordes an, während der Täter gehängt wird. In Bassano (1392 S. 99 R.) endlich wird der Auftraggeber nicht wie der Täter geschleift und gehängt, sondern wie der gewöhnliche Mörder enthauptet.

Der Beitrag der Theoretiker[40]) zu dieser Lehre ist beim Fehlen gemeinrechtlicher Anknüpfungspunkte gering. Sie verstehen den Begriff des Lohnmords wie die Praxis, also als Tötung eines Menschen gegen Entgelt: »assassini vocantur vulgo, qui pecunia recepta vel promissa homicidia committunt, et interpretatio vulgi est attendenda«, sagt Salicetus, C IX 2 De acc. et inscr. 5 n. 36[41]). Die Strafe wird aus Praxis und Gewohnheit gerechtfertigt[42]) und der innere Grund dafür in der Entgeltlichkeit (nicht im Fehlen des Grundes) gefunden[43]).

2. Vergiftung.

Die Legisten behandeln die Vergiftung[44]) im Anschluß an das römische Vorbild als Unterfall der lex Cornelia. In der Bewertung

---

[40]) Über das kirchliche Strafrecht vgl. Hinschius, KR. V 178.

[41]) Ebenso Baldus, a. gl. O. n. 1 u. Cons. II 256 n. 1.

[42]) So Angelus, D XLVII 10 De iniur. et fam. lib. 11, 3 n. 2: Zwar sei nach gemeinem Recht der Lohnmörder nicht härter zu bestrafen als der Auftraggeber. »Sed de consuetudine non servatur et merito, quia plus delinquit faciens pecunia quam qui gratis.«

[43]) Bartolus, D XLVIII 19 De poenis 39: »gravius punitur, quod fit per pecuniam, quam quod fit sine pecunia. Quod fit contra assassinos, qui occidunt aliquem propter pecuniam.«

[44]) Brunnenmeister, Quellen 187 Anm. 3, 188, Hälschner, System II 161.

gehen sie aus von C 9, 18, 1: »Plus est, hominem veneno extinguere quam occidere gladio«, ein Satz, der häufig wiederholt und daraus begründet wird, daß die Vergiftung als heimlich und verräterisch begangenes Verbrechen besonders strafwürdig sei [45]).

Die Giftmischerei des römischen Rechts hatte mit Magie und Zauberei nur insofern zu tun, als auch das Zaubermittel unter den Begriff des venenum (im Sinne von Reizmittel schlechthin) fiel. Dieser Begriff war aber wesentlich weiter als der des Zaubermittels, das magische Element trat im Tatbestand nicht weiter hervor [46]). Auch die Legisten bringen nichts der Art.

Diese Auffassung entsprach, jedenfalls nach der negativen Seite, der des langobardischen Rechts, das den Giftmord als gewöhnliche Tötung behandelte [47]). Anders das kanonische Recht, das in der Vergiftung eine Art Zauberei sah und als Verbrechen gegen den Glauben, als Ketzerei behandelte [48]). Darin berührte es sich mit dem außerlangobardischen deutschen Recht, das gleichfalls die Vergiftung als Zauberei betrachtet [49]).

Beide Auffassungen ringen im Statutarrecht [50]) miteinander. Neben solchen Gesetzen, die die Vergiftung im wesentlichen nach Art des gewöhnlichen Mordes behandeln, stehen andere, in denen die Giftmischerei neben dem Anwünschen des bösen Zaubers und der Hexerei aufgeführt und die Strafe des Scheiterhaufens angedroht wird.

---

45) Vgl. die Kommentare zu dieser Stelle u. Alb. de Rosc., St. IV 99. Über eine praktische Folgerung vgl. Alb. de Rosc., C IX 18 De malef. et mathem. 18, 1: Jemand, der einen Mörder in die Hand der Behörde geliefert hatte, wollte jemand begnadigt haben, der sich des Giftmordes schuldig gemacht hatte. (Das Statut gab dem, der einen Verbrecher in die Gewalt der Behörde brachte, das Recht, die Begnadigung eines anderen Verbrechers derselben Art zu verlangen). Das sei abgelehnt worden, da Vergiftung und Mord nicht gleichwertig seien. — Baldus, C I 1 De summa trinit. 4 n. 10: »Veneficium dicitur grave, non quod fiat clam, sed quia habet in se proditionem quandam«. Vgl. auch Baldus, Cons. IV 211 n. 2; Salicetus, C VI 35 De his quibus ut indignis 9 n. 1; Angelus, C IX 18 De malef. et mathem. 1 n. 1: »dic, quod speciale est in veneno, quia delictum illud multum clandestine committitur et occulte vita hominis subtrahitur et non plerunque remediatur et faciliter committitur.« Ebenso Salicetus, a. gl. O. n. 1.

46) Mommsen, R. StrR. 635. Die lex Cornelia bezog sich nur auf das venenum malum im Gegensatz zum venenum bonum. Diese Ausdrucksweise kehrt wieder in den Ägidianischen Konstitutionen von 1357 IV 40 (S. 185), die vom »venenum malum« sprechen.

47) Osenbrüggen, Lgb. 61.

48) Hinschius, KR. V 160.

49) Brunner, RG. II 873 ff.

50) Kohler 330 f., Pertile V 580 f.

Die Strafe des homicidium drohen die Gesetze von Olevano von 1364 r. 86, Moncalieri 1378 Sp. 1404, Bologna 1454 S. 24 und die Ägidianischen Konstitutionen von 1357 IV 40 (S. 185) an, die Strafe der Enthauptung die Gesetze von Tivoli von 1305 III 147 (S. 204), Mailand r. 63, Cremona 1387 r. 132, Lodi 1390 S. 102 R. und Lecco r. 254 (S. 129).

Als besonders schweres Tötungsverbrechen behandelt auch das Statut von Parma von 1347 S. 222 die Vergiftung. Der Täter wird dort wie der Lohnmörder behandelt, also geschleift und enthauptet. Schleifen und Hängen war auch in Biella (r. 11) üblich.

Den Übergang zu einer anderen Auffassung dieses Verbrechens bildet das Statut von Perugia von 1342 III 64 (S. 89 f.), nach dem der Mann enthauptet, die Frau verbrannt wird, eine Regelung, die auch in Arona (1319 r. 3 S. 67) getroffen war.

Anderswo wird jeder Täter verbrannt, und in Statuten dieser Art wird in der Regel das magische Element der Vergiftung in den Vordergrund gestellt. Vergiftung und Zauberei stehen nebeneinander.

So z. B. in Bassano (1392 S. 100 r. De tosicantibus [Giftmischer] et venenum dantibus et eorum penis), wo Giftmischer und Zauberer verbrannt wurden. Gerade im Statut über die Zauberei (S. 100 r. De his qui faciunt incantationes, herbarias sive facturas et eorum penis) tritt das Fortwirken magischer Vorstellungen deutlich in Erscheinung. Bewirkt das Verbrechen den Tod eines Menschen oder Irrsinn oder sonst eine schwere Krankheit, oder entsteht daraus ein Unwetter »vel aeris aliqua alia intemperies lesionis enormis personis vel frugibus aut rebus«, so werden die Täter verbrannt. Für leichtere Folgen sind Geldstrafen und hilfsweise Körper- oder Ehrenfolgen angedroht. Außer in Bassano droht Verbrennung dem Giftmörder in Forli (1359 III 46 S. 240 f.), Narni (1371 III 22), Intra (1393 IV 44 S. 370), Ponti (r. 15) und Mirandola (1386 S. 92 r. De poena venenantis vel maleficiantis aliquem). Dort wird verbrannt, wer Gift eingibt »vel fecerit seu fieri fecerit aliquam incantationem contra aliquem, ex quibus .... dicta talis persona decesserit«.

Die Vorstufen der Vergiftung behandelten die Theoretiker im Anschluß an D 48, 8, 3 und sahen den Tatbestand der lex Cornelia schon im Zubereiten, Anbieten, Erwerben und Eingeben von Gift erfüllt. Auch dafür sollte die volle Strafe verwirkt sein, wenn der Täter mit dem Mordvorsatz handelte [51]). Als Sonderfall wird der der l. 1 D 48, 9 erwähnt: der Ankauf von Gift, um den Vater zu ermorden. Diese Quellenstelle wollte Bartolus auf einen praktischen Fall anwenden, einen Giftmordversuch nämlich, den Mönche in dieser Art gegen ihren Abt vorbereitet hatten [52]).

Zunächst sollte man annehmen, diese Anschauung, die alle

[51]) So z. B. Angelus, C IX 18 De malef. et mathem. n. 1; Bonif. de Vitalinis, Quibus de causis etc. n. 10, De homicidio n. 4; Hostiensis, S. A. V 12 n. 3.

[52]) Bartolus, D XLVIII 9 De l. Pomp. : »Quod nota contra illos monachos, qui dicuntur voluisse venenare Abbatem sancti Petri.« Vgl. auch Angelus, a. gl. O. n. 1; Bonif. de Vitalinis, De paric. n. 1; Hostiensis, S. A. V 10 n. 1.

Vorstufen des Giftmordes der Vollendung gleichstellte, sei allgemein verbreitet gewesen. Denn auch dann, wenn man die Vergiftung als Zauberei ansah, lag es nahe, die Vorbereitungshandlungen wie den vollendeten Giftmord zu bestrafen. Denn das ketzerische Verhalten lag ja schon in den ersten Handlungen des Täters und war unabhängig vom Erfolge verwerflich. Aber stärker als diese Anschauung, als gemeines Recht und Wissenschaft wirkte hier das langobardische Vorbild. Ausgehend von der Auffassung, daß die Vergiftung gewöhnliche Tötung sei, bestrafte das langobardische Recht in Stufen milder als den Mörder, wer Vorbereitungen und Anstalten traf und das Gift eingab [53]). Diese Regelung setzte sich durch, womit nicht unbedingt gesagt ist, daß nun gerade dieses bestimmte Vorbild gewirkt hätte. Denn das Statutarrecht war ja überhaupt geneigt, den Vorraum vor dem Erfolge aufzuteilen und den Versuch milder zu bestrafen.

Das ergibt sich zunächst aus der Gutachtenpraxis. So bespricht Baldus, Cons. III 443 den Fall, daß jemand Gift zubereitet, um jemand zu töten, aber nicht zum Erfolge kommt. Hier will Baldus nicht die Strafe des vollendeten Verbrechens nach der lex Cornelia eintreten lassen, da nur eine entferntere Vorbereitungshandlung begangen sei, sondern außerordentliche Strafe verhängt wissen. Baldus verweist zwar auf die andersartige lex Cornelia, die ausdrücklich Vorstufen der Vergiftung dem vollendeten Verbrechen gleichstellte, hebt aber hervor, daß das nicht mehr praktisch geltendes Recht sei (»de consuetudine hoc non servatur«). Demnach sollte nur Geldstrafe, für Personen niederen Standes Auspeitschung oder Kerker verhängt werden. Auch im Gutachten Cons. IV 211 will Baldus, da das Statut über Zubereiten und Zusenden von Gift nichts enthielt, das Ermessen entscheiden lassen. Die Strafe soll analog der Beihilfestrafe bestimmt werden.

Auch in den Statuten ist die Gleichung der lex Cornelia Ausnahme. Sie findet sich bezeichnenderweise in den Ägidianischen Konstitutionen von 1357 und im Statut von Forli von 1359, den Gesetzen also, die am ausgeprägtesten gemeinrechtlichen Vorbildern nachgebildet sind und wissenschaftliches Denken wiedergeben. Nach den Konstitutionen IV 40 (S. 185) wird mit der gesetzlichen Strafe belegt, wer jemand in Tötungsabsicht Gift eingibt, mag der Tod folgen oder nicht. Das gleiche galt in Forli (III 46 S. 240 f.), wo das Statut in der Präambel die Wendung der Quellenstelle C 9, 18, 1 wiederholt: »Quia plus est aliquem veneno perimere quam gladio occidere ....«.

---

53) Osenbrüggen, Lgb. 36 f.

In den meisten Statuten aber, die sich überhaupt damit beschäftigen, werden die Vorstufen der Vergiftung, wird die Giftmischerei, die nicht zum Tode führt, milder bestraft. Das gilt auch für solche Gesetze, die die Vergiftung als bösen Zauber ansahen. Bestraft also wird nur der schädliche Zauber, eine Auffassung, die begrifflich in sich möglich ist. Die über den äußeren Erfolg hinausgehende innere Absicht wird in diesen Statuten selten erwähnt. Die Strafen sind auch auf diesen Vorstufen des Giftmordes schwer. Bisweilen tritt die Strafe der Vollendung ein, wenn die Geldstrafe nicht bezahlt wird.

So droht das Statut von Arona von 1319 r. 3 (S. 67) Geldstrafe von 50 l, hilfsweise die des vollendeten Verbrechens an. In Perugia (1342 III 102 S. 122) droht Geldstrafe von 400 l, bei deren Nichtzahlung der Täter verbrannt wird, denen, die »facciono le fature overo venefitie overo encantatione d'enmunde spirite a nuocere«. In Narni (1371 III 22) wird mit Geldstrafe von 500 l belegt, wer jemand Gift in die Speise tut. Wenn in Mirandola (1386 S. 92) der Vergiftete nicht stirbt, sondern geisteskrank wird [54]), so zahlt der Täter eine Geldstrafe von höchstens 100 l, verliert aber bei deren Nichtzahlung eine Hand und ein Auge. Ein Drittel seines Vermögens soll dem Geisteskranken zufallen. Bleiben dem Kranken lichte Augenblicke, so soll die Geldstrafe 50 l nicht überschreiten. In Biella (r. 11) steht der Giftmischer dem Lohnmörder gleich. Wenn der Vergiftete aber nicht stirbt, so sind nur 1000 l zu bezahlen, bei deren Nichtzahlung der Täter die rechte Hand verliert.

Gelegentlich wird auch die fahrlässige Vergiftung erwähnt. Das hatte sein Vorbild in D 48, 8, 3, 3, wo die unbesonnene Abgabe von Giftstoffen (»si cui temere dederint«) unter Strafe gestellt wurde. Diesen Gedanken nahmen die Rechtslehrer auf [55]), und auch in den Statuten findet sich etwas der Art. So bedrohen die Ägidianischen Konstitutionen von 1357 IV 40 (S. 185) mit der Strafe der fahrlässigen Tötung auch den, der Gift verkauft oder sonst unter die Leute bringt, wenn daraus der Tod eines Menschen entsteht. In Olevano (1364 r. 86) wird wie der Mörder bestraft, wer »venefitium fecerit seu dederit causa occidendi aliquem et occiderit«. Aber 40 s hat er nur zu zahlen, »si ... aliter fecerit vel dederit«.

3. Abtreibung.

In der Lehre von der Abtreibung folgen die Legisten dem kanonischen Recht [56]), das die Abtreibung unter dem Gesichts-

[54]) Wiederholt wird in diesen Statuten die Erregung von Geisteskrankheit hervorgehoben. Man sah darin wohl eine Art von Besessenheit durch Dämonen und vermutete eine Wirkung bösen Zaubers.

[55]) Vgl. z. B. Angelus, D XLVIII 8 Ad l. Corn. de sic. 3, 3 n. 1: Eine temeritas liegt vor, wenn der Verkauf an unzuverlässige oder unbekannte Personen erfolgt, die Mißbrauch damit treiben.

[56]) Vgl. c. 8—10 C. XXXII q. 2, c. 20 X De homicidio etc. V 12. — Vgl. Binding, Lehrbuch I 37.

punkt des Mordes behandelt. Es sah darauf, ob die zerstörte Frucht schon als Mensch zu betrachten, ein Tötungsverbrechen daran also möglich war. Das sollte dann der Fall sein, wenn die Frucht belebt war, eine anima rationalis empfangen hatte. Für den Eintritt dieses Ereignisses wurden im Anschluß an mißverstandene Bibelstellen bestimmte Fristen angenommen, bei der männlichen Frucht ein Zeitraum von vierzig, bei der weiblichen ein solcher von achtzig Tagen nach der Empfängnis [57]).

Dieser Auffassung schlossen die Legisten [58]) sich an. Schon ihre Fragestellung ist die gleiche wie im kanonischen Recht. Sie untersuchen nämlich, wieweit die vom gewöhnlichen homicidium handelnden Vorschriften des gemeinen Rechts und der Statuten auf die Abtreibung der Frucht anwendbar seien. Dabei stoßen sie auf das Bedenken, daß nach der Etymologie des Wortes homicidium ein Mensch getötet werden müsse, also die Abtreibung der unentwickelten Frucht nicht genüge. Hier halfen sie sich mit der Lösung des kanonischen Rechts. Zum Menschen macht die Beseelung der Frucht, die nach den Legisten innerhalb von vierzig bezw. achtzig oder — so mehrfach — sechzig Tagen eintritt [59]). Waren diese Voraussetzungen erfüllt, so sollte wegen Mordes [60]), also nach der lex Cornelia oder lex Pompeia bestraft werden. Auf die Abtreibung der unbeseelten Frucht aber bezog man die von der Abtreibung handelnden Stellen des gemeinen Rechts [61]) oder verlangte für diesen Fall außerordentliche Strafe [62]). Nur dann sollte nach D 48, 19, 39 eine Ausnahme gelten und Kapitalstrafe verhängt werden, wenn die Abtreibung gegen Entgelt geschah [63]).

Dieses Verbrechen konnte sowohl die Frau begehen, die ihre

---

57) Über die Herkunft dieser Daten vgl. Hinschius, KR. I 44 Anm. 4. Ebenso unterschied die Beichtliteratur unter dem Gesichtspunkt der Irregularität. Also kein Mord, wenn jemand die unbeseelte Frucht abtrieb. Vgl. Raym. de Pennaf. II 1 De homicidio § 4 (S. 143); Joh. v. Fr. II 1 q. 29; Ast. VI 14 (S. 70 R.); Barth. Pis. s. v. »Homicidium« n. 5 (S. 73); ebenso Durantis, Spec. I 1 De dispensationibus 4 § Iuxta n. 59.

58) Brunnenmeister, Quellen 251 f., Hälschner, System II 118 f.

59) Bonif. de Vitalinis, Quibus de causis etc. n. 1, De homicidio n. 4; Bartolus, D XLVII 11 De extraord. crim. 4; Alb. de Rosc., D I 5 De stat. hom. 7 n. 8 f., D XLVIII 19 De poenis 38, 5, St. III 59 n. 6 ff.; Angelus, D XLVII 11 De extraord. crim. 4 n. 1.

60) Alb. de Rosc., D XLVIII 8 Ad l. Corn. de sic. 8 n. 1: »si quis percusserit mulierem in utero habentem et abortum fecerit, si formatum fuerit, det animam pro anima; si autem informatum, mulctetur pecunia.«

61) So Bartolus, D XLVII 11 De crim. extraord. 4; Angelus, a. gl. O. 1; Hostiensis, S. A. V 12 n. 1, c. 5 X De homicidio etc. V 12 (S. 285 R.); Ast. VI 14 (S. 70 R.).

62) Bonif. de Vitalinis, Quibus de causis etc. n. 1.

63) Angelus, D XLVII 11 De extraord. crim. 4 n. 1.

eigene Frucht beseitigte, wie der Mann, der den Eingriff an ihr vornahm oder sie zwang, ihn an sich selbst vorzunehmen [64]). Auf die Mittel der Abtreibung sollte es nicht ankommen. Es stand also das Eingeben und Einnehmen von Tränken Gewalthandlungen wie Fußtritten und ähnlichem gleich. Nur mußte zwischen Abtreibungshandlung und Abgang der Frucht ursächlicher Zusammenhang bestehen. Es wurde also der Nachweis verlangt, »quod propter percussionem ista mulier peperit abortivum, quia forte partus ante percussionem erat abortus, quod contingit in multis mulieribus non percussis « [65]).

Während es somit angängig schien, die gemeinrechtlichen Quellen im Sinne der kirchlichen Theorie umzudeuten, hatte man Bedenken, die Statuten im gleichen Sinne auszulegen. Denn es vertrug sich nicht mit dem — ja maßgebenden — volkstümlichen Sprachgebrauch, wenn man die Bestimmung über die »Menschentötung« (homicidium) auf die Zerstörung der ungeborenen Frucht anwandte. Eine solche Auslegung brachte den Grundsatz der Wortauslegung in Gefahr. Dabei ließ es Albericus de Rosciate, auch hier wieder Wächter des Wortlauts, bewenden. [66]). Andere dagegen vertraten die Ansicht, daß es auch für das Mordstatut darauf ankomme, ob die Frist der vierzig oder sechzig Tage abgelaufen sei oder nicht [67]).

Die Statuten [68]) schweigen sich in der Regel über die Abtreibung aus, und die wenigen Quellen, die sich vorfinden, sind auch noch von verschiedenartigen Vorstellungen beherrscht.

Gelegentlich wird nach Art der Kanonisten und der gemeinrechtlichen Theorie die Abtreibung als Tötung aufgefaßt. Das Statut

---

[64]) Bonif. de Vitalinis, De homicidio n. 4. Vgl. auch die oben angeführten Stellen.

[65]) Alb. de Rosc., D I 5 De stat. hom. 7 n. 6, St. III 59 n. 3 (in den Erörterungsgründen).

[66]) Alb. de Rosc., D I 5 De stat. hom. 7 n. 7: »Homicidium dicitur ab hominis caede ..; partus antequam sit natus, non recte dicitur homo, ergo nec verum homicidium cessante ethimologia vocabuli et per consequens eius effectu ...; distinguendo partim videtur extingui species animantis; ... ergo minus est quam si ipsum animatum extinxisset, et sic cessat homicidium et per consequens statutum.« Ebenso St. III 59 n. 4 f.

[67]) Vgl. die Referate bei Angelus, C IX 16 Ad 1. Corn. de sic. 8 n. 1 und Salicetus, a. gl. O. n. 3. Eine anscheinend verbreitete Ansicht wollte es nicht einmal auf den Vorsatz ankommen lassen, da das Statut nur den objektiven Tatbestand bringe, eine Lehre, die Salicetus ausdrücklich ablehnt mit dem Hinweis darauf, daß das Gesetz einschränkend auszulegen sei.

[68]) Kohler 335 f. behandelt nur Fälle aus dem 16. Jahrhundert. Das dort Beschriebene gilt nicht für das 14. Jahrhundert. Vgl. auch Pertile V 588 ff.

von Intra von 1393 IV 43 (S. 370) z. B. bedroht den, der einer Frau die Frucht beseitigt, mit der Strafe des Mordes. Noch stärker der Theorie angenähert ist das Gesetz von Biella (Stat. malef. r. 21). Dort wird der Täter enthauptet, wenn er an einer Frau die Abtreibung vornimmt (»abortiri fecerit .... vel causam ei dederit aborcionis appensate et dolose«) und die Frau seit zwei Monaten (die Theoretiker nannten vierzig und sechzig Tage) schwanger war. Die Frau aber, die den Eingriff an sich selbst oder anderen vornimmt, wird verbrannt. War die Frucht aber noch keine zwei Monate alt, so hat der Täter 300 l zu zahlen und verliert die rechte Hand, wenn er das nicht kann.

Schon die Strafe des Feuertodes für die Frau in diesem Gesetz leitet auf einen anderen Gesichtspunkt über. Der Unterschied in der Bestrafung zwischen Mann und Frau ist wohl daraus zu erklären, daß man bei der Frau den Gebrauch von Zauberkünsten und geheimen Kräften vermutete. Dafür spricht außer der Strafe der Zusammenhang des Gesetzes, mag auch sonst wenig auf Systematik zu geben sein. Denn schon im folgenden Rubrum (22) wird die Verhexung behandelt und gleichfalls mit dem Feuertode bedroht. Auch anderswo wird dieser Zusammenhang deutlich[69]). So wird z. B. in Siena (1309/10 V 258 S. 342) mit Geldstrafe von 200 l und bei Todeserfolg mit Todesstrafe bedroht, wer einer Frau ein Abtreibungsmittel einflößt oder ihr sonstige Zaubertränke (»bevaragio da inamorare o vero da ucidere o vero da odiare«) verabreicht oder dazu anstiftet[70]). Endlich wird auch in Vergante (1389 r. 65 S. 224) verbrannt, wer eine Abtreibung vornimmt.

Es wiederholt sich also, was schon bei der Vergiftung in Erscheinung trat. Die modernere rationale Erfassung der Dinge findet Widerstand in noch fortlebenden magischen Vorstellungen, im Glauben namentlich, daß Menschen, vor allem Frauen, imstande seien, übernatürliche Kräfte durch Beschwörung zu bannen und ihren Wünschen nutzbar zu machen.

Die Statutargesetzgebung bezog sich wohl nur auf die vorsätzliche Abtreibung — so ausdrücklich die angeführten Statuten von Vergante und Intra. Anklänge an die langobardische Regel,

[69]) Wo die Abtreibung als Zauberei gilt, ist an den Eingriff mit Hilfe von Tränken und dergleichen gedacht, nicht an die Abtreibung durch Gewalttat, die ja unmöglich Zauberei gewesen sein kann. Die Auffassung der Abtreibung als Zauberei ist germanischen Ursprungs. Vgl. Brunner, RG. II 875.

[70]) Diese Zusammenstellung schon in D 48, 19, 38, 5.

daß die unabsichtliche Zerstörung der Frucht mit dem halben Wergeld zu bestrafen sei [71]), habe ich im Statutarrecht nicht gefunden.

4. Kindesaussetzung.

Die Kindesaussetzung wird in den Schriften der Rechtslehrer nur selten behandelt [72]). Nur Bartolus besprach sie im Anschluß an D XXV 4 De libr. agnosc. 4 (n. 1) und wollte danach unterscheiden, ob das Kind starb oder nicht. War das die Folge der Aussetzung, so sollte Todesstrafe, andernfalls, bei (wohl noch) ungefährlichem Versagen des Unterhalts und Aussetzung ad hospitalem, außerordentliche Strafe verhängt werden.

Das kanonische Recht (c. un. X De infantibus etc. V 11) sah nur die Aufhebung der elterlichen Gewalt vor [73]), während die Theoretiker des forum internum diesen Tatbestand unter dem Gesichtspunkt des Mordes behandelten. Sie sahen also die Aussetzung und das Versagen des Unterhalts als homicidium und parricidium an. Doch sollte bei der Zumessung der Buße berücksichtigt werden, ob der Tod eingetreten war oder nicht [74]).

In den Statuten ist mir nur ein einziger Fall begegnet. Das Gesetz von Siena von 1309/10 V 301 (S. 359) nämlich droht Geldstrafe von 10 l für den Fall an, daß jemand ein weniger als drei Jahre altes Kind einem andern vor das Haus legt oder sonst aussetzt. Wie das Beispiel zeigt, war hier wohl nicht an die Lebensgefährdung gedacht, sondern an die Selbstbefreiung von der Sorge um das Kind. Wo im übrigen besondere Bestimmungen fehlten, wird man die allgemeinen Grundsätze angewandt haben.

5. Verwandtenmord.

Auch in der Behandlung des Verwandtenmordes kamen die Rechtslehrer über das gemeine Recht nicht hinaus. Sie verstanden den Tatbestand nach Art der Quellen und forderten Todesstrafe [75]).

---

[71]) Osenbrüggen, Lgb. 71.

[72]) Hälschner, System II 123 f., Binding, Lehrbuch I 61. Mir ist eine andere als die oben genannte, auch bei Brunnenmeister, Quellen 252 angegebene Bartolusstelle nicht begegnet. Im übrigen war die Tötung des Kindes durch die Mutter parricidium (D 48, 19, 11, 2). Vgl. Anm. 75.

[73]) Vgl. auch Durantis, Spec. IV 4 De infantibus et languidis expositis. S. ferner Hinschius, KR. V 183.

[74]) Raym. de Pennaf. II 1 De homicidio § 10 (S. 153): »inspectis tamen circumstantiis, et utrum ob hoc mors fuerit subsecuta vel non, erit poenitentia moderanda.« Ebenso Ast. V 32 (S. 41 R.); Joh. v. Fr. II 1 q. 60. Hostiensis, S. A. V 11 n. 4 wollte Todesstrafe.

[75]) Bonif. de Vitalinis, De parric. n. 1 nennt Aszendenten, Deszendenten, Geschwister, Onkel, Tanten, Vettern, Kusinen, Ehegatten, Schwiegereltern

Zugleich wird hervorgehoben, daß die römische Strafe des culeus aus der Übung gekommen sei, aber die Versagung des Begräbnisses erwähnt [76]).

Das langobardische Recht gab zur Regelung der Verwandtentötung so gut wie gar keinen Beitrag. Ausführlicher wird nur die Tötung des Ehegatten geregelt [77]).

Die Praxis aber hat sich selbständig entwickelt und die romanistisch-theoretischen Vorbilder umgestaltet. Gegenüber der Rechtslehre scheinen zwei Änderungen auffällig: Einmal wird vielfach der Kreis der besonders geschützten Verwandten enger gezogen als in der lex Pompeia. Meist nämlich sind nur die Eltern oder andere nahe Verwandte genannt. Umgekehrt aber wird vielfach die Verbrechenshandlung weiter ausgedehnt, neben der Tötung nämlich auch die Körperverletzung oder gar die Beleidigung erfaßt [78]).

Im einzelnen [79]) ergibt sich folgendes: Einige Statuten sprechen einfach vom »parricida« und drohen Todesstrafe an. Die Auslegung im einzelnen wird dann dem gemeinen Recht entsprochen haben.

So in der mailänder Gesetzgebung, nämlich nach den Statuten von Mailand r. 48, Cremona 1387 r. 98, Lodi 1390 S. 100 und Lecco r. 236 (S. 124), auch in Biandrate 1395 r. 300. Doch kommen auch verschärfte Todesstrafen vor wie im Statut von Lucca von 1308 III 47 (S. 165), wo Schleifen und Enthauptung angedroht wird und in Arona (1319 r. 1 und 2 S. 66 f.), wo der Richter zwischen Enthauptung und Galgen die Wahl hat, aber verbrannt wird, wer »in fraude necaverit vel atudaverit filium suum vel filiam.« Schleifen und Galgen droht in Biella (r. 16), Schleifen und Pflanzen in Bassano (1392 S. 99).

Mehrfach wird der Kreis der geschützten Personen näher umgrenzt.

Das Gesetz von Arona von 1319 r. 1 (S. 66) nennt die Personen, die zur Hausgemeinschaft von Wein und Brot gehören, das Statut von Perugia von 1342 III 42 (S. 60) Vater, Mutter und den Onkel väterlicherseits. In Rom (1363 II 13 S. 93) ist auf die Strafe des Mordes verwiesen und nur bei vorsätzlicher Tötung von Eltern, Kindern, Geschwistern, Onkeln, Tanten und der Frau ein Vergleich ausgeschlossen. Das Statut von Narni von 1371 III 14 schützt Eltern, Abkömmlinge, andere Vorfahren, Geschwister, Neffen, Onkel und Ehegatten, das von Bassano von 1392 S. 99 Eltern und Großeltern.

---

und -kinder, Stiefeltern und -kinder und den Patron. Vgl. auch Bonif. de Vitalinis, Quibus de causis etc. n. 1 und die Kommentare zu C. 9, 17 c. un; Hostiensis, S. A. V 10 n. 1; Joh. v. Fr. II 1 q. 59; Barth. Pis. s. v. »Patricida« n. 1.

[76]) Baldus, C IX 17 De his qui parentes etc. c. un; Salicetus, a. gl. O. n. 1.

[77]) Osenbrüggen, Lgb. 64 f.

[78]) Im römischen Recht waren aber Körperverletzungen, wenn sie in Tötungsabsicht beigebracht wurden, der vollendeten Tötung gleichgestellt.

[79]) Kohler 332 f., Pertile V 583 ff.

Zum inneren Tatbestand fordern die Rechtslehrer [80]) und manche Gesetze [81]) den Vorsatz.

Die Theorie stellt auch hier Versuch und Vollendung gleich [82]). Die Statuten dagegen enthalten Strafbestimmungen über Körperverletzungen und dergleichen an Verwandten, ohne den überschießenden inneren Tatbestand zum Ausdruck zu bringen [83]).

In Lucca (1308 III 47 S. 165) muß die Behörde denjenigen, der Hand an seine Eltern legt oder sie beleidigt, »corrigere et casticare et in bannum vel in carcerem mittere ad voluntatem parentum vel parentis, non augendo poenam in statuto contentam.« In Perugia (1342 III 159 S. 184) wird der Sohn, der seine Eltern schlägt oder Rache an ihnen nimmt, auf drei Jahre verbannt oder fünf Jahre lang im Kerker gehalten. Obendrein verliert er Vermögen und Erbschaft. Doch kann er begnadigt werden, wenn er sein Unrecht bereut oder die Eltern für ihn um Verzeihung bitten. Vgl. auch r. 160 (S. 185 f.). In Forli (1359 III 6 S. 198) verdoppelt sich die Strafe der gewöhnlichen Körperverletzung bei Handgreiflichkeiten gegen Aszendenten. Das Statut von Narni von 1371 III 14 verdoppelt die Normalstrafe für den Fall, daß die Körperverletzung sich gegen Verwandte richtet. Wenn aber der Sohn oder Enkel den Vater oder Großvater verletzt, so ist auf die Strafe des Mordes zu erkennen.

6. Selbstmord.

Der Selbstmord wird in den Statuten nicht erwähnt [84]). Dagegen bringt Kohler — degli Azzi 88 f. ein florentiner Urteil aus dem Jahre 1379, das eine Geldstrafe von 200 l über jemand verhängt, der versucht hatte, sich das Leben zu nehmen. In der Entscheidung wird ausgeführt, der Täter habe vorsätzlich gehandelt, mit einem Eisengerät sich die Kehle zu durchschneiden versucht und

---

[80]) Bonif. de Vitalinis, De parric. n. 1

[81]) So in Lucca 1308 III 47 (S. 165), Ägid. Konst. 1357 IV 27 (S. 177) und Narni 1371 III 14 (dort ist die nicht vorsätzlich begangene Tat nur dann zu bestrafen, wenn schwere Folgen entstehen).

[82]) Salicetus, C. IX 17 De his qui parentes etc. c. un. n. 1.

[83]) Kohler 367.

[84]) Selbstmorde scheinen in Florenz häufig gewesen zu sein. Vgl. Cinus, C IX 50 De bonis eorum, qui mort. sibi consc. 1: »bona eorum, qui se taedio vitae interimunt vel furore vel pudore vel alio instigati sic ut faciunt plerunque Florentini, non confiscantur« usw.

Im übrigen sollen Selbstmorde im Mittelalter selten gewesen sein. Vgl. Schultz, Das häusliche Leben der europäischen Kulturvölker usw. 406 f., Grupp, Kulturgeschichte des Mittelalters IV 270 ff. Sicheres wird sich schwerlich darüber sagen lassen. Immerhin ließe sich denken, daß die allmähliche Auflösung der religiösen und kollektivistischen Bindungen zu schweren persönlichen Konflikten und Katastrophen führte, und daß der neue Überschwang mit entsprechenden Depressionen erkauft war. Im ganzen allerdings hielt der Mensch des 14. Jahrhunderts wohl mehr aus als der empfindliche moderne Mensch, und so mögen denn Selbstmorde im Vergleich zu heute verhältnismäßig selten vorgekommen sein.

Blut verloren. Das würde zu dem florentiner Statut des Podestà von 1325 III 45 (S. 207) passen, das für eine mit Waffen oder dergleichen beigebrachte Körperverletzung unter Blutvergießen eine Geldstrafe von 200 l androhte. Danach scheint es, daß man die Bestimmungen über die Körperverletzung auch auf den anwandte, der sich vorsätzlich selbst verletzte, eine Auslegung, die wohl meistens mit dem Wortlaut des Statuts im Einklang zu bringen war.

Diese Auslegung bringt auch Baldus, Lib. Extra, Prooem. c. Rex pacificus n. 27: »nemo sibi infert vim ...; ideo si statutum dicit, si quis per vim vulneravit, non includitur ille, qui vulnerat se ipsum, sed simpliciter loquitur dicendo, si quis vulneraverit, punitur pena statuti, quia delinquere in se non est minus delictum quam delinquere in alium.«

Auch unabhängig vom Statutarrecht haben sich die Theoretiker eingehend mit der Frage des Selbstmordes beschäftigt [85], vor allem mit dem Problem, wieweit jemand durch Selbstmord die ohnedem verwirkte oder drohende Vermögenskonfiskation abwenden könne. Reiches Material enthalten auch die Quellen des geistlichen Rechts. Die Kirche verwarf bekanntlich den Selbstmord unter allen Umständen. Einzelheiten gehören nicht hierher, da es an der Berührung mit der Praxis fehlt.

Die Selbstverstümmelung wird in der Beichtliteratur unter dem Gesichtspunkt der Irregularität behandelt, in den Statuten und den Schriften der Legisten aber nicht erwähnt.

* * *

Im ganzen gesehen also hält sich die Wissenschaft an das gemeine Recht. Begriffe und Tatbestände werden den Quellen entnommen. Nur die Rechtsfolgen bemüht man sich der Praxis anzupassen (Todesstrafe des homicidium, Lohnmord, Vergiftungsversuch, Fortfall des culeus beim Verwandtenmord). In den Gesetzen aber ringen noch moderne, mit Wissenschaft und gemeinem Recht übereinstimmende Anschauungen mit älteren Ansichten und magischen Vorstellungen. Im Ergebnis haben sich Wissenschaft und Praxis aber weitgehend einander angeglichen.

---

[85]) Brunnenmeister, Quellen 194 ff., Hälschner, System 242.

Die Körperverletzung.

1. Die einfache Körperverletzung.

Die Körperverletzung wird in der Rechtslehre [1]) einmal nach Art der römischen Quellen besprochen, also nicht als selbständiges Vergehen, sondern als Unterart der iniuria [2]) oder, wenn gewaltsam begangen, als crimen vis behandelt. Übt der Täter etwa Gewalt mit anderen Genossen zusammen und verletzt er jemand dabei, so soll er als Gewaltverbrecher kriminell bestraft werden [3]). Sodann aber beschäftigen sich die Theoretiker eingehend mit den statutarrechtlichen Bestimmungen über die Körperverletzung. Sie suchen die in der Praxis entwickelten Begriffe zu klären und zu lockern.

Dieser ärmlichen und sich unterordnenden Lehre steht eine reich entwickelte Praxis gegenüber. Das Statutarrecht ist noch ganz von deutschrechtlichen Einflüssen beherrscht. Vom gemeinen Recht und der Wissenschaft so gut wie gar nicht beeinflußt, wirkt es auch nicht auf die Lehre zurück. Die Gründe dafür sind leicht ersichtlich: Den gemeinrechtlichen Quellen, wie die Theoretiker sie vorfanden, lag eine vollkommen andere Auffassung der Körperverletzung zugrunde als diejenige, die die Ortsgesetzgebung überliefert bekam. Das römische Recht (wenigstens in späterer Zeit, auf die es ja ankommt) ordnete die Körperverletzung dem weiteren Begriff der iniuria unter. Iniuria aber war die Verletzung eines andern, von Diebstahl, Sachbeschädigung und Mord abgesehen. Für die Körperverletzung als solche also fehlten Begriff und Wort [4]).

Das ist nun zunächst in der Praxis der Fall. Auch das Statutarrecht kennt keine »Körperverletzung«. Insbesondere bezeichnet »percussio« nicht die Körperverletzung schlechthin, sondern nur ein Element des zusammengesetzten Tatbestands, nämlich die Verbrechenshandlung. Aber in der Praxis hat das Fehlen des zusammenfassenden Begriffs gerade den umgekehrten Grund wie in der Lehre. Zerfloß dort die Körperverletzung in allgemeinen Begriffen wie iniuria und crimen vis, so wurde sie in der Praxis kasuistisch zerstückelt

[1]) Hälschner, System II 131 f., Brunnenmeister, Quellen 253 f., Binding, Lehrbuch I 41.

[2]) Bonif. de Vitalinis, De iniuriis n. 2, 36; Alb. de Rosc., St. II 21; Salicetus, C IX 12 Ad l. Iul. de vi 4 n. 4; Durantis, Spec. IV 4 De iniuriis et damnis datis 1 § Scias n. 10 u. a. m.; Bartolus, D XLVIII 6 Ad l. Iul. de vi publ. 7 n. 3; Alb. de Rosc., St. II 21; Bonif. de Vitalinis, Ad l. Iul. de vi priv. n. 1; Salicetus, C IX 12 Ad l. Iul. de vi 4 n. 4.

[3]) Bartolus, D XLVIII 6 Ad. l. Iul. de vi publ. 7 n. 3; Alb. de Rosc., St. II 21; Bonif. de Vitalinis, Ad. l. Iul. de vi priv. n. 1; Salicetus, C IX 12 Ad. l. Iul. de vi 4 n. 4.

[4]) Mommsen, R. StrR. 784 ff.

und zerteilte sich in eine Summe von Einzelregeln. Während der Iniuria-Begriff das Ergebnis rationalen Denkens und eines ausgebildeten Abstraktionsvermögens war, war das deutschrechtliche Denken hier völlig unrational und auf äußere Merkmale gerichtet.

Um dieses eingewurzelte, naive Denken zu erschüttern, wäre als Gegenbild ein in sich geschlossener Tatbestand und als Rechtsfolge eine halbwegs bestimmte Strafe nötig gewesen. Daran fehlt es aber im römischen Recht, und die Legisten waren nicht imstande, gegen den Widerstand der Praxis und ohne geschichtliches Vorbild oder den Antrieb zwingender kriminalpolitischer Bedürfnisse neues Recht zu schaffen oder die Synthese zwischen deutschem und römischem Recht zu finden.

Dazu kam die sachliche Beschaffenheit der deutschrechtlichen Vorstellungen. Das überlieferte Recht der Körperverletzung war das Recht eines Kriegsvolks, die entscheidenden Merkmale des Tatbestands — Waffen und Wunden — entstammen einer ausgesprochen militärischen Ideologie. Daß diese Vorstellungsweise in den Wirren des ausgehenden Mittelalters erhalten blieb unter Menschen, die es gewohnt waren, täglich mit Waffen umzugehen und sich ihrer Haut zu wehren, darf nicht wundernehmen.

Die folgende Darstellung ist also im wesentlichen der Ortsgesetzgebung gewidmet. Doch wird sich an einer Reihe von Einzelpunkten ergeben, wie die Lehre bemüht ist, die Äußerlichkeit und Naivität des geltenden Rechts zu mildern und den Zweck des Gesetzes zur Geltung zu bringen. So entspinnt sich ein Kleinkrieg zwischen Wissenschaft und Praxis um Einzelfragen, die an sich gleichgültig, doch bedeutsam werden als Anlässe grundsätzlicher Auseinandersetzungen zwischen rational-abstraktem und naiv-sinnlichem Denken [5]).

I.

Die Körperverletzungs**handlung** wird in den **Statuten** [6]) meist als »percutere« bezeichnet, die Tat mit »percussio«, und zwar auch dort, wo der Verletzte Blut verliert oder Schlimmeres leidet. Percussio ist also nicht nur der »trockene Schlag«, sondern die Körper-

5) Da die Beziehungen zwischen Lehre und Praxis hier nur spärlich sind, und was darüber zu sagen ist, auch ohne allzuviel Material verdeutlicht werden kann, so verzichte ich auf die Wiedergabe des sehr umfangreichen Quellenstoffs und begnüge mich mit Beispielen. Das genügt umso mehr, als die Belege auch für das 14. Jahrhundert aus Kohlers Darstellung zu entnehmen sind. Vgl. Kohler 342 ff.

6) Kohler 344 ff., Pertile V 590 ff.

verletzungshandlung schlechthin [7]). Inhaltlich ist das percutere dem occidere ähnlich. Es bezeichnet gleichfalls nicht jedes Verursachen von Mißbehagen oder Übelbefinden, sondern nur das eigenhändige Verletzen, das Schlagen. Deshalb will Baldus, Cons.IV 443, nicht vom percutere sprechen, wenn jemand einen andern zu Boden reitet und ihm so eine blutige Wunde beibringt. Trotzdem fehlt es an einem Gegenstück zur Körperverletzung mit tödlichem Ausgang. Die Gleichung zwischen Töten und Verursachen des Todes wird auf die Körperverletzung nicht übertragen. Es fehlte hier am theoretischen Vorbild, und es bestand auch kein praktisches Bedürfnis. Denn wo das Schlagen (percutere) zu eng schien, halfen Sondertatbestände wie die zahllosen Bestimmungen über Realinjurien.

Ein Beispiel mag das verdeutlichen. Man sah sich vor die praktische Frage gestellt, ob auch das Beißen als percutere anzusehen sei. Das wird von Baldus, Cons. IV 160 n. 1, verneint, da die percussio ein Schlag sei, der mit von Natur dazu geeigneten Mitteln zugefügt werde. Dafür beruft er sich auf Sprachgebrauch und Gewohnheit. Die Folge war, daß der Gesetzgeber Sonderregeln über das Beißen geben mußte, die sich häufiger in den Statuten vorfinden [8]).

Wohl gleichbedeutend mit »percutere«, »percussio« waren die seltener vorkommenden Worte »ferire« und »ferita«. Dagegen haben andere in diesem Bereich häufiger genannte Ausdrücke bald einen engeren, bald einen weiteren Sinn. Ganz allgemein ist der Begriff des »offendere«. Man umschrieb damit namentlich die weitgehenden Rechte gegen den Friedlosen [9]) und verstand darunter auch die Tötung einerseits, Vermögensdelikte wie den Diebstahl andererseits [10]).

Enger dagegen werden »vulnerare« und »vulnus« gebraucht. Diese Worte bezeichnen nur die blutige Körperverletzung, den »nassen

---

7) Dagegen scheint »percussura« im langobardischen Recht als Synonymon von »ferita« nur die Körperverletzung ohne Blutverlust bezeichnet zu haben. Vgl. Osenbrüggen, Lgb. 72, 74. Im Statutarrecht habe ich diesen Ausdruck nicht gefunden.

8) Vgl. z. B. Perugia 1342 III 82 (S. 109), Ägid. Konst. 1357 IV 29 (S. 178 f.), Cremona 1387 r. 85, Lodi 1390 S. 99 R. r. De pena mordentis aliquem, Lecco r. 76 (S. 42), Bassano 1392 S. 97, Bologna 1454 S. 26 usw.

9) Vgl. S. 100 f.

10) Vgl. aber Alb. de Rosc., St. IV 112: Nach dem Statut durfte niemand einen Geächteten bestimmte Zeit vor oder nach einem Fest verletzen (»offendere«). Dann sollte das Statut nicht anwendbar sein, wenn jemand den Gebannten an seinem Vermögen verletzte: »Terminatum fuit (d. h. in Bologna), quod solum poena iuris communis et quod poena statuti locum habeat solum in offensione personali, non reali«. Man legte scheinbar immer so aus, daß die Entscheidung für den Geächteten ungünstig war.

Schlag«[11]) und erst recht natürlich die unmittelbar auf Verstümmelung oder Lähmung hindeutenden Ausdrücke wie »amputare«, »debilitare« und dergleichen. Ein engerer Begriff war schließlich auch der des »verberare«, das Prügeln mit Stock oder Peitsche.

2.

Das percutere schlechthin wurde wohl nirgends bestraft. Vielmehr gab es nur den Kern ab für den Tatbestand, der sich in doppelter Richtung weiter entfaltete: Einmal nämlich wird der Erfolg der percussio, zweitens aber die Art und das Mittel der Begehung in den Tatbestand einbezogen. Aber beides wieder in mehrfachen Abstufungen, so daß sich je nach den äußeren Tatumständen ein reichhaltiges Bußensystem ergab.

Dem Erfolge nach war wie im deutschen Recht grundlegend der Unterschied zwischen Wunden und Schlägen[12]). Unzählige Male wird höhere Strafe für den Fall angedroht, daß der Geschlagene Blut verliert. Sehr planmäßig verfuhr man nicht dabei: Bald erhöht sich die Buße unter sonst gleichen Verhältnissen auf das Doppelte — das war wohl die Regel[13]) —, bald um 1/3[14]), um 2/3[15]), 3/4[16]), 3/5, namentlich von 10 auf 25 l[17]), 4/5[18]), 5/6[19]), von 2 auf 5 l[20]) oder sonst in anderer Art. Oft enthält das gleiche Statut mehrere dieser Erhöhungssätze nebeneinander, ohne daß Gründe für die verschiedene Behandlung der Einzelfälle zu erkennen wären.

Seltener, obwohl noch immer häufig, knüpften sich bestimmte Strafen an das Beibringen einer Wunde (»vulnus«, »plaga«, »vulnerare«) an[21]). In der Regel war damit eine Körperverletzung gemeint, bei der Blut floß.

---

11) Petruccius, Q. 58 n. 1: »Percussio potest esse cum vulnere et sine vulnere, vulnus non sine percussione; sanguinis effusio potest esse cum vulnere et sine vulnere.«

12) Wilda, StrR. d. Germ. 731 ff., Osenbrüggen, Lgb. 72 ff.

13) Brescia, 1313 II 11, Florenz, Stat Pod.. 1325 III 45 (S. 207 ff.), Modena 1327 IV 15 (S. 386 f.), Perugia 1342 III 77 (S. 101 ff.), 81 (S. 108 f.), Parma 1347 S. 219 ff., Ägid. Konst. 1357 IV 29, 30 (S. 178 ff.), Cremona 1387 r. 92 usw.

14) Valperga 1350 r. 4 (40 : 60 s, 60 : 100 s).

15) Rom 1363 II 49 (S. 109), Invorio 1366 r. 16 S. 153 f. (20 : 60 s, 60 s : 10 l, 100 s : 25 l).

16) Oglianico 1352 r. 18.

17) Brescia 1313 II 11, Argenta 1342 S. 89, Piacenza 1391 V 39.

18) Casale 1370 Sp. 1039 f. (100 s : 10 l, 10 : 50 l).

19) Balangero 1391 r. 69.

20) Argenta 1342 S. 90, Cremona 1387 r. 87.

21) So auch im deutschen Recht, bei dem die Vorstellung hineinspielte, daß die Wunde mit Waffen beigebracht werde. Über Begriff und Arten der

Mit dem Begriff der Wunde beschäftigten sich auch die Rechtslehrer, die das Wesentliche im Verletzen der Haut sahen, eine Verwundung also nicht annahmen, wenn der Schlag nur die Kleidung beschädigte, den Körper aber nicht verletzte [22]). Andererseits brachte man nach dem Vorbild des deutschen Rechts die innere Wunde unter den Begriff [23]), und gelegentlich findet sich das auch im Statutarrecht [24]).

In den meisten Statuten wird nicht weiter unterschieden nach der Größe von Blutverlust und Wunde. Gegen die Äußerlichkeit und Geistlosigkeit dieser Lösung wandten sich die Rechtslehrer. Vor allem Bonifacius de Vitalinis, Quid sit accusatio n. 64, nahm Anstoß daran, daß ein solches Gesetz anwendbar sei, mochte jemand einen andern mit dem Schwert unter großem Blutverlust verletzen oder nur leicht mit dem Nagel ritzen. Er schlägt also vor, das Statut nach gemeinem Recht auszulegen und nach Art und Größe der Verletzung zu unterscheiden. Das gleiche hatte vor ihm schon Gandinus, De penis 9 (S. 214) gefordert. Aber die Praxis haftete auch hier am Buchstaben und versagte sich diesen Anregungen. So berichtet Bonifacius de Vitalinis, a. a. O.: »sed per formam statuti primam opinionem (d. h. die dem Wortlaut folgende) vidi multoties observari, sed contra ius est.«

Immerhin sind Ansätze zu einer Auflockerung im Statutarrecht selbst bemerkbar. In einigen Statuten unterschied man ausdrücklich zwischen der Körperverletzung unter Blutverlust und Verwundung, sah als Wunden also wohl nur schlimmere Verletzungen an. So bringt das Statut von Ascoli von 1377 III 29 (S. 102) bei der Körperverletzung unter Waffengewalt eine Dreiteilung: nämlich einmal die Verletzung im Gesicht, »se ... sarrà ferita overo piagha«; alsdann geringere Strafe für den, der Blut vergießt (»farrà sangue«), ohne daß eine Wunde bleibt; endlich — noch milder bestraft — die Körperverletzung, bei der überhaupt kein Blut fließt. So steht auch im Statut von Pistoia von 1296 III 4 (S. 100) auf Körperverletzung ohne Blutverlust eine Geldstrafe von 100, auf die blutige Verletzung Geldstrafe von 200 l für jede Wunde. Dann aber heißt es: »salvo

---

Wunde im deutschen Recht vgl. His, G. D. StrR. 127 f., Wilda, StrR. d. Germ. 735 ff.

[22]) »vulnus dicitur, si cutis scindatur«: Bartolus, Cons. I 109; Alb. de Rosc., D XXIX 5 De sen. cons. Silan. 3 und D IX 3 De his qui effuderint etc. 1, 6; Angelus, D XLVII 7 Arb. furt. caes. 10 n. 4.

[23]) Bartolus, D XLVII 10 De iniur. et fam. lib. 9, 3 n. 1.

[24]) Valperga 1350 r. 4; Ponti r. 10: Der Verstümmelung steht es gleich, wenn der Verletzte »tale vulnus passus esset in ventre, quod transiret ipsum vulnus ad interiora ita, quod diceretur tabassatus«.

quod, si vulnus non sit factum, licet sanguis exiverit, mitius puniatur.«

Anderswo wird geradezu nach der Schwere der Wunde oder Verletzung unterschieden, auf eindeutige Merkmale also ganz verzichtet. Das ist in Roccantica (1326 r. 43), wo vulnus leve und magnum einander gegenüberstehen, in Invorio (1366 r. 16 S. 153 f.: percussio levis, gravis und gravior) und Vergante (1389 r. 59 S. 221: Hervorhebung des enorme vulnus) der Fall.

Außer den Wunden haben häufiger auch Beulen und blaue Flecken ihren Tarif — »livor«, »lissum«, »lissura«, »lividum«, »inflatura«, »tumefactio«[25]) —, vor allem aber die Narbe. Überall wird härter gestraft, wenn der Schlag eine bleibende Narbe, vor allem im Gesicht hinterläßt. Denn nur die allen sichtbare äußere Entstellung macht die Körperverletzung zur Ehrenkränkung. Die Narbe war Symbol der Niederlage und als Körperverletzung das, was die Brandmarkung als Strafe war. Dieser Gesichtspunkt des Schimpflichen, Ehrenkränkenden kommt deutlich zum Ausdruck. Die Statuten von Cave von 1307 r. 63 (S. 42) und Olevano von 1364 r. 72 sprechen vom »signum turpe«. Das Gesetz von Bassano von 1392 S. 97 R. droht doppelte Strafe an, wenn nach Ausheilung der Wunde noch eine Narbe bleibt oder das Bleiben wahrscheinlich ist. Darüber sagt das Statut: »... intelligendo cicatricem esse non modicam et evidentem videlicet, quae dehonestat et vituperat figuram faciei vel factum vulnus turpiter vel enormiter super vultu.«

Auch mit diesem Merkmal haben sich die Theoretiker beschäftigt. Bartolus hat allein der Narbe einen ganzen Traktat »De cicatricibus« gewidmet und sich darin eingehend über die einzelnen Erfordernisse verbreitet. Im Anschluß an ein florentiner Statut verlangt er eine äußerlich entstellende Verletzung (»cicatrix est quaedam effigies vulneris faciem deformans ... seu formam extinguens«) an sichtbarer Körperstelle und ein Bleiben der Narbe nach Abschluß der Pflege und Ausheilung der Wunde[26]). Nötig ist endlich ein unmittelbarer Ursachenzusammenhang zwischen Verwundung und Entstellung. Einen konkreten Fall hatte Baldus im Gutachten Cons. V 432 zu beurteilen. Jemand hatte einen andern derart verletzt, daß auf dem Kopf eine Einbeulung entstand. Das Statut aber stellte die Körperverletzung unter Strafe, »ex qua remanet signum turpe vel cicatrix evidens«. Baldus wollte hier die Einbeulung als Narbe gelten lassen, zum mindesten als »signum turpe«,

[25]) So schon im germanischen Recht. Osenbrüggen, Lgb. 72.

[26]) Vgl. das oben genannte Statut von Bassano.

weil das Statut die Beschimpfung im Auge habe. Zum mindesten sei es analog anzuwenden. Also auch hier wieder das Bemühen, die Starrheit der Merkmale zu lösen und den Zweck des Gesetzes herauszuarbeiten.

Als schwerer Erfolg wird dann häufig der Bruch eines Knochens gewertet, auch der Schädelbruch genannt [27]), vor allem aber die Lähmung bedacht: »debilitatio«, »debilitare«, »inutile facere« usw. Diesen Tatbestand nahm man dann an, wenn der Verletzte — darin liegt der Unterschied von der Verstümmelung — seine Glieder nicht verliert, aber derart in ihrem Gebrauch behindert wird, daß er sich nicht fortbewegen, sich nicht allein weiterhelfen kann [28]). Im gleichen Sinne unterschieden auch die Legisten zwischen Lähmung und Verstümmelung [29]) und genau so Beichtliteratur und Kanonisten bei der Frage, wieweit Lähmung oder Verstümmelung unfähig zum Priesteramt machte [30]).

Als dem Erfolge nach schwerste Art der Körperverletzung gilt die Verstümmelung, die in fast allen Statuten erwähnt und mit schweren Strafen, oft mit Talion gesühnt wird. So kommen die Ausdrücke »amputare«, »detronchare«, »incidere«, »abscidere«, »talliare«, »mozzare« und ähnliches vor. Die Glieder werden bald mit allgemeinen Ausdrücken wie »membrum« oder dergleichen bezeichnet, bald einzeln aufgezählt. Der Verstümmelung gleichgestellt ist vielfach das Ausreißen und Blenden der Augen.

Eingehend besprachen die Rechtslehrer diese an die Verstümmelungsvorschriften sich knüpfenden Einzelfragen. So wird namentlich untersucht, was als Glied im Sinne der Statuten anzusehen sei

---

[27]) Ägid. Konst. 1357 IV 30 (S. 179), Casale 1370 Sp. 1039 f., Narni 1371 III 11: Geldstrafe von 200 l für Körperverletzung am Kopfe »cum fractura cranii«.

[28]) Argenta 1342 S. 89 (debilitare eines Gliedes »eum non incidendo in totum«), Dervio 1389 r. 34 (S. 106 f.: »dummodo aliquod membrum non amittatur«), Biella r. 9 (»membrum debilitatum ... taliter, quod non possit solitas operationes facere«), Bassano 1392 S. 97 R. (Strafe auf Verletzungen »taliter, quod perpetuo remaneat incassatum [gebrochen] vel spalatum [verrenkt] vel eo membro ... perpetuo debilitato ... eiusdem membri ... viribus sit perpetuo cariturus).«

[29]) Bartolus, D XLVIII 1 De publ. iudic. 2 n. 16: »membrum dicitur tunc debilitari, quando officium membri aliqualiter impeditur«; Bartolus, C X 32 De decurionibus 45 n. 5; Baldus, C VI 1 De fugit serv. 3 n. 9; Angelus, D VI 1 De rei vendic. 13 n. 1; Salicetus, C VI 1 De fugit. serv. 3 n. 1.

[30]) Raym. de Pennaf. II 1 De homicidio § 7 (S. 146): »Debilitatum dico, qui habet membrum, sed inefficax ..., mutilatum, qui aliquo membro caret«. Ebenso Joh. v. Fr. II 1 q. 42; Ast. VI 21 (S. 75); Hostiensis, S. A. I 20 n. 1.

und hervorgehoben, daß es eigene Funktionen auszuüben habe. Daher wird Fingern und Zehen die Eigenschaft als membrum abgesprochen und dafür auch der Sprachgebrauch angeführt. Auf den gleichen Standpunkt stellte sich (nach Bonifacius de Vitalinis an der unten angeführten Stelle) auch die Rechtsprechung. Gerade die Frage, ob Finger oder Zehen Glieder seien, findet großes Interesse und wird — mit dem gleichen Ergebnis — immer wieder behandelt [31]).

Im gleichen Zusammenhange werden ähnliche Fragen besprochen und die seltsamsten Dinge ausführlich erörtert. So wird untersucht, ob ein verdorrtes Glied (membrum aridum) verstümmelt werden könne, und, um Bart und Brüste richtig zu würdigen, kommt man auf die Unterscheidung zwischen membrum formale und instrumentale. Aber diese Erörterungen, die heute lächerlich und geistlos erscheinen, galten damals doch praktischen Fragen. Denn für den Verbrecher kam viel darauf an, ob man den abgeschlagenen Finger als Verstümmelung wertete. Auffällig bleibt trotzdem das Gewicht, das man in diese Diskussionen verlegte. Aber in diesen Dingen begegneten sich die plastische Volksanschauung mit der Neigung des scholastischen Denkens, sich auf das kleinste zu sammeln. Die scholastische Methode führt zu wertvollen Erkenntnissen nur dort, wo die Unterscheidungen bei allgemeineren Prinzipien ansetzten. Es war ein Denken, das einen Anlauf brauchte. Wo aber die Wissenschaft erst an die atomisierte Kasuistik der Statuten anknüpfen konnte, endete die Distinktionsmethode in Unterscheidungen wie der zwischen dem Bart als ganzem und einzelnen Haaren und ähnlichem.

Diese Lehren dringen auch in die Praxis ein. Auch in den Statuten wird häufiger das Abhauen der Finger und das Ausschlagen der Zähne besonders, das heißt milder bestraft. Die Kasuistik wird gelegentlich sogar noch weiter getrieben. Ein juristisch so hochstehendes Gesetz wie die Ägidianischen Konstitutionen von 1357 IV 28 (S. 178) unterscheidet näher, ob die Zähne ausfallen oder gebrochen werden und stuft (wie auch andere Gesetze) danach ab, ob ein, zwei, drei oder noch mehr Finger oder Zehen verloren gehen [32]). Auch nach der Art des abgetrennten Fingers wird manchmal unterschieden [33]).

---

31) Bonif. de Vitalinis, Quid sit accusatio n. 58; Bartolus, Cons. I 201 n. 1; Baldus s. v. »Membrum« n. 2: Dort Hinweis auf eine Entscheidung in Bologna. Das gleiche immer wieder in den Kommentaren.

32) In Forli (1359 III 6 S. 191) wird die Verstümmelung von drei Fingern oder Zehen mit der Strafe für die Verstümmelung der Hand oder des Fußes bestraft. Ähnlich Bassano 1392 S. 97 R. Das entsprach germanischer Vorstellung — vgl. His, G. D. StrR. 127 — und der Theorie.

33) Olevano 1364 r. 75, Cremona 1387 r. 93.

Endlich kam es darauf an, an welchem Körperteil der Verletzte getroffen wurde, ob im Gesicht oder sonst am Körper, in der Regel ob oberhalb oder unterhalb des Halses. Die Strafunterschiede im einzelnen sind ähnlich und ebenso uneinheitlich wie die zwischen blutiger und unblutiger Verletzung.

3.

Neben dem Erfolge war die Art der Begehung wichtig, namentlich die Beschaffenheit der vom Täter angewandten Mittel. Danach bestimmte sich die objektive Gefährlichkeit der Tat und zugleich das Urteil über die Gesinnung des Täters.

Straferhöhend wirkt hier in erster Linie der Gebrauch von Waffen. Die Beispiele sind zahllos, das Maß der Erhöhung in den einzelnen Fällen ist sehr verschieden [34]).

Mit dem Begriff der Waffe beschäftigten sich die Rechtslehrer und suchten auch da wieder den übergeordneten Gesichtspunkt zu finden und den Wortlaut zu lockern. Ergiebig ist auch hier Bonifacius de Vitalinis. Er will (Quid sit accusatio n. 50 f.) ein von der Körperverletzung mit dem Schwert (»cum gladio«) handelndes Statut auch auf den anwenden, der jemand mit einem großen Stock oder Stein (»cum bastono magno vel cum lapide magno«) verletzt. Unter Waffe, Schwert und dergleichen versteht er jedes Mittel, das objektiv geeignet ist, jemand Schaden zuzufügen: »omne illud, quod nocere potest ..., et intelligo, si satis nocere potest« [35]). Ausscheiden sollen also harmlosere Geräte wie Messer, kleine Stöcke und andere Gegenstände, die nach dem Sprachgebrauch nicht als Waffen anzusehen sind und keinen erheblichen Schaden zufügen können. Entscheidend also ist nicht eine sachliche Beschaffenheit, sondern die allgemeine Eignung der Sache.

Aber man scheute sich doch, darüber hinaus die Tatfrage für den

---

34) Im folgenden bezeichnet die zunächst genannte Zahl die Geldstrafe für Körperverletzung ohne Gebrauch der Waffe, die zweite den Tarif der bewaffneten Tat unter im übrigen gleichen Verhältnissen. — Padua 1329 S. 240 f.: doppelte Strafe; Vallassina 1343 r. 79 (S. 206): doppelte Strafe, r. 80 (S. 206 f.): 25—50 l; Parma 1347 S. 219 f.: 50—100, 100—150, 150—300 l; Ascoli 1377 III 29 (S. 102 ff.): doppelte Strafe gegenüber der Körperverletzung mit einem Holzgerät; Valsolda 1388 r. 6 (S. 261): 2—10, 5—25 l; Piacenza 1391 V 38, 39: 100 s—10 l, 10—15 l; Biella r. 7: 10—40 l; Lecco r. 262 (S. 131): 25—50 l, 264 (S. 132): 10—25 l. Vgl. auch Gandinus, De penis 9 (S. 214): »Debet ... bonus iudex ... peius presumere et acrius procedere percutientes cum ferro quam cum ligno vel alia simili re«.

35) Ebenso Alb. de Rosc. s. v. »Arma«: »Armorum appellatione videtur continere quaelibet res apta vel fabricata ad nocendum«.

einzelnen Fall zu stellen. Ob eine Sache geeignet sei, Schaden zuzufügen, darüber sollte nach Angelus, Cons. III 397 n. 1, nicht der Gebrauch im konkreten Falle entscheiden, sondern die Beschaffenheit des Werkzeugs und seine natürliche Bestimmung: »Illa enim res evidenter ad nocendum est apta, quae principaliter ad nocendum in sui figura est ordinata, quoniam naturam rei per prius non secundum accidentia considerare debemus.« Somit ist ein Spielzeug z. B. nicht schon deshalb eine Waffe, weil es zufällig einmal Schaden anrichtet. Dafür beruft sich Angelus auf die Rechtsprechung [36]).

Die große Masse der Statuten verhält sich ablehnend gegen eine solche Auflockerung und stellt auf leicht erkennbare äußere Merkmale ab. In der Regel bestimmt sich die Eigenschaft der Waffe nach dem Material: Waffe ist das Eisengerät im Gegensatz zum Stock oder Stein. Diese Gegenüberstellung, härtere Strafe für Körperverletzung mit Waffen als für den Gebrauch von Stock oder Stein [37]), ist allgemein verbreitet. Anderswo wird die Beschaffenheit aus Eisen ausdrücklich verlangt [38]) oder bei Geräten, die aus verschiedenem Material bestehen, der Gebrauch der Eisenteile besonders hervorgehoben [39]).

Demgegenüber sind Gesetze in der Minderzahl, die sich der Lehre anschließen. Hier und dort nämlich finden sich Statuten, die es auf die objektive Gefährlichkeit des Werkzeugs ankommen lassen. So erwähnt z. B. das Gesetz von Arona von 1319 r. 7 (S. 69) die Körperverletzung »de aliqua re, cum qua possit fieri lexio membri corporis«.

---

36) Angelus, D XLVIII 6 Ad 1. Iul. de vi publ. 9 pr. u. n. 1, DXLVII 2 De furtis 54 (56), 2 n. 1: »Vidi de facto Perusii in statuto puniente percutientem in Platea cum re rapta(lies apta) ad nocendum in perditione manus. Et quidam per vim rapiendo de manibus caponem scidit manum rustici cum arido ungue; pronunciatum fuit non debere eum manu privari, quia ille unguis non est ordinatus naturaliter ad nocendum.«

37) Es ist auffällig, daß oft die Rede ist vom percutere — d. h. schlagen — cum lapide. Das würde seine Erklärung in dem finden, was Dorini 24 mitteilt: Es war üblich, daß man bei Schlägereien Steine nicht warf, sondern zur Verstärkung des Schlags in der Hand behielt. Der Stein ersetzte die Waffe, deren Tragen unter Strafe stand.

38) Das Statut von Mirandola von 1386 S. 106 r. De armis et quid contineatur appellatione armorum zählt die Arten der Waffen auf und schließt mit den Worten »et omnia genera ferri«.

39) In Ascoli (1377 III 29 S. 103) z. B. gelten Stock oder Lanze so wenig als Waffe wie andere Gegenstände, die nur mit der Holzseite gebraucht werden (»che se solamente con lu ligno percoterrà«). Doch ändert sich das, wenn die Verletzung mit den Eisenteilen des Geräts beigebracht wird. Auch in Bologna (1454 S. 25 R.) erhöht sich die Strafe der Körperverletzung beim Gebrauch von Waffen, aber diese Strafe verdoppelt sich nochmals bei Verletzung »cum ferro dictorum armorum«.

In Padua (1339 S. 242 R.) wird Waffe alles das genannt, was ist »ad nocendum aptum«. Das Statut von Perugia von 1342 III 77 (S. 101) hebt hervor die Körperverletzung »con falcione (Lanze mit einer Art Sichel an der Spitze), coltello (Messer) overo con alcuna generatione d'arme«. Besondere Tarife aber stehen auf Körperverletzungen »con cose apte a nuocere«, die nicht ausdrücklich im Statut genannt sind.

Andere Statuten nehmen wenigstens einzelne harmlose Eisengeräte aus dem Begriff der Waffe heraus. So wird gelegentlich die Verletzung mit einem Messer besonders behandelt, z. B. in Turin (1360 Sp. 711) und in Riparolo (1358 r. 6), wonach keine Waffe ist ein »cultellus convenientis mensure«.

Der Körperverletzung mit mechanischen Mitteln wird die mit Hilfe des menschlichen Körpers gegenübergestellt, vor allem der Gebrauch von Hand, Faust oder Fuß zum Schaden eines andern. Besonders hervorgehoben [40]) wird dabei die Ohrfeige (alapa). Sie wird hier und dort sogar der Körperverletzung mit Waffen oder anderen Geräten gleichgestellt. Der Grund liegt auf der Hand: Das Ohrfeigen ist zugleich Beschimpfung. Daraus erklärt es sich auch, daß beispielsweise in Mirandola (1386 S. 100) auf die Ohrfeige mit flacher Hand eine Geldstrafe von 10 l steht, während der Faustschlag ins Gesicht mit geschlossener Hand nur mit einer Buße von 5 l, also milder gesühnt wird.

Wie diese Darstellung zeigt, enthielten die Statuten eine doppelte Skala von Strafbestimmungsgründen. Einmal bestimmt sich die Strafe nach dem Erfolge der Tat. Dabei kam wieder neben der Art der Verletzung in Betracht, an welchem Körperteil sie beigebracht wurde. Ferner aber war die Art des gebrauchten Mittels entscheidend. Die einzelnen Gesichtspunkte verbanden sich miteinander, so daß sich eine Vielheit von Kombinationen ergab, ein verschachteltes System von Bußsätzen und öffentlichen Strafen. Jede Stufe in der Skala der Erfolge zerteilte sich wieder je nach der Begehungsart und umgekehrt. Nur die Tatbestände der Verstümmelung und in der Regel des Ohrfeigens wurden nicht weiter zerfasert. Denn die Art der Begehung war bei der Ohrfeige ja vorgezeichnet, und bei der Verstümmelung ging man stillschweigend davon aus, daß sie mit Waffen geschah.

4.

Auch bei der Körperverletzung wird der Vorsatz sehr häufig betont, und wiederum werden neben allgemeinen Ausdrücken solche

[40]) Schon Rotari bestrafte die Ohrfeige mit der doppelten Wundbuße. His, G. D. StrR. 129.

genannt, die auf Affekthandlungen hindeuten. Wie bei der Tötung wird auch hier manchmal das überlegte Handeln dem unbedachten Verhalten im Streit gegenübergestellt, in Siena (1309/10 V 247 S. 335) z. B. unterschieden, ob sie erfolgt »in meschia et rissa« oder »di proponimento altrui che ne la meschia«, und im ersteren Falle Geldstrafe von 500, im zweiten dagegen von 1500 l angedroht. Körperverletzungen »in rixa« und »meditate« begangene Straftaten werden auch in Moncalieri (1378 Sp. 1401 f.) unterschieden.

Die fahrlässige Körperverletzung dagegen wird so gut wie nirgends bestraft. Nur in Bassano (1392 S. 98) wird unterschieden ob die Körperverletzung mit Waffen, namentlich mit Bogen oder Schleuder vorsätzlich beigebracht ist oder ohne Vorsatz (»a casu non studiose«), und im zweiten Falle mildere Strafe angedroht.

Die Straferhöhungs- und Strafmilderungsgründe sind die üblichen und bedürfen in diesem Zusammenhange keiner näheren Darstellung. Über die Körperverletzung gegen Entgelt und durch Vergiftung wurde schon gesprochen.

II. Der sozialgefährliche Streit (Rixa).

Schon bei früherer Gelegenheit [41]) wurde gezeigt und zu erklären versucht, wie im mittelalterlichen Italien Streitigkeiten Einzelner über den Kreis der anfangs Beteiligten hinauszuwachsen pflegten. Wie andere Rechtsverletzungen so trafen auch körperliche Übergriffe nicht nur den unmittelbar Leidenden, sondern zugleich einen größeren Kreis von Personen, die mit dem unmittelbar Verletzten in Gemeinschaft standen. Täter und Opfer fanden Genossen und Verwandte, die sich ihre Sache zu eigen machten und den Einzelstreit zum Massenkampf entwickelten. Das galt nicht nur für die Feindschaft überhaupt, sondern schon für den drastischen Vorgang. Der tätliche Streit steckte an und pflegte zahlreiche Personen in Mitleidenschaft zu ziehen. Dem trug die Gesetzgebung Rechnung. Die Sozialgefährlichkeit körperlicher Gewaltakte wird gleichsam abgespalten und das öffentliche Interesse am Bestande von Ruhe und Ordnung in besonderen Tatbeständen zur Geltung gebracht.

Unter politisch-polizeilichen Gesichtspunkten aber kam es offenbar auf anderes an als darauf, daß jemand am Körper verletzt wurde. Der einmalige, in sich abgeschlossene Vorgang war für die Friedensordnung der Gesamtheit bedeutungslos. Nur wenn der Verletzte zurückschlug, die Beteiligten also in »Streit« gerieten, war das öffent-

---

41) Vgl. S. 17f.

liche Interesse beteiligt. Denn damit wurde der einmalige Vorfall der »Körperverletzung« zum gemeingefährlichen Zustand, der größere Personenkreise zu ergreifen drohte.

Dieser Sachverhalt macht einen Tatbestand begreiflich, der weder als eine Summe von Körperverletzungen noch als Raufhandel im modernen Sinne genügend gekennzeichnet wird: der sozialgefährliche Streit, das facere rixam«, »mesclantiam«, »apiglanciam«, »caviglanciam«, »proelium« u. dergl. [42]), ein Tatbestand, der an der Grenze des politischen Strafrechts [43]) liegt, sich aber mit der Körperverletzung so eng berührt, daß er kurz skizziert werden soll.

Unter rixa verstand man den (zunächst) privaten Krieg [44]), und zwar einen Streit, der mit Tätlichkeiten geführt wurde, also die Schlägerei. So bestimmt das Gesetz von Arona von 1319 r. 13 (S. 71): »rixa inteligatur, si percussio fieret per aliquos vel si ibi, ubi facta foret rixa, arma portarentur, vel haberentur per aliquem, ubi facta foret rixa vel etiam rumor«.

Es mußten also mehrere Personen in den Streit verwickelt sein, nach den Legisten nicht mehr als zwei. Sie sprachen darüber im Anschluß an D 47, 8, 4, 3 und folgten darin dem Text [45]). Durch die Zahl unterscheiden sich rixa und turba, d. h. die Unruhe innerhalb einer großen, ungeordneten Menschenmenge. So lehrt etwa Angelus, D XLVII 8 Vi bon. rapt. 4, 3: »turba est cetus et perturbatio multitudinis hominum, rixa vero in duobus verificatur.«

Der Grundgedanke findet in der Praxis Widerhall. Man erkennt die rixa als sozialgefährlichen Streit geringeren Grades und sucht ihn von Aufruhr und Tumult nach der Zahl der beteiligten Personen abzugrenzen. In dieser Art unterscheidet das Gesetz von Rom von 1363 II 41 (S. 107), 65 (S. 116 f.) zwischen »rissa« und »bactalia« und will das erstere annehmen, wenn auf jeder Seite sechs bis elf Personen, »bactalia«, wenn zwölf oder mehrere beteiligt sind. Ist

---

[42]) Kohler 371 f.

[43]) Man vergleiche folgende Zusammenstellung in einem alten Gesetz. Das Breve Populi et Compagniarum von 1286 in Pisa r. 103 (S. 637) bestimmt: »Statuimus et ordinamus, quod nullum consilium, nulla congregatio vel conventicula vel cohadunatio, rexa vel conspiratio vel aliqua conpagnia fiat vel fieri possit, ... in quo vel qua aliquid statuatur ... vel fiat contra pacificum et tranquillum statum pisani Communis et populi«.

[44]) Barth. Pis. s. v. »Rixa« n. 1: »dicit Glossa, quod rixe sunt quando ex ira invicem percuciunt et ideo rixa videtur quoddam privatum bellum«. Ebenso Ast. II 64 (S. 107 R.).

[45]) Alb. de Rosc., DXLVII 8 Vi bon. rapt. 4, 3 pr.; Angelus, a. gl. O. 1 n. 1; Bonif. de Vitalinis, De vi bon. rapt. n. 6.

die Anzahl der beiderseits Beteiligten ungleich, so wird jede Partei nach den Rechtssätzen behandelt, die für ihre Zahl maßgebend sind. Das Statut von Tivoli von 1305 III 174 (S. 211) jedoch setzt »rixa« und »battalia« gleich, verlangt aber ein Zusammenkommen von mindestens zehn Bewaffneten und den tätigen Gebrauch von Waffen oder Steinen.

Tatbestände dieser Art sind häufig. Die Strafe, wohl überall in Geld bestehend, erhöht sich in der Regel, wenn Waffen gebraucht werden.

Auch wo besondere Angaben fehlen wie in Vallassina (1343 r. 90 S. 209) — Geldstrafe von 20 s »pro qualibet persona« —, soll wohl jeder einzelne am Streite Beteiligte die Strafe bezahlen. Doch kommt auch anderes vor. Wenn man nämlich jeden am Streite Beteiligten strafte, so setzte man sich in Widerspruch zum Notwehrgedanken und zu der Anschauung, daß dem gegenüber, der sich aus dem Recht setzt, jede Gewalthandlung erlaubt sei. Dem trugen viele Statuten Rechnung und bedrohten nur den mit der Strafe für rixa, der den Streit begann, den auctor, inceptor rixae. An den Notwehrregeln etwa der Rechtslehre gemessen war diese Lösung freilich sehr unzulänglich. Sie nahm keine Rücksicht darauf, daß im Verlaufe eines Streits die Rollen sich vertauschen, der erste Angreifer zum Verteidiger werden konnte. Aber die Praxis war für derartige Feinheiten und Zugeständnisse an das erste Unrecht nicht reif. Man ging aus vom typischen Falle, daß Angreifer war, wer mit den Tätlichkeiten begann und ließ die spätere Entwicklung der Dinge auf sich beruhen.

So wird beispielsweise in Arona (1319 r. 13 S. 71) bestraft, wer »inceperit rixam vel auctor rixe fuerit vel prelium inceperit«. Ebenso in Biandrate (1395 r. 31): 10 s sind zu zahlen, »si quis fuerit actor rixe«. Endlich ist das Gesetz von Bologna von 1454 (S. 22 R.) zu nennen: r. De poena eius, qui causam dederit propter quam tumultus, rumor vel rixa fuerit in civitate Bononiae vel districtu«.

In manchen Statuten wird innerhalb einer Partei unterschieden zwischen dem, der den Streit anfängt und den übrigen Beteiligten. Der Streit wird als Bandenvergehen behandelt und der Rädelsführer (auctor, incipiens, inceptor) härter bestraft als die Folger (sequentes). Dabei werden Rädelsführer und Anfänger gleichgestellt.

So hat in Mailand (r. 130) der »actor« das Fünffache zu zahlen wie der »non actor«, und auch in Biella (r. 15: beim Tumult) und Bovegno (1341 r. 209 S. 86) wird der Anfänger härter bestraft als der Folger. In Rom (1363 II 64 S. 115 f.) hat der »inceptor bactalie« auf jeder Seite eine besondere Zusatzstrafe zu zahlen, die von mehreren Anfängern auf einer Partei als Gesamtstrafe geschuldet wird. Wird nämlich jemand im Kampfe getötet, so muß der Anfänger oder

»caporalis« der Gegenpartei 500 oder 1000 l entrichten, von denen die Hälfte an die Erben fällt. Gehört der Tote keiner Partei an, so wird diese Buße zwischen den Anfängern jeder Partei geteilt. Die sonst Beteiligten aber werden nur für die Vergehen bestraft, die sie im Laufe des Kampfes begehen. Entsprechendes, nur mit anderen Strafen, gilt bei rixa (II 65 S. 116 f.).

Diese Gedankengänge fanden Anknüpfungspunkte in der gemeinrechtlichen Quellenstelle C 9, 12, 6, wonach der Urheber gewaltsamer Besitzkehr für alle Folgen verantwortlich war. Diese Stelle wird oft wiederholt und auch von den Theoretikern daraus abgeleitet, daß der Urheber des Streites härter zu strafen sei[46]. Wissenschaft und Praxis stimmen hier überein.

Aus der Sozialgefährlichkeit dieses Vergehens erklärt sich die Erweiterung der Strafdrohung auf gewisse Vorbereitungshandlungen und die Rücksichtnahme auf weitere Folgen. Einmal nämlich sucht die Gesetzgebung mit präventiven Polizeivorschriften die Unruhe schon im Keime zu ersticken. Deshalb wird wiederholt schon das bloße Hingehen zum Streite bestraft, namentlich wenn Waffen dabei mitgeführt werden. Es soll verhindert werden, daß der Streit sich durch neuen Zuzug zur Friedensstörung auswächst[47].

Als weiterer Erfolg des Streites kam vor allem die Körperverletzung in Betracht[48]. Oft werden die Bestimmungen über rixa ausdrücklich auf den Fall beschränkt, daß die Streitenden sich noch nicht verletzt haben. Der Streit erscheint dann als Vorstufe der Körperverletzung, zu der er im Verhältnis der Subsidiarität steht[49]. Die Kasuistik der Körperverletzungen schließt sich an die Bestimmungen über den Streit als nächsthöhere Verbrechensform an.

So werden z. B. in Biella (r. 6) diejenigen mit Strafe bedroht, die »inter se fecerint apiglanciam sive rixam ... et sibi emanaverint de manu vel pede et se non percuxerint.« Darauf folgt dann die Kasuistik der Körperverletzung. Ähnlich in Vercelli (S. 108 f.), wo gleichfalls die Körperverletzung im Anschluß an die rixa behandelt wird. Für diese bleiben nur die Fälle, in denen es nicht zu Verletzungen kommt: »Si autem super se seu contra se unus versus alium traxerit de manu vel pede sine culpo faciendo et se non tangendo, solvat, qui inceperit, ... (Straftarif)«.

---

[46]) Vgl. die Kommentare zur oben angeführten Stelle; Bonif. de Vitalinis, De insultu n. 30, De penis etc. n. 20; Gandinus, De defensionibus 10 (S. 180 f.), De penis 10 (S. 215): »Nota ..., quod auctor rixe magis punitur, quam qui in rixa delinquunt ...., et ideo cauti advocati sepe probare nituntur, quod talis adversarius incepit rixam.«

[47]) Pisa 1286 III 28 (S. 385), Tivoli 1305 III 175 (S. 211), Lucca 1308 III 25 (S. 151), Arona 1319 r. 15 (S. 72), Mailand r. 133, Rom 1363 II 41 (S. 107), Genua 1363 r. 61, Casale 1370 Sp. 1022 r. Quod nullus vadat ad rixam cum armis, Lodi 1390 S. 112 R. ff., Biella r. 14.

[48]) Vgl. auch S. 361.

[49]) Vgl. S. 246.

Als Erfolg wird gelegentlich auch die konkrete Gefährdung der öffentlichen Ordnung hervorgehoben. In Narni (1371 III 48) wird z. B. jemand nach Ermessen des Gerichts am Körper bestraft, »si rixa esset parata ad conturbationem Status Ecclesiastici pacifici et Communis«. Auch sonst wirkt es häufig straferschwerend, wenn der Streit in Tumulte, Zusammenrottungen und Aufruhr ausartet. Das einzelne gehört ins politische Strafrecht, also nicht mehr hierher [50]).

Unter sicherheitspolizeilichen Gesichtspunkten wird endlich ein Sonderfall behandelt, nämlich das Spielen und Raufen von Kindern auf Straßen und Plätzen. Auch davon befürchtete man eine Gefährdung der öffentlichen Ruhe und ließ in der Regel den Gewalthaber dafür einstehen, daß so etwas unterblieb. Die Straße als politische Gefahrenzone sollte freigehalten werden [51]). Man lebte in einer Art von dauerndem Belagerungszustand.

Von Straftaten, die im Streite erfolgten, nahm man ohne weiteres an, daß sie in der Erregung des Augenblicks, im Affekt geschahen. Die typische Vorsatzart beim Streit also ist der Mangel der Überlegung [52]). So wird denn häufiger — das wurde schon gezeigt — bei Tötung und Körperverletzung das Verhalten in rixa dem Handeln mit Überlegung gegenübergestellt. Rixa wird also im Wege der üblichen Typisierung zur Schuldform.

Über das Duell ist im Rahmen dieser Untersuchung nicht näher zu sprechen. Soviel ich sehe, fehlt es an dahin gehörenden Bestimmungen in der Praxis. Es mag also der Hinweis auf die Ausführungen Kohlers (Studien 336 ff.) und Pertiles (Storia V 507 ff.) genügen [53]).

---

50) Kohler 634 ff.

51) In Brescia (1313 II 40) z. B. ist den Kindern verboten das »praeliari nec bellum aliquod seu praelium facere«. Für Kinder zwischen 10 und 14 Jahren war eine Geldstrafe von 10 s verwirkt, die der Vater zahlte, für über 14 jährige eine solche von 20 s. In Florenz (Stat. Pod. 1325 III 36 S. 200) hatte 100 s zu zahlen, wer »prelietur ad pugna vel ludum vel ludum pugnorum« und nicht über 15 Jahre alt war, 10 l, wer diese Altersgrenze überschritten hatte. Turin 1360 Sp. 714 r. De non faciendo bataglolas puerorum per pueros: Der Gewalthaber zahlt 12 d. Vgl. auch Bassano 1392 S. 112.

52) So auch die Beichtliteratur. Raym. de Pennaf. III 34 De poenitentiis § 4 (S. 434): »De ira pullulant ista sex, rixae, tumor mentis, contumeliae, clamor, indignatio, blasphemiae«; Ast. II 64 (S. 107 R.): »rixe sunt, quando homines ex ira se percutiunt.« Ähnlich Barth. Pis. s. v. »Rixa« n. 1. So schon Thomas v. A., S. th. 2, 2 q. 41 a. 2, q. 158 a. 7. — Vgl. auch D 48, 8, 1, 3.

53) Neben repressiven Strafen kommen präventive Verwaltungsmaßnahmen zur Verhütung von Streitigkeiten vor: Sicherheitsleistung, Verbannung

III. Insultus.

Die Statuten stellen eine Anzahl von Handlungen unter Strafe, die sich als Vorbereitung oder Versuch der Tötung und Körperverletzung kennzeichnen lassen: so immer wieder das Zücken oder Heben der Waffe, von Stöcken oder Steinen, das Ausholen mit der Hand, das Schleudern von Steinen und anderen Gegenständen aus Häusern und Türmen, das Schießen vor allem mit Pfeil und Bogen und Schleudern [54]) und dergleichen mehr. Alle diese Delikte sind in der Regel Versuchsverbrechen eigener Art, deren Typus schon früher (S. 187) geschildert wurde. In der Regel wird die über den Tatbestand hinausgehende innere Absicht nicht erwähnt. Immerhin kommen Ausnahmen vor wie das Gesetz von Brescia von 1313 II 15, das Strafe setzt auf das Schießen mit Bogen oder Schleuder »causa feriendi aliquem.«

Dieser Art ist auch der sehr verbreitete Tatbestand, der im Zusammenhange dieser Untersuchung größeres Interesse beansprucht, nämlich der tätliche Angriff: »insultus«, »assaltus«, »assalimento«, »impetus«, »aggressura« [55]). Dieser Begriff deckt sich nicht einfach mit dem der versuchten Körperverletzung als delictum sui generis. Nicht jeder Versuch der Körperverletzung fällt darunter, sondern es bedarf einer Bewegung im Raume, des Angehens, Anstürmens gegen jemand. Insultus ist die Gefährdung des Einzelnen in seinem Frieden durch unüberlegt begangene Gewalttat. Das Vergehen wird schlimmer, wenn der Angegriffene im besonderen Frieden stand. Deshalb wird der Angriff auf das Haus (insultus ad domum) härter bestraft. Das ist nicht der Hausfriedensbruch im heutigen Sinne, sondern der Angriff auf einen Menschen im besonders befriedeten Bezirk.

Mit dem Begriff des insultus beschäftigt sich im Anschluß an das Statutarrecht auch die Theorie und hebt als wesentliches Merkmal die räumliche Bewegung von Ort zu Ort hervor. Insultus ist der »motus corporis de loco ad locum cum impetu« (Baldus, Cons. III 287) [56]).

Das gleiche Erfordernis wird häufiger in den Ortsgesetzen betont.

---

und Eingrenzung. Das einzelne gehört nicht ins Strafrecht, sondern ins Verwaltungsrecht.

[54]) Diesen Tatbestand bedroht auch das kanonische Recht mit Strafe. Vgl. X De sagittariis V 15.

[55]) Kohler 628 ff.

[56]) Baldus, Cons. II 237 n. 2.

So gilt in Castel Fiorentino (1305 r. 71 S. 347) als Angreifer, wer »iverit contra aliquem per duos passus«. In Turin (1360 Sp. 714) wird bestraft, wer »cucurrerit super alium irato animo«, in Ascoli (1377 III 27 S. 100), wer »farrà insulto ad alicuno andando contra ipso con irato animo«. Das Statut von Narni von 1371 III 10 bringt die Formel der Theorie. Als Angreifer wird bestraft, wer auf jemand losgeht »movendo se de loco ad locum«. Ebenso Bassano 1392 S. 96 R.: »Insultum autem intelligatur quis fecisse, quandocunque animo irato impetum et furorem fecerit contra aliquem de uno loco ad alium se movendo, vel se movendo de uno loco ad alium admenaverit contra aliquem vel ipsum fugando fuerit insecutus.« So bestimmte auch schon das paduaner Statut von 1329 S. 238 R. ff.

Diese Beispiele lassen sehr deutlich erkennen, daß man auch beim insultus den Affekt voraussetzt, eine Verbindung zwischen äußerem und innerem Sachverhalt, die auch in den Quellen der Rechtslehrer auffällt. So bemerkt Bonifacius de Vitalinis, De insultu n. 1 über den Angriff: »Insultus est contra alium impetuosus ingressus ..... Insultare est ira et impetuoso animo alterum aggredi ..... in alterum irato animo irruere«. Diese Verbindung dachte man sich so zwangsläufig, daß ganz ähnlich wie rixa auch impetus und assaltus, namentlich in den Schriften der Theoretiker, zur Schuldform wird und allgemein den Affekt bezeichnet.

Bestraft wird der insultus wohl ausnahmslos mit Geldstrafe, die sich erhöht, wenn der Täter Waffen gebraucht. Härter wird auch die Begehung der Tat zur Nachtzeit bestraft, straferhöhend wirkt die Beamteneigenschaft des Angegriffenen, die besondere Befriedung des Tatorts, das Handeln vor einer Behörde u. a. m. 57).

Unter besonderem Schutz gegen Angriffe steht das Haus oder besser der Hausbewohner. Das Haus ist Asyl und Friedensbezirk. Der besondere Friede aber wird nicht erst durch das Eindringen in das Haus gestört, sondern schon durch den Angriff. Der Schwerpunkt also liegt nicht in der Verletzung des Hausrechts oder der dinglichen Besitzlage, sondern der Person im Zustande erhöhten Friedens. Dingliche Rechtsgüter sind noch — darüber wird noch in anderem Zusammenhange gesprochen — Funktionen eines allgemeinen Persönlichkeitsrechts. Daraus erklärt es sich, daß Vorschriften über den eigentlichen Hausfriedensbruch selten, Strafdrohungen gegen den Angriff auf ein Haus aber zahlreich sind.

So z. B. Riparolo 1358 r. 6, Turin 1360 Sp. 711, Balangero 1391 r. 77, Ponti r. 9, Biella r. 7, Ivrea Sp. 1249 r. De non combatendo alienam domum (bestraft wird schon das Herantreten an das Haus in Angriffsabsicht);

Brescia 1313 II 17, Mailand r. 69, Vallassina 1343 r. 80 (S. 206 f.), Valsassina 1388 r. 37 (S. 279);

---

57) Belege für dies alles bei Kohler, a. a. O. Über die Konkurrenz zwischen Angriff und Körperverletzung vgl. S. 245 f.

Bassano 1392 S. 96, Verona 1450 III 29;
Parma 1347 S. 219, Bobbio 1396 IV 139;
Ascoli 1377 III 27 (S. 100);
Narni 1371 III 10.

Über den insultus ad domum in den Statuten sprechen auch die Theoretiker und heben das Entscheidende hervor: Wesentlich ist nicht der Angriff auf das Haus, Verletzung von Besitz oder Eigentum, sondern der Angriff auf den Menschen, der darin wohnt. Deshalb soll der Angriff auf ein unbewohntes Haus nicht unter das Statut fallen [58]), andererseits aber nichts darauf ankommen, wem das Haus gehört. Seine Schutzfunktion ist tatsächlich, nicht rechtlich bedingt. Es ist also gleichgültig, ob der Angegriffene Eigentümer, Haussohn oder Mieter ist, ein Grundsatz, den die Rechtslehrer im Anschluß an die gar nicht darauf passende Quellenstelle D 48, 5, 8 mehrfach aussprechen [59]).

Angeregt durch die Wissenschaft bringen gelegentlich auch die Statuten das gleiche zum Ausdruck. So ist nach dem Gesetz von Bassano von 1392 S. 96 R. Gegenstand des Angriffs ein Haus, »sive sit domus propria ipsius sive eam teneat ad locationem vel livellum«. Ebenso bestimmten die Ägidianischen Konstitutionen von 1357 IV 31 (S. 180) und das Statut von Lodi von 1390 S. 98 f. In Vallassina (1343 r. 80 S. 206 f.) wird der Angriff gegen das Wohnhaus härter bestraft als der Angriff auf ein anderes Haus oder auf der öffentlichen Straße.

Der erhöhte Friede wird schon durch jede sichtbare Betätigung der Angriffsabsicht gestört. Demnach genügt den Rechtslehrern ein Angriff in der Nähe des Hauses, z. B. unter dem Portikus, dem offenen Vorraum unter dem übergebauten ersten Stockwerk [60]), und auch diese Regel wiederholen die Statuten [61]). Das Betreten des Hauses ist somit nicht wesentlich, kann aber die Strafe erhöhen

---

58) Alb. de Rosc., D XLVIII 5 Ad l. Iul. de adult. 24 (23), 1.

59) Vgl. die Kommentare zur angeführten Stelle; ferner Gandinus, De penis 41 (S. 254); Alb. de Rosc., D XXXIX 2 De damno infecto 4, 5 n. 7: Andere wollten unterscheiden, ob das Statut einen Angriff »ad domum« verlangte oder »ad domum suam«. Ein Beispiel für das letztere z. B. Balangero 1391 r. 77.

60) Bartolus, Auth. De appellatione et intra quae tempus debeat appell. § Ad haec n. 6: »Quod tene menti pro statuto loquente de insultu facto ad domum, ut exponatur ad domum, id est iuxta domum«. Vgl. auch Angelus, D XXIX 1 De testam. milit. 36 n. 1.

61) Averrara 1313 r. 33 (S. 34), Biella r. 7, Bassano 1392 S. 96 R. Als Angriff auf ein Haus gilt es manchmal schon, wenn der Hausbewohner bis zum Hause verfolgt oder darin belagert wird. So Bassano 1392 S. 96 R.: Die Bestimmungen über insultus ad domum sind anwendbar auf den, »qui aliquem intra domum sue habitationis fugaverit vel fugando insecutus fuerit usque ad

wie in den Ägidianischen Konstitutionen von 1357 IV 31 (S. 180). Bestraft wird auch manchmal das bloße Herangehen an fremde Häuser in der Absicht, einen Angriff zu beginnen [62]).

Der deutschrechtliche Gedanke der Heimsuche [63]) und römischrechtliche Anschauungen über das crimen vis mit zusammengerotteter Mannschaft klingen in einzelnen Statuten an, die den Angriff auf das Haus als Bandenverbrechen behandeln. So das Statut von Rom von 1363 II 22 (S. 99 f.), das Führer und Folger unterscheidet und die Strafe von der Größe der Bande abhängig macht. Wenn nämlich jemand nachts mit zwölf oder noch mehr Bewaffneten ein Haus angreift, so wird der Haupttäter (»principalis«) enthauptet und mit Konfiskation des Vermögens bestraft, von dem die Hälfte dem Verletzten zufällt. Dagegen hat der Gehilfe (socius) nur 200 l zu zahlen, von denen gleichfalls der Verletzte die Hälfte bekommt. Nehmen zwischen sechs und elf Personen am nächtlichen Angriff teil, so betragen die Strafen 500 und 100 l, aber nur 150 und 50 l, wenn zwei bis sechs Täter dabei sind. Schon vorher bedrohte das Gesetz von Tivoli von 1305 III 179 (S. 213) den Angriff auf ein Haus »cum multitudine hominum armatorum«.

* * *

Diese Darlegungen ergeben: Die im engeren Sinne gemeinrechtliche (Iniuria-) Theorie der Körperverletzung berührt sich nicht mit der Praxis, wirkt nicht darauf ein und wird ihrerseits nicht umgestaltet. Wo sich aber die Theoretiker unabhängig vom gemeinen Recht mit Statutarrecht beschäftigen, suchen sie die Äußerlichkeit und Naivität der in den Gesetzen hervortretenden Merkmale zu mildern und aufzulockern und haben damit hier und dort Erfolg. Übereinstimmende Grundsätze in Gesetzgebung und Rechtslehre werden auch über rixa und insultus entwickelt.

---

ipsam domum stando vel admenando fugato ante ipsam domum aut qui aggressuram fecerit vel insultum ad domum habitationis sue, eo existente in domo (!)«. Manchmal legten die Statuten um das Haus eine Bannmeile, innerhalb deren die Bewohner erhöhten Frieden genossen. So in Ascoli (1377 III 27 S. 100), wo höher bestraft wurde, wer jemand in einer Entfernung von 5 Fuß von seinem Hause verletzte.

[62]) Albiano r. 65, Ivrea Sp. 1249.

[63]) His, G. D. StrR. 177 ff.

Die Ehrverletzung.

I. Ehrbegriff und Ehrgefühl.

Die Gegensätzlichkeit des römischen und deutschen Ehrbegriffs und entsprechend der Anschauungen über die Beleidigung ist bekannt [1]). Der römische Bürger sah im Angriff auf seine staatsbürgerliche Rechtsstellung eine Verletzung des existimatio, das heißt seiner auf persönlicher Unbescholtenheit und staatlicher Anerkennung beruhenden Würde, des »status illaesae dignitatis, legibus ac moribus comprobatus« [2]). Der Einzelne also empfing seine Würde vom Staat und durch das Recht, und wenn sie verletzt war, so konnten Staat und Recht sie wiederherstellen. Das bedeutete einmal, daß auch Verletzungen dinglicher Rechtsgüter in weitestem Umfange die persönliche Würde des Bürgers beeinträchtigten. Umgekehrt war man dort unempfindlicher, wo der Angriff nicht greifbare rechtliche Befugnisse traf, sondern nur das Selbstbewußtsein verletzte. Die Persönlichkeit als solche war nichts, der Bürger als Träger rechtlicher Befugnisse alles. Die dingliche Befugnis und die staatsbürgerliche Würde verschmolzen und erhöhten sich gegenseitig: keine Ehre ohne Recht, kein Recht ohne Ehre.

Ganz anders war die deutsche Anschauung. War bei den Römern die Ehre des Bürgers seine Stellung im Staate und in der Rechtsordnung, so bei den Deutschen die sittliche Würde der Persönlichkeit und die Anerkennung der Genossen. Die Ehre also ist nicht verdinglicht, sondern im Selbstgefühl konzentriert, nicht an Befugnisse geknüpft, sondern selbständiges ideelles Rechtsgut. Wie Staat und Rechtsordnung somit die Ehre nicht verleihen, so stellen sie die verletzte Würde auch nicht wieder her. Genugtuung gibt nicht die Strafe, sondern nur Abbitte, Widerruf und Ehrenerklärung des Beleidigers oder die Rache des Beschimpften.

Bei aller Verschiedenheit führen beide Auffassungen in wesentlichen Punkten auf gleiche Ergebnisse. Beide lassen dem staatlichen Eingriff gegen eine Verletzung der ideellen Ehre wenig Raum. Nach römischer Anschauung, weil die Würde dort ihre Grenze findet, nach deutscher, weil der Staat nicht ihr Hüter ist [3]). Handgreifliche Übergriffe aber werden in beiden Rechten als Ehrverletzung bestraft,

---

[1]) Hälschner, System II 198 ff., G. S. 16 S. 326 f., Köstlin, Abhandlungen 7 ff. Binding, Lehrbuch I 132 ff.

[2]) Das Wort »dignitas« ist unübersetzbar und wird mit »Würde« nur unzulänglich wiedergegeben.

[3]) Über das unergiebige langobardische Recht vgl. Osenbrüggen, Lgb. 76 f.

nach römischer Ansicht sind sie, nach deutscher bewirken sie die Ehrverletzung, nämlich die Mißachtung der Genossen.

Die Verschiedenheit der Ehrbegriffe bei Römern und Deutschen entsprang einer Verschiedenheit des politischen Denkens. Bei den Römern ist der Staat, bei den Deutschen sind Persönlichkeit und Genossenschaft Ursprung der Würde. Dort staatliches, hier anarchiches Denken. Danach ist leicht zu erraten, welche Vorstellungen das mittelalterlich-italienische Denken beherrschten. Der Staatsgedanke, in der Feudalzeit verdorrt, ist damals erst wieder im Werden. Im politischen Durcheinander und im ständigen Wechsel der Gewalten konnte die Staatsautorität, bei der allgemeinen Unsicherheit der Rechtsgedanke nicht wachsen. So tritt denn der Staat noch vielfach zurück hinter die persönliche Gemeinschaft der Rechtsgenossen.

Mit deutschrechtlichen Überlieferungen aber verband sich der Einfluß der Kirche und des religiösen Empfindens. Das scheint zunächst befremdlich. Denn während das deutsche Recht vom absoluten Wert des Einzelnen ausging, setzte das Christentum diese Würde herab, forderte Demut und Verzicht, kurz setzte der heroisch-kriegerischen Haltung eine Anschauung entgegen, die von der Nichtigkeit menschlicher Werte ausging und das Minderwertigkeitsgefühl voraussetzte. Es scheint aber keine Gemeinschaft zu geben zwischen Helden und Heiligen, zwischen germanischen Ehrbegriffen und christlicher Entsagung. Und doch kamen beide Auffassungen überein in der Beurteilung des Rechtsbrechers. Nach der überlieferten Anschauung war er zu demütigen, damit die ideelle Ehre des Verletzten, die Achtung der Genossen wiederhergestellt werde, nach christlicher Vorstellung, die man sich ohnehin als dem Zeitgeist angepaßt denken muß, damit sein Hochmut gebrochen und Raum werde für Reue und Buße. So wird es begreiflich, daß deutschrechtliche Vorstellungen ins Kirchenrecht übergehen. Der Gedanke der Ehrenerklärung kehrt wieder in der kirchenrechtlichen satisfactio. Durch Versöhnung mit dem Gegner, Bekenntnis der Schuld, Widerruf und Bitte um Verzeihung wird der verletzte Ruf wiederhergestellt [4]).

Endlich zogen die überlieferten Vorstellungen neue Nahrung aus dem gesteigerten Lebensgefühl der Zeit, das allmähliche Erwachen des Individuums offenbart sich im wachsenden Selbstgefühl. Die zeitgeschichtlichen Zeugnisse, auch die Rechtsquellen, sind erfüllt von Anzeichen einer maßlosen Empfindlichkeit des persönlichen Ehrgefühls und der Stärke des Rachegedankens. Schutz des Selbstgefühls, Schutz der Anerkennung unter den Genossen ist auch Ziel der Gesetzgebung.

4) Vgl. z. B. Raym. de Pennaf. II 5 De raptoribus etc. § 16 (S. 198).

Das alles macht es verständlich, daß der römische Ehrbegriff und das Wesen der iniuria unverstanden, die Strenge der staatsbürgerlichen Gesinnung ohne Eindruck blieb. Um so lebendiger entfalteten sich deutschrechtliche Gedanken.

II. Iniuria im weiteren Sinne.

Dieser Abfall von den römischen Anschauungen brachte die Theorie in Schwierigkeiten [5]). Denn wie überall im besonderen Teil so sucht sie sich auch hier an die Quellen zu halten. Aber so wenig die Lehre auch im einzelnen von den römischen Regeln preisgab, so mußte sie doch dem modernen Empfinden durch eine Verlagerung des Schwerpunktes Zugeständnisse machen. Während nämlich die römische iniuria (im engeren Sinne) jede Personenverletzung umfaßte, sei es als Körperverletzung, als Beeinträchtigung eines andern in seiner Rechtsstellung oder als Ehrenkränkung, richtet sich das Denken der Italiener fast ausschließlich auf die Ehrverletzung und vernachlässigt die übrigen Formen der iniuria. Also der schon mehrfach beobachtete Vorgang: Überlebtes Recht wird nicht aufgegeben, aber vergessen. Die Körperverletzung blieb iniuria, aber das Statutarrecht nahm ihr die praktische Bedeutung und das wissenschaftliche Interesse. Die gleiche Erscheinung wird noch anderswo begegnen. Nur die Ehrenkränkung wird eingehend behandelt und dem Statutarrecht ein selbständiges Recht gemeinrechtlicher Ehrverletzung gegenübergestellt. Allgemeine Erörterungen über die iniuria aber treten zurück.

Freilich ganz fehlt es auch daran nicht, und auch über die allgemeinen Begriffe ist ein Wort zu sagen. Wie die gemeinrechtlichen Quellen so unterschieden die Italiener zwischen iniuria im allgemeinsten Sinne als Unrecht schlechthin und besonderen Bedeutungen des Wortes. Wiederholt wird vor allem die Terminologie der Stelle I IV 4 De iniur. pr. Dort bemerkt etwa Baldus: »iniuria generaliter sumpta omne dicitur, quod non iure fit, specialiter vero sumitur quandoque pro culpa, quandoque pro contumelia, quandoque pro iniquitate vel iniustitia« [6]).

Aber die Aufmerksamkeit richtet sich natürlich in erster Linie auf den engeren Begriff der iniuria. Er wird richtig erfaßt, d. h. auch die Ehrverletzung wird neben Körperverletzung, Hausfriedensbruch und anderem nur als Unterart der iniuria behandelt und diese in ihren verschiedenen Begehungsarten nach dem gemeinrechtlichen

---

5) Hälschner, System II 224, 247 f., 258, Brunnenmeister, Quellen 255.

6) Ebenso Cinus, C IX 35 De iniuriis 5 n. 3.

Schema facto, verbis, litteris erörtert [7]). Nur deutlicher herausgearbeitet wird als leitender Gesichtspunkt für alle Einzelformen die Ehrenkränkung [8]).

Ein ähnliches Bild ergibt die Betrachtung des Statutarrechts. Das Hauptwort »iniuria« bezeichnet in den Gesetzen nicht die Beleidigung im Sinne der Ehrenkränkung durch Worte allein, sondern ganz verschiedenartige Beeinträchtigungen der Persönlichkeit [9]). Einige Beispiele machen das deutlich:

Das Statut von Pisa von 1286 III 52 (S. 437) bedroht mit Strafe nach Ermessen »conspirationem, rexam vel compagniam aut violentiam vel iniuriam, si quis ... fecerit ... in personis vel rebus alicui pisano civi«. Das Gesetz von Tivoli von 1305 III 179 (S. 213) bedroht denjenigen mit Geldstrafe, der ein fremdes Haus betritt oder dort anrichtet »iniuriam in rebus«. Das gleiche Gesetz III 163 (S. 208) bedroht gewisse Fälle der Körperverletzung und Realinjurie und schließlich denjenigen, der »alias iniurias ei fecerit in persona vel in rebus, de quo certum statutum non loquitur«. In Frignano (1337/38 VI 20 S. 219) werden Ehebruch und Gewaltverbrechen an Frauen bestraft, außer wenn die »committentes iniuriam et offensionem« innerhalb bestimmter Frist einen Vergleich erzielen. In Perugia (1342 III 70 S. 97) trifft doppelte Strafe den, der »eniurie« zu Pferde begeht. Ähnlich a. a. O. r. 69 (S. 96) und 226 (S. 241). In Bassano (1392 S. 88 R. f.) endlich ist die Rede von der falschen Anklage dessen, der seine oder seiner Verwandten »iniuriam« verfolgt.

Sogar das gemeinrechtliche Schema der Theoretiker findet Eingang, z. B. in Mailand r. 147: »Quicunque alicui persone iniuriam fecerit dicto, facto vel scripto, puniatur arbitrio iusdicentis«. Ebenso drückte sich das Statut von Lecco r. 329 (S. 157) aus.

Dagegen haben die adverbialen Ausdrücke »iniuriose«, »eniuriosamente« u. dergl. einen engeren Sinn. Sie bezeichnen nicht jedes Handeln, das einen andern an Person oder Vermögen verletzt, sondern nur ein solches Verhalten, das ihn unmittelbar an der Ehre trifft. Diese Worte sind gebräuchlich bei leichten Körperverletzungen, bei Angriff und Streit, vor allem aber bei Realinjurien. Dieser Bezeichnungsweise liegt also die Vorstellung zugrunde, daß Vergehen dieser Art eine in sich geschlossene Gruppe darstellen und durch eine besondere Richtung auf die verletzte Persönlichkeit zusammengehalten werden. Es sind sämtlich Fälle der Ehrverletzung durch Handgreiflichkeit.

---

7) So u. a. Bonif. de Vitalinis, De iniuriis n. 1 ff.; Alb. de Rosc., D XLVII 10 De iniur. et fam. lib. 1 n. 1, C IX 35 De iniur. 5 n. 3; Baldus, D IX 3 De his qui eff. etc. 1, 9 Additio pr. u. n. 1; Hostiensis, S. A. V 36 n. 3.

8) Hostiensis, a. a. O. n. 6: »quicunque causa minuendae opinionis alicujus aliquid fecerit vel dixerit, injuriarum tenetur«; Jac. de Belvisio I 3 n. 33.

9) Auch im langobardischen Recht war iniuria wie im römischen Recht einmal die Rechtsverletzung schlechthin oder im besonderen Sinne die Ehrverletzung durch Wort oder Tat. Vgl. Blandini, Arch. giur. 51 (1893) S. 585 f.

Auch dafür einige Beispiele:

Tivoli 1305 III 163 (S. 208: Körperverl.), Cave 1307 r. 70 (S. 43: Strafe für den, der ein Messer zieht usw. »in alterius iniuriam«), Siena 1309/10 V 238 (S. 333: Realinjurie), 240 (amenare), 241 (Heben der Waffe), Perugia 1342 III 158 (S. 183 f.: qualif. Körperverl.), Ägid. Konst. 1357 IV 29 (S. 178 f.: Realinjurie), Forli 1359 III 6 (S. 193: Realinjurie), Rom 1363 II 52 (S. 111: Realinjurie), Cremona 1387 r. 88, 89 (Realinjurie), Albiano r. 59 (Realinjurie), Ivrea Sp. 1199 f. (Handanlegen), Gambassi II 3 (S. 42: Realinjurie). Vgl. auch Perugia 1342 III 212 (S. 229): Strafe für den, der »darà danno ad alcuno eniuriosamente«.

Endlich kommt das Adjektiv unzählige Male in der Zusammenstellung der »verba iniuriosa« vor und bezeichnet die unmittelbarste Form der Ehrverletzung.

Diesen Sprachformen ist das Begriffliche zu entnehmen. Auch in der Praxis lebt die römische iniuria (im engeren Sinne) noch als Personenverletzung fort, daneben aber erscheint die Ehrverletzung als besonderer, in sich geschlossener Tatbestand.

III. Beleidigung durch Worte.

1. Gesetzgebung.

Die meisten Statuten [10]) bedrohen das Aussprechen von »verba iniuriosa«, »parole ingiuriose«, auch »verba contumeliosa«, »verba inhonesta« mit Strafe.

So Chieri 1313 Sp. 796, 855, Romano 1315 r. 15, S. Benigno 1318 r. 29, Vercelli S. 108 f., 116 R., Moncalieri 1378 Sp. 1400, Balangero 1391 r. 56;

Mantua 1303 I 40 (S. 89), Arona 1319 r. 127 (S. 118 f.), Porlezza 1338 r. 63 (S. 335), Valsolda 1388 r. 2 (S. 260), Valsassina 1388 r. 30 (S. 275), Vergante 1389 r. 72 (S. 228), Dervio 1389 r. 32 (S. 105), Intra 1393 IV 22 (S. 361), Biandrate 1395 r. 32, 105;

Frignano 1337—38 VI 4, 5 (S. 211);

Bassano 1392 S. 103;

Pistoia 1296 III 45 (S. 117), Lucca 1308 III 14 (S. 145), Florenz, Stat. Pod. 1325 III 90 (S. 245: Strafe für den, der sagt »rusticitatem, contumeliam vel verba iniuriosa«);

Perugia 1342 III 184 (S. 210);

Forli 1359 III 6 (S. 194), Bologna 1454 S. 26;

Rom 1363 II 45 (S. 108), Olevano 1364 r. 64.

Wiederholt ist auch von »villania« die Rede, das nach heutigem Sprachgebrauch mehr die Grobheit bedeutet, in den mittelalterlichen Quellen aber als Synonymon von »iniuria« oder gar als der weitere Begriff erscheint. Das Gesetz von Sambuca von 1291 r. 45 (S. 29) z. B. droht Geldstrafe von 10 s demjenigen an, der jemand der Lüge bezichtigt, eine Buße von 20 s aber, »si diceret unus alteri verbis iniuriosis vel aliam vilaniam«. In Pistoia (1296 III 46 S. 118)

[10]) Kohler 380 ff., Pertile V 620 ff.

hat 40 s zu zahlen ein Mann, der sagt »villaniam gravem iniuriam continentem«, die Frau aber die Hälfte davon.

Wie die deutschen Volksrechte [11]) so enthalten viele Statuten Schimpfwortkataloge, d. h. sie erläutern den Begriff der verba iniuriosa durch Beispiele oder zählen gar die strafbaren Beschimpfungen erschöpfend auf. Immer wieder kehren die Bezeichnungen eines Mannes als Dieb, Räuber, Verräter, Fälscher, Zuhälter, Bandit und der Vorwurf des Meineids oder der Lüge, gegenüber der Frau die Benennung Hure oder Dirne. So z. B. in Dervio 1389 r. 32 (S. 105): »tu es periurus, latro, robator, stacator, proditor, falsarius, mendax, vel falsus vel tu non dicis verum vel ad tuum despectum vel mentiris vel dicendo, si dictum prout dicis, ego mentirer vel imprecando (anwünschen) alicui aliquam mortem vel iniuriam alicuius sui pertinentis vel aliqua alia verba iniuriosa«. Ähnlich Intra 1393 IV 22 (S. 361): »tu es fur, latro, traditor, cogutia (Ehebrecherin? Vgl. Ducange unter Cugus, Cucucia), falsus, leno vel assassinus«.

Auch kommt es häufiger vor, daß — wiederum nach germanischem Vorbild [12]) — zwischen den Schimpfworten unterschieden und besonders kränkende Beleidigungen härter bestraft werden. Dabei wird an verschiedenen Orten verschiedenes hervorgehoben. So bringen z. B. die Ägidianischen Konstitutionen von 1357 IV 32 (S. 180 f.) die üblichen Beispiele und drohen Geldstrafe von 8 fl an. Dagegen hat der Täter nur 6 fl zu zahlen, »si ... exmentiverit alium iniuriose«, 3 fl, »si ... alia verba leviora iniuriose dixerit«. Das Gesetz von Riparolo von 1358 r. 19 verdoppelt die Strafe der Beleidigung für den Vorwurf der Lüge. In Chianti (1384 III 6 S. 169) ist Geldstrafe von 40 s verwirkt, wenn jemand einem andern sagt »tu menti per la gola« oder jemand als Schmutzfink [13]), Fälscher, Räuber, Verräter oder Straßenräuber bezeichnet. Dagegen sind für andere Beleidigungen nur 20 s zu zahlen. Das Statut von Cremona von 1387 r. 84 hebt heraus die Worte »falsus vel proditor ... vel aequipollentia verba«.

An diesen, bald exemplifizierend, bald hervorhebend genannten Scheltworten fällt auf, daß sie keine rein formalen Beschimpfungen darstellen. Es wird der Vorhalt entehrender Handlungen oder ehrloser Berufe bestraft, es sind nur Vorwürfe genannt, die irgendwie Hand und Fuß haben und dem Wahrheitsbeweis zugänglich sind. Trotzdem wäre der Schluß verfehlt, daß reine Werturteile, Vergleiche mit Tieren und dergleichen keine Beleidigungsstrafe nach sich zogen.

---

11) Wilda, StR. d. Germ. 789.

12) His, G. D. StrR. 133.

13) ? »sozo«: heute »sozzo«, »sozzura« u. dergl.

Gelegentlich finden sich Beispiele auch dafür [14]), und nach dem Sinn der allgemeinen Ausdrücke »verba iniuriosa« u. dergl. ist kein Zweifel, daß auch förmliche Beleidigungen unter das Gesetz fielen. Wenn reine Schimpfworte in den Statuten selten erwähnt werden, so deshalb, weil ihr Beleidigungscharakter auf der Hand lag. Man kommt also nunmehr zusammenfassend auf folgende Bestimmung: Verba iniuriosa im Sinne der Statuten sind Werturteile oder Behauptungen, die den Ruf oder die Ehre eines andern beeinträchtigen.

Die wörtlichen Beleidigungen, wie sie in den Statuten hervorgehoben werden, beziehen sich auf Gegenwärtiges oder Vergangenes. Der böse Wunsch für die Zukunft dagegen wird oft in besonderen Regeln behandelt. Es bestand nämlich ein praktisches Bedürfnis nach strafrechtlichem Schutz gegen Zauberei. Wie schon bei anderer Gelegenheit hervorgehoben wurde, lebten noch magische Vorstellungen im Denken des Volkes wie der Gebildeten fort. Man glaubte an die Möglichkeit, jemand durch Inanspruchnahme übernatürlicher Mächte, durch Verwünschungen und Flüche wirksam zu schädigen, und auch dem Gebet wurde diese Kraft zugeschrieben. Dagegen suchte man sich durch Strafen zu schützen. In den Gesetzen darüber begegnet häufig der Ausdruck »blasfemare«, der in seiner Anwendung auf Menschen — anders bei der Gotteslästerung — den bösen Wunsch für die Zukunft zum Ausdruck bringt. In der Bestrafung ist die Verwünschung bald der Gotteslästerung, bald der Beleidigung gleichgestellt, in der Regel aber mit besonderer Strafe bedroht.

Häufig sind vor allem Bestimmungen, die dem bäuerlichen Aberglauben entspringen, Vorschriften gegen das Anwünschen des Hundewurms [15]), das Verzaubern von Menschen und Tieren und dergleichen mehr.

In Mantua (1303 I 23 S. 77) z. B. steht Geldstrafe von 20 s auf »blasfemare aliquam personam hoc turpi verbo qui dicitur vermis caninus.« Das Gesetz von Modena von 1327 IV 41 (S. 407) droht demjenigen Strafe an, der sagt: »Deus ponat te in malum annum nec nascatur tibi vermus canis«. Ähnlich Parma 1347 S. 237: »nemo masculus vel femina presumat blasfemare vel pregare alicui malum quod nascitur equis videlicet vermum canem.« Ähnlich Cremona 1387 r. 83, Valsassina 1388 r. 29 (S. 275), Dervio 1389 r. 31 (S. 105), Lodi 1390 S. 117 R. Vgl. auch Bassano 1392 S. 103 R.: »aliquis non det vel dicat alicui: nascatur tibi bandezatum vel prohibitum vel quod non sum ausus dicere ....; turpem autem blasfemiam intelligimus vermocanus (Hundewurm), fistula (Fisteln), gladula, palesis, carbo (Pferdewurm [16]) ..., a quibus nos liberet Deus hoc idem, et si quis daret alicui malum maius.«

---

[14]) So z. B. in Pranzo 1356 r. 14: »se somero,« heute »somaro« d. h. Esel.

[15]) Kohler 602 f.

[16]) Vgl. Ducange unter »Carbo« 1. Bei »gladula« und »palesis« wird es sich um ähnliches gehandelt haben.

Andere Arten der Verwünschung behandelt das Gesetz von Valsolda von 1388 r. 106 (S. 288): 3 l hat die Frau zu zahlen, die jemand verwünscht (»biastemasse o maledicesse«) und Gott auf den Knien um jemandes Tod bittet (»con le ginocchia a terra pregando Iddio per la morte di quella persona«). Dann heißt es: »Et che non possa augurare la morte biastemando al marito di un' altra donna« (Sie darf auch nicht den Tod des Mannes einer anderen Frau herbeiwünschen). Dafür sind weitere 3 l zu zahlen.

2. Lehre.

Mit diesen und ähnlichen Begriffen beschäftigt sich auch die Theorie des gemeinen Rechts und des forum internum. Dabei gelangt die Wissenschaft über die Praxis hinaus.

Als weitester, die Grenzen des Rechts überschreitender ethischer Tatbestand erscheint in der Beichtliteratur [17]) der ja auch in gemeinrechtlichen Quellen verwandte Begriff der contumelia. Sie wird dem convicium gegenübergestellt und das Verhältnis beider Begriffe als das zweier sich schneidender Kreise gekennzeichnet. Contumelia ist die Herabsetzung eines andern durch Wort oder Tat, während das convicium nur die wörtliche Beleidigung bezeichnet. Dagegen ist convicium wieder insofern weiter, als es jede herabsetzende Äußerung umfaßt, während contumelia nur die Behauptung entehrender, verächtlicher, d. h. verschuldeter Mängel bedeutet. So lehrte Bartholomaeus Pisanus s. v. »Contumelia« n. 1 (S. 32 R.): »Contumelia importat dehonorationem alicuius per verba sive per facta, aut, quitquid iniuriose vim significandi habet, differt autem a convitio in hoc, quod per verba contumeliosa representantur proprie defectus culpe. Sed per convitium representatur generaliter quicunque defectus sive culpe sive pene.« Convicium also liegt vor, wenn jemand einem andern vorhält, daß er blind sei, convicium und contumelia, wenn er jemand als Dieb bezeichnet. Doch vermengte der Sprachgebrauch beides [18]).

Mit dieser Gegenüberstellung ist zugleich eine Erkenntnis für das Statutarrecht gewonnen. Denn die Legisten behandelten die verba iniuriosa der Statuten als gleichbedeutend mit dem gemeinrechtlichen convicium. Es sollte auch für sie die Bestimmung der Quellenstelle D 47, 10, 15, 2 gelten. Man verstand darunter also herabsetzende, gegen die guten Sitten verstoßende Äußerungen über einen andern [19]). So meint z. B. Bartolus, Cons. I 107: »videndum

---

[17]) Über das kanonische Recht vgl. Hinschius, KR. V 204.

[18]) »sepe tamen unum pro alio ponitur« (Joh. v. Fr. III 34 q. 238). Die übliche Unterscheidung bei Ast. II 44 (S. 77). Der Ursprung dieser Unterscheidungen ist vielleicht bei Thomas v. A. zu suchen. Vgl. S. th. 2, 2 q. 72 a. 1.

[19]) Angelus, C IX 35 De iniuriis 5 n. 2: »est ... convitium omnis

est, quae dicantur verba iniuriosa; super hoc dicitur, quod ea quae proferuntur in alium contra bonos mores civitatis.«

In diesem allgemeinen Sinne sollten nach den Rechtslehrern die verba iniuriosa auch auf die Zukunft bezogene Worte, das blasfemare umfassen [20]). Über diesen Tatbestand war kein Zweifel. Wo es nicht die Gotteslästerung bezeichnete, bedeutete blasfemare wie in der Praxis ein auf die Zukunft bezogenes, böses Wünschen. Damit wurde es begrifflich dem maledicere gegenübergestellt, das sich auf Gegenwärtiges oder Vergangenes bezog. Doch gab man die Unterscheidung auch theoretisch für die Gotteslästerung preis. So lehrte Bartolus, D XLVII 10 De iniuriis et fam. lib. 15, 2 n. 4 f.: »Quaero, utrum inter blasphemare et maledicere sit aliqua differentia? Respondeo prout ista verba referuntur ad Deum vel ad Sanctos Dei, omne maledictum de his est blasphemia .... Sed prout ista verba referuntur ad homines in usu communi, maledicere est dicere aliquid mali de praeterito vel praesenti, blasphemare est optare aliquid malum in futuro et iste est communis usus loquendi« [21]). Das maledicere war jedoch kein fester Begriff. Denn anderswo wird es wieder als gleichbedeutend mit contumelia und als Oberbegriff über blasphemare gebraucht [22]) —, so bei Baldus, C IX 7 Si quis imperatori c. un. —, während nach Astensis II 18 (S. 78 R.) maledicere eigentlich das böse Anwünschen bedeutet, aber nach dem Sprachgebrauch einen allgemeineren Sinn hat [23]).

Überhaupt scheint der Sprachgebrauch die Grenze zwischen all diesen Begriffen verwischt zu haben. Convitium und contumelia, maledicere und blasphemare [24]) verfließen ineinander.

Die Erörterungen der Rechtslehre also bestätigen die Vorstellung, die schon die Gesetze vermitteln. Nur tritt klarer hervor, daß jede herabsetzende Äußerung unter den Begriff der verba iniuriosa und in den Umkreis der actio iniuriarum fällt, also nicht nur die Behauptung

---

vociferatio bonis moribus reprobata.« Vgl. auch Bonif. de Vitalinis, De iniuriis n. 9.

[20]) Bartolus, D XLVII 10 De iniuriis et fam. lib. 15, 2 n. 5.

[21]) Ebenso Angelus, C IX 35 De iniuriis 15, 34 n. 3.

[22]) In einem ganz allgemeinen Sinne verstand Angelus, D XLVII 20 Stellion. 3 n. 2 dies Wort: »maledicere ... est nomen generis generalissimum, unde non potest dici esse speciem criminis nominati.«

[23]) Ebenso Joh. v. Fr. III 34 q. 245; Barth. Pis. s. v. »Maledictio« n. 2; Alb. de Rosc. s. v. »Maledicere«. So vorher schon Thomas v. A., S. th. 2, 2 q. 76 a. 1, 4.

[24]) Bartolus, Cons. II 32 n. 2: »idem est maledicere et blasphemare.« Daß beides in Toskana zusammenfiel, berichtet auch Alb. de Rosc. s. v. »Maledicere«. Vgl. auch Hostiensis, S. A. V 26 n. 1.

ehrlosen Verhaltens, sondern beispielsweise auch der Vorhalt angeborener, aber herabsetzender Mängel. Aber wie die Praxis unterscheidet die Theorie nicht deutlich zwischen förmlichen und sonstigen Beleidigungen, zwischen Werturteilen und reinen Behauptungen.

Immerhin streift sie das Problem. So sollen die allgemeinen Redensarten »tu es latro«, »tu es falsarius« genügen, die genaue Bezeichnung einer bestimmten Tat also nicht nötig sein [25]). So lehrte Jacobus de Belvisio I 8 n. 2 und knüpfte daran die allgemeine Regel, daß objektiv herabsetzende Äußerungen unter allen Umständen Beleidigungen seien. Iniuria sei jedes Wort, »quod ex sui natura opinionem hominis gravare possit et maculare et malam significationem importat«. Dieses Merkmal aber weisen in erster Linie reine Beschimpfungen auf.

Andererseits sollten nicht nur objektiv herabsetzende Äußerungen den Tatbestand der Beleidigung erfüllen. Vielmehr konnten den Umständen nach auch äußerlich freundliche oder unverfängliche Worte oder schlüssige Handlungen Beleidigungen sein, jedenfalls die actio iniuriarum nach sich ziehen, vor allem die ironische Beleidigung, aber auch Gesten, oder anderes dieser Art [26]).

3. Verleumdung.

Deutlicher als Werturteil und Behauptung wird die Beleidigung in Gegenwart des Verletzten von der Verleumdung gegenüber Dritten unterschieden, also der Angriff auf die soziale Ehre, den Ruf vom Angriff auf die sittliche Ehre und das Selbstgefühl [27]). Die Verletzung der sozialen Ehre ist die diffamatio, die Herabsetzung eines andern vor dritten Personen. Sie kann vor Gericht oder anderswo, in aller Öffentlichkeit oder vor einzelnen Personen begangen werden [28]).

Daran denken die Legisten bei dem Hinweis, daß man auch den Abwesenden beleidigen könne [29]). Dieser Satz, schon ausgesprochen

---

[25]) So auch Bartolus, D XLVII 10 De iniuriis et fam. lib. 1, 4 n. 3.

[26]) So Jac. de Belvisio I 3 n. 31 ff.: »Quia non est curandum de nomine, cum alias de substantia vel effectu rei apparet«; Cinus, C IX 35 De iniuriis 5 n. 10 (»tu es bonus clericus vel bonus advocatus«).

[27]) Als Formen der fama unterscheidet Baldus s. v. »Diffamare« n. 2 die »vox publica de aliquo« und den »status suae conscientiae«.

[28]) So Baldus, C VII 14 De ingen. manum. 5 n. 1 im Hinblick auf ein Statut in Perugia.

[29]) Bonif. de Vitalinis, De iniuriis n. 9: »potest etiam fieri iniuria absenti, ut si quis ad domum tuam vel ad apothecam vel ad tabernam venit te absente et mala verba dixit et turpia de te ut dictum est ad infamiam tuam.« Ebenso Salicetus, C IX 7 Si quis imperatori c. un n. 2 unter Hinweis auf die Statuten.

in D 47, 10, 15, 7, wird an Einzelfällen erläutert. So bringt Angelus im Anschluß an D 47, 10, 15, 31 ff. einige Fälle der Kreditgefährdung. Die actio iniuriarum soll etwa dann gegeben sein, wenn jemand die Sache eines andern als Pfand verkauft, obwohl sie gar nicht verpfändet ist, oder wenn jemand das wirkliche Pfand eines zahlungsfähigen Kaufmanns öffentlich versteigert unter Benennung des Pfandgebers und mit dem Hinweis darauf, daß der Schuldner das Pfand nicht einlösen könne, so daß ein Schaden für den Kredit entsteht.

Wie die Legisten verstand auch Astensis V 29 (S. 36) die diffamatio. Sie wird begangen durch den Vorwurf eines falschen, die Bekanntgabe eines wahren Verbrechens und dessen Ableugnung auf öffentlichen Vorwurf hin. Denn im Abstreiten des Behaupteten lag mittelbar der Vorwurf der Verleumdung.

Überhaupt kommt dies alles in voller begrifflicher Schärfe in der Beichtliteratur und bei Thomas von Aquino zum Ausdruck. Die Verleumdung des Abwesenden durch Behauptung herabsetzender Tatsachen wird als »detractio« zusammengefaßt. Diese Sünde wird begangen, wenn jemand einem andern fälschlich etwas Böses zuschreibt, ein Unrecht übertreibt, verborgene Fehler ans Licht bringt, den andern durch Schmählieder oder Schmähschriften herabsetzt oder gutem Tun eine böse Absicht unterschiebt, mittelbar durch Absprechen des Werts (»negando bonum alterius«) oder böswilliges Verbreiten von (wohl von anderen aufgebrachten) Tatsachen (»maliciose recitando«) [30]. Als heimliche Anschwärzung steht die detractio der offenen Beschimpfung (contumelia) gegenüber. Sie ist heimliche Verleumdung hinter dem Rücken des Beleidigten, contumelia der offene Schimpf ins Gesicht. Die detractio richtet sich gegen die soziale Ehre, das Ansehen des Verletzten bei anderen, seinen guten Ruf (fama), die contumelia gegen Selbstgefühl und sittliche Ehre (honor). »Detractio differt a contumelia, quia contumeliosus loquitur contra aliquem manifeste, detractor occulte. Et quantum ad finem intentum, sive nocumentum illatum, quia ille derogat honori, detractor fame« (Astensis II 15 S. 77 R.) [31]. Das Verhältnis beider Begriffe wird dem von rapina und furtum verglichen und dementsprechend die contumelia für das schwerere Verbrechen erklärt [32].

---

[30]) Raym. de Pennaf. II 5 De raptoribus etc. § 16 (S. 198); Joh. v. Fr. II 5 q. 197, 198; Barth. Pis. s. v. »Detractio« n. 2.

[31]) Ebenso Joh. v. Fr. II 5 q. 197; Barth. Pis. s. v. »Detractio« n. 2; Alb. de Rosc. s. v. »Detractio«. Dies alles schon bei Thomas v. A., S. th. 2, 2 q. 73 a. 1.

[32]) So Ast. II 15 (S. 78) im Anschluß an Thomas v. A., a. a. O. und S. th. 2, 2 q. 73 a. 3.

Die meisten Statuten heben die Rufgefährdung, vom Sonderfall der Prozeßverleumdung abgesehen, nicht besonders hervor. In den Beispielen wird die Anredeform (tu es latro usw.) bevorzugt, die üble Nachrede gegenüber Dritten also nicht bedacht. Eine Ausnahme macht hier das auch sonst juristisch wertvolle Statut von Bassano von 1392 S. 103 R. f. r. De se iactantibus et diffamantibus aliquam personam de aliquo facto. Dort wird zunächst nach deutschrechtlichem Vorbild die Frau gegen beschimpfende Nachrede, vor allem in ihrer geschlechtlichen Ehre geschützt, darüber hinaus aber allgemein die Diffamierung erfaßt. Geldstrafe von 100 bis 200 l hat zu zahlen, wer eine anständige Frau in schlechten Ruf bringt (»diffamaverit seu diffamari fecerit«) durch die Behauptung, sie habe ihm die Ehe versprochen, oder er habe geschlechtlich mit ihr verkehrt und das nicht beweist. Innerhalb dieses Rahmens soll höher bestraft werden, wer eine verheiratete, als wer eine unverheiratete Frau so beschimpft. Die Hälfte der Strafe fällt an die Frau, oder wenn sie verheiratet ist, an den Mann. Dagegen sind nur 50 bis 100 l zu zahlen, wenn jemand so etwas nicht von sich, sondern von einem Dritten behauptet. Darüber hinaus aber hat allgemein Geldstrafe von 10 bis 100 l verwirkt, wer jemand irgendeines Vergehens (»de aliquo facto vel comisso«) bezichtigt, aber nichts beweist. Als diffamatio bezeichnet das Statut die konkrete Schädigung des Rufs. Nur leeres Gerede soll nicht genügen: »diffamatio ... sano modo intelligatur, dum ex ea interesse vel preiudicium fame conditionis vel status alicuius, non autem intelligatur pro sola inania verba vel generalia, ex quibus interesse vel preiudicium fame conditionis vel status eidem non possit inferri.« Solche Beleidigungen gegen Frauen stellte in ganz ähnlicher Art auch das Statut von Padua von 1372 S. 238 f. unter Strafe, und in einem Gutachten (Cons. III 230) trat auch Baldus für eine Bestrafung solcher Verleumdungen ein.

4. Wahrheitsbeweis und Wahrnehmung berechtigter Interessen.

Beleidigung war also die Behauptung falscher Tatsachen. Ob auch das wahre Vorbringen strafbar sei oder der Wahrheitsbeweis entschuldige, wird von den Rechtslehrern eingehend besprochen [33]. Das römische Recht [34] ließ den Wahrheitsbeweis zu. In D 47, 10,

---

Von der detractio unterschied man die susurratio, mit der jemand Zwietracht zu stiften sich müht, und die derisio, die den andern beschämen soll. Vgl. etwa Thomas v. A., S. th. 2, 2 q. 74 a. 1, q. 75 a. 1 u. 2.

[33] Hälschner, System II 265, Kohler, G. A. 47 S. 121 ff.

[34] Mommsen, R. StrR. 707.

18 pr. wird die Bekanntgabe des Unrechtes füs straflos erklärt: »peccata enim nocentium nota esse et oportere et expedire.«

Auch die Glossatoren ließen die Einrede der Wahrheit in vollem Umfange zu. Anders die späteren Italiener, die jedoch über die maßgebenden Gesichtspunkte geteilter Ansicht waren. Wie anderswo so tritt auch in dieser Lehre bei den einen ein mehr moralischer Gesichtspunkt hervor, während andere Opportunitätserwägungen in den Vordergrund stellen. So kam es Jacobus de Belvisio I 3 n. 57 ff. darauf an, ob der Beleidigte den vorgeworfenen Mangel selbst verschuldet hatte oder nicht. Wer sich einmal ins Unrecht gesetzt hat, verliert den Schutz der Rechtsordnung [35]).

Andere sehen darauf, ob die Beleidigung vor Gericht ausgesprochen wird oder nicht. Die wohl herrschende Meinung aber stellt den in D 47, 10, 18 pr. hervorgehobenen Gesichtspunkt in den Vordergrund. Danach sollte entscheiden, ob das Bekanntwerden der Tatsache im öffentlichen Interesse lag. Nach dieser von der französischen Schule aufgebrachten Theorie blieb also die Bekanntgabe des Verbrechens ebenso straflos wie die eines natürlichen Fehlers, dessen Bekanntwerden — man dachte z. B. an ansteckende Krankheiten — für die Allgemeinheit wünschenswert war. In diesem Sinne beantwortet z. B. Baldus, D II 8 Qui satisdare cog. 5 n. 1, die Frage nach der Strafbarkeit wörtlicher Beleidigungen: »Dic, aut dicit suo iure utendo et non tenetur ... Aut iniuriose et tunc aut dicit iniuriam, qua probata non sequitur aliquod crimen, ut si dicatur alicui spurius (Bastard) vel similia verba, et tunc ille qui dicit tenetur iniuriarum...; aut dicit talem iniuriam, qua probata sequitur aliquod crimen punibile, ut si quis dicit alicui, quod est adulter et tunc non punitur, quia interest Reipublicae talia manifestari« [36]). Daraus zog Angelus, D XLVII 10 De iniuriis et fam. lib. 28, den Schluß, daß es nicht erlaubt sei, dem schon einmal verurteilten Verbrecher seine Straftat

[35]) So wohl auch Lucas de Penna, C XII 36 De castr. pecul. 3 (S. 282), für den Fall, daß jemand blind oder lahm genannt wird: »Communiter distinguitur, ut si ex suo facto aut delicto in hoc inciderit, non tenetur, qui vocavit ... Si autem a natura, fortuna vel casu hoc habuerit et nihil ipse peccaverit, cum non sit, quod illi imputetur, tenetur qui hoc improperavit.« Vgl. zu alledem das Referat des Oldradus, Cons. 53.

[36]) Vgl. ferner Cinus, C IX 35 De iniur. 5 n. 11; Baldus, J IV 4 De iniur. 1 n. 3; Salicetus, C IX 35 De iniur. 3 n. 1; Bonif. de Vitalinis, De fam. lib. n. 3. Ebenso Bartolus. Dazu Kohler, G. A. 47 S. 124. Nach Dinus sollte es darauf ankommen, ob jemand der bekanntgegebenen Tat wegen kriminell belangt werden konnte oder nicht. Vgl. Baldus, a. a. O. n. 2. So auch Martinus de Fano nach Gandinus, De quibusdam utilibus questionibus 2 (S. 359 f.).

nochmals beschimpfend vorzuhalten. Denn nach der Aburteilung liege die Bekanntgabe nicht mehr im öffentlichen Interesse 37). Also schon die mittelalterliche Rechtswissenschaft war darauf bedacht, daß der abgeurteilte und bestrafte Verbrecher nicht noch obendrein gesellschaftlicher Ächtung verfalle.

Ähnliche Gedankengänge 38) wie in der herrschenden Lehre der Legisten finden sich bei Hostiensis, S. A. V 36 n. 6 und c. 9 X De iniuriis etc. V 36 § Nec ignorantia (S. 335 R.): Wegen Beleidigung soll nicht bestraft werden, wer jemand ein wirklich begangenes Verbrechen vorhält, da hier die Bekanntgabe im öffentlichen Interesse liegt. Der Vorhalt natürlicher Fehler hingegen wie der Vorhalt der unehelichen Geburt soll dann keine Beleidigung sein, wenn der Täter berechtigte Interessen wahrnehmen, z. B. verhindern wollte, daß ein uneheliches Kind ihn von der Erbschaft ausschlöße. Das Besondere dieser Lehre liegt darin, daß neben dem allgemeinen öffentlichen Interesse auch die besonderen Belange des Einzelnen berücksichtigt werden, also die Wahrnehmung individueller Interessen gestattet wird.

Diesen Gedanken der Interessenwahrnehmung im subjektiven Sinne stellt Oldradus, Cons. 53 n. 2 ff., in den Mittelpunkt seiner Theorie, in der die Ergebnisse früherer Forschungen zusammengefaßt werden: Zunächst wird der Fall ausgeschieden, daß jemand vor Gericht wahre Tatsachen bekundet. Wer nur sein Klagerecht ausübt, kann nicht wegen Beleidigung bestraft werden. Das außergerichtliche Vorbringen herabsetzender Tatsachen wird ohne Rücksicht auf Richtigkeit oder Unrichtigkeit bestraft, wenn es in einer Schmähschrift enthalten ist. In den übrigen Fällen aber kommt es darauf an, ob der Täter ein berechtigtes Interesse an der Bekanntgabe hatte oder nicht: »aut illud convicium dicitur ex causa aut sine causa.« Als Beispiel des Handelns ex causa ist das Handeln in Ausübung der Zuchtgewalt oder vor einer Behörde, wenn auch nicht gerade vor Gericht angeführt, ferner ein Vorgehen zu dem Zweck, daß ein Verbrecher der Bestrafung zugeführt, ein Ketzer gebessert wird oder dergleichen mehr. Berechtigt ist auch der Vorhalt unehelicher Geburt um der Erbschaft willen. Fehlt in diesen Fällen die Beleidigungsabsicht, handelt jemand »ex causa non animo iniuriandi«, so wird er nicht bestraft. Ist aber kein

37) Ähnlich Angelus, D XLVII 10 De iniuriis et fam. lib. 39 n. 2, für den, der zu einem Verurteilten sagt: »me taedet de tali condemnatoria contra te lata.«

38) Thomas v. A., S. th. 2, 2 q. 73 a. 2 verneint den Tatbestand der detractio, wenn jemand verborgenes bekannt gibt, um den Täter zu bessern (»propter eius emendationem denuntiando«) oder aus Gründen des öffentlichen Wohls (»propter bonum iustitiae publicae accusando«). Dann besteht sogar eine Pflicht zur Offenbarung. Vgl. S. th. 2, 2 q. 68 a. 1.

solches Interesse vorhanden und handelt der Täter in der Absicht zu beleidigen (»causa iniuriandi«), so soll die Strafe verwirkt sein. Das Vorliegen der Beleidigungsabsicht wird bis zum Beweise des Gegenteils aus dem Gebrauch beleidigender Worte vermutet. Aber auch umgekehrt soll die Wahrnehmung eines berechtigten Interesses die Strafe selbst dann ausschließen, wenn die behaupteten Tatsachen unwahr sind. Wenn also jemand herausgefordert wird und mit Beleidigungen antwortet, so bleibt er in jedem Fall straflos [39]).

Für Oldradus also kam es lediglich darauf an, ob der Täter berechtigte Interessen wahrnahm. Auf diesen Gesichtspunkt kamen — unabhängig von D 47, 10, 18 pr. — auch die übrigen Legisten. Aus D 3, 3, 25 nämlich entnahmen sie den allgemeinen Satz, daß man dem unwahren Vorwurf eines Vergehens mit der Behauptung der Lüge entgegentreten dürfe. So meint z. B. Bartolus zu dieser Stelle n. 1: »Ei qui dicit te commisisse aliquod, crimen licite potes dicere tu mentiris; licet enim retorquere in alium« [40]). Man wußte aber die l. 25 D 3, 3 theoretisch nicht recht unterzubringen, griff auf Notwehrsätze zurück oder stellte den allgemeinen Satz auf, daß der Herausgeforderte seinerseits wieder beleidigen dürfe.

Die Wahrnehmung berechtigter Interessen wird auch in der Beichtjurisprudenz gewürdigt. Nach Bartholomaeus Pisanus s. v. »Detractio« n. 3 z. B. ist es keine Sünde, wenn jemand herabgesetzt wird »propter aliquod bonum vel necessitatem cum debitis cicumstanciis«, vor allem durch Anklage oder Anzeige, und auch in der Gesetzgebung hat dieser Gedanke vereinzelt seinen Niederschlag gefunden. Dabei wird in der Regel nur das öffentliche Interesse an der Bekanntgabe von Verbrechen gewürdigt, nämlich der Wahrheitsbeweis für die Behauptung schwerer Verbrechen gestattet. So stellt das Gesetz von Pisa von 1286 III 21 (S. 381) den Vorwurf gewisser Verbrechen unter Strafe, »salvo si probaverit (d. h. der Täter) legitime ipsum esse falsatorem vel traditorem aut bugeronem vel pactarenum vel periurum«. Nach dem gleichen Statut soll nur derjenige bestraft werden, der einen andern beschimpft, ohne dazu gereizt zu sein (»non provocatus«).

Der Gedanke der l. 25 D 3, 3 kehrt im Statut von Biella r. 5

---

39) Vgl. auch Alb. de Rosc., C IX 35 De iniur. 5 n. 9 ff., der diese ganze Lehre als Theorie der Kanonisten bringt.

40) So auch Alb. de Rosc., St. II 42: »si esset verum, quod mentiretur, tunc licitum est dicere tu mentiris.« Vgl. auch das oben S. 117 f. angeführte Gutachten des Baldus; ferner Jac. de Belvisio I 3 n. 17 ff. — Vgl. namentlich Beling, Retorsion und Kompensation 24 ff.

wieder: Die Strafe der Beleidigung entfällt, wenn jemand auf eine Beleidigung hin »in respondendo mentiretur per gulam sibi improperantem vel dicentem aliqua ex predictis verbis iniuriosis vel inhonestis«. Auch in Vercelli (S. 116 R.) darf man den Vorwurf der Lüge auf der Stelle mit dem gleichen Vorwurf zurückweisen. Wenn in Bassano (1392 S. 103 R.) — das wäre eine Verallgemeinerung dieses Gedankens — der Beschimpfte mit ähnlichen Beleidigungen antwortet, so trifft ihn nur ein Drittel der Strafe, die der erste Beleidiger zu zahlen hat.

Sodann entschuldigt die Wahrnehmung berechtigter Interessen vielfach Ehrverletzungen gegen Beamte, die sich Übergriffe erlauben. Nach einigen Statuten nämlich durfte man einen Beamten straflos darauf hinweisen, daß er nicht nach dem Gesetz verfahre und ihn auffordern, das zu tun. So in Modena (1327 I 6 S. 12)[41]) und in Parma nach dem Statut von 1347 r. Qualiter nulla gravitas possit fieri dicenti Potestati seu alicui de sua familia »tenete me ad racionem« vel »vos facitis mihi tortum« (S. 269).

5. Passive Beleidigungsfähigkeit.

Die iniuria setzt das Vorhandensein einer passiv beleidigungsfähigen Person voraus. Nach den Rechtslehrern kann jeder Mensch beleidigt werden, der eine Ehre hat, mag er die Beleidigung subjektiv empfinden oder nicht. Auch darauf kommt es nicht an, ob er überhaupt dazu fähig ist. Wie Abwesende so können also auch Kinder oder Wahnsinnige beleidigt werden, obwohl sie ihrerseits nicht beleidigen können[42]). Dagegen kann der nicht beschimpft werden, der gar keine Ehre mehr hat. Infame, anrüchige Personen, Dirnen und dergleichen können nicht beleidigt werden. So lehrte Angelus, D XLVII 10 De iniuriis et. fam. lib. 15, 45 n. 1: »in hac actione iniuriarum principaliter agitur ad aestimationem contumeliae, quae nulla est, quando damnum famae diffamato nulla est infamia. Unde etiam liberi homines ita degeneres, quod damnum

[41]) »Quilibet civis ... possit proponere et dicere vel protestari et coram Potestate, judice et militibus suis, quod non servat sibi statuta vel quod non faciat sibi rationem vel faciat sibi contra rationem et statuta, et propter hoc Potestas nec judices vel milites eorum nec possint nec debeant exigere aliquam securitatem nec bannum imponere nec ipsum condempnare nec ipsum modo aliquo aggravare nec silentium sibi nec advocato suo imponere nec a stanga nec de palatio repellere nec aliquam iniuriam ei inferre et de hoc possit absolvi.« — Vgl. Kohler, G. A. 47 S. 47.

[42]) Bonif. de Vitalinis, De iniuriis n. 33; Angelus, D XLVII 10 De iniur. et fam. lib. 3 n. 1 (wie der Text); Hostiensis, S. A. V 36 n. 2.

famae eis nulla est infamia, non agent iniuriarum ex convicio; exemplum in lenonibus, meretricibus, arenariis et similibus« [43]).

Somit gaben objektive Maßstäbe den Ausschlag, nicht das Empfinden des Verletzten. In diesem Punkte aber tritt der Gegensatz zwischen romanistischer und deutschrechtlicher Anschauung hervor. Nach deutscher Vorstellung ist die Ehre im Selbstgefühl konzentriert. Es kommt also darauf an, daß auch der Beleidigte den Schimpf empfindet, eine Anschauung, die mehrfach in den Statuten Ausdruck findet.

Das Gesetz von Bovegno von 1341 r. 160 (S. 72) bedroht z. B. denjenigen mit Strafe, der Beleidigungen gegen Vikar und Konsul ausspricht »irato animo sive quocumque modo ipsi vicarii illud verbum sibi reputaverint ad iniuriam«. In Riparolo (1358 r. 19) wird das beleidigende Wort bestraft, »propter quod ipsa persona se reputaret sibi dixisse iniuriam«. Ähnlich drückten sich die Gesetze von Ivrea Sp. 1211 und Bovegno 1341 r. 210 (S. 86 f.) aus.

Dagegen legten andere Statuten in Übereinstimmung mit der Lehre einen objektiven Maßstab an. Es soll darauf ankommen, ob die Beleidigung ihrer äußeren Beschaffenheit nach als Ehrverletzung empfunden werden kann.

So das Gesetz von Biella r. 5: Strafe für gewisse Beleidigungen und »alia verba ...., que merito pro iniuriossis possint reputari«. Für die Beamtenbeleidigung geht auch das Statut von Ivrea Sp. 1211 f zum objektiven Standpunkt über . Wenn nämlich der Beamte sich beleidigt fühlt (»reputaverit sibi ad iniuriam«), der Täter aber die Beleidigungsabsicht bestreitet, so soll ein Gutachten darüber eingeholt werden, ob die fraglichen Worte als Beleidigung gelten könnten (ob der Beamte »possit et debeat sibi reputari ad iniuriam vel non«). In Ripi (1331 r. 6 S. 115) endlich steht Strafe auf beleidigende Worte, »que de (communi iure) ad iniuriam possint reputari«.

Neben der unmittelbaren war nach der Rechtslehre auch eine mittelbare Beleidigung möglich, etwa durch Beschimpfung eines Verwandten oder Bedienten [44]) oder durch Beleidigung verstorbener Angehöriger [45]).

Der Wandel vom römischen zum italienischen Körperschafts-

---

43) Jac. de Belvisio I 3 n. 76: »Vilis et infamis ulterius infamari non potest«; Hostiensis, S. A. V 36 n. 4.

44) Vgl. u. a. Bonif. de Vitalinis, De iniuriis n. 2 ff.; Hostiensis, S. A. V 36 n. 5; Alb. de Rosc., C IX 35 De iniur. 5 n. 5; Cinus, a. gl. O. n. 6; Alb. de Rosc., D XLVII 10 De iniur. et fam. lib. 2 n. 2, a. gl. O. 15, 47 n. 1; Angelus, a. gl. O. 5 n. 5; Baldus, J IV 4 De iniur. 7 n. 1, C V 7 Si quacumque praeditus c. un. n. 2.

45) Bartolus, D XLVII 10 De iniur. et fam. lib. 1, 4 (im Anschluß an den Text): »quando aliquis infamat defunctum, est iniuria heredis«; Hostiensis, S. A. V 36 n. 5: »si fiat iniuria cadaveri defuncti, cujus sumus heredes, agere possumus, spectat enim ad aestimationem vestram, si qua ei fiat iniuria.

begriff gibt sich darin kund, daß anders als nach römischem Recht [46]) auch die Körperschaft als Gesamtheit der Einzelnen beleidigt werden kann [47]). Diese Vorstellung ist auch der Praxis geläufig. Man sah ja in der Gemeinde nicht den abstrakten Staat, sondern einen persönlichen Zusammenschluß der Genossen, die in ihrer Gesamtheit so gut beleidigt werden konnten wie als Einzelne. So bedroht denn z. B. das Statut von Siena von 1309/10 V 336 (S. 374) denjenigen mit Strafe, der spricht oder handelt »in obrobrio« oder »contra l'onore« der Gemeinde, und in dieser Art gibt es auch sonst noch zahlreiche Statuten.

6. Der innere Tatbestand.

Der innere Tatbestand der iniuria erfordert den Vorsatz, den animus iniuriandi. Daran war nach der Codexstelle C 9, 35, 5 gar kein Zweifel [48]), so daß Kinder und Wahnsinnige nicht beleidigen konnten (D 47 10, 3) [49]). Demnach liegt keine Beleidigung vor, wenn der Täter nur im Scherz oder Streit handelt (D 47, 10, 3, 3). »Nullus facit nisi qui scit se iniuriam facere, unde si cum quis certat vel per jocum percutiat, non tenetur iniuriarum« (Hostiensis, S. A. V 36 n. 2) [50]). Davon unterschieden wurde aber die vorsätzliche Beleidigung im Affekt. Man hielt solche Beschimpfungen allgemein für strafbar und ging nur der Frage nach, ob die Strafe entfalle, wenn der Beleidiger nachher bereute und Buße tat. Die Frage nach der Möglichkeit des Rücktritts wird allgemeiner gestellt und dahin beantwortet, daß die Strafe dann wegfalle, wenn die Folgen der Affekthandlung sich tatsächlich aus der Welt schaffen ließen. Diese tatsächliche Möglichkeit aber wurde für die vollendete Beleidigung von den meisten in Abrede gestellt und nur eine Strafmilderung zugestanden [51]).

Eine über den Vorsatz hinausgehende Beleidigungsabsicht wurde nicht verlangt. Der Täter sollte sich also nicht damit heraus-

---

[46]) Mommsen, R. StrR. 785 f.

[47]) Gandinus, De penis 27 (S. 229); Bartolus, D XLVII 10 De iniur. et fam. lib. 3, 1.

[48]) Vgl. die Kommentare zu dieser Stelle; ferner Jac. de Belvisio I 3 n. 1 ff.; Bonif. de Vitalinis, De iniuriis n. 49.

[49]) Vgl. z. B. Angelus, D XLVII 10 De iniur. et fam. lib. 3; Salicetus, C IX 35 De iniur. 5 n. 1; Hostiensis, S. A. V 36 n. 2.

[50]) So auch Jac. de Belvisio I 3 n. 1 ff. Doch muß der Täter beweisen, daß er nur im Scherz gehandelt habe.

[51]) Cinus, C IX 35 De iniur. 5 n. 2: »reputandum est absurdum, si id quod iracundiae calore male fit, remaneat impunitum«; a. gl. O. Alb. de Rosc. n. 2, Baldus n. 2 u. Angelus n. 6; Jac. de Belvisio I 3 n. 10.

reden können, daß er es gewohnt sei, Schimpfworte zu sagen und sich nichts dabei denke [52]). Auch sollte es ihm nichts nützen, wenn er die Beleidigung mit einer Protestation begleitete des Inhalts, daß er der Ehre des Verletzten nicht habe zu nahe treten wollen [53]).

Doch scheint die Praxis eine Ausnahme für Advokaten gemacht zu haben. Jedenfalls berichtet Jacobus de Belvisio I 6 n. 5 ff., daß die Advokaten ihr Vorbringen etwa mit den Worten einleiteten: »protestor, quod illa quae dicam, non intendo dicere ad iniuriam alicuius«. Taten sie das, so wurden sie nur dann bestraft, wenn die Beleidigungsabsicht offen auf der Hand lag. Immer wieder also fand man Wege, um die Wahrnehmung berechtigter Interessen im Rahmen der praktischen Bedürfnisse zuzulassen.

Feinere Unterscheidungen machte auch hier wieder, an Thomas von Aquino anknüpfend, die Beichtjurisprudenz. Sie sah in der Beleidigung grundsätzlich eine Todsünde, setzte dabei aber voraus, daß der Täter in der Absicht der Ehrverletzung handelte, den animus dehonestandi hatte. Fehlte es daran, so blieb nur eine läßliche oder unter Umständen gar keine Sünde übrig. Doch sollte auch ein fahrlässiges oder unbesonnenes Verhalten dann Todsünde sein, wenn ein sehr schwerer äußerer Erfolg daraus entstand. So lehrte z. B. Bartholomaeus Pisanus s. v. »Contumelia« n. 1 (S. 32 R.): »quia posset esse ita grave convicium, quod per incautelam prolatum auferret honorem eius, contra quem profertur et tunc potest homo peccare mortaliter, etiam si non intenderet dehonorationem alterius sicut etiam siquis incaute alium ex ludo percutiens graviter ledat« [54]).

Wie aber die objektive Schwere der Beleidigung sogar die fahrlässige Herabsetzung zur Todsünde machte, so wurde umgekehrt die vorsätzliche Beleidigung zur läßlichen Sünde, wenn nur ein geringer Schaden entstand [55]). Also die schon mehrfach beobachtete

---

[52]) Er kann aber einwenden, daß er im Scherz gesprochen habe. Vgl. Durantis, Spec. IV 4 De iniuriis et damnis datis 1 § Scias n. 3.

[53]) Alb. de Rosc., St. II 40: »non excusatur etiam dicens verba iniuriosa, licet protestetur se non dicere animo iniuriandi«; Alb. de Rosc., D III 3 De procur. 25 n. 2, D XLVII 10 De iniur. et fam. lib. 9 und 15, 6.

[54]) So auch Barth. Pis. s. v. »Detractio« n. 2; Joh. v. Fr. II 5 q. 199, III 34 q. 239, 245; Ast. II 14 (S. 77), 15 (S. 77 R.), 18 (S. 78 R.). So schon Thomas v. A., S. th. 2, 2 q. 72 a. 2, q. 73 a. 2.

[55]) Joh. v. Fr. II 5 q. 199, III 34 q. 245; Barth. Pis. s. v. »Maledictio« n. 1; Ast. II 18 (S. 78 R.). Vgl. auch Thomas v. A., a. a. O. Man ist gewöhnlich geneigt, den »Subjektivismus« in der geistlichen Jurisprudenz zu überschätzen. Man sieht an Beispielen dieser Art, wieviel auch dort auf den äußeren Tatbestand ankam.

Zweiteilung: Zur Sünde macht jedes für sich, die objektive Schwere der Tat wie die böse Gesinnung.

Weder diese Anschauungen noch die Lehren der Legisten scheinen das Statutarrecht beeinflußt zu haben. Während in manchen Gesetzen allerdings die provozierte Beleidigung in der Erregung straffrei blieb, wurde in der Regel die Beleidigung gerade als Affektdelikt gekennzeichnet. Der Vorsatz wird nämlich oft mit der Formel »irato animo« oder ähnlich bezeichnet, so in den Statuten von Lucca 1308 III 14 (S. 145), Arona 1319 r. 127 (S. 118), Bovegno 1341 r. 160 (S. 72), 208 (S. 86), Vercelli S. 116 R., Ivrea Sp. 1211 und Gambassi II 2 (S. 42).

7. Die Strafe.

Für die Bestrafung sollte es nach dem Vorbild der römischen actio iniuriam aestimatoria auf die Umstände des Einzelfalls ankommen, auf Stand und Amt, auf berufliche und soziale Stellung des Verletzten wie des Täters, auf den Ort der Tat, die Gelegenheit, bei der sie geschah, die Gesinnung des Täters und anderes mehr [56]).

Das findet einen Widerhall im Statutarrecht. Die Strafe der Beleidigung ist wohl überall Geldstrafe. Wie aber schon Kohler für einen größeren Zeitraum gezeigt hat, stehen absolute Strafen nach Art der deutschen Rechte neben Ermessensstrafen und weiten Strafrahmen nach römischem Vorbild. Wo das letztere der Fall ist, werden für die Strafzumessung die gleichen Gesichtspunkte hervorgehoben wie für die actio iniuriarum. Diese Gesichtspunkte sind bei der Beleidigung weniger schematisch bestimmt als sonst. Vor allem wird Rücksicht genommen auf die objektive Beschaffenheit der gebrauchten Worte und die sozialen Verhältnisse der Beteiligten.

Dafür einige Beispiele: In Pisa (1286 III 5 S. 364 und 21 S. 381) bestimmt sich die Strafe nach Art der gebrauchten Worte und beteiligten Personen. Ebenso in Tivoli 1305 III 180 (S. 213): »habito respectu ad conditionem personarum et qualitatem verborum«. Ähnlich Argenta 1342 S. 112, Piacenza 1391 V 37, Intra 1393 IV 22 (S. 361). In Mailand (r. 147) ist die Strafe zu bemessen nach der Art der Beleidigung unter Rücksichtnahme auf die Person des Täters und die des Verletzten und auf Ort und Zeit der Tat. Ähnliches galt in Lecco r. 329 (S. 157), Bobbio 1398 IV 136 und Verona 1450 III 27.

Nicht mehr zeitgemäß war als Rechtsfolge der Beleidigung die Infamie des römischen Rechts, die in der kirchlichen Gesetzgebung wegfällt (c. 23 X De sent. et re iud. II 27) und z. B. im Gesetz von Arona von 1319 r. 56 (S. 90) ausdrücklich ausgeschlossen wird.

---

[56]) Über die hier rechtserheblichen Umstände vgl. Jac. de Belvisio I 7 n. 2; Bonif. de Vitalinis, De pena blasphem. n. 6; Hostiensis, S. A. V 26 n. 4.

IV. Sonderfälle.

1. Die Schmähschrift.

Als Strafe der anonymen Schmähschrift fordern die Legisten — ohne Rücksicht auf Wahrheit oder Unwahrheit der etwa behaupteten Tatsachen — im Anschluß an C 9, 36, 2 Kapitalstrafe und nach D 47, 10, 5, 9 Zeugnisunfähigkeit oder Infamie [57]). Doch war das kein praktisch geltendes Recht, wie das ein Bericht des Angelus, C IX 36 De fam. lib. 2 n. 2, über einen bologneser Prozeß zeigt. In Bologna wurde ein Mann, der eine anonyme Schmähschrift gegen die bologneser Regierung verbreitet hatte, nicht mit dem Tode bestraft, sondern die Kapitalstrafe wurde in eine Geldbuße von 2000 Dukaten umgewandelt.

In den Statuten findet sich wenig dieser Art. Hier und dort wird bestraft, wer jemand Schmutz, Unrat oder anonyme Schmähschriften vor die Tür legt. So im Statut von Siena von 1309/10 V 263 (S. 344): Dort ist Geldstrafe von 200 l angedroht, wenn jemand nachts vor das Haus eines andern wirft »ossa o vero corna (Knochen oder Hörner) ... o vero disonesta o vero alcuna scrittura, la quale contenesse alcuna cosa villana«. Den gleichen Tatbestand enthalten die Ägidianischen Konstitutionen von 1357 IV 33 (S. 181). Wurde die Tat bei Tage begangen, so beträgt die Strafe 10 fl, wenn des Nachts, 20 fl. Endlich bedroht auch das Gesetz von Forli von 1359 III 44 (S. 240) die Schmähschrift mit Geldstrafe von 10 l. Von Kapitalstrafe ist also nirgends mehr die Rede.

Schmähschrift und Schmählied werden in Siena (1309/10 V 267 S. 345) genannt. Dort hat Geldstrafe von 100 l zu zahlen, wer zum Schimpf eines andern Lieder, Sonette oder Schriften verfaßt, und 25 l, wer solche Lieder singt.

2. Drohungen.

Drohungen werden manchmal den Beleidigungen gleichgestellt oder als Unterart der Beleidigung behandelt. Als Ausdruck der Mißachtung und mittelbare Werturteile über den Bedrohten ließen sie sich als verba iniuriosa im früher beschriebenen Sinne verstehen und wurden auch vielfach so behandelt. So im Statut von Perugia von 1342 III 184 (S. 210), das eine Geldstrafe von 40 s androht »per ciascuna parola engiuriosa overo menacciatoria«. Auch in Genua (1363 r. 111) sind gewisse Beamte geschützt gegen »verba contu-

57) Vgl. die Kommentare zu C 9, 36, 2; ferner Jac. de Belvisio I 3 n. 83; Bonif. de Vitalinis, De iniuriis n. 12, De fam. lib. n. 1 ff., Quibus de causis etc. n. 1; Angelus, D XLVII 10 De iniur. et fam. lib. 5, 9 n. 1 ff; Hostiensis, S. A. V. 36 n. 3; Ast. II 15 (S. 77 R.). — Vgl. Kohler, G. A. 47 S. 120, 123.

meliosa, obrobriosa seu minatoria vel iniuriosa«. Doch ist die Drohung hier und dort auch von der Beleidigung abgelöst und zum Tatbestand eigener Art geworden [58]).

Mehrfach wird auch der bedrohliche Schwur bestraft, das eidliche Versprechen nämlich, jemand zu töten oder sonst ein Verbrechen zu begehen. So hatte in Pistoia (1296 III 4 S. 101) der Schwörende 100 l zu zahlen, wer ihn schwören ließ, aber 200 l. In Florenz (Stat. Pod. 1325 III 28 S. 197) hat eine Geldstrafe von 50 l verwirkt, wer einen Mord zu begehen schwört, eine Strafe von 25 l, wer so eine Brandstiftung in Aussicht stellt.

3. Der hetzerische Vorwurf.

Als besondere Art der Beleidigung wird immer wieder der Vorwurf der unerfüllten Rachepflicht unter Strafe gestellt. Es war ja noch der Gedanke lebendig, daß man eigenes Unrecht und Verbrechen gegen nahe Angehörige rächen müsse, daß die staatliche Sühne unzulänglich sei. Wer sich nicht rächte, dem drohte immer noch gesellschaftliche Mißachtung [59]). Dagegen anzukämpfen war unmöglich. Aber durch Strafdrohungen suchte man zu verhindern, daß demVerletzten oder seinen Angehörigen die noch ungerächte Verletzung vorgehalten und so zum Verbrechen gehetzt wurde. Es handelt sich um Vorschriften gegen die Aufforderung zum Verbrechen.

Kohler (Studien 383 f.) hat diesen Tatbestand mißverstanden. Unter Strafe steht nicht »der Vorwurf eines Verbrechens..., den man gegen den Beleidigten oder seinen Verwandten erhebt«, sondern der Vorhalt eines ihm selbst oder seinen Verwandten widerfahrenen Verbrechens, die Hetze zur Rache [60]). Die Handlung wird mit den Worten »improperare«, »remproverare« oder — sehr kennzeichnend — »recordari«, »far mentione« bezeichnet. Der Vorwurf kann sich auf Verbrechen gegen den Beleidigten selbst oder gegen nahe Angehörige beziehen. Vor allem wird natürlich der Vorhalt des Mordes bestraft, aber auch anderes Unrecht genannt. Die Strafe, wohl überall Geldstrafe, stuft sich vielfach nach der Art des vorgehaltenen Unrechts ab.

So in Turin 1360 Sp. 714;
Brescia 1313 II 42, Valperga 1350 r. 52, Biandrate 1395 r. 104;

---

[58]) Biella, Stat. malef. r. 5, Siena 1309/10 V 333 (S. 373: 25 l hat zu zahlen, wer jemand unter Drohungen auffordert, die Stadt zu verlassen), Averrara 1313 r. 52 (S. 43 f.), Bassano 1392 S. 104, Biandrate 1395 r. 142. Vgl. auch Kohler 378.

[59]) Man denke an das moderne Rudiment dieser Anschauungen, den Zwang zum Duell, wie er in gewissen Gesellschaftschichten immer noch ausgeübt wird.

[60]) Richtig Dorini 43 f. Vgl. auch Pertile V 617.

Modena 1327 IV 6 (S. 378), Parma 1347 S. 219 (Geldstrafe von 25 l, während gewöhnliche Beleidigungen mit bis zu 10 l bestraft werden), Carpi 1353 S. 61;

Bassano 1392 S. 103 R. (Abstufung je nach Art des vorgeworfenen Verbrechens);

Argenta 1342 S. 102, Forli 1359 III 6 (S. 194).

Besonders häufig kommt dieser Tatbestand in Toskana vor: Pisa 1286 III 20 (S. 381: 100 s bis 50 l), Sambuca 1291 r. 46 (S. 30), Pistoia 1296 III 45 S. 117 (bezieht sich der Vorwurf auf Tötung oder Friedensbruch, so zahlt der Mann, der dieses Vergehen begeht, 100 l, die Frau nur 10 l; bezieht sich der Vorwurf auf eine Körperverletzung, so betragen die Strafen 50 und 4 l), Lucca 1308 III 50 (S. 168), Siena 1309/10 V 262 (S. 343), Florenz, Stat. Pod. 1325 III 80 (S. 237: 50 l), Chianti 1384 III 6 (S. 169), S. Piero 1398 III 8 (S. 243 f.);

Perugia 1342 III 184 (S. 209 f.: Wer einem andern die Tötung, Verletzung oder Beleidigung vorhält, die seinem Ehegatten oder Verwandten bis zum dritten Grade widerfahren ist, oder Unrecht dieser Art, das ihm selbst geschehen ist, hat je nach der Art des vorgehaltenen Übels 50 oder 25 l zu zahlen), Narni 1371 III 24.

Ägid. Konst. 1357 IV 32 (S. 180 f.: Vorwurf der Tötung eines Verwandten bis zum dritten Grade), Ascoli 1377 III 26 (S. 100: Der Aristokrat zahlt höhere Strafe als der Populare);

Tivoli 1305 III 182 (S. 214: Geldstrafe von 100 s, von denen die eine Hälfte an die Kurie fällt, die andere an Kommune und Partei), Roccantica 1326 r. 60 (S. 78), Olevano 1364 r. 65.

Oft erhöht sich die Strafe, wenn der Vorhalt einem Verbrechen gilt, über das die Beteiligten einen Vergleich geschlossen hatten, so z. B. in Lucca (1308 III 50 S. 168), wo die Strafe sich verdoppelt, und in Perugia (1342 III 184 S. 209 f.), wo 100 l (statt 50 oder 25 l) zu zahlen waren. In diesen Fällen lag Anstiftung zum Friedensbruch vor.

Die Theoretiker fanden diesen Tatbestand in den gemeinrechtlichen Quellen nicht vor und sprachen selten davon. Wo das der Fall ist, sieht man den Vorhalt als iniuria an, betont also nicht das öffentliche Interesse, sondern die persönliche Kränkung des Beleidigten. So will Angelus, D XLVII 10 De iniuriis et fam. lib. 15, 27, die Injurienklage gegen diejenigen geben, »qui utuntur veste lugubri, etiam in improperium amici sui infamiam passi aut aliam detestabilem iniuriam«. Damit hatte Angelus wohl Tatbestände dieser Art im Auge[61]).

Diese Auffassung tritt auch in den Gesetzen hervor. Auch dort werden mehrfach Vorhaltungen dieser Art als Unterfälle der verba iniuriosa behandelt, so z. B. in Cave 1307 r. 116 (S. 50), Modena

---

[61]) Ähnlich Angelus, a. a. O. 39. — Anders verstand Thomas v. A., S. th. 2, 2 q. 72 a. 1, den Begriff des improperium. Er sagt darüber: »quod proprie est, quando aliquis iniuriose alteri ad memoriam reducit auxilium quod contulit ei necessitatem patienti.« Also der beleidigende Vorhalt erwiesener Wohltaten. Doch hebt Thomas hervor, daß der Sprachgebrauch »improperium« manchmal mit »contumelia« und »convitium« vermenge.

1327 IV 6 (S. 378), Parma 1347 S. 219, Carpi 1353 S. 61 und Dervio 1389 r. 32 (S. 105).

4. Sonstiges.

Straferhöhend wirken auch bei der Beleidigung gewisse Eigenschaften des Verletzten. So werden gelegentlich Frauen, besonders gegen üble Nachrede [62]) energischer geschützt. In Cave (1307 r. 116 S. 50) z. B. wird besonders bestraft, wer eine verheiratete Frau oder Witwe als Hure bezeichnet. Die gleiche Beschimpfung stellt das Gesetz von Ascoli von 1377 III 26 (S. 100) unter Strafe, während in S. Piero (1398 III 10 S. 245 f.) Beleidigungen gegen Frauen ganz allgemein ihren Sondertarif haben.

Erhöhten Schutz genießen manchmal Städter gegenüber Bauern [63]), und allgemein wird die Beamtenbeleidigung und die Injurie in Gegenwart der Behörde strenger bestraft [64]).

V. Prozeßverleumdung und Aufgabe des Rechtsstreits.

Es wurde gezeigt, wie aus dem allgemeinen Begriff der iniuria als Ehrverletzung die Verleumdung (diffamatio, detractio) sich abzuheben begann, wie aber die Praxis zögerte, der Rechtslehre auf diesem Wege zu folgen. Von diesem Zögern aber ist dort nichts zu spüren, wo der Verleumder den Prozeßweg mißbraucht, um einen andern zu schädigen. In nahezu allen Gesetzen wird die Prozeßverleumdung mit Strafe bedroht und in den Schriften der Legisten und in den Quellen der geistlichen Jurisprudenz eingehend davon gehandelt. Das ist nicht weiter erstaunlich. Denn das römische wie das langobardische Recht [65]) kannten die Prozeßverleumdung als besonderen Tatbestand und behandelten ihn nach im wesentlichen gleichartigen Grundsätzen.

Die Theoretiker konnten somit unbedenklich an den Quellen festhalten. Dort aber fanden sie den Mißbrauch des Prozeßwegs zweifach geregelt: als calumnia und tergiversatio. Der ersteren machte sich schuldig, wer vorsätzlich eine falsche Anklage erhob, der letzteren, wer den Rechtsstreit vor dessen Beendigung aufgab. Die Verleumdung fiel unter die lex Remmia, die Aufgabe unter das senatusconsultum Turpillianum. Beides hielt man auseinander [66]).

---

62) Vgl. S. 381. 63) Vgl. S. 37.

64) Belege bei Kohler 391 ff., 394 ff.

65) Osenbrüggen, Lgb. 159 f., Löffler, Schuldformen 127 ff.

66) Barth. Pis. s. v. »Accusare« n. 3: Der Ankläger ist »calumpniator ... falsa crimina imponendo ..., tergiversator scilicet adhibendo fraudem vel totaliter ab accusatione desistendo«. Vgl. auch Hostiensis, S. A. V 2 n. 1. — Vgl. ferner Hinschius, KR. V 201 f. — Als drittes wird in D 48, 16, 1, 1 die praevaricatio genannt, über die hier nicht näher gehandelt wird. Vgl. neuerdings Konrad Wolff, Der Parteiverrat des Sachwalters (1930).

1.

Der Begriff der Verleumdung wurde im Anschluß an D 48, 16, 1, 1 bestimmt: »calumniari est falsa crimina intendere« [67]. Sie wurde durch falsche Anklage begangen, aber auch durch falsche Anzeige im Inquisitionsverfahren oder durch falsche Einrede: »non solum in accusatione, sed etiam in denunciatione quis dicitur calumniari: quinetiam in exceptione. His enim tribus modis quis dicitur calumniari« [68].

Der innere Tatbestand der Verleumdung erfordert den Vorsatz, und zwar das bestimmte Wissen, daß die Anklage falsch sei [69]. Darüber hinaus aber mußte der Prozeß mit Überlegung angestrengt sein. Handelte der Ankläger im Affekt oder aus Leichtsinn auf bloßes Gerede hin, so lag keine Verleumdung vor [70]: »proprie calumnia est falsa crimina scienter intendere ..., inconsultus autem iracundie calor proveniens ex mentis impetu calumnie vitio caret« (Lucas de Penna, C X 1 De iure fisci 6 S. 4 R.) [71]. Die leichtfertige Anklage wird also milder gesühnt und nur als harmlosere Art des Meineids gewertet. »Temeritas litigantium poena triplici coercetur: pecuniaria, periurii et infamiae, reus enim de calumnia iurare cogitur, qui si temere litigaverit, est periurus«, lehrt Baldus, J IV 16 De poena temere litig. pr. u. n. 1.

Diese Fälle boten dort keine Schwierigkeiten, wo der innere Tatbestand bekannt war. In der Regel aber stand man vor dem Ergebnis, daß der Ankläger den Prozeß verlor, über seine Gesinnung aber nichts feststand. Man fragte sich also, ob als Verleumder schon der zu gelten habe, der nur mit der Beweisaufnahme scheiterte. Für diesen Fall

67) Bartolus, D III 2 De his qui not. infam. 4, 4 n. 2; Baldus, a. gl. O. n. 4; Angelus, C IX 46 De calummiat., Rubr.; Lucas de Penna, C X 32 De decurionibus 66 (65) (S. 61); Hostiensis, S. A. V 2 n. 1.

68) Lucas de Penna, C X 1 De iure fisci 6 (S. 5). Vgl. ferner Jac. de Belvisio II 6 n. 4; c. 3, 6 C. II q. 3; Innocenz III. in c. 16 X De accusationibus etc. V 1; Hostiensis, S. A. V 34 n. 7; Joh. Andreae, c. 6 X De iuramento calumniae II 7 n. 5: »Calumnia est, cum quis scienter iniuste agit vel resistit«; Innocenz IV. in c. 1 in VI to De exceptionibus II 12.

69) Hostiensis, S. A. II 7 n. 1: »Est calumnia, cum quis ex certa scientia iniuste agit vel resistit«. Vgl. auch Innocenz IV. in c. 1 in VI to De electione et electi pot. I 6; Lucas de Penna, C X 11 De delatoribus 2 (S. 18).

70) Auch Thomas v. A., S. th. 2, 2 q. 68 a. 3 forderte für die im Sinne der herrschenden Lehre umschriebene Verleumdung (Ankl. »ex eo, quod aliquis iniuste agit contra eum qui accusatur, crimina falsa ei imponendo; quod est calumniari«) ein bestimmtes Wissen, ein Handeln »ex malitia«, nicht »ex animi levitate.« Vgl. auch a. 4.

71) So auch Baldus, J IV 16 De poena temere litig. 1 § Haec autem n. 10. Den gleichen Standpunkt nimmt die Beichtliteratur ein: Vgl. Joh. v. Fr. II 5 q. 191; Ast. I 40 (S. 60 f.).

wollte nun die herrschende Meinung (der Glosse folgend) den beweisfälligen Kläger als Verleumder bestraft wissen. Aus dem Mangel des Beweises also entnahm man die Vermutung für die böse Absicht [72]). Aber diese Vermutung war widerlegbar, keine praesumtio iuris ac de iure. Mit dem Mangel des Beweises kehrte sich also nur die Beweislast um: Der Ankläger hatte zu beweisen, daß er ohne böse Absicht geklagt habe. »Regulariter contra non probantem est praesumptio calumniae, sed non est praesumptio iuris ac de iure, quia admittitur probatio in contrarium; ...potest enim esse, quod ostendit errorem iustum«, heißt es bei Bartolus, D XLVIII 18 Ad senatuscons.Turp. 1 n. 6 [73]). Den gleichen Standpunkt nahm die Beichtliteratur ein [74]), und auch die Kanonisten knüpften die Talionsfolge an die Anklage ohne Beweis, wollten die Strafe aber mildern, wenn wenigstens gewisse Anhaltspunkte vorgebracht wurden [75]).

Indessen fragte man sich, ob diesem Ergebnis nicht die Vermutung für die Richtigkeit des Kalumnieneides entgegenstehe, den der Kläger zu Beginn des Prozesses leisten mußte. In der Praxis jedoch galt die Vermutung des mangelnden Beweises für stärker, und die Rechtsprechung setzte sich über die theoretischen Bedenken hinweg. Darüber berichtet Albericus de Rosciate, D III 2 De his qui not. infam. 4, 4 n. 3: »quod sacramentum calumniae non excuset, vidi in iudiciis communiter observari et eo non obstante vidi condemnari non probantes de calumnia«. Somit begnügte sich auch die Rechtsprechung mit der Vermutung aus dem mangelnden Beweise.

Doch galt das zunächst nur für die Kosten. Wer nicht bewies, hatte die Kosten zu tragen. So berichtet Cinus, C I 3 De episc. et cler. 51 (52) n. 4: »Quid dicemus: nos tota die tenemus, quod iuratur de calumnia, et fit condemnatio in expensis, quae condemnatio expen-

---

72) Bonif. de Vitalinis, Quid sit accusatio n. 13 f., 133; Bartolus, Auth. Ut litigantes iurent § Si quis autem n. 1; Alb. de Rosc., D III 2 De his qui not. infam. 4, 4 n. 13; Baldus, a. gl. O. n. 5, C VII 49 De poena iudicis, Auth. Novo iure n. 1, C IX 12 Ad 1. Iul. de vi 7 n. 5.

73) Ebenso Bartolus, D III 2 De his qui not. infam. 4, 4 n. 3; Alb. de Rosc., a. gl. O. n. 2: »est regula, quod eo ipso, quod non probat, calumniari videtur ...; sed ista regula fallit, ubi est specialis praesumptio in oppositum ...; alia regula est, quod non semper videtur calumniari, qui non probat, ut ibi constat de bono animo«; Salicetus, C IX 46 De calumniat. 2 n. 1.

74) Raym. de Pennaf. III 31 De purgatione etc. (S. 363) n. 5: »... nisi purgaverit innocentiam suam, quod non calumniandi animo processit.« Vgl. auch Raym. de Pennaf. II 5 De raptoribus etc. § 16 (S. 197).

75) Vgl. c. 2 C. II q. 3 und Archid. dazu; c. 5 C. II q. 3; Joh. Andreae, c. 2 X De calumniatoribus V 2; Hostiensis, a. gl. O. § Vobis non dantes (S. 257 f.), S. A. V. 2 n. 8; Joh. Andreae, c. 2 X De probationibus II 19 n. 3; Petruccius, Q. 93 n. 2. Vgl. auch c. 1 in VI to De electione et electi pot. I 6.

sarum fit ideo, quia iniuste litigaverit victus...; dico, quod eo ipso, quod succumbit, videtur iniustam litem movisse quantum ad hoc, quod ad expensas teneatur et ad decimam litis«.

Für eine Verurteilung in der Hauptsache aber scheint die bloße Beweisfälligkeit den Gerichten nicht genügt zu haben. Vielmehr verhängte man die harten Talionsfolgen erst dann, wenn positive Anzeichen für das Vorhandensein der Verleumdungsabsicht vorlagen. Über diese Praxis finden sich Mitteilungen bei Baldus, D III 2 De his qui not. infam. 4, 4 n. 7: »ita de facto videmus servari, quod si accusator de falso accusatur, non propterea succumbit in causa falsi, quia non probaverit in accusatione prima; imo est opus aliis probationibus vel saltem iudiciis sufficientibus ad torturam; sola inopia probationum non est sufficiens iudicium, nedum quid sit praesumptio iuris, et hoc credo, quod sit ipsa veritas, et sic practicamus«.

Obendrein gab es zahlreiche Fälle, in denen man, den Quellen folgend, auch in der Theorie die Vermutung preisgab. So unter Umständen bei der Ehebruchsklage, wenn der Kläger Beamter oder Vormund war, oder Unrecht verfolgte, das ihm selbst oder seinen Angehörigen widerfahren war [76]). In diesen Fällen kehrte die Beweislast sich wieder um. Dem Kläger war die Verleumdungsabsicht ausdrücklich nachzuweisen.

Im Ergebnis also scheint zum mindesten in der Praxis die gefährliche Kalumnienvermutung abgeschwächt und auf Fälle beschränkt, in denen schwerwiegende Anhaltspunkte für das Vorhandensein böser Absicht vorlagen.

Als Strafe der Verleumdung forderte man die Talion, das heißt der Kläger sollte die Strafe erleiden, die den Angeklagten getroffen hätte, wenn dem Kläger sein Vorhaben gelungen wäre. War aber die Klage oder Anzeige auf außerordentliche Strafe gerichtet, so bestimmte sich auch die Strafe des Verleumders nach Ermessen des Gerichts. So lehrte Baldus, D III 2 De his qui not. infam. 4, 4 n. 8: »quaero, quae est poena calumniatoris? Respondeo, similitudo supplicii. Quid ergo in poenis arbitrariis? Respondeo, quod debet inspici id, quod

[76]) Bartolus, D XLVIII 16 Ad senatuscons. Turp. 6, 3 n. 1, 15, 1 n. 1; Baldus, D III 2 De his qui not. infam. 4, 4 n. 5, C IX 1 Qui acc. non possunt 3 n. 3; Angelus, C IX 9 Ad l. Iul. de adult. Auth. Sed novo iure n. 2; Salicetus, a. gl. O. 2 n. 1: »Accusans officii necessitate tenetur solum de calumnia evidenti«; Salicetus, C IX 2 De acc. et inscr. 7 n. 24; Lucas de Penna, C X 11 De delatoribus 2 (S. 17 R. f.), C. XI 50 In quibus causis coloni etc. 2 (S. 171); Jac. de Belvisio III 11 n. 9; Durantis, Spec. III 1 De accusatione 6 § Sequitur n. 24; Hostiensis, S. A. V 2 n. 8 und c. 16 X De accusationibus V 1 (S. 247 R.). Vgl. auch c. 4 X De adult. et stupro V 16.

consuetum est fieri« 77). Talion forderte auch Thomas von Aquino, S. th. 2, 2 q. 68 a. 4 in solchen Fällen: »Iustitiae ... aequalitas hoc requirit, ut nocumentum, quod quis alteri intentat, ipse patiatur«.

Auch hier aber war die Rechtsprechung abgeneigt, der strengen Theorie zu folgen. Tatsächlich war scheinbar die Talionsstrafe insoweit nicht üblich, als sie den Tod des Klägers bedeutet hätte. Das bezeugt jedenfalls für die ältere Zeit Hostiensis, c. 11 X De homicidio etc. V 12 (S. 288): »non sequitur saepe de facto, quod accusatus convictus decapitetur, vel quod accusator deficiens in probatione penam talionis patiatur. Imo quandoque precibus vel precio vel alio modo parcitur, vel mors in penam aliam commutatur«. Der Talionsgedanke wird jedenfalls dort aufgegeben, wo er sich überschlägt 78).

Wohl aber war man darauf bedacht, dem Verleumdeten persönlich zu helfen und gab ihm die actio iniuriarum gegen den Beleidiger. Daß iniuria vorliege, wenn jemand verleumderisch vor Gericht gezogen wurde, war in der Theorie unbestritten 79) und in der Praxis anerkannt. In den Gutachtensammlungen kommen mehrfach solche Fälle vor. Über einen Prozeß dieser Art berichtet z. B. Angelus, Cons. 95. Ein gewisser Andreas war angeklagt worden, daß er den Kläger in der Absicht verletzt habe, ihn zu berauben. Auf Grund seines Geständnisses wurde der Angeklagte wegen Körperverletzung verurteilt, von der Anklage des Raubversuchs aber freigesprochen. Daraufhin wollte er die zivile Injurienklage gegen den Kläger anstrengen, und Angelus hält das für zulässig. Denn: »regula, quod quilibet interpellatus iniuste ad finem ut vexetur, iniuriarum tenetur« 80).

2.

Strafbar war alsdann das Fallenlassen der einmal erhobenen Anklage. Dieser Tatbestand setzt voraus, daß jemand von der Durchführung eines Rechtsstreits um ein öffentliches Verbrechen (nicht ein Privatdelikt) vor dessen Beendigung Abstand nimmt und

77) Bartolus, D XLVIII 16 Ad senatuscons. Turp. 1 n. 1; Alb. de Rosc., a. gl.O. 3 n. 1; Baldus, C VII 51 De fructibus etc. 4; Salicetus, a. gl. O. n. 1; Baldus, C II 7 De advoc. div. iudic. 1 n. 2, C IV 19 De probat. 24, C IX 46 De calumniat 7; Salicetus, C IX 2 De acc. et inscr. 17 n. 2; Durantis, Spec. III 1 De accusatione 6 § Sequitur n. 24; Hostiensis, S. A. V 2 n. 11, c. 2 X De calumniatoribus V 2 § Vobis non dantes (S. 257 f.). — Vgl. auch Günther, Wiedervergeltung I 141 ff., 281 f. (hier Quellenangaben zum kanonischen Recht).

78) Vgl. Gandinus, Qualiter fiat accusatio 5 (S. 26): Preisgabe der Talion, um nicht von Klagerhebung abzuschrecken. So auch Qui accusare possunt 29 (S. 13).

79) Jac. de Belvisio I 3 n. 30; Bonif. de Vitalinis, De iniuriis n. 15.

80) Vgl. auch Angelus, Cons. 250.

den Willen der Rechtsverfolgung endgültig aufgibt [81]). Dieser Verzicht konnte ausdrücklich oder durch schlüssige Handlungen bekundet werden, namentlich durch Versäumung eines richterlichen Termins.

Dagegen konnte man straflos zurücktreten, solange noch gar keine öffentliche Klage erhoben war. Wer z. B. ankündigt, er werde demnächst klagen, aber dann doch nicht klagt, wird nicht aus dem senatusconsultum Turpillianum, sondern allenfalls wegen iniuria bestraft [82]). Umgekehrt konnte die Anwendung dieses Gesetzes daran scheitern, daß die Abstandnahme zu spät erfolgte. Gab nämlich der Kläger sein Unternehmen erst nach der Beweisaufnahme preis, so wurde er wegen Verleumdung, nicht wegen Abstandnahme von der Anklage bestraft [83]).

Die Strafe wurde dem Ermessen des Gerichts überlassen [84]).

3.

Beide Tatbestände — Verleumdung und Abstandnahme — finden sich im Statutarrecht wieder, aber stärker einander angenähert [85]). Als Verleumdung wird zunächst die Anklage oder Anzeige bestraft, für die der Ankläger oder Anzeigende keinen Beweis erbringt. Die widerlegbare Vermutung der Theoretiker erstarrt also zur allgemeinen Regel. Wie in der Theorie wird neben der Anklage auch die verleumderische Einrede genannt, so im Statut von Bassano von 1392 r. Si quis evidenter frustatoriam vel calumpniatoriam exceptionem opponat et eam non probet (S. 44).

Hier und dort begnügte man sich nach dem Vorbild des kano-

---

[81]) Baldus, C IX 45 Ad. senatuscons. Turp. 6: »Ille dicitur destitisse, qui deposuit animum prosequendi.« Vgl. auch Salicetus, a. gl. O. und 1 n. 1 und die übrigen Kommentare zu dieser Stelle; Bartolus, D XLVIII 16 Ad senatuscons. Turp. 1, 8 n. 1, 5 n. 1; Alb. de Rosc., a. gl. O. 1, 10 n. 1, 3 n. 3, 6, 11; Angelus, C IX 45 Ad senatuscons. Turp. 6; Bonif. de Vitalinis, De pena desistentis ab accusatione n. 2, Quid sit accusatio n. 15; Hostiensis, S. A. V 2 n. 9; Innocenz, c. 2 X De coll. deteg. V 22; Ast. I 40 (S. 60): »Tergiversari est animo ab accusatione desistere animum sc. accusandi deponendo.« Genau ebenso schon Thomas v. A., S. th. 2, 2 q. 68 a. 3. Vgl. auch Kantorowicz I 286 f. Urk. 58 und 59 und S. 150 f.

[82]) Angelus, D XLVIII 5 Ad l. Iul. de adult. 11, 3 n. 1; ferner c. 14 X De accusationibus V 1 und dazu Hostiensis § Nos igitur (S. 246 R.).

[83]) Angelus, D III 6 De calumniat. 1, 2 n. 5.

[84]) Bonif. de Vitalinis, De pena desistentis ab accusatione n. 3, 12. Vgl. auch Gandinus, Qui accusare possint 12 (S. 8); Durantis, Spec. III 1 De accusatione 5 § Quinto n. 4, IV 4 De calumniatoribus n. 6.

[85]) Kohler 567 ff., Pertile V 625 ff. und das Inquisitionsprotokoll bei Kantorowicz I 223 Urk. 23. Eine Verurteilung wegen Fallenlassens der Anklage bei Kantorowicz I 315 f. Urk. 91.

nischen Rechts [86]) mit halbem Beweis, etwa durch öffentliches Gerücht — z. B. in Narni (1371 III 154) —, oder man verlangte gar den positiven Beweis, daß die Anklage unrichtig sei, wie in Bovegno (1341 r. 219 S. 88 f.).

In der Regel aber war der positive Beweis nur in Ausnahmefällen nötig, die hier und dort nach dem Vorbild des gemeinen Rechts herausgehoben werden.

Das Statut von Valsassina von 1388 r. 126 (S. 310 f.) z. B. bedroht den Beamten nur für den Fall mit Verleumdungsstrafe, daß ihm die Unrichtigkeit seiner Anklage nachgewiesen wird. In Bassano (1392 S. 88 R. f.) hatte Sicherheitsleistung für die Weiterverfolgung der Klage nur derjenige zu leisten, der kein ihm selbst oder seinen Verwandten widerfahrenes Unrecht verfolgte. Wer innerhalb dieser Grenzen klagte, aber nicht bewies, wurde nach besonderen und milderen Tarifen bestraft. Auch waren Prokuratoren, Vormünder und andere von der Strafe für das Fallenlassen der Anklage befreit. In Biella (r. 57) endlich konnte man wegen Ehebruchs klagen »sine metu calompnie«.

Die Strafe der Verleumdung ist in den Ortsgesetzen häufig Talion im früher beschriebenen Sinne [87]). Vielfach aber wurden auch Geldstrafen angedroht, die sich in der Regel abstuften nach der Schwere des vorgeworfenen Verbrechens oder nach der Strafe, mit der das fälschlich behauptete Verbrechen bedroht war [88]). Endlich kamen auch feste Geldstrafen vor [89]).

Als Nebenfolge wird oft in Statuten und Urteilen der Ersatz von Kosten und Auslagen hervorgehoben [90]).

Überall wird auch in den Statuten das Fallenlassen der Anklage

---

[86]) Durantis, Spec. III 1 De accusatione 6 § Sequitur n. 24.

[87]) Perugia 1342 III 2 (S. 19), 23 (S. 43), Ägid. Konst. 1357 IV 1 (S. 138: Der Anklagende leistet den Kalumnieneid »ad penam [»talionis«], der Anzeigende »ad penam extraordinariam«), Casale 1370 Sp. 979, Balangero 1391 r. 53 (Strafe nach Ermessen, die aber die Talionsgrenze nicht überschreiten darf).

[88]) Biella r. 57, Lucca 1308 III 130 (S. 217: Geldstrafe von 25 l für falsche Anklage wegen eines gegen Entgelt begangenen Verbrechens, wegen Friedensbruchs, Mordes, Verrats, wegen Brandstiftung, Fälschung oder Raub; Geldstrafe von 100 s für Anklage wegen anderer Verbrechen), Siena 1309/10 V 472 (S. 449 ff.), Argenta 1342 S. 86, Narni 1371 III 154, Cremona 1387 r. 50, Mailand r. 153, Lodi 1390 S. 119, Biandrate 1395 r. 295.

[89]) Cave 1307 r. 59 (S. 40), Ascoli 1377 III 5 (S. 82), Mirandola 1386 S. 107 f., Piacenza 1391 V 13, 14.

[90]) Biella r. 57, Arona 1319 r. 112 (S. 112), Frignano 1337/38 II 33 (S. 138), Mirandola 1386 S. 107 f., Piacenza 1391 V 13, 14. Vgl. ferner die florentiner Urteile bei Kohler-degli Azzi 65, 69 f., 80 f., 91 f. S. aber das Urteil von 1379 a. a. O. S. 90: Freispruch wegen mangelnden Beweises, aber trotzdem kein Ersatz der Auslagen, »quia constat nobis dictum accusatorem habuisse iustam causam litigandi«. Ebenso a. a. O. S. 92 f.

vor der Entscheidung bestraft. Die Strafe dafür gleicht sehr oft der Strafe für die Verleumdung, wird häufiger aber auch besonders festgesetzt [91]).

Als Sonderfall wird oft die verleumderische Anklage wegen Fälschung oder die Einrede des falsum behandelt. Sie beleidigt die Gegenpartei, aber auch den Beamten, vor allem den Notar, dessen Urkunde in Zweifel gezogen wird. Das kommt darin zum Ausdruck, daß ihm vielfach ein Anteil an der Buße zugesprochen wird.

In Mantua (1303 I 28 S. 82) z. B. hat Geldstrafe von 50 l zu zahlen, wer jemand wegen eines Fälschungsverbrechens anklagt oder anzeigt, aber keinen Beweis erbringt. Das Statut von Lucca von 1308 III 102 (S. 205) bedroht die beweislose Anklage wegen falschen Zeugnisses mit Geldstrafe von 20 l, die wegen Urkundenfälschung mit Strafe von 50 l. Ähnliche Strafdrohungen enthält das Gesetz von Perugia von 1342 III 17 (S. 39 f.), das ausdrücklich mit den zahlreichen falschen Anklagen wegen angeblicher Fälschungsverbrechen begründet wird. Als Gesetz zum Schutz der Notare gibt sich das Gesetz von Bobbio von 1398 IV 132 aus, und in Bassano (1392 S. 44 r. Quod accusans de falso probare teneatur falsitatem) fällt die Hälfte der Geldstrafe an den Notar oder Zeugen, dessen guter Ruf beeinträchtigt ist.

VI. Tätliche Beleidigung.

Wie mit Worten so kann man auch durch Handlungen beleidigen [92]). Während in der Regel die Verletzung im Kampfe nicht als Schande galt, war die Narbe als bleibende Entstellung, war vor allem die Ohrfeige schimpflich. Das kam zum Ausdruck in einer Erhöhung der gewöhnlichen Strafe.

Außer diesen aber enthalten die Statuten in bunter Fülle andere Tatbestände, die, an deutschrechtliche Überlieferungen anknüpfend [93]), den Ehrengesichtspunkt zur Geltung bringen. Die Theorie erörterte diese Vergehen nicht gesondert, sondern sah sie als Unterfälle der iniuria an. Da also die Wechselbeziehung zwischen Lehre und Praxis fehlt, so soll hier nicht die Fülle der Erscheinungen ausgebreitet, sondern nur ein kurzer Überblick gegeben werden.

---

[91]) Biella r. 57 (Strafe der Verleumdung), Sambuca 1291 r. 51 (S. 31: Strafe der Verleumdung), Argenta 1342 S. 86 (Strafe der Verleumdung), Casale 1370 Sp. 979 (Strafe der Verleumdung), Mailand r. 153 (Die Strafe ist geringer als die Strafe der falschen Anklage, richtet sich nach der Art des vorgeworfenen Verbrechens und fällt verschieden aus je nach dem Zeitpunkt der Abstandnahme), Bassano 1392 S. 88 R. (Der Kläger hat Sicherheit dafür zu leisten, daß er die Klage verfolgt, für Schäden und Auslagen aufkommt und eventuell Strafe zahlt. Diese stuft sich nach Art und Höhe der im Falle des Beweises verwirkten Strafe ab. Doch kann der Kläger sich durch den Nachweis entlasten, daß er weder verleumderisch noch leichtfertig geklagt habe).

[92]) Kohler 386 ff., Pertile V 617 ff.

[93]) Wilda, StrR. d. Germ. 775 ff., His, G. D. StrR. 126, 129, 132.

Die Grenze zwischen Realinjurie und Körperverletzung ist flüssig. Nach dem Ohrfeigen und Beibringen einer Narbe ist der Körperverletzung am nächsten das entehrende Prügeln und Schlagen, das »verberare« im Sinne der Theoretiker [94]). Daran schließen sich zahllose Vorschriften an wie die über das Bartzausen, das Abschneiden der Haare und An-den-Haaren-ziehen. Oft wird bestraft, wer einen andern an der Nase oder Kehle faßt, ihn kratzt oder beschmutzt, wer jemand zu Boden wirft oder so stößt, daß er von selbst hinfällt oder auch nur stößt. Wie im langobardischen Recht macht sich strafbar, wer jemand vom Pferde, in einen Brunnen oder ins Feuer wirft [95]). Auch das Schleifen über den Erdboden wird erwähnt [96]) und dessen gedacht, der jemand die Augen zuhält [97]).

Anderswo tritt die köperliche Handlung noch stärker hinter die Ehrverletzung zurück. Als Symbol der Würde galt die Kopfbedeckung. Daher wird immer wieder bestraft, wer jemand die Kapuze oder Mütze vom Kopfe zieht, aber auch der, der einem andern, vor allem auf der Rückseite des Körpers, die Kleider zerreißt oder aufschneidet oder auch nur jemand an den Kleidern ergreift [98]).

Oft wird das Werfen von Schmutz und Steinen auf fremde Häuser, auf Dächer oder Fenster erwähnt. Dabei war der entscheidende Gesichtspunkt wohl nicht der Versuch einer Sachbeschädigung oder gar Körperverletzung oder dergleichen, sondern die Ehrverletzung. Der Beleidigte wird in seinem persönlichen Bereich nicht geachtet. Auch der insultus ad domum gehört hierher [99]). Deutlicher tritt das Beschimpfende in einem ähnlichen Tatbestand hervor: Vielfach nämlich wird das Werfen von Schmutz oder Unrat vor ein Haus, namentlich auf die Schwelle bestraft. In diesem Zusammenhang wird auch die Schmähschrift genannt [100]).

Wiederholt finden sich nach langobardischem Vorbild [101]) Straf-

---

[94]) Padua 1329 S. 240 f. (Geldstrafe von 25—50 l), Bassano 1392 S. 97 (50—100 l). Über das »verberare« im Gegensatz zum »percutere« vgl. Alb. de Rosc, St. II 230: »magis videtur percuti quam verberari, ... cum baculo autem vel flagello dicitur quis verberari«. S. auch Hostiensis, S. A. V 36 n. 4; Bonif. de Vitalinis, De iniuriis n. 2. — Rothar setzte die Strafe des halben Wergeldes darauf. Vgl. His, G. D. StrR. 129.

[95]) Rom 1363 II 56, 58, 59 (S. 113).

[96]) Olevano 1364 r. 71.

[97]) Perugia 1342 III 87 (S. 112).

[98]) Vor allem Frauen soll das nicht geschehen. So ist Geldstrafe von 100 l in Rom (1363 II 57 S. 113) angedroht, »si quis alicui mulieri pannos de dorso inciserit tordendo eos super genum vituperose«.

[99]) Vgl. S. 367 ff. [100]) Vgl. S. 390.

[101]) Vercelli S. 96 r. De pena imposita facientibus impedimentum sponsabus (100 s), S. 96 R. r. De clamatoribus ad nuptias (10 l), Valsolda 1388

bestimmungen gegen die Behinderung oder Beschimpfung des Hochzeitszuges [102]).

Wie gegen wörtliche so wird die Frau auch gegen tätliche Beleidigungen besonders geschützt, namentlich gegen Angriffe auf ihre geschlechtliche Ehre und eine Verletzung des Schamgefühls. So hat in Perugia (1342 III 100 S. 120 f.) die hohe Geldstrafe von 500, unter Umständen sogar 1000 l zu zahlen, wer eine Frau auf dem Kirchgange oder in der Kirche unanständig belästigt [103]).

Wie bei der wörtlichen Beleidigung entscheidet vielfach nicht die äußere Beschaffenheit der Handlung, sondern das innere Empfinden des Beleidigten. So hat in Padua (1329 S. 238 R. ff.) eine Geldstrafe von 100 s zu zahlen, wer jemand die Kapuze vom Kopf zieht, »si ille, cui acceptum erit, revocaverit sibi ad iniuriam«, und das gleiche galt in Ascoli (1377 III 39 S. 112), Argenta (1342 S. 90) und Bassano (1392 S. 104). Auch in Carpi (1353 S. 66) wurden Realinjurien nicht bestraft, wenn der Verletzte erklärte, »se nolle habere moleste predicta«.

* * *

Im ganzen gesehen scheinen auf diesem Gebiet die Wechselbeziehungen zwischen Lehre und Praxis nur spärlich. Die Theorie haftet an den gemeinrechtlichen Quellen, die Praxis an deutschrechtlichen Überlieferungen. Immerhin klärt die Theorie die Begriffe der Gesetzgebung und dringt in wesentlichen Einzelpunkten (außerprozessuale Verleumdung, Wahrnehmung berechtigter Interessen) in das Statutarrecht ein. Weitgehende Übereinstimmung herrscht in der Auffassung der Prozeßverleumdung, während gewisse Sonderfälle (der hetzerische Vorwurf, Realinjurien) in der Praxis unabhängig von wissenschaftlichen Anregungen gestaltet werden.

---

r. 53 (S. 275: Geldstrafe von 20 s für das Bewerfen des Hochzeitszuges mit Gegenständen), Casale 1370 Sp. 1036 f., Biandrate 1395 r. 92 (Man darf nicht »robare nec pignorare aliquem qui fuerit cum aliqua sponsa ducendo nec ipsam sponsam vel ducentes imbregare (stören) nec rapas nec aliquid aliud versus eos prohibere« [statt prohicere?]; Strafe 5 s), Ponti r. 54 (Geldstrafe von 2 s auf »arestare sponsam«). Vgl. auch Kohler 377.

[102]) Osenbrüggen, Lgb. 76.

[103]) Die Frau war streng ans Haus gefesselt. Der Kirchgang — wir wissen das aus der Dichtung jener Zeit — bot vielfach die einzige Gelegenheit, um an Frauen heranzukommen.

Die Gotteslästerung.

Die italienischen Stadtrechte des 14. Jahrhunderts enthalten zahlreiche Bestimmungen gegen die Lästerung Gottes, der Jungfrau Maria und der Heiligen [1]), Vorschriften, in denen die Auffassung der Ehrverletzung als Herabsetzung der Persönlichkeit wiederkehrt. Die persönlich gedachte Gottheit konnte wie der Mensch im Selbstgefühl getroffen werden, und man fürchtete — das war schon spätrömische Vorstellung — ihre Rache in Gestalt von Hungersnot und Naturkatastrophen. So begründet beispielsweise Bonifacius de Vitalinis, De pena blasphem. etc. n. 1 die Strafe der Gotteslästerung mit den Worten: »est ratio, quia per hoc fames et tempestas et terre motus adveniunt«.

In den Ortsgesetzen wird die Tatbestandshandlung mit den Ausdrücken »blasphemare«, »maledicere«, »maledire« bezeichnet. Auch wird häufig der Ausspruch von Schimpfworten (»verba iniuriosa«, »turpia verba«, »verba contumeliosa«) hervorgehoben. Geschützt werden Gott, die Jungfrau und die Heiligen, manchmal ist auch nur vom Lokalheiligen der betreffenden Stadt die Rede. Hier und dort werden allein Gott und die Mutter Gottes oder auch nur Gott und die Heiligen genannt.

Solche Vorschriften finden sich u. a. in folgenden Statuten:

Turin 1360 Sp. 682, Casale 1370 Sp. 990, Moncalieri 1378 Sp. 1397, Balangero 1391 r. 54, Albiano r. 1, Ponti r. 16;

Mantua 1303 I 23 (S. 77), Brescia 1313 II 101, Bovegno 1341 r. 153 (S. 70), Valperga 1350 r. 18, Biandrate 1395 r. 140;

Este 1318 r. 93;

Modena 1347 IV 40 (S. 406 f.), Parma 1347 S. 238, Carpi 1353 S. 52, Piacenza 1391 V 6, Bobbio 1398 IV 121;

Pisa 1286 III 27 (S. 385), Siena 1309/10 V 266 (S. 345), Florenz, Stat. Pod. 1325 III 14 (S. 188), Chianti 1384 III 10 (S. 170 f.);

Ascoli 1377 III 14 (S. 87 f.);

Porto Venere 1370 r. 1;

Forli 1359 III 1 (S. 183);

Olevano 1364 r. 92;

Perugia 1342 III 59 (S. 72).

Als Lästerung Gottes galt auch die Lästerung Christi. Ausdrücklich neben der Mutter Gottes und den Heiligen wird der Name Jesu im Gesetz von Gambassi II 1 (S. 41), Christus neben Gott auch im Statut von Verona von 1450 III 28 genannt.

Vielfach gilt die Lästerung der Heiligen als geringeres Vergehen gegenüber der Lästerung Gottes und der Jungfrau und wird milder bestraft [2]). Doch kommen auch andere Abstufungen vor. In Ivrea

[1]) Kohler 606 ff., Pertile V 435 ff.

[2]) Tivoli 1305 III 145 (S. 203), Cave 1307 r. 62 (S. 41), Lucca 1308 III

(Sp. 1208) wird die Jungfrau Maria besonders geschützt. Lästerungen gegen sie werden mit Geldstrafe von 60 s gesühnt, Lästerungen Gottes und der Heiligen mit einer Buße von 20 s. In Verona (1450 III 28) wird die Lästerung Gottes und Christi, der Mutter Gottes und der Heiligen dreifach abgestuft.

Nur selten wird der Tatbestand näher umschrieben. Nur als Beispiele hebt das Gesetz von Balangero von 1391 r. 54 Redensarten hervor, die Zweifel an Gottes Dasein oder Allmacht zum Ausdruck bringen: »intelligatur blasfemator, qui dixit abnego seu renego deum..., vel qui dixerit in despectum dei ..., vel deus non potest facere ... aut alia verba detestabilia«.

Die Begriffe des Statutarrechts werden in den Schriften der Rechtslehrer besprochen, vor allem wird das Verhältnis von maledicere und blasphemare erörtert, wobei im einzelnen Unsicherheit herrscht. Die einen setzten nach dem Vorbilde der Praxis beides schlechterdings gleich [3]), während andere das blasphemare für den weiteren Begriff erklärten, aber zugaben, daß nach dem Sprachgebrauch beides dasselbe bedeute [4]). Zweifel herrschten auch darüber, ob die Begriffe der turpia verba, verba iniuriosa, verba contumeliosa sich mit denen des blasphemare und maledicere deckten. Entscheidend für die Anwendung der Statuten war der gemeine Sprachgebrauch, der alle diese Worte gleichsetzte. So lehrt Angelus, D XXVIII 5 De hered. instit. 49 (48), 1 n. 2: »Si statutum punit maledicentem Deum, non solum puniet, qui dixit, maladetto sia, etiam qui aliqua verba turpia contra Deum protulit, sed et hoc intellige, nisi communis usus loquendi hunc sermonem restringat [5])«.

In einem wesentlich weiteren Sinne als Statuten und Theoretiker des weltlichen Rechts verstanden die Beichtjuristen und Kanonisten den Begriff der Blasphemie [6]). Dieser Sünde machte sich schuldig, wer Gott eine Eigenschaft zuschrieb, die ihm nicht anhaftete oder etwas absprach, was ihm zukam oder etwas Böses anwünschte [7]).

Demnach sah man als Gotteslästerung — Absprechen dessen, was Gott zukommt — den Unglauben und Abfall vom Glauben an:

91 (S. 199), Argenta 1342 S. 97, Rom 1363 II 69 (S. 121), Narni 1371 III 9, Cremona 1387 r. 81, Lodi 1390 S. 117 R., Bassano 1392 S. 104 f.

3) Baldus, Cons. III 476 n. 1. Vgl. S. 378, besonders Anm. 24.

4) Lucas de Penna, C X 11 De delatoribus 5 (S. 19); Barth. Pis. s. v. »Maledictio« n. 2.

5) Vgl. aber Baldus, Cons. III 476 n. 1.

6) Über das kanonische Recht vgl. Hinschius, KR. V 184, Katz 67 ff.

7) Barth. Pis., a. a. O.; Ast. II 60 (S. 103); Alb. de Ros. s. v. »Maledicere.« So schon Thomas v. A., S. th. 2,2 q. 13 a. 1. — Die öffentliche Beschimpfung Gottes, der Mutter Gottes und der Heiligen wird in c. 2 X De maledicis V 26 unter Strafe gestellt.

Blasphemie waren Ketzerei und Judentum [8]). Theoretisch hielten für die Juden auch die Legisten daran fest, wollten aber doch die Strafe nicht an die bloße Zugehörigkeit zum jüdischen Glauben knüpfen, sondern erst dann verhängen, wenn der christliche Glaube ausdrücklich herabgesetzt wurde [9]). Diese Duldsamkeit entsprach der Praxis.

Im einzelnen wird in den Quellen des weltlichen und geistlichen Rechts der Schwur bei nicht göttlichen Wesen, ferner bei Gottes Haupt oder Gliedern hervorgehoben. Er soll als Gotteslästerung im Sinne der Statuten auch dann gelten, wenn sie den Schwur nicht besonders erwähnen [10]). Doch hebt die Beichtliteratur hervor, der Schwur müsse unehrerbietig sein, nimmt also den Fall aus, daß etwa jemand bei Gottes heiligem Haupt (per sacrum caput Dei) einen Eid leistet [11]). Im einzelnen werden dann feinere Unterscheidungen gemacht, z. B. wird darauf abgestellt, ob jemand bei solchen Gliedern schwört, von denen bei Menschen zu sprechen unanständig wäre oder bei anderen Teilen des Körpers. Im ersten Falle nahm man immer Todsünde an, im zweiten aber nur dann, wenn der Täter sich diese Lästerungen zur Gewohnheit gemacht hatte [12]).

Das findet sein Gegenstück im Statutarrecht, das wiederholt den unehrerbietigen Schwur unter Strafe stellt.

So hatte in Perugia (1342 III 59 S. 72 f.) Geldstrafe von 25 l verwirkt, wer »iniquamente irreverentemente farà voto al corpo overo al sangue« Christi, der Jungfrau Maria oder der Heiligen. Ähnliches galt in Parma 1347 r. De poena jurantis ad corpus Christi nec ad sanguinem Christi nec matris ejus« (S. 237) und Narni 1371 III 9. Unanständige Lästerungen dieser Art bedenkt namentlich das Gesetz von Ascoli von 1377 III 14 (S. 87 f.): Dort wird bestraft, wer einen Schwur leistet »per le interiore de Dio overo per lo sangue de Dio overo per tucte le membra de ipso overo de sua matre overo per lo lacte de la vergine Maria«. Die Strafe beträgt 40 s, erhöht sich aber auf 10 l (hilfsweise Auspeitschung) bei gewissen besonders groben Lästerungen.

Der innere Tatbestand erfordert den Vorsatz, nicht aber die ruhige Überlegung. Das hebt wieder die Beichtliteratur hervor

[8]) Raym. de Pennaf. I 4 De Judaeis et Sarracenis etc. pr.: »Egimus de his, qui spiritum sanctum per simoniam blasphemant: nunc de iis agamus, qui male colendo Deum inhonorant ut sunt Iudaei, Sarraceni et Haeretici.«

[9]) Bonif. de Vitalinis, De iudeis etc. n. 2; Baldus, Cons. II 100 n. 1. Vgl. auch c. 16 X De iudaeis, sarracenis etc. V 6.

[10]) Bartolus, Auth. Ut non luxurientur contra naturam n. 1 f.; Cinus, C IV 1 De rebus cred. 2 n. 4; Baldus, a. gl. O. 2 n. 6, J IV 6 De actionibus 8 n. 2; Bonif. de Vitalinis, De pena blasphem. etc. n. 1; Lucas de Penna, C X 11 De delatoribus 5 (S. 19); Hostiensis, S. A. V 26 n. 4; Raym. de Pennaf. I 9 De juramento et perjurio § 1 (S. 79); Ast. I 17 (S. 17 R.), V 32 (S. 42). Vgl. auch c. 9 u. 10 C. XXII q. 1.

[11]) Barth. Pis. s. v. »Iurare« (S. 97 R.); Alb. de Rosc. s. v. »Iuramentum«.

[12]) Joh. v. Fr. I 9 q. 7; Ast. I 17 (S. 17 R.).

und begründet das daraus, daß die Gotteslästerung typisches Affektvergehen sei, die Möglichkeit mangelnder Überlegung also schon bei der Strafdrohung berücksichtigt sei [13]).

Die Strafe der Gotteslästerung ist in den Statuten meist Geldstrafe. Häufiger aber kommen daneben oder an deren Stelle Ehrenstrafen vor. Mit Vorliebe wird gerade der Gotteslästerer lächerlich gemacht, nämlich in den Fluß oder See getaucht oder mit Wasser übergossen [14]), in den Pranger gesteckt oder ausgepeitscht [15]), oder man veranstaltet einen Umzug mit ihm oder fügt ihm sonst einen Schimpf zu [16]). Hier und dort aber nahm man die Gotteslästerung ernster und bestrafte mit Verstümmelung. Als spiegelnde Strafe kommt das Abschneiden der Zunge vor, so in Siena 1309/10 V 266 (S. 345), Ascoli 1377 III 14 (S. 87 f.), Cremona 1387 r. 81 und Lodi 1390 S. 117 R.

In der Bestimmung der Strafe aber trennen sich Lehre und Praxis. Die Theorie bezeichnet als Rechtsfolge die Todesstrafe der römischen Kaiserzeit, weist aber darauf hin, daß die Praxis anders sei [17]).

---

13) Raym. de Pennaf. III 34 De poenitentiis § 4 (S. 434): »De ira pullulant ista sex, rixae, tumor mentis, contumeliae, clamor, indignatio, blasphemiae;« Ast. V 32 (S. 42); Joh. v. Fr. III 34 q. 207; Barth. Pis. s. v. »Blasphemia« n. 1 (S. 18); Alb. de Rosc. s. v. »Blasphemia«; Hostiensis, S. A. V 26 n. 1; Luccas de Penna, C X 11 De delatoribus 5 (S. 19 R.). So auch Thomas v. A., S. th. 2, 2 q. 158 a. 7.

14) Biella r. 4 (hilfsweise 1 Tag Pranger und 3 Eimer Wasser über den Kopf), Este 1318 r. 93 (öffentliche Kundmachung und dreimaliges Tauchen), Carpi 1353 S. 52 (Schandsäule, u. U. Begießen mit Wasser), Moncalieri 1378 Sp. 1397 (Geldstrafe oder Tauchen in den Po), Bassano 1392 S. 104 (öffentliche Kundmachung und dreimaliges Tauchen).

15) Modena 1327 IV 40 (S. 406 f.: hilfsweise Kette und Auspeitschung), Argenta 1342 S. 98 (bei Nichtzahlung der Geldstrafe 5 Tage Kerker, danach Kette oder Pranger), Parma 1347 S. 237 (Schandsäule), Cremona 1387 r. 82 (Kette und Auspeitschung), Auspeitschung auch in Casale 1370 Sp. 990, Ascoli 1377 III 14 (S. 87 f.), Ivrea Sp. 1208 (wahlweise neben Tauchen oder Kette).

16) In Narni (1371 III 9) wird der Täter, der die Geldstrafe nicht bezahlt, mit durchstochener Zunge öffentlich durch die Stadt geführt.

17) Bonif. de Vitalinis, De pena blasphem. etc. n. 1 ff.; Cinus, C IV 1 De rebus cred. 2 n. 4; Baldus, C IV 1 De rebus cred. 2 n. 6; Lucas de Penna, C X 11 De delatoribus 5 (S. 19 R.): »Ipso iure civili blasphemus est ultimo supplicio puniendus ...; que quidem pena, licet divina ...., tamen ob defectum religionis et iustitie minime observatur; .... qui nomen dei blasphemat hodie, vel nulla vel saltem levi pena punitur, ideo quia dei contumelias non ulciscimur, ipse nostras iniurias dimittit inultas.« — Das entsprach der Grundauffassung des Thomas v. A. von diesem Delikt. Er bemißt die Schwere der Sünden nach der Würde des verletzten Gegenstandes und kommt so dahin, die Blasphemie als unmittelbar gegen Gott gerichtetes Unrecht am strengsten zu werten. Vgl. S. th. 2, 1 q. 73 a. 3; 2, 2 q. 13 a. 3.

Die Vermenschlichung Gottes und die Neigung, äußere Vorgänge symbolisch zu deuten, fand ihren Ausdruck in Strafdrohungen gegen die Verletzung des göttlichen Bildes. Wer Bilder Gottes, der Heiligen oder der Mutter Gottes tätlich angreift, schlägt oder sonst tätlich beschimpft, wird bestraft. Neben Verletzungen des Bildkörpers nach Art der normalen Körperverletzung werden vielfach »Realinjurien« erwähnt.

In Tivoli (1305 III 144 S. 203) z. B. war eine Geldstrafe von 20 l verwirkt, wenn jemand das Bild Christi oder der Jungfrau Maria schlug, geringere Strafe für andere Injurien und Beleidigungen der Heiligen. Wenn der Täter die Strafe nicht zahlte, so verlor er das Glied, mit dem er das Unrecht begangen hatte. In Frignano (1337/38 VI 1 S. 210) steht Geldstrafe auf das Bespucken heiliger Bilder und das Schlagen von Kruzifixen oder Madonnenbildern. Wer in Bassano (1392 S. 104 R.) ein Bild Gottes oder der Jungfrau zerstörte oder beschädigte, wurde ausgepeitscht und für einen Monat in den Kerker geworfen, konnte sich davon aber mit 50 l freikaufen. Richtete sich die Tat gegen Heilige, so fiel die Strafe milder aus. Am weitesten treibt das Statut von Bologna von 1454 S. 25 R. die Parallele zur Körperverletzung. Wer dort nämlich das Bild Gottes oder der Mutter Gottes im Gesicht verletzte, verlor eine Hand, auf Verletzungen anderer Körperteile des Bildes standen Geldstrafen und hilfsweise Auspeitschung und Einkerkerung. Noch milder wurden sonstige Beschimpfungen durch Tätlichkeiten bestraft [18]).

* * *

Der Tatbestand der Gotteslästerung wird also im Statutarrecht enger verstanden als in der Beichtliteratur, die auch hier auf die Gesetzgebung ohne nennenswerten Einfluß bleibt. Die weltliche Theorie klärt die Begriffe der Praxis, die in der Bemessung der Rechtsfolgen aber eigene Wege geht.

Die Sittlichkeitsverbrechen.

I. Allgemeines.

Das ausgehende Mittelalter, ja das Mittelalter überhaupt ist in geschlechtlichen Dingen durchaus nicht überempfindlich. [1]) Man hatte gröbere Nerven als heute, hatte nicht die moderne Abneigung gegen Äußerungen erotischer Gefühle und sexuellen Verlangens. Obendrein macht sich im 14. Jahrhundert als natürliche Begleiterscheinung

[18]) Kohler 615 f.

[1]) Bühler, Die Kultur des Mittelalters 291 ff. (vgl. auch 321 ff.), Schultz, Das häusliche Leben der europäischen Kulturvölker usw. 153 ff., Grupp, Kulturgeschichte des Mittelalters IV (V 2) 29 ff.

der kapitalistischen Entwicklung, des Luxus und steigenden Wohlstandes auf der einen, der zunehmenden Proletarisierung auf der anderen Seite eine Lockerung der Sitten und der geschlechtlichen Disziplin bemerkbar [2]). In dieser Richtung wirkt auch die Unsicherheit der äußeren Verhältnisse, die Auflösung der Familie und das langsame Erschlaffen der religiösen Energie. Die Gesetzgebung liefert hier kein deutliches Bild der tatsächlichen Verhältnisse. Mehr als auf anderen Gebieten pflegt das Urteil über sexuelle Verfehlungen unabhängig zu sein von den tatsächlichen Verhältnissen. Zweckmäßigkeitserwägungen treten zurück hinter grundsätzlichen und weltanschaulichen Wertungen, hartnäckiger als anderswo halten sich überlieferte Anschauungen in gewandelten Verhältnissen. Sucht man aber diese beharrenden Kräfte näher zu bestimmen, so drängen sich zwei Gesichtspunkte auf: Einmal wird es darauf ankommen, wieweit eine Zeit geneigt ist, sexuelle Vorgänge überhaupt sittlich zu werten und auf die Art dieses Werturteils. Wichtig ist zweitens die Stellung der Frau in Gesellschaft und Familie. Von hier aus gesehen scheint es am ehesten möglich, dem mittelalterlichen Recht näherzukommen.

Das Strafrecht des Mittelalters überhaupt, namentlich aber in diesem Bereich, entsprach der moralischen Wertung. Recht und Ethik fielen nicht auseinander. Da aber das sittliche Denken von religiösen Vorstellungen beherrscht war, so wurden religiöse Motive auch im Rechtlichen wirksam. Dem religiösen Ideal des Mittelalters nun entsprach die Zurückdrängung des Geschlechtstriebes, zum mindesten seine Befriedigung im Rahmen der Ehe [3]). Geschlechtsverkehr außerhalb der Ehe war Sünde, und schon damit waren Strafen gegen Ehebruch oder stuprum gerechtfertigt. Wenn aber die Prostitution auch rechtlich geduldet wurde, so blieb gerade ihr gegenüber das Gefühl lebendig für den Widerspruch zum religiösen Ideal. Doch auch anderswo treten religiöse Antriebe hervor, wie in den Strafbestimmungen gegen widernatürliche Befriedigung.

Somit war das Fleischesverbrechen zunächst Sünde gegen Gott, also Unrecht vor aller Verletzung menschlicher Rechtsgüter. Doch waren auch diese betroffen. Das Sexualverbrechen traf (außer dem Manne etwa bei homosexueller Gewalttat) einmal die Frau. Aber das erst in zweiter Linie. Mehr im Vordergrunde stand ein anderer Gedanke. Die Frau, ob verheiratet oder unverheiratet, stand in der

---

[2]) Bekannt ist die Kritik Dantes an den Florentinerinnen: Purg. XXIII 94 ff. Über ein kirchliches Verbot gegen allzu freie Trachten vgl. dort v. 100 ff.

[3]) Noch in diesem Rahmen sind die Erfordernisse der Irregularität strenger als die des Strafrechts. So ist irregulär, wer nach Lösung der ersten Ehe eine neue Ehe eingeht, während die sukzessive Bigamie strafrechtlich ohne Folgen blieb.

Gewalt der Familie, des Ehemannes, des Vaters, der Brüder. Dieses Gewaltrecht schien zunächst verletzt, und darum kam in erster Linie dem Gewalthaber ein Anteil an der Strafe oder eine Buße zu bei Notzucht, Entführung und stuprum. Der Gewalthaber schloß den Vergleich mit den Tätern.

Die Frau also — das wurde schon an anderen Erscheinungen gezeigt — stand in Verwandschaft und Ehe dem Manne nach. Vor allem wird das deutlich in der Behandlung des Ehebruchs. Lehre und Praxis vertreten die doppelte Moral. Die Ehebrecherin wird bestraft, nicht aber der verheiratete Mann. Die Kirche, für die Gleichberechtigung der Geschlechter kämpfend, setzt sich nicht durch.

Weniger als der Mann also ist die Frau des ausgehenden Mittelalters »Individuum«, in noch höherem Maße Vertreterin der Verwandtschaft, die aus ihrem Handeln und Leiden betroffen wird. Ihre Ehre, keinesweg mißachtet, gehört nur gleichsam nicht ihr selbst, sondern der Familie, für deren Schutz und Reinhaltung die Gesetzgebung eintritt.

Daher schwächt sich die Gesetzgebung ab, wo die geschlechtliche Befriedigung außerhalb der Familie erfolgt, vor allem in der Prostitution. Was die »anständige Frau« begeht oder leidet, wird strenge bestraft, Handlungen und Mißhandlungen der Prostituierten bleiben so gut wie unbeachtet. Theorie und Praxis kennen ein doppeltes Recht, ein anderes für die bürgerliche Gesellschaft als für Dirnen und Zuhälter. Dieser Gegensatz ist auffallend und das wesentlichste Merkmal mittelalterlicher Gesetzgebung auf diesem Gebiet.

II. Die Prostitution.

1.

Da der geschilderte Gegensatz alle Erscheinungen beherrscht, so scheint es richtig, gleich zu Beginn über das Bordellwesen und den Kreis der aus der bürgerlichen Gesellschaft ausgeschlossenen näheres zu sagen. Erlaubt war die Geschlechtsbefriedigung an der Dirne oder unehrbar lebenden Frau, oft auch dann, wenn sie verheiratet war [4]. Doch unterstand sie polizeilicher Kontrolle und war räumlich eingegrenzt. Dabei ist nicht an moderne Verhältnisse zu denken. Namentlich scheint es, daß gesundheitspolizeiliche Erwägungen bei der Kasernierung keine Rolle spielten, wenn auch Pest und Aussatz ein Gegenstand der Sorge waren und gelegentlich Maßnahmen gegen Ansteckung im Geschlechtsverkehr nötig machten. So wird in Peru-

4) Kohler 506 ff., Pertile V 539 ff., Bohne, FrStr. I 186 ff. Über das Bordellwesen vgl. Frati, vita privata 102 ff.

gia (1342 III 104 S. 122) eine Frau durch die Stadt gepeitscht, mit dem Verlust der Nase bestraft und für immer verjagt, die außerhalb der Ehe mit einem Leprakranken geschlechtlich verkehrt.

Das entscheidende Motiv aber war ein moralisches. Man wollte verhindern, daß die Zuchtlosigkeit in die Gesellschaft eindrang und die Geschlossenheit der Familie zerstörte. Daher werden beide Bereiche, Familie und Prostitution, streng voneinander abgeschlossen. Die Bordelle wurden zumeist in die Außenbezirke und Vororte verwiesen. Vielfach war es verboten, Dirnen und ihren Wirten in der Stadt zu vermieten. Ihnen selbst war der Aufenthalt in der Stadt untersagt, wenigstens in gewissen Stadtteilen und Straßen und auf öffentlichen Plätzen, vor allem in der Nähe von Kirchen, Klöstern und dergleichen. Verstöße gegen diese Anordnungen, die durch reine Verwaltungsmaßnahmen noch verschärft wurden, zogen Strafen nach sich. Diese Strafen waren der Armut und gesellschaftlichen Mißachtung dieser Schicht angepaßt: Auspeitschung und Verbannung waren die beliebtesten Rechtsfolgen. Aus der Fülle der Beispiele seien einige herausgegriffen.

In Vercelli (S. 71 r. De meretricibus non morantibus in civitate) werden Dirnen und Bordellhalter ausgepeitscht, wenn sie sich unerlaubt in der Stadt aufhalten. Das gleiche ordnete das Gesetz von Lucca von 1308 III 152 (S. 228 f.) für Prostituierte an, die den Polizeivorschriften nicht genügten. In Siena (1309/10 V 25 S. 244) stand das Vermieten an Prostituierte in öffentlichen Straßen unter Strafe, und Dirnen waren kaserniert (r. 42 S. 250f.). Das gleiche war in Florenz der Fall (Stat. Pod. 1325 III 115 S. 270). Das Haus, in dem sie sich unerlaubt aufhielten, wurde zerstört, die Prostituierte wurde öffentlich ausgepeitscht [5]), der Dirnenhalter und Hauseigentümer mit Geldstrafe belegt. Geldstrafe und bei Nichtzahlung Auspeitschung war den Prostituierten in Narni (1371 III 101 r. De meretricibus et de locis, ubi morari non possunt) für den Fall angedroht, daß sie den Polizeivorschriften nicht gehorchten, während den Vermieter Geldstrafe traf. Besonders weit ging die Trennung in Lodi 1390 r. Quod nulla ganea (Dirne), meretrix vel rufiana (Kupplerin) moretur super platea (S. 8). Dort war es den Dirnen verboten, sich auch nur in Begleitung anständiger Frauen auf der Straße oder anderswo öffentlich zu zeigen (»ire in consortio aliquarum dominarum in viis nec in ecclesiis nec in alio loco«). Auf Zuwiderhandlung stand Auspeitschung und Geldstrafe.

Gelegentlich wird die Trennung auch noch äußerlich hervorgehoben, indem der Dirne eine besondere Kleidung vorgeschrieben wird, die sie als Außenseiter der Gesellschaft kennzeichnet, so u. a. in Lodi 1390 S. 8 und Verona 1450 IV 57.

Mit der Erlaubnis der Prostitution machte man praktischen Notwendigkeiten ein Zugeständnis. Die Strenge der Sitte und des religi-

---

5) Beides in dem florentiner Urteil von 1379 in G. A. 51 S. 319 f. Vgl. noch Parma 1347 S. 297, Piacenza 1391 I 36, Bassano 1392 S. 79 R., Verona 1450 IV 57 u. a. m.

ösen Urteils, die Abgeschlossenheit der Frau in Familie und Haus erlaubte nur die Wahl zwischen Ehe und Prostitution. Auch das (rechtlich hin und wieder zugelassene) Konkubinat war scheinbar nur möglich mit sozial tiefstehenden oder sittlich verrufenen Frauen. Einen besonderen Antrieb für diese Gesetzgebung mochte endlich das Umsichgreifen der Homosexualität abgeben, die man in andere Richtung zu drängen suchte.

Aber keinen Augenblick ging das Bewußtsein dafür verloren, daß man zwischen Wirklichkeit und Ideal eine Kluft öffnete [6]), und in Zeiten religiöser Erregung und unter dem Eindruck von Krieg und Not erwachte von Zeit zu Zeit das böse Gewissen. So schwankte die Gesetzgebung zwischen Duldung und Verboten hin und her. Wo sie aber den letzteren Weg beschritt, treten mehrfach religiöse Motive hervor. In Brescia (1313 II 112) z. B. wurde den Dirnen der Aufenthalt in der Stadt überhaupt verboten »ob reverentiam et honorem Dei et beatorum Stephani et Martini« und auch das Vermieten unter Strafe gestellt. Ebenso weitgehende Maßnahmen traf man in Parma im Jahre 1316 (S. 272 ff. r. De ganeis, rufianis, gaiufis et orbis de civitate et burgis expellendis et de poena tenentis eos). Aus religiösen Motiven wurden die Prostituierten auch aus Modena verjagt. Das Statut von 1327 IV 251 (S. 523) bemerkt dazu: »Ad honorem Dei et beate Mariae Virginis et omnium sanctorum statuimus, quod quelibet mulier meretrix vel male opinionis et fame, que habitat in civitate Mutine vel burgis expellatur....«. Der gleiche und andere Gesichtspunkte waren endlich für die florentiner Gesetzgebung maßgebend. So leitete das Statut des Podestà von 1325 III 115 (S. 270) Polizeivorschriften dieser Art mit den Worten ein: »Ad extirpanda mala et crimina, que possent accidere ... de inhonestate mulierum..., propter quod... impudi[ci] actus et mores et peccata plurimum commictuntur, ex quibus deus offenditur et honori detrahitur civitatis....., ac per ipsarum lascivias possint exempla mali veresimilia provenire...« usw.

Die »Rechte« der Dirnen, besser die Straflosigkeit gewisser Vergehen wie Ehebruch oder stuprum, wenn sie von Dirnen begangen werden, finden ihr Gegenstück in einer weitgehenden Schutzlosigkeit dieser Schicht. Die Gesellschaft verlangt nichts von ihnen, tritt aber

---

[6]) Die Zeitanschauung findet Ausdruck bei Astensis I 46 (S. 65 R.): »Licet ... sit grave peccatum et lege divina puniendum, tamen quia propter hominum corruptionem difficile est, a carnis voluptatibus multitudinem hominum abstinere, ideo ne homines in mala maiora et reipublicae magis nociva ut in adulterium et peccata contra naturam (!!) inciderent, noluit lex humana hoc prohibere.«

auch nicht für sie ein. Die Prostituierte war gegen Gewaltverbrechen so gut wie schutzlos [7]), Entführungen, Notzucht und Raub, an Dirnen begangen, werden gar nicht bestraft oder mit einer kleinen Ordnungsgebühr gesühnt. Ebenso finden Körperverletzungen und Beschimpfungen gegen Dirnen, Kuppler und Zuhälter bald gar keine [8]), bald mildere Sühne [9]). Beleidigungen, die sie anderen zufügen, dürfen straflos erwidert werden [10]).

Dirnen und Konkubinen, in fremde Häuser aufgenommen, unterliegen der Hauszucht und dürfen — oft stärker (»acriter«) — geschlagen werden [11]). Wo Prostituierte gegen das Gesetz verstoßen, etwa ihren Bezirk verlassen, unterliegen sie der abwehrenden Friedlosigkeit. Vielfach darf man sie festnehmen, verjagen oder verletzen. So z. B. in Pisa (1286 III 33 S. 396), wo sie verjagt werden dürfen, in Brescia (1313 II 112), wo jeder sie festnehmen und der Behörde stellen darf. In Vercelli (S. 71) durfte man der Dirne außerhalb ihres Bereichs straflos die Habe wegnehmen. Das gleiche erlaubte das Gesetz von Parma von 1347 S. 297 [12]).

Während also die Prostitution erlaubt war, schritt man gegen Mädchenhandel und Prostitutionszwang mit harten Strafen ein und bemühte sich zugleich, die Dirnen gegen wirtschaftliche Ausbeutung zu schützen. So wurde in Florenz (Stat. Pod. 1325 III 115 S. 271 f.), wer ein Mädchen zu Zwecken der gewerbsmäßigen Unzucht ankaufte, gegen ihren Willen behielt oder zum Geschlechtsverkehr zwang, mit Geldstrafe von 1000 l bestraft, und wenn er diese (in der Regel natürlich unerschwingliche) Summe nicht zahlte, verbrannt. Das letztere geschah dem rückfälligen Täter sofort. Strenge wurden auch Notare und Zeugen bestraft, die beim Abschluß solcher Verträge mitwirkten. Zugleich wurden polizeiliche Maßnahmen vorgeschrieben, namentlich monatliche Razzien angeordnet. Frauen, die das Bordell verlassen wollten, waren herauszunehmen, und der Bordellwirt sollte die Kleider der Prostituierten auch dann nicht zurückhalten dürfen, wenn er noch

---

7) Kohler 207 f., Pertile V 121, Bohne, FrStr. I 190 f., II 192 ff.

8) Biella, Stat. malef. r. 55, Brescia 1313 II 10, Invorio 1366 r. 28 (S. 159), Bassano 1392 S. 99.

9) Vercelli S. 69'R., Forli 1359 III 6 (S. 198: halbe Strafe bei Körperverletzungen).

10) Tivoli 1305 III 171 (S. 210).

11) Averrara 1313 r. 47 (S. 41 f.), Padua 1329 S. 234 f., Valsassina 1388 r. 128 (S. 312), Bassano 1392 S. 98 R.

12) »Quaelibet meretrix publica, quae inventa fuerit facere contra praedicta, possit impune derubari de omnibus drapis (Kleider) suis, quos habuerit in dorso, per quamcomque personam; et drapi efficiantur et sint cujuslibet eos depraedantis, et possint eciam offendi et percuti sine sanguine.«

Ansprüche gegen sie hatte. Auch in Rom (1363 II 181 S. 183) stand Geldstrafe von 200 l, hilfsweise Verstümmelung eines Fußes auf den Verkauf einer Frau zur geschlechtlichen Befriedigung, während das Statut von Cremona von 1387 r. 115 den Erwerb einer Frau für ein Bordell und ihren Verkauf für solche Zwecke mit dem Tode bedrohte.

2.

Somit knüpften sich an die Eigenschaft einer Frau als Dirne oder vilis persona die schwerwiegendsten rechtlichen Folgen. Daher sahen sich Rechtslehrer und Ortsgesetze gezwungen, diesen Personenkreis näher zu bestimmen und die Grenze zu finden zwischen der bürgerlichen Gesellschaft und ihren Außenseitern. Man versuchte also Begriffsbestimmungen der Dirne. Dabei kommt es in erster Linie auf sittliche Minderwertigkeit (nach damaligen Begriffen) an: die Preisgabe gegen Entgelt und den Verkehr mit mehreren Männern. Doch vermengt sich namentlich in der Praxis die sittliche Minderwertigkeit mit der sozialen. Die Frau von schlechtem Ruf wird der Frau von niedrigem Stande geradezu gleichgesetzt, namentlich Dienerinnen und Sklavinnen werden in diesem Zusammenhang ausdrücklich genannt.

Die Theoretiker lassen bald die Entgeltlichkeit der Preisgabe entscheiden, bald den Umstand, daß die Frau mit mehreren Männern verkehrt. Beides stellt Lucas de Penna, C XI 41 De spectaculis etc. 4 (S. 145 R.), gleich: »Meretrix vocatur illa, ad quam multi habuerunt accessum, vel ex quo dedit se pluribus quam duobus...; alias dicitur meretrix, cuius publice venalis est turpitudo.... Vel dic, quod meretrix dicitur etiam, ad quam unus accessit, si mercedem proinde recepit«[13]). Anderswo wird bald nur das eine, bald das andere Merkmal hervorgehoben[14]).

Die gleichen Gesichtspunkte werden in den Statuten betont, zunächst wieder die Entgeltlichkeit der Hingabe. Dabei lassen die einen jede Art der Entgeltlichkeit genügen, während andere Ge-

---

13) Ebenso Alb. de Rosc., D XLVII 10 De iniur. et fam. lib. 15, 15 n. 6: »quaero, quae dicatur meretrix, et dic quod illa, quae multorum libidini se exposuit ... vel cuius turpitudo venalis est publice.«

14) Angelus, Cons. 10 n. 5: »nec dicitur publica meretrix, nisi quae palam et sine delectu sui corporis quaestum facit«; Hostiensis, S. A. I 21 n. 2: »Meretrix, quae multorum libidini patet«; Ast. I 31 (S. 42 R.) stellt dem stuprum und der fornicatio das meretricium in doppeltem Sinne gegenüber: Einmal ist diejenige Dirne, die sich nicht auf einen Mann beschränkt: »meretrix ... dicitur uno modo, que vagem libidinem sequitur«. Darin unterscheidet sich diese Form außerehelicher Befriedigung von den übrigen. Dem gleich steht die öffentliche Entgeltlichkeit der Hingabe: »Alio modo dicitur meretrix, cuius publice venalis est turpitudo.«

setze die Öffentlichkeit entgeltlicher Preisgabe verlangen und damit auf das andere Merkmal — die Hingabe an eine Vielheit von Personen — überleiten.

Das Gesetz von Mantua von 1303 I 24 (S. 78) z. B. bedroht das Gewaltverbrechen an einer Frau mit Strafe, »nisi publice sui corporis questum faciat«. Ähnlich Argenta 1342 S. 95: Geringer bestraft wird das Gewaltverbrechen an einer Frau, »que publice vel private questum sui corporis faciat«. Auch das Gesetz von Piacenza von 1391 V 43 stellt Gewaltverbrechen unter Strafe, »salvo quod si mulier praedicta infamata de meretricio vel ad praecium eius cum aliquo steterit.«

Anderswo wird ausdrücklich der Geschlechtsverkehr mit mehreren Männern verlangt und gelegentlich schematisch und äußerlich, wie man diese Dinge zu behandeln pflegte, eine bestimmte Männerzahl zur Grenze genommen.

So galt z. B. in Tivoli (1305 III 153 S. 205) als vilis persona eine Frau, die mit mindestens drei Männern geschlechtlich verkehrt hat. Das Statut von Valperga von 1350 r. 27 spricht von »publica meretrix, que indifferenter se supponeret«. In Cremona (1387 r. 109) gilt als öffentliche Dirne eine Frau, die mit zwei Männern verkehrt hat oder im öffentlichen Ruf steht, eine Dirne zu sein. Endlich stellt das Gesetz von Balangero von 1391 r. 48 der ehrbar lebenden Frau gegenüber »vilem mulierem id est meretricem vel aliam que cum pluribus inhoneste mediante copula carnali se immiscet et quodammodo tanquam meretrix voce et fama habetur«.

Zwar waren diese Merkmale eindeutig, aber es war nicht immer leicht, den Sachverhalt festzustellen. Daher nahm man vielfach in der Praxis den öffentlichen Ruf der Frau zum Beweismittel. Praktisch war damit der Kreis der moralisch Diffamierten erweitert. Die immer wieder genannte mulier bonae famae, femina honesta findet ihr Gegenstück in der Frau von schlechtem Ruf. Die öffentliche Meinung, das Urteil der Nachbarn oder weiterer Kreise entscheidet über den Eintritt schwerwiegender Rechtsfolgen [15]). Doch schien das erträglich in einem Zeitalter kollektiver Gebundenheit und in kleinen Verhältnissen.

Von da bis zur Einbeziehung sozialer Minderwertigkeit war nur ein Schritt. Auf den Nachweis auch nur des schlechten Rufes wurde dann nämlich verzichtet, wenn eine Frau gesellschaftlichen Schichten angehörte, in denen erfahrungsgemäß Prostitution getrieben wurde und das Urteil über geschlechtliche Vorgänge nicht sehr strenge war. Häufig werden daher soziale und moralische Minderwertigkeit gleichgestellt, wird die Frau aus niederem Stande oder die Dienerin der Dirne gleichgesetzt.

In Pisa (1286 III 3 S. 363) z. B. milderte sich die Strafe für den Raub einer »vilis et abiecta persona«. Das Statut von Modena von 1327 IV 27 (S. 398)

---

[15]) Auf den Ruf der Frau kam es z. B. an in Tivoli 1305 III 153 (S. 205), Rom 1363 II 180 (S. 182), Cremona 1387 r. 109, Balangero 1391 r. 48, Piacenza 1391 V 43, Bassano 1392 S. 99, Bologna 1454 S. 28.

stellt neben Dienerinnen andere Frauen »levis vite et conditionis«. Das Gesetz von Perugia von 1342 III 99 (S. 119) droht nur halbe Strafe an für eine Notzucht an einer »fantolastra« (Magd), die keine Jungfrau mehr ist, »overo altra fenmena de vile conditione«. In Forli (1359 III 19 S. 218) darf die Behörde bei Inzest und stuprum mit einer Witwe oder mit sonst unverheirateten Personen die Geldstrafe nach Ermessen mildern, wenn es sich handelt um eine »meretrix vel male vite et vilis condictionis«. Das Statut von Ascoli von 1377 III 16 (S. 89) stellt einander gegenüber die Frau »de bona condizione per parte de li parenti« und die »femina pactuale (Dienerin) overo serva de piccola conditione«.

III. Ehebruch.

1. Ehebruch der Frau.

Im weltlichen Strafrecht des ausgehenden Mittelalters ist der Ehebruch weniger Verletzung des Sakraments und religiöser Formen als der Familie und des Mannes. Namentlich der letztere wird verletzt. Er hat daher vielfach Einfluß auf die Strafe, die bei seinem Einverständnis mit der Tat ganz wegfällt. Demgegenüber treten die Interessen der Verwandtschaft zurück, und wohl nur im Klagerecht ist darauf Rücksicht genommen.

In der Behandlung des Ehebruchs folgen die Legisten [16]) dem spätrömischen Recht. Ehebruch (adulterium) liegt dann vor, wenn eine verheiratete Frau aus eigenem Willen mit einem fremden Manne geschlechtlich verkehrt, mag dieser verheiratet sein oder nicht. So verstand man auch den Begriff des adulterium in den Statuten. So lehrte Bartolus, Cons. I 113 n. 1: »De iure communi adulterium est et committitur cum nupta.... et eo modo debet dici ex forma statuti; requiritur ergo secundum formam statuti et iuris communis, quod illa fuit uxor« [17]).

Zum inneren Tatbestand wurde der Vorsatz verlangt, das heißt Kenntnis der rechtlich erheblichen Tatsachen. Die Frau also, die ihren Mann für tot hält oder irrtümlich bei ihrem Manne zu liegen glaubt, begeht keinen Ehebruch [18]).

Die Frau kann also die Ehebruchsklage durch den Nachweis mangelnden Verschuldens zurückschlagen. Daneben waren ihr noch andere Einreden gewährt. So konnte sie einmal geltend machen, daß

---

[16]) Brunnenmeister, Quellen 260 ff.

[17]) Bartolus, D XLVIII 5 Ad l. Iul. de adult. 14 (13) n. 2; Alb. de Rosc., a. gl. O. 39 (38), 1 n. 1; Baldus, Cons. II 381 n. 1; Bonif. de Vitalinis, De adulterio n. 1; Barth. Pis. s. v. »Adulterium« (S. 7 R.).

[18]) So etwa Alb. de Rosc., St. IV 29 n. 7; Iac. de Belvisio I 9 n. 21; Bonif. de Vitalinis, De adulterio n. 7; Hostiensis, S. A. V 16 n. 4 und oft in den Kommentaren.

der Mann selbst Ehebruch getrieben habe [19]), eine Einrede, die aber nach anderen auf die Scheidungsklage vor dem geistlichen Gericht beschränkt war [20]). Ferner konnte sie einwenden, daß der Mann selbst sie verkuppelt oder zur Unzucht angehalten habe [21]). Doch gab es nach den allgemeinen Grundsätzen über die Kompensation keine Aufrechnung zwischen dem Ehebruch der Frau und der Kuppelei des Mannes als zwei öffentlichen Verbrechen. Vielmehr schlug die Einrede, rechtzeitig vorgebracht, nur den klagenden Mann zurück, ließ aber den Strafanspruch unberührt und verfing daher nicht gegen andere Kläger als den Ehemann [22]). Dem verheirateten Manne war Strenge gegen die treulose Frau nicht nur als Recht zugestanden, sondern als gesellschaftliche und religiöse Pflicht auferlegt. Als Kuppelei wurde es daher angesehen und dem Manne das Klagerecht abgesprochen, wenn er sich mit der Ehebrecherin aussöhnte und sie wieder bei sich aufnahm. Nur dann sollte anderes gelten, wenn die Frau im Kloster Buße getan hatte und der Mann sie dann von dort wieder zurücknahm [23]). Endlich konnte die Frau sich darauf berufen, daß ihr Gewalt geschehen sei [24]).

Weitere Einreden standen ihr nicht zu. Vor allem konnte sie kein Verschulden ihres Mannes geltend machen, z. B. nicht einwenden, der

---

19) Iac. de Belvisio I 9 n. 21; Bonif. de Vitalinis, De adulterio n. 6; Durantis, Spec. I 2 De accusatore, Rubr. n. 23, III 1 De crim. in modum except. prop. 1 § 2 In primis n. 2.

20) Ioh. Andreae, c. 2 X De ordine cognitionum II 10 n. 37. Vgl. auch Alb. de Rosc., D XLVIII 5 Ad l. Iul. de adult. 14 (13), 5 n. 2: »Quid si vir committat adulterium cum uxore alterius, numquid repellitur ab accusando uxorem suam; dic quod non ... sed committendo lenocinium sic, quia videtur particeps delicti per uxorem.«

21) Gandinus, Qui accusare possint 15 (S. 9); Iac. de Belvisio I 9 n. 21; Bonif. de Vitalinis, a. a. O. n. 4, 6; Bartolus, D XLVIII 5 Ad l. Iul. de adult. 14 (13), 5; Alb. de Rosc., a. gl. O. n. 2; Angelus, a. gl. O. 2, 2 n. 1 ff.; Salicetus, C IX 9 Ad l. Iul. de adult. 2 n. 4; Durantis, Spec. I 2 De accusatore, Rubr. n. 23, III 1 De crim. in modum except. prop. 1 § In primis n. 2; Hostiensis, S. A. V 16 n. 6.

22) Angelus, a. a. O 15 (14), 1: »Lenocinium viri non excusat uxorem adulteram, sed vir de lenocinio, uxor de adulterio debet puniri«; Joh. Andreae, c. 7 X De adult. et stupro V 16: .... »quia peccatum unius alterum a pena non relevat.«

23) Gandinus, Qui accusare possint 18 (S. 9); Iac. de Belvisio I 9 n. 21; Bonif. de Vitalinis, De adulterio n. 6; Angelus, D XLVIII 5 Ad l. Iul. de adult. 12 (11), 10 n. 1 f.; Der Mann darf die Frau verklagen, »nisi in matrimonio retinendo mores eius comprobaverit .... Sed debet incontinenti postquam eam convicerit de adulterio, abiicere a se«. Ebenso a. a. O. 14 (13), 9.

24) So z. B. Iac. de Belvisio I 9 n. 28; Bonif. de Vitalinis, De adulterio n. 7; Ioh. Andreae, c. 25 X De iureiurando II 24 n. 12 und die Kommentare zu D 48, 5, 40 (39).

Mann habe sie durch Aufnahme eines Verhältnisses in die Wohnung zum Ehebruch getrieben [25]).

Die gleichen Einreden ließen die Kanonisten und Theoretiker des forum internum zu. Auch nach ihnen also sollte die Einrede des eigenen Ehebruchs, der Kuppelei und Verzeihung, der Gutgläubigkeit und Gewalt die Strafe ausschließen [26]).

In den Statuten [27]) wird der Ehebruch ebenso aufgefaßt wie in der Theorie. Manche Rechte sprachen vom »adulterium« ohne nähere Bestimmung, andere gebrauchten in der gleichen Bedeutung das Wort »stuprum«. So bedroht das Statut von Mailand r. 50 die verheiratete Frau mit Strafe, die »sponte commiserit stuprum seu adulterium«. Ähnlich Lodi 1390 r. De poena mulieris habentis maritum comitentis strupum seu adulterium (S. 100).

Aber anderswo werden die einzelnen Merkmale schärfer hervorgehoben: Geschlechtsverkehr der verheirateten Frau mit einem fremden Manne aus eigenem Willen.

So bedroht das Gesetz von Averrara von 1313 r. 70 (S. 50) denjenigen mit Strafe, der mit einer fremden Frau verkehrt, »s'ella cogniossesse le' voliando«. Ebenso das Statut von Frignano von 1337/38 VI 20 (S. 219): Unter Strafe steht der Ehebruch »cum muliere maritata ea volente«. Endlich wäre das Statut von Argenta von 1342 r. De pena mulieris nupte carnaliter et voluntarie cognite per alium quam per maritum (S. 96) zu nennen.

Hin und wieder wird ausdrücklich verlangt, daß die Tat gegen den Willen des Mannes erfolgt, die Strafe also ausgeschlossen, wenn er dem Ehebruch zustimmt. So bleibt z. B. in Forli (1359 III 19 S. 217) straflos, wer mit einer verheirateten Frau verkehrt »marito volente, sciente et consentiente«. Ähnliches galt in Perugia 1342 III 99 (S. 119 f.) und Padua 1399 S. 261. [28]) Demnach war auch in der Praxis dem Kuppler die Ehebruchsklage versagt. Gelegentlich schloß auch die nachträgliche Verzeihung die Strafe aus, nämlich dort, wo das Statut beim Ehebruch einen Vergleich zuließ wie in Rom [29]).

In der Bestimmung der Strafe folgt die weltliche Theorie dem justinianischen Recht. Man fordert also für den (fremden) Ehebrecher

---

25) So ausdrücklich Angelus, a. a. O. 14 (13), 5 n. 2.

26) So außer den Genannten Hostiensis, S. A. V 19 n. 7 f.; Raym. de Pennaf. IV 22 De div. propt. fornic. § 2 (S. 529); Ioh. v. Fr. IV 22 q. 8; Barth. Pis. s. v. »Matrimonium« n. 10 (S. 108). — Vgl. auch c. 2 X de secundis nuptiis IV 21, c. 4 C. XXXII q. 4, c. 9, 14 C. XXXII q. 5, c. 5 C. XXXIV q. 1.

27) Kohler 480 ff., Pertile V 524 ff.

28) So auch das peruginer Urteil von 1286 bei Kantorowicz I 318 f. Urk. 93. Die domina Bloda wird verurteilt auf Anklage ihres Mannes hin, weil sie »contra eius voluntatem comisit adulterium et fornicationem cum Andreollo«.

29) Kohler 32, 480.

die Todesstrafe, für die Ehebrecherin Züchtigung und Einschließung ins Kloster, aus dem der Mann sie nach seinem Belieben innerhalb von zwei Jahren wieder fortnehmen darf [30]).

Doch fand das in der Gesetzgebung keinen Anklang. Im 14. Jahrhundert ist die Geldstrafe für die Ehebrecherin und den fremden Mann die Regel [31]), und zwar anscheinend in allen Landschaften und im Laufe des ganzen Jahrhunderts. Dazu kommen vielfach hilfs- oder zusatzweise Ehrenstrafen für die Frau vor, Auspeitschung und (nach langobardischem Vorbild) Abscheren der Haare. Erst in einigen späteren Gesetzen dringen Todes- und Freiheitsstrafen durch, aber nirgends in allen Einzelheiten der Rechtslehre entsprechend. Der Ehemann hatte vielfach Einfluß auf die Strafe. Es war das wohl ein Überrest langobardischer Vorstellungen. Nach langobardischem Recht nämlich durfte der Mann die Todesstrafe am Ehebrecher und seiner Frau vollziehen [32]), eine Anschauung, die sich im ausgehenden Mittelalter schon gemildert hat. Nach den Statuten vollstreckt der Mann nirgends mehr selbst die gesetzlich bestimmte Strafe [33]), sondern darf nur — von seinem Klagerecht abgesehen — gelegentlich bestimmen, ob und in welchem Ausmaß die Staatsgewalt vollstreckt. Umgekehrt wie im gemeinen Recht ist die Frau manchmal schlechter gestellt als der fremde Ehebrecher.

Dafür einige Beispiele:

Casale 1370 Sp. 994 (100 l);

Averrara 1313 r. 70 S. 50 (5 l für jeden), Vergante 1389 r. 67 S. 224 f. (25 l für beide Täter);

Padua 1329 S. 260 (100—200 l für beide);

Modena 1327 IV 27 (S. 398: Der Ehebrecher zahlt eine seinen sozialen Verhältnissen angepaßte Strafe; die Ehebrecherin wird geschoren und gepeitscht und verliert die Mitgift), Carpi 1353 S. 68 (wie Parma), Frignano 1337/38 VI 20 S. 219 (25 l für den Ehebrecher), Piacenza 1391 V 42 (200 l für beide; kann die Frau nicht zahlen, so wird sie ausgepeitscht);

Lucca 1308 III 4 S. 136 (250 l), Siena 1309/10 V 288 S. 354 (300 l);

Ägid. Konstit. 1357 IV 41 S. 185 f. (25 fl);

Narni 1371 III 29 (100 l);

Rom 1363 II 180 (S. 182: Geldstrafe von 300, 500 oder 1000 l je nach der sozialen Stufe).

---

30) Iac. de Belvisio I 9 n. 30; Bonif. de Vitalinis, De adulterio n. 9; Quibus de causis etc. n. 1; Durantis, Spec IV 4 De adulterio et stupro n. 1 f.; Hostiensis, S. A. V 16 n. 7; Ast. II 47 (S. 90 R.); vgl. ferner die Kommentare zu C 9, 9, 29 (30). Vgl. auch c. 19 X De conv. coniugatorum III 32.

31) Auf die mildere Praxis verweist auch Bartolus, D XLVIII 5 Ad l. Iul. de adult. 39 (38) n. 5.

32) Osenbrüggen, Lgb. 100 ff.

33) Nach den sizilianischen Konstitutionen durften der Ehemann oder die Verwandten der Frau der Ehebrecherin die Nase abschneiden. Vgl. Zechbauer 22.

Der Einfluß des Mannes macht sich gerade bei den Ehrenstrafen geltend. So wird die Ehebrecherin in Tivoli (1305 III 150 S. 205) auf Verlangen des Mannes durch die Stadt gepeitscht, und ähnliches gilt in Bassano (1392 S. 101 R.) 34).

Die Todesstrafe drohen einige späte Gesetze im Gegensatz zum römischen Recht für die Ehebrecherin an, während es für den Ehebrecher bei der Geldstrafe blieb.

Das war im mailänder Kreise der Fall. In Mailand (r. 49, 50) droht nämlich der Ehebrecherin Enthauptung, dem Ehebrecher Geldstrafe von 100 l, und das gleiche galt in Cremona 1387 r. 108, 109 (aber 50 l), Lodi 1390 S. 100 (50 l) und Lecco r. 237, 238 (S. 124).

Alsdann finden sich Freiheitsstrafen und ähnliche Rechtsfolgen, bei denen wieder dem Belieben des Ehemannes Raum gelassen ist. Wo dabei von der Ehebrecherin die Rede ist, liegt es nahe, Einflüsse des gemeinen Rechts und der Theorie anzunehmen. Daneben aber haben wohl kirchliche Anregungen eingewirkt.

Eine Verbannung der Ehebrecherin auf Verlangen des Mannes sah das Gesetz von Arona von 1319 r. 46 (S. 86) vor. In Padua (1399 S. 261) hatte der Ehebrecher 500 l zu zahlen, die Frau aber wurde auf Verlangen ihres Mannes für immer eingekerkert. In Verona (1450 III 42) zahlte der Ehebrecher eine Geldstrafe von 300 l und wurde für sechs Monate im Kerker gehalten. Die Ehebrecherin verlor die Mitgift an den Mann und wurde gleichfalls ein halbes Jahr lang gefangen gehalten, aber nur, wenn der Mann das wollte.

Als Nebenfolge fordern die Theoretiker den Verlust der Mitgift an den Mann 35), und die Statuten bestimmen das gleiche 36). An manchen Orten darf der Mann die Frau aus dem Hause jagen 37) oder ihr den Unterhalt entziehen 38). Die auf frischer Tat betroffene Ehebrecherin wird nach der Lehre 39) infam, eine Nebenstrafe, die das Gesetz von Olevano von 1364 r. 109 wiederholt.

Die Strafen verschärften sich manchmal, wenn der Ehebruch zum Dauerverhältnis wurde und zur völligen Auflösung der Familie führte, vor allem also dann, wenn ein fremder Mann die verheiratete

---

34) »Mulier fustigetur ter circum plateam Communis pannis incisis (mit aufgeschnittenen Kleidern) et capilis truncatis ad occiput (mit abgeschorenem Haar) vel minus puniatur ad voluntatem mariti«.

35) So z. B. Iac. de Belvisio I 9 n. 37; Baldus, Cons. II 221 n. 1 und oft in den Kommentaren.

36) Biella r. 23, Modena 1327 IV 27 (S. 398), Perugia 1342 III 94 (S. 115), Argenta 1342 S. 96, Forli 1359 III 19 (S. 217), Ascoli 1377 III 16 (S. 89 ff.), Bassano 1392 S. 101 R., Padua 1399 S. 261.

37) Vergante 1389 r. 67 (S. 225), Dervio 1389 r. 46 (S. 115).

38) Perugia 1342 III 94 (S. 115).

39) Alb. de Rosc., D III 2 De his qui not. infam. 5 n. 4; Baldus, D XXIII 2 De ritu nupt. 43, 12 n. 1; Salicetus, C IX 9 Ad l. Iul. de adult., Auth. Sed novo iure n. 2.

Frau gegen den Willen des Gatten bei sich behielt, um Ehebruch mit ihr zu treiben. Dabei genügte das bloße Festhalten der Frau, ein besonderer Nachweis des Beischlafs wurde nicht verlangt. Hier und dort kam es darauf an, ob das ehebrecherische Konkubinat öffentlich oder heimlich bestand. Im ersteren Falle wurde dann berücksichtigt, daß ein Skandal entstand und der Ehemann vor aller Welt beschimpft wurde.

So droht das Gesetz von Siena von 1309/10 V 47 (S. 252) der Frau, die ihren Mann verläßt und zu ihrem Geliebten zieht, Geldstrafe von 25 l an. Das Statut von Parma von 1347 S. 254 macht einen Unterschied danach, ob die verheiratete Frau öffentlich oder im verborgenen gehalten wird. Geschieht das öffentlich, so hat der Mann eine Geldstrafe von 300 l verwirkt, während die Frau ausgepeitscht wird. Dabei bleibt es für die Frau auch bei heimlichem Konkubinat, während die Geldstrafe für den Ehebrecher sich dann auf 100 l ermäßigt. In beiden Fällen wird die gezüchtigte Frau ins Kloster gesperrt, und dem Manne bleibt es überlassen, ob er sie herausholen will. Nach den Ägidianischen Konstitutionen von 1357 IV 41 (S. 185 f.) steht Geldstrafe von 25 fl auf den einfachen Ehebruch, aber Strafe von 100 fl auf das dauernde Verhältnis. Ähnliches galt in Forli 1359 III 19 (S. 217 f.).

Streit herrscht in der Theorie darüber, ob der Ehebruch mit einer verheirateten Prostituierten strafbar sei. Das nahmen manche allgemein an, andere wie Angelus wenigstens für den Ehebrecher [40]). Aber gerade Angelus wies darauf hin, daß die Praxis hier anders stand. So führt er als herrschende Ansicht die an, daß ein Ehebruch mit der Dirne nur möglich sei, wenn sie nach der Ehe das alte Leben aufgegeben habe und beruft sich dafür auf die Gesetzgebung: »ista opinio hodie communiter observatur confirmata per statuta Italiae« (D XLVIII 5 Ad l. Iul. de adult. 13, 2 n. 1) [41]). So wird auch mehrfach in der Theorie die Ansicht vertreten, daß mit der Prostituierten überhaupt kein Ehebruch möglich sei [42]).

Die Mitteilungen der Rechtslehrer über die Praxis stimmen mit

---

[40]) Cinus, C IX 13 De raptu virg. c. un. n. 3; Alb. de Rosc., C IX 9 Ad l. Iul. de adult. 22; Baldus, a. gl. O. 35 n. 2; Angelus, a. gl. O. 22 n. 1; 28 (29), D XLVII 2 De furtis 39 n. 6, D XLVIII 5 Ad l. Iul. de adult. 11 (10), 2 n. 4; 14 (13), 2 n. 2, C IX 13 De raptu virg. c. un. n. 6.

[41]) Ebenso Salicetus, C IX 9 Ad l. Iul. de adult. 22 n. 2.

[42]) Bartolus, C IX 9 Ad l. Iul. de adult. 28 (29): »Quaerit glossa, utrum cum meretrice nupta possit committi adulterium? Glossa dicit, quod sic; quidam ultramontani dicunt contrarium et forte melius;« Iac. de Belvisio I 9 n. 32; Bonif. de Vitalinis, De adulterio n. 8, Quid sit accusatio n. 135: Der Mann kann einwenden, die Frau sei »male condictionis et assueta se exponere multis hominibus, et ipse alias eam pluries cognoverit carnaliter«; Salicetus, C IX 9 Ad l. Iul. de adult. 28 (29) n. 3. Anders aber Dinus in einem Gutachten. Vgl. Baldus, C IX 9 Ad l. Iul. de adult. 35 n. 2: »Adulterium punibile non committitur cum meretrice, sed contrarium consuluit Dynus de facto.«

dem Statutarrecht überein. Viele Statuten erklären den Ehebruch mit der Prostituierten für straflos [43]), während in anderen die Strafe gemildert wird [44]).

2. Ehebruch des verheirateten Mannes.

Der verheiratete Mann wurde wegen Ehebruchs nicht bestraft. Darin stimmte die Theorie der Legisten mit der Praxis überein [45]).

Dieses Ergebnis konnten die Theoretiker aus der Quellenstelle C 9, 9, 1 mühelos ablesen. Trotzdem hielten sie es für nötig, diese Verschiedenheit aus inneren Gründen zu rechtfertigen. Dabei begnügte man sich vielfach mit einer etymologischen Erklärung des Wortes adulterium als »alieni tori violatio«, wobei als »torus« (Bett) nur der des Mannes in Betracht komme [46]). Andere waren methodisch weniger genügsam und stellten die Frage nach dem Zweck des Gesetzes. Dabei kam man zu dem Ergebnis, daß der Ehebruch die Nachkommenschaft verschlechtere, vor allem Abkömmlinge sich eindrängten, die zunächst die Vermutung der Erbberechtigung für sich hätten [47]), und daß dagegen einzuschreiten sei. Dafür wurden Unpsychologische Argumente ins Feld geführt. So wurde auf die Unbeständigkeit der Frau hingewiesen und als Dogma betont, daß die Frau als dem Manne untertan ihn nicht verklagen dürfe. Gründe

[43]) Mailand r. 49, 50, Cremona 1387 r. 109, Lodi 1390 S. 100, Piacenza 1391 V 42, Bassano 1392 S. 101 R., Bologna 1454 S. 28.

[44]) Mantua 1303 I 24 (S. 78), Vercelli S. 67 R.

[45]) Vgl. z. B. Iac. de Belvisio I 9 n. 15 und die Kommentare zu C 9, 9, 1. Anders die sizilianischen Konstitutionen. Vgl. Zechbauer 91.

[46]) So z. B Salicetus, C IX 9 Ad l. Iul. de adult. 1 n. 1: »Uxor non potest maritum de adulterio accusare, quia coitum habuerit cum alia muliere .... Coitus mariti non violat thorum uxoris.« So auch Hostiensis, S. A. V 16 n. 1.

[47]) So namentlich Cinus, C IX 9 Ad l. Iul. de adult. 1 n. 7: »Videamus hic, quae sit ratio, quod marito permittitur accusare de adulterio, sed non uxori? respondit glossa, ratio est necessaria: nam aut maritus se immiscuit solutae mulieri; et tunc non est dubium quod cessat accusatio adulterii; quia non est violatum thorum alterius, aut se immiscuit nuptae, et tunc non potest accusare. De suo enim thoro non potest, quia uxor non habet thorum de alieno .... Sed potest accusari a viro illius mulieris vel ab aliis. Ista ratio glossae non est essentialis, sed est secundum ethimologiam vocabuli, et ideo non sufficiens. Quae est ergo ratio essentialis, quare magis permittitur marito quam uxori? Certe quia per adulterium uxoris fit magnum praeiudicium viro circa prolem, quia uxor se commiscendo alii concipere potest, et sic alienus et sordidus partus potest sibi succedere.« So auch Iac. de Belvisio I 9 n. 40 f.; Baldus, Cons. V 427 n. 8; Joh. Andreae, c. 5 X De procuratoribus I 38 n. 14. Auch Thomas v. A., S. th. 2, 2 q. 154 a. 8 erklärt den Ehebruch deshalb für Sünde, weil der Ehebrecher sich mit einer Frau einläßt, die ihm nicht gehört, »quod requiritur ad bonum prolis propriae educandae«, und weil er verhindert »bonum prolis alienae«. Aus dem gleichen Grunde begeht die Frau eine Sünde.

dieser Art bringt namentlich Jacobus de Belvisio I 9 n. 42 ff., den man wohl gerade in diesen Plattheiten als Fürsprecher der landläufigen Meinung ansehen darf.

Doch waren diese Anschauungen nicht mehr so fest eingewurzelt, wie es zunächst scheint. Schon die Frage nach dem inneren Grunde und die Breite dieser Erörterungen über ein Ergebnis, das nach den Quellen eindeutig feststand, läßt erkennen, daß die Anschauungen sich langsam zu wandeln begannen.

Dazu wird namentlich die Stellungnahme des kanonischen Rechts beigetragen haben, das jede geschlechtliche Befriedigung außerhalb der Ehe verwarf, in dieser Hinsicht Mann und Frau gleichstellte und auch den Ehebruch des verheirateten Mannes bestrafte [48]).

Aber auch in der romanistischen Theorie machen sich Bestrebungen geltend, den Abstand zwischen Mann und Frau auszugleichen. Am weitesten geht, auch hier Freirechtler, Bonifacius de Vitalinis, De adulterio n. 2, der sich dem kanonischen Recht anschließt und Bestrafung auch für den verheirateten Mann fordert. Doch blieb er mit dieser Ansicht allein und machte anscheinend keinen Eindruck.

Immerhin hatten auch andere das Gefühl, daß man der Frau helfen müsse. So wollte Baldus ihr wenigstens die actio iniuriarum zubilligen, da sie Unrecht, wenn auch kein Eheunrecht erleide [49]). Auch ließ man die zivile Klage auf Trennung des ehelichen Zusammenseins zu unter Heimfall der Mitgift und Verlust der Hochzeitsgeschenke an die Frau [50]).

Auch die Praxis hielt grundsätzlich daran fest, daß der verheiratete Mann wegen Ehebruchs nicht zu bestrafen sei, solange kein stuprum vorlag oder ein anderer Tatbestand verwirklicht war.

Doch bringt sie den Gedanken zur Geltung, daß der Ehebruch das Familienleben nicht unmittelbar stören darf. Das ist dort aber der Fall, wo der Ehebruch kein einmaliges Vorkommnis bleibt, sondern ein Dauerzustand wird, sobald nämlich zwischen dem verheirateten Manne und der fremden Frau eine dauernde, eheähnliche Gemeinschaft entsteht. Strafbar war daher vielfach das Konkubinat des verheirateten Mannes.

---

[48]) Vgl. c. 4 C. XXXII q. 4, c. 23 C. XXXII q. 5, c. 4 f. C. XXXII q. 6; Joh. Andreae, c. 5 X De procuratoribus I 38 n. 14. Der Mann gilt sogar für strafwürdiger: c. 4, 5 C. XXXII q. 6. — Vgl. Katz 100 ff.

[49]) Baldus, C IX 9 Ad l. Iul. de adult. 1 n. 4: »quia verum est, quod iniuriam patitur, cum matrimonium violatur.«

[50]) Jac. de Belvisio I 9 n. 39; Salicetus, C IX 9 Ad l. Iul. de adult. 1 n. 2.

Auch hier konnte die Praxis auf geschichtliche Vorbilder zurückgreifen. Schon das römische Recht sah den Fall vor, daß der verheiratete Mann in seinem Hause Konkubinen hielt [51]), das langobardische Recht gab in diesen Fällen der Frau eine Art Schutzklage gegen den Mann, und die fränkische Gesetzgebung verbot dem verheirateten Manne das Konkubinat schlechthin [52]). Diese Gedanken verarbeitet die Praxis selbständig.

Bald wird das Konkubinat des Verheirateten schlechthin bestraft, bald dann, wenn die Rechte der Ehefrau in Haus und Familie deutlich verkürzt werden. Das war namentlich dann der Fall, wenn der Mann sein Verhältnis ins Haus nahm und ihm erlaubte, die Frau zu verdrängen. Häufig wurde in den Gesetzen die Konkubine mit dem Manne zugleich mit Strafe bedroht und die Strafe für beide Teile bald gleich, bald verschieden bemessen. Als besondere Strafen für das Verhältnis kamen häufiger entehrende Strafen vor, ähnlich wie gegen Dirnen, namentlich die Auspeitschung und (wie gleichfalls gegen Dirnen) Verbannung. Wichtig war bisweilen, ob das Konkubinat öffentlich oder im verborgenen bestand, und im ersteren Falle wurde dann wieder der öffentliche Skandal berücksichtigt.

Allgemeine Verbote des Ehekonkubinats enthalten z. B. die Gesetze von Vercelli r. De penis habentium uxorem tenentium amicam (S. 71), Narni 1371 III 34 und Ascoli 1377 III 65 (S. 125). Dort hatte der verheiratete Mann eine Geldstrafe von 100 s zu zahlen, während die Konkubine, die das Verhältnis nicht aufgab, durch die Stadt gepeitscht wurde.

Anderswo wurde der Mann nur dann bestraft, wenn er seine Familie verließ und zur Konkubine zog.

So z. B. in Tivoli (1305 III 187 S. 215), wo die beleidigte Ehefrau einen Anteil an der Strafe erhielt, oder in Lucca nach dem Statut von 1308 III 150 (S. 227 f.), das den Mann mit einer Geldstrafe von 10 l, sein Verhältnis aber mit Züchtigung und Verbannung bedrohte. Das Gesetz von Siena von 1309/10 V 47 (S. 252) droht Geldstrafe von 25 l an und bringt das öffentliche Interesse an der Strafverfolgung zum Ausdruck. Jeder durfte Klage erheben und bekam die Hälfte der Strafe als Lohn. In Rom (1363 II 29 S. 103) endlich drohte beiden Beteiligten Geldstrafe, die für den Mann aber härter ausfiel.

Die Kränkung der Ehefrau erreicht dort ihren Höhepunkt, wo der Mann sein Verhältnis ins Haus nimmt, mag er die Frau noch daneben behalten oder aus dem Hause jagen. Auch dieser Tatbestand wird häufiger erwähnt.

Geldstrafe für den Mann und Züchtigung für die Konkubine droht auch für diesen Fall das Gesetz von Lucca von 1308 III 150 (S. 227 f.) an. In Parma (1347 S. 254) hatte der Mann, der das Verhältnis gegen den ausdrücklichen Willen seiner Frau aufnahm, eine Geldbuße von 200 l verwirkt. Die fremde Frau wurde

---

[51]) Vgl. die Zitate bei Kohler 486.

[52]) Vgl. über das langobardische Recht Osenbrüggen, Lgb. 102 und His, G. D. StrR. 151, über das fränkische Kohler 485.

ausgepeitscht und aus der Stadt verbannt. 30 fl war die Geldstrafe nach den Ägidianischen Konstitutionen von 1357 IV 41 (S. 185) für den Mann der die eigene Frau verstieß, um eine Geliebte bei sich aufzunehmen. In Forli (1359 III 20 S. 218) hatten beide Teile 25 l zu zahlen, eine Strafe, die sich nach Ermessen erhöhte, wenn die Konkubine verheiratet war. Dabei war auch auf den Skandal Rücksicht zu nehmen. Das öffentliche Konkubinat hat auch das Statut von Bologna von 1454 S. 28 R. im Auge, das Geldstrafe von 100 l dafür androht.

IV. Bigamie.

Die Theoretiker [53]) sprachen nur gelegentlich über die Doppelehe, unter der sie wie die Kanonisten (c. 19 C. XXIV q. 3) eine vorsätzliche Eheschließung vor Auflösung der ersten Ehe verstanden. Nach der lex Iulia de adulteriis wurde die bigame Frau immer, der bigame Mann aber nur dann wegen Ehebruchs bestraft, wenn er mit einer verheirateten Frau zu tun hatte, während er sonst nur aus stuprum belangt wurde. Die Legisten aber wollten einheitliche Strafe, die einen wegen stuprum [54]), andere wegen Ehebruchs [55]). Einig war man nur darüber, daß beide Teile infam würden [56]). Der nicht bigame Teil, der die Bigamie ermöglicht, wird nicht wegen Bigamie bestraft.

Wo in den Statuten [57]) besondere Vorschriften über die Doppelehe fehlten, blieb es wohl bei den Bestimmungen über den Ehebruch. Zu Sonderregeln aber drängte die gemeinrechtliche Überlieferung, das langobardische Vorbild [58]) und das Fehlen der Ehebruchsstrafe für den Mann. Auch fand offenbar das Kulturgefühl jener Zeit in der Ehebruchsstrafe keine ausreichende Sühne für die Bigamie. Daher finden sich mehrfach Sonderbestimmungen, in denen als maßgebender Gesichtspunkt wieder das religiöse Moment hinter dem Interesse des verletzten Ehegatten zurücktritt. So fällt z. B. in Bassano (1392 S. 103) die Hälfte der Geldstrafe, mit der der Mann sich von der Körperstrafe freikauft, an die erste Frau.

Der Begriff der Bigamie ist im Statutarrecht der gleiche wie in der Theorie. Häufiger wird das Vorsatzerfordernis betont, dem Vorsatz aber unentschuldbare Unkenntnis gleichgesetzt. Die Regel

---

[53]) Brunnenmeister, Quellen 264 f., Hälschner, G. S. 22 S. 420. Über das kanonische Recht vgl. Katz 105 ff.

[54]) Baldus, C IX 9 Ad l. Iul. de adult. 18 n. 4; a. gl. O. Angelus n. 1 und Salicetus n. 1 f., 4.

[55]) Jac. de Belvisio I 9 n. 27 (so auch, wenn jemand neben der Frau eine Konkubine hielt oder mehrere Konkubinen hatte). Vgl. auch Baldus, C V 5 De incest. nupt. 2 n. 3.

[56]) Jac. de Belvisio, a. a. O.; Baldus, a. a. O.; Angelus, C IX 9 Ad l. Iul. de adult. 18 n. 1; Salicetus, C IX 9 Ad l. Iul. de adult. 18 n. 3; Hostiensis, S. A. IV 4 n. 7.

[57]) Kohler 489 ff., Pertile V 533 ff. S. auch Kantorowicz I 289 Urk. 62.

[58]) Osenbrüggen, Lgb. 104.

war wohl im 14. Jahrhundert Geldstrafe, doch kommen auch Verstümmelung und Todesstrafe vor. Für die Strafe kam es manchmal darauf an, ob die zweite Ehe zum Geschlechtsverkehr geführt hatte oder nicht. Mann und Frau werden in der Regel, aber nicht immer gleich behandelt.

In Siena (1309—10 V 46 S. 252) z. B. haben Mann und Frau, die sich der Bigamie schuldig machen, Geldstrafe von 100 l zu bezahlen, bei deren Nichtzahlung sie die rechte Hand verlieren. In Argenta (1342 S. 96 r. De pena viri habentis duas uxores simul et eodem tempore et mulieris habentis duos maritos) ist Geldstrafe von 50 l zu entrichten, wenn es nicht zum Beischlaf kommt. Ist das aber der Fall, so tritt ewige Infamie ein, und der Täter verfällt der Strafe des gemeinen Rechts. In Forli (1359 III 32 S. 227) sollte der Richter, wenn es mit der zweiten Frau oder dem zweiten Manne zum Geschlechtsverkehr kam, den Täter nach Ermessen an Person und Vermögen bestrafen. War das nicht der Fall, so war Geldstrafe nicht unter 100 l zu verhängen. Wurde die Geldstrafe nicht bezahlt, so war der bigame Mann wie die bigame Frau mit dem Tode oder dem Verlust der rechten Hand zu bestrafen. Das Gesetz von Bassano von 1392 S. 103 droht dem Manne den Verlust einer Hand an, erlaubt aber den Freikauf. Die Frau hingegen, die einen zweiten Mann nimmt, soll die Strafe des Ehebruchs erleiden, die aber auch höher und geringer ausfallen konnte, wenn der rechtmäßige Mann das wollte. Doch entfiel die Strafe bei »iustissima causa ignorantie«. In Verona (1450 III 45) hatte der Mann, der eine zweite Frau nahm, Geldstrafe von 200 l zu bezahlen, während eine Frau, die zum zweiten Mal heiratete, ihre Mitgift verlor.

V. Stuprum.

Während Ehebruch und Doppelehe den anderen Ehegatten verletzten, beeinträchtigte der außereheliche Geschlechtsverkehr mit der unverheirateten Frau (stuprum) die Rechte der Verwandtschaft [59]). So meint z. B. Bartolus, C IX 9 Ad 1. Iul. de adult. 34 (35) n. 1: »ille, qui offenditur de adulterio constante matrimonio, offenditur etiam ex stupro viduitate durante . . .; ita iniuriantur consanguinei viri iam defuncti ex stupro quod committitur in viduam sicut si duraret matrimonium.« Den gleichen Gedanken bringt hier und dort die Praxis zum Ausdruck. In Lucca (1308 III 5 S. 157) z. B. ist die Unkenntnis der Verwandten, in Bassano (1392 S. 100 R.) das Fehlen ihrer Zustimmung Merkmal des Tatbestandes. Auch bekommen in Bassano die Verwandten zur Sühne die Hälfte der Strafsumme.

Die Legisten behandelten auch das stuprum nach Art des römischen Rechts [60]). Sie verstanden darunter also den Geschlechtsverkehr eines (verheirateten oder unverheirateten) Mannes mit einer unverheirateten anständigen Frau, mochte sie noch unverheiratet oder

59) Diesen Gedanken hob schon das langobardische Recht hervor. Osenbrüggen, Lgb. 98.

60) Hälschner, System II 290, G.S. 22 S. 420.

schon Witwe sein. Die Frau mußte in den Geschlechtsverkehr einwilligen, durfte also keine Gewalt leiden [61]).

Während das gemeine Recht also keinen Unterschied macht zwischen dem Geschlechtsverkehr mit einem Mädchen, mit einer Witwe oder sonst deflorierten Frauen, stellt das kanonische Recht den Verkehr mit dem ersteren als stuprum der fornicatio mit den letzteren gegenüber [62]).

Wie den äußeren so gliederte die Theorie des forum internum auch den inneren Tatbestand. So unterschied z. B. Astensis II 46 (S. 89 R.) zwischen einfacher fornicatio, die er als Todsünde ansah und unüberlegtem Verhalten (»ex motu subito sine deliberatione vel intentione perficiendi«) als läßlicher Sünde.

In der Begriffsbildung folgt die Gesetzgebung [63]) der weltlichen Theorie. Als stuprum wird also auch in den Statuten der Geschlechtsverkehr mit einer ehrbar lebenden unverheirateten Frau bestraft. Doch wird gelegentlich nach dem Vorbild des kanonischen Rechts zwischen Mädchen und Witwen unterschieden und beim Verkehr mit den ersteren der Verlust der Unberührtheit strafschärfend berücksichtigt. Der Tatbestand erfordert vollendeten Beischlaf und das Einverständnis der Frau.

Die Strafe entnahmen die Rechtslehrer wieder den Quellen: für Standespersonen Konfiskation des halben Vermögens, für Niedrigstehende Züchtigung und Relegation [64]).

Wie in der Bewertung des Ehebruchs so ging auch hier die Praxis eigene Wege. In den Statuten nämlich überwiegt nach

---

[61]) Angelus, D XLVIII 5 Ad l. Iul. de adult. 6, 1 n. 1: »Adulterium proprie committitur in nuptam, stuprum in virginem et viduam, incestus in coniunctam.« Vgl. auch Bonif. de Vitalinis, De adulterio n. 3; Bartolus, D XLVIII 5 Ad l. Iul. de adult. 39 (38) n. 4, und die Kommentare zu C 9,9, 20.

[62]) Gratiam zu c. 2 C. XXXVI q. 1. — Hostiensis, S. A. V 16 n. 7 f.: »stuprum est illicita defloratio virginitatis ...; fornicatio proprie committitur cum concubina, vidua sive corrupta ...; dicitur ... stuprum proprie committi cum virgine tantum, licet improprie dicitur committi cum vidua: unde largo modo potest dici stuprum commixtio turpis et illicita corporum solutorum.« Ebenso Raym. de Pennaf. II 5 De raptoribus etc. (S. 158); Joh. v. Fr. II 5 q. 1; Hostiensis, c. 11 X De sepulturis III 28 (S. 99), c. 2 X De adult. et stupro V 16 (S. 293). So auch Thomas v. A., S. th. 2,2 q. 154 a. 1, 6. Das kanonische Recht verwirft jedes stuprum, auch das mit der Dirne: c. 11 C. XXXII q. 4. Strafbar ist schon das sinnliche Verlangen: c. 11, 13 C. XXXII q. 5. — Vgl. auch Hinschius, KR. V 170 ff., Katz 111 ff.

[63]) Kohler 493 ff., Pertile V 514 ff.

[64]) Jac. de Belvisio I 9 n. 14; Alb. de Rosc., D XLVIII 5 Ad l. Iul. de adult. 39 (38) 1 n. 3, 5, C IX 13 De raptu virg. c. un. n. 16; Salicetus, C III 41 De noxal. act. 2 n. 28, C IX 9 Ad l. Iul. de adult. 34 (35) n. 3; Hostiensis, S. A. V 16 n. 10; Ast. II 46 (S. 90).

langobardischem Vorbild die Geldstrafe. Mann und Frau werden wohl überall beide, doch wird die Frau gelegentlich milder bestraft. Als Hilfsstrafe für die Frau — das ist wohl auf gemeinrechtliche und kanonistische Anregungen zurückzuführen — kommt Züchtigung vor. Aber andere Körperstrafen sind selten.

So in Casale 1370 Sp. 994 (Geldstrafe von 100 l), Biella r. 26 (für Geschlechtsverkehr mit einer virgo Geldstrafe von 400 l, hilfsweise Pranger und Verstümmelung der Nase), 23 (ist die Frau eine Witwe, so wird der Mann wegen Ehebruchs bestraft, die Witwe aber mit Geldstrafe von 200 l belegt und eventuell ausgepeitscht);

Mailand r. 49, 50 (100 l), Cremona 1387 r. 108 (50 l für beide Teile), Lodi 1390 S. 100 (Geldstrafe);

Padua 1329 S. 258 f. (Geldstrafe, die für die Frau geringer ausfällt, als Hilfsstrafe Verbannung; Heirat mildert die Strafe), Bassano 1392 S. 100 R. (ähnlich wie Padua; die Frau verliert auch den Anspruch auf Mitgift und das Erbrecht);

Modena 1327 IV 27 (S. 398: Geldstrafe, die sich nach der sozialen Stellung des Täters abstuft), ebenso Carpi 1353 S. 68, Frignano 1337/38 VI 20 (S. 219: Geldstrafe von 15 l für Geschlechtsverkehr mit einem Mädchen, 10 l für stuprum mit einer Witwe. Die gleiche Strafe zahlt die Frau);

Lucca 1308 III 5 (S. 157: 200 l), Siena 1309/10 V 288 (300 l);

Bologna 1454 S. 28 (Geldstrafe von 200 l für Verkehr mit einer virgo, 100 l für Verkehr mit einer Witwe; gleiche Strafe für beide Teile);

Perugia 1342 III 99 (S. 119: 200 l), Narni 1371 III 29 (100 l);

Tivoli 1305 III 150 (S. 205: 25 l).

Hier und da hat der Gedanke des kanonischen Rechts Eingang gefunden, daß die nachfolgende Heirat von Strafe befreie [65]. So entfällt die Strafe in Cremona (1387 r. 109), während sie sich in Padua (1329 S. 258 f.) und Bassano (1392 S. 100 R.) mildert.

Der außereheliche Geschlechtsverkehr mit der Dirne war nach den Rechtslehrern straflos [66]. Wenn also jemand irrtümlich glaubte, mit einer Dirne zu tun zu haben, so fehlte der Vorsatz und entfiel die Strafe [67].

Das gleiche galt in der Praxis. Nur stellte man der Prostituierten andere Frauen von schlechtem Ruf oder Lebenswandel und sozial niedrig stehende Personen gleich. Während einige Statuten den Geschlechtsverkehr mit der Dirne schlechthin erlaubten [68], wurde anderswo nach dem Grade der Anrüchigkeit unterschieden.

---

65) Vgl. c. 1 X De adult. et stupro V 16; Hostiensis, S. A. V 16 n. 10; Ast. II 46 (S. 90). Das langobardische Recht milderte die Strafe. Osenbrüggen, Lgb. 99.

66) Vgl. die Kommentare zu C 9, 9, 22 und Baldus, Cons. II 381 n. 1; Hostiensis, S. A. V 16 n. 9.

67) Alb. de Rosc., D XLVIII 5 Ad l. Iul. de adult. 39 (38), 1 n. 1.

68) Tivoli 1305 III 152 (S. 205), Arona 1319 r. 49 (S. 87), Mailand r. 49, Cremona 1387 r. 108, Lecco r. 237 (S. 124).

Das Statut des Podestà von Florenz von 1325 III 69 (S. 229) sah z. B. (auch bei Raub und Ehebruch) eine vierfache Abstufung vor, je nachdem, ob es sich handelte um eine Frau »condictionis honeste«, eine »mulier minoris condictionis«, eine Dienerin oder — dann wurde gar nicht bestraft — eine Dirne. In Vercelli (S. 67 R.) wurde der Verkehr mit einer ehrbar lebenden Frau mit Geldstrafe von 25 l belegt, dagegen waren nur 10 l zu zahlen für die Beziehung zu einer unverheirateten Frau, die nur heimlich unehrbar lebte (»que secrete inhoneste vivat«). Eine ähnliche Vierteilung wie in Florenz kannte man auch in Argenta (1342 S. 95). In Narni (1371 III 29) endlich wird die Strafe bei stuprum, Ehebruch und Notzucht auf die Hälfte herabgesetzt, »si mulier fuerit male fame« und fällt ganz weg, wenn es sich um eine Prostituierte handelt.

Andere Gesetze erlaubten ausdrücklich den Geschlechtsverkehr mit einer Dienerin, so das Gesetz von Padua von 1339 S. 258 und das Statut von Bassano von 1392 S. 102 R. In beiden Gesetzen wurde die Zustimmung der Frau verlangt.

Endlich war hier und dort das Konkubinat gestattet, also das dauernde Verhältnis zwischen Mann und Frau, so in Mantua 1303 I 24 (S. 78), Tivoli 1305 III 152 (S. 205: doch muß die Frau von niedrigem Stande sein) und Lodi 1390 S. 100 R.

VI. Gewaltverbrechen.

1. Theorie.

Die Lehre der Italiener von den sexuellen Gewaltverbrechen knüpft an den gemeinrechtlichen Tatbestand des Frauenraubs (raptus) an. Darunter verstanden die Legisten[69]) die Entführung einer anständigen virgo, Witwe oder Nonne in der Absicht geschlechtlicher Befriedigung und unter räumlicher Bewegung von Ort zu Ort, sei es mit Gewalt, sei es mit Zustimmung der Entführten. »Raptus... est puellam rapere et alibi deducere causa luxurie. Et est proprie in virgine vel vidua honeste vite et sanctimoniali et similes« (Bonifacius de Vitalinis, De adulterio n. 12). Ein weiteres Erfordernis wurde nicht aufgestellt, vor allem nicht verlangt, daß es zum Beischlaf kam. Wenn also jemand ein Mädchen entführte, das noch nicht mannbar war, so sollte doch die Todesstrafe verwirkt sein[70]).

Die Tathandlung erforderte einmal eine räumliche Bewegung, die Entführung von Ort zu Ort. Nicht unter den Begriff fiel also die Vergewaltigung an Ort und Stelle. So lehrt Albericus de Rosciate s. v. »Rapere«: »Raptor mulieris non dicitur ille, qui per vim eam cognoscit, sed ille, qui abducit per vim de loco ad locum

---

69) Hälschner, System II 302, 331 Anm. 1, Brunnenmeister, Quellen 198 ff., Geyer bei Holtzendorff, Handbuch III 613 Anm. 13.

70) Baldus, C I 3 De episc. et cler. 5 n. 17 (im Gegensatz zu Durantis).

et eam carnaliter cognoscit [71]).« Durch dieses Merkmal unterschied sich das »rapere« von dem in den Quellen erwähnten »eximere« als weiterem Begriff. Anders als für jenen Tatbestand ist bei der Entführung eine gewaltsame Fortbewegung von einem Ort zum andern nötig, wenn auch nicht die Ankunft des Entführten am Bestimmungsort. In diesem Sinne legte man auch Statuten aus, die vom rapere sprachen [72]).

Als Mittel der Entführung wurde einmal die körperliche Gewalt genannt. Das schien zunächst im Begriff des rapere zu liegen. Dafür ließ sich geltend machen, daß rapere eine Unterart des eximere sei, und man unter dem letzteren zunächst das »Herausnehmen aus den Händen« eines andern verstand, also den Bruch einer körperlichen Gewalt über den Entführten. Daher war zweifelhaft, ob z. B. von Entführung der Nonne (rapere monacham) die Rede sein könne, wenn jemand sie ohne weitere Gewaltanwendung aus dem Kloster entführte. Denn, so äußert Albericus de Rosciate, St. III 66 seine Bedenken: »rapere est de manibus auferre, eximere quoquomodo... Sed iste non erat in manibus alicuius et ideo magis videtur eximere quam rapere« (a. a. O. n. 2). Doch Albericus setzt sich über diese Bedenken hinweg. Er verlangt kein Entreißen aus den »Händen«, sondern begnügt sich mit einem eximere »de potestate«, wie sie hier die Äbtissin ausübte. Er wollte also den Nonnenräuber nach dem Statut bestrafen. Dem Begriff des rapere war schon genügt, wenn sich der Täter über einen rein ideellen Widerstand, nämlich den entgegenstehenden Willen des Gewalthabers hinwegsetzte, mochte die »Geraubte« zustimmen oder nicht.

Bei diesem Ergebnis mußte es bleiben, wenn man sich nicht von den Quellen entfernen wollte [73]). Denn die Quellenstelle C IX 13 De raptu virg. c. un. bedroht ausdrücklich auch die Entführung der zustimmenden Frau mit dem Tode. Doch war diese Regel den Italienern scheinbar auffällig und anstößig. Es leuchtete nicht recht ein, daß die bloße Verletzung fremder Gewaltrechte dem Gewaltverbrechen gleich zu strafen sei. Dem schien vor allem der Satz entgegenzustehen: Volenti non fit iniuria.

Daher bezog die ältere Lehre, so im Anschluß an Guido de Suzaria auch Gandinus, De multis questionibus 2 (S. 398 f.) die Gleichstellung nur auf das Verhalten des Entführers nach der Tat und fordert für die eigentliche Entführung die Anwendung körper-

---

71) So schon Gandinus, De multis questionibus 2 (S. 398 f.); Alb. de Rocs., C IX 13 De raptu virg. c. un. n. 17; Bonif. de Vitalinis, Quis alium possit offendere n. 1.

72) Baldus, D II 7 Ne quis eum 4 n. 1 f.

73) Brunnenmeister, Quellen 199 f.

licher Gewalt. Diese Auslegung lehnten die späteren freilich ab, suchten aber andere Erklärungen. Auch wo die Frau zustimmte, wollte man die Strafe nicht aus der bloßen Verletzung der Gewaltrechte begründen, sondern aus der Art der Verbrechensbegehung. Als der körperlichen Gewalt gleichwertiges Verbrechensmittel aber erschien den Italienern die Anwendung von List und Tücke, das Schmeicheln, Überreden und die Anwendung sonstiger Mittel, die den Willen der Frau gleichfalls aufhoben. Auf diesen Nenner also suchte man die von der Zustimmung der Frau sprechenden Quellen zu bringen. Bald forderte man die Todesstrafe der c. un. C 9, 13 nur dann, wenn die Entführte im konkreten Falle nachweislich überredet war, bald vermutete man die Überredung und Unfreiheit des Willens ohne weiteres und bezog diese Quellenstelle auf den typischen Fall.

Die Belege sind zahlreich. So bemerkt z. B. Cinus, C I 3 De episc. et cler. 53 (54) n. 3: »Hic dicitur, quod raptor volentis foeminae punitur; contra: volenti non fit iniuria neque dolus ...; solutio: verum est, nisi voluntas esset deceptoria.« Ebenso weist Bartolus, Auth. De raptis mulieribus n. 2 ff. den Einwand aus dem Satze volenti non fit iniuria mit den Worten zurück: »hoc ideo, quia mulier praesumitur subducta et decepta.« Albericus de Rosciate, D XLVIII 5 Ad. l. Iul. de adult. 39 (38), 1 n. 6 f. begründet die herrschende Meinung gegenüber Gandinus damit, »quia iuris praesumtio est, quod libera voluntas non fuerit, sed causata ab insidiis raptorum.« So unterscheidet auch Baldus, C IX 13 De raptu virg. c. un. n. 20, ob die Entführte »vult simpliciter« oder »vult verbo suasus (!)«. Ebenso schließlich Angelus, D II 7 Ne quis eum 4 n. 1 und C IX 13 De raptu virg. c. un. n. 5: »nota casum, in quo infertur volenti iniuria et committitur crimen raptus. Ratio est, quia dicitur ille subductus per persuasionem dolosam, quae persuasio magis offuscat (verdunkelt) et conterit (betäubt) animum volentis quam metus.«

In den Schriften der Kanonisten und in der Beichtliteratur finden diese Bedenken keinen Ausdruck. Frauenraub (raptus) wird auch dann angenommen, wenn die Frau gegen den Willen der Eltern, aber mit ihrer Zustimmung aus dem Hause des Gewalthabers entführt wird [74]). Sind die Eltern jedoch einverstanden, so liegt ohne körperliche Gewalt kein raptus vor [75]).

[74]) Hostiensis, S. A. V 16 n. 7 f.: »si virgo volens cognoscatur parentibus non contradicentibus, tunc dicitur proprie stuprum; sed si invita vel parentibus contradicentibus matrimonio non interveniente, tunc dicitur raptus.« So auch Hostiensis, S. A. V 17 De poena rapt. corp. n. 1; Ast. II 46 (S. 90). Vgl. auch c. 2 C. XXXVI q. 1 und dazu Archid.: »non proprie dicitur raptus, si puella consentit, sed dicitur raptus quo ad patrem, quia patri fit iniuria.« S. auch a. a. O. c. 3. Ebenso Thomas v. A., S. th. 2, 2 q. 154 a. 7. Die Entführung der Ehefrau und der Braut war nicht als raptus strafbar: c. 6 X de raptoribus etc. V 17. — Vgl. auch Hinschius, KR. V 175 f., Katz 107 ff.

[75]) Gratian zu c. 3 C. XXXVI q. 1; Raym. de Pennaf. II 5 De raptoribus etc. (S. 157 f.): »Aliud est ... promissionibus aliquam seducere; aliud sibi vim inferre. Unde quia neutri (d. h. weder der Frau noch dem Gewalthaber) vis illata probatur, raptor hoc jure dici non debet.«

Als Strafe der Entführung wird im Anschluß an die Quellen Todesstrafe und Verlust des Vermögens an die Geraubte oder das Kloster verlangt. Die gleiche Strafe sollte außer dem Täter auch den mittätigen Gehilfen treffen [76]).

Ein besonderer Tatbestand der Notzucht, also des sexuellen Gewaltverbrechens ohne Entführung war zunächst unbekannt. Die älteren Juristen behandeln diesen Fall als Gewaltverbrechen, so noch Albertus Gandinus, De multis questionibus 2 (S. 398 f.) [77]). Andere knüpften an D 47, 11, 1, 2 an, erklärten die dort vorgesehene Todesstrafe aus der vom Täter angewandten Gewalt und stellten allgemein die Notzucht dem Frauenraub gleich [78]).

In der Beichttheorie fällt die Notzucht von vornherein unter den Begriff des raptus. Dahin führte die Gleichsetzung von Sach- und Menschenraub unter dem gemeinschaftlichen Oberbegriff der Gewalttat (raptus). Wie es eine gewaltsame Entziehung der Sachnutzung gab, so stellte man neben die gewaltsame »Aneignung« der Frau auch die gewaltsame Benutzung zur augenblicklichen geschlechtlichen Befriedigung [79]). Raptus im Sinne der geistlichen Jurisprudenz also ist jede Verletzung eines maßgeblichen Willens zum Zwecke der geschlechtlichen Befriedigung.

2. Praxis.

Bestimmungen gegen sexuelle Gewalttat sind in den Gesetzen zahlreich. Dabei treten im wesentlichen zwei Gesichtspunkte hervor.

---

[76]) Vgl. die Kommentare zu C 9, 13. Ferner Bonif. de Vitalinis, De raptoribus n. 2, De adulterio n. 12, Quibus de causis etc. n. 1; Hostiensis, S. A. V 17 De poena rapt. corp. n. 1; Ast. II 46 (S. 90).

[77]) Vgl. auch Alb. de Rosc., St. III 31 n. 1 ff.

[78]) So Bartolus, D XLVII 11 De extraord. crim. 1, 2: »Opponitur et videtur, quod pro stupro mulieris non sit poena capitis. Solutio: intellige, quod hic intervenit aliqua violentia interpellando vel conducendo eam vel committendo; alias secus.« Die gleiche Erklärung gibt Alb. de Rosc., a. a. O. n. 1. Ferner auch Alb. de Rosc., C IX 13 De raptu virg. c. un., 9: »Est ... notandum, quod multi intelligentes male hanc legem tenent indistincte, quod si cognovi aliquam mulierem non coniugatam etiam volentem, quod puniri debeam poena mortis, quod non est verum, nisi raptus vel violentia interveniat ..., et ita obtinui in collegio Bergomi tribus vicibus, ubi fui advocatus quorundam, qui reperti fuerunt in stupro;« Baldus, C I 3 De episc. et cler. 5 n. 17: »pro solo raptu sine cognitione et sola cognitione sine raptu est pena capitis per leges novas.« Vgl. auch Hostiensis, c. 11 X De sepulturis III 28 (S. 99).

[79]) Raym. de Pennaf. II 5 De raptoribus etc. (S. 157 f.): »Committitur crimen raptus dupliciter, videlicet quum ipsa puella violenter rapitur, ut in perpetuum teneatur; item quum non ipsa violenter rapitur, sed usus ejus, ea prohibente, violenter usurpatur.« Ebenso Barth. Pis. s. v. »Raptor« n. 1 (S. 142); Joh. v. Fr. II 5 q. 1.

Einmal denkt der Gesetzgeber an die beleidigte Frau und entschädigt sie für den Verlust der geschlechtlichen Ehre durch Schmerzensgeld und Beteiligung an der Strafsumme.

So hatte der Täter in Cave (1307 r. 67 S. 42 f.) der beleidigten Frau eine Buße von 30 l, in Arona (1319 r. 47 S. 86) 10 l und in Turin (1360 Sp. 718) eine Entschädigung nach Ermessen des Gerichts zu zahlen. In Valsassina (1388 r. 52 S. 284) bekam die Frau die Hälfte des beschlagnahmten Vermögens, eine Bestimmung, die wohl auf gemeinrechtliche Anregung zurückzuführen ist.

Vielfach aber hielt man noch körperlicher Gewalttat gegenüber daran fest, daß die Frau zunächst Mitglied der Familie sei und in erster Linie nicht sie selbst, sondern, gleichsam durch sie vertreten, der Gewalthaber verletzt werde. Deshalb erhält nach einigen Gesetzen der Ehemann die Entschädigung, nicht die beleidigte Frau, so in Vergante 1389 r. 67 (S. 225) und Bassano 1392 S. 101 R. Für die Gewalttat gegen die unverheiratete Frau aber werden dieser Auffassung gemäß die Verwandten entschädigt. In Lucca (1308 III 7 S. 139) z. B. fiel die Hälfte der Strafe an den Vater, wenn der aber nicht da war, an den Bruder der Frau, und erst, wenn sie keine Brüder hatte, an die Vergewaltigte selbst. Ähnliches galt in Bassano a. a. O.

Die juristischen Tatbestände unterscheiden sich wesentlich von denen der Lehre. Die wissenschaftliche Erörterung konzentrierte sich auf den in den Quellen behandelten Frauenraub, die gewaltsame oder listige Entführung, hinter der die Notzucht zurücktrat. Zwar fügte man dem Tatbestand der Entführung das Merkmal des Willenszwanges ein, hielt jedoch fest am Erfordernis der räumlichen Bewegung. Die Statuten hingegen rücken die Aufhebung der sexuellen Selbstbestimmung durch körperliche Gewalttat in den Vordergrund. Normaltatbestand ist nicht die Entführung, sondern die Notzucht.

Überall unter Strafe steht das »violare«, »corrumpere«, »carnaliter cognoscere per violentiam«, »per vim«, »contra suam voluntatem«, »exfortiare«, »facere violentiam«, »facere fortiam« usw. Dieser Tatbestand war teils weiter, teils enger als der des Frauenraubs, wie ihn die Theorie entwickelte: Weiter insofern, als es einer Entführung, also der räumlichen Bewegung von Ort zu Ort nicht bedurfte. Enger, weil es zum Beischlaf kommen mußte und die Zustimmung der Frau den Tatbestand ausschloß [80]). Die Tat richtet sich gegen die ehrbare Frau, mochte sie noch unverheiratet, Ehefrau, Witwe oder geschieden sein.

---

[80]) Die entscheidenden Merkmale — Gewalt, Schwängerung, Handeln gegen den Willen der Frau — treten in den bologneser Urkunden aus dem 13. Jahrhundert bei Kantorowicz I 218 ff., 242 ff, 261 f. hervor. Vgl. zum Statutarrecht Kohler 510 ff., Pertile V 517 ff., 530 ff.

Andere Einwirkungen auf den Willen als körperliche Gewalt fielen nicht unter diese Gesetze. Das wird manchmal ausdrücklich gesagt. Gesetzgeber, die offenbar die Rechtslehre kennen, nehmen die Verführung und Entführung der zustimmenden, wenn auch überlisteten Frau ausdrücklich aus dem Tatbestand heraus. So bestimmt z. B. das Gesetz von Padua von 1329 S. 260 R., nachdem es die Notzucht geregelt hat: »In omnibus supradictis, ubi fit mentio de violentia vel rapina, intelligatur, quando violentia vel rapina intervenerit actualiter et de facto, non autem si verbis adulatoriis, persuasionibus aut promissionibus fuerit inducta vel cognita. Quibus casibus spontaneus actus intelligatur.« Auch hierin stimmte das Statut von Bassano von 1392 S. 102 R. mit der paduaner Gesetzgebung überein.

Anderswo aber wird die Entführung besonders erwähnt und bald als selbständiger Tatbestand, bald neben der Notzucht behandelt. Wie in der Theorie wird oft das Erfordernis räumlicher Bewegung hervorgehoben, aber gelegentlich enger als dort körperliche Gewalt als Zwangsmittel verlangt. Der Vollzug des Beischlafs wird nicht gefordert, verschärft aber manchmal die Strafe.

So droht z. B. das Gesetz von Mantua von 1303 I 24 (S. 78) Strafe an, »si quis alienam uxorem vel mulierem per vim rapuerit alio ducendo vel per vim carnaliter cognoverit.« In Tivoli (1305 r. 151 S. 205) erleidet die Strafe des Mordes, wer eine verheiratete Frau oder Nonne gewaltsam entführt oder Notzucht an ihr begeht. Auch in Frignano (1337/38 VI 20 S. 219) wird bestraft, wer eine verheiratete Frau »per vim adulteraverit, rapuerit vel strup[av]erit.« Das Statut von Argenta von 1342 S. 95 stellt dem, der eine Frau notzüchtigt, denjenigen gleich, der »eam rapuerit ipsam conducendo de loco ad locum.« Die Ägidianischen Konstitutionen von 1357 IV 41 (S. 185) unterwerfen den gemeinrechtlichen Strafen denjenigen, der »mulierem nuptam vel virginem aut viduam bone fame ... violenter rapuerit seu per vim carnaliter cognoverit.« In Padua (1339 S. 257 R. f.) ist die Strafe für Entführung ohne Geschlechtsverkehr dagegen nur halb so hoch wie für Notzucht. Das Gesetz von Bassano von 1392 S. 100 f. stellt die gewaltsame Entführung der vollendeten Notzucht gleich. Auf beides steht Todesstrafe, während der »violentus raptus« ohne Beischlaf nur mit Geldstrafe von 500 l gesühnt wird.

Vergleicht man jetzt nochmals Lehre und Praxis, so zeigt sich: In der Gesetzgebung richtet sich das sexuelle Gewaltverbrechen gegen den Willen der Frau, gegen die freie Selbstbestimmung in geschlechtlichen Dingen. Die Strafe tritt ein, wenn der Widerstand durch körperliche Gewalt gebrochen wird. In der gleichen Richtung aber bildet sich auch die Rechtslehre um. Die Strafe wird nicht mehr aus der örtlichen Bewegung und der Verletzung einer Gewalthaberschaft allein gerechtfertigt, sondern gleichfalls aus der Einwirkung auf den Willen, nämlich durch List und Überredung. Offenbar glich sich damit die Lehre der Praxis an, ohne freilich über ein

Kompromiß hinauszukommen. Man hätte wohl recht in der Annahme, daß die Praxis hier anregend gewirkt hat.

In der Bestrafung der Notzucht und der ihr gleichgestellten Entführung ist ein deutliches Vordringen der Körperstrafe auf Kosten der Geldstrafe wahrzunehmen. Zu Beginn des Jahrhunderts überwiegen in allen Landschaften Geldstrafen, am Ende die Todesstrafe, und den Übergang um die Mitte des Jahrhunderts bildet die hilfsweise verhängte Todesstrafe. Bei der Bemessung der Strafe kommt häufiger in Betracht, ob der Täter sich an einem Mädchen vergeht oder an einer Witwe oder femina soluta.

Geldstrafen begegnen z. B. in Moncalieri 1378 Sp. 1400 (25 l), Balangero 1391 r. 48;

Averrara 1313 r. 70 (S. 50), Arona 1319 r. 47 (S .86), Dervio 1389 r. 46 (S. 115: 100 l für Vergewaltigung einer Ehefrau. Die Strafe des gewöhnlichen Ehebruchs beträgt 50 l);

Pisa 1286 III 3 (S. 361 ff.: weites Ermessen; beim Raube der verheirateten Frau Strafe nach Ermessen an Person oder Vermögen), Ascoli 1377 III 16 (S. 89: 100 l);

Lucca 1308 III 4 (S. 136: 500 l auf Notzucht an einer Ehefrau gegenüber 250 l für den Ehebruch), Siena 1309/10 V 288 (S. 354: 500 l auf Gewalttat an einer vergine, 300 l auf die an einer anderen Frau. Die verheiratete Frau steht der vergine gleich);

Perugia 1342 III 99 (S. 119: 200 l);

Cave 1307 r. 67 (S. 42 f.: 25 l auf Vergewaltigung einer verheirateten Frau, 15 l auf die einer Witwe, 10 l auf die einer virgo).

Hilfsweise Körperstrafe drohen an die Statuten von Porlezza von 1338 r. 108 (S. 346), Frignano 1337/38 VI 20 (S. 219: Todesstrafe), Turin 1360 Sp. 718 (Körperstrafe nach Ermessen) und Valperga 1350 r. 27 (Verlust der rechten Hand).

Am häufigsten kommt aber die Todesstrafe schon an erster Stelle vor. So in Casale 1370 Sp. 994;

Mailand r. 49, Cremona 1387 r. 108, Valsassina 1388 r. 52 (S. 284), Vergante 1389 r. 67 (S. 224 f.), Lodi 1390 S. 100, Intra 1393 IV 47 (S. 371), Lecco r. 237 (S. 124);

Padua 1339 S. 257 R. f. (aber nur Geldstrafe, wenn eine soluta, non vidua neque virgo verletzt wird), Padua 1390 S. 256 R., Bassano 1392 S. 100 f. (aber nur Geldstrafe von 500 l auf Entführung ohne Beischlaf), Verona 1450 III 42;

Mirandola 1386 S. 93 f., Piacenza 1391 V 43, Bobbio 1398 IV 141;

Argenta 1342 S. 95, Forli 1359 III 19 (S. 217), Bologna 1454 S. 28; Narni 1371 III 29;

Tivoli 1305 III 150 (S. 205: aber nur auf Notzucht an einer verheirateten Frau), Rom 1363 II 181 (S. 183), Olevano 1364 r. 82.

Unmittelbar auf gemeines Recht verweisen die Statuten von Vercelli S. 67 R., Modena 1327 IV 27 (S. 398), Carpi 1353 S. 68 und die Ägidianischen Konstitutionen von 1357 IV 41 (S. 185).

Die Heirat nach vollbrachter Tat blieb nach der gemeinrechtlichen Theorie ohne Einfluß auf die Strafe [81]), hob sie nach kanonischem Recht auf [82]) und milderte sie im langobardischen Recht [83]). Das Statutarrecht nahm alle drei Anregungen auf. Hier und dort nämlich fiel die Strafe ganz weg [84]), und gelegentlich wird ausdrücklich eine Heiratspflicht ausgesprochen. So in den Gesetzen von Porlezza von 1338 r. 108 (S. 346), wo ein Täter, der die Heirat verweigert, eine besondere Buße zu zahlen hat, und in Valperga (1350 r. 27). Anderswo dagegen wirkt die Heirat nur strafmildernd [85]), während ihr gelegentlich jede Wirkung abgesprochen wird [86]).

3. Sonderfall.

Schon die Quellenstelle C 9, 13 c. un. bezog sich nur auf die Entführung der anständigen Frau, auf »raptores virginum honestarum«. Die Rechtslehrer nahmen das auf und verneinten die Todesstrafe für die Entführung der Dirne [87]). Doch wollten sie den Gewaltverbrecher nicht völlig straflos lassen und beriefen sich dafür auf die Praxis [88]).

[81]) Jac. de Belvisio I 9 n. 33; Bonif. de Vitalinis, De raptoribus n. 2. Vgl. auch C 9, 9, 26 und die Kommentare dazu.

[82]) Vgl. c. 1 u. 2 X De adult. et stupro V 16.

[83]) Kohler 155, Pertile V 520, 533.

[84]) So z. B. in Parma 1347 S. 254 f., Forli 1359 III 19 (S. 217 f.), Mirandola 1386 S. 94, wo der Täter die Vergewaltigte auch noch auszustatten hatte (»duc et dota«), Intra 1393 IV 47 (S. 371), Bobbio 1398 IV 141.

[85]) Piacenza 1391 V 43, Bassano 1392 S. 100 R. f.

[86]) Padua 1390 S. 256 R., während noch das Gesetz von Padua von 1329 S. 260 f. Strafmilderung vorsah und das Gesetz von 1339 S. 257 R. f. dem Richter zwischen Strafmilderung und Straflosigkeit die Wahl ließ. Vgl. ferner Olevano 1364 r. 82.

[87]) Vgl. die Kommentare zur angeführten Quellenstelle; ferner Bartolus, D XLVII 2 De furtis 39 n. 3; Alb. de Rosc., St. III 52 (im Hinblick auf die Statuten), D XLVIII 5 Ad l. Iul. de adult. 39 (38), 1 n. 8; Bonif. de Vitalinis, De raptoribus n. 3. — Ebenso das kanonische Recht. Vgl. Hinschius, KR. V 823 Anm. 12. — Eine anscheinend verbreitetete Ansicht ließ es darauf ankommen, ob die Prostituierte ihr früheres Leben aufgegeben hatte oder nicht. Vgl. Baldus, C I 3 De episc. et cler. 53 (54) n. 1 und C IX 13 De raptu virg. c. un. n. 10. Über die ältere gleichartige Praxis vgl. Gandinus, De quibusdam utilibus questionibus 3 (S. 360 f.).

[88]) Baldus, Cons. II 381 n. 1: »interdum vir cognoscit mulierem per violentiam, et tunc talis cognitio nunquam transit impunita, licet quidam dicant, quod in meretrice non punitur«; Alb. de Rosc., D XLVII 2 De furtis 39 n. 1 f. unter Hinweis auf die Anwendung dieser Stelle in der Praxis: »non forte sic intelligitur, ut impune liceat vim meretrici nolenti et invitae fieri.« Vgl. aber Cinus, C IX 13 De raptu virg. c. un., Additio, nach dem sogar die Todesstrafe vorkam: »iam vidi aliquos suspendi, qui rapuerunt publicas per vim«.

Den gleichen Unterschied zwischen Gewaltverbrechen an ehrbaren und sittlich oder sozial tiefstehenden Frauen macht auch die Gesetzgebung [89]. Wer die Dirne vergewaltigt, bleibt entweder straflos oder wird wesentlich milder bestraft als sonst. Dafür einige Beispiele:

Vercelli S. 67 R. (10 l statt Strafe des gemeinen Rechts);

Averrara 1313 r. 70 (S. 50: 10 l statt 100 l), Arona 1319 r. 47 (S. 86: Strafe für Gewaltverbrechen, »salvo quod non inteligatur de mulieribus et meretricibus publicis«), Vallassina 1343 r. 77 (S. 205 f.: bei Vollendung statt Todesstrafe Geldstrafe von 60 s, bei Versuch statt 50 l 20 s), Valsassina 1388 r. 52 (S. 284 f.: statt Todesstrafe u. Konfiskation Geldstrafe von 10 l);

Parma 1347 S. 254 f. (Strafe, »salvo quod si quis per vim carnaliter cognoverit vel rapuerit aliquam mulierem, quam alias ipse vel alii carnaliter cognoverint, et de hoc sit publica vox et fama, nullam poenam paciatur«), Mirandola 1386 S. 94 (bei Gewaltverbrechen Ausnahme von der Strafe, wenn die Tat an Prostituierten begangen wurde);

Bassano 1392 S. 101 (Ausnahme von der Strafe bei Begehung des Verbrechens an öffentlichen Dirnen);

Pisa 1286 III 3 (S. 363: bei Notzucht statt 10—500 l 10—40 s. Beim Raube einer verheirateten Frau statt Vermögens- und Körperstrafe nach Ermessen Geldstrafe bis zu 100 l);

Argenta 1342 S. 95 (Todesstrafe für Notzucht oder Entführung, aber gar keine Strafe, wenn es sich um eine Prostituierte handelte und nur Geldstrafe von 3 l, wenn die Frau sich nicht öffentlich preisgab), Bologna 1454 S. 29 R. (Geldstrafe nach Ermessen statt Todesstrafe);

Perugia 1342 III 99 (S. 119: halbe Strafe);

Ascoli 1377 III 16 (S. 89: halbe Strafe bei Notzucht an einer »femmina pactuale overo serva de piccola conditione«);

Rom 1363 II 181 (S. 183: statt Todesstrafe Geldstrafe).

VII. Entführung und Verführung.

Die Entführung der zustimmenden Frau zogen die Theoretiker unter den Frauenraub, indem sie die Zustimmung hinwegdeuteten, und legten auch vom »rapere« sprechende Statuten in diesem Sinne aus. Häufiger behandelten auch die Statuten die gewaltsame Entführung und drohten mit der Strafe für sexuelle Gewaltverbrechen. Seltener aber wird der Fall geregelt, daß die Frau der Entführung zustimmt. Wo das der Fall ist, bedenkt man, daß der Gewalthaber in seinen Rechten verletzt wird und droht Geldstrafe an [90].

---

[89]) Kohler 514 f., Pertile V 532. Dagegen werden in den sizilianischen Konstitutionen auch Dirnen gegen Vergewaltigung geschützt. Vgl. Zechbauer 119. — Über praktische Fälle, in denen der Einwand gemacht wurde, daß die Frau eine Dirne sei, vgl. Kantorowicz I 218 ff. Urk. 22 und Zaccagnini, La vita dei maestri etc. 61.

[90]) Kohler 517 ff., Pertile V 521 f., 530 ff.

So steht in Pisa (1286 III 3 S. 363) auf die Entführung einer verheirateten Frau Geldstrafe von 50—200 l, ein Strafrahmen, den der Richter nach seinem Ermessen auch überschreiten darf. In Tivoli (1305 III 150 S. 205) beträgt die Geldstrafe 25 l, in Padua (1375 S. 261 R.) 200—300 l, doch ist dort die Strafe des Ehebruches verfallen, wenn es zum Beischlaf kommt. Das Statut von Mirandola von 1386 S. 95 f. droht gleichfalls Geldstrafe von 50 l an: r. De poena ducentis alio aliquam mulierem virginem seu domicelam de ejus voluntate contra tamen voluntatem proximioris ejus attinentis. In Bologna (1454 S. 28 R.) endlich war Geldstrafe von 1000 l verwirkt, von denen die Hälfte den beleidigten Verwandten der Frau zufiel.

Noch seltener ist in den Quellen der Theorie und in den Ortsgesetzen von der Verführung ohne räumliche Bewegung von Ort zu Ort die Rede. Wenn man aber die Entführung der zustimmenden Frau der Entführung mit körperlicher Gewalt gleichstellte, so lag es nahe, auch Verführung und Notzucht gleichzusetzen. Diese Folgerung zog Angelus, Auth. De lenonibus l. Ut antiquus für das Statutarrecht: Er spricht über den Fall, daß ein Statut denjenigen mit Todesstrafe bedroht, der mit einer Frau gegen ihren Willen Ehebruch treibt, aber nur Geldstrafe von 100 l ansetzt, wenn die Frau zustimmt. Nun wurde jemand angeklagt, Ehebruch mit einer Frau getrieben zu haben, die er durch Geschenke für sich gewonnen hatte (»decipiendo cum auri dacione«). Hier wollte Angelus die Todesstrafe, weil der Wille der Frau unfrei gewesen sei: »hic videtur casus, quod tanquam invitam, nam propter deceptionem dicitur committere.« Gelegentlich wird auch der Versuch der Verführung besprochen und iniuria angenommen [91]).

In den Gesetzen jedoch wird die Verführung m. W. nirgends der Notzucht gleichgesetzt. In der Regel geht sie im stuprum auf, und nur ganz vereinzelt wird das »seducere« oder dergleichen mit besonderer Strafe bedroht. Beispiele bilden die Gesetze von Forli und Bassano. In Forli (1359 III 19 S. 217) zahlt Geldstrafe von 25 l, wer ein Mädchen mit ihrem Willen in seinem Hause mißbraucht. Kennzeichnend ist die Begründung: »quia hoc praesumitur fecisse falsis adulationibus et blanditiis«. Das gleiche Merkmal entschied nach den Theoretikern, deren Lehren hier offensichtlich eingewirkt haben. Geldstrafe drohte auch das Gesetz von Bassano von 1392 S. 100 R., 101 R. an. Die Strafe fiel höher oder niedriger aus, je nachdem ob es zum Geschlechtsverkehr kam oder nicht.

---

[91]) Alb. de Rosc., C I 3 De episc. et cler. 5 n. 2: »qui .... attentat mulierem vel masculos impudicos facere, iniuriarum tenetur.«

VIII. Inzest.

Der Inzest wird von den Rechtslehrern nur beiläufig im Anschluß an D 48, 5, 38 besprochen. Begrifflich verlangte man eine geschlechtliche Beziehung zwischen Verwandten auf- und absteigender Linie oder zwischen Seitenverwandten oder Verschwägerten bis zum vierten Grade [92]), eine Abgrenzung, die (seit Innocenz III.) auch im kanonischen Recht galt [93]). Der Vorsatz des Täters mußte die Verwandtschaftsbeziehung umfassen [94]). Als Strafe wurde im Anschluß an die Quellenstelle die Todesstrafe des Ehebruchs verlangt, und zwar für beide Teile [95]), obwohl die geistliche Jurisprudenz den Inzest als das schlimmere Verbrechen ansah [96]). In den Statuten [97]) wird der Inzest mehrfach erwähnt. Bald kommt der allgemeine Ausdruck »incestus« vor, bald wird der Begriff näher bestimmt. Dabei treten im einzelnen Verschiedenheiten hervor. Der Theorie folgt z. B. das Gesetz von Vercelli S. 67 R., das die Beziehung zu Seitenverwandten bis zum vierten Grade erfaßt, während in Ascoli (1377 III 15 S. 88) der zweite und in Mirandola (1386 S. 94 f.) und Rom (1363 II 180 S. 182 f.) der dritte Grad der Verwandtschaft bestimmend war.

Für den Inzest hat sich schon im 14. Jahrhundert die Todesstrafe durchgesetzt und ist die Regel. Das Statutarrecht geht also über die regelmäßige Ehebruchsstrafe hinaus und rückt so den Inzest in die Nähe der widernatürlichen Unzucht. Diese Beziehung wird gelegentlich ausdrücklich hervorgehoben und mehrfach die Strafe des Scheiterhaufens wie für Homosexualität angedroht. Im einzelnen unterschied man gelegentlich nach dem Grade der Verwandtschaft.

Todesstrafe ist z. B. in Biella (r. 36) verwirkt (Enthauptung). In Vercelli (S. 67 R.) droht auf Inzest mit Verwandten auf- und absteigender Linie die Strafe des gemeinen Rechts, auf die mit Seitenverwandten 2., 3. u. 4. Grades Geldstrafe von 300 l, hilfsweise Verlust eines Auges.

---

[92]) Baldus, Cons. I 118 n. 1; etwas anders Bonif. de Vitalinis, De adulterio n. 13: »incestus committitur cum privigna, novercha, nuru consanguinea et simili coniuncta.« — Vgl. auch Brunnenmeister, Quellen 266 f., Hälschner, System II 290.

[93]) C. XXXV q. 2 u. 3, c. 8 X De consang. et aff. IV 14; Hostiensis, S. A. V 13 n. 6, V 16 n. 12; Joh. Andreae, c. 19 in VI to De haereticis V 2 n. 2. Vgl. auch Hinschius, KR. V 174 f., Katz 116 ff., Binding, Lehrbuch 228 Anm. 2, 229.

[94]) Vgl. die Kommentare zur angeführten Stelle.

[95]) Bonif. de Vitalinis, De adulterio n. 13 und die Kommentare zur angeführten Stelle; Hostiensis, S. A. V 16 n. 13; Ast. II 46 (S. 90 f.).

[96]) So Augustin, zitiert bei Raym. de Pennaf. III 34 De poenitentiis § 4 (S. 437); Hostiensis, S. A. V 16 n. 13, V 38 n. 9; Ast. II 46 (S. 90 R.), V 32 (S. 41 f.); Barth. Pis. s. v. »Luxuria« n. 1.

[97]) Kohler 525 ff., Pertile V 537 f.

Das Statut von Padua von 1392 S. 258 R. droht Todesstrafe auf Inzest mit Verwandten in gerader Linie, Geschwistern und Verschwägerten, in anderen Fällen aber Ehebruchsstrafe an. Das Gesetz von 1420 S. 258 R. f. sieht Strafe nach Ermessen des Gerichts vor für das Betreten von Klöstern in der Absicht, dort mit Nonnen zu verkehren, und »in aliis ... nefariis coitibus et incestis«. Ähnliches wie in Padua galt in Bassano (1392 S. 102 R.), wo die Todesstrafe durch Verbrennen vollstreckt wurde. Auch das Statut von Verona von 1450 III 42 ordnet Strafe nach Ermessen bis zur Todesstrafe einschließlich an »inspecto gradu et qualitate personarum«.

In Mirandola (1386 S. 94 f.) wurden beide Teile enthauptet bei Inzest mit Verwandten der männlichen Linie bis zum 3. Grade, in anderen Fällen aber ausgepeitscht und gebrandmarkt.

Todesstrafe war in Bologna (1454 S. 28) verwirkt.

Das Gesetz von Forli von 1359 III 19 (S. 218) drohte Geldstrafe von 200 l an, wenn die Frau zustimmte, von 250 l, wenn sie verheiratet war. Auf Entführung der Verwandten stand Todesstrafe.

Das Statut von Ascoli von 1377 III 15 (S. 88) stellt den Inzest als »peccato contra natura« neben die Sodomiterei. Der Täter wird verbrannt.

In Rom (1363 II 180 S. 182 f.) droht für Ehebruch mit Inzest dem Manne Enthauptung, der Frau Verbrennung. Nur Enthauptung steht auf Inzest ohne Ehebruch.

Als eine Art des Inzests sah man in der Theorie den Geschlechtsverkehr mit der Nonne an [98]), eine Anschauung, die im Statut von Bassano von 1392 S. 102 R. wiederkehrt. Es wurde also Todesstrafe verlangt, und zwar ohne Rücksicht darauf, ob die Nonne in den Verkehr oder die Entführung einwilligte, so daß für die Lehre alle Arten der Sittlichkeitsverbrechen an der Nonne zusammenfielen [99]).

Den gleichen Standpunkt bringt das Statutarrecht zum Ausdruck. Die Strafe wird verhängt, ob die Nonne zustimmt oder nicht, ob sie Gewalt leidet, entführt wird oder ein stuprum begeht. Bald wird Geldstrafe angedroht [100]), bald Todesstrafe [101]).

IX. Homosexualität.

Die Homosexualität war im Italien des 14. Jahrhunderts sehr verbreitet. Zeugnis dafür ist vor allem Dante. Der 15. Gesang des Inferno läßt erkennen, daß gerade in der gebildeten Schicht geschlechtliche Beziehungen unter Männern häufig waren. Nament-

---

98) Alb. de Rosc., C IX 9 Ad l. Iul. de adult., Rubr. n. 6; Archid., c. 3 D. LXXXI. Vgl. auch c. 6 C. XXVII q. 1.

99) Bonif. de Vitalinis, Quibus de causis etc. n. 1; Alb. de Rosc., C IX 13 De raptu virg. c. un. n. 13 ff.; Salicetus, C I 3 De episc. et cler. 53 (54) n. 1, 4.

100) Vercelli S. 67 R. (200 l), Perugia 1342 III 99 (S. 119 f.: 200 l, aber 500 l beim Betreten des Klosters).

101) Forli 1359 III 19 (S. 217), Casale 1370 Sp. 994, Verona 1450 III 42 (Verweisung auf gemeines Recht), Biella r. 26, Bologna 1454 S. 28.

lich die Pest von 1348 bewirkte in Florenz eine Zunahme dieser Erscheinungen. Zu äußeren Anlässen kamen innere Gründe: das langsame Erschlaffen der religiösen Kraft, damit zusammenhängend eine Entspannung der Sitten, die Verweichlichung der wohlhabenden Schicht als Folge des neuen Reichtums, aber auch die geistige Differenzierung und Komplizierung der Gebildeten. Auch die Abgeschlossenheit der Frau in der bürgerlichen Gesellschaft, die Schwierigkeit, zwischen Ehe und Prostitution einen Mittelweg zu finden, mochten die geschlechtliche Betätigung in diese Richtung drängen[102]).

Das massenhafte Auftreten krimineller Erscheinungen kann doppelt wirken. Es kann zur Folge haben, daß das Werturteil sich wandelt und die Strafe fällt oder sich abschwächt, das Recht also der Wirklichkeit folgt. Es kann umgekehrt bewirken, und das pflegt die Vorstufe zu sein, daß die Tradition stärker verteidigt, das heißt versucht wird, den Abstand zwischen Recht und Leben durch harte Strafen zu überbrücken, also die Wirklichkeit dem Recht anzugleichen. Nach Dante könnte man vermuten, in Italien hätten sich die Dinge in der erstgenannten Richtung entwickelt. Er läßt Brunetto Latini leiden, aber ohne Verachtung für seine Verfehlung und voll Ehrfurcht für den Lehrer. Von da bis zum Wandel des Urteils über das Verbrechen selbst scheint kein weiter Schritt.

Aber das Recht vermittelt einen anderen Eindruck. Dort wirkt das religiöse Werturteil in unverminderter Stärke. In der Natur als Gottes Schöpfung wird Gott selbst verletzt [103]). Die Homosexualität steht neben der Ketzerei. Die Statuten nennen Verbrechen gegen die Natur und gegen den Glauben in einem Atem. So schwört z. B. der Beamte in Lucca (1308 III 155 S. 230): »purgabo Civitatem lucanam, districtum et episcopatum hereticis et patarenis et sodomitis et aliis iniquis septis«. Das Gesetz von Ascoli von 1377 III 15 (S. 88) droht dem Strafe an, der »instigato de spiritu diabolico actemptasse violar la fede captolicha... overo comictesse alicuno peccato contra natura, cioè de sodomia« [104]).

Dem geschichtslosen, im Glauben an die Wahrheit biblischer Überlieferung erzogenen Denken war die Erinnerung an Sodom

[102]) Über die Homosexualität vgl. Frati, vita privata 81 f., Dorini 72 ff., Tamassia, famiglia italiana 75, Zaccagnini, La vita dei maestri etc. 61, 103, Grupp, Kulturgeschichte des Mittelalters IV 94 ff.

[103]) Raym. de Pennaf. III 34 De poenit. § 4 (S. 439): »hoc peccatum specialiter clamat vindictam ad Dominum, quia ut ait Augustinus: Per illud violatur societas, quae nobis cum Deo esse debet, cum eadem natura, cujus ipse est auctor, libidinis perversitate poluitur.« Vgl. auch c. 13 C. XXXII q. 7.

[104]) Vgl. auch das Litiskontestationsprotokoll von 1364 (oder 65) bei Kohler-degli Azzi 109 ff.

und Gomorrha unmittelbar gegenwärtig. Durch Duldsamkeit fürchtete man die göttliche Rache heraufzubeschwören. Das Gesetz von Forli von 1359 III 19 (S. 216) spricht vom »crimen sodomiticum, propter quod ira Dey venit in filios diffidentie«. Ähnlich drückte sich Lucas de Penna, C XII 60 De exsecut. et exact. 3 (S. 329 R.) aus: »Talis quippe dicitur luxuria diabolica, propter quam civitates cum hominibus pariter perierunt et pestilenzie, terremotus et fames oriuntur«.

Das abscheuliche, ungeheuerliche des Verbrechens wird in starken Worten hervorgehoben. So in Carpi (1353 S. 68): »Sodomite..., qui tam detestandum et contra naturam scelus vituperosum et nefandum comiserint, igne comburantur«. Ähnlich Narni (1371 III 164): »Cum omnia jura insurgant adversus committentes nefandum scelus sodomiae«.

Nun ist natürlich nicht sicher zu ermitteln, wieviel an diesen Ausrufen Konvention ist, und wieviel Ausdruck lebendiger Wertung. Doch ist kein Anlaß zu bezweifeln, daß das immer noch starke und tief eingewurzelte religiöse Gefühl an der unnormalen Befriedigung stärksten Anstoß nahm.

Die Theoretiker sprachen nur beiläufig über die Homosexualität, übernahmen die Todesstrafe des römischen Rechts [105]) und hoben nur gelegentlich das homosexuelle Gewaltverbrechen hervor. [106]).

Eingehender beschäftigte sich die Theorie des forum internum mit diesen Tatbeständen. Man sah in der widernatürlichen Befriedigung die verwerflichste Art geschlechtlicher Sünde überhaupt [107]) und suchte die einzelnen Formen auseinanderzuhalten und zu unterscheiden. Dabei kam man im Anschluß an c. 11 und 14 C. XXXII q. 7 in der Strenge aufsteigend auf folgende Formen: die Selbstbefleckung, unnatürlicher Beischlaf zwischen Mann und Frau, wobei es

---

105) Alb. de Rosc., C IX 13 De raptu virg. c. un. n. 16; Baldus, C IX 9 Ad l. Iul. de adult. 31; Salicetus, a. gl. O. n. 1, der auch den Verkehr zwischen Frauen dahin rechnet; Bonif. de Vitalinis, De adulterio n. 10, De raptoribus n. 4, 6, Quibus de causis etc. n. 1; Hostiensis, S. A. V 16 n. 10; Ast. II 46 (S. 90). — Vgl. auch Brunnenmeister, Quellen 269. Die dort genannten Unterscheidungen sind mir bei den Legisten des 14. Jahrhunderts nicht begegnet.

106) Hostiensis, S. A. V 17 De poena rapt. corp. n. 1: »raptores .... puerorum abusionis causa exquisitis poenis capitalibus puniuntur.« Vgl. auch Hinschius, KR. V 176.

107) Raym. de Pennaf. III 34 De poenit. § 4 (S. 437) (Augustin-Zitat): »omnium horum pessimum est, quod contra naturam fit, ut si vir membro mulieris non ad hoc concesso voluerit uti«; Ast. I 31 (S. 42 R.), II 46 (S. 90 R.), V 32 (S. 41 f.); Barth. Pis. s. v. »Luxuria« n. 1; Hostiensis, S. A. V 16 n. 13, V 38 n. 9. Ebenso Thomas v. A., S. th. 2, 2 q. 154 a. 11 u. 12. — Näheres bei Katz 118 ff.

erschwerend ins Gewicht fiel, »quando debitum vas praetermittitur«, die eigentliche Sodomiterei und am schlimmsten die Bestialität [108]).

Die Statuten [109]) enthalten ein ziemlich reichhaltiges Material. In der Regel wird der Tatbestand ganz allgemein mit den Ausdrücken »crimen, peccatum sodomiticum«, »peccato sodomitico contra la natura«, der Täter als »sodomita« bezeichnet. Wo aber der Tatbestand näher umschrieben wird, macht sich die Neigung bemerkbar, ihn über die gleichgeschlechtliche Beziehung von Mann zu Mann hinaus auszudehnen. Häufiger erwähnt wird zunächst die Päderastie. Sie ist bald der Sodomiterei gleichgestellt — so in den Ägidianischen Konstitutionen von 1357 IV 41 (S. 185) —, bald besonders behandelt, wie in Florenz nach dem Statut des Podestà von 1325 III 54 (S. 218). Gleichfalls in Florenz wird die lesbische Beziehung der männlichen Homosexualität gleichgestellt (a. a. O.). Wie der Päderast wird bestraft eine Frau, die »se aut corpus suum... concederet ad labem sodomiticam exercendam«. Das gleiche ist in Bassano (1392 S. 103) der Fall. Dieses Statut erwähnt auch den widernatürlichen Geschlechtsverkehr zwischen Mann und Frau (a. a. O.). Das gleiche hat wohl zusammen mit der lesbischen Befriedigung das Gesetz von Padua von 1329 S. 260 im Auge, wenn es mit Strafe bedroht, »qui mulierem vel masculum polluerit contra naturam«. Die Bestialität endlich wird im Statut von Intra von 1393 IV 48 (S. 371) hervorgehoben. Danach liegt Sodomiterei vor, »si vir cum viro vel vir cum aliquo animali bruto commiserit, coitum habendo«. Alle Formen der unnatürlichen Befriedigung werden in Biella (Stat. malef. r. 28) zusammengefaßt, es wird nämlich mit Strafe bedroht, wer Sodomiterei treibt oder »aliter luxuriatus fuerit contra naturam«.

Bedenkt man die Schweigsamkeit der Legisten auf der einen, das Hervortreten religiöser Gesichtspunkte und die Beredsamkeit der Beichtliteratur auf der anderen Seite, so geht man wohl nicht fehl in der Annahme, daß diese eingehende und bewegliche Kasuistik unter kirchlichem Einfluß stand.

Das kommt auch zum Ausdruck in der Bestrafung. Schon im 14. Jahrhundert überwiegt die Todesstrafe, vor allem die Strafe des Verbrennens, wie sie Gott über Sodom und Gomorrha verhängte. Die Geldstrafe findet sich verhältnismäßig selten, so z. B. in Pisa 1286 III 60 (S. 449: Strafe nach Ermessen an Person oder Vermögen), Pistoia 1296 III 1 (S. 97: Ermessen), Lucca 1308 III 155 (S. 230),

[108]) Vgl. die in der vorigen Anm. angegebenen Zitate und ferner Barth. Pis. s. v. »Debitum coniugale« n. 11 (S. 35). Über Bestialität s. c. 4 C. XV q. 1.

[109]) Kohler 128, 527 f., Pertile V 535 ff., Bohne, FrStr. II 185 Anm. 86.

Forli 1359 III 19 (S. 216; vgl. aber später). Die meisten Statuten aber drohen mit dem Scheiterhaufen, nämlich Biella, Stat. malef. r. 28, Padua 1329 S. 260, Carpi 1353 S. 68, Rom 1363 II 181 (S. 183), Narni 1371 III 164, Ascoli 1377 III 15 (S. 88), Mailand r. 51, Cremona 1387 r. 113, Lodi 1390 S. 100 R., Lecco r. 239 (S. 125), Bassano 1392 S. 103 und Intra 1393 IV 48 (S. 371). Das Statut des Podestà in Florenz von 1325 III 354 (S. 218) bedroht den Päderasten mit dem Verlust der Geschlechtsteile.

Wo die Statuten nichts anderes sagten, sollten wohl beide Teile gleich bestraft werden. Das betonte ausdrücklich das Gesetz von Bologna von 1454 S. 28: Strafe leidet »tam agens quam patiens, nisi patiens violenter patiatur«. Nur Minderjährige wurden mit Geldstrafe je nach ihrem Alter belegt. Anderswo, namentlich wieder bei der Päderastie, wird der passive Teil milder bestraft. In Florenz (Stat. Pod. 1325 III 54 S. 218) z. B. wird der aktive Teil verstümmelt, der benutzte Knabe aber, wenn er zwischen 14 und 18 Jahren alt ist, mit Geldstrafe von 100 l, wenn er noch keine 14 Jahre alt ist, mit öffentlicher Auspeitschung bestraft. Doch war ein Loskauf möglich. In Bassano (1392 S. 103) wird der aktive Teil verbrannt, der passive aber nach Ermessen der Behörde am Körper oder Vermögen bestraft, gezüchtigt oder freigelassen. Das gleiche galt schon in Padua nach dem Gesetz von 1329 S. 260.

Auch in der Gesetzgebung wird hier und dort die homosexuelle Gewalttat besonders hervorgehoben. So droht das Statut von Forli von 1359 III 19 (S. 216) für die Sodomiterei mit dem zustimmenden Manne Geldstrafe, Verbrennung aber erst beim Rückfall an. Doch war sofort die Strafe des Scheiterhaufens verwirkt, wenn der Täter Gewalt anwandte. Die gleiche Strafe stellt das florentiner Gesetz von 1325 III 54 (S. 219) Fremden in Aussicht, die Kinder oder sonst jemand zu Zwecken der Unzucht fangen, schlagen, bedrohen oder sonst belästigen.

Als Nebenstrafe kommt die Wüstung oder Konfiskation des befleckten Hauses vor, wenn der Eigentümer die Tat wissentlich geduldet hatte. Das galt z. B. in Florenz (Stat. Pod. 1325 III 54 S. 219) und Bologna (1454 S. 28).

X. Kuppelei.

Legisten und Kanonisten folgten in der Behandlung der Kuppelei wieder dem römischen Recht und wiederholten die in den Quellen behandelten Einzelfälle [110]. Kuppelei (lenocinium) nahm

---

[110]) Brunnenmeister, Quellen 269 ff.

man also an, wenn jemand sein Haus für Ehebruch oder stuprum zur Verfügung stellte [111]). Angelus, D XLVIII 5 Ad l. Iul. de adult. 9 (8) n. 1, jedoch betrachtet den, der sein Haus für solche Zwecke hergibt, als Gehilfen zum Ehebruch und will die Ehebruchsstrafe verhängt wissen: »Praebens auxilium adultero tanquam adulter punitur«. Sodann beging Kuppelei, wer eine wegen Ehebruchs verurteilte Frau heiratete [112]). Drittens machte sich in dieser Weise der Ehemann schuldig, wenn er gegen Entgelt den Ehebruch seiner Frau duldete, sie also selbst preisgab [113]). In dieser Art aber sollte schon Kuppelei begehen, wer die beim Ehebruch ertappte Frau auch nur bei sich behielt und sich mit ihr aussöhnte. Doch war dazu die bestimmte Kenntnis des Vorgangs erforderlich. Auf bloßen Verdacht hin brauchte der Mann seine Frau nicht zu verstoßen. Immerhin wollte man dem Manne erlauben, seine Frau später aus dem Kloster wieder zurückzuholen [114]). Etwas anderes konnten auch die Statuten bestimmen. Nach Bartolus, Cons. I 175 n. 1, etwa durfte der Mann sich mit seiner Frau auch dann wieder aussöhnen, wenn das Statut einen Vergleich zuließ: »unde licet marito iniuriato per adulterium uxoris reconciliare sibi eam, quod nihil aliud est quam pacem facere«. Nachsichtiger war in diesen Dingen die geistliche Jurisprudenz. Nur dann verlangte sie vom Mann die Verstoßung der Frau, wenn sie keine Buße tat und das bisherige Leben nicht aufgab. Andernfalls durfte er sie bei sich behalten [115]). Endlich machte sich der Kuppelei

[111]) Hostiensis, S. A. V 16 n. 4.

[112]) Cinus, C IX 9 Ad l. Iul. de adult. 2: »Scire debetis quod maritus committit lenocinium duobus modis: uno modo, quando uxorem suam vendit ..., secundo modo, quando maritus uxorem damnatam de adulterio habet vel sciens eam adulteram ita quod dissimulare non possit, retinet.« — Vgl. die Kommentare zu C 9, 9, 9; ferner Jac. de Belvisio I 9 n. 24; Hostiensis, S. A. V 16 n. 14; Ast. II 47 (S. 90 R.).

[113]) Vgl. die Kommentare zu D 48, 5, 2, 2; Jac. de Belvisio I 9 n. 8 ff.; Bonif. de Vitalinis, De adulterio n. 7: »dicitur lenocinium, quando pretium pro stupro recipitur, vel donatio, ut adulterium collet«; Hostiensis, S. A. V 16 n. 4, 14; Ast. II 47 (S. 90 R.).

[114]) Vgl. die Kommentare zu D 48, 5, 2, 2 und C 9, 9, 2. Dort u. a. Angelus: »non dicitur leno, qui suspectam de adulterio uxorem detinuit, sed qui deprehensam vel eam quam deprehendere potuit, sed noluit«; Jac. de Belvisio I 9 n. 8 ff., 24; Hostiensis, S. A. V 16 n. 14; Ast. II 47 (S. 90 R.). Daß es sich hier nur um Theorie handelt, hebt Salicetus, C IX 9 Ad l. Iul. de adult. 2 n. 3 hervor: »hodie, qui sciens retinet, in lenocinii crimen non incidit«.

[115]) Vgl. c. 4 ff. C. XXXII q. 1, c. 7 C. XXXIV q. 1, c. 3 X De adult. et stupro V 16; Hostiensis, S. A. IV 19 n. 7 f.; Barth. Pis. s. v. »Debitum coniugale« n. 12, »Matrimonium« n. 8 (S. 108). — Katz 103, 121 f. weist aber — wohl mit Recht — darauf hin, daß das kanonische Recht keine eigentliche Kuppelei kannte, sondern diese Fälle als Teilnahme am Ehebruch oder stuprum oder als Begünstigung ansah.

schuldig, wer dem beim Ehebruch ertappten half, sich von der Klage freizukaufen [116]).

Die Legisten sahen in der Kuppelei ein schlimmeres Verbrechen als Ehebruch und stuprum. Wie beim Mandanten hob man hervor, daß der Kuppler doppeltes Unrecht tue, nämlich selbst gegen das Gesetz verstoße und auch noch andere zum Verbrechen verführe: »Plus delinquit leno quam meretrix..., nam istud est maius delictum, quod dinumeratur in plures personas facientes et patientes« [117]). Doch zog man daraus so wenig praktische Folgerungen wie beim Mandat. Wie in den römischen Quellen wird nur die Strafe des Ehebruchs verlangt [118]).

Das spätrömische Kaiserrecht stellte in der Novelle 14 auch die gewerbsmäßige Kuppelei unter Todesstrafe. Die Theoretiker bringen das wieder, wobei sie das entscheidende Merkmal in der Gewohnheitsmäßigkeit der Begehung und der Gewinnabsicht des Täters, den inneren Grund der Bestrafung aber in der Verführung hilfloser und unerfahrener Mädchen erblicken [119]).

Über die Kuppelei im Rahmen der öffentlichen Prostitution und die Stellungnahme der Gesetzgebung dazu wurde schon gesprochen. Die Praxis dachte nicht daran, dem Kaiserrecht zu folgen. Gelegentlich befassen sich aber die Statuten auch mit der einfachen Kuppelei [120]), das heißt der Hilfeleistung zu Ehebruch, stuprum und Sodomiterei. Dabei zeigen sich im Tatbestand gewisse Anklänge an die Lehre, deren Kasuistik hier und dort wiederkehrt. Daneben aber finden sich selbständige Formen, vor allem die Verführung zur Unzucht schlechthin.

In Perugia (1342 III 101 S. 121) z. B. wird die Kupplerin, die eine Frau zum Ehebruch oder sonst zum Geschlechtsverkehr verführt, ausgepeitscht. Die gleiche Strafe droht der Kupplerin in Argenta (1342 S. 96), wo aber ein Loskauf um 10 l gestattet ist. Häufiger wird sodann nach Art der Theorie die Kuppelei durch Verwandte oder den Ehemann erfaßt. So droht z. B. das Gesetz von Valsassina von 1388 r. 52 (S. 284) Ehebruchsstrafe dem Manne an, »qui steterit cum aliquo, si cognoverit uxorem vel filiam vel sororem vel nepotem illius, cum quo steterit et ipsa similiter«. Ebenso bestimmte schon das Statut von Averrara von 1313 r. 70 (S. 50). Wenn in Bassano (1392 S. 101 R.) der Mann in den Ehebruch einwilligt, so wird er ausgepeitscht wie die Frau, drei

116) Hostiensis, S. A. V 16 n. 14: »poena lenocinii tenetur is, cujus ope vel consilio dolo malo factum est, ut deprehensi in adulterio pecunia vel pactione alia interveniente se redimerent.« Ebenso Ast. II 47 (S. 90 R.).

117) Bartolus, D XLVIII 2 De acc. et inscr. 6 n. 6; Alb. de Rosc., a. gl. O. n. 2; Angelus, D III 2 De his qui not. infam. 4, 2 n. 3.

118) Angelus, D XLVIII 5 Ad l. Iul. de adult. 34 (33), 2; Salicetus, C IX 9 Ad l. Iul. de adult. 2 n. 3; Jac. de Belvisio I 9 n. 2; Hostiensis, S. A. V 16 n. 15; Ast. II 47 (S. 90 R.).

119) Vgl. namentlich Jac. de Belvisio I 9 n. 1 ff.

120) Kohler 507 ff., 534 f., Pertile V 529 f.

Monate in den Kerker geworfen und mit Geldstrafe von 100 bis 300 l belegt. Todesstrafe aber hat er dann verwirkt, wenn er Gewalt anwendet. In Biella (r. 27) endlich wird mit Geldstrafe von 300 l bedroht, wer Ehebruch oder stuprum in seinem Hause duldet. Wenn der Täter die Strafe nicht zahlt, so verliert er nach vorhergehender Züchtigung die Nase. Dagegen sind nur 10 l zu zahlen, wenn die Frau eine Dirne war.

Die Zuhälterei [121]) hat offensichtlich das Gesetz von Cremona von 1387 r. 116 im Auge. Dort ist es verboten, eine Frau im Bordell zu halten »nec ab ipsa causa vel more lenocinii aliquid recipere«. Geldstrafe von 25 l und Verbannung für ein Jahr trifft sowohl den Zuhälter wie auch die Dirne, die ihn bei sich hält [122]).

XI. Unerlaubte Heirat.

Als Hauptzweck dieser Gesetzgebung ergab sich immer wieder der Schutz der Familie und der Gewalthaber in ihren Rechten über die Frau. Vielleicht am deutlichsten tritt das in einem Tatbestand hervor, über den die Theoretiker nicht sprechen, und der darum nur kurz erwähnt werden mag [123]). Immer wieder drohen die Statuten Strafen an für den Fall, daß jemand eine Haustochter ohne Zustimmung der Gewalthaber heiratet oder sich mit ihr verlobt oder als Notar, als Zeuge oder in ähnlichen Eigenschaften Hilfe dabei leistet. Häufiger erwähnt wird auch die Verführung des minderjährigen Sohnes zur Heirat ohne Zustimmung.

Für Bestimmungen dieser Art bestand ein praktisches Bedürfnis. Denn die fehlende Zustimmung war im 14. Jahrhundert kein Ehehindernis mehr, so daß der Gewalthaber durch die heimliche Ehe vor vollendete Tatsachen gestellt wurde. Mit dem Interesse am Bestande der Familie aber verband sich das politische an der Erhaltung von Ruhe und Sicherheit. Man befürchtete als Folge solcher Vorfälle Skandale und Streitigkeiten und Gefahren für die öffentliche Ordnung. Solche Besorgnisse finden z. B. im Gesetz von Bologna von 1454 S. 28 R. ihren Niederschlag, das die Strafen für diese Vergehen so begründet: »quia ab experientia cognovimus sub praetextu ampli patrimonii vel amplae dotis vel spatae hereditatis vel successionis saepenumero matrimonia contrahi per adolescentes contra voluntatem suorum coniunctorum, ex quo ut plurimum contingit gravia scandala suscitari et interdum etiam inimicitias et homicidia subsequi«.

* * *

---

[121]) Über den Umfang, die Erscheinungsformen und die kriminalpolitische Bedeutung der Zuhälterei läßt sich näheres auf Grund unserer Quellen nicht sagen.

[122]) Vgl. auch r. 117 und 118.

[123] Kohler 522 f., Pertile V 535.

Über die Sittlichkeitsverbrechen wäre zusammenfassend jetzt folgendes zu sagen: Die Wissenschaft beeinflußt die Praxis mehr in der Begriffsbildung als in der Bemessung der Strafen. Wo die Statuten mehr geben als allgemeine Begriffe, werden die Tatbestände des Ehebruchs und stuprum, der Entführung und Kuppelei nach dem Vorbild der Wissenschaft bestimmt. Selbständig hingegen bleibt die Gesetzgebung über die Notzucht, die ihrerseits einen Wandel der Theorie über den Frauenraub anregt. Die Strafen fallen in den Statuten regelmäßig milder aus als im römischen Recht und nach der Theorie. Doch macht sich ein allmähliches Vordringen der schweren Körperstrafen, vor allem der Todesstrafe bemerkbar, und die Lehre wird diese Entwicklung gefördert haben.

Freiheitsberaubung und Nötigung.

I. Freiheitsberaubung.

Dem älteren Recht sind Freiheitsberaubung und Nötigung im technischen Sinne fremd. Die Freiheit ist noch nicht selbständig geschütztes Rechtsgut, sondern Ausstrahlung eines allgemeinen Persönlichkeitsrechts. Wer den Freien unter Zwang stellt, spricht ihm die persönliche Vollwertigkeit ab. Daher ist die Freiheitsberaubung im deutschen Recht zunächst Mißachtung eines andern und unter diesem Gesichtspunkt strafbar [1]). Demnach knüpft die Strafdrohung auch nicht an den Zustand der Unfreiheit an, sondern an die Handlung, die der Mißachtung Ausdruck verleiht, z. B. an das Binden eines andern. Daneben spielen andere Gesichtspunkte hinein, unter denen aber gleichfalls die Freiheit nicht als das eigentlich verletzte Rechtsgut erscheint. So steht z. B. im langobardischen Recht die Verknechtung in die Fremde unter Strafe [2]). Sie wird, am Freien begangen, mit Wergeldzahlung gebüßt, erscheint also nicht als »Freiheitsberaubung«, sondern als rechtswidriges Auslöschen der Persönlichkeit, als eine Art Tötung. Sodann straft Rothar das Binden eines Menschen, doch wieder nicht als Freiheitsberaubung, sondern als eine Art körperlicher Mißhandlung. Auch bei der Wegsperre endlich ist weniger an Zwang oder Nötigung gedacht, als an das weitere Vorhaben des Täters. Sie ist ein Versuchsverbrechen ohne Konkretisierung der inneren Absicht, namentlich Vorbereitung zum Sittlichkeitsverbrechen.

Nicht anders steht es zunächst im römischen Recht. Die »Freiheits-

---

[1]) His, G. D. StrR. 138 f., Wilda, StrR. d. Germ. 794 ff.

[2]) Osenbrüggen, Lgb. 77 ff.

beraubung« ist eine unter den vielen Formen des crimen vis (D 48, 6, 5, C 9, 12, 3), und erst die spätere Kaiserzeit straft im Halten des Privatkerkers die echte Freiheitsentziehung.

Die Freiheitsberaubung als spezifisches Freiheitsverbrechen erscheint also als das Ergebnis einer fortgeschrittenen Rechtsentwicklung. Zunächst muß ein differenziertes Denken die einzelnen Bestandteile des ursprünglich allgemeinen Persönlichkeitsrechts unterscheiden können. Alsdann müssen aus den Eigenschaften und Reflexen der Rechtspersönlichkeit Rechtsgüter werden, als deren »Träger« der Einzelne erscheint. Damit werden Angriffe gleichsam örtlich beschränkt, das heißt sie treffen nicht mehr unmittelbar die Persönlichkeit im ganzen, sondern znuächst nur das besondere Rechtsgut. Die Freiheitsberaubung hört damit auf, Anzeichen der Mißachtung zu sein und wird Verbrechen gegen die Freiheit als solche.

Aber offenbar verlangt diese Entwicklung nicht nur einen Fortschritt des formalen Denkvermögens, sondern einen Wandel der Wertung. Das einzelne Rechtsgut muß einen eigenen Wert annehmen. Auf die Freiheitsberaubung angewandt: Das Wunschbild des Anerkanntwerdens muß sich umwandeln in das des Nicht-gestört-werdens. Demnach ist der Boden für diesen Tatbestand gerade dort bereitet, wo der Einzelne in seiner Eigensphäre zu beharren wünscht. Also namentlich eine bürgerlich-kapitalistische Ideologie wird das Werturteil über die Freiheitsberaubung als solche hervortreten lassen.

Im Italien des ausgehenden Mittelalters aber war die Freiheit des Einzelnen gegenüber Mächtigen und Behörden und die der Kommune im ganzen das betonte Ideal. Der genossenschaftliche Zusammenschluß war Mittel zu diesem Zweck. Dieses Ideal aber fand um so stärkeren Ausdruck, als die Wirklichkeit ihm widersprach. Denn nichts war damals weniger geachtet als die persönliche Freiheit. Von der Beamtenwillkür abgesehen waren Entführungen und Gefangennahmen beliebt zum Zwecke geschlechtlicher Befriedigung, als Erpressungsmittel und politisches Kampfmittel [3]). Für das letztere spricht auch die häufige Hervorhebung der Magnaten in der Strafdrohung. Mehrfach erscheint diese Gesetzgebung als Gelegenheitsarbeit, entstanden aus konkreten Anlässen.

Nach alledem begreift man die Entschiedenheit, mit der Rechtslehre und Praxis gerade an die gemeinrechtliche Regelung in C IX 5 De carceribus inhibendis anknüpft. Denn diese Bestimmung war die einzige geschichtlich überlieferte Regel, die von der echten Freiheitsberaubung handelte.

---

[3]) Über die Häufigkeit solcher Entführungen klagt das Statut von Mailand r. 162.

In den Kommentaren zu C 9, 5 liegt zunächst der Schwerpunkt der wissenschaftlichen Leistung [4]), während Freiheitsberaubung und Nötigung als crimen vis nur registriert oder beiläufig erörtert werden [5]). Dabei wird das Bestreben sichtbar, die Stelle weit auszudehnen, insbesondere den Begriff des privatus carcer zu vergeistigen. Darunter verstand man nämlich jede erheblichere Einschränkung der körperlichen Bewegungsfreiheit, eine Auslegung, die umso bedeutsamer war, als C 9, 5 die Todesstrafe androhte.

Für unwesentlich hielt man zunächst den Gebrauch eines Kerkers im Sinne eines abgeschlossenen Raumes. Der Tatbestand ließ sich vielmehr an jedem Orte verwirklichen. Ebensowenig mußte der Verletzte in Fesseln gehalten werden, sondern es genügte jedes Verhalten, das einen andern hinderte, sich nach Belieben körperlich zu bewegen. Strafbar waren daher schon mittelbare Einwirkungen, die das im Ergebnis verhinderten [6]). Dementsprechend bestimmte Angelus, C IX 5 De priv. carc. inhib. c. un. n. 2: »carceratus dicitur omnis ille, qui de loco libere et tute recedere non potest«.

Zweifel aber bestanden über die zeitliche Begrenzung. Aus D 48, 5, 26 (25) las man heraus, daß eine Freiheitsberaubung von weniger als zwanzig Stunden Dauer nicht unter das Gesetz falle [7]). Aber dem gegenüber wies Baldus, D XLVIII 5 Ad l. Jul. de adult. 26 (25) im Anschluß an ältere Rechtslehrer darauf hin, daß diese Bestimmung den Sonderfall der Beweissicherung im Auge habe, hier also nicht passe, und Angelus, a.gl.O.n.2, und Salicetus, a.gl.O.n.6, wollten die Zwanzigstundenfrist nur dort gelten lassen, wo die Festnahme zunächst — z. B. durch den Vater oder Herrn — rechtmäßig erfolgt war.

In der gleichen Richtung bewegte sich die Gesetzgebung der Städte [8]). Die Freiheitsberaubung erscheint meistenteils wirklich

[4]) Hälschner, System II 173 ff., 185 ff., Geyer bei Holtzendorff, Handbuch III 589. Über das kirchliche Strafrecht vgl. Hinschius, KR. V 179 f.

[5]) Vgl. z. B. Angelus, C IX 5 De priv. carc. inhib.; Bonif. de Vitalinis, Ad l. Iul. de vi priv. n. 1, Ad l. Iul. de vi publ. n. 1 f.

[6]) Alb. de Rosc., D XLIII 29 De lib. hom. exh. 2 n. 2: »dicitur esse vinculatus et in carceribus, qui certo loco custoditur, ut inde recedere non valeat«; Baldus, D IV 6 Ex quibus causis maiores etc. 10 n. 1: »paria sunt aliquem detinere in vinculis vel in publicum exire non posse ratione nuditatis vel iuramenti. Item nota hic contra maliciam, quae quandoque fit, ut currat rustico terminus ad comparendum, facit adversarius ipsum capi per syndicum, ut ei labatur terminus«; Salicetus, C IX 5 De priv. carc. inh. c. un. n. 7: »credo, quod quocunque retineatur, ita quod volens recedere non possit, privatus carcer committatur sive in domo, sive in compedibus, sive in latomiis sive in vinculis« usw.

[7]) Bartolus, D XLVIII 5 Ad l. Iul. de adult. 26 (25).

[8]) Kohler 374 ff., Bohne, FrStr. II 201 ff., Pertile V 609 ff.

als Verbrechen gegen die Freiheit. Sie ist also Zustandsverbrechen und setzt eine gewisse Zeitdauer voraus. Im einzelnen wird der Tatbestand der Stelle c. un. C 9, 5 und den Ergebnissen der Rechtslehre angepaßt.

Manchmal heben die Statuten auch die Tätigkeit hervor, die den Zwang begründet, das Ergreifen und Fangen (»prendere« [9]) und »capere« [10])). Daneben kommt wie im langobardischen Recht das Binden vor [11]), das auch Straferhöhungsgrund beim Einfangen sein kann. [12]) Auch das Entführen wird genannt [13]).

Aber der Normaltatbestand ist der des Privatkerkers: »privatum carcerem exercere, tenere, facere,« »detinere in privato carcere« usw. [14]). Darunter verstand aber auch die Praxis nicht etwa schon das Halten von Vorkehrungen für die Gefangennahme, sondern erst die wirkliche Festnahme. Andererseits wurde keine Einkerkerung verlangt, sondern nur ein Festhalten gleichviel wo. Das stellen für den mailänder Kreis die Begriffsbestimmungen der Statuten von Mailand r. 52, Cremona 1387 r. 99, Lodi 1390 S. 100 R. und Lecco r. 240 (S. 125) klar: »intelligatur tenere .... privatum carcerem, qui non ad executionem praecepti alicuius iusdicentis, seu alias non iuridice tenuerit, seu teneri fecerit aliquem contra eius voluntatem inclusum seu ligatum seu captum in aliqua parte per duos dies continuos«.

Viele Gesetze lassen die schwere Rechtsfolge, namentlich die Todesstrafe, erst dann eintreten, wenn die Freiheitsberaubung eine gewisse Zeit angedauert hat, drohen aber für die Festnahme bis zum maßgebenden Zeitpunkt mildere Strafe an. Neben der Zwanzigstundengrenze der Theorie [15]) kommt eine Frist von zwei Tagen vor [16]). Auch

---

9) Perugia 1342 III 156 (S. 181).

10) Pistoia 1296 III 68 (S. 123), Florenz, Stat. Pod. 1325 III 33 (S. 199: doch wird auch das Halten von Privatkerkern bestraft), Rom 1363 II 27 (S. 101 f.: doch hier nur als Vorstufe des Kerkerhaltens, nämlich »animo carcerandi et in eum privatum carcerem commictendi«), Biella r. 40.

11) Tivoli 1305 III 154 (S. 205 f.: das Gebunden-halten ist neben dem Kerkerhalten genannt), Biella r. 40 (gebunden halten).

12) Pistoia 1296 III 48 (S. 118: 100 l gegenüber 50 l für gewöhnliches Einfangen. Vgl. r. 68).

13) Lucca 1308 III 53 (S. 171), Narni 1371 III 15.

14) Siena 1309/10 V 234 (S. 331): Strafe für den, der jemand »pilliarà et lui per pregione terrà« (der jemand fängt und gefangen hält); Moncalieri 1378 r. Quod nullus possit in aliquo casali seu domo .... aliquem incarceratum tenere (Sp. 1493); Bassano 1392 r. De privato carcere non tenendo (S. 91 R.) u. a. m.

15) Biella r. 40, Bologna 1454 S. 29 f.

16) Mailand r. 52 ff., Cremona 1387 r. 99 ff., Lodi 1390 S. 100 R., Lecco r. 240 (S. 125).

von einem Tag ist die Rede [17]), oder es werden Stundenfristen genannt [18]). Mehrfache Abstufungen bietet das Statut von Rom von 1363 II 27 (S. 101 f.): Geldstrafe von höchstens 100 l hat zu zahlen, wer jemand festhält »per aliquem temporis spatium«, 200 l, wer jemand für eine Stunde und 500 l, wer jemand mindestens zwei Stunden gefangen hält. Wird die Summe von 500 l nicht gezahlt, so soll der Täter Todesstrafe erleiden [19]).

Eine Freiheitsberaubung ist nur möglich gegen den Willen des Gefangenen oder, wenn er minderjährig ist, gegen den Willen seines Gewalthabers [20]). Diesen Standpunkt nahm auch die Rechtsprechung ein. Einen praktischen Fall, der sich in Bergamo ereignete, behandelt Albericus de Rosciate, C IX 5 De priv. carc. inhib. c. un. n. 2 ff.: Ein Gläubiger hatte mit Ermächtigung der Behörde einen Schuldner festgenommen und wollte ihn ins Gefängnis einliefern. Der Schuldner bat ihn aber, er möge ihn mit sich in sein (des Gläubigers) Haus nehmen und dort bis zur Zahlung festhalten, weil er im Gefängnis auch von seinen übrigen Gläubigern bedrängt werde. Darauf ließ sich der Gläubiger ein und hielt den Schuldner in seinem Hause gefangen. Es entstand daraus die Frage, ob hier der Gläubiger wegen Einkerkerung zu bestrafen sei, eine Frage, die Albericus mit Rücksicht auf den Satz volenti non fit iniuria verneint. Im gleichen Sinne entschied das Gericht.

Die Statuten erlaubten in der Regel auch Privatpersonen die Festnahme gewisser Verbrecher, von Dieben, Räubern und dergleichen. Doch mußte der Festgenommene alsbald der Behörde übergeben werden. Geschah das nicht innerhalb der vorgesehenen Frist, so traf den Festnehmenden bald die regelmäßige Strafe für unerlaubte Einkerkerung, bald eine besondere Strafe.

So z. B. in Moncalieri 1378 Sp. 1493, Mailand r. 57 Quod fures et latrones impune possint capi, dum consignentur, Cremona 1387 r. 126, Lodi 1390 S. 101, Lecco r. 245 (S. 126), Verona 1450 III 66, Siena 1309/10 V 332 (S. 372 f.), Frignano 1337/8 VI 28 (S. 223 f.), Narni 1371 III 15.

Die Rechtslehrer forderten die Todesstrafe des römischen Rechts [21]). Die Statuten drohten in älterer Zeit vielfach Geldstrafe

---

17) Narni 1377 III 15: ein Tag oder eine Nacht.

18) Perugia 1342 III 156 (S. 181): zwei Stunden beim gewöhnlichen Festhalten, eine Stunde bei Einschließung.

19) Ähnlich Ägid. Konst. 1357 IV 37 (S. 183), Forli 1359 III 45 (S. 240).

20) Lucca 1308 III 53 (S. 171), Florenz, Stat. Pod. 1325 III 33 (S. 199), Perugia 1342 III 156 (S. 181), Biella r. 40.

21) Vgl. die Kommentare zur angeführten Stelle; ferner Bonif. de Vitalinis, De carc. priv. n. 1, Quibus de causis etc. n. 1.

an, doch dringt allmählich die Todesstrafe der c. un. C 9, 5 durch.[22]). Straferhöhend wirkte häufiger die Eigenschaft des Täters als Magnat[23]).

Nur beiläufig spricht die Rechtslehre vom Menschenraub (plagium)[24]), einem Verbrechen, das gelegentlich — so in Mailand r. 61 und Lecco r. 252 (S. 128) — auch in den Gesetzen erwähnt und mit Galgenstrafe bedroht wird[25]).

Unter besonderem Strafschutz gegen Entführung stehen Kinder, wohl unter dem Eindruck bestimmter Vorfälle. So wird z. B. in Siena (1309/10 V 261 S. 343) Geldstrafe, hilfsweise Galgenstrafe und Konfiskation angedroht, wenn jemand Minderjährige gegen den Willen des Gewalthabers entführt. Die Entführung zu Erpressungszwecken bedroht das Gesetz des Volkshauptmanns in Florenz von 1322 III 11 (S. 154), die zu Erpressungs- oder Unzuchtszwecken das Statut von Rom von 1363 II 25 (S. 101) mit schwerer Strafe.

Als eine Art der Verknechtung wird es manchmal bestraft, wenn jemand einen freien Menschen zum Pfande nimmt[26]).

II. Nötigung.

Ein allgemeiner Tatbestand der Nötigung[27]) ist den Statuten wie der Rechtslehre unbekannt. Theoretisch ist die Nötigung ein Fall des crimen vis, während die Praxis nur einzelne Sonderfälle unter Strafe stellt. Außer den von Kohler genannten Quellen ist das Gesetz von Siena von 1309/10 V 260 (S. 343) zu nennen: Danach hat Geldstrafe von 100 l zu zahlen, wer jemand zwingt, einen Eid zu leisten. Eine Ausnahme soll nur dann gelten, wenn der Vater oder sonst ein Gewalthaber den Gewaltunterworfenen zu einem Schwur nötigt.

Häufig wird die Behinderung des Landbaus und die Nötigung von Grundeigentümern und Pächtern unter Strafe gestellt, ein Tatbestand, über den in anderem Zusammenhange zu sprechen ist.

* * *

[22]) Parma 1347 S. 227 f., Ägid. Konst. 1357 IV 37 (S. 183: beim Festhalten für längere Zeit als 3 Tage), Forli 1359 III 45 (S. 240: ähnlich wie die Konstitutionen), Rom 1363 II 27 (S. 101 f.), Mailand r. 52, Cremona 1387 r. 99, Lodi 1390 S. 100 R., Bassano 1392 S. 91 R.

[23]) Rom 1363 II 27 (S. 101 f.: doppelte Strafe für den miles, vierfache für den Magnaten), Cremona 1387 r. 101 (doppelte Strafe für den Magnaten).

[24]) Jac. de Belvisio I 9 n. 47; Bonif. de Vitalinis, De pena plagiarii. — Geyer, a. a. O. 598. Über das kirchliche Strafrecht vgl. Hinschius, KR. V 183, Katz 99 f.

[25]) Kohler 372 ff.

[26]) Kohler 374. Aus dem 14. Jahrhundert ist das Statut des Podestà von Florenz von 1325 II 19 (S. 100) mit Geldstrafe von 100 l zu nennen. Vgl. auch c. 2 X De pignoribus etc. III 21.

[27]) Kohler 377 f.

Theorie und Praxis stimmen also auf diesem Gebiet im wesentlichen überein. In Lehre und Gesetzgebung steht im Vordergrund der Tatbestand des Privatkerkers, der in beiden Bereichen gleich verstanden wird. Gemeinsam ist auch, jedenfalls gegen Ende des Jahrhunderts, die Art der Behandlung.

Straftaten gegen den Grundbesitz und Hausfriedensbruch.

I. Besitzentziehung und Besitzstörung.

In dem Bestreben, Besitz und Hausfrieden strafrechtlich zu schützen, konnten die Italiener an römische und deutsche Rechtsgedanken anknüpfen.

Die gemeinrechtlichen Quellen behandeln die Besitzentziehung als crimen vis. Wesentlich ist die Anwendung von Gewalt, der Gebrauch von Waffen aber nur für den Tatbestand der vis publica. Auch steht unter dem Schutz der lex Cornelia de iniuriis, »qui ... domum suam vi introitam esse dicat«[1]). Auch hier ist das Entscheidende nicht die Verletzung des Hausfriedens, sondern die Gewaltsamkeit der verbotenen Eigenmacht. Schließlich ist die Störung des Grundbesitzes iniuria, gegen den Störer also die actio iniuriarum gegeben[2]).

Diese Gesichtspunkte treten im deutschen Recht zurück. Das langobardische Recht[3]) stellt einzelne Handlungen unter Strafe, die ein Unbefugter auf fremdem Grundstück vornimmt, und in denen er sich als dessen Eigentümer aufführt: das Pflügen, Säen, Herstellen von Gräben und Zäunen und dergleichen mehr. Daneben aber ist der Hausfriede besonders geschützt. Strafbar ist das nächtliche Einschleichen und (weniger strenge beurteilt) das gewaltsame Eindringen in Haus oder Hof eines andern sowie die gewalttätige Einwirkung von außen auf das Haus oder seine Bewohner.

Diese Rechtsgedanken leben im 14. Jahrhundert fort, werden aber abgewandelt nach den praktischen Bedürfnissen der Zeit. Das rationalere Denken wendet sich von der sinnfälligen Erscheinung des Hauses zu rechtlichen Abstraktionen wie Besitz und Eigentum. In den Städten wird die Abgeschlossenheit der Familie und des Hauses gelockert. Mit dem Erstarken der Staatsgewalt tritt die Sicherungs-

---

[1]) D 47, 10, 5 pr. Vgl. Mommsen, R. StrR. 793.

[2]) D 47, 10, 15, 31. Vgl. Angelus, D XLVII 10 De iniur. et fam. lib. 13, 7 n. 1 f.

[3]) Osenbrüggen, Lgb. 138 ff., 11 f.

funktion des Hauses, das Haus als Festung in den Hintergrund. Vor allem aber der Wandel in den wirtschaftlichen Verhältnissen drängte dazu, den Schutz des Hauses zu dem des Grundbesitzes zu erweitern. In großem Umfange war städtisches Kapital im Grundbesitz angelegt. Der Kapitalist aber wohnte nicht auf dem Lande, sondern verpachtete den Besitz. Der Grundbesitz also wird unpersönlich, ein Grundbesitz ohne »Haus«, der zugleich stark gefährdet und schutzbedürftig ist.

Aus der Gesamtheit dieser geschichtlichen Elemente und praktischen Bedürfnisse ergab sich im italienischen Strafrecht eine Erweiterung des Liegenschaftschutzes in verschiedenen Richtungen. Schutzgegenstand wird der Grundbesitz schlechthin. Die Kasuistik des langobardischen Rechts wird erweitert, über das römische Strafrecht hinaus auch die bloße Besitzstörung erfaßt und der Gesichtspunkt der Gewaltanwendung abgeschwächt. Daneben aber bleiben Reste der alten Formen erhalten.

Durchaus führend ist die Praxis. Die Rechtslehrer kommen über das gemeine Recht nicht hinaus und behandeln die Besitzentziehung nach Art der Quellen als crimen vis [4]). Im übrigen klären sie die Begriffe der Praxis, worüber später zu sprechen ist.

Vorschriften über Straftaten gegen den Grundbesitz geben fast alle Statuten [5]). Dabei folgen sie wohl den römischen Bestimmungen über die Besitzinterdikte und stellen jede Beeinträchtigung des Grundbesitzes unter Strafe.

Im einzelnen heben sich drei Gruppen strafbarer Handlungen ab: Einmal die bloße Besitzstörung, bezeichnet durch Ausdrücke wie »turbare«, »molestare«, »inquietare«, »imbrigare« und dergleichen. Sodann wird häufig das Eindringen in den fremden Besitz, das Betreten von Grundstücken bestraft: »invadere« und »intrare«. Drittens ist die vollständige Besitzentziehung strafbar. Dafür sind Ausdrücke gebräuchlich, die das bloße Einnehmen fremden Besitzes bezeichnen: »occupare«, »apprehendere«, »capere possessionem« usw. Anderswo aber kommt zum Ausdruck, daß der frühere Besitzer verdrängt, des Besitzes beraubt wird: »privare«, »spoliare«, »extrahere«, »expellere«, »eicere«, »aufferre« u. a. m.

Diese einzelnen Tatbestandsformen sind nicht scharf voneinander

[4]) Alb. de Rosc., D XLVIII 6 Ad l. Iul. de vi publ. 3 n. 1 f.; Baldus, C VIII 4 Unde vi 4 n. 2, C IX 12 Ad l. Iul. de vi 7 n. 11; Angelus, D XLIII 16 De vi et vi armata 1,2 n. 1; Bonif. de Vitalinis, Ad l. Iul. de vi priv. n. 1. — Vgl. auch Hälschner, System II 195.

[5]) Kohler 450 ff., Pertile V 489, 607 f., Kohler-degli Azzi 37, 73, 105 f.

geschieden, sondern kommen häufig nebeneinander vor, und nur selten wird das eine vom andern abgehoben. Das ist z. B. in Piacenza (1391 V 18) der Fall, wo die Besitzstörung (turbare) milder bestraft wird als die Inbesitznahme und das Eindringen (occupare und invadere) [6]).

Im übrigen aber werden die Merkmale all dieser Begriffe in den Gesetzen nicht näher bezeichnet. Ergiebiger sind hier die Schriften der Theoretiker. Sie erörtern diese Begriffe im Anschluß an die römischen Besitzinterdikte, gehen dabei aber unmittelbar auf das Statutarrecht ein. Die Einzeltatbestände werden dabei weit gefaßt und einander angeglichen.

Am weitesten ist der Begriff des turbare, der alle anderen mitumfaßt. Darunter verstand man jede Beeinträchtigung von Eigentum oder Besitz am Grundstück. Auch die bloße Inanspruchnahme solcher Befugnisse ohne Grund fiel darunter. So lehrte Bartolus, Cons. I 112 aus Anlaß eines praktischen Falles: »Turbatio ... includit in se omnem molestiam et impedimentum rei ... et hanc turbationem ostendit magis responsio ... accusati dicentis se possidere et possessionem ad se pertinere, nam dicendo me possidere turbo te, nam ista sunt paria turbare et possidere et contendere«. So gilt auch das Eindringen in ein fremdes Grundstück und dessen Wegnahme als Besitzstörung, die Begriffe turbare und molestare umfassen das spoliare, expellere, detinere [7]).

Unter den übrigen Begriffen will Salicetus, C III 32 De rei vendic. 5 n. 2, zwischen invadere und occupare unterscheiden. Das invadere nämlich, nicht aber das occupare soll einen Angriff unter Überwindung eines Widerstandes voraussetzen, das occupare sich auch auf bewegliche Sachen beziehen [8]). Archidiaconus, c. 13 in VI to De electione et electi pot. I 6 (S. 27 R.), sieht den Unterschied darin, daß occupare an beweglichen Sachen, invadere bei Grundstücken vorkomme,

---

[6]) Ebenso Cremona 1387 r. 146, 148, Balangero 1391 r. 65, Bobbio 1398 IV 126.

[7]) Alb. de Rosc., D XLIII 16 De vi et vi armata 11 n. 2: »non solum dicitur possessorem molestare, qui eum expellat, sed etiam qui contra voluntatem eius rem detinet.« Auch nach Baldus, Cons. III 446, wird das turbare begangen »per ingressum alterius eo invito«. Ähnlich Angelus, a. gl. O. 11 n. 1; Salicetus, C VI 1 De fugit. serv. 5 n. 3 im Hinblick auf das Statut: »qui spoliavit, turbavit, quia spoliatio sine turbatione esse non potest.«

[8]) Salicetus, a. a. O.: »Mihi videtur, quod occupare sit nomen generale, et commune ad mobilia et immobilia .... et differt a verbo invadere, quia illud in se habet impetum cum animo violentiam inferendi cuicunque resistere volenti .... Sed occupare non importat impetum.«

hebt aber hervor, daß in Wirklichkeit beide Ausdrücke synonym gebraucht würden [9]).

Sprachlich scheinen endlich expellere und ähnliche Ausdrücke zunächst die Überwindung eines körperlichen Widerstandes vorauszusetzen. Doch wird auch dieser Begriff verflüchtigt und auf die Überwindung eines nur ideellen Gegenwillens bezogen. So liegt nach Baldus, C VIII 4 Unde vi 7 n. 9, expellere vor, wenn jemand in Abwesenheit des Besitzers in das Grundstück eindringt und ihn nachher an der Rückkehr verhindert, eine Auslegung, die gerade für das Statutarrecht vertreten wird: »Nota ad statuta de expellente aliquem de possessione, quod invadens possessionem, in qua non erat corpore, tamen possidebat animo civiliter, si ille redit postea et revertentem non admittit, ita punitur, qui occupavit, sicut si vere expulisset« [10]). Expellere, invadere, occupare werden also synonym gebraucht.

Der Täter muß diese Handlungen eigenmächtig (sua auctoritate, auctoritate propria, per se) begehen. Oft, aber nicht immer, wird die Anwendung von Gewalt verlangt [11]). Aber auch wo das der Fall ist, versteht man unter Gewalt nicht immer die Überwindung eines körperlichen Widerstandes, sondern nach Art der Theorie nur das Handeln gegen den Willen des Eigentümers. So steht z. B. in Porlezza (1338 r. 82 S. 340) Strafe auf das »entrare in possesso delli beni d'altri ... per forza, cioè contra la volontà del possessore«. Ähnliches galt in Balangero (1391 r. 28): »intelligatur violenter intrasse ... possessore vel detentore vel aliquo de familia possessoris vel defensoris expresse prohibente«.

Geschützt wird der Besitz (possessio, detentio), nicht das Eigentum. Demnach kann sich der Eigentümer selbst strafbar machen, wenn er jemand anders im Besitze seiner Sache beeinträchtigt. Doch wird da manchmal die Strafe gemildert [12]).

---

9) Ebenso Alb. de Rosc., s. v. »Occupare«.

10) Vgl. auch Baldus, C II 4 De his quae vi etc. 1 n. 4: expellere auch dann, wenn jemand den Hauseigentümer fängt und bindet, »nam iste habetur pro expulso, cum in sua potestate non sit, facere aliquem actum possessoris«.

11) Cave 1307 r. 75 (S. 44: »iniuriose vel violenter«), Florenz, Stat. Pod. 1325 III 75 (S. 232 f.), Perugia 1342 III 72 (S. 97), Rom 1363 II 79 (S. 126 f.), Turin 1360 r. De poena illius, qui de possessione alium sua auctoritate violenter eiecerit (Sp. 712).

12) In Vergante (1389 r. 85 S. 232 f.) zahlt der Eigentümer nur ein Drittel, nicht wie sonst die Hälfte des Schätzungswerts. Strafe für den, der »invaserit sua auctoritate rem suam ab alio possessam etiam de facto« auch in Dervio 1389 r. 54 (S. 119) und ebenso Valsassina 1388 r. 106 (S. 304).

13) Arona 1319 r. 21 (S. 75: Geldstrafe von 10 s für Gewalttat an beweglichen Sachen), Moncalieri 1378 Sp. 1408, Dervio 1389 r. 54 (S. 119), Bassano 1392 S. 107 R. (mildere Strafe).

In der Regel wird nur der Besitz von Grundstücken (terra, sedimen, possessio rei immobilis, tenuta, domus), manchmal aber auch der von beweglichen Sachen hervorgehoben. Dabei wird gelegentlich die Strafe für Angriffe auf Mobilien gemildert [13]).

Der innere Tatbestand erfordert den Vorsatz [14]). Auch wo die Statuten das nicht ausdrücklich sagen, verlangt die Theorie im Wege der Auslegung dolus oder culpa lata [15]).

Die Rechtsfolge ist wohl überall Geldstrafe:

So in Moncalieri 1378 Sp. 1408 (Strafe in Höhe des Grundstückswerts);

Arona 1319 r. 40 (S. 84: 20 l), Mailand r. 139 (Geldstrafe bis zu 300 l und nach Ermessen Relegation bis zu 3 Jahren), Cremona 1387 r. 146, 148 (10 l und für Magnaten 50 l bei turbare, 50 bezw. 100 l bei spoliare), Lecco r. 320, 321 (S. 152 f.: 300 l bei Besitzstörung, 500 l bei Entziehung);

Bassano 1392 S. 107 R. (50 l bezw. 25 l);

Pisa 1286 I 113 (S. 219 f.: Strafe bis zum Doppelten des Schätzungswerts, aber nicht über 100 l), Piacenza 1391 V 18, 19 (Strafe in Höhe des Wertes), Bobbio 1398 IV 126, 127 (Strafe in Höhe des Wertes), Ägid. Konstit. 1357 IV 39 (S. 184: Strafe in Höhe des Wertes, mindestens aber 25 fl für den Einzelnen, 300 fl für die Gemeinde);

Florenz, Stat. Pod. 1325 III 31 (S. 198: 50 l);

Roccantica 1326 r. 159 (S. 109: 100 l für gewaltsames Eindringen in ein fremdes Haus, wenn der Täter etwas wegnimmt, sonst 10 l);

Perugia 1342 III 197 (S. 218: 40 s; wenn die Tat bei Nacht geschieht, Geldstrafe bis zu 100 s).

Begeht der Eigentümer oder sonst dinglich Berechtigte verbotene Eigenmacht, so verliert er nach C 8, 4, 7 seine Rechte oder zahlt den Schätzungswert. Diese Regel wird in den Kommentaren zur angeführten Stelle hervorgehoben und in den Statuten manchmal wiederholt [16]).

II. Gesetze zum Schutze von Vermietern und Verpächtern.

Im Interessenkampf zwischen Grundbesitz und Kolonat steht die Gesetzgebung auf Seiten des Besitzes. Strafbestimmungen sollen den Vermieter oder Verpächter gegen den Mißbrauch zeitweiliger Nutzung schützen. Unter Strafe steht namentlich die Verheimlichung

---

14) So wird in Florenz (Stat. Pod. 1325 III 31 S. 198) bestraft, wer in jemandes Haus eindringt »animo iniuriandi vel privandi eum sua possessione«, in Bologna (1454 S. 33), wer das tut »animo turbandi, inquietandi« usw. Das Vorsatzerfordernis tritt namentlich auch in den Urteilen und sonstigen Urkunden bei Kohler-degli Azzi 37, 73, 105 f. hervor.

15) Baldus, Cons. I 144 n. 3, V 82 n. 1; Ders., c. 9 X De probationibus II 19 n. 4.

16) Castelletto 1340 r. 130 (S. 53), wo es vom Eigentümer heißt: »cadat ipso facto a dominio et proprietate et iure omnium predictorum, in possessione autem vacante habeant locum iura comunia«. So auch Modena 1327 IV 42 (S. 407), Vercelli S. 80 R., Carpi 1353 S. 52, Casale 1370 Sp. 949.

oder Veräußerung der Mietsache. Manchmal sprechen die Gesetze dabei nur von Grundstücken, dann wieder von der Mietsache schlechthin [17]).

So steht in Pisa (1286 III 19 S. 380 f.) auf Verkauf oder Verheimlichung der Mietsache Kerkerhaft nach dem Willen des Geschädigten und Geldstrafe von 100 s bis 50 l. Ähnliches findet sich in Pistoia (1296 II 67 S. 76), Cremona (1387 r. 206: Dort ist der Pächter oder Kolone mit Strafe bedroht, der »prodiderit vel interverterit possessionem domus vel rei sibi locatae« oder den Besitz nach Ablauf der Pachtzeit nicht zurückgibt), Dervio (1389 r. 125 S. 168), Lodi (1390 S. 54 De restitutione rei locatae) und Verona (1450 III 102 r. Ne quis colonus pervertat possessionem domini, sed teneatur illam domino demonstrare).

Eigentümer und Pächter werden gegen Übergriffe Dritter geschützt. Offenbar waren Sonderbestimmungen nötig, um den gefährdeten Landbesitz und das neue Pachtsystem zu verteidigen. Immer wieder wird nämlich mit Strafe bedroht, wer dem Eigentümer oder Pächter den Aufenthalt auf dem Grundstück untersagt, ihn bedroht oder hindert, dort zu wohnen, zu bauen oder zu arbeiten [18]).

Endlich kommen, ein Nachklang langobardischer Überlieferung, zahlreiche Bestimmungen vor, in denen gewisse Beeinträchtigungen des Grundstücks durch unbefugtes Bearbeiten, Ernten, Säen, Pflügen und dergleichen mehr mit Strafe bedroht werden. Das einzelne ist nnter dem hier maßgebenden Gesichtspunkt unwichtig oder wird bei anderer Gelegenheit berührt.

III. Hausfriedensbruch.

Das Haus war befriedeter Bezirk. Vorschriften, in denen das zum Ausdruck kommt, finden sich überall und in allen möglichen Zusammenhängen [19]). Höhere Strafe steht oft auf Verbrechen, die im Hause des Verletzten begangen werden. Überall wird der Angriff auf das Haus bestraft, das Beschießen des Hauses, Beschädigen von Hauseingängen, Einfriedigungen, Zäunen und dergleichen mehr. Wer den Hausfrieden verletzt, ist unter Umständen rechtlos. Im Hause erhöhen sich die Rechte des Hausherrn. Alles dies ist in anderem Zusammenhange dargestellt. Hier bleibt zu sprechen über die unmittelbare Verletzung des Hausfriedens.

---

[17]) Kohler 445 ff.

[18]) Lucca 1308 III 127 (S. 216: Geldstrafe nicht über 200 l), Siena 1309/10 V 334 (S. 373: 25 l), Florenz, Stat. Pod. 1325 III 1 (S. 171: bis zu 100 l), 41 (S. 203: 200 l), Ascoli 1377 III 106 (S. 151 f.: für den Einzelnen 50 l, für die Körperschaft 100 l; unter erschwerenden Umständen 200 bezw. 1000 l), Piacenza 1391 V 21 (20 l), Bobbio 1398 IV 128 (10 l).

[19]) Bohne, FrStr. II 23 Anm. 63.

Die Theoretiker beurteilen die gewaltsame Verletzung des Hausfriedens und das Betreten eines Grundstücks gegen den Willen des Eigentümers im Anschluß an D 47, 10, 5 als iniuria [20]).

In den Gesetzen [21]) sind Bestimmungen über diesen Tatbestand, mit den zahllosen Vorschriften über die Verletzung des Grundbesitzes verglichen, sehr selten. Gelegentlich erwähnt und mit Strafe bedroht wird das nächtliche Eindringen oder Einschleichen in fremde Häuser. So bedroht das Gesetz von Dervio von 1389 r. 49 (S. 116 f.) und das von Valsassina von 1388 r. 54 (S. 285) mit Geldstrafe den, der nachts ein Haus betritt, ohne den Eigentümer vorher zu benachrichtigen. Für den gleichen Tatbestand bemißt sich in Balangero (1391 r. 28, 29) die Strafe nach der Absicht des Täters. Wollte er nur einen Diebstahl begehen oder einen Hausbewohner verletzen, so hatte er 25 fl als Strafe zu zahlen. Dagegen betrug die Geldstrafe 50 fl, wenn er mit einer im Hause wohnenden Frau geschlechtlich verkehren wollte.

Häufiger steht Strafe auf das Eindringen in fremde Gärten oder Weinberge, das Betreten von Wiesen, Feldern und dergleichen. Davon wird später die Rede sein.

* * *

Die Gesetzgebung über die Liegenschaftsentziehung und -störung in ihren verschiedenen Formen entwickelt sich also im ganzen selbständig aus den besonderen Bedürfnissen der Praxis heraus. Immerhin trägt die Lehre zur begrifflichen Klärung bei. Rückwirkungen der Praxis auf die Theorie sind nicht erkennbar.

Furtum, Raub, Unterschlagung.

I. Der Tatbestand des Furtum.

1. Theorie.

Die italienischen Theoretiker [1]) bestimmen den Begriff des furtum im Anschluß an D 47, 2, 1, 3: »Est ... furtum fraudulosa contrectatio rei aliene mobilis corporalis, que fit invito domino animo lucrandi, scilicet gratia rei vel usus fructus vel possessionis« [2]). Von

---

[20]) Jac. de Belvisio I 8 n. 45; Bonif. de Vitalinis, De iniuriis n. 27; Angelus, D XLIII 8 Ne quid in loco publico 2, 9 n. 1.

[21]) Kohler 624 ff., Pertile V 606 f.

[1]) Brunnenmeister, Quellen 273 ff., Hälschner, System II 409 ff., Seeger, G.S. 24 S. 210. Über das kirchliche Strafrecht vgl. Hinschius, KR. V 186.

[2]) Gandinus, De furibus 1 (S. 306); Bonif. de Vitalinis, De furtis n. 1, De furibus n. 16; Baldus, J IV 1 De obl. quae ex del. 1 n. 1; Raym. de Pennaf.

dieser Bestimmung ausgehend pflegten sie die einzelnen Tatbestandsmerkmale zu entwickeln.

Der äußere Tatbestand des furtum — vom Diebstahl zu sprechen wäre ungenau — erfordert zunächst eine contrectatio, also eine Berührung der Sache, eine äußerlich sichtbare Handlung, die den Herrschaftswillen zum Ausdruck bringt. Dagegen bedarf es nicht eines Gewahrsamsbruchs und der räumlichen Entfernung der Sache von ihrem bisherigen Standort [3]. Das furtum umfaßt also auch die Unterschlagung im heutigen Sinne, die rechtswidrige Aneignung oder Benutzung einer Sache, die der Täter selbst im Gewahrsam hat.

Ein furtum also begeht der Vormund oder Pfleger, der Mündelgut veruntreut [4], der Handwerker, wenn er Sachen, die er bearbeiten soll, für sich benutzt oder sich aneignet [5], der Entleiher, der sich die geliehene Sache zueignet, sie über die Grenzen des Vertrages hinaus benutzt [6] oder nach Ablauf der Leihfrist nicht rechtzeitig zurückgibt [7], der Verwahrer [8] und Pfandgläubiger [9] in ähnlichen Fällen.

Aber auch in diesen Fällen bedurfte es jedesmal einer äußeren Bemächtigungshandlung, einer contrectatio. Die Bekundung des Herrschaftswillens nur durch Wort und Schrift war also furtum so wenig wie der innere Beschluß. Daraus ergab sich für den Geschäftsverkehr, daß der bloße Verkauf einer fremden Sache, also der Ab-

II 6 De furtis § 1 (S. 201); Barth. Pis. s. v. »Furtum« n. 1 (S. 66 R.); Ast. I 33 (S. 48); Joh. v. Fr. II 6 q. 1; Hostiensis, S. A. I 20 n. 4, V 18 n. 1; Archid., c. 45 D. L.

3) Das konnte nach D 41, 2, 3, 18 zweifelhaft sein. Doch bezeichnet dort die räumliche Bewegung nur den Gegensatz zu rein inneren Vorgängen. Richtig versteht Angelus, D XLI 2 De adquir. vel amitt. poss. 3, 18 n. 1 f. die Stelle: »Depositarius contrectando rem depositam furtum facit, sed animo solo non dicitur contrectare, sed rem a loco amovere oportet ... Ratio huius dicti ultimi est: quia furtum nec verbo nec scriptura nec animo solo perficitur, sed facto opus est, quod sine contrectatione explicari non potest ...«. Auf diese Stelle bezieht sich auch Bartolus, D XLVII 2 De furtis 1 n. 3, wenn er bestimmt: »Quaero, quid sit contrectare. Respondeo: est de loco ad locum amovere«; Angelus, a. gl. O. 6 n. 1, 21 n. 5; Gandinus, De furibus 1 (S. 306); Hostiensis, S. A. V 18 n. 1.

4) Bonif. de Vitalinis, De furibus n. 19; Angelus, D XLVII 2 De furibus 33.

5) Angelus, D XLVII 2 De furibus 84.

6) Bonif. de Vitalinis, a. a. O. n. 23; Angelus, a. a. O. 55 (54), 1; 61 n. 1; Barth. Pis. s. v. »Comodatum« n. 4 (S. 22 R.).

7) So die Beichtliteratur. Vgl. Raym. de Pennaf. II 6 De furtis § 3 (S. 202); Ast. I 33 (S. 48); Joh. v. Fr. II 6 q. 4.

8) Salicetus, C VI 2 De furtis etc. 19 n. 2; Barth. Pis. s. v. »Depositum« n. 6, »Furtum« n. 5 (S. 67); Joh. v. Fr. II 6 q. 7.

9) Angelus, a. a. O. 52, 7; 55 (54) n. 1; Barth. Pis. s. v. »Furtum« n. 5 (S. 67); Joh. v. Fr. II 6 q. 6.

schluß des obligatorischen Vertrages noch nicht unter den Tatbestand fiel: »Numquid sola vendicatione contrahitur furtum. Quidam quod sic ...; dico, quod non est furtum, quia emtio et venditio solo consensu contrahitur et furtum non committitur solo animo, imo contrectatione« (Cinus, C VI 2 De furtis etc. 6) [10]).

Immerhin wird der Begriff der contrectatio bis zu einem gewissen Grade vergeistigt. So soll es z. B. nach Salicetus, C VI 2 De furtis etc. 16 n. 2, genügen, wenn der Verkäufer mit dem Erwerber der Sache ein Besitzkonstitut vereinbart, kraft dessen er die Sache als Prekarist für den Käufer weiter behält [11]). Wie auch sonst überträgt man also bürgerlich-rechtliche Vorstellungen auf das Strafrecht, läßt also wie im Zivilrecht einen rechtsgeschäftlichen Ersatz der tatsächlichen Übergabe zu. Doch wollte Baldus, a. g. O. 6 n. 2, wieder in Fällen der Quasi-traditio kein furtum annehmen.

Zweifel knüpften sich an die Auslegung der Quellenstelle D 47, 2, 68 (67). Man stritt darüber, ob der Verwahrer durch die bloße Ableugnung des Besitzes oder durch Unterlassen der Rückgabe ein furtum begehe, oder ob es noch einer besonderen Bemächtigungshandlung bedürfe. Das letztere nahm Albericus de Rosciate, D XL VII 2 De furtis 68 (67) n. 1 ff., an und darin folgte ihm Angelus, a. gl. O. n. 1, dem gleichfalls die bloße Ableugnung nicht genügte: »Sola denegatione depositi non committitur furtum, sed est necessaria contractatio«.

Das Vergehen kann aber auch dadurch begangen werden, daß jemand die Mitwirkung des »Bestohlenen« erschleicht. Die contrectatio erfordert also nicht unbedingt ein eigenhändiges Tätigwerden des Verbrechers. Vielmehr ließ man eine Art furtum in mittelbarer Täterschaft zu und brachte Fälle unter diesen Begriff, die sich heute als Betrug darstellen würden. Zu einer Ausdehnung des furtum in dieser Richtung drängte das Fehlen eines bestimmten Betrugsbegriffs und

---

[10]) Bartolus, C VI 2 De furtis etc. 16: »sola venditione non fit furtum, sed in contrectatione, quae fit propter venditionem, committitur furtum«; a. gl. O. Baldus 6 n. 1 und Salicetus n. 2. Bedenken im Hinblick auf D 47, 2, 67 (66) pr. hatte Angelus. Er hilft sich (a. a. O. n. 1) so: »dic, quod hic venditor contractabat, dum subpignorabat saltem pignora ostendendo, et sic de loco ad locum movendo; aliter non video, quod haec litera possit sustentari.« Vgl. ferner Alb. de Rosc., D XLVII 2 De furtis 52, 19; Angelus, a. gl. O. n. 1; Raym. de Pennaf. II 6 De furtis 1 (S. 201); Barth. Pis. s. v. »Furtum« n. 1 (S. 66 R.); Joh. v. Fr. II 6 q. 1; Ast. I 33 (S. 48).

[11]) Salicetus, a. a. O.: »Quaero si venditor rem alienam absentem, cuius tamen habet possessionem in venditione, quam fecit, constituit se precario nomine emptoris possidere, an tunc propter hoc constitutum committat furtum; dico quod sic, quia tradidisse dicitur.«

die allzu große Unbestimmtheit des Stellionats. Fur ist also der falsus creditor, der Leistungen in Empfang nimmt und dabei merkt, daß er irrtümlich für den richtigen Gläubiger gehalten wird, die Leistung aber trotzdem behält. Ebenso, wer sich wissentlich eine fremde Sache geben läßt, die der Geber für die des Empfängers hält, und sie dann nicht zurückgibt [12]). Auch soll z. B. nach Bonifacius de Vitalinis, De furibus n. 25, furtum vorliegen, wenn jemand einen andern fälschlich als kreditwürdig hinstellt und die auf seine Auskunft hin gezahlten Gelder mit dem Darlehensempfänger teilt. Damit aber ergaben sich Schwierigkeiten für die Abgrenzung zwischen furtum und Stellionat. Anscheinend ging das Bestreben dahin, den Begriff des furtum auf Kosten des Stellionats weit auszudehnen. Doch fand das seine Grenze im Wortlaut des Gesetzes. So wird z. B. nach D 47, 2, 20 Stellionat, kein furtum angenommen, wenn jemand den Gläubiger über den Metallwert verpfändeter Sachen täuscht, etwa Silber für Gold ausgibt und sich dann Leistungen gewähren läßt [13]).

Contrectatio kann schließlich auch die Vernichtung einer Sache sein, wenn der Täter sich damit einen Gewinn verschaffen will. So billigt Bartolus, D XLVII 2 De furtis 27, 3 n. 1 f., die Ansicht, daß jemand als Dieb zu bestrafen sei, der eine Schuldurkunde oder dergleichen in Bereicherungsabsicht zerstört, gibt aber doch für solche Fälle die Möglichkeit fehlender contrectatio zu, z. B. bei der Vernichtung von Urkunden durch Draufgießen von Flüssigkeiten oder dergleichen.

Wie man schon dem Begriff der contrectatio entnahm, war ein Diebstahl nur möglich an körperlichen [14]) und beweglichen [15]) Sachen. Nicht erforderlich war dagegen eine Aneignungshandlung.

---

[12]) Bonif. de Vitalinis, De furibus n. 20 und 21; Angelus, D XIII 1 De condict. furt. 18 n. 1, D XLVII 2 De furtis 44 (45), 1 n. 1; Salicetus, D XII 6 De condict. indeb. 13 n. 2. Die Konstruktion machte beim falsus creditor Schwierigkeiten. Man konnte annehmen, daß ja das Eigentum auf den Empfänger übergehe und damit das furtum entfalle. Angelus, D XLVII 2 De furtis 43 n. 1 f. konstruiert so: Der Geber leistet als Schuldner, der Empfänger nimmt die Leistung als nicht geschuldet an. Die Parteien haben also über die causa des Rechtsgeschäfts verschiedene Vorstellungen, so daß das Eigentum (wegen Dissenses?) nicht übergeht. Bartolus, D XIII 1 De condict. furt. 18 n. 1, nahm bei Zahlung eine stillschweigende Bedingung an, daß der Empfänger der wirkliche Gläubiger sei. Gegen ihn Angelus, C VI 2 De furtis etc., Repet. zu c. 19 n. 35.

[13]) So im Anschluß an die angeführte Stelle Angelus, a. .a. O.

[14]) Gandinus, De furibus 1 (S. 306): »Quia incorporalia contrectari non possunt vel tradi vel possideri«; Hostiensis, S. A. V 18 n. 1.

[15]) Baldus, J II 6 De usucap. 3 n. 2: »rei immobilis furtum non committitur«. Das Gleiche galt für den Bereich der actio vi bonorum raptorum. Vgl. Baldus, C IX 33 Vi bon. rapt. 1; Salicetus, a. gl. O. n. 1; Durantis, Spec. IV 4 De furtis n. 7; Hostiensis, S. A. V 17 n. 4; Ast. I 32 (S. 43).

Furtum ist also schon die rechtswidrige Nutzung einer Sache [16]). Auch kann der Täter Sachen »stehlen«, an denen er selbst Rechte hat. So war ein furtum zum Nachteile der Miteigentümer möglich [17]). Aber darüber hinaus ließ man ganz allgemein das furtum an der eigenen Sache zu, wenn dadurch dingliche oder Benutzungsrechte anderer verletzt wurden. Das war z. B. der Fall, wenn der Verleiher die Sache vor Beendigung der Leihzeit wieder wegnahm, der Pfandgeber dem Gläubiger das Pfand wieder entzog [18]). Nötig war also, daß anderen ein gegenständliches Interesse, wenn auch kein dingliches Recht an der Sache zustand. War das der Fall, so stand jedem Betroffenen die Klage zu (D 47, 2, 10) [19]). In der Annahme des Interesses ging man weit. Bartholomaeus Pisanus s. v. »Depositum« n. 9 sprach es z. B. sogar dem Verwahrer zu. Denn wenn ihm eine Sache heimlich entzogen würde, so müsse er entweder die Sache zurückerstatten oder nachweisen, daß ihn am Verlust kein Verschulden treffe. Ein bloß obligatorischer Anspruch für sich freilich sollte nicht ausreichen [20]).

Demnach brauchten Eigentümer und Gewahrsamsinhaber nicht identisch zu sein. Wenn ein Statut also die Wegnahme fremder Sachen als Diebstahl oder Raub mit Strafe bedrohte, so sollte die Strafe auch dann verwirkt sein, wenn der Gewahrsamsinhaber nicht Eigentümer der Sache war, aber sonst ein Interesse hatte [21]).

---

[16]) Baldus, C VI 1 De fugit. serv. 1 n. 26: »si furor rem tuam, alio die restiturus, fur tamen sum, cum temporis et usus furtum fiat.«

[17]) Gandinus, De furibus 1 (S. 306); Bartolus, D XLVII 2 De furtis 45 (im Anschluß an den Text); Angelus, C VI 2 De furtis etc., Repet. zu c. 19 n. 1 ff.

[18]) Jac. de Belvisio I 10 n. 17; Alb. de Rosc., D XLVII 2 De furtis 60 (59) n. 1: »auferendo rem suam furtum facere videtur, si eius cui aufertur interest, ipsum retinere«; Baldus, C VII 26 De usucap. 6 n. 1; Angelus, D XLVII 2 De furtis 19, 5 n. 1; Bonif. de Vitalinis, De furtis n. 6; Raym. de Pennaf. II 6 De furtis § 1 (S. 201: Die Sache ist nicht »plenissime propria«); Joh. v. Fr. II 6 q. 1; Ast. I 33 (S. 48); Barth. Pis. s. v. »Furtum« n. 1 (S. 66 R.): »in re propria non committitur furtum, intellige, nisi alius haberet in re illa aliquod ius«; Hostiensis, S. A. V 18 n. 1.

[19]) Alb. de Rosc., C VI 2 De furtis etc. 22 n. 1; Angelus, D XLVII 2 De furtis 14, 14; Durantis, Spec. IV 4 De furtis n. 4; Hostiensis, S. A. V 17 n. 5, V 18 De furtis n. 4.

[20]) Angelus, a. a. O. 10 n. 1.

[21]) Bartolus, D XV 1 De peculio 1, 5 n. 3: Ein Statut stellt den unter Strafe, der einem andern Sachen wegnimmt (»quicunque acceperit rem alterius«). Dazu bemerkt Bartolus: »dic, quod de proprio et stricto significato significat dominium ..., sed de significatione magis larga et impropria comprehendit etiam possessionem et detentationem ...; in statuto ... licet debeamus accipere propriam significationem vocabuli, ... tamen propter communem usum loquendi

Stand die Sache in niemandes Eigentum, so war auch kein furtum an der Sache möglich. Nicht darunter fiel also die Entnahme von Sachen aus der ruhenden Erbschaft. Vielmehr wurde dann nur außerordentliche Strafe verhängt [22]).

Der innere Tatbestand des Diebstahls erfordert Vorsatz und Bereicherungsabsicht des Täters, contrectatio fraudulosa und animus lucrandi. Das furtum gehört zu den Straftaten, bei denen der Vorsatz wesentliches Merkmal des Begriffs ist. »Furtum est nomen iuris ..., et ideo nisi sit animus furandi in faciente, non est furtum« (Bartolus, D XLVII 2 De furtis 67 (66), 4 n. 1) [23]). Der Täter muß alle rechtserheblichen Tatbestandsmerkmale kennen. Er bleibt also straflos, wenn er eine fremde Sache für die eigene oder für herrenlos ansah [24]). Der Vorsatz muß sich endlich auf die fehlende Zustimmung des Eigentümers oder Berechtigten erstrecken. Nimmt also der Täter irrigerweise an, der Eigentümer werde mit der Wegnahme einverstanden sein, so soll kein furtum vorliegen [25]).

Endlich ist die Absicht der Bereicherung nötig, mag der Täter

---

accipiam hoc secundo modo.« So auch Angelus, D XLVII 8 Vi bon. rapt. 2, 13 n. 2.

[22]) Bartolus, D XLVII 2 De furtis 43, 4: »nota, quod rei, quae non habet dominium, non fit furtum, quia repugnat definitio, cum non posset fieri invito.« Über die Erbschaft vgl. Gandinus, De furibus 1 (S. 306); Jac. de Belvisio I 10 n. 31; Bonif. de Vitalinis, De extraord. crim. n. 15; Bartolus, C VI 2 De furtis etc. 69 (68); Angelus, D XXV 2 De act. rer. amot. 6, 2 n. 1, D XXIX 2 De adquir. vel. omitt. hered. 21 n. 2.

[23]) So auch Bartolus, D XXV 2 De act. rer. amot. 21, 1 n. 1; Alb. de Rosc., D XLVII 2 De furtis 1 n. 1: »sine fraude vel dolo furtum non committitur«; Angelus, D XX 5 De distract. pign. 1 n. 2; Hostiensis, S. A. V 18 n. 1.

[24]) Raym. de Pennaf. II 6 De furtis § 1 (S. 201): » si aliquis credebat rem esse suam et credebat sibi licere rem suam surripere, non committit furtum;« Joh. v. Fr. II 6 q. 1; Ast. I 33 (S. 48); Barth. Pis. s. v. »Furtum« n. 1 (S. 66 R.); Baldus, Cons. IV 345; Lucas de Penna, C XII 46 De desertoribus 3 (S. 304 R. f.).

Bartolus, D XLVII 2 De furtis 43, 4 n. 3; Angelus, a. gl. O. n. 1: »tollens iacens in terra, quod nullius est, furtum non committit, licet furandi animum habeat. ... Idem si alterius nec habeat animum furandi.«

[25]) Gandinus, De furibus 1 (S. 306); Bonif. de Vitalinis, De furtis n. 5; Baldus, J IV 1 De obl. quae ex del. 1: »contractans ... rem, quam contrectare credit probabiliter domini voluntate, furti non tenetur«; Angelus, a. a. O. 46, 7 n. 3; Raym. de Pennaf. II 6 De furibus § 1 (S. 201); Joh. v. Fr. II 6 q. 1; Ast. I 33 (S. 48); Barth. Pis. s. v. »Furtum« n. 1 (S. 67); Durantis, Spec. IV 4 De furtis n. 4; Hostiensis, S. A. V 18 n. 1; Joh. Andreae, c. 3 X De furtis V 18: »utens re commodata ad alium usum quam fuerit commodata, non tenetur furti, si credit dominum permissurum.«

sich selbst oder jemand anders bereichern wollen [26]). Wollte er aber nur jemand vor Schaden bewahren, so nahm man kein furtum an [27]).

Die Bereicherungsabsicht wird auch nicht durch selbstlose Motive des Täters ausgeschlossen. Der animus lucrandi bezeichnet nicht etwa das Tatmotiv als die bestimmende Vorstellung des letzten Erfolges. Daher sieht die Beichttheorie auch denjenigen als Dieb an, der den Wucherer bestiehlt, um aus dem Diebesgut Almosen zu geben [28]).

Man sieht also: Was die Rechtslehrer hier wiedergeben, ist auch im einzelnen römisches Recht. Deutschrechtliche Einflüsse dagegen wirken in der Theorie bei der Abgrenzung von Diebstahl und Raub mit. In diesem Punkt bestand zwischen römischem und deutschem Recht ein grundlegender Unterschied: Nach römischer Auffassung war Raub die Wegnahme einer fremden Sache unter Gewaltanwendung, also ein erschwerter Fall des Diebstahls. Dagegen war im deutschen Recht der Diebstahl die heimliche Wegnahme der Sache, das hinterlistige Neidingswerk gegenüber dem offenen, »anständigen« Raub und strafwürdiger als dieser [29]). Für das römische Recht also ist der Diebstahl der Normalfall, für das deutsche Recht der Raub. Wie in der Wertung so ist begrifflich ein wesentlicher Unterschied. Der römische Begriff des Diebstahls ist weiter, der des Raubes enger als die entsprechenden Begriffe des deutschen Rechts. Es gibt zahlreiche Fälle des gewaltlosen Diebstahls, in denen nicht heimlich gehandelt wird, und umgekehrt offene Entwendungen ohne Gewalttat. Aber die italienische Rechtslehre ist sich dieses Unterschiedes nicht bewußt. In der Art, in der man damals zu typisieren pflegte, wurde die offene und die gewaltsame Entwendung und umgekehrt die gewaltlose und die heimliche Wegnahme gleichgesetzt und auf diese Weise die Heimlichkeit der Entwendung zum positiven Merkmal des Diebstahlsbegriffs erhoben. Es ist der begriffliche Gegensatz, der sich überall ausbildet: List und Gewalt ohne Übergangsform in der Mitte. In der Wertung aber

---

[26]) Bartolus, D XLVII 2 De furtis 1 n. 3: »quid si non intendat lucrari sibi, sed alteri? Respondeo sufficit.« Ebenso Bartolus, C VI 2 De furtis etc. 1 n. 3; Cinus, a. gl. O. n. 3.

[27]) Baldus, Cons. II 410 n. 3.

[28]) Raym. de Pennaf. II 6 De furtis § 5 (S. 204): »videtur, quod iste non facit furtum, quia non facit animo lucrandi, sed non est ita, quia species lucri est, ex alieno largiri«; Ast. I 33 (S. 48 R.); Lucas de Penna, C XII 1 De dignit. 12 (S. 215 R.): »Qui etiam ut elemosinam faciat, subripit, furtum committit; Angelus, C VI 2 De furtis etc. 1 n. 4. So auch Thomas v. A., S. th. 2, 2 q. 110 a. 3.

[29]) Wilda, StrR. d. Germ. 862 ff., His, G. D. StrR. 153 ff. Das war scheinbar auch Dantes Auffassung. Die Räuber sind im siebenten, die Diebe im achten Höllenkreise untergebracht. Vgl. Inf. XII 121 ff., XXIV 91 ff.

siegt das römische Recht. Der Raub wird strenger beurteilt als der Diebstahl.

So begegnen denn zahlreiche Zeugnisse, in denen der Diebstahl als heimliches, zur Nachtzeit begangenes, gewaltloses Verbrechen dem Raube als offener Gewalttat unter Waffenanwendung gegenübergestellt wird. Dabei konnten sich die Rechtslehrer auf eine römische Quelle stützen, nämlich die etymologische Ableitung des Wortes furtum in D 47, 2, 1 pr. und die Kennzeichnung des furtum als des heimlich begangenen Verbrechens an der gleichen Stelle.

In diesem Sinne läßt sich beispielsweise Gandinus, De furibus 1 (S. 307) aus: »dicitur furtum a furvo, id est a nigro, quod clam, obscure et de nocte fiat vel a ferendo, id est auferendo.« Ähnlich Bartolus, C VIII 4 Unde vi 1 n. 6: »Quandoque per occupationem clandestinam quis occupat possessionem naturalem et civilem; quod contingit in fure, qui accepit rem mobilem.« Nach Albericus de Rosciate, D XLVIII 19 De poenis 28, 15 n. 4, unterscheiden sich Dieb und Räuber dadurch, daß jener heimlich, dieser offen handelt: »latro est, qui de die tantum, fur qui occulte de die vel de nocte.« Ähnlich Albericus s. v. »Furtum«: »Fur dicitur, qui furatur clam sine aggressura: latro vero aggrediens vel cum armis«; s. v. »Latro«: »Latro dicitur, qui per vim furatur, sed fur, qui clam aufert [30])«. Ähnlich unterschied die Beichtliteratur und das kanonische Recht. So bemerkt z. B. Johannes von Freiburg II 5 q. 1: »committitur ... crimen rapine proprie, cum per violentiam scilicet vi aperte quis rapit res alienas« [31]); Hostiensis, S. A. V 17 n. 5: »Non minima .... differentia inter furem qui quantum potest, crimen suum celat et raptorem, qui suum delictum publicat.«

2. Praxis.

Die italienischen Statuten [32]) verzichten in der Regel auf nähere Bestimmung und begnügen sich mit allgemeinen Ausdrücken wie »furtum facere« oder »committere«, »fur«, »furare« u. dgl., seltener »involare«, »accipere«, »capere« und ähnlichem.

Aufschlußreicher sind die Urteile und sonstigen Urkunden, die bei Kohler-degli Azzi und aus früherer Zeit von Kantorowicz veröffentlicht sind. Sie lassen die einzelnen Merkmale des Diebstahls deutlich hervortreten, und zwar ist dabei eine gewisse Gleichförmigkeit zu beobachten. In der Regel wird die körperliche Wegnahme der Sachen, die räumliche Entfernung von Ort zu Ort hervorgehoben,

---

[30]) Vgl. auch Bonif. de Vitalinis, De furtis n. 7: »furtum est, quod occulte fit et precipue de nocte ...; et licet qui rapit vi sit fur, tamen alia pena punitur.« Ders., De vi bon. rapt. n. 1.

[31]) Vgl. c. 13 C. 14 q. 5; Raym. de Pennaf., II 6 De furtis § 1 (S. 201); Thomas v. A., S. th. 2, 2 q. 66 a. 4: »raptor ... vult per propriam potestatem obtinere, fur vero per astutiam«; fast wörtlich ebenso Ast. I 32 (S. 43); Barth. Pis. s. v. »Raptor« n. 1 (S. 141 R. f.). Vgl. auch Thomas v. A., a. a. O. a. 3 und 5. — Katz 126 ff., 131 f.

[32]) Kohler 421 ff., Pertile V 638 ff.

daneben aber die Bereicherungsabsicht und manchmal auch die vollendete Zuwendung zum Nutzen der Täter.

So heißt es in einem florentiner Inquisitionsprotokoll aus dem Jahre 1344 bei Kohler-degli Azzi 94 ff. von den Dieben: »extraxerunt ... ad alia loca, portaverunt ipsos contrectando et in eorum utilitatem convertendo.« Im florentiner Urteil von 1344 in G.A. 53 S. 274 wird das Erbrechen einer Mühle, das Eindringen mit Gewalt und die Herausnahme von Sachen hervorgehoben. Die Täter hätten die gestohlenen Maultiere anderswohin geführt »et in eorum usum et utilitatem converterunt« [33]). Ähnlich schon das bologneser Inquisitionsprotokoll bei Kantorowicz I 203 ff. Urk. 21, wo es von den Dieben heißt: »statione fracta extraxerunt et exportaverunt furtive et malo modo et animo lucrandi.« Die körperliche Wegnahme wird auch in den Urkunden 38 und 39 (a. a. O. 258 ff.) betont.

Die Hervorhebung der körperlichen Wegnahme deutet auf eine Wirksamkeit deutschrechtlicher Anschauungen hin. Denn das deutsche Recht verlangte für den Diebstahl den Bruch der Gewere, d. h. die körperliche Entfernung der gestohlenen Sachen. Die Unterschlagung wurde also nicht als Unterart des Diebstahls behandelt [34]). Dem entspricht es, daß manche Statuten Sonderregeln für die Unterschlagung gaben, über die später zu sprechen ist.

Im übrigen aber lassen die Quellen im Stich. Als Ausnahme wäre das Gesetz von Bassano von 1392 S. 105 zu nennen, das den Begriff des furtum nach gemeinem Recht (»secundum formam et diffinitionem iuris communis«) und richterlichem Ermessen verstanden haben wollte. Daß auch die Rechtslehrer die Statuten den Grundsätzen der passiven Auslegung gemäß in diesem Sinne verstanden, ist nicht zweifelhaft.

In der Abgrenzung von Diebstahl und Raub aber folgt ein Teil der Statuten dem römischen Recht, während andere den Unterschied aufhoben. Das letztere war die Regel. Wohl die meisten Gesetze des 14. Jahrhunderts setzten Raub und Diebstahl gleich. Immer wieder werden die auf den Raub hindeutenden Ausdrücke neben den Worten »furtum«, »furari« und mit diesen gleichbedeutend genannt. So begegnen häufig die Zusammenstellungen »furtum vel robaria«, »furari vel derobari«, »involare overo robare« usw., auch »furtum vel rapina« oder »committere robaria, furtum vel violentiam« kommt vor [35]). Neben den »fures« und »robatores« werden die »latrones« genannt, anderswo neben »furari« »depredare«, »preda« neben »robaria« und »furtum« [36]).

33) Ähnlich die florentiner Urteile bei Kohler-degli Azzi 55 ff., 102 f., 274 f. Vgl. auch die Urkunden bei Zaccagnini, La vita dei maestri etc. 142, 155.

34) His, G. D. StrR. 153, Brunner, RG. II 840 f.

35) Diese Zusammenstellung findet sich in Dervio 1389 r. 39 (S. 109).

36) Diese Wendungen in Valsassina 1388 r. 31 (S. 276).

Wo aber das Statutarrecht Diebstahl und Raub auseinanderhielt, folgte es der römischen Auffassung, kennzeichnete also den Raub als Gewalttat und Sonderfall des Diebstahls und bedrohte ihn härter als diesen.

Dafür kommen neben den Worten »robare« und »praedare« die Formen »auferre per vim«, »per violentiam«, »facere fortiam«, »violentiam« vor. In Bassano (1392 S. 104 R.) z. B. liegt robaria vor, »si malo modo per vim animo lucrandi res alienas turpiter facta fuerit«. Die in der Theorie übliche Verwendung deutscher und römischer Anschauungen weist das Gesetz von Rom von 1363 II 19 (S. 95 f.) auf: Dort ist dem Räuber als »disrobator, qui cum armis vel sine, violenter aliquem ingreditur et spoliat« gegenübergestellt der »fur ..., qui occulte furatur«.

Davon abgesehen aber wird die Heimlichkeit des Diebstahls im Tatbestand nicht mehr hervorgehoben. Wo sie strafrechtlich ins Gewicht fällt, ist sie nicht Merkmal des Tatbestandes, sondern Straferhöhungsgrund. Vielfach nämlich wird der Diebstahl härter bestraft, wenn er bei Nacht begangen wird [37].

Dieses Ergebnis ist auf den ersten Blick überraschend. Es scheint seltsam, daß die sonst so deutschrechtlichen Statuten das Merkmal der Heimlichkeit beim Diebstahl weniger betonen als die gemeinrechtliche Theorie. Aber es handelt sich hier um die gleiche Erscheinung wie bei der Unterscheidung von Mord und Totschlag. Das deutschrechtliche Kennzeichen der Heimlichkeit wird als Unterscheidungsmerkmal preisgegeben, wirkt aber nach als erschwerender Umstand. Die militärische Denkweise, für die die offene Gewalttat das normale, verzeihliche ist, die heimliche Tat aber Feigheit und des Mannes unwürdig, weicht der bürgerlichen Gesinnung, die den friedlichen Genuß wirtschaftlicher Güter und deren Schutz gegen Gewalttat verlangt.

II. Die Strafe des Diebstahls.

1. Statuten.

Die Lehre von der Bestrafung des Diebes und Räubers stand so sehr unter dem Einfluß der Praxis, daß es zweckmäßig scheint, mit dem Statutarrecht zu beginnen.

Die Gesetze folgen in der Behandlung des Diebstahls der deutschrechtlichen Überlieferung, die zwischen großen und kleinen Diebstählen unterschied [38]. Auch in Italien kommt es also in erster Linie

---

37) Castel Fiorentino 1305 r. 10 (S. 337: beim Viehdiebstahl), Rosignano 1306 r. 25, Ripi 1331 r. 59 (S. 121), Oglianico 1352 r. 22, Turin 1360 Sp. 715, Casale 1370 Sp. 1039, Biella r. 128.

38) His, G. D. StrR. 154, Wilda, StrR. d. Germ. 870 ff.

auf den Wert der gestohlenen Sachen an. Aber man begnügte sich nicht mit der einfachen Unterscheidung zwischen großem und kleinem Diebstahl, sondern stufte die Strafen vielfach ab, in der Regel in vier bis acht Wertstaffeln, seltener in zwei oder drei Stufen. Mit dieser Einteilungsart aber kreuzte sich eine andere: Die Strafe richtet sich zugleich nach der Zahl der begangenen Diebstähle, wird also verschärft mit der Gewohnheitsmäßigkeit der Begehung.

Diese Doppeleinteilung erinnert an die Behandlung der Körperverletzung. Wie dort kommt es einmal auf den Erfolg der Tat an, hier den Wert des Gestohlenen, zugleich aber auf die äußeren Umstände der Begehung und die daraus sichtbare Gesinnung des Täters.

Im einzelnen ist die Bestrafung sehr uneinheitlich geregelt. Die Strafe für kleinere Diebstähle ist beim ersten Mal in der Regel Geldstrafe, die den Wert des Gestohlenen zu übersteigen pflegt. Auf den höheren Wertstufen aber kommen schon bei der ersten Tat Ehren- und Verstümmelungsstrafen, es kommt sogar die Todesstrafe vor, die allgemein am Galgen vollstreckt wird. Meistens sind diese Körperstrafen Hilfsstrafen, werden also erst dann verhängt, wenn der Täter die in erster Linie verwirkte Geldstrafe nicht zahlt. Immerhin sind Strafen dieser Art als primäre Rechtsfolgen keine Seltenheit.

Dafür einige Beispiele: Das Statut von Averrara von 1313 r. 36 (S. 36) unterscheidet sieben Wertstaffeln. Auf der vierten Stufe von unten gerechnet wird der Täter, der die Geldstrafe nicht zahlt, nach Ermessen des Gerichts am Körper bestraft. Auf der fünften Stufe ist die Hilfsstrafe Verlust einer Hand oder eines Auges, auf der sechsten Verstümmelung des Fußes. Frauen wird statt anderer Verstümmelungen die Nase abgeschnitten. Übersteigt der Betrag des gestohlenen 25 l (siebente Stufe), so wird der Täter gehängt. In Arona (1319 r. 17 S. 73 f.) gab es sechs Stufen. Hilfsstrafe war auf der ersten der Pranger, auf der zweiten, dritten, vierten und fünften Verlust eines Auges, auf der sechsten Verlust eines Auges und eines Fußes. Die gleiche Stufenzahl und Ehren- und Verstümmelungsstrafen als eventuelle Rechtsfolgen sah das Statut von Vercelli S. 112 R. f. vor. Das Gesetz von Argenta von 1342 S. 93 unterschied drei Stufen und sah auf der ersten als Hilfsstrafe Züchtigung und Brandmarkung vor, auf der zweiten Verlust eines Auges und Geldstrafe von 50 l dazu, bei deren Nichtzahlung der Dieb gezüchtigt wurde, auf der dritten Stufe Galgenstrafe. In Turin (1360 Sp. 715) beginnt die hilfsweise verhängte Körperstrafe schon bei einem Wert des Gestohlenen von 5 s. Im übrigen kannte man fünf Staffeln. Fünf Stufen gab es auch in Mirandola nach dem Gesetz von 1386 S. 99 f. Als Hilfsstrafen sind Körperstrafen vorgesehen. Für einen Diebstahl im Betrage von mindestens 50 l wird der Dieb gehängt.

In mehreren Statuten wird der ganz kleine Diebstahl überhaupt nicht erwähnt, nämlich schon auf der untersten Stufe ein gewisser Mindestwert des Diebstahls vorausgesetzt [39]). Die unterste Stufe

39) So schon im langobardischen Recht. Hälschner, System II 410.

umfaßt z. B. nach dem Statut von Dervio von 1389 r. 39 (S. 109 f.) Diebstähle im Werte von 2—12 Denaren, in Valsolda (1388 r. 10 S. 262) solche von 10 s bis 5 l. In Cremona (1387 r. 130) beginnt die Strafe beim Raube mit einem Wert von 20 s. In all diesen Fällen stand die Bestrafung des ganz kleinen Diebstahls wohl im Ermessen des Richters oder fiel ganz weg.

Diese Wertstaffelung wird ergänzt durch eine Rückfallstaffelung. Die Wiederholung des Diebstahls bewirkt eine Verschärfung der Strafe durch den Übergang von Vermögens- zu Ehrenfolgen oder zur Verstümmelung, oder von Leibes- zu Lebensstrafen. Über den Sinn der Rückfallstrafe wurde schon früher gesprochen [40]). Man wollte das Gewohnheitsverbrechen erfassen. Nur das Statut von Venedig von 1346 VI 77 fällt aus dem Rahmen heraus. Danach sollten nämlich stets alle Diebstähle bestraft werden, mochten die verschiedenen Diebstähle mit einem Mal oder bei mehreren Gelegenheiten begangen sein.

Im einzelnen herrscht auch hier große Mannigfaltigkeit. Doch stimmt eine große Zahl von Statuten darin überein, daß für den dritten oder vierten Diebstahl die Strafe des Galgens zu verhängen sei. Der Dieb im zweiten oder dritten Rückfall, d. h. beim dritten oder vierten Mal im ganzen ist der publicus et famosus fur oder latro im Sinne vieler Statuten. Doch wird meist die Galgenstrafe erst dann verhängt, wenn der letzte Diebstahl, oder wenn alle Diebstähle zusammen einen bestimmten, meist ziemlich niedrigen Betrag erreichen oder übersteigen.

Auch dafür einige Beispiele: In S. Benigno (1318 r. 27) wird der Dieb beim dritten Mal bestraft »tam quam latro publicus secundum iura romana.« Wer in Vallassina (1343 r. 75 S. 204 f.) drei oder mehr Diebstähle im Werte von zusammen mindestens 50 l begeht, wird gehängt. In Valsassina (1388 r. 31 S. 276) wird gehängt, wer drei Diebstähle begeht »vel alias frequentaverit vel fuerit famosus latro vel rubator.« Das Statut von Vergante von 1389 r. 60 (S. 222) bezeichnet als publicus et famosus fur denjenigen, der mindestens vier Diebstähle begangen hat und droht gleichfalls Galgenstrafe an. Aber schon drei Diebstähle sollen genügen, wenn sie zusammengerechnet den Betrag von 100 l übersteigen [41]).

Wo aber der Rückfall keine Todesstrafe nach sich zieht, wirkt er sonst strafschärfend. Oft sind Verstümmelung und Verlust der Augen Vorstufen des Erhängens.

Daß man sich in jener Zeit der raschen wirtschaftlichen Entwicklung mit so äußerlichen und rohen Diebstahlsregeln begnügte, scheint

---

[40]) Vgl. S. 298.

[41]) Galgenstrafe für den öffentlichen Dieb auch in Lucca 1308 III 54 (S. 171), Averrara 1313 r. 36 (S. 36), Perugia 1342 r. III 106 (S. 123), Argenta 1342 S. 93 f., Forli 1359 III 13 (S. 208), Casale 1370 Sp. 1039, Narni 1371 III 28, 43, Mailand r. 64, Lodi 1390 S. 113 R., Bobbio 1398 IV 144.

nur auf den ersten Blick befremdlich. Es war damit nicht anders als heute. Die Entwicklung des Geschäftsverkehrs ließ den Strafrechtsschutz des ruhenden Eigentums gegen körperliche Eingriffe unberührt. Soweit ein Bedürfnis nach einer Überwachung der Wirtschaft bestand, reichte das Polizeirecht dafür aus.

Ansätze zu einer Rationalisierung und Vereinfachung der Diebstahlskasuistik sind im 14. Jahrhundert kaum zu spüren. Im Gegenteil, die Äußerlichkeit und Kasuistik scheint sich mit der Zeit noch zu steigern. Einfachere Regeln finden sich in der Frühzeit, als man noch geneigt ist, dem Richter weites Ermessen einzuräumen und sehr spät, als sich die Kasuistik überlebt hat.

In Padua waren nach dem Gesetz von 1277 S. 263 R. Diebe und Räuber zu hängen oder anders nach Ermessen des Richters zu bestrafen. Wenn freilich der Wert des Gestohlenen den Betrag von 10 l nicht überstieg, so durfte der Täter nicht verstümmelt werden, außer beim Rückfall nach vorhergehendem Urteil. Ganz dem richterlichen Ermessen war die Bestrafung in Pisa (1286 III 60 S. 449) überlassen. Einfach war auch die Regelung in Perugia 1342 III 106 (S. 123). Dort betrug die Geldstrafe bis zu 10 l, wenn der Wert des Gestohlenen den Betrag von 20 s nicht überstieg. Andernfalls war vierfacher Ersatz zu leisten. Aus späterer Zeit ist das Statut von Bologna von 1454 S. 30 zu nennen. Es gibt nur einige wenige Richtlinien aus der Erwägung heraus, daß die schematischen Formeln unbrauchbar und eindeutige Merkmale für die Beurteilung des Tatbestandes nicht zu finden seien [42]).

2. Rechtslehre.

Die Theoretiker stellen drei Quellen nebeneinander: das gemeine Recht, die Landfriedensgesetzgebung Friedrichs I., langobardisches Recht und Gewohnheitsrecht.

Nach dem Gesetz Friedrichs I. war bei einem Diebstahl im Werte von mindestens 5 s Galgenstrafe zu verhängen [43]). Das wird überall mitgeteilt, aber nicht als praktisch geltendes Recht behandelt.

Als Recht der Praxis in der Lombardei und Toskana wird vielmehr das Recht der Lombarda angeführt, wonach der Dieb beim ersten Mal ein Auge, beim zweiten Mal die Nase verlor, beim dritten

---

[42]) »Cum poena furibus et rerum raptoribus imponenda multi iudici consideranda occurrunt tam inspecta conditione personae aetatis quam subtractarum rerum qualitate et quantitate et etiam assiduitate furandi et considerato loco et tempore, quae omnia et singula esset difficile, immo impossibile seriatim et distincte exprimere, idcirco poenam furibus et rerum raptoribus imponendam committimus arbitrio Domini Potestatis predictis attentis et consideratis arbitrio boni et gravis viri.«

[43]) Vgl. u. a. Gandinus, De furibus 7 (S. 309), De poenis 58 (S. 273); Hostiensis, S. A. V 18 De condict. furt. n. 58; Alb. de Rosc., D XLVIII 19 De poenis 28, 15 n. 5 und 7, C VI 1 De fugit. serv., Auth. Sed novo iure; Angelus, a. gl. O. n. 6; Salicetus, a. gl. O. n. 5; Angelus, D XXI 1 De aedil. ed. 31, 20 n. 2.

Mal aber gehängt wurde [44]). So berichtet Gandinus, De furibus 7 (S. 309), De poenis 58 (S. 273), während Jacobus de Belvisio I 10 n. 5 als Strafe der Praxis beim zweiten Diebstahl Verstümmelung einer Hand bezeichnet, sonst aber mit Gandinus übereinstimmt. Diese Angaben sind wohl zunächst auf den Fall zu beziehen, daß es an ausdrücklichen Bestimmungen im Ortsgesetz fehlte. Die Rückfallstrafe des Statutarrechts nämlich entspicht im 14. Jahrhundert nur zum Teil den Angaben des Gandinus. Zwar wird meistens der Diebstahl im zweiten Rückfall mit Erhängen gesühnt, aber weder der Verlust eines Auges beim ersten, noch das Abschneiden der Nase beim zweiten Mal ist die Regel.

Dem praktisch geltenden Recht sucht man endlich die Strafbestimmungen des gemeinen Rechts anzupassen. Dem römischen Recht entnahm man einmal die Strafe der Züchtigung für den ersten Diebstahl, lehnte also Todes- oder Verstümmelungsstrafe dafür ab [45]). Zugleich aber suchte man die vom latro famosus handelnde Quellenstelle D 48, 19, 28, 15 auf den Diebstahl im Rückfall anzuwenden. Man stellte nämlich dem latro famosus als fur famosus denjenigen an die Seite, der zwei oder drei Diebstähle begangen hatte, und forderte auch für diesen die Galgenstrafe [46]).

Aber die Kühnheit dieser Auslegung fand häufig Widerspruch. Schon Bartolus, Auth. Ut nulli iudicum § Quia vero n. 3 f. und C VI 2 De furtis etc., Auth. Sed novo iure n. 1, wies darauf hin, daß die Stelle D 48, 19, 28, 15 für den latro, also den öffentlich und mit Gewalt handelnden gelte, auf den heimlich handelnden Dieb also auch dann nicht anwendbar sei, wenn er gewohnheitsmäßig verfahre. Das gleiche hob Angelus, D XLVII 12 De sep. viol. 3, 7 n. 1, hervor: »non intelligitur famosus latro, qui non consuevit furari clam, sed ille, qui armatus rapit vel subtrahit; unde falsa est opinio dicentium eum, qui tria furta fecit, esse famosum latronem et ideo debere suspendi« [47]).

---

44) Gandinus, De furibus 2 (S. 307), 8 (S. 309 f.); Bonif. de Vitalinis, De furibus 11, Quibus de causis 2. Dazu kamen als Ehrenstrafen des langobardischen Rechts Abscheren der Haare, Decalvation und Brandmarkung. Vgl. Gandinus, De penis 56 (S. 273), 59 (S. 274); Durantis, Spec. III 1 De accusatione 1 § Qualiter n. 9 f. berichtet, daß der Dieb beim ersten Mal nicht immer ein Auge verlor, sondern je nach Art seines Diebstahls bestraft wurde.

45) Cinus, C VI 1 De fugit. serv., Auth. Sed novo iure n. 2: »Nota, quod omnes iudices videntur hodie homicidae, qui statim pro furto hominem tradunt furcis. Quod non est faciendum ..., nisi esset famosus fur;« Gandinus, De furibus 2 (S. 307); Bonif. de Vitalinis, De furibus 14; Hostiensis, S. A. V 18 De condict. furt. n. 5; Raym. de Pennaf. II 6 De furtis § 2 (S. 202); Ast. I 33 (S. 49).

46) Alb. de Rosc., D XLVIII 19 De poenis 28, 15 n. 7; Bonif. de Vitalinis, De furibus n. 1, 9; Angelus, Cons. 403 n. 1, 3.

Wo aber nach gemeinem Recht oder nach den Statuten die Zahl der begangenen Diebstähle zugrunde zu legen war, dort stellte man den Gesichtspunkt der Gewohnheitsmäßigkeit in den Vordergrund. Daher galt den Theoretikern nicht als fur famosus, wer in fortgesetzter Handlung oder mit einem Mal mehrere Sachen stahl. So bemerkt z. B. Bartolus, D XLVII 2 De furtis 14, 7 n. 1: »si plures res simul subtrahuntur, dicitur unum furtum ... Et hoc facit pro statuto, quo cavetur, ut pro primo furto fustigetur..., quod si plures furetur quis, totum hoc dicitur unum furtum« [48]).

War es schon schwierig, die Rückfallstrafen der Praxis aus dem gemeinen Recht zu begründen, so ließen die Quellen vollends im Stich, wenn man versuchte, großen und kleinen Diebstahl zu trennen. Das römische Recht unterschied nicht nach dem Wert der gestohlenen Sachen. Aber das war für Baldus, C VI 1 De fugit. serv., Auth. Sed novo iure n. 5, kein Hindernis, sich über die Quellen hinwegzusetzen und im Gegensatz zur herrschenden Meinung in der Wissenschaft und zur Praxis die Galgenstrafe schon für den ersten großen Diebstahl (»pro uno furto enormi«) zu fordern. Er verkennt nicht den Widerspruch zum Gesetz, überwindet aber die Bedenken daraus, »quia propter enormitatem delicti permissum est leges transgredi«, und weil ein großer Diebstahl drei kleinen gleich zu achten sei. Zu dieser Auffassung bekennt sich auch Angelus, D XXI 1 De aedil. ed. 31, 20 n. 2, und auch Iacobus de Belvisio I 10 n. 21 ff. unterscheidet zwischen großen und kleinen Diebstählen. Bei großem Diebstahl soll der Täter schon für das erste Mal gehängt werden, bei kleinem soll den nobilis Geldstrafe, den Täter aus niedrigem Stande beim ersten Mal Züchtigung, beim zweiten Verlust eines Auges und beim dritten Mal die Strafe des Erhängens treffen.

Aber die meisten konnten sich zu so freier Auslegung nicht entschließen, sondern hielten daran fest, daß es beim Diebstahl auf den Wert nicht ankomme und die Gegenansicht keine Stütze im Gesetze finde [49]).

47) Ebenso Angelus, C VI 1 De fugit. serv., Auth. Sed. novo iure n. 5, C VI 2 De furtis etc. 10 n. 1: »ex actu bino furandi non dicitur quis publicus nec famosus«; Salicetus, C VI 1 De fugit. serv., Auth. Sed novo iure n. 6.

48) Salicetus, C VI 1 De fugit. serv., Auth. Sed novo iure n. 10: »Quaero supposito, quod pro tertio vel secundo debet suspendi vel aliter puniri de iure communi vel municipali, an plura furta eodem loco vel tempore dinumerentur ut plura. Dic quod non, quia mens legis est ipsum sic graviter punire (statt »puniri«) propter consuetudinem delinquendi. Sed consuetudo requirit intervallum«. Ebenso Baldus, Cons. III 48 n. 1, V 247; Angelus, D XLVII 2 De furtis 14, 7 n. 2.

49) Bonif. de Vitalinis, De furibus n. 16: »generaliter, qui aliquam rem

Leichter fiel es der Beichttheorie, nach Art der Praxis den ganz kleinen Diebstahl von jeder Bestrafung auszunehmen. Man ging ohne weiteres davon aus, daß der Eigentümer gegen die Wegnahme nichts einzuwenden habe oder der Täter dies wenigstens annehmen dürfe. Damit entfiel aber zum mindesten der innere Tatbestand des furtum [50]).

III. Sonderfälle des Diebstahls.

1. Handhafter Diebstahl.

In den Statuten ist der deutschrechtliche Unterschied [51]) zwischen handhaftem und nicht handhaftem Diebstahl, der römische zwischen furtum manifestum und nec manifestum so gut wie verschwunden. Beim vollendeten Diebstahl findet er sich m. W. nirgends mehr. Dagegen wird gelegentlich bestraft, wer in einem fremden Hause ergriffen wird, aber dann meist ohne Rücksicht auf die vom Täter verfolgten Zwecke. Man kann also nicht einmal vom Versuch des handhaften Diebstahls sprechen. Eine Ausnahme macht nur der Liber prom. von Venedig von 1232 c. 7: Wenn dort jemand nachts in einem Hause betroffen wurde, und der Richter zur Überzeugung kam, daß er stehlen wollte, so wurde er ausgepeitscht und gebrandmarkt. Wer aber nach dem Vollzuge der Strafe nochmals ergriffen wurde, verlor ein Auge.

Während also das Statutarrecht die Überlieferung preisgibt und das Recht der Entwendung vereinfacht, läßt sich die gemeinrechtliche Theorie von deutschrechtlichen Gedanken beeinflussen. Sie hält an der Unterscheidung der Quellen zwischen furtum manifestum und nec manifestum fest, verlangt aber nicht mehr für das furtum manifestum wie das römische Recht die Festnahme des Diebes, sondern läßt das Gerüfte genügen [52]). Dagegen hielt Bonifacius de Vitalinis, De furtis n. 1, an der römischen Auffassung fest. Furtum mani-

mobilem contractat fraudulose invito domino, furtum committit, etiam si sit modica, quia non inspicitur quantitas rei nec qualitas, sed voluntas furantis«; Salicetus, C VI 1 De fugit. serv., Auth. Sed novo iure n. 7, unter ausdrücklicher Ablehnung des Baldus und mit dem Hinweis auf die andersartige Praxis des Statutarrechts. Vgl. auch c. 4 C. XIV q. 6 und Gratian zu c. 3 a. gl. O: »Furtum ... non tam in quantitate rei quam in affectu furantis consideratur«. So auch Barth. Pis. s. v. »Furtum« n. 4 (S. 67).

[50]) Joh. v. Fr. II 6 q. 13 f.; Ast. I 33 (S. 48 f.); Barth. Pis. s. v. »Furtum« n. 4 (S. 67). So schon Thomas v. A., S. th. 2, 2 q. 66 a. 6.

[51]) His, G. D. StrR. 155, Osenbrüggen, Lgb. 118 ff.

[52]) Bartolus, D XLVII 2 De furtis 81 (80), 4 n. 1: »ad hoc, ut quis sit fur manifestus, requiritur quod deprehendatur vel post eum clametur nec sufficit sola visio«; Bartolus, a. gl. O. 3 n. 1 f.; Baldus, D XIII 1 De condict. furt. 10 n. 1; Salicetus, a. gl. O. und C VI 2 De furtis etc. 11 n. 1. Vgl. namentlich die Kommentare zu C 6, 2, 19.

festum soll dann vorliegen, »quando cum re furtiva deprehenditur fur, antequam veniat ad locum destinatum«. Umgekehrt ließ es die ältere Ansicht (die der Glosse) genügen, wenn der Täter nur gesehen wurde [53]), eine Ansicht, die in der Beichtliteratur wiederkehrt [54]).

Es zeigt sich hier also die gleiche Erscheinung wie beim Raube. Deutschrechtliche Vorstellungen setzen sich in der Theorie fest, während die Gesetzgebung sich davon freigemacht hat.

2. Diebstahl bei Bränden und Schiffbruch.

Die gemeinrechtlichen, von den Theoretikern wiederholten [55]) Regeln über den Diebstahl bei Bränden, beim Schiffbruch und Hauseinsturz finden hier und dort in der Gesetzgebung ein Echo. Den Diebstahl während eines Brandes bestraft z. B. das Statut des Podestà von Florenz von 1325 I 28 r. De modo trahendi ad extinguendum ignem in civitate Florentie (S. 72 ff.). Der Diebstahl an Schiffbrüchigen aber wird in Venedig und Pisa bestraft. So bestimmt der Liber prom. in Venedig von 1232 c. 1 folgendes: Wenn ein Schiff an der venezianischen Küste Schiffbruch leidet, so muß jeder, der Gegenstände, auch bei der Hilfeleistung, vom Schiff weggenommen hat, diese dem Eigentümer innerhalb von drei Tagen erstatten. Wer das nicht tut, hat doppelten Ersatz zu leisten und wird mit dem Bann belegt. Ist er zahlungsunfähig, so wird sein Haus gewüstet, und der Täter wird bis zur Ersatzleistung und Zahlung der Bannsumme im Kerker gehalten. Die gleiche Strafe soll auch den treffen, der bei Gelegenheit eines Brandes etwas wegnimmt. Das Statut von Pisa von 1286 I 119 (S. 227) bedroht den Diebstahl an Schiffbrüchigen mit einer Strafe, die vom Gericht nach Ermessen zu bestimmen ist.

3. Haus- und Familiendiebstahl.

Die Theoretiker verneinen nach dem Vorbild des römischen Rechts die Möglichkeit eines Diebstahls unter Ehegatten. In solchen Fällen sollte die actio rerum amotarum helfen [56]).

Diese Regelung und die römischrechtlichen Bestimmungen über Haus- und Familiendiebstahl werden hier und dort in den Statuten wiederholt. So tritt z. B. in Biella (Stat. malef. r. 29) keine Bestrafung

[53]) Bartolus, C VI 2 De furtis etc. 19 n. 1; Alb. de Rosc., D XIII 1 De condict. furt. 10 n. 2; Durantis, Spec. IV 4 De furtis n. 1.

[54]) Raym. de Pennaf. II 6 De furtis § 1 (S. 201); Joh. v. Fr. II 6 q. 2; Ast. I 33 (S. 48); Barth. Pis. s. v. »Furtum« n. 2 (S. 67); Hostiensis, S. A. V 18 De furtis n. 6.

[55]) Jac. de Belvisio I 10 n. 41; Bonif. de Vitalinis, Si quid raptum est occasione incendii, ruina vel naufragii.

[56]) Vgl. u. a. Bonif. de Vitalinis, De furibus n. 24; Hostiensis, S A. IV 1. Rerum amotarum Sp. 1275 ff. und vielfach in den Kommentaren.

wegen Diebstahls ein, wenn Vater und Sohn, Mann und Frau, Brüder oder andere Verwandte einer Hausgemeinschaft sich gegenseitig bestehlen. In Siena (1309/10 V 364 S. 387) bleibt der Diebstahl des Sohnes gegenüber dem Vater, des Mündels gegenüber dem Vormund straflos. Man wollte wohl diese Fälle der Hausdisziplin überlassen.

4. Plünderung der Erbschaft.

Gelegentlich wird nach dem Vorbilde des römischen Rechts und der Theorie die Plünderung der Erbschaft aus dem Tatbestand des furtum herausgenommen. So schützt das Statut von Frignano von 1337/38 IV 20 (S. 178), scheinbar ein Gelegenheitsgesetz, die Töchter des Erblassers als alleinige Erbinnen gegen die gewaltsame Ausplünderung der Erbschaft und Belästigung. In Perugia (1342 III 114 S. 131) stehen Vermächtnisnehmer unter Strafe, die eigenmächtig ihnen vermachte Sachen aus der Erbschaft wegnehmen. In Bologna (1454 S. 30) hatte die Frau doppelten Ersatz zu leisten, die »expillasse aliqua bona de hereditate«.

5. Sakrileg.

Anders als die Kanonisten [57]) nahmen die Legisten ein Sakrileg nur dann an, wenn ein geweihter Gegenstand einem geweihten Orte (»sacrum de sacro«) entnommen wurde und wollten vom Diebstahl sprechende Statuten auch auf das Sakrileg anwenden [58]).

In den Statuten wirkt gelegentlich die Wegnahme aus einer Kirche strafschärfend [59]).

6. Viehdiebstahl.

Die Rechtslehrer geben die römischrechtlichen Regeln über den Viehabtreiber (abigeatus) wieder [60]), während die Statuten [61]) hier und dort nach deutschrechtlichem Vorbild [62]) den Diebstahl einzelner Tiere bestrafen [63]).

7. Beutelschneiderei.

Manchmal wird die Beutelschneiderei besonders bestraft. In Perugia (1342 III 108 S. 124) hatte Geldstrafe von 50 l zu zahlen,

---

57) Gratian zu c. 20 C. XVII q. 4. — Vgl. Hinschius, KR. V 226 ff., Katz 71 ff., 128 f.

58) Baldus, C VI 2 De furtis etc. 3 n. 5.

59) S. Benigno 1318 r. 27, Castelletto 1340 r. 1 (S. 5 f.), Biandrate 1395 r. 151 (Strafe nach den leges).

60) Vgl. z. B. Bonif. de Vitalinis, De abigeis.

61) Kohler 439 ff.

62) His, G. D. StrR. 156.

63) Tivoli 1305 IV 300, 301 (S. 242), Biella r. 139, Castel Fiorentino 1305 r. 10 (S. 337).

wer »furtivamente mozzerà (aufschneidet) overo voiterà (leert) ad alcuno borscia overo ghirone (Saum)«. Wenn der Täter nicht zahlte, so verlor er die rechte Hand. Das Gesetz von Parma von 1347 S. 224 f. stellt den Beutelschneider dem Räuber gleich: r. De poena furtum facientis vel bursas incidentis vel latrocinantis vel stractas (Straßen) insidiantis. In Piacenza (1391 V 46) wurde sogar gehängt, wer einen Beutel aufschnitt, in dem sich mindestens 20 s befanden. War weniger darin, so verlor der Täter eine Hand.

Es handelt sich also nicht um den kleinen Taschendiebstahl, sondern um schwere Verbrechen, Taten, die ein besonderes Raffinement der Ausführung voraussetzen. Darin berührt sich schon dieser Tatbestand mit der modernen Auffassung, nach der die Überwindung von Hindernissen bei der Ausführung als Anzeichen verbrecherischer Energie gewertet wird.

8. Einbruch.

Diese Gesichtspunkte treten sonst im Statutarrecht zurück. Nur der Einbruch ins Haus wird häufiger hervorgehoben. Dabei war das entscheidende aber wohl nicht die Betätigung der verbrecherischen Energie, sondern die Verletzung eines andern in seinem häuslichen Frieden. So hatte z. B. in Castel Fiorentino (1305 r. 9 S. 337) den Wert der Sache als Strafe zu zahlen, wer in ein Haus einbrach (»fregerit aliquam domum«) und etwas daraus wegnahm. In Moncalieri (1378 Sp. 1399) hatte Geldstrafe von 50 l zu zahlen und doppelten Ersatz zu leisten, wer nachts in ein Haus eindrang (»intraverit furtive vel fregerit domum alienam«). Die Strafe verminderte sich auf die Hälfte, wenn die Tat bei Tage geschah. Konnte der Täter nicht zahlen, so trat Verstümmelungsstrafe ein. In Vergante (1389 r. 60 S. 221) endlich hatte eine Geldstrafe verwirkt, wer nachts einbrach und etwas stahl. Wenn der Täter nicht zahlte, so verlor er einen Fuß.

In einigen Statuten wird der Einbruch dem Straßenraub gleichgestellt. Auch wird häufiger der Einbruch im Rahmen des Feld-, Forst- und Gartenfrevels genannt. Über diese Erscheinungen soll in anderem Zusammenhang gesprochen werden.

Mehr als in den Gesetzen treten diese modernen Gesichtspunkte — Einbruch, Einsteigen, Gebrauch falscher Schlüssel und dergleichen — in den Urteilen hervor [64]).

---

64) Über die florentiner Rechtsprechung vgl. Dorini 63 f. Einige Beispiele oben S. 467. — Vgl. auch die bei Kantorowicz I 284 Urk. 56 veröffentlichte Anzeige. — Die gleichen Gesichtspunkte spielen im Kanonischen Recht eine gewisse Rolle, das in diesen Fällen ein furtum capitale annimmt. Vgl. Katz 129.

IV. Unterschlagung.

1. Fundunterschlagung.

Römisches und deutsches Recht unterschieden sich in der Behandlung der Unterschlagung. Das römische Recht sah die Unterschlagung als furtum an, während das deutsche Recht für den Diebstahl den Bruch der Gewere verlangte, die Unterschlagung also nicht darunter zog. Die deutschrechtliche Auffassung hat auf das Statutarrecht eingewirkt, das neben den Regeln über das furtum eine Reihe von Sondervorschriften über die Unterschlagung bringt.

Romanistische Einflüsse überwiegen freilich in der Behandlung der Fundunterschlagung. In der Rechtslehre galt sie als furtum. Wer eine verlorene Sache an sich nahm, galt als fur, wenn er nicht durch ausdrückliche Protestation die Vermutung der Diebstahlsabsicht aus der Welt schaffte [65]. Auch Rothar bedrohte die Fundunterschlagung mit Diebstahlsstrafe [66]. Alle diese Anregungen drängten das Statutarrecht in die gleiche Richtung. Es wird also die Strafe des furtum angedroht, dabei aber meistens eine mit dem öffentlichen Aufgebot der Fundsache beginnende Frist gesetzt, innerhalb deren der Finder die Sache abliefern muß.

So heißt es im Statut von Pistoia von 1296 III 145 (S. 144): »si persona inveniens rem ismarritam (die verlorene Sache) non representaverit ea die vel sequenti, ab inde in antea debeat puniri pro furto.« In Arona (1319 r. 19 S. 74) wird als Dieb bestraft, wer gefundene Tiere nicht innerhalb bestimmter Frist anzeigt. In Valsassina (1388 r. 34 S. 277) hatte den Wert der Fundsache zu entrichten, wer sie verbarg. Wenn aber ein öffentliches Aufgebot veranstaltet wurde und der Finder sich acht Tage lang nicht rührte, so wurde er als Dieb bestraft und hatte doppelten Ersatz zu leisten. Diebstahlsstrafe für das Behalten gefundener Sachen drohten auch die Statuten von Roccantica von 1326 r. 90 (S. 87) und Bassano von 1392 r. 150 an. Dagegen setzte das Gesetz von Dervio von 1389 r. 42 (S. 112) eine Sonderstrafe fest. Dort hatte den Wert der gefundenen Sache als Strafe zu zahlen, wer sie fünf Tage lang bei sich behielt, ohne Anzeige zu erstatten.

2. Unterschlagung anvertrauter Sachen.

Vielfach wird die Unterschlagung anvertrauter Sachen bestraft, z. B. häufiger die Aneignung fremder Tiere. So in Bassano nach dem Statut von 1392 III 79 r. De ovibus vel bestiis alienis non vendendis. Käufer und Verkäufer hatten eine Geldstrafe zu zahlen und mußten doppelten Ersatz leisten.

---

[65]) Jac. de Belvisio I 10 n. 54; Bonif. de Vitalinis, De furibus n. 28; Angelus, D XLVII 2 De furtis 43, 4 n. 2 (vgl. auch den Text). Vgl. auch c. 6, 8 C. XIV q. 5.

[66]) His, G. D. StrR. 160, Wilda, StrR. d. Germ. 919 f., Osenbrüggen, Lgb. 126.

Auch wird die Kundschaft dagegen geschützt, daß der Handwerker die zum Verarbeiten gegebenen Sachen veruntreut.

So hatte z. B. in Lucca (1308 III. 109 S. 208) der Handwerker 100 s zu zahlen, der Seide, Wolle und dergleichen, die er zum Verarbeiten bekam, verpfändete oder veräußerte. Den Schneider, der sich in dieser Weise schuldig machte, bedrohten auch die Statuten von Padua von 1346 S. 263 f. mit Strafe. Ähnliches bestimmte das Statut von Perugia von 1342 III 223 (S. 239 f.) r. »Del lavoratore vendente la cosa la quale à a lavoreccio (die er in Arbeit hat), ... per sua auctorità« (eigenmächtig). Namentlich Bäcker und Müller, die Mehl oder Korn unterschlagen, werden unter Strafe gestellt, so z. B. in Ravenna 1306 S. 19, Turin 1360 r. De poena illius molendinarii vel alterius personae, quae vel qui furtum fecerit de grano, vel farina (Sp. 674 f.), Olevano 1364 r. 110 und Bassano 1392 S. 22.

Die Unterschlagung im Rahmen des kaufmännischen Geschäftsverkehrs behandelt das Statut von Argenta von 1342 r. De procuratoribus retinentibus sibi peccuniam vel rem exactam (S. 153). Wenn der procurator seinem Geschäftsherrn den eingezogenen Betrag nicht binnen drei Tagen nach Verlangen abliefert, so hat er eine Geldstrafe von 20 s zu zahlen und wird bis zur Zahlung festgehalten. Über die Unterschlagung fremder Gelder unter Ausnutzung des kaufmännischen Kredits oder durch Gesellschafter wird später gesprochen werden.

3. Amtsunterschlagung.

Bestimmungen über die Amtsunterschlagung [67]) sind in den Statuten zahlreich. Die Tatbestandshandlung wird in der Regel mit den Ausdrücken »fraudem committere«, »defraudare« oder ähnlich bezeichnet. Die Strafe entspricht in der Regel dem Wert oder noch häufiger einem vielfachen Betrage des Unterschlagenen.

Den doppelten Betrag des Hinterzogenen hatten in Pisa (1286 III 69 S. 458) Beamte zu zahlen, die bei gewissen Einnahmen »fraudem aut malitiam commiserint«. Vgl. auch I 60 (S. 151). Die gleiche Rechtsfolge legt das Statut von Frignano von 1337/38 VI 34 (S. 227 f.) dem Beamten auf, der »dolum vel fraudem commiserit in peccunia vel re, quam [in] se vel in suos usus retinuerit«. Das Statut des Podestà von Florenz von 1325 III 10 (S. 186) droht Ermessensstrafe dem Beamten an, der betroffen wird »in aliquo furto (!) de avere Communis vel quod abstulisset aliter vel ultra quam deberet recipere per constitutum«. Zugleich wird der Täter als meineidig öffentlich bekannt gemacht und auf zehn Jahre amtsunfähig. In Perugia (1342 I 15 S. 54) wird die Tätigkeit des Podestà, des Volkshauptmanns und ihrer Beamten im Syndikatsverfahren daraufhin überprüft »sopre ciò ch'el dicto podestade overo capetanio .... se retrovassero avere defraudato de l'avere del comuno de Peroscia overo d'alcuna spetiale persona«. Der ungetreue Beamte hatte den vierfachen Betrag als Strafe zu zahlen. In Ascoli (1377 III 103 S. 150) hatte Strafe in Höhe der veruntreuten Summe zu zahlen der Beamte, der »fraudarà overo ha fraudato alicuna cosa ad castello, villa overo ad spetiale persona«.

---

[67]) Kohler 668 ff.

Die Rechtslehre behandelte diesen Tatbestand beiläufig nach den gemeinrechtlichen Regeln über den peculatus [68]).

4. Unterschlagung von Mündelgeld.

Dieses Vergehen wird von den Theoretikern als Unterfall des furtum behandelt [69]). Die Statuten geben gelegentlich Sondervorschriften gegen Vormünder, die Mündelgut veruntreuen, keine Rechenschaft ablegen oder kein Inventar errichten [70]).

5. Veruntreuung von Gläubigergeldern und Konkursvergehen.

Das italienische Strafrecht kennt weder Begriff noch Wort der Untreue. Doch finden sich Tatbestände, in denen der Mißbrauch von Treuverhältnissen und Vertrauensstellungen, namentlich die Unterschlagung anvertrauter Gelder mit Strafe belegt ist, Tatbestände, die sich aus den wirtschaftlichen Zeitverhältnissen, aus der Wirtschaftskrise erklären. Es wurde nötig, Publikum und Gläubiger gegen Machenschaften zahlungsunfähiger Kaufleute zu schützen, die Sicherheit von Spar- und Gesellschaftseinlagen zu garantieren und die Zwangsvollstreckung strafrechtlich zu sichern. So finden sich gerade in den Handelsstädten mehrfach Strafbestimmungen gegen Kaufleute, die (rechtlich oder wirtschaftlich) fremde Gelder veruntreuen und im engsten Zusammenhang damit gegen Schuldner, die ihr eigenes Vermögen der Zwangsvollstreckung, namentlich der Vollstreckung im Konkurse entziehen. Diese Gesetzgebung ist energisch und strenge. Sie läßt deutlich erkennen, daß man die Gefahr der neuen Kriminalität für den kaufmännischen Kredit und das Depositenwesen als Grundlage des damaligen Geschäftsverkehrs deutlich empfand.

Ausführliches darüber enthalten namentlich die Statuten des Volkshauptmanns in Florenz von 1322. Strafen sind vor allem gegen Kaufleute angedroht, die mit fremden Geldern flüchten. Offenbar waren diese Vorschriften durch bestimmte Vorfälle angeregt. So beginnt das Gesetz (II 48 S. 122) mit den Worten: »Quia malitia illorum, qui cum aliena pecunia et rebus fugere non formidant cotidie crescit, propter quod crescere debet et pena.« Ihrer Art nach erinnert diese Gesetzgebung an die Vorschriften gegen die Magnaten, vor allem in der Ausweitung des richterlichen Ermessens, in der Preisgabe des Rechtsschutzes und dem Übergreifen der Rechtsfolgen auf unbeteiligte Personen. Im einzelnen sieht das Statut (namentlich II 25 S. 108 ff.) Maßnahmen vor gegen Teilhaber und Angestellte von Gesellschaften, die sich Veruntreuungen zu schulden kommen lassen, »qui negotia sotietatis et sotiorum seu magistrorum gesse-

---

[68]) Vgl. z. B. Bonif. de Vitalinis, Ad l. Iul. peculatus und die Kommentare zu D 48, 13.

[69]) Vgl. S. 460.

[70]) Siena 1309/10 II 183 (S. 470), Perugia 1342 III 97 (S. 118 f.), Ceneda r. 54.

rint ... et in ipsis negotiis fraudem et dolum comiserunt«, oder Florenz verlassen, ohne über ihre Geschäftsführung Rechnung zu legen. Den geschädigten Gläubigern wird eine energische Zwangsvollstreckung in das Vermögen des flüchtenden Schuldners in Aussicht gestellt und hohe Geldstrafe angedroht. Dazu treten sehr einschneidende Maßnahmen, die bestimmt sind, auf den Schuldner einen Druck auszuüben. Der Flüchtling wird mit Frau, Kindern und Brüdern, soweit sie zur Hausgemeinschaft gehören, geächtet (II 32 S. 115, 52 S. 125 ff.). Er selbst und seine Abkömmlinge werden für die Zukunft solange amtsunfähig, bis sie wirklichen und vollen Ersatz für die veruntreuten Kapitalien geleistet haben (II 48 S. 122 f., 52 S. 125 ff.). Auch verfallen sie der Infamie und werden durch Schandbild und Namensaufzeichnung bekannt gemacht (II 52 S. 125 ff., 54 S. 128 f.). Die Gebannten darf jeder nach Belieben am Körper oder Vermögen verletzen, und daran ändert auch der Vergleich mit den Gläubigern nichts. Wird der Täter aber gefaßt, so wird er bis zur Befriedigung der Gläubiger eingekerkert. Zugleich stehen Hehlerei und Begünstigung unter Strafe, namentlich auch das Beiseitebringen von Vermögensstücken des Schuldners in dessen Interesse (II 26 S. 111 f., 29 S. 114, 42 S. 119, 51 S. 124 f., 53 S. 128, 58 S. 131 f.). So wird bestraft, wer im Interesse des Schuldners vorgibt, Ansprüche gegen diesen zu haben und so Vermögensstücke für den Schuldner beiseite bringt. An diesen Fall ist anscheinend gedacht, wenn (II 30 S. 114) eine Geldstrafe von 100 l demjenigen angedroht wird, der fordert oder annimmt, was er nicht zu verlangen hat. Das Statut bemerkt nämlich dazu: »hec intelligantur, quando plures essent creditores alicuius cessantis et alter veniat qui non sit sotius ipsius cessantis et petit id, quod recipere non debet; et credatur fieri ad defensionem cessantis.« Man denkt also an den Strohmann des Schuldners, der sich als dessen Gläubiger ausgibt, nicht etwa an eine Analogie zum »Versicherungsbetruge« (unten S. 543).

Auch im Statut des florentiner Podestà von 1325 III 75 (S. 232) ist dem Beamten freies Ermessen in der Bestrafung von Kaufleuten eingeräumt, die mit fremden Geldern flüchten (»in mercatoribus, quibus pecunia credebatur ad scriptam libri qui recederent et se absentarent cum pecunia aliena«).

Sehr eingehend ist in dieser Hinsicht das Statut der Corte dei mercanti von 1376 in Lucca, das ebenfalls die Flucht der Gesellschafter und Angestellten vorsieht [71]) (II 11 S. 97). Für den Fall des Konkurses wird mit Strafe bedroht (III S. 118 ff.), wer es unterläßt, Vermögensstücke des Gemeinschuldners anzumelden, der Gläubiger, der sich vorzugsweise befriedigen läßt und auch hier derjenige, der nicht bestehende Ansprüche geltend macht und Schuldnervermögen beiseite bringt. Strafen treffen auch den Gemeinschuldner selbst: Auch wenn die Gläubiger aus der Konkursmasse befriedigt werden, darf der flüchtende Gemeinschuldner doch erst dann nach Lucca zurückkehren, wenn er zuvor einen Betrag von 100—200 l als Strafe gezahlt hat. Wurden die Gläubiger aber nicht befriedigt und stellt sich der Schuldner nicht innerhalb von 2 Jahren

[71]) Vgl. die Praeambel: »Ad reprimere li difecti et fraude di ciascuno di quelli lo quale fusse stato o fusse compagno (Gesellschafter), factore (Vertreter), fante (Bedienter, Angestellter) o fancello (»junger Mann«, Lehrling) in alcuna bottega (Geschäft, Laden) o compagnia di mercadantia o d'arti delli tenuti della corte, et da quella bottega o compagnia si partisse furtivamente o a mal modo, o non compiesse lo tempro promesso et per quello che tollesse dell'avere della compagnia o bottega, statuimo ....« — Vgl. auch Neumeyer, Bankerott 31 ff., Binding, Lehrbuch I 422 f.

nach dem Bankerott dem Kaufmannsgericht, um sich mit seinen Gläubigern über den Rest zu vergleichen, so wird er gebannt mit allen Folgen. Doch ist hierbei immer ein Mindestbetrag der ungedeckten Verbindlichkeiten vorausgesetzt. Die Behörde darf außer dem Gemeinschuldner selbst auch dessen Mitgesellschafter, Angestellte, Brüder und Söhne im Alter von mindestens 14 Jahren, die mit ihm in Hausgemeinschaft stehen, festnehmen und auf Verlangen der Gläubiger solange einkerkern lassen, bis es zum Vergleich kommt (S. 117).

Diese letztere Bestimmung findet sich auch im Statut von Rom von 1363 I 108 (S. 70 f.). Dort ist ferner der Schuldner bis zur Befriedigung der Gläubiger aus der Kaufmannschaft ausgeschlossen.

Das venezianische Statut von 1346 VI 62 überträgt die Behandlung des fliehenden Schuldners besonderen Beamten und gebietet bei Strafe, Vermögensstücke des flüchtigen Schuldners bekanntzugeben.

Alle diese Regeln sind selbständige Schöpfungen der Praxis. Eine Mitwirkung der Strafrechtswissenschaft ist nicht erkennbar.

V. Raub.

1. Theorie.

Über die Abgrenzung des Raubes vom Diebstahl wurde schon gesprochen. Es ergab sich, daß der Raub in Theorie und Praxis die offene gewalttätige Wegnahme fremder Sachen bedeutet. Er gilt den Rechtslehrern [72]) für strafwürdiger als der Diebstahl, weil er sich nicht nur gegen das Vermögen richtet, sondern den Verletzten auch an der Person trifft, also gleichsam eine Art der iniuria darstellt. In dieser Weise begründete Thomas von Aquino, S. th. 2, 2 q. 66 a. 9, die strengere Bewertung des Raubes: »quia per rapinam non solum infertur alicui damnum in rebus, sed etiam vergit in quandam personae ignominiam sive iniuriam, et hoc praeponderat fraudi vel dolo, quae pertinent ad furtum« [73]).

Es bedeutet also mehr als terminologische Spielerei, wenn Beichtliteratur und Kanonisten den Sachraub (rapina) und Frauenraub (raptus i. e. S.) unter den gemeinsamen Oberbegriff raptus zusammenfassen. So äußert sich z. B. Raymundus de Pennaforte II 5 De raptoribus etc. (S. 157): »Raptor dicitur duobus modis: est enim raptor rerum et est raptor hominum et praecipue feminarum, et dicitur proprie rapina rerum et raptus mulierum. Committitur autem crimen rapinae proprie, quum scilicet per violentiam vi et aperte res alienas quis rapit undecumque.....«. [74])

Begrifflich ist der Raub ein durch Gewaltanwendung und Offenheit

---

[72]) Über das kirchliche Strafrecht vgl. Hinschius, KR. V 186 f., Katz 131 ff.

[73]) Wörtlich ebenso Ast. I 32 (S. 43).

[74]) So auch Joh. v. Fr. II 5 q. 1; Hostiensis, S. A. V 17 n. 1; Ast. I 32 (S. 43); Archid., c. 1 C. XXXVI q. 1; Joh. Calderinus, c. 1 X De raptoribus etc. V 17 (S. 37 R.); Bonif. de Vitalinis, De raptoribus n. 1. — Das Fortleben dieser Vorstellung — Raub als Sach- und Menschenraub —

der Ausführung ausgezeichnetes, besonders schlimmes furtum, kein Vergehen eigener Art. 75). Zum gleichen Ergebnis wie die Legisten kam hier das kanonische Recht und die Theorie des forum internum, sich stützend auf die Begriffsbestimmung Augustins in c. 13 C. XIV q. 5: »Furti .. nomine .... intelligitur omnis illicita usurpatio rei alienae.« 76)

Von der Gewaltanwendung abgesehen also sind die Merkmale des Raubes die gleichen wie die des Diebstahls. Raub ist die gewaltsame Wegnahme fremder 77), beweglicher 78) Sachen zum Zwecke der Aneignung oder Nutzung. 79)

Die Strafe des Raubes entnehmen die Lehrer den Quellen. Der einfache Raub also wird als crimen vis behandelt, für den latro famosus aber die Galgenstrafe der Quellenstelle D 48, 19, 28, 15 verlangt 80). Als latro famosus wird bald derjenige gekennzeichnet, der im Rufe steht, gewohnheitsmäßig zu rauben oder zu stehlen 81), bald der Straßenräuber in der Art des grassator. 82) Im letzteren Sinne entsprach er dem praedo der Moraljurisprudenz 83).

---

in der deutschen Rechtsentwicklung zeigt neuerdings Radbruch in seinem Aufsatz »Der Raub in der Carolina« in der Festschrift für Max Pappenheim (Breslau 1931) S. 37 ff.

75) Baldus, C II 11 (12) De causis ex quibus infam. 12 n. 2: »improbum est simplex furtum, improbius est expilatae hereditatis, improbissiumum est rapina«; Bartolus, D XLVII 18 De effract. et expilat. 1, 1 n. 1; Salicetus, C VI 2 De furtis etc. 11 n. 6; Jac. de Belvisio I 10 n. 39; Bonif. de Vitalinis, Vi bon. rapt. n. 1, De raptoribus n. 1; Hostiensis, S. A. V 18 pr.; Archid., c. 13 C. XIV q. 5; Joh. Andreae, X De furtis V 18, Prooem. In c. 13 C. XIV q. 5 sind violenter eripere und visibiliter eripere einander gleichgestellt.

76) Ebenso Ast. I 32 (S. 43); Archid. zu Gratian in C XXXIII q. 3 u. zu c. 19 D. I De poenit.; Lucas de Penna, C XII 1 De dignit. 12 (S. 215 R.).

77) Also kein Raub an der liegenden Erbschaft. Vgl. Alb. de Rosc., St. IV 93 n. 4.

78) Bonif. de Vitalinis, De vi bon. rapt. n. 6: »nota, quod dicuntur proprie mobilia sive res mobiles rapi, immobilia invadi.«

79) Lucas de Penna, C XI 2 (1) De naviculariis 3 (S. 117 R.): »Sciendum est etiam, rapina fit dupliciter, vel quando res, vel quod quando usus rei violenter rapitur«. So auch Raym. de Pennaf. II 5 De raptoribus etc. (S. 157); Joh. Calderinus, a. a. O. (S. 37 R.).

80) Gandinus, De furibus 2 (S. 307); Jac. de Belvisio I 10 n. 15; Bonif. de Vitalinis, Quibus de causis etc. n. 1, De furibus n. 1, De raptoribus n. 1; Alb. de Rosc., D XLVIII 19 De poenis 28, 15 n. 4, 7; Baldus, Cons. III 255 n. 5; Angelus, D IV 3 De dolo malo 1, 3 n. 2, D XXI 1 De aedil. edict. 31, 20 n. 2; Lucas de Penna, C XII 45 (46) De desertoribus 3 (S. 304 R.); Raym. de Pennaf. II 5 De raptoribus etc. § 2 (S. 158).

81) Bartolus, D XLVIII 19 De poenis 28, 15 n. 1.

82) Bonif. de Vitalinis, De furibus n. 10: »Latrones aut qui in itineribus aut domibus vel in mari ... homines per vim spoliant et derobant et sunt famosi

2. Gesetzgebung.

Soweit die Statuten den Raub als Vergehen eigener Art behandeln [84]), kennzeichnen sie ihn als Wegnahme beweglicher Sachen unter Gewaltanwendung. Anklänge an die Theorie treten auch sonst hervor. Das Statut von Modena von 1327 IV 22 (S. 392) z. B. faßt in der Art der geistlichen Jurisprudenz Sach- und Menschenraub unter dem Oberbegriff der rapina zusammen: »Quicunque aliquem derobaverit vel depredationem fecerit, rapinam averis vel personarum, puniatur et condempnetur..., ac si homicidium perpetrasset...«.

In der Regel werden die Strafen des Raubes wie beim Diebstahl nach dem Wert der entwendeten Sachen gestaffelt. Dabei werden für den kleineren Raub Geldstrafen, für den größeren Körperstrafen verhängt. Meist beginnt schon die Galgenstrafe auf niedrigen Wertstufen. Neben dem Wert der geraubten Sachen fällt sodann auch beim Raube der Rückfall ins Gewicht. Doch ist die Kasuistik im ganzen weniger verschachtelt als beim Diebstahl.

Immerhin kennt das Statut von Arona von 1319 r. 23 (S. 76 f.) fünf Wertstufen, auf denen die Strafe sich von Vermögensfolgen über Verstümmelung bis zur Galgenstrafe steigert. Einfach ist die Regelung in den Ägidianischen Konstitutionen von 1357 IV 38 (S. 183 f.). Wenn der Wert des Raubes den Betrag von 25 fl nicht übersteigt und der Täter nicht in schlechtem Ruf steht, so zahlt er den vierfachen Wert. Übersteigt er aber den Wert, so ist die gesetzliche Strafe verwirkt. Kasuistischer ist die Behandlung in Rom (1363 II 19 S. 95 ff.): Wenn der Wert 10 l nicht übersteigt, so ist dem Verletzten einfacher Ersatz zu leisten und der doppelte Wert als Strafe zu zahlen. Liegt der Wert zwischen 10 und 50 l, so wird dem Räuber das Ohrläppchen verstümmelt, eine Strafe, von der er sich aber durch Zahlung des doppelten Werts als Strafe und des einfachen Ersatzes loskaufen kann. Der rückfällige Räuber wird gehängt. Auch in Narni (1371 III 43), dessen Statut im übrigen vier Stufen vorsieht, tritt Galgenstrafe erst beim Rückfall ein. In Mailand (r. 60) dagegen wurde der Räuber schon beim ersten Mal gehängt, wenn der Wert des Geraubten den Betrag von 50 l überstieg. War das nicht der Fall, so wurde der Täter beim ersten Mal nach richterlichem Ermessen am Vermögen, beim zweiten Mal am Vermögen oder Körper bestraft.

---

infamati consueti pluries derobare«; Bartolus, D XLVIII 19 De poenis pr.: »Uno modo intelligitur, ut latro dicatur fur, qui clam furatur. Alio modo intelligitur de latronibus, hoc est de robatoribus stratarum, qui hoc faciunt publice«; Alb. de Rosc., D XLVIII 19 De poenis 28, 10; Angelus, C VI 1 De fugit. serv., Auth. Sed novo iure n. 7; Jac. de Belvisio I 10 n. 5; Barth. Pis s. v. »Latro«: »Latro publicus dicitur, qui insidiatur et aggreditur in publicis stratis«. — Über den grassator vgl. D 48, 19, 28, 15. Damit war der Straßenräuber gemeint, der Waffen bei sich führt.

[83]) Raym. de Pennaf., a. a. O. § 4 (S. 159): »Praedo est, qui alios injuste praedatur, ut sunt qui viatoribus auferunt sua.« So auch Joh. v. Fr. II 5 q. 7 f.; Ast. I 32 (S. 43 R.); Barth. Pis. s. v. »Predo« n. 1 f.

[84]) Kohler 455 ff.

Publicus et famosus latro oder fur ist meistens der rückfällige Dieb oder Räuber, so wie ja auch der einfache Diebstahl mit dem einfachen Raub zusammenfällt. Nur dort, wo man beide Begriffe noch auseinanderhielt, hat manchmal auch der publicus latro seine Selbständigkeit gegenüber dem publicus fur behalten. Beides wird ausdrücklich im Statut von Narni von 1371 III 28 und 43 auseinandergehalten. Publicus fur ist derjenige, der dreimal stiehlt, pulicus latro, wer zweimal raubt. Auch das Gesetz von Ponti von 1344 r. 2 kennzeichnet als publicus et famosus latro denjenigen, der zweimal öffentlich einen Raub begangen hat und droht die Strafe des Erhängens an.

Zahlreich sind die Bestimmungen über den Straßenraub [85]) und den Raub an bewohnten Orten. Es macht sich hier ein besonders starkes kriminalpolitisches Interesse geltend. Um die Sicherheit auf den öffentlichen Straßen war es schlecht bestellt. Banditen und Wegelagerer gefährdeten die Handelswege, und der Gesetzgebung erwuchs die Aufgabe, den Risikofaktor im Geschäftsverkehr zwischen räumlich getrennten Kaufleuten zu verringern und den Reiseverkehr zu sichern.

Bei diesem Tatbestand ist das Wesentliche nicht die Anwendung der Gewalt im konkreten Falle, sondern das Überfallartige, Heimtückische der Tat und die Vermutung dafür, daß der Wegelagerer Gewohnheitsverbrecher ist. Vielfach wird der Straßenräuber nach Art des römischen Rechts neben dem famosus latro genannt oder sonst als Mensch von schlechtem Ruf gekennzeichnet. Die Strafe bemißt sich in der Regel nach dem Wert der geraubten Sachen, meist derart, daß der Täter von einer niedrig bemessenen Wertgrenze an gehängt wird.

In Turin (1360 Sp. 708 f. r. De poena illius, qui stratam fregerit) gilt folgendes: Wenn der Wert der geraubten Sachen den Betrag von 5 s übersteigt, so wird der Täter mit dem Tode bestraft, kann sich aber mit 100 l loskaufen. Bleibt er dahinter zurück, so ist nur Geldstrafe von 10 l verwirkt, oder es tritt Verstümmelungsstrafe ein. Doch sind nach doppelter Richtung Ausnahmen gemacht: Einmal ist dem öffentlichen Räuber (publicus latro) der Loskauf versagt. Zweitens soll die Strafe des Straßenraubes dann ausgeschlossen sein, wenn der Täter aus anständigem Motiv handelt, nämlich als Gläubiger eine private Zwangsvollstreckung vornimmt oder sich rächt: »non ... stratam intelligatur rupisse, si occasione sui debiti vel crediti vel vindictae aliud caperet et mandato iudicis vel rectoris de rebus ablatis restituendis stare voluerit.« Das Gesetz von Casale von 1370 Sp. 995 verweist auf das gemeine Recht für die »latrones ... et robatores stratarum manifesti et famosi«.

Das Gesetz von Mantua von 1303 I 29 (S. 83) droht Galgenstrafe an. Ebenso Vallassina 1343 r. 75 (S. 205) bei einem Wert von über 100 s und Cremona 1387 r. 130 bei einem Wert von mindestens 20 s. Dagegen verweist das Gesetz von Invorio von 1366 r. 3 (S. 149) auf gemeines Recht.

---

85) Pertile V 612 f. — Über die Unsicherheit auf den Straßen vgl. Zaccagnini, La vita dei maestri etc. 67 f. Dort S. 147 (IX) eine Strafanzeige über Straßenraub.

In Bassano (1392 S. 104 R.) droht Galgenstrafe. Wird jemand beim Raube getötet oder verwundet, so wird der Räuber geschleift und gehängt.

Galgenstrafe auch in Parma 1347 S. 224 f., Mirandola 1386 r. De aggressoribus viarum publicarum et earum derobationibus (S. 99) und Piacenza 1391 V 47.

Die Ägidianischen Konstitutionen von 1357 IV 38 (S. 183 f.) verweisen auf gemeines Recht, während in einem späteren Zusatz zum Statut von Ascoli von 1377 III 18 (S. 93) Galgenstrafe angedroht wird.

Das Gesetz von Siena von 1309/10 V 284 (S. 353) bestimmt Strafe nach den »ragioni«, in Florenz (Stat. Pod. 1325 III 75 S. 232) ist die Bestimmung der Strafe dem Podestà überlassen.

Galgenstrafe und Beschlagnahme des Vermögens, wenn der Raub einen Wert von 10 l übersteigt, ist in Argenta (1342 S. 93) angedroht. Beim kleinen Raub wird der Täter gezüchtigt und verliert ein Auge. In Forli (1359 III 13 S. 208 f.) wird der Räuber bei einem Wert von mindestens 10 l und ohne Rücksicht auf den Wert dann gehängt, wenn jemand dabei getötet wird.

Das Statut von Cave von 1307 r. 68 (S. 43) überläßt dem Gericht die Bemessung der Strafe.

Dem Straßenräuber werden gelegentlich diejenigen gleichgestellt, die aus einem Hause stehlen, also einbrechen. Das ist z. B. der Fall in Olevano (1364 r. 87), wo mit dem Tode bestraft wird, wer »in via publica vel strata disrobaverit aliquem seu aliquam domum scassaverit animo furandi«, und in Bobbio (1398 IV 144).

Bei den Gesetzen gegen den Straßenraub ist an den Fall gedacht, daß jemand auf der Reise über Land von Wegelagerern überfallen wird. Dieser Gedanke wird manchmal auch anders zum Ausdruck gebracht. In einigen Statuten nämlich wird unterschieden, ob sich der Raub in bewohnten Gegenden abspielt oder nicht und im zweiten Falle härter bestraft.

In Vercelli (S. 112 R.) z. B. wird der Raub außerhalb von Vercelli und außerhalb bewohnter Gegenden mit Erhängen bestraft, wenn der Wert mindestens 100 s beträgt. Dagegen ist die Wertgrenze für Raubtaten in Vercelli und innerhalb bewohnter Gegenden auf 10 l festgesetzt. In Lodi (1390 S. 102 f.) steht auf Raub außerhalb bewohnter Gegenden Galgenstrafe schon bei einem Wert des Geraubten von mindestens 50 s, während sonst dieser Wert 25 l betragen muß. Die gleiche Unterscheidung macht das Statut von Lecco r. 250, 251 (S. 128 f.).

Das deutsche Recht kannte als besondere Art des Raubes den »Schachraub«, d. h. den Raub unter bewaffnetem Angriff, den Überfall [86]). Der Ausdruck (»schachum«, »scaccum«) kommt auch noch im lombardischen Statutarrecht vor, wird aber als Synonymon von »robaria« gedeutet. So bestimmte ausdrücklich das Statut von Mailand r. 58: »In iure nostro municipali schachum et robaria idem intelligantur«. Dasselbe galt in Lodi 1390 S. 102 und Lecco r. 249 (S. 127).

* * *

[86]) Brunner, RG. II 839.

In der Behandlung der Entwendungsdelikte gleichen Theorie und Praxis sich an, werden romanistische und deutschrechtliche Einflüsse verschmolzen. Wo die Praxis den Unterschied zwischen Raub und Diebstahl nicht vollkommen preisgibt, entspricht sie der Lehre. In der Bestrafung des Diebstahls folgt die Theorie der Gesetzgebung und deutet die Quellen nach den Forderungen der Praxis um. Nur die Unterschlagung wird in den Gesetzen anders behandelt als in der Lehre, nämlich aus dem Tatbestand des furtum herausgenommen.

Die Hehlerei.

Die Rechtslehrer[1]) besprachen die Hehlerei im Anschluß an die Quellenstellen D 47, 6, 1; 47, 9, 3, 3; C 6, 2, 14 und C 9, 39, 1 und stellten sie dem Diebstahl oder Raube gleich. Die Hehlerei wird von der Begünstigung nicht deutlich getrennt. Nur ein Sonderfall der Begünstigung ist die Unterstützung des Diebes oder Räubers oder die Annahme entwendeter Sachen, etwa deren Aufbewahrung oder Ankauf und die Aufteilung der Beute. Die Tat mußte vorsätzlich begangen werden[2]). Das bloße Unterbleiben der Anzeige oder der Auslieferung des Verbrechers aber war nach den angeführten Stellen nicht strafbar. Vielmehr sollte nur außerordentliche Strafe verhängt werden[3]).

Auch die Gesetzgebung[4]) führt die Begünstigung des Diebes oder Räubers durch Aufnahme des Verbrechers oder die Gewährung von Obdach neben der Sachhehlerei auf. Weder diese beiden Tatbestände unter sich, noch Hehlerei (oder Begünstigung) und Teilnahme sind scharf von einander geschieden.

Der äußere Tatbestand erfordert die Aufnahme des Diebes oder Räubers oder die Empfangnahme der Diebesbeute. Es ist die

---

[1]) Hälschner, System II 555, Gretener, Begünstigung und Hehlerei in historisch-dogmatischer Darstellung 28 f., Binding, Lehrbuch I 382, über das kanonische Recht Hinschius, KR. V 194 f., Katz 142 f. Vgl. c. 5 C. XIV q. 5, c. 4 X De furtis V 18.

[2]) Bartolus, D XLVII 16 De receptat. 1 n. 1; Alb. de Rosc., a. gl. O n. 1 f., C VI 2 De furtis etc. 5 n. 2; Cinus, C IX 39 De his qui latrones 1; Baldus, C IX 12 Ad. l. Iul. de vi. 9, Cons. II 410 n. 5 ff.; Bonif. de Vitalinis, De receptatoribus etc. n. 3. Über den inneren Tatbestand vgl. Baldus, C VI 2 De furtis etc. 14 n. 1, Cons. I 250 n. 9, 10; Salicetus, C VI 2 De furtis etc. 14 n. 1.

[3]) Bonif. de Vitalinis, a. a. O. n. 11, De inquisitionibus n. 48; Angelus, D XLVII 2 De furtis 48 (49) n. 1: »Nolens indicare furem non est fur, sed celans furandi animo tenetur furti.«

[4]) Kohler 461 ff., Pertile V 651 f.

Rede von »receptare«, »recipere«, »recevere« u. dgl. Daneben wird das Verbergen genannt, häufiger auch der Ankauf der Diebesbeute erwähnt.

Deutlich hervorgehoben wird gerade bei der Hehlerei auch der innere Tatbestand. Gewöhnlich werden Ausdrücke gebraucht, die wie »scienter«, »scientemente« auf ein bestimmtes Wissen hindeuten.

So werden z. B. in Biella (r. 31) den Räubern gleich bestraft die »receptantes dictas robarias scienter et dantes eis auxilium, conscilium et favorem«. Das Statut von Bovegno von 1341 r. 242 (S. 95) bedroht mit Strafe das »recipere aliquod furtum nec aliquas res furatas emere«. Das Gesetz von Perugia von 1342 III 106 (S. 124) stellt den Hehler dem Diebe gleich, »se scientemente furone overo furte, robadore overo robarie recepterà«. In Moncalieri (1378 Sp. 1399) wird dem Diebe gleich gestraft, wer die Person, die »sciens furem cum furto hospitata fuerit« oder Diebesgut in Verwahrung nimmt oder ankauft. In Mailand (r. 75) endlich trifft Galgenstrafe die »receptatores furtorum vel robariarum vel famosorum latronum scienter«.

Der schwierige Beweis des Verschuldens wird gerade bei der Hehlerei durch Schuldvermutungen erleichtert. So gilt manchmal als Hehler und wird als Dieb bestraft, wer von übel beleumdeten Personen Sachen annimmt, die sich später als gestohlen herausstellen.

So bestimmte z. B. das Gesetz von Invorio von 1366 r. 49 (S. 167). Weiter ging das Statut von Biandrate von 1395 r. 224: Dort liegt in jedem Falle dem Käufer von Diebesgut der Beweis dafür ob, daß ihn kein Verschulden trifft. Er kann den Gegenbeweis durch den Nachweis führen, daß er den Gegenstand öffentlich oder von einer in gutem Ruf stehenden Person gekauft habe. Hierhin gehört endlich das Statut von Cremona von 1387 r. 231: Dort konnte derjenige, dem eine Sache gestohlen war, den Trödlern, Gastwirten und ähnlichen Personen unter Beschreibung der Sache davon Mitteilung machen. Werden dann nach der Bekanntgabe die Sachen bei solchen Personen vorgefunden, so haben sie Geldstrafe von 100 s zu zahlen.

In der Bestrafung ist der Hehler in der Regel dem Diebe gleichgestellt [5]). Doch kommen auch Sondervorschriften vor.

So steht z. B. in Castelletto (1340 r. 42 S. 22) auf Hehlerei eine Geldstrafe von 20 s. In Bovegno (1341 r. 242 S. 95) wird unterschieden, ob die Tat bei Tage — dann 10 s — oder bei Nacht geschah — dann waren 20 s zu zahlen. Nur ein Drittel der Diebstahlsstrafe hatte der Hehler in Valsolda (1388 r. 10 S. 262) zu entrichten, während sich die Strafe in Invorio (1366 r. 49 S. 167) nach dem Wert der Sache abstufte und diesen überstieg. Das Statut von Casale von 1370 Sp. 995 drohte Geldstrafe von 100 s, das von Narni (1371 III 31) Geldstrafe von 50 l an, während in Ascoli (1377 III 18 S. 93) die Strafe dem richterlichen Ermessen überlassen blieb. Die Abstufung nach dem Werte wiederholt sich schließlich in Biandrate 1395 r. 224.

* * *

In Begriffsbildung und Wertung stimmen also Lehre und Praxis im wesentlichen überein.

---

5) Biella r. 31, 132, 137, 140, Perugia 1342 III 106 (S. 124), Valperga 1350 r. 26 (aber erst dann, wenn der Wert des Gestohlenen den Betrag von 20 s übersteigt; sonst geringere Strafen), Mailand r. 75, Narni 1371 III 43, Moncalieri 1378 Sp. 1399, Dervio 1389 r. 39, 40 (S. 111 f.), Lodi 1390 S. 103.

Die Erpressung.

Für die Bestrafung der Erpressung bestand ein praktisches Bedürfnis. Auf Erpressungen und unmittelbare Gewalttat waren Verbrecher und Geächtete angewiesen, wenn sie sich in der Freiheit erhalten wollten. Über diese Zustände berichtet drastisch das Statut von Parma von 1316 S. 225 in der Vorrede zur Erpressungsvorschrift: »cum multae oppressiones et extorsiones fiant in civitate et episcopatu Parmae per aliquos homines, qui volunt vivere de alieno sudore et labore et volunt a pauperibus hominibus extorquere quod habent et quod non habent...«.

Dieses Bedürfnis konnten die spärlichen Sonderregeln des gemeinen Rechts [1]) über die concussio (Erpressung unter Mißbrauch oder Vorspiegelung amtlicher Eigenschaften und durch Androhung der Strafklage oder des belastenden Zeugnisses) nicht befriedigen. Wegen Diebstahls konnte man den Erpresser nicht belangen. Denn einerseits galt der Satz »furtum est contrectatio rei invito domino«, andererseits »coactus tamen voluit«. Trotzdem sind einige Statuten auf diesen naheliegenden Ausweg verfallen. In der Theorie aber konnte der Erpresser allenfalls wegen crimen vis bestraft werden [2]). Über diesen unbefriedigenden Zustand kam die Rechtslehre nicht hinaus.

Dagegen entwickelte die Praxis selbständige und allgemeine Rechtssätze [3]). Sie konnte dabei anknüpfen an die Gesetzgebung über die Freiheitsentziehung. Das lag umso näher, als scheinbar der praktisch häufigste Fall der war, daß Personen körperlich entführt und mit Lösegeld freigekauft wurden [4]). Daher erscheint die Erpressung vielfach in Verbindung mit der Einkerkerung. Der Tatbestand setzt dann voraus, daß jemand einen andern einfängt oder einsperrt und ihn zwingt, sich durch Hingabe von Geld oder Sachen oder durch Versprechungen loszukaufen [5]).

---

1) Über das kanonische Recht vgl. Hinschius, KR. V 194, Katz 133 ff. Belege: c. 128 C. I q. 1 (wiederholt D 47, 13, 2), c. 8 X Ne clerici vel mon. III 49 (Erpressung an Untergebenen), c. un. in VI to De iis quae vi etc. I 20, c. 4 in VI to De censibus etc. III 20 (Erpressung von Abgaben), c. 2 in Clem. De haereticis V 3 (Erpressung durch die Ketzerinquisitoren). Üblich sind die Ausdrücke »extorquere«, »extorsio«.

2) Bonif. de Vitalinis, Ad. l. Iul. de vi publ. n. 2. Über das gemeine Recht vgl. Bonif. de Vitalinis, De crimine concussionis n. 1 f.

3) Kohler 474 ff., Pertile V 655.

4) Über einen Fall aus der Praxis vgl. das florentiner Urteil von 1344 i. G. A. 53 S. 273.

5) Averrara 1313 r. 84 (S. 54 f.), Valsassina 1388 r. 148 (S. 319 f.), Mailand r. 54, Cremona 1387 r. 101, Lodi 1390 s. 100 R., Lecco r. 241 (S. 125).

Anderswo bleibt die erzwungene Einwilligung unbeachtet. Der Erpresser wird also bestraft wie ein Dieb oder Räuber. So behandeln z. B. die Ägidianischen Konstitutionen von 1357 IV 37 (S. 183) diese Fälle. Dort gilt als Räuber, wer unter dem Druck der Kerkerhaft dem Gefangenen etwas abverlangt. Auch wird der Kerkerhalter als mittelbarer Täter aller Verbrechen angesehen, zu deren Vornahme er den Gefangenen nötigt: »si propter [metum] talis carceris aliquod a carcerato exigit ultra penam carceris, pro illo puniatur ac si violenter derobaret. Et si eundem carceratum ad aliquid quietandum seu remittendum coerceretur terrore dicti carceris, ac si tantundem eidem derobasset similiter puniatur«[6]. Das Gleiche galt in Forli 1359 III 45 (S. 240). Auch in Narni (1371 III 15) wurde der, der den Gefangenen Geld oder Sachen wegnahm, wegen Diebstahls oder Raubes bestraft. Dagegen wurde der Täter gehängt, »si... redimi faceret per pecuniam«.

In den Statuten des mailänder Kreises löst sich dann die Abhängigkeit der Erpressung von der Einkerkerung. Als das wesentliche wird die Ausübung eines Zwanges oder die Furchterregung als Druckmittel erkannt, auf das Erfordernis der Gefangennahme als Tatbestandsmerkmal also verzichtet. In Mailand (r. 55) wird ausdrücklich unterschieden zwischen Erpressung unter Gefangennahme und sonstiger Erpressung. Auf die erstere steht Todesstrafe, im zweiten Falle, d. h. »si quis per vim vel metum fecerit aliquem redimere in aliqua quantitate ..., non tamen tenuerit eum inclusum«, ist die Erpressungssumme zu erstatten und obendrein der vierfache Betrag als Strafe zu zahlen. Davon fiel die Hälfte an den Verletzten[7].

In späteren Statuten setzt sich gegenüber der Geldstrafe die Todesstrafe durch. Dabei ist freilich nicht zu vergessen, daß ja die Erpressung in der Regel einen Sonderfall des Kerkerhaltens darstellte, das meistens mit Enthauptung bestraft wurde. Die Todesstrafe findet sich z. B. in den Statuten von Biella r. 40 (wenn der Erpressungspreis den Betrag von 10 l übersteigt), Narni 1371 III 15, Mailand r. 54, Cremona 1387 r. 101, Lodi 1390 S. 100 R., Lecco r. 241 (S. 125), Bassano 1392 S. 91 R. (Hilfsstrafe) und Intra 1393 IV 46 (S. 370 f.).

Vollends losgelöst von der Gefangennahme ist die Erpressung im Sondertatbestand der Tributerhebung (»tributare«, »trabutare«)[8]. Dabei war in erster Linie wohl an Körperschaften oder

[6]) Vgl. S. 207. — Diese Auffassung kehrt wieder in der Carolina, wie Radbruch in dem S. 482 Anm. 74 a. E. angeführten Aufsatz gezeigt hat.

[7]) Ebenso Cremona 1387 r. 102, Lodi 1390 S. 101, Lecco r. 243 (S. 126).

[8]) Kohler 476.

Einzelpersonen gedacht, die eine Machtstellung mißbrauchten, also die Grenze an sich gegebener Befugnisse überschritten. Das legte aber nahe, diese Grenzen näher zu bestimmen und anzugeben, wann ein Verlangen (von den Mitteln abgesehen) unrechtmäßig war. Versuche in dieser Richtung begegnen in Cremona und Bassano. In Cremona wird das Fordern oder die Annahme des Entgelts für Leistungen hervorgehoben, zu denen man ohnehin verpflichtet ist und unter »tributari facere« allgemein die Erpressung durch Einschüchterung verstanden. Es heißt dort (Cremona 1387 r. 103): »intelligatur etiam tributari fecisse, quicunque qui aliquid petierit vel receperit per se, vel submissam personam causa faciendi id, quod de iure facere tenebatur, et qui minis vel metu aliquid ab alio acceperit seu abstulerit vel petierit«.

Negativ und weiter als in Cremona wird der Begriff in Bassano (1392 S. 105 R.) verstanden. Dort ist »tributare« das Fordern einer Leistung, auf die der Fordernde keinen Anspruch hat: »cum qui dolose et scienter exigit ab aliquo aliquid, ad quod sibi non tenetur vel sibi promitti facit indebite propter aliquam illicitam et inhonestam causam vel alias«. Darunter wird die Forderung des nicht geschuldeten verstanden, das zu fordern der Täter hatte »nullam causam legittimam vel rationabilem«. Zwar sind hier die vom Täter angewandten Mittel (Gewalt oder Furcht) nicht genannt. Dennoch ist kein Zweifel, daß hier nur ein Merkmal der echten Erpressung hat gegeben werden sollen. Denn zu Beginn des Statuts ist die Rede von dem, der »per trabutariam vel aliam illicitam extorsionem ... quicquam ab aliquo acceperit vel extorserit ...«. Es handelt sich um die ersten tastenden Versuche einer genaueren Begrenzung, Versuche, bei denen die Praxis ohne Hilfe der Wissenschaft selbständig vorgeht.

Als Strafe der Tributerhebung kamen scheinbar nur Vermögens- und Ermessensstrafen vor. [9])

Die Erpressung durch Anklage oder Anzeige oder die Annahme eines Entgelts für das Unterlassen gerichtlicher Schritte, also einen Tatbestand, wie ihn schon das gemeine Recht mit Strafe bedachte, bedroht das Statut von Lucca von 1308 III 131 (S. 218) mit Geldstrafe von 50 l.

Besondere Arten der Erpressung wie die Erpressung durch Be-

---

9) Padua 1316 S. 266 ff. (es ist das Vierfache des verlangten Betrages zu entrichten, hilfsweise Ehrenstrafe), Mailand r. 56 (Strafe nach Ermessen), Cremona 1387 r. 103 (Zahlung des Vierfachen), Lodi 1390 S. 101 (Strafe nach Ermessen), Lecco r. 244 (S. 126: Strafe nach Ermessen), Piacenza 1391 V 51 (feste Geldstrafe).

amte [10]) oder die Erpressung am Gefangenen [11]) fallen aus dem Rahmen dieser Darstellung heraus.

* * *

Auf diesem Gebiet also fehlen Wechselbeziehungen zwischen Lehre und Praxis. Die Gesetzgebung entwickelt sich selbständig.

Schädigung und Brandstiftung.

I. Schädigung.

Den allgemeinen Begriff der Sachbeschädigung hat die italienische Strafrechtswissenschaft nicht entwickelt. In der Praxis finden sich spärliche Ansätze.

Zunächst fehlte es an geschichtlichen Vorbildern. Zwar entwickelte das gemeine Recht den Begriff des damnum iniuria datum, knüpfte daran aber lediglich die zivilrechtliche Ersatzpflicht, die freilich gewisse pönale Elemente enthielt, aber keine öffentliche Strafe. Diese wurde nur in besonderen Fällen verhängt, nämlich bei der Brandstiftung und für das Umhauen von Fruchtbäumen [1]).

Auch dem deutschen Recht fehlte der allgemeine Begriff der Sachbeschädigung. Dort entwickelte sich aber aus bäuerlichen Verhältnissen heraus ein kasuistisches Strafrecht zur Abwehr von Feld-, Holz- und Gartenfreveln, gegen Schädigungen durch Tiere und an Tieren. So sah es auch im langobardischen Recht aus [2]).

Über diesen Stand der Dinge sind die Italiener nicht wesentlich hinausgekommen. Die Lehre folgt dem gemeinen, die Praxis dem deutschen Recht. Doch entwickelte die Gesetzgebung aus besonderen Bedürfnissen heraus weitere Einzelformen und drang sogar vereinzelt zu allgemeineren Regeln vor.

Die Rechtslehrer betonen negativ, daß damnum und furtum verschiedene Tatbestände seien, Bestimmungen der Statuten also, wonach eine Körperschaft etwa für damna Schadensersatz zu leisten habe, für Diebstähle nicht gälten. Dabei wird das damnum im Gegen-

---

[10]) Kohler 673 ff.

[11]) Bohne, FrStr. II 49 ff.

[1]) Mommsen, R. StrR. 835, 842.

[2]) Osenbrüggen, Lgb. 131 ff., His, G. D. StrR. 164, Wilda, StrR. d. Germ. 926 ff., 932 f.

satz zur Wegnahme als Einwirkung auf die Sachsubstanz gekennzeichnet [3]).

Hin und wieder wird in den Schriften der Theoretiker die Quellenstelle D 47, 7, 2 angeführt, wonach der Baumfrevler als latro bestraft wird [4]). Anscheinend wurde diese Bestimmung auch von den Gerichten angewandt. Jedenfalls berichtet Albericus de Rosciate, D XLVII 7 Arb. furt. caes. 2 n. 1 f., es sei einmal entschieden worden, daß dieser Titel dann gelte, wenn der Schaden den Betrag von 5 s nicht erreiche [5]). Albericus aber spricht sich an dieser Stelle gegen die Galgenstrafe für größere Schädigungen aus.

Aber weiter kam die Rechtslehre nicht. Dabei mag neben dem Zögern der Praxis mitgewirkt haben, daß einmal das aquilische Gesetz den Schadensersatz sicherte, sodann aber andere Rechtsbehelfe bereit standen. Einmal konnte auch die Sachbeschädigung iniuria sein und actio iniuriarum nach sich ziehen [6]). Sobald aber Gewalt angewandt wurde, fiel die Sachbeschädigung unter das crimen vis [7]).

Ganz andere Wege ging das Statutarrecht. Das Strafrecht gegen Schädigungen nimmt einen breiten Raum ein. Darunter sind aber nicht nur Vorschriften gegen die »Sachbeschädigung« zu verstehen, sondern Bestimmungen verschiedenster Art zum Schutze landwirtschaftlicher Interessen. Dahin gehören auch Straftaten, die wie gewisse Entwendungshandlungen begrifflich als Diebstahl oder Raub hätten behandelt werden können, aber aus dem allgemeinen Diebstahlsrecht herausgenommen sind. Es handelt sich um ein Strafrecht, das nicht durch begriffliche Merkmale der bedrohten Verbrechen zusammengehalten wird, sondern durch die dingliche Beschaffenheit der geschützten Interessen. Es ist Strafrecht zum Schutze der Landwirtschaft, beruhend auf deutschrechtlichen Überlieferungen. Äußerlich kommt die Sonderstellung dieser Bestimmungen darin zum Ausdruck, daß sie manchmal in besonderen

---

3) Baldus, D IV 9 Nautae caupones stabularii etc. 5, 1: »Nota, quod furtum et damnum datum ponuntur tanquam species separatae et ideo, si statutum dicit, quod de damno credatur sacramento accusatoris, non erit ita in furto, nisi quatenus disponeret ius commune, ... unde si aliquis de vinea mea portat sarmenta (Reben) et non incidit ipse, sed portavit incisa sicque non dedit damnum, sed commisit furtum, non stabitur sacramento accusatoris.« Vgl. auch Additio zu l. 5; Alb. de Rosc., C VI 1 De fugit. serv. 10 n. 2 f.

4) Bonif. de Vitalinis, De arboribus furtim cesis n. 1; Angelus, D XLVII 7 Arb. furt. caes. 2 n. 1.

5) Vgl. S. 471.

6) Bonif. de Vitalinis, De damno dato n. 5.

7) Bartolus, D XLVII 1 De priv. del. 3 n. 9; Baldus, C IV 5 De condict. indeb. 4 n. 8.

Büchern oder wenigstens in besonderen Titeln zusammengefaßt werden [8]).

Im einzelnen [9]) lassen sich die hierhin gehörenden Straftaten in drei Gruppen ordnen: Einmal werden Entwendungshandlungen bestraft [10]), nämlich die Wegnahme von Früchten, namentlich Weintrauben, von Gemüse, Heu, Laub, Zweigen usw. und der Holzdiebstahl. Die Handlung wird bald mit technischen Ausdrücken bezeichnet, bald durch allgemeine, auf die körperliche Wegnahme hindeutende Worte. So sind mir die Ausdrücke »capere«, »accipere«, »colligere«, »auferre«, »removere«, asportare«, exportare«, »pigliare«, »furare«, »facere furtum«, rapere«, »ruspare« begegnet.

Es wird also auch vom »furtum« gesprochen, dabei aber bald das furtum dem Oberbegriff der damna untergeordnet [11]), bald ausdrücklich bestimmt, daß die Bestimmungen über den Diebstahl im Rahmen der damna nicht gelten [12]).

Alsdann sind Besitzstörungen und Fälle des Hausfriedensbruchs als damna data unter Strafe gestellt, nämlich das Betreten fremder Wiesen, Weiden, Saatfelder, Weinberge, Gärten. Immer wieder wird das Beschädigen und Öffnen von Einfriedigungen, Zäunen, Hecken u. dergl. bestraft.

Endlich werden Schädigungshandlungen im engeren Sinne erfaßt, Schädigungen wieder an Gärten, Weinbergen, Feldern, Wiesen, Saaten und am Getreide. Namentlich wird das Beschädigen von Bäumen, vor allem von Fruchtbäumen hervorgehoben, und hier kommen sogar vereinzelt andere als Geldstrafen vor [13]). Zahllose Bestimmungen beschäftigen sich sodann mit den Schäden, die Tiere

---

[8]) So in Mantua 1303 (10. Buch), Tivoli 1305 (4. Buch), Forli 1359 (4. Buch), Mirandola 1386 (2. Buch), Verona 1450 (5. Buch).

[9]) Vgl. Kohler 399 ff., 441 ff. (Kohler behandelt die hierhin gehörenden Entwendungen unter dem Diebstahl). Ich glaube für die Einzelheiten auf Kohler verweisen zu dürfen, da es an Beziehungen zur Rechtslehre fehlt.

[10]) Auch im deutschen Recht waren solche Entwendungshandlungen aus dem allgemeinen Diebstahlsrecht ausgeschieden. His, G. D. StrR. 153, 161 ff.

[11]) Florenz, Stat. Pod. 1325 II 45 (S. 122): Der Kommune ist die Ersatzpflicht auferlegt für Schäden »de damno dato in uvis per furtum«; ferner Dervio 1389 r. 172 (S. 209): Strafe auf »dare ... aliquod dampnum ... de uvis, olivis, bladis (usw.) ... vel aliis fructibus eos accipiendo, devastando, comedendo vel alio exportando de aliqua vinea (usw.) ..«

[12]) Brescia 1313 II 68; Piacenza 1391 V 46: Die Bestimmungen über Diebstahl sollen nicht gelten, wenn der Wert der entwendeten Früchte den Betrag von 10 s nicht übersteigt, »sed relinquatur statutis loquentibus de damnis datis.« Ähnlich Ivrea Sp. 1206 f.

[13]) Argenta 1342 S. 113 f.: Als Hilfsstrafe Verlust der rechten Hand. Strafe nach Ermessen in Forli 1359 III 14 (S. 211).

anrichten, oder die ihnen zugefügt werden. Zum letzteren gehört außer dem Töten und Verletzen auch das Einfangen, namentlich der immer wieder bestrafte Taubenfang und als Vorstufe dazu das Halten von Netzen und anderen Fanggeräten für diese Zwecke.

Wo die Rechtslehrer überhaupt von diesen Fällen sprechen, nehmen sie furtum oder rapina an. [14])

Daneben finden sich in der Praxis einzelne Bestimmungen, die mit dem geschilderten Sonderrecht der ländlichen damna data in keinem Zusammenhang stehen. So werden häufiger Häuser, Mauern, Türme und dergleichen gegen das Niederreißen oder Niederbrechen geschützt [15]). Gelegentlich stehen auch Schiffe unter besonderem Strafrechtsschutz gegen Wegnahme oder Beschädigung [16]). Wiederholt wird bestraft, wer auf seinem Grundstück gräbt, so daß das Nachbargrundstück beschädigt oder gefährdet wird [17]).

Endlich finden sich hier und dort sogar allgemeine Bestimmungen über die Sachbeschädigung. Das Statut von Vercelli z. B. ergänzt die Einzelvorschriften über ländliche Schäden durch eine subsidiäre Gesamtregel: r. De illis damnis, de quibus non fieret mentio in hoc statuto, exigatur damnum duplicatum (S. 123). Das Statut von Ascoli von 1377 III 107 (S. 152) bedroht mit einer Geldstrafe nach Ermessen des Gerichts denjenigen, der Schäden anrichtet durch Brandstiftung, Abhauen von Bäumen usw. oder »per qualunque altro modo darrà dampno enormemente«. Im mailänder Kreis wird mit Geldstrafe belegt, wer Schäden anders als durch Brandstiftung anrichtet. Die Strafe staffelt sich nach der Höhe des Schadens, und außerdem ist doppelter Schadensersatz zu leisten. Das gilt in Mailand r. 95, Creona 1387 r. 163, Lodi 1390 S. 106 und Lecco r. 285 (S. 139). Auch in Bobbio (1398 IV 123) knüpft sich die Strafe an jede Art der Schädigung und wird je nach der Höhe des Schadens vierfach gestaffelt.

* * *

Beziehungen zwischen Lehre und Praxis fehlen auf diesem Gebiet.

---

[14]) So z. B. Bonif. de Vitalinis, De damno dato n. 41 für den Fall, daß jemand Trauben, Getreide und dergleichen sammelt.

[15]) Pistoia 1296 III 54 (S. 119: 50 l), Lucca 1308 III 52 (S. 170: Kasuistik), Florenz, Stat. Pod. 1325 III 30 (S. 198), Perugia 1342 III 71 (S. 97), 111 (S. 126). Vgl. auch Kohler 407 f.

[16]) Pisa 1286 III 46 (S. 430), Castelletto 1340 r. 8 (S. 9): Keiner darf »diffitiare nec disligare (losbinden) nec a ripa movere aliquam navem.«

[17]) So Brescia 1313 II 83, Florenz, Stat. Vhptm. 1322 III 15 (S. 157).

II. Brandstiftung.

1. Vorsätzliche Brandstiftung.

Die Theoretiker behandeln die Brandstiftung im Anschluß an das römische Recht [18]. Sie unterscheiden also bei der vorsätzlichen Brandstiftung zwischen Straftaten innerhalb und außerhalb der Stadt und nach der sozialen Stellung des Täters. Auch wird das incendium magnum vom incendium parvum getrennt. Unter diesen Gesichtspunkten wurden die Straftaten kasuistisch abgestuft, vom Feuertode oder der Festspielhinrichtung für den humilis, der in der Stadt ein incendium magnum anrichtet, bis zur Relegation für den nobilis, der außerhalb der Stadt ein incendium parvum begeht [19]. Dazwischen werden Enthauptung, Deportation und Zwangsarbeit genannt. Aber wie der Hinweis auf die Festspielhinrichtung schon zeigt, war das nur Theorie.

Während das römische Recht und die italienischen Legisten [20] die Brandstiftung als gemeingefährliches Verbrechen ansahen, war die Brandstiftung im deutschen Recht nur eine Eigentumsschädigung, aus der nur die heimliche Brandstiftung als Neidingswerk, namentlich die Brandstiftung bei Nacht als Mordbrand hervortrat [21]. So war auch die Auffassung der Lombarda. Grundsätzlich war nur einfacher Ersatz zu leisten, der sich aber verdreifachte, wenn Gegenstand der Tat ein Wohnhaus oder eine Mühle war. Den gleichen Standpunkt nahm das kanonische Recht [22] ein.

Die Kluft zwischen beiden Auffassungen war also denkbar groß und macht es begreiflich, daß die Gesetzgebung [23] sehr bunt-

---

[18]) Mommsen, R. StrR. 480 f.

[19]) Gandinus, De penis 57 (S. 273); Bartolus, D I 15 De off. praef. vig. 1 n. 5; Alb. de Rosc., D XLVII 9 De incend., ruina, naufr. 12 n. 1; Alb. de Rosc., Cinus, Salicetus zu C IX 1 Qui accus. non possunt 11; Bonif. de Vitalinis, Si quis rapuerit n. 14, De incendiariis n. 1; Hostiensis, S. A. V 17 n. 9; Ast. V 32 (S. 42 R.). Im einzelnen finden sich Abweichungen. So will etwa Baldus, C IX 1 Qui accus. non possunt 1 n. 11, den Richter bei vorsätzlicher Brandstiftung in der Stadt zwischen Verbrennen, Erhängen, Festspielhinrichtung und Enthauptung wählen lassen. Die letztgenannten Arten der Vollstreckung sind für Vornehme, die anderen für Niedrigstehende vorbehalten.

[20]) So begründet z. B. Baldus, a. a. O. n. 1, die Todesstrafe damit, »quia incendium in civitate multis praeparat et ideo incensor mortem, quam minatur, experiatur«.

[21]) His, G. D. StrR. 175 f., Wilda, StrR. d. Germ. 940 ff., Binding, Lehrbuch II 10. Über das langobardische Recht vgl. Osenbrüggen, Lgb. 154 f.

[22]) Vgl. Katz 143 f., Hinschius, KR. V 195 f. und die Quellen c. 5, 6 X De iniuriis etc. V 36.

[23]) Kohler 410 ff., Pertile V 628 ff. — Eine Strafanzeige über Brandstiftung bei Zaccagnini, La vita dei maestri etc. 154 f. (XIX).

scheckig aussah. Im ganzen hat sich die Auffassung der Brandstiftung als eines gemeingefährlichen Verbrechens durchgesetzt. Bei dem engen Zusammenstehen der Häuser in den Städten und dem Vorwiegen des Holzbaus noch im 14. Jahrhundert wuchsen sich Hausbrände in der Regel zu Katastrophen für ganze Stadtteile aus. Die Gemeingefährlichkeit der Brandstiftung stand also deutlich vor Augen, und das Vorbild der Theorie tat ein übriges, um die Gesetzgebung in diese Richtung zu lenken. So wird denn die Beschränkung auf den Schadensersatz allgemein preisgegeben und öffentliche Strafe angedroht. Doch wirkte die langobardische Auffassung bei der Zumessung der Strafe im einzelnen und beim Aufbau der Tatbestände nach.

Die Verbrechenshandlung wird verschieden bezeichnet. Bald wird ein Verbrennen (»ardere«, »comburere«) gefordert, bald genügt als Gefährdungshandlung das bloße Anlegen des Feuers (»incendium mittere«, »ponere ignem«, »metere fogo« usw.). Gelegentlich tritt deutlich hervor, daß ein Abbrennen des Hauses nicht nötig ist. Manchmal so, daß nur der Vorsatz diesen Erfolg umfassen muß wie z. B. nach dem Statut des Podestà in Florenz von 1325 III 29 (S. 197), wo bestraft wird, wer »miserit ignem ... ad comburendum«, oder in Olevano 1364 r. 90. Dort wird bestraft, wer »studiose posuerit ignem ad comburendam aliquam domum intus castrum«. Anderswo wird das ausdrücklich gesagt, so z. B. in Mirandola 1386 S. 114. Dort wird der Täter belangt, »sive ipsa domus combusta fuerit sive non«. In Lucca (1308 III 24 S. 150 f.) ist bei der Brandstiftung an anderen Sachen als Häusern eine Geldstrafe von höchstens 500 l zu zahlen, wenn die Sache verbrennt, andernfalls eine Buße von nur 250 l verwirkt.

Die Unterscheidung der Theorie zwischen incendium magnum und parvum ist im Statutarrecht — wohl unter langobardischem Einfluß — kasuistisch verdinglicht. Die Strafe richtet sich in der Regel nach dem Gegenstande der Tat, seltener allgemein nach der Höhe des entstandenen Schadens.

Gewöhnlich knüpft sich die Regelstrafe an die Brandstiftung an fremden Häusern oder Gebäuden an. Aber das sachliche Substrat wird manchmal enger oder weiter gefaßt. So wird die schwerste Strafe oft für die Brandstiftung am bewohnten Hause aufgespart, vor allem in Piemont und der Lombardei, wo langobardische Rechtsvorstellungen nachgewirkt haben mögen. Dem bewohnten Hause stehen andere besonders befriedete oder geweihte Orte gleich [24].

[24]) Pisa 1286 III 13 (S. 377), Biella, Stat. malef. r. 33, Mailand r. 94, Cremona 1387 r. 162, Lodi 1390 S. 105 R., Lecco r. 284 (S. 138), Bologna 1454 S. 32 R.

Der Wandel der Anschauungen gegenüber dem deutschen Recht prägt sich auch in Oberitalien in der Härte der Strafen aus. Wie auch sonst wird dem gemeinen Recht die Todesstrafe, nicht aber Deportation, Relegation und Zwangsarbeit entnommen. Die Lücke zwischen Vermögens- und Todesstrafe füllt statt dessen die Verstümmelung aus. Auch fehlt in den Gesetzen die gemeinrechtliche Unterscheidung nach der sozialen Stellung des Täters. Körperstrafen überwiegen, bald an erster Stelle, bald für den Fall, daß die Geldstrafe nicht bezahlt wird. Doch kommt auch Geldstrafe allein vor, der sich oft mehrfacher Ersatz zugesellt.

Das ist z. B. der Fall in Cave 1307 r. 79 (S. 44), Ripi 1331 r. 5 (S. 115), Dervio 1389 r. 45 (S. 114 f.), Chianti 1384 III 23 (S. 178) und S. Piero 1398 III 43 (S. 269). Häufiger sind Todes- oder Verstümmelungsstrafe für den Fall, daß der Täter die zunächst verwirkte Geldstrafe nicht bezahlt. Beispiele bieten die Statuten von Tivoli von 1305 III 194 (S. 217: Verbrennung), Brescia 1313 II 66 (Verlust einer Hand und Verbannung), Averrara 1313 r. 46 (S. 40 f.: Verlust der rechten Hand), Arona 1319 r. 30 (S. 79 f.: Verlust eines Auges), Valperga 1350 r. 17 (Verbrennung) und Valsassina 1388 r. 50 (S. 283 f.: Verlust der rechten Hand).

Am häufigsten ist Todesstrafe schon von Anfang an.

So in Riparolo 1358 r. 7 (Verbrennung), Turin 1360 Sp. 711 (Verbrennung);

Mailand r. 94 (Enthauptung und doppelter Ersatz), Lodi 1390 S 105 R. (Enthauptung), Lecco r. 284 (S. 138 f.: Enthauptung), Vergante 1389 r. 62 (S. 222 f.: Verbrennung);

Modena 1327 IV 21 (S. 392), Carpi 1353 S. 66;

Argenta 1342 S. 94 (Verbrennung), Forli 1359 III 14 (S. 210 f.: Verbrennung), Bologna 1454 S. 32 R. (Enthauptung und Konfiskation);

Pisa 1286 III 13 (S. 377), Lucca 1308 III 24 (S. 150 f.: Enthauptung), Siena 1309/10 V 289 (S. 354 f.: Verbrennung), Florenz, Stat. Pod. 1325 III 29 (S. 197: Verbrennung und Konfiskation);

Rom 1363 II 24 (S. 101: Verbrennung).

Danach scheint sich die Todesstrafe in den Gebieten des langobardischen Rechts, vor allem in der Lombardei und Piemont später durchgesetzt zu haben als anderswo.

Nach der Höhe des Schadens richtet sich die Strafe z. B. in Biella, Stat. malef. r. 33. Beträgt der Schaden bei der Brandstiftung an einem bewohnten Hause 25 l, so wird der Täter verbrannt. Erreicht er nicht diese Höhe, so ist eine Geldstrafe von höchstens 300 l verwirkt, bei deren Nichtzahlung der Verbrecher ein Auge verliert. Entsprechend stuft sich die Strafe bei Brandstiftung an unbewohnten Häusern ab. In Vercelli (S. 21 R.) ist der Täter nach den »leges« zu bestrafen, wenn der Schaden mindestens 25 l beträgt. Ist das nicht der Fall, so darf die Geldstrafe den Betrag von 100 l nicht übersteigen, und der Täter verliert die rechte Hand, wenn er nicht zahlt. In Vallassina (1343 r. 76 S. 205) ist Geldstrafe zu zahlen und doppelter Ersatz zu leisten. Hilfsweise ist Galgenstrafe für den Fall angedroht, daß der Schaden den Betrag von 100 l übersteigt, sonst Verstümmelung. In Mailand (r. 94) staffeln sich die Strafen je nach der Höhe des Schadens in vier Stufen. Dazu kommt doppelter Schadensersatz. Handelt es sich um ein bewohntes oder geweihtes Haus, so verliert der Täter einen Fuß und wird bis zur Zahlung eingekerkert.[25])

Nach Art des gemeinen Rechts wird auch hier und dort unterschieden, ob das Feuer in der Stadt, im Kastell usw. oder außerhalb davon angelegt ist und im letzteren Fall die Strafe gemildert.[26]) Strafschärfend wirkt manchmal der Tod eines Menschen beim Brande[27]) oder die Begehung während eines Tumults oder Aufruhrs[28]).

Gerade dieser Tatbestand ist auf landwirtschaftliche Verhältnisse zugeschnitten. Oft erwähnt wird die Brandstiftung an Getreide, Heu, Stroh, Holz u. dergl. Für die Bestrafung war zweierlei wichtig: einmal der Eigenwert dieser Dinge, alsdann aber die Gefahr, die aus solchen Bränden für fremde Häuser entstand. Es waren das also Gefährdungsvergehen zweiten Grades. Die Strafe ist manchmal die gleiche wie für die Brandstiftung an Häusern[29]), manchmal fällt sie milder aus[30]). Geringer als die Brandstiftung an Häusern war wohl immer die Brandstiftung an Wäldern bestraft[31]).

2. Fahrlässige Brandstiftung.

Bei der fahrlässigen Brandstiftung unterschieden die Rechtslehrer im Anschluß an die Quellen zwischen grober und leichter Fahrlässigkeit. Bei grober Fahrlässigkeit sollte eine Körperstrafe zulässig sein, die Strafe aber milder ausfallen als bei vorsätzlicher

---

[25]) So auch Cremona 1387 r. 162, Lodi 1390 S. 105 R., Lecco r. 284 (S. 138 f.); Abstufung nach der Höhe des Schadens auch in Perugia 1342 III 212 (S. 229 f.), Piacenza 1391 V 4, Intra 1393 IV 57 (S. 374 f.), Bobbio 1398 IV 119.

[26]) Pisa 1286 III 13 (S. 377), Biella r. 72, Tivoli 1305 III 193 (S. 216), 195 (S. 217), Turin 1360 Sp. 711 f., Olevano 1364 r. 90, Bassano 1392 S. 110.

[27]) Averrara 1313 r. 46 (S. 41), Valsassina 1388 r. 50 (S. 283), Biella, Stat. malef. r. 33 — in diesen Statuten wird der Feuertod angedroht —, Arona 1319 r. 30 (S. 79), Dervio 1389 r. 45 (S. 114 f.: hier Strafe des homicidium).

[28]) Averrara 1313 r. 46 (S. 41) und Valsassina 1388 r. 50 (S. 284).

[29]) Modena 1327 IV 21 (S. 392), Argenta 1342 S. 94, Perugia 1342 III 212 (S. 229), Carpi 1353 S. 66, Piacenza 1391 V 4, Biandrate 1395 S. 303, Bobbio 1398 IV 119.

[30]) Biella, Stat. malef. r. 34, Florenz, Stat. Pod. 1325 III 29 (S. 197), Valperga 1350 r. 17, Vergante 1389 r. 62 (S. 222 f.), Bassano 1392 S. 110 R. Hier setzt aber die Milderung voraus, daß die Tat in gewisser Entfernung vom Hause geschieht. In unmittelbarer Nähe des Hauses ist die Strafe der Brandstiftung am Hause selbst verwirkt.

[31]) Biella r. 71, Vercelli S. 113 f., Bovegno 1341 r. 185 (S. 79), Turin 1360 r. De poena illius, qui poneret ignem in nemoribus alienis sine domini voluntate prope civitatem per septem milliaria (Sp. 697), Dervio 1389 r. 45 (S. 115), Biandrate 1395 r. 81.

Brandstiftung, vor allem nicht auf Tod oder Verstümmelung erkannt werden. Für leichtere Fahrlässigkeit aber war nur Schadensersatz zu leisten und der Täter nur leicht zu züchtigen, wenn er den nicht zahlen konnte. Nur Schadensersatz sollte aber bei leichtester Unvorsichtigkeit (culpa levissima) und überhaupt keine Haftung bei zufälliger Brandstiftung eintreten [32]). Nur auf vorsätzliche oder böswillige Brandstiftung folgte im kanonischen Recht die Strafe der Exkommunikation [33]).

Wenigstens eine Schadensersatzpflicht bestand auch im langobardischen Recht in gewissen Fällen der Feuerverwahrlosung [34]).

Diese Anregungen wirken auf die Gesetzgebung. Viele Statuten [35]) sahen Geldbußen vor, die freilich nicht weiter nach dem Grade der Fahrlässigkeit abgestuft wurden. Anders als bei der vorsätzlichen Brandstiftung wird in der Regel der Eintritt eines konkreten Schadens verlangt. Der Gesichtspunkt der Gemeingefährlichkeit tritt also wieder zurück hinter den der Eigentumsschädigung. Doch pflegt wieder gleichgültig zu sein, ob der Brand auf dem eigenen Grundstück des Täters anfängt.

In Cave (1307 r. 80 S. 44) ist in diesen Fällen eine Buße von 10 s zu entrichten, wenn ein Schaden entsteht. Auch das Statut von Ripi von 1331 r. 26 (S. 117) droht geringere Geldstrafe für den Fall an, daß jemand »miserit ignem in locis suis et ignis rexiliens dampnum dederit in locis alienis«, während das Gesetz von Padua von 1339 S. 264 die Bestrafung der fahrlässigen Brandstiftung dem richterlichen Ermessen überläßt. In Frignano (1337/38 VI 21 S. 220) beträgt die Strafe der fahrlässigen Brandstiftung, aus der den Nachbarn ein Schaden entsteht, 10 l, während in Forli (1359 III 14 S. 211) wieder das richterliche Ermessen entscheidet. Nach dem Statut von Valsassina von 1388 r. 50 (S. 283) zahlt der Hausbewohner 50 l als Strafe, wenn in einem Hause Feuer ausbricht »propter malam custodiam vel culpam habitantium, ut plerunque fit« und den Nachbarn ein Schaden erwächst. Ist das nicht der Fall, so richtet sich die Strafe nach dem Belieben des Gerichts. Auch in diesem Falle hatte das Gesetz von Valsassina sein Vorbild im Statut von Averrara von 1313 r. 46 (S. 41). In Balangero (1391 r. 47) endlich zahlte 10 s, wer Feuer auf seinem Besitz anlegte, wenn das Feuer um sich griff und ein Schaden entstand »racione sue culpe qua debuit considerare, quod ignis posset exalare«.

---

32) Alb. de Rosc., Cinus, Baldus und Salicetus zu C IX 1 Qui accus. non possunt 11; Bartolus, D I 15 De off. praef. vig. 1 n. 5; Alb. de Rosc., D XLVII 9 De incend. 12 n. 1; Angelus, a. gl. O. 11 n. 1; Bonif. de Vitalinis, De incendiariis n. 1; Hostiensis, S. A. V 17 n. 9; Ast. V 32 (S. 42 R.).

33) Vgl. c. 5, 6 X De iniuriis etc. V 36. — Raym. de Pennaf. II 5 De raptoribus etc. § 5 (S. 159): »Incendiarius dicitur, qui incendit auctoritate propria civitatem vel villam, mansum vel segetem vel rem similem malo studio sive pro odio sive pro vindicta«; Joh. v. Fr. II 5 q. 9, 10; Ast. VII 2 (S. 143); Barth. Pis. s. v. »Incendiarius« n. 1.

34) Osenbrüggen, Lgb. 155.

35) Kohler 419 f.

Anderswo wieder ist nur Ersatz zu leisten, keine Strafe zu zahlen. So in Ivrea Sp. 1204, Arona 1319 r. 30 (S. 79), Vallassina 1343 r. 76 (S. 205), Biella r. 73, Stat. malef. r. 34 und Narni 1371 III 43 (Dort ist allerdings doppelter Ersatz zu zahlen, und der Täter verliert eventuell die rechte Hand).

Die zahlreichen Polizeivorschriften über diese Dinge sollen nicht dargestellt werden.

* * *

Auf diesem Gebiet übt also die Theorie auf die Praxis, nicht aber die Gesetzgebung auf die Lehre Einfluß. In der Behandlung der vorsätzlichen wie der fahrlässigen Brandstiftung bringt die Wissenschaft gegenüber älteren deutschrechtlichen Einflüssen die gemeinrechtlichen Elemente in steigendem Maße zur Geltung.

Falsum.

I. Allgemeines.

1. Theorie.

Für die Beurteilung strafbarer Handlungen kam es im italienischen Strafrecht neben dem Erfolge auf die Art der Begehung an. Der Begehungsart nach aber wurden Gewalttaten und heimliche, hinterlistig begangene Verbrechen einander gegenübergestellt. Gereiztheit und Jähzorn auf der einen, Tücke und Gemeinheit auf der anderen Seite schienen die seelischen Ursprünge aller Verbrechen. Es lag nahe, diesen grundlegenden Wertunterschied dogmatisch nicht nur im Rahmen einzelner Tatbestände sichtbar zu machen, sondern besondere Verbrechenstypen herauszubilden, deren Eigenart durch die Art der Begehung gekennzeichnet war. Das tat Dante, dem die einzelnen Vergehen nur Erscheinungsformen der frode, der violenza sind, aber das Strafrecht ging andere Wege. Es ließ sogar geschichtliche Vorbilder dieser Art unbenutzt. So fand die Rechtslehre im crimen vis einen Begriff vor, unter dem die einzelnen Gewaltverbrechen sich hätten sammeln lassen. Statt dessen verdrängten die Einzelformen, ersetzte die kasuistische deutschrechtliche Überlieferung das abstrakte Gewaltverbrechen.

Anders stand es um die Verbrechen aus Tücke und List. Hier fehlte die Fülle besonderer Formen, die den allgemeinen Begriff überwucherten. Weder das deutsche noch das römische Recht haben z. B. den Begriff des Betruges entwickelt. Es lag also nahe, das Werturteil wenigstens über diese Verbrechensform und die Bedürfnisse des modernen Geschäftsverkehrs in allgemeinen Begriffen auszudrücken.

Dafür aber bot sich als Anknüpfungspunkt das römische falsum an. Zwar war das falsum im römischen Recht kein materiellrechtlicher Begriff, der alle Straftaten aus List und Heimtücke auch nur auf dem Gebiet des Vermögensrechts umfaßt hätte. Das falsum umfaßte vielmehr als prozessuale Kategorie eine Reihe von Sondertatbeständen, deren Verfolgung in der lex Cornelia de falsis geregelt war [1]). Aber das war kein Hindernis. Wie schon mehrfach gezeigt, war man geneigt, in Einzelerscheinungen des römischen Rechts zufällige Ausstrahlungen allgemeiner Grundsätze zu sehen und richtete die Hauptarbeit auf Erkenntnis und Ausbau der vermeintlichen allgemeinen Regel. Als übergeordneten Gesichtspunkt aber für alle in der lex Cornelia behandelten Fälle fand man die Entstellung der Wahrheit heraus, die Überlistung anderer, und so bot sich Gelegenheit, einen sehr großen Kreis von Verbrechen aus Hinterlist zu erfassen. Wie sehr das im Geiste der Zeit lag, zeigt wiederum Dante. Den im 29. und 30. Gesang des Inferno genannten Verbrechen ist gemeinsam nur die »Entstellung der Wahrheit« [2]).

Im 14. Jahrhundert [3]) lag der allgemeine Fälschungsbegriff schon fertig vor. Aus einer belanglosen und mißverstandenen Äußerung in der Novelle 73 pr. über das Wesen der in der lex Cornelia genannten Verbrechen hatte Azo den allgemeinen Begriff herausgelesen: Falsum ist jede Entstellung der Wahrheit, falsum est veritatis immutatio. Diese Bestimmung übernahm die spätere Lehre des weltlichen und kanonischen Rechts [4]).

---

1) Mommsen, R. StrR. 667 ff., Kuttner, Die juristische Natur der falschen Beweisaussage 9 ff.

2) Mit Recht hat aber Finzi, J falsarj nell' inferno dantesco 16 ff. darauf hingewiesen, daß Dantes »Fälscher« zum Teil kein falsum im Rechtssinne begangen haben, sondern daß Dante vom volkstümlichen Sprachgebrauch ausgeht.

3) Brunnenmeister, Quellen 283 ff., Hälschner, System II 333 ff., Seeger, Abhandlungen 37 ff., G. S. 24 S. 205, Kuttner, a. a. O. 9 ff., 20 f., Katz 144 ff., Wolff, Der Parteiverrat des Sachwalters 55 ff., Mayer, Die Untreue im Zusammenhang der Vermögensverbrechen 39 ff., Heinemann, Crimen falsi.

4) Vgl. u. a. Gandinus, De falsariis 1 (S. 320); Cinus, C IX 22 Ad l. Corn. de falsis 20; Alb. de Rosc., D XLVIII 10 Ad l. Corn. de falsis 1 n. 1 und a. a. O. 23 n. 1; Baldus, Cons. I 54 n. 2, 244 n. 2; Bonif. de Vitalinis, De falsis n. 1; Durantis, Spec. I 4 De advocato 9 § Utriusque n. 5; Hostiensis, c. 5 X De crimine falsi V 20 § Quinta (S. 301), S. A. V 20 n. 1: »Quid sit falsitas? et quidem nihil aliud est quam immutatio veritatis ex certa scientia facta ...; vel dicitur imitatio veritatis, eo quod falsatores student imitari ea quae vera sunt, ut falsa videantur verisimilia secundum Azonem«. Vgl. auch Heinemann, Crimen falsi 8 ff.

Nur Bartolus sah das Begriffliche richtig. Von untechnischen Begriffen der Fälschung, zu denen der des Azo gehörte, unterschied er das eigentliche falsum, nämlich alles und nur das, was in der lex Cornelia de falsis geregelt war: »falsum uno modo dicitur largissime. Et istud est omne, quod non est verum...; secundo modo dicitur falsum omnis mutatio veritatis, quae in se habet dolum...; tertio modo dicitur falsum stricte, et tunc illud dicitur tantum falsum, quod incidit in aliquod caput legis Corneliae de falsis« (Bartolus, D XLVIII 10 Ad l. Corn. de falsis 23 n. 1). Zwischen weiteren und engeren Auffassungen des falsum unterschied auch Angelus, C IX 22 Ad l. Corn. de falsis 20 n. 2, der aber die Entstellung der Wahrheit schon als falsum im engsten Sinne gelten ließ. Er fügte aber ein weiteres Merkmal hinzu: Die Wahrheitsentstellung muß dem Betroffenen schaden: »quando commutatur veritas dolo malo in alterius perniciem, et istud est proprie falsum«.

Damit ist ein Merkmal genannt, das in der Rechtslehre des 14. Jahrhunderts allgemein für das falsum hervorgehoben wird. Als immutatio veritatis schlechthin wäre der Begriff des falsum ins Grenzenlose zerflossen. Daher beschränkten ihn die Rechtslehrer einmal auf Angriffe gegen das Vermögen und verlangten zweitens den Eintritt eines schädlichen Erfolges oder der Möglichkeit eines solchen Erfolges. Die Fälschungshandlung mußte also den Verletzten am Vermögen schädigen oder wenigstens die Gefahr eines Schadens heraufbeschwören.

Diese Fragen wurden an Hand bestimmter Fälle erörtert, die in der Praxis häufig vorkommen. Man überlegte nämlich, wie die Urkundenfälschung zu bestrafen sei, wenn die gefälschte Urkunde aus irgendwelchen Gründen ohnehin nichtig war, oder wie der falsche Zeuge zu behandeln sei, dessen Aussage nicht verwertbar war, weil man ihn z. B. nicht beeidigt hatte oder andere Mängel im Wege standen.

Die ältere, von Dinus geführte Theorie [5]) behandelte diese Fragen nach den Grundsätzen der Versuchslehre. Die Anfertigung oder der Gebrauch einer nichtigen Urkunde und die nichtige Zeugenaussage stellt den Versuch eines schweren Verbrechens dar, ist also strafbar [6]). Dieser Lehre schließt sich von den späteren im wesentlichen Salicetus, C IX 19 De sep. viol. 1 n. 6, 7 an, während die herrschende Lehre andere Gesichtspunkte in den Vordergrund stellt.

Man geht nämlich methodisch vom Zweck des Gesetzes aus und findet ihn darin, daß der Geschäftsverkehr vor Schaden bewahrt

---

5) Vgl. Alb. de Rosc., C IX 19 De sep. viol. 1 und die später zitierten.

6) Vgl. S. 192, 194 f.

werden solle [7]. Demnach fragt man sich, welche Fälschungshandlungen eine Gefahr für den Verkehr bedeuten und kommt auf Unterscheidungen, wie sie in der Lehre von der Gültigkeit förmlicher Rechtshandlungen immer wieder eine Rolle gespielt haben. Schon Richardus Malumbra hatte darauf sehen wollen, ob die falsche Urkunde oder Zeugenaussage an einem äußeren Formfehler litt, oder ob innere Mängel, etwa des beurkundeten Rechtsgeschäfts, auch den förmlichen Akt nichtig machten. Nur im zweiten Falle sollte wegen Fälschung bestraft werden. Den gleichen Gedanken bringt Cinus, C IX 19 De sep. viol. 1, aber in abgewandelter Form. Es soll nämlich darauf ankommen, ob die Nichtigkeit von Urkunden oder Aussagen auf äußerlich sichtbaren oder versteckten Mängeln beruht. Ist das erstere der Fall, so ist nur die böse Absicht des Fälschers als Stellionat zu bestrafen, aber keine Fälschungsstrafe verwirkt.

Der Gedankengang ist klar: Formfehler, äußerlich sichtbare Mängel sind für den Geschäftsverkehr ungefährlich. Wer sorgfältig nachprüft, wird den Fehler entdecken, während materielle Mängel des beurkundeten Rechtsgeschäfts bei verkehrsüblicher Nachprüfung nicht immer sofort erkannt werden. Die Fälschungsstrafe entfällt also bei solchen Mängeln, die dem Akt »auf die Stirn geschrieben« sind. Also Unterscheidungen und Gesichtspunkte, die noch heute in der Lehre vom fehlerhaften Staatsakt im Verwaltungsrecht oder von der Nichtigkeit des Urteils im Zivil- und Strafprozeß hervortreten.

Die italienische Theorie ließ es somit auf die objektive Gefährlichkeit der Fälschungshandlung ankommen. Bald mehr dem Richardus Malumbra, bald Cinus zuneigend, machten die meisten Unterscheidungen dieser Art und waren auch darüber einig, daß der untaugliche Versuch, weil er im Gesetz nicht besonders geregelt war, nach richterlichem Ermessen zu bestrafen sei. Doch verlangte man dafür den Schädigungsvorsatz des Täters. So lehrte schon Gandinus, De falsariis 26 f. (S. 335 ff.), daß die Fälschungsstrafe entfalle, wenn Urkunden oder Aussagen wegen Formmangels nichtig seien, weil kein Schaden entstehe. Dagegen soll aus nichtiger Aussage die Rechtsfolge des Stellionats entstehen. Bartolus, D XLVIII 10 Ad l. Corn. de falsis 6, folgt Richardus Malumbra zunächst darin, daß materielle Mängel den Falsumbegriff niemals ausschließen. Wo aber Formfehler begangen sind, soll es auf den einzelnen Fall ankommen. Wenn nämlich der formnichtige Rechtsakt doch irgendwie schaden kann, soll Falsumstrafe verhängt werden. Auf die Unterscheidung zwischen äußeren und inneren Mängeln kommt auch Albericus de Rosciate,

---

7) Besonders deutlich Gandinus, De falsariis 26 (S. 337)!

St. II 147, der dort (n. 8) über die Stellionatstrafe bemerkt: »Communiter vidi teneri in quaestionibus supradictis et similibus, quod testis et tabellio non puniantur poena falsi, sed alia extraordinaria« [8]). Der gleiche Unterschied begegnet bei Baldus, C IX 19 De sep. viol. 1 n. 3 ff.: »Aut ... instrumentum est invalidum, hoc est contractus, qui continetur in instrumento, est invalidus, sed instrumentum in se habet debitam formam et suas solemnitates, et tunc indistincte notarius committit falsum, sive defectus iste sit visibilis sive invisibilis...; aut instrumentum est nullum propter defectum ipsius instrumenti: tunc si quidem est nullum omnino, ita quod ex eo nullum praeiudicium possit alteri parari, tunc non punitur de falso... Sed si ex hoc posset aliquod praeiudicium parari, tunc notarius punietur« [9]). Die Lehre des Baldus bringt schließlich auch Angelus, D III 2 De his qui not. infam. 13, 4, D XXIX 3 Testamenta quemadmodum aperiantur 2, 1 n. 4, D XLIII 5 De tabul. exhib. 1, 2 n. 1.

Diese Lehre entsprach auch der Gerichtspraxis. So wollte Albericus de Rosciate, D XLVIII 10 Ad. l. Corn. de falsis 6 n. 2, die unbeschworene falsche Zeugenaussage nicht als falsum bestraft wissen, sondern nur Stellionat annehmen. In diesem Sinne haben nach ihm die bologneser Doktoren in einem bestimmten Prozeß ihr Gutachten erstattet. Daß in den Gutachten allgemein zwischen förmlichen und nicht förmlichen Mängeln unterschieden wurde, bezeugt auch Bonifacius de Vitalinis, De falsis n. 21, 29, und das bestätigen auch die Consilien des Baldus [10]).

Somit ergibt sich als Fälschungsbegriff der Italiener: Falsum ist jede vorsätzliche [11]) Entstellung der Wahrheit, die einem andern

---

8) Über den inneren Tatbestand bei formnichtigen Akten vgl. Alb. de Rosc., C IV 20 De testibus 9 n. 7: »Si ... non ut in actis describeret nec descriptum est, dolose tamen et mendaciter voluit partem laedere, tenetur parti de dolo civiliter ... et criminaliter crimine stellionatus .... Si vero neminem decipere voluit, tunc nullo modo tenetur«.

9) So für die unbeschworene Zeugenaussage auch Baldus, C IV 20 De testibus 9 n. 14.

10) Baldus, Cons. I 101 n. 5. Ein falscher Zeuge legt ein Zeugnis ab, »quod non iuvat producendum« (statt »producentem«?). Dann Falsumstrafe, »si facit ad causam«. Anders bei Nichtigkeit »ex defectu forme«. Ders., Cons. III 33 n. 1: Keine Bestrafung aus der lex Cornelia, sondern wegen Stellionats, weil die Namen der Zeugen nicht genannt, ihre Aussagen also nichtig waren. Ders., Cons. V 492 n. 6: »quaeritur utrum, si testis deposuit falsum, quod non iuvat producentem, possit puniri de falso. Respondeo sic, si facit ad causam ..., dummodo dictum testis non sit nullum ex defectu forme«.

11) Der dolus ist beim falsum begriffswesentlich. Vgl. Gandinus, De falsariis 2 (S. 320): »Committitur ... falsum dolo adhibito et non aliter«; Jac. de Belvisio I 8 n. 5; Bonif. de Vitalinis, De falsis n. 4; Baldus, Cons. I 244 n. 4; Hostiensis, S. A. V 20 n. 2.

schadet oder die Möglichkeit dazu mit sich bringt. Das letztere ist wichtig. Ein falsum konnte auch dann vorliegen, wenn im Zeitpunkt der Entdeckung noch niemand geschädigt war. Daher will Baldus, C IX 22 Ad l. Corn. de falsis 13, einen Schuldner, der eine falsche Quittung ausgestellt hat, auch dann wegen Fälschung haftbar machen, wenn die Sache rechtzeitig herauskommt. Denn immerhin habe der Täter in der Zwischenzeit auf Grund der gefälschten Quittung eine gewisse Vermutung für das Erlöschen der Schuld für sich gehabt.

Die Bestrafung wird in der Regel der lex Cornelia entnommen, also Deportation und Konfiskation oder auch nur Deportation verlangt [12]), Strafen, die sich in besonders schweren Fällen, z. B. bei Aktenvernichtung zum Schaden des Staates bis zur Todesstrafe steigern [13]). Doch war man sich bewußt, daß das kein praktisch geltendes Recht sei. Daher wollten einige beim Schweigen des Statuts die Strafe von vornherein dem Ermessen des Richters überlassen, der sich nach den Gewohnheiten zu richten habe [14]).

2. Praxis.

Das Statutarrecht konzentrierte sich mehr in den einzelnen Formen der Fälschung als im allgemeinen Begriff. Die überlieferten Sonderregeln über Urkundenfälschung, falsches Zeugnis, Münzfälschung usw. waren für die Praxis brauchbarer als die allgemeine Vorstellung der Wahrheitsentstellung. Gerade in diesem Bereich war Rechtssicherheit nötig. Der Verkehr verlangte bestimmte Regeln, berechenbare Prozeßaussichten. War jede Unrichtigkeit, jede Übertreibung Fälschung, so enthielt jeder Geschäftsabschluß ein kriminalistisches Risiko. Es nimmt also nicht wunder, daß die Gesetzgebung aus der Fülle der Täuschungshandlungen nur einzelne bestimmte Tatbestände herausgreift, und daran ändert nichts, daß man in der Grundauffassung sich gelegentlich zur Theorie bekennt [15]). Auch die Gutachten lassen ein Übergreifen des Fälschungsbegriffs über den Bereich des statutarrechtlich geregelten nicht erkennen. Es werden scheinbar nur Fälle der Urkundenfälschung, des falschen Zeugnisses und andere herkömmliche Tatbestände behandelt.

Aber in der Gesetzgebung war doch auch wieder das Bewußtsein dafür lebendig, daß die einzelnen Fälschungsverbrechen innerlich

---

[12]) Bonif. de Vitalinis, a. a.O. n. 3, 19; Hostiensis, a. a. O. n. 8.

[13]) Angelus, C IX 22 Ad. l. Corn. de falsis 22, 2 n. 2.

[14]) Gandinus, De falsariis 5 (S. 321); Alb. de Rosc., D XLVIII 10 Ad l. Corn. de falsis 1, 13 n. 1 ff.

[15]) So heißt es z. B. im Statut von Carpi von 1353 r. De falsis testibus et instrumento (S. 50) in der Vorrede: »Cum falsitas sit mutatio veritatis.«

zusammengehörten und einem gemeinsamen Oberbegriff untergeordnet waren. Hier und dort nämlich finden sich allgemeine Regeln für alle Fälschungen. In Pisa (1286 III 60 S. 449) und Ascoli (1377 III 18 S. 93) bleibt die Bestrafung der Fälschung schlechthin dem Ermessen des Gerichts überlassen. Die Statuten des mailänder Kreises enthalten wenigstens einen subsidiären Gesamttatbestand. So wird in Mailand (r. 93) nach Ermessen des Gerichts an Vermögen oder Körper bestraft, wer ein Fälschungsverbrechen begeht, für das im Gesetz eine bestimmte Strafe nicht vorgesehen ist. Ähnliches galt in Cremona (1387 r. 161), wo aber nur Vermögensstrafe vorgesehen war, Lodi (1390 S. 105 R.) und Lecco (r. 283 S. 138).

Anderswo sind wenigstens solche Fälschungen zusammengefaßt, die in der öffentlichrechtlichen Sphäre geschehen: Fälschungshandlungen der Beamten und falsum zum Nachteil der Kommune. In Perugia (1342 III 25 S. 44 f.) z. B. wird nach Ermessen am Körper und Vermögen bestraft, wer betroffen wird »en alcuna falsetà overo fraude overo trademento, el quale overo la quale fosse contra el comuno de Peroscia«. Geldstrafe von 100 l und Amtsverlust aber ist die Strafe des Beamten, der sich einer Fälschung im Amte schuldig macht (r. 26 S. 45).

Dann wieder sind einzelne Rechtsfolgen, in erster Linie Nebenfolgen und Ehrenstrafen, allen Fälschern gleichviel welcher Art zugedacht. So ist in Siena (1309/10 V 89 S. 271) der wegen Fälschung verurteilte für immer amtsunfähig, und sein Name wird im Stadthaus öffentlich angeschrieben. Amtsunfähig ist der Fälscher auch in Modena (1327 I 111 S. 92). In Frignano (1337/38 IV 5 S. 169 f.) darf der verurteilte Fälscher oder der wegen Fälschung geächtete nicht Vertreter einer Körperschaft sein. Wenn in Mailand (r. 91, 92) von einem Urkundsbeamten öffentlich bekanntgegeben wird, daß er eine Fälschung in Ausübung seines Amts begangen habe, so wird er unfähig, Beamter zu sein oder andere öffentliche Tätigkeiten auszuüben. Das Gleiche war in Cremona (1387 r. 160), Lodi (1390 S. 105 f.) und Lecco (r. 282 S. 138) der Fall. Das Statut von Perugia von 1342 III 22 (S. 43) erhöht die Rückfallstrafe für alle Arten von Fälschern einheitlich.

Aber Gesamtregeln dieser Art steht die Fülle der Sondervorschriften über Urkundenfälschung, falsches Zeugnis, Münzfälschung und anderes gegenüber, und in diesen Tatbeständen macht sich der Einfluß der Theorie eher einschränkend als ausdehnend geltend. Während der allgemeine Begriff der Wahrheitsentstellung im Statutarrecht fehlt, wird das Erfordernis der Schädigung oder Gefährdung des Vermögens hier und dort übernommen und damit der Sondertatbestand gegenüber dem gemeinen Recht noch weiter eingeengt.

Unter den Einzeltatbeständen nehmen den breitesten Raum Fälschungsverbrechen ein, die sich gegen den öffentlichen Glauben richten: Urkundenfälschung, falsches Zeugnis und Münzfälschung. Von diesen Verbrechen ist im folgenden zu sprechen.

II. Urkundenfälschung.

1. Theorie.

Eine Bestimmung des Urkundenbegriffs fand die italienische Rechtslehre [16]) in der ganz allgemeinen auf der Etymologie des Wortes beruhenden Vorschrift in D 22, 4, 1: »Instrumentorum nomine ea omnia accipienda sunt, quibus causa instrui potest«. Aber diesem ganz allgemeinen stellte man einen engeren Begriff des instrumentum gegenüber, der namentlich den Zeugen nicht mitumfaßte. Diese Einschränkung war nötig, wenn man nach dem Vorbilde der lex Cornelia Urkundenfälschung und falsches Zeugnis auseinanderhalten wollte. In diesem Sinne wurde denn auch das Statutarrecht ausgelegt [17]).

Aber der Begriff wurde noch weiter eingeengt. Urkunden waren nämlich nur Schriftstücke, nicht etwa jeder körperliche Gegenstand, der etwas rechtlich Erhebliches zum Ausdruck brachte. Die Anfertigung, Veränderung oder Unterdrückung solcher Gegenstände, z. B. von Siegeln oder Grenzsteinen, wird zwar als Unterart des allgemeinen falsum als Wahrheitsentstellung behandelt, aber von der eigentlichen Urkundenfälschung abgehoben. Aber auch nicht einmal jedes Schriftstück galt den Rechtslehrern als Urkunde. Man wandte hier den Grundsatz an, daß die Fälschung jemand schaden oder wenigstens dazu imstande sein müsse und beschränkte den juristischen Urkundenbegriff demnach auf Schriftstücke, die dazu geeignet waren. Das aber waren in erster Linie im Prozeß verwertbare, beweiserhebliche öffentliche Urkunden, während private Schriftstücke, grundsätzlich ungeeignet als Beweismittel, keine Urkunden im Sinne der lex Cornelia waren. Dem instrumentum publicum wurde die scriptura privata gegenübergestellt, und so unterschied auch die Praxis [18]).

---

[16]) Über das kanonische Recht vgl. Hinschius, KR. V 199f., Katz, 150ff.

[17]) Alb. de Rosc., D XXII 4 De fide instrum. 1 n. 1 ff.: »Instrumentum secundum etymologiam vocabuli comprehendit omne genus probationis, per quod iudex instruitur ... Sed de proprio significato aliud sunt instrumenta et aliud testes«. Ebenso Salicetus, a. a. O. n. 1. Vgl. auch Alb. de Rosc., St. I 186: Ein den »producentem falsa instrumenta« bedrohendes Statut ist auf den nicht anwendbar, der einen falschen Zeugen bringt, »quia licet de largo significatu vocabuli appellatio instrumentorum contineat testes, tamen de usitato modo loquendi continet solum chartas seu instrumenta publica.« So auch Hostiensis, S. A. II 22 n. 1.

[18]) Alb. de Rosc., D XXII 4 De fide instrum. 1 n. 5: »secundum modum loquendi instrumentum appellatur solum charta publica, qui modus loquendi

Dabei wird freilich der Begriff der öffentlichen Urkunde weit gefaßt. Man verstand darunter nicht nur das Schriftstück, das ein öffentlicher Urkundsbeamter abgefaßt hatte, sondern auch Privatschriften, die vor Gericht bekanntgegeben wurden, sich in öffentlicher Aufbewahrung befanden oder von einem Privatmann mit richterlicher Ermächtigung aufgenommen wurden [19]. Schon daraus geht hervor, daß auch Privatschriften leicht zu Urkunden im Sinne der lex Cornelia werden konnten, nämlich dann, wenn sie auf irgendeine Weise als »Zufallsurkunden« in die öffentliche Sphäre hineingerieten, etwa als Beweismittel im Prozeß verwertet wurden [20]. Den Ausschlag gab immer die Frage, ob die Urkunde Schaden anrichten konnte, so daß die Beurteilung von den Umständen des Einzelfalles abhing. Deutlich tritt dieser Gesichtspunkt z. B. in einem Gutachten des Baldus, Cons. IV 323 n. 1 hervor. Wenn ein Geschäftsmann zur Unterstützung seines Gedächtnisses ein Memorial (»memorialem codicem«) anlegt, so darf er es nach Belieben wieder vernichten oder verändern. So darf auch der Erblasser sein Testament wieder zerstören. Denn niemand anders als der Urheber selbst hat Rechte an diesen Schriftstücken. Niemand leidet also Schaden, wenn sie vernichtet oder verändert werden: »qui in talibus scripturis, que nemini nocent, falsum scribit, non tenetur crimine falsi«. Wenn aber jemand ein Schriftstück im Interesse eines andern (»scripturam alteri tantum«) aufsetzt, wie das in der Praxis von Bankiers oder Notaren vorkam und es dann veränderte oder unterdrückte, so machte er sich der Fälschung schuldig. War aber endlich die Urkunde im gemeinsamen Interesse des Urhebers und eines andern errichtet wie z. B. das Kontobuch einer Gesellschaft, das ein Gesellschafter verfaßt hat, so soll die Einwirkung darauf erst dann strafbar sein, wenn jemand vor Gericht davon Gebrauch gemacht hat (»saltim postquam quis in iudicio vel coram arbitro tali scriptura usus est«).

---

praefertur etymologiae.« So hätten auch die Gerichte in Bologna und Bergamo entschieden. Baldus, J IV 18 De publ. iud. 7 (»testamentum vel aliud publicum instrumentum«); Angelus, C IX 22 Ad l. Corn. de falsis; Lucas de Penna, C X 3 De fide et iure hastae etc., Rubr.: »Nota, quod appellatione instrumentorum testes continentur et omne id quod iudicem instruit ... Proprie autem dicitur instrumentum scriptura publica ad memoriam alicuius rei facta.« — Über die Siegelfälschung im kanonischen Recht vgl. c. 5 X De crimine falsi V 20.

19) Angelus, Auth. De instrumentorum cautela et fide l. Novimus n. 5. Über die Formerfordernisse öffentlicher Urkunden vgl. Sella, proc. civ. 130 f.

20) Baldus, C IV 21 De fide instrum. 21 n. 3: »Nota quod ille, qui producit privatam scripturam producibilem ad aliquod iudicium vel ad aliquam probationem, ita potest de falso accusari, sicut si produceret instrumentum publicum in forma«; Baldus, C IX 22 Ad l. Corn. de falsis 21 n. 1; Angelus, a. gl. O. 13; Bonif. de Vitalinis, De falsis n. 3.

Als Fälschungshandlung wird einmal das Anfertigen (fabricare) oder Anfertigen-lassen, aber auch das Gebrauchen einer falschen Urkunde bestraft. Jede dieser Handlungen erfüllt selbständig für sich den Tatbestand der lex Cornelia, die also kein Zusammentreffen von Fälschung und Gebrauch voraussetzt [21]).

Während die ältere Theorie, namentlich Azo, Anfertigung und Gebrauch falscher Urkunden auf gleiche Stufe stellte, hielten die späteren den Gebrauch für das harmlosere Vergehen. Den Täter sollte nicht die Regelstrafe der lex Cornelia, sondern zeitliche Verbannung oder sonst mildere Strafe treffen. So lehrt Cinus, C IV 21 De fide instrum. 2 n. 2: »quae erit poena falsitatis, si convictus fuerit? Respondeo, quod aut accusatur, quia fabricavit et tunc directa poena legis Corneliae punitur...; aut accusatur, quia utebatur solum, et tunc non est directa accusatio legis Corneliae, sed quaedem alia, quae non habet tantum effectum« [22]).

Auch entnahm man der Quellenstelle C 9, 22, 8, daß man vom Gebrauch einer falschen Urkunde abstehen könne, während es einen Rücktritt von der vollendeten Anfertigung einer falschen Urkunde nicht gab [23]). Man erklärte das aus den Erfordernissen des allgemeinen Fälschungsbegriffs. Zum falsum war der Eintritt eines Schadens oder einer Schädigungsgefahr nötig. Nahm also jemand Abstand vom Gebrauch einer falschen Urkunde, so war durch den Gebrauch weder ein Schaden entstanden, noch die Möglichkeit eines Schadens (aus dem vorherigen Gebrauch) für die Zukunft begründet. Die einmal hergestellte Urkunde aber bedeutete auch für die Zukunft eine Gefahr für den Rechtsverkehr, mochte der Hersteller auf den weiteren Gebrauch verzichten oder nicht. Man sah also den Tatbestand des falsum mit der Herstellung erfüllt, im Gebrauch aber nur einen Versuch, von dem man nach allgemeinen Grundsätzen freiwillig zurücktreten konnte. So lehrte z. B. Salicetus, C IX 22 Ad l. Corn. de

---

[21]) Bartolus, C IV 21 De fide instrum. 3 n. 3; Alb. de Rosc., a. gl. O. 2 n. 2, C IX 6 Si reus vel accusator etc. 4; Angelus, C IX 22 Ad l. Corn. de falsis 8.

[22]) Gandinus, De falsariis 6 (S. 321 f.); Baldus, C IX 6 Si reus vel accusator etc. 4: »nota fabricantem falsum vel fabricari facientem dici principalem respectu eius, qui utitur«, C II 11 (12) De causis ex quibus infam. 3 n. 6; Alb. de Rosc., C IV 21 De fide instrum. 2 n. 2; Salicetus, a. gl. O. n. 4; Angelus, C IX 22 Ad l. Corn. de falsis 8 n. 1; Salicetus, a. gl. O. n. 3.

[23]) Gandinus, De falsariis 6 (S. 321 f.); Bonif. de Vitalinis, De falsis n. 3; Bartolus, C IX 22 Ad. l. Corn. De falsis 8 pr.; a. gl. O. Baldus und Angelus; Alb. de Rosc., C IX 6 Si reus vel accusator etc. 4; a. gl. O. Angelus und Salicetus n. 3; Alb. de Rosc., D XLVIII 10 Ad. l. Corn. de fals. 31 n. 3; Bartolus, C IV 21 De fide instrum. 1 n. 2; a. gl. O. Baldus 3 n. 1 ff. und Salicetus 2 n. 4; Hostiensis, S. A. V 20 n. 2.

falsis 8 n. 1: »quod poena propter usum infligenda reperit delictum non consummatum, sed in fieri...; sed poena propter fabricationem reperit delictum consummatum, ideo primo casu locus est poenitentiae, secundo non«[24]).

Den gleichen Standpunkt vertrat auch die geistliche Jurisprudenz. Wenn jemand falsche Papstbriefe in Händen hatte, so mußte er sie innerhalb von 20 Tagen vernichten. Tat er das, so blieb er straflos. Doch nahm die Theorie das nur dann an, wenn der Täter die Briefe von jemand anders erlangt, sie nicht etwa selbst angefertigt hatte oder auch nur davon wußte[25]).

Hauptfall des Gebrauchs war das Vorbringen einer falschen Urkunde im Prozeß. Die herrschende Lehre nahm daher an, daß straflos bleibe, wer im Laufe des Verfahrens auf den weiteren Gebrauch der falschen Urkunde verzichte. So heißt es bei Bartolus, C IV 21 De fide instrum. 1 n. 2: »Quaerit glossa, utrum iste, qui produxit instrumentum falsum, teneatur de falso. Certe sic: ex eo, quod utitur, non ex eo, quod fecerit, et ideo, si ab usu desisterit, non teneretur«.

In der Praxis hatte sich hier das Rechtsinstitut der Protestation ausgebildet. Parteien und Parteivertreter pflegten beim Vorbringen von Urkunden im Prozeß eine ausdrückliche Verwahrungserklärung abzugeben des Inhalts, daß sie die Urkunde nur insoweit gebrauchen wollten, als sie richtig sei[26]). Stellte sich dann die Urkunde als falsch heraus und ließ die Partei während des Verfahrens vom Gebrauche ab, so blieb sie straflos. Nur dann sollte die Protestation nichts nützen, wenn jemand die begründete Mitteilung erhielt, daß die vorgebrachte Urkunde falsch sei, trotzdem aber zunächst beim Gebrauch beharrte und erst später zurücktrat. Dabei fiel man theoretisch aus der Konstruktion. Man gab hier offensichtlich die Auffassung preis, als liege im Gebrauch der falschen Urkunde ein Versuch des Verbrechens, von dem man bis zum Eintritt des Erfolges freiwillig zurücktreten könne und verlegte die Fragestellung in den inneren Tatbestand. Darauf

---

24) So auch Cinus, C IV 21 De fide instrum. 2 n. 2; Angelus, C IX 22 Ad l. Corn. de falsis 8 n. 1: »Ratio, quia in fabricatione consumatur delictum omni sua perfectione, quod non contingit in suo simplici usu.«

25) Vgl. c. 4, 8 X De crimine falsi V 20; Ast. I 42 (S. 61 R.); Barth. Pis. s. v. »Excommunicatio« n. 1 (S. 59 R.); Hostiensis, c. 7 X De crimine falsi V 20.

26) Alb. de Rosc., C IV 21 De fide instrum. 2 n. 2: »Consultum est ..., quod utentes instrumentis dicant se uti, inquantum sunt bona et ubi falsa apparerent, quod abstinent ab usu ... Et ita habet mos iudiciorum, licet quidam dixerint talem modum reddere instrumentum suspectum.« Ebenso Cinus, C IX 22 Ad. l. Corn. de falsis 8. Der Wortlaut einer solchen Protestation, wie sie in der Praxis üblich war, bei Gandinus, De falsariis 6 (S. 321).

deutet schon die Protestation an sich als Verwahrung gegen die Annahme der bösen Absicht, wie das auch bei der Prozeßverleumdung der Fall war. So begründete man auch die Wirkungslosigkeit des verspäteten Rücktritts. Wer nämlich die Urkunde nach Empfang von Mitteilungen über die Fälschung weiter gebrauchte, so wurde gelehrt, der könne nicht ohne Vorsatz handeln, der hier deutlich als dolus eventualis gedacht ist [27]). Nach Bartolus, D XLVIII 10 Ad l. Corn. de falsis 31 n. 2f., war eine Mitteilung der Gegenpartei gar nicht erst abzuwarten. Der Richter sollte eine Frist setzen, innerhalb deren der Vorbringende sich über den Weitergebrauch schlüssig werden mußte.

Der Anfertigung falscher Urkunden stand die Verfälschung gleich [28]). Den theoretischen Unterschied hebt Hostiensis, S. A. V 20 n. 6, deutlich hervor: Er unterscheidet zwischen falschen und verfälschten Papstbriefen, literae falsae und literae falsatae. Falsche Briefe sind außer solchen, die durch unwahre Vorspiegelungen erschlichen werden, Schriftstücke, die den Anschein der Echtheit zu erwecken suchen, aber in jeder Hinsicht unwahr sind. Das wird damit erläutert, daß weder Siegel noch Schrift echt sei. Es ist also an den Fall der Identitätstäuschung gedacht. Die verfälschten Briefe aber seien solche, die teilweise echt, aber nachträglich geändert seien.

Neben der Fälschung und Verfälschung von Urkunden ist drittens die Urkundenunterdrückung strafbar: das »celare«, »occultare«, »delere«, »subripere«. Diesen Fälschungstatbestand suchte man vom furtum abzugrenzen. Denn nicht jede Entziehung oder Verheimlichung einer Urkunde sollte als falsum gelten. So war vor allem kein Fälscher, wer jemand anders eine Urkunde wegnahm, um sie für sich zu verwenden. Hier scheinen freilich die Gerichte gelegentlich anders entschieden zu haben. Angelus hat einmal erlebt, wie ein Gericht in Perugia jemand als Fälscher bestrafte, der einem andern eine Urkunde weggenommen hatte (C IX 22 Ad l. Corn. de falsis 14 pr.): »ego vidi semel practicari in civitate Perusii per dominum (Name) potestatem, qui quendam civem notabilem condemnavit de falso, eo quod subtraxerat instrumentum adversario suo«. Aber Angelus, a. a. O. n. 1, mißbilligt diese Entscheidung und will hier so lange keine

[27]) Alb. de Rosc., C IX 22 Ad l. Corn. de falsis 8 n. 1, 2: »... licet ab initio dolo caruerit tamen perseverando in usu post denuntiationem non potest dolo carere.« Ebenso Alb. de Rosc., D XLVIII 10 Ad l. Corn. de falsis 31 n. 3; Gandinus, De falsariis 7 (S. 322).

[28]) Vgl. c. 5 X De crimine falsi V 20. — Joh. Andreae, c. 6 X De fide instrum. II 22 n. 11: »patet, quod mutatio literae falsitatem inducit, non tamen omissio ...., et intelligas, quando ex mutatione sensus variatur; alias contra.« Ebenso Bartolus, D L 1 Ad municipalem etc. 36 n. 4; Jac. de Beslvisio I 2 n. 8.

Fälschung annehmen, als nicht der Urkundenkörper verändert, etwa daran radiert wird. Die entscheidende Stelle C 9, 22, 14 bezogen die Rechtslehrer nur auf Testamente. Nur bei Testamenten also war nichts weiter nötig als die Wegnahme des Schriftstücks, in anderen Fällen aber brachte man den allgemeinen Fälschungsbegriff zur Geltung. Nur dann nämlich sollte ein falsum vorliegen, wenn die Wahrheit vollständig entstellt, nämlich die Urkunde nicht einem einzelnen, sondern allen entzogen [29]), aus dem Rechtsverkehr gänzlich herausgenommen wurde.

Der weitere Begriff der mutatio veritatis umfaßt schließlich auch die Falschbeurkundung. Zwischen unechten und unwahren Urkunden wird kein Unterschied gemacht. Somit liegt der Tatbestand des falsum vor, wenn ein Notar wissentlich eine inhaltlich falsche, unter Umständen auch inhaltlich unzulässige Urkunde aufnimmt oder in einer Urkunde wesentliches ausläßt [30]).

Als besondere Strafe der Urkundenfälschung wird die in der Lombarda vorgesehene Verstümmelung einer Hand erwähnt und hervorgehoben, daß diese Strafe auch in der Praxis verhängt werde [31]).

2. Praxis.

Die Statuten [32]) bedrohen die Urkundenfälschung allgemein mit harten Strafen. Das erklärt sich aus dem Werturteil der Zeit über die verächtliche Gesinnung des Fälschers, aber auch aus praktischen Bedürfnissen. Das Urkundenwesen war öffentlichen Beamten anver-

29) So auch Bartolus, D XLVIII 10 Ad l. Corn. de falsis 16 n. 1: »Qui subtrahit instrumentum, non incidit in poenam falsi, nisi in testamento, secus in alio instrumento ... Ex furto solo non incidit quis in poenam falsi, sed si quis furatur et corrumperet instrumentum ponendo illud in ignem vel alio modo destruit, tunc pro quolibet instrumento subtracto et ita destructo quis incidit in falsum ...; qui coelat aliquid, ut verum non appareat, incidit in crimen falsi. Hoc debes intelligere in eo, qui coelat aliquid simpliciter, ut nemini appareat; secus si coelaret contra unam personam tantum.« Vgl. auch Angelus, D XLVII 2 De furtis 26, 1 n. 3: »Subtrahens instrumentum nedum tenetur furti; imo tenetur Cornelia de falsis; si subtraxit illud, ut celaret ita, quod non veritas rei appareret ... Secus si subtraxit solum, ut furtum committeret«; Angelus, D XLVIII 1 De publ. iudic. 1 n. 2 f.; Baldus, C IX 22 Ad l. Corn. de falsis 14 n. 1 f.; Salicetus, a. gl. O. n. 1; Hostiensis, S. A. V 20 n. 2

30) Jac. de Belvisio I 8 n. 11 f.; Bonif. de Vitalinis, De falsis n. 3; Baldus, C IV 21 De fide instrum., Rubr. n. 25, C X 1 De iure fisci 7 n. 22, C X 23 De can. larg. 4 n. 1.

31) Gandinus, De penis 52 (S. 270), De falsariis 5 (S. 321: »que lex hodie servatur«); Bonif. de Vitalinis, De falsis n. 8; Alb. de Rosc. s. v. »Poena«; Angelus, Auth. Ut nulli iudicium l. Quecumque n. 20.

32) Kohler 531 ff., Pertile V 547 ff.

traut, den Notaren oder tabelliones, deren Beurkundungen öffentlichen Glauben genossen. Die öffentliche Urkunde war das rationellste und zuverlässigste Beweismittel, dessen sich der kaufmännische Geschäftsverkehr in großem Ausmasse bediente. Eine Erschütterung des öffentlichen Glaubens brachte mit der Wirtschaft den Kredit der Gemeinde in Gefahr, und man wehrte sich gegen Übergriffe um so stärker, als man es anscheinend auf diesem Gebiet mit einer starken Kriminalität zu tun hatte. So beginnt z. B. das hier maßgebende Statut von Perugia von 1342 III 23 (S. 43) mit den Worten: »a schifare (vermeiden, einschränken) e reprimere le falsetade, le quale spesso e più spesse se conmectono«.

Strafrechtlich geschützt werden bald Urkunden schlechthin, bald nur öffentliche Urkunden, namentlich gegen Verfehlungen von Notaren und Urkundsbeamten.

So nennt das Gesetz von Ivrea Sp. 1207 als Gegenstand des Verbrechens »instrumentum publicum falsum vel aliam scripturam publicam«. In Averrara (1313 r. 37 S. 38) ist genannt »falso instrumento o vero testamento o vero codicilio o vero altra scriptura publica o vero reson de comun«. Auch in Bassano (1392 S. 108 R.) sollen die Bestimmungen über Urkundenfälschung gelten »de qualibet alia scriptura publica vel vim habente scripture publice«. Das Statut von Verona von 1450 III 48, 49 nennt ausdrücklich die Fälschung öffentlicher und privater Urkunden nebeneinander und bedroht das erstgenannte Verbrechen mit härterer Strafe.

Oft wird die Fälschung bestimmter, besonders wichtiger öffentlicher Urkunden herausgehoben und mit härterer Strafe bedacht, eine Erscheinung, über die noch später gesprochen wird.

Die Tathandlung wird ebenso umschrieben wie in der Theorie. Strafbar ist also zunächst das Anfertigen falscher Urkunden, die Identitätstäuschung: »scribere«, »facere«, »fabricare falsa instrumenta« u. dergl. Dem gleichgestellt wird in der Regel die Verfälschung, d. h. die nachträgliche Veränderung ursprünglich echter Urkunden durch Radierungen, Zusätze, Streichungen usw. und die Unterdrückung von Urkunden: »cancelare«, »celare« u. dergl. Fälle dieser Art sind bald ausdrücklich genannt [33]), bald wird die Fälschungshandlung durch ganz allgemeine Wendungen bezeichnet, die auch diese Tatbestandsformen umfassen. So bedroht z. B. das Statut von Padua von 1329 S. 264 R. denjenigen mit Strafe, der eine falsche

33) Z. B. Vercelli r. De pena imposita illis, qui raserint, cancellaverint vel alio modo destruxerint aliquod statutum vel reformationem vel aliquas scripturas publicas pertinentia ad commune Vercellarum« (S. 66). In Bassano (1392 S. 26 R. r. Quod aliquod statutum non possit corrumpi) macht die »cancellatura, additio vel detractio« ebenso strafbar, wie wenn der Täter die falsche Urkunde hergestellt hätte.

Urkunde anfertigt oder anfertigen läßt »aut aliam falsitatem scienter commiserit in scripturis publicis in faciendo vel omittendo«. Auch in Mirandola (1386 S. 97) stehen gewisse Fälschungshandlungen unter Strafe, und allgemein wird der haftbar gemacht, der »aliter viciaverit, falsificaverit, vel corruperit«.

Als weiteres Merkmal — wohl unter dem Eindruck der Theorie — wird mehrfach die Entstehung eines Schadens oder der Möglichkeit dazu gefordert. Bald begnügt man sich mit dem allgemeinen Erfordernis, bald wird die Strafe im einzelnen abhängig gemacht von der Höhe des entstandenen Schadens oder dem Wert des beurkundeten Gegenstandes. In Perugia (1342 III 18 S. 40) wird am Körper bestraft und bis zur Ersatzleistung eingekerkert, wer eine Urkunde fälscht, »de lo quale overo de la quale alcuno damno sosterrà« (Schaden leidet). In Verona (1450 III 48, 49) stuft sich die Strafe je nach der Höhe des Schadens ab. Voraussetzung ist also eine Urkundenfälschung »in damnum et praeiudicium alterius«. Auch das Gesetz von Bologna von 1454 S. 31 bedroht die Fälschung einer öffentlichen Urkunde, »ex quo praeiudicium generari possit camerae Bononiae vel alicui singulari personae«.

Die Bestrafung der Urkundenfälschung ist im 14. Jahrhundert einheitlicher geregelt als die anderer Verbrechen. Es überwiegt die Strafe des langobardischen Rechts [34]), das Handabhauen, nur daß diese Strafe in der Regel abkäuflich ist, erst eintritt, wenn die in erster Linie verwirkte Geldstrafe nicht gezahlt wird. Zumeist wird ausdrücklich die Verstümmelung der rechten, der Schreibhand, genannt, eine spiegelnde Strafe also, die namentlich Notaren und Urkundsbeamten in Aussicht gestellt wird. Als Nebenstrafen sind Amtsverlust, Verlust des Notariats und Infamie häufig.

So in Biella r. 147 (Hilfsstrafe), Stat. malef. r. 35 (Hilfsstrafe), Vercelli S. 63 f. (wenn nicht die Geldstrafe von 400 l bezahlt wird), Ponti 1344 r. 13 (Hilfsstrafe, dazu Verlust des Notariats), Casale 1370 Sp. 994 f. (für Notare schon an erster Stelle);

Mantua 1303 I 28 (S. 81: aber Loskauf, dazu ewige Verbannung), Averrara 1313 r. 37 (S. 37 f.: bei Fälschung öffentlicher Urkunden 1000 l, bei deren Nichtzahlung der Täter verbrannt wird), Arona 1319 r. 33 (S. 81: Loskauf), Valperga 1350 r. 20 (Hilfsstrafe), Cremona 1387 r. 149 (an erster Stelle), Lodi 1390 S. 103 R. (an erster Stelle), Lecco r. 271 (S. 135: an erster Stelle, dazu Amtsverlust), Intra 1393 IV 50, 51 (S. 372: an erster Stelle, dazu Verlust des Notariats und des öffentlichen Glaubens);

Padua 1329 S. 264 R. (Loskauf), Bassano 1392 S. 108 R. (für den Notar an erster Stelle), Verona 1450 III 48 (für den Notar an erster Stelle);

Parma 1347 S. 231 (an erster Stelle), Mirandola 1386 S. 97 (wenn die

34) Osenbrüggen, Lgb. 156 f.

Geldstrafe von 50 l nicht bezahlt wird), Piacenza 1391 V 31 (wenn die Geldstrafe von 300 l nicht bezahlt wird; für Notare an erster Stelle);

Lucca 1308 III 105 (S. 206: für Notare an erster Stelle, dazu Amtsunfähigkeit und Verbannung); Ermessensstrafe an Körper und Vermögen droht das Statut von Pistoia von 1296 III 69 (S. 123) an, während der Täter in Pisa (1286 III 16 S. 379) enthauptet wird;

Ascoli 1377 III 21 (S. 95: an erster Stelle);

Perugia 1342 III 18 (S. 40 f.: Hilfsstrafe), 22 (S. 42 f.: Hilfsstrafe und Verlust des Notariats).

Rom 1363 II 35 (S. 105: Hilfsstrafe und Amtsverlust).

Verwickelter ist die Regelung in Verona (1450 III 48): Dort wird die Strafe nach der Höhe des angerichteten Schadens abgestuft. Von der Fälschung durch Notare abgesehen (s. oben) steht auf die Fälschung öffentlicher Urkunden, wenn der Schaden den Betrag von 200 l nicht übersteigt, Geldstrafe in Höhe des vierfachen Schadens. Obendrein wird der Täter mit einer Papiermütze auf dem Kopf dreimal um den Marktplatz geführt. Beträgt der Schaden mehr als 200, aber weniger als 2000 l, so konnte der Richter nach seiner Wahl auf Verstümmelung einer Hand oder der Zunge erkennen. Entschied er sich für das letztere, so trat Ehrenstrafe hinzu. Überstieg aber der Schaden den Betrag von 2000 l, so verlor der Täter die rechte Hand und bekam die Mütze aufgesetzt. Wurde aber eine Privaturkunde gefälscht, und überstieg der Schaden nicht die Summe von 200 l, so war wieder das Vierfache zu zahlen. Ging er darüber hinaus, so kam zur Strafe des Vierfachen Vermögens- oder Körperstrafe nach Ermessen des Gerichts hinzu.

Nur Geldstrafe nach Ermessen des Gerichts stellt das Statut von Balangero von 1391 r. 27 in Aussicht. Hinzu kam Verlust des Notariats und Infamie. Strafe nach Ermessen am Körper oder Vermögen drohten die Gesetze von Pistoia von 1296 III 69 (S. 123), Brescia 1313 II 24 und das Statut des Podestà von Florenz von 1325 III 75 (S. 232) an.

Vielfach verschärfte sich die Strafe für die Fälschung von Urkunden, die erhöhten öffentlichen Glauben genossen oder sonst größere Bedeutung für das öffentliche Leben hatten. Derart geschützt waren namentlich Urkunden der Gemeinde und vor allem Gerichtsakten.

In Averrara (1313 r. 37 S. 37 f.) z. B. hatten Notare, die falsche Schriftstücke in öffentliche Akten einfügten, 100 l zu zahlen, bei deren Nichtzahlung sie eine Hand verloren. Verlust einer Hand drohte für die Fälschung von Akten oder Statuten auch in Ascoli (1377 III 21). Das Statut von Mailand r. 80 drohte Todesstrafe für die Fälschung von Schriften aus der amtlichen Kanzlei an, und das gleiche galt in Lodi 1390 r. De poena falsificantis scripturas existentes ad cancellariam comunis Laude vel alias scripturas existentes ad cameram seu in archivio vel massaria comunis (S. 103 R.). Die Fälschung von Testamenten wird neben der Aktenfälschung in Argenta (1342 S. 99) mit Geldstrafe, hilfsweise Verlust der rechten Hand, die Fälschung apostolischer Briefe oder ihres Siegels in den Ägidianischen Konstitutionen von 1357 IV 36 (S. 182 f.) mit der pena iuris bedroht, womit wohl die des kanonischen Rechts gemeint ist. Beim Fehlen des Buchdrucks war auch das Vernichten oder Verändern der Gesetzessammlungen gefährlich. So steht z. B. in Piacenza (1391 V 29) auf das Zerstören oder Ausreißen von Blättern aus den Statuten oder die Inhaltsänderung Verlust der rechten Hand und des rechten Fußes, Strafen, von denen sich aber der Täter mit 200 l loskaufen konnte.

Straferhöhend wirkt häufiger auch der Rückfall.

So steht z. B. in Biella (Stat. malef. r. 35) auf die Fälschung öffentlicher Urkunden beim ersten Male Geldstrafe von 500 l, hilfsweise Verlust der rechten Hand. Diese Strafe wird zur Primärstrafe ohne Loskauf, wenn jemand nach der ersten Verurteilung eine neue Fälschungshandlung begeht. In Mantua (1303 I 18 S. 81) erhöht sich beim Rückfall die Strafe an Körper und Vermögen nach Ermessen des Gerichts, während in Arona (1319 r. 33 S. 81) Verstümmelung der rechten Hand und des rechten Fußes und dauernde Infamie droht, wenn jemand zwei Urkundenfälschungen, aber nur Verlust einer Hand, wenn jemand eine Urkundenfälschung begeht. In Vercelli (S. 63 f.) ist die Regelung ganz ähnlich wie in Biella. Das Statut von Mailand r. 81 bemißt die Strafe für die Fälschung öffentlicher Urkunden nach dem Wert des beurkundeten Gegenstandes und der Zahl der begangenen Fälschungshandlungen. Wenn nämlich der Gegenstand den Wert von 50 fl nicht übersteigt, so ist beim ersten Mal der vierfache Wert als Strafe zu zahlen, und mit dem Täter wird ein Umzug veranstaltet. Beim zweiten Mal wird ihm die bessere Hand verstümmelt, beim dritten Mal wird er verbrannt. Liegt der Wert zwischen 50 und 500 fl, so verliert der Verbrecher eine Hand schon beim ersten Mal und wird beim zweiten Mal verbrannt. Übersteigt der Wert endlich die Grenze von 500 l, so bleibt es dem Ermessen des Gerichts überlassen, ob der Täter schon beim ersten Mal verbrannt wird oder nur die Hand verliert. Beim zweiten Mal ist er immer zu verbrennen.

Auch im Statutarrecht wird der Gebrauch falscher Urkunden (»uti falso instrumento«), häufiger aber das Vorbringen solcher Urkunden im Prozeß (»producere«, »produrre«, »inducere« u. dgl.) bestraft. Sowohl die alte wie die neue Richtung der Theorie findet ihr Gegenbild. Ein Teil der Statuten bedroht den Gebrauch falscher Urkunden mit der gleichen Strafe wie die Herstellung, andere sehen besondere Strafen vor. Als Nebenfolgen werden Prozeßverlust und zeitweilige Unfähigkeit zur Rechtsverfolgung genannt.

So z. B. Biella, Stat. malef. r. 35 (Strafe wie für die Fälschung), Casale 1370 Sp. 994 f. (ebenso), Moncalieri 1378 Sp. 1366 (ebenso), Balangero 1391 r. 27 (Strafe nach Ermessen am Vermögen; wenn der Täter nicht zahlt, am Körper);

Mantua 1303 I 28 (S. 82: Geldstrafe von 100 l), Arona 1319 r. 33 (S. 81: Strafe wie für Fälschung), Brescia 1313 II 24 (ebenso), Vallassina 1343 r. 87 (S. 209: Verlust der rechten Hand und Rechtlosigkeit für ein Jahr), Valperga 1350 r. 20 (Strafe wie für Herstellung), Mailand r. 82 (ebenso), Lecco r. 272 (S. 135 f.: ebenso), Lodi 1390 S. 103 R. f. r. De poena scienter producentis cartam vel condempnationem falsam (ebenso), S. 104 f., Valsassina 1388 r. 87 (S. 298 f.: ebenso), Intra 1393 IV 51, 52 (S. 372 f.: ebenso);

Bassano 1392 S. 108 R. (Strafe wie für Fälschung), Verona 1450 III 51 (ebenso);

Modena 1327 IV 26 (S. 396: 100 l), Frignano 1337/38 IV 33 (S. 186: Geldstrafe), Mirandola 1386 S. 97 (25 l);

Ägid. Konst. 1357 IV 36 (S. 182 f.: Strafe wie für Fälschung), Ascoli 1377 III 21 (S. 95: Strafe wie für Fälschung);

Pistoia 1296 III 69 (S. 123: Strafe wie für Fälschung);

Argenta 1342 S. 99 (Geldstrafe, hilfsweise Verlust der Zunge), Bologna 1454 S. 30 R. (Geldstrafe von 300 l, Verlust der Sache und ewige Infamie);

Perugia 1342 III 18 (S. 40 f.: Geldstrafe), Narni 1371 III 21 (Geldstrafe von 200 l, hilfsweise Verlust eines Fußes);

Rom 1363 II 35 (S. 105: geringere Geldstrafe als für Fälschung).

Häufiger wird bei diesem Tatbestand das Erfordernis des Vorsatzes hervorgehoben [35]. In Bassano (1392 S. 108 R.) genügt freilich ein Wissenmüssen im Sinne einer Beweisregel: »intelligatur quis scienter commisisse...., qui verisimiliter vel rationabiliter scire debuit falsitatem illam inesse«.

Doch war es sehr schwierig, diesen Vorsatz mit den Beweismitteln des damaligen Prozeßrechts festzustellen. Man mußte also seine Zuflucht zu Vermutungen nehmen und machte häufig wie in der Theorie das Urteil über den Täter abhängig von seinem Verhalten im Prozeß. Man nahm nämlich ohne weiteres den Vorsatz an oder sah vom Grade des Verschuldens ab, wenn jemand eine falsche Urkunde brachte und längere Zeit oder unter gewissen Bedingungen auf ihrem Gebrauch beharrte. Wie die Theoretiker so gaben also die Statuten dem, der falsche Urkunden vorbrachte, den Rückzug frei, im einzelnen unter verschiedenen Voraussetzungen.

In der Regel kam es auch in der Praxis darauf an, daß die Gegenpartei die Echtheit des Beweismittels in Zweifel zog, und daß dem Vorbringenden die Frage gestellt wurde, ob er auf dem Gebrauch der Urkunde beharren wolle. Wenn die Partei das bejahte und das Schriftstück sich als unecht herausstellte, so wurde sie wegen Gebrauchs falscher Urkunden bestraft, ohne daß ihr Vorsatz noch besonders zu beweisen war. Ließ sie davon ab, so blieb sie straflos.

So darf z. B. in Vallassina (1343 r. 87 S. 209) keiner wissentlich falsche Urkunden vorbringen oder gebrauchen »nec ignoranter, postquam ei denuntiatum fuerit, quod ipse abstineat ab usu dicti instrumenti vel schripture«. In Casale (1370 Sp. 994 f.) gilt als vorsätzlich handelnder Täter, wer im Prozeß auf Befragen erklärt, er wolle die Urkunde gebrauchen. Das gleiche galt in Valsassina (1388 r. 87 S. 299): »intelligatur scienter et dolose produxisse, qui interrogatus in iudicio responderit se velle uti«. Das wiederholt sich in Bassano 1392 S. 108, Mailand r. 82 und Verona 1450 III 51.

---

35) Biella, Stat. malef. r. 35, Padua 1329 S. 264 R., Argenta 1342 S. 99, Vallassina 1343 r. 87 (S. 209), Valperga 1350 r. 20, Rom 1363 II 35 (S. 105), Lecco r. 272 (S. 135 f.), Verona 1450 III 51. Eine sonderbare Regelung enthält das Statut von Averrara von 1313 r. 37 (S. 37 f.): Dort steht auf das bloße Vorbringen Geldstrafe. Wenn aber die Tat wissentlich geschah, so wird der Täter wie der Notar bestraft und als Fälscher gebannt (»e oltra questa fiza metudo in bando de lo falsari«). Dazu tritt Rechtlosigkeit auf zehn Jahre ein.

Anderswo wird ein bestimmtes Prozeßstadium oder ein Zeitpunkt angegeben, bis zu dem der Vorbringende straflos vom Gebrauch der Urkunde ablassen kann oder mit milderer Strafe davonkommt.

In Mantua (1303 I 28 S. 82) ist die Abstandnahme bis zum Urteil möglich, sofern dem Täter kein Vorsatz oder keine Fahrlässigkeit nachzuweisen ist (»nisi constaret, quod sciverit vel scire potuerit falsum esse dictum instrumentum«). Das Statut von Frignano von 1337/38 IV 33 (S. 186) setzt dem Vorbringenden eine bestimmte Frist, innerhalb deren er zurücktreten kann. In Ponti (1344 r. 13) hat der Täter eine mildere Geldstrafe von 60 s zu zahlen, wenn er vor der Litiskontestation vom Gebrauche absteht, während er beim Beharren darüber hinaus wie der Hersteller bestraft wird. Die gleiche Unterscheidung macht das Gesetz von Valperga von 1350 r. 20, nur daß dort anstatt 60 100 s zu zahlen sind. Nur Strafmilderung sehen auch die Statuten von Lodi und Lecco vor. Wenn in Lodi (1390 S. 103 f.) der Täter im Augenblick des Vorbringens nicht weiß, daß die Urkunde falsch ist, aber auf Befragen der Unechtheit behauptenden Gegenpartei vom Gebrauche nicht abläßt, so hat er 50 l zu zahlen. Ähnlich Lecco r. 272 (S. 135 f.).

Die Falschbeurkundung[36]) wird gelegentlich erwähnt und der Fälschung ähnlich behandelt. Namentlich falsche Eintragungen, Veränderungen oder Löschungen in den Bannregistern werden mit Strafe bedroht. In Averrara (1313 r. 44 S. 40) z. B. verliert der Notar die rechte Hand und wird amtsunfähig. Sein Name wird an die Fassade des Gerichtsgebäudes angeschrieben. Den gleichen Fall bestraft das Gesetz von Cremona von 1387 r. 81 gleichfalls mit Verlust der rechten Hand, während in Lecco (r. 273 S. 136), Valsassina (1388 r. 90 S. 299) und Lodi (1390 S. 104) Geldstrafe droht, wenn es sich um eine Zivilsache, Verstümmelung und Amtsverlust, wenn es sich um eine Strafsache handelt.

3. Ähnliche Fälle.

Nicht unter den Urkundenbegriff fiel die Verkörperung nicht schriftlich fixierter Willenserklärungen. Deren Fälschung wird besonders bestraft.

Das gilt einmal von der Siegelfälschung, für die es zahlreiche Sonderregeln gibt. Besonders geschützt wird das Siegel der Kommune, des Fürsten, der höchsten Beamten. Hier und dort wird die Strafe je nach der Bedeutung und dem Urheber des Siegels abgestuft. Die Strafe ist ähnlich wie die der Urkundenfälschung.

In Venedig (lib. prom. 1232 c. 20) droht Verlust einer Hand, in Biella (r. 148) bei Fälschung des Gemeindesiegels in erster Linie Geldstrafe, hilfsweise Verlust einer Hand samt Nebenstrafen, während die Fälschung anderer Siegel milder bestraft wird (r. 149). Geldstrafe von 10 l setzt das Statut von Averrara von 1313 r. 40 (S. 39) aus, Geldstrafe von 100 l das Gesetz von Mirandola von

---

[36]) Kohler 544 ff., Binding, Lehrbuch II 277. Vgl. Kantorowicz I 292 ff. Urk. 67.

1386 S. 97 auf Fälschung von Gemeindesiegeln und dergleichen. Zahlt der Täter nicht, so verliert er die rechte Hand und ein Auge. Die Fälschung von Privatsiegeln wird milder bestraft. In Mailand (r. 79) droht auf Fälschung des herzoglichen Siegels sogar die Todesstrafe, während die Fälschung anderer Siegel nach Ermessen bestraft wird. Ähnlich ist die Regelung in Cremona (1387 r. 147) und Lodi (1390 S. 103 R.), während das Statut von Valsassina von 1388 r. 138 (S. 315) das Gesetz von Averrara wiederholt.

Die Grenzfälschung, das Beseitigen oder Verändern von Grenzzeichen, wird weder in der Theorie noch in der Praxis als Urkundenfälschung behandelt. Der Grenzstein ist keine Urkunde, weder im Sinne der lex Cornelia noch in dem der Statuten, das Grenzsteindelikt ein besonderes Vergehen, für das beide Rechte Sonderregeln enthalten.

Die Rechtslehrer sprechen von der Grenzsteinverrückung im Anschluß an D 47, 21 und C 9, 2, 1. Dabei ergaben sich als Strafen für den Normalfall der Entfernung von Grenzsteinen für den Vornehmen zeitliche Relegation, für den vorsätzlich handelnden Täter aus niedrigem Stande Zwangsarbeit und Züchtigung, bei fahrlässiger Begehung aber nur Züchtigung [37]).

Für den inneren Tatbestand wird die Absicht gefordert, die Grenze zu verwischen oder fremden Grundbesitz zu erlangen. Anderes galt aber dann, wenn der Täter das Zeichen stehlen oder Zwietracht hervorrufen wollte.

Auch im Statutarrecht [38]) wird das Vergehen am Grenzzeichen besonders geregelt. Dabei ist der ursprüngliche religiöse Charakter des Verbrechens [39]) längst verschwunden. Außer römischrechtlichen Anregungen wirkte das langobardische Recht als Vorbild, das Buße vorsah [40]).

Die Statuten strafen das Herausnehmen (»extirpare«, »extrahere«, »amovere«, »evellere«, fodere«) und verändern (»mutare«) von Grenzzeichen (»termini«). Wie auch sonst sehr häufig entspricht die gemeinrechtliche Strafe nicht dem praktisch geltenden Recht, man mag denn die gelegentlich vorkommende Auspeitschung diesem Einfluß zuschreiben. In der Regel wird nur Geldstrafe angedroht, neben der sich hier und da freilich auch der Verlust der rechten Hand oder ähnliches findet.

In Florenz (Stat. Pod. 1325 III 38 S. 201) droht Geldstrafe von 50 l, in Olevano (1364 r. 89) eine solche von 100 s und in Dervio (1389 r. 71 S. 128)

---

37) Vgl. außer den Kommentaren zu den angeführten Stellen Jac. de Belvisio I 10 n. 43 und Bonif. de Vitalinis, De termino moto n. 1 ff.

38) Kohler 550 ff., Pertile V 559 f.

39) His, G. D. StrR. 166, 168.

40) Osenbrüggen, Lgb. 158 f.

von 10 l. Das Statut von Valperga von 1350 r. 34 sieht gleichfalls Geldstrafe vor, droht aber als Hilfsstrafe den Verlust der rechten Hand an. Das gleiche ist in Piacenza (1391 V 5) und Bobbio (1398 IV 120) der Fall, während in Balangero (1391 r. 80) Auspeitschung als Hilfsstrafe vorgesehen ist und dem Täter in Intra (1393 IV 59 S. 375), wenn er nicht zahlt, das Ohrläppchen durchbohrt wird.

III. Falsches Zeugnis.

1. Theorie.

Nach der lex Cornelia machte der Zeuge sich strafbar, der im Prozeß auf Befragen [41]) unter seinem Eide [42]) in einem wesentlichen Punkte [43]) positiv falsche Angaben machte, die Wahrheit verschwieg [44]) oder in seiner Aussage schwankte [45]).

Wie der Gebrauch falscher Urkunden, so war auch das wissentliche Vorbringen falscher Zeugen strafbar, mochte es im eigenen oder fremden Namen geschehen [46]). Doch sollte der Täter auch hier wieder straflos bleiben, wenn er auf den Gebrauch seines Zeugen verzichtete. [47])

---

41) Baldus, C IX 1 Qui accus. non possunt 11 n. 20: Sagt der Zeuge unbefragt etwas Falsches, so wird er nur wegen Stellionats bestraft.

42) Baldus, C I 3 De episc. et cler. 8 n. 13: Also keine Strafe wegen falsum, wenn der Zeuge gar nicht erscheint: »quia falsitas testis est proprie periurium«. Vgl. auch S. 526.

43) Baldus, C IX 1 Qui accus. non possunt 11 n. 20. — Vgl. Kuttner, a. a. O. 3 f., 22 f. Das entsprach dem allgemeinen Fälschungsbegriff der Italiener. Denn die unerhebliche Aussage konnte ja keinen Schaden anrichten. Vgl. oben S. 503 ff.

44) Bartolus, C I 3 De episc. et cler. 8 n. 1 f.: »falsitas committitur non solum in dicendo falsum, sed etiam in tacendo quod est verum. Quod nota contra testes et notarios omittentes debita ponere capitula in instrumentis.« Ebenso Bartolus, Auth. De testibus § Testium n. 10; Alb. de Rosc., C I 22 Si contra ius etc. 2 n. 5; Baldus, D XII 5 De condict. ob turpem causam 4, 4 n. 2: »in teste paria sunt tacere verum, de quo est interrogatus et exprimere falsum«; Baldus, D XVIII 1 De contrah. empt. 43 n. 2, C I 3 De episc. et cler. 8 n. 3, C IX 1 Qui accus. non possunt 11 n. 20, Cons. II 280 n. 4; Angelus, C IX 22 Ad l. Corn. de falsis 14 n. 1 unter Hinweis auf seine eigene Praxis als Podestà; Salicetus, C IV 20 De testibus 14 n. 2. So auch c. 1 X De crimine falsi V 20 (Augustin); Joh. Calderinus, c. 10 X De testibus cogendis etc. II 21 (S. 14).

45) Alb. de Rosc., D XXII 5 De testibus 16 n. 1 u. 5 (vgl. den Text!); Baldus, C IV 20 De testibus 14 n. 1: Der »testis varians sive vacillans« ist ein Zeuge »modo dicendo se nescire, modo scire vel nihil scire ..., modo aliquid scire, non plus scire«; Salicetus, a. gl. O. n. 2: Doch durfte der Zeuge sich auf der Stelle verbessern, wenn er seinen Irrtum entschuldigte; Bartolus, D XLVIII 10 Ad l. Corn. de falsis 27 n. 3: »testis potest se incontinenti corrigere, si iustam causam erroris et correctionis alleget, et hoc iudici videatur.«

46) Baldus, D VII 2 De his qui not. infam. 13, 2 n. 2.

47) Jac. de Belvisio II 4 n. 39: »re integra licuit ei paenitere«; Alb. de Rosc., C IV 20 De testibus 14 n. 4.

Auch die weiteren Einzelheiten entsprechen sich. Wer falsche Zeugen bringt und die Mitteilung bekommt, daß die Zeugen falsch seien, muß sich darüber schlüssig werden, ob er die Zeugen gebrauchen will oder nicht. Wenn er das tut und die Zeugen sich als falsch herausstellen, so wird er auch dann aus der lex Cornelia bestraft, wenner später zurücktritt [48]). Auch beim Vorbringen falscher Zeugen ließ man eine Protestation zu, die aber nichts nützte, wenn jemand nachweisbar wissentlich falsche Zeugen gebracht hatte. [49])

Im Anschluß an D 48, 8, 1, 1 wird sodann unter die lex Cornelia der Fall gezogen, daß der Richter auf Grund falscher Zeugenaussagen einen Unschuldigen verurteilt und für dieses Verbrechen Talion gefordert. Der falsche Zeuge soll die Strafe leiden, die der unschuldig Belastete durch den Zeugen als mittelbaren Täter erlitten hat [50]).

Als besondere Strafe des falschen Zeugnisses nach langobardischem Recht wird der Verlust der Schwurhand erwähnt [51]).

2. Praxis.

Das Statutarrecht [52]) spiegelt im Begrifflichen auch hier die Rechtslehre wieder, während es in der Bestrafung eigene Wege ging. Überall wird das Ablegen eines falschen Zeugnisses mit Strafe bedroht, das »ferre falsum testimonium«, »rendere, dire falso testimonio« u. dergl. Dabei wird gelegentlich nach dem Vorbilde der Theorie verlangt, daß die Aussage sich auf einen wesentlichen Punkt bezieht. So heißt es z. B. im Statut von Pistoia von 1296 III 3 (S. 100): »intelligatur testem falsum testimonium tulisse, si super facto principali vel super intentione producentis falsum dixerit«, und das wiederholt sich wörtlich im Gesetz des Podestà von Florenz von 1325 III 25 (S. 194 f.). Auch in Verona (1450 III 50) droht Strafe nur für das falsche Zeugnis »circa merita substantialia cause vel facti in damnum alterius«.

Die Strafe ist in der Regel wie bei der Urkundenfälschung spie-

---

[48]) Gandinus, De falsariis 7 (S. 322); Bonif. de Vitalinis, De falsis n. 15.

[49]) Bonif. de Vitalinis, a. a. O. n. 16; Bartolus, C IV 21 De fide instrum. 3 n. 4: »Hoc est verum, nisi ipse sciens falsum testem produxerit, quia tunc non sufficit«; Baldus, a. gl. O. n. 9. Vgl. auch Bartolus, C IX 22 Ad l. Corn. de falsis 8 n. 1.

[50]) Gandinus, De penis 53 (S. 271); Jac. de Belvisio II 4 n. 24; Bonif. de Vitalinis, Quibus de causis etc. n. 1. Vgl. auch die Kommentare zur angeführten Quellenstelle.

[51]) Gandinus, De penis 52 (S. 270); Alb. de Rosc., D XXII 5 De testibus 16 n. 4, C IV 20 De testibus 14 n. 4.

[52]) Kohler 555 ff., Pertile V 560 ff. Eine Verurteilung wegen falscher Zeugenaussage bei Kantorowicz I 317 f. Urk. 92.

gelnde Strafe, d. h. Verlust der Zunge oder seltener der Schwurhand, sei es an erster Stelle oder anstatt nicht gezahlter Geldstrafe. Daneben sind auch hier wieder Ehrenstrafen verbreitet. Im einzelnen richtet sich die Rechtsfolge häufig nach der Art des entstandenen Schadens. So wird wiederholt zwischen Zivil- und Strafsachen unterschieden und das gefährlichere falsche Zeugnis in Strafsachen härter beurteilt. Dabei kommt es dann manchmal wieder darauf an, welcher Art das Verbrechen war, über das der Zeuge falsch ausgesagt hat, oder auf die Strafe, die darauf steht.

In Moncalieri (1378 Sp. 1366) z. B. ist Hilfsstrafe Verlust der rechten Hand.

Das Gesetz von Mantua von 1303 I 28 (S. 81) droht Verlust der rechten Hand an. Doch ist Loskauf zulässig, der aber von ewiger Verbannung begleitet wird. In Averrara (1313 r. 37 S. 37) betrug die Geldstrafe 25 l, wenn die Aussage in einer Zivilsache erstattet wurde, deren Streitwert den Betrag von 25 l nicht überstieg. Belief sich der Wert auf 25—50 l, so waren 50 l als Strafe zu zahlen, und der Täter wurde gebrandmarkt, wenn er die nicht entrichtete. Bei einem Streitwert von 50—100 l betrug die Strafe 100 l, und bei Nichtzahlung verlor der Täter die Zunge. Betrug der Wert 100 l und darüber, so war eine Geldstrafe von 500 l verwirkt, bei deren Nichtzahlung der Zeuge verbrannt wurde. Wird aber das Zeugnis in einer Strafsache abgelegt, in der der Angeklagte zu Geldstrafe verurteilt wäre, so hat der falsche Zeuge die Geldstrafe seinerseits zu entrichten und verliert die Zunge, wenn er das nicht kann. Ebenso erleidet der Zeuge die Körperstrafe, die dem Angeklagten durch seine Aussage droht. Vgl. auch Vallassina 1343 r. 88 (S. 209: Verlust der Zunge) und Valsassina 1388 r. 86 (S. 298: ebenso).

Padua 1329 S. 265: Verlust der rechten Hand, aber Loskauf. Dazu Eintragung in das Register der Fälscher und Amtsunfähigkeit. In Bassano (1392 S. 108 R.) werden dem falschen Zeugen die Nasenflügel aufgeschlitzt. Obendrein wir der gebrandmarkt und für immer infam. In Verona (1450 III 50) verliert der Mann, der gegen Entgelt falsch aussagt, eine Hand und bekommt eine Mitra aufgesetzt. Nur dieses und Abschneiden der Zunge ist die Strafe bei unentgeltlicher Aussage. Die Frau, die gegen Entgelt handelt, wird gleichfalls mit der Mitra verhöhnt und ausgepeitscht. Obendrein verliert sie die Zunge. Handelt sie ohne Entgelt, so wird sie gepeitscht, mit der Mitra versehen und gebrandmarkt.

Parma 1316 S. 251 (Verlust einer Hand); Modena 1327 IV 26 (S. 396: ebenso); Carpi 1353 S. 50 (ebenso); Mirandola 1386 S. 97 (hilfsweise Verlust der Zunge und Mitra); Piacenza 1391 V 32: Droht dem Angeklagten Körperstrafe, so verliert der Täter die Zunge und ein Auge. In anderen Fällen Geldstrafe, aber auch Verlust der Zunge nach Ermessen des Gerichts. In Bobbio (1398 IV 132) verliert die Zunge, wer in einer Strafsache falsch aussagt, in der dem Angeklagten Körperstrafe droht. Für falsche Zeugnis in anderen Strafsachen oder in Zivilprozessen ist Verlust der Zunge nur Hilfsstrafe.

Pisa 1286 III 17 (S. 379 f.): Wenn dem Angeklagten Todesstrafe droht, Enthauptung, in anderen Fällen Verlust der Zunge unter erschwerenden Umständen; Pistoia, 1296 III 3 (S. 100: Geldstrafe von 200 l, hilfsweise Verlust einer Hand); Lucca 1308 III 102 (S. 205: Verlust der rechten Hand und Konfiskation); Florenz, Stat. Pod. 1325 III 25 (S. 194 f.: Wenn Tod oder Verstümmelung droht, 1000 l, eventuell Verlust einer Hand und der Zunge, in anderen Fällen 500 l, hilfsweise Verlust der rechten Hand, dazu Infamie).

Ägid. Konst. 1357 IV 36 (S. 183: 125 fl, eventuell Strafe nach Ermessen des Gerichts); Tivoli 1305 III 157 (S. 206: Verlust der Zunge); Rom 1363 II 33 (S. 104: ebenso). Eine seltsame Art der spiegelnden Strafe gab es in Biella (Stat. malef. r. 37): Der falsche Zeuge wird doppelzüngig gemacht. Wer in einer Strafsache falsch aussagt, in der Todesstrafe droht, verliert eine Hand. Wenn Körperstrafe droht und der Täter die Geldstrafe nicht zahlen kann, »sibi lingua abscindatur per traversum, ita quod una pars ab alia separetur.« Der Entlastungszeuge hat je nach den näheren Umständen 25 l oder 200 l zu zahlen, eventuell wird ihm im letzteren Falle wieder die Zunge gespalten. Für falsches Zeugnis in Zivilsachen Geldstrafe von 20 l.

Häufig ist die Sühne falscher Aussagen in Strafsachen Talion, d. h. ähnlich wie den verleumderischen Ankläger trifft den Zeugen die Strafe, die der Angeklagte verwirkt hätte, wenn die Aussage richtig gewesen wäre. Der Entlastungszeuge aber erleidet die Strafe, die der Angeklagte von Rechtswegen hätte erleiden müssen. Zu diesem Ergebnis drängten ja auch das römische Vorbild und die Rechtslehre.

Das galt in Mailand (r. 86), wenn jemand in einer Strafsache falsch aussagte, in der dem Angeklagten Körperstrafe drohte. Doch war mindestens auf Verlust der Zunge zu erkennen. Diese Strafe wurde auch dann verhängt, wenn das fragliche Verbrechen mit Geldstrafe bedroht war. Hinzu kam in allen Fällen ein Umzug mit der Mitra. Gleiche Grundsätze galten für den Entlastungszeugen in Strafsachen, und Verlust der Zunge stand auch auf falsches Zeugnis in Zivilsachen. Ganz ähnlich war die Regelung in Lodi 1390 S. 104 R. f. und Lecco r. 276 (S. 136 f.). Die gleiche Zweiteilung — in Strafsachen Talion, in Zivilsachen andere Strafen — findet sich in Vergante 1389 r. 77 (S. 230), Dervio 1389 r. 47 (S. 116), Intra 1393 IV 55 (S. 374) und Bologna 1454 S. 30 R.

Endlich kamen vereinzelt auch reine Geldstrafen vor, z. B. in Cave 1307 r. 66 (S. 42: in Zivilsachen 50 s, in Strafsachen 100 s), Ascoli 1377 III 21 (S. 95: 50 l), Chianti 1384 III 22 (S. 177 f.: 10 l), S. Piero 1398 III 18 (S. 252: bis zu 10 l) und Gambassi II 14 (S. 49: Geldstrafe und dazu Amtsunfähigkeit auf 10 Jahre).

Auch in der Praxis [53]) wird sodann das Vorbringen falscher Zeugen bestraft, das »dare«, »producere falsos testes« usw. In der Regel wird in diesen Fällen der Täter dem falschen Zeugen gleichgestellt.

So in Biella, Stat. malef. r. 37, Ivrea Sp. 1207, Casale 1370 Sp. 994 f.;

Averrara 1313 r. 37 (S. 37), Vallassina 1343 r. 88 (S. 209), Mailand r. 87, 89, Cremona 1387 r. 155, Valsassina 1388 r. 86 (S. 298), Vergante 1389 r. 77 (S. 230), Lodi 1390 S. 104 R. f., Intra 1393 IV 55 (S. 374), Lecco r. 277, 279 (S. 137);

Piacenza 1391 V 32, Bobbio 1398 IV 132;

Ascoli 1377 III 21 (S. 95), Ägid. Konst. 1357 IV 36 (S. 183);

---

[53]) Kohler 565 ff., Pertile V 563 f.

Bologna 1454 S. 30 R.;

Bassano 1392 S. 108 R.;

Pisa 1286 III 17 (S. 379 f.), Pistoia 1296 III 3 (S. 100), Siena 1309—10 V 295 (S. 357), Gambassi II 14 (S. 49);

Olevano 1364 r. 85.

Doch kommen auch besondere, geringere Strafen für das Gebrauchen falscher Zeugen vor. Es wiederholt sich also der Gegensatz wie in der Beurteilung des Gebrauchs falscher Urkunden.

Vgl. Mantua 1303 I 28 (S. 82: 100 l);

Modena 1327 IV 26 (S. 396: 100 l), Argenta 1342 S. 99 (hilfsweise Verlust der Zunge), Carpi 1353 S. 50 (ebenso);

Padua 1329 S. 265 (Verlust der rechten Hand, aber Loskauf; Geldstrafe, wenn der Täter im fremden Namen handelt);

Perugia 1342 III 21 (S. 41 f.: Geldstrafe, hilfsweise Verlust der rechten Hand), Narni 1371 III 20 (Geldstrafe von 200 l, hilfsweise Verlust eines Fußes);

Florenz, Stat. Pod. 1325 III 25 (S. 194 f.: geringere Geldstrafe);

Tivoli 1305 III 156 (S. 206: Geldstrafe je nach Art der Sache), Rom 1363 II 33 (S. 104: Geldstrafe je nach dem Stande des Täters).

Auch bei diesem Vergehen wird der Vorsatz verlangt [54]), aber auch hier der Beweis dafür durch Vermutungen erleichtert. Gelegentlich entnimmt man den Vorsatz aus der bloßen Tatsache, daß jemand die falschen Zeugen im Prozeß gebraucht. Das ist z. B. in Mirandola (1386 S. 97) der Fall: »intelligatur scienter produxisse, si in juditio ipsis utatur vel usus fuerit.« Doch war solche Strenge die Ausnahme. Anderswo gab man der Partei Zeit zum Überlegen. In Modena (1327 IV 26 S. 396) z. B. gilt es als vorsätzliches Vorbringen falscher Zeugen, wenn jemand die Zeugen verwendet und nicht innerhalb bestimmter Frist vom Gebrauche abläßt, und die gleiche Regelung traf das Gesetz von Frignano von 1337—38 IV 33 (S. 186). Anderswo machte der Gebrauch falscher Zeugen erst dann strafbar, wenn die Partei, im Prozeß auf die Verdächtigkeit ihres Beweismittels hingewiesen, auf Befragen erklärt, sie wolle bei ihrem Beweisantritt beharren. Das galt z. B. in Mailand r. 87, Modena 1327 IV 26 (S. 396), Casale 1370 Sp. 994 f., Valsassina 1388 r. 86 (S. 298) und Bassano 1392 S. 108 R. Doch sollte auch hier der Rücktritt vom Gebrauch falscher Beweismittel dann nichts nützen, wenn der Täter nachweislich die Unrichtigkeit der Aussage gekannt hatte. Diese Einschränkung macht das Statut von Mantua von 1303 I 28 (S. 82): »nisi apparuerit producentem scienter falsos testes produxisse.«

Unter die lex Cornelia fiel endlich die Zeugenbestechung und die Annahme eines Entgelts für die falsche Aussage. Die Strafe ist —

---

54) Modena 1327 IV 26 (S. 396), Perugia 1342 III 21 (S. 41 f.), Ägid. Konst. 1357 IV 36 (S. 183), Mailand r. 87, Cremona 1387 r. 155, Lodi 1390 S. 104 R., Lecco r. 277 (S. 137).

insbesondere nach Bartolus — auch dann verwirkt, wenn der bestochene Zeuge die Wahrheit sagt [55]). Die Zeugenbestechung hat also mit falschem Zeugnis unmittelbar nichts zu tun.

Zu beidem findet sich in der Gesetzgebung das Gegenstück. Die Zeugenbestechung wird z. B. in den Statuten von Bassano von 1392 S. 108 R. und Verona von 1450 III 53 wie die falsche Aussage selbst bestraft. Die Annahme eines Entgelts wird in Perugia (1342 III 21 S. 41 f.) geahndet, und das Gesetz von Verona von 1450 III 50 stellt die falsche Aussage gegen Entgelt unter höhere Strafe als die unentgeltliche Bekundung.

IV. Meineid.

1. Theorie.

Die Theorie der Legisten und die Praxis des Statutarrechts sah beim falschen Zeugnis das Wesentliche in der Verletzung des öffentlichen Glaubens und in der Gefährdung des Geschäftsverkehrs. Dagegen tritt der religiöse Gesichtspunkt des Meineids zurück. Freilich beging auch der falsche Zeuge einen Meineid [56]). Die unbeschworene Aussage war nichtig und konnte, wenn sie falsch war, allenfalls als Stellionat, nicht als Fälschungsverbrechen bestraft werden [57]). Demnach traf die Strafe für das falsche Zeugnis zugleich auch den Meineid. Doch war das nicht das Entscheidende, so daß z. B. die unerhebliche Zeugenaussage auch dann nicht unter die lex Cornelia fiel, wenn sie beeidigt wurde.

Es gab aber auch einen Meineid, der nicht unter die lex Cornelia fiel. Es war das der Eid, der von anderen Personen als von Zeugen geleistet wurde, namentlich der falsche Parteieid und der Schwur außerhalb des Prozesses. Die Italiener [58]) verallgemeinerten Sonderentscheidungen in Digesten und Codex zu der Regel, daß der auf Gegenwärtiges und Vergangenes sich beziehende Meineid als Stellionat, der Bruch des promissorischen Eides jedoch mit Infamie und Vermögensnachteilen zu bestrafen sei. Die Kasuistik im einzelnen hat auf die Praxis nicht gewirkt, scheint nicht davon beeinflußt und ist hier nicht zu behandeln [59]).

---

[55]) Gandinus, De falsariis 3 (S. 320); Bartolus, D XLVIII 10 Ad l. Corn. de falsis 1 n. 1; Baldus, Cons. III 106 n. 2; Jac. de Belvisio II 4 n. 26; Hostiensis, S. A. V 20 n. 2. — Vgl. auch Kuttner, a. a. O. 7 f.

[56]) Thomas v. A., S. th. 2, 2 q. 70 a. 4: Das vorsätzliche falsche Zeugnis ist stets periurium und Todsünde.

[57]) Vgl. S. 503 ff.

[58]) v. Liszt, Meineid und falsches Zeugnis 96 ff.

[59]) Bartolus, D III 2 De his qui not. infam. 21 n. 2: »Aut quis iurat de praeterito et non est infamis, si deierat nisi condemnetur ... Aut quis iurat

Anders als die weltliche Theorie beurteilte die geistliche Jurisprudenz [60]) den Meineid. Sie stellte den religiösen Gesichtspunkt in den Vordergrund, sah im periurium eine Verletzung Gottes, der mißbräuchlich zum Zeugen angerufen wird, und eines der schwersten Verbrechen überhaupt. In gewisser Beziehung sind Meineid und Verleitung dazu schlimmer als Mord, weil der Meineid Gott unmittelbar, der Mord aber nur mittelbar verletzt [61]).

Dieser religiöse Gesichtspunkt verdrängt alle anderen. Von dort aus gesehen aber waren alle Arten des Eides gleichwertig, assertorischer und promissorischer Eid, Partei- und Zeugeneid, und es entwickelt sich unabhängig von der weltlichen Lehre eine eingehende und geschlossene Theorie der Eidesverletzung.

Die weiteste Ausdehnung erfahren diese Begriffe in der Beichtliteratur. Sie klärt zunächst Begriffe und Arten des Eides, unterscheidet namentlich assertorischen und promissorischen Eid [62]) und bestimmt die einzelnen Erfordernisse des ordnungsmäßigen Schwurs. So verlangt Raymundus de Pennaforte I 9 De iuramento et periurio § 2 (S. 81): »Tria exiguntur ad hoc, ud recte fiat juramentum, scilicet veritas, judicium et justitia ... Si ista talia vel aliquod istorum trium defuerit, perjurium dicitur«. Dabei verstand er unter »judicium« das besonnene Urteil, die Überlegung beim Eide, die »discreta deliberatio«. Der Eid muß sachlich notwendig sein (»propter necessitatem«)[63]). »Justitia« bezeichnet die Rechtmäßigkeit des Eides, der sich auf etwas Erlaubtes und sittlich Einwandfreies beziehen mußte [64]).

---

de futuro, et tunc aut iurat illi, cum quo contraxit et infamatur, si deierat«; Alb. de Rosc., a. gl. O. 21 n. 5, C IX 34 De crim. stell. 4 n. 3; Baldus, J IV 6 De actionibus 8 n. 2, D XII 2 De iureiurando 2 n. 158 ff., C IV 1 De rebus cred.; Angelus, D III 2 De his qui not. infam. 21 n. 2, C IX 8 Ad l. Iul. maiest. 2 n. 2; Salicetus, C IV 1 De rebus cred. 2 n. 4.

[60]) v. Liszt, a. a. O. 89 ff., Kuttner, a. a. O. 17 ff., Katz 73 ff.

[61]) Vgl. z. B. Lucas de Penna, C X 10 De bon. vacant. 5 (S. 14 f.): »Est ... apud canonistas crimen periurii enormissimum. Periurus quoque quodam respectu vincit homicidam ..., licet homicidium sit crimen atrocius, periurium tamen est gravius, quia in hoc deus immediate offenditur et committitur adversus precepta prime tabule: Non assumas nomen dei tui in vanum. At per homicidium deus offenditur mediate, et committitur illud contra precepta secunde tabule.« Vgl. auch Raym. de Pennaf. I 9 De iuramento et periurio § 8 (S. 89).

[62]) Raym. de Pennaf., a. a. O. § 2 (S. 82); Hostiensis, S. A. II 24 n. 3.

[63]) Joh. v. Fr. I 9 q. 9: »Iudicium dicitur discreta deliberatio: Ut non iuret etiam verum, nisi propter necessitatem, i. cum suadet alicui aliquod verum quod ei expedit vel utile est credere.«

[64]) Dies alles auch bei Thomas v. A., S. th. 2, 2 q. 89 a. 3, q. 98 a. 1. Ebenso Joh. v. Fr. I 9 q. 9 (unter Berufung auf Thomas), q. 20; Barth. Pis. s. v. »Periurium« n. 1; Hostiensis, S. A. II 24 n. 2.

Eidesverletzung war aber alles, was diesen Erfordernissen widersprach. Damit kam Raymundus, a. a. O. § 3 (S. 82 f.), auf ein Schema der Eidesverletzungen, das so aussah: Der assertorische Eid konnte einmal dadurch verletzt werden, daß jemand ohne Täuschungsabsicht die Unwahrheit beschwor. Dann nahm Raymundus gleichwohl eine läßliche Sünde an, wenn der Täter die erforderliche Sorgfalt an den Tag legte. War das nicht der Fall, so sollte gar eine Todsünde vorliegen: »Primum perjurium est peccatum, sed veniale, si adhibuit diligentiam, quam debuit. Si vero ignorantia iuris vel facti crassa et supina, mortale est«. Eine Eidesverletzung liegt weiter dann vor, wenn jemand in Täuschungsabsicht die Unwahrheit, oder wenn er in der gleichen Absicht die Wahrheit sagt. In beiden Fällen, also auch mit dem subjektiven Falscheid, begeht man eine Todsünde, die aber bei gleichzeitig objektivem Meineid schwerer sein soll. Eine Dreiteilung ergibt sich auch beim promissorischen Eide: Jemand schwört, etwas Unerlaubtes oder Unehrenhaftes zu tun; er schwört, etwas Erlaubtes zu tun, aber ohne Notwendigkeit (»absque necessitate et indiscrete«); drittens, es schwört jemand gewohnheitsmäßig und leichtsinnig so, wie ihm gerade die Worte kommen. Die erste dieser Sünden ist die schwerste und gilt als Todsünde. Das ist auch die zweite, die aber leichter wiegt, während die dritte Art der Eidesverletzung nur eine läßliche Sünde bedeutet [65]).

Dieses Schema, aber nicht die Wertung im einzelnen, wird von den späteren Theoretikern übernommen. Vor allem milderte man die Strenge des Raymundus und kam damit dem Zeitempfinden entgegen. So wollten z. B. einige, unter Ihnen Astensis I 19 (S. 24), überhaupt keine Sünde annehmen, wenn jemand ohne Vorsatz etwas Unwahres schwor und dabei alle Sorgfalt anwandte, sonst aber nur läßliche Sünde [66]). Wenn aber jemand vorsätzlich schwor, so sollte doch nur ein peccatum veniale vorliegen, wenn das im Scherz geschah. Auch wollten bei der iuratio indiscreta des promissorischen Eides die einen eine läßliche Sünde annehmen, andere aber nur dann, wenn der Eid nicht aus Überlegung, sondern unvorsichtig und im Scherz geleistet wurde [67]).

[65]) Vgl. auch Joh. v. Fr. I 9 q. 21.

[66]) Joh. v. Fr. I 9 q. 22 erklärt bei Sorgfalt nur die Todsünde für ausgeschlossen. So auch Barth. Pis. s. v. »Periurium« n. 5. — Vgl. auch Gratian zu c. 3 C. XXII q. 2.

[67]) So Hostiensis, S. A. II 24 n. 2. Anders aber Joh. v. Fr., a. a. O.: »non semper est mortale sicut quando iuratur falsum, quod putatur verum. Si tamen adhibuit diligentiam, quam debuit; aut cum ex impedimento legitimo obmittitur impleri iuramentum licitum. Sed cum iuratur falsum ex deliberatione, sive fiat ioco sive serio, semper est mortale peccatum.« Wie Joh. auch Barth. Pis., a. a. O. n. 4.

Von diesem weiten Begriff der Eidesverletzung aber unterschied man einen engeren, nämlich das periurium im Sinne der eidlich bekräftigten Lüge, und dies ist der juristische Meineidsbegriff des kanonischen Rechts im Gegensatz zur Sünde des periurium [68]. Dabei verstand man unter Lüge auch das unaufrichtige Versprechen für die Zukunft, unter periurium also wiederum sowohl die Verletzung des assertorischen wie des promissorischen Eides [69].

Die Einschränkung gegenüber dem weiteren Begriff der Beichtliteratur liegt im inneren Tatbestand: Meineid im kirchenrechtlichen Sinne war nur die vorsätzliche Eidesverletzung. Man entwickelte das im Zusammenhange einer umfassenderen Erörterung über das begriffliche Verhältnis von mentiri und falsum dicere. Jenes ist gekennzeichnet durch die Täuschungsabsicht, dieses bezeichnet einen objektiven Sachverhalt. Jemand lügt, wenn er vorsätzlich etwas Unwahres sagt oder in der Absicht, etwas Unwahres zu sagen, die Wahrheit sagt. Jemand sagt Falsches, wenn er etwas Unrichtiges bekundet, mag er die Täuschungsabsicht haben oder nicht. Für jenes ist der äußere, für dieses der innere Sachverhalt gleichgültig. Mentiri und dicere falsum also verhalten sich begrifflich wie zwei sich schneidende Kreise. Während die Lüge immer Sünde ist, soll das dicere falsum, wenn es unabsichtlich erfolgt, entweder gar keine (wenn der Täter die erforderliche Sorgfalt anwendet) oder läßliche Sünde (wenn das nicht der Fall ist) sein [70].

Da aber das kanonische Recht den Meineid als eidlich bekräftigte Sünde kennzeichnet, so ergibt sich folgendes: Periurium ist die wissentlich unwahre, eidliche Behauptung oder Unterdrückung von Tat-

[68] Beides: »si periurium accipitur stricte et proprie, idest mendatium iuramento firmatum secundum completam rationem mendacii et periurii« und Meineid »secundum incompletam rationem« im beschriebenen Sinne unterschied schon Joh. v. Fr. I 9 q. 22. Vgl. auch Joh. v. Fr. I 9 q. 20: »periurium est mendacium iuramento firmatum.« Ebenso Barth. Pis., a. a. O. n. 1 und c. 2 C. XXII q. 2. Vgl. auch die Stellen bei Hinschius, KR. V 184 f., 701 ff. Neben dem allgemeinen Begriff des periurium kennt aber auch das kanonische Recht als Sondertatbestand den der falschen Zeugenaussage. Er erfordert außer dem Meineid Täuschung des Gerichts und Schädigung eines andern, wie sich namentlich aus c. 1 X De crimine falsi V 20 ergibt. Vgl. Kuttner, a. a. O. 18 ff. und die dort — Anm. 4 — angeführten weiteren Quellen.

[69] Diesen hat Gratian in c. 1 C. XXII q. 2 im Auge: »in dolo iurat, qui aliter facturus est, quam promittit, cum periurium sit nequiter decipere credentem.« Vgl. auch Bonif. de Vitalinis, De pena blasphem. etc. n. 13: »Dicitur periurium falsa iuratio vel transgressio iuramenti liciti vel mendacium iuramento confirmatum.«

[70] Wie Raym. auch Joh. v. Fr. I 9 q. 21; Ast. I 36 (S. 52 R.); Barth. Pis. s. v. »Mendacium« n. 1; Alb. de Rosc., s. v. »Mendacium«. Vgl. auch Thomas v. A., S. th. 2, 2 q. 110 a. 1.

sachen, zweitens die eidlich bekräftigte Angabe wahrer Tatsachen, die der Aussagende für unwahr hält [71]), drittens das eidliche Versprechen eines bestimmten Verhaltens für die Zukunft, das der Schwörende von vornherein entschlossen ist zu brechen [72]), oder das spätere bewußte Unterlassen der Erfüllung.

Die Beichtliteratur erweiterte die Lehre von der Lüge noch durch weitere Unterscheidungen. Im Anschluß an Augustin, der wohl überhaupt der Vater dieser Lehren ist, werden acht Kategorien unterschieden, die ihrer Schwere nach in einem bestimmten Wertverhältnis zueinander stehen. Dabei kommt es u. a. darauf an, wieweit die Lüge nützt und Schaden bringt, ein Maßstab also, der in der weltlichen Fälschungstheorie allgemeinere Bedeutung gewinnt. Je geringer der Nutzen und je größer der Schaden, desto schwerer die Sünde. Deshalb ist der falsche Zeuge im Strafverfahren strenger zu beurteilen als der Zeuge im Zivilprozeß. Jener nützt nicht, sondern schadet nur, dieser schadet auch, nützt aber der Gegenpartei. Als Todsünde gilt jede Lüge, die dem Nächsten schadet [73]). Über den Rahmen der geistlichen Jurisprudenz hinaus scheinen diese Unterscheidungen aber nicht gewirkt zu haben, es sei denn, daß vielleicht das Erfordernis eines Schadens als Merkmal des falsum in der weltlichen Theorie auf diese Lehren zurückgeht [74]).

2. Praxis.

Die Gesetzgebung folgt in der Grundauffassung dem gemeinen Recht, in den Einzelheiten der langobardischen Überlieferung [75]). Herausgehoben und strenge bestraft wird nur die falsche Zeugenaussage. Dagegen wird die Eidesverletzung der Partei oder der Falscheid außerhalb des Gerichts auffallend milde beurteilt [76]). Wo die Statuten überhaupt davon sprechen, drohen sie geringe Geldstrafe an. Die Strenge der Kirche hat im Kulturbewußtsein der Zeit noch nicht Fuß

---

71) Vgl. c. 3—5 C. XXII q. 2.

72) Vgl. c. 1 C. XXII q. 2. Vgl. oben Anm. 68.

73) Vgl. c. 8 C. XXII q. 2; Raym. de Pennaf. I 10 De mendacio et adulatione § 2 (S. 97); Joh. v. Fr. I 10 q. 1 ff.; Ast. I 36 (S. 52 R. f.); Alb. de Rosc. s. v. »Mendacium«; Hostiensis, S. A. II 24 n. 2.

74) Da es an Berührungspunkten mit der Praxis fehlt, soll nicht näher über die einzelnen Umstände gesprochen werden, die wie Minderjährigkeit, Unerlaubtheit des Eides oder nachträgliche Unmöglichkeit oder Schwierigkeit der Erfüllung die Entstehung der Eidespflicht ausschließen oder sie nachträglich wieder zum Erlöschen bringen.

75) Osenbrüggen, Lgb. 158. Es war das halbe Widrigild zu zahlen. Allerdings taucht gerade bei Liutprand der Gedanke auf, daß Meineid Sünde sei. Vgl. Kuttner, a. a. O. 115.

76) Kohler 565 f., Pertile V 565 ff.

gefaßt. Wie bei den Sittlichkeitsverbrechen treten religiöse Gesichtspunkte hinter anderen zurück.

Periurium im Sinne der Statuten 77) war der falsche Eid vor einer Behörde, von der falschen Zeugenaussage abgesehen.

So Biella r. 146 (7 l, aber keine Infamie. Diese letztere Bestimmung führt offensichtlich auf Einflüsse der Theorie zurück), Rosignano 1306 r. 50 (10 l Geldstrafe und 1 Tag Pranger), Romano 1315 r. 91 (60 s), Casale 1370 Sp. 1009 (60 s, Infamie und 1 Jahr Amtsunfähigkeit), Moncalieri 1378 Sp. 1407 r. De poena illius, qui coram castellano vel iudice deierauverit (20 s);

Averrara 1313 r. 38 (S. 38: 3 l), Vallassina 1343 r. 89 (S. 209: 5 l), Valperga 1350 r. 21 (Meineid in einer fremden Sache wird mit Geldstrafe von 10 l belegt, hilfsweise Verlust der Zunge), Invorio 1366 r. 19 (S. 155: 60 s), Valsassina 1388 r. 89 (S. 299: 3 l), Vergante 1389 r. 63 (S. 223: 3 l bei Meineid in eigener Sache), Intra 1393 IV 56 (S. 374: 100 s);

Parma 1316 S. 312 (20 s);

Porto Venere 1370 r. 50 (3 l);

Sambuca 1291 r. 93 (S. 41): 10 s hat zu zahlen, wer »se spergiuraverit, quando regimento ipsius comunis fecerit eum iurare et tangere libros«; Chianti 1384 III 7 (S. 170: 40 s), S. Piero 1398 III 18 (S. 251 f.: 5 l);

Tivoli 1305 III 235 (S. 227 f.: 10 s), Olevano 1364 r. 93 (40 s).

An näheren Bestimmungen fehlt es in der Regel. Aber bei der Unbestimmtheit des Wortlauts ist wohl anzunehmen, daß man auf Vergangenes, Gegenwärtiges und Zukünftiges bezügliche Eide gleichermaßen im Auge hatte. Nur vereinzelt findet sich Näheres. So erwähnt das Statut von Bologna von 1454 r. De poena periurii (S. 20 R.) den assertorischen Eid. Dort sind 50 l zu zahlen, »si quis in iudicio, parte vel iudice seu notario actorum deferente iuraverit et iurando affirmaverit vel engaverit (lies negaverit) aliquid esse vel non esse vel fuisse, cuius contrarium probaretur«. Dazu kommt Infamie.

Wie die Beispiele zeigen, wurde das periurium manchmal ausdrücklich als Eid in eigener Sache gekennzeichnet. Damit war die falsche Zeugenaussage dann ausdrücklich ausgeschlossen. Daneben aber gibt es Statuten, die begrifflich und in der Bestrafung falsches Zeugnis, Meineid und Eidbruch zum einheitlichen Tatbestand des periurium zusammenfassen. So hat nach dem Statut von Balangero von 1391 r. 70 Geldstrafe von 60 s zu zahlen, wer schuldig ist, »fecisse falsum sacramentum vel se alias periurasse seu deierasse in preiudicium alicuius testifficando vel respondendo in forma iudicii.« Anderswo ist nur noch die begriffliche Einheit erhalten, in der Bestrafung aber wird die Eidesverletzung in eigener und fremder Sache — das letztere

77) Man war scheinbar in der Praxis einer Strafverfolgung wegen Meineids sehr abgeneigt. Durchaus begreiflich, da vom Beweismittel des Parteieides ein übertriebener und unnatürlicher Gebrauch gemacht wurde. Vgl. Kantorowicz I 143. Wie sich der Unfug des vielen Schwörens heute in der Praxis auswirkt, weiß jeder.

ist die falsche Zeugenaussage — unterschieden und im zweiten Falle strenger bestraft. Das ist z. B. in Ponti (1344 r. 24) der Fall. Dort hat 60 s zu zahlen, wer »se periuraverit iurando pro proprio facto«, eine Strafe, die sich beim Rückfall verschärfte (r. 30), aber 100 s, wer »in facto alieno reddendo falsum testimonium« einen Meineid leistet. Dann verlor der Täter auch die Zunge, wenn er nicht bezahlte.

Die Strafbestimmungen über den Meineid bekamen eine allgemeinere Bedeutung über diese Sonderfälle hinaus dadurch, daß man auch Beamte wegen Meineids bestrafte, wenn sie ihre Amtspflicht nicht erfüllten. Der Beamte hatte zu Beginn seiner Tätigkeit den Amtseid zu leisten. Es war das ein promissorischer Eid recht allgemeinen Inhalts, dessen Verletzung aber gleichwohl strafbar machte. Der Beamte also, der z. B. Gemeindegut veruntreute oder sonst seinen Amtspflichten nicht genügte, wurde hier und dort — von der Sonderstrafe abgesehen — auch noch wegen Meineids bestraft.

In Siena (1309/10 I 3 S. 31) z. B. wurden Beamte, die die päpstlichen Ketzererlasse nicht beachteten, mit Geldstrafe samt Nebenfolgen belegt »senza la macula del perjurio et danno di perpetua infamia«. In Florenz (Stat. Pod. 1325 III 10 S. 186) wird der Beamte, der Gemeindegut unterschlägt, nach Ermessen des Gerichts bestraft »et publicetur palam tanquam periurius in arengo vel consilio«. Auch in Olevano (1364 r. 102) mußte der Beamte sich streng an das Statut halten. Sonst »incidat in penam sacramenti«. Das Gesetz von Ascoli von 1377 III 25 (S. 99) bedrohte Podestà und Volkshauptmann, die in der Verfolgung gewisser Verbrecher lässig waren, mit Sonderstrafe und »pena de lu perjuro«.

Das war bedeutsam auch für die Auslegung der Statuten. Denn die Eidesformel der Beamten pflegte ja das Versprechen wörtlicher Gesetzanwendung zu enthalten. Ein Beamter also, der das Ortsgesetz nicht buchstabengetreu auslegte, beging einen Meineid und wurde deswegen bestraft.

V. Münzverbrechen.

1. Theorie.

Unter den Münzverbrechen unterschieden die Italiener [78]) drei Gruppen von Straftaten: Veränderungen der Münzform, des Gewichts und der Metallmasse. Es macht sich also strafbar, wer die staatliche Prägung nachahmt, mag die Metallmasse richtig sein oder nicht, und wer ursprünglich echte Münzen nachträglich verschlechtert [79]). Die Herstellung falscher Goldmünzen des Kaisers sollte mit Ver-

---

[78]) Vgl. Brunnenmeister, Quellen 285 f. und die dort angeführten Stellen und über das kanonische Recht Hinschius, KR. V 200 f., Katz 153 ff.

[79]) Vgl. Gandinus, De penis 57 (S. 272) und die Kommentare zu C 9, 24, 3.

brennung, die anderer Münzen mit Enthauptung bestraft werden [80]), während für die Wertminderung der Goldmünzen Enthauptung, die anderer Geldstücke Deportation gefordert wurde [81]). Daneben wird als Strafe der Münzfälschung nach langobardischem Recht Verstümmelung einer Hand angeführt [82]). Als Nebenstrafe entnahm man sodann aus C 9, 24, 1, 4 ff. die Konfiskation des Tathauses, falls der Eigentümer zur Zeit der Tat nicht gerade abwesend war. War er auch nur in der Nähe, so kam es auf den Nachweis des Vorsatzes im konkreten Falle nicht an. Doch machte man dem Texte folgend eine Ausnahme zu Gunsten von Witwen und Minderjährigen, deren Häuser der Beschlagnahme nicht verfielen [83]).

Strafbar war auch das Ausgeben von Falschgeld und die Nichtannahme der Münze zum öffentlichen Taxwert [84]).

Die gleichen Tatbestände — Anfertigung falscher, Verschlechterung echter Münzen und die Ausgabe von Falschgeld — sind in den Extravaganten Johanns XXII. (c. un. Extrav. Joann. XXII 10 De crimine falsi) und in den Extravagantes comunes (c. un. Extrav. comm. II 2 De dilationibus) mit Strafe bedroht.

2. Gesetzgebung.

In den Statuten [85]) wird zunächst die Anfertigung falscher Münzen mit Strafe bedroht, das »fabricare falsam monetam«, »falsare« usw.

Die Strafe ist fast überall Verbrennung, und zwar in der Regel schon an erster Stelle. Das langobardische Recht, das Verstümmelung der rechten Hand vorsah, ist im 14. Jahrhundert nicht mehr wirksam. Die Strafe des Feuertodes setzt manchmal voraus, daß die gefälschten Münzen einen bestimmten Betrag erreichen.

Diese Strafe findet sich in Biella, Stat. malef. r. 39 (bei Fälschung von Goldmünzen im Betrage von mindestens 40 s. Sonst Ermessenstrafe), Vercelli S. 64 R.;

Averrara 1313 r. 41 (S. 39), Arona 1319 r. 31 (S. 80: Hilfsstrafe), Vallassina 1343 r. 84 (S. 208), Mailand r. 77, Cremona 1387 r. 143, Val-

---

80) Baldus, C IX 24 De falsa moneta 11, 1, 2; Salicetus, a. gl. O. n. 3; Durantis, Spec. IV 4 De crimine falsi n. 1 f.; Hostiensis, S. A. V 20 n. 7, der aber für die Fälschung anderer als kaiserlicher Goldmünzen nur Deportation will. Bonif. de Vitalinis, De pena fals. mon. n. 1.

81) Bonif. de Vitalinis, a. a. O. n. 1; Hostiensis, a. a. O.

82) Bonif. de Vitalinis, Quibus de causis etc. n. 2.

83) Bonif. de Vitalinis, a. a. O. n. 2; Hostiensis, a. a. O. und die Kommentare zur angeführten Textstelle.

84) Bartolus, D XLVIII 10 Ad l. Corn. de falsis 10 n. 4.

85) Kohler 572 ff., Pertile V 552 ff.

sassina 1388 r. 48 (S. 282 f.), Intra 1393 IV 49 (S. 371 f.: Hilfsstrafe), Lecco r. 268 (S. 133 f.);

Venedig 1346 VI 80 (geschützt ist nur die venezianische Münze), Bassano 1392 S. 108 R., Verona 1450 III 57;

Modena 1327 IV 25 (S. 395: Ist der Täter nicht zu fassen, so trifft ihn ewiger Bann, Konfiskation und Geldstrafe von 1000 l), Frignano 1337/38 VI 41 (S. 231: ähnlich wie Modena), Argenta 1342 S. 99, Parma 1347 S. 230 (wenn der Betrag der gefälschten Münzen sich auf mindestens 10 l beläuft, sonst Strafe nach Ermessen des Gerichts), Carpi 1353 S. 49 (wie Modena), Mirandola 1386 S. 109, Piacenza 1391 V 89, Bobbio 1398 IV 155;

Pisa 1286 III 15 (S. 378), Pistoia 1296 III 8 (S. 103), Lucca 1308 III 97 (S. 203: Strafe der iura civilia, Konfiskation und Verbannung; geschützt sind auch andere Münzen als die einheimischen), Siena 1309/10 V 296 (S. 357);

Perugia 1342 III 20 (S. 41), Narni 1371 III 23;

Bologna 1454 S. 30 (aber Milderung der Strafe nach Ermessen des Gerichts).

Verbrannt wurde auch der Maestro Adamo, den Dante, Inf. XXX 49 ff. (75) erwähnt.

So verlor der Täter nach dem Liber promissionis von Venedig von 1232 c. 20 eine Hand, während in Brescia (1313 II 171) Strafe nach den leges und den Gewohnheiten von Brescia eintrat. Das Statut von Rom von 1363 II 30 (S. 103) drohte Enthauptung auf die Fälschung von Silber- oder Goldmünzen an. Die Tatortsgemeinde, die das wissentlich zuließ, hatte Geldstrafe von 500 l zu zahlen, aber nur 100 l, wenn sie kein Verschulden traf. Nur Geldstrafe und Verbannung waren in Dervio (1389 r. 44 S. 114) angedroht.

Unter Strafe stand auch in den Ortsgesetzen die nachträgliche Veränderung echten und guten Geldes, das »tondere« (beschneiden), »tonsare« (= tondere), »minuere«, »incidere«, »talliare« (beschneiden), »cudere« (schlagen, stampfen), »rompere« u. dgl., Tatbestände also, die der Verfälschung von Urkunden entsprachen. Die Strafe ist bald derjenigen für die Herstellung falscher Münzen gleich, bald besonders festgesetzt.

Vgl. Biella, Stat. malef. r. 39 (Strafe der Herstellung), Vercelli S. 65 R. (500 l, hilfsweise Verbrennung), Moncalieri 1378 Sp. 1405 (100 l, eventuell Enthauptung);

Arona 1319 r. 31 (S. 80: Strafe der Herstellung), Mailand r. 77 (ebenso), Cremona 1387 r. 143 (ebenso), Lecco r. 268 (S. 133 f.: ebenso), Intra 1393 IV 49 (S. 371 f.: ebenso);

Bassano 1392 S. 108 R. (Verlust der besseren Hand), Verona 1450 III 58 (Verlust der rechten Hand);

Modena 1327 IV 25 (S. 395: Strafe nach Ermessen), Frignano 1337/38 VI 41 (S. 231: Verlust der rechten Hand, nach Ermessen auch darüber hinaus), Carpi 1353 S. 49 (wie Modena), Piacenza 1391 V 89 (Verlust einer Hand, aber Loskauf), Bobbio 1398 IV 155 (ebenso);

Pisa 1286 III 15 (S. 378: je nach Art der Handlung Feuertod oder Geldstrafe), Lucca 1308 III 100 (S. 204: 100 l, eventuell Verlust einer Hand), Siena 1309/10 I 400, 402 (S. 277: Geldstrafe, hilfsweise Verlust einer Hand), Florenz, Stat. Vhptm. 1322 IV 16 (S. 188: 200 l);

Ägid. Konst. 1357 IV 36 (S. 182 f.: 100 fl bei Goldmünzen, 50 fl bei Silbermünzen);

Ascoli 1377 III 22 (S. 96), Bologna 1454 S. 30;

Rom 1363 II 31 (S. 103: Verlust der rechten Hand).

Drittens bestraften die Statuten auch die Ausgabe von Falschgeld, wobei sie häufig den Vorsatz ausdrücklich verlangten. Die Strafe, in der Regel niedriger als diejenige für die Anfertigung falscher Münzen — häufig kommt reine Geldstrafe vor —, bestimmt sich oft nach der Menge des ausgegebenen Geldes. Als Nebenfolge wird wiederholt der Verfall des Falschgeldes ausgesprochen. Darüber hinaus wird hier und dort schon der bloße Besitz des Falschgeldes mit Strafe bedroht.

So z. B. Biella, Stat. malef. r. 39 (Geldstrafe je nach der Menge. Halbe Strafe für den bloßen Besitz), Vercelli S. 65 (Geldstrafe je nach der Menge, hilfsweise Verbrennung oder Verstümmelung. Ähnlich beim bloßen Besitz);

Vallassina 1343 r. 85 (S. 208: 100 l), Mailand r. 78 (Geldstrafe je nach der Menge), Cremona 1387 r. 145 (ebenso), Dervio 1389 r. 44 (S. 114: ebenso), Lecco r. 268 (S. 133 f.: ebenso), Intra 1393 IV 49 (S. 371 f.: ebenso);

Argenta 1342 S. 99 (übersteigt der ausgegebene Betrag nicht 20 s, Strafe nach Ermessen, sonst Verbrennung), Parma 1347 S. 230 (Strafe der Fälschung), Carpi 1353 S. 49 (Strafe nach Ermessen), Mirandola 1386 S. 109 (50 l), Piacenza 1391 V 90 (Geldstrafe je nach der Menge, eventuell Verstümmelung), Bobbio 1398 IV 155 (Geldstrafe je nach der Menge);

Bassano 1392 S. 108 R. f. (10 s für jeden ausgegebenen solidus; Hilfsstrafe Mitra und Kette; beim zweiten und dritten Rückfall doppelte und dreifache Geldstrafe und strengere Hilfsstrafen), Verona 1450 III 60 (Strafe nach Ermessen);

Pistoia 1296 III 8 S. 103 (Strafe nach Ermessen);

Narni 1371 III 23 (Geldstrafe je nach der Menge);

Ascoli 1377 III 22 (S. 96: bei Ausgabe einer bestimmten Menge Strafe der Fälschung);

Rom 1363 II 32 (S. 104: Strafe für Wechsler, die Falschgeld ausgeben, wechseln oder bei sich haben).

Als Vorbereitung der Münzfälschung war sodann die Einfuhr von Falschmünzen [86]) und gelegentlich der Verkauf falschen Geldes [87]) strafbar.

Nach gemeinrechtlichem Vorbild wird vielfach das Tathaus gewüstet oder beschlagnahmt, aber dabei häufig verlangt, daß der Eigentümer um die Tat wußte [88]).

VI. Andere Tatbestände.

Außer den bisher erörterten Tatbeständen, bei denen das wesentliche der Angriff auf den öffentlichen Glauben war, entwickelt die Rechtslehre eine Anzahl von Verbrechenstypen, die sie teilweise den

[86]) Pisa 1286 III 15 (S. 378), Mailand r. 78 (Geldstrafen je nach der Menge des Betrages), Verona 1450 III 61 (Geldstrafe und Einziehung).

[87]) Pistoia 1296 III 9 (S. 103: Geldstrafe nach Ermessen).

[88]) Biella, Stat. malef. r. 39, Modena 1327 IV 25 (S. 395), Frignano 1337/38 VI 41 (S. 231), Mailand r. 77, Narni 1371 III 23, Ascoli 1377 III 22 (S. 96), Lecco r. 268 (S. 134), Bologna 1454 S. 30 R.

Quellen entnahm, teilweise aus der allgemeinen Bestimmung des falsum als Wahrheitsentstellung herleitete. Einiges davon — und nur davon ist zu sprechen — findet in der Praxis ein Echo.

Die vorsätzliche Namensänderung in Täuschungsabsicht fiel unter die lex Cornelia. Unter diesem Gesichtspunkt sprachen auch die Italiener [89]) davon, und Tatbestände dieser Art finden sich auch im Statutarrecht. Doch beschränkte man die Bestrafung auf den Fall, daß jemand sich einen falschen Namen in öffentlichen Urkunden beilegte. Dieses Delikt wird z. B. in Lucca (1308 III 96 S. 203) mit Geldstrafe von 200 l, in Bologna (1454 S. 31) mit einer Buße von 50 l gesühnt.

Falsum ist nach der Theorie ferner die Änderung von Maß und Gewicht [90]), und der Gebrauch falscher Maße und Gewichte kehrt auch in den Statuten wieder, wird dort aber als Polizeiübertretung bestraft [91]). Das gleiche gilt von der Warenfälschung, die in der Rechtslehre [92]) falsum, in der Praxis Übertretung ist. Doch kommt gelegentlich in den Statuten zum Ausdruck, daß hier eine Art der Fälschung vorliegt, z. B. in Florenz, Stat. Pod. 1325 III 13 (S. 187) r. De puniendo qui falsaverit ceram (Wachs) vel cereos (Kerzen) oder Bassano 1392 r. De spiciariis et apothecariis res falsificatas vendentibus (S. 109).

* * *

Eine Übersicht über die Fälschungsverbrechen ergibt wieder eine weitgehende Übereinstimmung zwischen Theorie und Praxis. Die Tatbestände der Urkundenfälschung, des falschen Zeugnisses und der Münzfälschung entsprechen sich in beiden Bereichen bis in die Einzelheiten. Praktische Bedürfnisse finden Ausdruck in Verschuldensvermutungen, die in Lehre und Gesetzgebung gleich gestaltet werden. Dagegen findet die Erweiterung des Falsumbegriffs durch die Theorie in der Praxis keinen Niederschlag in abstrakten Vorschriften. Vollends selbständig bleibt auch auf diesem Gebiet das Statutarrecht in der Bemessung der Rechtsfolgen. Die Strafen der lex Cornelia werden nicht übernommen.

---

89) Jac. de Belvisio I 2 n. 9; Bonif. de Vitalinis, De pena mutantis sibi nomen und die Kommentare zu D 48, 10, 13.

90) Jac. de Belvisio I 8 n. 4, 8; Gandinus, De falsariis 3 (S. 320); Bonif. de Vitalinis, De falsis n. 3, De pena falsantis mensuras et pondera. Vgl. auch c. 2 X De emptione et venditione III 17.

91) Kohler 581 f., Pertile V 558 f.

92) Jac. de Belvisio I 8 n. 6; Bonif. de Vitalinis, De falsis n. 3.

„Betrug“.

Abstrakte Bestimmungen über den Betrug [1]) haben weder Rechtslehre noch Gesetzgebung entwickelt. Der stellionatus der Theorie, fraus und dolus, wo sie in der Praxis einen objektiven Tatbestand bezeichnen, decken sich nicht mit dem heutigen Betruge. Weder die kapitalistische Entwicklung der Städte, noch die Wirtschaftskrise zu Beginn des Jahrhunderts hat das Strafrecht hier angeregt. Das zu erklären reicht das Fehlen römischer oder deutschrechtlicher Vorlagen nicht aus. Denn die Italiener waren sonst wohl imstande, neues Recht zu schaffen und praktische Bedürfnisse zu befriedigen. Daher genügt auch nicht der Hinweis auf die technischen Schwierigkeiten für den Aufbau gerade dieser Tatbestände. Der eigentliche Grund liegt vielmehr darin, daß jene praktischen Bedürfnisse schon anderweitig befriedigt wurden. In der Theorie entzog das falsum, in der Praxis das Polizeirecht der Betrugsstrafe den Boden.

Die meisten Rechtslehrer — das wurde schon gezeigt — dehnten den Begriff des falsum sehr weit aus und verstanden darunter jede Entstellung der Wahrheit, die eine Vermögensbeschädigung bewirkte. So verstanden aber umfaßte der Tatbestand des falsum auch alle Täuschungshandlungen, also den ganzen Betrug im heutigen Sinne. So nahm man z. B. ein Fälschungsverbrechen an, wenn jemand die bezahlte Schuld einem ahnungslosen Dritten abtrat, falsche Maße oder Gewichte benutzte, Waren fälschte oder seinen Namen änderte, um einen andern zu täuschen. Der regelmäßig mit Urkundenfälschung, Münzverbrechen und dergleichen verbundene Betrug ging im falsum auf, und so wäre es vermutlich dem ganzen Betruge ergangen, wenn nicht gewisse Quellen ganz eindeutig vom Stellionat gesprochen, die Falsumstrafe also ausgeschlossen hätten. Schließlich sah man einzelne Fälle des heutigen Betruges und der Untreue auch als Diebstahl an. So wollte man den falschen Gläubiger, der sich an Stelle des Berechtigten eine Leistung gewähren ließ, wegen furtum bestrafen.

Für die Tatbestände also, die jenseits von furtum und falsum noch übrig blieben, bot sich kein zusammenfassender Gesichtspunkt, am wenigsten der der Täuschung, die zum falsum gehörte. So blieb also nur der stellionatus übrig, jener subsidiäre Tatbestand, in dem die Abfälle anderer Tatbestände einer Ermessensstrafe unterworfen wurden, und dahin wiesen auch die Quellen.

---

[1]) Kohler 466 ff., Binding, Lehrbuch I 338 f.

Die Praxis machte zwar die Verallgemeinerung und Verflüchtigung des falsum nicht mit, ging aber auf andere Weise dem Täuschungsvergehen aus dem Wege. Die straff organisierte Wirtschaft und das Geschäftsleben war überzogen mit einem Netz polizeilicher Kontrollvorschriften. Man dachte auch in wirtschaftlichen Dingen kollektivistisch. Der enttäuschte Kunde machte die Zunft für Verfehlungen ihrer Mitglieder verantwortlich. Der betrügerische Kaufmann schädigte also mit dem Verbraucher auch den Kredit seiner Organisation und den Absatz. Dieser psychologische Sachverhalt und die grundsätzliche Neigung zu kollektivistischer Organisation ließen ein System präventiver Kontrollen entstehen. Die meisten Statuten enthalten ein ungemein reichhaltiges Gewerbepolizeirecht, das die Produktion von den ersten Anfängen bis zum vollendeten Absatz unter Kontrolle stellt [2]).

Schon die ersten Schritte des Herstellers werden überwacht. Unter Strafe stand schon der Gebrauch falscher Maße oder Gewichte, das Feilhalten schlechter Ware, der Verkauf kranker Tiere oder minderwertiger Tuche, die Warenfälschung, das Ausgeben einer Ware für die andere und anderes mehr. In der Regel aber ist der strafrechtliche Tatbestand mit dem bloßen Anbieten, Feilhalten usw. erfüllt. Ob der Kunde wirklich getäuscht wird oder überhaupt in Erscheinung tritt, pflegt gleichgültig zu sein. Die Strafdrohung setzt schon vorher ein, ein Betrug im modernen Sinne ist nicht nötig. Ihn noch besonders neben den Polizeiübertretungen zu strafen fehlt das Bedürfnis. Hier und dort freilich ist der Tatbestand dem Betruge wenigstens angenähert. So wird gelegentlich vorausgesetzt, daß der Schlachter dem Käufer auf dessen Befragen falsche Angaben über die Beschaffenheit des Fleisches macht [3]). Doch ist weder nötig, daß der Käufer sich täuschen läßt, noch daß ein Schaden entsteht.

Nach alledem ist das folgende zu vermuten: In der Theorie neben ganz allgemeinen Erörterungen über den stellionatus eine kasuistische Behandlung einzelner Fälle, die dann auch in den Gesetzen geregelt werden.

Immerhin findet die Rechtslehre gewisse allgemeine Merkmale dieser einzelnen Fälle, umgrenzt also eine Sondergruppe innerhalb des Stellionats, ohne aber den zusammenfassenden Begriff oder Namen herauszustellen. Verlangt wird nämlich immer, daß jemand absichtlich getäuscht wird, also Vorsatz beim Täter, Mangel des Vor-

---

[2]) Kohler 470 ff. Über die sizilianischen Konstitutionen s. Zechbauer 148.

[3]) Modena 1327 II 1 (S. 218) und Turin 1360 r. De non vendendo unam carnem pro alia (Sp. 679).

satzes beim Gegner. Ferner muß dem Getäuschten ein Vermögensschaden erwachsen.

I. Mehrfaches Einfordern einer Schuld. Überforderung.

Das Einfordern der schon bezahlten Schuld wird in D 17, 1, 29, 5 als Stellionat behandelt. Die Theorie nimmt das auf. So heißt es bei Bartolus an dieser Stelle (D XVII 1 Mandati 29, 5 n. 1): »ille qui petit debitum solutum vel semel solutum iterum recipit, committit crimen stellionatus« [4]).

Die Statuten behandeln diesen Fall häufig [5]). Bald steht das Einfordern, bald das Annehmen der erloschenen Schuld oder beides unter Strafe [6]). Doch scheint nicht wesentlich, daß der Schuldner dabei getäuscht wird. So wird z. B. manchmal verlangt, daß der Gläubiger seine angeblichen Ansprüche im Prozeßwege geltend macht, den früheren Schuldner mit Hilfe des getäuschten Gerichts also offen ins Unrecht setzt [7]).

Häufiger wird hier der Vorsatz hervorgehoben und ihm vielfach die unentschuldbare Unkenntnis gleichgestellt. Wie beim falsum setzt die Bestrafung gelegentlich die Beharrlichkeit des Gläubigers voraus, der einer Verwarnung zum Trotz an seinem Verlangen festhält.

So droht das Gesetz von Tivoli von 1305 III 210 (S. 221) Strafe an, »nisi actor iustam causam ingnorantie habuerit«. Auch in Forli (1359 III 47 S. 241) ist die Strafe verwirkt, wenn der Gläubiger handelt »scienter ..., nisi habeat iustam causam ignorantie«. In Bassano (1392 S. 44 R.) muß der angebliche Gläubiger den Schuldner verklagen und bei seiner Klage beharren, obwohl der Schuldner Erfüllung geltend macht. Das soll aber dann nicht gelten, wenn der Gläubiger »erraret in facto alieno«, z. B. dem Erblasser oder sonst einem Rechtsvorgänger des Klägers geleistet ist und dessen Unkenntnis glaubwürdig scheint (»et verisimiliter est eum ignorare fore solutum«).

Besonders gefährlich war der Mißbrauch der Schuldurkunde als formalen Beweismittels. Die Praxis hat dagegen besondere Rechtsbehelfe entwickelt. So steht vielfach unter Strafe, wer eine befriedigte

---

4) Vgl. auch die übrigen Kommentare zur angeführten Stelle und Alb. de Rosc., D XLVIII 10 Ad l. Corn. de falsis 21 n. 3.

5) Kohler 466 ff., Pertile V 568.

6) Pistoia 1296 III 32 (S. 115), Tivoli 1305 III 210 (S. 221), Siena 1309/10 I 481 (S. 308), Vercelli S. 97 R. f., Perugia 1342 III 179 (S. 207), Forli 1359 III 47 (S. 241), Rom 1363 II 112 (S. 147), Casale 1370 r. De pena petentium debita iam soluta (Sp. 979), Ascoli 1377 III 56 (S. 120), Moncalieri 1378 Sp. 1366, Bassano 1392 S. 44 R., Verona 1450 III 112.

7) Pistoia 1296 III 32 (S. 115), Mantua 1303 I 38 (S. 87 f.), Moncalieri 1378 Sp. 1366, Bassano 1392 S. 44 R.

Schuld unter Vorlegung der Urkunde einfordert [8]). Zugleich aber suchte man zuvorzukommen. Der befriedigte Gläubiger mußte nach manchen Gesetzen den Schuldschein zurückgeben oder vernichten, obendrein aber eine Quittung oder nötigenfalls einen Mortifikationsschein ausstellen, bald von selbst, bald auf Verlangen des Schuldners. Tat er das nicht, so wurde er bestraft [9]).

Die Sühne für alle diese Straftaten war wohl überall Geldstrafe, die häufig im Vielfachen, meist im Doppelten der geforderten oder angenommenen Summe bestand. [10]).

Mehrfach wird sodann die vorsätzliche Überforderung bestraft, und zwar meist mit dem Verlust des ganzen Anspruchs und einer Geldstrafe in Höhe des zuviel geforderten Betrages. Es bricht darin der immer wiederkehrende Gedanke durch, daß, wer irgendwie Unrecht tut, alsbald jedes Recht verliert. So heißt es in den Ägidianischen Konstitutionen von 1357 IV 43 (S. 186): »plus quantitate seu re petens vel peti mandans vel faciens peti absque racionabili causa (ignorancie) a toto cadat quod petit et in tantum, quantum est quod plus petit, camere condempnetur«. Genau so bestimmte das Statut von Forli von 1359 III 47 (S. 241).

II. Mehrfache Veräußerung und ähnliches.

Nach gemeinem Recht machte sich ferner strafbar, wer ein und dieselbe Sache nacheinander mehreren Personen veräußerte. In den Quellen werden hier zwei Fälle unterschieden: Der mehrfache Verkauf wird in D 48, 10, 21 der lex Cornelia unterstellt, während die mehrfache Verpfändung oder anderweitige Bindung der Sache als Stellionat angesehen wurde (D 13, 7, 6, 1, D 13, 7, 36, 1, D 47, 20, 3, 1, C 9, 34, 1, 2, 4).

---

8) Brescia 1313 Sp. 1680, Arona 1319 r. 120 (S. 116 f.), Turin 1360 Sp. 661, Cremona 1387 r. 232, Valsolda 1388 r. 108 (S. 288 f.).

9) Pistoia 1296 III 72 (S. 124), Florenz, Stat. Pod. 1325 III 18 (S. 189 f.), Modena 1327 III 31 (S. 306 f.), Parma 1347 r. Qualiter creditores tenentur reddere instrumenta debiti et chartam solucionis facere debitoribus soluto debito (S. 164 f.), Carpi 1353 S. 22 f., Piacenza 1391 III 15, Ceneda r. 29. Das Statut von Siena von 1309/10 V 297 (S. 357) bedroht den Gläubiger mit Strafe, der eine Schuldurkunde über die bezahlte Schuld nachträglich wiederherstellen läßt.

10) Pistoia 1296 III 32 (S. 115), Tivoli 1305 III 210 (S. 221), Siena 1309/10 I 481 (S. 308: Hat der Täter das Geld zum zweiten Mal nur gefordert, so zahlt er den doppelten Betrag. Hat er die Leistung zweimal angenommen, so ist Geldstrafe von 100 l noch obendrein verwirkt), Brescia 1313 Sp. 1680, Vercelli S. 97 R. f., Ägid. Konst. 1357 IV 43 (S. 186), Forli 1359 III 47 (S. 241), Casale 1370 Sp. 979, Ascoli 1377 III 56 (S. 120), Moncalieri 1378 Sp. 1366, Bassano 1392 S. 44 R. (100 l und doppelter Ersatz), Bologna 1454 S. 32.

Die Theoretiker sind über diesen Gegensatz nicht hinausgekommen [11]). Sie begründen ihn bald nur aus dem Wortlaut des Gesetzes [12]), bald suchen sie einen inneren Sinn dafür. So meint z. B. Albericus de Rosciate, D XIII 7 De pigner. act. 36 n. 1, wer zweimal verpfände, sage doch wenigstens teilweise die Wahrheit. Denn wenn der erste Pfandgläubiger befriedigt sei, so erhalte der zweite doch den Überschuß, während bei zweimaligem Verkauf der zweite Käufer überhaupt nichts bekomme. Jedenfalls wird der Falsumbegriff nicht auf diese Fälle des gemeinrechtlichen Stellionats ausgedehnt. Nur dann sollte etwas anderes gelten, wenn der Verpfänder oder sonstige Veräußerer auf Befragen oder z. B. in der Vertragsurkunde ausdrücklich erklärt, daß die Sache noch nicht gebunden sei [13]). Somit blieben für den Stellionat nur die Fälle übrig, in denen jemand eine Sache verpfändet oder anders (außer zum Eigentum) hingibt und dabei arglistig verschweigt, daß sie ihm nicht gehört oder schon gebunden sei. Doch auch dann sollte Stellionat nur vorliegen, wenn dem Gegner ein Schaden entstand, das heißt, wenn die Pfandsache nicht ausreichte, um beide Gläubiger zu befriedigen. So heißt es bei Baldus, D XIII 7 De pigner. act. 36, 1 n. 1: »Obligans rem alienam vel alii obligatam crimen stellionatus committit, nisi illa res pro debito utriusque sufficiat...; ille, qui obligat secundo loco rem quam alii iam obligaverat, tenetur crimine stellionatus, nisi illa res utrique sufficiat; secus in eo, qui primo unam rem vendidit uni, postea eandem rem vendidit alii, nam isto casu crimine falsi tenetur«. Daher war dann keine Strafe verwirkt, wenn der Täter nach vollendeter Tat dem Gläubiger die Leistung rechtzeitig anbot, also ein Ausnahmefall des Rücktritts vom vollendeten Verbrechen [14]).

Für den inneren Tatbestand wurde Vorsatz beim Täter, Fehlen des Vorsatzes beim Gegner, also die absichtliche Täuschung eines andern verlangt [15]). Das erläutert Baldus, Cons. II 240 an Hand eines praktischen Falles: Ein Mann und seine Frau verkauften ein

---

[11]) Vgl. die Kommentare zu D 13, 7, 16, 1, D 13, 7, 36, 1 und C 9, 34, 1 und 3; ferner Bartolus, D XVII 1 Mandati 29, 5; Bonif. de Vitalinis, De extraord. crim. n. 16; Baldus, Cons. I 15 n. 1.

[12]) Bartolus, D XIII 7 De pigner. act. 36, 1; Bartolus behandelte ja auch das falsum positivistisch. Vgl. S. 503.

[13]) Bartolus, D XLVIII 10 Ad l. Corn. de falsis 21 n. 2: falsum, wenn der Vertrag die Klausel enthält, »quod de dicta re nemini ius dedit, propter quod praeiudicium fieri possit«; Baldus, C IX 34 De crim. stell. 3.

[14]) Baldus und Salicetus zu C IX 34 De crim. stell. 1; Lucas de Penna, C XI 54 Ut nemo ad suum patrocinium 1 (S. 174).

[15]) Angelus, C IX 34 De crim. stell. 1 n. 1; Salicetus, D XIII 7 De pigner. act. 16, 1.

Grundstück und empfingen es — wohl im Wege des Besitzkonstituts — zur Miete zurück. Die Vertragsurkunde nahm ein Notar auf. Nach dem Tode des Mannes verkaufte die Frau als Gewalthaberin über ihre Kinder und im eigenen Namen das Grundstück nochmals an den Notar, der schon den ersten Vertrag beurkundet hatte. Es wird die Frage aufgeworfen, ob die Frau wegen zweimaligen Verkaufs zu bestrafen sei, eine Frage, die Baldus verneint, weil zwar der äußere, nicht aber der innere Tatbestand erfüllt sei. Denn der zweite Käufer, der Notar nämlich, habe ja um die Sache gewußt, sei also nicht getäuscht: »res transivit ad delictum consummatum, tamen credo, quod excusetur illa mulier, quia non fecit stellionatum vendendo scienti: quia, ut dicit regula iuris, dolus non fit volenti neque fraus scienti«.

Die mehrfache Veräußerung einer Sache wird auch immer wieder in den Statuten mit Strafe bedroht. Doch machte man, anders als in der Theorie, keinen Unterschied zwischen dem Verkauf und sonstiger Weggabe der Sache [16]). Häufig wird die mehrfache Veräußerung von Grundstücken genannt [17]). Zwischen beweglichen und unbeweglichen Sachen unterscheiden die Statuten von Padua von 1339 S. 206 und Bassano von 1392 S. 108: Die Strafe fällt milder aus, wenn es sich um bewegliche Sachen handelt.

Diese beiden Gesetze kennzeichnen auch im Anschluß an Theorie und gemeines Recht den Veräußerer als Fälscher. So heißt es in Padua (a. a. O.): »Quicunque vendiderit vel alienaverit rem immobilem duobus, tanquam falsarius puniatur et potestas illam poenam falsitatis apponat..., quem (statt quam) elegerit de specificatis in titulo de Falsariis«. In Bassano (a. a. O.) hat der Täter Geldstrafe von 25 bis 50 l zu zahlen, »et nihilominus notam falsitatis incurrat«. So auch in Mantua (1303 I 28 S. 82): 25 l sind zu zahlen, »si quis ... falsum comiserit vendendo vel alienando eandem rem immobilem duobus«.

Neben der mehrfachen Veräußerung von Sachen ist manchmal die mehrfache Übertragung von Rechten, namentlich die wiederholte

---

[16]) Brescia 1313 II 76, Modena 1327 IV 140 (S. 382 f.), Perugia 1342 III 224 (S. 240), Argenta 1342 r. De pena eius, qui rem duobus vendiderit vel locaverit (S. 101 f.), Vercelli S. 97 R., Ivrea Sp. 1236, Casale 1370 Sp. 952, Narni 1371 III 98, Vergante 1389 r. 83 (S. 232), Bassano 1392 r. De vendente et alienante aliquam rem duobus (S. 108). Vgl. auch Kohler 468 ff., Pertile V 567 f.

[17]) Biella r. 44, Averrara 1313 r. 76 (S. 52), Arona 1319 r. 70 (S. 94), Cremona 1387 r. 208 (50 l bei mehrfacher Veräußerung, 10 l für mehrfaches Vermieten), Valsassina 1388 r. 135 (S. 314), Lodi 1390 S. 118 f., Piacenza 1391 III 29, Verona 1450 III 97.

Abtretung von Forderungen unter Strafe gestellt [18]). Desgleichen macht sich hier und dort strafbar, wer eine erloschene Forderung abtritt [19]) oder die abgetretene Schuld zum Nachteil des Zessionars erläßt [20]).

Praktische Fälle dieser Art bespricht Baldus, Cons. I 14 und legt dabei die Maßstäbe an, wie sie auch sonst in der Behandlung des Stellionats zur Geltung kommen. Wenn ein Vertreter (falsus procurator) eine Schuld erließ, so nahmen nach Baldus die einen Diebstahl an, andere Stellionat. Das letztere wollte Baldus dann, wenn der Täter ein Entgelt dafür empfangen hatte. Denn nur dann ist ein Schaden entstanden, da der Erlaß für sich ja nichtig ist (a. a. O. n. 1). Unter gleichen Gesichtspunkten entscheidet Baldus den Fall, daß der Zedent die abgetretene Schuld erläßt. Der Zedent soll nur dann bestraft werden, wenn der Zessionar die Abtretung bezahlt, nicht aber, wenn er die Forderung unentgeltlich erlangt hatte: »quia cessionarius ex causa lucrativa nullum damnum passus est«. Dabei fällt auf, daß die einzelnen Geschäftsvorgänge als Einheit gesehen werden. Im zweiten Falle nämlich ist genau genommen dem Zessionar ein Schaden auch dann entstanden, wenn er die Forderung unentgeltlich erlangt hatte. Denn damit fiel sie in sein Vermögen, das durch den späteren Erlaß (der hier offenbar wirksam war) wieder vermindert wird.

III. „Versicherungsbetrug". Zechprellerei.

Vielfach bestraft wird die betrügerische Anmeldung von Ansprüchen gegen Landgemeinden auf Ersatz von Schäden aus Bränden oder sonstigen Anlässen. Wer nämlich Schäden ersetzt verlangte, die er gar nicht oder nicht in der angemeldeten Höhe erlitten hatte oder solche, die er selbst verursacht hatte, machte sich strafbar [21]). In Brescia (1313 II 66) z. B. war das Vierfache als Strafe zu zahlen, und der Täter verlor eine Hand, wenn er nicht zahlte. In Florenz (Stat. Pod. 1325 II 45 S. 121) betrug die Geldstrafe 10 l, doch konnte das Gericht darüber hinausgehen oder dahinter zurückbleiben. Das Statut von Perugia von 1342 III 214 (S. 232 f.) drohte Geldstrafe von 100 l an und bestimmte den doppelten Ersatz des empfangenen

---

[18]) Biella r. 44, Florenz, Stat. Pod. 1325 III 96 (S. 252).

[19]) Cremona 1387 r. 232.

[20]) Cremona 1387 r. 232, Biella r. 44, Lodi 1390 S. 118 f.

[21]) Kohler 473. Über Analogien im deutschen Recht vgl. His, G. D. StrR. 172 f.

Betrages. In Rom (1363 II 19 S. 97) endlich ist Geldstrafe von 100 l, hilfsweise Züchtigung des Täters angedroht.

Endlich wird häufig die Zechprellerei bestraft [22]).

IV. Sonstiges.

Die Theoretiker behandeln Abschluß- und Erfüllungsbetrug bei Verträgen als Stellionat, da polizeiliche Gesichtspunkte bei ihnen ja ausscheiden. So sollte z. B. Stellionat vorliegen, wenn jemand durch betrügerische Vorspiegelungen zum Abschluß eines Vertrages bestimmt wurde, den er in Kenntnis des Sachverhalts nicht abgeschlossen hätte [23]). Nach Albericus de Rosciate, D XLVII 20 Stellion. 3 pr., begeht Stellionat allgemein der »committens dolum in contractu«, doch verlangt er ein positives Handeln. Wiederholt wird im Anschluß an D 13, 7, 1, 2 der Fall besprochen, daß jemand einer Sache andere Eigenschaften zuschreibt, als sie in Wirklichkeit hat. Im Anschluß an die Quellenstelle wird Stellionat angenommen, doch fordert Albericus, a. a. O. 16, 1, daß der Schuldner bösgläubig, der Gläubiger aber gutgläubig handle.

* * *

Das Statutarrecht wiederholt also die Tatbestände, die die Wissenschaft aus den römischen Quellen über den Stellionat entnahm und unterwirft sie selbständigen Rechtsfolgen. Die Ausgestaltung im einzelnen aber richtet sich nach praktischen Bedürfnissen und ist unabhängig von der Theorie.

Vertragsbruch.

Gelegentlich steht der Vertragsbruch unter Strafe. Das ist in weiterem Umfange dort der Fall, wo die juristische Form des Dienstvertrags ein dauerndes soziales Abhängigkeitsverhältnis deckt, nämlich bei Pacht- und Gesindeverträgen.

Wie schon im einleitenden Abschnitt gezeigt wurde, bildete sich damals auf dem Lande eine neue Hörigkeit aus. Es entstand der

---

[22]) Bovegno 1341 r. 237 (S. 94), Ivrea r. De illis, qui exeunt de tabernis contra voluntatem tabernariorum (Sp. 1240), Turin 1360 Sp. 712, Invorio 1366 r. 51 (S. 167 f.), Moncalieri 1378 r. Si quis expenderit in taberna et sine solvendo recesserit (Sp. 1397), Dervio 1389 r. 216 (S. 241). In der Regel werden kleine Geldstrafen angedroht. Vgl. auch Kohler 474.

[23]) Baldus, Cons. I 15 n. 1.

Typus des rechtlich freien Pächters, der für den städtischen Kapitalisten das Grundstück bewirtschaftete. Dieses wirtschaftliche Interesse und seine Gefährdung durch die Landflucht der frei gewordenen einstigen Leibeigenen führte zu einem Rückschlag in der Gesetzgebung. Man suchte den Pächter wieder an die Scholle zu binden, indem man langfristige Pachtverträge mit ihm abschloß und seine Vertragstreue durch Strafdrohungen sicherte. Strafbar machte sich also derjenige, der das Grundstück vor Ablauf der Vertragszeit verließ oder nicht die nötigen landwirtschaftlichen Arbeiten verrichtete [1]). Bestimmungen dieser Art enthalten z. B. die Statuten von Frignano von 1337/38 III 22 (S. 151) und Turin von 1360 Sp. 726 f.

Unter Strafe stand auch die gegenseitige Wegnahme von Arbeitskräften durch Arbeitgeber. Das Gesetz von Ceneda r. 42 verbietet, den Arbeiter eines anderen Arbeitgebers ohne Erlaubnis des früheren Herrn in Dienst zu nehmen.

Wesentlich war also bei diesen Verträgen die Pflicht zum Bearbeiten des Grundstücks. Von der Arbeitspflicht abgesehen, die einen wesentlichen Teil des ländlichen Pachtvertrags ausmachte, wurden auch andere Verbindlichkeiten des Mieters oder Pächters strafrechtlich verstärkt. So wird manchmal bestraft, wer Miet- oder Pachtgrundstücke nicht rechtzeitig zurückgibt. Darüber wurde schon in anderem Zusammenhange gesprochen [2]).

Dies alles zeigt, wie das Strafrecht gehandhabt wurde, um die wirtschaftliche Macht der herrschenden Schicht zu befestigen. Das Landpachtrecht ist Interessengesetzgebung des städtischen Kapitals. Demgegenüber fehlt es an einem strafrechtlichen Mieter- und Pächterschutz [3]).

Neben Pachtdienstverhältnissen werden hier und dort auch reine Dienstverhältnisse geschützt. Zunächst wieder auf dem Lande: In Ripi (r. 61 S. 121) wird bestraft, wer Arbeiten und Hilfsdienste

[1]) Kohler 464 f. Praktische Fälle bei Kohler-deggli Azzi 121 f., 126 f. — Die Bestrafung des böswilligen Verzuges entspricht deutschrechtlicher Überlieferung. Auch die Kirche schreitet mit Zwangsmitteln gegen den säumigen Schuldner ein. Vgl. Neumeyer, Bankerott 20 ff.

[2]) Nicht um öffentliche Strafe, sondern um gesetzliche Buße an den Gläubiger handelt es sich in Mirandola 1386 r. De pena non solventis affictum in termino (S. 6 f.): Auf Verlangen des Gläubigers ist ein Zuschlag zur Miete in Höhe von einem Drittel zu zahlen.

[3]) Wohl aber gibt es gelegentlich einen zivilrechtlichen Schutz gegen vorzeitige Räumung. In Ceneda (r. 47) z. B. darf der Mieter nur dann vorzeitig auf die Straße gesetzt werden, wenn er gegen den Vertrag verstößt, die Sache etwa verschlechtert, oder wenn der Eigentümer das Haus nötig hat, um selbst

verspricht und das nicht einhält (wer »promiserit iuvare aliquem et non iuverit«). Die Strafe von 12 den. ist verfallen, wenn der Versprechende keine Entschuldigung hat. Ganz ähnlich bestimmte das Statut von Castel Fiorentino von 1305 r. 125 (S. 356). Darüber hinaus aber werden hier und dort ganz allgemein Dienst- und Gesindeverträge zugunsten der Herrschaft strafrechtlich gesichert. So droht z. B. das Statut von Mantua von 1303 I 31 (S. 83) dem Bedienten Strafe an, der seinen Herrn vorzeitig verläßt. Auf Verlangen seines Herrn wird er für einen Tag an die Kette gelegt und ausgepeitscht. In Perugia (1342 III 225 S. 240) ist Geldstrafe von 10 l verwirkt, wenn ein »servente overo fante overo scudiere d'alcuno romperà pacto al segnore«. Geldstrafe von 20 s hat zu zahlen, wer vertragsbrüchige Bediente wissentlich bei sich aufnimmt. Dieser letztere Tatbestand wird in Verona (1450 III 107) mit Geldstrafe von 10 l bedroht.

Vereinzelt wird darüber hinaus sogar der Vertragsbruch ganz allgemein bestraft [4]), oder jedenfalls dann, wenn die Kommune Vertragsgegner ist [5]). Der Darlehnsschuldner wird in Florenz (Stat. Pod. 1325 II 81 S. 148 f.) zur Vertragstreue angehalten. Ist er zur Rückgabe eines Darlehns laut öffentlicher Urkunde verpflichtet, und läßt er den in der Urkunde genannten Termin verstreichen, so hat er bei vierzehntägigem Verzuge 2 s für jedes Pfund der Schuld zu zahlen. Das Gleiche gilt dann, wenn keine öffentliche Urkunde besteht, der Beklagte aber im Termin nicht erscheint und das Bestehen der Schuld durch Zeugen bewiesen wird. In Pistoia (1296 II 70 S. 77) kann der Bürge darauf klagen, daß der Schuldner ihn innerhalb einer vom Richter bezeichneten Frist von der Verbindlichkeit befreit. Wenn er das nicht tut, hat er Geldstrafe von 100 s zu zahlen.

---

darin zu wohnen. In Piacenza (1391 III 41) gilt der Satz Kauf bricht Miete. Der Mieter braucht aber erst dann auszuziehen, wenn ihm die im voraus bezahlte Miete erstattet ist.

[4]) Averrara 1313 r. 65 (S. 48), Valsassina 1388 r. 134 (S. 314), Dervio 1389 r. 120 (S. 162).

[5]) Perugia 1342 IV 118 (S. 386).

Sachregister.

FSC
www.fsc.org
MIX
Papier | Fördert
gute Waldnutzung
FSC® C083411

Kolibri 360 GmbH
Ferdinand-Jühlke-Straße 7
99095 Erfurt, Deutschland
produktsicherheit@kolibri360.de